Konzernbilanzen

WESTFÄLISCHE
WILHELMS-UNIVERSITÄT
MÜNSTER

Die Abbildung zeigt das Münsterische Schloss,
das Hauptgebäude der Westfälischen Wilhelms-Universität.

Konzernbilanzen

11., überarbeitete Auflage

von

Prof. Dr. Dr. h.c. Jörg Baetge
Westfälische Wilhelms-Universität Münster

Prof. Dr. Hans-Jürgen Kirsch
Westfälische Wilhelms-Universität Münster

Prof. Dr. Stefan Thiele
Bergische Universität Wuppertal

IDW VERLAG GMBH

11., überarbeitete Auflage 2015

© 2015 IDW Verlag GmbH, Tersteegenstraße 14, 40474 Düsseldorf

Die IDW Verlag GmbH ist ein Unternehmen des Instituts der Wirtschaftsprüfer in Deutschland e. V. (IDW).

Druck und Bindung: Druckerei C. H. Beck, Nördlingen

PN 54087/0/0   KN 11670

Die Angaben in diesem Werk wurden sorgfältig erstellt und entsprechen dem Wissensstand bei Redaktionsschluss. Da Hinweise und Fakten jedoch dem Wandel der Rechtsprechung und der Gesetzgebung unterliegen, kann für die Richtigkeit und Vollständigkeit der Angaben in diesem Werk keine Haftung übernommen werden. Gleichfalls werden die in diesem Werk abgedruckten Texte und Abbildungen einer üblichen Kontrolle unterzogen; das Auftreten von Druckfehlern kann jedoch gleichwohl nicht völlig ausgeschlossen werden, so dass für aufgrund von Druckfehlern fehlerhafte Texte und Abbildungen ebenfalls keine Haftung übernommen werden kann.

ISBN 978-3-8021-2034-3

Bibliografische Information der Deutschen Bibliothek

Die Deutsche Bibliothek verzeichnet diese Publikation in der Deutschen Nationalbibliografie; detaillierte bibliografische Daten sind im Internet über http://www.d-nb.de abrufbar.

www.idw-verlag.de

Vorwort zur elften Auflage

Das am 23. Juli 2015 in Kraft getretene Bilanzrichtlinie-Umsetzungsgesetz (BilRUG) setzt die Bilanzrichtlinie 2013/34/EU des Europäischen Parlaments und des Rates vom 26. Juni 2013 in nationales Recht um. Nach dem Bilanzrechtsmodernisierungsgesetz (BilMoG) und dem Kleinstkapitalgesellschaften-Bilanzrechtsänderungsgesetz (MicroBilG) ist das BilRUG eine neue, unionsrechtlich veranlasste Reform der handelsrechtlichen Rechnungslegung. Mit der nunmehr elften Auflage der „Konzernbilanzen" berücksichtigen wir diese und weitere aktuelle Entwicklungen in der Konzernrechnungslegung nach handelsrechtlichen und internationalen Bilanzierungsnormen. Im Rahmen der vollständigen inhaltlichen Aktualisierung wurden unter anderem die neuen Regelungen des DRSC zur „Kapitalflussrechnung" (DRS 21) sowie die aktuellen Projekte zur „Kapitalkonsolidierung" (DRS 4 bzw. E-DRS 30) und zum „Konzerneigenkapital" (DRS 7 bzw. E-DRS 31) eingearbeitet.

Neben der Berücksichtigung der neuen Regelungen wurden in der Neuauflage insbesondere die Diskussion zur Kapitalkonsolidierung im mehrstufigen Konzern sowie zur End- und Übergangskonsolidierung vertieft und um neue Beispiele erweitert.

Die umfassende Aktualisierung und Überarbeitung dieses Buches wäre ohne den Einsatz der Mitarbeiter des Instituts für Rechnungslegung und Wirtschaftsprüfung (IRW) der Westfälischen Wilhelms-Universität nicht möglich gewesen. Unser Dank richtet sich dabei an die Herren M.Sc. Philipp Dollereder, M.Sc. Frederik Engelke, M.Sc. Marcel Faber, M.Sc. Christoph König, M.Sc. Fabian Umseher und Dipl.-Kfm. Stephen Weich.

Zu einem besonderen Dank sind wir ferner dem Team der studentischen Mitarbeiter verpflichtet. Hier haben uns insbesondere die Herren cand. M.Sc. Julian Höbener und cand. M.Sc. Michael Huter in allen formalen bzw. technischen Belangen sorgfältig und engagiert unterstützt.

Darüber hinaus danken wir den Herren M.Sc. Christoph König und M.Sc. Fabian Umseher für die außerordentlich kompetente und stets umsichtige Koordination des Gesamtprojektes.

Auch bei dieser Auflage freuen wir uns sehr über Ihre Anmerkungen und Verbesserungsvorschläge, die Sie uns auch gerne per E-Mail an *Konzernbilanzen@baetge-kirsch-thiele.de* übermitteln können.

Münster, im August 2015

Jörg Baetge
Hans-Jürgen Kirsch
Stefan Thiele

Vorwort zur zehnten Auflage

Mit der nunmehr zehnten Auflage der „Konzernbilanzen" berücksichtigen wir die neuesten Entwicklungen in der Konzernrechnungslegung nach handelsrechtlichen und internationalen Bilanzierungsstandards. Im Rahmen der vollständigen inhaltlichen Aktualisierung wurden unter anderem die neuen Regelungen des DRSC zum „Konzernlagebericht" (DRS 20) sowie das aktuelle Projekt zur „Kapitalflussrechnung" (DRS 2) berücksichtigt. Darüber hinaus wurden auch die neuen IFRS zur Konzernrechnungslegung – bestehend aus IFRS 10 (Konzernabschlüsse), IFRS 11 (Gemeinschaftliche Vereinbarungen) und IFRS 12 (Angaben zu Anteilen an anderen Unternehmen) – sowie die damit verbundenen Änderungen des IFRS 3 (Unternehmenszusammenschlüsse) und des IAS 28 (Beteiligungen an assoziierten Unternehmen und Gemeinschaftsunternehmen) eingearbeitet.

Neben der Berücksichtigung der neuen Regelungen wurden in der Neuauflage insbesondere die Diskussion zur Kapitalkonsolidierung im mehrstufigen Konzern sowie zur End- und Übergangskonsolidierung überarbeitet und um neue Beispiele erweitert.

Die Umsetzung der Überarbeitung der „Konzernbilanzen" lag wieder in den kompetenten Händen der Mitarbeiter des Instituts für Rechnungslegung und Wirtschaftsprüfung (IRW) der Westfälischen Wilhelms-Universität. Für die engagierte Unterstützung danken wir ganz besonders Frau M.Sc. Ariane Kraft und Frau Dr. Lena Schoo sowie den Herren M.Sc. Michael Alkemeier, M.Sc. Nils Gimpel-Henning, Dipl.-Kfm. Timo Hesse und M.Sc. Christoph Pier.

Ein herzlicher Dank gilt ferner dem stets hilfsbereiten und aufmerksamen Team der studentischen Mitarbeiter für die große Unterstützung bei der Recherche der umfangreichen Literatur. Besonders danken möchten wir Frau cand. B.Sc. Henrike Krenz, die uns in allen formalen bzw. technischen Belangen ausgesprochen sorgfältig und äußerst engagiert unterstützt hat.

Darüber hinaus danken wir Herrn M.Sc. Nils Gimpel-Henning ganz herzlich für die außerordentlich kompetente und umsichtige Koordination des Gesamtprojektes. In der wie immer etwas unruhigen Endphase wurde er von Herrn M.Sc. Michael Alkemeier ausgesprochen tatkräftig und engagiert unterstützt.

Auch bei dieser Auflage freuen wir uns sehr über Ihre Anmerkungen und Verbesserungsvorschläge, die Sie uns auch gerne per E-Mail an *Konzernbilanzen@baetge-kirsch-thiele.de* übermitteln können.

Münster, im August 2013

Jörg Baetge
Hans-Jürgen Kirsch
Stefan Thiele

Vorwort zur neunten Auflage

Nicht zuletzt die Bedeutung zahlreicher Änderungen in den Rechtsgrundlagen der Konzernrechnungslegung durch das BilMoG hat dazu geführt, dass die achte Auflage der „Konzernbilanzen" bereits nach eineinhalb Jahren vergriffen war und eine Neuauflage erforderlich geworden ist. Dabei nutzten wir die Gelegenheit, neben der Beseitigung kleiner Fehler die jüngst veröffentlichten Empfehlungen des Deutsche Rechnungslegungs Standards Committees (DRSC) zu latenten Steuern (DRS 18) sowie zur Pflicht zur Konzernrechnungslegung und Abgrenzung des Konsolidierungskreises (DRS 19 near final Standard) einzuarbeiten. Für ihre Hilfe bei der Überarbeitung danken wir Frau Dr. Corinna Ewelt-Knauer sowie den Herren Dipl.-Kfm. Dominik Dettenrieder und Dipl.-Kfm. Florian Gallasch.

Münster, im Januar 2011   Jörg Baetge
                                                          Hans-Jürgen Kirsch
                                                              Stefan Thiele

Vorwort zur achten Auflage

Das am 29. Mai 2009 in Kraft getretene Bilanzrechtsmodernisierungsgesetz (BilMoG) ist die größte Bilanzrechtsreform seit dem Bilanzrichtlinien-Gesetz (BiRiLiG) von 1985 und stellt nicht nur Unternehmen und Abschlussprüfer, sondern auch die Autoren von Lehrbüchern vor besondere Herausforderungen. In dieser vorliegenden, nunmehr achten Auflage haben wir das BilMoG umfassend eingearbeitet. Neben der vollständigen inhaltlichen Aktualisierung haben wir einige strukturelle Änderungen vorgenommen. So wurden die Kapitel zur Aufstellungspflicht des Konzernabschlusses und zur Abgrenzung des Konsolidierungskreises zusammengefasst. Bei den Methoden der Kapitalkonsolidierung und der Equity-Methode stehen nunmehr die nach dem BilMoG allein zulässigen Varianten im Vordergrund. Ferner haben wir zahlreiche neue Beispiele in die Ausführungen aufgenommen und kapitelübergreifend aufeinander abgestimmt. Die Abschnitte zur Zwischenergebniseliminierung und zu den latenten Steuern wurden vollständig überarbeitet.

Auch in dieser Auflage setzen wir uns jeweils im Anschluss an die handelsrechtlichen Vorschriften mit den einschlägigen International Financial Reporting Standards (IFRS) auseinander, die wir in ihrer aktuellen Fassung zum 1. Juli 2009, also einschließlich des neuen IFRS 3 „Unternehmenszusammenschlüsse" nach Abschluss der Phase II des Business Combinations-Projektes, berücksichtigt haben.

Die umfassende Aktualisierung dieses Buches wäre ohne den hervorragenden Einsatz der Mitarbeiter des Instituts für Rechnungslegung und Wirtschaftsprüfung (IRW) der Westfälischen Wilhelms-Universität nicht möglich gewesen. Unser Dank richtet sich dabei an die Damen Dipl.-Kffr. Yasmine Bassen, Dipl.-Kffr. Corinna Ewelt und Dipl.-Kffr. Kathrin Köhling sowie die Herren Dipl.-Kfm. Christoph Berentzen, Dipl.-Kfm. Tim Hoffmann, Dipl.-Kfm. Lüder Kurz, Dipl.-Kfm. Alexander Olbrich, Dipl.-Kfm. Daniel Siegel, Dipl.-Kfm. Oliver Tinz und Dipl.-Kfm. Christian Weber. Zudem danken wir ganz herzlich den Mitarbeitern des Lehrstuhls für Wirtschaftsprüfung und Rechnungslegung der Bergischen Universität Wuppertal und des Forschungsteams Baetge der Westfälischen Wilhelms-Universität Münster, vor allem Herrn Dipl.-Kfm. Ulf Kühle von der Universität Wuppertal und Herrn Dipl.-Kfm. Peter Brüggemann vom Forschungsteam Baetge.

Zu einem besonderen Dank sind wir ferner dem unermüdlichen Team der studentischen Mitarbeiter verpflichtet. Hier haben uns die Herren cand. rer. pol. Dennis Böhne, cand. rer. pol. Alexander Sudkamp sowie cand. B.Sc. Axel Niermann in allen technischen und formalen Belangen ausgesprochen sorgfältig und engagiert unterstützt. Zudem danken wir Herrn cand. rer. pol. Bastian Bürger vor allem für seine große Mithilfe bei der Überarbeitung der Übersichten.

Besonders herzlich danken wir Herrn Dipl.-Kfm. Daniel Siegel für sein außerordentliches Engagement, seine unerschütterliche Geduld und seine große Sorgfalt bei der Koordination und Fertigstellung des Werkes. Die frühe Phase der Überarbeitung hat Herr Dipl.-Kfm. Lüder Kurz umsichtig koordiniert, wofür wir ihm ebenfalls herzlich danken.

Auch bei dieser Auflage freuen wir uns sehr über Ihre Anmerkungen und Verbesserungsvorschläge, die Sie uns auch gerne per E-Mail an *Konzernbilanzen@baetge-kirsch-thiele.de* übermitteln können.

Münster, im Juli 2009
Jörg Baetge
Hans-Jürgen Kirsch
Stefan Thiele

Vorwort zur siebten Auflage

Mit der nunmehr siebten Auflage der „Konzernbilanzen" reagieren wir nicht nur auf die gute Verbreitung des Werkes, sondern auch auf zahlreiche Änderungen in den Rechtsgrundlagen der Konzernrechnungslegung. Neben dem deutschen HGB sind davon vor allem die vom International Accounting Standards Board (IASB) verabschiedeten International Financial Reporting Standards (IFRS) betroffen, deren Bedeutung für deutsche Konzernabschlüsse durch die „EU-Verordnung betreffend die Anwendung internationaler Rechnungslegungsstandards" erheblich gestiegen ist. Die Änderungen des HGB wurden in diesem Werk bis einschließlich des Regierungsentwurfes zum Bilanzrechtsreformgesetz (BilReG) berücksichtigt. Die Standards des IASB wurden in der ab dem 1. Januar 2005 verbindlichen Fassung vom 31. März 2004 (stable platform), also z. B. einschließlich IFRS 3, eingearbeitet.

Die Umsetzung der vielen inhaltlichen und formalen Änderungen lag in den kompetenten Händen der Mitarbeiter des Lehrstuhls für Rechnungslegung und Wirtschaftsprüfung an der Universität Hannover. Unser herzlicher Dank gilt dabei den Herren Dipl.-Kfm. Lars Hepers, Dipl.-Kfm. Dirk Meth, Dipl.-Ök. Alexander Scheele und Dipl.-Ök. Leif Steinhauer. Bei der technischen Umsetzung haben uns Herr cand. rer. oec. Felix Brehm und vor allem Herr cand. rer. oec. Nils Bunse sehr sorgfältig und engagiert unterstützt. Für die ausgezeichnete technische Unterstützung bei der Endredaktion gilt unser besonderer Dank Herrn cand. rer. oec. Felix Wriggers.

Darüber hinaus danken wir Herrn Dipl.-Ök. Alexander Scheele ganz herzlich für sein großes Engagement bei der Koordination des Projektes und der Fertigstellung des Werkes.

Münster und Hannover, im August 2004

Jörg Baetge
Hans-Jürgen Kirsch
Stefan Thiele

Vorwort zur sechsten Auflage

Nicht zuletzt die zunehmende Bedeutung von Konzernabschlüssen in Deutschland hat dazu geführt, dass die fünfte Auflage der „Konzernbilanzen" schneller vergriffen war als ursprünglich geplant. Die kurze Vorbereitungszeit für die vorliegende Neuauflage haben wir dazu genutzt, einige kleine Fehler zu beseitigen und alle Abschnitte soweit erforderlich zu aktualisieren. Dabei haben wir vor allem die Entwicklung des International Accounting Standards Board (IASB) und den aktuellen Stand der vom Deutschen Standardisierungsrat (DSR) verabschiedeten Standards eingearbeitet. Darüber hinaus konnte auch noch der Regierungsentwurf des Gesetzes zur weiteren Reform des Aktien- und Bilanzrechts, zu Transparenz und Publizität (RegE-TransPuG) vom 6.2.2002 berücksichtigt werden.

Bei der inhaltlichen Überarbeitung haben uns die Herren Dipl.-Kfm. Matthias Dohrn und Dipl.-Ök. Andreas Tschöpel vom Lehrstuhl für Rechnungslegung und Wirtschaftsprüfung der Universität Hannover mit großem Einsatz unterstützt. Für die ausgezeichnete technische Umsetzung der Änderungen gilt unser besonderer Dank außerdem Herrn stud. rer. oec. Felix Wriggers.

In der hektischen Endphase war Herr Dipl.-Kfm. Matthias Dohrn nicht aus der Ruhe zu bringen. Für sein unermüdliches Engagement und seine Übersicht bei der Koordination des Projekts möchten wir ihm ganz herzlich danken.

Bei der Erstellung der Druckvorlage konnten wir schließlich auf die große Erfahrung von Herrn Dr. Christian Heitmann, Herrn cand. rer. pol. Stefan Vogels und Herrn cand. rer. pol. Martin Bade aus Münster zurückgreifen. Auch ihnen sei an dieser Stelle für ihr großes Engagement ganz herzlich gedankt.

Über kritische Anregungen und Diskussionsbeiträge freuen wir uns. Alle Leserinnen und Leser sind herzlich dazu aufgefordert.

Münster und Hannover, im Februar 2002

Jörg Baetge
Hans-Jürgen Kirsch
Stefan Thiele

Vorbemerkung zur fünften Auflage

Das Thema „Konzernbilanzen" ist aufgrund der stürmischen Entwicklung in der Konzernrechnungslegung nach wie vor hoch aktuell. So ist die vierte Auflage der „Konzernbilanzen" in weniger als einem Jahr vergriffen. Um die Kapazität für die jeweilige Aktualisierung der erforderlichen Neuauflagen auf ein breiteres Fundament zu stellen, habe ich meine beiden Schüler, nämlich Herrn Prof. Dr. Hans-Jürgen Kirsch (Universität Hannover) und meinen Habilitanden, Herrn Dr. Stefan Thiele, gebeten, die „Konzernbilanzen" mit mir gemeinsam herauszubringen. Das Produkt unserer gemeinsamen Arbeit legen wir hier erstmals mit der fünften überarbeiteten und erweiterten Auflage der „Konzernbilanzen" vor.

Münster, im September 2000

Jörg Baetge

Vorwort zur fünften Auflage

Die Regelungen zur Konzernrechnungslegung für deutsche Konzerne unterliegen einer bisher unbekannten Dynamik. So besteht durch die Änderung des § 297 Abs. 1 Satz 2 HGB für börsennotierte Mutterunternehmen die Pflicht zur Aufstellung einer Kapitalflussrechnung und einer Segmentberichterstattung. Auch die Bedeutung der International Accounting Standards (IAS) für deutsche Konzerne ist durch die Möglichkeit, gemäß § 292a einen befreienden internationalen Konzernabschluss aufzustellen, erheblich gewachsen. Der nach wie vor starken Tendenz, dass deutsche Konzerne sich zunehmend an internationalen Bilanzierungsnormen orientieren, haben bereits die beiden Vorauflagen dieses Buches dadurch Rechnung getragen, dass die entsprechenden IAS-Vorschriften erläutert wurden. Auch diese Regelungen unterliegen einem ständigen Wandel. Ferner erlässt mit dem DSR auch ein deutscher Standard Setter Regelungen für die Konzernrechnungslegung. Aufgrund der Dynamik der internationalen und der deutschen Regelungen ist es nunmehr sogar erforderlich, den Stand der zugrunde gelegten Normen, hier September 2000, zu nennen.

Die vorliegende Neuauflage berücksichtigt diese Änderungen in den Rechtsgrundlagen der Konzernrechnungslegung und ist daher neben der selbstverständlichen Überarbeitung und Aktualisierung aller Kapitel vor allem in den genannten Bereichen überarbeitet und zum Teil deutlich erweitert worden. Ferner wurden die Beispiele zur Kapitalkonsolidierung, zur Quotenkonsolidierung und zur Equity-Methode weiter aufeinander abgestimmt. Dadurch können die Methoden jetzt sehr anschaulich miteinander verglichen werden.

Die vielen inhaltlichen und formalen Änderungen wären ohne ein fachmännisches Team nicht realisierbar gewesen. Dabei wurde die inhaltliche Überarbeitung in erster Linie durch das Team des Lehrstuhls für Rechnungslegung und Wirtschaftsprüfung der Universität Hannover vorbereitet. Hier gilt unser besonderer Dank den Herren Dipl.-Kfm. Matthias Dohrn, Dipl.-Ök. Andreas Tschöpel und Dipl.-Ök. Jörn Wirth für die ausgezeichnete Arbeit unter erheblichem Zeitdruck. Herrn Dipl.-Kfm. Matthias Hendler und Herrn Dipl.-Kfm. Stefan Ziesemer danken wir für äußerst hilfreiche Anmerkungen bei der Durchsicht einzelner Abschnitte. Das neue Layout wurde maßgeblich von Herrn Dipl.-Wirt.Inform. Christian Heitmann mit viel Liebe für die Details mitkonzipiert und bis in die redaktionelle Endphase tatkräftig begleitet. Auch ihm sei an dieser Stelle ganz herzlich gedankt.

In der wie immer äußerst unruhigen Zeit der Endredaktion haben uns neben vielen hilfreichen Händen vor allem die Herren Dipl.-Kfm. Matthias Dohrn und Dipl.-Kfm. Ingo Brötzmann mit großem Engagement und großer Geduld unterstützt. In der ganz heißen Phase hat Herr Dipl.-Kfm. Stefan Ziesemer mit vielen konstruktiven Hinweisen sehr zum Gelingen des Buches beigetragen. Herr cand. rer. pol. Stefan Vogels hat äußerst engagiert die Vorauflage in die neue Software umgesetzt und die zahlreichen Änderungen in die Druckvorlage für den Verlag eingearbeitet. Ihnen allen danken wir ganz besonders herzlich.

Selbstverständlich fordern wir auch in dieser Auflage alle Leserinnen und Leser herzlich auf, mit kritischen Anmerkungen die Diskussion zu beleben und dadurch die Qualität des Buches weiter zu verbessern.

Münster und Hannover, im September 2000

Jörg Baetge
Hans-Jürgen Kirsch
Stefan Thiele

Vorwort zur vierten, unveränderten Auflage

Die dritte Auflage der „Konzernbilanzen" war aufgrund eines plötzlichen Nachfrageschubs gut zwei Jahre nach ihrem Erscheinen überraschend vergriffen. Diese zwar sehr erfreuliche Nachricht traf uns allerdings so plötzlich, dass es für uns in einem sehr kurzen Zeitraum nicht möglich war, mehr als einige kleine Fehler zu beseitigen. Wir waren folglich dazu gezwungen, das Buch fast unverändert nachdrucken zu lassen.

Münster, im Oktober 1999   Jörg Baetge

Vorwort zur dritten Auflage

Die Bilanzierungspraxis deutscher Konzerne trägt zunehmend internationale Züge: Die International Accounting Standards (IAS) sind die Eckpfeiler in der Diskussion um den Rechnungslegungsstandard der Zukunft. Weil die Internationalisierung der Rechnungslegung vor allem die Konzernrechnungslegung betrifft, haben wir die nunmehr vorliegende dritte Auflage der „Konzernbilanzen" um insgesamt 19 eigenständige IAS-Abschnitte ergänzt. Diese Abschnitte stehen inhaltlich im Sachzusammenhang mit den jeweiligen Abschnitten zur Konzernrechnungslegung nach HGB und geben dem Leser Hinweise zur entsprechenden IAS-Regelung. Wir haben besonderen Wert darauf gelegt, die jeweilige Regelung nach IAS zunächst darzustellen und anschließend herauszuarbeiten, worin sich HGB-Regelung und IAS-Regelung unterscheiden.

Die „Konzernbilanzen" erheben nicht den Anspruch, die IAS-Regelungen in der gleichen Ausführlichkeit darzustellen, wie dies in einschlägigen Lehrbüchern und Kommentaren der Fall ist. Jene Leser, die sich mit Fragen der internationalen Rechnungslegung intensiver beschäftigen möchten, seien auf das weiterführende Schrifttum verwiesen.

Mit Abschnitt 513. wurden die „Konzernbilanzen" schließlich um einen Abschnitt erweitert, der sich mit „Besonderheiten der Kapitalkonsolidierung nach der Erwerbsmethode im mehrstufigen Konzern" befasst. Alle Erweiterungen haben den Umfang des Buches um rund 100 Seiten vergrößert.

Die Konzeption der Vorauflagen wurde grundsätzlich beibehalten. Für die Neuauflage wurde das Buch in allen Teilen gründlich durchgesehen und überarbeitet, das Literaturverzeichnis wurde erheblich erweitert und auf den aktuellen Stand gebracht. Schließlich sollen die Veränderungen im Layout der „Konzernbilanzen" den Text lesbarer und übersichtlicher machen.

An dieser Stelle schulde ich vielen Personen Dank, ohne die die „Konzernbilanzen" in so kurzer Zeit und in dem skizzierten Umfang nicht hätten neu aufgelegt werden können. An erster Stelle danke ich meinen Mitarbeitern und Studierenden in Münster für zahlreiche Hinweise. Viele kritische Anregungen gehen auf meine Kollegen Professores Dres. Bruno Kropff und Hans Peter Möller zurück. Die IAS-Abschnitte in den Konzernbilanzen sind in echter Teamarbeit der Mitarbeiter des Instituts für Revisionswesen entstanden. Bei einzelnen Abschnitten haben mich mehr als unterstützt: Dipl.-Kfm. Thomas Beermann, Dipl.-Kfm. Carsten Bruns, Dipl.-Kfm. Thorsten Hain, Dipl.-Kfm. Dieter Kahling, Dr. Hans-Jürgen Kirsch, Dipl.-Kfm. Thomas Krolak, Dipl.-Kfm. Dennis Schulze, Dipl.-Kffr. Kirsten Sell, Dipl.-Kfm. Michael Siefke und Dipl.-Kfm. Marc-Alexander Vaubel. Das Glossar wichtiger IAS-Begriffe hat Dipl.-Kfm. Carsten Bruns konzipiert; Dr. Karl-Heinz Armeloh, Dipl.-Kfm. Dieter Kahling und Dr. Stefan Thiele haben sich des Stichwortverzeichnisses angenommen. Herr Dr. Karl-Heinz Armeloh hat zudem die gesamte Neuauflage der „Konzernbilanzen" umsichtig redaktionell betreut. Für den unermüdlichen Arbeitseinsatz danke ich ihm sehr. Herr cand. rer. pol. Sven Flakowski hat schließlich die mühevolle und mit vielen Tücken behaftete Konvertierung des gesamten Textes von WordPerfect in Word vorgenommen und die Druckvorlage für den Verlag mit viel Engagement und größter Sorgfalt druckfertig erstellt. Allen Helfern danke ich sehr herzlich.

Wie stets an dieser Stelle, möchte ich alle Leser zur kritischen Lektüre der „Konzernbilanzen" ermuntern. Anregungen sind stets willkommen!

Münster, im September 1997   Jörg Baetge

Vorwort zur zweiten Auflage

Zu unserer großen Freude ist die erste Auflage der „Konzernbilanzen" auf ein so breites Interesse gestoßen, dass sie bereits nach eineinviertel Jahren vergriffen war und eine Neuauflage erforderlich geworden ist.

Für die nun vorliegende zweite Auflage wurde das gesamte Buch gründlich durchgesehen. Dabei wurden einige Abschnitte aktualisiert (aufgrund geänderter Rechtsvorschriften im Handelsgesetzbuch durch das Versicherungsbilanzrichtlinie-Gesetz vom 24.6.1994 und durch das Gesetz zur Änderung des D-Markbilanzgesetzes und anderer handelsrechtlicher Bestimmungen vom 25.7.1994) und teilweise inhaltlich erweitert.

Für ihre Hilfe bei der Überarbeitung danke ich allen derzeitigen Mitarbeitern, die mich bereits bei den einzelnen Abschnitten der Vorauflage intensiv unterstützt haben. Danken möchte ich auch meinen Kollegen und meinen Studentinnen und Studenten für viele wertvolle Hinweise, Anmerkungen und Verbesserungsvorschläge. Besonders hervorzuheben sind die hilfreichen Hinweise meiner Kollegen Prof. Dr. Andreas Nordmeyer und Prof. Dr. Lothar Schruff sowie von Herrn WP Dr. Wienand Schruff.

Mein besonderer Dank gilt zudem meinen Mitarbeitern Dr. Holger Philipps und Dipl.-Kfm. Stefan Thiele für die ausführliche inhaltliche Überarbeitung einzelner Abschnitte. In den verantwortungsvollen Händen von Dr. Holger Philipps lag darüber hinaus die Vorbereitung, die Koordination und die redaktionelle Bearbeitung des neuen Manuskripts. Herzlich danken möchte ich auch Frau cand. rer. pol. Melanie

Winter für die große Unterstützung bei den abschließenden Schreibarbeiten und bei der Erstellung der Druckvorlagen im Verfahren des Desk Top Publishing für den Verlag.

Münster, 15. August 1995   Jörg Baetge

Vorwort zur ersten Auflage

Der Konzern stellt nach einhelliger ökonomischer Meinung heute die wichtigste Organisationsform für die wirtschaftlichen Aktivitäten großer (aber auch mittlerer) Unternehmen auf nationaler und internationaler Ebene dar. Einen Konzern kann man zunächst grob als eine Gruppe wirtschaftlich verbundener Unternehmen bezeichnen. Die Attraktivität der Organisationsform „Konzern" resultiert dabei aus der Tatsache, dass sich aus den vielfältigen Verbundbeziehungen der Konzernunternehmen unter Umständen erhebliche Effizienzvorteile hinsichtlich der ökonomischen Zielerreichung der Unternehmen gewinnen lassen. Nach neuesten Untersuchungen stehen ca. 74 % aller deutschen Aktiengesellschaften (AG) und Kommanditgesellschaften auf Aktien (KGaA) in einem Konzernverhältnis (Görling, 1993). Von den börsennotierten AG und KGaA stehen fast 97 % in einem Konzernverhältnis. Das in konzernierte AG und KGaA investierte nominelle Grundkapital beträgt ca. 156 Milliarden DM. Demgegenüber beträgt der reale Kurswert des börsennotierten Kapitals Ende 1990 etwa 561 Milliarden DM. Hinsichtlich der Gesellschaften mit beschränkter Haftung (GmbH) sowie der Personenhandelsgesellschaften kann man davon ausgehen, dass auch bei diesen Rechtsformen ein erheblicher Konzernierungsgrad anzutreffen ist. Die zitierten Zahlen verdeutlichen die enorme Bedeutung, die der Unternehmensform „Konzern" heute zukommt. Dabei wird der Trend zu dieser Organisationsform vor dem Hintergrund der Internationalisierung der Wirtschafts- und Handelsbeziehungen sowie der Erschließung neuer Märkte im Osten Europas sicherlich noch zunehmen. Auch die Größe einzelner Konzerne, d. h. die Zahl der konzernzugehörigen Unternehmen oder der in den einzelnen Konzernunternehmen beschäftigten Arbeitnehmer, zeigt den Stellenwert, der der Unternehmensform „Konzern" in unserer heutigen Volkswirtschaft beizumessen ist. Allein der VEBA-Konzern besteht entsprechend dem Geschäftsbericht 1992 aus rund 1.000 einzelnen in- und ausländischen Unternehmen mit insgesamt 130.000 Mitarbeitern.

Die betriebswirtschaftliche – aber auch volkswirtschaftliche – Bedeutung der Konzerne macht es notwendig, ein Instrument zu schaffen, welches die am Konzern beteiligten Eigenkapitalgeber, Gläubiger, Arbeitnehmer sowie das Management über das wirtschaftliche Gebaren des Konzerns informiert. Insofern lassen sich die Zwecke der kaufmännischen Rechnungslegung durchaus auf die Konzernrechnungslegung, d. h. die Aufstellung von Konzernbilanzen, aber auch von Konzernerfolgsrechnungen und Konzernlageberichten, übertragen. Die Rechnungslegung des Konzerns erlangt auch deshalb besondere Bedeutung, weil in einem Konzern die einzelnen Unternehmen rechtlich selbständig, wirtschaftlich indes vom Konzern abhängig sind und in der Regel in einem Über- bzw. Unterordnungsverhältnis zueinander stehen. Meistens sind die Konzernunternehmen untereinander zudem durch vielfältige Lieferungs- und Leistungsbeziehungen verflochten. Der Einzelabschluss kann in diesem Fall den Adressaten keinen zutreffenden Einblick in die Lage der einzelnen Konzernunternehmen liefern, da er durch die vielfältigen Konzernbeziehungen verzerrt ist. Aus den genannten Gründen hat auch die Betriebswirtschaftslehre schon früh – vor allem im US-amerikanischen Raum – die Bedeutung der Konzernrechnungslegung erkannt und analog den Bilanztheorien des Einzelabschlusses eigene Konzernbilanztheorien entwickelt, die sich im Wesentlichen auf die Begriffe „Einheitstheorie" und „Interessentheorie" zurückführen lassen. Diese beiden Konzernbilanztheorien haben letztlich, wenn auch in unterschiedlicher Weise, die gesetzlichen Vorschriften zur Konzernrechnungslegung in den Industrienationen geprägt. Wenn auch schon zurzeit der Aktienrechtsreform 1931 – ausgelöst durch die spektakulären Konzernzusammenbrüche – gesetzliche Regelungen zur Konzernrechnungslegung diskutiert worden sind, so datieren die ersten umfassenden Regelungen zur Aufstellung von Konzernabschlüssen in Deutschland aus dem Jahre 1965, in dem die Konzernrechnungslegung im Aktiengesetz kodifiziert wurde. Im AktG a. F. wurden indes vielfältige Bereiche der Konzernrechnungslegung offengelassen. Die Aussagefähigkeit der Konzernabschlüsse litt vor allem durch den Ausschluss ausländischer Tochterunternehmen. Im Zuge der Harmonisierungsbestrebungen der Europäischen Gemeinschaft bzw. Europäischen Union musste auch das deutsche Recht zur Konzernrechnungslegung den Vorgaben der 7. EG-Richtlinie angepasst werden. Durch das Bilanzrichtlinien-Gesetz (BiRiLiG) aus dem Jahre 1985 wurden die Vorschriften zur Konzernrechnungslegung nun umfassend im Handelsgesetzbuch (HGB) kodifiziert. Das BiRiLiG führte neben einer Erweiterung der Aufstellungspflicht und dem Weltabschlussprinzip, also der grundsätzlichen Einbeziehung aller Konzernunternehmen unabhängig vom Sitz dieser Unternehmen, zu weiteren erheblichen Neuerungen der deutschen Konzernrechnungslegung. Dadurch ist die Bedeutung und die Aussagefähigkeit des handelsrechtlichen Konzernabschlusses erheblich gestiegen. Dieser handelsrechtliche Konzernabschluss – der Konzernabschluss im Rechtssinne – ist das eigentliche Thema dieses Buches.

Nach den gesetzlichen Bestimmungen des HGB ist der Konzernabschluss grundsätzlich wie der Jahresabschluss eines einzelnen Unternehmens aufzustellen. Die Grundsätze ordnungsmäßiger Buchführung (GoB) für Einzelunternehmen sind insofern auch auf den Konzernabschluss anwendbar. Darüber hinaus birgt die Konzernrechnungslegung indes eine Fülle spezifischer Probleme, die in erster Linie aus der Tatsache resultieren, dass der Konzernabschluss durch die Zusammenfassung der Einzelabschlüsse der Konzernunternehmen aufgestellt werden muss. Auch hierfür gilt es, ausgehend von den Zwecken der Konzernrechnungslegung, spezifische Grundsätze zu entwickeln, die letztendlich in ein System von Grundsätzen ordnungsmäßiger Konzernrechnungslegung (GoK) münden. Das vorliegende Buch steht daher in der Tradition des Werkes „Bilanzen", welches in erster Linie der Bilanzierung im Einzelabschluss und den GoB gewidmet ist. Das Buch „Konzernbilanzen" wendet sich zum einen an Studierende der Fächer „Rechnungswesen", „Wirtschaftsprüfung" und „Internationale Unternehmensrechnung". Es vermittelt ausführlich die Grundlagen der

Konzernrechnungslegung und bereitet somit systematisch auf eine spätere Tätigkeit in allen Funktionsbereichen nationaler und global tätiger Konzerne bzw. deren Prüfung vor. Zum anderen richtet sich dieses Buch aber auch an den Praktiker, der bei der Aufstellung, Prüfung und Analyse von Konzernabschlüssen Antworten auf spezifische Fragen der Konzernrechnungslegung sucht.

An der Westfälischen Wilhelms-Universität Münster zählen die „Konzernbilanzen" als Teil der Vorlesung „Bilanzen", die zum Pflichtfach „Rechnungswesen/Controlling" jedes angehenden Münsterischen Diplom-Kaufmanns gehört, zu den Lehraufgaben des Autors. Das Konzept der „Konzernbilanzen" wurde über drei Jahre in der Vorlesung mit ausführlichen Skripten für die teilnehmenden Studierenden getestet und stetig verbessert. Am Lehrstuhl wird das Thema „Konzernbilanzen" seit 1984 intensiv diskutiert, als Herr WP Dr. Wienand Schruff als damaliger Assistent seine Dissertation „Einflüsse der 7. EG-Richtlinie auf die Aussagefähigkeit des Konzernabschlusses" vorlegte. Ein weiterer Anstoß zu den „Konzernbilanzen" kam von unserem Münsterischen Honorarprofessor und Göttinger Kollegen Prof. Dr. Lothar Schruff, der dieses Thema von Anfang an in sein Vorlesungsprogramm aufgenommen hat. Viele Impulse hat uns auch das 1986 im gleichen Verlag erschienene Werk „Der Konzernabschluss nach neuem Recht" von G. GROSS/L. SCHRUFF/K. V. WYSOCKI gegeben.

Das vorliegende Buch ist auf diesen Grundlagen als Teamarbeit vieler ehemaliger und derzeitiger Mitarbeiter des Instituts für Revisionswesen entstanden. Ich danke besonders Herrn Dr. Hans-Jürgen Kirsch für die Unterstützung bei meiner ersten Vorlesung „Konzernbilanzen". Für die Bearbeitung jeweils eines Abschnittes des vorliegenden Buches danke ich meinen Mitarbeitern Dipl.-Kfm. Jochen Frysch, Dr. Andreas Grünewald, Dipl.-Kfm. Peter Happe, Dipl.-Kfm. Dagmar Herrmann, Dr. Hans-Jürgen Kirsch, Dr. Clemens Krause, Dr. Marcus Krumbholz, Dr. Peter Roß, Dipl.-Kff. Julia Schlösser, Dipl.-Kff. Isabel Sieringhaus, Dr. Bernd Stibi, Dipl.-Kfm. Stefan Thiele, Dipl.-Kfm. Dirk Thoms-Meyer und Dipl.-Kfm. Carsten Uthoff.

In der Schluss-Redaktion wurde ich von den Herren Dipl.-Kfm. Karl-Heinz Armeloh, Dr. Marcus Krumbholz und Dr. Bernd Stibi unterstützt. Für die Überarbeitung des Gesamtmanuskripts gebührt ihnen mein herzlichster Dank. Das gesamte Buch ist von Frau Nicole Sander und Herrn cand. rer. pol. Tönnies von Limburg im Verfahren des Desk Top Publishing für den Verlag vorbereitet worden. Ich danke beiden herzlich für die glänzende Erledigung dieser immensen Aufgabe. Frau stud. rer. pol. Melanie Winter danke ich für die Unterstützung bei den abschließenden Schreibarbeiten.

Auch der Münsteraner Gesprächskreis Rechnungslegung und Prüfung e. V. und seine Mitglieder haben viele Fragen der Konzernrechnungslegung kritisch mit uns diskutiert. Hierfür gebührt vor allem den Referenten und Diskutanten des 4. Münsterischen Tagesgesprächs mit dem Thema „Konzernrechnungslegung und -prüfung" mein besonderer Dank.

Münster, 15. Februar 1994   Jörg Baetge

Inhaltsübersicht

Kapitel V:
Die Vollkonsolidierung

Kapitel VI:
Die Quotenkonsolidierung

Kapitel VII:
Die Equity-Methode

Kapitel VIII:
Einzelfragen der Konzernrechnungslegung

Kapitel IX:
Der Konzernanhang

Kapitel X:
Die Kapitalflussrechnung

Kapitel XI:
Die Segmentberichterstattung

Kapitel XII:
Die Darstellung von Eigenkapitalveränderungen

Kapitel XIII:
Der Konzernlagebericht

Inhaltsverzeichnis

Kapitel I:
Grundlagen des Konzernabschlusses

Kapitel II:
Zwecke und Grundsätze des Konzernabschlusses

Kapitel III:
Die Pflicht zur Aufstellung eines Konzernabschlusses und die Abgrenzung des Konsolidierungskreises

Kapitel IV:
Der Grundsatz der Einheitlichkeit

Kapitel V:
Die Vollkonsolidierung

Kapitel VI:
Die Quotenkonsolidierung

Kapitel VII:
Die Equity-Methode

Kapitel VIII:
Einzelfragen der Konzernrechnungslegung

Kapitel IX:
Der Konzernanhang

Kapitel XIII:
Der Konzernlagebericht

Verzeichnis der Übersichten

Verzeichnis der Beispiele

Abkürzungsverzeichnis

A

a. A.	anderer Auffassung, anderer Ansicht
Abb.	Abbildung
Abs.	Absatz
Abschn.	Abschnitt
Abt.	Abteilung
ADS	Adler/Düring/Schmaltz
a. F.	alte Fassung
AG	Aktiengesellschaft, Die Aktiengesellschaft (Zeitschrift)
a. Gesell.	andere(r) Gesellschafter
AK	Anschaffungskosten
akt.fäh.	aktivierungsfähig
AktG	Aktiengesetz
AktG-E	Aktiengesetz-Entwurf
allg.	allgemein(e)
Anh.	Anhang
APB	Accounting Principles Board
Art.	Artikel
ass.	assoziiert(en)
AU	assoziierte(s) Unternehmen
Aufl.	Auflage
AV	Anlagevermögen
AW	Anschaffungswert

B

BB	Betriebs-Berater (Zeitschrift)
BBK	Buchführung, Bilanzierung, Kostenrechnung (Zeitschrift, Loseblattsammlung)
BC	Basis for Conclusions
Bd.	Band
beh.	beherrschende
BFuP	Betriebswirtschaftliche Forschung und Praxis (Zeitschrift)
BGB	Bürgerliches Gesetzbuch
BGBl.	Bundesgesetzblatt
BGH	Bundesgerichtshof
Bilanzkomm.	Bilanz-Kommentar
BilKoG	Bilanzkontrollgesetz
BilMoG	Bilanzrechtsmodernisierungsgesetz
BilReG	Bilanzrechtsreformgesetz
BiRiLiG	Bilanzrichtlinien-Gesetz
BilRUG	Bilanzrichtlinie-Umsetzungsgesetz
BMJ	Bundesministerium der Justiz
BMJV	Bundesministerium der Justiz und für Verbraucherschutz
BRD	Bundesrepublik Deutschland
bspw.	beispielsweise

BT	Deutscher Bundestag
Buchst.	Buchstabe
BWM	Buchwertmethode
bzw.	beziehungsweise

C

Co.	Compagnie
CF	Conceptual Framework

D

DAX	Deutscher Aktienindex
DB	Der Betrieb (Zeitschrift)
DBW	Die Betriebswirtschaft (Zeitschrift)
DCGK	Deutscher Corporate-Governance-Kodex
d. h.	das heißt
Diss.	Dissertation
DP	Discussion Paper
DRÄS	Deutscher Rechnungslegungsänderungsstandard
DRS	Deutscher Rechnungslegungsstandard
DRSC	Deutsches Rechnungslegungs Standards Committee e. V.
DSR	Deutscher Standardisierungsrat
DStR	Deutsches Steuerrecht (Zeitschrift)
DVFA	Deutsche Vereinigung für Finanzanalyse und Asset Management e. V.

E

ED	Exposure Draft
E-DRS	Entwurf eines Deutschen Rechnungslegungsstandards
EG	Europäische Gemeinschaft(en)
EGHGB	Einführungsgesetz zum Handelsgesetzbuch
Einf.	Einführung
EK	Eigenkapital
etc.	et cetera
EU	Europäische Union, Enkelunternehmen
EuGH	Europäischer Gerichtshof
e. V.	eingetragener Verein
EWG	Europäische Wirtschaftsgemeinschaft
EWR	Europäischer Wirtschaftsraum

F

F	Framework
f.	folgende (Seite)
ff.	folgende (Seiten, Jahre)
FASB	Financial Accounting Standards Board
FB	Finanz Betrieb (Zeitschrift)
FE	Fertigerzeugnisse
F & E	Forschung und Entwicklung
Fifo	First in – first out
Fn.	Fußnote

G

GAAP	Generally accepted accounting principles
GE	Geldeinheiten
GEFIU	Gesellschaft für Finanzwirtschaft in der Unternehmensführung e. V.
gem.	gemäß
GesU	Gesellschafterunternehmen
GewStG	Gewerbesteuergesetz
ggf.	gegebenenfalls
GK	Gemeinkosten
GKV	Gesamtkostenverfahren
gl. A.	gleicher Ansicht
GmbH	Gesellschaft mit beschränkter Haftung
GmbHG	Gesetz betreffend die Gesellschaft mit beschränkter Haftung
GoB	Grundsätze ordnungsmäßiger Buchführung
GoF	Geschäfts- oder Firmenwert
GoK	Grundsätze ordnungsmäßiger Konzernrechnungslegung
GoKons	Grundsätze ordnungsmäßiger Konsolidierung
GU	Gemeinschaftsunternehmen
GuV	Gewinn- und Verlustrechnung
GWB	Gesetz gegen Wettbewerbsbeschränkungen

H

HB	Handelsbilanz
HdJ	Handbuch des Jahresabschlusses in Einzeldarstellungen
HdK	Handbuch der Konzernrechnungslegung
HdR	Handbuch der Rechnungslegung
HdR-E	Handbuch der Rechnungslegung-Einzelabschluss
HFA	Hauptfachausschuss des Instituts der Wirtschaftsprüfer in Deutschland e. V.
hfl	Holländischer Gulden
HGB	Handelsgesetzbuch

HGB-FA	HGB-Fachausschuss
HK	Herstellungskosten
Hrsg.	Herausgeber
hrsg. v.	herausgegeben von
hrsg. v. d.	herausgegeben von der

I

IAS	International Accounting Standard(s)
IASB	International Accounting Standards Board
IASC	International Accounting Standards Committee
i. d. F.	in der Fassung
i. d. R.	in der Regel
IDW	Institut der Wirtschaftsprüfer in Deutschland e. V.
IFRIC	International Financial Reporting Interpretations Committee
IFRS	International Financial Reporting Standard(s)
IFRS-HB	IFRS-Handbuch
IFRS-FA	IFRS-Fachausschuss
IFRS PS MC	IFRS Practice Statement Management Commentary
IKR	Industriekontenrahmen
IN	Introduction
insb.	insbesondere
InvG	Investmentgesetz
IRZ	Zeitschrift für Internationale Rechnungslegung
i. S.	im Sinne
i. S. d.	im Sinne der, des
i. S. v.	im Sinne von
IÜS	Internes Überwachungssystem
i. V. m.	in Verbindung mit

K

KA	Konzernabschluss
Kap.	Kapitel
KapAEG	Kapitalaufnahmeerleichterungsgesetz
KapCoRiLiG	Kapitalgesellschaften- und Co.-Richtlinie-Gesetz
KB	Konzernbilanz
KG	Kommanditgesellschaft
KGaA	Kommanditgesellschaft auf Aktien
KGuV	Konzern-GuV
KHW	Konzernhöchstwert
KMW	Konzernmindestwert
Komm.	Kommentar
konsol.	konsolidierte
KonBefrV	Konzernabschlussbefreiungsverordnung
KoR	Zeitschrift für internationale und kapitalmarktorientierte Rechnungslegung

KonTraG	Gesetz zur Kontrolle und Transparenz im Unternehmensbereich
KZA	Kettenzwischenabschluss

L

Lifo	Last in – first out
lt.	laut
LuL	Lieferungen und Leistungen
LW	Landeswährung

M

MicroBilG	Kleinstkapitalgesellschaften-Bilanzrechtsänderungsgesetz
Mio.	Million(en)
MU	Mutterunternehmen
m. w. N.	mit weiteren Nachweisen

N

NB	Neue Betriebswirtschaft (Zeitschrift)
NBM	Neubewertungsmethode
No.	Number
Nr.	Nummer
NYSE	New York Stock Exchange

O

OB	Objective
o. g.	oben genannte(r)
OHG	Offene Handelsgesellschaft
OLG	Oberlandesgericht
Op.	Opinion

P

P	Preface, Pflichtbestandteile der Herstellungskosten
p. a.	per annum
PiR	Praxis der internationalen Rechnungslegung (Zeitschrift)
Pos.	Posten
PS	Prüfungsstandard(s) des Instituts der Wirtschaftsprüfer in Deutschland e. V.
pUB	passiver Unterschiedsbetrag
PublG	Gesetz über die Rechnungslegung von bestimmten Unternehmen und Konzernen (Publizitätsgesetz)

Q

QC	Qualitative Characteristics
Quotenkons.	Quotenkonsolidierung

R

RAP	Rechnungsabgrenzungsposten
RefE	Referentenentwurf
RegE	Regierungsentwurf

rev.	revised
RGBL.	Reichsgesetzblatt
RHB	Roh-, Hilfs- und Betriebsstoffe
Rn.	Randnummer
Rs.	Rechtssache
RS	Stellungnahme zur Rechnungslegung

S

S.	Seite
SABI	Sonderausschuss Bilanzrichtlinien-Gesetz (des Instituts der Wirtschaftsprüfer in Deutschland e. V.)
SB	Summenbilanz
SE	Societas Europaea (lateinisch für Europäische Gesellschaft)
SFAS	Statement of Financial Accounting Standards
SG	Schmalenbach-Gesellschaft – Deutsche Gesellschaft für Betriebswirtschaft e. V.
SGuV	Summen-GuV
SIC	Standing Interpretations Committee
sog.	sogenannte(r/n)
sonst.	sonstige(s)
Sp.	Spalte
SpruchG	Spruchverfahrensgesetz
StB	Steuerbilanz
stL	stille Last(en)
stR	stille Reserve(n)
StuB	Steuer- und Bilanzpraxis (Zeitschrift)

T

TKA	Teilkonzernabschluss
TransPuG	Transparenz- und Publizitätsgesetz
TU	Tochterunternehmen
TUG	Transparenzrichtlinie-Umsetzungsgesetz
TW	Tageswert
Tz.	Textziffer

U

u. a.	unter anderem, und andere
UB	Unterschiedsbetrag
u. d. T.	unter dem Titel
u. E.	unseres Erachtens
UEC	Union Européenne des Experts comptables Economiques et Financiers
UKV	Umsatzkostenverfahren
Univ.	Universität
Unt.	Unternehmen
US	United States
USA	United States of America

u. U.	unter Umständen
UV	Umlaufvermögen

V

V	Verbot der Aktivierung
v.	von, vom
verb. Unt.	verbundene(n) Unternehmen
verbleib.	verbleibender
VFE-Lage	Vermögens-, Finanz- und Ertragslage
VG	Vermögensgegenstand
vgl.	vergleiche
Vol.	Volume
Vollkons.	Vollkonsolidierung
vorläuf.	vorläufiger
VorstOG	Gesetz über die Offenlegung der Vorstandsvergütungen

W

W	Wahlbestandteile der Herstellungskosten
Währungs-umr.	Währungsumrechnung
WiSt	Wirtschaftswissenschaftliches Studium (Zeitschrift)
WiSu	Zeitschrift für Studium und Weiterbildung
WP	Wirtschaftsprüfer
WPg	Die Wirtschaftsprüfung (Zeitschrift)
WpHG	Wertpapierhandelsgesetz
WpÜG	Wertpapiererwerbs- und Übernahmegesetz

Z

z. B.	zum Beispiel
ZfB	Zeitschrift für Betriebswirtschaft
ZfbF	Zeitschrift für betriebswirtschaftliche Forschung
ZfhF	Zeitschrift für handelswissenschaftliche Forschung
ZGE	zahlungsmittelgenerierende Einheit(en)
ZGR	Zeitschrift für Unternehmens und Gesellschaftsrecht
z. T.	zum Teil
zugl.	zugleich

Kapitel I:
Grundlagen des Konzernabschlusses

1 Begriff und Bedeutung des Konzerns

Konzerne bestehen aus Unternehmen, die zwar **rechtlich selbständig, wirtschaftlich aber voneinander abhängig** sind. Ein Konzern kann daher als Verbindung mehrerer rechtlich selbständiger Unternehmen zu einer wirtschaftlichen Einheit definiert werden.[1]

Der Zusammenschluss von Unternehmen zu Konzernen hat **gesamtwirtschaftliche Folgen** insofern, als durch externes Unternehmenswachstum wettbewerbseinschränkende Marktstrukturen entstehen können. Derartige Folgen der Konzernbildung untersucht die Volkswirtschaftslehre – vor allem im Rahmen der Wettbewerbstheorie.[2] Die Wettbewerbspolitik bezweckt hingegen, die Wettbewerbsfreiheit zu sichern; das Schwergewicht wettbewerbspolitischer Regelungen liegt auf dem Gesetz gegen Wettbewerbsbeschränkungen (GWB).[3]

Die Bildung von Konzernen ist aber nicht nur gesamtwirtschaftlich bedeutsam; sie betrifft vielmehr auch unmittelbar alle Personen und Gruppen, die **Rechte oder Pflichten** gegenüber den Unternehmen eines Konzerns haben. Konzerngebundene Unternehmen verlieren ihre wirtschaftliche Selbständigkeit, so dass diese Unternehmen quasi nur noch Betriebsteil einer größeren wirtschaftlichen Einheit sind. Dies hat Konsequenzen für die konzernfremden Minderheitsgesellschafter sowie für die Gläubiger und Arbeitnehmer des Konzernunternehmens, da die Unternehmensentscheidungen am Interesse des gesamten Konzerns auszurichten sind, das nicht unbedingt mit dem Interesse des einzelnen Konzernunternehmens übereinstimmen muss. Durch das **Konzernrecht** sollen die Rechte und Pflichten der am Konzern beteiligten Gruppen voneinander abgegrenzt und berechtigte Interessen geschützt werden.[4] Das

---

1   Vgl. EMMERICH, V., in: Emmerich/Habersack, Aktien- und GmbH-Konzernrecht, 7. Aufl., § 18 AktG, Rn. 5.

2   Vgl. ausführlich BORCHERT, M./GROSSEKETTLER, H., Preis- und Wettbewerbstheorie, S. 113-314.

3   Zu den Aufgaben der Wettbewerbspolitik vgl. etwa HERDZINA, K., Wettbewerbspolitik.

4   Vgl. SCHILDBACH, T., Der Konzernabschluss, S. 16.

Konzernrecht ist für Aktiengesellschaften in den §§ 15-19 AktG (Definitionen), §§ 20-22 AktG (Mitteilung des Erwerbs von mehr als 25 % der Aktien) und §§ 291-328 AktG (verbundene Unternehmen) kodifiziert; auf die GmbH wird dieses Recht weitgehend analog angewendet. Teil des Konzernrechtes ist das in den §§ 290-315 HGB[5] und in den §§ 11-15 PublG kodifizierte Recht der Konzernrechnungslegung, das im Mittelpunkt dieses Buches steht. Zunächst wird indes kurz skizziert, welche rechtlichen Formen der Konzernverbindung möglich sind und welche Konsequenzen daraus für die Konzernrechnungslegung dieser Unternehmensverbindungen entstehen.

2   Die rechtliche Struktur des Konzerns

21   Überblick über die Konzernformen

Die zu einem Konzern zusammengeschlossenen Unternehmen können innerhalb des Konzerns hierarchisch organisiert (Unterordnungskonzerne) oder gleichberechtigt sein (Gleichordnungskonzerne). Zu den Unterordnungskonzernen gehören faktische Konzerne, Vertragskonzerne und Eingliederungskonzerne. Die Übersicht I-1 zeigt die unterschiedlichen Konzernformen, die in den weiteren Abschnitten[6] erläutert werden. Diese Konzernformen werden in der Praxis häufig miteinander kombiniert, so dass Mischformen entstehen.[7] Die verschiedenen Formen der Unternehmensverbindung sind in den §§ 15-19 AktG definiert. Diese Definitionen sind rechtsformneutral und gelten daher nicht nur für AG und KGaA, sondern auch für andere Rechtsformen wie die GmbH[8], die OHG[9] oder die KG[10]. Rechtsformspezifische Unterschiede ergeben sich allerdings hinsichtlich der Rechtsfolgen, die an die verschiedenen Formen der Unternehmensverbindung anknüpfen.

---

5   Im Folgenden wird im Text bei dem Verweis auf Paragraphen des HGB das Gesetz nicht mehr genannt.

6   Vgl. Abschn. 22 und 23 in diesem Kapitel.

7   Vgl. zu einem Beispiel eines Konzerns aus gleichgeordneten und untergeordneten Unternehmen etwa ADS, 6. Aufl., § 18 AktG, Rn. 84.

8   Vgl. LUTTER, M./HOMMELHOFF, P., in: Lutter u. a., 18. Aufl., Anh. § 13, Rn. 6.

9   Vgl. ROTH, M., in: Baumbach/Hopt, 36. Aufl., § 105 HGB, Rn. 101.

10   Vgl. ROTH, M., in: Baumbach/Hopt, 36. Aufl., § 161 HGB, Rn. 13.

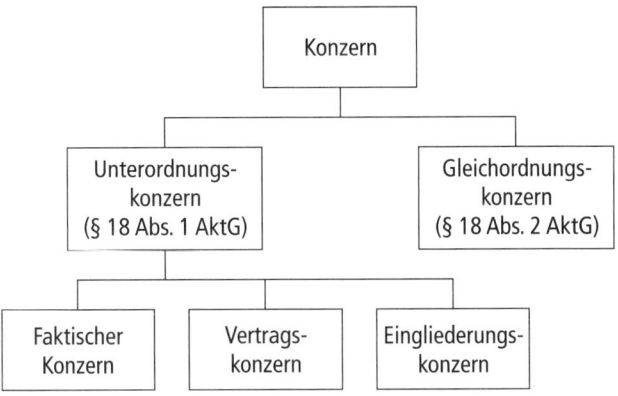

Übersicht I-1:   *Konzernformen*

22   Unterordnungskonzerne

Unterordnungskonzerne sind durch ein **Verhältnis der Über-/Unterordnung** der Konzernunternehmen gekennzeichnet. Quasi als Vorstufe des Konzerns regelt das AktG das einfache Abhängigkeitsverhältnis zwischen Unternehmen.

Abhängige Unternehmen sind nach der Definition des § 17 Abs. 1 AktG

„rechtlich selbständige Unternehmen, auf die ein anderes Unternehmen (herrschendes Unternehmen) unmittelbar oder mittelbar einen beherrschenden Einfluß ausüben kann".

Nach § 18 Abs. 1 Satz 1 AktG bilden zwei Unternehmen dann einen Konzern, wenn das beherrschte Unternehmen unter der einheitlichen Leitung des herrschenden Unternehmens steht. Hierbei wird nach § 18 Abs. 1 Satz 3 AktG davon ausgegangen, dass ein i. S. d. § 17 Abs. 1 AktG abhängiges Unternehmen mit dem herrschenden Unternehmen einen Konzern bildet. Die einheitliche Leitung setzt somit im Regelfall die tatsächliche Beherrschung voraus.[11]

Das Konzernverhältnis bei Unterordnungskonzernen kann auf verschiedenen rechtlichen Grundlagen beruhen. Zu unterscheiden ist zwischen **faktischen Konzernen, Vertragskonzernen** und **Eingliederungskonzernen**. Bei einem Abhängigkeitsverhältnis hat das herrschende Unternehmen die Möglichkeit, die Geschäftspolitik des abhängigen Unternehmens zu bestimmen; es muss diese Möglichkeit aber nicht tatsächlich wahrnehmen. Ob ein Unternehmen einen beherrschenden Einfluss ausüben kann, lässt sich von Außenstehenden indes nur schwierig beurteilen. Daher wird nach § 17 Abs. 2 AktG von in Mehrheitsbesitz (Kapital- oder Stimmrechtsmehrheit) stehenden Unternehmen vermutet, dass sie abhängig sind. Unternehmen, die die aus ei-

---

11   Vgl. EMMERICH, V., in: Emmerich/Habersack, Aktien- und GmbH-Konzernrecht, 7. Aufl., § 18 AktG, Rn. 13.

ner Abhängigkeitsbeziehung resultierenden Rechtsfolgen nicht gegen sich gelten lassen wollen, müssen die gesetzliche Abhängigkeitsvermutung widerlegen (Umkehr der Beweislast), wobei es sich je nach Art der Rechtsfolge bei dem Unternehmen, das die Abhängigkeitsvermutung widerlegen muss, um das herrschende Unternehmen oder um das beherrschte Unternehmen handeln kann.[12] Ob die Widerlegung schlüssig und hinreichend bewiesen ist, ist auch vom Abschlussprüfer zu beurteilen.[13] Sachverhalte, durch die eine gesetzlich vermutete Abhängigkeit widerlegt werden kann, sind z. B.:[14]

■ Trotz einer Kapitalmehrheit, die für die Vermutung der Abhängigkeit gemäß § 17 Abs. 2 AktG hinreichend ist, besteht keine Stimmrechtsmehrheit, da der Mehrheitsgesellschafter überwiegend stimmrechtslose Vorzugsaktien hält.

■ Die Satzung enthält wesentliche Stimmrechtsbeschränkungen.

■ Der Mehrheitsgesellschafter hat sich vertraglich verpflichtet, auf sein Stimmrecht zu verzichten oder sein Stimmrecht auf andere Gesellschafter zu übertragen.

In diesen Fällen hat das mit Mehrheit beteiligte Unternehmen nicht die Möglichkeit, die Zusammensetzung des Aufsichtsrates und hierdurch mittelbar die Zusammensetzung des Vorstandes des anderen Unternehmens zu bestimmen. Damit ist eine wesentliche Voraussetzung für ein Abhängigkeitsverhältnis nicht gegeben.[15]

Wird die Beherrschungsmöglichkeit über ein abhängiges Unternehmen tatsächlich ausgeübt, ohne dass dies durch einen Unternehmensvertrag abgesichert ist, wird von einem **faktischen Konzern** gesprochen. Da ohne konzerninterne Informationen kaum festgestellt werden kann, ob ein abhängiges Unternehmen tatsächlich beherrscht wird, knüpft § 18 Abs. 1 Satz 3 AktG an die Abhängigkeit eines Unternehmens die (widerlegbare) Vermutung, dass dieses Unternehmen mit dem herrschenden Unternehmen einen Konzern bildet. Wenn die Vermutung der tatsächlichen Beherrschung widerlegt werden soll, liegt die Beweislast beim herrschenden Unternehmen.[16]

Abhängigkeitsverhältnis sowie faktisches Konzernverhältnis führen zu zahlreichen **Rechtsfolgen** sowohl für das herrschende als auch für das abhängige Unternehmen.

Ist das abhängige Unternehmen eine Aktiengesellschaft oder eine Kommanditgesellschaft auf Aktien, ergeben sich die Rechtsfolgen aus dem im AktG normierten Konzernrecht; die wichtigsten Rechtsfolgen sind in den §§ 311-318 AktG festgelegt. Gemäß § 311 Abs. 1 AktG darf grundsätzlich „ein herrschendes Unternehmen seinen Einfluß nicht dazu benutzen, eine abhängige Aktiengesellschaft oder Kommanditge-

---

12 Vgl. ADS, 6. Aufl., § 17 AktG, Rn. 97. Zu Beispielen vgl. etwa KOPPENSTEINER, H.-G., in: Zöllner/Noack, 3. Aufl., § 17 AktG, Rn. 99.

13 Vgl. hinsichtlich der Prüfung, ob vom beherrschten Unternehmen ein Abhängigkeitsbericht gemäß § 312 AktG aufzustellen ist, etwa ADS, 6. Aufl., § 313 AktG, Rn. 6; HFA DES IDW, Abhängigkeitsbericht nach § 312 AktG, S. 93.

14 Vgl. EMMERICH, V./HABERSACK, M., Konzernrecht, S. 54 f.

15 Vgl. dazu EMMERICH, V./HABERSACK, M., Konzernrecht, S. 53.

16 Vgl. KOPPENSTEINER, H.-G., in: Zöllner/Noack, 3. Aufl., § 18 AktG, Rn. 40.

sellschaft auf Aktien zu veranlassen, ein für sie nachteiliges Rechtsgeschäft vorzunehmen oder Maßnahmen zu ihrem Nachteil zu treffen oder zu unterlassen", d. h., eine Schädigung des abhängigen Unternehmens durch das herrschende Unternehmen ist grundsätzlich unzulässig. Dieses grundsätzliche Schädigungsverbot wird allerdings durchbrochen: Die herrschende Gesellschaft darf die abhängige Gesellschaft dann zu nachteiligen Rechtsgeschäften oder sonstigen nachteiligen Maßnahmen veranlassen oder diese selbst ergreifen, wenn die herrschende Gesellschaft die der abhängigen Gesellschaft entstehenden Nachteile ausgleicht (§ 311 Abs. 1 AktG). Dieser Nachteilsausgleich dient dem Schutz der Minderheitsgesellschafter und der Gläubiger der abhängigen Gesellschaft.

Ein abgeschlossener Beherrschungsvertrag i. S. d. § 291 Abs. 1 Satz 1 Halbsatz 1 AktG begründet einen **Vertragskonzern** (§§ 291-310 AktG). Ein **Beherrschungsvertrag** ist ein Vertrag, durch den die Leitung eines Unternehmens immer unter die Leitung eines anderen Unternehmens gestellt wird. Er wird in der Praxis i. d. R. – aber nicht notwendigerweise – zugleich mit einem Gewinnabführungsvertrag (§ 291 Abs. 1 Satz 1 Halbsatz 2 AktG) abgeschlossen. Die Leitung des herrschenden Unternehmens ist gegenüber dem Vorstand der abhängigen Unternehmen des Vertragskonzerns weisungsberechtigt (§ 308 Abs. 1 Satz 1 AktG). Aufgrund dieses Weisungsrechtes darf die herrschende Gesellschaft auch Weisungen erteilen, die für das abhängige Unternehmen nachteilig sind (§ 308 Abs. 1 Satz 2 AktG). Ist ein Beherrschungsvertrag abgeschlossen, so ist gemäß § 18 Abs. 1 Satz 2 AktG zwingend auch von einer tatsächlichen Beherrschung auszugehen; die Konzernvermutung nach § 18 Abs. 1 Satz 3 AktG kann hier nicht widerlegt werden.

Beherrschungsverträge greifen in die Rechte der außenstehenden Minderheitsgesellschafter und Gläubiger des beherrschten Unternehmens ein. Zu deren Schutz wird das aus dem Beherrschungsvertrag resultierende umfassende Weisungsrecht des herrschenden Unternehmens durch umfangreiche konzernrechtliche Regelungen kompensiert. Dem Schutz der Minderheitsgesellschafter dienen dabei vor allem die Regelungen über Ausgleich und Abfindung (§§ 304, 305 AktG), während die Gläubiger durch die Verlustausgleichpflicht nach § 302 AktG geschützt werden.

Gemäß § 305 AktG muss das herrschende Unternehmen den Minderheitsgesellschaftern bei Abschluss eines Beherrschungsvertrages ein **Abfindungsangebot** unterbreiten.[17] Für diejenigen Gesellschafter, die dieses Abfindungsangebot nicht annehmen und ihre Gesellschafterstellung behalten, muss der Beherrschungsvertrag einen jährlich zu zahlenden finanziellen Ausgleich vorsehen (§ 304 Abs. 1 AktG). Die Höhe der Ausgleichszahlung ist zum Zeitpunkt des Vertragsabschlusses festzulegen; zuzusichern ist der Betrag, der „nach der bisherigen Ertragslage der Gesellschaft und ihren künftigen Ertragsaussichten" an die Gesellschafter ausgeschüttet werden könnte (§ 304 Abs. 2 Satz 1 AktG). Wenn das herrschende Unternehmen eine AG oder KGaA ist, so darf anstelle dieses festen Ausgleiches auch ein variabler Ausgleich zugesagt werden, bei dem die Höhe der Ausgleichszahlung an die Höhe der vom herr-

---

17 Vgl. für das AktG 1937 bereits MESTMÄCKER, E.-J., Verwaltung, S. 342.

schenden Unternehmen gezahlten Dividende gekoppelt ist (§ 304 Abs. 2 Sätze 2 und 3 AktG). Die Höhe sowohl des festen als auch des variablen Ausgleiches an die Minderheitsgesellschafter nach § 304 AktG wird bereits bei Abschluss des Beherrschungsvertrages für die gesamte Vertragsdauer bestimmt und ist somit unabhängig davon, welche Gewinne das abhängige Unternehmen später tatsächlich erwirtschaftet. Sofern zusammen mit dem Beherrschungsvertrag auch ein Gewinnabführungsvertrag geschlossen wird, verliert der Einzelabschluss des abhängigen Unternehmens für die Höhe der Zahlungen an die Minderheitsgesellschafter jegliche Relevanz, denn die Ausgleichsansprüche der Minderheitsgesellschafter gemäß § 304 AktG treten an die Stelle ihres Rechtes auf Ausschüttung des Bilanzgewinns gemäß § 58 Abs. 4 AktG bzw. § 29 Abs. 1 GmbHG. Nur in dem (praktisch sehr seltenen) Fall, dass ein Beherrschungsvertrag, aber kein Gewinnabführungsvertrag vereinbart ist, bleiben die Ausschüttungsrechte der Anteilseigner bestehen. Die Ausgleichszahlung gemäß § 304 AktG ist in diesem Fall allerdings die Untergrenze der Ausschüttung.

Speziell dem Schutz der Gläubiger des abhängigen Unternehmens dient die **Verlust-ausgleichspflicht** des herrschenden Unternehmens nach § 302 AktG. Danach ist das herrschende Unternehmen verpflichtet, einen eventuellen Verlust des abhängigen Unternehmens auszugleichen (§ 302 Abs. 1 AktG). Anders als bei der Abhängigkeit oder im einfachen faktischen Konzern sind nicht einzelne Schädigungen auszugleichen, sondern das herrschende Unternehmen muss den (eventuellen) Jahresfehlbetrag des abhängigen Unternehmens insgesamt ausgleichen. In der Rechtsprechung wird § 302 AktG auf qualifiziert faktische Konzerne analog angewendet.[18]

Die engste Verbindung, die zwischen zwei rechtlich selbständigen Unternehmen möglich ist, ist die Eingliederung (§§ 319-327 AktG). Die **Eingliederung** setzt eine mindestens 95 %ige Beteiligung am Grundkapital der abhängigen AG voraus (§ 320 Abs. 1 AktG) und führt gemäß § 320a AktG zwingend zum Ausscheiden und zur Abfindung der Minderheitsgesellschafter des eingegliederten Unternehmens. Wirtschaftlich betrachtet entspricht die Eingliederung nahezu der Verschmelzung der beteiligten Gesellschaften.[19] Zum Schutz der Gläubiger der eingegliederten Gesellschaft verpflichtet § 322 AktG die eingliedernde Gesellschaft, für alle Alt- und Neuschulden der eingegliederten Gesellschaft zu haften. Auch bei der Eingliederung ist stets von einer tatsächlichen Beherrschung auszugehen, so dass die Eingliederung (unwiderlegbar) die Voraussetzungen des aktienrechtlichen Konzernbegriffs erfüllt (§ 18 Abs. 1 Satz 2 AktG).

23   Gleichordnungskonzerne

Gleichordnungskonzerne sind dadurch gekennzeichnet, dass mindestens zwei Unternehmen tatsächlich beherrscht werden, ohne dass ein Unternehmen von dem anderen Unternehmen abhängig ist. Im Unterschied zum Unterordnungskonzern beruht die

---

18   Vgl. ADS, 6. Aufl., § 18 AktG, Rn. 89.
19   Vgl. BT-Drucksache 4/171, S. 235.

tatsächliche Beherrschung also nicht auf der Beherrschungsmacht eines einzelnen Unternehmens; vielmehr wird die tatsächliche Beherrschung von mehreren gleichgeordneten Unternehmen gemeinsam ausgeübt.[20] Die tatsächliche Beherrschung kann auf einem Vertrag zwischen den Unternehmen beruhen; sie kann aber auch auf andere Weise – etwa durch personelle Verflechtungen der Leitungsorgane oder Koordinationsgremien – begründet sein. Nach § 18 Abs. 2 AktG bilden unabhängige, unter einer einheitlichen Leitung zusammengefasste (d. h. im Regelfall tatsächlich beherrschte) Unternehmen einen Konzern; weitergehende gesetzliche Regelungen bestehen für derartige Gleichordnungskonzerne indes nicht. Zur **Konzernrechnungslegung** sind Gleichordnungskonzerne – anders als Unterordnungskonzerne – **grundsätzlich nicht verpflichtet.**[21]

3 Der Konzernabschluss als Abschluss der wirtschaftlichen Einheit

Unternehmen, die zusammen einen Konzern bilden, sind rechtlich selbständige Einheiten. Sie sind jedoch wirtschaftlich voneinander abhängig und werden – bei Unterordnungskonzernen – von einer übergeordneten Einheit dominiert bzw. dominieren untergeordnete Einheiten.[22] Das Konstrukt Konzern ist somit eine **Verbindung von rechtlich selbständigen, ökonomisch jedoch voneinander abhängigen Unternehmen.** Ein Konzern besitzt keine eigenständige rechtliche Existenz (Rechtspersönlichkeit) und verfügt auch nicht über eigene Konzernorgane (Vorstand, Aufsichtsrat, Hauptversammlung). Faktisch übernehmen diese Funktionen die entsprechenden Organe des an der Konzernspitze stehenden Mutterunternehmens.

Für den Konzern als lediglich fiktives Konstrukt existiert auch **kein eigenständiger Abschluss** einer rechtlichen Einheit. Daher muss der Abschluss eines Konzerns aus den Einzelabschlüssen der konzernzugehörigen Unternehmen abgeleitet werden.[23] Durch die wirtschaftliche Abhängigkeit der einzelnen Konzernunternehmen besitzen diese Einzelabschlüsse jedoch nur eine beschränkte Aussagefähigkeit.[24] Aus diesem Grund muss die wirtschaftliche Abhängigkeit der einzelnen Konzernunternehmen bei der Ableitung des Konzernabschlusses aus den Einzelabschlüssen der konzernzugehörigen Unternehmen berücksichtigt werden.

---

20 Vgl. ADS, 6. Aufl., § 18 AktG, Rn. 77 m. w. N.

21 Vgl. ADS, 6. Aufl., § 290 HGB, Rn. 87 f.

22 Vgl. COENENBERG, A. G./HALLER, A./SCHULTZE, W., Jahresabschluss und Jahresabschlussanalyse, S. 610.

23 Vgl. KÜTING, K./WEBER, C.-P., Der Konzernabschluss, S. 83.

24 Vgl. KIRSCH, H.-J./HEPERS, L./EWELT-KNAUER, C., in: Baetge/Kirsch/Thiele, Einf., Rn. 202; vgl. auch Kap. II Abschn. 124.

Der Konzernabschluss hat nach der **Generalnorm**[25] in § 297 Abs. 2 Satz 2 „ein den tatsächlichen Verhältnissen entsprechendes Bild der Vermögens-, Finanz- und Ertragslage des Konzerns zu vermitteln". Dabei ist die Vermögens-, Finanz- und Ertragslage der einbezogenen Unternehmen nach § 297 Abs. 3 Satz 1 so darzustellen, „als ob diese Unternehmen insgesamt ein einziges Unternehmen wären". Durch diesen sog. **Einheitsgrundsatz**[26] wird für die in den Konzernabschluss einbezogenen Unternehmen eine Rechtseinheit fingiert.[27]

Der Konzernabschluss besteht nach § 297 Abs. 1 aus Konzernbilanz, Konzern-GuV, Konzernanhang, Kapitalflussrechnung und Eigenkapitalspiegel. Er kann um eine Segmentberichterstattung erweitert werden. Zusätzlich zum Konzernabschluss ist ein Konzernlagebericht zu erstellen (§ 315). In Bezug auf die Bestandteile entspricht der Konzernabschluss dem Jahresabschluss kapitalmarktorientierter Kapitalgesellschaften gemäß § 264 Abs. 1 Satz 2, in Bezug auf Ansatz, Bewertung und Ausweis dem Jahresabschluss einer großen Kapitalgesellschaft.

---

25 Vgl. zur Generalnorm Kap. II Abschn. 2.
26 Vgl. zum Einheitsgrundsatz Kap. II Abschn. 25.
27 Vgl. Ballwieser, W., in: Baetge/Kirsch/Thiele, § 297 HGB, Rn. 153 m. w. N.

4 Schritte der Aufstellung eines Konzernabschlusses

Die Schritte zur Aufstellung eines Konzernabschlusses werden in der folgenden Abbildung dargestellt:

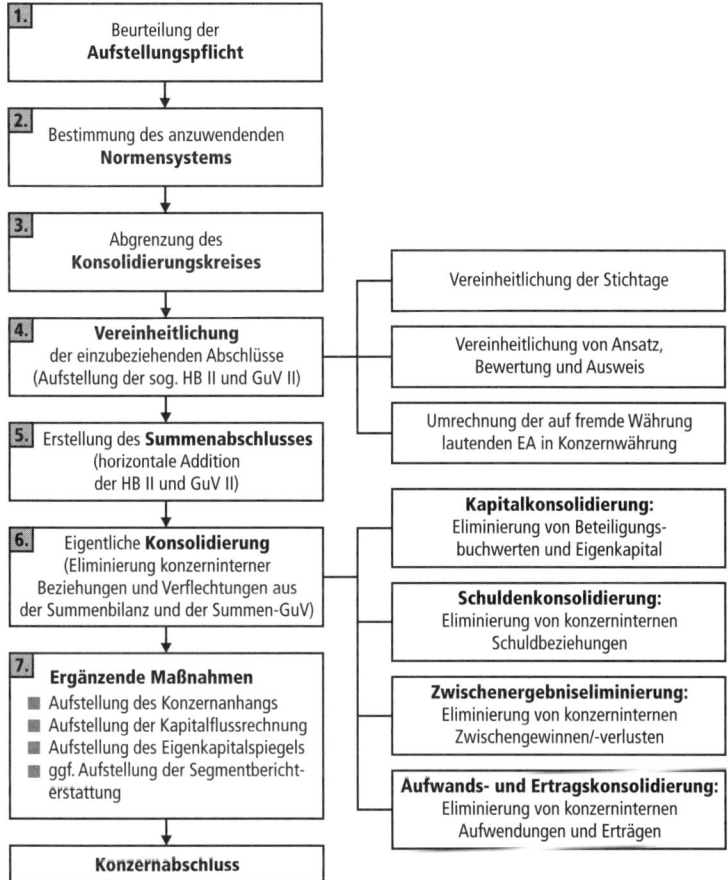

Übersicht I-2: *Schritte der Erstellung eines Konzernabschlusses*

Zunächst muss in einem ersten Schritt geprüft werden, ob ein Mutterunternehmen zur Aufstellung eines Konzernabschlusses verpflichtet ist. Dies ist grundsätzlich der Fall, wenn das Mutterunternehmen gemäß § 290 Abs. 1 Satz 1 unmittel- oder mittelbar einen beherrschenden Einfluss auf ein Tochterunternehmen ausüben kann.[28] Ein Mutterunternehmen kann allerdings von der Pflicht zur Aufstellung befreit werden,

---

28 Zur Aufstellungspflicht für den Konzernabschluss vgl. Kap. III Abschn. 1.

wenn es z. B. die Größenkriterien des § 293 nicht überschreitet[29] oder ausschließlich solche Tochterunternehmen hat, die nach § 296 nicht vollkonsolidierungspflichtig sind.[30]

In einem zweiten Schritt muss das anzuwendende Normensystem bestimmt werden. Grundsätzlich gelten die Vorschriften des HGB für die Erstellung des Konzernabschlusses. Ist ein Mutterunternehmen jedoch kapitalmarktorientiert, so sind im Konzernabschluss gemäß § 315a die IFRS anzuwenden.[31]

Bei der Aufstellung eines Konzernabschlusses ist daran anschließend in einem dritten Schritt im Rahmen der Abgrenzung des **Konsolidierungskreises** zu bestimmen, welche Unternehmen in den Konzernabschluss einzubeziehen sind. Dies sind Unternehmen, die vom Mutterunternehmen beherrscht werden (§ 290 Abs. 2), vorbehaltlich der in § 296 genannten Ausnahmen aus dem Konsolidierungskreis.[32]

Damit der Konzernabschluss dann wie ein „Quasi-Einzelabschluss" der wirtschaftlichen Einheit der einbezogenen rechtlich selbständigen Unternehmen das von der Generalnorm geforderte Bild vermitteln kann, bedarf es eines Regelsystems, d. h., es müssen Vorgaben existieren, wie die in den Konzernabschluss einzubeziehenden Einzelabschlüsse zusammenzufassen sind. Dieses Regelsystem wird durch den **Grundsatz der Einheitlichkeit**[33] beschrieben. Dieser ist indes nicht mit dem Einheitsgrundsatz nach § 297 Abs. 3 Satz 1 zu verwechseln.[34] Die in einem Konzernabschluss zusammenzufassenden Einzelabschlüsse sind nach dem Grundsatz der Einheitlichkeit nach einheitlichen Bilanzierungsregeln zu erstellen (Schritt vier der Konzernabschlusserstellung). Dabei werden die ursprünglichen Einzelabschlüsse der einzubeziehenden Unternehmen als **Handelsbilanzen I** (HB I) und die an konzerneinheitliche Bilanzierungsgrundsätze angepassten Abschlüsse als **Handelsbilanzen II**[35] (HB II) bezeichnet. Die geforderte Einheitlichkeit der HB II umfasst die formelle und die materielle Einheitlichkeit. Bedingung für die formelle Einheitlichkeit sind einheitliche Abschlussstichtage bzw. Berichtsperioden. Zudem müssen der Ausweis und die im Abschluss verwendete Währung einheitlich sein. Die materielle Einheitlichkeit fordert die Einheitlichkeit von Ansatz und Bewertung (**konzerneinheitliche Bilanzierungsgrundsätze**). Die Einheitlichkeit von Ansatz, Bewertung und Ausweis wird i. d. R. durch ausführliche und detaillierte Konzernbilanzierungsrichtlinien und Konzernhandbücher sichergestellt.[36]

---

29 Zur Befreiung von der Aufstellungspflicht vgl. die Größenkriterien des § 293; vgl. Kap. III Abschn. 142.

30 Vgl. VON KEITZ, I./EWELT-KNAUER, C. in: Baetge/Kirsch/Thiele, § 296 HGB, Rn. 181.

31 Zur Bestimmung des anzuwendenden Normensystems vgl. weiterführend Kap. III Abschn. 2.

32 Vgl. zur Abgrenzung des Konsolidierungskreises Kap. III.

33 Vgl. zum Grundsatz der Einheitlichkeit Kap. IV.

34 Vgl. zum Einheitsgrundsatz Kap. II Abschn. 25.

35 Streng genommen ist die Bezeichnung „Handelsbilanz II" zu eng gefasst, weil auch die GuV II und bestimmte Angaben der einbezogenen Unternehmen damit eingeschlossen sind.

36 Vgl. KIRSCH, H.-J./HEPERS, L./DETTENRIEDER, D., in: Baetge/Kirsch/Thiele, § 300 HGB, Rn. 7 sowie Abschn. 5 in diesem Kapitel.

Nachdem die ursprünglichen Einzelabschlüsse (HB I) durch Vereinheitlichung von Stichtagen, Recheneinheit, Ansatz, Bewertung und Ausweis in die HB II transformiert wurden, werden diese (nun einheitlichen) HB II in einem fünften Schritt zum **Summenabschluss** horizontal addiert. Durch diese Addition werden die HB II aller einbezogenen Unternehmen zu einem einzigen Abschluss aggregiert.

Die einzubeziehenden Einzelabschlüsse dürfen indes nicht ohne weitere Korrekturen zum Konzernabschluss zusammengefasst werden. Dies bedeutet, dass der Konzernabschluss nicht das Ergebnis einer einfachen Addition der Einzelabschlüsse darstellt. Vielmehr sind die Einzelabschlüsse anzupassen, bevor sie in den Konzernabschluss übernommen werden können.[37] Nur wenn die Mängel der Einzelabschlüsse korrigiert werden, können sie zu einem Konzernabschluss zusammengefasst werden, der ein der Generalnorm entsprechendes Bild der Vermögens-, Finanz- und Ertragslage des Konzerns vermittelt. Da die Mängel der einzubeziehenden Einzelabschlüsse im Konzernabschluss kompensiert werden sollen, wird diese Vorgehensweise auch als **Kompensation** bezeichnet.[38] Ziel der Kompensation ist es, bei der Zusammenfassung der Einzelabschlüsse zum Konzernabschluss Sachverhalte aus Konzernsicht (neu) zu beurteilen. Dadurch sollen konzerninterne Geschäfte und deren Auswirkungen aus dem Konzernabschluss eliminiert werden. Die Eliminierung von konzerninternen Beziehungen wird als **Konsolidierung** bezeichnet. Sie stellt das zentrale Instrument dar, mit dem der Kompensationszweck erreicht wird.

In einem sechsten Schritt wird daher in diesem aggregierten Summenabschluss die eigentliche **Konsolidierung** vorgenommen, d. h. konzerninterne Beziehungen werden eliminiert, damit der durch die Konsolidierung entstehende Konzernabschluss ein den tatsächlichen Verhältnissen entsprechendes Bild der Vermögens-, Finanz- und Ertragslage **aus Sicht des Konzerns** vermitteln kann. Die Konsolidierung erstreckt sich auf mehrere Teilbereiche und ist dementsprechend im HGB in verschiedenen Konsolidierungsvorschriften normiert:

Die **Kapitalkonsolidierung** ist in § 301 geregelt. Sie dient der Eliminierung der konzerninternen Kapitalverflechtungen.[39] Zu diesem Zwecke sind die beim Mutterunternehmen bilanzierten Buchwerte ihrer Beteiligungen mit den Eigenkapitalanteilen der einbezogenen Unternehmen zu verrechnen. Dies ist notwendig, weil im Summenabschluss sowohl die Beteiligungen des Mutterunternehmens als auch das Eigenkapital als auch die Vermögensgegenstände und Schulden der einzubeziehenden Unternehmen selbst ausgewiesen werden und es somit ohne Konsolidierung zu einer Doppel- bzw. Dreifachzählung käme.

---

37 Vgl. COENENBERG, A. G./HALLER, A./SCHULTZE, W., Jahresabschluss und Jahresabschlussanalyse, S. 632 f.

38 Vgl. zum Kompensationszweck Kap. II Abschn. 124.

39 Vgl. KIRSCH, H.-J./HEPERS, L./EWELT-KNAUER, C., in: Baetge/Kirsch/Thiele, Einf., Rn. 285.

Durch die **Schuldenkonsolidierung** gemäß § 303 sind konzerninterne Schuldbeziehungen zu eliminieren. Ohne Konsolidierung der Schuldbeziehungen würden im Konzernabschluss sowohl die Forderung eines einbezogenen Unternehmens als auch die entsprechende Verbindlichkeit des anderen einbezogenen Unternehmens ausgewiesen.

In § 304 ist die **Zwischenergebniseliminierung** geregelt. Durch sie soll das Realisationsprinzip auch im Konzern beachtet werden. Lieferungen und Leistungen zwischen einzelnen Konzernunternehmen sind als konzernintern zu klassifizieren. Daher sind auch so lange (Konzern-)Anschaffungs- oder Herstellungskosten anzusetzen, bis der Sprung zum konzernexternen Absatzmarkt vollzogen wurde. Aus Konzernsicht noch nicht realisierte Erfolgsbestandteile sind zu eliminieren. Allerdings haben die Bereinigungen der Zwischenergebniseliminierung rein bilanziellen Charakter; Bereinigungen in der GuV werden im Rahmen der Aufwands- und Ertragskonsolidierung vorgenommen.

Durch die in § 305 geregelte **Aufwands- und Ertragskonsolidierung** wird die in der GuV dargestellte Ertragslage des Konzerns von den Auswirkungen konzerninterner Lieferungen und Leistungen sowie anderer konzerninterner Aufwands- und Ertragsbeziehungen bereinigt. Durch diese Bereinigungen soll die Ertragslage des Konzerns aus Sicht der „wirtschaftlichen Einheit Konzern" dargestellt werden.

Zusätzlich zu Konzernbilanz und -GuV sind gemäß § 297 Abs. 1 als Bestandteile des Konzernabschlusses im siebten Schritt der Konzernabschlusserstellung ein Konzernanhang, eine Kapitalflussrechnung und ein Eigenkapitalspiegel zu erstellen. Für die Aufstellung einer Segmentberichterstattung besteht ein Wahlrecht. Im Konzernanhang sind Erläuterungen zu Konzernbilanz und -GuV enthalten sowie Angaben zu einzelnen Positionen; außerdem wird über Bilanzierungs-, Bewertungs- und Konsolidierungsmethoden informiert (§§ 313 und 314). Mit der Kapitalflussrechnung werden verbesserte Informationen über die Finanzlage des Konzerns bereitgestellt. Der Eigenkapitalspiegel stellt die Veränderungen der einzelnen Bestandteile des Eigenkapitals dar und zeigt die Ergebnisverwendung. Der Konzernabschluss kann darüber hinaus um eine Segmentberichterstattung erweitert werden (§ 297 Abs. 1 Satz 2), die die Inhalte des Konzernabschlusses auf homogene wirtschaftliche Teileinheiten disaggregiert.

Neben dem Konzernabschluss muss ein Konzernlagebericht (§ 297 Abs. 1 i. V. m. § 315) aufgestellt werden, der ein den tatsächlichen Verhältnissen entsprechendes Bild des Geschäftsverlaufs und der Lage des Konzerns vermitteln soll.

5 Praktische Organisation der Konzernrechnungslegung

51 Organisation der Aufgabenverteilung bei der Konzernabschluss-erstellung

Die zeitnahe Bereitstellung verlässlicher und auf wesentliche Sachverhalte konzentrierter Informationen über die Vermögens-, Finanz- und Ertragslage des Konzerns ist für die Adressaten des Konzernabschlusses unerlässlich.[40] Gemäß § 290 Abs. 1 Satz 1 müssen der Konzernabschluss und der Konzernlagebericht grundsätzlich innerhalb von fünf Monaten aufgestellt und gemäß § 325 Abs. 3 i. V. m. Abs. 1 Sätze 1 und 2 innerhalb der ersten zwölf Monate nach dem Konzernabschlussstichtag offengelegt werden. Ist das Mutterunternehmen eine kapitalmarktorientierte Kapitalgesellschaft i. S. d. § 264d, so beträgt die Frist zur Aufstellung und Offenlegung vier Monate (§ 290 Abs. 1 Satz 2 sowie § 325 Abs. 4 Satz 1 i. V. m. Abs. 1 Satz 1). Dabei können gerade in internationalen Konzernen sowohl unterschiedliche Rechtsordnungen als auch bestehende Sprachbarrieren die termin- und sachgerechte Erstellung des Konzernabschlusses beeinträchtigen. Aus diesem Grund sind an die Organisation der Aufgabenverteilung bei der Konzernabschlusserstellung besondere Anforderungen zu stellen. Diese betreffen die Zuständigkeit für abschlusspolitische Fragestellungen, die Aufgabenverteilung zwischen der Konzernzentrale und den Konzernunternehmen sowie die Betreuung und Koordination des Prozesses der Konzernabschlusserstellung.[41]

Abschlusspolitische Entscheidungen (z. B. zur Abgrenzung des Konsolidierungskreises) werden grundsätzlich in der Konzernzentrale getroffen. In der Konzernzentrale ist wiederum i. d. R. eine zentrale Konsolidierungsstelle eingerichtet, die mit der Vorbereitung und Kontrolle von Konsolidierungsmaßnahmen sowie ggf. mit der Durchführung von weiteren abschlussorganisatorischen Maßnahmen betraut ist.[42] Es kann sich u. U. jedoch anbieten, möglichst viele Vorarbeiten auf die Ebene der Tochterunternehmen zu verlagern, um die zentrale Konsolidierungsstelle zu entlasten.

52 Organisation der konzerninternen Berichterstattung bei der Konzernabschlusserstellung

Unabhängig von der Organisation der Aufgabenverteilung bedarf es bezüglich der Erstellung des Konzernabschlusses schriftlich fixierter Grund- und Einzelanweisungen über den konzerninternen Informationsfluss.[43] Die Grundanweisungen beziehen sich dabei auf die regelmäßige Berichterstattung mit Dauercharakter und die Einzelanweisungen auf spezielle fallweise Anweisungen, z. B. Terminpläne.[44]

---

40 Vgl. grundlegend zu diesem Abschnitt KIRSCH, H.-J./HEPERS, L./EWELT-KNAUER, C., in: Baetge/Kirsch/Thiele, Einf., Rn. 361-373.

41 Vgl. MARET, J./VOSS, C., Einführung vorbildlicher Konsolidierungsverfahren, S. 109 f.

42 Vgl. zum Aufgabenumfang einer Konsolidierungsstelle ADS, 6. Aufl., Vorbemerkungen zu §§ 290-315 HGB, Rn. 32.

43 Vgl. RUHNKE, K., Erstellung einer internen Konzernrichtlinie, S. 894.

Die interne Konzernrichtlinie als Informationsmedium aller schriftlich fixierten Anweisungen umfasst als wesentliche Bestandteile die Richtlinie zur Durchführung der konsolidierungsvorbereitenden Maßnahmen, die eigentliche Konsolidierungsrichtlinie sowie die Darstellung des einheitlichen Formularwesens.[45]

Die **Richtlinie zur Durchführung der konsolidierungsvorbereitenden Maßnahmen** bezieht sich auf den vierten Arbeitsschritt[46] (Aufstellung der HB II aus den HB I) und regelt die Vereinheitlichung der in den Konzernabschluss einzubeziehenden Abschlüsse. Hierzu enthält diese i. d. R. Hinweise für den Aufbau und Inhalt der HB II sowie Hinweise für die Erstellung eines Kontenzuordnungsplans.[47] Sie umfasst neben der Bilanzierungs- und Bewertungsrichtlinie zur konzerneinheitlichen Ausübung von Ermessensspielräumen und Wahlrechten in den Bereichen Ansatz, Bewertung und Ausweis auch die Richtlinie zur Währungsumrechnung sowie eine Richtlinie zur Behandlung von Steuerlatenzen.

Die **eigentliche Konsolidierungsrichtlinie** regelt den sechsten Arbeitsschritt (Konsolidierung). Neben Anweisungen zur Sammlung konsolidierungsrelevanter Daten für die Erst- und Folgekonsolidierung wird in der Konsolidierungsrichtlinie die konzerneinheitliche Methodik der Konsolidierungsschritte umrissen.[48] Die Anweisungen zur Methodik der Konsolidierungsschritte umfassen z. B. Vorgaben zur

- Kapitalkonsolidierung und der Zuordnung stiller Reserven und stiller Lasten sowie zur Behandlung eines Unterschiedsbetrages in Folgeperioden,
- Organisation der Saldenabstimmung bei der Schuldenkonsolidierung sowie Festlegung des Termins für letzte konzerninterne Zahlungen und Fakturierungen,
- Fortentwicklung von Aufrechnungsdifferenzen aus der Schuldenkonsolidierung,
- Bestimmung der Konten, über die die Bewertungsdifferenzen aus der Zwischenergebniseliminierung zu erfassen sind und zur
- Erfassung von Steuerlatenzen.[49]

Beide, die Arbeitsschritte vier und sechs betreffenden Richtlinien werden durch ein **einheitliches Formularwesen**, z. B. für die Erfassung von Beständen aus konzerninternen Lieferungen für die Zwischenergebniseliminierung, unterstützt. Darüber hinaus enthalten die konzerneinheitlichen Formulare neben der rein quantitativen Datenerfassung auch Raum für verbale Hintergrundinformationen bspw. zu Abweichungen von der konzerneinheitlichen Bewertung aufgrund unterschiedlicher wertbestimmender Faktoren in einem internationalen Konzern.[50]

---

44 Vgl. WEBER-BRAUN, E./WEISS, H.-J./FERLINGS, J., in: Küting/Weber, HdK, 2. Aufl., Kap. II, Rn. 1255.

45 Vgl. m. w. N. RUHNKE, K., Erstellung einer internen Konzernrichtlinie, S. 895-898.

46 Zu den einzelnen Schritten siehe Kap. II Abschn. 32.

47 Vgl. WEBER-BRAUN, E./WEISS, H.-J./FERLINGS, J., in: Küting/Weber, HdK, 2. Aufl., Kap. II, Rn. 1344.

48 Vgl. m. w. N. KIRSCH, H.-J./HEPERS, L./EWELT-KNAUER, C., in: Baetge/Kirsch/Thiele, Einf., Rn. 370.

49 Vgl. RUHNKE, K., Erstellung einer internen Konzernrichtlinie, S. 896 f.

Das Nebeneinander von quantitativen und qualitativen Daten im Rahmen eines einheitlichen Formularwesens ist dabei auch für die Erstellung des Konzernanhangs und des Konzernlageberichts notwendig.

Insgesamt beschleunigt das einheitliche Formularwesen die Abwicklung typischer und wiederkehrender Buchungsfälle und gibt dem Belegfluss eine organisatorische Zwangsläufigkeit.[51]

6 Theorien des Konzernabschlusses

61 Die Bedeutung von Theorien des Konzernabschlusses

Mit den **Bilanztheorien** ist versucht worden – losgelöst von den konkreten rechtlichen Regelungen – unter betriebswirtschaftlichen Überlegungen den Zweck des Jahresabschlusses, dessen Konzeption und bestimmte Details des Jahresabschlusses zu entwickeln.[52] Für den Einzelabschluss sind in der Vergangenheit unterschiedliche Bilanztheorien vorgetragen worden, die in den konkreten gesetzlichen Vorschriften letztlich unterschiedlich stark berücksichtigt wurden.[53] Dazu gehören bspw. die **klassischen Bilanztheorien**, wie die statische, die dynamische und die organische Bilanztheorie.[54] Da der Konzernabschluss aus den zusammengefassten Einzelabschlüssen der Konzernunternehmen besteht, sind diese klassischen Bilanztheorien auch für den konsolidierten Abschluss (Konzernabschluss) bedeutend.

Für den Konzernabschluss sind indes auch eigene Konzernbilanztheorien entwickelt worden. Mit und in ihnen wird versucht, den Zweck des Konzernabschlusses und dessen Konzeption unter Beachtung seiner Eigenart, d. h. der wirtschaftlichen Verbundenheit der Konzernunternehmen, herzuleiten. Gegenstand der Konzernbilanztheorien sind in erster Linie Art und Umfang der Einbeziehung der Einzelabschlüsse von Konzernunternehmen in den Konzernabschluss sowie die Charakterisierung und die daraus folgende Behandlung von Anteilen der an Tochterunternehmen beteiligten Minderheitsgesellschafter. Hierbei ist zwischen zwei Konzernbilanztheorien zu unterscheiden, die ihre Ursprünge Anfang des letzten Jahrhunderts in der US-amerikanischen Konsolidierungspraxis haben. Diese **Ursprünge** wurden im deutschen Schrifttum 1935 wohl zuerst bei BORES[55] ausführlich dargestellt und mit den Begriffen

---

50 Vgl. m. w. N. KIRSCH, H.-J./HEPERS, L./EWELT-KNAUER, C., in: Baetge/Kirsch/Thiele, Einf., Rn. 372.

51 Vgl. ADS, 6. Aufl., Vorbemerkungen zu §§ 290-315 HGB, Rn. 36.

52 Vgl. BAETGE, J./KIRSCH, H.-J./THIELE, S., Bilanzen, Kap. I Abschn. 3.

53 Vgl. ausführlich MOXTER, A., Bilanzlehre, Bd. I, S. 5-79.

54 Vgl. zu den klassischen Bilanztheorien ausführlich BAETGE, J./KIRSCH, H.-J./THIELE, S., Bilanzen, Kap. I Abschn. 3.

55 Vgl. BORES, W., Konsolidierte Erfolgsbilanzen, S. 129-141.

„**Einheitstheorie**"[56] und „**Interessentheorie**"[57] belegt. Im jüngeren Schrifttum[58] sind die Ursprünge der Konzernabschlusstheorien eingehend interpretiert und dadurch erweitert worden.

62 Die Einheitstheorie

Die Vertreter der Einheitstheorie[59] („entity" point of view) gehen von dem Gedanken aus, dass die Mehrheitsgesellschafter im Konzern (Gesellschafter der Konzernobergesellschaft) ihre Interessen aufgrund ihres beherrschenden Einflusses gegenüber den Minderheitsgesellschaftern der Tochtergesellschaften durchsetzen können.[60] Bei der Konzeption des Konzernabschlusses nach der Einheitstheorie werden deshalb die Interessen der Minderheitsgesellschafter vernachlässigt. Dementsprechend wird eine homogene Interessenlage aller Anteilseigner unterstellt.[61] Die **Minderheitsgesellschafter** werden aufgrund ihrer Abhängigkeit als **konzernzugehörige Gesellschafter** und nicht als Konzernaußenstehende betrachtet.[62] Bei der Interpretation der Einheitstheorie werden deshalb jegliche Anteilseigner konzernzugehöriger Unternehmen, unabhängig davon, ob es sich um Minderheitsgesellschafter oder Mehrheitsgesellschafter des Mutterunternehmens oder der Tochterunternehmen handelt, als Anteilseigner des Konzerns gesehen. Die Minderheitsgesellschafter gelten deshalb nicht als Fremdkapitalgeber, sondern als **Eigenkapitalgeber des Konzerns**.[63]

Ausgehend von diesen Grundgedanken besteht der **Zweck des Konzernabschlusses** nach Ansicht der Einheitstheoretiker darin, „die Vermögens- und Ertragslage des Konzerns als einer speziellen Einheit dar[zustellen; Ergänzung durch die Verfasser]. Der Gesichtspunkt der herrschenden Gesellschaft hat hinter dem der Einheit, Kon-

---

56 Vertreter der Einheitstheorie sind KESTER, R. B., Accounting Theory, Bd. II, S. 561 f.; HOFFMANN, A., Die Konzern-Bilanz, S. 54-59; BORES, W., Konsolidierte Erfolgsbilanzen, S. 138 f.

57 Vertreter der Interessentheorie aus dem frühen US-amerikanischen Schrifttum sind CARSON, G. C., Elimination of Intercompany Profits, S. 1-6 und S. 390 f.; MONTGOMERY, R. H., Auditing Theory and Practice, S. 350; SUNLEY, W. T., Minority Interests in Inter-company Profits, S. 350-355; SUNLEY, W. T., Intercompany Profits, S. 310-313; BELL, W. H., Accountants' Reports, S. 195-199.

58 Vgl. DREGER, K.-M., Der Konzernabschluß, S. 41-44; WENTLAND, N., Die Konzernbilanz, S. 44-72; RUPPERT, B., Währungsumrechnung, S. 19.

59 Vgl. KESTER, R. B., Accounting Theory, Bd. II, S. 561 f.; HOFFMANN, A., Die Konzern-Bilanz, S. 54-59; BORES, W., Konsolidierte Erfolgsbilanzen, S. 138 f.

60 Vgl. BORES, W., Konsolidierte Erfolgsbilanzen, S. 136.

61 Vgl. BORES, W., Konsolidierte Erfolgsbilanzen, S. 130.

62 Vgl. BORES, W., Konsolidierte Erfolgsbilanzen, S. 136.

63 Vgl. die Darstellung der Einheitstheorie bei DREGER, K.-M., Der Konzernabschluß, S. 41; ADS, 6. Aufl., Vorbemerkungen zu §§ 290-315 HGB, Rn. 19-25; SCHILDBACH, T., Der Konzernabschluss, S. 44-45.

zern' zurückzutreten."[64] Wie in einem einheitlichen Unternehmen soll die Konzernbilanzierung – aufgrund der homogenen Interessenlage aller Gesellschafter – nicht von der Gesellschafterkonstellation abhängen.[65]

Aus der unterstellten homogenen Interessenlage aller Konzernanteilseigner ziehen die Vertreter der Einheitstheorie[66] die Konsequenz, dass die von der Konzernobergesellschaft beherrschten Tochterunternehmen nach dem sog. „Bruttoverfahren"[67] vollständig in den Konzernabschluss einzubeziehen sind. Nach dem Bruttoverfahren sind in den Konzernabschluss sämtliche Vermögensgegenstände und Schulden, Aufwendungen und Erträge der Tochterunternehmen zu 100 % zu übernehmen – unabhängig vom Beteiligungsanteil des Mutterunternehmens.[68] Das Bruttoverfahren qualifiziert also auch die den Minderheitsgesellschaftern zuzurechnenden Anteile am Vermögen, an den Schulden sowie an den Aufwendungen und Erträgen der Tochterunternehmen als konzernzugehörig.[69] Geschäfte innerhalb des Konzerns gelten als mit sich selbst abgeschlossen. Sie sind nach der Einheitstheorie vollständig zu eliminieren.[70] Der Schritt, konzerninterne Beziehungen aus den zu einem sog. Summenabschluss zusammengefassten Einzelabschlüssen der Konzernunternehmen herauszurechnen, wird als Konsolidierung bezeichnet.[71] Die mit der vollständigen Einbeziehung aller Tochterunternehmen verbundene vollständige Eliminierung konzerninterner Beziehungen nennt man Vollkonsolidierung.

63   Die Interessentheorie

631.   Der interessentheoretische Grundgedanke

Die ursprünglichen Gedanken der Interessentheorie[72] („parent company" point of view) wurden im deutschen Schrifttum zuerst bei BORES[73] dargestellt. Das wesentliche Kennzeichen der Interessentheorie besteht danach darin, „daß die Interessen der Mehrheitsaktionäre und der Minderheiten an der gemeinsamen Organisation nicht

---

64 DREGER, K.-M., Der Konzernabschluß, S. 41.

65 Vgl. IDW (Hrsg.), WP-Handbuch 2012, Bd. I, Rn. M 6.

66 Vgl. KESTER, R. B., Accounting Theory, Bd. II, S. 561 f.; BORES, W., Konsolidierte Erfolgsbilanzen, S. 139.

67 Vgl. zum Begriff DREGER, K.-M., Der Konzernabschluß, S. 43.

68 Vgl. HOFFMANN, A., Die Konzern-Bilanz, S. 55 f.

69 Vgl. BORES, W., Konsolidierte Erfolgsbilanzen, S. 139.

70 Vgl. BORES, W., Konsolidierte Erfolgsbilanzen, S. 136 und 139.

71 Vgl. EVERLING, W., Konzernrechnungslegung, S. 61; SCHILDBACH, T., Der Konzernabschluss, S. 137. Wie sich der Konzernabschluss aus den Einzelabschlüssen der Konzernunternehmen ergibt, wird in Kap. IV Abschn. 1 dargestellt.

72 Vertreter der Interessentheorie sind CARSON, G. C., Elimination of Intercompany Profits, S. 1-6 und S. 390 f.; MONTGOMERY, R. H., Auditing Theory and Practice, S. 350; SUNLEY, W. T., Minority Interests in Inter-company Profits, S. 350-355; SUNLEY, W. T., Intercompany Profits, S. 310-313; BELL, W. H., Accountants' Reports, S. 195-199.

73 Vgl. BORES, W., Konsolidierte Erfolgsbilanzen, S. 129-139. BORES lehnt als Vertreter der Einheitstheorie die Interessentheorie ab.

gleichgerichtet sind, sondern auseinanderlaufen"[74]. Der Konzernabschluss zeigt nach der Interessentheorie „die ‚Interessen der Mehrheits- (oder Kontrollgesellschafts-)Aktionäre und der Minderheitsaktionäre an den gesamten Aktiva einer Gruppe von Unternehmungen'. Hier geht man von dem Gedanken aus, daß konsolidierte Aufstellungen Kombinationen auseinanderlaufender Interessen darstellen, von denen die Mehrheitsaktionäre die größere Bedeutung haben."[75] Grundlegend für die Interessentheorie ist somit der **Interessengegensatz** zwischen den Mehrheitsgesellschaftern und den Minderheitsgesellschaftern eines Konzerns. Die **Minderheitsgesellschafter** werden nach dieser Theorie als **Konzernaußenstehende** betrachtet.[76] Die Interessentheoretiker[77] sehen den **Zweck des Konzernabschlusses** darin, „daß konsolidierte Aufstellungen den Mehrheitsaktionären ein Bild der wirtschaftlichen Einheit vom Standpunkte der Mehrheitsaktionäre aus gewähren sollten"[78]. Danach ist der **Konzernabschluss als erweiterte Bilanz des Mutterunternehmens** anzusehen.

Nach der Interessentheorie sind die **Minderheitsgesellschafter** der abhängigen Unternehmen ausschließlich am Einzelabschluss ihres Unternehmens interessiert.[79] Aus Konzernsicht werden diese Anteilseigner im Gegensatz zur Einheitstheorie nicht als Eigenkapitalgeber, sondern als **Fremdkapitalgeber** betrachtet.[80] Ihre Anteile am Konzern entsprechen einer Quasi-Verbindlichkeit des Konzerns.

Aufbauend auf diesen Gedanken sind zwei **Ausprägungen der Interessentheorie** entwickelt worden, die hier als Interessentheorie mit partieller Konsolidierung und als Interessentheorie mit Vollkonsolidierung bezeichnet werden. Der Unterschied zwischen beiden Ausprägungen besteht in der theoretischen Gestaltung des konsolidierten Abschlusses. Nach der Interessentheorie mit partieller Konsolidierung soll der Konzernabschluss den Mehrheitsgesellschaftern den hinter ihrer Beteiligung stehenden Besitz zeigen. Nach der Interessentheorie mit Vollkonsolidierung soll der Konzernabschluss den Mehrheitsgesellschaftern dagegen die hinter ihrer Beteiligung stehende wirtschaftliche Verfügungsmacht bzw. die wirtschaftliche Einheit zeigen. Im Folgenden werden beide Ausprägungen der Interessentheorie dargestellt.

---

74 Bores, W., Konsolidierte Erfolgsbilanzen, S. 130.

75 Bores, W., Konsolidierte Erfolgsbilanzen, S. 138.

76 Vgl. Sunley, W. T., Minority Interests in Inter-company Profits, S. 350.

77 Vgl. Carson, G. C., Elimination of Intercompany Profits, S. 1-6 und S. 390 f.; Montgomery, R. H., Auditing Theory and Practice, S. 350; Sunley, W. T., Minority Interests in Inter-company Profits, S. 350-355; Sunley, W. T., Intercompany Profits, S. 310-313; Bell, W. H., Accountants' Reports, S. 195-199.

78 Bores, W., Konsolidierte Erfolgsbilanzen, S. 130.

79 Vgl. Wöhe, G., Bilanzierung und Bilanzpolitik, S. 908.

80 Vgl. Dreger, K.-M., Der Konzernabschluß, S. 41; ADS, 6. Aufl., Vorbemerkungen zu §§ 290-315 HGB, Rn. 22; Wöhe, G., Bilanzierung und Bilanzpolitik, S. 908; Schindler, J., Kapitalkonsolidierung, S. 35.

632. Die Interessentheorie mit partieller Konsolidierung

Aus dem Interessengegensatz zwischen den Gesellschaftergruppen schließt ein Teil der Vertreter[81] der klassischen Interessentheorie, dass die aus konzerninternen Geschäftsbeziehungen stammenden Zwischenergebnisse nicht vollständig, sondern nur in Höhe des Anteils der Mehrheitsgesellschafter zu eliminieren sind. Sie betrachten die den Minderheitsgesellschaftern zuzurechnenden Zwischenergebnisse als mit der Umwelt realisiert.[82] Die den klassischen Vertretern nachfolgenden Interpretatoren[83] der Interessentheorie mit partieller Konsolidierung gehen sogar noch weiter. Nach ihrer Interpretation sollen – zusätzlich zur Zwischenergebniseliminierung – die Anteilseigner des Mutterunternehmens dem konsolidierten Abschluss entnehmen können, welche Teile des Vermögens und des Erfolges der beherrschten Tochterunternehmen ihnen selbst zuzurechnen sind. Der Konzernabschluss ist nach ihrer Ansicht nach dem „**Nettoverfahren**"[84] aufzustellen. Vermögensgegenstände und Schulden der durch die Konzernobergesellschaft beherrschten Tochterunternehmen sowie deren Aufwendungen und Erträge sind danach nur anteilig entsprechend der Beteiligungsquote des Mutterunternehmens in den Konzernabschluss aufzunehmen. Die Anteile der Minderheitsgesellschafter am Eigenkapital der einbezogenen Tochterunternehmen werden im Konzernabschluss nicht berücksichtigt, da die auf Minderheitsgesellschafter entfallenden Anteile als nicht zum Konzern gehörig betrachtet werden. Entsprechend werden Minderheitenanteile nach der Interessentheorie mit partieller Konsolidierung im Konzernabschluss nicht ausgewiesen. Konzerninterne Beziehungen sind demgemäß nur in Höhe der Beteiligungsquote zu eliminieren, da die auf die Minderheiten entfallenden Anteile an Geschäften mit Konzernunternehmen als mit Konzernaußenstehenden realisiert angesehen werden.[85] Diese Form, Tochterunternehmen zu berücksichtigen, wird nach der Interessentheorie mit partieller Konsolidierung als Quotenkonsolidierung bezeichnet.

Im handelsrechtlichen Konzernabschluss ist keine Quotenkonsolidierung für Tochterunternehmen, sondern lediglich eine Quotenkonsolidierung (als Wahlrecht) für Gemeinschaftsunternehmen vorgesehen.[86]

---

81 Vgl. CARSON, G. C., Elimination of Intercompany Profits, S. 1-6 und 390 f.; MONTGOMERY, R. H., Auditing Theory and Practice, S. 350; SUNLEY, W. T., Minority Interests in Intercompany Profits, S. 350-355; SUNLEY, W. T., Intercompany Profits, S. 310-313; BELL, W. H., Accountants' Reports, S. 192.

82 Vgl. SUNLEY, W. T., Intercompany Profits, S. 313; CARSON, G. C., Elimination of Intercompany Profits, S. 5.

83 Vgl. OBERST, O., Beitrag zur Frage der Konzernbilanz, S. 210; FUCHS, H./GERLOFF, O., Die konsolidierte Bilanz, S. 70-74; DREGER, K.-M., Der Konzernabschluß, S. 41-43; ADS, 6. Aufl., Vorbemerkungen zu §§ 290-315 HGB, Rn. 21.

84 Vgl. zum Begriff DREGER, K.-M., Der Konzernabschluß, S. 43.

85 Vgl. BORES, W., Konsolidierte Erfolgsbilanzen, S. 129-139; DREGER, K.-M., Der Konzernabschluß, S. 41-43.

86 Vgl. zur Quotenkonsolidierung ausführlich Kap. VI.

633. Die Interessentheorie mit Vollkonsolidierung

Im jüngeren Schrifttum[87] wird die Interessentheorie neu interpretiert, wobei die Gegensätze zwischen der Interessen- und der Einheitstheorie abgebaut werden.[88] Der neue Ansatz beruht auf der grundlegenden These der Interessentheorie, dass sich der Konzernabschluss an die Gesellschafter des herrschenden Unternehmens richtet. Konzernabschlussadressaten sind danach ausschließlich die Anteilseigner des Mutterunternehmens.[89] Im Gegensatz zu der im vorigen Abschnitt erläuterten Interessentheorie mit partieller Konsolidierung beachtet der neue interessentheoretische Ansatz indes die **wirtschaftliche Einheit der Konzernunternehmen** auch als das relevante Objekt für die Anteilseigner des Mutterunternehmens. Die Konzernleitung kann aufgrund der wirtschaftlichen Abhängigkeit der beherrschten Tochterunternehmen über deren gesamte Vermögensgegenstände und Schulden verfügen und durch konzerninterne Geschäfte Kapital, Liquidität und Ergebnisse verlagern. Eine Quotenkonsolidierung der Tochterunternehmen ist deshalb nach dieser neueren Interpretation der Interessentheorie für die Anteilseigner der Konzernobergesellschaft nicht aussagefähig und verfehlt damit das grundlegende Ziel der Interessentheorie. Das neuere Schrifttum ist der – wie wir meinen – überzeugenden Ansicht, dass in einem Konzernabschluss gemäß der Interessentheorie Tochterunternehmen vollkonsolidiert werden müssen.[90] Die theoretische Gestaltung des Konzernabschlusses nach diesem neuen interessentheoretischen Ansatz (**Interessentheorie mit Vollkonsolidierung**) ist daher mit der Gestaltung des Konzernabschlusses nach der Einheitstheorie vergleichbar.

64 Kritische Würdigung der Einheitstheorie und der Interessentheorie

Nach der **Einheitstheorie** wird der Konzernabschluss als einheitliches oder gemeinsames Rechenschaftsinstrument gegenüber den Mehrheitsgesellschaftern und Minderheitsgesellschaftern des Konzerns gesehen.[91] Nach den beiden Ausprägungen der **Interessentheorie** sind ausschließlich die Mehrheitsgesellschafter, d. h. die Anteils-

---

87 Vgl. DREGER, K.-M., Der Konzernabschluß, S. 42-44; BARTHOLOMEW, E. G./BROWN, A./MUIS, J. W., Konzernabschlüsse in Europa, S. 26 f.; ausführlich RUPPERT, B., Währungsumrechnung, S. 19. Da diese Autoren aus der Interessentheorie letztlich die gleiche Gestaltung des Konzernabschlusses herleiten, die sich auch aus der Einheitstheorie ergibt, sollten sie weder als Vertreter der Interessentheorie noch der Einheitstheorie, sondern als Befürworter der Vollkonsolidierung für beherrschte Konzernunternehmen bezeichnet werden.

88 Bei der Interessentheorie mit Vollkonsolidierung sind das Parent-Company-Konzept und das Parent-Company-Extension-Konzept zu unterscheiden. Im Gegensatz zum Parent-Company-Extension-Konzept werden beim Parent-Company-Konzept z. B. stille Reserven nur in Höhe des Anteils des Mutterunternehmens aufgedeckt und Zwischenergebnisse nur anteilig eliminiert. Ausführlich zur Einheits- und Interessentheorie vgl. HENDLER, M., Interessentheorie und Einheitstheorie, S. 21-50.

89 Vgl. DREGER, K.-M., Der Konzernabschluß, S. 43; BARTHOLOMEW, E. G./BROWN, A./MUIS, J. W., Konzernabschlüsse in Europa, S. 26.

90 Vgl. DREGER, K.-M., Der Konzernabschluß, S. 43; BARTHOLOMEW, E. G./BROWN, A./MUIS, J. W., Konzernabschlüsse in Europa, S. 27; RUPPERT, B., Währungsumrechnung, S. 19.

91 Vgl. BORES, W., Konsolidierte Erfolgsbilanzen, S. 138.

eigner der Konzernobergesellschaft, Konzernabschlussadressaten.[92] Andere Gruppen möglicher Konzernabschlussadressaten, deren wirtschaftliche Entscheidungen wesentlich von der Lage des Konzerns abhängen – etwa Gläubiger und Arbeitnehmer –, sind weder nach der Einheitstheorie noch nach der Interessentheorie Adressaten des konsolidierten Abschlusses, obwohl diese Gruppen ein ähnlich begründbares und schutzwürdiges Interesse am Konzernabschluss haben wie die Anteilseigner.

Die aus der Einheitstheorie und den beiden interessentheoretischen Ansätzen resultierende Gestaltung des Konzernabschlusses gilt lediglich für die vom Mutterunternehmen durch Mehrheitsbeteiligung oder auf anderem Wege beherrschten Konzernunternehmen.[93] Wie andere Formen von Unternehmensverbindungen im konsolidierten Abschluss berücksichtigt werden können, wird von den Konzernabschlusstheoretikern nicht diskutiert. So werden Gemeinschaftsunternehmen (z. B. Joint Ventures) bei der Gestaltung des konsolidierten Abschlusses in beiden Theorien nicht berücksichtigt.[94]

Die Gestaltung des konsolidierten Abschlusses nach der Einheitstheorie ist mit der Gestaltung nach der Interessentheorie mit Vollkonsolidierung in weiten Teilen identisch. Wie wir später bei der Behandlung des Konzernabschlusses im Rechtssinne sehen werden, ist es aus diesem Grund zumeist nicht möglich, konkrete gesetzliche Vorschriften des HGB für den Konzernabschluss eindeutig der Einheitstheorie oder der Interessentheorie mit Vollkonsolidierung zuzuordnen. Lediglich zwei gesetzliche Vorschriften sind den Theorien zuordenbar. Auf sie wird bereits an dieser Stelle kurz eingegangen.

Die eine Vorschrift (§ 301 Abs. 3) regelt den Ausweis des bei der Kapitalkonsolidierung entstehenden **Geschäfts- oder Firmenwertes (GoF)**.[95] Danach ist in der Konzernbilanz ausschließlich der auf die Mehrheitsgesellschafter entfallende GoF auszuweisen. Diese Vorschrift ist der Interessentheorie mit partieller Konsolidierung der Tochterunternehmen eher zuzuordnen als der Interessentheorie mit Vollkonsolidierung oder der Einheitstheorie; die Konzernbilanz soll nur die den Mehrheitsgesellschaftern zuzurechnenden Anteile des GoF zeigen. Nach der Interessentheorie mit Vollkonsolidierung wäre der auf die Minderheitsgesellschafter entfallende GoF zusätzlich separat auszuweisen.[96] Nach der Einheitstheorie wäre der auf die Mehr-

---

92 Vgl. die Darstellung der Interessentheorie bei BORES, W., Konsolidierte Erfolgsbilanzen, S. 130.

93 Vgl. die Darstellung der Theorien bei BORES, W., Konsolidierte Erfolgsbilanzen, S. 129-139. Im Zusammenhang mit der Einheits- und Interessentheorie werden ausnahmslos die Interessen der Mehrheitsgesellschafter und der beherrschten Minderheitsgesellschafter differenziert. Dieses Beherrschungsverhältnis ist indes nur bei vollständig abhängigen Konzernunternehmen (Tochterunternehmen) gegeben.

94 BORES lehnt als Vertreter der Einheitstheorie die Konsolidierung von Gemeinschaftsunternehmen ab; vgl. BORES, W., Konsolidierte Erfolgsbilanzen, S. 8.

95 Siehe hierzu ausführlich Kap. V Abschn. 126.2.

96 IFRS 3 (rev. 2008) sieht in IFRS 3.19 ein Wahlrecht bezüglich der Aktivierung des auf die Minderheitsaktionäre entfallenden Teils des GoF vor.

heitsgesellschafter und die Minderheitsgesellschafter entfallende GoF in einem Bilanzposten zusammengefasst auszuweisen. Beide letztgenannten Lösungen sind beim Konzernabschluss im Rechtssinne indes nicht zulässig.[97]

Die andere den Theorien zuordenbare Vorschrift regelt die Behandlung der Anteile nicht beherrschender Gesellschafter im Konzernabschluss (§ 307).[98] Diese Anteile am Eigenkapital der Tochterunternehmen sind nach § 307 Abs. 1 **separat im Eigenkapital** des Konzernabschlusses unter dem Posten „**Nicht beherrschende Anteile**" auszuweisen. Der Ausweis als Eigenkapital hat einheitstheoretischen Charakter, doch wäre es aus einheitstheoretischer Sicht nicht erforderlich, Minderheitenanteile gesondert auszuweisen, da nach der Einheitstheorie Mehrheitsgesellschafter und Minderheitsgesellschafter gleich zu behandelnde Konzernanteilseigner sind. Wären die Anteile der Minderheitsgesellschafter nach der Interessentheorie mit partieller Konsolidierung zu bilanzieren, so müssten die Anteile der Minderheitsgesellschafter als Fremdkapital Konzernaußenstehender ausgewiesen werden und die ihnen zurechenbaren Vermögensgegenstände und Schulden würden im Konzernabschluss nicht gezeigt. Die Behandlung der Anteile anderer Gesellschafter gemäß § 307 entspricht am ehesten dem Konzept der Interessentheorie mit Vollkonsolidierung, da eine Trennung von Mehrheits- und Minderheitsgesellschaftern vorgenommen wird, der Konzernabschluss aber dennoch die Vermögensgegenstände und Schulden des Tochterunternehmens in ihrer Gesamtheit erfasst.

7 Die Vorschriften zur Konzernrechnungslegung im Überblick

71 Die EG-Richtlinie(-n) als Grundlage der deutschen Konzernrechnungslegungsvorschriften

Nachdem die Konzernabschlusstheorien und die rechtlichen Grundlagen für den handelsrechtlichen Konzernabschluss dargestellt wurden, beschäftigen wir uns nun mit dem **Konzernabschluss im Rechtssinne**. In diesem Abschnitt wird deshalb zunächst ein Überblick über die rechtlichen Vorschriften gegeben, die dem handelsrechtlichen Konzernabschluss zugrunde liegen.

Am 13.06.1983 wurde im Ministerrat der damaligen EG die 7. Gesellschaftsrechtliche EG-Richtlinie – die sog. **Konzernbilanzrichtlinie**[99] – beschlossen. Die 7. EG-Richtlinie verpflichtete die Mitgliedstaaten der EU, ihre nationalen gesetzlichen Vor-

---

97 Der von den Minderheitsgesellschaftern für ihre Beteiligung gezahlte Kaufpreis ist nicht bekannt. Deshalb könnte der GoF der Minderheitsgesellschafter allenfalls durch Hochrechnung des GoF der Mehrheitsgesellschafter auf 100 % ermittelt werden. Dieses Vorgehen würde indes gegen den Grundsatz der Pagatorik verstoßen und ist somit im HGB-Konzernabschluss nicht zulässig, vgl. SCHINDLER, J., Kapitalkonsolidierung, S. 188-194.

98 Siehe hierzu ausführlich Kap. V Abschn. 127.

99 Im Folgenden wird der Ausdruck „7. EG-Richtlinie" verwendet.

schriften zur Konzernrechnungslegung den Vorgaben der Richtlinie anzugleichen. Die Harmonisierung der europäischen Konzernrechnungslegung zielte und zielt nach wie vor darauf ab, Konzernabschlüsse aus unterschiedlichen EG-Staaten vergleichbar zu machen.[100] Als Element der rechtlichen Rahmenbedingungen dient die Harmonisierung der Konzernrechnungslegung dem übergeordneten Ziel, den Zusammenschluss der europäischen Mitgliedstaaten und die Realisierung des europäischen Binnenmarktes zu unterstützen. Die neue EU-Richtlinie 2013/34/EU vom 26.06.2013 fasst die Regelungen der 4. und 7. EG-Richtlinie künftig zusammen.

Mit dem **Bilanzrichtlinien-Gesetz (BiRiLiG)** vom 19.12.1985 wurde u. a. die 7. EG-Richtlinie über die Rechnungslegung von Konzernen in deutsches Recht umgesetzt. Zwar waren in Deutschland bereits vor dem BiRiLiG Vorschriften zur Konzernrechnungslegung im Aktiengesetz vorhanden. Diese haben den Kreis der konsolidierungspflichtigen Unternehmen indes sehr eingeschränkt. Das AktG a. F.[101] verpflichtete ausschließlich AG und KGaA, einen Konzernabschluss aufzustellen. Außerdem mussten Konzernobergesellschaften in der Rechtsform der GmbH, die eine Untergesellschaft in der Rechtsform der Aktiengesellschaft oder der Kommanditgesellschaft auf Aktien besaßen, einen konsolidierten Abschluss aufstellen. Unabhängig von der Rechtsform waren auch Mutterunternehmen nach § 11 PublG zur Konzernrechnungslegung verpflichtet, wenn der Konzern bestimmte in der Vorschrift genannte Größenkriterien erfüllte. Nach AktG a. F. waren grundsätzlich nur Konzernunternehmen mit Sitz im Inland in den Konzernabschluss einzubeziehen. Aufgrund derart umfangreicher Einschränkungen waren die Konzernabschlüsse nach AktG a. F. wenig aussagefähig. Die Vorschriften des AktG a. F. zum Konzernabschluss waren ein erster Versuch, die Konzernrechnungslegung umfassend zu regeln.[102]

Nach der Umsetzung der 7. EG-Richtlinie in das HGB ist die Aussagefähigkeit und auch die Bedeutung von Konzernabschlüssen erheblich gewachsen. Die Bedeutung der Konzernabschlüsse ist vor allem dadurch gestiegen, dass das BiRiLiG die Aufstellungspflicht für Konzernabschlüsse beträchtlich ausgeweitet hat. Auch Konzernobergesellschaften in der Rechtsform der GmbH sind nunmehr grundsätzlich aufstellungspflichtig. Die Aussagefähigkeit von Konzernabschlüssen ist u. a. durch das **Weltabschlussprinzip** gestiegen. Danach sind Konzernunternehmen – vorbehaltlich bestimmter Ausnahmen – unabhängig von ihrem Heimatland bzw. ihrem Unternehmenssitz in den Konzernabschluss aufzunehmen.[103] Darüber hinaus ist die Aussagefähigkeit des Konzernabschlusses dadurch gewachsen, dass im BiRiLiG das im alten Recht gültige Prinzip der Maßgeblichkeit der Einzelabschlüsse für den Konzernabschluss durch die **Grundsätze der Einheitlichkeit von Ansatz und Bewertung im Konzernabschluss** ersetzt wurde.[104] Die zwischenbetriebliche Vergleichbarkeit der

---

100 Vgl. BUSSE VON COLBE, W. U. A., Konzernabschlüsse, S. 12.

101 Der Begriff AktG a. F. beschreibt den Stand des Aktiengesetzes vor Einführung des BiRiLiG im Jahr 1985.

102 Vgl. HERRMANN, E., in: Küting/Weber, HdK, 1. Aufl., Kap. I, Rn. 2.

103 Siehe ausführlich Kap. III Abschn. 32.

104 Siehe ausführlich Kap. IV.

Konzernabschlüsse ist dadurch erheblich gewachsen.[105] Das neue Konzernrechnungslegungsrecht misst dem **Grundsatz der zwischenbetrieblichen Vergleichbarkeit** demnach eine große Bedeutung zu, wobei diese Vergleichbarkeit auch mit den Einzelabschlüssen nicht konzernzugehöriger Kapitalgesellschaften gewährleistet wird. Dies ergibt sich aus dem Bedeutungszusammenhang der gesetzlichen Vorschriften: Denn nach § 298 Abs. 1 sind die im Einzelabschluss für große Kapitalgesellschaften geltenden Vorschriften – abgesehen von wenigen Ausnahmen – ebenfalls im Konzernabschluss anzuwenden. Die Übernahme dieser Vorschriften stellt so die zwischenbetriebliche Vergleichbarkeit zwischen dem Konzernabschluss und den Einzelabschlüssen nicht konzernzugehöriger Kapitalgesellschaften sicher.

Der deutsche Gesetzgeber hat mit dem BiRiLiG die damals geltenden Vorschriften zur Konzernrechnungslegung (AktG a. F.) allerdings nicht in dem nach der 7. EG-Richtlinie möglichen Umfang erneuert. Restriktive Vorschriften wurden nicht in das deutsche Konzernrechnungslegungsrecht aufgenommen, stattdessen wurden nahezu alle in der 7. EG-Richtlinie eingeräumten Wahlrechte im HGB zugelassen.[106] Diese Wahlrechte haben die Vergleichbarkeit deutscher Konzernabschlüsse untereinander, aber auch im internationalen Vergleich, eingeschränkt und damit die oben erwähnten Grundsätze der Einheitlichkeit von Ansatz und Bewertung teils ausgehebelt und damit einen gegenläufigen Effekt bezüglich der Aussagefähigkeit des Konzernabschlusses bewirkt. Der Gesetzgeber hat auf diese sich im Rahmen der Internationalisierung der Wirtschaft verschärfende Problematik reagiert und im Rahmen des Transparenz- und Publizitätsgesetzes[107] (TransPuG) sowie des Bilanzrechtsmodernisierungsgesetzes[108] (BilMoG) eine Reihe von Wahlrechten (z. B. die Möglichkeit der Kapitalkonsolidierung nach der Buchwertmethode) gestrichen, wodurch die Vergleichbarkeit und damit die Aussagefähigkeit des Konzernabschlusses erhöht wurde.[109]

Während die 7. EG-Richtlinie bzw. die neue EU-Richtlinie 2013/34/EU den Rahmen für die Vorschriften zur Konzernrechnungslegung des HGB bildet, sind kapitalmarktorientierte Mutterunternehmen nach der **EG-Verordnung betreffend die Anwendung internationaler Rechnungslegungsstandards** dazu verpflichtet, den Konzernabschluss nach IFRS aufzustellen.[110]

Im folgenden Abschnitt werden nun die Regelungen des HGB zum Konzernabschluss und zum Konzernlagebericht im Überblick dargestellt.

---

105 Die Vergleichbarkeit wird indes eingeschränkt durch die in § 308 Abs. 2 zugelassenen Ausnahmen vom Grundsatz der einheitlichen Bewertung; zu diesen Ausnahmen siehe ausführlich Kap. IV Abschn. 324.

106 Vgl. HERRMANN, E., in: Küting/Weber, HdK, 2. Aufl., Kap. I, Rn. 4.

107 In Kraft getreten am 25.7.2002; vgl. dazu HUCKE, A./AMMANN, H., Modernisierung des Unternehmensrechts, S. 694.

108 Das BilMoG wurde am 28.05.2009 im Bundesgesetzblatt bekannt gemacht; vgl. BGBl. I 2009, Nr. 27, S. 1102-1137.

109 Vgl. BT-Drucksache 16/10067, S. 36.

110 Vgl. Abschn. 75 in diesem Kapitel.

72 Die Vorschriften des HGB und des PublG zur Konzernrechnungslegung

Der **Zweite Unterabschnitt im Zweiten Abschnitt des Dritten Buches des HGB** dokumentiert mit den §§ 290-315 die handelsrechtlichen Vorschriften über den Konzernabschluss und den Konzernlagebericht. Der **Erste Titel** zum Anwendungsbereich der Vorschriften regelt in den §§ 290-293, wer einen Konzernabschluss aufstellen muss und welche Umstände zur Befreiung von der Aufstellungspflicht führen. Zur Aufstellung eines Konzernabschlusses sind Mutterunternehmen i. S. d. § 290 verpflichtet, also Kapitalgesellschaften mit Sitz im Inland, die einen beherrschenden Einfluss gemäß § 290 Abs. 1 auf mindestens ein Tochterunternehmen ausüben. Ein Mutterunternehmen ist unter bestimmten Voraussetzungen von der Pflicht, einen Konzernabschluss aufzustellen, entbunden. So entfällt grundsätzlich die Aufstellungspflicht für ein untergeordnetes Mutterunternehmen, das zugleich Tochterunternehmen ist, wenn ein dem Mutterunternehmen übergeordnetes Mutterunternehmen mit Sitz in Deutschland oder einem anderen Mitgliedstaat der EU bzw. des EWR einen Konzernabschluss aufstellen muss. Das übergeordnete Mutterunternehmen stellt dann einen sog. befreienden Konzernabschluss (§ 291) auf. § 292 sieht darüber hinaus unter bestimmten Voraussetzungen die Befreiung durch einen Konzernabschluss von Mutterunternehmen aus Nicht-EU/EWR-Staaten vor. Weiterhin sind kleine Konzerne gemäß den Kriterien des § 293 Abs. 1 von der Pflicht zur Aufstellung eines Konzernabschlusses entbunden. Außerdem braucht gemäß § 290 Abs. 5 i. V. m. § 296 ein Mutterunternehmen keinen Konzernabschluss aufzustellen, wenn keines seiner Tochterunternehmen konsolidierungspflichtig ist.

Der **Zweite Titel** regelt in den §§ 294-296 Einzelheiten zum Konsolidierungskreis. Während in § 294 das grundsätzliche Vollständigkeitsgebot des Konsolidierungskreises kodifiziert ist, sind in § 296 mit den Einbeziehungswahlrechten die Ausnahmen geregelt.[111]

Der **Dritte Titel** beschreibt in den §§ 297-299 Inhalt und Form des Konzernabschlusses. Dieser Titel enthält in § 297 Abs. 2 Satz 2 die Generalnorm des konsolidierten Abschlusses (Abbildung der tatsächlichen Verhältnisse des Konzerns unter Beachtung der GoB), den Verweis auf die anzuwendenden Vorschriften zum Einzelabschluss sowie auf Erleichterungsvorschriften (§ 298) und die Regelungen zum Konzernabschlussstichtag (§ 299). Gemäß § 297 Abs. 1 Satz 1 besteht der Konzernabschluss aus Konzernbilanz, Konzern-GuV, Konzernanhang, Kapitalflussrechnung und Eigenkapitalspiegel. Er kann um eine Segmentberichterstattung erweitert werden.

Im **Vierten Titel** folgen die Vorschriften zur Vollkonsolidierung (§§ 300-307), die neben den Konsolidierungsgrundsätzen und dem Vollständigkeitsgebot die Regelungen zur Kapitalkonsolidierung nach der Erwerbsmethode, darüber hinaus zur Schuldenkonsolidierung, zur Zwischenergebniseliminierung sowie zur Aufwands- und Ertragskonsolidierung, außerdem zur Steuerabgrenzung und zur Behandlung der An-

---

111 Das Konsolidierungsverbot des § 295 HGB a. F. wurde durch das BilReG gestrichen.

teile nicht beherrschender Gesellschafter umfassen. Die Bewertungsvorschriften für den Konzernabschluss sind im **Fünften Titel** enthalten (§§ 308 bis 309). Die anteilmäßige (oder Quoten-)Konsolidierung sog. Gemeinschaftsunternehmen ist im **Sechsten Titel** geregelt (§ 310), während auf Beteiligungen an assoziierten Unternehmen die Equity-Methode nach dem **Siebenten Titel** (§§ 311 und 312) anzuwenden ist. Der **Achte Titel** umfasst die Vorschriften zum Konzernanhang (§§ 313 und 314). Der Inhalt des Konzernlageberichts wird in § 315 im **Neunten Titel** bestimmt. Durch das Bilanzrechtsreformgesetz (BilReG) wurde mit § 315a ein **Zehnter Titel** zum Konzernabschluss nach internationalen Rechnungslegungsstandards angefügt, der die Aufstellung des Konzernabschlusses nach IFRS regelt.

Zusätzlich bildet der **Fünfte Abschnitt** des Dritten Buches mit den §§ 342, 342a die Rechtsgrundlage für das Deutsche Rechnungslegungs Standards Committee e. V. (DRSC), Empfehlungen für die Anwendung von Grundsätzen für die Konzernrechnungslegung zu entwickeln. Darüber hinaus wurde durch das **Bilanzkontrollgesetz (BilKoG)** vom 21.04.2004 ein **Sechster Abschnitt** „Prüfstelle für Rechnungslegung" in das HGB eingeführt.[112]

§ 290 Abs. 1 und Abs. 2 verpflichten ausschließlich Mutterunternehmen in der Rechtsform einer Kapitalgesellschaft oder einer Personenhandelsgesellschaft i. S. d. § 264a, einen Konzernabschluss aufzustellen. Das Gesetz über die Rechnungslegung von bestimmten Unternehmen und Konzernen vom 15.08.1969 (**Publizitätsgesetz**) erweitert die Pflicht zur Konzernrechnungslegung auch auf Mutterunternehmen anderer Rechtsformen, sofern der Konzern bestimmte, in § 11 Abs. 1 Nr. 1-3 PublG angegebene Größenkriterien überschreitet. In diesem Fall hat das Mutterunternehmen die Konzernrechnungslegungsvorschriften der §§ 11-15 PublG zu beachten. Aufgrund des Verweises in § 13 Abs. 2 PublG sind viele Konzernrechnungslegungsvorschriften des HGB auch auf einen Konzernabschluss nach PublG anzuwenden.

Mit dem am 29.05.2009 in Kraft getretenen Bilanzrechtsmodernisierungsgesetz (**BilMoG**) wurden die Vorschriften zur Konzernrechnungslegung umfassend geändert. Ziel dieses Gesetzes war es, „das bewährte HGB-Bilanzrecht zu einer dauerhaften und im Verhältnis zu den internationalen Rechnungslegungsstandards vollwertigen, aber kostengünstigeren und einfacheren Alternative weiter zu entwickeln, ohne die Eckpunkte des HGB-Bilanzrechts – die HGB Bilanz bleibt Grundlage der Ausschüttungsbemessung und der steuerlichen Gewinnermittlung – aufzugeben"[113]. Im Mittelpunkt dieses Gesetzes standen die Ziele der Deregulierung und Kostensenkung sowie die Steigerung der Aussagekraft des Abschlusses,[114] was u. a. durch die Abschaffung einiger Wahlrechte im HGB erreicht wurde.

---

112 Vgl. zur „Enforcement-Lücke" im deutschen Recht BAETGE, J./LUTTER, M. (Hrsg.), Abschlussprüfung und Corporate Governance, S. 17-23.

113 BT-Drucksache 16/10067, S. 1.

114 Vgl. MEYER, C., BilMoG – die wesentlichen Änderungen, S. 2227.

Letztmalig geändert[115] wurde das HGB mit dem Bilanzrichtlinie-Umsetzungsgesetz[116] (BilRUG). Im Wesentlichen sollte mit diesem Gesetz die EU-Richtlinie 2013/34/EU, die bis zum 20. Juli 2015 in deutsches Recht zu transformieren war, umgesetzt werden. Neben der Klarstellung redaktioneller Unschärfen enthält das BilRUG betreffend die Konzernrechnungslegung vor allem Erleichterungen für kleine und mittelgroße Unternehmen; bspw. wurden die monetären Schwellenwerte in § 293 Abs. 1 Nr. 1 und Nr. 2 für die verpflichtende Aufstellung eines Konzernabschlusses erhöht.

---

115 Vgl. für eine detaillierte Darstellung der Änderungen durch das BilRUG OSER, P./ORTH, C./WIRTZ, H., Neue Vorschriften durch das BilRUG, S. 197-206.

116 Das BilRUG wurde am 22.07.2015 im Bundesgesetzblatt bekannt gemacht; vgl. BGBl. I 2015, S. 1245-1267.

Einen Überblick über die Regelungen des HGB zur Konzernrechnungslegung gibt die folgende Übersicht I-3.

Titel des Zweiten Unterabschnitts im Zweiten Abschnitt des Dritten Buches des HGB (Konzernabschluss und Konzernlagebericht)	Vorschriften des HGB	
	§-Nr.	Überschrift der Vorschrift
Erster Titel Anwendungsbereich	§ 290:	Pflicht zur Aufstellung
	§ 291:	Befreiende Wirkung von EU/EWR-Konzernabschlüssen
	§ 292:	Befreiende Wirkung von Konzernabschlüssen aus Drittstaaten
	§ 293:	Größenabhängige Befreiungen
Zweiter Titel Konsolidierungskreis	§ 294:	Einzubeziehende Unternehmen. Vorlage- und Auskunftspflichten
	§ 296:	Verzicht auf die Einbeziehung
Dritter Titel Inhalt und Form des Konzernabschlusses	§ 297:	Inhalt
	§ 298:	Anzuwendende Vorschriften. Erleichterungen
	§ 299:	Stichtag für die Aufstellung
Vierter Titel Vollkonsolidierung	§ 300:	Konsolidierungsgrundsätze. Vollständigkeitsgebot
	§ 301:	Kapitalkonsolidierung
	§ 303:	Schuldenkonsolidierung
	§ 304:	Behandlung der Zwischenergebnisse
	§ 305:	Aufwands- und Ertragskonsolidierung
	§ 306:	Latente Steuern
	§ 307:	Anteile anderer Gesellschafter
Fünfter Titel Bewertungsvorschriften	§ 308:	Einheitliche Bewertung
	§ 308a:	Umrechnung von auf fremde Währung lautenden Abschlüssen
	§ 309:	Behandlung des Unterschiedsbetrages
Sechster Titel Anteilmäßige Konsolidierung	§ 310:	Anteilmäßige Konsolidierung
Siebenter Titel Assoziierte Unternehmen	§ 311:	Definition. Befreiung
	§ 312:	Wertansatz der Beteiligung und Behandlung des Unterschiedsbetrages

Übersicht I-3:   *Übersicht über die Konzernrechnungslegungsvorschriften des HGB*

Achter Titel Konzernanhang	§ 313: Erläuterung der Konzernbilanz und der Konzern-GuV. Angaben zum Beteiligungsbesitz § 314: Sonstige Pflichtangaben
Neunter Titel Konzernlagebericht	§ 315: Inhalt des Konzernlageberichts
Zehnter Titel Konzernabschluss nach internationalen Rechnungslegungsstandards	§ 315a: Konzernabschluss nach internationalen Rechnungslegungsstandards

Fortsetzung Übersicht I-3

73 Die Regelungen des DRSC zur Konzernrechnungslegung

Mit dem „Gesetz zur Kontrolle und Transparenz im Unternehmensbereich" (KonTraG) vom 27.04.1998 hat der deutsche Gesetzgeber die Möglichkeit geschaffen, ein privates Rechnungslegungsgremium auch in Deutschland zu etablieren. Die Gründung eines solchen Gremiums ist in der Vergangenheit von unterschiedlicher Seite wiederholt vorgeschlagen worden[117] – zu einer Verwirklichung dieser Idee ist es vor der Verabschiedung des KonTraG allerdings nicht gekommen. Insofern unterschied sich Deutschland nicht nur von den angelsächsischen Ländern, in denen private „Standard Setting Bodies" in der Rechnungslegung eine lange Tradition haben, sondern auch von den meisten Mitgliedstaaten der EU.[118]

Die rechtliche Grundlage für die Etablierung eines privaten Rechnungslegungsgremiums ist die Regelung des § 342, die durch das KonTraG in das HGB eingefügt worden ist. Gemäß Abs. 1 dieser Vorschrift kann das Bundesministerium der Justiz (BMJ) „eine privatrechtlich organisierte Einrichtung durch Vertrag anerkennen" und dieser bestimmte Aufgaben auf dem Gebiet der Rechnungslegung übertragen. Am 03.09.1998 hat das BMJ durch Abschluss des sog. „Standardisierungsvertrages" den Deutschen Standardisierungsrat (DSR) als privates Rechnungslegungsgremium anerkannt. Trägerorganisation des DSR war das im März 1998 gegründete Deutsche Rechnungslegungs Standards Committee e. V. (DRSC)[119] mit Sitz in Berlin. Am 28.06.2010 entschied das DRSC auf einer außerordentlichen Mitgliederversammlung, den Standardisierungsvertrag zum 31.12.2010 zu kündigen. Nach internen Umstrukturierungen des DRSC wurde am 02.12.2011 ein neuer Standardisierungsvertrag[120] geschlossen.

---

117 Vgl. die Beispiele bei LANGENBUCHER, G./BLAUM, U., Rechnungslegungsgremium, S. 2325 f.

118 Zu einer Übersicht über Rechnungslegungsgremien in verschiedenen europäischen Staaten vgl. ORDELHEIDE, D., Entwicklung und Arbeit des Accounting Advisory Forums, S. 486 f.

119 Aktuelle Informationen zum DRSC finden sich im Internet unter http://www.drsc.de.

120 Vgl. DRSC (Hrsg.), Standardisierungsvertrag, verfügbar im Internet unter http://www.drsc.de/docs/drsc/standardisierungsvertrag/111202_SV_BMJ-DRSC.pdf.

Untergliedert ist das DRSC nun in:

- den Verwaltungsrat, der mit Vertretern aus Industrie, Mittelstand, Banken, Versicherungen und Wirtschaftsprüfern besetzt ist,

- das Präsidium, welches als gesetzlicher Vertreter des Vereins auftritt,

- die Fachausschüsse, die u. a. Empfehlungen, Anwendungshinweise und Interpretationen zum HGB und den IFRS erarbeiten und veröffentlichen,

- den Wissenschaftsbeirat sowie

- einen Nominierungsausschuss.

Unterstützt werden die Fachausschüsse des DRSC und die einzelnen Arbeitsgruppen durch einen festen Mitarbeiterstab, wobei die Mitglieder in den einzelnen Gremien ehrenamtlich tätig sind.

Gemäß seiner Satzung verfolgt das DRSC das Ziel der Förderung der Rechnungslegung im öffentlichen, gesamtwirtschaftlichen Sinne und vertritt die deutschen Rechnungslegungsinteressen auch international.[121] Die Aufgaben des Rechnungslegungsgremiums,[122] die diesem durch den Standardisierungsvertrag übertragen worden sind, sind in § 342 Abs. 1 festgelegt. Dabei handelt es sich um:

> „1. Entwicklung von Empfehlungen zur Anwendung der Grundsätze über die Konzernrechnungslegung,
>
> 2. Beratung des Bundesministeriums der Justiz bei Gesetzgebungsvorhaben zu Rechnungslegungsvorschriften,
>
> 3. Vertretung der Bundesrepublik Deutschland in internationalen Standardisierungsgremien und
>
> 4. Erarbeitung von Interpretationen der internationalen Rechnungslegungsstandards im Sinne von § 315a Abs. 1."[123]

Im Zuge der erstgenannten Aufgabe entwickelt der **HGB-Fachausschuss** (HGB-FA) des DRSC Rechnungslegungsregeln, die als Deutsche Rechnungslegungsstandards (DRS) bezeichnet werden. Gemäß § 342 Abs. 2 können diese Empfehlungen vom BMJV bekanntgemacht werden. Soweit die DRS vom BMJV bekanntgemacht worden sind, wird vermutet, dass unter Beachtung der DRS aufgestellte Konzernabschlüsse den **Grundsätzen ordnungsmäßiger Konzernrechnungslegung** (GoK)[124] entsprechen. Die DRS sind auf einer Regelungsebene unterhalb der gesetzlichen Rechnungslegungsvorschriften des HGB angesiedelt. Die DRS dürfen folglich den HGB-Vorschriften nicht widersprechen. Die Aufgabe des HGB-FA liegt daher besonders darin, Standards für die Bereiche der Konzernrechnungslegung zu erarbeiten, die

---

121 Das Ziel des DRSC ist in seiner Satzung festgelegt, vgl. DRSC (Hrsg.), Satzung des DRSC, abrufbar unter http://www.drsc.de/docs/drsc/satzung/110720_Satzung.pdf.

122 Vgl. zu den Aufgaben des DRSC KIRSCH, H.-J./HEPERS, L./EWELT-KNAUER, C., in: Baetge/Kirsch/Thiele, Einf., Rn. 251-254.

123 § 342 Abs. 1 Nr. 4 wurde durch das BilMoG eingeführt.

124 Vgl. zu den GoK Kap. II Abschn. 3.

im HGB nicht berücksichtigt oder nur sehr allgemein geregelt sind (z. B. die Aufstellung von Kapitalflussrechnung und Segmentberichterstattung gemäß § 297 Abs. 1 oder die besonderen Herausforderungen in einem mehrstufigen Konzern). Darüber hinaus veröffentlicht der HGB-FA Anwendungshinweise und berät den deutschen Gesetzgeber bei Neuerungen und Änderungen von Rechnungslegungsnormen.

Im Zuge der zunehmenden Internationalisierung der Rechnungslegung sowie der verpflichtenden IFRS-Anwendung für kapitalmarktorientierte Konzerne seit dem Jahr 2005 hat sich die Aufgabenstellung des DRSC verändert. Weitere Schwerpunkte der Arbeit liegen nun in der Mitwirkung an internationalen Diskussionsprozessen während der Entwicklung und Umsetzung neuer Rechnungslegungsregelungen sowie in der Interpretation internationaler Rechnungslegungsstandards i. S. v. § 315a.[125] Diese Aufgabengebiete fallen in den Zuständigkeitsbereich des **IFRS-Fachausschusses** (IFRS-FA). In ihrer Arbeit unterstützt werden beide Fachausschüsse durch verschiedene Arbeitsgruppen, die einzelne Themen vorbereiten und die Entscheidungsträger beraten.

---

125 Vgl. beispielhaft KÜTING, K./ZWIRNER, C., Aufgaben des DRSC, S. 202; vgl. zur „strategischen Neuausrichtung" die Presseerklärung des DSR vom 23.07.2003 (im Internet unter www.drsc.de verfügbar).

Aktuell sind folgende DRS des DRSC gültig:

- DRS 2,   Kapitalflussrechnung,[126]
- DRS 2-10,   Kapitalflussrechnung von Kreditinstituten,[126]
- DRS 2-20,   Kapitalflussrechnung von Versicherungsunternehmen,[126]
- DRS 3,   Segmentberichterstattung,[127]
- DRS 3-10,   Segmentberichterstattung von Kreditinstituten,[127]
- DRS 3-20,   Segmentberichterstattung von Versicherungsunternehmen,[127]
- DRS 4,   Unternehmenserwerbe im Konzernabschluss,[128]
- DRS 7,   Konzerneigenkapital und Konzerngesamtergebnis,[129]
- DRS 8,   Bilanzierung von Anteilen an assoziierten Unternehmen im Konzernabschluss,
- DRS 9,   Bilanzierung von Anteilen an Gemeinschaftsunternehmen im Konzernabschluss,
- DRS 13,   Grundsatz der Stetigkeit und Berichtigung von Fehlern,
- DRS 16,   Zwischenberichterstattung,
- DRS 17,   Berichterstattung über die Vergütung der Organmitglieder,
- DRS 18,   Latente Steuern,
- DRS 19,   Pflicht zur Konzernrechnungslegung und Abgrenzung des Konsolidierungskreises,
- DRS 20,   Konzernlagebericht,
- DRS 21,   Kapitalflussrechnung,[126]
- DRS 22,   Konzerneigenkapital,[129]
- DRS 23,   Kapitalkonsolidierung (Einbeziehung von Tochterunternehmen in den Konzernabschluss).[128]

---

126 Mit Inkrafttreten des DRS 21 wurden DRS 2, 2-10 und 2-20 aufgehoben. Diese waren letztmalig auf das Geschäftsjahr anzuwenden, das vor dem oder am 31. Dezember 2014 begann.

127 Mit Inkrafttreten des DRÄS 6 werden DRS 3, 3-10 und 3-20 im DRS 3 zusammengefasst.

128 Der DRS 4 wird derzeit grundlegend überarbeitet. Dazu veröffentlichte das DRSC im März 2015 den Standardentwurf E-DRS 30. Der finale DRS 23 wird künftig den DRS 4 ersetzen. Vgl. zu den Inhalten des E-DRS 30 Kap. V Abschn. 1.

129 Der DRS 7 wird derzeit grundlegend überarbeitet. Dazu veröffentlichte das DRSC im März 2015 den Standardentwurf E-DRS 31. Der finale Standard DRS 22 wird künftig den DRS 7 ersetzen. Vgl. zu den Inhalten des E-DRS 31 Kap. XII Abschn. 3.

74 Die Regelungen des Deutschen Corporate-Governance-Kodexes zur Konzernrechnungslegung

Mit dem Ziel, „das deutsche Corporate Governance System transparent und nachvollziehbar"[130] zu machen, wurde der **Deutsche Corporate-Governance-Kodex (DCGK)** erstmalig am 20.08.2002 im elektronischen Bundesanzeiger bekannt gemacht.[131] Der DCGK „stellt wesentliche gesetzliche Vorschriften zur Leitung und Überwachung deutscher börsennotierter Gesellschaften (Unternehmensführung) dar und enthält international und national anerkannte Standards guter und verantwortungsvoller Unternehmensführung."[132] Primär richtet sich der DCGK an börsennotierte Gesellschaften; seine Beachtung wird in der Präambel aber auch nicht börsennotierten Gesellschaften empfohlen.[133]

Der DCGK enthält drei Regelungskategorien mit unterschiedlicher Verbindlichkeit: So werden im Kodex verbindliche gesetzliche Regelungen wiedergegeben. Darüber hinaus enthält der DCGK auch **Soll-Empfehlungen** und **Sollte-Empfehlungen bzw. Anregungen.**[134] Von den Anregungen darf abgewichen werden, ohne dass dies offengelegt werden muss. Die Soll-Empfehlungen besitzen dagegen einen höheren Verbindlichkeitscharakter. Zwar darf auch von ihnen abgewichen werden; eine solche Abweichung muss jedoch offengelegt (angegeben) werden.[135] Zu diesem Zwecke wurde die sog. **Entsprechenserklärung** durch das TransPuG in § 161 AktG verankert. Vorstand und Aufsichtsrat einer börsennotierten Gesellschaft haben danach jährlich eine positive Entsprechenserklärung abzugeben, mit der sie bestätigen, dass alle Verhaltensempfehlungen des DCGK befolgt wurden und werden.[136] Kann eine Entsprechenserklärung nicht abgegeben werden, ist zu erklären, welche Empfehlungen nicht angewendet wurden bzw. werden. Während in der Entsprechenserklärung i. d. F. des TransPuG die Abweichungen vom DCGK nicht begründet werden

---

130 REGIERUNGSKOMMISSION DEUTSCHER CORPORATE GOVERNANCE KODEX, DCGK, Präambel.

131 Der Kodex soll laut Präambel i. d. R. einmal jährlich uberpruft und bei Bedarf angepasst werden.

132 REGIERUNGSKOMMISSION DEUTSCHER CORPORATE GOVERNANCE KODEX, DCGK, Präambel.

133 Vgl. zum DCGK auch die Vorschläge des Arbeitskreises „Abschlussprüfung und Corporate Governance" aus dem Jahr 2003; vgl. dazu BAETGE, J./LUTTER, M. (Hrsg.), Abschlussprüfung und Corporate Governance.

134 Vgl. ausführlich VON WERDER, A., Corporate Governance Kodex, S. 802 f.

135 Vgl. REGIERUNGSKOMMISSION DEUTSCHER CORPORATE GOVERNANCE KODEX, DCGK, Präambel. So „soll" der Konzernabschluss Angaben über Aktienoptionsprogramme enthalten (Ziffer 7.1.3.).

136 Durch das BilMoG wird die Abgabepflicht der Entsprechenserklärung auch auf Gesellschaften ausgedehnt, die ausschließlich andere Wertpapiere als Aktien zum Handel an einem organisierten Markt i. S. d. § 2 Abs. 5 des WpHG ausgegeben haben und deren Aktien mit Wissen der Gesellschaft über ein multilaterales Handelssystem i. S. d. § 2 Abs. 3 Satz 1 Nr. 8 WpHG gehandelt werden (§ 161 Abs. 1 Satz 2 AktG).

mussten,[137] ist dieses nach dem **BilMoG** nunmehr erforderlich („comply or explain", § 161 Abs. 1 Satz 1 AktG).[138] Diese Erklärung ist gemäß § 161 Abs. 2 AktG auf der Internetseite der Gesellschaft **dauerhaft öffentlich zugänglich** zu machen.[139]

Die Entsprechenserklärung muss zusätzlich nach § 325 Abs. 1 Satz 3 i. V. m. Satz 1 mit den dort genannten Unterlagen beim Betreiber des elektronischen Bundesanzeigers eingereicht werden. Im Anhang nach § 285 Nr. 16 bzw. im Konzernanhang nach § 314 Abs. 1 Nr. 8 ist anzugeben, dass die Entsprechenserklärung der Öffentlichkeit zugänglich gemacht worden ist. Ob diese Anhangangabe gemacht worden ist, ist vom Abschlussprüfer zu prüfen. Eine inhaltliche Überprüfung dieser Anhangangaben ist indes nicht erforderlich.[140]

Die **Empfehlungen zu Rechnungslegung und Abschlussprüfung** finden sich in Abschn. 7 des DCGK. Folgende Empfehlungen werden dort gegeben:

- Der Konzernabschluss soll innerhalb von 90 Tagen nach Geschäftsjahresende, Zwischenabschlüsse binnen 45 Tagen nach dem Ende des jeweiligen Berichtszeitraumes öffentlich zugänglich sein (Ziffer 7.1.2.),

- der Konzernabschluss soll konkrete Angaben über Aktienoptionsprogramme und vergleichbare Anreizsysteme enthalten (Ziffer 7.1.3.),

- von den Gesellschaften wird die Veröffentlichung einer Liste von Drittunternehmen verlangt, an denen eine Beteiligung von für das Unternehmen nicht untergeordneter Bedeutung gehalten wird (Ziffer 7.1.4.) und

- im Konzernabschluss ist auf Beziehungen zu nahe stehenden Personen einzugehen (Ziffer 7.1.5.).

75 Die Vorschriften des IASB zur Konzernrechnungslegung

In den vorstehenden Abschnitten wurden Grundlagen des Konzernabschlusses dargestellt, die sich aus den Vorschriften des deutschen Handelsgesetzbuches und des Aktiengesetzes ergeben. Seit **2005** sind kapitalmarktorientierte Mutterunternehmen gemäß § 315a dazu verpflichtet, ihren Konzernabschluss zwingend nach IFRS aufzustellen. Diese Pflicht zur Aufstellung eines IFRS-Konzernabschlusses wurde durch die **EG-Verordnung betreffend die Anwendung internationaler Rechnungslegungsstandards vom 19.07.2002**[141] geschaffen.[142]

---

137 Vgl. SEIBT, C. H., Entsprechens-Erklärung, S. 251 f.

138 Vgl. ERNST, C./SEIDLER, H., Überblick über den Referentenentwurf, S. 830.

139 § 161 Abs. 2 AktG wurde ebenfalls durch das BilMoG geändert. In der Vorfassung des TransPuG musste die Erklärung nur den Aktionären zur Verfügung gestellt werden (§ 161 Satz 2 AktG a. F.).

140 Vgl. zur Prüfung RUHNKE, K., Prüfung, S. 373.

141 Im Folgenden wird der Ausdruck „IAS-Verordnung" verwendet.

142 Vgl. Art. 4 der Verordnung (EG) Nr. 1606/2002 des Europäischen Parlaments vom 19. Juli 2002.

Der IASB[143] ist die Nachfolgeorganisation des 1973 gegründeten International Accounting Standards Committee (IASC), das bis zum Jahr 2001 zahlreiche International Accounting Standards (IAS) erlassen hat. Die Regelungen des IASB gliedern sich in

■ das Preface,[144]

■ das Conceptual Framework,[145]

■ zahlreiche Standards (IAS und IFRS) und

■ die Interpretationen des SIC (Standing Interpretations Committee) bzw. des IFRIC respektive des IFRS Interpretations Committee.

Das **Preface** beschreibt allgemein die Zielsetzung und die Arbeit des IASB. Im **Conceptual Framework** werden u. a. die Zwecke von IFRS-Abschlüssen erläutert und verschiedene allgemeine Grundsätze einer IFRS-Rechnungslegung[146] formuliert. Es stellt einen konzeptionellen Rahmen für die IFRS dar und dient als Auslegungs- und Orientierungshilfe.[147] Die **Standards** widmen sich konkreten Bilanzierungsfragen, wobei die von einzelnen Standards geregelten sachlichen Bereiche ebenso unterschiedlich umfangreich sind wie die Standards selbst. Die Standards decken nicht sämtliche Bereiche der Rechnungslegung ab. Der IASB ist deshalb bemüht, die bestehenden Lücken durch zusätzliche Standards zu füllen. Im Entstehungsprozess eines Standards werden in verschiedenen Stufen Vorentwürfe (Discussion Paper) und Standardentwürfe (Exposure Drafts) diskutiert.[148] Aus Entwürfen werden indes erst nach deren Überarbeitung und mit ihrer endgültigen Verabschiedung durch den Board verbindliche Standards. Die Standards des IASB wurden ursprünglich als International Accounting Standards (IAS), neue Standards werden als International Financial Reporting Standards (IFRS) bezeichnet. Mit IFRS 1 (Erstmalige Anwendung der International Financial Reporting Standards) wurde im Juni 2003 der erste IFRS des IASB verabschiedet.

---

143 Zu der Organisation des IASB vgl. z. B. PELLENS, B. U. A., Internationale Rechnungslegung, S. 47-55. Zur Neustrukturierung, die zum 01.01.2001 wirksam wurde, siehe BAETGE, J./ THIELE, S./PLOCK, M., Die Restrukturierung des IASC, S. 1033-1038; sowie BAETGE, J./ KIRSCH, H.-J./THIELE, S., Bilanzen, Kap. I Abschn. 46. Aktuelle Informationen zum IASB sind im Internet unter http://www.ifrs.org verfügbar.

144 Der IASB hat das „Preface to International Financial Reporting Standards" am 23.05.2002 veröffentlicht; u. a. wurde das Preface im Januar und Oktober 2007 an Veränderungen der Verfassung der IASC- Foundation angepasst sowie im September 2010 aufgrund der Veröffentlichung des Conceptual Framework.

145 Das Conceptual Framework wird mit CF. abgekürzt; so bezeichnet CF.4.1 die Textziffer 4.1 des Conceptual Framework.

146 Zu den Grundsätzen des Conceptual Framework vgl. ausführlich PELGER, C., Conceptual Framework for Financial Reporting, S. 910 und 914 f.; HAYN, S., Die International Accounting Standards, S. 719-721.

147 Vgl. IASB (Hrsg.), Conceptual Framework, S. 6. Derzeit wird das Conceptual Framework überarbeitet; vgl. DP/2013/1 Conceptual Framework.

148 Vgl. PELLENS, B. U. A., Internationale Rechnungslegung, S. 60 f.

Insgesamt unterscheiden sich aber die allgemeinen Grundsätze des **Conceptual Framework** von den konkreten **Standards** (IAS/IFRS) sowie von der Systematik der allgemeinen und speziellen Regelungen des HGB. Das Conceptual Framework selbst gehört nach dem Willen des IASB weniger zu den verbindlichen Standards und dient derzeit vor allem als Grundlage für die Erarbeitung neuer Standards durch den IASB und nicht zur Auslegung der IAS-/IFRS-Normen.[149] Indes sieht IAS 8 (Rechnungslegungsmethoden, Änderungen von rechnungslegungsbezogenen Schätzungen und Fehler) für Bilanzierungsfragen, für die kein eigener Standard existiert, als Auslegungshilfe u. a. die Grundsätze des Conceptual Framework vor. Daneben sollen Standards, die ähnliche Sachverhalte regeln, Entwürfe[150] und die allgemein akzeptierte Praxis herangezogen werden.[151] Für bestehende Standards ist eine solche Art der analogen Auslegung indes nicht vorgesehen. Vielmehr bemüht sich der IASB, durch Veröffentlichungen eines Interpretations Committee, zunächst Standing Interpretations Committee (SIC), entsprechende Hilfestellungen zu geben.[152] Ab 2001 hat das International Financial Reporting Interpretations Committee (IFRIC) die Aufgabe des SIC übernommen. Das IFRIC wurde 2010 in IFRS Interpretations Committee umbenannt. Die Interpretationen werden endgültig vom IASB beschlossen, sie gelten als den IFRS gleichwertig.[153]

Die IFRS unterscheiden nicht explizit in Regelungen für den Einzelabschluss und Regelungen für den Konzernabschluss.[154] Kontrolliert das bilanzierende Unternehmen andere Unternehmen, dann sind diese Unternehmensverbindungen im Abschluss des bilanzierenden Unternehmens zu konsolidieren. Anders als im HGB (§§ 290-315) sind die IFRS-Vorschriften zur Konzernrechnungslegung über verschiedene Standards verteilt.

Die Bilanzierung von Unternehmenszusammenschlüssen wurde im Rahmen des Projektes **„Business Combinations"** vom IASB grundlegend überarbeitet. Dieses zusammen mit dem amerikanischen Financial Accounting Standards Board (FASB) durchgeführte Projekt war hierzu in zwei Phasen unterteilt.

Ziel der **ersten Phase**, die im Juni 2001 begann und im März 2004 mit der Veröffentlichung von IFRS 3 (Unternehmenszusammenschlüsse) abgeschlossen wurde, war die Beseitigung konzeptioneller Unterschiede in der Bilanzierung von Unternehmenszusammenschlüssen nach US-GAAP und IFRS.[155] Kernpunkte der Überarbeitung waren die Abschaffung der Interessenzusammenführungsmethode[156] sowie der

---

149 Vgl. IASB (Hrsg.), Conceptual Framework, S. 6.

150 Vgl. die kritische Sicht zur Analogiebildung aus IFRS-Entwürfen BAETGE, J. U. A., in: Baetge u.a., Rechnungslegung nach IFRS, 2. Aufl., Teil A, Kap. II, Rn. 32 f.

151 Vgl. BAETGE, J. U.A., in: Baetge u. a., Rechnungslegung nach IFRS, 2. Aufl., Teil A, Kap. II, Rn. 30.

152 Zu den Aufgaben des SIC vgl. FEY, G./SCHRUFF, W., Standing Interpretations Committee, S. 585-595.

153 Vgl. PELLENS, B. U. A., Internationale Rechnungslegung, S. 51 und 64.

154 Vgl. BAETGE, J. U.A., in: Baetge u. a., Rechnungslegung nach IFRS, 2. Aufl., Teil A, Kap. II, Rn. 26.

155 Vgl. SCHWEDLER, K., IASB-Projekt „Business Combinations", S. 410.

planmäßigen Abschreibung des GoF.[157] Durch die Veröffentlichung von IFRS 3 wurde IAS 22 (Unternehmenszusammenschlüsse), in dem bis dato die Bilanzierung von Unternehmenszusammenschlüssen geregelt war, abgelöst.[158]

In der **zweiten Phase** des Projektes, die mit der Veröffentlichung der überarbeiteten IFRS 3 und IAS 27 (Einzelabschlüsse) am 10.01.2008 abgeschlossen worden ist,[159] wurden die IFRS deutlich in die Richtung eines einheitstheoretisch geprägten Abschlusses verändert. Dies zeigt sich in erster Linie in der Möglichkeit zur Full Goodwill-Bilanzierung, der Abbildung von Anteilen nicht kontrollierender Gesellschafter und von Anteilserwerben bzw. -veräußerungen nach Erlangung der Beherrschung.[160]

Das IASB veröffentlichte zuletzt im Jahr 2011 einige Änderungen, die die Konzernrechnungslegung betreffen. So wurden u. a. mit IFRS 10, 11 und 12 drei neue Standards eingeführt, die in der EU für alle Geschäftsjahre gelten, die an oder nach dem 1. Januar 2014 beginnen.[161]

Als **spezielle Standards zur Konzernrechnungslegung** sind in erster Linie zu beachten:[162]

- ▪ IFRS 3,   Unternehmenszusammenschlüsse,
- ▪ IFRS 10,   Konzernabschlüsse,
- ▪ IFRS 11,   Gemeinschaftliche Vereinbarungen,
- ▪ IFRS 12,   Angaben zu Anteilen an anderen Unternehmen,
- ▪ IAS 27,   Einzelabschlüsse,[163]
- ▪ IAS 28,   Beteiligungen an assoziierten Unternehmen und Gemeinschaftsunternehmen.[163]

---

156 Vgl. KÜTING, K./WIRTH, J., Bilanzierung von Unternehmenszusammenschlüssen, S. 168.

157 Vgl. KÜHNE, M./SCHWEDLER, K., Geplante Änderungen der Bilanzierung von Unternehmenszusammenschlüssen, S. 329.

158 Vgl. SCHWEDLER, K., Business Combinations Phase II, S. 125. Für ein weiterführendes Beispiel zur Phase I vgl. PELLENS, B./SELLHORN, T./AMSHOFF, H., Reform der Konzernbilanzierung, S. 1749-1755.

159 Vgl. BEYHS, O./WAGNER, B., Neue Vorschriften zur Abbildung von Unternehmenszusammenschlüssen, S. 73.

160 Vgl. KÜTING, K./WIRTH, J., Goodwillbilanzierung im Near Final Draft, S. 460. Weiterführend zu Phase II vgl. BEYHS, O./WAGNER, B., Neue Vorschriften zur Abbildung von Unternehmenszusammenschlüssen, S. 73-83.

161 Vgl. Art. 2 der Verordnung (EU) Nr. 1254/2012 der Europäischen Kommission vom 11. Dezember 2012.

162 Für ältere Geschäftsjahre, die vor dem 1. Januar 2014 beginnen, gelten indes noch die Standards IAS 27, IAS 28 und IAS 31 sowie die Interpretationen SIC-12 (Konsolidierung - Zweckgesellschaften) und SIC-13 (Gemeinschaftlich geführte Einheiten - Nicht monetäre Einlagen durch Partnerunternehmen). IFRS 10 ersetzt den bisherigen IAS 27 sowie SIC-12; IFRS 11 ersetzt IAS 31 und SIC-13.

163 Verpflichtende Anwendung von IAS 27 und IAS 28 für Geschäftsjahre, die an oder nach dem 1. Januar 2014 beginnen.

Aber auch andere als die genannten Regelungen enthalten Detailvorschriften für einen konsolidierten Abschluss, der nach IFRS aus Konzernbilanz, Konzern-Gesamtergebnisrechnung, Konzernanhang (notes), Kapitalflussrechnung, Segmentberichterstattung und einer Darstellung der Veränderungen des Eigenkapitals (Eigenkapitalspiegel) besteht. Für die im Konzernabschluss zusammengefassten Abschlüsse sind alle Standards relevant. Der folgende Überblick[164] über die relevanten Vorschriften für die Konzernrechnungslegung nach IFRS orientiert sich an den Schritten zur Erstellung eines Konzernabschlusses und damit auch an der Systematik dieses Buches:

Schritte der Konzernrechnungs-legung	Einschlägige Regelungen der IFRS	
	Regelung	**Inhalt**
Pflicht zur Aufstellung	IFRS 10.4 IFRS 10.4(a)	Pflicht zur Aufstellung Befreiung durch einen übergeordneten Konzern-abschluss
Stichtag für die Aufstellung	IFRS 10.B92 IAS 28.33	Stichtag für den Konzernabschluss und für Abschlüsse von Tochterunternehmen, die vollkonsolidiert werden Stichtag für Abschlüsse, die nach der Equity-Methode einbezogen werden
Abgrenzung des Konsolidierungskreises	IFRS 10.5-7	Kriterium der Beherrschung Keine Wahlrechte oder Verbote, zur Veräußerung gehaltene Tochterunternehmen werden nach IFRS 5 behandelt
Form und Inhalt	IAS 1 Alle IAS/IFRS	Allg. Regelungen zur Form eines IFRS-Abschlusses Allg. Regelungen zum Inhalt eines IFRS-Abschlusses
Einheitlichkeit	IFRS 10.19 IAS 21	Anwendung einheitlicher Rechnungslegungs-grundsätze Währungsumrechnung
Vollkonsolidierung	IFRS 3.4-53 IFRS 3.32-40 IFRS 10.B86	Kapitalkonsolidierung nach der Erwerbsmethode Behandlung von Unterschiedsbeträgen aus der Kapitalkonsolidierung nach der Erwerbsmethode Eliminierung aller konzerninternen Transaktionen, Behandlung der Anteile anderer Gesellschafter
Quotale Konsolidierung	IFRS 11	Quotaler Einbezug gemeinschaftlicher Tätigkeiten
Equity-Methode	IAS 28	Assoziierte Unternehmen und Gemeinschaftsunternehmen nach IFRS 11

Übersicht I-4:   *Übersicht über die Konzernrechnungslegungsvorschriften nach IFRS*

---

164 Die Übersicht über die Konzernrechnungslegungsvorschriften nach IFRS zeigt die Standards, die für Geschäftsjahre anzuwenden sind, die am 1. Januar 2014 oder danach beginnen. Eine frühere Anwendung ist zulässig.

End- und Übergangs-konsolidierung	IFRS 3	Sukzessiver Unternehmenserwerb mit Statuswechsel
	IFRS 10	End- und Übergangskonsolidierung für Tochter-unternehmen
	IAS 28	End- und Übergangskonsolidierung für assoziierte Unternehmen
Latente Steuern	IAS 12	
Konzernanhang und „Konzernlagebericht"[165]	IFRS 12	Angabepflichten für Parteien einer gemeinschaftli-chen Vereinbarung
	IAS 1	sowie diverse Detailregelungen in den einzelnen Standards

Fortsetzung Übersicht I-4

---

165 Ein dem Konzernlagebericht nach § 315 entsprechendes Rechnungslegungsinstrument sehen die IFRS bisher nicht ausdrücklich vor, vgl. ausführlich Kap. XIII Abschn. 5.

Kapitel II:
Zwecke und Grundsätze des Konzernabschlusses

1 Die Zwecke des handelsrechtlichen Konzernabschlusses

11 Überblick

Die handelsrechtlichen Vorschriften zur Konzernrechnungslegung lassen sich nur adäquat auslegen, wenn die Zwecke des handelsrechtlichen Konzernabschlusses in Deutschland aus den gesetzlichen Grundlagen herausgearbeitet worden sind. Die Zwecke des handelsrechtlichen Konzernabschlusses bilden ein wesentliches Element des Bezugsrahmens, anhand dessen die geltenden Vorschriften zur Konzernrechnungslegung auszulegen sind. Im Gegensatz zur konzernabschlusstheoretischen Forschung beziehen wir uns bei der Konkretisierung der Aufstellungsregeln für den Konzernabschluss im Rechtssinne zusätzlich ausdrücklich auf die in Kap. I Abschn. 72 dargestellten maßgeblichen Konzernrechnungslegungsvorschriften des HGB.

Anders als im aktienrechtlichen Konzernrecht fehlt im Handelsgesetzbuch eine Definition, was unter einem Konzern zu verstehen ist. Der ursprüngliche Vorschlag der EU-Kommission, eine **Konzerndefinition** in die EG-Richtlinie aufzunehmen, wurde infolge der sehr unterschiedlichen Ansichten der Mitgliedstaaten über den Inhalt des Konzernbegriffs abgelehnt.[1] Schließlich wurde eine Konzerndefinition für die Zwecke der Konzernrechnungslegung nicht einmal mehr für notwendig befunden.[2] Dementsprechend gibt das HGB in § 290 nur ein Kriterium vor, wann ein konsolidierter Abschluss aufzustellen ist. Dieses Kriterium des beherrschenden Einflusses stellt nicht auf einen bestimmten Konzernbegriff ab, sondern knüpft an bestimmte Unternehmensbeziehungen an. Es definiert in § 290 Abs. 2 lediglich das Verhältnis zwischen einem Mutterunternehmen und einem Tochterunternehmen. Die Grundlage dieser Beziehung beruht auf der Möglichkeit eines übergeordneten Mutterunternehmens, ein untergeordnetes Tochterunternehmen zu beherrschen. Grundsätzlich handelt es sich bei Konzernen i. S. d. HGB um zwei oder mehr rechtlich selbständige Unterneh-

---

1 Vgl. ADS, 6. Aufl., Vorbemerkungen zu §§ 290-315 HGB, Rn. 10.
2 Vgl. BT-Drucksache 10/3440, S. 48.

men, wobei die Tochterunternehmen wirtschaftlich vom Mutterunternehmen abhängig sind und mit diesem eine wirtschaftliche Einheit bilden. Der Konzernabschluss soll das **Bild dieser wirtschaftlichen Einheit** wiedergeben. Nach § 297 Abs. 3 Satz 1 ist die Vermögens-, Finanz- und Ertragslage – die zusammen auch als „wirtschaftliche Lage" bezeichnet wird[3] – der in den Konzernabschluss einbezogenen Unternehmen so darzustellen, als ob diese insgesamt ein einziges Unternehmen wären. Rechtliche Verhältnisse sind dabei unerheblich.[4]

§ 297 Abs. 2 Satz 2 fordert als **Generalnorm des Konzernabschlusses**, dass der Konzernabschluss „unter Beachtung der Grundsätze ordnungsmäßiger Buchführung ein den tatsächlichen Verhältnissen entsprechendes Bild der Vermögens-, Finanz- und Ertragslage des Konzerns zu vermitteln" hat. Mit dieser Vorschrift ist die Generalnorm für den Einzelabschluss der Kapitalgesellschaft aus § 264 Abs. 2 Satz 1 fast wortgleich für den konsolidierten Abschluss übernommen worden. Darüber hinaus sind gemäß § 298 Abs. 1 die für den Einzelabschluss der Kapitalgesellschaft geltenden Vorschriften auch auf den Konzernabschluss anzuwenden. Der **Konzernabschluss** ist also grundsätzlich – abgesehen von den durch die Eigenart des konsolidierten Abschlusses bedingten Besonderheiten – aufzustellen **wie der Einzelabschluss einer Kapitalgesellschaft**. Daraus darf u. E. allerdings nicht geschlossen werden, dass der Konzernabschluss exakt den gleichen Zwecken dient wie der Einzelabschluss der Kapitalgesellschaft.[5] Die Zwecke des Einzelabschlusses der Kapitalgesellschaft sind indes mit denen des Einzelabschlusses der Nicht-Kapitalgesellschaft identisch. Die Zwecke des Einzelabschlusses der Nicht-Kapitalgesellschaft, nämlich Dokumentation, Rechenschaft und Kapitalerhaltung, ergeben sich aus dem Bedeutungszusammenhang der Vorschriften des Ersten Abschnitts des Dritten Buches des HGB.[6] Dieselben Zwecke werden für den Einzelabschluss der Kapitalgesellschaft durch die Generalnorm des § 264 Abs. 2 Satz 1 deutlich hervorgehoben.[7] Die **Zwecke des Konzernabschlusses** ergeben sich indes nicht nur aus der Generalnorm des § 297 Abs. 2 Satz 2 und den auf den Konzernabschluss anzuwendenden Vorschriften für den Einzelabschluss von Kapitalgesellschaften. Vielmehr sind auch die spezifischen Konzernrechnungslegungsvorschriften des HGB (§§ 290-315) bei der Ermittlung der vom Gesetzgeber beabsichtigten Konzernabschlusszwecke zu beachten und nach den folgenden Kriterien der juristischen Methodenlehre[8] auszulegen:

---

3   Vgl. LEFFSON, U., Bilanzanalyse, S. 36-38; PFAFF, D./STEFANI, U., Ertragslage, Sp. 691 f.

4   Vgl. DREGER, K.-M., Der Konzernabschluß, S. 21.

5   Vgl. SCHINDLER, J., Kapitalkonsolidierung, S. 49. Gleiche Zwecke von Konzernabschluss und Einzelabschluss unterstellen dagegen KAMINSKI, H., Rechnungslegung im Konzern, S. 55; BURKEL, P., Externe Bilanzen, S. 839. Die Unterschiede zwischen den Zwecken von Konzernabschluss und Einzelabschluss der Kapitalgesellschaft behandeln wir in Abschn. 12 in diesem Kapitel.

6   Vgl. ausführlich BAETGE, J./FEY, D./FEY, G./KLÖNNE, H., in: Küting/Pfitzer/Weber, HdR-E, 5. Aufl., § 243 HGB, Rn. 18-28.

7   Vgl. dazu BAETGE, J./COMMANDEUR, D./HIPPEL, B., in: Küting/Pfitzer/Weber, HdR-E, 5. Aufl., § 264 HGB, Rn. 18-22; BAETGE, J./APELT, B., in: HdJ, Abt. I/2, Rn. 30-41.

8   Vgl. LARENZ, K./CANARIS, C.-W., Methodenlehre der Rechtswissenschaft, S. 25 f. und 133-167.

- Wortlaut und Wortsinn der gesetzlichen Vorschriften,
- Bedeutungszusammenhang der gesetzlichen Vorschriften,
- Entstehungsgeschichte der gesetzlichen Vorschriften,
- Gesetzesmaterialien und Ansichten des Gesetzgebers,
- betriebswirtschaftliche bzw. objektiv-teleologische Gesichtspunkte sowie
- Verfassungskonformität.[9]

Dabei ist zu untersuchen, ob und in welchem Umfang die Zwecke des handelsrechtlichen Einzelabschlusses der Kapitalgesellschaft – Dokumentation, Rechenschaft und Kapitalerhaltung – auch für den Konzernabschluss gelten, welche Zwecke ergänzend hinzutreten und wie die Zwecke des Konzernabschlusses im Vergleich mit den Zwecken des Einzelabschlusses der Kapitalgesellschaft zu beurteilen sind.

12 Die Elemente des Zwecksystems beim Konzernabschluss

121. Dokumentation

Der handelsrechtliche Einzelabschluss der Kapitalgesellschaft muss den grundlegenden Zweck der Buchführung, die **Dokumentation**, erfüllen. Die Geschäftsvorfälle müssen aufgrund der in § 238 Abs. 1 Satz 1 kodifizierten Buchführungspflicht übersichtlich, vollständig und für Dritte nachvollziehbar aufgezeichnet werden.[10] § 298, der die auf den Konzernabschluss anzuwendenden Vorschriften des Einzelabschlusses abschließend festlegt, umfasst nicht die in § 238 Abs. 1 Satz 1 kodifizierte Buchführungspflicht. Damit scheint der Dokumentationszweck im konsolidierten Abschluss nach dem Wortlaut des § 298 Abs. 1 nicht zu gelten. Der Konzernabschluss ist indes gemäß § 290 i. V. m. § 300 Abs. 1 Satz 1 aus den zusammengefassten Einzelabschlüssen der Konzernunternehmen zu bilden. Hierzu müssen die zusammenzufassenden Einzelabschlüsse an die im Jahresabschluss des Mutterunternehmens geltenden Ansatz- und Bewertungsregeln angepasst werden (§§ 300, 308). Die **Einzelabschlüsse** und auch deren **Anpassungen an die Bilanzierungsregeln des Mutterunternehmens** sind nach dem Bedeutungszusammenhang dokumentationspflichtig, nicht zuletzt weil der Konzernabschlussprüfer sonst seinen Prüfungspflichten (§ 317 Abs. 3 Satz 1) nicht nachkommen könnte.

Bezüglich der **Zusammenfassung der Einzelabschlüsse zum Konzernabschluss** konstatiert der Wortlaut des HGB zwar keine gesonderte Buchführungspflicht für den Konzern. Doch ist eine gesonderte Konzernbuchführung ebenfalls nach dem Bedeutungszusammenhang mit § 317 Abs. 3 Satz 1 notwendig. Die Konzernbuchführung muss nämlich mindestens dokumentieren, wie ein bei der Kapitalkonsolidierung entstandener Unterschiedsbetrag den Vermögensgegenständen und Schulden ei-

---

9   Vgl. BAETGE, J./KIRSCH, H.-J./THIELE, S., in: Küting/Pfitzer/Weber, HdR-E, 5. Aufl., Kap. 4, Rn. 19.

10 Vgl. LEFFSON, U., Die Grundsätze ordnungsmäßiger Buchführung, S. 157; MOXTER, A., Bilanzlehre, Bd. II, S. 8 f.

nes Tochterunternehmens teils als stille Reserven und Lasten zugeordnet wurde und teils als Geschäfts- oder Firmenwert ermittelt wurde. Ferner ist im Fall einer **Erstkonsolidierung** zu dokumentieren, wie ein sich ergebender Geschäfts- oder Firmenwert, aber auch wie stille Reserven und stille Lasten im Zeitablauf, d. h. bei der Folgekonsolidierung, verrechnet oder fortgeführt bzw. abgeschrieben werden.[11]

Der Dokumentationszweck bezieht sich beim Konzernabschluss also zusätzlich auf die Konsolidierungsmaßnahmen und ist damit in dieser Beziehung weiter gefasst als beim Einzelabschluss. Diese Dokumentationspflichten für die Folgekonsolidierung und die Wiederholung von bestimmten Buchungen der Erstkonsolidierung bei allen Folgekonsolidierungen ergeben sich aus der Tatsache, dass der Konzernabschluss i. d. R.[12] nicht auf der Basis einer regelrechten vollständigen Konzernbuchführung erstellt wird, sondern aus der Konsolidierung der Einzelabschlüsse jedes Jahres. Der gemäß § 252 Abs. 1 Nr. 1 i. V. m. § 298 Abs. 1 Satz 1 zu beachtende **Identitätsgrundsatz** von Konzerneröffnungsbilanz und Konzernabschlussbilanz wird also in praxi nicht direkt erfüllt, sondern indirekt durch die Wiederholung von bestimmten Buchungen der Erstkonsolidierung bei allen Folgekonsolidierungen. Dies ist aber nur auf der Basis einer Dokumentation der Erst- und Folgekonsolidierungsbuchungen möglich. Der Identitätsgrundsatz macht also die entsprechende Mindest-Dokumentation erforderlich.

Zusätzlich müssen die zusammenzufassenden Einzelabschlüsse selbst dem Dokumentationszweck genügen. Die Geschäftsvorfälle sind bereits von den einzelnen Konzernunternehmen bei der Erstellung ihrer Einzelabschlüsse (sog. HB I) bzw. bei den an die für das Mutterunternehmen geltenden Bilanzierungsregeln angepassten Einzelabschlüssen (sog. HB II) einschließlich der Anpassungen zu dokumentieren.[13]

Im **Ergebnis** gilt der Dokumentationszweck somit auch für den konsolidierten Abschluss. Denn nur eine den Dokumentationszweck erfüllende Aufzeichnung aller Geschäftsvorfälle kann als Grundlage für das in § 297 Abs. 2 Satz 2 geforderte den tatsächlichen Verhältnissen entsprechende Bild der Vermögens-, Finanz- und Ertragslage des Konzerns dienen.

---

11 Vgl. BAETGE, J./HENSE, H., in: Küting/Weber, HdK, 2. Aufl., Kap. II, Rn. 1471 f.; KPMG TREUVERKEHR AG (Hrsg.), Handbuch zum Konzernabschluß der GmbH, S. 133; zum zusätzlichen Kontenbedarf für die Konzernrechnungslegung vgl. BUNDESVERBAND DER DEUTSCHEN INDUSTRIE E. V. (Hrsg.), Industrie-Kontenrahmen, S. 11-14; zur Konzernbuchführung ausführlich RUHNKE, K., Konzernbuchführung.

12 Wird eine regelrechte vollständige Konzernbuchführung erstellt, dann entfallen die jährlich zu wiederholenden Erstkonsolidierungsbuchungen.

13 Zum Begriff der HB I bzw. HB II siehe Kap. IV Abschn. 1.

122. Rechenschaft

Rechenschaft i. S. d. „**Offenlegung der Verwendung anvertrauten Kapitals**"[14] ist sowohl ein Zweck des Einzelabschlusses als auch des Konzernabschlusses. Die Rechenschaft als Zweck des Konzernabschlusses ergibt sich aus dem Wortlaut der Generalnorm des § 297 Abs. 2 Satz 2. Danach hat der Konzernabschluss

> „unter Beachtung der Grundsätze ordnungsmäßiger Buchführung ein den tatsächlichen Verhältnissen entsprechendes Bild der Vermögens-, Finanz- und Ertragslage des Konzerns zu vermitteln."

Der treffende Einblick in die wirtschaftliche Lage des Konzerns ist das zentrale Element der Rechenschaft.[15] Rechenschaft setzt vor allem eine **periodengerechte Erfolgsermittlung** voraus, d. h., dass Erträge und Aufwendungen jeweils in der Periode erfasst werden, der sie wirtschaftlich final zuzurechnen sind. Relativiert wird die Forderung nach periodengerechter Aufwandsermittlung durch den im folgenden Abschnitt zu behandelnden Kapitalerhaltungszweck. Entsprechend den sog. Kapitalerhaltungsgrundsätzen[16],namentlich Imparitäts- und Vorsichtsprinzip, werden bestimmte Aufwendungen früher antizipiert, also eine Periode vorgezogen. Mit der Verpflichtung, ein den tatsächlichen Verhältnissen entsprechendes Bild der **Ertragslage** des Konzerns zu vermitteln, wird festgelegt, dass der Konzernabschluss zeigen soll, ob und inwieweit der Konzern das Ziel „**Verdienen**"[17] erreicht hat. Ebenso wie aus dem Einzelabschluss einer Kapitalgesellschaft muss auch aus dem konsolidierten Abschluss die Kennzahl „Eigenkapitalrentabilität" als relativierte Zielgröße aussagefähig ermittelt werden können.

Der Rechenschaftszweck wird über die Generalnorm hinaus durch den Bedeutungszusammenhang der auf den Konzernabschluss anzuwendenden Einzelvorschriften für den Jahresabschluss aller Kaufleute gestützt. So muss der Konzernabschluss nach § 246 i. V. m. § 298 Abs. 1 über das **Schuldendeckungspotential** des Konzerns und die **Erfolgskomponenten** unsaldiert Rechenschaft ablegen. Auch der konsolidierte Abschluss muss einen periodengerechten und mit den Vorperioden **vergleichbaren Erfolg** ermitteln und darstellen. Die in § 250 Abs. 1 und Abs. 2 i. V. m. § 298 Abs. 1 kodifizierte Pflicht, transitorische Rechnungsabgrenzungsposten anzusetzen, dient diesem Zweck. Darüber hinaus wurde der in § 243 Abs. 2 für den Einzelabschluss kodifizierte Grundsatz der **Klarheit und Übersichtlichkeit** als Rechenschaftselement mit § 297 Abs. 2 Satz 1 explizit in die Vorschriften zur Konzernrechnungslegung aufgenommen. Alle diese den Rechenschaftszweck stützenden Einzelvorschriften sind bereits in den zusammenzufassenden Einzelabschlüssen anzuwenden und gehen so in den Konzernabschluss ein, gelten aber auch für konzernspezifische Buchungen.

---

14 LEFFSON, U., Die Grundsätze ordnungsmäßiger Buchführung, S. 64.

15 Vgl. zur Rechenschaft im Einzelabschluss ausführlich LEFFSON, U., Die Grundsätze ordnungsmäßiger Buchführung, S. 63-66.

16 Siehe dazu Abschn. 331.2 in diesem Kapitel.

17 Vgl. BAETGE, J./KIRSCH, H.-J./THIELE, S., Bilanzen, Kap. I Abschn. 2 und Kap. II Abschn. 122.

123. Kapitalerhaltung aufgrund von Informationen

Der für den Einzelabschluss gültige Kapitalerhaltungszweck hat zwei unterschiedliche **Ausprägungen**. Nach der einen Ausprägung wird der Kapitalerhaltungszweck im Einzelabschluss dadurch erreicht, dass Ausschüttungen begrenzt werden. Diese Kapitalerhaltung durch Ausschüttungsbegrenzung (**Ausschüttungssperre**)[18] soll verhindern, dass der Unternehmensbestand gefährdet wird. Die Kapitalerhaltung sorgt also dafür, dass die **Verdienstquelle gesichert**[19] wird. Die im Konzern verbundenen Unternehmen sind zwar wirtschaftlich abhängig, indes rechtlich selbständig. Aus diesem Grund besitzt der Konzern nach dem HGB keine eigene Rechtspersönlichkeit und kann somit weder Rechte noch Pflichten übernehmen. „Ausschüttungen" an die Anteilseigner und den Fiskus leistet deshalb in Deutschland nicht der Konzern. Die **Ausschüttungssperre** ist also – anders als im Einzelabschluss der Kapitalgesellschaft – **kein Zweck für den deutschen Konzernabschluss**. Die Ausschüttungen sind vielmehr von den rechtlich selbständigen Konzernunternehmen auf Basis der Einzelabschlüsse zu leisten. Der Bestand eines Konzerns kann in Deutschland insoweit nur über den Bestand der einzelnen Konzernunternehmen, die die Ausschüttungen vornehmen und bei denen daher auch die Kapitalerhaltung i. S. d. Ausschüttungssperre greift, gesichert werden.

Nach der anderen Ausprägung der Kapitalerhaltung soll diese im Einzelabschluss – auch im Einzelabschluss der Nicht-Kapitalgesellschaften – **aufgrund von Informationen** erreicht werden.[20] Entsprechend soll der Jahresabschluss einen Einzelkaufmann oder die Komplementäre einer Personenhandelsgesellschaft erkennen lassen, ab wann sie beginnen, über den nach den Kapitalerhaltungsgrundsätzen[21] vorsichtig ermittelten Jahreserfolg hinaus Kapital zu entnehmen. Diese Kapitalerhaltung aufgrund von Informationen wird auch als „**Kapitalverminderungskontrolle**"[22] bezeichnet. Sie ist im Gegensatz zu der Kapitalerhaltung durch Ausschüttungsbegrenzung nicht an Ausschüttungstatbestände geknüpft.

Der Gesetzgeber macht über § 298 Abs. 1 durch den Bedeutungszusammenhang zwischen den ebenda aufgeführten handelsrechtlichen Rechnungslegungsvorschriften deutlich, dass die Kapitalerhaltung aufgrund von Informationen auch für den konsolidierten Abschluss gilt. So gilt auch in der Konzernbilanz die Verpflichtung, nach § 249 i. V. m. § 298 Abs. 1 **Drohverlustrückstellungen** in der Konzernbilanz anzusetzen. Damit werden i. S. einer vorsichtigen (kapitalerhaltenden) Gewinnermittlung künftige Auszahlungsverpflichtungen der Konzernunternehmen erfolgswirksam berücksichtigt, so dass der ausgewiesene Konzerngewinn entsprechend niedriger ausfällt. Das im Rahmen der allgemeinen Bewertungsgrundsätze in § 252 Abs. 1 Nr. 4

---

18 Vgl. MOXTER, A., Bilanzlehre, Bd. I, S. 93-97.
19 Vgl. BAETGE, J./KIRSCH, H.-J./THIELE, S., Bilanzen, Kap. I Abschn. 2 und Kap. II Abschn. 123.
20 Vgl. BAETGE, J./ZÜLCH, H., in: HdJ, Abt. I/2, Rn. 36.
21 Siehe dazu Abschn. 331.2 in diesem Kapitel.
22 LEFFSON, U., Die Grundsätze ordnungsmäßiger Buchführung, S. 98-107.

i. V. m. § 298 Abs. 1 niedergelegte **Vorsichtsprinzip** und das dort ebenfalls kodifizierte **Imparitätsprinzip** konkretisieren den Kapitalerhaltungszweck im Konzernabschluss. Während das Vorsichtsprinzip allgemein fordert, Gewinne vorsichtig zu ermitteln, sind nach dem Imparitätsprinzip die in der jeweiligen Periode verursachten, erwarteten künftigen negativen Erfolgsbeiträge als Aufwand zu antizipieren, obwohl es sich nach dem Grundsatz der Abgrenzung der Sache nach um Aufwand der folgenden Periode handelt. Das Imparitätsprinzip wird u. a. durch die **Niederstwertvorschriften** (§ 253 Abs. 3 und 4) konkretisiert, welche gemäß § 298 Abs. 1 auch bei der Aufstellung des Konzernabschlusses zu beachten sind.

Die Adressaten des Konzernabschlusses erwarten Informationen darüber, ob ihre unmittelbare Verdienstquelle bzw. ihr Schuldner, d. h. das einzelne Konzernunternehmen, gesichert ist. Der jeweilige Einzelabschluss informiert darüber nur begrenzt. Da die wirtschaftliche Lage der einzelnen Konzernunternehmen aufgrund ihrer Abhängigkeit eng mit der wirtschaftlichen Lage des Gesamtkonzerns verknüpft ist, hängt die Sicherheit der Verdienstquelle „Konzernunternehmen" von der Sicherheit des Konzernbestandes ab. So können das Mutterunternehmen oder einzelne Tochterunternehmen einen Jahresüberschuss erzielen und auch ausschütten, obwohl der Konzern als Ganzes einen Verlust erwirtschaftet hat und auch keine freien Gewinnrücklagen mehr besitzt. Der Einzelabschluss des ausschüttenden Unternehmens lässt (in diesem Fall) nicht auf die Sicherheit des Konzernunternehmens schließen. Aus diesem Grund muss der Konzernabschluss dem Adressaten Informationen über die Bestandssicherheit des gesamten Konzerns vermitteln. Die Beachtung der aufgeführten Einzelvorschriften bzw. der **Kapitalerhaltungsgrundsätze**[23] im Konzernabschluss lässt den Abschlussadressaten erkennen, ob und wieweit bei einer vorsichtig dargestellten Vermögens-, Finanz- und Ertragslage der Bestand des Konzerns gesichert ist. Der Abschlussadressat kann daraus auf den Bestand seiner Verdienstquelle, d. h. des wirtschaftlich abhängigen Konzernunternehmens, schließen. Die **Kapitalverminderungskontrolle** bezüglich des Gesamtkonzerns ist vor allem für die Konzernleitung bedeutend, da sie aufgrund ihres beherrschenden Einflusses das Ausschüttungsverhalten in den Tochterunternehmen bestimmen kann. Hierfür benötigt sie Informationen aus dem Konzernabschluss darüber, ab wann die Konzernunternehmen beginnen, über den vorsichtig ermittelten Konzernerfolg hinaus Kapital auszuschütten und so den Bestand des Konzerns und der Konzernunternehmen zu gefährden.

Die Beachtung der Kapitalerhaltungsgrundsätze im konsolidierten Abschluss ist aus einem weiteren Grund unerlässlich. Da der Konzern durch die wirtschaftlichen Verflechtungen zwischen den Konzernunternehmen eine wirtschaftliche Einheit bildet, ist der **Konzernabschluss** quasi der „**Einzelabschluss des Konzerns**". Der Konzernabschluss muss deshalb mit den Einzelabschlüssen konzernaußenstehender selbständiger Kapitalgesellschaften **vergleichbar** sein; hierzu sind im Konzernabschluss die-

---

23 Vgl. ausführlich LEFFSON, U., Die Grundsätze ordnungsmäßiger Buchführung, S. 339-426 und 465-492; BAETGE, J./KIRSCH, H.-J./THIELE, S., Bilanzen, Kap. II Abschn. 123.

selben Rechnungslegungsgrundsätze zu berücksichtigen wie in den Jahresabschlüssen der einzelnen Kapitalgesellschaften. Zu diesen gehören auch die Kapitalerhaltungsgrundsätze.[24]

Im Zuge des BilMoG wurde diskutiert, ob im HGB-Bilanzrecht der Zweck der Kapitalerhaltung im HGB zugunsten der Rechenschaft zurückgedrängt wurde. Als Ergebnis dieser Diskussion lässt sich festhalten, dass der Gesetzgeber durch das BilMoG die Rechenschaft gestärkt hat, ohne die Kapitalerhaltung zu beeinträchtigen/vermindern.[25] Die Rechenschaft wird vor allem durch die eingeschränkten Möglichkeiten zur Legung stiller Reserven gestärkt.

124. Kompensation der Mängel des Einzelabschlusses im Konzernabschluss

Die Entstehungsgeschichte sowie der Wortlaut und der Bedeutungszusammenhang der handelsrechtlichen Konzernrechnungslegungsvorschriften zeigen, dass im Konzernabschluss ein weiterer, eng mit der Konsolidierung verbundener Zweck[26] gilt, der als „**Kompensationszweck**"[27] bezeichnet wird. Mit dem Konzernabschluss sollen Mängel der im Konzernabschluss zusammengefassten Einzelabschlüsse kompensiert werden. Entsprechend heißt es bereits in der Begründung zum Regierungsentwurf zu den Konzernrechnungslegungsvorschriften im AktG a. F.:

> „Der Konzernabschluß soll die ... Mängel der Einzelabschlüsse dadurch beseitigen, daß er die Einzelabschlüsse zusammenfaßt, und zwar nicht im Wege einer einfachen Addition, sondern unter weitgehender Ausschaltung innerkonzernlicher Beziehungen. Ein in dieser Weise ‚bereinigter' Konzernabschluß ist geeignet, die Vermögens- und Ertragslage des Konzerns wiederzugeben und darüber hinaus wertvolle Hinweise für die Beurteilung des einzelnen Konzernunternehmens zu liefern. Es besteht jedoch Anlaß, darauf hinzuweisen, daß der Konzernabschluß die Einzelabschlüsse nicht ersetzen kann und nicht ersetzen will."[28]

Der konsolidierte Abschluss soll die Einzelabschlüsse lediglich ergänzen und damit Informationsdefizite des Einzelabschlusses ausgleichen. Diese Aufgabe wird als Kompensationszweck des Konzernabschlusses bezeichnet. Denn Geschäftsbeziehungen zwischen zwar rechtlich selbständigen, wirtschaftlich aber von einem übergeordneten Unternehmen gesteuerten Unternehmen sind wirtschaftlich anders zu

---

24   So auch ADS, 6. Aufl., § 298 HGB, Rn. 91; BALLWIESER, W., Grundsätze ordnungsmäßiger Buchführung, S. 55 f.; EBELING, R. M., Die Einheitsfiktion, S. 7 f. A. A. früher SCHRUFF, W., Einflüsse der 7. EG-Richtlinie, S. 64-71.

25   Vgl. BAETGE J./KIRSCH, H.-J./SOLMECKE, H., Auswirkungen des BilMoG, S. 1221.

26   Vgl. KÜTING, K./WEBER, C.-P., Der Konzernabschluss, S. 100.

27   Vgl. dazu auch SCHRUFF, W., Einflüsse der 7. EG-Richtlinie, S. 43 f.

28   BT-Drucksache 4/171, S. 241.

beurteilen als Geschäftsbeziehungen zwischen rechtlich und wirtschaftlich selbständigen Unternehmen.[29] Aus Konzernsicht stellen sich viele Sachverhalte also anders dar, als sie den Einzelabschlüssen der Konzernunternehmen zu entnehmen sind. Der Kompensationszweck wird erreicht, indem die einzelnen **Geschäftsvorfälle** einer Periode bei der Zusammenfassung der Einzelabschlüsse zum Konzernabschluss **aus der Sicht der wirtschaftlichen Einheit Konzern neu beurteilt** und im Konzernabschluss konzerninterne Geschäfte und deren Auswirkungen entsprechend eliminiert werden.

Der Kompensationszweck gilt für den Konzernabschluss auch nach den Vorschriften des HGB, denn nach dem HGB sind konzerninterne Geschäfte und deren Auswirkungen zu eliminieren. In der Begründung zum Regierungsentwurf eines Gesetzes zur Durchführung der 7. und 8. EG-Richtlinie heißt es nämlich:

> „Den Vorschriften über die Konsolidierung liegt die Vorstellung zugrunde, daß die in den Konzernabschluß einzubeziehenden Unternehmen eine wirtschaftliche Einheit bilden."[30]

Dies wird auch im Wortlaut des Gesetzes deutlich. So ist nach dem in § 297 Abs. 3 Satz 1 kodifizierten **Einheitsgrundsatz**

> „die Vermögens-, Finanz- und Ertragslage der einbezogenen Unternehmen so darzustellen, als ob diese Unternehmen insgesamt ein einziges Unternehmen wären."[31]

Das bedeutet, dass im Konzernabschluss die innerkonzernlichen Beziehungen zu eliminieren sind. Die **Eliminierung innerkonzernlicher Beziehungen** wird als **Konsolidierung**[32] bezeichnet und ist das **zentrale Element des Kompensationszweckes**. Durch die Eliminierung innerkonzernlicher Beziehungen im Konzernabschluss werden die Zwecke Rechenschaft und Kapitalerhaltung aufgrund von Informationen **aus Sicht der wirtschaftlichen Einheit** verfolgt und entsprechende Mängel des Einzelabschlusses, die sich aus der wirtschaftlichen Abhängigkeit der Konzernunternehmen ergeben, ausgeglichen.[33]

Der Gesetzgeber macht auch durch den Bedeutungszusammenhang zwischen den im Folgenden aufgeführten handelsrechtlichen **Konsolidierungsvorschriften** deutlich, dass der Kompensationszweck für den Konzernabschluss gilt:

---

29 Vgl. BT-Drucksache 4/171, S. 241.

30 BT-Drucksache 10/3440, S. 31.

31 Zum Anwendungsbereich des Einheitsgrundsatzes siehe Abschn. 25 in diesem Kapitel.

32 Zum Begriff der Konsolidierung vgl. WENTLAND, N., Die Konzernbilanz, S. 87; EVERLING, W., Konzernrechnungslegung, S. 61; SCHILDBACH, T., Der Konzernabschluss, S. 149.

33 Vgl. KÜTING, K./WEBER, C.-P., Der Konzernabschluss, S. 100.

■ Gemäß den Vorschriften zur **Kapitalkonsolidierung** (§ 301) sind die Buchwerte der Beteiligung des Mutterunternehmens an den Tochterunternehmen gegen die Eigenkapitalanteile der jeweiligen Tochterunternehmen aufzurechnen. Auf diese Weise werden innerkonzernliche Kapitalverflechtungen aus dem Konzernabschluss eliminiert.

■ Gemäß § 303 sind innerkonzernliche Schuldbeziehungen durch die **Schuldenkonsolidierung** aus dem Konzernabschluss zu eliminieren, d. h. Forderungen und Verbindlichkeiten zwischen Konzernunternehmen sind im Konzernabschluss wegzulassen. Dadurch wird die Vermögenslage i. S. v. Schuldendeckungsfähigkeit des Konzerns besser dargestellt. Würde der Konzernabschluss durch einfache Addition der Einzelabschlüsse, also ohne Schuldenkonsolidierung, aufgestellt, würden Forderungen und Verbindlichkeiten ausgewiesen werden, die nur zwischen Konzernunternehmen, aber nicht im Verhältnis zwischen dem Gesamtkonzern und Dritten existieren. Die Vermögenslage würde aus Sicht des Konzerns falsch dargestellt werden.

■ Bei Vermögensgegenständen, die aus konzerninternen Lieferungen und Leistungen resultieren, sind gemäß § 304 **Zwischenergebnisse** zu eliminieren; Vermögensgegenstände sind in der Konzernbilanz ohne konzerninterne Zwischengewinne und Zwischenverluste zu Konzernanschaffungskosten bzw. Konzernherstellungskosten anzusetzen. Die Vermögenslage wird somit auch durch § 304 bereinigt und aus Sicht des Konzerns dargestellt.

■ § 305 fordert, dass bei einer **Aufwands- und Ertragskonsolidierung** Aufwendungen und Erträge aus innerkonzernlichen Lieferungs- und Leistungsbeziehungen gegeneinander aufzurechnen sind. Auch die Ertragslage muss aus Sicht der wirtschaftlichen Einheit gezeigt werden, damit die durch konzerninterne Geschäfte beeinflussten Erträge und Aufwendungen nicht überschätzt und nur die mit Konzernaußenstehenden realisierten Erfolge gezeigt werden.

Aus dem Kompensationszweck des Konzernabschlusses resultieren zwei **Aufgaben für den Konzernabschluss**, die wir als Verdichtungsaufgabe und als Ergänzungsaufgabe bezeichnen.

Der Einzelabschluss ist kein Instrument, mit dem sich die tatsächlichen wirtschaftlichen Verhältnisse eines Konzernunternehmens hinreichend beurteilen lassen. Deshalb ist es notwendig, neben dem Einzelabschluss eines Konzernunternehmens den **gesamten Unternehmensverbund** verdichtet zu betrachten.

Im konsolidierten Abschluss werden die konzerninternen Geschäfte eliminiert, so dass die wirtschaftliche Lage des Konzerns ohne Doppelzählungen dargestellt wird. Diese aus dem Kompensationszweck resultierende Aufgabe bezeichnen wir als **Verdichtungsaufgabe**. Die Art der Verdichtung, d. h. die Addition der Einzelabschlüsse und die Konsolidierung, trägt dazu bei, dass der Kompensationszweck erfüllt wird.

Ein Unternehmen, das einem Konzern angehört, hat zwar nicht seine rechtliche, im Fall eines Tochterunternehmens aber seine wirtschaftliche Selbständigkeit eingebüßt. Der Einzelabschluss dieses Konzernunternehmens lässt nicht auf den Umfang der konzerninternen Lieferungen und Leistungen oder auf die Intensität der finanziellen Verflechtungen mit anderen Konzernunternehmen schließen. Da diese Konzernverflechtungen aber wesentlich für die Beurteilung der Vermögens-, Finanz- und Ertragslage des Unternehmens sind, müssen sie im Konzernabschluss eliminiert werden. Im Konzernabschluss werden also die Informationen über die Vermögens-, Finanz- und Ertragslage der Konzernunternehmen unter Herausrechnung der innerkonzernlichen Beziehungen zur **Information über die wirtschaftliche Lage des Konzerns** verdichtet. Die konzerninternen Verflechtungen können nämlich im Einzelabschluss dazu führen, dass die Lage eines Konzernunternehmens, ohne gegen handelsrechtliche Vorschriften zu verstoßen, verzerrt wird.

Hierzu ist zum **Beispiel** folgender Fall denkbar: Zwischen einer Holdinggesellschaft, die Mutterunternehmen eines Konzerns ist, und den Tochtergesellschaften liegen keine Ergebnisabführungsverträge vor. Die Tochtergesellschaften der Holding weisen im Jahr t = 1 in den Einzelabschlüssen Gewinne aus. Im Jahr t = 2 schütten die Tochtergesellschaften diese Gewinne als Dividende an die Holding aus, obwohl sie im Jahr t = 2 hohe Verluste erwirtschaften. Die Holding weist aufgrund der Dividendeneinnahmen in ihrem Einzelabschluss im Jahr t = 2 einen hohen Gewinn aus. In dieser Situation besteht die Gefahr, dass die Holding ihren Gewinn im Jahr t = 2 an ihre Anteilseigner ausschüttet, obwohl der Gesamtkonzern einen Verlust erzielt hat.[34] Die Einzelabschlüsse der Holdinggesellschaft und der Tochterunternehmen erfüllen den Zweck der **Kapitalerhaltung aufgrund von Informationen** in diesem Fall nicht. Die Ausschüttung des Erfolges bei der Holdinggesellschaft kann in dem Beispiel zur Gefährdung des Konzernbestandes und damit der abhängigen Unternehmen führen. Nur die Gewinn- und Verlustrechnung des konsolidierten Abschlusses im Jahr t = 2, in der die Erfolge der Konzernunternehmen verdichtet sind, gibt in diesem Fall ein den tatsächlichen Verhältnissen entsprechendes Bild der Ertragslage des Konzerns wieder und kann über die Kapitalerhaltung aufgrund von Informationen die Holding dazu veranlassen, den Erfolg nicht auszuschütten.

Auch konzerninterne Geschäfte, die ein rechtlich selbständiges Unternehmen mit konzernaußenstehenden Dritten nicht bzw. zu anderen Bedingungen getätigt hätte, beeinträchtigen die Aussagefähigkeit des Einzelabschlusses. So beeinflusst z. B. der **konzerninterne Handel mit Produkten zu marktfremden Preisen** die Ergebnisse in den Einzelabschlüssen einzelner Konzernunternehmen und verzerrt damit das Bild der Ertragslage für den Einzelabschlussadressaten. Deshalb zeigt erst der verdichtende Konzernabschluss die zutreffende Vermögens-, Finanz- und Ertragslage, indem die Vermögensgegenstände wieder zu den ursprünglichen Anschaffungs- oder Herstellungskosten bewertet werden. Auch die Aufdeckung stiller Reserven durch **konzerninternes „sale and lease back"** hat Wirkungen auf die Darstellung der Vermögens-, Finanz- und Ertragslage (wirtschaftliche Lage) in den Einzelabschlüssen von Konzernunternehmen. Dagegen bleiben die positiven Wirkungen des „sale and lease back" auf die Ertragslage der Einzelabschlüsse in einem konsolidierten, d. h. die Mängel des Einzelabschlusses kompensierenden, Konzernabschluss außen vor.

---

34 Vgl. Dreger, K.-M., Der Konzernabschluß, S. 22 f.

Als **Ergebnis zur Verdichtungsaufgabe des Konzernabschlusses** bleibt festzuhalten, dass die Zwecke des Einzelabschlusses bei Konzernunternehmen durch die Möglichkeit, innerhalb des Konzerns Kapital und Liquidität zu verlagern, für den Adressaten nicht ausreichend erfüllt werden. Erst durch die Verdichtung der Einzelabschlüsse im konsolidierten Abschluss erhält der Adressat die für ihn notwendigen Informationen.

Die Vermögens-, Finanz- und Ertragslage eines Konzernunternehmens lässt sich nur durch eine Analyse des Einzelabschlusses sowie des Konzernabschlusses ausreichend beurteilen.[35] Der Konzernabschluss hat gegenüber dem Einzelabschluss also auch eine **Ergänzungsaufgabe**, die ebenso wie die Verdichtungsaufgabe aus dem Kompensationszweck des Konzernabschlusses resultiert. Die Ergänzungsaufgabe ergibt sich aus der Tatsache, dass der Konzernabschluss trotz seiner Bedeutung für die Beurteilung der wirtschaftlichen Lage eines einzelnen Unternehmens ebenso wie der Einzelabschluss für sich genommen keine ausreichende Informationsbasis bietet. Denn durch die Zusammenfassung der Einzelabschlüsse aller oder vieler Konzernunternehmen wird das Zahlenmaterial aggregiert.[36] Sachverhalte, die in den Einzelabschlüssen hervortreten, werden bei der Zusammenfassung verdeckt, weil Einzeldaten nivelliert werden. Der konsolidierte Abschluss verbirgt aber nicht nur Details aus den Einzelabschlüssen; so lässt er den Bilanzadressaten auch nicht erkennen, welche Tochterunternehmen mehr oder weniger erfolgreich waren oder welche Branchen im Konzern vertreten sind. Aus diesem Grund kann und soll der **konsolidierte Abschluss den Einzelabschluss nicht ersetzen, sondern ergänzen**.[37]

13   Die Beziehungen innerhalb des Zwecksystems

Die vorangegangene Analyse der rechtlichen Vorschriften für Konzernabschlüsse, die nach dem HGB bzw. dem PublG aufgestellt werden, hat gezeigt, dass die Dokumentation als primärer Buchführungszweck mittelbar über die zusammenzufassenden Einzelabschlüsse der Tochterunternehmen für den Konzernabschluss bedeutend ist. Den Zweck der **Kapitalerhaltung aufgrund von Informationen** hat der Gesetzgeber explizit in den auf den Konzernabschluss anzuwendenden Vorschriften des Einzelabschlusses und implizit in der Generalnorm des § 297 Abs. 2 Satz 2 kodifiziert. Der Zweck der **Rechenschaft** ist für den Konzernabschluss – wie im Einzelabschluss der Kapitalgesellschaft – über die Generalnorm eindeutig in die Konzernrechnungslegungsvorschriften aufgenommen worden. Dies gilt auch für den **Kompensationszweck**, der über den Einheitsgrundsatz des § 297 Abs. 3 Satz 1 eindeutig in das Gesetz eingegangen ist. Nachfolgend wird das Verhältnis der Konzernabschlusszwecke zueinander dargestellt.

---

35 Vgl. BT-Drucksache 4/171, S. 241.

36 Vgl. DREGER, K.-M., Der Konzernabschluß, S. 22 f.; SCHINDLER, J., Kapitalkonsolidierung, S. 49.

37 Vgl. BT-Drucksache 4/171, S. 241.

Die **Dokumentation** als Zweck der Buchführung ist den Konzernabschlusszwecken vorgelagert, denn eine die Dokumentationsgrundsätze[38] erfüllende Buchführung ist die Voraussetzung für die Rechenschaft, die Kapitalerhaltung aufgrund von Informationen und die Kompensation der Mängel der zusammenzufassenden Einzelabschlüsse aus Sicht der wirtschaftlichen Einheit.

Der Zweck der Kapitalerhaltung aufgrund von Informationen und der Rechenschaftszweck stehen beim Konzernabschluss im gleichen ausgewogenen Verhältnis zueinander wie beim Einzelabschluss.[39] Dies ist zum einen darauf zurückzuführen, dass über § 298 Abs. 1 die die Einzelabschlusszwecke konkretisierenden Vorschriften auch auf den Konzernabschluss bzw. auf die zusammenzufassenden Einzelabschlüsse anzuwenden sind. Die für den Konzernabschluss gültigen Vorschriften für den Einzelabschluss lassen in ihrer Gesamtheit keinen dominanten Zweck erkennen.[40] Diese **Ausgewogenheit bezüglich der beiden Zwecke Rechenschaft und Kapitalerhaltung aufgrund von Informationen** dient dem vom Gesetzgeber beabsichtigten Interessenausgleich zwischen internen und externen Adressaten. Der von uns als **Interessenregelung**[41] bezeichnete Interessenausgleich bedeutet, dass durch die gleichmäßige Gewichtung der Zwecke ein relativierter Schutz aller Adressaten erreicht werden soll.

Zum anderen ist die Gleichgewichtung der Zwecke Kapitalerhaltung aufgrund von Informationen und Rechenschaft im Konzernabschluss notwendig, weil der Konzernabschluss mit den Einzelabschlüssen von Nicht-Konzernunternehmen vergleichbar sein soll.[42] Erst durch eine Kompensation der Mängel der Einzelabschlüsse von Konzernunternehmen im Konzernabschluss wird dieser mit dem Einzelabschluss von Kapitalgesellschaften vergleichbar. Die **Kompensation** ist also Voraussetzung für die Realisierung der Zwecke Rechenschaft und Kapitalerhaltung aufgrund von Informationen aus Konzernsicht. Eine andere Gewichtung der Zwecke würde den konsolidierten Abschluss zu einem mit dem Einzelabschluss nicht vergleichbaren Rechnungslegungsinstrument machen. Der Kompensationszweck ergänzt bzw. vervollständigt die Zwecke Rechenschaft und Kapitalerhaltung aufgrund von Informationen im Konzernabschluss und dient damit ebenfalls der Interessenregelung.

---

38 Zu den Dokumentationsgrundsätzen siehe ausführlich Abschn. 331.2 in diesem Kapitel.

39 Vgl. dazu ausführlich BAETGE, J./KIRSCH, H.-J./THIELE, S., Bilanzen, Kap. II Abschn. 13.

40 BAETGE, J./ZÜLCH, H., in: HdJ, Abt. I/2, Rn. 120.

41 Vgl. BAETGE, J., Rechnungslegungszwecke, S. 21; BAETGE, J./KIRSCH, H.-J./THIELE, S., Bilanzen, Kap. II Abschn. 13.

42 Vgl. Kap. I Abschn. 4.

2 Inhalt und Bedeutung der Generalnorm

21 Funktion der Generalnorm und ihr Verhältnis zu den Einzelvorschriften

§ 297 Abs. 2 Satz 2 formuliert die Generalnorm für den Konzernabschluss:

> „Er hat unter Beachtung der Grundsätze ordnungsmäßiger Buchführung ein den tatsächlichen Verhältnissen entsprechendes Bild der Vermögens-, Finanz- und Ertragslage des Konzerns zu vermitteln."

Entspricht dieses Bild aufgrund besonderer Umstände nicht den tatsächlichen Verhältnissen, so sind gemäß § 297 Abs. 2 Satz 3 zusätzliche Angaben im Konzernanhang zu machen.

Der Generalnorm für den deutschen Konzernabschluss liegt der britische **Grundsatz des „true and fair view"** zugrunde.[43] Das in der Vorschrift geforderte, den tatsächlichen Verhältnissen entsprechende Bild ist kein Realbild. Vielmehr wird dieses Bild auf der Grundlage der gesetzlichen Abbildungsregeln, d. h. der Grundsätze ordnungsmäßiger Buchführung (GoB) und der Bilanzierungsvorschriften, geschaffen. Da diese Abbildungsregeln für sämtliche Geschäftsvorfälle der unterschiedlichsten Unternehmen gelten müssen, zugleich aber nicht jeden in der Realität vorkommenden Sachverhalt detailliert regeln können, enthalten sie viele Objektivierungen und Normierungen sowie erhebliche Ermessensspielräume. Ferner lässt das Gesetz viele Wahlrechte zu. Das im Konzernabschluss vermittelte Bild der Vermögens-, Finanz- und Ertragslage kann daher nur diesen gesetzlich normierten „Mal"-Regeln entsprechen. Ob dieses „gemalte" Bild den tatsächlichen Verhältnissen des Konzerns gerecht wird, hängt zum einen davon ab, ob und wie diese „Mal"-Regeln die Realität wiedergeben. Zum anderen hängt die Realitätsnähe des Bildes davon ab, ob und wie die „Mal"-Regeln, d. h. die im HGB enthaltenen Ermessensspielräume und die eingeräumten Wahlrechte, von dem „Maler", d. h. dem Ersteller des Konzernabschlusses, angewendet werden.[44] Diese einschränkenden Grundüberlegungen sind bei der Beurteilung der Generalnorm im Hinblick auf die Konzernabschlusszwecke zu beachten.

Die Generalnorm für den Konzernabschluss konkretisiert und beschränkt in gewisser Weise die Zwecke des konsolidierten Abschlusses, Rechenschaft und Kapitalerhaltung aufgrund von Informationen. In diesem Rahmen ist mit dem Konzernabschluss ein Einblick in die Vermögens-, Finanz- und Ertragslage zu geben. Der Kompensationszweck des Konzernabschlusses ist über den die Generalnorm konkretisierenden Ein-

---

43 Vgl. TUBBESSING, G., „A True and Fair View", S. 91; SCHRUFF, W., Einflüsse der 7. EG Richtlinie, S. 90; GROSSFELD, B., Generalnorm, S. 192-204; LEFFSON, U., Die beiden Generalnormen, S. 315-325; MOXTER, A., Sinn und Zweck des handelsrechtlichen Jahresabschlusses, S. 371-373; BEISSE, H., Die Generalnorm des neuen Bilanzrechts, S. 25-44; STREIM, H., Die Generalnorm des § 264 Abs. 2 HGB, S. 391-406.

44 Vgl. LEFFSON, U., Die Grundsätze ordnungsmäßiger Buchführung, S. 173-178; SCHRUFF, L., Der neue Bestätigungsvermerk, S. 185.

heitsgrundsatz nach § 297 Abs. 3 Satz 1 eng mit der Generalnorm verbunden. Indes ist der Einheitsgrundsatz nicht Element der Generalnorm, wie in Abschn. 25 in diesem Kapitel gezeigt wird.

Die Generalnorm des § 297 Abs. 2 Satz 2 ist grundlegend für die **Auslegung der gesetzlichen Einzelvorschriften**. Zwar gilt im deutschen Recht der Grundsatz „lex specialis derogat legi generali", was bedeutet, dass Spezialvorschriften durch die Generalnorm nicht außer Kraft gesetzt werden.[45] Doch ist die Generalnorm bei Interpretationsfreiräumen und Wahlrechten in den Spezialvorschriften „die verpflichtende Leitlinie"[46] bei der Ausfüllung dieser Freiräume.[47] Freiräume sind also entsprechend der Generalnorm so auszufüllen, dass das geforderte, den tatsächlichen Verhältnissen entsprechende Bild der Vermögens-, Finanz- und Ertragslage des Konzerns vermittelt wird.[48] Nur auf diese Weise ist es möglich, die gesetzlichen Vorschriften objektiv und einheitlich auszulegen.[49]

Die Generalnorm für den Konzernabschluss ist bis auf die Bezugsgröße „Konzern" wortgleich mit der Generalnorm des § 264 Abs. 2 Satz 1 für den Einzelabschluss der Kapitalgesellschaft. Der wesentliche **Unterschied zwischen beiden Generalnormen** besteht darin, dass bei der Informationsvermittlung im konsolidierten Abschluss die Eigenart des Konzerns, nämlich die wirtschaftliche Abhängigkeit der rechtlich unabhängigen Unternehmen, zu berücksichtigen ist. Das heißt, dass die Mängel der Einzelabschlüsse der Konzernunternehmen zu kompensieren sind (Kompensationszweck). Darüber hinaus umfasst der Hinweis auf die GoB in der Generalnorm für den Konzernabschluss im Gegensatz zu der Generalnorm für den Einzelabschluss von Kapitalgesellschaften neben den Grundsätzen ordnungsmäßiger Buchführung auch die Grundsätze ordnungsmäßiger Konsolidierung.[50]

Die Forderung des § 297 Abs. 2 Satz 2 nach einem den tatsächlichen Verhältnissen entsprechenden Bild der Vermögens-, Finanz- und Ertragslage des Konzerns wird durch zahlreiche **Einzelvorschriften** gestützt. Dazu gehören u. a.[51] die Konsolidierungsvorschriften der §§ 301, 303, 304 und 305.

---

45   Vgl. GROSSFELD, B./LUTTERMANN, C., Bilanzrecht, S. 63.

46   LUTTER, M., Rechnungslegung nach künftigem Recht, S. 1292.

47   Vgl. LARENZ, K./CANARIS, C.-W., Methodenlehre der Rechtswissenschaft, S. 87-90.

48   Vgl. LEFFSON, U., Erkenntniswert des Jahresabschlusses, S. 5.

49   Vgl. BIENER, H./SCHATZMANN, J., Konzern-Rechnungslegung, S. 31; BT-Drucksache 10/317, S. 76; LEFFSON, U., Bild der tatsächlichen Verhältnisse, S. 97.

50   In der Begründung zum Gesetzentwurf der Bundesregierung werden zu den GoB i. S. d. § 297 auch die Grundsätze ordnungsmäßiger Konsolidierung gerechnet, vgl. BT-Drucksache 10/3440, S. 35. Zu den Grundsätzen ordnungsmäßiger Konsolidierung siehe ausführlich Abschn. 333. in diesem Kapitel.

51   Vgl. mit weiteren, über § 298 Abs. 1 auch auf den Konzernabschluss anzuwendenden Beispielen BAETGE, J./COMMANDEUR, D./HIPPEL, B., in: Küting/Pfitzer/Weber, HdR-E, 5. Aufl., § 264 HGB, Rn. 9.

Die in § 297 Abs. 2 Satz 2 geforderten Informationen können nur vermittelt werden, wenn sowohl die Generalnorm als auch die zahlreichen Einzelvorschriften zur Konzernrechnungslegung beachtet werden. Die Einzelvorschriften führen nicht immer zu Ergebnissen, die mit der Generalnorm übereinstimmen. So ist die Aktivierung von latenten Steuern auf Verlustvorträge nach § 274 Abs. 1 Satz 4 nicht mit den GoB vereinbar.[52] Hier ist die bereits erwähnte Regel „lex specialis derogat legi generali" zu beachten, nach der die konkreteren Einzelvorschriften als Spezialregelungen der allgemeineren Generalnorm vorgehen.

Allerdings werden explizite **Wahlrechte**, die aus bilanzfremden Gründen kodifiziert wurden, trotz eines eventuellen Widerspruchs zur Generalnorm durch diese nicht begrenzt. Führt eine Einzelvorschrift zu einer Bilanzierungsweise, die gegen die Generalnorm verstößt, so ist das Informationsdefizit bezüglich des in der Generalnorm geforderten Bildes in jedem Fall durch zusätzliche Angaben und Erläuterungen im Konzernanhang auszugleichen.

Darüber hinaus sind nicht alle Sachverhalte im Gesetz durch Einzelvorschriften geregelt, etwa die Endkonsolidierung von Tochterunternehmen.[53] Diese **ungeregelten Bereiche** sind ebenfalls i. S. d. Generalnorm auszufüllen. Dabei ist die gewählte Handlungsalternative im Konzernanhang anzugeben und zu erläutern. Auch besondere Umstände, die Abweichungen von dem geforderten den tatsächlichen Verhältnissen entsprechenden Bild verursachen, sind gemäß § 297 Abs. 2 Satz 3 explizit durch zusätzliche Anhangangaben zu erläutern. Als „besondere Umstände" sind solche Sachverhalte zu verstehen, die nicht unter den normalen Regelungsumfang des HGB fallen. Als Beispiel wird die Konsolidierung von Unternehmen mit Sitz in Hochinflationsländern genannt.[54]

Für Konzerne, die nach § 11 PublG zur Aufstellung eines Konzernabschlusses verpflichtet waren, bestanden vor Inkrafttreten des BilMoG zahlreiche Wahlrechte (z. B. die Möglichkeit zur Legung von stillen Willkürrücklagen).[55] Viele dieser Wahlrechte wurden im Rahmen des BilMoG abgeschafft, so dass die Vorschriften des PublG an die Vorschriften des HGB angeglichen wurden.

---

52 Vgl. KARRENBROCK, H., Latente Steuern nach dem BilMoG, S. 330.

53 Vgl. zur Endkonsolidierung Kap. VIII Abschn. 22.

54 Vgl. BAETGE, J./KIRSCH, H.-J., in: Küting/Weber, HdK, 2. Aufl., § 297 HGB, Rn. 26 f.; BIENER, H., Auswirkungen der Vierten EG-Richtlinie, S. 5.

55 Vgl. PETERSEN, K./ZWIRNER, C., Rechnungslegung im Umbruch, S. 27 und 39.

22   Die Vermögens-, Finanz- und Ertragslage des Konzerns

221.   Die Vermögenslage des Konzerns

Der Konzernabschluss kann die in § 297 Abs. 2 Satz 2 geforderten Informationen über die Komponenten Vermögens-, Finanz- und Ertragslage nicht getrennt geben. Viele Angaben und Erläuterungen betreffen mehrere Komponenten der wirtschaftlichen Lage zugleich. Eine getrennte Analyse der einzelnen Teillagen lässt sich zwar versuchen, ist aber nicht hinlänglich möglich.

Über die **Vermögenslage** informiert der konsolidierte Abschluss erstens anhand der Werte der Vermögensgegenstände am Stichtag. Die Aktiva und Passiva des Konzerns sind nach § 246 Abs. 1 i. V. m. § 298 Abs. 1 unsaldiert auszuweisen. Auf diese Weise zeigt der konsolidierte Abschluss das **Schuldendeckungspotential** des Konzerns.[56] Zweitens zeigt der Konzernabschluss das **Reinvermögen** (Eigenkapital) des Konzerns, das sich als Differenz aus den Werten der Aktiva und der Schulden ergibt.[57]

Die Darstellung der Vermögenslage wird im Konzernabschluss primär durch die über § 298 Abs. 1 relevanten Vorschriften des Einzelabschlusses sowie durch jene Konsolidierungsvorschriften geregelt, die die Vermögenslage betreffen. Neben der Bilanzierung von Vermögensgegenständen und Schulden in der Bilanz sind hierzu zusätzlich Angaben im Anhang und im Lagebericht zu machen; außerdem sind bestimmte nicht bilanzierungsfähige Sachverhalte und Sonderposten anzugeben.

Gemäß § 313 Abs. 1 Satz 3 Nr. 1 und 2 sind die angewendeten Bilanzierungs- und Bewertungsmethoden sowie die angewendeten Methoden der Währungsumrechnung im Konzernanhang anzugeben. Wird im Konzernabschluss von den Bilanzierungs-, Bewertungs- oder Konsolidierungsmethoden des Vorjahres abgewichen, so ist dieses ebenfalls im Konzernanhang anzugeben und zu begründen, und der Einfluss dieser Abweichungen auf die Komponenten der wirtschaftlichen Lage ist gesondert darzustellen (§ 313 Abs. 1 Satz 3 Nr. 3).

Zweck des Konzernabschlusses ist es, die mangelnde Aussagefähigkeit der Einzelabschlüsse, die sich aufgrund der Konzernzugehörigkeit der Unternehmen ergibt, auszugleichen. Dieser Kompensationszweck ist auch bei der Darstellung der Vermögenslage zu beachten. Aus diesem Grund sind etwa

- Schulden zu konsolidieren (§ 303),

- Zwischenergebnisse zu eliminieren (§ 304),

- Aktiva und Passiva in der Konzernbilanz konzerneinheitlich auf der Grundlage der für das Mutterunternehmen geltenden Ansatzvorschriften anzusetzen (§ 300 Abs. 2),

---

56 Vgl. zur Vermögenslage im Einzelabschluss MOXTER, A., Bilanzlehre, Bd. I, S. 86-92.

57 Vgl. zur (Rein-)Vermögenslage im Einzelabschluss auch BAETGE, J., Kapital und Vermögen, Sp. 2093-2096; BAETGE, J./FEIDICKER, M., Vermögens- und Finanzlage, Sp. 2092 f.

■ Vermögensgegenstände und Schulden einheitlich zu bewerten (§ 308). Hiernach sind die im Konzernabschluss anzusetzenden Vermögensgegenstände und Schulden nach den für das Mutterunternehmen geltenden Bewertungsvorschriften zu bewerten.

Mit Hilfe der angeführten Vorschriften wird i. S. d. Generalnorm die **tatsächliche Vermögenslage der wirtschaftlichen Einheit** Konzern dargestellt. Durch die Grundsätze der Einheitlichkeit von Ansatz und Bewertung wird erreicht, dass gleiche Sachverhalte dem Grunde und der Höhe nach im Konzernabschluss nach einheitlichen Vorschriften bilanziert werden. Ein aussageloses Wertekonglomerat, das der Konzernabschluss nach AktG a. F. wegen des Grundsatzes der Maßgeblichkeit der Einzelabschlüsse für den Konzernabschluss darstellte, wird nach dem HGB durch diese Grundsätze vermieden.[58]

Die Konzern**bilanz** ist im Konzernabschluss das wichtigste Instrument zur Darstellung der Vermögenslage. Durch die vorgegebene Gliederung werden Informationen über Anlage- und Umlaufvermögen sowie über die Schuldposten gegeben. Einige Informationen wie das Konzernanlagengitter (§ 268 Abs. 2 i. V. m. § 298 Abs. 1) dürfen wahlweise in der Konzernbilanz oder im Konzernanhang dargestellt werden. Neben der Konzernbilanz vermittelt der Konzern**anhang** Angaben zur Vermögenslage. Auch die Angaben zur Vermögenslage innerhalb der Segmentberichterstattung sind von Bedeutung.[59]

Die für den Abschlussadressaten wichtigen zukunftsgerichteten Informationen über die Vermögenslage sind im Konzernabschluss nicht enthalten. Gemäß § 315 Abs. 1 Satz 5 hat der Konzern**lagebericht** aber auf die voraussichtliche Entwicklung des Konzerns einzugehen. Die voraussichtliche Entwicklung umfasst auch die künftige Vermögenslage. In der Praxis sind die Angaben dazu bisher indes spärlich, da die lageberichterstattenden Unternehmen befürchten, dass derartige Angaben zu Wettbewerbsnachteilen führen können.[60] Der Abschlussadressat erhält deshalb i. d. R. nur wenige zukunftsgerichtete Informationen über die Vermögenslage.[61]

222.   Die Finanzlage des Konzerns

Neben der Vermögenslage ist auch die Finanzlage i. S. d. Generalnorm darzustellen. Dazu sind im Wesentlichen Informationen über die **Finanzierung** und die **Liquidität** notwendig.[62] Auch dabei ist die wirtschaftliche Verbundenheit der Konzernunternehmen zu beachten. Unter der Finanzierung des Konzerns sind die konzernexterne

---

58   Siehe Kap. I Abschn. 3.

59   Vgl. Kap. XI.

60   Zum sog. Selbstschutzinteresse lageberichterstattender Unternehmen vgl. BAETGE, J./FISCHER, T. R./PASKERT, D., Der Lagebericht, S. 47.

61   Siehe dazu ausführlich Kap. XIII Abschn. 223.

62   Vgl. BAETGE, J./FEIDICKER, M., Vermögens- und Finanzlage, Sp. 2094.

Beschaffung von Eigen- und Fremdkapital, die Verwendung dieses Kapitals sowie konzerninterne Kapitaldispositionen zu verstehen. Die Liquidität ist als die jederzeitige Zahlungsfähigkeit des Konzerns zu definieren.

Informationen über die **Liquidität des Konzerns** lassen sich aus den Einzelabschlüssen von Konzernunternehmen nicht entnehmen. Dieses Manko resultiert – neben weiteren, für den Einzelabschluss typischen Einschränkungen (Konzeption des Jahresabschlusses, Bilanzpolitik etc.) – vor allem aus der Möglichkeit, Liquidität innerhalb des Konzerns zu verlagern. Liquiditätsengpässe einzelner Konzernunternehmen können oder müssen unter Beanspruchung anderer Konzernunternehmen ausgeglichen werden.[63] Die schlechte Liquiditätslage im Einzelabschluss eines einzuziehenden Unternehmens kann so durch eine gute Liquiditätslage des Konzerns relativiert werden und umgekehrt.[64] Diese konzerninternen finanziellen Beziehungen sind bei der Darstellung der Finanzlage i. S. d. Kompensationszweckes zu beachten. Die Finanzlage der in die Konsolidierung einzubeziehenden Unternehmen ist im Konzernabschluss wie in einem „Einzelabschluss des Konzerns" darzustellen. Daher sind bei der Konsolidierung die finanziellen Verflechtungen zu eliminieren, indem gemäß § 301 die konzerninternen Kapitalverflechtungen (Kapitalkonsolidierung) und gemäß § 303 konzerninterne Fremdkapitalverflechtungen (Schuldenkonsolidierung) aus dem Konzernabschluss herauszurechnen sind.

Informationen über die Finanzlage findet der Konzernabschlussadressat vor allem in der Konzern**bilanz**. Die Aktivseite vermittelt Informationen über die Kapitalverwendung im Konzern. Die Passivseite zeigt die Eigenkapital- und die Fremdkapitalstrukturen des Konzerns und legt damit die Mittelherkunft offen. Dabei wird im Eigenkapital zwischen den Kapitalanteilen der Mehrheitsgesellschafter und denen der nicht beherrschenden Gesellschafter sowie den von den Unternehmen erwirtschafteten Mitteln differenziert (§ 307 Abs. 1, § 272 i. V. m. § 298 Abs. 1).

Neben der Konzernbilanz informiert auch der Konzern**anhang** über die Finanzlage. So sind nach § 268 Abs. 4 i. V. m. § 298 Abs. 1 Forderungen mit einer Restlaufzeit von mehr als einem Jahr gesondert zu vermerken sowie Verbindlichkeiten mit einer Restlaufzeit bis zu einem Jahr und von mehr als fünf Jahren unter Angabe von Art und Form der Sicherheiten aufzuführen (§ 268 Abs. 4 und 5 i. V. m. § 298 Abs. 1 und § 314 Abs. 1 Nr. 1). Ebenso sind die Art und der Zweck sowie Risiken und Vorteile von nicht in der Konzernbilanz enthaltenen Geschäften des Mutterunternehmens und der in den Konzernabschluss einbezogenen Tochterunternehmen, soweit dies für die Finanzlage des Konzerns notwendig ist, nach § 314 Abs. 1 Nr. 2 anzugeben. Darüber hinausgehende sonstige finanzielle Verpflichtungen, die nicht in der Konzernbilanz enthalten sind, müssen nach § 314 Abs. 1 Nr. 2a angegeben werden. Bestehen finanzielle Verpflichtungen gegenüber nicht in den Konzernabschluss einbezogenen Tochterunternehmen, so sind diese Verpflichtungen gesondert auszuweisen (§ 314 Abs. 1 Nr. 2a).

---

63 Siehe Abschn. 124. in diesem Kapitel.
64 Vgl. BAETGE, J./KIRSCH, H.-J., in: Küting/Weber, HdK, 2. Aufl., § 297 HGB, Rn 39.

Über die künftige Liquidität als Teil der Finanzlage erhält der Konzernabschlussadressat nur wenige Informationen, da der Konzernabschluss vorwiegend vergangenheitsorientierte Daten liefert. Dabei muss auf die wenigen zukunftsgerichteten Angaben und Erläuterungen im Konzernanhang und im Konzern**lagebericht** zurückgegriffen werden. Diese Informationslücke wird zumindest teilweise durch die gemäß § 297 Abs. 1 aufzustellende **Kapitalflussrechnung**[65] geschlossen.[66] Sie hat die Aufgabe zu zeigen, welche Zahlungsströme in der Berichtsperiode geflossen sind, wie das Unternehmen Finanzmittel erwirtschaftet hat und welche zahlungswirksamen Investitions- und Finanzierungstätigkeiten vorgenommen wurden. Das Bild der Finanzlage soll durch die Kapitalflussrechnung objektiviert, d. h. unbeeinflusst durch die notwendigerweise weniger objektivierten Periodisierungsregeln der Rechnungslegung, vermittelt werden.[67]

223.   Die Ertragslage des Konzerns

Nach der Generalnorm muss der Konzernabschluss einen entsprechenden Einblick auch in die Ertragslage des Konzerns gewähren. Die erforderlichen Informationen über die Ertragslage liefert – neben der Konzernbilanz – vor allem die Konzern-**GuV**, etwa durch die Aufspaltung des Konzerngesamtergebnisses in seine Teilkomponenten.[68]

Auch bei der Darstellung der Ertragslage sind konzerninterne Verflechtungen zu berücksichtigen. Aus diesem Grund sind nach § 305 sämtliche Aufwendungen und Erträge, die aus konzerninternen Transaktionen resultieren, aus der Konzern-GuV zu eliminieren (Aufwands- und Ertragskonsolidierung).

Weitere Informationen über die Ertragslage liefert der Konzern**anhang**.[69] Hier ist u. a. die Pflicht zu nennen, nach § 313 Abs. 1 Satz 3 Nr. 1 die angewandten Bilanzierungs- und Bewertungsmethoden anzugeben und die Umsatzerlöse nach Tätigkeitsbereichen, Märkten und Geschäftssparten aufzugliedern (§ 314 Abs. 1 Nr. 3). Gemäß § 297 Abs. 1 können Mutterunternehmen darüber hinaus eine ausführliche Segmentberichterstattung aufstellen.[70] Die für die Beurteilung der Ertragslage wichtigen Informationen über die künftige Geschäftsentwicklung liefert der konsolidierte Abschluss als vergangenheitsorientiertes Rechnungslegungsinstrument nicht. Diese

---

65 Vgl. ausführlich Kap. X.

66 Vgl. VON WYSOCKI, K., Prüfung (Revision) der finanziellen Lage der Unternehmung, Sp. 1462; RÜCKLE, D., Finanzlage, S. 183.

67 Vgl. FÖRSCHLE, G./KRONER, M., in: Beck Bilanzkomm., 9. Aufl., § 297 HGB, Rn. 52 f.

68 Vgl. BAETGE, J./FISCHER, T. R., Aussagefähigkeit der Gewinn- und Verlustrechnung, S. 179-181; zu den Ergebnisblöcken vgl. die Gliederungsschemata der GuV in BAETGE, J./ KIRSCH, H.-J./THIELE, S., Bilanzen, Kap. XII Abschn. 32.

69 Vgl. BAETGE, J./KIRSCH, H.-J., in: Küting/Weber, HdK, 2. Aufl., § 297 HGB, Rn. 47.

70 Vgl. Kap. XI. Zu den Analysemöglichkeiten vgl. BAETGE, J./KIRSCH, H.-J./THIELE, S., Bilanzanalyse, Kap. VI Abschn. 5 und Abschn. 6.

Informationen sind auch im Konzern**lagebericht** nur selten zu finden, obwohl die Vorschrift des § 315 Abs. 1 Satz 5 explizit Informationen über die voraussichtliche Entwicklung des Konzerns mit ihren wesentlichen Chancen und Risiken verlangt.[71]

224. Die wirtschaftliche Lage „des Konzerns"

Gemäß der Generalnorm soll der konsolidierte Abschluss die wirtschaftliche Lage des Konzerns wiedergeben. Zum Konzern gehören das Mutterunternehmen und alle Tochterunternehmen, die nach § 301 i. V. m. § 290 grundsätzlich im Konzernabschluss vollzukonsolidieren wären, sowie die nach § 310 wahlweise anteilig zu konsolidierenden Gemeinschaftsunternehmen. Die im Konzernabschluss tatsächlich konsolidierten Unternehmen sind indes nur jene Konzernunternehmen, die nicht aufgrund eines Einbeziehungswahlrechtes (§ 296) wahlweise nicht vollkonsolidiert werden.[72]

Auch die nach § 296 **nicht vollkonsolidierten Tochterunternehmen** müssen bei der Darstellung der Vermögens-, Finanz- und Ertragslage des Konzerns berücksichtigt werden. Dies geschieht erstens entweder durch eine Einbeziehung der nicht vollkonsolidierten Tochterunternehmen in den Konzernabschluss at equity oder nach der Anschaffungskostenmethode.[73] Da diese Unternehmen nicht in die Vollkonsolidierung einbezogen werden, muss die Generalnorm zweitens über **Angaben im Konzernanhang** erfüllt werden. Gemäß § 313 Abs. 2 Nr. 1 sind Name und Sitz der Unternehmen sowie der grundsätzliche Einbeziehungsgrund anzugeben. Der § 296 Abs. 3 verlangt, die Nichteinbeziehung anzugeben und zu begründen.[74]

Wird ein Tochterunternehmen wegen unverhältnismäßig hoher Kosten oder Verzögerung durch die Konsolidierung (§ 296 Abs. 1 Nr. 2) nicht vollkonsolidiert, sondern at equity oder zu Anschaffungskosten im Konzernabschluss angesetzt, kann das den tatsächlichen Verhältnissen entsprechende Bild der wirtschaftlichen Lage des Konzerns wesentlich eingeschränkt werden. In diesen Fällen muss die Vermögens-, Finanz- und Ertragslage des nicht vollkonsolidierten Unternehmens im Konzernanhang dargestellt werden.

---

71 Siehe Abschn. 221. und Abschn. 222. in diesem Kapitel. Siehe auch ausführlich Kap. XIII Abschn. 223.

72 Wie der Kreis der in den Konzernabschluss einzubeziehenden Unternehmen (Konsolidierungskreis) im Einzelnen abzugrenzen ist, wird in Kap. III Abschn. 3 gezeigt.

73 Dieses Vorgehen entspricht der sog. Stufenkonzeption, auf die in Kap. III Abschn. 31 ausführlich eingegangen wird. Zu den im Folgenden im Überblick dargestellten Ausnahmen von der Vollkonsolidierung siehe Kap. III Abschn. 322.

74 Vgl. zu den Angabepflichten nach § 296 Abs. 3 HGB VON KEITZ, I./EWELT, C., in: Baetge/Kirsch/Thiele, § 296 HGB, Rn. 51 f.

Die in der Generalnorm geforderten Informationen können auch durch das Wahlrecht des § 310 beeinträchtigt werden, nach dem **Gemeinschaftsunternehmen** wahlweise anteilig konsolidiert werden dürfen. Die Generalnorm kann nur erfüllt werden, wenn dieses Wahlrecht einheitlich für alle Gemeinschaftsunternehmen ausgeübt wird. Eine explizite gesetzliche Basis für diese Forderung existiert indes nicht.

Im **Ergebnis** ist festzuhalten, dass das in der Generalnorm geforderte Bild des Konzerns im Konzernabschluss nur vermittelt wird, wenn für die nicht in die Konsolidierung einbezogenen, sondern im Konzernabschluss at equity oder zu Anschaffungskosten angesetzten Konzernunternehmen die genannten Angaben und Erläuterungen im Konzernanhang offengelegt werden.[75] Das Gesetz hat den Bilanzierenden hier aber einen nicht unerheblichen Freiraum gelassen, der auch durch eine generalnormgerechte Auslegung der Spezialvorschriften nicht geschlossen werden kann. Der Konzernabschlussadressat bleibt also auf das Wohlwollen der Bilanzersteller angewiesen.

23 Der Hinweis auf die Grundsätze ordnungsmäßiger Buchführung (GoB) in der Generalnorm des § 297 Abs. 2 Satz 2 HGB

In der Generalnorm fordert der Gesetzgeber, dass der konsolidierte Abschluss ein den tatsächlichen Verhältnissen entsprechendes Bild **unter Beachtung der Grundsätze ordnungsmäßiger Buchführung (GoB)** zu vermitteln hat. Das System der GoB ist indes aus den Zwecken des Einzelabschlusses entwickelt worden.[76] Die Anwendung ausschließlich der GoB kann das geforderte Bild der wirtschaftlichen Lage eines Konzerns nicht vermitteln, da die GoB den Kompensationszweck des Konzernabschlusses nicht berücksichtigen. So enthält das **GoB-System nicht die Grundsätze ordnungsmäßiger Konsolidierung (GoKons)**, durch die die wirtschaftliche Einheit des Konzerns im konsolidierten Abschluss berücksichtigt und das Bild der tatsächlichen Verhältnisse des Konzerns vermittelt wird. Der Gesetzgeber hat mit dem Hinweis auf die GoB in der Generalnorm aber zweifellos auch die GoKons gemeint.[77] Die GoB, die GoKons sowie bestimmte ergänzende Grundsätze[78], die gemeinsam den Zwecken des Konzernabschlusses genügen, bezeichnen wir zusammen als **Grundsätze ordnungsmäßiger Konzernrechnungslegung**[79] **(GoK)**, auch wenn sie in § 297 Abs. 2 Satz 2 unter dem Begriff GoB zusammengefasst worden sind.

---

75 Vgl. KÜTING, K., Art. 18 der 7. EG-Richtlinie, S. 7; KOMMISSION RECHNUNGSWESEN IM VERBAND DER HOCHSCHULLEHRER FÜR BETRIEBSWIRTSCHAFT E. V., Stellungnahme zur Umsetzung der 7. EG Richtlinie, S. 275.

76 Zum System der GoB vgl. ausführlich LEFFSON, U., Die Grundsätze ordnungsmäßiger Buchführung.

77 In der Begründung zum Gesetzentwurf der Bundesregierung werden zu den GoB i. S. d. § 297 auch die Grundsätze ordnungsmäßiger Konsolidierung gerechnet, vgl. BT-Drucksache 10/3440, S. 35.

78 Vgl. ausführlich Abschn. 3 in diesem Kapitel.

79 Vgl. dazu grundsätzlich VON WYSOCKI, K., Das Dritte Buch des HGB, S. 177-181.

Die gesetzliche Formulierung „unter Beachtung der Grundsätze ordnungsmäßiger Buchführung [hat der Konzernabschluss; Ergänzung durch die Verfasser] ein den tatsächlichen Verhältnissen entsprechendes Bild der Vermögens-, Finanz- und Ertragslage des Konzerns zu vermitteln" verdeutlicht, dass auch unter Bezug auf den „true and fair view" nicht gegen die GoB verstoßen werden darf. Da die GoB vielfach durch **Objektivierungen und Normierungen** charakterisiert sind, bedeutet die Beachtung der GoB u. U. eine Einschränkung für den „true and fair view".[80] **Objektivierungsgründe** können somit das den tatsächlichen Verhältnissen entsprechende Bild der wirtschaftlichen Lage relativieren. So begrenzt z. B. das Festhalten an den durch den Markt objektivierten Anschaffungskosten eines vor Jahren gekauften und heute viel wertvolleren Grundstücks aufgrund des Anschaffungskostenprinzips die Informationen über die Werte erheblich.[81]

Wird das zu vermittelnde tatsächliche Bild ggf. durch die Beachtung der GoB in Bilanz und GuV eingeschränkt, sind nach § 297 Abs. 2 Satz 3 Erläuterungen im **Konzernanhang** erforderlich.[82]

24 Erläuterungspflichten im Konzernanhang gemäß § 297 Abs. 2 Satz 3 HGB

§ 297 Abs. 2 Satz 3 fordert zusätzliche Anhangangaben, wenn die Generalnorm aufgrund besonderer Umstände nicht erfüllt wird. Diese Vorschrift greift in allen Fällen, in denen bilanzierungspflichtige Sachverhalte nicht unter den normalen Regelungsumfang des HGB fallen.

Zu den erläuterungspflichtigen Sachverhalten[83] gehört bspw. die Einbeziehung von Unternehmen mit Sitz, Niederlassungen oder Betriebsstätten in Hochinflationsländern.[84] Erläuterungspflichtig sind auch Risiken, die sich aus politischen Umständen ergeben, z. B. wenn Unternehmen aus politisch instabilen Regionen konsolidiert werden.[85] Auch die Einbeziehung von Unternehmen, bei denen die Fortführung der Unternehmenstätigkeit nicht mehr völlig sicher ist, fällt unter die Erläuterungspflicht des § 297 Abs. 2 Satz 3.[86] Da in all diesen Fällen Spezialvorschriften fehlen, kann nur die Erläuterungspflicht des § 297 Abs. 2 Satz 3 die Forderung der Generalnorm erfüllen. Dabei müssen Art und Ausmaß der besonderen Umstände dargelegt werden.

---

80 Vgl. FUNK, J., Die Bilanzierung nach neuem Recht, S. 161 f.; SCHRUFF, L., Der neue Bestätigungsvermerk, S. 183.

81 Vgl. zur Informationsbegrenzung im Einzelabschluss MOXTER, A., Bilanzlehre, Bd. I, S. 114.

82 Vgl. zur Generalnorm im Einzelabschluss BAETGE, J./COMMANDEUR, D./HIPPEL, B., in: Küting/Pfitzer/Weber, HdR-E, 5. Aufl., § 264 HGB, Rn. 47.

83 Vgl. hierzu BALLWIESER, W., in: Baetge/Kirsch/Thiele, § 297 HGB, Rn. 141 f.

84 Vgl. BIENER, H., Auswirkungen der Vierten EG-Richtlinie, S. 5.

85 Vgl. GROSSFELD, B./JUNKER, S., Prüfung des Jahresabschlusses, S. 274.

86 Vgl. BUDDE, W. D./KARIG, K. P., in: Beck Bilanzkomm., 3. Aufl., § 264 HGB, Rn. 50.

25   Das Verhältnis des § 297 Abs. 3 Satz 1 HGB zur Generalnorm

In § 297 Abs. 3 Satz 1 ist der sog. **Einheitsgrundsatz** kodifiziert:

> „Im Konzernabschluß ist die Vermögens-, Finanz- und Ertragslage
> der einbezogenen Unternehmen so darzustellen, als ob diese Unter-
> nehmen insgesamt ein einziges Unternehmen wären."

Die gesetzliche Formulierung des Einheitsgrundsatzes bezieht sich explizit auf die in der Generalnorm geforderte Darstellung der Vermögens-, Finanz- und Ertragslage. Im Unterschied zur Generalnorm bezieht sich der Wortlaut des Einheitsgrundsatzes indes nicht auf den „Konzern", sondern auf die „einbezogenen Unternehmen". Fraglich ist, ob der Einheitsgrundsatz Teil der Generalnorm ist und damit zur Problemlösung in allen gesetzlich ungeregelten Bereichen der Konzernrechnungslegung heranzuziehen ist.[87] Aus diesem Grund wird im Folgenden das **Verhältnis zwischen Einheitsgrundsatz und Generalnorm** nach § 297 Abs. 2 Satz 2 näher untersucht.

Im HGB ist der Einheitsgrundsatz in § 297 Abs. 3 Satz 1 formuliert, der dem Dritten Titel über Inhalt und Form des Konzernabschlusses zugeordnet ist. Aus der Stellung des Einheitsgrundsatzes im HGB könnte prima vista wegen seiner Nachbarschaft zu § 297 Abs. 2 Satz 2 auf seine Zugehörigkeit zur Generalnorm geschlossen werden. Tatsächlich lässt sich der Anwendungsbereich des Einheitsgrundsatzes daraus nicht herleiten. Die Entstehungsgeschichte des Gesetzes zeigt nämlich, dass der Einheitsgrundsatz lediglich die **Eliminierung konzerninterner Vorgänge** betrifft und somit ausschließlich für Konsolidierungsmaßnahmen angewendet werden darf. **Ungeregelte Bereiche bei der Konsolidierung sind mit Hilfe des Einheitsgrundsatzes (sowie der Generalnorm) auszufüllen.** Der Einheitsgrundsatz ist damit das zentrale Element des Kompensationszweckes des Konzernabschlusses. So ist er bei der Konkretisierung der Endkonsolidierung heranzuziehen, da der Gesetzgeber im HGB dazu keine expliziten Vorschriften erlassen hat. Auf ungeregelte Bereiche der Konzernrechnungslegung, die nicht die Konsolidierung betreffen, ist der Einheitsgrundsatz dagegen nicht anzuwenden. In diesen Fällen ist eine Lösung unter Beachtung der Generalnorm nach § 297 Abs. 2 Satz 2 bzw. der GoK zu entwickeln.

Gemäß dem Wortlaut des § 297 Abs. 3 Satz 1 ist der Einheitsgrundsatz auf die **„einbezogenen" Unternehmen** anzuwenden. Dabei lässt der Wortlaut der Regelung offen, was mit der Einbeziehung gemeint ist. Auch in diesem Fall ist die Absicht des Gesetzgebers, die deutschen Konzernrechnungslegungsvorschriften richtlinienkonform zu gestalten, zu beachten. Gemäß dem Wortlaut des Art. 26 Abs. 1 Satz 1 der 7. EG-Richtlinie ist die **Einbeziehung in die Konsolidierung** gemeint. Zu den in die Konsolidierung einbezogenen Unternehmen gehören nach dem Wortlaut des Art. 3 Abs. 1 der 7. EG-Richtlinie und (richtlinienkonform) nach dem Wortlaut des § 294 Abs. 1 das Mutterunternehmen und alle Tochterunternehmen, sofern die Einbeziehung nicht aufgrund eines Einbeziehungswahlrechtes nach § 296 unterbleibt. Nach dem Wortlaut des Art. 32 Abs. 1 der 7. EG-Richtlinie sowie (richtlinienkonform) des § 310 Abs. 1 gehören auch die Gemeinschaftsunternehmen (etwa Joint

---

87   Vgl. bejahend TRÜTZSCHLER, K., in: Küting/Weber, HdK, 2. Aufl., Kap. II, Rn. 1023.

Ventures) zu den einbezogenen Unternehmen. Auf deren anteilmäßige Konsolidierung sind nach Art. 32 Abs. 2 bzw. § 310 Abs. 2 die Vorschriften des Art. 26 bzw. § 297 Abs. 3 Satz 1 und somit der Einheitsgrundsatz anzuwenden.

Im **Ergebnis** ist festzuhalten, dass der Einheitsgrundsatz aus Art. 26 Abs. 1 der 7. EG-Richtlinie richtlinienkonform in das deutsche Recht umgesetzt wurde. Die Bedeutung des in § 297 Abs. 3 Satz 1 kodifizierten Einheitsgrundsatzes ist auf die Vollkonsolidierung und auf die Quotenkonsolidierung begrenzt. Für die Vollkonsolidierung und die Quotenkonsolidierung konkretisiert der Einheitsgrundsatz die Generalnorm aus § 297 Abs. 2 Satz 2. Bei der Vermittlung eines den tatsächlichen Verhältnissen entsprechenden Bildes der Vermögens-, Finanz- und Ertragslage im Konzernabschluss sind für die in die Konsolidierung einbezogenen Tochterunternehmen und Gemeinschaftsunternehmen die konzerninternen wirtschaftlichen Verflechtungen i. S. d. Einheitsgrundsatzes bzw. des Kompensationszweckes zu eliminieren.[88] Die **Bedeutung des Einheitsgrundsatzes ist damit ausschließlich auf die eigentliche Konsolidierung begrenzt** und gilt z. B. nicht für die Equity-Bewertung einer Beteiligung oder deren Ansatz zu Anschaffungskosten. Aufgrund der Stellung in der 7. EG-Richtlinie und im HGB sowie des Wortlauts und der Entstehungsgeschichte der Vorschrift kann dem Einheitsgrundsatz keine generelle Bedeutung für den Konzernabschluss beigemessen werden.[89]

3 Die Grundsätze ordnungsmäßiger Konzernrechnungslegung (GoK)

31 Bedeutung und Ermittlung der GoK

Selbst detaillierte Rechnungslegungsvorschriften können niemals die Abbildung aller denkbaren Sachverhalte regeln.[90] Hinzu kommt, dass der Gesetzgeber bewusst darauf verzichtet hat, alle Bereiche der Konzernrechnungslegung bzw. Konsolidierung abschließend und eindeutig zu regeln, um der Komplexität der Materie Rechnung zu tragen und der Wirtschaft ein müheloses Hineinwachsen in die Vorschriften zu ermöglichen.[91] Daher sind überindividuelle Normen notwendig, mittels derer mehr oder weniger offene Probleme im Bereich der Konzernabschlusserstellung gelöst werden können. Diese Normen sind die **Grundsätze ordnungsmäßiger Konzernrechnungslegung (GoK)**.

---

88 Dies gilt auch, wenn Tochterunternehmen bzw. Gemeinschaftsunternehmen gemäß § 296 bzw. § 310 nach der Equity-Methode konsolidiert werden, da auch in diesem Fall konzerninterne Beziehungen zu eliminieren sind. Siehe dazu Kap. VII Abschn. 43.

89 Vgl. RUPPERT, B., Währungsumrechnung, S. 72 f.; a. A. BIENER, H./SCHATZMANN, K., Konzern-Rechnungslegung, S. 42; BUSSE VON COLBE, W., Der Konzernabschluß im Rahmen des Bilanzrichtlinie-Gesetzes, S. 767; HAVERMANN, H., Der Konzernabschluß nach neuem Recht, S. 177; TRÜTZSCHLER, K., in: Küting/Weber, HdK, 2. Aufl., Kap. II, Rn. 1023.

90 Vgl. BAETGE, J./ZÜLCH, H., in: HdJ, Abt. I/2, Rn. 3.

91 Vgl. TRÜTZSCHLER, K., in: Küting/Weber, HdK, 2. Aufl., Kap. II, Rn. 1023.

Der Begriff der GoK wird im Gesetz nicht verwendet. Die Generalnorm aus § 297 Abs. 2 Satz 2 enthält lediglich einen Hinweis auf die Grundsätze ordnungsmäßiger Buchführung (GoB). Das GoB-System ist indes für den Einzelabschluss entwickelt worden. Es enthält keine Normen, mittels derer Problemlösungen im Bereich der Konsolidierung bzw. im Bereich der Vorbereitung der Einzelabschlüsse für die Zusammenfassung zum Konzernabschluss gebildet werden können. Die für den Einzelabschluss geltenden GoB müssen deshalb für den Konzernabschluss um weitere Grundsätze ergänzt werden. Der Gesetzgeber hat mit dem Hinweis auf die GoB in der Generalnorm für den Konzernabschluss nicht ausschließlich die GoB des Einzelabschlusses, die wir hier hilfsweise als „GoB im engeren Sinne" bezeichnen, gemeint. Vielmehr bezieht sich der GoB-Hinweis auf die „GoB im weiteren Sinne", die auch die **GoKons** sowie die **ergänzenden Grundsätze** umfassen (vgl. Übersicht II-1).[92] Diese „GoB im weiteren Sinne", die den Zwecken des Konzernabschlusses genügen, bezeichnen wir im Folgenden als GoK.

Der gesetzliche Verweis auf die GoB bzw. GoK stellt **keine Gesetzeslücke** dar. Er ist im Gegenteil ein **planvoller Verweis** auf die in den Konzernrechnungslegungsvorschriften kodifizierten bzw. genannten, aber auch auf die nicht kodifizierten bzw. nicht genannten GoK. Die GoK konkretisieren einerseits die gesetzlichen Einzelvorschriften, und andererseits ergänzen sie diese, wenn für einen im Konzernabschluss zu berücksichtigenden Sachverhalt keine anwendbare gesetzliche Einzelvorschrift existiert.[93]

Die GoK sind ein **unbestimmter Rechtsbegriff**, der konkretisiert werden muss. Ein System von GoK muss aus dem Gesetz extrahiert bzw. außerhalb des Gesetzes gewonnen werden, damit der Ersteller eines Konzernabschlusses der gesetzlichen Aufforderung nachkommen kann, bei der Vermittlung des Bildes der Vermögens-, Finanz- und Ertragslage des Konzerns die GoK zu beachten. Dabei können drei **Methoden zur Gewinnung von GoK** unterschieden werden.

Bei der **induktiven Methode** werden GoK aus den Ansichten ehrenwerter Kaufleute und Rechnungswesen-Fachleute gewonnen. Kaufleute können zwar sachverständig sein, dennoch besteht bei dieser Methode die Gefahr, dass die Kaufleute die GoK in ihrem Interesse gestalten und damit die vom Gesetzgeber beabsichtigte Interessenregelung zum fairen (gerechten) Ausgleich der Interessen externer und interner Konzernabschlussadressaten unterlaufen. Die induktive Methode wird daher heute überwiegend abgelehnt.[94] Bei der **deduktiven Methode**[95] werden die GoK allein aus den Zwecken des Konzernabschlusses gewonnen. Ein allgemein anerkanntes, einheitliches

---

92 In der Begründung zum Gesetzentwurf der Bundesregierung werden zu den GoB i. S. d. § 297 auch die Grundsätze ordnungsmäßiger Konsolidierung gerechnet, vgl. BT-Drucksache 10/ 3440, S. 35.

93 Vgl. analog Baetge, J./Fey, D./Fey, G./Klönne, H., in: Küting/Pfitzer/Weber, HdR-E, 5. Aufl., § 243 HGB, Rn. 3.

94 Vgl. Heinen, E., Handelsbilanzen, S. 154; Küting, K., Konsolidierungspraxis, S. 37 f.

95 Vgl. Döllerer, G., Grundsätze ordnungsmäßiger Bilanzierung, S. 656; Leffson, U., Die Grundsätze ordnungsmäßiger Buchführung, S. 29.

betriebswirtschaftliches Zwecksystem für den Konzernabschluss existiert indes nicht. Vielmehr haben wir als Zwecke des Konzernabschlusses die Dokumentation, die Rechenschaft, die Kapitalerhaltung aufgrund von Informationen und die Kompensation der Mängel der Einzelabschlüsse aus der Analyse der rechtlichen Vorschriften mit Hilfe der juridischen Methodenlehre ermittelt.[96] Damit fehlt der **betriebswirtschaftlich deduktiven Methode** zur Gewinnung betriebswirtschaftlicher GoK die Grundlage. Widerspruchsfreie Aussagen könnten nach dieser Methode nur gewonnen werden, wenn eine durchgängige und einheitliche betriebswirtschaftliche Deduktion einen eindeutigen, dominanten Konzernabschlusszweck voraussetzen könnte. Das ist aber für den Konzernabschluss im Rechtssinne nicht der Fall.

Bei der **handelsrechtlich deduktiven Methode**[97] werden die aus dem Gesetz ermittelten und nicht widerspruchsfreien gesetzlichen Konzernabschlusszwecke zugrunde gelegt. Aufgrund der vom Gesetzgeber beabsichtigten **Interessenregelung** stehen im Gesetz verschiedene Zwecke (Dokumentation, Rechenschaft, Kapitalerhaltung aufgrund von Informationen, Kompensation) gleichberechtigt nebeneinander. Aus diesem Grund ist es erforderlich, die in der Jurisprudenz übliche und als **Hermeneutik** bezeichnete Auslegungsmethode anzuwenden. Mit Hilfe dieser Methode werden die handelsrechtlichen Konzernrechnungslegungsvorschriften anhand der Kriterien[98]

- Wortlaut und Wortsinn der gesetzlichen Vorschriften,
- Bedeutungszusammenhang der gesetzlichen Vorschriften,
- Entstehungsgeschichte der gesetzlichen Vorschriften,
- Gesetzesmaterialien und Ansichten des Gesetzgebers,
- betriebswirtschaftliche bzw. objektiv-teleologische Gesichtspunkte sowie
- Verfassungskonformität

ausgelegt. Dabei sind alle Kriterien systematisch zu prüfen. Beliebige andere Auslegungskriterien dürfen nicht hinzugenommen werden. Auf diese Weise gelangt die juristische Auslegungsmethode (Hermeneutik) über intersubjektiv nachprüfbare Wertungen zu einem intersubjektiv nachprüfbaren Ergebnis. Im Bereich der Konzernrechnungslegung dient die Hermeneutik vor allem der **Interpretation der handelsrechtlichen Konzernrechnungslegungsvorschriften**. Da viele GoK nach dem Bilanzrichtlinien-Gesetz mehr oder weniger gesetzlich konkretisiert sind, liegt der Schwerpunkt der Interpretation von GoK (heute) auf der **Auslegung gesetzlicher Vorschriften**. Die hermeneutische Methode ist die in der Rechtswissenschaft anerkannte Methode, mit der Rechtsnormen ausgelegt werden.[99] Ein mit dieser Methode gewonnenes System von GoK stellt sicher, dass die Konzernrechnungslegung ihren

---

96 Siehe Abschn. 1 in diesem Kapitel.

97 Vgl. zur Gewinnung der GoB für den Einzelabschluss BAETGE, J./KIRSCH, H.-J./THIELE, S., in: Küting/Pfitzer/Weber, HdR-E, 5. Aufl., Kap. 4, Rn. 15-17; BAETGE, J./ZÜLCH, H., in: HdJ, Abt. I/2, Rn. 21-22.

98 Siehe auch Abschn. 11 in diesem Kapitel bezüglich der Ermittlung der Konzernabschlusszwecke.

99 Vgl. LARENZ, K./CANARIS, C.-W., Methodenlehre der Rechtswissenschaft, S. 25 f. und 133-167.

Zwecken gerecht wird und damit die vom Gesetzgeber beabsichtigte Interessenregelung nicht unterlaufen wird. Ein solches **GoK-System** ist dadurch charakterisiert, dass die zugehörigen GoK in einer engen wechselseitigen Beziehung zueinander stehen. Auch besteht innerhalb des GoK-Systems kein hierarchisches Über- oder Unterordnungsverhältnis, sondern ein **Vernetzungsverhältnis** („Eiffelturm-Prinzip"[100]). Die folgende Übersicht gibt einen Überblick über die GoK:

---

100 BAETGE, J./KIRSCH, H.-J./THIELE, S., in: Küting/Pfitzer/Weber, HdR-E, 5. Aufl., Kap. 4, Rn. 50; vgl. dazu auch BAETGE, J./ZÜLCH, H., in: HdJ, Abt. I/2, Rn. 125.

Übersicht II-1:   *Beziehungen zwischen dem Zwecksystem des Konzernabschlusses und dem System der Grundsätze ordnungsmäßiger Konzernrechnungslegung (GoK)*

32   Systematisierung der GoK

Das System der GoK (vgl. Übersicht II-1) orientiert sich an den sieben Schritten bei der Erstellung des Konzernabschlusses und bezieht sich hier vor allem auf die Schritte drei bis sechs:[101]

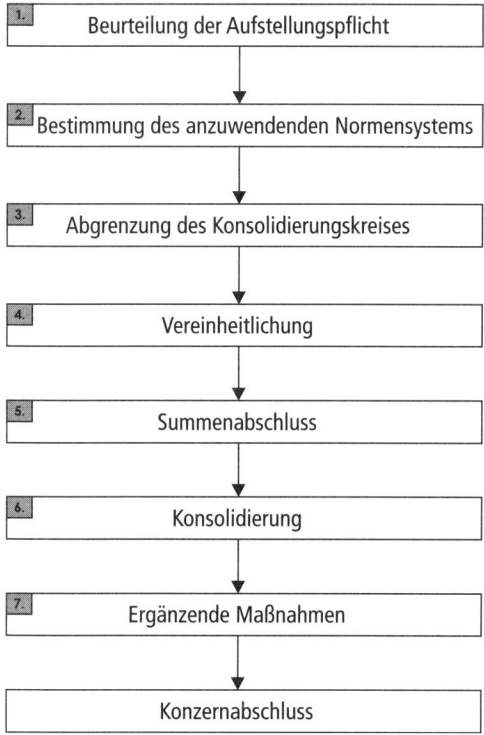

Übersicht II-2:   *Schritte der Aufstellung des Konzernabschlusses*

Im Rahmen der Aufstellung des Konzernabschlusses muss zunächst in einem **ersten Schritt** geprüft werden, ob ein Mutterunternehmen zur Aufstellung des Konzernabschlusses verpflichtet ist. Ist dies der Fall, so muss in einem **zweiten Schritt** das anzuwendende Normensystem bestimmt werden. Mit dem dritten, vierten und fünften Schritt werden die Vorbereitungen für die eigentliche Konsolidierung getroffen. Im **dritten Schritt** wird der Konsolidierungskreis bestimmt. Danach werden im **vierten Schritt** die zusammenzufassenden Einzelabschlüsse der einzubeziehenden Unternehmen (HB I) – sofern noch nicht geschehen – zu einem einheitlichen Stichtag aufgestellt und einheitlich an die für den Konzernabschluss geltenden Ansatz-, Bewertungs- und Ausweisvorschriften sowie die konzerninternen Bilanzierungsrichtlinien angepasst. Hier werden „die Einzelabschlüsse der einzubeziehenden Unternehmen für den Konzernabschluss vorbereitet"[102], d. h., die sog. **HB II** werden erstellt. Anschlie-

---

101 Vgl. Kap. I Übersicht I-2.

ßend werden die auf fremde Währung lautenden Einzelabschlüsse in die Konzernwährung umgerechnet. Bei der Aufstellung der HB II sind als GoK die Grundsätze der Einheitlichkeit von Ansatz, Bewertung, Ausweis, Währung und Stichtag zu beachten. Sie fordern, dass im Konzernabschluss die für das Mutterunternehmen geltenden Bilanzierungsvorschriften zugrunde gelegt werden. Diese Bilanzierungsvorschriften umfassen auch die GoB. Die **GoB** formulieren zusammen mit den **Grundsätzen der Einheitlichkeit** die Anforderungen an die zum konsolidierten Abschluss zusammenzufassenden HB II. Sie stützen die im Einzel- wie auch im Konzernabschluss geltenden Zwecke der Rechenschaft und der Kapitalerhaltung aufgrund von Informationen.

Im **fünften Schritt** werden die HB II horizontal addiert. Der sog. „Summenabschluss" entsteht. Hierbei ist vor allem der **Grundsatz der Vollständigkeit des Konzernabschlussinhalts** und der **Grundsatz der Vollständigkeit des Konsolidierungskreises** zu berücksichtigen (vgl. Übersicht II-1).

Im **sechsten Schritt** findet die eigentliche Konsolidierung statt. Die **GoKons** formulieren die allgemeinen Anforderungen an die Konsolidierung. Im Sinne des Kompensationszweckes des Konzernabschlusses wird durch die GoKons sichergestellt, dass die innerkonzernlichen wirtschaftlichen Verflechtungen aus dem Summenabschluss eliminiert werden und damit dem Einheitsgrundsatz aus § 297 Abs. 3 Satz 1 Rechnung getragen wird. Sachverhalte, die im Summenabschluss doppelt ausgewiesen sind, werden korrigiert.

Im **siebten Schritt** werden ergänzend zu der Konzernbilanz und Konzern-GuV der Konzernanhang, die Kapitalflussrechnung, der Eigenkapitalspiegel und ggf. die Segmentberichterstattung erstellt.

33 Die Elemente des GoK-Systems

331. Zu beachtende Grundsätze bei der Aufstellung der HB II

331.1 Die Grundsätze der Einheitlichkeit von Ansatz, Bewertung, Ausweis, Währung und Stichtag in der HB II

Die Einzelabschlüsse der einbezogenen Unternehmen müssen zweckgerecht auf die Zusammenfassung zum Konzernabschluss bzw. auf die Konsolidierung vorbereitet werden. Damit Rechenschaft und Kapitalerhaltung aufgrund von Informationen mit dem Konzernabschluss erreicht werden können, müssen Ansatz, Bewertung und Ausweis in den zusammenzufassenden HB II denselben Vorschriften folgen. Darüber hinaus müssen die HB II in die einheitliche Konzernberichtswährung umgerechnet und zu einem einheitlichen Stichtag aufgestellt werden. Auf diese Weise ist sicherzustellen, dass im Konzernabschluss inhaltlich Gleichartiges zusammengefasst wird.[103]

---

102 SCHILDBACH, T., Der Konzernabschluss, S. 149.

103 Vgl. WENTLAND, N., Die Konzernbilanz, S. 88.

Aus diesem Grunde hat der Gesetzgeber den **Grundsatz der Einheitlichkeit des Ansatzes**[104] in § 300 Abs. 2 Satz 1 kodifiziert. Nach dieser Vorschrift sind die

> „Vermögensgegenstände, Schulden und Rechnungsabgrenzungsposten sowie die Erträge und Aufwendungen der in den Konzernabschluß einbezogenen Unternehmen ... unabhängig von ihrer Berücksichtigung in den Jahresabschlüssen dieser Unternehmen vollständig aufzunehmen, soweit nach dem Recht des Mutterunternehmens nicht ein Bilanzierungsverbot oder ein Bilanzierungswahlrecht besteht."

Der Ansatz in der Konzernbilanz ist also daran geknüpft, ob nach dem Recht des Mutterunternehmens Bilanzierungsfähigkeit vorliegt.[105] Für den Ansatz in der Konzernbilanz ist damit ausnahmslos das Recht des Mutterunternehmens maßgeblich. Mutterunternehmen in der Rechtsform einer Kapitalgesellschaft mit Sitz im Inland, die nach § 290 einen Konzernabschluss grundsätzlich aufstellen müssen, haben im konsolidierten Abschluss die Ansatzgebote, -verbote und -wahlrechte zu beachten, die eine Kapitalgesellschaft in ihrem Einzelabschluss einzuhalten hat. Ist eine Nicht-Kapitalgesellschaft nach § 11 PublG dazu verpflichtet, einen Konzernabschluss aufzustellen, so hat sie dabei die Ansatzvorschriften des HGB für Nicht-Kapitalgesellschaften zu beachten.

Ansatzwahlrechte gelten einheitlich für alle Tochterunternehmen und dürfen nach § 300 Abs. 2 Satz 2 unabhängig von ihrer Ausübung in den Einzelabschlüssen in den HB II neu ausgeübt werden. Denn aus dem Grundsatz der Einheitlichkeit des Ansatzes folgt, dass die Einzelabschlüsse (HB I) der einbezogenen Unternehmen einheitlich an das Recht des Mutterunternehmens angepasst werden müssen, falls sie nicht von vornherein oder aufgrund konzerninterner Richtlinien bereits in dieser Weise aufgestellt wurden. Der Grundsatz der Einheitlichkeit des Ansatzes sorgt also dafür, dass der Ansatz im Konzernabschluss einheitlichen, von Dritten nachvollziehbaren Regeln folgt.

Neben dem Grundsatz der Einheitlichkeit des Ansatzes ist in § 308 der **Grundsatz der Einheitlichkeit der Bewertung**[106] kodifiziert. Gemäß § 308 Abs. 1 Satz 1 sind die im Konzernabschluss angesetzten Vermögensgegenstände und Schulden nach den auf den Jahresabschluss des Mutterunternehmens anwendbaren Bewertungsmethoden einheitlich zu bewerten. Auch bei dieser Vorschrift ist die Konzernleitung nicht daran gebunden, Bewertungswahlrechte in den HB II wie in den Einzelabschlüssen auszuüben, sondern sie darf die nach dem Recht des Mutterunternehmens geltenden Bewertungswahlrechte neu und einheitlich ausüben. Der Grundsatz soll verhindern, dass ein wenig aussagefähiges Wertekonglomerat im Konzernabschluss entsteht. § 308 sieht indes in Abs. 2 Sätze 2, 3 und 4 Ausnahmetatbestände vom Grundsatz

---

104 Siehe dazu ausführlich Kap. IV Abschn. 31.

105 Siehe zu den Ansatzgrundsätzen als Bestandteil der für den Konzernabschluss relevanten GoB Abschn. 331.2 in diesem Kapitel.

106 Siehe dazu ausführlich Kap. IV Abschn. 32.

der Einheitlichkeit der Bewertung vor. Sofern diese vorliegen, kann die u. U. entstehende Wertevielfalt die Aussagefähigkeit des Konzernabschlusses erheblich beeinträchtigen.

Der **Grundsatz der Einheitlichkeit des Ausweises**[107] ist nicht explizit in den Konzernrechnungslegungsvorschriften des HGB kodifiziert. Gemäß §§ 265, 266 und 275 i. V. m. § 298 Abs. 1 gelten indes für den Konzernabschluss – vorbehaltlich bestimmter rechtsform- oder geschäftszweigspezifischer Vorschriften – grundsätzlich die Gliederungsvorschriften für große Kapitalgesellschaften. Bei der Erstellung der HB II ist also auch die Gliederung entsprechend diesen Vorschriften einheitlich anzupassen, sofern einzelne Konzernunternehmen die Gliederungsvorschriften für große Kapitalgesellschaften nicht schon in ihren Einzelabschlüssen angewandt haben. Abweichend von diesen Vorschriften können aufgrund der Eigenart des Konzernabschlusses bspw. konsolidierungsspezifische Posten ausgewiesen werden.

Gemäß § 244 i. V. m. § 298 Abs. 1 ist der Konzernabschluss einer deutschen Konzernobergesellschaft in Euro aufzustellen. Die HB II ist entsprechend dem **Grundsatz der Einheitlichkeit der Währung** aufzustellen, d. h., die Jahresabschlüsse ausländischer Tochterunternehmen und Gemeinschaftsunternehmen sind ggf. nach § 308a in Euro umzurechnen.[108]

Im AktG a. F. galt der **Grundsatz der Einheitlichkeit der Stichtage**.[109] Danach mussten die einbezogenen Unternehmen denselben Abschlussstichtag haben. Bei abweichenden Abschlussstichtagen war zwingend ein Zwischenabschluss aufzustellen (§ 331 Abs. 3 Sätze 1 und 2 AktG a. F.). Diese strenge Einheitlichkeit der Stichtage ist nicht in das HGB übernommen worden. Gemäß § 299 Abs. 2 Satz 2 ist ein Zwischenabschluss nämlich nur dann aufzustellen, wenn der Abschlussstichtag eines einbezogenen Unternehmens um mehr als drei Monate vor dem Konzernabschlussstichtag liegt.[110] Diese Vereinfachungsregelung folgt dem Grundsatz der Wirtschaftlichkeit bzw. Wesentlichkeit – allerdings zu Lasten des Grundsatzes der Richtigkeit. Das Bild der Konzernlage kann nämlich erheblich eingeschränkt werden, wenn die Stichtage der einbezogenen Einzelabschlüsse bis zu drei Monate vom Konzernabschlussstichtag abweichen. In diesem Fall ist der konsolidierte Abschluss u. U. wenig aussagekräftig und nur eingeschränkt innerbetrieblich und zwischenbetrieblich vergleichbar.

---

107 Siehe dazu Kap. IV Abschn. 33.

108 Siehe dazu Kap. IV Abschn. 4.

109 Siehe dazu Kap. IV Abschn. 2.

110 Liegt der Stichtag des Jahresabschlusses des einzubeziehenden Konzernunternehmens zeitlich nach dem Stichtag des Konzernabschlusses, so ist dieses Unternehmen gemäß § 299 Abs. 2 aufgrund eines Zwischenabschlusses in den nachfolgenden Konzernabschluss einzubeziehen, sofern der zeitliche Abstand zu dem nachfolgenden Konzernabschluss mehr als drei Monate beträgt.

331.2 Die für den Konzernabschluss relevanten GoB

Im vorhergehenden Abschnitt wurde gezeigt, dass Ansatz, Bewertung und Ausweis in den HB II den für das Mutterunternehmen im Einzelabschluss geltenden Bilanzierungsvorschriften folgen müssen. Dabei sind neben den expliziten Vorschriften für den Einzelabschluss auch die für den Einzelabschluss geltenden gesetzlich nicht konkretisierten GoB (nach § 298 Abs. 1) zu beachten, die die Zwecke der Rechenschaft und der Kapitalerhaltung aufgrund von Informationen in den HB II und damit auch im Konzernabschluss stützen.

Die für die Buchführung maßgeblichen **Dokumentationsgrundsätze** sind so entwickelt und im HGB kodifiziert worden, dass die Buchführung die Grundlage für den aufzustellenden Einzelabschluss bilden kann. Über die Dokumentationsgrundsätze wird die Generalnorm für die Buchführung (§ 238 Abs. 1) derart konkretisiert, dass die Geschäftsvorfälle in der Buchführung zuverlässig und vollständig aufgezeichnet und systematisch geordnet werden. Sie sollen die Vermögensgegenstände sichern und unredliches Verhalten verhindern.[111]

Die Dokumentationsgrundsätze umfassen[112]

- den Grundsatz des systematischen Aufbaus der Buchführung,
- den Grundsatz der Sicherung der Vollständigkeit der Konten,
- den Grundsatz der vollständigen und verständlichen Aufzeichnung,
- den Beleggrundsatz,
- den Grundsatz der Einhaltung der Aufbewahrungs- und Aufstellungsfristen,
- den Grundsatz der Sicherung der Zuverlässigkeit und Ordnungsmäßigkeit des Rechnungswesens durch ein der Art und Größe des Unternehmens angemessenes Internes Überwachungssystem (IÜS),
- den Grundsatz der Dokumentation und Sicherung des IÜS.

Der Wortlaut des Gesetzes verpflichtet nicht dazu, den Konzernabschluss auf der Grundlage einer eigenständigen Konzernbuchführung aufzustellen. Vielmehr wird bei dessen Aufstellung im Regelfall auf die Einzelabschlüsse der einzelnen Konzernunternehmen zugegriffen. Diese Einzelabschlüsse müssen indes aus einer Buchführung entwickelt worden sein, die nach den Dokumentationsgrundsätzen geführt wird, sofern die Konzernunternehmen nach deutschem Handelsrecht bilanzieren. Ausländische Konzernunternehmen, deren Buchführung nicht auf der Basis der Dokumentationsgrundsätze geführt wird, müssen die HB II so aufstellen, dass die deutschen Dokumentationsgrundsätze eingehalten werden. Dieses Erfordernis bedeutet letztlich, dass auch die Buchführung ausländischer Konzernunternehmen den deutschen Dokumentationsgrundsätzen entsprechen muss.

---

111 Vgl. LEFFSON, U., Die Grundsätze ordnungsmäßiger Buchführung, S. 157-172; LEFFSON, U./ BAETGE, J., Buchführungsvorschriften, Sp. 315-317; MOXTER, A., Bilanzlehre, Bd. II, S. 6-9; BAETGE, J./KIRSCH, H.-J./THIELE, S., Bilanzen, Kap. II Abschn. 231.

112 Vgl. LEFFSON, U., Die Grundsätze ordnungsmäßiger Buchführung, S. 161-172; BAETGE, J./ KIRSCH, H.-J./THIELE, S., Bilanzen, Kap. II Abschn. 231.

Darüber hinaus wird ein Konzern kaum ohne eine zusätzliche **Konzernnebenbuchführung** auskommen.[113] So sind konzernabschlussspezifische Posten, wie der Geschäfts- oder Firmenwert und die latenten Steuern, deren Umfang mit zunehmender Zahl der zu konsolidierenden Unternehmen steigt, in einer Konzernnebenbuchführung zu erfassen und fortzuführen. Gleiches gilt für stille Reserven und stille Lasten, deren Auflösung bzw. Abschreibung im Zeitverlauf, d. h. bei der Folgekonsolidierung, dokumentiert werden muss. Auch auf diese Konzernnebenbuchführung, für die zwar keine gesetzliche Pflicht, aber nach dem Grundsatz der Objektivität eine Verpflichtung existiert, sind die Dokumentationsgrundsätze anzuwenden. Nur so kann das in der Generalnorm geforderte Bild der wirschaftlichen Lage des Konzerns im Konzernabschluss vermittelt werden. Die Dokumentationsgrundsätze stützen damit unmittelbar die Zwecke der Rechenschaft und der Kapitalerhaltung aufgrund von Informationen im konsolidierten Abschluss.

Buchführung und Jahresabschluss bilden ein Abbildungsmodell für die wirtschaftlichen Aktivitäten eines Unternehmens.[114] Damit diese Abbildung ein den tatsächlichen Verhältnissen entsprechendes Bild liefert, muss sie den allgemeinen Bedingungen jeder Informationsvermittlung genügen. Diese sind durch die **Rahmengrundsätze** für den Jahresabschluss festgelegt.[115] Zu den Rahmengrundsätzen zählen[116]

- der Grundsatz der Richtigkeit von Buchführung und Jahres- bzw. Konzernabschluss, der den Grundsatz der Willkürfreiheit und den Grundsatz der Objektivität umfasst,
- der Grundsatz der Klarheit und Übersichtlichkeit,
- der Grundsatz der Vollständigkeit,
- der Grundsatz der Wirtschaftlichkeit bzw. Wesentlichkeit sowie
- der Grundsatz der Vergleichbarkeit, der zum einen den Grundsatz der formellen und materiellen Stetigkeit, zum anderen den Grundsatz der Erläuterung von Unstetigkeiten einschließt.

Weiter zu konkretisieren ist der Grundsatz der formellen Stetigkeit im Konzernabschluss. Dieser Grundsatz ist erfüllt, wenn die in § 252 Abs. 1 Nr. 1 i. V. m. § 298 Abs. 1 geforderte **Bilanzidentität** sowie die in § 265 Abs. 1 i. V. m. § 298 Abs. 1 geforderte **Bezeichnungs-, Gliederungs- und Ausweisstetigkeit** beachtet wird.[117] Der Grundsatz der Bilanzidentität fordert, dass die Wertansätze aus den Einzelabschlüssen des vorhergehenden Jahres in die Einzeleröffnungsbilanzen eines Geschäftsjahres übernommen werden. Die Bilanzidentität schafft damit die Grundvoraussetzung für die zeitpunkt- und zeitablaufbezogene **Vergleichbarkeit** (Unternehmens- und Zeit-

---

113 Vgl. Abschn. 121. in diesem Kapitel.

114 Vgl. LIPPMANN, K., Erfolgsermittlung, S. 17.

115 Vgl. LEFFSON, U., Die Grundsätze ordnungsmäßiger Buchführung, S. 179; SCHRUFF, W., Einflüsse der 7. EG-Richtlinie, S. 52.

116 Vgl. LEFFSON, U., Die Grundsätze ordnungsmäßiger Buchführung, S. 179 f.

117 Vgl. BAETGE, J./ZÜLCH, H., in: HdJ, Abt. I/2, Rn. 56; DUSEMOND, M., Stetigkeitsgrundsatz im Konzern, S. 721-727.

vergleich) der Konzernabschlüsse.[118] Die mit der Bilanzidentität verbundene Fortführung des Konzernabschlusses in dem Sinne, dass die einzelnen Posten des vorhergehenden Abschlusses durch eine **Konzernbuchführung** kontinuierlich fortgeführt werden, wird in der Praxis selten realisiert. Diese Fortführung würde eine vollständige eigene Konzernbuchführung voraussetzen und damit erheblichen Aufwand verursachen.[119] Aus diesem Grund wird der Konzernabschluss überwiegend zu jedem Stichtag ausgehend von den Einzelabschlüssen der zu konsolidierenden Konzernunternehmen neu erstellt. Die jährlich neue Aufstellung des konsolidierten Abschlusses aus den Einzelabschlüssen führt indes zum gleichen Ergebnis wie die Fortführung des jeweils letzten Konzernabschlusses, sofern bei jeder Folgekonsolidierung die entsprechenden Buchungen der Erstkonsolidierung wiederholt werden. Tatsächlich wird also der Grundsatz der Bilanzidentität in der Praxis der Konzernabschlusserstellung nicht direkt befolgt, sondern indirekt dadurch substituiert, dass der Konzernabschluss auf der Basis der jeweils neuen HB II i. V. m. Wiederholungen der Erstkonsolidierungsbuchungen bei jeder Folgekonsolidierung erstellt wird.[120]

Die ursprünglich aus den Zwecken des Einzelabschlusses gewonnenen und heute größtenteils im HGB genannten bzw. kodifizierten GoB gelten für die HB II und über deren Zusammenfassung auch für den konsolidierten Abschluss. Diese GoB sind damit Elemente der GoK. Die Rahmengrundsätze sind als allgemeine Bedingungen jeder Informationsvermittlung auch bei der Erstellung des Summenabschlusses und bei der Konsolidierung zu beachten.

Systemgrundsätze sind handelsrechtlich kodifizierte Basis-GoB, aus denen ein einheitliches und zweckgerechtes GoB-System entwickelt werden soll.[121] Sie stellen generelle Regeln für die anderen kodifizierten und die gesetzlich nicht fixierten GoB dar. Die Systemgrundsätze umfassen[122]

- den Grundsatz der Fortführung der Unternehmenstätigkeit,
- den Grundsatz der Pagatorik und
- den Grundsatz der Einzelbewertung.

Diese Grundsätze ermöglichen eine für Dritte nachvollziehbare Form der Bilanzierung und dienen damit der Information des Abschlussadressaten. Die Systemgrundsätze sind bei der Erstellung der HB II anzuwenden und sind deshalb auf den Konzernabschluss vollständig übertragbar.

---

118 Vgl. BAETGE, J./KIRSCH, H.-J./THIELE, S., Bilanzen, Kap. II Abschn. 232.13.

119 Vgl. SCHILDBACH, T., Der Konzernabschluss, S. 51.

120 Vgl. Abschn. 121. in diesem Kapitel.

121 Vgl. FEY, D., Imparitätsprinzip und GoB-System, S. 104-130.

122 Vgl. FEY, D., Imparitätsprinzip und GoB-System, S. 104-130.

Die **Definitionsgrundsätze für den Jahreserfolg** „legen fest, wann die Einnahmen und Ausgaben i. S. SCHMALENBACHs entweder erfolgswirksam in der GuV oder erfolgsneutral in der Bilanz zu erfassen sind."[123] Die Definitionsgrundsätze für den Jahreserfolg umfassen[124]

- das Realisationsprinzip und ergänzend dazu
- die Grundsätze der Abgrenzung der Sache und der Zeit nach.

Die Definitionsgrundsätze sorgen für eine periodengerechte Erfolgsermittlung im Jahresabschluss und dienen damit der Information der Adressaten über die Ertragslage. Da auch mit dem konsolidierten Abschluss periodisch Rechenschaft zu legen ist, gelten die Definitionsgrundsätze als Teil der GoK über die zusammenzufassenden HB II auch für den Konzernabschluss.

Auf der Basis der **Ansatzgrundsätze** wird festgelegt, welche mit Zahlungen verbundenen Transaktionen in der Bilanz zu aktivieren und zu passivieren sind. Die Ansatzgrundsätze umfassen[125]

- den Aktivierungsgrundsatz, der für die Aktivierung eines Gutes dessen selbständige Verwertbarkeit voraussetzt, sowie
- den Passivierungsgrundsatz, der für die Passivierung einer Schuld das Vorliegen einer Verpflichtung, die Quantifizierbarkeit der Verpflichtung und das Kriterium der wirtschaftlichen Belastung voraussetzt.

Die Ansatzgrundsätze sorgen dafür, dass das in der Generalnorm geforderte Bild der Vermögenslage in der Bilanz vermittelt wird. Aus diesem Grund sind diese GoB ebenfalls als Teil der GoK auf die HB II und somit auf den konsolidierten Abschluss anzuwenden.

Ebenso wie mit dem Einzelabschluss wird auch im Konzernabschluss neben dem Zweck der Rechenschaft der Zweck der Kapitalerhaltung aufgrund von Informationen verfolgt. Der Kapitalerhaltungszweck wird durch die **Kapitalerhaltungsgrundsätze**, also durch das

- Imparitätsprinzip[126] und den
- Grundsatz der Vorsicht[127]

gestützt.

---

123 BAETGE, J./KIRSCH, H.-J./THIELE, S., Bilanzen, Kap. II Abschn. 232.4.

124 Vgl. LEFFSON, U., Die Grundsätze ordnungsmäßiger Buchführung, S. 247-339.

125 Vgl. BAETGE, J./KIRSCH, H.-J./THIELE, S., Bilanzen, Kap. II Abschn. 232.3.

126 Zum Imparitätsprinzip vgl. ausführlich KOCH, H., Die Problematik des Niederstwertprinzips; LEFFSON, U., Die Grundsätze ordnungsmäßiger Buchführung, S. 339-426; FEY, D., Imparitätsprinzip und GoB-System.

127 Vgl. BAETGE, J./KIRSCH, H.-J./THIELE, S., Bilanzen, Kap. II Abschn. 232.53; zur Konkretisierung des Vorsichtsprinzips durch Bildung einer Bandbreitenrückstellung vgl. ALBACH, H., Synthetische Bilanztheorie, S. 29-31; BAETGE, J., Möglichkeiten der Objektivierung, S. 147-156; ihm folgend LEFFSON, U., Die Grundsätze ordnungsmäßiger Buchführung, S. 465-492; BAETGE, J./KIRSCH, H.-J./THIELE, S., in: Küting/Pfitzer/Weber, HdR-E, 5. Aufl., Kap. 4, Rn. 110.

Die Kapitalerhaltungsgrundsätze gewährleisten, dass der Konzernabschlussadressat über das erwirtschaftete, vorsichtig ermittelte Ergebnis des Konzerns sowie die Eigenkapitalveränderung im Zeitablauf i. S. d. Kapitalerhaltung aufgrund von Informationen unterrichtet wird. Die Kapitalerhaltungsgrundsätze werden wie die übrigen bereits genannten GoB über die zusammenfassenden Einzelabschlüsse bzw. HB II im konsolidierten Abschluss angewendet.

332.   Zu beachtende Grundsätze bei der Aufstellung des Summenabschlusses

Im **zweiten Schritt** der Konzernabschlusserstellung werden die HB II „horizontal" zum Summenabschluss addiert, d. h. für jede Abschlussposition werden die Zahlen aus den HB II der Konzernunternehmen summiert. Dabei ist der **Grundsatz der Vollständigkeit des Konzernabschlussinhaltes** zu beachten (§ 300 Abs. 2 Satz 1). Gemäß diesem Grundsatz sind von allen einbezogenen Unternehmen die Vermögensgegenstände, Schulden, Rechnungsabgrenzungsposten, Erträge und Aufwendungen sowie die erforderlichen Anhangangaben vollständig in den Summenabschluss und damit in den Konzernabschluss aufzunehmen. Auf diese Weise erhält der Abschlussadressat vollständige Informationen über die wirtschaftliche Lage des Konzerns. Der Grundsatz der Vollständigkeit des Konzernabschlussinhalts wird indes durch den Kompensationszweck und die damit verbundene Konsolidierung notwendigerweise ergänzt.

Bei der Aufstellung des Summenabschlusses ist darüber hinaus der in § 294 Abs. 1 kodifizierte **Grundsatz der Vollständigkeit des Konsolidierungskreises** zu beachten. Er verlangt i. S. einer vollständigen Information, dass in den Konzernabschluss das Mutterunternehmen und alle Tochterunternehmen ohne Rücksicht auf deren Sitz einzubeziehen sind (**Weltabschlussprinzip**), sofern nicht die Ausnahmevorschriften des § 296 greifen. In diesem Fall verlangt der Grundsatz der Vollständigkeit indes, die nicht konsolidierten Unternehmen im Konzernabschluss at equity oder zu Anschaffungskosten zu erfassen und den Sachverhalt im Konzernanhang entsprechend zu erläutern.

Auch bei der Erstellung des Summenabschlusses sind die **Rahmengrundsätze** als allgemeine Anforderungen an die Informationsvermittlung zu berücksichtigen. So gilt auch hier der Grundsatz der Richtigkeit, diesen relativierend aber auch der Grundsatz der Wirtschaftlichkeit bzw. der Wesentlichkeit.[128]

---

128 Vgl. dazu ausführlich Abschn. 333. in diesem Kapitel.

333. Die Grundsätze ordnungsmäßiger Konsolidierung (GoKons)

Nach der Aufstellung des Summenabschlusses folgt im **dritten Schritt** der Konzernabschlusserstellung die eigentliche Konsolidierung. Dabei werden die konzerninternen wirtschaftlichen Verflechtungen aus dem Summenabschluss eliminiert. Auf diese Weise soll der **Kompensationszweck**[129] des Konzernabschlusses erfüllt werden. Bei der Konsolidierung sind deshalb die **GoKons** zu berücksichtigen. Die GoKons legen die Anforderungen fest, die für die Konzernabschlusszwecke Rechenschaft und Kapitalerhaltung aufgrund von Informationen unter Beachtung der wirtschaftlichen Verflechtungen zwischen den einbezogenen Unternehmen erfüllt sein müssen.

Auch auf die eigentliche Konsolidierung sind die **Rahmengrundsätze** als allgemeine Informationsgrundsätze anzuwenden. So gelten auch für die Konsolidierungsmaßnahmen die **Grundsätze der Klarheit und Übersichtlichkeit**, die in § 297 Abs. 2 Satz 1 kodifiziert sind, sowie der **Grundsatz der Richtigkeit** und der **Grundsatz der Vollständigkeit**. Auch bei der Konsolidierung ist der **Grundsatz der zeitlichen Vergleichbarkeit** zu beachten. Als Grundsatz ordnungsmäßiger Konsolidierung gilt deshalb die **Stetigkeit der Konsolidierungsmethoden**. Nur eine Stetigkeit in den Konsolidierungsmethoden erlaubt, die Konzernabschlüsse zeitlich zu vergleichen. § 297 Abs. 3 Satz 2 verlangt explizit, dass die auf den vorhergehenden Konzernabschluss angewandten Konsolidierungsmethoden beibehalten werden sollen. Dabei ist das „Sollen" als „Müssen" zu interpretieren, sofern kein wichtiger Grund besteht, die bisherige Konsolidierungsmethode aufzugeben.[130] Unter Konsolidierungsmethoden werden hier entsprechend der Definition des Begriffs „Konsolidierung" zunächst die Methoden verstanden, mit denen konzerninterne Beziehungen eliminiert werden[131]:

- die Kapitalkonsolidierung (§ 301),
- die Quotenkonsolidierung (§ 310),
- die Equity-Konsolidierung (§ 312),[132]
- die Schuldenkonsolidierung (§ 303),
- die Zwischenergebniseliminierung (§ 304),
- die Aufwands- und Ertragskonsolidierung (§ 305) und
- aus dem Einheitsgrundsatz des § 297 Abs. 3 Satz 1 hergeleitete, nicht kodifizierte Konsolidierungstechniken.

---

129 Zum Kompensationszweck siehe ausführlich Abschn. 124. in diesem Kapitel.

130 Vgl. BAETGE, J., Ansatz- und Bewertungsvorschriften, S. 214.

131 Vgl. IDW (Hrsg.), WP-Handbuch 2012, Bd. I, Rn. M 10.

132 Zur Frage, ob die Equity-Methode als Konsolidierungsmethode oder als Bewertungsmethode zu charakterisieren ist, vgl. KIRSCH, H.-J., Die Equity-Methode im Konzernabschluß, S. 156-164 und 166; BENTLER, M., Grundsätze ordnungsmäßiger Bilanzierung für die Equity-Methode, S. 35-41. Vgl. hierzu ausführlich Kap. VII.

Die Stetigkeit in allen anderen Bereichen der Konzernrechnungslegung wie bei der Währungsumrechnung oder bei der Bewertung wird durch die Forderung des § 252 Abs. 1 Nr. 6 i. V. m. § 298 Abs. 1 ("Bewertungsmethoden sind beizubehalten") bzw. mit dem GoB-Verweis in der Generalnorm sichergestellt.

Gesetzliche Wahlrechte und Ermessensspielräume bei der Konsolidierung sind nach dem Grundsatz der Stetigkeit im Zeitablauf grundsätzlich gleich auszufüllen. Nach § 297 Abs. 3 Satz 3 darf von der Stetigkeit der Konsolidierungsmethoden in Ausnahmefällen abgewichen werden. Abweichungen sind nach § 297 Abs. 3 Sätze 4 und 5 im Konzernanhang anzugeben und zu begründen, und ihre Wirkungen auf die wirtschaftliche Lage des Konzerns sind darzulegen. Der **Grundsatz der Erläuterung von Unstetigkeiten** gilt somit auch für die Konsolidierung. Die Erläuterungen der Abweichungen vom Grundsatz der Stetigkeit müssen es für den Abschlussleser nachvollziehbar machen, wie die wirtschaftliche Lage des Konzerns ohne Unstetigkeiten ausgesehen hätte.[133]

Der Grundsatz der Wirtschaftlichkeit wird im Einzel- wie im Konzernabschluss an der Wesentlichkeit der Information gemessen und damit durch den Grundsatz der Wesentlichkeit ersetzt.[134] Dieser Grundsatz ist für die Konsolidierung besonders bedeutend. Der Grundsatz der Wesentlichkeit ist an keiner Stelle im Gesetz umfassend kodifiziert, sondern wird in vielen Einzelvorschriften zur Konsolidierung implizit berücksichtigt. Diese Einzelvorschriften brauchen unter der Voraussetzung, dass ihre Anwendung für die Vermittlung eines den tatsächlichen Verhältnissen entsprechenden Bildes der wirtschaftlichen Lage von untergeordneter Bedeutung ist, wahlweise nicht angewendet zu werden. Das in der Generalnorm verlangte Bild wird also zum Maßstab für die Anwendung der **Wahlrechte bezüglich des Verzichts auf Konsolidierungsmaßnahmen** erhoben. So darf gemäß

- § 303 Abs. 2 auf die Schuldenkonsolidierung,
- § 304 Abs. 2 auf die Zwischenergebniseliminierung,
- § 305 Abs. 2 auf die Aufwands- und Ertragskonsolidierung

nur verzichtet werden, wenn die Beachtung der Vorschriften für das den tatsächlichen Verhältnissen entsprechende Bild unwesentlich ist. Angabe- oder Erläuterungspflichten im Konzernanhang fordert das Gesetz im Fall der Inanspruchnahme dieser Wahlrechte allerdings nicht. Dies lässt sich damit begründen, dass die jeweiligen Konsolidierungsvorschriften nur verzichtbar sind, sofern ihre Anwendung für das Bild der wirtschaftlichen Lage zusammengenommen unwesentlich ist und deshalb auch keiner Erläuterung bedarf. Eine kurze Beschreibung der Unternehmen, bei denen eine (oder mehrere) Konsolidierungsmaßnahme(n) unterlassen wurde(n), wäre im Konzernanhang indes wünschenswert, um dem Abschlussadressaten die Bedeutung der betreffenden Unternehmen für den Gesamtkonzern zu zeigen.[135]

---

133 Vgl. IDW (Hrsg.), WP-Handbuch 2012, Bd. I, Rn. M 19.

134 Vgl. zum Grundsatz der Wesentlichkeit OSSADNIK, W., Wesentlichkeit, S. 1763-1767 sowie ausführlich JUNG, M., Konzept der Wesentlichkeit.

135 Vgl. BAETGE, J./KIRSCH, H.-J., in: Küting/Weber, HdK, 2. Aufl., § 297 HGB, Rn. 69.

Problematisch ist die Antwort auf die Frage, wie das Wesentlichkeitskriterium der „untergeordneten Bedeutung" zu konkretisieren ist. Aus Gründen der **Objektivierbarkeit** sind quantitative Kriterien vorzuziehen. Ein Instrument, mit dem die Wirkung des Übergangs vom „Konsolidierungsfall" zum „Nicht-Konsolidierungsfall" auf das Bild der wirtschaftlichen Lage quantifiziert werden kann, sind **Kennzahlen**. Dabei muss darauf geachtet werden, dass die ausgewählten Kennzahlen repräsentativ für die Vermögens-, Finanz- und Ertragslage sind. Verändert sich eine Kennzahl über ein bestimmtes Maß dadurch, dass ein Wahlrecht genutzt wird, gegenüber dem Fall, dass dieses nicht genutzt wird, so darf das Wahlrecht nicht genutzt werden.[136] Dabei existieren keine allgemein geltenden Wesentlichkeitsgrenzen.[137] Die Bestimmung der Grenzwerte liegt folglich im Ermessen der Unternehmen und ist für die einzelnen Konsolidierungsmaßnahmen im Rahmen einer Gesamtbetrachtung der Auswirkungen auf den Konzernabschluss vorzunehmen. Wie bei allen Ermessensentscheidungen im Rahmen der vernünftigen kaufmännischen Beurteilung sind dabei die allgemeinen Grundsätze, besonders die Objektivität und Stetigkeit, zu beachten.[138]

Neben relativen Schwellenwerten von Kennzahlen sind auch absolute Schwellenwerte zu beachten.[139] Abhängig von der allgemeinen wirtschaftlichen Lage des Konzerns können schon geringe absolute Änderungen von Bilanz- und GuV-Posten dazu führen, dass kritische Kennzahlenschwellenwerte überschritten und die vom Wahlrecht betroffenen Konsolidierungsmaßnahmen wesentlich werden. Für die Wesentlichkeit einer Information ist es unerheblich, ob eine Kennzahlenänderung positiv oder negativ interpretiert werden muss.

Bei der Beurteilung, ob eine Konsolidierungsmaßnahme von untergeordneter Bedeutung ist, reicht es nicht aus, eine einzelne Teillage zu analysieren, etwa nur die Ertragslage. Das Wesentlichkeitskriterium ist auf die **Vermögens-, Finanz- und Ertragslage** gemeinsam anzuwenden.[140]

Die Wesentlichkeit einzelner unterlassener Konsolidierungsmaßnahmen darf nicht für einzelne in die Konsolidierung einbezogene Unternehmen isoliert analysiert werden, sondern sie ist **für alle einzubeziehenden Unternehmen gemeinsam** zu ermitteln. Fehlende Konsolidierungsmaßnahmen bei einzelnen einzubeziehenden Unternehmen können isoliert betrachtet für das Bild der wirtschaftlichen Lage des Konzerns nämlich unwesentlich sein, dagegen kann die Zusammenfassung der Einzelabschlüsse mehrerer Unternehmen mit jeweils fehlenden Konsolidierungsmaßnahmen im Konzernabschluss das Bild der Vermögens-, Finanz- und Ertragslage des Konzerns wesentlich beeinträchtigen. Die bedingten Wahlrechte zum Verzicht auf Konsolidierungsmaßnahmen dürfen in letzterem Fall nicht ausgeübt werden, d. h.

---

136 Vgl. NIEHAUS, H.-J., Früherkennung von Unternehmenskrisen, S. 46 f.

137 Vgl. u. a. BAETGE, J./ZÜLICH, H., in: HdJ, Abt. I/2, Rn. 233; EBELING, R. M., in: Baetge/Kirsch/Thiele, § 303 HGB, Rn. 152.

138 Vgl. THIELE, S./KAHLING, D., in: Baetge/Kirsch/Thiele, § 253 HGB, Rn. 111; SCHEFFLER, E., Grundsatz der Wesentlichkeit, S. 512 f.

139 Vgl. BAETGE, J./KIRSCH, H.-J., in: Küting/Weber, HdK, 2. Aufl., § 297 HGB, Rn. 65.

140 Vgl. BAETGE, J./KIRSCH, H.-J., in: Küting/Weber, HdK, 2. Aufl., § 297 HGB, Rn. 64.

die Konsolidierungsmaßnahmen sind vorzunehmen. Entsprechendes gilt für verschiedene Konsolidierungsmaßnahmen, auf die bei einem einbezogenen Unternehmen verzichtet werden kann. Erweisen sie sich isoliert betrachtet als unwesentlich, so kann die gemeinsame Wirkung der fehlenden Konsolidierungsmaßnahmen durchaus bedeutend für die Vermögens-, Finanz- und Ertragslage des Konzerns sein. Die Wesentlichkeit muss also für alle Konsolidierungsmaßnahmen und einbezogenen Unternehmen isoliert und im Verbund geprüft werden.[141] Für die Beurteilung der Wesentlichkeit gilt das **doppelte Minimumprinzip**, d. h. wird die Konsolidierungsmaßnahme isoliert oder im Verbund wesentlich, darf auf sie nicht verzichtet werden. Diesen Zusammenhang verdeutlicht die folgende Übersicht II-3:

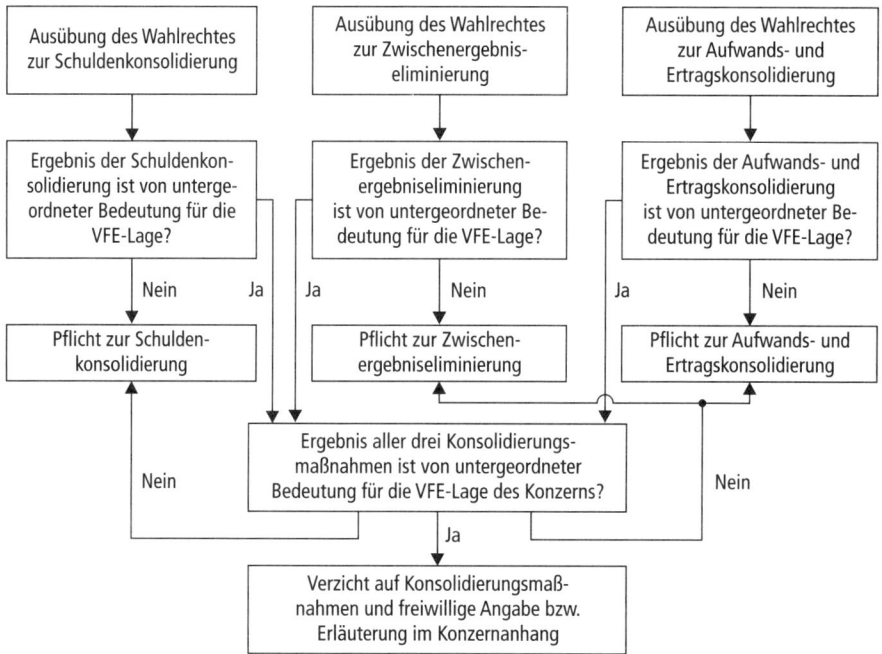

Übersicht II-3:   *Doppeltes Minimumprinzip bei den Wahlrechten zur Schuldenkonsolidierung, Zwischenergebniseliminierung und Aufwands- und Ertragskonsolidierung*

Das prinzipielle Erfordernis von Konsolidierungsmaßnahmen im Konzernabschluss beruht auf dem **Grundsatz der Eliminierung konzerninterner Beziehungen**.[142] Er ergibt sich aus dem Kompensationszweck des Konzernabschlusses bzw. aus dem Einheitsgrundsatz des § 297 Abs. 3 Satz 1. Der Grundsatz der Eliminierung konzernin-

---

141 Vgl. SCHERRER, G., in: Hofbauer/Kupsch, § 305 HGB, Rn. 32; BAETGE, J./KIRSCH, H.-J., in: Küting/Weber, HdK, 2. Aufl., § 297 HGB, Rn. 68.

142 Vgl. ZOGG, H., Der Konzernabschluß in der Schweiz, S. 64; KÜTING, K., Konsolidierungspraxis, S. 58; SCHINDLER, J., Kapitalkonsolidierung, S. 99 f.

terner Beziehungen wird durch die Vorschriften zur Kapitalkonsolidierung (§ 301), Schuldenkonsolidierung (§ 303), Zwischenergebniseliminierung (§ 304) und Aufwands- und Ertragskonsolidierung (§ 305) konkretisiert. Der Grundsatz der Eliminierung konzerninterner Beziehungen sorgt dafür, dass sämtliche in den HB II bzw. in den Summenabschluss aufgenommenen Geschäftsvorfälle aus der Sicht der wirtschaftlichen Einheit „Konzern" neu beurteilt und innerkonzernliche Verflechtungen herausgerechnet werden. Dieser Grundsatz der Eliminierung konzerninterner Beziehungen **ergänzt damit die üblichen handelsrechtlichen GoB**, bspw. das Realisationsprinzip, sowie den Grundsatz der Vollständigkeit des Konzernabschlussinhalts.

Bei den Definitionsgrundsätzen für den Jahreserfolg werden vor allem das Realisationsprinzip und der Grundsatz der Abgrenzung der Sache nach durch den Grundsatz der Eliminierung konzerninterner Beziehungen relativiert. Gemäß dem **Realisationsprinzip** des § 252 Abs. 1 Nr. 4 Halbsatz 2 sind die von einem Unternehmen bezogenen oder selbsterstellten Güter und Leistungen solange mit den Anschaffungs- oder Herstellungskosten anzusetzen, bis sie den Sprung zum Absatzmarkt geschafft haben und damit im Jahresabschluss den Wertsprung zum Verkaufspreis erfahren haben. Erst dann gelten die aus dem Verkauf resultierenden Erfolgsbeiträge als realisiert. Der **Grundsatz der Abgrenzung der Sache nach** ergänzt das Realisationsprinzip. Die Abgrenzung der Sache nach stellt den realisierten Erträgen die ihnen final zurechenbaren Aufwendungen in der GuV gegenüber. Der Grundsatz der Eliminierung konzerninterner Beziehungen ist derart auf die Summenbilanz anzuwenden, dass im Konzernabschluss der Erfolg der wirtschaftlichen Einheit der einbezogenen Unternehmen gezeigt wird. Danach gelten „Erträge der wirtschaftlichen Einheit dann als realisiert ..., wenn die Leistungen den Konzern verlassen haben und deren Wert durch Transaktionen mit Dritten bestätigt ist"[143]. Erträge und zugehörige Aufwendungen sowie zugehörige Erfolgseinflüsse aus innerkonzernlichen Transaktionen, die nach den Definitionsgrundsätzen für den Jahreserfolg in den Einzelabschlüssen auszuweisen sind, sind deshalb mit Hilfe der Aufwands- und Ertragskonsolidierung (§ 305) aus der Konzern-GuV herauszurechnen. Die zugehörigen Wertsteigerungen des Vermögens und des Eigenkapitals sind im Zuge der Zwischenergebniseliminierung (§ 304) aus der Konzernbilanz zu eliminieren.

Auch die **Ansatzgrundsätze** werden durch den Grundsatz der Eliminierung konzerninterner Beziehungen bei der Konsolidierung ergänzt, da die Aktivierung und die Passivierung im Konzernabschluss unter Beachtung des Grundsatzes der Objektivität aus Sicht der wirtschaftlichen Einheit zu betrachten sind. So können Vermögensgegenstände oder Schulden, die in den Einzelabschlüssen der einbezogenen Unternehmen aktivierungs- bzw. passivierungspflichtig sind, aus Sicht des Konzerns im konsolidierten Abschluss unter ein Aktivierungs- bzw. Passivierungsverbot fallen. Als Beispiel sei die Schuldenkonsolidierung nach § 303 genannt, die die Ansätze von Forderungen und Schulden aus den Einzelabschlüssen der Konzernunternehmen für den Konzernabschluss aus Sicht der wirtschaftlichen Einheit „Konzern" bezüglich der Ansatzgrundsätze „beurteilt".[144] Die nach den Ansatzgrundsätzen in den Einzelab-

---

143 SCHRUFF, W., Einflüsse der 7. EG-Richtlinie, S. 55.

schlüssen der Konzernunternehmen anzusetzenden Schuldbeziehungen zwischen konzernzugehörigen Unternehmen sind bei der Schuldenkonsolidierung gemäß dem Grundsatz der Eliminierung konzerninterner Beziehungen aus dem Summenabschluss „herauszulassen". Der Grundsatz der Eliminierung konzerninterner Beziehungen konkretisiert damit zugleich den Grundsatz der Vollständigkeit des Konzernabschlussinhalts[145] aus § 300 Abs. 2 Satz 1.

4 Zwecke und Grundsätze des Konzernabschlusses nach IFRS

Mit einem IFRS-Abschluss sollen die Adressaten informiert und bei ihren Entscheidungen unterstützt werden (CF.OB2[146]). Ein IFRS-Abschluss verfolgt somit ausschließlich den **Informationszweck**.[147] Dabei stehen vor allem die Kapitalmarktteilnehmer im Vordergrund.[148] Die obligatorische IFRS-Anwendung gemäß EU-IAS-Verordnung ab 2005 richtet sich an kapitalmarktorientierte Mutterunternehmen. Die durch die Abschlüsse zu vermittelnden Informationen erstrecken sich vor allem auf die wirtschaftlichen Auswirkungen vergangener Ereignisse. Der Zweck einer Rechnungslegung nach IFRS besteht deshalb in der Bereitstellung von Informationen über die Vermögens-, Finanz- und Ertragslage sowie deren Veränderung im Zeitablauf. Ebenso enthält IAS 1 (Darstellung des Abschlusses) Aussagen zu dem Zweck des Abschlusses. In IAS 1.9 wird dazu ausgeführt: „Die Zielsetzung eines Abschlusses ist es, Informationen über die Vermögens-, Finanz- und Ertragslage und die Cashflows eines Unternehmens bereitzustellen, die für ein breites Spektrum von Adressaten nützlich sind, um wirtschaftliche Entscheidungen zu treffen."

Der Begriff der fair presentation wird in IAS 1.15 konkretisiert: „Eine den tatsächlichen Verhältnissen entsprechende Darstellung erfordert, dass die Auswirkungen der Geschäftsvorfälle sowie der sonstigen Ereignisse und Bedingungen übereinstimmend mit den im Rahmenkonzept enthaltenen Definitionen und Erfassungskriterien für

---

144 Nach der Rechtslage vor der Verabschiedung des BilMoG war als wichtiges Beispiel für diesen Zusammenhang die Aktivierung von selbsterstellten immateriellen Vermögensgegenständen des Anlagevermögens zu nennen. Diese mussten, wenn sie von einem Unternehmen des Konzernverbundes hergestellt und an ein anderes Konzernunternehmen veräußert wurden, in dem Einzelabschluss des erwerbenden Unternehmens angesetzt werden. Aus Konzernsicht handelte es sich indes weiterhin um selbsterstellte immaterielle Vermögensgegenstände, so dass das Aktivierungsverbot des § 248 Abs. 2 HGB a. F. in Verbindung mit § 298 HGB a. F. galt.

145 Siehe Abschn. 332. in diesem Kapitel.

146 Hier wie im Folgenden bezeichnen die Buchstaben CF das Conceptual Framework der IASB-Regelungen; die nachfolgende Ziffer steht für die entsprechende Textziffer innerhalb des Framework. Analog kürzen die Buchstaben ED einen Exposure Draft (Entwurf eines Standards) ab.

147 Zu den unterschiedlichen Zwecken der Konzernabschlüsse nach HGB und nach IFRS vgl. BAETGE, J./THIELE, S., Gesellschafterschutz versus Gläubigerschutz, S. 11-24.

148 Zum primären Adressatenkreis siehe CF.OB2 sowie BC1.15 ff.

Vermögenswerte, Schulden, Erträge und Aufwendungen glaubwürdig dargestellt werden." Nach IAS 1.15-24 lässt sich das true-and-fair-view-Prinzip nur einhalten, wenn alle IFRS-Regelungen auf den IFRS-Konzernabschluss angewendet werden. Abweichungen sind nur in seltenen Ausnahmefällen zulässig und entsprechend zu erläutern. Vor allem ist es nicht mehr – wie früher – zulässig, von konkreten IFRS-Regelungen abzuweichen und diese Abweichungen durch Anhangangaben zu heilen (IAS 1.18). Das Ziel einer fair presentation wird laut IAS 1.17 „unter nahezu allen Umständen" durch Anwendung der IFRS erreicht.[149]

Um dieses Ziel zu erreichen, gelten auch im IFRS-Konzernabschluss die allgemeinen Rechnungslegungsgrundsätze der IFRS. Diese sind im Conceptual Framework[150] in Fundamentalgrundsätze, Erweiterungsgrundsätze und in die Nebenbedingung der Kostenbegrenzung gegliedert. Abschlussinformationen müssen bestimmte **Fundamentalgrundsätze** erfüllen, damit sie für die Abschlussadressaten i. S. d. Abschlusszweckes entscheidungsnützlich sind, nämlich die Anforderungen der Relevanz und der glaubwürdigen Darstellung.[151] Ein unternehmensspezifischer Aspekt der Relevanz ist die Wesentlichkeit (CF.QC11). Speziell hinsichtlich einer glaubwürdigen Darstellung einer Information hat der IASB mit den Kriterien „Vollständigkeit", „Neutralität" und „Fehlerfreiheit" drei Gütekriterien formuliert, die zu erfüllen sind, um eine Information tatsächlich glaubhaft darzustellen. Über die Anforderungen der Fundamentalgrundsätze hinaus sollen die **Erweiterungsgrundsätze** einen hohen Informationsnutzen gewährleisten. Gemäß CF.QC19 sind die Grundsätze der Vergleichbarkeit, Überprüfbarkeit, Zeitnähe sowie der Verständlichkeit zu beachten. Ferner müssen bei den Abschlussinformationen nach CF.QC35 der Informationsnutzen des Abschlussadressaten und die Informationskosten des bilanzierenden Unternehmens abgewogen werden (**Nebenbedingung der Kostenbegrenzung**).[152]

Wie für das HGB fällt auch die Beurteilung eines IFRS-Konzernabschlusses bezüglich der **Zuordnung zur Interessentheorie oder zur Einheitstheorie** nicht leicht.[153] Der IFRS-Abschluss soll den Unternehmensverbund so abbilden, als ob dieser Verbund ein einziges Unternehmen wäre (IFRS 10.A[154]); die rechtliche Eigenständigkeit der einzelnen Unternehmen tritt in den Hintergrund. Danach wäre der IFRS-Konzernabschluss einheitstheoretisch zu interpretieren. Ferner sind im Rahmen der Vollkonsolidierung sämtliche Bilanz- und Gesamtergebnisrechnung-Posten unabhängig

---

149 Vgl. Baetge, J./Kirsch, H.-J./Thiele, S., Bilanzen, Kap. II Abschn. 3.

150 Der ED/2015/3 (Überarbeitung des Rahmenkonzeptes für die Finanzberichterstattung) wurde am 28.05.2015 veröffentlicht und kann bis 26.10.2015 kommentiert werden. Die endgültige Verabschiedung ist für das Jahr 2016 geplant. Damit führt das IASB sein Conceptual Framework-Projekt fort, das die Verbesserung der Finanzberichterstattung zum Ziel hat. Vgl. zum bisherigen Projektverlauf Baetge, J./Kirsch, H.-J./Thiele, S., Bilanzen, S. 158 f.

151 Vgl. Baetge, J./Kirsch, H.-J./Thiele, S., Bilanzen, Kap. II Abschn. 32.

152 Vgl. Baetge, J./Kirsch, H.-J./Thiele, S., Bilanzen, Kap. II Abschn. 32.

153 Vgl. für den deutschen Konzernabschluss nach HGB ausführlich Kap. I Abschn. 64. Vgl. dazu auch Hendler, M., Interessentheorie und Einheitstheorie, S. 311-315.

154 IFRS 10 ist verpflichtend für alle Geschäftsjahre anzuwenden, die an oder nach dem 01. Januar 2014 beginnen. Vgl. außerdem IAS 27.4 (Konzern- und Einzelabschlüsse, überarbeitet 2008).

von der Beteiligungshöhe vollständig in den Konzernabschluss zu übernehmen, was ebenfalls eindeutig dem einheitstheoretischen Grundkonzept entspricht.[155] Die Anteile von Minderheitsgesellschaftern sind nach IFRS 10.22 (bzw. IAS 27.27 (überarbeitet 2008)) als Bestandteil des Konzerneigenkapitals auszuweisen, allerdings getrennt von dem Eigenkapital, das auf die Gesellschafter des Mutterunternehmens entfällt. Diese auf dem Improvements Project beruhende Neuregelung des Ausweises von Minderheitsanteilen kann als eine „Hinwendung des IASB zur Einheitstheorie"[156] eingestuft werden, die durch die Einführung der Full Goodwill-Konsolidierung in IFRS 3 (Unternehmenszusammenschlüsse) durch das Business Combinations Projekt noch verstärkt worden ist.[157] Interessentheoretisch geprägte Regelungen finden sich dagegen z. B. in CF.OB10. Dort werden neben den Kapitalgebern auch andere Gruppen (z. B. die Öffentlichkeit) als Adressaten von IFRS-Abschlüssen bezeichnet. Die Regelungen sprechen dafür, dass der IFRS-Konzernabschluss – in der oben entwickelten Terminologie der Konzernbilanztheorien[158] – auch Züge der Interessentheorie mit Vollkonsolidierung trägt, wenngleich diese Adressaten nicht zum primären Kreis gehören. Im Ergebnis überwiegen zwar die einheitstheoretischen Komponenten, eine eindeutige Zuordnung des IFRS-Konzernabschlusses zu einer einzigen Konzernbilanztheorie ist indes nicht möglich.

---

155 Vgl. Cairns, D., Applying IAS, S. 238.
156 Zülch, H., Improvement Project, S. 162.
157 Vgl. Küting, K./Wirth, J., Goodwillbilanzierung im Near Final Draft, S. 460.
158 Siehe Kap. I Abschn. 75.

Kapitel III:
Die Pflicht zur Aufstellung eines Konzern-
abschlusses und die Abgrenzung des
Konsolidierungskreises

1	Die Pflicht zur Aufstellung eines Konzernabschlusses
11	Überblick über die Pflichten zur Aufstellung, Prüfung und Offenlegung eines Konzernabschlusses

Konzerne sind nicht generell, sondern nur unter bestimmten Voraussetzungen, zur Konzernrechnungslegung verpflichtet. Die Pflicht, einen Konzernabschluss aufzustellen, knüpft nicht unmittelbar an die aktienrechtliche Konzerndefinition des § 18 AktG an.[1] Auf eine eigene Definition des Konzerns für Zwecke der Rechnungslegung konnte man sich schon bei den Beratungen der 7. EG-Richtlinie und im Rahmen des BilRUG, das auf der EU Richtlinie 2013/34/EU basiert, nicht verständigen.[2] Auch der deutsche Gesetzgeber verzichtet im HGB und PublG auf eine Definition des Konzerns und legt stattdessen nur einzelne Kriterien für die Pflicht zur Aufstellung eines Konzernabschlusses fest. Damit wird der Konzern indes lediglich indirekt umschrieben.[3] Sind die Kriterien erfüllt, muss ein Konzernabschluss aufgestellt werden.

Der **Konzernabschluss** besteht aus Konzernbilanz, Konzern-GuV, Konzernanhang, Eigenkapitalspiegel und Kapitalflussrechnung sowie wahlweise aus einer Segmentberichterstattung (§ 297 Abs. 1). Neben dem Konzernabschluss ist stets auch ein **Konzernlagebericht** aufzustellen (§ 290 Abs. 1 bzw. § 13 Abs. 1 PublG).

---

1   Zum Konzernbegriff des AktG vgl. Kap. I Abschn. 1 und Abschn. 2.

2   Vgl. BIENER, H., Konzernrechnungslegung nach der Siebenten Richtlinie, S. 5; NIESSEN, H., Entstehung eines europäischen Konzernbegriffs, S. 584-588 und 595 f.

3   Vgl. BIENER, H./SCHATZMANN, J., Konzern-Rechnungslegung, S. 5.

Wie schon die 7. EG-Richtlinie sieht auch das BilRUG für **Unterordnungskonzerne** eine Konzernrechnungslegungspflicht[4] vor und enthält darüber hinaus ein nationales Wahlrecht[5], nach dem auch **Gleichordnungskonzerne** zur Aufstellung eines Konzernabschlusses verpflichtet werden können. Der deutsche Gesetzgeber hat indes auf die Aufstellungspflicht für Gleichordnungskonzerne verzichtet. Daher besteht nach deutschem Recht eine Konzernrechnungslegungspflicht grundsätzlich nur dann, wenn zwischen zwei Unternehmen ein **hierarchisches Verhältnis** besteht: Ein Unternehmen – das **Mutterunternehmen** – steht zu einem oder mehreren anderen Unternehmen – den **Tochterunternehmen** – in einem Überordnungsverhältnis. Liegt ein solches Mutter-Tochter-Verhältnis vor, verpflichtet § 290 bzw. § 11 PublG das Mutterunternehmen dazu, einen Konzernabschluss aufzustellen. Diese Regelungen stellen dabei stets auf das Verhältnis von zwei Unternehmen ab. Daher bleibt auch ein Mutterunternehmen, das seinerseits wieder Tochterunternehmen eines anderen Mutterunternehmens ist, selbst grundsätzlich dazu verpflichtet, für den ihm untergeordneten Teilkonzern einen (Teil-)Konzernabschluss aufzustellen und in diesen die eigenen Tochterunternehmen einzubeziehen (**Tannenbaumprinzip**). Nur unter bestimmten Voraussetzungen kann ein Mutterunternehmen durch einen übergeordneten Konzernabschluss von der Pflicht, einen Teilkonzernabschluss aufzustellen, befreit werden (§§ 291 und 292). Ebenso ist ein Mutterunternehmen von der Aufstellung eines Konzernabschlusses gemäß § 293 befreit, wenn das Mutterunternehmen gemeinsam mit den Tochterunternehmen bestimmte Größenmerkmale (Bilanzsumme, Umsatzerlöse, Anzahl der Arbeitnehmer) nicht überschreitet. Gemäß § 290 Abs. 5 braucht ein Mutterunternehmen keinen Konzernabschluss aufzustellen, wenn es ausschließlich Tochterunternehmen hat, die aufgrund der Einbeziehungswahlrechte des § 296 nicht konsolidiert werden.

Ob die Aufstellungspflicht nach den Kriterien des HGB oder nach den davon abweichenden Kriterien des PublG gegeben ist, hängt von der **Rechtsform des Mutterunternehmens** ab. Für Mutterunternehmen in der Rechtsform einer Kapitalgesellschaft (AG, GmbH oder KGaA) richtet sich die Aufstellungspflicht nach § 290. Dasselbe gilt aufgrund des Verweises in § 264a auch für Personenhandelsgesellschaften, bei denen keine natürliche Person (direkt oder indirekt) persönlich haftender Gesellschafter ist (im Wesentlichen: GmbH & Co. KG und AG & Co. KG).[6] Für andere Personengesellschaften sowie Einzelkaufleute und sonstige Unternehmen gilt § 11 PublG. Mutterunternehmen, die Kreditinstitute oder Versicherungsunternehmen sind, müssen gemäß § 340i (gültig für Kreditinstitute) bzw. gemäß § 341i (gültig für Versicherungsunternehmen) unabhängig von ihrer Rechtsform einen Konzernabschluss aufstellen.

---

4   Vgl. Art. 1 der Siebenten Richtlinie 83/349/EWG des Rates vom 13. Juni 1983.

5   Vgl. Art. 12 der Siebenten Richtlinie 83/349/EWG des Rates vom 13. Juni 1983.

6   Die genannten Gesellschaftsformen werden im Folgenden als Personenhandelsgesellschaften i. S. d. § 264a bezeichnet.

Dagegen ist die **Rechtsform des Tochterunternehmens** für die Frage, ob ein Mutter-Tochter-Verhältnis gegeben ist, nicht relevant (§ 294 Abs. 1). Das Tochterunternehmen muss nur die Unternehmenseigenschaft erfüllen. Der Unternehmensbegriff erfasst dabei alle Formen einer wirtschaftlichen Betätigung, sofern diese auf eine gewisse Dauer angelegt ist und von außen erkennbar ausgeübt wird. Dazu gehören bspw. auch die bei Großaufträgen oft gebildeten Arbeitsgemeinschaften in der Rechtsform einer BGB-Gesellschaft, sofern sie kaufmännische Interessen verfolgen und eine eigene Geschäftsführung haben.[7]

Sind die Voraussetzungen des § 290 oder des § 11 PublG vorbehaltlich einer möglichen Befreiung erfüllt, müssen die gesetzlichen Vertreter des Mutterunternehmens mit Sitz im Inland den Konzernabschluss grundsätzlich innerhalb der ersten fünf Monate des neuen Konzerngeschäftsjahres aufstellen (§ 290 Abs. 1 bzw. § 13 Abs. 1 PublG). Kapitalmarktorientierte Kapitalgesellschaften i. S. v. § 264d müssen indes den Konzernabschluss innerhalb von vier Monaten aufstellen, wenn sie nicht unter den Anwendungsbereich des § 327a fallen.[8]

Sofern ein Konzernabschluss aufgestellt werden muss, ist dieser stets von einem Abschlussprüfer zu prüfen (§ 316 Abs. 2 bzw. § 14 Abs. 1 PublG).[9] Anders als beim Einzelabschluss begründet beim Konzernabschluss die Aufstellungspflicht immer auch die **Prüfungspflicht**. Abschlussprüfer eines Konzernabschlusses dürfen nur Wirtschaftsprüfer oder Wirtschaftsprüfungsgesellschaften sein, nicht dagegen vereidigte Buchprüfer oder Buchprüfungsgesellschaften (§ 319 Abs. 1 Satz 2).[10]

Den geprüften Konzernabschluss müssen die gesetzlichen Vertreter des zur Aufstellung verpflichteten Mutterunternehmens innerhalb von zwölf Monaten nach Ende des Konzerngeschäftsjahres offenlegen (§ 325 Abs. 3 bzw. § 15 Abs. 1 PublG). Zur **Offenlegung** sind der Konzernabschluss und der Konzernlagebericht zusammen mit dem Bestätigungsvermerk oder dem Vermerk über die Versagung des Bestätigungsvermerks sowie ein Bericht des Aufsichtsrates bei dem für das Mutterunternehmen zuständigen Handelsregister einzureichen. Daneben sind die genannten Unterlagen auch im Bundesanzeiger bekanntzumachen.[11]

Die Konzernrechnungslegungspflicht entbindet die einzelnen Unternehmen des Konzerns nicht von ihrer Verpflichtung, einen Einzelabschluss zu erstellen und – falls vom Gesetz verlangt – offenzulegen. Der Konzernabschluss tritt vielmehr als zusätzli-

---

7   Vgl. SABI DES IDW, Aufstellungspflicht und Konsolidierungskreis, S. 341.

8   Diese Ausnahme gilt für Kapitalgesellschaften, die ausschließlich zugelassene Schuldtitel i. S. d. § 2 Abs. 1 Satz 1 Nr. 3 WpHG mit einer Mindeststückelung von € 50.000 oder dem am Ausgabetag entsprechenden Gegenwert einer anderen Währung an einem organisierten Markt handeln.

9   Vgl. dazu ausführlich RUHNKE, K./SCHMIDT, M., in: Baetge/Kirsch/Thiele, § 316 HGB, Rn. 41-54.

10 Vgl. auch BAETGE, J./HENSE, H., in: Küting/Weber, HdK, 2. Aufl., Kap. II, Rn. 1520.

11 Vgl. MÜLLER, S., in: Baetge/Kirsch/Thiele, § 325 HGB, Rn. 31-57.

ches Instrument der Rechnungslegung neben die Einzelabschlüsse; er soll diese nicht ersetzen, sondern die durch die Konzernzugehörigkeit verursachten Mängel der Einzelabschlüsse ausgleichen (Kompensationszweck).[12]

12   Aufstellungspflicht nach HGB

121.   Das Konzept des beherrschenden Einflusses

Das HGB legt in § 290 die Voraussetzungen fest, unter denen eine inländische Kapitalgesellschaft bzw. eine Personenhandelsgesellschaft i. S. d. § 264a einen Konzernabschluss aufstellen muss.[13] Während die gesetzlichen Regelungen vor der Verabschiedung des BilMoG noch zwei unterschiedlichen Konzepten folgten, dem sog. Konzept der einheitlichen Leitung und dem sog. Control-Konzept, wird die Pflicht zur Aufstellung eines Konzernabschlusses seit dem BilMoG allein auf Basis des **Kriteriums des beherrschenden Einflusses** bestimmt. Die Regelungen des HGB werden dabei durch DRS 19 (Pflicht zur Konzernrechnungslegung und Abgrenzung des Konsolidierungskreises) konkretisiert.[14] Ein beherrschender Einfluss eines Mutterunternehmens auf ein Tochterunternehmen liegt vor, wenn entweder eines von drei formalrechtlichen Kriterien des § 290 Abs. 2 Nr. 1-3 erfüllt ist oder aber auf Basis einer **wirtschaftlichen Betrachtungsweise** eine solche Beziehung nachgewiesen werden kann.

§ 290 Abs. 2 Nr. 1-3 knüpft an konzerntypische Rechte eines Mutterunternehmens an. Danach besteht für ein Mutterunternehmen die Möglichkeit zum beherrschenden Einfluss, wenn ihm

(1) die **Mehrheit der Stimmrechte der Gesellschafter zusteht**,

(2) das Recht, die **Mehrheit der Mitglieder des die Finanz- und Geschäftspolitik bestimmenden Verwaltungs-, Leitungs- oder Aufsichtsorgans zu bestellen oder abzuberufen zusteht**, wenn das Mutterunternehmen gleichzeitig Gesellschafter ist,

(3) das Recht zusteht, die Finanz- und Geschäftspolitik aufgrund eines mit einem anderen Unternehmen geschlossenen **Beherrschungsvertrages** oder aufgrund einer Bestimmung in der **Satzung** des anderen Unternehmens zu bestimmen.

Dabei stellen die Kriterien Nr. 1-3 allein darauf ab, ob das Mutterunternehmen über eines der genannten Rechte verfügt, nicht aber darauf, ob diese **Rechte** auch tatsächlich ausgeübt werden. Es genügt also die formale **Möglichkeit**, aufgrund der zuste-

---

12 Vgl. hierzu ausführlich Kap. II Abschn. 124.

13 Aufgrund des Verweises in § 264a Abs. 1 gilt § 290 auch für die dort genannten haftungsbeschränkten Personenhandelsgesellschaften.

14 Wesentliche Aspekte des DRS 19 sind die Konkretisierung der Pflicht zur Konzernrechnungslegung gem. § 290 sowie der Regeln zur Abgrenzung des Konsolidierungskreises gem. §§ 294, 296.

henden Rechte ein anderes Unternehmen zu beherrschen. Diese Rechte des Mutterunternehmens dürfen dabei indes nicht auf zufälligen Gegebenheiten beruhen, sondern müssen rechtlich gesichert sein.

Nach § 290 Abs. 2 Nr. 4 liegt ein Mutter-Tochter-Verhältnis darüber hinaus auch dann vor, wenn das Mutterunternehmen für die Mehrheit der Chancen und Risiken eines anderen Unternehmens einstehen muss. Ein Mutterunternehmen hält demnach ein Tochterunternehmen in der Form einer Zweckgesellschaft[15], wenn es die Mehrheit der Risiken und Chancen dieser Zweckgesellschaft trägt, die zur Erreichung eines eng begrenzten und genau definierten Ziels des Mutterunternehmens dient.

122. Die Kriterien des beherrschenden Einflusses

122.1 Beherrschender Einfluss

Für die Charakterisierung eines Mutter-Tochter-Verhältnisses und damit sowohl für die Pflicht zur Aufstellung eines Konzernabschlusses als auch für die mögliche Einbeziehung in den Konsolidierungskreis als Tochterunternehmen ist gemäß § 290 Abs. 1 allein das Abgrenzungskriterium des beherrschenden Einflusses einschlägig. Der beherrschende Einfluss wird allerdings im Gesetz nicht definiert.[16] In der Regierungsbegründung heißt es jedoch, dass ein beherrschender Einfluss zu bejahen ist, wenn ein Unternehmen die Möglichkeit hat, die **Finanz- und Geschäftspolitik** eines anderen Unternehmens dauerhaft zu bestimmen, um aus dessen Tätigkeit Nutzen zu ziehen.[17] Konkretisiert wird dieses neue Kriterium durch Beispiele in § 290 Abs. 2 Nr. 1-4, wonach beherrschender Einfluss stets vorliegt, wenn:

(1) Einem Unternehmen bei einem anderen Unternehmen die Mehrheit der **Stimmrechte** der Gesellschafter zusteht,

(2) einem Unternehmen bei einem anderen Unternehmen das Recht zusteht, die Mehrheit der Mitglieder des die Finanz- und Geschäftspolitik bestimmenden **Verwaltungs-, Leitungs- oder Aufsichtsorgans** zu bestellen oder abzuberufen, und es gleichzeitig Gesellschafter ist,

---

15 Neben Unternehmen können Zweckgesellschaften auch sonstige juristische Personen des Privatrechtes oder unselbständige Sondervermögen des Privatrechtes, ausgenommen Spezial-Sondervermögen i. S. d. § 2 Abs. 3 InvG, sein. Vgl. auch DRS 19.37-49.

16 Bereits im Rahmen des BiRiLiG hatte der Gesetzgeber mit Verweis auf die schon im Aktiengesetz fehlenden Ausführungen zum Tatbestand der einheitlichen Leitung auf eine inhaltliche Konkretisierung des Tatbestandes der einheitlichen Leitung verzichtet, da angesichts der vielfältigen Formen, die die Wirtschaft für die Konzernleitung entwickelt habe, die an die einheitliche Leitung zu stellenden Anforderungen gesetzlich nicht festgelegt werden könnten. Vgl. BT-Drucksache 4/171.

17 Vgl. BT-Drucksache 16/12407, S. 89. Vgl. für ausführliche Anmerkungen zu dieser Definition im handelsrechtlichen Kontext DRS 19.10-15.

(3) einem Unternehmen das Recht zusteht, die Finanz- und Geschäftspolitik aufgrund eines mit einem anderen Unternehmen geschlossenen **Beherrschungsvertrages** oder aufgrund einer Bestimmung in der **Satzung** des anderen Unternehmens zu bestimmen, oder

(4) ein Unternehmen bei wirtschaftlicher Betrachtung die Mehrheit der **Risiken und Chancen** eines Unternehmens trägt, das zur Erreichung eines eng begrenzten und genau definierten Ziels des Mutterunternehmens dient (**Zweckgesellschaft**).

Bei diesen Beispielen wird unterstellt, dass die Möglichkeit eines beherrschenden Einflusses und damit ein Mutter-Tochter-Verhältnis stets vorliegt. Diese Beispiele sind indes nicht abschließend, so kann auch in anders gelagerten Fällen die Möglichkeit zum beherrschenden Einfluss nach § 290 Abs. 1 vorliegen, z. B. wenn bei Beteiligungen unter 50 % die verbleibenden Anteile im Streubesitz gehalten werden.

122.2   Mehrheit der Stimmrechte

Nach § 290 Abs. 2 Nr. 1 ist eine Kapitalgesellschaft bzw. eine Personenhandelsgesellschaft i. S. d. § 264a mit Sitz im Inland zur Aufstellung eines Konzernabschlusses verpflichtet, wenn ihr die **Mehrheit der Stimmrechte** an einem anderen Unternehmen zusteht. Die Stimmrechtsmehrheit wird in vielen Fällen mit der Mehrheit der Kapitalanteile zusammenfallen; auf letztere kommt es hier aber nicht an.[18] Eine Stimmrechtsmehrheit i. S. d. § 290 Abs. 2 Nr. 1 ist nur gegeben, wenn die Stimmrechte auf **rechtlich gesicherten** Grundlagen beruhen, so dass eine reine Präsenzmehrheit in der Hauptversammlung bzw. Gesellschafterversammlung auch dann, wenn sie nachhaltig ist, nicht ausreicht.[19]

Die Mehrheit der Stimmrechte i. S. d. § 290 Abs. 2 Nr. 1 setzt indes nicht voraus, dass das Mutterunternehmen jede Entscheidung im Tochterunternehmen durchsetzen kann. Denn nach dem Wortlaut der Vorschrift ist allein die **formelle Stimmrechtsmehrheit** entscheidend;[20] dem Mutterunternehmen müssen also mehr als die Hälfte der Stimmen zustehen. Daher ist das Mutterunternehmen auch dann konzernabschlussaufstellungspflichtig, wenn ihm zwar die absolute Mehrheit der Stimmrechte zusteht, es wesentliche Entscheidungen aber nicht durchsetzen kann, weil diese aufgrund einer Bestimmung in der Satzung bzw. im Gesellschaftsvertrag nur mit einer höheren qualifizierten Mehrheit getroffen werden können, über die das Mutter-

---

18   Vgl. DRS 19.21 sowie VON KEITZ, I./EWELT-KNAUER, C., in: Baetge/Kirsch/Thiele, § 290 HGB, Rn. 73 f.

19   Vielmehr wäre in einem solchen Fall zu prüfen, ob sich ein beherrschender Einfluss aus § 290 Abs. 1 ableiten lässt. Vgl. auch DRS 19.22 und 70-74. Indes ist diese Prüfung mit erheblichen Ermessensspielräumen verbunden und mag damit ein faktisches Einbeziehungswahlrecht eröffnen. Vgl. RÜHL, J./ALTHOFF, F., Faktische Beherrschung, S. 556.

20   Vgl. ADS, 6. Aufl., § 290 HGB, Rn. 39.; KROPFF, B., Diskussionsbeitrag, S. 69.

unternehmen nicht verfügt.[21] Ist das Mutterunternehmen in der Ausübung seiner Rechte jedoch erheblich und nachhaltig beeinträchtigt, darf gemäß § 296 Abs. 1 Nr. 1 auf die Vollkonsolidierung dieses Tochterunternehmens verzichtet werden.[22]

Neben den Stimmrechten, die das Mutterunternehmen direkt hält, sind ihm nach § 290 Abs. 3 weitere Stimmrechte zuzurechnen. Diese **Zurechnungsvorschrift** gilt für alle in § 290 Abs. 2 aufgeführten Beherrschungsrechte und wird in Abschn. 123. in diesem Kapitel erläutert. Davon zu unterscheiden ist die **Berechnungsvorschrift** des § 290 Abs. 4, die festlegt, wie die Stimmrechtsmehrheit berechnet wird. Nach dieser Vorschrift sind die dem Mutterunternehmen insgesamt zustehenden Stimmrechte ins Verhältnis zur Gesamtzahl der Stimmrechte zu setzen. Dabei sind laut § 290 Abs. 4 Satz 2 von der Gesamtzahl der Stimmrechte jene abzuziehen,

- die dem Tochterunternehmen selbst gehören,
- die einem Tochterunternehmen des Tochterunternehmens gehören oder
- die einer anderen Person für Rechnung dieser Unternehmen gehören.

122.3 Bestellungs- und Abberufungsrecht

Nach § 290 Abs. 2 Nr. 2 wird ein Mutter-Tochter-Verhältnis auch dann begründet, wenn ein Unternehmen bei einem anderen Unternehmen Gesellschafter ist und ihm darüber hinaus das Recht zusteht, die Mehrheit der Mitglieder der die Finanz- und Geschäftspolitik bestimmenden Verwaltungs-, Leitungs- oder Aufsichtsorgane zu bestellen oder abzuberufen. Diese **personelle Einflussnahme** wird regelmäßig mit der Mehrheit der Stimmrechte zusammenfallen. Abweichungen ergeben sich bei Tochterunternehmen in Deutschland nur dann, wenn einem Gesellschafter spezielle Entsendungsrechte eingeräumt werden oder ihm Rechte von anderen Gesellschaftern übertragen werden.

Mitglieder der Verwaltungs-, Leitungs- oder Aufsichtsorgane, die die Möglichkeit haben, die Finanz- und Geschäftspolitik zu bestimmen, sind regelmäßig Vorstände, Geschäftsführer, geschäftsführende Gesellschafter, Aufsichtsräte und Beiräte sowie – bei Tochterunternehmen im Ausland – Personen mit vergleichbaren Aufgaben. Sofern – wie bei einigen Gesellschaftsformen in Deutschland – Leitung und Überwachung der Geschäftstätigkeit von zwei verschiedenen Organen ausgeübt werden, sind die Voraussetzungen des § 290 Abs. 2 Nr. 2 grundsätzlich dann erfüllt, wenn dem Mutterunternehmen das Recht für eines der beiden Gremien zusteht.[23] Bei von Arbeit-

---

21 Vgl. dazu GROTTEL, B./KREHER, M., in: Beck Bilanzkomm., 9. Aufl., § 290 HGB, Rn. 45; ADS, 6. Aufl., § 290 HGB, Rn. 36; KROPFF, B., § 337 AktG, S. 64 f.; IDW (Hrsg.), WP-Handbuch 2012, Bd. I, Rn. M 47. Die Gegenansicht lehnt in diesem Fall eine Aufstellungspflicht mit Hinweis auf die fehlende materielle Beherrschungsmöglichkeit ab. Vgl. VON WYSOCKI, K., Aufstellungs- und Einbeziehungspflichten, S. 276; NIEHUS, R. J., Konzernrechnungslegung im Übergang, S. 278; SIEBOURG, P., in: Küting/Weber, HdK, 2. Aufl., § 290 HGB, Rn. 70.

22 Vgl. DRS 19.23. Zu den Wahlrechten des § 296 vgl. Abschn. 322. in diesem Kapitel.

23 Vgl. DRS 19.29; SABI DES IDW, Aufstellungspflicht und Konsolidierungskreis, S. 341.

nehmern mitbestimmten Unternehmen können die Gesellschafter nur einen Teil der Aufsichtsratmitglieder bestimmen. Auch in diesem Fall bezieht sich die Mehrheit auf die Gesamtzahl der Aufsichtsratmitglieder und nicht nur auf die Aufsichtsratmitglieder, die von den Gesellschaftern gewählt werden.[24]

Ferner muss das Mutterunternehmen Gesellschafter des Tochterunternehmens sein. Diese Voraussetzung ist aufgrund der Zurechnungsvorschrift des § 290 Abs. 3 auch dann erfüllt, wenn nur ein mittelbares Gesellschaftsverhältnis besteht.[25] Ist das Tochterunternehmen eine Personenhandelsgesellschaft, kann das Mutterunternehmen Gesellschafter in Form eines Mitunternehmers sein, ohne eine Kapitaleinlage geleistet zu haben.[26]

122.4 Beherrschender Einfluss aufgrund von Vertrag oder Satzung

Als dritte Ausprägung des beherrschenden Einflusses nennt § 290 Abs. 2 Nr. 3 das Recht, einen beherrschenden Einfluss aufgrund eines **Beherrschungsvertrages** oder aufgrund einer entsprechenden **Satzungsbestimmung** des Tochterunternehmens auf die Finanz- und Geschäftspolitik ausüben zu können.

Ein Beherrschungsvertrag ist ein Vertrag, durch den ein Unternehmen seine Leitung einem anderen Unternehmen unterstellt. Das herrschende Unternehmen ist dann berechtigt, dem untergeordneten Unternehmen Weisungen zu erteilen. Gesetzlich geregelt sind Beherrschungsverträge in § 291 AktG nur für den Fall, dass eine AG oder KGaA die Leitung ihrer Gesellschaft einem anderen Unternehmen unterstellt. In analoger Anwendung dieser Vorschrift können aber auch Unternehmen anderer Rechtsformen Beherrschungsverträge abschließen,[27] so dass § 290 Abs. 2 Nr. 3 unabhängig von der Rechtsform der vertragschließenden Unternehmen zu einer Aufstellungspflicht führen kann.

Das Recht des Mutterunternehmens, einen beherrschenden Einfluss auszuüben, kann sich auch aus einer **Satzungsbestimmung** des Tochterunternehmens ergeben. Hier kommen vor allem in der Satzung garantierte Weisungs-, Zustimmungs- und Widerspruchsrechte des Mutterunternehmens in Betracht.[28] Diese Rechte des Mutterunternehmens sind aber nicht einzeln zu betrachten; entscheidend ist vielmehr, ob **alle Satzungsregelungen** in ihrer Gesamtheit eine Beherrschung des Tochterunternehmens ermöglichen.[29]

---

24 Vgl. Sabi des IDW, Aufstellungspflicht und Konsolidierungskreis, S. 341.
25 Vgl. Grottel, B./Kreher, M., in: Beck Bilanzkomm., 9. Aufl. § 290 HGB, Rn. 84.
26 Vgl. DRS 19.31; Biener, H./Schatzmann, J., Konzern-Rechnungslegung, S. 6.
27 Vgl. DRS 19.35; Emmerich, V./Habersack, M., Konzernrecht, S. 415 und 462 f.
28 Vgl. Siebourg, P., in: Küting/Weber, HdK, 2. Aufl., § 290 HGB, Rn. 92.
29 Vgl. DRS 19.32; IDW (Hrsg.), WP-Handbuch 2012, Bd. I, Rn. M 54.

Diese Regelung gilt nicht nur für Unternehmen in der Rechtsform einer AG und einer KGaA, wie der Begriff der Satzung vermuten lassen könnte, sondern ist nach dem Sinn und Zweck der Vorschrift auch auf Unternehmen anderer Rechtsformen bzw. in anderen Ländern anzuwenden.[30] Hier liegt sogar die wesentliche praktische Bedeutung der Vorschrift. Eine Anwendung auf die AG oder KGaA ist nämlich nahezu ausgeschlossen, da die Satzung von den gesetzlichen Vorschriften nur dann abweichen darf, wenn dies ausdrücklich zugelassen ist (§ 23 Abs. 5 AktG). Eine derartige Ausnahme besteht für Entsenderechte in den Aufsichtsrat (§ 101 Abs. 2 AktG).[31]

122.5 Mehrheit der Chancen und Risiken

Auf der Basis des § 290 Abs. 2 Nr. 4 sollen Zweckgesellschaften häufiger in den Konsolidierungskreis einbezogen werden. Eine **Zweckgesellschaft** zeichnet sich dadurch aus, dass sie ein genau definiertes Ziel des Mutterunternehmens verfolgt. Eine Zweckgesellschaft ist ein Tochterunternehmen, wenn das Mutterunternehmen die Mehrheit der Chancen und Risiken der Zweckgesellschaft trägt.

Das Kriterium ist eine unmittelbare Reaktion des Gesetzgebers auf die Finanzmarktkrise beginnend im Jahr 2008. Die Krise wurde maßgeblich durch den Verkauf von Forderungen an für zu diesem Zweck gegründete, aber nicht konsolidierte Unternehmen hervorgerufen. So lagerten bspw. Banken als Initiatoren Forderungen an Zweckgesellschaften aus, ohne an diesen Gesellschaften beteiligt zu sein oder über formale Möglichkeiten der Einflussnahme zu verfügen. Dieses wird regelmäßig durch einen sog. Autopilot-Mechanismus kompensiert, über den schon bei Gründung der Gesellschaft sämtliche operative Entscheidungen festgelegt werden. Durch diese Gestaltungen konnte bislang – trotz wirtschaftlicher Zugehörigkeit zum Konzern – eine Konsolidierung von Zweckgesellschaften i. d. R. vermieden werden.

Unter **Chancen bzw. Risiken** i. S. v. § 290 Abs. 2 Nr. 4 sind dabei alle positiven bzw. negativen finanziellen Auswirkungen auf das Mutterunternehmen zu verstehen, die aus einer direkten oder indirekten Beziehung zu der Zweckgesellschaft entstehen können, wie bspw. Dividenden oder Kostenreduktionen. Gebühren, die das Tochterunternehmen an das Mutterunternehmen für Serviceleistungen entrichtet, sind indes nicht zu berücksichtigen, solange sie in einem angemessenen Verhältnis zur erbrachten Leistung stehen. Werden die Mehrheit der Chancen und die Mehrheit der Risiken von unterschiedlichen Unternehmen getragen, ist die Mehrheit der Risiken ausschlaggebend.[32]

Insgesamt grenzt dieses vierte Kriterium der Beherrschung die Möglichkeiten der außerbilanziellen Gestaltung durch eine wirtschaftliche Betrachtungsweise ein, schließt sie aber nicht völlig aus.[33] So sind Zweckgesellschaften auf Basis einer qualitativen

---

30 Vgl. DRS 19.35; SABI DES IDW, Aufstellungspflicht und Konsolidierungskreis, S. 341; SIEBOURG, P., in: Küting/Weber, HdK, 2. Aufl., § 290 HGB, Rn. 92 m. w. N.

31 Vgl. KOPPENSTEINER, H.-G., in: Zöllner/Noack, 3. Aufl., § 17 AktG, Rn. 50.

32 Vgl. BT-Drucksache 16/12407, S. 179. Vgl. ausführlich DRS 19.50-61.

Gesamtbetrachtung aller Umstände des Einzelfalls zu würdigen. Dabei sind nicht quantifizierbare Risiken und Chancen insbesondere dann zu berücksichtigen, wenn sich die quantifizierbaren Risiken respektive die quantifizierbaren Chancen der kritischen Grenze von 50 % annähern.

Verbleibende Off-Balance-Sheet-Gestaltungen hat der Gesetzgeber mit zusätzlichen Informationspflichten belegt. Nach § 314 Abs. 1 Nr. 2 sind Angaben über die Art und den Zweck sowie über die Risiken und Vorteile von nicht in der Konzernbilanz enthaltenen Geschäften des Mutterunternehmens sowie der Tochterunternehmen im Anhang erforderlich, soweit dies für die Beurteilung der Finanzlage des Konzerns notwendig ist. Die Grenze, von der an diese Angaben für die Beurteilung der Finanzlage notwendig sind, dürfte dabei eher niedrig anzusetzen sein, da für den Abschlussadressaten nicht nur die Höhe, sondern schon allein die Tatsache relevant sein dürfte, dass sich das Unternehmen in außerbilanziellen Gestaltungen engagiert. Ferner sollten die Angaben nicht in Form einer Gesamtbetrachtung, sondern für jedes Engagement einzeln, bspw. in tabellarischer Form, gemacht werden. Auch sollten die Chancen und Risiken aus dem Engagement nicht als Nettoposition, sondern jeweils gesondert ausgewiesen werden. Darüber hinaus ist nach § 314 Abs. 1 Nr. 2a der Gesamtbetrag der finanziellen Verpflichtungen, die nicht im Konzernabschluss enthalten sind, anzugeben.

123.   Zurechnung und Abzug von Rechten

Als Rechte i. S. d. § 290 Abs. 2 Nr. 1-3 gelten nicht nur die Rechte, über die das Mutterunternehmen unmittelbar verfügt. Nach § 290 Abs. 3 Satz 1 und 2 werden dem Mutterunternehmen als weitere Rechte zugerechnet:

- Die Rechte, die einem anderen Tochterunternehmen zustehen,

- die Rechte, die einer Person zustehen, die für Rechnung des Mutterunternehmens oder eines anderen Tochterunternehmens handelt, und

- die Rechte, die dem Mutterunternehmen oder einem anderen Tochterunternehmen aufgrund einer Vereinbarung mit anderen Gesellschaftern des betreffenden Unternehmens zustehen.[34]

Durch die **Zurechnung von Rechten**, die einem Tochterunternehmen zustehen, werden in mehrstufigen Konzernen auch **mittelbare Mutter-Tochter-Verhältnisse** begründet.[35] Rechte, die den anderen Tochterunternehmen zustehen, werden dem Mutterunternehmen **vollständig und nicht nur in Höhe seiner Beteiligungsquote** zugerechnet.[36] Die mittelbaren Rechte werden dabei stets in absoluter Höhe berück-

---

33   Vgl. DRS 19.57; SCHRUFF, W., Wettlauf um die Konsolidierung von Zweckgesellschaften, S. I; ZOEGER, O./MÖLLER, A., Konsolidierungspflicht für Zweckgesellschaften nach dem Bilanzrechtsmodernisierungsgesetz, S. 315.

34   Vgl. zu den Hinzurechnungen VON KEITZ, I./EWELT-KNAUER, C., in: Baetge/Kirsch/Thiele, § 290 HGB, Rn. 151 f.sowie Rn.156.

35   Vgl. ADS, 6. Aufl., § 290 HGB, Rn. 138.

sichtigt. Bei der Entscheidung, ob ein Tochterunternehmen z. B. aufgrund der Mehrheit der Stimmrechte vorliegt, ist also für jedes Unternehmen auf jeder Stufe zu prüfen, ob die Mehrheit der Rechte direkt oder indirekt kontrolliert wird. Eine Multiplikation der verschiedenen Quoten ist für diese Entscheidung nicht relevant.[37]

Die Zurechnung der Rechte nach § 290 Abs. 2 Nr. 1 wird anhand des folgenden Beispiels (Mehrheit der Stimmrechte) verdeutlicht. Gegeben sei folgende Konzernstruktur mit den angegebenen Stimmrechtsverhältnissen:

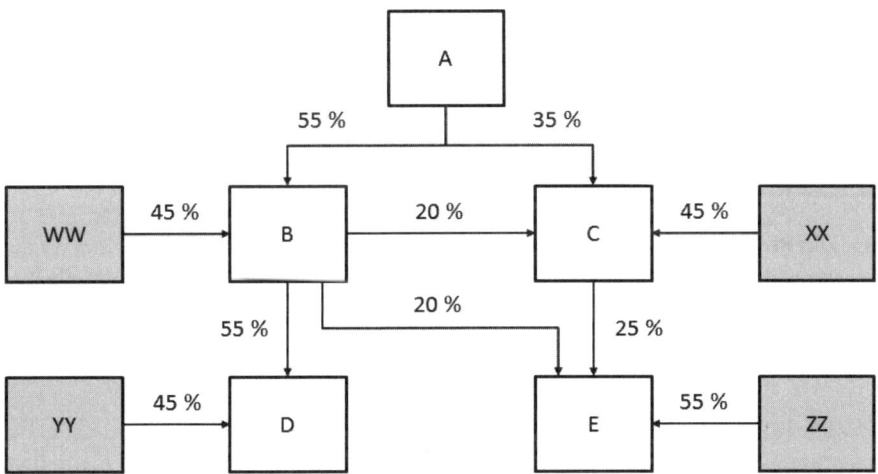

Übersicht III-1:   *Beispiel für die Zurechnung der Stimmrechte*

A besitzt 55 % der Stimmrechte an B, so dass B nach § 290 Abs. 2 Nr. 1 unmittelbares Tochterunternehmen von A ist. Aufgrund von § 290 Abs. 3 Satz 1 gelten die Stimmrechte, die B an den Unternehmen C, D und E zustehen, vollständig (in absoluter Höhe) als Rechte des Unternehmens A. Eine Gewichtung der Stimmrechtsanteile von B an C, D und E durch Multiplikation mit dem dem Stimmrechtsanteil von A an B entsprechenden Faktor 0,55 ist hier nicht relevant. Weil B an D 55 % hält, ist D zum einen unmittelbares Tochterunternehmen von B, zum anderen aber auch mittelbares Tochterunternehmen von A. An C hält A direkt 35 % der Stimmrechte; außerdem gelten aufgrund der Zurechnungsvorschrift die Stimmrechte, die B an C hält, auch als Stimmrechte von A. Dieses entspricht auch den tatsächlichen Beherrschungsverhältnissen, da B von A beherrscht wird und A somit vollständig über die Beteiligung von B an C bestimmen kann. Durch Addition ergibt sich eine Stimmrechtsmehrheit von 55 % für A, so dass C mittelbares Tochterunternehmen von A ist.

---

36 Vgl. BIENER, H./BERNEKE, W., Bilanzrichtlinien-Gesetz, S. 288.

37 Bei der eigentlichen Konsolidierung wird indes das multiplikative Verfahren verwendet. So wird bspw. bei der Kapitalkonsolidierung der relevante Anteil über mehrere Stufen im Konzern durch Multiplikation berechnet. Vgl. VON KEITZ, I./EWELT-KNAUER, C., in: Baetge/Kirsch/Thiele, § 290 HGB, Rn. 151. Vgl. ausführlich zur Kapitalkonsolidierung im mehrstufigen Konzern Kap. VIII Abschn. 1.

Da A neben den direkten 35 % der Stimmrechte an C, indirekt lediglich noch 11 % (= 20 % · 55 %) der Stimmrechte an C durch die Beteiligung von B an C zugerechnet werden würde, würde sich bei der hier nicht relevanten multiplikativen Berücksichtigung der Stimmrechte ein nicht den tatsächlichen Verhältnissen entsprechendes Bild ergeben. Mit dem dann durch Addition entstehenden Stimmrechtsanteil von lediglich 46 % würde A nun keine Stimmrechtsmehrheit an C mehr besitzen und die Stimmrechtsverhältnisse würden nicht auf das tatsächliche Beherrschungsverhältnis zwischen A und C schließen lassen. Da die Addition der A mittelbar zustehenden Stimmrechte an E nur eine Quote von 45 % ergibt, ist von den Unternehmen B, C, D und E lediglich das Unternehmen E kein Tochterunternehmen i. S. v. § 290 Abs. 2 Nr. 1 von A. E ist stattdessen nach § 290 Abs. 2 Nr. 1 unmittelbares Tochterunternehmen vom Unternehmen ZZ, da dieses mit 55 % der Stimmrechte die Stimmrechtsmehrheit an E besitzt.

Von den Rechten, die dem Mutterunternehmen unmittelbar oder mittelbar zustehen, sind gemäß § 290 Abs. 3 Satz 3 folgende **Rechte abzuziehen**:

(1) Die Rechte, die mit Anteilen verbunden sind, die vom Mutterunternehmen oder von dessen Tochterunternehmen für Rechnung einer anderen Person gehalten werden, und

(2) die Rechte, die mit als Sicherheit gehaltenen Anteilen verbunden sind und die nach Weisung oder im Interesse des Sicherungsgebers ausgeübt werden.[38]

Die Hinzurechnung und der Abzug von Rechten folgen einer wirtschaftlichen Betrachtungsweise: Die Rechte sollen dem wirtschaftlichen Inhaber und nicht dem rechtlichen Eigentümer zugerechnet werden.[39]

13   Aufstellungspflicht nach PublG

Für Mutterunternehmen, die weder Kapitalgesellschaften noch Personenhandelsgesellschaften i. S. d. § 264a sind, ist die Aufstellungspflicht im PublG geregelt. Nach § 11 Abs. 1 PublG ist ein **Unternehmen mit Sitz im Inland** dann verpflichtet, einen Konzernabschluss aufzustellen, wenn

■   das Unternehmen unmittelbar oder mittelbar einen beherrschenden Einfluss auf ein anderes Unternehmen ausüben kann und

■   der Konzern bestimmte **Größenkriterien** überschreitet.

Das PublG knüpft damit die Konzernrechnungslegungspflicht an das Beherrschungskonzeptes in § 290.[40]

---

38 Vgl. zu den Kürzungen VON KEITZ, I./EWELT-KNAUER, C., in: Baetge/Kirsch/Thiele, § 290 HGB, Rn. 161-164.

39 Vgl. MAAS, U./SCHRUFF, W., Der Konzernabschluß nach neuem Recht, S. 204; ADS, 6. Aufl., § 290 HGB, Rn. 146.

40 Vgl. den expliziten Vergleich auf § 290 Abs. 2 HGB in § 11 Abs. 6 Satz 1 Nr. 1 PublG.

Das PublG verpflichtet allgemein Unternehmen, einen Konzernabschluss aufzustellen, ohne diesen **Unternehmensbegriff** zu definieren. Der Anwendungsbereich des PublG ist lediglich durch negative Abgrenzungen gekennzeichnet. Von der Konzernrechnungslegungspflicht nach PublG sind folgende Mutterunternehmen explizit ausgenommen (§ 11 Abs. 5 PublG):

- Kapitalgesellschaften,

- Kreditinstitute,

- Versicherungsunternehmen,

- Personenhandelsgesellschaften i. S. d. § 264a und

- Personenhandelsgesellschaften und Einzelkaufleute, die sich auf die Vermögensverwaltung beschränken.

Die Ausnahmen für Kapitalgesellschaften, Kreditinstitute, Versicherungsunternehmen und Personenhandelsgesellschaften i. S. d. § 264a sind darin begründet, dass diese bereits aufgrund anderer Rechtsnormen konzernrechnungslegungspflichtig sind. Aus der Abgrenzung zur Vermögensverwaltung können hingegen Rückschlüsse auf den Unternehmensbegriff des PublG gezogen werden. Für die Unternehmenseigenschaft ist somit Voraussetzung, dass die Tätigkeit über eine bloße Vermögensverwaltung hinausgeht.[41] Ein Unternehmen muss also dauerhaft und nach außen erkennbar erwerbswirtschaftliche Ziele verfolgen.[42]

Das PublG verpflichtet Mutterunternehmen nur dann zur Konzernrechnungslegung, wenn der Konzern bestimmte **Größenkriterien** überschreitet. Auch das HGB kennt Größenkriterien für die Aufstellungspflicht. Das HGB setzt aber nicht das Überschreiten bestimmter Größenmerkmale für die Aufstellungspflicht voraus; dort führt vielmehr das Unterschreiten der Größenkriterien dazu, dass ein Mutterunternehmen von der grundsätzlich geltenden Aufstellungspflicht befreit wird.[43]

Nach § 11 Abs. 1 Nr. 1-3 PublG ist das Mutterunternehmen nur dann verpflichtet, einen Konzernabschluss aufzustellen, wenn an drei aufeinander folgenden Konzernabschlussstichtagen jeweils mindestens zwei der drei folgenden **Größenmerkmale** erfüllt werden:

(1) Die Konzernbilanzsumme beträgt am Konzernabschlussstichtag mehr als 65 Mio. €.

(2) Die Konzernumsatzerlöse in den zwölf Monaten vor dem Konzernabschlussstichtag übersteigen 130 Mio. €.

(3) Die Konzernunternehmen mit Sitz im Inland haben in den zwölf Monaten vor dem Konzernabschlussstichtag durchschnittlich mehr als 5.000 Arbeitnehmer beschäftigt.

---

41 Vgl. Ischebeck, E., in: Küting/Weber, HdK, 2. Aufl., § 11 PublG, Rn. 2.

42 Vgl. Ischebeck, E., in: Küting/Weber, HdK, 2. Aufl., § 11 PublG, Rn. 2 m. w. N.

43 Vgl. Abschn. 142. in diesem Kapitel.

Ist das Mutterunternehmen bisher noch nicht zur Konzernrechnungslegung verpflichtet, muss es im Zweifelsfall intern einen Konzernabschluss erstellen, um feststellen zu können, ob der Konzern die beiden erst genannten Bedingungen erfüllt.

14 Befreiung von der Pflicht zur Aufstellung eines Konzernabschlusses

141. Befreiung von der Pflicht zur Aufstellung eines Teilkonzernabschlusses durch einen übergeordneten Konzernabschluss

141.1 Überblick

Aufgrund des Beherrschungskonzeptes ist in mehrstufigen Konzernen nicht nur das Unternehmen an der Konzernspitze, sondern jedes Unternehmen, dem im Verhältnis zu anderen Unternehmen die konzerntypischen Rechte des § 290 Abs. 2 zustehen, nach dem sog. **Tannenbaumprinzip** zur Aufstellung eines (Teil-)Konzernabschlusses verpflichtet. In den Konzernabschluss sind jeweils die hierarchisch nachgeordneten Unternehmen einzubeziehen.

Dieser grundsätzlichen Teilkonzernrechnungslegungspflicht stehen indes weitgehende **Befreiungsregelungen** gegenüber. Die §§ 291 und 292 heben die Pflicht zur Erstellung von Teilkonzernabschlüssen auf, wenn der dem Teilkonzernabschluss übergeordnete Gesamtkonzernabschluss bestimmte Anforderungen erfüllt.[44]

Auch wenn die Voraussetzungen gegeben sind, kann die Befreiung von der Teilkonzernrechnungslegungspflicht von kapitalmarktorientierten Teilkonzernmutterunternehmen gemäß § 291 Abs. 3 Nr. 1 nicht in Anspruch genommen werden. Daneben muss nach § 291 Abs. 3 Nr. 2 auch ein Teilkonzernabschluss aufgestellt werden, wenn Minderheitsgesellschafter des Teilkonzernmutterunternehmens die Aufstellung verlangen.[45]

Die fortschreitende Internationalisierung der Wirtschafts- und Kapitalmärkte hatte den deutschen Gesetzgeber im Juni 1996 dazu veranlasst, den Entwurf eines sog. **Kapitalaufnahmeerleichterungsgesetzes (KapAEG)** vorzulegen, nach dem Mutterunternehmen von der Pflicht, einen Konzernabschluss nach handelsrechtlichen Konzernrechnungslegungsvorschriften zu erstellen, befreit wurden, wenn sie einen Konzernabschluss nicht entsprechend den Regeln des HGB, sondern auf der Grundlage international anerkannter Rechnungslegungsregeln aufstellen.[46] 1998 wurde durch das KapAEG mit dem § 292a a. F.[47] eine entsprechende Regelung in das HGB eingefügt, deren Anwendungsbereich durch das KapCoRiLiG erneut geändert wurde. Am

---

44 Vgl. zu den Voraussetzungen für eine Befreiung Abschn. 141.4 in diesem Kapitel.

45 Vgl. zu den Ausnahmen von der Befreiung Abschn. 141.5 in diesem Kapitel.

46 Vgl. ORDELHEIDE, D., Internationalisierung der Rechnungslegung deutscher Unternehmen, S. 545-552.

47 Vgl. weiterführend zu den Regelungen des § 292a a. F. BAETGE, J./KIRSCH, H.-J./THIELE, S., Konzernbilanzen, 7. Aufl., S. 118-120.

31.12.2004 endete der Anwendungszeitraum dieser Regelung. Seit 01.01.2005 verpflichtet nunmehr die EG-Verordnung betreffend die Anwendung internationaler Rechnungslegungsstandards vom 19.07.2002 kapitalmarktorientierte Mutterunternehmen dazu, ihren Konzernabschluss zwingend nach IFRS aufzustellen. Auch nicht kapitalmarktorientierte Mutterunternehmen dürfen gemäß § 315a Abs. 3 ihren Konzernabschluss wahlweise nach IFRS anstelle eines HGB-Konzernabschlusses aufstellen. Regelungssystematisch ist die Aufstellung eines IFRS-Abschlusses allerdings nunmehr kein Befreiungstatbestand, sondern eine Frage der anzuwendenden Vorschriften.[48]

141.2 Das Tannenbaumprinzip

Wenn ein Unternehmen nach § 290 oder nach § 11 PublG Mutterunternehmen eines anderen Unternehmens ist, ist dieses Mutterunternehmen grundsätzlich auch dann zur Aufstellung eines Konzernabschlusses verpflichtet, wenn es in einem mehrstufigen Konzern selbst Tochterunternehmen eines anderen Mutterunternehmens ist. In mehrstufigen Konzernen wäre folglich grundsätzlich auf jeder Konzernstufe ein Teilkonzernabschluss aufzustellen. Diese grundsätzliche Verpflichtung zur **Teilkonzernrechnungslegung** entspricht angelsächsischen, nicht aber kontinentaleuropäischen Vorstellungen.[49] In Deutschland wird die Pflicht zur Teilkonzernrechnungslegung auf allen Stufen häufig[50] als **Tannenbaumprinzip** bezeichnet: „Wie bei einem Tannenbaum deckt jede höhere Astreihe die darunter liegenden mit ab und werden alle Konzernteile nur vom Abschluss der Konzernspitze umfasst."[51] Ein Unternehmen in der mittleren Ebene eines mehrstufigen Konzerns wird regelmäßig aufgrund des **Beherrschungskonzeptes** – vor allem aufgrund der Mehrheit der Stimmrechte – auch Mutterunternehmen der nachgeordneten Konzernunternehmen sein.

Ob eine Verpflichtung zur Teilkonzernrechnungslegung überhaupt sinnvoll ist, ist nach **Wirtschaftlichkeitskriterien**[52] zu beurteilen. Teilkonzernabschlüsse können ökonomisch nur dann gerechtfertigt werden, wenn der in Geldeinheiten bewertete zusätzliche Nutzen eines Teilkonzernabschlusses die mit dessen Aufstellung verbundenen Kosten übersteigt. Teilkonzernabschlüsse verursachen in vielstufigen Konzernen erhebliche Mehrarbeit und damit neben den höheren Kosten der Erstellung des (Gesamt-)Konzernabschlusses zusätzliche, i. d. R. zumindest in einer Bandbreite quantifizierbare Kosten.[53] Nicht so eindeutig zu beurteilen ist der Nutzen von Teilkonzernabschlüssen, vor allem für die Minderheitsgesellschafter, Gläubiger und Ar-

---

48 Vgl. Abschn. 413. in diesem Kapitel.

49 Vgl. BIENER, H./SCHATZMANN, J., Konzern-Rechnungslegung, S. 16.

50 Vgl. z. B. ADS, 6. Aufl., § 291 HGB, Rn. 3; BUSSE VON COLBE, W. U. A., Konzernabschlüsse, S. 70.

51 BIENER, H., Konzernrechnungslegung nach der Siebenten Richtlinie, S. 6.

52 Vgl. zum Grundsatz der Wirtschaftlichkeit allgemein BAETGE, J./KIRSCH, H.-J./THIELE, S., in: Küting/Pfitzer/Weber, HdR-E, 5. Aufl., Kap. 4, Rn. 73.

53 Vgl. SCHILDBACH, T., Der Konzernabschluss, S. 94.

beitnehmer der Teilkonzernunternehmen. Auch durch Teilkonzernabschlüsse kann nämlich nicht verhindert werden, dass für Minderheitsgesellschafter von Teilkonzernmutterunternehmen weiterhin ein Informationsdefizit besteht. Die durch die Konzernzugehörigkeit bedingten Mängel der Einzelabschlüsse können nur durch einen Gesamtkonzernabschluss, nicht aber durch einen Teilkonzernabschluss kompensiert werden,[54] da alle konzerninternen Beziehungen nur dann ausgeschaltet werden, wenn sämtliche Konzernunternehmen in den Konzernabschluss einbezogen werden. Dies ist bei Teilkonzernabschlüssen naturgemäß nicht der Fall; hier werden die konzerninternen Beziehungen zu denjenigen Konzernunternehmen, die nicht in den Teilkonzernabschluss einbezogen werden, nicht eliminiert. Daher treffen alle Vorbehalte, die für den Einzelabschluss eines Konzernunternehmens gelten, auch auf Teilkonzernabschlüsse zu.[55] Teilkonzernabschlüsse enthalten zwar – vor allem gemeinsam mit dem Einzelabschluss und dem Gesamtkonzernabschluss – zusätzliche Informationen für die Minderheitsgesellschafter. Aus den genannten Gründen ist aber zu bezweifeln, ob der Nutzen der durch einen Teilkonzernabschluss vermittelten zusätzlichen Informationen den Aufwand übersteigt, der mit seiner Erstellung verbunden ist.[56]

Insgesamt betrachtet ist die Aufstellung eines Teilkonzernabschlusses nur zweckgerecht, wenn dieser Teilkonzern innerhalb des Gesamtkonzerns deutlich abgegrenzt ist, etwa wenn in einem divisionalisierten Konzern die Geschäftsbereiche mit den Teilkonzernen übereinstimmen oder wenn Teilkonzerne regional abgegrenzt sind.[57] Wenn in diesen Fällen zwischen den so abgegrenzten Teilkonzernen keine intensiven Beziehungen bestehen oder die Lieferungen und Leistungen zwischen den Teilkonzernen zu Marktpreisen berechnet werden, liefern die Teilkonzernabschlüsse weitgehend unverzerrte Informationen über einzelne Segmente des Konzerns.

141.3 Rechtsform und Sitz des übergeordneten Unternehmens

Im HGB besteht zwar die grundsätzliche Pflicht zur Teilkonzernrechnungslegung, indes wird diese durch weitgehende Befreiungsvorschriften in den meisten Fällen aufgehoben. Diese Befreiungen tragen der eingeschränkten Aussagekraft von Teilkonzernabschlüssen und damit dem Grundsatz der Wirtschaftlichkeit Rechnung und sind in den §§ 291 und 292 geregelt. Dazu muss von einem übergeordneten Unternehmen ein Konzernabschluss erstellt werden, der bestimmten Anforderungen genügt (befreiender Konzernabschluss). Nach § 11 Abs. 6 PublG gelten §§ 291 und 292 auch für Mutterunternehmen, die nach dem PublG aufstellungspflichtig sind.

---

54 Vgl. HOMMELHOFF, P., Konzernrecht für den Europäischen Binnenmarkt, S. 133.

55 Vgl. MÜLLER, E., Konzernrechnungslegung auf der Basis der 7. EG-Richtlinie, S. 55; zum Aussagewert von Teilkonzernabschlüssen vgl. ausführlich GROSS, G., Teilkonzernabschlüsse als Mittel des Minderheitenschutzes?, S. 214-220.

56 Gl. A. z. B. VON WYSOCKI, K./WOHLGEMUTH, M./BRÖSEL, G., Konzernrechnungslegung, S. 83 f.

57 Vgl. KOMMISSION RECHNUNGSWESEN IM VERBAND DER HOCHSCHULLEHRER FÜR BETRIEBSWIRTSCHAFT E. V., Empfehlungen zur Konzernrechnungslegung, S. 405.

Ein befreiender Konzernabschluss kann von jedem Unternehmen unabhängig von seiner **Rechtsform und Größe** aufgestellt werden (§ 291 Abs. 1 Satz 2).[58] Die Mutterunternehmen, die einen Konzernabschluss mit Befreiungswirkung aufstellen, können ihren **Sitz** in Deutschland, in anderen Mitgliedstaaten der EU oder des EWR oder in einem Drittstaat haben. Die Befreiung durch übergeordnete Konzernabschlüsse, die von Mutterunternehmen mit Sitz in Deutschland oder in einem anderen Mitgliedstaat der EU/des EWR aufgestellt werden, ist in § 291 geregelt. § 292 enthält eine Ermächtigung für den Bundesminister der Justiz, durch Rechtsverordnung die Befreiung durch Konzernabschlüsse von Mutterunternehmen in Drittstaaten, also bspw. von US-Konzernen, zuzulassen. Nach § 1 Satz 2 der sog. **Konzernabschlussbefreiungsverordnung**[59] (KonBefrV) kann das befreiende Mutterunternehmen jede beliebige Rechtsform haben, sofern es als Kapitalgesellschaft mit Sitz in einem EU/EWR-Mitgliedstaat zur Aufstellung eines übergeordneten Konzernabschlusses unter Einbeziehung des zu befreienden Mutterunternehmens und seiner Tochterunternehmen verpflichtet wäre. Damit scheiden Privatpersonen, Bund, Länder und Gemeinden als befreiende Mutterunternehmen i. S. d. Konzernrechnungslegungsvorschriften aus.[60] Die KonBefrV wurde am 15.11.1991 erlassen und erweitert unter bestimmten Voraussetzungen die befreiende Wirkung auch auf Konzernabschlüsse, die von Mutterunternehmen in Nicht-EU/EWR-Staaten aufgestellt werden. Die Verordnung war bis zum 31.12.1996 befristet, so dass deutsche Mutterunternehmen für die Geschäftsjahre, die bis zum 31.12.1995 endeten, von der Pflicht, einen Teilkonzernabschluss aufzustellen, unter bestimmten Voraussetzungen befreit wurden.[61] Weil sich diese Regelung in der Praxis bewährt hatte, bestand kein Anlass, die Regelung nach Auslaufen der Frist nicht zu verlängern. Mit Verordnung vom 28.10.1996[62] wurde die KonBefrV deshalb auf unbestimmte Zeit verlängert.

141.4 Anforderungen an den befreienden Konzernabschluss

Der Konzernabschluss des übergeordneten Mutterunternehmens muss gemäß § 291 bzw. gemäß § 292 folgende Bedingungen erfüllen, wenn er eine befreiende Wirkung für das untergeordnete Mutterunternehmen haben soll:

(1) Grundsätzlich ist zwischen Mutterunternehmen aus EU/EWR-Mitgliedstaaten (§ 291) einerseits und Mutterunternehmen aus Drittstaaten (§ 292) andererseits zu unterscheiden.

---

58 Vgl. KIRSCH, H.-J./BERENTZEN, C., in: Baetge/Kirsch/Thiele, § 291 HGB, Rn. 41-43.

59 Verordnung über befreiende Konzernabschlüsse und Konzernlageberichte von Mutterunternehmen mit Sitz in einem Drittstaat (Konzernabschlußbefreiungsverordnung – KonBefrV), vom 15. November 1991.

60 Vgl. ADS, 6. Aufl., § 292 HGB, Rn. 14.

61 Vgl. ADS, 6. Aufl., § 292 HGB, Rn. 72; VON WYSOCKI, K./WOHLGEMUTH, M./Brösel G., Konzernrechnungslegung, S. 85 f.

62 Zweite Verordnung zur Änderung der Konzernabschlußbefreiungsverordnung vom 28. Oktober 1996.

Hat das Mutterunternehmen seinen Sitz in **Deutschland** oder in einem anderen **EU/EWR-Mitgliedstaat**, sind der Konzernabschluss und Konzernlagebericht nach dem mit der Richtlinie 2013/34/EU übereinstimmenden Recht des Staates aufzustellen, in dem das Mutterunternehmen seinen Sitz hat (§ 291 Abs. 2 Nr. 2 und Nr. 3), oder im Einklang mit den in § 315a Abs. 1 bezeichneten internationalen Rechnungslegungsstandards. Darüber hinaus müssen der Abschluss und der Lagebericht im Einklang mit der Richtlinie 2006/43/EG geprüft worden sein. Nach dem Gesetzeswortlaut kann bspw. ein Konzern, dessen oberstes Mutterunternehmen seinen Sitz in Frankreich hat, dessen geschäftliche Aktivitäten aber ausschließlich in Deutschland angesiedelt sind, einen befreienden Konzernabschluss nur nach französischem Recht aufstellen. Für den deutschen Konzernabschlussadressaten, der auf den Teilkonzernabschluss verzichten muss, ist aber ein befreiender Konzernabschluss, der nach deutschem und nicht nach ausländischem Recht aufgestellt ist, i. d. R. leichter lesbar und besser mit anderen Abschlüssen vergleichbar. Die Vorschrift ist daher so zu verstehen, dass sie nur die Diskriminierung der Konzernabschlüsse anderer EU/EWR-Staaten verbietet und auch eine befreiende Wirkung eines Konzernabschlusses zulässt, der von einem ausländischen Mutterunternehmen nach deutschem Recht aufgestellt worden ist.[63]

Durch das BilRUG wurden die ehemals in der Konzernabschlussbefreiungsverordnung enthaltenen Bestimmungen für Konzernabschlüsse von Mutterunternehmen, die ihren Sitz **in einem Drittstaat haben**, in § 292 übernommen. Gemäß § 292 besitzt der Konzernabschluss eines Mutterunternehmens aus einem Drittstaat dann befreiende Wirkung, wenn dieser gem. § 291 Abs. 1 Nr. 1 aufgestellt wurde. Darüber hinaus muss der aufgestellte Konzernabschluss die Bedingungen des § 292 Abs. 1 Nr. 1- 4 sowie Abs. 2 erfüllen. In § 292 Abs. 1 Nr. 1 ist vorgeschrieben, dass der zur Befreiung aufgestellte Konzernabschluss im Einklang mit der Richtlinie 2013/34/EU oder mit den in § 315a Abs. 1 bezeichneten internationalen Rechnungslegungsstandards zu erstellen ist. Zudem besteht nach § 292 Abs. 1 Nr. 1c die Möglichkeit, einen gemäß der Richtlinie 2013/34/EU gleichwertigen Konzernabschluss aufzustellen. Neben den Vorschriften zum Konzernabschluss schreibt § 292 Abs. 1 Nr. 2 vor, dass auch ein befreiender Konzernlagebericht zu erstellen ist.

(2) Das Mutterunternehmen, das von der Aufstellungspflicht befreit werden soll, und dessen Tochterunternehmen müssen **in den befreienden Konzernabschluss einbezogen** werden. Dabei sind die Vorschriften über die Konsolidierungswahlrechte (§ 296) zu beachten (§ 291 Abs. 2 Nr. 1 und § 292 Abs. 1).[64] Ob die Voraussetzungen dieser Vorschriften vorliegen, ist aus der Sicht des befreienden Konzernabschlusses zu beurteilen.[65]

---

63 Vgl. IDW (Hrsg.), WP-Handbuch 2012, Bd. I, Rn. M 96; a. A. SIEBOURG, P., in: Küting/Weber, HdK, 2. Aufl., § 291 HGB, Rn. 26.

64 Das Konsolidierungsverbot bei abweichender Tätigkeit (§ 295) wurde durch das BilReG aufgehoben.

So brauchen Tochterunternehmen, die für den befreienden (übergeordneten) Konzernabschluss von untergeordneter Bedeutung sind, gemäß § 296 Abs. 2 nicht vollkonsolidiert zu werden, auch wenn sie für den zu befreienden (untergeordneten) Teilkonzernabschluss nicht von untergeordneter Bedeutung sind. Würde man die Voraussetzungen dieses Konsolidierungswahlrechtes aus Sicht des zu befreienden Konzernunternehmens beurteilen, so bezöge man auch unwesentliche Tochterunternehmen in den übergeordneten Konzernabschluss ein. Diese Einbeziehung verstieße aber gegen den Grundsatz der Wirtschaftlichkeit und damit gegen den Zweck des § 296 Abs. 2.

(3) Der befreiende Konzernabschluss muss von einem Abschlussprüfer **geprüft** werden, der nach den Vorschriften der 8. EG-Richtlinie (sog. Prüferrichtlinie) zugelassen ist (§ 291 Abs. 2 Nr. 2 und Nr. 3) oder eine dieser Richtlinie entsprechende Qualifikation hat (§ 292 Abs. 1 Nr. 3)).

(4) Der befreiende Konzernabschluss ist – auch wenn er von einem ausländischen Mutterunternehmen aufgestellt worden ist – zusammen mit dem Konzernlagebericht und dem Bestätigungsvermerk bzw. mit dem Vermerk über die Versagung des Bestätigungsvermerks vom zu befreienden Mutterunternehmen **offenzulegen** (§ 291 Abs. 1 Satz 1 und § 292 Abs. 1 Nr. 4). Der befreiende Konzernabschluss ist in deutscher Sprache und nach den Vorschriften, die für den zu befreienden Konzernabschluss gelten, offenzulegen (§ 291 Abs. 1 Satz 1 und § 292 Abs. 1 Nr. 4). Eine Umrechnung in Euro ist nicht erforderlich.

(5) Der Einzelabschluss des zu befreienden deutschen Mutterunternehmens muss die folgenden **Angaben im Anhang** enthalten (§ 291 Abs. 2 Nr. 4 und § 292 Abs. 1):

(a) Name und Sitz des übergeordneten Mutterunternehmens, das den befreienden Konzernabschluss aufstellt,

(b) Hinweis auf die Befreiung von der Aufstellungspflicht,

(c) Erläuterung der im befreienden Konzernabschluss vom deutschen Recht abweichend angewandten Bilanzierungs-, Bewertungs- und Konsolidierungsmethoden.

141.5 Ausnahmen von der Befreiung

Auch wenn die im vorherigen Abschnitt genannten Voraussetzungen erfüllt sind, können unter den Voraussetzungen des § 291 Abs. 3 Nr. 2 die Minderheitsgesellschafter des Teilkonzernmutterunternehmens verlangen, dass ein Teilkonzernabschluss aufgestellt wird. § 291 Abs. 3 Nr. 2 durchbricht als Ausnahmevorschrift die befreiende Wirkung übergeordneter Konzernabschlüsse und schützt in bestimmten Fällen das Interesse der Minderheitsgesellschafter an Teilkonzernabschlüssen. Nach

---

65 Vgl. Siebourg, P., in: Küting/Weber, HdK, 2. Aufl., § 291 HGB, Rn. 19; IDW (Hrsg.), WP-Handbuch 2012, Bd. I, Rn. M 89; Busse von Colbe u. a., Konzernabschlüsse, S. 76. Vgl. dazu auch Kirsch, H.-J./Berentzen, C., in: Baetge/Kirsch/Thiele, § 291 HGB, Rn. 52.

§ 291 Abs. 3 Nr. 2 kann das Mutterunternehmen von der Pflicht, einen Teilkonzernabschluss aufzustellen **nicht befreit** werden, wenn die Gesellschafter des zu befreienden Mutterunternehmens, denen bei einer AG oder KGaA mindestens 10 % und bei einer GmbH mindestens 20 % der Anteile gehören, spätestens sechs Monate vor Ablauf des Konzerngeschäftsjahres die Aufstellung eines Teilkonzernabschlusses beantragt haben.

Gemäß § 291 Abs. 3 Nr. 1 können ferner Mutterunternehmen, deren Aktien zum Handel am amtlichen Markt zugelassen sind, nicht von der Aufstellungspflicht eines Teilkonzernabschlusses befreit werden.

142. Größenabhängige Befreiung von der Pflicht zur Aufstellung eines Konzernabschlusses

Neben der Befreiung von der Pflicht eines Teilkonzernmutterunternehmens zur Aufstellung eines Teilkonzernabschlusses durch die Aufstellung eines Gesamtkonzernabschlusses durch ein übergeordnetes Mutterunternehmen sieht das HGB eine weitere Befreiung vor. Wenn Konzerne bestimmte **Größenkriterien** nicht überschreiten, brauchen sie nach § 293 keinen Konzernabschluss aufzustellen, obwohl ein Mutter-Tochter-Verhältnis vorliegt. Als Größenkriterien werden – ebenso wie in § 11 PublG und § 267 – die Merkmale Bilanzsumme, Umsatzerlöse und durchschnittliche Arbeitnehmerzahl herangezogen. Zuletzt wurden die Größenkriterien des § 293 im Zuge des BilRUG angepasst.

§ 293 Abs. 1 sieht zwei unterschiedliche Methoden mit unterschiedlichen Schwellenwerten vor, nach denen die Kriterien Bilanzsumme und Umsatzerlöse ermittelt werden können. Bei der sog. **Bruttomethode** (§ 293 Abs. 1 Satz 1 Nr. 1) ermittelt man die Bilanzsumme und die Umsatzerlöse, indem die Werte der Einzelabschlüsse der in den Konzernabschluss einzubeziehenden Unternehmen zum Abschlussstichtag des Mutterunternehmens addiert werden. Mit Rücksicht auf die in der Summenbilanz enthaltenen Doppelerfassungen und fehlenden sonstigen Konsolidierungen liegen bei der Bruttomethode die Schwellenwerte 20 % über den Werten, die bei der anderen Methode – der **Nettomethode** (§ 293 Abs. 1 Satz 1 Nr. 2) – relevant sind. Hier werden die Werte des konsolidierten Jahresabschlusses herangezogen, in dem konzerninterne Verflechtungen bereits eliminiert sind. Brauchte bisher kein Konzernabschluss aufgestellt zu werden, können die Werte bei der Nettomethode nur durch einen Probe-Konzernabschluss ermittelt werden. Um den Unternehmen dieses zu ersparen, hat der Gesetzgeber auch die Bruttomethode zugelassen.[66]

Sowohl bei der Bruttomethode als auch bei der Nettomethode ist das Mutterunternehmen von der Konzernrechnungslegungspflicht befreit, wenn an zwei aufeinander folgenden Abschlussstichtagen zwei der folgenden drei Kriterien nicht überschritten werden:

---

66 Vgl. BT-Drucksache 10/3440, S. 44.

Größenkriterien	Bruttomethode	Nettomethode
Bilanzsumme (Mio. €)	≤ 24,0	≤ 20,00
Umsatzerlöse (Mio. €)	≤ 48,0	≤ 40,00
Arbeitnehmerzahl	≤ 250	≤ 250

Übersicht III-2: *Größenkriterien für die Befreiung nach § 293 HGB*

Wenn das Mutterunternehmen die Kriterien nach beiden Methoden ermittelt und nur bei einer Methode die Grenzwerte überschritten werden, ist das Mutterunternehmen nicht aufstellungspflichtig, da § 293 ein **Wahlrecht** zwischen beiden Bestimmungsmethoden einräumt.[67] Als **Stichtage** sind bei der Bruttomethode die Abschlussstichtage des Jahresabschlusses des Mutterunternehmens und bei der Nettomethode die Abschlussstichtage des Konzernabschlusses heranzuziehen.

§ 293 Abs. 4 regelt den Fall, dass nach einer in Anspruch genommenen Befreiung die Grenzen nur an einem der folgenden Konzernabschlussstichtagen überschritten werden. Damit die Befreiung von der Konzernrechnungslegungspflicht in diesem Fall nicht entfällt, gewährt der Gesetzgeber in § 293 Abs. 4 eine Befreiung auch dann, wenn die Kriterien zwar am aktuellen oder am vorherigen Stichtag überschritten sind, das Mutterunternehmen aber am vorherigen Stichtag von der Aufstellungspflicht befreit war. Gleiches gilt, wenn das Mutterunternehmen am vorherigen Stichtag nicht zur Aufstellung verpflichtet war, weil kein Mutter-Tochter-Verhältnis i. S. d. § 290 vorlag.[68] Mit anderen Worten heißt das, dass erst ein **Überschreiten der Grenzwerte an zwei aufeinander folgenden Stichtagen** zur Konzernrechnungslegungspflicht führt.[69]

---

67 Vgl. BAETGE, J./HENSE, H., in: Küting/Weber, HdK, 2. Aufl., Kap. II, Rn. 1451.
68 Vgl. SIEBOURG, P., in: Küting/Weber, HdK, 2. Aufl., § 293 HGB, Rn. 38.
69 Vgl. zu den zeitlichen Voraussetzungen der Befreiung KIRSCH, H.-J./BERENTZEN, C., in: Baetge/Kirsch/Thiele, § 293 HGB, Rn. 51-54.

Die Prüfung der (größenabhängigen) Befreiungsvoraussetzungen nach § 293 Abs. 1 und Abs. 4 ist in der folgenden Übersicht[70] dargestellt.

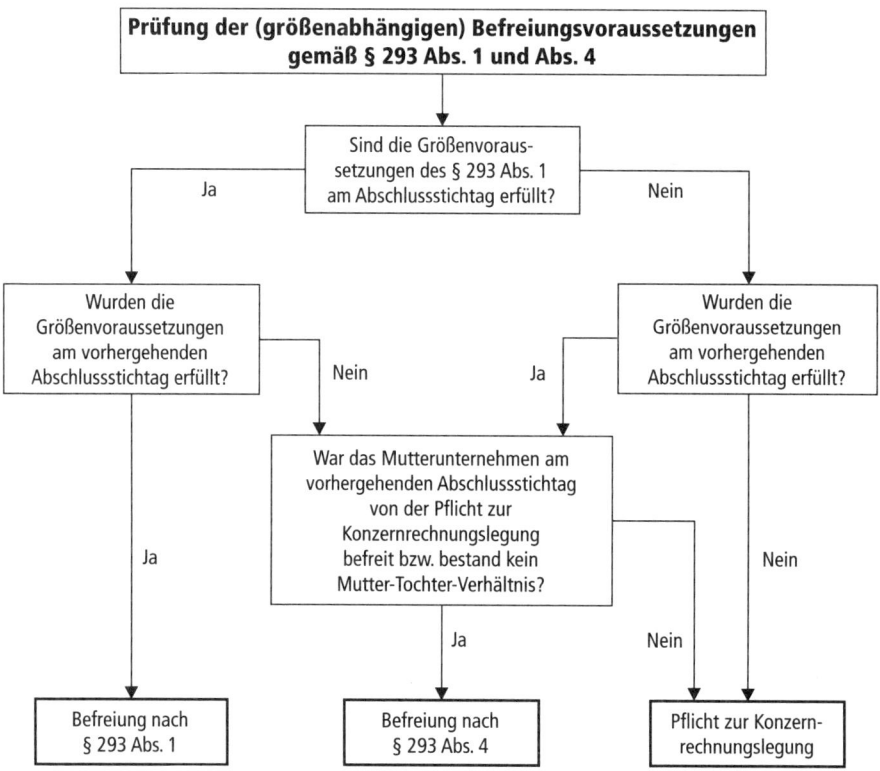

Übersicht III-3: *Größenabhängige Befreiung gemäß § 293 Abs. 1 und Abs. 4 HGB*

Kreditinstitute und Versicherungsunternehmen sind unabhängig von der Größe des Konzerns verpflichtet, einen Konzernabschluss aufzustellen (§§ 340i Abs. 1 und 341i Abs. 1). In beiden Fällen ist entscheidend, ob das Mutterunternehmen ein Kreditinstitut oder ein Versicherungsunternehmen ist; nicht entscheidend ist, ob ein oder mehrere Tochterunternehmen zu der entsprechenden Branche zu zählen sind.[71] Als Kreditinstitute gelten nach § 340i Abs. 3 auch solche Mutterunternehmen, deren Tätigkeit sich ausschließlich auf den Erwerb, die Verwaltung und Verwertung von Beteiligungen an Tochterunternehmen beschränkt, die ihrerseits ausschließlich oder überwiegend Kreditinstitute sind. Analog gelten nach § 341i Abs. 2 auch solche Mutterunternehmen als Versicherungsunternehmen, deren einzige oder hauptsächliche

---

70 Vgl. SIEBOURG, P., in: Küting/Weber, HdK, 2. Aufl., 293 HGB, Rn. 39.

71 Vgl. SABI DES IDW, Aufstellungspflicht und Konsolidierungskreis, S. 341; SIEBOURG, P., Pflicht zur Aufstellung, S. 54.

Tätigkeit darin besteht, Beteiligungen an Tochterunternehmen, die ihrerseits ausschließlich oder überwiegend Versicherungsunternehmen sind, zu erwerben, zu verwalten und „rentabel zu machen".

Aus Gründen des Anlegerschutzes[72] wird ein Mutterunternehmen auch bei Unterschreiten der Größenkriterien nach § 293 Abs. 5 nicht von der Aufstellungspflicht befreit, wenn es selbst oder ein in den Konzernabschluss einbezogenes Tochterunternehmen am Abschlussstichtag kapitalmarktorientiert i. S. d. § 264d ist.

2 Auf den Konzernabschluss anzuwendende Vorschriften

Für den Konzernabschluss eines Mutterunternehmens sind grundsätzlich die Vorschriften des HGB anzuwenden.[73]

Aufgrund der Globalisierung international tätiger deutscher Konzerne und der damit einhergehenden Internationalisierung ihrer Rechnungslegung sahen sich in der Vergangenheit nach dem HGB rechnungslegungspflichtige Mutterunternehmen oftmals gezwungen, gleichzeitig nach internationalen Regeln Rechnung zu legen. Auf der einen Seite konnte dieser Zwang aus der konkreten Inanspruchnahme ausländischer Kapitalmärkte resultieren, auf der anderen Seite waren oftmals z. B. internationale Zulieferer, Abnehmer oder Investoren an internationalen Abschlüssen interessiert, oder aber direkte Wettbewerber legten bereits internationale Abschlüsse vor und veranlassten ihre Wettbewerber dadurch, wegen der angestrebten Vergleichbarkeit, ebenfalls internationale Abschlüsse vorzulegen.

Während der mittlerweile wieder abgeschaffte § 292a zwischenzeitlich eine wahlweise Anwendung international anerkannter Rechnungslegungsstandards erlaubte, sind seit 2005 kapitalmarktorientierte Mutterunternehmen in der EU durch die europäische **IAS-Verordnung** dazu verpflichtet, ihren Konzernabschluss **zwingend** nach IFRS aufzustellen.[74] Die EG-Verordnung entfaltet unmittelbare Bindungswirkung und muss nicht ins deutsche HGB transformiert werden.[75] § 315a Abs. 1 regelt, welche HGB-Regelungen auch dann zu beachten sind, wenn ein Konzernabschluss nach IFRS aufgestellt wird. Auch von IFRS-Bilanzierern sind bspw. die Mitwirkungspflichten der Tochterunternehmen nach § 294 Abs. 3 oder die Regelungen zum Konzernlagebericht nach § 315 zu beachten.

---

72 Vgl. SIEBOURG, P., in: Küting/Weber, HdK, 2. Aufl., § 293 HGB, Rn. 46.

73 Vgl. Kap. I Abschn. 72.

74 Vgl. Art. 4 der Verordnung (EG) Nr. 1606/2002 des Europäischen Parlaments und des Rates vom 19. Juli 2002. Vgl. dazu KIRSCH, H.-J., Umsetzung der Mitgliedstaatenwahlrechte, S. 275 f.

75 Vgl. POTTGIESSER, G., Die Zukunft der deutschen Rechnungslegung, S. 166.

Durch § 315a Abs. 2 erweitert der deutsche Gesetzgeber den Anwendungsbereich der IAS-Verordnung. Der Absatz schreibt vor, dass die IFRS auch dann zwingend anzuwenden sind, wenn die Zulassung eines Wertpapiers zum Handel am amtlichen oder geregelten (inländischen) Markt bis zum Bilanzstichtag **beantragt** worden ist.

Neben der obligatorischen IFRS-Anwendung für kapitalmarktorientierte Konzerne enthält die IAS-Verordnung weitere **Mitgliedstaatenwahlrechte**, die der deutsche Gesetzgeber ebenfalls durch das BilReG umgesetzt hat. So wird es den EU-Mitgliedstaaten durch Art. 5 der IAS-Verordnung freigestellt, auch nicht kapitalmarktorientierten Konzernen die Anwendung der IFRS zu erlauben oder sogar vorzuschreiben. Das Wahlrecht zur freiwilligen IFRS-Anwendung hat der deutsche Gesetzgeber durch einen Befreiungstatbestand umgesetzt, indem er mit **§ 315a** einen zehnten Titel **„Konzernabschluss nach internationalen Rechnungslegungsstandards"** in den HGB-Unterabschnitt über die Konzernrechnungslegung eingeführt hat. § 315a Abs. 3 gestattet es Mutterunterunternehmen, die nicht unter die Pflicht zur Anwendung der IFRS fallen, ihren Konzernabschluss wahlweise statt nach den Vorschriften des HGB nach den IFRS aufzustellen.

3 Die Abgrenzung des Konsolidierungskreises

31 Die Stufenkonzeption des HGB

Nachdem geklärt ist, in welchen Fällen und von wem ein Konzernabschluss aufgestellt werden muss, wird anschließend die Frage behandelt, welche Unternehmen in einen aufzustellenden Konzernabschluss einzubeziehen sind. Dabei folgt das HGB der sog. **Stufenkonzeption**.[76] Hierbei wird im konsolidierten Abschluss „ein stufenweiser Übergang vom Kern der Unternehmensgruppe zur Umwelt"[77] unterstellt.[78] Das Mutterunternehmen bildet den Mittelpunkt eines Systems konzentrischer Kreise, in denen der Grad der Einflussnahme des Mutterunternehmens nach außen abnimmt.

Die durch **Vollkonsolidierung** in den Konzernabschluss einbezogenen Unternehmen bilden den **innersten Kreis**, der als Vollkonsolidierungskreis oder einfach als Konsolidierungskreis bezeichnet wird. Das Mutterunternehmen beherrscht diese Tochterunternehmen oder hat zumindest aufgrund der ihm direkt oder indirekt zustehenden Rechte die Möglichkeit der Beherrschung.

---

76 Diese Stufen dürfen nicht mit den Schritten verwechselt werden, in denen der Konzernabschluss aufgestellt wird. Vgl. zu den Schritten der Aufstellung des Konzernabschlusses Kap. II Abschn. 32.

77 BUSSE VON COLBE, W./CHMIELEWICZ, K., Das neue Bilanzrichtlinien-Gesetz, S. 326. Vgl. zur Stufenkonzeption HERRMANN, D., Änderung von Beteiligungsverhältnissen, S. 3, Abb. 1-1.

78 Vgl. hierzu BUSSE VON COLBE, W./CHMIELEWICZ, K., Das neue Bilanzrichtlinien-Gesetz, S. 326 f.; ORDELHEIDE, D., Der Konzern als Gegenstand betriebswirtschaftlicher Forschung, S. 297-299.

Den **zweiten Kreis** – den sog. Quotenkonsolidierungskreis – stellen die **Gemeinschaftsunternehmen** dar, die von einem Konzernunternehmen und einem oder mehreren konzernfremden Unternehmen gemeinsam geführt werden. Die Unternehmen, die das Gemeinschaftsunternehmen gemeinsam führen, werden als Gesellschafterunternehmen bezeichnet. Der Einfluss der Konzernspitze auf das Gemeinschaftsunternehmen ist geringer als bei Tochterunternehmen. Gemeinschaftsunternehmen dürfen entsprechend der Höhe des Kapitalanteils **quotal konsolidiert** werden (§ 310), d. h. alle Vermögensgegenstände und Schulden sowie alle Aufwendungen und Erträge werden anteilig – in Höhe der Beteiligungsquote des Gesellschafterunternehmens – in den Konzernabschluss übernommen, und alle Beziehungen zwischen dem Gemeinschaftsunternehmen und den Konzernunternehmen werden entsprechend nur anteilig eliminiert.[79] Wird das Wahlrecht der Quotenkonsolidierung nicht ausgeübt, ist das Gemeinschaftsunternehmen als assoziiertes Unternehmen gemäß der Equity-Methode in den Konzernabschluss aufzunehmen.

Die **assoziierten Unternehmen** sind im **dritten Kreis** zu berücksichtigen. Voraussetzung ist gemäß § 311, dass ein in den Konzernabschluss einbezogenes Unternehmen an einem nicht einbezogenen Unternehmen (assoziiertes Unternehmen) gemäß § 271 Abs. 1 beteiligt ist und einen maßgeblichen Einfluss auf die Geschäfts- und Finanzpolitik des assoziierten Unternehmens ausübt. Die assoziierten Unternehmen werden nach der **Equity-Methode** im Konzernabschluss berücksichtigt. Bei der Equity-Methode werden nicht die einzelnen Vermögensgegenstände und Schulden, Aufwendungen und Erträge des assoziierten Unternehmens in den Konzernabschluss übernommen. Stattdessen wird eine Beteiligung an dem assoziierten Unternehmen im Konzernabschluss bilanziert, die entsprechend der Eigenkapitalentwicklung des assoziierten Unternehmens fortzuschreiben ist.[80] Gemeinschaftsunternehmen und assoziierte Unternehmen gehören nicht zum Vollkonsolidierungskreis und damit auch nicht zur abzubildenden wirtschaftlichen Einheit.[81] Entsprechend wird kein Konzernabschluss aufgestellt, wenn ein (Mutter-)Unternehmen lediglich Beteiligungen an einem oder mehreren Gemeinschaftsunternehmen oder assoziierten Unternehmen, nicht aber an einem vollkonsolidierten Tochterunternehmen hält.

Ist ein Konzernabschluss aufzustellen und hat das Mutterunternehmen in Bezug auf ein Nicht-Tochterunternehmen nicht einmal einen maßgeblichen Einfluss, darf dieses Unternehmen nur als mit den **Anschaffungskosten** bewertete **Beteiligung** im Konzernabschluss abgebildet werden. Ein solches Unternehmen bildet den **äußersten Kreis** des Stufenkonzeptes.

---

79 Vgl. hierzu ausführlich Kap. VI.
80 Vgl. hierzu ausführlich Kap. VII.
81 Vgl. auch Kap. VI Abschn. 1 und Kap. VII Abschn. 1.

Nach der Stufenkonzeption zeigt der Konzernabschluss die **Einflusssphäre** des Konzerns und stellt nicht nur die wirtschaftliche Einheit dar, die dem Vollkonsolidierungskreis entspricht.[82] Übersicht III-4 fasst zusammen, wie die verschiedenen Intensitäten der Einflussnahme im Konzernabschluss abgebildet werden.

Form der Unternehmens-beziehung	Eigenschaft des untergeord-neten Unternehmens	Berücksichtigung im Konzernabschluss
Beherrschender Einfluss	Tochterunternehmen	Vollkonsolidierung
Gemeinsame Führung mit anderen Unternehmen	Gemeinschaftsunternehmen	Quotenkonsolidierung (Wahlrecht), sonst Equity-Methode
Maßgeblicher Einfluss	Assoziiertes Unternehmen	Equity-Methode
Dauerhafte Geschäfts-verbindung	Beteiligung	Anschaffungskosten

Übersicht III-4: *Unternehmensbeziehung und Berücksichtigung im Konzernabschluss*

32 Der Vollkonsolidierungskreis

321. Grundsätzliche Einbeziehungspflicht

Durch § 294 wird der (Voll-)Konsolidierungskreis grundsätzlich abgegrenzt, während in § 296 die Ausnahmen von der Konsolidierungspflicht abschließend aufgezählt sind. Gemäß § 294 sind in einen Konzernabschluss grundsätzlich

■ das Mutterunternehmen und

■ **alle** Tochterunternehmen

einzubeziehen. Das Mutterunternehmen hat seinen Sitz ex definitione (§ 290) im Inland. Bei den Tochterunternehmen gilt diese Einschränkung nicht. Sie sind ohne Rücksicht auf ihr Heimatland und die Rechtsform stets in den Konsolidierungskreis aufzunehmen. Damit ist ein deutsches Mutterunternehmen grundsätzlich (vorbehaltlich der Ausnahmeregelungen) verpflichtet, einen Weltabschluss aufzustellen (**Weltabschlussprinzip**).[83]

Zur Erstellung eines Konzernabschlusses sind detaillierte Informationen aus dem Rechnungswesen der Tochterunternehmen erforderlich, über die auch ein Mehrheitsaktionär nicht zwingend verfügt. Damit das Mutterunternehmen dennoch alle erforderlichen Informationen für die Erstellung des Konzernabschlusses erhält, verpflichtet § 294 Abs. 3 die Tochterunternehmen, dem Mutterunternehmen alle erforderlichen Unterlagen unverzüglich zur Verfügung zu stellen und darüber hinaus auf

---

82 Vgl. EISELE, W./RENTSCHLER, R., Gemeinschaftsunternehmen im Konzernabschluß, S. 319.

83 Vgl. VON KEITZ, I., in: Baetge/Kirsch/Thiele, § 294 HGB, Rn. 21.

Anfrage des Mutterunternehmens alle benötigten Aufklärungen und Nachweise zu erbringen.[84] Diese Verpflichtung kann indes nur für deutsche Tochterunternehmen rechtlich erzwungen werden.[85] Gegenüber ausländischen Tochterunternehmen muss das Mutterunternehmen seinen Informationsbedarf selbst durchsetzen.

322. Ausnahmen von der Vollkonsolidierung

322.1 Überblick

Das grundsätzliche Gebot, alle Tochterunternehmen durch Vollkonsolidierung in den Konzernabschluss einzubeziehen (§ 294 Abs. 1), wird durch vier Einbeziehungswahlrechte (§ 296 Abs. 1 Nr. 1-3 und Abs. 2) relativiert.[86] Für den Fall, dass gemäß § 296 alle Tochterunternehmen nicht in den Konzernabschluss einbezogen zu werden brauchen, ist das Mutterunternehmen gemäß § 290 Abs. 5 von der Aufstellung eines Konzernabschlusses und Konzernlageberichts befreit.

Im Einzelnen braucht ein Tochterunternehmen trotz beherrschenden Einflusses des Mutterunternehmens nicht vollkonsolidiert zu werden, wenn

- erhebliche und andauernde Beschränkungen die Ausübung der Rechte des Mutterunternehmens in Bezug auf das Vermögen oder die Geschäftsführung des Tochterunternehmens nachhaltig beeinträchtigen (§ 296 Abs. 1 Nr. 1),

- die Einbeziehung des betreffenden Tochterunternehmens zu unverhältnismäßig hohen Kosten oder unangemessenen Verzögerungen führen würde (§ 296 Abs. 1 Nr. 2),

- die Anteile an dem Tochterunternehmen ausschließlich zum Zwecke der Weiterveräußerung gehalten werden (§ 296 Abs. 1 Nr. 3) oder

- die Einbeziehung des Tochterunternehmens für die Vermittlung des von der Generalnorm geforderten Bildes der wirtschaftlichen Lage des Konzerns von untergeordneter Bedeutung ist (§ 296 Abs. 2).

Diese Wahlrechte gelten ausschließlich für Tochterunternehmen. Das Mutterunternehmen ist also stets in den Konzernabschluss einzubeziehen. Für die Einbeziehungswahlrechte gilt der **Grundsatz der Stetigkeit**, der als GoK[87] bei der Aufstellung der Summenbilanz zu beachten ist. Nach dem Grundsatz der Stetigkeit sollen die Wahlrechte im Zeitablauf in gleicher Weise ausgeübt werden, wenn sich die zugrunde liegenden Sachverhalte nicht ändern.

---

84 Zu den daraus resultierenden Informationsproblemen des Konzernabschlussprüfers vgl. BAETGE, J./HENSE, H., in: Küting/Weber, HdK, 2. Aufl., Kap. II, Rn. 1540 f.

85 Vgl. FÖRSCHLE, G./DEUBERT, M., in: Beck Bilanzkomm., 9. Aufl., § 294 HGB, Rn. 25.

86 Das Einbeziehungsverbot bei einer abweichenden Tätigkeit nach § 295 wurde durch das BilReG aufgehoben.

87 Zu den GoK vgl. Kap. II Abschn. 3.

Die Anwendung eines dieser Konsolidierungswahlrechte ist gemäß § 296 Abs. 3 im **Konzernanhang** anzugeben und zu begründen. Hier sind die betreffenden Unternehmen und der entsprechende Ausschlusstatbestand zu nennen, und der Ausschluss ist mit einem Hinweis auf den zugrunde liegenden Sachverhalt zu begründen.[88]

Die (ausgeübten) Einbeziehungswahlrechte führen allerdings nicht dazu, dass das Tochterunternehmen im Konzernabschluss überhaupt nicht abgebildet wird. Vielmehr gelten die Einbeziehungswahlrechte nur für die Vollkonsolidierung. Wird ein Tochterunternehmen aufgrund eines Einbeziehungswahlrechtes nicht vollkonsolidiert, ist jeweils zu untersuchen, ob nicht die Voraussetzungen einer Equity-Bilanzierung erfüllt sind. Das Tochterunternehmen muss „at equity" bilanziert werden, wenn das Mutterunternehmen die Geschäfts- und Finanzpolitik des Tochterunternehmens maßgeblich beeinflusst.[89] Falls dies zu verneinen ist, wird die Beteiligung an diesem Tochterunternehmen als mit den (fortgeführten) Anschaffungskosten bewertete Beteiligung im Konzernabschluss berücksichtigt. Eine Quotenkonsolidierung der wegen § 296 nicht vollkonsolidierten Tochterunternehmen kommt nicht in Frage, da sich die Voraussetzungen der Vollkonsolidierung und der Quotenkonsolidierung konzeptionell gegenseitig ausschließen, d. h. ein Tochterunternehmen kann nicht zugleich Gemeinschaftsunternehmen sein und umgekehrt. Für die Gemeinschaftsunternehmen, die quotenkonsolidiert werden dürfen, gibt es keine dem § 296 vergleichbare Regelung. Da die Quotenkonsolidierung ohnehin ein Wahlrecht ist, wären hier weitere Wahlrechte wie in § 296 gegenstandslos.

Werden die Einbeziehungswahlrechte gemäß § 296 in Anspruch genommen, ist zu prüfen, ob ggf. Anteile zu berücksichtigen sind, die diese nicht konsolidierten Tochterunternehmen an anderen Tochter-, Gemeinschafts- oder assoziierten Unternehmen halten.[90] Ausschlaggebend dafür sollte der vorhandene Grad der möglichen Einflussnahme auf das nicht konsolidierte Tochterunternehmen sein. Wird das Tochterunternehmen gemäß § 296 Abs. 1 Nr. 3 ausschließlich zum Zweck der Weiterveräußerung gehalten, so dürfte der Grad der Einflussnahme im Regelfall limitiert und die indirekten Anteile folglich nicht zu berücksichtigen sein. Sind die Rechte des Mutterunternehmens gemäß § 296 Abs. 1 Nr. 1 auf die Geschäftsführung beschränkt, wäre zu prüfen, ob diese Beschränkung so stark ist, dass auch die mit den vom Tochterunternehmen gehaltenen Anteilen verbundenen Einflussmöglichkeiten hinreichend eingeschränkt sind. Wird das Tochterunternehmen indes aufgrund unverhältnismäßiger Kosten gemäß § 296 Abs. 1 Nr. 2 oder einer untergeordneten Bedeutung für die Vermittlung eines den tatsächlichen Verhältnissen entsprechenden Bildes der Vermögens-, Finanz- und Ertragslage nicht in den Konzernabschluss einbezogen, so dürften der Grad der Einflussnahme nicht beschränkt und die indirekten Anteile folglich zu berücksichtigen sein.

---

88 Vgl. SABI DES IDW, Aufstellungspflicht und Konsolidierungskreis, S. 343; NIEHUS, R. J./ SCHOLZ, W., in: Meyer-Landrut/Miller/Niehus, Rn. 1042; SAHNER, F./SAUERMANN, K., in: Küting/Weber, HdK, 2. Aufl., § 296 HGB, Rn. 32; FÖRSCHLE, G./DEUBERT, M., in: Beck Bilanzkomm., 9. Aufl., § 296 HGB, Rn. 41 f.

89 Zu den Voraussetzungen der Equity-Bilanzierung vgl. Abschn. 34 in diesem Kapitel.

90 Vgl. weiterführend Kap. VI Abschn. 32 und Kap. V Abschn. 123.1.

322.2 Das Einbeziehungswahlrecht bei einer Beschränkung der Rechte des Mutterunternehmens

Als erstes der vier Konsolidierungswahlrechte des § 296 erlaubt Abs. 1 Nr. 1 den Ausschluss eines Tochterunternehmens aus dem Konsolidierungskreis, wenn

> „erhebliche und andauernde Beschränkungen die Ausübung der Rechte des Mutterunternehmens in Bezug auf das Vermögen oder die Geschäftsführung dieses Unternehmens nachhaltig beeinträchtigen".

Dieses Kriterium enthält drei Komponenten: eine sachliche (Beeinträchtigung der Rechte in Bezug auf Geschäftsführung oder Vermögen), eine zeitliche („andauernd" und „nachhaltig") und eine die Intensität beschreibende („erheblich") Komponente.

Nach § 296 Abs. 1 Nr. 1 ist der Ausschluss eines Tochterunternehmens aus dem Konsolidierungskreis sachlich dann gerechtfertigt, wenn das Mutterunternehmen seine ihm zustehenden Rechte nicht unbeschränkt ausüben kann. Dieses Kriterium zielt auf die in § 290 Abs. 2 Nr. 1-3 kodifizierten Konkretisierungen des beherrschenden Einflusses, nach denen ein Mutter-Tochter-Verhältnis besteht, wenn einem Mutterunternehmen bestimmte, für Konzernverhältnisse typische Rechte gegenüber einem Tochterunternehmen zustehen, ohne dass die tatsächliche Ausübung dieser Rechte erforderlich ist. Durch das Einbeziehungswahlrecht des § 296 Abs. 1 Nr. 1 sollen – bei einer dem Zweck der Vorschrift entsprechenden Ausübung des Wahlrechtes – nur diejenigen Tochterunternehmen in den Konzernabschluss einbezogen werden, die **tatsächlich** zum Einflussbereich des Mutterunternehmens gehören, bei denen also das Mutterunternehmen seine ihm zustehenden Rechte auch tatsächlich ausüben kann (nicht aber tatsächlich ausüben muss). Das Konsolidierungswahlrecht stellt somit ein **Korrektiv zu den rechtlichen Komponenten des beherrschenden Einflusses in § 290 Abs. 2 Nr. 1-3** dar.[91]

Die Beschränkung der Rechte muss sich auf die Geschäftsführung oder das Vermögen des Tochterunternehmens beziehen.[92] Dieses sehr weit gefasste Kriterium umfasst quasi die gesamten Geschäftsbeziehungen zwischen Mutter- und Tochterunternehmen. Daher können sehr unterschiedliche Sachverhalte einen Verzicht auf die Vollkonsolidierung rechtfertigen. So kann eine Beschränkung der Rechte

- aus **rechtlichen** Gründen (aufgrund vertraglicher Vereinbarungen oder aufgrund gesetzlicher Vorschriften) oder

- wegen **tatsächlicher** Beeinträchtigungen (z. B. Zugriffsbeschränkungen auf ein ausländisches Tochterunternehmen aufgrund politischer Verhältnisse)

---

91 Vgl. MAAS, U./SCHRUFF, W., Der Konzernabschluß nach neuem Recht, S. 208.
92 Vgl. VON KEITZ, I./EWELT-KNAUER, C., in: Baetge/Kirsch/Thiele, § 296 HGB, Rn. 22-25.

gegeben sein.[93] Kartellrechtliche sowie sonstige behördliche Auflagen und Aufsichten (z.B. bezüglich des Umweltschutzes) beschränken die Rechte indes regelmäßig nicht ausreichend.[94]

Rechte des Mutterunternehmens sind i. S. v. § 296 Abs. 1 Nr. 1 **erheblich** beschränkt, wenn das Mutterunternehmen die Entscheidungen, die für den Bestand und die Fortentwicklung des Tochterunternehmens wesentlich sind, nicht beeinflussen kann. Dies ist nicht gegeben, wenn die Geschäftsleitung des Mutterunternehmens trotz bestimmter Einschränkungen die Geschäftspolitik des Tochterunternehmens sinnvoll mit dem Interesse des Gesamtkonzerns abstimmen kann.[95] Grundsätzlich sind auch Preisfestsetzungen, Produktionsbeschränkungen und Transferverbote für Gewinne mit Reinvestitionszwang in dem betreffenden Staat keine hinreichenden Gründe für den Ausschluss eines Tochterunternehmens aus dem Konsolidierungskreis.[96]

Rechte des Mutterunternehmens sind **andauernd** und **nachhaltig** beschränkt, wenn die Beschränkung während des Geschäftsjahres bis zum Konzernabschlussstichtag bestanden hat und in absehbarer Zeit nicht mit Abhilfe zu rechnen ist.[97] Mit den Begriffen „erheblich, andauernd, nachhaltig" macht der Wortlaut der Vorschrift deutlich, dass dieses Ausschlusskriterium sehr eng gefasst ist und daher eine Nichteinbeziehung des Tochterunternehmens in den Vollkonsolidierungskreis bei nur vorübergehender oder nur geringfügiger Beschränkung der Rechte des Mutterunternehmens nicht gerechtfertigt ist.[98] Dieses Einbeziehungswahlrecht ist allerdings für Zweckgesellschaften nicht einschlägig, da hier das Mutterunternehmen aufgrund eines Autopilotmechanismusses regelmäßig in der Ausübung der Rechte beschränkt ist (vgl. DRS 19.86).

Fraglich ist, ob ein Konsolidierungswahlrecht im Fall des § 296 Abs. 1 Nr. 1 angemessen ist. Wenn das Mutterunternehmen seine Rechte tatsächlich nicht ausüben kann, zeigt der Konzernabschluss bei der Einbeziehung des betreffenden Tochterunternehmens Vermögensgegenstände und Schulden, über die das Mutterunternehmen tatsächlich nicht verfügen kann. Demnach wäre hier ein Konsolidierungsverbot angemessener.

---

93 Vgl. BIENER, H./BERNEKE, W., Bilanzrichtlinien-Gesetz, S. 317; ADS, 6. Aufl., § 296 HGB, Rn. 9.

94 Vgl. DRS 19.82.

95 Vgl. ARBEITSKREIS WELTBILANZ DES IDW, Die Einbeziehung ausländischer Unternehmen in den Konzernabschluß, S. 15 f.

96 Vgl. ARBEITSKREIS „EXTERNE UNTERNEHMENSRECHNUNG" DER SCHMALENBACH-GESELLSCHAFT, Aufstellung von Konzernabschlüssen, S. 30.

97 Vgl. SAHNER, F./SAUERMANN, K., in: Küting/Weber, HdK, 2. Aufl., § 296 HGB, Rn. 11.

98 Gleicher Ansicht VON WYSOCKI, K./WOHLGEMUTH, M./BRÖSEL G., Konzernrechnungslegung, S. 78 f.; MAAS, U./SCHRUFF, W., Der Konzernabschluß nach neuem Recht, S. 209.

322.3 Das Einbeziehungswahlrecht bei unverhältnismäßig hohen Kosten bzw. unangemessenen Verzögerungen

Als zweites Konsolidierungswahlrecht sieht § 296 Abs. 1 Nr. 2 vor, dass die Einbeziehung eines Tochterunternehmens unterbleiben kann, wenn

> „die für die Aufstellung des Konzernabschlusses erforderlichen Angaben nicht ohne unverhältnismäßig hohe Kosten oder unangemessene Verzögerungen zu erhalten sind".

Bei Tochterunternehmen, auf die dieser Tatbestand zutrifft, liegt zweifelsohne ein beherrschender Einfluss seitens des Mutterunternehmens vor. Dennoch räumt der Gesetzgeber hier ein Konsolidierungswahlrecht ein.

Damit soll dem **Grundsatz der Wirtschaftlichkeit** bei der Abgrenzung des Konsolidierungskreises Rechnung getragen werden. Hier tritt indes ein Konflikt zwischen dem Grundsatz der Wirtschaftlichkeit und dem Grundsatz der Vollständigkeit des Konsolidierungskreises auf. Letzterer wird durch den Ausschluss eines Tochterunternehmens aus dem Konsolidierungskreis verletzt. § 296 Abs. 1 Nr. 2 enthält außerdem das konzeptionelle Problem, dass Kosten und unangemessener zeitlicher Aufwand einer Einbeziehung nicht immer bereits im Voraus genau abschätzbar sind.

Wegen zu **hoher Kosten** darf auf die Einbeziehung eines Tochterunternehmens nur dann verzichtet werden, wenn zwischen dem Einbeziehungsaufwand und dem zusätzlichen Informationsgewinn ein **außergewöhnliches Missverhältnis** besteht.[99] Vor allem darf die Nichteinbeziehung eines Tochterunternehmens nicht durch ein mangelhaftes Rechnungswesen des betreffenden Tochterunternehmens begründet werden. Ebenso wenig rechtfertigt die Tatsache, dass die Einbeziehung eines Tochterunternehmens mit Sitz in einem Hochinflationsland in aller Regel erhebliche Kosten verursacht, einen Ausschluss des Unternehmens aus dem Konsolidierungskreis.

Eine **unangemessene Verzögerung** der Informationsbeschaffung bei einem Tochterunternehmen ist nur dann unverhältnismäßig i. S. v. § 296 Abs. 1 Nr. 2, wenn dadurch der Konzernabschluss nicht innerhalb der von § 290 Abs. 1 vorgeschriebenen Frist von fünf Monaten erstellt werden kann.[100] Auch hier darf die Verzögerung nicht auf ein mangelhaftes konzerninternes Informationssystem zurückgeführt werden. Andernfalls wären die Anforderungen an den Konzernabschluss von Konzernunternehmen mit guten Informationssystemen höher als an solche mit mangelhaften Informationssystemen.

Das Konsolidierungswahlrecht wegen zeitlicher Verzögerungen wird im Schrifttum erheblich kritisiert.[101] Wegen der fünfmonatigen Aufstellungsfrist und den heutigen Kommunikationsmöglichkeiten gibt es kaum begründbare Anwendungsfälle.[102] Außerdem besteht – vor allem wegen der vielen unbestimmten Rechtsbegriffe in der

---

99 Vgl. BIENER, H./SCHATZMANN, J., Konzern-Rechnungslegung, S. 26; VON WYSOCKI, K./ WOHLGEMUTH, M./BRÖSEL G., Konzernrechnungslegung, S. 78 f.
100 Vgl. VON KEITZ, I./EWELT-KNAUER, C., in: Baetge/Kirsch/Thiele, § 296 HGB, Rn. 33.

Vorschrift des § 296 Abs. 1 Nr. 2 – die Gefahr des Missbrauchs. Zur Klarstellung wurde daher in der EU Richtlinie 2013/34/EU das Wort „unangemessen" in § 296 Abs. 1 Nr. 2 eingefügt.

Der Verzicht auf die Einbeziehung ist durch unverhältnismäßig hohe Kosten oder unangemessene Verzögerungen allerdings dann gerechtfertigt, wenn bspw. ein Tochterunternehmen erst seit kurzer Zeit (wenigen Monaten) zum Konzern gehört und sein Rechnungswesen noch nicht auf den für eine Einbeziehung erforderlichen Stand gebracht werden konnte.[103] Als weitere Anwendungsfälle kommen praktisch nur ausgesprochen außergewöhnliche Ereignisse in Frage, etwa ein Zusammenbruch der Datenverarbeitung, ein Streik oder Katastrophen.

Das Wahlrecht des § 296 Abs. 1 Nr. 2 darf keinesfalls über einen längeren Zeitraum für ein bestimmtes Tochterunternehmen beansprucht werden. Die Konzernleitung hat in jedem Fall dafür zu sorgen, dass die Informationsbeschaffungsprobleme bei dem betreffenden Tochterunternehmen in angemessener Frist beseitigt werden.

322.4 Das Einbeziehungswahlrecht bei ausschließlich zur Weiterveräußerung gehaltenen Anteilen

Gemäß § 296 Abs. 1 Nr. 3 darf die Einbeziehung eines Tochterunternehmens in den Konsolidierungskreis unterbleiben, wenn

> „die Anteile des Tochterunternehmens ausschließlich zum Zwecke ihrer Weiterveräußerung gehalten werden".

Diese Regelung korrigiert die in § 290 Abs. 2 Nr. 1-3 kodifizierten rechtlichen Komponenten des Kriteriums des beherrschenden Einflusses. Obwohl die formalrechtlichen Kriterien des § 290 Abs. 2 Nr. 1-3 erfüllt sind, ist diese Beteiligung nicht der wirtschaftlichen Einheit zuzurechnen.

Das Wahlrecht des § 296 Abs. 1 Nr. 3 setzt voraus, dass die Weiterveräußerungsabsicht bereits zum Zeitpunkt des Anteilserwerbs bestanden hat. Denn nach dem Wortlaut des § 296 Abs. 1 Nr. 3 ist nicht lediglich eine „Veräußerungsabsicht", sondern eine „**Weiter**veräußerungsabsicht" erforderlich. Der Begriff „Weiterveräußerungsabsicht" stellt dabei eine Verbindung zwischen dem Erwerb und der Veräußerung her.

---

101 Vgl. z. B. die Kritik während der Gesetzgebungsphase: IDW, Stellungnahme zur Transformation der 7. EG-Richtlinie, S. 511; KOMMISSION RECHNUNGSWESEN IM VERBAND DER HOCHSCHULLEHRER FÜR BETRIEBSWIRTSCHAFT E. V., Stellungnahme zur Umsetzung der 7. EG-Richtlinie, S. 271; WIRTSCHAFTSPRÜFERKAMMER UND IDW, Gemeinsame Stellungnahme, S. 544.

102 Vgl. SABI DES IDW, Aufstellungspflicht und Konsolidierungskreis, S. 343.

103 Vgl. BIENER, H./SCHATZMANN, J., Konzern-Rechnungslegung, S. 26; KOMMISSION RECHNUNGSWESEN IM VERBAND DER HOCHSCHULLEHRER FÜR BETRIEBSWIRTSCHAFT E. V., Stellungnahme zur Umsetzung der 7. EG-Richtlinie, S. 271.

Dementsprechend besteht kein Einbeziehungswahlrecht nach § 296 Abs. 1 Nr. 3, wenn ein Tochterunternehmen veräußert werden soll, das bereits seit längerer Zeit zum Konzern gehört und in der Vergangenheit auch vollkonsolidiert worden ist. Dies ist unabhängig davon, ob die Veräußerung auf freiwilliger Basis oder aber zwangsweise bspw. aufgrund kartellrechtlicher Auflagen herbeigeführt werden soll. Auch für Tochterunternehmen, die innerhalb des Konzerns durch Ausgliederung oder Spaltung von Konzernunternehmen neu gegründet werden, darf § 296 Abs. 1 Nr. 3 nicht angewendet werden.[104] Denn die auf das neu gegründete Tochterunternehmen übertragenen Vermögensgegenstände und Schulden gehören wirtschaftlich betrachtet zum Konzern, selbst wenn die „rechtliche Hülle" neu geschaffen worden ist und das „neue" Tochterunternehmen veräußert werden soll. Ferner darf das Einbeziehungswahlrecht nicht in Anspruch genommen werden, wenn das Tochterunternehmen an ein anderes Konzernunternehmen veräußert werden soll, sondern nur dann, wenn die Veräußerung an einen Konzernaußenstehenden beabsichtigt ist. Andernfalls würde das Unternehmen durch die Veräußerung nicht aus dem Konzern ausscheiden.

Das Einbeziehungswahlrecht des § 296 Abs. 1 Nr. 3 knüpft an die Weiterveräußerungsabsicht und damit an ein subjektives Merkmal an, was schwierig zu überprüfen ist. Die Weiterveräußerungsabsicht muss für Dritte nachvollziehbar sein.[105] Denkbar ist hier der Nachweis in Form von bereits stattgefundenen Verkaufsverhandlungen oder das Einschalten eines Maklers. Der Ausschluss des betreffenden Tochterunternehmens kann nur bei ernsthaft betriebener Veräußerungsabsicht auch über mehrere Perioden gerechtfertigt sein, da der glaubhafte Nachweis einer Weiterveräußerungsabsicht von Periode zu Periode schwieriger werden dürfte.[106] Aufgrund der beabsichtigten Veräußerung müssen die Anteile an dem Tochterunternehmen in der Konzernbilanz als Teil des Umlaufvermögens ausgewiesen werden.

Das Konsolidierungswahlrecht des § 296 Abs. 1 Nr. 3 ist vor allem auch für institutionelle Anleger und Kreditinstitute bedeutend, die oftmals größere Anteilspakete ausschließlich zur Platzierung am Kapitalmarkt oder während einer vorübergehenden Sanierungsphase halten.

322.5 Das Einbeziehungswahlrecht für unwesentliche Tochterunternehmen

Schließlich räumt § 296 Abs. 2 ein viertes Konsolidierungswahlrecht für Tochterunternehmen ein. Danach ist es gestattet, ein Tochterunternehmen nicht zu konsolidieren, wenn

---

104 So im Ergebnis auch FÖRSCHLE, G./DEUBERT, M., in: Beck Bilanzkomm., 9. Aufl., § 296 HGB, Rn. 31.

105 Vgl. SABI DES IDW, Aufstellungspflicht und Konsolidierungskreis, S. 343.

106 Vgl. ADS, 6. Aufl., § 296 HGB, Rn. 25.

> „es für die Verpflichtung, ein den tatsächlichen Verhältnissen ent-
> sprechendes Bild der Vermögens-, Finanz- und Ertragslage des Kon-
> zerns zu vermitteln, von untergeordneter Bedeutung ist".

Auch hier wird wieder dem **Grundsatz der Wirtschaftlichkeit** Rechnung getragen.
Die Unwesentlichkeit des betreffenden Tochterunternehmens muss dabei sowohl für
die Vermögens- als auch für die Finanz- und die Ertragslage gesondert geprüft werden.

Als **Maßstab** für die Entscheidung werden vielfach quantitative Größen herangezogen. Dazu können Abschlussposten, Kennzahlen bzw. Kennzahlenkombinationen
oder auch die Höhe der zu eliminierenden konzerninternen Beziehungen dienen.
Verändert sich eine Kennzahl über ein bestimmtes Maß dadurch, dass ein Unternehmen nicht konsolidiert wird, gegenüber dem Fall, dass es konsolidiert wird, so darf
das Wahlrecht nicht ausgeübt werden.[107] Dabei existieren keine allgemein geltenden
Wesentlichkeitsgrenzen.[108] Die Bestimmung der Grenzwerte liegt folglich im Ermessen der Unternehmen und ist im Rahmen einer Gesamtbetrachtung der Auswirkungen auf den Konzernabschluss vorzunehmen.[109] Nur eine Maßgröße als Entschei-
dungsgrundlage reicht dabei nicht aus.

§ 296 Abs. 2 Satz 2 fordert bei der Prüfung der Wesentlichkeit von mehreren
Tochterunternehmen explizit, dass nicht nur die Bedeutung einzelner Tochterunternehmen isoliert, sondern auch die Bedeutung der anderen eventuell nicht einzubeziehenden Tochterunternehmen insgesamt zu berücksichtigen ist. Alle eventuell nicht
einzubeziehenden Tochterunternehmen zusammen müssen für das Bild der wirtschaftlichen Lage des Konzerns unwesentlich sein.

323.   Berichtspflichten bei Änderungen des Vollkonsolidierungskreises

In den meisten Konzernen werden im Laufe der Zeit bestehende Beteiligungen teilweise oder auch vollständig verkauft und neue Beteiligungen erworben. Dadurch
scheiden bisherige Tochterunternehmen aus dem Konsolidierungskreis aus und neue
Tochterunternehmen treten in den Vollkonsolidierungskreis ein, so dass sich der Vollkonsolidierungskreis ändert. Der Vollkonsolidierungskreis kann sich ferner dadurch
ändern, dass die Voraussetzungen eines Konsolidierungswahlrechtes (§ 296) erstmals
erfüllt sind oder erstmals nicht mehr erfüllt sind mit der Folge, dass ein bisher vollkonsolidiertes Tochterunternehmen nicht mehr in den Konzernabschluss einbezogen
werden muss oder dass ein bisher nicht vollkonsolidiertes Tochterunternehmen nunmehr in den Konzernabschluss einbezogen werden muss. Die Voraussetzungen eines
Konsolidierungswahlrechtes entfallen bspw. dann, wenn ein Tochterunternehmen
aufgrund gestiegener wirtschaftlicher Bedeutung nicht mehr unter das Konsolidie-

---

107 Vgl. NIEHAUS, H.-J., Früherkennung von Unternehmenskrisen, S. 46 f.

108 Vgl. u. a. BAETGE, J./ZÜLICH, H., in: HdJ, Abt. I/2, Rn. 233; EBELING, R. M., in: Baetge/
   Kirsch/Thiele, § 303 HGB, Rn. 152.

109 Vgl. Kap. II Abschn. 333.

rungswahlrecht wegen Unwesentlichkeit (§ 296 Abs. 2) fällt. Erstmalig erfüllt sind die Voraussetzungen eines Konsolidierungswahlrechtes z. B. dann, wenn ein bisher einbezogenes ausländisches Tochterunternehmen aufgrund veränderter politischer Bedingungen unter staatliche Zwangsverwaltung gestellt wird und dadurch die Einflussnahme des Mutterunternehmens erheblich und nachhaltig beeinträchtigt wird (§ 296 Abs. 1 Nr. 1). Hier sei daran erinnert, dass die geänderte Ausübung eines Konsolidierungswahlrechtes aufgrund des Grundsatzes der Stetigkeit nur bei einer entsprechenden Änderung des Sachverhaltes gerechtfertigt ist.

Änderungen des Vollkonsolidierungskreises bedeuten, dass zwei aufeinander folgenden Konzernabschlüssen unterschiedliche Berichtseinheiten zugrunde liegen, wodurch i. d. R. die Vergleichbarkeit aufeinander folgender Konzernabschlüsse beeinträchtigt ist.

Der externe Konzernabschlussleser kann nämlich nicht beurteilen, worauf die Veränderungen der wirtschaftlichen Daten des Konzernabschlusses beruhen: Darauf, dass sich die wirtschaftliche Lage der Vorjahres-Berichtseinheit geändert hat, oder darauf, dass sich der Umfang der Berichtseinheit im Vergleich zum Vorjahr geändert hat.[110]

Aus diesem Grund müssen, wenn sich der Vollkonsolidierungskreis **wesentlich**[111] geändert hat, im Konzernabschluss Angaben gemacht werden, „die es ermöglichen, die aufeinander folgenden Konzernabschlüsse sinnvoll zu vergleichen" (§ 294 Abs. 2).[112] Eine Änderung im Vollkonsolidierungskreis ist dann wesentlich, wenn aufgrund der Änderungen des Vollkonsolidierungskreises nicht erkennbar ist, wie sich die wirtschaftliche Lage ohne diese Änderungen entwickelt hat.[113] Dabei braucht sich die Änderung des Vollkonsolidierungskreises nicht auf alle Teilbereiche der wirtschaftlichen Lage auszuwirken: ausreichend ist, dass sich einzelne Bereiche des Konzernabschlusses (z. B. die Höhe des Anlagevermögens) wesentlich geändert haben.[114]

Hat sich der Vollkonsolidierungskreis wesentlich geändert, so muss im **Konzernanhang** dargestellt werden, welche Unternehmen in den Konzernabschluss erstmals einbezogen bzw. erstmals nicht mehr einbezogen worden sind. **Verbale Erläuterungen** über die Veränderung des Konsolidierungskreises allein ermöglichen indes noch keinen aussagefähigen Vergleich des Konzernabschlusses mit dem Vorjahreskonzernabschluss und erfüllen daher i. d. R. nicht die Berichtpflicht des § 294 Abs. 2.[115] Vielmehr sind quantitative Angaben zu allen wesentlichen Postengruppen der Konzernbilanz sowie zu den wichtigsten Posten der Konzern-Gewinn- und Verlustrechnung

---

110 Zu Möglichkeiten der Sachverhaltsgestaltung durch Ausgliederungen aus dem Konsolidierungskreis vgl. MAAS, U./SCHRUFF, W., Ausgliederungen aus dem Konsolidierungskreis, S. 413-437.

111 Vgl. VON KEITZ, I./EWELT-KNAUER C., in: Baetge/Kirsch/Thiele, § 294 HGB, Rn. 51-53.

112 Zu einer Auswertung, wie Unternehmen zur Abgrenzung des Konsolidierungskreises berichten, vgl. GELHAUSEN, W., Aktuelle Entwicklungen der Konzernrechnungslegung, S. 75-77; KRAWITZ, N., Die Abgrenzung des Konsolidierungskreises, S. 346-356.

113 Vgl. HFA DES IDW, IDW RS HFA 44, S. 34, Tz. 11.

114 Vgl. HFA DES IDW, IDW RS HFA 44, S. 34, Tz. 11.

115 So auch HFA DES IDW, IDW RS HFA 44, S. 34, Tz. 14.

erforderlich, damit die Konzernabschlüsse mit und ohne die hinzugekommen bzw. ausgeschiedenen Unternehmen verglichen werden können.[116] Hierfür sind im Konzernanhang z. B. angepasste Vorjahreszahlen anzugeben. Sollte eine solche rückwirkende Anpassung nicht oder nur unter unverhältnismäßig hohem Aufwand möglich sein, kommt alternativ eine Angabe der an den Konsolidierungskreis des Vorjahres angepassten Zahlen des aktuellen Geschäftsjahres in Betracht.[117]

Alternativ zur Angabe im Konzernanhang können wesentliche Änderungen des Konsolidierungskreises auch durch eine Anpassung der Vorjahreszahlen im Konzernabschluss deutlich gemacht werden. Die entsprechenden Beträge sind dann allerdings zusätzlich zu den tatsächlichen Vorjahreszahlen anzugeben (sog. Drei-Spalten-Form).[118]

33 Quotal einzubeziehende Unternehmen (Quotenkonsolidierungskreis)

Unternehmen, die keine Tochterunternehmen sind, dürfen gemäß § 310 Abs. 1 quotal (anstelle einer Equity-Bilanzierung) in den Konzernabschluss einbezogen werden, wenn sie vom Mutterunternehmen des Konzerns oder von einem in den Konzernabschluss einbezogenen Tochterunternehmen gemeinsam mit einem oder mehreren nicht in den Konzernabschluss einbezogenen Unternehmen geführt werden (**Wahlrecht zur Quotenkonsolidierung**). Der typische Anwendungsfall dieser Quotenkonsolidierung sind sog. Gemeinschaftsunternehmen (**Joint Ventures**). Die entscheidende Voraussetzung für die Zulässigkeit der Quotenkonsolidierung ist die **gemeinsame Führung** des Joint Ventures, die allerdings im Gesetz weder definiert noch näher erläutert wird.[119] Angelehnt an die konzerntypischen Rechte des Beherrschungskonzeptes darf davon ausgegangen werden, dass die gemeinsame Führung dann ausgeübt werden kann, wenn **den Gesellschafterunternehmen zusammen** die Mehrheit der Stimmrechte oder ein anderes der in § 290 Abs. 2 Nr. 2-3 genannten konzerntypischen Rechte des Beherrschungskonzeptes zu gleichen Teilen zusteht.[120] Anders als bei der rechtlichen Komponente des Beherrschungskonzeptes müssen bei der gemeinsamen Führung die den Gesellschafterunternehmen zustehenden Rechte auch tatsächlich ausgeübt werden. In der Praxis ist gemeinsame Führung meist dann gegeben, wenn zwei oder mehrere Gesellschafterunternehmen an einem anderen Unternehmen zu jeweils gleichen Quoten beteiligt sind. Möglich ist auch, dass neben

---

116 Vgl. SABI DES IDW, Aufstellungspflicht und Konsolidierungskreis, S. 343; HERRMANN, D., Änderung von Beteiligungsverhältnissen, S. 323 f.; HFA DES IDW, IDW RS HFA 44, S. 34, Tz. 14; FÖRSCHLE, G./DEUBERT, M., in: Beck Bilanzkomm., 9. Aufl., § 294 HGB, Rn. 14 f.

117 Vgl. HFA DES IDW, IDW RS HFA 44, S. 34, Tz. 14.

118 Vgl. HFA DES IDW, IDW RS HFA 44, S. 34, Tz. 15. Vor der Änderung des § 294 Abs. 2 durch das BilMoG war es noch zulässig, die tatsächlichen Vorjahreszahlen durch die angepassten Beträge zu ersetzen.

119 Zum Merkmal der gemeinsamen Führung siehe ausführlich Kap. VI Abschn. 2.

120 Vgl. SIGLE, H., in: Küting/Weber, HdK, 2. Aufl., § 310 HGB, Rn. 25.

denjenigen Gesellschafterunternehmen, die das Gemeinschaftsunternehmen gemeinsam führen, noch weitere Anteile unter mehreren anderen Gesellschaftern gestreut sind.

Die Konsolidierung der Gemeinschaftsunternehmen erfolgt nach dem Verfahren der Quotenkonsolidierung, bei der alle Vermögensgegenstände und Schulden sowie alle Aufwendungen und Erträge anteilig in den Konzernabschluss übernommen werden und alle konzerninternen Beziehungen anteilig in Höhe der Beteiligungsquote des Gesellschafterunternehmens konsolidiert werden. Die Quotenkonsolidierung wird in Kap. VI ausführlich dargestellt.

34   Nach der Equity-Methode zu bilanzierende Unternehmen

Gemäß §§ 311 und 312 sind sog. assoziierte Unternehmen im Konzernabschluss nach der Equity-Methode zu bilanzieren. Ein assoziiertes Unternehmen ist dadurch gekennzeichnet, dass ein in den Konzernabschluss einbezogenes Unternehmen auf dieses Unternehmen einen **maßgeblichen Einfluss** ausübt, ohne die Kriterien des Beherrschungskonzeptes zu erfüllen.[121] Ein maßgeblicher Einfluss liegt vor, wenn an Grundsatzfragen der Geschäfts- und Finanzpolitik des assoziierten Unternehmens mitgewirkt und zudem seine Gewinnverwendung beeinflusst werden kann.[122] Bei einem Stimmrechtsanteil von mindestens 20 % wird ein maßgeblicher Einfluss widerlegbar vermutet (§ 311 Abs. 1 Satz 2).

Wird ein Tochterunternehmen aufgrund eines **Einbeziehungswahlrechtes** nicht konsolidiert, ist zu fragen, ob die Voraussetzungen einer Equity-Bilanzierung gegeben sind.[123] Vor allem, wenn Tochterunternehmen wegen zu hoher Kosten oder wegen Verzögerungen nicht einbezogen werden, sind diese Tochterunternehmen regelmäßig durch die Equity-Methode zu berücksichtigen.[124] Die Kosten und die Verzögerungen verringern nicht die Einflussmöglichkeiten des Mutterunternehmens, so dass fast immer ein maßgeblicher Einfluss vorliegt, wonach gemäß § 311 Abs. 1 eine Equity-Bilanzierung folgt. Auch bei Tochterunternehmen, die gemäß § 296 Abs. 2 wegen Unwesentlichkeit nicht in den Konzernabschluss einbezogen werden, ist zu prüfen, ob das Tochterunternehmen nach der Equity-Methode einbezogen werden muss. Die Voraussetzungen einer Equity-Bilanzierung sind nicht erfüllt, wenn auf ein Tochterunternehmen, das nicht vollkonsolidiert wird, kein maßgeblicher Einfluss ausgeübt wird. Dieses Unternehmen wird dann als mit den Anschaffungskosten bewertete Beteiligung im Konzernabschluss abgebildet.

Schließlich sind Gemeinschaftsunternehmen, die gemäß dem Wahlrecht des § 310 Abs. 1 nicht in den Quotenkonsolidierungskreis einbezogen werden, grundsätzlich nach der Equity-Methode im Konzernabschluss zu bilanzieren.

---

121 Vgl. dazu ausführlich Kap. VII Abschn. 21.
122 Vgl. KIRSCH, H.-J., Die Equity-Methode im Konzernabschluß, S. 28 f.
123 Vgl. KIRSCH, H.-J., Die Equity-Methode im Konzernabschluß, S. 37-45.
124 Vgl. KIRSCH, H.-J., Die Equity-Methode im Konzernabschluß, S. 40 f.

Liegen die Voraussetzungen der Equity-Bilanzierung vor, kann ausnahmsweise gemäß § 311 Abs. 2 dann auf die Equity-Bilanzierung verzichtet werden, wenn die Beteiligung für die Vermögens-, Finanz- und Ertragslage des Konzerns von untergeordneter Bedeutung ist. Daraus folgt aber nicht, dass die Beteiligung überhaupt nicht im Konzernabschluss abgebildet wird. Vielmehr wird die Beteiligung dann mit den Anschaffungskosten bewertet.

Anders als bei der Quoten- oder Vollkonsolidierung werden bei der Equity-Methode keine Vermögensgegenstände, Schulden, Aufwendungen und Erträge aus dem Einzelabschluss des assoziierten Unternehmens in den Konzernabschluss übernommen. Die Equity-Methode ist vielmehr eine besondere Möglichkeit, eine Beteiligung zu bilanzieren. Der Beteiligungsbuchwert wird entsprechend der Eigenkapitalentwicklung des assoziierten Unternehmens fortgeschrieben. Die Equity-Methode ist Gegenstand des Kap. VII.

35   Zu Anschaffungskosten bewertete Beteiligungen

Anteile an Unternehmen, über die kein maßgeblicher Einfluss ausgeübt wird und die deshalb nicht nach der Equity-Methode bilanziert werden, sind mit ihren Anschaffungskosten zu bewerten, ggf. unter Berücksichtigung außerplanmäßiger Abschreibungen. Dies entspricht der Vorgehensweise im Einzelabschluss (§ 271 Abs. 1).

36   Zusammenfassender Überblick und Würdigung der Stufenkonzeption

Übersicht III-5 zeigt die Abgrenzung zwischen den verschiedenen Formen der Einbeziehung von Unternehmen in den Konzernabschluss im Überblick.

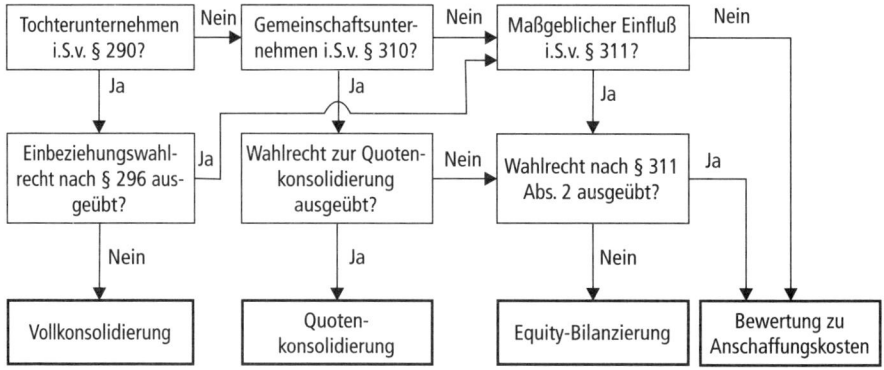

Übersicht III-5:   *Formen der Einbeziehung von Unternehmen in den Konzernabschluss*

Als die neuen Konzernrechnungslegungsvorschriften in Deutschland eingeführt wurden, wurde die Stufenkonzeption – und zwar vor allem die Quotenkonsolidierung – vielfach kritisiert. Die wesentlichen Punkte seien im Folgenden genannt.

So wird vielfach kritisiert, dass der nach dem Stufenkonzept aufgestellte Konzernabschluss nicht die wirtschaftliche Einheit darstelle und damit gegen die Einheitstheorie verstoße.[125] Indes folgen weder die 7. EG-Richtlinie noch die EU Richtlinie 2013/34/EU oder das HGB der Einheitstheorie.[126] Mit der Stufenkonzeption wird vielmehr die **Darstellung der Einflusssphäre des Konzerns** angestrebt. Ob dieser Ansatz zu einem aussagekräftigeren Konzernabschluss führt als ohne Quotenkonsolidierung, bleibt dahingestellt.

Durch die Anwendung der Quotenkonsolidierung enthält die Bilanz anteilige Vermögensgegenstände, Schulden und Eigenkapitalanteile, über die das Mutterunternehmen nicht unabhängig von Fremden verfügen kann.[127] Der Konzernabschluss bietet insofern „entweder ein **unvollständiges Bild** des Vermögens und der Schulden des Konzerns, als die den Minderheiten entsprechenden Quoten nicht im Konzernabschluss erscheinen, wenn die Konzernleitung in Abstimmung mit den Kooperationspartnern über sie verfügt oder über sie verfügen kann, oder aber ein **falsches Bild**, wenn sie nicht darüber verfügen kann"[128] [Hervorhebung durch die Verfasser]. Die Quotenkonsolidierung verstößt damit gegen den Aktivierungsgrundsatz, dessen Kriterium der selbständigen Verwertbarkeit das wirtschaftliche Eigentum an der Sache oder dem Recht voraussetzt.[129] Damit wird auch die Schuldendeckungsfähigkeit, die ein Abschluss nachweisen soll (§ 242 Abs. 1), verschleiert.

Das zentrale Problem besteht aber darin, dass der Konzernabschlussadressat zwischen den einzelnen „Stufen" nicht unterscheiden kann: So kann aus externer Sicht nicht zwischen Voll- und Quotenkonsolidierung unterschieden werden. Der Konzernabschluss stellt insofern ein **Wertekonglomerat** dar, wobei vor allem die Vermischung vollkonsolidierter und quotal konsolidierter Posten kritisiert wird.[130]

---

125 Vgl. z. B. KAMINSKI, H., Rechnungslegung im Konzern, S. 61; KÜTING, K., Art. 18 der 7. EG-Richtlinie, S. 11.

126 Vgl. VON WYSOCKI, K./WOHLGEMUTH, M./BRÖSEL G., Konzernrechnungslegung, S. 169 f.

127 Vgl. BUSSE VON COLBE, W./CHMIELEWICZ, K., Das neue Bilanzrichtlinien-Gesetz, S. 327.

128 BUSSE VON COLBE, W., Der Konzernabschluß im Rahmen des Bilanzrichtlinie-Gesetzes, S. 776.

129 Vgl. BAETGE, J./KIRSCH, H.-J./THIELE, S., Bilanzen, Kap. III Abschn. 212.

130 Vgl. KÜTING, K., Art. 18 der 7. EG-Richtlinie, S. 10; KOMMISSION RECHNUNGSWESEN IM VERBAND DER HOCHSCHULLEHRER FÜR BETRIEBSWIRTSCHAFT E.V., Stellungnahme zur Umsetzung der 7. EG-Richtlinie, S. 275; VON WYSOCKI, K./WOHLGEMUTH, M./BRÖSEL G., Konzernrechnungslegung, S. 179 f..

4 Die Pflicht zur Aufstellung eines Konzernabschlusses und die Abgrenzung des Konsolidierungskreises nach IFRS

41 Die Pflicht zur Aufstellung eines Konzernabschlusses nach IFRS

411. Formen der Berücksichtigung von Anteilen im IFRS-Konzernabschluss

Analog zum HGB gilt auch in den IFRS das Weltabschlussprinzip. Abhängig von den jeweils bestehenden Einflussnahmemöglichkeiten des Mutterunternehmens werden die an Beteiligungsunternehmen gehaltenen Anteile bei der Erstellung des Konzernabschlusses unterschiedlich bilanziert (vgl. Übersicht III-6).[131]

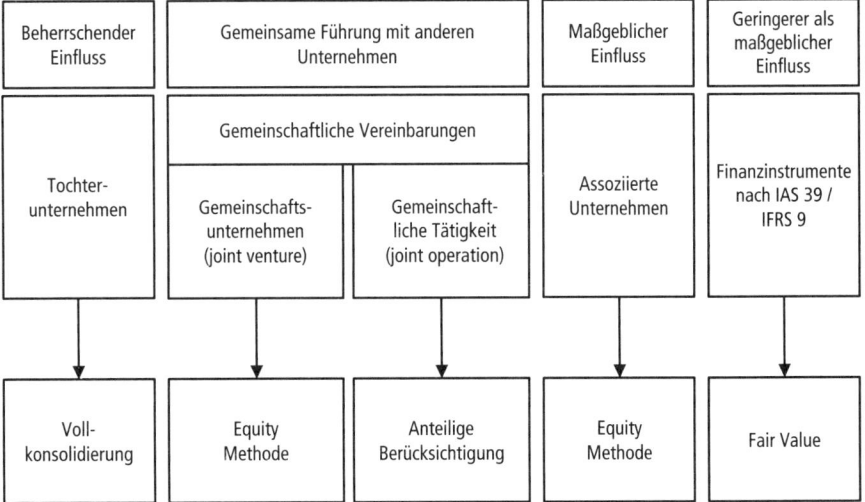

Übersicht III-6: *Formen der Berücksichtigung von Anteilen im IFRS-Konzernabschluss*

Die IFRS folgen dabei anders als das HGB nicht der Stufenkonzeption in dem Sinne, dass bei Nichtanwendung einer Methode zunächst die Anwendung derjenigen Methode zu prüfen ist, die bei einem schwächeren Einfluss einschlägig wäre.

412. Das Kriterium der Beherrschung

Die Verpflichtung zur Aufstellung eines Konzernabschlusses ist in IFRS 10 (Konzernabschlüsse) unabhängig von **Rechtsform** und **Sitz** der betroffenen Unternehmen geregelt. Dieser weite Anwendungsbereich ist allerdings nur für Unternehmen in solchen Staaten relevant, die die IFRS als verbindliches Normsystem für die Rechnungslegung installiert haben (u. a. Slowakei, Serbien, Bahrain, Ägypten, Kenia, Malaysia,

---

131 Vgl. zu den einzelnen Methoden Abschnitt 42 in diesem Kapitel.

Pakistan). Wenn – wie in Deutschland – die Verpflichtung zur Konzernrechnungslegung durch individuelles Einzelstaatenrecht geregelt ist, können IFRS zwar durchaus als ergänzendes oder auch alternatives Normsystem für die Umsetzung der Konzernrechnungslegungspflicht von Bedeutung sein; auf die Verpflichtung zur Konzernrechnungslegung selbst haben sie indes keinen konstitutiven Einfluss. Für deutsche Konzerne ist für die Beantwortung der Frage, ob ein Konzernabschluss aufzustellen ist, ausschließlich § 290 relevant.

IFRS 10.4 regelt die Verpflichtung zur Aufstellung eines Konzernabschlusses (consolidated financial statements). Die Konzernrechnungslegungspflicht wird an die Existenz eines **Mutter-Tochter-Verhältnisses** geknüpft. Jedes Mutterunternehmen (parent) hat demnach grundsätzlich einen Konzernabschluss aufzustellen. Die Definition eines Mutter-Tochter-Verhältnisses und damit die Pflicht zur Aufstellung eines Konzernabschlusses stellt gemäß IFRS 10.A ausschließlich darauf ab, ob ein Mutterunternehmen die Möglichkeit zur Beherrschung (power to control) mindestens eines Unternehmens (Tochterunternehmens) besitzt. Dabei werden implizit auch Zweckgesellschaften in den Konsolidierungskreis einbezogen.

Nach IFRS 10.A liegt **Beherrschung**[132] (power to control) vor, wenn ein Investor aufgrund seiner Beziehung zum Beteiligungsunternehmen variablen wirtschaftlichen Erfolgen ausgesetzt ist oder Rechte an diesen Erfolgen hat und in der Lage ist, die wirtschaftlichen Erfolge durch seine Entscheidungsgewalt über das Beteiligungsunternehmen zu beeinflussen. Die Definition der Beherrschung basiert somit auf einer Power- und einer Return-Komponente. In IFRS 10.7 wird die Definition von Beherrschung i. S. v. IFRS 10.A anhand von drei Komponenten konkretisiert. Demnach beherrscht ein Investor ein Beteiligungsunternehmen lediglich dann, wenn

(a) der Investor die Bestimmungsmacht über das Beteiligungsunternehmen besitzt (IFRS 10.7 (a)),

(b) der Investor dem Risiko von oder über Rechte an variablen wirtschaftlichen Erfolgen aus dem Engagement bei dem Beteiligungsunternehmen ausgesetzt ist bzw. verfügt (IFRS 10.7 (b)) und

(c) es dem Investor möglich ist, durch Ausübung seiner Bestimmungsmacht über das Beteiligungsunternehmen, die Höhe seiner wirtschaftlichen Erfolge zu beeinflussen (IFRS 10.7 (c)).

Unterstützend zu den drei Komponenten der Beherrschung nennt IFRS 10.B3 weitere Faktoren für die Beurteilung der Beherrschung:[133]

(a) Zweck und Konzeption des Beteiligungsunternehmens,

(b) (Art und Weise der Entscheidung über) maßgebliche Tätigkeiten,

---

132 Vgl. zur Übersetzung des Begriffs „control" BAETGE, J./HAYN, S./STRÖHER, T., in: Baetge u. a., Rechnungslegung nach IFRS, 2. Aufl., IFRS 10, Rn. 21.

133 Vgl. BAETGE, J./HAYN, S./STRÖHER, T., in: Baetge u. a., Rechnungslegung nach IFRS, 2. Aufl., IFRS 10, Rn. 60.

(c) gegenwärtige Möglichkeit des Investors, die maßgeblichen Tätigkeiten beim Beteiligungsunternehmen zu bestimmen,

(d) Risiko oder Rechte des Investors bezüglich der variablen wirtschaftlichen Erfolge des Beteiligungsunternehmens und

(e) Fähigkeit des Investors, durch Ausübung seiner Entscheidungsmacht über das Beteiligungsunternehmen, die Höhe seiner wirtschaftlichen Erfolge zu beeinflussen.

Zudem hat ein Investor die Art seiner Beziehung zu anderen Parteien bei der Beurteilung der Beherrschung über ein Unternehmen zu berücksichtigen (IFRS 10.B4). Einerseits kann ein Investor trotz des Besitzes von mehr als 50 % der Stimmrechte über keine Entscheidungsmacht verfügen, sofern er nicht in der Lage ist, die entscheidenen Aktivitäten des Beteiligungsunternehmen zu steuern, um daraus variable Rückflusse zu erhalten (IFRS 10.B36 f.).[134] Andererseits kann ein Investor auch bei weniger als 50 % der Stimmrechte über Entscheidungsmacht verfügen. Eine solche **faktische Einflussnahmemöglichkeit** kann u. a. durch eine nachhaltige Präsenzmehrheit eines Unternehmens (Mutterunternehmen) in der Hauptversammlung einer Aktiengesellschaft (Tochterunternehmen) gegeben sein.[135]

Die Kriterien des IFRS 10 sind für die Beurteilung der Beherrschung in ihrer Gesamtheit zu betrachten, dabei sind sämtliche Umstände und Tatsachen zu berücksichtigen.[136] Charakteristisch für die Beherrschungskonzeption des IFRS 10 ist, dass allein darauf abgestellt wird, ob das Mutterunternehmen über Entscheidungsmacht bzw. ein Recht auf die variablen wirtschaftlichen Erfolge des Tochterunternehmens verfügt, nicht aber darauf, ob dieser Einfluss auch tatsächlich ausgeübt wird. Ob aufgrund dieser Einflussmöglichkeit das Tochterunternehmen auch tatsächlich beherrscht wird, ist also unerheblich.

413. Befreiung von der Konzernrechnungslegungspflicht nach IFRS

Nach IFRS 10.4 knüpft die Konzernrechnungslegungspflicht an das Vorliegen eines Mutter-Tochter-Verhältnisses an. Sämtliche Mutterunternehmen haben somit gemäß IFRS 10 grundsätzlich einen Konzernabschluss aufzustellen. Im Fall eines mehrstufigen Unterordnungskonzerns wäre demzufolge auf jeder Stufe ein Konzernabschluss zu erstellen. Diese **grundsätzliche Pflicht zur Konzernrechnungslegung** wird durch IFRS 10.4 (a) unter bestimmten Bedingungen aufgehoben. Ein Mutterunternehmen muss dann keinen Teilkonzernabschluss aufstellen, wenn dieses Teilkonzernmutterunternehmen einem anderen Mutterunternehmen entweder zu 100 % (wholly owned subsidiary) gehört oder zu weniger als 100 % (partially-owned subsidiary) gehört und

---

134 Vgl. BAETGE, J./HAYN, S./STRÖHER, T., in: Baetge u. a., Rechnungslegung nach IFRS, 2. Aufl., IFRS 10, Rn. 100.

135 Vgl. BAETGE, J./HAYN, S./STRÖHER, T., in: Baegte u. a., Rechnungslegung nach IFRS, 2. Aufl., IFRS 10, Rn. 107.

136 Vgl. BAETGE, J./HAYN, S./STRÖHER, T., in: Baetge u. a., Rechnungslegung nach IFRS, 2. Aufl., IFRS 10, Rn. 64.

die restlichen Anteilseigner über die Nichtaufstellung eines Konzernabschlusses informiert wurden und nicht widersprochen haben (IFRS 10.4 (a) (i)). Außerdem muss ein dem Tochterunternehmen übergeordnetes Mutterunternehmen einen Konzernabschluss aufstellen (IFRS 10.4 (a) (iv)). Werden Anteile (debt or equity instruments) des Teilkonzernmutterunternehmens an einem Kapitalmarkt gehandelt oder befindet sich ein Börsengang im Stadium der Vorbereitung, kann die für deutsche Mutterunternehmen ohnehin nicht relevante Befreiung nicht in Anspruch genommen werden (IFRS 10.4 (a) (ii) und (iii)).

IFRS 10 sieht keine explizite Befreiung von der Pflicht zur Konzernrechnungslegung bei Unterschreiten bestimmter Größenkriterien vor. Zwar gelten generell für alle Bereiche der Rechnungslegung die Ausnahmen wegen untergeordneter Bedeutung nach der **materiality-Klausel** (CF.QC11). Eine **größenabhängige Befreiung** von der Pflicht zur Konzernrechnungslegung ist jedoch auf Basis der materiality-Klausel kaum zu begründen[137] und für deutsche Mutterunternehmen ohnehin nicht relevant, da sich die Aufstellungspflicht ausschließlich aus § 290 ergibt.[138]

42 Die Abgrenzung des Konsolidierungskreises nach IFRS

421. Der Vollkonsolidierungskreis nach IFRS

Auch wenn IFRS 10 die Abgrenzung des Konsolidierungskreises nicht explizit regelt, sind grundsätzlich neben dem Mutterunternehmen alle Tochtergesellschaften, d. h. alle beherrschten Unternehmen, in den Konzernabschluss einzubeziehen. Die Frage der Berücksichtigung eines Tochterunternehmens ist demnach auf der Basis des Kriteriums der Beherrschung zu beantworten. Explizite Ausnahmen davon bestehen in den IFRS nicht. Die Pflicht zur Einbeziehung des Mutterunternehmens und aller Tochterunternehmen ist in den IFRS unabhängig von Rechtsform und Sitz des Mutterunternehmens und der Tochterunternehmen (**Weltabschlussprinzip**). Besonderheiten zur Berücksichtigung von Tochterunternehmen sieht IFRS 10 lediglich im Zusammenhang mit IFRS 5 (Zur Veräußerung gehaltene langfristige Vermögenswerte und aufgegebene Geschäftsbereiche) vor.

Liegt bei einem Tochterunternehmen eine Weiterveräußerungsabsicht vor, so ist das Tochterunternehmen zwar weiterhin zu konsolidieren, allerdings sind die Auswirkungen der Veräußerung auf den Konzernabschluss gemäß IFRS 5.30 deutlich zu machen. Zu diesem Zwecke sind die Vermögenswerte, Schulden und Ergebniswirkungen des zu veräußernden Tochterunternehmens gemäß IFRS 5.1 gesondert zu zeigen. Die Voraussetzungen für den gesonderten Ausweis nach IFRS 5, die Klassifizierung eines Tochterunternehmens als aufgegebener Geschäftsbereich (discontinued operation) oder als Veräußerungsgruppe (disposal group), sind in IFRS 5.31 f. bzw. IFRS 5.6-12 beschrieben. Nach IFRS 5.15 ist die Gesamtheit der Vermögenswerte und Schulden

---

137 Vgl. BAETGE, J./HAYN, S./STRÖHER, T., in: Baetge u. a., Rechnungslegung nach IFRS, 2. Aufl., IFRS 10, Rn. 189.

138 Vgl. Abschn. 12 zur Aufstellungspflicht in diesem Kapitel.

dieser Tochterunternehmen zum niedrigeren Wert aus dem Buchwert (carrying amount) und dem beizulegenden Zeitwert abzüglich der Veräußerungskosten (fair value less costs to sell) zu berücksichtigen.[139] Die Vermögenswerte und Schulden sind in der Konzern-Bilanz gemäß IFRS 5.38 getrennt von den anderen Vermögenswerten und Schulden darzustellen.[140] Außerdem sind nach IFRS 5.33 für aufgegebene Geschäftsbereiche das Ergebnis nach Steuern sowie das Ergebnis nach Steuern, welches sich durch die Bewertung zum beizulegenden Zeitwert abzüglich der Veräußerungskosten oder durch den Verkauf von Vermögensgegenständen des Tochterunternehmens ergibt, gesondert in der Gesamtergebnisrechnung auszuweisen. Diese Ergebnisse sind untergliedert in Erlöse, Aufwendungen und Ergebnis vor Steuern sowie den zugehörigen Ertragsteueraufwand gesondert in der Gesamtergebnisrechnung oder dem Anhang darzustellen. Des Weiteren sind die Netto-Cashflows, die Cashflows aus der laufenden Geschäftstätigkeit sowie die Cashflows aus der Investitions- und der Finanzierungstätigkeit, die dem aufgegebenen Geschäftsbereich zuzuordnen sind, gesondert auszuweisen.[141]

Im Ergebnis bleibt festzuhalten, dass die IFRS zwar keine expliziten Ausnahmen von der Einbeziehung in den Konsolidierungskreis enthalten. Dadurch entstehen aber i. d. R. keine oder lediglich geringfügige Unterschiede zur Abgrenzung des Konsolidierungskreises nach HGB. So dürfte bei einer ausschließlichen Weiterveräußerungsabsicht gemäß IFRS 10.7 keine Kontrolle und somit kein Tochterunternehmen vorliegen. Das HGB sieht dazu in § 296 Abs. 1 Nr. 3 ein Konsolidierungswahlrecht vor. Für das HGB-Konsolidierungswahlrecht bei einer Beschränkung der Ausübung der Rechte des Mutterunternehmens (§ 296 Abs. 1 Nr. 1) gibt es in den IFRS keine Entsprechung. Indes besteht bei einer solchen Einschränkung der Rechte i. d. R. auch keine Bestimmungsmacht eines Investors, bzw. die Ausübung der Bestimmungsmacht wird zu stark beschränkt, so dass nach IFRS kein Tochterunternehmen vorliegen dürfte. Für alle Bereiche der IFRS-Rechnungslegung gilt die Ausnahme aufgrund einer untergeordneten Bedeutung nach der **materiality-Klausel** (CF.QC11). Zudem verpflichtet der IASB den Bilanzierenden mit dem cost-benefit-Prinzip in CF.QC35 zur **Wirtschaftlichkeit** in allen Bereichen der Rechnungslegung. Auf den Konsolidierungskreis übertragen lassen es diese Regelungen zu, dass all jene Tochterunternehmen nicht vollkonsolidiert werden, die zusammengenommen von untergeordneter Bedeutung für die Darstellung der wirtschaftlichen Lage des Konzerns sind. Sie sind dann systematisch als Finanzinstrumente nach dem derzeit noch gültigen IAS 39 (Finanzinstrumente: Ansatz und Bewertung) bzw. nach IFRS 9 (Finanzinstrumente) zu behandeln, der IAS 39 künftig ersetzen soll.[142] Auch der Verzicht auf die Einbeziehung durch unverhältnismäßig hohe Kosten oder unangemessene Verzögerungen

---

139 Zu Besonderheiten bei der Bewertung von zur Veräußerung gehaltenen Tochterunternehmen vgl. POERSCHKE, K., Zur Veräußerung gehaltenes Vermögen, S. 93-97.

140 Die Regelungen bezüglich der Bewertung und des Ausweises von Veräußerungsgruppen gelten implizit auch für aufgegebene Geschäftsbereiche, da ein aufgegebener Geschäftsbereich gleichzeitig auch als Veräußerungsgruppe zu qualifizieren ist. Vgl. POERSCHKE, K., Zur Veräußerung gehaltenes Vermögen, S. 91 und 152.

141 Dieser Ausweis ist für neu erworbene Tochterunternehmen nicht erforderlich (IFRS 5.33).

dürfte nach IFRS ausnahmsweise vorübergehend gerechtfertigt sein, wenn ein grobes Missverhältnis zwischen dem zusätzlichen Informationsgewinn durch die Einbeziehung eines Tochterunternehmens und den dafür zusätzlich anfallenden Kosten besteht oder wenn eine rechtzeitige Informationsbeschaffung ausnahmsweise unmöglich ist.[143]

422. Sonstige einzubeziehende Unternehmen nach IFRS

Neben Mutter- und Tochterunternehmen sind in den IFRS-Konzernabschluss auch gemeinschaftliche Vereinbarungen (joint arrangements), assoziierte Unternehmen (associates) und Finanzinvestitionen (investments) einzubeziehen.

IFRS 11 (Gemeinschaftliche Vereinbarungen) unterscheidet zwei Formen von **gemeinschaftlichen Vereinbarungen**: gemeinschaftliche Tätigkeiten (joint operations) und Gemeinschaftsunternehmen (joint ventures). Bei einer gemeinschaftlichen Tätigkeit hat jeder Betreiber seinen Anteil an den Vermögenswerten (assets) und Schulden (liabilities) sowie den Erlösen (revenues) und Aufwendungen (expenses) quotal zu erfassen (IFRS 11.20). Anders verhält es sich bei der bilanziellen Abbildung eines Gemeinschaftsunternehmens im Konzernabschluss. In diesem Fall ist die Beteiligung zwingend nach der Equity-Methode gemäß IAS 28 (Beteiligungen an assoziierten Unternehmen und Gemeinschaftsunternehmen) zu bewerten (IFRS 11.24 und IAS 28.16).

Nach IAS 28 sind neben Gemeinschaftsunternehmen sog. **assoziierte Unternehmen** im Konzernabschluss nach der Equity-Methode zu bilanzieren, wenn kein Befreiungstatbestand gemäß IAS 28.17 vorliegt. Ein assoziiertes Unternehmen ist dadurch gekennzeichnet, dass ein in den Konzernabschluss einbezogenes Unternehmen auf dieses Unternehmen einen maßgeblichen Einfluss ausüben kann, ohne indes die Rechte nach dem Control-Konzept gemäß IFRS 10 innezuhaben. Ein Unternehmen gilt nach IAS 28 bereits als assoziiertes Unternehmen, wenn das beteiligte Unternehmen die Möglichkeit zur Ausübung eines maßgeblichen Einflusses hat, auf die tatsächliche Ausübung kommt es nicht an. Tochterunternehmen können dabei nach IAS 28.2 explizit keine assoziierten Unternehmen sein.[144]

Anteile an Unternehmen, über die kein maßgeblicher Einfluss ausgeübt werden kann, dürfen nicht nach der Equity-Methode bilanziert werden. Sie sind gemäß IAS 39 bzw. künftig gemäß IFRS 9 zu bilanzieren. Auch für assoziierte Unternehmen und für Gemeinschaftsunternehmen ist ggf. IFRS 5 zu beachten (IAS 28.20 f.).

---

142 Insofern folgen die IFRS auch nicht einer Stufenkonzeption in dem Sinne, dass bei Nichtanwendung einer Einbeziehungsmethode zunächst zu prüfen ist, ob die nachgelagerte Stufe einschlägig ist.

143 Vgl. VON KEITZ, I./EWELT-KNAUER, C., in: Baetge/Kirsch/Thiele, § 296 HGB, Rn. 513 f.; a. A. FÖRSCHLE, G./DEUBERT, M., in: Beck Bilanzkomm., 9. Aufl., § 296 HGB, Rn. 54.

144 Vgl. zur Equity-Methode nach IAS 28 ausführlich Kap. VII Abschn. 5.

Kapitel IV:
Der Grundsatz der Einheitlichkeit

1 Überblick

Der Grundsatz der Einheitlichkeit beschreibt die Regeln, wie die Einzelabschlüsse der Konzernunternehmen beschaffen sein müssen, damit sie zum Summenabschluss zusammengefasst werden können. Er fordert, dass die zusammenzufassenden Einzelabschlüsse nach einheitlichen Bilanzierungsregeln erstellt sein müssen, da nur unter dieser Voraussetzung ein aussagefähiger, mit Einzelabschlüssen vergleichbarer Konzernabschluss aufgestellt werden kann. Soweit die ursprünglichen Einzelabschlüsse, die sog. Handelsbilanz I (HB I), den geforderten einheitlichen Normen noch nicht genügen, werden entsprechende Anpassungsmaßnahmen erforderlich. Als Ergebnis entstehen die nach konzerneinheitlichen Bilanzierungsgrundsätzen erstellten Einzelabschlüsse, die sog. Handelsbilanz II (HB II).

Der **Grundsatz der Einheitlichkeit** darf indes nicht mit dem **Einheitsgrundsatz** des § 297 Abs. 3 Satz 1 verwechselt werden, denn letzterer stellt die Leitlinie für die Konsolidierung dar, kommt also erst beim sechsten Schritt der Aufstellung eines Konzernabschlusses, der Konsolidierung, zum Zuge. Der Grundsatz der Einheitlichkeit betrifft dagegen den vierten Schritt der Aufstellung eines Konzernabschlusses; in diesem Schritt wird das Zahlenwerk der in den Konzernabschluss einzubeziehenden Jahresabschlüsse vereinheitlicht, damit die Jahresabschlüsse zum Summenabschluss addiert werden können.[1] Der Grundsatz der Einheitlichkeit ist besonders bedeutend, weil der Konzernabschluss den Rechenschaftszweck und den Zweck der Kapitalerhaltung aufgrund von Informationen nur dann erfüllen kann, wenn ein Mindestmaß an **formeller** und **materieller Einheitlichkeit** des darin abgebildeten Zahlenmaterials gewährleistet ist.

Die **formelle Einheitlichkeit** verlangt **einheitliche Stichtage** bzw. Berichtsperioden der in den Konzernabschluss einzubeziehenden Abschlüsse und einen **einheitlichen Ausweis** im Konzernabschluss sowie eine einheitliche Währung. Explizite handelsrechtliche Vorschriften gibt es indes nur zur Einheitlichkeit der Stichtage sowie zur einheitlichen Währung. Hinsichtlich der **Einheitlichkeit der Stichtage** regelt § 299

---

1   Vgl. Übersicht I-2.

zum einen, welcher Tag Konzernabschlussstichtag sein soll (Abs. 1), und zum anderen, auf welcher Grundlage jene Unternehmen in den Konzernabschluss einbezogen werden müssen bzw. sollen, deren Geschäftsjahr von dem des Konzerns abweicht (Abs. 2 und 3).[2]

Zur **Einheitlichkeit der Währung** bestimmt der Gesetzgeber in § 244 i. V. m. § 298 Abs. 1, dass der Konzernabschluss in Euro aufzustellen ist. Da die Abschlüsse der ausländischen Tochterunternehmen i. d. R. auf fremde Währung lauten, müssen diese Abschlüsse im Anschluss an die formelle und materielle Vereinheitlichung schließlich noch in Euro umgerechnet werden (Vereinheitlichung der Recheneinheit). Spezielle, die **Währungsumrechnung** im Konzernabschluss regelnde Vorschriften sind in den §§ 256a und 308a enthalten. Der Gesetzgeber erlaubt für die Währungsumrechnung nur die Stichtagskursmethode.[3] Er schreibt vor, dass Fremdwährungsbeträge bei Aktiva und Passiva mit Ausnahme des mit dem historischen Kurs umzurechnenden Eigenkapitals zum Devisenkassamittelkurs und GuV-Posten zum Durchschnittskurs umzurechnen sind. Die Grundlagen für die Umrechnung der in fremder Währung aufgestellten Abschlüsse in Euro sind gemäß § 313 Abs. 1 Nr. 2 im Konzernanhang anzugeben.[4]

Die **materielle Einheitlichkeit** ist gewährleistet, wenn die Abschlüsse der einbezogenen Unternehmen an die **konzerneinheitlichen Bilanzierungsgrundsätze** angepasst werden. Das auf die deutsche Muttergesellschaft anwendbare Recht bildet den Rahmen für die Anpassungsmaßnahmen hinsichtlich **Ansatz und Bewertung**. Explizite gesetzliche Regelungen gibt es zum Ansatz in § 300 Abs. 2 und zur einheitlichen Bewertung in den §§ 256a, 308 und 308a.[5]

Die folgende Übersicht systematisiert die den Grundsatz der Einheitlichkeit konkretisierenden Maßnahmen bei Aufstellung der HB II und ordnet sie in den **Prozess der Konzernabschlussaufstellung**[6] ein:

---

2   Vgl. hierzu Abschn. 2 in diesem Kapitel.

3   Vor BilMoG bestand ein Wahlrecht zur Anwendung der Zeitbezugs- oder der Stichtagskursmethode. Genauere Regelungen hierzu enthielt der mittlerweile außer Kraft gesetzte DRS 14.

4   Vgl. hierzu Abschn. 4 in diesem Kapitel.

5   Vgl. hierzu Abschn. 3 in diesem Kapitel.

6   Vgl. Kap. I Abschn. 4.

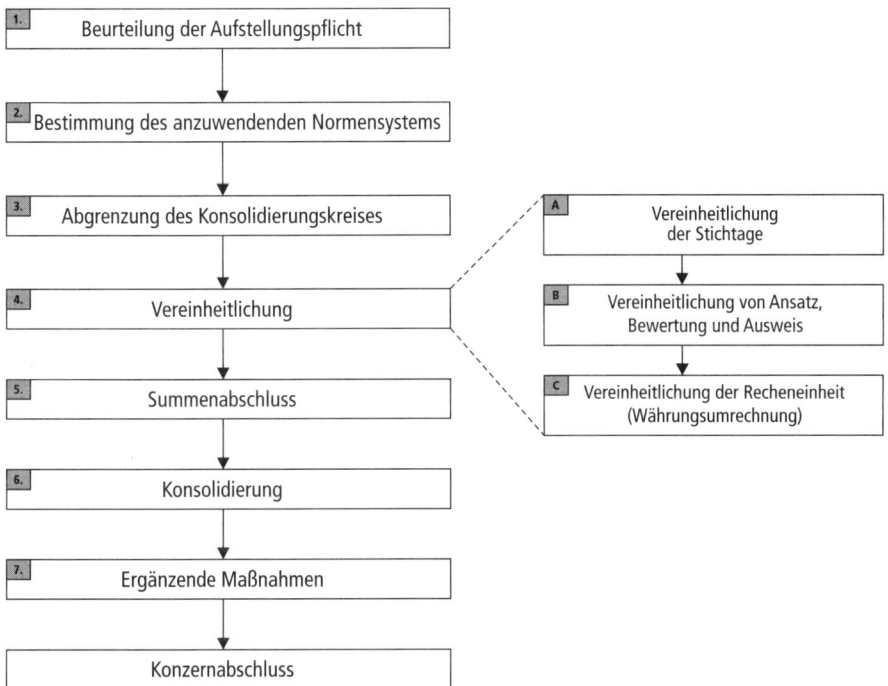

Übersicht IV-1: *Die Maßnahmen zur Vereinheitlichung im Prozess der Aufstellung eines Konzernabschlusses*

2 Die Einheitlichkeit der Stichtage

21 Der Grundsatz des einheitlichen Abschlussstichtages

Der Stichtag des Konzernabschlusses ist der **Stichtag des Jahresabschlusses des Mutterunternehmens** (§ 299 Abs. 1). Ein anderer Stichtag kommt für den Konzernabschluss nicht in Frage. Dies ist sachgerecht, weil der Jahresabschluss des Mutterunternehmens die Grundlage für den Konzernabschluss bildet.[7]

Die in einen Abschluss einzubeziehenden Konten müssen auf den gleichen Stichtag abgeschlossen sein, damit Vermögen und Schulden zum Abschlussstichtag sowie Aufwendungen und Erträge des abgelaufenen Jahres bis zu diesem Stichtag entsprechend erfasst werden können. Da der Konzernabschluss auf der Grundlage der Einzelabschlüsse der einbezogenen Unternehmen erstellt wird, müssen diese grundsätzlich auf den Konzernabschlussstichtag aufgestellt sein. HEINEN bezeichnet diesen Grundsatz des einheitlichen Abschlussstichtages als „eine der wichtigsten formellen Voraussetzungen für die Aufstellung konsolidierter Abschlüsse. Ist sie nicht gegeben, so verliert

---

7 Vgl. BIENER, H./BERNEKE, W., Bilanzrichtlinien-Gesetz, S. 324.

der Konzernabschluß an Aussagefähigkeit: erstens würden unter Umständen Posten zusammengefaßt, die sich auf unterschiedliche Zeiträume beziehen, zweitens wäre der willkürlichen Vermögens- und Gewinnverlagerung Tür und Tor geöffnet, und drittens wäre eine zuverlässige Abstimmung konzerninterner Konten nicht mehr gewährleistet."[8] Diese Auffassung wird im Schrifttum einhellig geteilt.[9]

Die Anforderung eines konzerneinheitlichen Stichtages wird vom Gesetzgeber indes nicht explizit gefordert, sondern mit der Formulierung „die Jahresabschlüsse der in den Konzernabschluss einbezogenen Unternehmen sollen auf den Stichtag des Konzernabschlusses aufgestellt werden" in § 299 Abs. 2 geregelt. Diese Vorschrift geht auf Art. 27 Abs. 3 der 7. EG-Richtlinie zurück, der ebenfalls keine Pflicht zu konzerneinheitlichen Stichtagen enthält, da diese im Hinblick auf das Weltabschlussprinzip als nicht durchsetzbar angesehen wurden.[10]

Die Stichtage der Einzelabschlüsse der einbezogenen Unternehmen dürfen indes nicht willkürlich vom Konzernabschlussstichtag abweichen. Deshalb müssen sachliche Gründe vorliegen, die einen abweichenden Stichtag eines einbezogenen Unternehmens vom Konzernabschlussstichtag rechtfertigen. Ferner werden sachliche Gründe für den Fall verlangt, dass der Stichtag eines einbezogenen Unternehmens auf einen anderen als den Konzernabschlussstichtag verlegt werden soll.[11] Dieses Erfordernis eines konzerneinheitlichen Stichtages folgt auch aus dem Stichtagsprinzip, das gemäß § 252 Abs. 1 Nr. 3 i. V. m. § 298 Abs. 1 auch für den Konzernabschluss gilt.

22 Vereinheitlichung des Abschlussstichtages durch Zwischenabschlüsse

Sofern ein einheitlicher, mit dem Konzernabschlussstichtag übereinstimmender Abschlussstichtag nicht für alle Konzernunternehmen möglich ist, kann die erforderliche Einheitlichkeit der Stichtage nur erreicht werden, wenn diese Unternehmen eigens für die Konsolidierung einen auf das Konzerngeschäftsjahr abstellenden sog. Zwischenabschluss erstellen. Der **Zwischenabschluss** hat die Aufgabe, einen Abrechnungszeitraum zu schaffen, der abweichend vom normalen Geschäftsjahr des Konzernunternehmens grundlegend für die Einbeziehung in den Konzernabschluss ist.[12] Dieser Zwischenabschluss ist nach den gleichen Vorschriften aufzustellen wie eine HB II; es darf sich also nicht um einen Abschluss minderer Qualität handeln.[13] Der Zwischenabschluss ist vom Konzernabschlussprüfer gemäß § 317 Abs. 3 Satz 1

---

8   HEINEN, E., Handelsbilanzen, S. 381.

9   Vgl. MAAS, U./SCHRUFF, W., Unterschiedliche Stichtage, S. 4; ADS, 6. Aufl., Vorbemerkungen zu §§ 290-315 HGB, Rn. 31; IDW, Stellungnahme zur Transformation der 7. EG-Richtlinie, S. 511; ARBEITSKREIS „EXTERNE UNTERNEHMENSRECHNUNG" DER SCHMALENBACH-GESELLSCHAFT, Aufstellung von Konzernabschlüssen, S. 190.

10   Vgl. BIENER, H., Konzernrechnungslegung nach der Siebenten Richtlinie, S. 8.

11   Vgl. ADS, 6. Aufl., § 299 HGB, Rn. 18 f.

12   Vgl. HFA DES IDW, Konzernrechnungslegung bei unterschiedlichen Abschlußstichtagen, S. 682; ADS, 6. Aufl., § 299 HGB, Rn. 23.

zu prüfen.[14] Der Zwischenabschluss begründet indes **keine Rechtsgrundlage für er-gebnisabhängige Zahlungen des Konzernunternehmens**, weder für Ausschüttungen an die Gesellschafter noch für Steuerzahlungen an den Fiskus.[15] Deshalb ist es fraglich, wie im Zwischenabschluss auszuweisende ergebnisabhängige Aufwendungen, etwa gewinn- bzw. dividendenabhängige Tantiemen, zu ermitteln sind. Aufgrund der Ungewissheit bezüglich des weiteren Geschäftsverlaufs sind diese Aufwendungen nur durch Schätzungen ermittelbar. Hier bleibt ein Gestaltungsspielraum für den Bilanzierenden.

Gemäß den Vorgaben des Art. 27 Abs. 3 der 7. EG-Richtlinie schreiben die Regelungen des HGB einen Zwischenabschluss zwingend nur dann vor, wenn der Bilanzstichtag eines einbezogenen Unternehmens um mehr als **drei Monate vor dem Konzernabschlussstichtag** liegt (§ 299 Abs. 2 Satz 2). Die „**Drei-Monats-Ausnahme**" ist dabei so zu verstehen, dass bspw. bei einem Konzern, dessen Konzerngeschäftsjahr am 31.12. endet, Unternehmen auf der Basis ihres letzten Einzelabschlusses in den Konzernabschluss einbezogen werden dürfen, wenn ihr Geschäftsjahr am 30.09. oder später, aber vor dem Konzernabschlussstichtag endet. Ein Zwischenabschluss ist in diesem Fall also nicht aufzustellen. Indes sind gemäß § 299 Abs. 3 Vorgänge von besonderer Bedeutung für die wirtschaftliche Lage des Konzernunternehmens, die zwischen dem Abschlussstichtag dieses Unternehmens und dem Konzernabschlussstichtag eintreten, im Konzernabschluss zu berücksichtigen.[16] Liegt dagegen der Abschlussstichtag des Unternehmens nur einen Tag nach dem Konzernabschlussstichtag, wird dieses Unternehmen zur Aufstellung eines Zwischenabschlusses verpflichtet.

---

13 Vgl. IDW (Hrsg.), WP-Handbuch 2012, Bd. I, Rn. M 158; KRUMBHOLZ, M., in: Baetge/Kirsch/Thiele, § 299 HGB, Rn. 33.

14 Vgl. MARTEN, K.-U./KÖHLER, A. G./NEUBECK, G., in: Baetge/Kirsch/Thiele, § 317 HGB, Rn. 135.

15 Vgl. ADS, 6. Aufl., § 299 HGB, Rn. 46-52.

16 Vgl. hierzu ausführlich Abschn. 23 in diesem Kapitel.

Die folgende Übersicht stellt die handelsrechtlichen Regelungen für die Einheitlichkeit der Stichtage zusammenfassend dar:

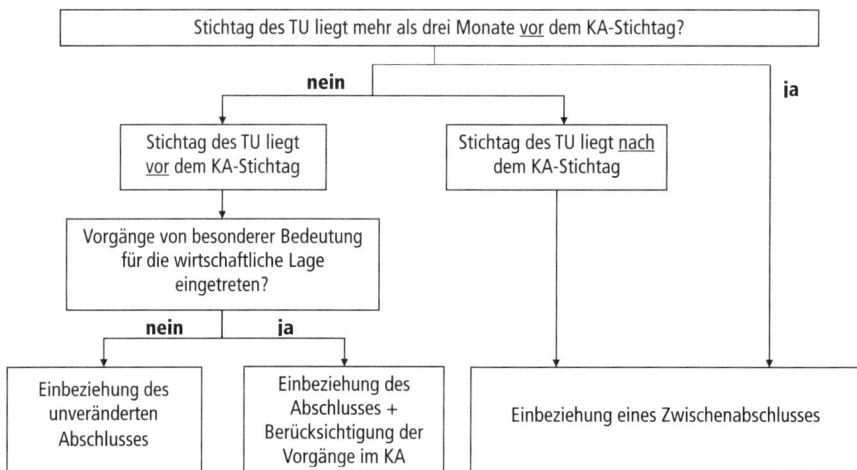

Übersicht IV-2: *Verfahrensweise bei abweichenden Stichtagen nach § 299 HGB*

Die Vorschrift des § 299 Abs. 2 Satz 2 gilt für alle Unternehmen, die nach den Regeln der Vollkonsolidierung in den Konzernabschluss einbezogen werden und für **Gemeinschaftsunternehmen**, die gemäß § 310 anteilig konsolidiert werden (§ 310 Abs. 2), indes **nicht für assoziierte Unternehmen** und für Gemeinschaftsunternehmen, die nach der **Equity-Methode** einbezogen werden. Gemäß § 312 Abs. 6 Satz 1 wird der Equity-Methode der jeweils letzte Jahresabschluss des assoziierten Unternehmens zugrunde gelegt, d. h. ein Zwischenabschluss braucht auch dann nicht erstellt zu werden, wenn der Stichtag des letzten Jahresabschlusses dieses Unternehmens mehr als drei Monate vor dem Konzernabschlussstichtag liegt.[17] Im Übrigen ist bei assoziierten Unternehmen nicht gewährleistet, dass der Konzern über die erforderliche Leitungsmacht verfügt, einen Zwischenabschluss zu erzwingen. Folgerichtig existiert keine zu § 299 Abs. 3 analoge Berichtspflicht für Vorgänge von besonderer Bedeutung, die nach dem letzten Jahresabschluss des assoziierten Unternehmens, aber noch vor dem Konzernabschlussstichtag eingetreten sind. Hier besteht die Gefahr, dass die Aussagefähigkeit des Konzernabschlusses leidet.[18]

---

17 Vgl. MAAS, U./SCHRUFF, W., Unterschiedliche Stichtage, S. 6; HARMS, J. E./KÜTING, K., Konsolidierung bei unterschiedlichen Bilanzstichtagen, S. 441.

18 In diesem Fall sind allerdings erläuternde Angaben im Konzernanhang gemäß § 313 Abs. 1 Nr. 1 erforderlich; vgl. HFA DES IDW, Konzernrechnungslegung bei unterschiedlichen Abschlußstichtagen, S. 683.

23 Ersatzmaßnahmen bei Verzicht auf Zwischenabschlüsse im Fall abweichender Stichtage

Unternehmen, deren Jahresabschlussstichtag höchstens drei Monate vor dem Konzernabschlussstichtag liegt, brauchen zur Konsolidierung keinen Zwischenabschluss aufzustellen, sondern dürfen gemäß Umkehrschluss aus § 299 Abs. 2 Satz 2 auf der Grundlage ihres Einzelabschlusses in den Konzernabschluss einbezogen werden. Diese Regelung geht auf Art. 27 Abs. 3 der 7. EG-Richtlinie zurück; sie wurde mit dem Hinweis auf die anglo-amerikanische Praxis übernommen. In den USA war sie in den dreißiger Jahren mit Rücksicht auf den schwierigen und langsamen Informationsfluss zwischen Unternehmen in den USA und deren überseeischen Beteiligungen eingeführt worden.[19] Außerdem glaubte der deutsche Gesetzgeber, er könne mit dieser Erleichterung den Aufwand der Konzernrechnungslegung sinnvoll begrenzen.[20] Aus dem Verzicht auf die Erstellung eines Zwischenabschlusses resultierende Informationsverluste sollen dadurch ausgeglichen werden, dass **Vorgänge von besonderer Bedeutung** für die Vermögens-, Finanz- und Ertragslage eines in den Konzernabschluss einbezogenen Unternehmens, die zeitlich zwischen Einzel- und Konzernabschlussstichtag liegen, gemäß § 299 Abs. 3 entweder (ohne Angabe des Vorfalls) in der Konzernbilanz und der Konzern-GuV zu berücksichtigen oder im Konzernanhang anzugeben sind.[21]

Im Schrifttum wird diese Regelung zu Recht kritisiert, da sie weder notwendig noch zweckmäßig ist.[22] Ein Verzicht auf einheitliche Stichtage ist nicht notwendig, da alle erforderlichen Daten heute einfach und schnell über moderne globale Kommunikationsnetze weltweit transferiert werden können. Insofern hat die Ausnahmeregel inzwischen ihre Berechtigung verloren.[23]

Der Verzicht auf einen Zwischenabschluss führt ferner nur z. T. zu einer Arbeitserleichterung, da auch die bereits angesprochene Angabepflicht gemäß § 299 Abs. 3 eine vollständige Durchsicht aller Geschäftsvorfälle des nicht erfassten Zeitraumes voraussetzt.[24] Das Mutterunternehmen kann frei wählen, ob es die Vorgänge von besonderer Bedeutung in Konzernbilanz und Konzern-GuV berücksichtigt, d. h. nachbucht, oder im Konzernanhang angibt. Die erste Alternative führt im Ergebnis zu einem **partiellen Zwischenabschluss**[25]; sie unterscheidet sich von einer Konsolidie-

---

19 Vgl. RÄTSCH, C. P., Betrachtungen zur Konzernrechnungslegung, S. 579.

20 Vgl. BIENER, H./BERNEKE, W., Bilanzrichtlinien-Gesetz, S. 324.

21 Zur Frage, an welchen Maßstäben die besondere Bedeutung dieser berichtspflichtigen Vorgänge zu messen ist, vgl. HFA DES IDW, Konzernrechnungslegung bei unterschiedlichen Abschlußstichtagen, S. 682; ADS, 6. Aufl., § 299 HGB, Rn. 71-75; KRUMBHOLZ, M., in: Baetge/Kirsch/Thiele, § 299 HGB, Rn. 42.

22 Vgl. ADS, 6. Aufl., § 299 HGB, Rn. 27 m. w. N.

23 Vgl. MAAS, U./SCHRUFF, W., Unterschiedliche Stichtage, S. 3; EDELKOTT, D., Der Konzernabschluß in Deutschland, S. 85.

24 Vgl. HENI, B., in: Hofbauer/Kupsch, § 299 HGB, Rn. 11; NIEHUS, R. J., Neues Konzernrecht für die GmbH, S. 1792; a. A. LANGE, S., in: Beck HdR, C 320, Rn. 61.

25 Vgl. HARMS, J. E./KÜTING, K., Konsolidierung bei unterschiedlichen Bilanzstichtagen, S. 435.

rung auf der Grundlage eines Zwischenabschlusses gemäß § 299 Abs. 2 Satz 2 dadurch, dass die nicht von besonderen Vorgängen nach dem Stichtag betroffenen Posten des Jahresabschlusses des Tochterunternehmens ohne Anpassung an die Verhältnisse am Konzernabschlussstichtag in die Konsolidierung einbezogen werden.[26] Die aufgrund der Phasenverschiebung notwendigen Nachbuchungen im Konzernabschluss sind im Zeitablauf zu verfolgen: Die nachgebuchten Geschäftsvorfälle sind im folgenden Jahresabschluss des Konzernunternehmens mit abweichendem Stichtag enthalten und dürfen nicht ein weiteres Mal in den Konzernabschluss, und zwar in den des folgenden Jahres, eingehen.

Die nachgebuchten Geschäftsvorfälle müssen im Folgejahr also aus dem Jahresabschluss des Konzernunternehmens mit abweichendem Stichtag eliminiert werden.[27] Die zweite Alternative (Angabe im Konzernanhang) muss der ersten gleichwertig sein. Dazu müssen die Auswirkungen der angabepflichtigen Vorgänge auf die Vermögens-, Finanz- und Ertragslage des Konzerns dargelegt werden. Verbale Angaben reichen hier nicht aus, sondern es wird i. d. R. eine aussagefähige Nebenrechnung erforderlich sein,[28] so dass bei keiner der Alternativen Erstellungsaufwand gespart wird.

Dagegen verursacht ein Verzicht auf Zwischenabschlüsse u. U. erhebliche konsolidierungstechnische Probleme, vor allem bei intensiven konzerninternen Lieferungs- und Leistungsbeziehungen.[29] Bestehen Geschäftsbeziehungen zwischen einem Konzernunternehmen, das abweichend vom Konzernabschlussstichtag bilanziert, und anderen Konzernunternehmen, deren Abschlussstichtag mit dem Konzernabschlussstichtag übereinstimmt, so gehen Geschäfte, die zwischen dem Abschlussstichtag dieses Unternehmens und dem Konzernabschlussstichtag getätigt wurden, bei diesem Unternehmen bereits in den Jahresabschluss der Folgeperiode ein; bei den übrigen Konzernunternehmen werden sie noch im aktuellen Jahresabschluss erfasst. Im aktuellen Jahresabschluss des Unternehmens mit abweichendem Stichtag fehlen somit die entsprechenden Gegenposten für die Konsolidierung, so dass im Konzernabschluss Konsolidierungsdifferenzen entstehen.[30]

Von der Angabepflicht des § 299 Abs. 3 werden nur jene Geschäfte von besonderer Bedeutung erfasst, die bei abweichenden Stichtagen zeitlich zwischen dem Abschlussstichtag des betreffenden Unternehmens und dem Abschlussstichtag des Konzerns getätigt wurden. Dagegen fehlt eine Berichtspflicht für **Vorgänge von besonderer Bedeutung**, die im Einzelabschluss des einzubeziehenden Unternehmens erfasst sind, indes zeitlich **vor dem Beginn des Konzerngeschäftsjahres** liegen. Die-

---

26 Vgl. HFA DES IDW, Konzernrechnungslegung bei unterschiedlichen Abschlußstichtagen, S. 683.

27 Vgl. FÖRSCHLE, G./DEUBERT, M., in: Beck Bilanzkomm., 9. Aufl., § 299 HGB, Rn. 37 f.; IDW (Hrsg.), WP-Handbuch 2012, Bd. I, Rn. M 174.

28 Vgl. HFA DES IDW, Konzernrechnungslegung bei unterschiedlichen Abschlußstichtagen, S. 683.

29 Vgl. MAAS, U./SCHRUFF, W., Unterschiedliche Stichtage, S. 3; ADS, 6. Aufl., § 299 HGB, Rn. 83-95.

30 Vgl. z. B. zu solchen Differenzen bei der Schuldenkonsolidierung Kap. V Abschn. 24.

ses Problem entsteht nur im Jahr der erstmaligen Einbeziehung eines Jahresabschlusses mit abweichendem Stichtag in den Konzernabschluss. In den Folgejahren müssten solche Vorgänge von besonderer Bedeutung bereits gemäß § 299 Abs. 3 im Konzernabschluss des Vorjahres berücksichtigt worden sein.

Die Einbeziehung von Unternehmen in den Konzernabschluss auf der Grundlage von Jahresabschlüssen mit abweichenden Bilanzstichtagen eröffnet der Konzernleitung vielfältige **konzernbilanzpolitische Spielräume**, etwa durch Liquiditätsverlagerungen innerhalb des Konzerns,[31] die auch vom Konzernabschlussprüfer keinesfalls immer festgestellt werden können, zumindest dann nicht, wenn die Erfolgs- und Vermögensverlagerungen durch eine Vielzahl üblicher Vorgänge herbeigeführt werden.[32] Da die Berichtspflicht nach § 299 Abs. 3 die von der Generalnorm geforderte Aussagefähigkeit des Konzernabschlusses nicht garantieren kann, wird im Schrifttum die Auffassung vertreten, dass der Verzicht auf einen Zwischenabschluss nur dann zulässig sei, wenn der konzerninterne Leistungs- und Zahlungsverkehr geringfügig ist und den Unternehmen mit abweichendem Stichtag keine erhebliche Bedeutung zukommt.[33] Diese Interpretation lässt sich indes nicht unmittelbar aus dem Gesetz ablesen, zumal der Gesetzgeber bei Verabschiedung der Regelung bewusst darauf verzichtet hat, die im RefE-BiRiLiG[34] vorgesehene Einschränkung als Gesetz zu verabschieden. Gleichwohl ist eine seltene Inanspruchnahme der „Drei-Monats-Ausnahme"[35] seitens der Unternehmen wünschenswert.

24 Die Einheitlichkeit der Stichtage nach IFRS

In IFRS 10 (Konzernabschlüsse)[36] wird als Stichtag des Konzernabschlusses einzig der Abschlussstichtag des Mutterunternehmens genannt (IFRS 10.B92 f.). Somit gehen auch die IFRS davon aus, dass der Konzernabschlussstichtag dem Abschlussstichtag des Mutterunternehmens entspricht.

Die Einzelabschlüsse der konsolidierungspflichtigen Tochterunternehmen sollen gemäß IFRS 10 auf den gleichen Stichtag aufgestellt werden und dürfen nur in Ausnahmefällen von dem Konzernabschlussstichtag abweichen. Deshalb müssen analog zur deutschen Gesetzesregelung bedeutende Gründe vorliegen, die einen **abweichenden Abschlussstichtag** eines einbezogenen Unternehmens vom Konzernabschlussstichtag rechtfertigen.

---

31 Vgl. HARMS, J. E./KÜTING, K., Konsolidierung bei unterschiedlichen Bilanzstichtagen, S. 439.

32 Vgl. IDW, Stellungnahme zur Transformation der 7. EG-Richtlinie, S. 511.

33 Vgl. HENI, B., in: Hofbauer/Kupsch, § 299 HGB, Rn. 11; a. A. ADS, 6. Aufl., § 299 HGB, Rn. 58.

34 § 277 Abs. 2 Satz 3 lautete i. d. F. des RefE-BiRiLiG: „Ein Zwischenabschluß ist jedoch stets aufzustellen, wenn dem Tochterunternehmen wesentliche Bedeutung zukommt."

35 Vgl. Abschn. 22 in diesem Kapitel.

36 IFRS 10 ist für Geschäftsjahre anzuwenden, die am oder nach dem 1. Januar 2014 beginnen. Auch gemäß IAS 27 (Konzern- und Einzelabschlüsse, überarbeitet 2008) ist der Abschlussstichtag des Mutterunternehmens maßgeblich (IAS 27.22 f. (überarbeitet 2008)).

Allerdings sind für Tochterunternehmen mit abweichenden Abschlussstichtagen grundsätzlich **Zwischenabschlüsse** auf den Stichtag des Konzerns aufzustellen. Als einzige **Ausnahme** von der Pflicht, einen Zwischenabschluss aufzustellen, nennt IFRS 10.B92 den Fall, dass die Aufstellung eines Zwischenabschlusses nicht durchführbar ist, z. B. aufgrund nicht lösbarer Probleme bei der Datenbeschaffung. In diesem Fall dürfen nach IFRS 10.B93 Abschlüsse von Tochterunternehmen mit abweichenden Stichtagen einbezogen werden. Aufgrund der modernen Verfahren der Informationsübermittlung sind dabei indes zeitliche Datenbeschaffungsprobleme als Argument für die Nichtaufstellung von Zwischenabschlüssen nicht akzeptabel.

Ist der Ausnahmetatbestand der fehlenden Durchführbarkeit hingegen erfüllt, darf in den Konzernabschluss auch ein Abschluss mit abweichendem Stichtag einbezogen werden, sofern dieser Stichtag vom Konzernabschlussstichtag nicht mehr als drei Monate abweicht (IFRS 10.B93). Im Gegensatz zur deutschen Regelung darf der Abschlussstichtag eines Tochterunternehmens nach IFRS sowohl **drei Monate vor** als auch **drei Monate nach dem Konzernabschlussstichtag** liegen. Weicht der Stichtag des Konzernabschlusses innerhalb des genannten Zeitrahmens vom Stichtag des Abschlusses des einbezogenen Tochterunternehmens ab und wird kein Zwischenabschluss aufgestellt, so sind gemäß IFRS 10.B93 die Auswirkungen aller **wesentlichen Geschäftsvorfälle**, die zwischen dem Stichtag des Einzelabschlusses des Tochterunternehmens und dem abweichenden Stichtag des Konzerns eingetreten sind, durch geeignete **Korrekturbuchungen** zu berücksichtigen.

Das **Kriterium der Wesentlichkeit** von Geschäftsvorfällen ist anhand ihrer kumulativen Bedeutung für die Darstellung der wirtschaftlichen Lage des Konzerns zu bestimmen. Während die Berichtpflicht nach HGB Vorgänge betrifft, die für die Darstellung der wirtschaftlichen Lage (irgend-)eines einbezogenen Unternehmens von besonderer Bedeutung sind, bezieht sich die IFRS-Regelung auf die Darstellung der wirtschaftlichen Lage des Konzerns. Als **Maßgröße für die Wesentlichkeit** bieten sich dabei analog zur deutschen Regelung Veränderungen von Verhältniszahlen oder erhebliche absolute Abweichungen zwischen den zu konsolidierenden Posten an.[37]

Wesentliche Vorgänge sind dabei nach dem Wortlaut von IFRS 10.B93 stets durch nachträgliche Korrekturbuchungen zu berichtigen, wodurch im Umkehrschluss klargestellt wird, dass eine lediglich verbale Angabe in den Anhangangaben nicht ausreicht. Somit entsteht ein sog. **partieller Zwischenabschluss**,[38] bei dem im Unterschied zu einer Konsolidierung auf der Grundlage eines Zwischenabschlusses die Posten, die nicht von wesentlichen Vorgängen betroffen sind, ohne Anpassung an die Verhältnisse am Abschlussstichtag des Konzerns in die Konsolidierung einbezogen werden. Die folgende Übersicht[39] fasst die Regelungen des IFRS 10 zur Einheitlichkeit der Abschlussstichtage zusammen:

---

37 Vgl. BAETGE, J./HAYN, S./STRÖHER, T., in: Baetge u. a., Rechnungslegung nach IFRS, 2. Aufl., IAS 27, Rn. 151, 168.

38 Vgl. HARMS, J. E./KÜTING, K., Konsolidierung bei unterschiedlichen Bilanzstichtagen, S. 435.

39 In Anlehnung an BAETGE, J./HAYN, S./STRÖHER, T., in: Baetge u. a., Rechnungslegung nach IFRS, 2. Aufl., IAS 27, Rn. 170.

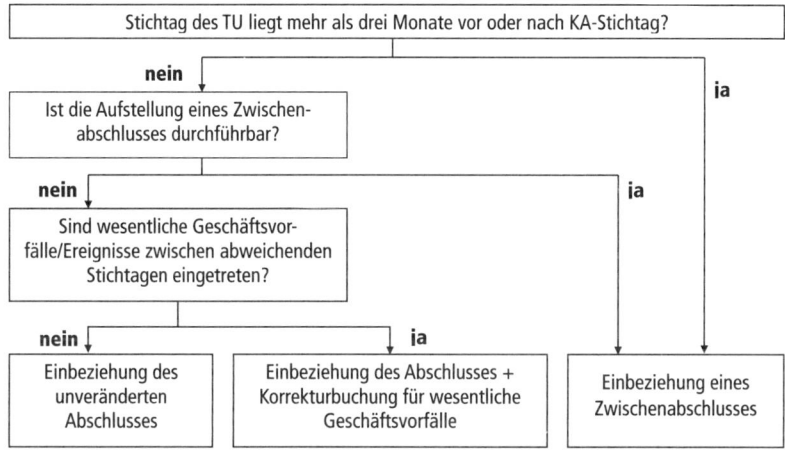

***Übersicht IV-3:** Verfahrensweise bei abweichenden Stichtagen nach IFRS 10*

3 Die Einheitlichkeit der Abschlussinhalte

31 Die Einheitlichkeit des Ansatzes

311. Einheitliche Ansatzvorschriften für den Konzernabschluss

Für den Ansatz von Posten im Konzernabschluss bestimmt § 300 Abs. 2 Satz 1, dass die Vermögensgegenstände, Schulden und Rechnungsabgrenzungsposten sowie die Erträge und Aufwendungen der in den Konzernabschluss einbezogenen Unternehmen unabhängig von ihrer Berücksichtigung in den Jahresabschlüssen dieser Unternehmen **vollständig** aufzunehmen sind, soweit nach dem **Recht des Mutterunternehmens** nicht ein Bilanzierungsverbot oder ein Bilanzierungswahlrecht besteht. Nach dem Recht des Mutterunternehmens zulässige Bilanzierungswahlrechte dürfen gemäß § 300 Abs. 2 Satz 2 in den HB II und damit im Konzernabschluss unabhängig von ihrer Ausübung in den einbezogenen Einzelabschlüssen (HB I) neu ausgeübt werden.[40]

Im Konzernabschluss kann die Konzernleitung somit über den Ansatz von Vermögensgegenständen und Schulden losgelöst von deren Ansatz in den zugrunde liegenden Einzelabschlüssen neu entscheiden; sie muss dabei allein die für das Mutterunternehmen geltenden Ansatzvorschriften beachten. Dazu gehört auch der in § 300 Abs. 2 Satz 1 explizit genannte **Grundsatz der Vollständigkeit des Konzernabschlussinhaltes** (§ 246 Abs. 1). Indes dürfen die in den einbezogenen Einzelabschlüssen angesetzten Posten nicht unbesehen in den Konzernabschluss übernommen werden, sondern nur „soweit sie nach dem **Recht des Mutterunternehmens** bilanzie-

---

40 Vgl. hierzu Abschn. 312 in diesem Kapitel.

rungsfähig sind und die Eigenart des Konzernabschlusses keine Abweichungen bedingt" (§ 300 Abs. 1 Satz 2). Des Weiteren ist der durch das BilMoG explizit in das HGB aufgenommene Grundsatz der Stetigkeit des Ansatzes (§ 246 Abs. 3 Satz 1) zu berücksichtigen.

Ist das inländische Mutterunternehmen eine Kapitalgesellschaft, so gelten neben den Ansatzvorschriften für alle Kaufleute auch die **speziellen Ansatzvorschriften für Kapitalgesellschaften**. Im Einzelnen besteht das vom Mutterunternehmen anwendbare Recht gemäß § 298 Abs. 1 aus den Ansatzvorschriften der §§ 246 bis 251, 254 und 274. Diese Ansatzvorschriften gelten auch, wenn ein Mutterunternehmen anderer Rechtsform nach § 11 PublG verpflichtet ist, einen Konzernabschluss aufzustellen (§ 13 Abs. 2 Satz 1 PublG i. V. m. § 298 Abs. 1) oder freiwillig einen Konzernabschluss aufstellt, der nach § 291 Abs. 2 Nr. 2 befreiende Wirkung[41] haben soll.

Für den Konzernabschluss sind somit alle Vermögensgegenstände i. S. d. **Aktivierungsgrundsatzes** und alle Schulden i. S. d. **Passivierungsgrundsatzes** ansatzpflichtig, wenn nicht die folgenden **Ansatzwahlrechte** oder **Ansatzverbote** zu beachten sind:

Ansatzwahlrechte	
§ 248 Abs. 2 Satz 1	Selbst geschaffene immaterielle Vermögensgegenstände des AV
§ 250 Abs. 3	Disagio auf Verbindlichkeiten als aktiver RAP
§ 274 Abs. 1 Satz 2	Aktive latente Steuern
Ansatzverbote	
§ 248 Abs. 1 Nr. 1	Aufwendungen für die Gründung eines Unternehmens
§ 248 Abs. 1 Nr. 2	Aufwendungen für die Beschaffung des Eigenkapitals
§ 248 Abs. 1 Nr. 3	Aufwendungen für den Abschluss von Versicherungsverträgen
§ 248 Abs. 2 Satz 2	Marken, Drucktitel, Verlagsrechte, Kundenlisten oder vergleichbare immaterielle Vermögensgegenstände des Anlagevermögens, die nicht entgeltlich erworben wurden
§ 249 Abs. 2	Rückstellungen für andere als die in § 249 Abs. 1 bezeichneten Fälle
§ 255 Abs. 2 Satz 4	Forschungskosten*

*   Streng genommen handelt es sich hierbei nicht um ein Ansatzverbot, sondern um eine Einschränkung der Bemessung der Herstellungskosten der Höhe nach.

Übersicht IV-4:   *Ansatzwahlrechte und Ansatzverbote des HGB*

312.   Neuausübung von Ansatzwahlrechten

Ansatzwahlrechte dürfen in den HB II und damit im Konzernabschluss losgelöst von ihrer Ausübung in den zugrunde liegenden Einzelabschlüssen neu ausgeübt werden (§ 300 Abs. 2 Satz 2). Dies gilt für alle in den Konzernabschluss einbezogenen Unternehmen, also besonders auch für das Mutterunternehmen. So kann das Mutterunter-

---

41   Vgl. Kap. III Abschn. 141.4.

nehmen im Konzernabschluss ein Disagio aktivieren, ohne dass das jeweilige Tochterunternehmen bzw. das Mutterunternehmen dieses Disagio zuvor auch im Einzelabschluss angesetzt haben muss und umgekehrt.

Eine einmal getroffene Ansatzentscheidung ist durch das **Ansatzstetigkeitsgebot** des § 246 Abs. 3 Satz 1 i. V. m. § 298 Abs. 1 in den folgenden Perioden beizubehalten. Gleiche Sachverhalte sind somit im Zeitablauf gleich darzustellen. Ein in einer Vorperiode aufgrund eines Wahlrechtes angesetzter Posten darf daher in den Folgeperioden grundsätzlich nicht weggelassen werden, da das Ansatzwahlrecht mit der Entscheidung für den Ansatz ein für allemal ausgeübt ist; einmal aktivierte oder passivierte Posten unterliegen dem Grundsatz der Stetigkeit und sind deshalb in den Folgeperioden fortzuführen.[42] Lediglich in begründeten Ausnahmefällen darf von diesem Grundsatz abgewichen werden (§ 252 Abs. 2 i. V. m. § 246 Abs. 3 Satz 2 und § 298 Abs. 1).

Im Schrifttum ist umstritten, ob ein Ansatzwahlrecht in den HB II der einbezogenen Unternehmen bei gleichartigen Sachverhalten unterschiedlich ausgeübt werden darf. Da § 300 die einheitliche Ausübung von Ansatzwahlrechten nicht explizit fordert, wird im Schrifttum die hier abgelehnte Auffassung vertreten, dass über die Inanspruchnahme eines Ansatzwahlrechtes im Konzernabschluss ebenso wie im Einzelabschluss für jeden Sachverhalt einzeln entschieden werden dürfe.[43] Folgte man dieser Auffassung, dürften Ansatzwahlrechte auch für gleichartige Sachverhalte unterschiedlich ausgeübt werden. Damit würde indes eine willkürliche Bilanzierung ermöglicht. Deshalb wird hier mit Nachdruck die Auffassung vertreten, dass Ansatzwahlrechte dem Bilanzierenden erlauben, einen Sachverhalt einmal zu beurteilen und sich für oder gegen einen Ansatz zu entscheiden. Diese Entscheidung muss dann auch für **gleichartige Sachverhalte** maßgebend sein, d. h., die Ansatzentscheidung muss für gleichartige Sachverhalte innerhalb eines Konzernabschlusses immer einheitlich ausfallen.[44] Nur diese Beurteilung steht im Einklang mit der Generalnorm des § 297 Abs. 2 Satz 2. Dies wird auch dadurch gestützt, dass die Ansatzstetigkeit mit § 246 Abs. 3 explizit in das HGB aufgenommen wurde.

313. Erforderliche Anpassungsmaßnahmen zur Vereinheitlichung der Bilanzansätze

Der Umfang erforderlicher Maßnahmen zur Vereinheitlichung der Bilanzansätze wird maßgeblich dadurch bestimmt, ob nur deutsche Unternehmen oder auch Unternehmen mit Sitz in der EU oder in Nicht-EU-Staaten in den Konzernabschluss einzube-

---

42 Vgl. BUSSE VON COLBE, W. U. A., Konzernabschlüsse, S. 132.

43 Vgl. m. w. N. ADS, 6. Aufl., § 300 HGB, Rn. 19.

44 Vgl. FÖRSCHLE, G./KROPP, M., Bewertungsstetigkeit, S. 876 und 881; REINTGES, H., Die einheitliche Bewertung im Konzernabschluß, S. 287.

ziehen sind, da die jeweiligen landesrechtlichen Bilanzierungsvorschriften z. T. von den handelsrechtlichen Ansatzgrundsätzen abweichen. **Anpassungsmaßnahmen** sind in zwei Fällen zwingend geboten:

(1) Sachverhalte, die handelsrechtlich und damit im Konzernabschluss ansatzpflichtig sind, in den Einzelabschlüssen der Tochterunternehmen indes aufgrund eines nationalen Ansatzverbotes oder in Ausübung eines nationalen Ansatzwahlrechtes nicht angesetzt wurden, müssen in den HB II dieser Tochterunternehmen nachträglich aktiviert oder passiviert werden.

(2) Sachverhalte, die einem handelsrechtlichen Ansatzverbot unterliegen, aber entsprechend nationaler Vorschriften (Gebot oder Wahlrecht) in den Einzelabschlüssen bilanziert wurden, sind aus den Einzelabschlüssen zu eliminieren und somit nicht in die HB II aufzunehmen.

Nach der hier vertretenen Auffassung ist ferner eine Anpassung erforderlich, wenn **gleichartige Sachverhalte** in den Einzelabschlüssen der Konzernunternehmen aufgrund eines Ansatzwahlrechtes **nicht einheitlich bilanziert** wurden. Zahlreiche Konzerne streben indes zum Zwecke der internen Steuerung ohnehin eine weitergehende Vereinheitlichung der Bilanzinhalte an,[45] die i. S. einer besseren Aussagefähigkeit des Konzernabschlusses sehr zu begrüßen ist.[46] In der Regel werden Konzernbilanzierungsrichtlinien vorgegeben, die eine bestimmte einheitliche Ausübung von Ansatzwahlrechten bereits für die Erstellung der HB I vorschreiben und damit den Umfang zusätzlicher Anpassungsmaßnahmen erheblich reduzieren.[47]

Der Ansatz von Vermögensgegenständen und Schulden der Tochterunternehmen im Konzernabschluss ist gemäß § 300 Abs. 1 Satz 2 nur zulässig, soweit „die Eigenart des Konzernabschlusses keine Abweichungen bedingt". Anpassungsmaßnahmen können deshalb auch dadurch erforderlich werden, dass **Sachverhalte aus Konzernsicht** anders zu beurteilen sind als aus Sicht einzelner Konzernunternehmen. So müssen z. B. die im Kaufpreis enthaltenen Forschungskosten, die auf ein von einem Konzernunternehmen entwickeltes und an ein anderes Konzernunternehmen zum Zwecke langfristiger Nutzung veräußertes Patent entfallen sind, im Einzelabschluss des erwerbenden Unternehmens über das Vollständigkeitsgebot des § 246 Abs. 1 aktiviert werden.[48] Aus der Sicht des erwerbenden Unternehmens liegt ein entgeltlicher Erwerb von außenstehenden Dritten vor. Aus Konzernsicht sind die Forschungskosten für dieses selbsterstellte Patent indes nicht als aktivierungsfähige Herstellungs- bzw. Anschaffungskosten zu qualifizieren, da es den Konzernverbund nicht verlassen hat,

45 Vgl. ADS, 6. Aufl., § 300 HGB, Rn. 21; IDW (Hrsg.), WP-Handbuch 2012, Bd. I, Rn. M 260.

46 Vgl. SCHRUFF, W., Einflüsse der 7. EG-Richtlinie, S. 173.

47 Vgl. KIRSCH, H.-J./HEPERS, L./DETTENRIEDER, D., in: Baetge/Kirsch/Thiele, § 300 HGB, Rn. 7.

48 Vgl. BAETGE, J./KIRSCH, H.-J./THIELE, S., Bilanzen, Kap. V Abschn. 31.

sondern lediglich von einer „Betriebsstätte" an eine andere weitergegeben wurde.[49] Ein Ansatz ist gemäß § 255 Abs. 2 Satz 4 i. V. m. § 298 Abs. 1 im Konzernabschluss nicht zulässig.

Im **Ergebnis** bleibt festzuhalten, dass nur durch einheitliche Bilanzansätze entsprechend dem Recht des Mutterunternehmens die von der Generalnorm des § 297 Abs. 2 Satz 2 geforderte, den tatsächlichen Verhältnissen entsprechende Darstellung der Vermögens-, Finanz- und Ertragslage gewährleistet ist. Dazu gehört auch, dass nach dem Recht des Mutterunternehmens gewährte Ansatzwahlrechte einheitlich und stetig auszuüben sind.

32 Die Einheitlichkeit der Bewertung

321. Der Grundsatz konzerneinheitlicher Bewertung

Die Bewertung im Konzernabschluss ist in § 308 explizit geregelt. Nach § 308 Abs. 1 sind die gemäß § 300 Abs. 2 in den Konzernabschluss übernommenen Vermögensgegenstände und Schulden der in den Konzernabschluss einbezogenen Unternehmen nach den auf den Jahresabschluss des Mutterunternehmens anwendbaren Bewertungsmethoden und einheitlich zu bewerten.

Grundsätzlich ist für die Bewertung im Konzernabschluss analog zu den Ansatzvorschriften **das auf das Mutterunternehmen anwendbare Recht maßgebend.** Ferner sind die im Rahmen dieser Bewertungsvorschriften gewährten Wahlrechte und Ermessensspielräume **einheitlich** auszuüben, d. h., gleichartige Sachverhalte sind einheitlich zu bewerten. Fraglich ist indes, wann **gleichartige Sachverhalte** vorliegen. Im Schrifttum[50] wird gefordert, für die Abgrenzung gleichartiger Sachverhalte strenge Maßstäbe anzulegen, da sonst die Gefahr besteht, dass bewertungsrelevante Unterschiede zwischen den Sachverhalten nivelliert werden. Bewertungsrelevant können sowohl Unterschiede hinsichtlich Art oder Funktion der Vermögensgegenstände oder Schulden als auch Unterschiede bei den wertbestimmenden Faktoren sein. So beeinflussen die Standortbedingungen und der Umfang der Nutzung (Ein- bzw. Mehrschichtbetrieb) die betriebsgewöhnliche Nutzungsdauer, während das landesübliche Zinsniveau die Bemessung der Barwerte und die allgemeine Zahlungsmoral die Höhe der Pauschalwertberichtigungen determinieren.[51] Da die wertbeeinflussenden Bedingungen in den verschiedenen Ländern z. T. sehr heterogen sind, kann es auch zulässig oder sogar geboten sein, gleichartige Vermögensgegenstände in einem Weltabschluss nach verschiedenen Methoden zu bewerten bzw. unterschiedliche Bewertungsparameter (z. B. Nutzungsdauer) zu verwenden.[52] Zwar müssen derartige Differenzierun-

---

49 Vgl. HAVERMANN, H., Die Handelsbilanz II, S. 192.

50 Vgl. HFA DES IDW, Einheitliche Bewertung im Konzernabschluß, S. 483; ADS, 6. Aufl., § 308 HGB, Rn. 15.

51 Vgl. POHLE, K., in: Küting/Weber, HdK, 2. Aufl., § 308 HGB, Rn. 20.

52 Vgl. HFA DES IDW, Einheitliche Bewertung im Konzernabschluß, S. 483; REINTGES, H., Die einheitliche Bewertung im Konzernabschluß, S. 286.

gen sachlich begründet und somit willkürfrei sein, doch dürfte es in der Praxis nicht schwierig sein, die Gleichartigkeit bestimmter Sachverhalte zu widerlegen, damit für diese Sachverhalte unterschiedliche Bewertungsregeln bzw. -determinanten gerechtfertigt werden.[53]

322. Neuausübung von Bewertungswahlrechten

Bewertungswahlrechte dürfen in den HB II der zu konsolidierenden Konzernunternehmen unabhängig von ihrer Ausübung in den HB I neu ausgeübt werden (§ 308 Abs. 1 Satz 2). Die Bewertungswahlrechte leben also für den Konzernabschluss analog zu den Ansatzwahlrechten wieder auf. Aus diesem Grund ist es zwar möglich, dass im Einzelabschluss des Mutterunternehmens und im Konzernabschluss unterschiedliche Bewertungsmethoden angewandt werden, doch sollten die Bewertungswahlrechte im **Einzelabschluss des Mutterunternehmens** und im **Konzernabschluss** zum Zwecke der **Vergleichbarkeit** dieser Abschlüsse grundsätzlich einheitlich ausgeübt werden. Werden im Konzernabschluss dennoch andere Bewertungsmethoden als im Einzelabschluss des Mutterunternehmens angewandt, sind die Abweichungen gemäß § 308 Abs. 1 Satz 3 im Konzernanhang anzugeben und zu begründen, damit die Vergleichbarkeit dieser Abschlüsse gewahrt bleibt.

Die Konzernleitung kann für den Konzernabschluss z. B. über folgende **Bewertungswahlrechte** neu entscheiden:[54]

- ■ Bemessung der Herstellungskosten gemäß § 255 Abs. 2,
- ■ Bestimmung der Abschreibungsmethode nach § 253 Abs. 3 Satz 2,
- ■ Abschreibungen auf Finanzanlagen bei voraussichtlich nur vorübergehender Wertminderung gemäß § 253 Abs. 3 Satz 4.

Der Konzernleitung steht es nach § 308 Abs. 1 Satz 2 frei, die genannten Bewertungswahlrechte i. S. einer eigenständigen **Konzernbilanzpolitik** neu auszuüben.[55] Dies ist indes nur soweit möglich, wie sie dabei den Grundsatz der **einheitlichen Bewertung** (§ 308 Abs. 1 Satz 1) und den Grundsatz der **Stetigkeit der Bewertungsmethoden** (§ 252 Abs. 1 Nr. 6 i. V. m. § 298 Abs. 1) beachtet. Die genannten Grundsätze hängen eng miteinander zusammen:[56] Der Grundsatz der einheitlichen Bewertung regelt die Anwendung der Bewertungsmethoden innerhalb einer Periode und verlangt, dass gleichartige Sachverhalte einheitlich zu bewerten sind. Der Grundsatz der Stetigkeit der Bewertungsmethoden gilt über § 298 Abs. 1 auch für den Konzernabschluss und gewährleistet, dass die einmal gewählte Bewertungsmethode in den Folgeperioden beibehalten wird.[57] Der Grundsatz der Stetigkeit der Bewertungsmethoden sichert damit die Vergleichbarkeit aufeinander folgender Konzernabschlüs-

---

53 Vgl. POHLE, K., in: Küting/Weber, HdK, 2. Aufl., § 308 HGB, Rn. 38.

54 Vgl. POHLE, K., in: Küting/Weber, HdK, 2. Aufl., § 308 HGB, Rn. 25.

55 Vgl. etwa SIGLE, H., Konzernbilanzpolitik nach neuem Recht, S. 186 f.

56 Vgl. POHLE, K., in: Küting/Weber, HdK, 2. Aufl., § 308 HGB, Rn. 22.

57 Vgl. HFA DES IDW, Grundsatz der Bewertungsstetigkeit, S. 541.

se.[58] Analog den Ansatzwahlrechten sind daher auch Bewertungswahlrechte sowohl innerhalb eines Konzernabschlusses als auch im Zeitablauf einheitlich und stetig auszuüben.[59]

Die Vorschrift des § 308 Abs. 1 Satz 2 gewährleistet eine einheitliche Ausübung der Bewertungswahlrechte im Konzern, die im Interesse der Aussagefähigkeit des Konzernabschlusses grundsätzlich unerlässlich ist. Sollte in Ausnahmefällen eine Abweichung von den Grundsätzen der einheitlichen Bewertung und/oder der Stetigkeit der Bewertungsmethoden i. S. d. Generalnorm erforderlich sein, müssen diese Abweichungen im Konzernanhang angegeben und begründet werden (§ 308 Abs. 2 Satz 4).

In der Praxis wird die einheitliche Ausübung der Bewertungswahlrechte im Allgemeinen über detaillierte Vorgaben in den konzerninternen Bilanzierungs- und Bewertungsrichtlinien durchgesetzt.[60]

323. Erforderliche Anpassungsmaßnahmen zur Vereinheitlichung der Bewertung

Die in den Einzelabschlüssen der zu konsolidierenden Konzernunternehmen angesetzten Vermögensgegenstände und Schulden müssen in bestimmten Fällen für die Übernahme in den Konzernabschluss neubewertet werden. Die **Neubewertung von Vermögensgegenständen und Schulden** ist gemäß § 308 Abs. 2 Satz 1 immer dann erforderlich, wenn

(1) Bewertungsmethoden in den Einzelabschlüssen angewendet wurden, die nach dem Recht des Mutterunternehmens und damit auch im Konzernabschluss nicht zulässig sind oder

(2) Vermögensgegenstände und Schulden in den Einzelabschlüssen nach – gemäß dem Recht des Mutterunternehmens – grundsätzlich zulässigen Bewertungsmethoden, aber abweichend von den Bewertungsgrundsätzen des Konzerns bewertet wurden.

Neubewertungen werden vor allem bei **ausländischen Tochterunternehmen** erforderlich, weil speziell in Ländern außerhalb der EU Bewertungsmethoden angewendet werden dürfen bzw. müssen, die gegen die deutschen Bewertungsvorschriften verstoßen.[61] In **Hochinflationsländern** wird bspw. das Anlagevermögen häufig entsprechend der Inflationsrate aufgewertet.[62] Ferner bestehen Unterschiede zu den

---

58 Vgl. ADS, 6. Aufl., § 308 HGB, Rn. 26.

59 Vgl. KIRSCH, H.-J./DOHRN, M./GALLASCH, F., in: Baetge/Kirsch/Thiele, § 308 HGB, Rn. 32 und 36 f.

60 Vgl. POHLE, K., in: Küting/Weber, HdK, 2. Aufl., § 308 HGB, Rn. 21; ARBEITSKREIS „EXTERNE UNTERNEHMENSRECHNUNG" DER SCHMALENBACH-GESELLSCHAFT, Aufstellung von Konzernabschlüssen, S. 43.

61 Vgl. SCHÜLEN, W., Vereinheitlichung von Bilanzansatz und Bewertung, S. 138 f.

62 Vgl. PÖLLER, R., in: Beck HdR, C 300, Rn. 112. Vgl. zur Währungsumrechnung Abschn. 4 in diesem Kapitel.

handelsrechtlichen Bewertungsmethoden vor allem bei der Bemessung der Herstellungskosten (so sind Zinsen in den USA unter bestimmten Umständen Pflichtbestandteil der Herstellungskosten), bei den Abschreibungsverfahren und bei den Bewertungsvereinfachungsverfahren (etwa bei der Lifo-Bewertung nach der sog. Dollar-Value-Methode in den USA).[63] Weitere Anpassungen können erforderlich werden, weil die allgemeinen Bewertungsgrundsätze des § 252 Abs. 1 nicht in allen Ländern in gleicher Weise gelten. Dies ist vor allem bei solchen Tochterunternehmen der Fall, die ihren Sitz im angelsächsischen Raum haben, weil dort ein anderes Verständnis vom Grundsatz der Einzelbewertung sowie vom Vorsichts- und Realisationsprinzip herrscht. So ist dort eine das Realisationsprinzip verletzende Abrechnung langfristiger Fertigungsaufträge nach der percentage of completion method zulässig.[64] Derartige Besonderheiten sind bei der Überleitung von der HB I zur HB II zu beachten.

324. Ausnahmen vom Grundsatz konzerneinheitlicher Bewertung

In bestimmten Fällen lässt der Gesetzgeber explizit Ausnahmen vom Grundsatz konzerneinheitlicher Bewertung für die HB II zu. Eine Abweichung **von der einheitlichen Bewertung** ist danach zulässig, wenn

(1) bei einem einbezogenen Kreditinstitut oder Versicherungsunternehmen die nach ihren besonderen Vorschriften gebildeten Wertansätze beibehalten werden sollen (§ 308 Abs. 2 Satz 2),

(2) die Bewertungsanpassungen unwesentlich sind (§ 308 Abs. 2 Satz 3) oder

(3) bestimmte Ausnahmefälle vorliegen (§ 308 Abs. 2 Satz 4).

Ad (1) Spezialvorschriften für Kreditinstitute und Versicherungsunternehmen
Versicherungsunternehmen, die in den Konzernabschluss eines Industrie-, Handels- oder Dienstleistungsunternehmens einbezogen werden, dürfen gemäß § 308 Abs. 2 Satz 2 Halbsatz 1 vom Recht des Mutterunternehmens abweichende Wertansätze beibehalten, die allein auf Spezialvorschriften für Kreditinstitute oder Versicherungsunternehmen beruhen. Wird dieses Wahlrecht in Anspruch genommen, so ist im Konzernanhang darauf hinzuweisen (§ 308 Abs. 2 Satz 2 Halbsatz 2). Gemäß § 313 Abs. 1 Nr. 1 ist im Konzernanhang ferner die dabei angewandte Bewertungsmethode anzugeben.[65]

Ad (2) Bewertungsanpassungen von untergeordneter Bedeutung
Auch für den Bereich der einheitlichen Bewertung sieht das HGB eine materiality-Grenze vor, die erlaubt, den Informationsertrag konzerneinheitlicher Bewertung gegen den mit zusätzlicher Information verbundenen Aufwand

---

63 Vgl. POHLE, K., in: Küting/Weber, HdK, 2. Aufl., § 308 HGB, Rn. 37 sowie m. w. N. ADS, 6. Aufl., § 256 HGB, Rn. 74.

64 Vgl. PÖLLER, R., in: Beck HdR, C 300, Rn. 112. Vgl. zur Bilanzierung bei Fertigungsaufträgen BAETGE, J./KIRSCH, H.-J./THIELE, S., Bilanzen, Kap. VII Abschn. 523.

65 Vgl. HFA DES IDW, Einheitliche Bewertung im Konzernabschluß, S. 484.

abzuwägen. Die einheitliche Bewertung kann gemäß § 308 Abs. 2 Satz 3 für einzelne Tochterunternehmen unterbleiben, wenn sie für die Vermittlung eines den tatsächlichen Verhältnissen entsprechenden Bildes der Vermögens-, Finanz- und Ertragslage des Konzerns von untergeordneter Bedeutung ist. Diese Bedingung wird in aller Regel bei kleinen ausländischen Tochterunternehmen erfüllt sein, bei denen der aus einer einheitlichen Bewertung resultierende Informationsgewinn in keinem Verhältnis zu dem damit verbundenen Aufwand steht. Eine Berichtspflicht ist nicht vorgesehen, da die Aussagefähigkeit des Konzernabschlusses bei Verzicht auf eine Bewertungsanpassung in derartigen Fällen kaum tangiert wird. Dabei ist allerdings – wie auch in allen anderen Fällen der Unwesentlichkeit – zu beachten, dass die unterlassenen Bewertungsanpassungen auch insgesamt nicht von wesentlicher Bedeutung sein dürfen.

Ad (3) **Abweichungen in Ausnahmefällen**

Ferner darf in bestimmten Ausnahmefällen gemäß § 308 Abs. 2 Satz 4 vom Grundsatz der konzerneinheitlichen Bewertung abgewichen werden. Dies ist dann im Konzernanhang anzugeben und zu begründen.

Eine restriktive Auslegung dieser Regelung scheint indes geboten.[66] Ein klassisches Beispiel[67] ist die Konsolidierung eines Tochterunternehmens, an dem eine Beteiligung erst kurz vor dem Abschlussstichtag erworben wurde und dessen Rechnungswesen noch nicht hinreichend auf den Konzernstandard umgestellt werden konnte. Soll dieses Unternehmen trotz des Konsolidierungswahlrechtes des § 296 Abs. 1 Nr. 2 bspw. aufgrund hoher Umsätze in den Konzernabschluss einbezogen werden, so darf die Anpassung des Einzelabschlusses an die konzerneinheitlichen Bewertungsregeln bei der erstmaligen Einbeziehung in den Konzernabschluss unterbleiben.[68]

Im **Ergebnis** bleibt festzuhalten, dass die Ausnahmetatbestände vom Grundsatz der konzerneinheitlichen Bewertung einen erheblichen Spielraum für eine eigenständige Konzernbilanzpolitik eröffnen. Von den Ausnahmevorschriften sollte daher i. S. eines aussagefähigen und vergleichbaren Konzernabschlusses nach Möglichkeit kein Gebrauch gemacht werden.

---

66 Vgl. ADS, 6. Aufl., § 308 HGB, Rn. 49; BUSSE VON COLBE, W. U. A., Konzernabschlüsse, S. 141; KIRSCH, H.-J./DOHRN, M./GALLASCH, F., in: Baetge/Kirsch/Thiele, § 308 HGB, Rn. 70.

67 Vgl. ADS, 6. Aufl., § 308 HGB, Rn. 50.

68 Vgl. Kap. III Abschn. 322.3.

33   Die Einheitlichkeit des Ausweises

Die materiellen Informationen des Konzernabschlusses müssen klar und übersichtlich dargestellt werden. Diese formale Anforderung an den Konzernabschluss ergibt sich aus § 297 Abs. 2 Satz 1; i. S. d. **Klarheit** müssen die Abschlussposten eindeutig bezeichnet und i. S. d. **Übersichtlichkeit** verständlich und nachvollziehbar gegliedert sein.[69]

Dieser allgemeine Grundsatz der Klarheit und Übersichtlichkeit wird durch die Gliederungsvorschriften für große Kapitalgesellschaften konkretisiert, die gemäß §§ 265, 266 und 275 i. V. m. § 298 Abs. 1 vorbehaltlich bestimmter rechtsform- oder geschäftszweigspezifischer Vorschriften grundsätzlich auch für den Konzernabschluss gelten.[70] Abweichungen können indes aufgrund der **Eigenart des Konzernabschlusses** geboten sein. Dabei handelt es sich im Wesentlichen um konsolidierungsspezifische Posten wie Unterschiedsbeträge aus der Kapitalkonsolidierung, Aufrechnungsdifferenzen aus der Schuldenkonsolidierung und um Währungsumrechnungsdifferenzen. Soweit die Spezialvorschriften zur Konsolidierung den Ausweis solcher Posten nicht exakt regeln, sind diese Posten nach dem Grundsatz der Klarheit und Übersichtlichkeit entsprechend zu bezeichnen und in die Gliederung der Konzernbilanz und der Konzern-GuV einzuordnen.[71]

Soweit einzelne Konzernunternehmen die Gliederungsvorschriften großer Kapitalgesellschaften nicht bereits in ihren Einzelabschlüssen beachtet haben, werden **Umgliederungen** in der **HB II** erforderlich. Dies gilt vor allem für ausländische Tochterunternehmen, die u. U. keine oder abweichende nationale Vorschriften zu Ausweis und Gliederung beachten müssen.[72] Ferner müssen Posten entschlüsselt bzw. aufgegliedert werden, wenn wegen fehlender gesetzlicher Regelungen oder aufgrund von Erleichterungsvorschriften (§§ 266 Abs. 1 Satz 3, 276) einzelne Posten der für große Kapitalgesellschaften bzw. den Konzern vorgeschriebenen Gliederung zusammengefasst werden. In der Praxis gibt die Konzernleitung den Tochterunternehmen einheitliche **Kontenpläne** vor, die so aufgebaut sind, dass sowohl der landesrechtliche Abschluss als auch die HB II daraus erstellt werden können.[73] Auf diese Weise wird die Mehrarbeit einer doppelten Rechnungslegung gespart.

Konzerninterne Bilanzierungsrichtlinien schreiben i. d. R. den zu konsolidierenden Unternehmen vor, wie die zahlreichen Gliederungs- und Ausweiswahlrechte auszuüben sind. Im Wesentlichen handelt es sich um Ausweiswahlrechte bei einzelnen Abschlussposten in der Bilanz, das Ausweiswahlrecht zwischen Konzernbilanz bzw. Konzern-GuV einerseits und Konzernanhang andererseits (sog. Wahlpflichtangaben) und um das Wahlrecht zwischen dem Gesamtkostenverfahren (GKV) und dem Umsatzkostenverfahren (UKV) für die Aufstellung der Konzern-GuV.[74]

---

69   Vgl. BAETGE, J. U. A., in: Küting/Pfitzer/Weber, HdR-E, 5. Aufl., § 243 HGB, Rn. 51 f.

70   Vgl. dazu im Einzelnen KRUMBHOLZ, M., in: Baetge/Kirsch/Thiele, § 298 HGB, Rn. 51-92.

71   Vgl. BAETGE, J./KIRSCH, H.-J., in: Küting/Weber, HdK, 2. Aufl., § 297 HGB, Rn. 16 f.

72   Vgl. DREGER, K.-M., Der Konzernabschluß, S. 262.

73   Vgl. BAETGE, J./KIRSCH, H.-J., in: Küting/Weber, HdK, 2. Aufl., § 297 HGB, Rn. 14.

Die **Ausweiswahlrechte** bei einzelnen Abschlussposten in der Konzernbilanz müssen nach dem GoK der Einheitlichkeit für die HB II einheitlich festgelegt werden.[75] Das Gleiche gilt für die Wahlrechte, bestimmte Angaben entweder in der Konzernbilanz bzw. in der Konzern-GuV oder im Konzernanhang zu machen. Die Ausweiswahlrechte sind auch wegen des Grundsatzes der Klarheit des Konzernabschlusses einheitlich auszuüben.

Das **Wahlrecht zwischen GKV und UKV** darf im Konzernabschluss unabhängig von den Einzelabschlüssen des Mutterunternehmens und der Tochterunternehmen einmalig neu ausgeübt werden. Zu empfehlen ist indes, dass alle Konzernunternehmen das für den Konzernabschluss gewählte Verfahren bereits in ihrer HB I anwenden, da eine Überführung vom GKV ins UKV oder umgekehrt mit erheblicher Mehrarbeit verbunden ist und eine Vielzahl von Zusatzinformationen bedingt.[76]

In der Praxis wird häufig zuerst die HB II nach konzerneinheitlichen Vorschriften erstellt und anschließend daraus für einzelgesellschaftliche Aufstellungs- und Offenlegungspflichten die HB I entwickelt, falls beide Rechenwerke nicht ohnehin identisch sind.[77] Auf diese Weise ist auch sichergestellt, dass die einzelnen Aufwands- und Ertragsposten einheitlich abgegrenzt sind. Allerdings können trotz einheitlicher Kontenpläne und Kontierungsrichtlinien Umgliederungen erforderlich werden, weil Sachverhalte aus **Konzernsicht** anders zu beurteilen sind als aus Sicht des einzelnen Unternehmens.[78] Während bspw. ein Tochterunternehmen Anteile am Mutterunternehmen in seinem Einzelabschluss als Anteile an verbundenen Unternehmen im Anlage- oder Umlaufvermögen ausweisen muss, sind solche Anteile in der Konzernbilanz gemäß § 301 Abs. 4 als eigene Anteile offen vom Posten „Gezeichnetes Kapital" abgesetzt auszuweisen. Gegebenenfalls kann auch eine andere Abgrenzung der gewöhnlichen Geschäftstätigkeit aus Konzernsicht Umgliederungen bei den Aufwendungen und Erträgen erforderlich machen.

Die **Struktur des Konzernanhangs** muss angesichts fehlender Spezialvorschriften allein dem Grundsatz der Klarheit und Übersichtlichkeit entsprechen. Deshalb kann der Konzernanhang ebenso wie der Anhang im Einzelabschluss formal durchaus unterschiedlich aufgebaut sein. Der Aufbau muss sich indes an sachlichen Kriterien orientieren, damit gewährleistet ist, dass die gesetzlich vorgeschriebenen und freiwilligen Angaben und Erläuterungen klar und übersichtlich dargestellt werden.[79] Für den Fall, dass Konzernabschluss und Einzelabschluss des Mutterunternehmens gemein-

---

74 Vgl. PÖLLER, R., in: Beck HdR, C 300, Rn. 78.

75 Vgl. BAETGE, J./KIRSCH, H.-J., in: Küting/Weber, HdK, 2. Aufl., § 297 HGB, Rn. 15.

76 Vgl. BAETGE, J./KIRSCH, H.-J., in: Küting/Weber, HdK, 2. Aufl., § 297 HGB, Rn. 12; zur Überführung vom GKV zum UKV und umgekehrt vgl. BAETGE, J./FISCHER, T. R., Aussagefähigkeit der Gewinn- und Verlustrechnung, S. 175-201.

77 Vgl. ARBEITSKREIS „EXTERNE UNTERNEHMENSRECHNUNG" DER SCHMALENBACH-GESELLSCHAFT, Aufstellung von Konzernabschlüssen, S. 192.

78 Vgl. mit Beispielen BAETGE, J./KIRSCH, H.-J., in: Küting/Weber, HdK, 2. Aufl., § 297 HGB, Rn. 15.

79 Vgl. BAETGE, J./KIRSCH, H.-J., in: Küting/Weber, HdK, 2. Aufl., § 297 HGB, Rn. 20.

sam offengelegt werden (was wünschenswert ist) und das Mutterunternehmen gemäß § 298 Abs. 3 den Konzernanhang mit dem Anhang seines Einzelabschlusses zusammenfasst, muss der Bezug der einzelnen Angaben und Erläuterungen zum Mutterunternehmen oder zum Konzern deutlich werden.[80] Das Hauptproblem bei der Erstellung des Konzernanhangs besteht darin, die relevanten Einzelinformationen zu erheben und zu aggregieren.[81] Die erforderlichen Informationen werden i. d. R. mit entsprechenden Fragebögen von den Konzernunternehmen erhoben, wobei konzerninterne Verflechtungen aus den Anhangangaben eliminiert werden müssen.

34   Die Einheitlichkeit der Abschlussinhalte nach IFRS

Gemäß IFRS 10.B87[82] sind auf gleiche Geschäftsvorfälle unter gleichen Umständen bei der Aufstellung eines Konzernabschlusses die gleichen Rechnungslegungsgrundsätze anzuwenden. Diese Vorschrift nimmt Bezug auf die **sachliche Stetigkeit**, d. h., Ansatz-, Bewertungs- und Ausweiswahlrechte sind bei gleichartigen Sachverhalten im Konzernabschluss einheitlich auszuüben.[83] Die allgemeinen Grundsätze der Ansatz-, Bewertungs- und Ausweisstetigkeit leiten sich auch aus dem allgemeinen **Grundsatz der Methodenstetigkeit** ab, der in CF.QC20-22 festgelegt ist.

In IAS 8.15 wird ferner unterstellt, dass Abschlüsse nur miteinander vergleichbar sind, wenn die auf den Vorjahresabschluss angewendeten Rechnungslegungsgrundsätze beibehalten werden (**zeitliche Stetigkeit**). Abweichungen davon sind gemäß IAS 8.14 nur dann zugelassen, wenn die Methodenänderung entweder in einem Standard oder einer Interpretation gefordert wird (IAS 8.14 (a)), oder wenn sie zu einer angemesseneren Abbildung der Sachverhalte im Abschluss führt (IAS 8.14 (b)). Die Stetigkeit des Ausweises ist in IAS 1.45 geregelt. Danach sind alle Posten des Abschlusses im Zeitablauf grundsätzlich gleich darzustellen und zu benennen.

Verwendet ein Unternehmen des Konsolidierungskreises bei der Aufstellung des Einzelabschlusses andere als die IFRS-Rechnungslegungsgrundsätze, so muss dieses Unternehmen – wie dies auch nach dem Grundsatz der Einheitlichkeit für die Aufstellung der HB II verlangt wird – geeignete **Anpassungen an die konzerneinheitlichen Rechnungslegungsgrundsätze** vornehmen (IFRS 10.B87).

Ausnahmen von der Verwendung einheitlicher Rechnungslegungsgrundsätze bei der Aufstellung eines Konzernabschlusses bestehen lediglich bei unwesentlichen Abweichungen (CF.QC11 und IAS 1.31). Diese liegen bspw. bei sehr kleinen ausländischen Tochterunternehmen vor, bei denen der aus einheitlichen Ansatz- und Bewertungsre-

---

80   Vgl. Baetge, J./Kirsch, H.-J., in: Küting/Weber, HdK, 2. Aufl., § 297 HGB, Rn. 22.

81   Vgl. ADS, 6. Aufl., Vorbemerkungen zu §§ 290-315 HGB, Rn. 70.

82   IFRS 10 ist für Geschäftsjahre anzuwenden, die am oder nach dem 1. Januar 2014 beginnen. Auch gemäß IAS 27 (überarbeitet 2008) sind einheitliche Rechnungslegungsmethoden anzuwenden (IAS 27.24 (überarbeitet 2008)).

83   Vgl. Baetge, J./Hayn, S./Ströher, T., in: Baetge u. a., Rechnungslegung nach IFRS, 2. Aufl., IAS 27, Rn. 172.

geln resultierende Informationsgewinn bezüglich der wirtschaftlichen Lage des Konzerns in keinem Verhältnis zu dem damit verbundenen Aufwand steht, oder bei unwesentlichen Posten und Sachverhalten. Weitere Ausnahmen von der Anwendung konzerneinheitlicher Ansatz-, Bewertungs- und Ausweisvorschriften, die nach den Vorschriften des HGB zulässig sind,[84] sehen die IFRS nicht vor.

4   Die Währungsumrechnung

41   Das Umrechnungsproblem

Da der Konzernabschluss ebenso wie der Einzelabschluss nur in einer Währung aufgestellt werden darf bzw. kann, müssen die Jahresabschlüsse ausländischer Tochterunternehmen in die einheitliche Konzernberichtswährung umgerechnet werden, bevor sie zum Summenabschluss addiert und anschließend konsolidiert werden können. Gemäß § 244 i. V. m. § 298 Abs. 1 ist der Konzernabschluss einer deutschen Muttergesellschaft in Euro aufzustellen. Deshalb sind die in Landeswährung aufgestellten Einzelabschlüsse ausländischer Tochterunternehmen nach ihrer Anpassung an den Konzernabschlussstichtag und an die einheitlichen Bilanzierungsregeln[85] in Euro umzurechnen.

Gäbe es einheitliche und konstante Austauschverhältnisse (Wechselkurse) zwischen den unterschiedlichen Währungen, so ließen sich die in fremder Währung aufgestellten Einzelabschlüsse ausländischer Konzernunternehmen einfach (linear) in die Konzernwährung transformieren. In der Realität sind allerdings z. T. erhebliche Wechselkursschwankungen im Zeitablauf zu beobachten. Das **Umrechnungsproblem bei schwankenden Wechselkursen** entsteht dadurch, dass der Jahresabschluss diverse Posten mit unterschiedlichem Zeitbezug enthält. Die Abschlussposten sind zum einen auf Transaktionen zu unterschiedlichen Zeitpunkten mit unterschiedlichen Wechselkursen zurückzuführen, zum anderen unterliegen sie Bewertungsvorschriften, die sich bezüglich der Bewertung an bestimmten Zeitpunkten orientieren. So knüpfen etwa die Anschaffungskosten an den historischen Wert zum Erwerbszeitpunkt an, die Bewertung zum niedrigeren beizulegenden Wert (Niederstwertvorschrift) stellt auf den Wert zum Bilanzstichtag ab, und für die Bewertung der Rückstellungen ist der nach vernünftiger kaufmännischer Beurteilung zu ermittelnde künftige Erfüllungsbetrag maßgebend. Fraglich ist, ob trotz schwankender Wechselkurse alle Abschlussposten mit einem einheitlichen Kurs umgerechnet werden sollen oder ob eine differenzierende Umrechnung eher im Stande ist, ein den tatsächlichen Verhältnissen entsprechendes Bild der Vermögens-, Finanz- und Ertragslage des Konzerns zu vermitteln. Wenn auf einen Fremdwährungsabschluss unterschiedliche Kurse angewendet werden, verschiebt sich dessen Bilanzstruktur; es entstehen sog. **Umrechnungsdifferenzen**. Fraglich ist dann, ob diese Umrechnungsdifferenzen in der HB II und

---

84   Vgl. Abschn. 324. in diesem Kapitel.
85   Vgl. hierzu Abschn. 2 und Abschn. 3 in diesem Kapitel.

damit auch im Konzernabschluss erfolgswirksam in der Konzern-GuV oder erfolgsneutral mit den Rücklagen verrechnet werden sollen. Mit der Umrechnung von in fremder Währung aufgestellten Abschlüssen in die Berichtswährung Euro sind also zwei Probleme verbunden:

- die Wahl des anzuwendenden Umrechnungskurses und
- die Behandlung ggf. entstehender Umrechnungsdifferenzen.

Mit Einführung des BilMoG wurde § 308a in das HGB eingefügt, in dem explizit geregelt ist, nach welcher Methode Abschlüsse, die in fremden Währungen aufgestellt worden sind, umzurechnen sind. Der bis dahin geltende DRS 14 (Währungsumrechnung)[86] wurde außer Kraft gesetzt.

Da sich sowohl § 308a als auch die Regelungen nach IFRS auf die traditionellen Methoden der Währungsumrechnung stützen, werden diese in Abschn. 42 in diesem Kapitel zunächst grundlegend dargestellt. Im Mittelpunkt des Interesses stehen dabei zwei Umrechnungsmethoden, die unter den Begriffen **Stichtagskursmethode** und **Zeitbezugsmethode** bekannt sind.[87] In Abschn. 43 in diesem Kapitel wird anschließend das Konzept der funktionalen Währung vorgestellt.[88] Dabei handelt es sich um ein Konzept, das die beiden Methoden kombiniert, bei dem aber sowohl die Zeitbezugsmethode als auch die Stichtagskursmethode jeweils unter ganz bestimmten Voraussetzungen für die Umrechnung in einem Konzernabschluss präferiert werden.

42   Die traditionellen Umrechnungsmethoden

421.   Die Stichtagskursmethode

Bei der Reinform der Stichtagskursmethode werden alle Abschlussposten in Bilanz und GuV der einbezogenen ausländischen Tochterunternehmen einheitlich mit dem **Wechselkurs zum Bilanzstichtag** (Stichtagskurs: K_S) umgerechnet. Die Stichtagskursmethode baut darauf auf, dass die konzerneinheitlichen Bilanzierungsgrundsätze lediglich auf der Ebene der in der jeweiligen Landeswährung aufgestellten Einzelabschlüsse und somit nicht auf der Ebene der Währungsumrechnung zu beachten sind.[89] Die Umrechnung eines in fremder Währung aufgestellten Abschlusses in Euro wird deshalb als **einfache lineare Transformation** angesehen.[90]

---

86 Vgl. zu DRS 14 SCHMIDBAUER, R., Fremdwährungsumrechnung, S. 704.

87 Zu den Befürwortern der Zeitbezugsmethode gehören neben BUSSE VON COLBE u. a. auch ORDELHEIDE, COENENBERG und GEBHARDT. Vgl. BUSSE VON COLBE, W. U. A., Konzernabschlüsse, S. 159 f.; COENENBERG, A. G./HALLER, A./SCHULTZE, W., Jahresabschluss und Jahresabschlussanalyse, S. 645-648; Dutzi, A., in: Beck HdR, C 310, Rn. 5 f. Die Stichtagskursmethode wird neben VON WYSOCKI u. a. auch von LIPPMANN und SCHÄFER vertreten. Vgl. VON WYSOCKI, K., Weltbilanzen, S. 686-693; LIPPMANN, K./SCHÄFER, W., Die Behandlung von Währungsänderungen, S. 173-176.

88 Vgl. z. B. RUPPERT, B., Währungsumrechnung, S. 111-126; LANGENBUCHER, G., Die Umrechnung von Jahresabschlüssen, S. 389-394; KUBIN, K. W./LÜCK, W., Funktionale Währungsumrechnungsmethode, S. 357-383.

89 Vgl. VON WYSOCKI, K., Weltbilanzen, S. 692.

Die Stichtagskursmethode basiert auf der Annahme, dass die ausländischen Tochterunternehmen in geschlossenen Teilmärkten mit eigenem Rechts- und Währungskreis operieren und ihre Ertragskraft von Wechselkursänderungen weitgehend unabhängig ist.[91] Die Beteiligung an einem solchen ausländischen Tochterunternehmen wird als eine Finanzinvestition angesehen, deren Wert als Ganzes durch die umgerechnete ausländische Bilanz korrekt dargestellt werden soll.[92] Deshalb steht die Struktur der ausländischen Abschlüsse im Vordergrund; sie soll in den Konzernabschluss übernommen werden.[93] Da der Euro-Wert einer Finanzinvestition in fremder Währung von dem jeweils aktuellen Wechselkurs abhängt, wird allein der Stichtagskurs als richtiger Umrechnungsfaktor für den ausländischen Abschluss angesehen.

Bei der Stichtagskursmethode in Reinform können in Bilanz und GuV keine Umrechnungsdifferenzen entstehen, da sämtliche Posten mit dem gleichen Wechselkurs – dem Kurs am Bilanzstichtag – umgerechnet werden.

Der durch das BilMoG eingeführte § 308a schreibt die **modifizierte Stichtagskursmethode** für die Umrechnung von in fremden Währungen aufgestellten Abschlüssen vor. Demnach sind Aktiv- und Passivposten mit dem Devisenkassamittelkurs zum Bilanzstichtag (K_S) umzurechnen. Eine Ausnahme stellt hier das Eigenkapital dar, das mit dem historischen Kurs (K_H), also dem Kurs zum Zeitpunkt der Einzahlung bzw. des Entstehens des Eigenkapitals, umzurechnen ist. Die Posten der GuV sind zum (ggf. gewichteten) Jahresdurchschnittskurs (K_D) umzurechnen. Die aufgrund der Verwendung unterschiedlicher Kurse entstehenden Umrechnungsdifferenzen werden erfolgsneutral in einen Eigenkapitalposten eingestellt, da die Währungsumrechnung nach der Stichtagskursmethode eher als technische Transformation denn als Bewertungsmethode verstanden wird. Nach § 308a ist dieser Posten nach den Rücklagen als „Eigenkapitaldifferenz aus Währungsumrechnung" auszuweisen.

Die erläuterten Zusammenhänge werden im Folgenden anhand eines einfachen **Beispiels** dargestellt. Unterstellt wird, dass das britische Pfund zu Jahresbeginn mit dem historischen Kurs von $K_H = 1,60$ €/£ notiert. Der Kurs bleibt bis zur Jahresmitte gleich und verändert sich dann in einem Sprung auf 1,20 €/£ (**Fall (1)**) bzw. auf 2,00 €/£ (**Fall (2)**). Der neue Kurs bleibt bis zum Jahresende (und auf Dauer) unverändert. Der Durchschnittskurs (K_D) ist somit 1,40 €/£ (Fall (1)) bzw. 1,80 €/£ (Fall (2)).

Die Umrechnung eines auf fremde Währung lautenden Abschlusses wird an dem folgenden, in britischen Pfund aufgestellten und den deutschen Ansatz- und Bewertungsvorschriften bereits angepassten, vereinfachten Abschluss eines britischen Tochterunternehmens erläutert (vgl. Übersicht IV-5).

---

90 Vgl. Kirsch, H.-J./Dohrn, M./Köhling, K., in: Baetge/Kirsch/Thiele, § 308a HGB, Rn. 26; von Wysocki, K./Wohlgemuth, M., Konzernrechnungslegung, 3. Aufl., S. 181.

91 Vgl. Kirsch, H.-J./Dohrn, M./Köhling, K., in: Baetge/Kirsch/Thiele, § 308a HGB, Rn. 25.

92 Vgl. Zillessen, W., Praxis der Währungsumrechnung, S. 535.

93 Vgl. Arbeitskreis „Weltbilanz" des IDW, Die Einbeziehung ausländischer Unternehmen in den Konzernabschluß, S. 59.

HB II zum 31.12. in £			
Sachanlagevermögen	90	Eigenkapital	
Vorräte	180	■ Sonstiges Eigenkapital	100
Liquide Mittel	50	■ Jahresüberschuss	20
		Langfristige Verbindlichkeiten	100
		Kurzfristige Verbindlichkeiten	100
Σ	320	Σ	320

GuV II zum 31.12. in £	
Umsatzerlöse	800
− Materialaufwand	− 360
− Löhne und Gehälter	− 390
− Planmäßige Abschreibungen	− 30
= Jahresüberschuss	20

Übersicht IV-5: *Der in Euro umzurechnende Abschluss in Landeswährung*

Im Folgenden wird der in Übersicht IV-5 gezeigte Abschluss nach der modifizierten **Stichtagskursmethode** gemäß § 308a umgerechnet.

Für das **Beispiel** gelten folgende **Annahmen**:

■ Die HB II zum 31.12. des Vorjahres bzw. die Eröffnungsbilanz zum 01.01. des laufenden Geschäftsjahres des britischen Tochterunternehmens sah wie folgt aus:

Eröffnungsbilanz zum 01.01. in £			
Sachanlagevermögen	120	Eigenkapital	100
Vorräte	180	Langfristige Verbindlichkeiten	100
		Kurzfristige Verbindlichkeiten	100
Σ	300	Σ	300

Übersicht IV-6: *Die Eröffnungsbilanz zum 01.01. des laufenden Jahres*

■ Die Bilanzposten enthalten keine stillen Reserven oder Lasten, die (fortgeführten) Anschaffungswerte in britischen Pfund entsprechen also den Tageswerten in britischen Pfund am Bilanzstichtag.

■ Hinter den Vorräten verbergen sich ausschließlich Roh-, Hilfs- und Betriebsstoffe (RHB). Der Bestand an RHB ist das ganze Jahr über konstant, da RHB entsprechend dem Materialverbrauch kontinuierlich nachgekauft wurden. Die Vorräte werden im Konzernabschluss nach der Lifo-Methode bewertet.

■ Die kurzfristigen Verbindlichkeiten weisen den Saldo des Kontokorrentkontos bei der Hausbank aus. Alle Zahlungen der Periode wurden über dieses Konto abgewickelt.

In dem **Beispiel** ergeben sich bei Anwendung der modifizierten Stichtagskursmethode gemäß § 308a die folgenden in Euro umgerechneten Abschlüsse. Für den **Fall (1)** der Abwertung des britischen Pfundes sind der Stichtagskurs (K_S) von 1,20 €/£, der historische Kurs (K_H) von 1,60 €/£ und der Durchschnittskurs (K_D) von 1,40 €/£ der Umrechnung zugrunde zu legen:

HB II zum 31.12. in Euro			
Sachanlagevermögen	108	Eigenkapital	
Vorräte	216	■ Sonstiges Eigenkapital	160
Liquide Mittel	60	■ EK-Differenz aus Währungsumr.	− 44
		■ Jahresüberschuss	28
		Langfristige Verbindlichkeiten	120
		Kurzfristige Verbindlichkeiten	120
Σ	384	Σ	384

GuV II zum 31.12. in Euro	
Umsatzerlöse	1.120
− Materialaufwand	− 504
− Löhne und Gehälter	− 546
− Planmäßige Abschreibungen	− 42
= Jahresüberschuss	28

Übersicht IV-7: *Der nach der modifizierten Stichtagskursmethode in Euro umgerechnete Abschluss für den Fall (1) der Abwertung des britischen Pfundes*

Die Posten der HB II werden hier, mit Ausnahme des Eigenkapitals und des Jahresüberschusses, zum Stichtagskurs (K_S) von 1,20 €/£ umgerechnet. Der Umrechnung des Eigenkapitals wird der historische Kurs (K_H) von 1,60 €/£ zugrunde gelegt. Die Posten der GuV werden vollständig zum Durchschnittskurs (K_D) von 1,40 €/£ umgerechnet. Hierbei ergibt sich ein Jahresüberschuss von € 28, der in die Bilanz übernommen wird. Die auf der Passivseite der Bilanz entstehende Umrechnungsdifferenz von € −44 (= € 384 − € 160 − € 28 − € 120 − € 120) wird erfolgsneutral innerhalb des Konzerneigenkapitals als „EK-Differenz aus Währungsumrechnung" ausgewiesen. Durch die Erfassung der Umrechnungsdifferenz im Eigenkapital wird eine durch die Währungsumrechnung bedingte Veränderung der Eigenkapitalquote verhindert. Die Eigenkapitalquote beträgt in der HB II in Landeswährung 37,5 % und in der mittels modifizierter Stichtagskursmethode in Euro umgerechneten HB II ebenfalls 37,5 %.

Für den **Fall (2)** der Aufwertung des britischen Pfundes sind der jetzt gültige Stichtagskurs von 2,00 €/£, der historische Kurs (K_H) von 1,60 €/£ und der Durchschnittskurs (K_D) von 1,80 €/£ der Umrechnung zugrunde zu legen:

HB II zum 31.12. in Euro			
Sachanlagevermögen	180	Eigenkapital	
Vorräte	360	▪ Sonstiges Eigenkapital	160
Liquide Mittel	100	▪ EK-Differenz aus Währungsumr.	44
		▪ Jahresüberschuss	36
		Langfristige Verbindlichkeiten	200
		Kurzfristige Verbindlichkeiten	200
Σ	640	Σ	640
GuV II zum 31.12. in Euro			
Umsatzerlöse			1.440
– Materialaufwand			– 648
– Löhne und Gehälter			– 702
– Planmäßige Abschreibungen			– 54
= Jahresüberschuss			36

Übersicht IV-8: *Der nach der modifizierten Stichtagskursmethode in Euro umgerechnete Abschluss für den Fall (2) der Aufwertung des britischen Pfundes*

Die Posten wurden analog zu denen in Fall (1) umgerechnet. Hier sind allerdings unterschiedliche Kursverhältnisse zu berücksichtigen. Im Gegensatz zu Fall (1) ergibt sich hier durch den gestiegenen Durchschnittskurs ein Jahresüberschuss von € 36, der zusammen mit dem zum historischen Kurs umgerechneten Eigenkapital zu einer Umrechnungsdifferenz in der Bilanz von € 44 (= € 640 – € 160 – € 36 – € 200 – 200) führt. Die Eigenkapitalquote beträgt auch nach der Währungsumrechnung im Fall (2) 37,5 %.

Umrechnungsdifferenzen, die bei der **Reinform der Stichtagskursmethode** weder in der Bilanz noch in der GuV entstehen können,[94] wohl aber bei der **modifizierten Stichtagskursmethode** gemäß § 308a auftreten und in den Posten „Eigenkapitaldifferenz aus Währungsumrechnung" einzustellen sind, sind bei teilweisem oder vollständigem Ausscheiden des Tochterunternehmens gemäß § 308a Satz 4 erfolgswirksam aufzulösen.[95]

---

94 Vgl. VON WYSOCKI, K./WOHLGEMUTH, M., Konzernrechnungslegung, S. 286.
95 Vgl. vertiefend zur Behandlung von Umrechnungsdifferenzen Abschn. 422.2 in diesem Kapitel.

422. Die Zeitbezugsmethode

422.1 Die Grundkonzeption der Zeitbezugsmethode

Neben der Stichtagskursmethode stellt die Zeitbezugsmethode die zweite grundlegende Umrechnungskonzeption dar. In Deutschland wurde die Zeitbezugsmethode maßgeblich von BUSSE VON COLBE[96] 1972 zeitgleich mit LORENSEN[97] in den USA entwickelt. Das Ziel dieser Umrechnungsmethode besteht darin, einen in fremder Währung erstellten Abschluss so in Euro umzurechnen bzw. in Euro zu bewerten, als wären die darin abgebildeten Geschäftsvorfälle unmittelbar in Euro gebucht worden.[98] Im Ergebnis sollen die Transaktionen eines ausländischen Tochterunternehmens in gleicher Weise in den Konzernabschluss einfließen wie die einer unselbständigen ausländischen Betriebsstätte. Die Zeitbezugsmethode verfolgt also das Ziel, die handelsrechtlichen Bewertungsvorschriften im umgerechneten Abschluss möglichst äquivalent zum Einzelabschluss einzuhalten und entspricht somit der Umrechnung einzelner Fremdwährungstransaktionen im Einzelabschluss. BUSSE VON COLBE/ORDELHEIDE/GEBHARDT/PELLENS sprechen daher auch von der **„Umrechnung nach dem Äquivalenzprinzip"**.[99]

Bei der Zeitbezugsmethode sind wie bei der modifizierten Stichtagskursmethode der **historische Kurs** (K_H), der **Bilanzstichtagskurs** (K_S) und der **Durchschnittskurs** (K_D) zu unterscheiden. Für die Währungsumrechnung nach der Zeitbezugsmethode werden i. d. R. **Devisenkassamittelkurse** verwandt. Eine genaue Unterscheidung zwischen Geld- und Briefkurs ist zwar möglich, aber nicht erforderlich.[100]

Grundsätzlich sind bei der Zeitbezugsmethode alle **Aktiva und Passiva** jeweils mit dem historischen Kurs zum Zeitpunkt jener Transaktion umzurechnen, die zur Erfassung des jeweiligen Aktivums oder Passivums in der Bilanz geführt hat. Die Zeitbezugsmethode arbeitet daher mit unterschiedlichen historischen Kursen, wenn die Transaktionen zu unterschiedlichen Zeitpunkten stattgefunden haben und der Wechselkurs im Zeitablauf schwankt. Bei den Aktiva sind die historischen Kurse zum Zeitpunkt der Anschaffung oder Herstellung eines Vermögensgegenstandes heranzuziehen, bei den Passiva die Kurse zum Zeitpunkt des wirtschaftlichen oder rechtlichen Entstehens einer Schuld bzw. zum Zeitpunkt der Entstehung/Einzahlung des Eigen- und Fremdkapitals. Die **liquiden Mittel** werden mit dem Bilanzstichtagskurs umgerechnet, da sie auch in einem Einzelabschluss immer entsprechend den Verhältnissen zum Bilanzstichtag zu bewerten sind. Es ist üblich und mit dem Äquivalenzprinzip vereinbar, den **Jahresüberschuss** als Saldo der umgerechneten Bilanzposten zu ermitteln.[101] Dies macht deutlich, dass die Zeitbezugsmethode selten in Reinform, son-

---

96 Vgl. BUSSE VON COLBE, W., Umrechnung der Jahresabschlüsse ausländischer Konzernunternehmen, S. 306-333.

97 Vgl. LORENSEN, L., The Temporal Principle of Translation, S. 48-54.

98 Vgl. KIRSCH, H.-J./DOHRN, M./KÖHLING, K., in: Baetge/Kirsch/Thiele, § 308a HGB, Rn. 37.

99 Vgl. BUSSE VON COLBE, W. U. A., Konzernabschlüsse, S. 159.

100 BT-Drucksache 16/12407, S. 86.

dern fast durchgängig als modifizierte Zeitbezugsmethode verwendet wird. Ferner wird bei der Zeitbezugsmethode ebenfalls sichergestellt, dass die (äquivalenten) handelsrechtlichen Bewertungsgrundsätze (insb. das Imparitätsprinzip) in der umgerechneten Bilanz eingehalten werden.

Die **Aufwendungen und Erträge** sind grundsätzlich mit den historischen Kursen zum Zeitpunkt der Transaktionen (Reinform) umzurechnen, werden aber i. d. R. aus Praktikabilitätsgründen mit (gewichteten) Periodendurchschnittskursen (K_D) umgerechnet. **Wertänderungen an bestimmten Vermögensgegenständen** (z. B. Abschreibungen auf das abnutzbare Anlagevermögen) werden indes mit den gleichen Kursen umgerechnet wie die entsprechenden Vermögensgegenstände.[102] Die Wertunterschiede aus der Währungsumrechnung sind insofern erfolgswirksam. Der sich ergebende Jahresüberschuss entspricht dann auch, wie oben beschrieben, dem Saldo der umgerechneten Bilanzposten.

In der Praxis sind eine Reihe von **Varianten dieser Grundkonzeption** der Zeitbezugsmethode anzutreffen, die sich im Wesentlichen durch die Wahl eines anderen Kurses zur Umrechnung einzelner Bilanzposten voneinander unterscheiden.[103] Im Folgenden wird die Konzeption der Zeitbezugsmethode nach dem Äquivalenzprinzip betrachtet.

Die Umrechnung des Abschlusses nach der Zeitbezugsmethode kann in die Erstellung des **vorläufigen und des endgültigen Abschlusses** unterteilt werden. Dabei sind die folgenden Arbeitsschritte zu durchlaufen:

- ■ Zur Erstellung des **vorläufigen Abschlusses** sind im **ersten Arbeitsschritt** alle Bilanzposten mit ihren historischen Kursen umzurechnen. Aus dieser Umrechnung ergeben sich die „Euro-Anschaffungswerte". Lediglich der Jahresüberschuss wird bei diesem eher technischen Zwischenschritt zunächst mit dem Bilanzstichtagskurs umgerechnet.[104] Im **zweiten Arbeitsschritt** sind den (fortgeführten) Euro-Anschaffungswerten (€-AW) die Euro-Tageswerte (€-TW), die durch Umrechnung der Tageswerte in Landeswährung (LW-TW) mit dem Bilanzstichtagskurs ermittelt werden, gegenüberzustellen. Aufgrund des Imparitätsprinzips ist bei den Vermögensgegenständen der niedrigere Wert, bei den Schulden der höhere Wert in die Euro-Bilanz zu übernehmen (Niederstwert- bzw. Höchstwerttest). Da mit unterschiedlichen Kursen umgerechnet wird, ergeben sich sowohl in der Bilanz als auch in der GuV zunächst Umrechnungsdifferenzen.

- ■ Für den **endgültigen Abschluss** sind im **dritten Arbeitsschritt** die Umrechnungsdifferenzen zu analysieren und „aufzulösen".

---

101 Vgl. Lück, W., Die Umrechnung der Jahresabschlüsse ausländischer Konzerngesellschaften, S. 76-80; Busse von Colbe, W. u. a., Konzernabschlüsse, S. 179.

102 Vgl. im Detail Busse von Colbe, W. u. a., Konzernabschlüsse, S. 179.

103 Vgl. Schildbach, T., Der Konzernabschluss, S. 140-143; zur Grundkonzeption der Zeitbezugsmethode vgl. Gebhardt, G., in: Beck HdR, C 310, Rn. 40 f.

104 Vgl. Lück, W., Die Umrechnung der Jahresabschlüsse ausländischer Konzerngesellschaften, S. 78; Langenbucher, G., in: Küting/Weber, HdK, 2. Aufl., Kap. II, Rn. 1158.

Im folgenden **Beispiel** wird der in Übersicht IV-5 eingeführte Abschluss nach der Zeitbezugsmethode umgerechnet. Es wird von einer Umrechnung von britischem Pfund (£) in Euro (€) ausgegangen. Dem Imparitätsprinzip folgend werden alle Vermögensgegenstände einem **Niederstwerttest** unterzogen.

Dabei wird der (**fortgeführte**) **Euro-Anschaffungswert** (**€-AW**) {= £-Anschaffungswert (£-AW) · historischer Kurs} mit dem **Euro-Tageswert** (**€-TW**){= £-Tageswert (£-TW) · Stichtagskurs} verglichen und der jeweils niedrigere von beiden Werten angesetzt. Analog wird ein **Höchstwerttest** für die Schulden durchgeführt.[105] Da es sich bei der Zeitbezugsmethode insgesamt eher um eine Bewertungsmethode als um eine technische Transformation in die Berichtswährung handelt, sind die (zwischenzeitlichen) Umrechnungsdifferenzen **erfolgswirksam** zu behandeln.[106]

Für das Beispiel gelten zudem folgende **Annahmen**:

- Bei den Sachanlagen handelt es sich um Maschinen, die linear über vier Jahre, d. h. mit 25 % p. a., abgeschrieben werden.

- Die Aufwendungen und Erträge sind gleichmäßig während des gesamten Geschäftsjahres angefallen und haben unmittelbar zu Zahlungen geführt. Die Posten der GuV (ohne Abschreibungen) können deshalb mit dem einfachen Durchschnittskurs (ermittelt aus den Kursen am Periodenanfang und am Periodenende) umgerechnet werden. Der Jahresüberschuss soll vollständig ausgeschüttet werden.

Fall (1):Der Kurs des britischen Pfundes fällt zur Jahresmitte von 1,60 €/£ auf 1,20 €/£. Der neue Wechselkurs bleibt bis zum Bilanzstichtag unverändert. Der Durchschnittskurs ist somit 1,40 €/£.

Für den Fall der **Abwertung des britischen Pfundes** sind die €-TW der Bilanzposten niedriger als deren €-AW. Der Niederstwerttest führt bei den Aktiva zum Ansatz der €-TW in der umgerechneten **Bilanz**, da in diesem Fall unterstellt wird, dass der neue Wechselkurs auf Dauer unverändert bleibt, mithin eine dauernde Wertminderung vorliegt. Somit ist hier der Ansatz der niedrigeren €-TW beim Sachanlagevermögen gemäß § 253 Abs. 3 Satz 3 zwingend. Bei den Schulden bleibt es beim Ansatz der (höheren) €-AW, da ein Ansatz der (niedrigeren) €-TW gegen das Realisationsprinzip verstoßen würde. Das Eigenkapital (ohne Jahresüberschuss) wird nicht als Residualgröße von Vermögensgegenständen und Schulden ermittelt, sondern mit dem historischen Kurs, der zum Zeitpunkt der Einzahlung gültig war (1,60 €/£), umgerechnet. Der Jahresüberschuss wird im vorläufigen Abschluss nicht als Saldo der umgerechneten Bilanzposten ermittelt, sondern mit dem Bilanzstichtagskurs umgerechnet. In der Bilanz entsteht daher eine **Umrechnungsdifferenz** in Höhe von € –120.

---

105 Vgl. GEBHARDT, G., in: Beck HdR, C 310, Rn. 40 f.

106 Vgl. BUSSE VON COLBE, W. U. A., Konzernabschlüsse, S. 176; Abschn. 422.2 in diesem Kapitel.

In der **GuV** werden die Aufwendungen (ohne planmäßige Abschreibungen) und Erträge mit dem einfachen Durchschnittskurs (1,40 €/£) umgerechnet.[107] Die planmäßigen Abschreibungen auf das Sachanlagevermögen teilen das Schicksal des entsprechenden Bilanzpostens und werden deshalb mit dem historischen Kurs (1,60 €/£) umgerechnet.[108] Folglich entsteht in der GuV eine **Umrechnungsdifferenz** in Höhe von € +2 zwischen dem Saldo der umgerechneten Erfolgsgrößen und dem zum Stichtagskurs umgerechneten Jahresüberschuss. Das (**Zwischen-)Ergebnis** der Umrechnung sieht für den Fall der Abwertung des britischen Pfundes zunächst wie folgt aus:

Vorläufige HB II zum 31.12. in Euro			
Sachanlagevermögen	108	Eigenkapital	
Vorräte	216	▪ Sonstiges Eigenkapital	160
Liquide Mittel	60	▪ Jahresüberschuss	24
		▪ Umrechnungsdifferenz Bilanz	−120
		Langfristige Verbindlichkeiten	160
		Kurzfristige Verbindlichkeiten	160
Σ	384	Σ	384
Vorläufige GuV II zum 31.12. in Euro			
	Umsatzerlöse		1.120
−	Materialaufwand		− 504
−	Löhne und Gehälter		− 546
−	Planmäßige Abschreibungen		− 48
=	Umgerechneter Erfolgsbeitrag		22
+	Umrechnungsdifferenz GuV		+ 2
=	Jahresüberschuss		24

Übersicht IV-9: *Der nach der Zeitbezugsmethode in Euro umgerechnete vorläufige Abschluss für den Fall der Abwertung des britischen Pfundes im Fall (1)*

Der **endgültige umgerechnete Abschluss** des Tochterunternehmens ergibt sich erst nach entsprechender bilanzieller Behandlung der Währungsumrechnungsdifferenzen. Bevor die Herkunft der Umrechnungsdifferenzen analysiert und ihre weitere Behandlung erörtert wird,[109] werden zunächst die umgerechnete Bilanz und GuV betrachtet, wie sie sich bei steigendem Kurs des britischen Pfundes ergeben hätten.

---

107 Vgl. die Annahmen zum Beispiel, letztes Spiegelquadrat.

108 Vgl. hierzu erläuternd Abschn. 422.2 in diesem Kapitel.

109 Vgl. den folgenden Abschn. 422.2 in diesem Kapitel.

Fall (2): Der Kurs des britischen Pfundes steigt zur Jahresmitte von 1,60 €/£ auf 2,00 €/£. Der neue Wechselkurs bleibt bis zum Bilanzstichtag unverändert. Der Durchschnittskurs ist somit 1,80 €/£.

Für den Fall der **Aufwertung des britischen Pfundes** sind die Schulden in der **Bilanz** mit den höheren €-TW anzusetzen (Höchstwerttest), während die fortgeführten €-AW die Wertobergrenze für die Bewertung des Vermögens bilden. In unserem Beispiel kommt es folglich auch bei steigendem Kurs des britischen Pfundes zu einer **Umrechnungsdifferenz** in Höhe von € –68.

Die Vorgehensweise der Währungsumrechnung in der **GuV** entspricht der im Fall (1). Es entsteht eine **Umrechnungsdifferenz** in Höhe von € –2. Bilanz und GuV sehen für den Fall der Aufwertung des britischen Pfundes nach Umrechnung der einzelnen Posten zunächst wie folgt aus:

Vorläufige HB II zum 31.12. in Euro			
Sachanlagevermögen	144	Eigenkapital	
Vorräte	288	■ Sonstiges Eigenkapital	160
Liquide Mittel	100	■ Jahresüberschuss	40
		■ Umrechnungsdifferenz Bilanz	– 68
		Langfristige Verbindlichkeiten	200
		Kurzfristige Verbindlichkeiten	200
Σ	532	Σ	532

Vorläufige GuV II zum 31.12. in Euro	
Umsatzerlöse	1.440
– Materialaufwand	– 648
– Löhne und Gehälter	– 702
– Planmäßige Abschreibungen	– 48
= Umgerechneter Erfolgsbeitrag	42
– Umrechnungsdifferenz GuV	– 2
= Jahresüberschuss	40

Übersicht IV-10: *Der nach der Zeitbezugsmethode in Euro umgerechnete vorläufige Abschluss für den Fall der Aufwertung des britischen Pfundes im Fall (2)*

422.2 Die Behandlung der Umrechnungsdifferenzen aus der Währungsumrechnung

Eine Umrechnungsdifferenz aus der Währungsumrechnung in Bilanz bzw. GuV entsteht immer dann, wenn mit unterschiedlichen Wechselkursen gearbeitet wird. Bei der **modifizierten Stichtagskursmethode** entstehen Umrechnungsdifferenzen in der Bilanz regelmäßig aufgrund unterschiedlicher Wechselkurse für die Bilanzposten

(Stichtagskurs und historischer Kurs). Bei der **Zeitbezugsmethode** entsteht in einem Zwischenschritt eine Umrechnungsdifferenz in der vorläufigen Bilanz aufgrund der genannten unterschiedlichen Kurse. Außerdem ergibt sich in der vorläufigen GuV eine Umrechnungsdifferenz als Saldo der Erfolgsgrößen (umgerechnet zu Durchschnittskursen, abgesehen von den mit Bilanzposten korrespondierenden Größen wie z. B. Abschreibungen) und dem in diesem Zwischenschritt zunächst zum Stichtagskurs bewerteten Jahresüberschuss.

Grundsätzlich ist es möglich, Umrechnungsdifferenzen entweder **erfolgsneutral** mit den Rücklagen oder **erfolgswirksam** in der GuV zu berücksichtigen. Da die Währungsumrechnung nach der **Stichtagskursmethode** eher den Charakter einer technischen Transformation hat, sind die resultierenden Differenzen erfolgsneutral im Eigenkapital zu erfassen.[110] Dies entspricht dem geltenden Recht des § 308a. Der Konzeption der **Zeitbezugsmethode** entspricht indes nur die **erfolgswirksame Behandlung dieser Umrechnungsdifferenzen**.[111] Denn allein bei erfolgswirksamer Behandlung der Umrechnungsdifferenzen weist das umgerechnete Euro-Jahresergebnis der GuV genau die Änderung des umgerechneten Euro-Eigenkapitals in der Periode aus – und zwar genauso wie bei einem unmittelbar in Euro erstellten Abschluss.

Die Euro-Erfolgsrechnung wurde in unserem Beispiel zur Zeitbezugsmethode durch Umrechnung der Landeswährungs-(LW-)Erfolgsrechnung ermittelt. Sie hat indes nur vorläufigen Charakter, weil die durch Änderungen des Wechselkurses hervorgerufenen Euro-Wertänderungen bislang noch unberücksichtigt geblieben sind. Da das Realisations- und das Imparitätsprinzip auch im umgerechneten Abschluss zu beachten sind, werden bei einer Abwertung des britischen Pfundes zusätzliche Euro-Abschreibungen auf die vorhandenen Vermögensgegenstände erforderlich. Bei einer Aufwertung des britischen Pfundes entsteht dagegen zusätzlicher sonstiger Euro-Aufwand, da der Euro-Erfüllungsbetrag der Verbindlichkeiten gestiegen ist

Dies wird am **Beispiel** verdeutlicht; dazu wird zunächst wieder der **Fall (1) der Abwertung des britischen Pfundes** betrachtet:

Bei der Zeitbezugsmethode wird der umgerechnete Abschluss so dargestellt, als wäre er direkt in Euro aufgestellt worden; für den Fall einer Abwertung des britischen Pfundes sind daher zusätzliche Abschreibungen erforderlich, da die Euro-Werte der Aktiva gesunken sind. Der Betrag dieser zusätzlichen Abschreibungen, die in der LW-Erfolgsrechnung nicht berücksichtigt werden konnten, ergibt sich aus der folgenden Übersicht:

110 Vgl. BUSSE VON COLBE, W. U. A., Konzernabschlüsse, S. 167.
111 Vgl. BUSSE VON COLBE, W. U. A., Konzernabschlüsse, S. 176.

Aktiva	£-Wert 31.12	€-AW ($K_H = 1{,}60$)	€-TW ($K_S = 1{,}20$)	Zusätzliche €-Abschreibungen
Sachanlagevermögen (voraussichtlich dauernde Wertminderung)	90	144	108	36
Vorräte	180	288	216	72
Σ		432	324	108

Legende:
AW	≙	Anschaffungswert	K_H ≙	Historischer Kurs
TW	≙	Tageswert	K_S ≙	Stichtagskurs

Übersicht IV-11: *Durch die Abwertung des britischen Pfundes verursachte Wertänderungen bei den Aktiva im Fall (1) (Stichtagsbetrachtung)*

In einem direkt in Euro aufgestellten Abschluss wären also allein durch die Abwertung des britischen Pfundes bedingte zusätzliche Abschreibungen in Höhe von insgesamt € 108 zum Bilanzstichtag erforderlich. Entsprechend der Konzeption der Zeitbezugsmethode werden diese Aufwendungen erfolgswirksam in der GuV berücksichtigt (vgl. Übersicht IV-12).

In den **Folgeperioden** ist bei den **Abschreibungen** folgende Besonderheit zu beachten: Die planmäßigen (und außerplanmäßigen) Euro-Abschreibungen sollen kumuliert bis zum Ende der Nutzungsdauer genau den Euro-Anschaffungskosten entsprechen (das Sachanlagevermögen soll damit ohne Restbuchwert vollständig abgeschrieben werden). Dieses Ziel wird bei einer Umrechnung des Bilanzpostens mit dem historischen Kurs nur dann erreicht, wenn auch die planmäßigen Abschreibungen mit dem historischen Kurs zum Zeitpunkt des Kaufes der Sachanlagen umgerechnet werden. In unserem Beispiel ist für den Fall der Abwertung des britischen Pfundes indes zu beachten, dass zusätzliche Niederstwertabschreibungen erforderlich sind. Die Euro-Anschaffungskosten beliefen sich (vgl. Übersicht IV-6) auf € 192 (= £ 120 · 1,60 €/£). Für den Fall (1) der Abwertung des britischen Pfundes wurden die planmäßigen Abschreibungen in der aktuellen Periode (£ 30) deshalb mit dem historischen Kurs von 1,60 €/£ umgerechnet (48). Neben diesen planmäßigen Abschreibungen in Höhe von € 48 wurden zusätzliche Niederstwertabschreibungen (auf den Endbestand von £ 90) i. H. v. € 36 (= £ 90 · 1,60 €/£ – £ 90 · 1,20 €/£) erforderlich (vgl. Übersicht IV-11). Der verbleibende Euro-Restbuchwert von € 108 (= € 192 – € 48 – € 36; vgl. auch Übersicht IV-11) ist noch über drei Jahre, folglich mit € 36 p. a. (= £ 30 · 1,20 €/£) abzuschreiben, d. h., die Abschreibungen sind in den Folgeperioden nach der Abwertung des britischen Pfundes aufgrund der Niederstwertabschreibung mit dem neuen Wechselkurs von 1,20 €/£ umzurechnen. Im Fall (2) der Aufwertung des britischen Pfundes sind die Abschreibungen indes auch in den Folgeperioden weiterhin mit dem historischen Kurs von 1,60 €/£ umzurechnen.

Die in der GuV in Übersicht IV-12 **verbleibende Umrechnungsdifferenz** i. H. v. € +10 entsteht durch die Berücksichtigung unterschiedlicher Wechselkurse bei der Umrechnung der Bilanzposten, den zusätzlichen Abschreibungen auf das Sachanlagevermögen und Vorräte (resultierend aus unterschiedlichen Wechselkursen) und der vereinfachten Umrechnung der übrigen GuV-Posten zum Durchschnittskurs. Sofern alle Bilanzposten und die korrespondierenden GuV-Wirkungen mit jeweils demselben Wechselkurs umgerechnet würden, entstünde dieser Differenzbetrag nicht. Die Umrechnungsdifferenz von € –10 hat den Charakter eines sonstigen Aufwandes, der entsprechend der Konzeption der Zeitbezugsmethode erfolgswirksam berücksichtigt wird. Es ergibt sich folgender Jahresabschluss:

HB II zum 31.12. in Euro			
Sachanlagevermögen	108	Eigenkapital	
Vorräte	216	■ Sonstiges Eigenkapital	160
Liquide Mittel	60	■ Jahresüberschuss	– 96
		Langfristige Verbindlichkeiten	160
		Kurzfristige Verbindlichkeiten	160
Σ	384	Σ	384

GuV II zum 31.12. in Euro	
Umsatzerlöse	1.120
– Materialaufwand*	– 504
– Löhne und Gehälter	– 546
– Planmäßige Abschreibungen	– 48
= Umgerechneter Erfolgsbeitrag	22
– Zusätzliche Abschreibungen (Sachanlagevermögen)	– 36
– Zusätzliche Abschreibungen (Vorräte)	– 72
– Sonstiger Aufwand	– 10
= Jahresergebnis**	– 96

* An dieser Stelle sei daran erinnert, dass die Vorräte (RHB) nach Lifo bewertet werden; die zuletzt beschafften RHB gelten somit als zuerst verbraucht. Würde der RHB-Bestand stattdessen nach Fifo bewertet, ergäbe sich für den Bilanzansatz ein €-AW in Höhe von € 216 (= £ 180 · 1,20 €/£), der genau dem €-TW entspricht. Zum 31.12. wäre bei Fifo also keine zusätzliche Abschreibung erforderlich, indes wäre der Materialaufwand um den Betrag der zusätzlichen Abschreibung bei Fifo höher. Materialaufwand Fifo: £ 360 · 1,60 = € 576 = € 504 + € 72 (Materialaufwand Lifo + zusätzliche Abschreibung).

** Dieses Jahresergebnis ergibt sich auch, wenn direkt vom (bei der Erstellung des vorläufigen Abschlusses) zum Bilanzstichtag umgerechneten Jahresüberschuss aus Übersicht IV-9 die bilanzielle Währungsumrechnungsdifferenz abgezogen wird (€ 24 – € 120 = € –96) oder als Differenz der umgerechneten Bilanzposten des endgültigen Abschlusses.

Übersicht IV-12:   *Der nach der Zeitbezugsmethode in Euro umgerechnete Abschluss für den Fall (1) der Abwertung des britischen Pfundes*

Ebenso wie im oben dargestellten umgerechneten Abschluss wären auch das Vermögen und die Schulden einer unselbständigen Betriebsstätte im Einzelabschluss eines rechtlich selbständigen Unternehmens anzusetzen. Das Jahresergebnis von € –96 entspricht genau der Euro-Eigenkapitalveränderung in der Periode und ist der Saldo zwischen der Differenz der umgerechneten Vermögensgegenstände und Schulden (€ 384 – € 320 = 64)und dem sonstigen Eigenkapital (160).

Nun wird der **Fall (2) der Aufwertung des britischen Pfundes** betrachtet. Bei den Aktiva bildet der (fortgeschriebene) €-AW die Obergrenze für den Bilanzansatz. Daher entsteht kein zusätzlicher Aufwand aus weiteren Abschreibungen. Beiden Verbindlichkeiten entsteht indes zusätzlicher Aufwand, da die Verbindlichkeiten gemäß dem Höchstwertprinzip mit den gestiegenen Euro-Erfüllungsbeträgen anzusetzen sind. Der Betrag des zusätzlichen Aufwandes ergibt sich aus Übersicht IV-13:

Schulden	£-Wert 31.12	€-AW ($K_H = 1,60$)	€-TW ($K_S = 2,00$)	Zusätzlicher €-Aufwand
Langfr. Verbindlichkeiten Kurzfr. Verbindlichkeiten	100 50	160 80	200 100	40 20
		240	300	60
Legende: Vgl. Übersicht IV-11.				

Übersicht IV-13: *Durch die Aufwertung des britischen Pfundes verursachte Wertänderungen bei den Schulden im Fall (2) (Stichtagsbetrachtung)*

Der Konzeption der Zeitbezugsmethode entsprechend wird dieser zusätzliche Aufwand von € 60 erfolgswirksam berücksichtigt.

Die in der GuV in Übersicht IV-14 **verbleibende Umrechnungsdifferenz** in Höhe von € –10 entsteht durch die Berücksichtigung unterschiedlicher Wechselkurse bei der Umrechnung der Bilanzposten, den zusätzlichen Abschreibungen auf das Sachanlagevermögen und Vorräte (resultierend aus unterschiedlichen Wechselkursen) und der vereinfachten Umrechnung der übrigen GuV-Posten zum Durchschnittskurs. Die Währungsumrechnungsdifferenz von € – 10 hat folglich den Charakter eines erfolgswirksamen sonstigen Aufwandes.

HB II zum 31.12. in Euro			
Sachanlagevermögen	144	Eigenkapital	
Vorräte	288	▪ Sonstiges Eigenkapital	160
Liquide Mittel	100	▪ Jahresüberschuss	– 28
		Langfristige Verbindlichkeiten	200
		Kurzfristige Verbindlichkeiten	200
Σ	532	Σ	532

GuV II zum 31.12. in Euro	
Umsatzerlöse	1.440
– Materialaufwand*	– 648
– Löhne und Gehälter	– 702
– Planmäßige Abschreibungen	– 48
= Umgerechneter Erfolgsbeitrag	42
– Zusätzlicher Aufwand (Langfristige Verbindlichkeiten)	– 40
– Zusätzlicher Aufwand (Kurzfristige Verbindlichkeiten)	– 20
– Sonstiger Aufwand	– 10
= Jahresergebnis**	– 28

* Bei Fifo ergäbe sich ein Materialaufwand von € 576 (= £ 360 · 1,60 €/£) und ein Wert für den Bilanzansatz der Vorräte von € 360 (= £ 180 · 2,00 €/£). In Bilanz und GuV würde also ein um € 72 höheres Ergebnis gezeigt. Im Übrigen gehen wir in unserem Beispiel von einem konstanten Preisniveau in britischen Pfund aus.

** Dieses Jahresergebnis ergibt sich auch, wenn direkt vom (bei der Erstellung des vorläufigen Abschlusses) zum Bilanzstichtag umgerechneten Jahresüberschuss aus Übersicht IV-10 die bilanzielle Währungsumrechnungsdifferenz abgezogen wird (€ 40 – € 68 = € –28) oder als Differenz der umgerechneten Bilanzposten des endgültigen Abschlusses oder als Differenz der umgerechneten Bilanzposten.

Übersicht IV-14: *Der nach der Zeitbezugsmethode in Euro umgerechnete Abschluss für den Fall (2) der Aufwertung des britischen Pfundes*

Auch im Fall der Aufwertung des britischen Pfundes entspricht das Jahresergebnis von € –28 der Euro-Eigenkapitalveränderung in der Periode, da der Saldo der umgerechneten Vermögensgegenstände (€ 532) und Schulden (€ 400) jetzt € 132 beträgt.

Die Praxis hatte die Zeitbezugsmethode regelmäßig in einer mehr oder weniger modifizierten Form verwendet. So wurde beim Anlagevermögen teilweise auf den Niederstwerttest verzichtet, und bei den Forderungen und Verbindlichkeiten wurden unrealisierte Kursgewinne und -verluste durch Bildung von Bewertungseinheiten kompensiert.[112] Durch die Vielzahl der Modifikationen gegenüber der Reinform der Zeitbezugsmethode wurde indes die Vergleichbarkeit der umgerechneten Abschlüsse erheblich erschwert. Auch in der internationalen Rechnungslegungspraxis hat die

---

112 Vgl. BUSSE VON COLBE, W. U. A., Konzernabschlüsse, S. 176 f.

ausschließliche Anwendung der Zeitbezugsmethode erheblich an Bedeutung verloren, da an ihre Stelle i. d. R. die Methode der funktionalen Währungsumrechnung getreten ist.[113]

423. Kritische Würdigung der dargestellten Verfahren

Die von BUSSE VON COLBE entwickelte Umrechnung nach dem Äquivalenzprinzip (**Zeitbezugsmethode**) geht von der Annahme der rechtlichen Einheit des Konzerns aus. Die Abschlüsse der ausländischen Tochterunternehmen werden derart umgerechnet, als wären sie direkt in der Konzernberichtswährung aufgestellt worden. Folglich werden die Ansatz- und Bewertungsvorschriften des Mutterunternehmens auch im umgerechneten Abschluss strikt eingehalten. Die Vertreter der Zeitbezugsmethode sehen in dem Einheitsgrundsatz des § 297 Abs. 3 Satz 1 die oberste Leitlinie für den Konzernabschluss und schließen daraus auf die alleinige Zulässigkeit der Zeitbezugsmethode. Wie in Kap. II Abschn. 25 gezeigt wurde, ist der Einheitsgrundsatz des Art. 26 Abs. 1 der 7. EG-Richtlinie und dessen richtlinienkonforme Transformation in die Vorschrift des § 297 Abs. 3 Satz 1 auch nach dem Willen des deutschen Gesetzgebers kein Element der Generalnorm.[114] Vielmehr ist der Einheitsgrundsatz lediglich für die Konsolidierungsmaßnahmen heranzuziehen.[115] Der Gesetzgeber hat dies durch die Verabschiedung des § 308a, der ausschließlich die modifizierte Stichtagskursmethode erlaubt, bestätigt.

Im Schrifttum wurde außerdem bereits mehrfach gezeigt, dass es Fälle geben kann, in denen die Zeitbezugsmethode zu Ergebnissen führt, die nicht den tatsächlichen Verhältnissen entsprechen. In bestimmten Situationen zeigt der nach der Zeitbezugsmethode umgerechnete Abschluss ein Bild, das den erwarteten ökonomischen Wirkungen von Wechselkursänderungen widerspricht. Dieses Problem ergibt sich häufig bei ausländischen Tochterunternehmen, die relativ selbständig auf ausländischen Märkten operieren.

GEBHARDT zeigte dieses Problem am sog. **EXXON-Fall**.[116] Betrachtet wurde ein niederländisches Tochterunternehmen des US-Konzerns EXXON, das sein Anlagevermögen mit langfristigem Fremdkapital in Landeswährung (holländische Gulden) finanziert hatte. Das Unternehmen bezog alle wesentlichen Einsatzfaktoren im Lande, Erträge resultierten ausschließlich aus Umsätzen mit den niederländischen Kunden. Das niederländische Tochterunternehmen konnte unabhängig von der $-Kursentwicklung mit konstanten Gewinnen rechnen, die an EXXON ausgeschüttet wurden. In Zeiten, in denen der US-$ gegenüber dem holländischen Gulden (hfl) kontinuierlich an Wert verlor, konnte EXXON mit steigenden $-Einzahlungen rechnen,

---

113 Vgl. BUSSE VON COLBE, W. U. A., Konzernabschlüsse, S. 181. Vgl. zur funktionalen Währungsumrechnung Abschn. 43 in diesem Kapitel.

114 Vgl. RUPPERT, B., Währungsumrechnung, S. 73.

115 Vgl. RUPPERT, B., Währungsumrechnung, S. 73.

116 Vgl. GEBHARDT, G., in: Beck HdR, C 310, Rn. 142.

da der konstante Ausschüttungsbetrag in hfl jedes Jahr einen höheren $-Wert ergab. Der $-Wert des niederländischen Tochterunternehmens stieg mithin. Die Umrechnung nach der Zeitbezugsmethode führte indes zu einem negativen $-Ergebnis, da die hfl-Verbindlichkeiten gemäß Höchstwerttest immer mit dem höheren $-Wert angesetzt werden mussten, während beim Anlagevermögen weiterhin die niedrigeren historischen $-Anschaffungswerte anzusetzen waren.

In der geschilderten Situation würde die Umrechnung nach dem Zeitbezug gegen die Generalnorm des § 297 Abs. 2 Satz 2 verstoßen, die ausdrücklich verlangt, dass der Konzernabschluss ein den tatsächlichen Verhältnissen entsprechendes Bild der Vermögens-, Finanz- und Ertragslage des Konzerns zu vermitteln hat.

Die Zeitbezugsmethode negiert die Tatsache, dass es ausländische Tochterunternehmen gibt, die als rechtlich selbständige Einheiten in ihrem eigenen Rechts- und Währungsgebiet operieren[117] und dass bei diesen Unternehmen daher nur eine Fakturierung in der Landeswährung zu aussagefähigen Ergebnissen führen kann. Für den künftigen Cashflow dieser Unternehmen spielen Wechselkursänderungen häufig keine Rolle. Sofern beim Tochterunternehmen mindestens konstante Ausschüttungen in Landeswährung (im EXXON-Fall: hfl) zu erwarten sind, wird dieses Tochterunternehmen bei einer Aufwertung der Landeswährung für den Konzern wertvoller, weil der Wert der Beteiligung in der Berichtswährung des Konzernabschlusses (im EXXON-Fall: $-Wert der Beteiligung) gestiegen ist.[118] Das Resultat der Zeitbezugsmethode kann im Hinblick auf „ein den tatsächlichen Verhältnissen entsprechendes Bild der Vermögens-, Finanz- und Ertragslage" nicht befriedigen. Bei der Anwendung der Zeitbezugsmethode wird das von der Generalnorm geforderte Bild umso stärker verzerrt, je häufiger und intensiver Wechselkursveränderungen auftreten und je bedeutender das Tochterunternehmen für den Konzern ist.[119]

Unabhängig von besonderen Situationen wie im dargestellten EXXON-Fall wird von den Vertretern der Stichtagskursmethode kritisiert, dass die ursprüngliche Bilanzstruktur bei Anwendung der Zeitbezugsmethode im umgerechneten Abschluss verzerrt wird.[120] Ein zutreffender Einblick in die Vermögens-, Finanz- und Ertragslage des Konzerns ist nach dieser Auffassung nur gewährleistet, wenn die Bilanzrelationen auch im umgerechneten Abschluss erhalten bleiben. Da eine Umrechnung nach der Zeitbezugsmethode sowohl bei der Abwertung als auch bei der Aufwertung einer Währung grundsätzlich einseitig Umrechnungsverluste hervorruft, werden langfristige Erfolgstendenzen u. U. verschleiert und das Währungsrisiko übertrieben berücksichtigt.[121]

---

117 Vgl. LIPPMANN, K./SCHÄFER, W., Die Behandlung von Währungsänderungen, S. 174.

118 Vgl. KUBIN, K. W./LÜCK, W., Funktionale Währungsumrechnungsmethode, S. 360.

119 Vgl. LANGENBUCHER, G., Das Aufstellen von Weltabschlüssen, S. 346.

120 Vgl. VON WYSOCKI, K., Weltbilanzen, S. 691; LIPPMANN, K./SCHÄFER, W., Die Behandlung von Währungsänderungen, S. 174 f.

121 Vgl. KUBIN, K. W./LÜCK, W., Funktionale Währungsumrechnungsmethode, S. 360 f.

Nach Auffassung der Vertreter der Stichtagskursmethode ist die Zeitbezugsmethode zudem häufig nicht mit dem Grundsatz der Wirtschaftlichkeit zu vereinbaren, da sie mit einem immensen Arbeitsaufwand verbunden ist. Indes kann nicht der mit einer Methode verbundene Arbeitsaufwand das allein entscheidende Kriterium sein. Vielmehr sollte die Erfüllung der Generalnorm das entscheidende Argument für die Wahl der Umrechnungsmethode sein.

Allerdings führt auch die **Stichtagskursmethode** nicht immer zu besseren Ergebnissen im Hinblick auf die Generalnorm des § 297 Abs. 2 Satz 2.[122] Die Stichtagskursmethode führt zu schlechteren Ergebnissen als die Zeitbezugsmethode, wenn ein Tochterunternehmen weitgehend in die Geschäftätigkeit des Mutterunternehmens integriert ist und ein intensiver Leistungs- und Zahlungsverkehr zwischen Mutter- und Tochterunternehmen stattfindet. Die Vermögensgegenstände und Schulden dieses Tochterunternehmens sind aus Sicht des Mutterunternehmens quasi eigene Vermögensgegenstände und Schulden, deren Wert von einer Wechselkursänderung unmittelbar beeinflusst wird. Wird z. B. die Landeswährung abgewertet, so verlieren die im Tochterunternehmen gebundenen Aktiva aus der Sicht des Mutterunternehmens an Wert, während die vom Mutterunternehmen für das Tochterunternehmen in Konzernwährung aufgenommenen Verbindlichkeiten in unveränderter Höhe bestehen bleiben. Bei einer Umrechnung nach der Stichtagskursmethode würden indes auch niedrigere Verbindlichkeiten im umgerechneten Abschluss ausgewiesen. In dieser Situation ist folglich die Stichtagskursmethode nicht geeignet, ein den tatsächlichen Verhältnissen entsprechendes Bild der Vermögens-, Finanz- und Ertragslage zu zeigen.

Als **Ergebnis** bleibt festzuhalten, dass weder die Zeitbezugsmethode noch die Stichtagskursmethode generell überlegen ist. Im Sinne der Generalnorm wäre die Stichtagskursmethode grundsätzlich dann vorzuziehen, wenn das ausländische Tochterunternehmen vom Mutterunternehmen relativ unabhängig und selbständig operiert. Ist das ausländische Tochterunternehmen hingegen weitgehend in die Geschäftätigkeit des Mutterunternehmens integriert, würde die Zeitbezugsmethode i. d. R. zu aussagefähigeren Abschlüssen führen. Der Gesetzgeber hat sich in § 308a allerdings ausschließlich für die modifizierte Stichtagskursmethode entschieden. Dies entspricht der gängigen Praxis, da viele Unternehmen die Stichtagskursmethode aus Kosten- und Praktikabilitätsgründen gegenüber der Zeitbezugsmethode präferieren.[123] Die nunmehr im Gesetz verankerte eindeutige Pflicht zur Anwendung der modifizierten Stichtagskursmethode stärkt außerdem die Vergleichbarkeit der Konzernabschlüsse. Zu einem den tatsächlichen Verhältnissen entsprechenden Bild der Vermögens-, Finanz- und Ertragslage führt sie indes nicht in allen Fällen.

---

122 Vgl. GEBHARDT, G., in: Beck HdR, C 310, Rn. 172.
123 Vgl. BT-Drucksache 16/10067, S. 83 f.

43   Das Konzept der funktionalen Währung

Mit dem Konzept der funktionalen Währung wird versucht, den Konflikt zwischen der Zeitbezugsmethode und der Stichtagskursmethode zu überwinden.[124] Dieses international verbreitete Konzept lässt beide Methoden nebeneinander zu, wobei die Entscheidung, welche Methode im Einzelfall anzuwenden ist, anhand der sog. **funktionalen Währung des jeweiligen Tochterunternehmens** getroffen wird.[125] Im grundlegenden Statement of Financial Accounting Standards (SFAS) No. 52 des amerikanischen Financial Accounting Standards Board (FASB)[126] wird die funktionale Währung als die Währung des Landes definiert, in dem das Tochterunternehmen seine Geschäfte abwickelt. Normalerweise handelt es sich dabei um die Währung, in der das Tochterunternehmen seinen Zahlungsverkehr abwickelt (SFAS 52.5).[127] Bei relativ selbständigen Tochterunternehmen ist dies die jeweilige Landeswährung, während bei weitgehend in die Geschäftstätigkeit des Mutterunternehmens integrierten (unselbständigen) Tochterunternehmen die funktionale Währung mit der Währung im Land des Mutterunternehmens identisch ist.

Die Differenzierung zwischen von der Mutter weitgehend unabhängigen und in das Geschäft der Mutter weitgehend integrierten Tochterunternehmen ist von großer Bedeutung, weil eine Wechselkursänderung die wirtschaftliche Lage des Konzerns in den beiden Fällen unterschiedlich beeinflusst.[128] Ein voll in die Geschäftstätigkeit des Mutterunternehmens **integriertes Tochterunternehmen** unterscheidet sich wirtschaftlich kaum von einer ausländischen Betriebsstätte. In dieser Situation wird die ökonomische Auswirkung einer Wechselkursänderung auf die wirtschaftliche Lage des Konzerns nur dann richtig dargestellt, wenn der Landeswährungs-Abschluss so in die Darstellungswährung des Konzernabschlusses, also Euro, umgerechnet wird, als wären die einzelnen Vermögensgegenstände und Schulden des Tochterunternehmens ebenso wie die einer ausländischen Betriebsstätte direkt in einer Euro-Buchführung erfasst worden. In dieser Situation, in der die funktionale Währung des Tochterunternehmens die Währung des Mutterunternehmens und damit die Darstellungswährung ist, führt allein eine Umrechnung nach der Zeitbezugsmethode zu einem in der Generalnorm des § 297 Abs. 2 Satz 2 geforderten, den tatsächlichen Verhältnissen entsprechenden Bild.

---

124 Vgl. KIRSCH, H.-J./DOHRN, M./KÖHLING, K., in: Baetge/Kirsch/Thiele, § 308a HGB, Rn. 47.

125 Vgl. zur funktionalen Währungsumrechnung BUSSE VON COLBE, W. U. A., Konzernabschlüsse, S. 181-185.

126 Zur Aufgabe und Funktionsweise des FASB vgl. etwa PELLENS, B. U. A., Internationale Rechnungslegung, S. 67-71.

127 In Zweifelsfällen soll die funktionale Währung anhand der Kriterien Cashflow, Verkaufspreise, Absatzmärkte, Aufwendungen, Finanzierung und konzerninterne Beziehungen ermittelt werden; vgl. dazu KUBIN, K. W./LÜCK, W., Funktionale Währungsumrechnungsmethode, S. 364 sowie die Übersicht bei ADS, 6. Aufl., § 298 HGB, Rn. 43.

128 Vgl. KUBIN, K. W./LÜCK, W., Funktionale Währungsumrechnungsmethode, S. 365.

Diese Situation stellt sich anders dar, wenn **Tochterunternehmen** ihre Geschäfte im Ausland relativ **selbständig und unabhängig** von der Muttergesellschaft abwickeln. Die Transaktionen eines Tochterunternehmens, das auf einem nationalen Markt weitgehend unabhängig tätig ist, werden von Wechselkursänderungen zumindest kurzfristig kaum tangiert, so dass das Mutterunternehmen – unter sonst gleichen Bedingungen – mit unveränderten Gewinnen bzw. Ausschüttungen des Tochterunternehmens rechnen kann. Die funktionale Währung des Tochterunternehmens ist dann i. d. R. seine Landeswährung. Der Generalnorm des § 297 Abs. 2 Satz 2 wird bei derart unabhängigen Tochterunternehmen nur dann entsprochen, wenn die Struktur des ausländischen Abschlusses weitgehend unverändert, nämlich durch Umrechnung nach der Stichtagskursmethode, in den Konzernabschluss übernommen wird.[129]

Das Konzept der funktionalen Währung wurde in den USA 1981 im Rechnungslegungsstandard SFAS No. 52 für die Umrechnung von Abschlüssen in fremder Währung verbindlich vorgeschrieben (SFAS No. 52.5). Der FASB reagierte damit auf die Kritik an dem erst 1976 eingeführten Rechnungslegungsstandard SFAS No. 8, der allein eine Umrechnung nach der Zeitbezugsmethode zuließ.[130] „Seit diesem Zeitpunkt hat [die funktionsspezifische Währungsumrechnung] auf internationaler Ebene große Bedeutung erlangt"[131]; auch der IASB folgt mit dem Standard **IAS 21** (Auswirkungen von Wechselkursänderungen) dem Konzept der funktionalen Währung.[132]

In den internationalen Verlautbarungen ist die dem Konzept der funktionalen Währung zugrunde liegende Differenzierung zwischen Zeitbezugs- und Stichtagskursmethode also verbindlich vorgeschrieben. Der deutsche Gesetzgeber hat sich diesem Konzept mit § 308a indes explizit nicht angeschlossen.

44 Erläuterungen im Konzernanhang

Der Gesetzgeber fordert in § 313 Abs. 1 Nr. 2, die Grundlagen für die Umrechnung in Euro im Konzernanhang anzugeben.[133] Bis zur Änderung durch das BilMoG folgte die handelsrechtliche Währungsumrechnung dem Konzept der funktionalen Währung. Bei einer Methodenänderung musste daher gemäß § 313 Abs. 1 Nr. 3 dieser Einfluss der Methodenänderung auf die Vermögens-, Finanz- und Ertragslage des Konzerns gesondert dargestellt werden.

---

129 Vgl. VON WYSOCKI, K./WOHLGEMUTH, M., Konzernrechnungslegung, S. 293 f.

130 Vgl. zur Kritik am Statement No. 8 LANGENBUCHER, G., Die Umrechnung von Jahresabschlüssen, S. 390; vgl. für eine kritische Würdigung der Zeitbezugsmethode auch Abschn. 423. in diesem Kapitel.

131 KÜTING, K./WEBER, C.-P., Der Konzernabschluss, S. 258.

132 Vgl. im Detail Abschn. 45 in diesem Kapitel.

133 Vgl. dazu HFA DES IDW, Währungsumrechnung, S. 554.

45 Die Währungsumrechnung nach IFRS

Auch der IFRS-Konzernabschluss eines deutschen Mutterunternehmens ist gemäß § 244 i. V. m. § 315a Abs. 1 in Euro aufzustellen. Die Währungsumrechnung selbst ist innerhalb der IFRS in IAS 21 geregelt. IAS 21 wurde im Jahr 2003 im Rahmen des Improvements Project des IASB überarbeitet. Mit der **Neufassung** wurde der Begriff der funktionalen Währung explizit in IAS 21 aufgenommen.[134]

Der IASB verzichtet in IAS 21 auf die bisherige Unterscheidung zwischen selbständigen ausländischen Teileinheiten und integrierten ausländischen Geschäftsbetrieben. Stattdessen wird zwischen der funktionalen Währung und der Darstellungswährung unterschieden.[135] Der Begriff der funktionalen Währung ersetzt den bislang verwendeten Begriff der Berichtswährung. Die Darstellungswährung ist gemäß IAS 21.8 diejenige Währung, in der der Abschluss offengelegt wird.

In IAS 21.8 wird der Begriff der funktionalen Währung folgendermaßen definiert: „Die funktionale Währung ist die Währung des primären Wirtschaftsumfelds, in dem das Unternehmen tätig ist." In IAS 21.9-14 werden Kriterien zur Bestimmung der funktionalen Währung detailliert aufgeführt.

Die **Vorgehensweise bei der Umrechnung von Fremdwährungsabschlüssen** wird in IAS 21.17-19 thematisiert. Demzufolge hat jede Teileinheit zunächst in Übereinstimmung mit den IAS 21.9-14 seine eigene funktionale Währung, also die Währung des jeweiligen primären wirtschaftlichen Umfeldes, zu bestimmen. In dieser Währung erwirtschaftet die Teileinheit ihre Einzahlungen und tätigt ihre Ausgaben. Erstellt die Teileinheit ihren Abschluss nicht in der ermittelten funktionalen Währung, ist der Abschluss in die funktionale Währung umzurechnen. Diese Umrechnung erfolgt nach der **Zeitbezugsmethode**.[136] Dadurch sind die Abschlüsse der in den Konzernabschluss einbezogenen Unternehmen in der funktionalen Währung des jeweiligen Unternehmens aufgestellt.

Die Abschlüsse der einzelnen Teileinheiten sind dann in die **Darstellungswährung** zu transformieren. Dabei wird es den Unternehmen überlassen, die Darstellungswährung(en) frei zu wählen (IAS 21.38). Auch eine Übereinstimmung mit der funktionalen Währung des Mutterunternehmens wird nicht gefordert.[137] Kapitalmarktorientierte Mutterunternehmen im Geltungsbereich des HGB haben allerdings ihren IFRS-Abschluss gem. § 244 i. V. m. § 315a Abs. 1 in Euro aufzustellen. Bei einer Abweichung zwischen der Darstellungswährung und der jeweiligen funktionalen Währung muss der in die funktionale Währung transformierte Abschluss in einem zweiten Schritt in die Darstellungswährung umgerechnet werden. Dies geschieht nach

---

134 Vgl. KÜTING K./WIRTH, J., Umrechnung von Fremdwährungsabschlüssen, S. 377.

135 Vgl. BUCHHEIM, R., Improvements Project, S. 1476.

136 Vgl. BUSSE VON COLBE, W. U. A., Konzernabschlüsse, S. 181.

137 Vgl. BUCHHEIM, R., Improvements Project, S. 1476 f.

den Vorgaben des IAS 21.39-43. Nach IAS 21.39 sind bei Teileinheiten, deren funktionale Währung nicht die Währung einer Wirtschaft mit Hochinflation ist, folgende Regeln zu beachten:

- Vermögenswerte und Schulden sind mit dem Stichtagskurs zu transformieren,

- Aufwendungen und Erträge sind mit dem Kurs zum Zeitpunkt der Transaktion umzurechnen und

- alle entstehenden Umrechnungsdifferenzen sind zwingend erfolgsneutral über das „other comprehensive income" als Eigenkapital zu klassifizieren.

Diese Vorgehensweise entspricht einer **modifizierten Stichtagskursmethode**.[138] Gemäß IAS 21.40 können Aufwendungen und Erträge aus Vereinfachungsgründen auch mit einem Kurs umgerechnet werden, der dem tatsächlichen Kurs näherungsweise entspricht, z. B. mit einem Wochendurchschnittskurs. Dies ist allerdings nur dann zulässig, wenn die Wechselkurse relativ stabil sind.

---

138 Vgl. KIRSCH, H.-J./DOHRN, M./KÖHLING, K., in: Baetge/Kirsch/Thiele, § 308a HGB, Rn. 505.

Kapitel V:
Die Vollkonsolidierung

1 Die Kapitalkonsolidierung

11 Die Aufgabe der Kapitalkonsolidierung

Bei den Schritten der Konsolidierung, mit denen konzerninterne Beziehungen aus dem Summenabschluss herausgerechnet werden, sind die Kapitalkonsolidierung, die Schuldenkonsolidierung, die Zwischenergebniseliminierung und die Aufwands- und Ertragskonsolidierung zu unterscheiden. Bei der Kapitalkonsolidierung sind die **Kapitalverflechtungen** der Konzernunternehmen untereinander zu eliminieren. Im Summenabschluss sind nämlich noch sowohl die **Beteiligungen** des Mutterunternehmens an den Tochterunternehmen, die die Beteiligungen am Eigenkapital der Tochterunternehmen repräsentieren, als auch das **Eigenkapital** der Tochterunternehmen selbst ausgewiesen. Insofern kommt es im Summenabschluss zu einer Doppelzählung. Diese durch konzerninterne Kapitalbeziehungen hervorgerufene Doppelzählung ist bei der Kapitalkonsolidierung entsprechend dem **Kompensationszweck** des Konzernabschlusses[1] aus dem Summenabschluss herauszurechnen. Dazu sind die im Summenabschluss ausgewiesenen Beteiligungen des Mutterunternehmens an dessen Tochterunternehmen mit dem auf die Beteiligungen entfallenden Eigenkapital der entsprechenden Tochterunternehmen zu verrechnen (§ 301 Abs. 1 Satz 1).

Im Folgenden[2] wird zunächst ein **einstufiger Konzern** betrachtet, d. h., ein Mutterunternehmen hält Anteile an Tochterunternehmen, die ihrerseits keine Anteile an sog. Enkelunternehmen halten. Die Kapitalkonsolidierung im sog. **mehrstufigen Konzern** wird in einem späteren Kapitel erläutert.[3]

---

1 Vgl. zum Kompensationszweck des Konzernabschlusses Kap. II Abschn. 124.
2 Vgl. Abschn. 12 in diesem Kapitel.
3 Vgl. Kap. VIII Abschn. 1.

Das Gesetz schreibt für die Kapitalkonsolidierung in § 301 die **Erwerbsmethode** (purchase method) vor, die einen Erwerb der Beteiligung durch das Mutterunternehmen unterstellt.[4] Dabei fließen finanzielle Mittel für den Erwerb der Beteiligung aus dem Unternehmensverbund an die vorherigen Eigner der Beteiligung ab.

Bis zur Reform des HGB durch das BilMoG war unter bestimmten Bedingungen in § 302 HGB a. F. die **Interessenzusammenführungsmethode** (pooling of interests method) zugelassen. Hierbei wurde von einem gleichberechtigten Zusammenschluss der beiden Unternehmen ausgegangen, bei dem kein Kaufpreis bezahlt wurde,[5] sondern Anteile getauscht wurden. Technisch wurden bei dieser Methode die Buchwerte der Vermögensgegenstände und Schulden ohne Aufdeckung der stillen Reserven und stillen Lasten – also zu Buchwerten – in die Konzernbilanz aufgenommen. Ein eventuell bei der Konsolidierung entstehender Unterschiedsbetrag wurde unmittelbar erfolgsneutral mit den Rücklagen des Konzerns verrechnet. Die Interessenzusammenführungsmethode wurde durch das BilMoG abgeschafft.

12 Die Kapitalkonsolidierung nach der Erwerbsmethode

121. Die Konzeption und der Ursprung der Erwerbsmethode

Nach dem AktG a. F. waren als Kapitalkonsolidierungsmethoden die sog. deutsche Methode (§ 331 AktG a. F.) und die modifizierte angelsächsische Methode zulässig. Bei der **deutschen Methode** werden das anteilige Eigenkapital des Tochterunternehmens und der Beteiligungsbuchwert des Mutterunternehmens zu jedem Konzernbilanzstichtag neu gegeneinander aufgerechnet. Da sich Beteiligungsbuchwert und anteiliges Eigenkapital nur in Ausnahmefällen der Höhe nach entsprechen, entsteht ein Unterschiedsbetrag. Der Unterschiedsbetrag ist i. d. R. zu jedem Konzernbilanzstichtag unterschiedlich hoch, weil sich sowohl das anteilige Eigenkapital durch Rücklagenzuführung und -auflösung als auch der Beteiligungsbuchwert durch Zu- oder Abschreibungen verändert. Die Vermögensgegenstände und Schulden des erworbenen Tochterunternehmens enthalten i. d. R. stille Reserven oder stille Lasten, die dem Unterschiedsbetrag aus der Kapitalkonsolidierung zuzurechnen wären. Der ermittelte Unterschiedsbetrag wird bei der traditionellen deutschen Methode der Kapitalkonsolidierung allerdings nicht durch die Aufdeckung stiller Reserven und stiller Lasten auf die Vermögensgegenstände und Schulden verteilt oder gar abgeschrieben, sondern an jedem Konzernbilanzstichtag neu ermittelt und direkt in der Konzernbilanz ausgewiesen. Die Konzern-GuV wird somit – auch in den Folgejahren – von den Kapitalkonsolidierungsmaßnahmen nicht berührt. Die deutsche Methode der Kapitalkonsolidierung bezeichnet man daher auch als **erfolgsneutrale Stichtagsmethode**.[6] Der ermittelte Unterschiedsbetrag verliert indes aufgrund der ständigen Modifikationen

---

4 Vgl. ausführlich Abschn. 12 in diesem Kapitel.

5 § 302 Abs. 1 a. F. begrenzte den möglichen Barausgleich auf 10 % des Nennbetrages oder rechnerischen Wertes der Anteile des Tochterunternehmens.

6 Vgl. VON WYSOCKI, K./WOHLGEMUTH, M., Konzernrechnungslegung, 4. Aufl., S. 87 f.

im Zeitablauf seine Aussagefähigkeit, da in diesen Unterschiedsbetrag auch die in den Folgeperioden entstehenden Erfolge und Rücklagenveränderungen des Tochterunternehmens eingehen.[7] Die Rücklagen des Konzerns enthalten im Konzernabschluss also nur die Rücklagen des Mutterunternehmens und werden insofern falsch ausgewiesen.[8] Darüber hinaus werden in dem Unterschiedsbetrag positive bzw. negative Ertragserwartungen sowie stille Reserven und stille Lasten der einzelnen Vermögensgegenstände und Schulden, die in den Anschaffungskosten der Beteiligung bei deren Erwerb berücksichtigt wurden, vermischt. Diese Nachteile der deutschen Methode verstärken sich noch, wenn die Unterschiedsbeträge aus der Kapitalkonsolidierung mehrerer Tochterunternehmen zusammengefasst werden. Den genannten Nachteilen steht allerdings die Einfachheit des Verfahrens gegenüber.

Das Problem der deutschen Methode, den Unterschiedsbetrag aus der Kapitalkonsolidierung jährlich verändern zu müssen, wird bei der **modifizierten angelsächsischen Methode** der Kapitalkonsolidierung vermieden. Hier werden der Beteiligungsbuchwert und das anteilige Eigenkapital nur zum Zeitpunkt der erstmaligen Einbeziehung – also bei der sog. **Erstkonsolidierung** – miteinander verrechnet.

In den Folgeperioden wird im Rahmen der sog. **Folgekonsolidierung** lediglich die Verrechnung von Beteiligungsbuchwert und anteiligem Eigenkapital auf der Basis der Werte der Beteiligung und des Eigenkapitals zum Zeitpunkt der Erstkonsolidierung wiederholt. Rücklagenveränderungen des Tochterunternehmens nach der Erstkonsolidierung werden vollständig zu Gunsten oder zu Lasten der Konzernrücklagen gebucht. Der auf diese Weise ermittelte Unterschiedsbetrag wird nicht weiter modifiziert, sondern bleibt in den Folgejahren konstant.[9] Auch diese Methode ist erfolgsneutral, da der Konzernerfolg auch in den Folgeperioden nicht von der Konsolidierung berührt wird (keine Abschreibung des Unterschiedsbetrages als Geschäfts- oder Firmenwert) und stille Reserven und stille Lasten bei den Vermögensgegenständen und Schulden des erworbenen Tochterunternehmens nicht aufgelöst werden. Diese Methode wird deshalb auch als **erfolgsneutrale Erstkonsolidierungsmethode** bezeichnet.

Im Gegensatz zur deutschen Methode werden die während der Konzernzugehörigkeit gebildeten Gewinnrücklagen des Tochterunternehmens auch als solche in der Konzernbilanz ausgewiesen, was die Aussagefähigkeit der Konzernbilanz im Vergleich zur deutschen Methode beträchtlich steigert.[10] Doch auch bei dieser Methode ist zu bemängeln, dass in dem Unterschiedsbetrag Ertragserwartungen hinsichtlich der künftigen Entwicklung des Tochterunternehmens mit stillen Reserven und stillen Lasten einzelner Bilanzposten vermischt werden.

---

7   Vgl. VON WYSOCKI, K./WOHLGEMUTH, M., Konzernrechnungslegung, 4. Aufl., S. 90 f.

8   Vgl. VON WYSOCKI, K./WOHLGEMUTH, M., Konzernrechnungslegung, 4. Aufl., S. 90.

9   Vgl. VON WYSOCKI, K./WOHLGEMUTH, M., Konzernrechnungslegung, 4. Aufl., S. 91 f.

10 Vgl. VON WYSOCKI, K./WOHLGEMUTH, M., Konzernrechnungslegung, 4. Aufl., S. 92.

Mit der Umsetzung der 4., 7. und 8. EG-Richtlinie durch das BiRiLiG vom 19.12.1985 ist die sog. **echte angelsächsische Methode** der Kapitalkonsolidierung in das deutsche Konzernbilanzrecht aufgenommen worden. Die deutsche Methode und die modifizierte angelsächsische Methode sind seither nicht mehr für Tochterunternehmen zulässig, die nach dem BiRiLiG in den Konzernabschluss einbezogen werden. Bei dieser auch als **Erwerbsmethode (purchase method)** bezeichneten Kapitalkonsolidierungsmethode wird wie bei der modifizierten angelsächsischen Methode zwischen einer Erstkonsolidierung und einer Folgekonsolidierung unterschieden. Dies bedeutet, dass auch an den folgenden Konzernbilanzstichtagen die Beteiligung des Mutterunternehmens mit dem anteiligen Eigenkapital des Tochterunternehmens auf Basis der Wertansätze zum Zeitpunkt der erstmaligen Einbeziehung des erworbenen Tochterunternehmens in den Konzernabschluss verrechnet wird.[11] Die nach der Einbeziehung des Tochterunternehmens entstehenden Veränderungen der Gewinnrücklagen gehen deshalb – wie bei der modifizierten angelsächsischen Methode – nicht in dem Unterschiedsbetrag aus der Kapitalkonsolidierung unter, sondern werden innerhalb des Konzerneigenkapitals ausgewiesen. Auf diese Weise gewährt der Konzernabschluss einen zutreffenderen Einblick in die Rücklagen des Konzerns.

Im Gegensatz zur modifizierten angelsächsischen Methode werden die Wertansätze der Vermögensgegenstände und Schulden des Tochterunternehmens allerdings nicht ungeprüft (unverändert) in die Konzernbilanz übernommen. Vielmehr werden die Vermögensgegenstände und Schulden zum Zeitpunkt der **Erstkonsolidierung** neubewertet, indem stille Reserven und stille Lasten bei Vermögensgegenständen und Schulden aufgedeckt werden. Die **Neubewertung der Bilanzposten** beruht auf der Unterstellung der Erwerbsmethode, dass das Mutterunternehmen die Vermögensgegenstände und Schulden des Tochterunternehmens einzeln angeschafft und nicht lediglich die Anteile an dessen Eigenkapital erworben hat (**Annahme des Einzelerwerbs**).[12] Die einzelnen Bilanzposten des Tochterunternehmens werden daher jeweils mit dem angenommenen Anschaffungswert im Rahmen des Gesamtkaufpreises angesetzt, der regelmäßig dem Zeitwert entspricht. Durch die Wertkorrekturen bei den Vermögensgegenständen und Schulden des Tochterunternehmens ändert sich die Höhe des Eigenkapitals des Tochterunternehmens als Saldo von Vermögensgegenständen und Schulden. Bei den Wertkorrekturen werden solche unterschieden, die das Eigenkapital erhöhen (**Aufdeckung stiller Reserven**), und andere, die das Eigenkapital vermindern (**Aufdeckung stiller Lasten**). Außerdem gelten die vor der Konzernzugehörigkeit selbsterstellten immateriellen Vermögensgegenstände des Tochterunternehmens, die nach § 248 Abs. 2 Satz 2 nicht angesetzt werden dürfen,[13] gemäß

---

11   Vgl. VON WYSOCKI, K./WOHLGEMUTH, M., Konzernrechnungslegung, 4. Aufl., S. 93.

12   Vgl. ARBEITSKREIS „EXTERNE UNTERNEHMENSRECHNUNG" DER SCHMALENBACH-GESELLSCHAFT, Aufstellung von Konzernabschlüssen, S. 67; GROSS, G./SCHRUFF, L./VON WYSOCKI, K., Der Konzernabschluß nach neuem Recht, S. 132; ORDELHEIDE, D., Anschaffungskostenprinzip, S. 493.

13   Vor dem BilMoG bestand nach § 248 Abs. 2 a. F. ein generelles Ansatzverbot für selbsterstellte immaterielle Vermögensgegenstände des Anlagevermögens.

der Annahme des Einzelerwerbs als vom Konzern entgeltlich erworben; sie müssen folglich in der Konzernbilanz angesetzt werden.[14] Auch dieser Ansatz führt zu einer Erhöhung des Eigenkapitals des Tochterunternehmens.[15]

Bei der Erstkonsolidierung nach der Erwerbsmethode entsteht nach der Verrechnung von neubewertetem Eigenkapital des Tochterunternehmens und Beteiligungsbuchwert auch nach der Aufdeckung der stillen Reserven und Lasten i. d. R. ein Unterschiedsbetrag,[16] da der Beteiligungsbuchwert den Wert des neubewerteten Eigenkapitals in den meisten Fällen übersteigt. Dieser **verbleibende Unterschiedsbetrag aus der Erstkonsolidierung** wird nach der Grundkonzeption der Erwerbsmethode als Geschäfts- oder Firmenwert in der Konzernbilanz aktiviert. Ist der Beteiligungsbuchwert dagegen kleiner als das neubewertete Eigenkapital, so ist der verbleibende Unterschiedsbetrag zu passivieren.

In den Folgeperioden sind die unter Aufdeckung stiller Reserven und Lasten in die Konzernbilanz übernommenen Vermögensgegenstände und Schulden des Tochterunternehmens sowie der verbleibende Unterschiedsbetrag fortzuführen. Basis dieser **Folgekonsolidierung** sind die im Rahmen der Erstkonsolidierung festgelegten Zeitwerte.

Bei der Folgekonsolidierung werden daher Wertkorrekturen, z. B. die Aufdeckung stiller Reserven bei abnutzbaren Gegenständen im Sachanlagevermögen des Tochterunternehmens, durch ihre Abschreibung in den folgenden Konzernabschlüssen erfolgswirksam. Eine weitere Erfolgswirkung resultiert aus der Abschreibung des verbleibenden Unterschiedsbetrages aus der Erstkonsolidierung. Aufgrund ihrer Bedeutung für die Folgekonsolidierung müssen sowohl die aufgedeckten stillen Reserven und stillen Lasten als auch der verbleibende Unterschiedsbetrag in einer eigenständigen Konzernbuchführung fortlaufend dokumentiert werden.[17] Die echte angelsächsische Methode der Kapitalkonsolidierung wird aufgrund ihrer Erfolgswirksamkeit in den Folgeperioden als erfolgswirksame Erstkonsolidierungsmethode bezeichnet.[18]

Halten das Mutterunternehmen und die anderen vollkonsolidierten Unternehmen weniger als 100 % der Anteile an einem Tochterunternehmen, ist in der Konzernbilanz für den Anteil des Eigenkapitals des Tochterunternehmens, der auf die konzernaußenstehenden Gesellschafter entfällt, ein Ausgleichsposten „Nicht beherrschende Anteile" zu bilden.

---

14 Vgl. ORDELHEIDE, D., Anschaffungskostenprinzip, S. 494 f.

15 Die Frage, ob es sich beim Ansatz solcher Vermögensgegenstände um einen Vorgang in der HB II oder um einen Vorgang im Zusammenhang mit der Aufdeckung stiller Reserven und Lasten handelt, ist im Schrifttum umstritten. Vgl. zur ersten Ansicht DUSEMOND, M./ WEBER, C.-P./ZÜNDORF, H., in: Küting/Weber, HdK, 2. Aufl., § 301 HGB, Rn. 76. Die letztere Ansicht wird vertreten etwa von ADS, 6. Aufl., § 301 HGB, Rn. 83.

16 Vgl. Abschn. 126.2 in diesem Kapitel.

17 Vgl. Kap. II Abschn. 121.

18 Vgl. VON WYSOCKI, K./WOHLGEMUTH, M./BRÖSEL, G., Konzernrechnungslegung, S. 114.

Die für die Erwerbsmethode relevanten **gesetzlichen Vorschriften** sind § 301 (Kapitalkonsolidierung), § 307 (Anteile nicht beherrschender Gesellschafter) und § 309 (Behandlung des Unterschiedsbetrages). Ferner sind die Regelungen des DRS 4 (Unternehmenserwerbe im Konzernabschluss) zu beachten. Dieser wird zurzeit grundlegend überarbeitet. Dazu veröffentlichte das DRSC im März 2015 den Standardentwurf E-DRS 30 (Kapitalkonsolidierung (Einbeziehung von Tochterunternehmen in den Konzernabschluss)). Der finale DRS soll künftig die Regelungen des DRS 4 ersetzen (E-DRS 30.211).

122. Die Ausprägungen der Erwerbsmethode

Die **Erstkonsolidierung** nach der Erwerbsmethode muss gemäß § 301 Abs. 1 Satz 2 nach der **Neubewertungsmethode** erfolgen. Hierbei werden die stillen Reserven und stillen Lasten der Vermögensgegenstände und Schulden des Tochterunternehmens vor der Verrechnung von Beteiligungsbuchwert und Eigenkapital des Tochterunternehmens aufgedeckt.

Das in § 301 Abs. 1 Satz 2 a. F. enthaltene Wahlrecht zur alternativen Kapitalkonsolidierung nach der **Buchwertmethode** wurde durch das BilMoG aufgehoben. Bei der Buchwertmethode wird die Summenbilanz auf Basis der Buchwerte gebildet. Ein nach der Verrechnung von Beteiligungsbuchwert und anteiligem Eigenkapital entstehender Unterschiedsbetrag wird durch die Aufdeckung stiller Reserven und stiller Lasten unter Beachtung der Anschaffungskostenrestriktion möglichst weitgehend auf die Vermögensgegenstände und Schulden des Tochterunternehmens verteilt. Die Buchwertmethode ist zwar nach dem BilMoG nicht mehr zulässig, darf aber gemäß Art. 66 Abs. 3 EGHGB für Tochterunternehmen, die vor dem 01.01.2010 erstmalig konsolidiert wurden, beibehalten werden und ist damit für die Konzernrechnungslegung in Deutschland weiter relevant.

Die grundsätzlichen Unterschiede zwischen der Neubewertungsmethode und der Buchwertmethode liegen also zum einen in der Reihenfolge der beiden Konsolidierungsteilschritte bei der Erstkonsolidierung, nämlich in der

- ▪ Aufdeckung der stillen Reserven und Lasten und der
- ▪ Verrechnung der Beteiligung mit dem anteiligen Eigenkapital des Tochterunternehmens sowie zum anderen in der Bedeutung des Anschaffungskostenprinzips bei der Aufdeckung stiller Reserven.[19]

Während bei der **Neubewertungsmethode** zunächst die stillen Reserven und stillen Lasten aufgedeckt und anschließend die Beteiligung des Mutterunternehmens an dem Tochterunternehmen gegen das anteilige (neubewertete) Eigenkapital des Toch-

---

19 Die Anschaffungskostenrestriktion wurde durch das TransPuG für die Neubewertungsmethode aufgehoben. Bei der Buchwertmethode dürfen die durch die Aufdeckung der stillen Reserven erfolgenden Werterhöhungen des Eigenkapitals des Tochterunternehmens nach wie vor nicht dazu führen, dass die gesamten Anschaffungskosten der Anteile am Eigenkapital des Tochterunternehmens überschritten werden. Vgl. Abschn. 125.31 in diesem Kapitel sowie KÜTING, K./ WEBER, C.-P., Der Konzernabschluss, S. 286 f.

terunternehmens aufgerechnet wird, erfolgt diese Aufrechnung bei der **Buchwertmethode** im ersten Schritt. Die Beteiligung wird bei der Buchwertmethode zunächst mit dem anteiligen (buchmäßigen) Eigenkapital des Tochterunternehmens verrechnet. Der nach diesem Schritt verbleibende Unterschiedsbetrag wird durch die Aufdeckung von stillen Reserven und stillen Lasten aufgeteilt, wobei für die Buchwertmethode die Anschaffungskostenrestriktion zu beachten ist. Diese impliziert, dass stille Reserven nur insoweit aufgedeckt werden dürfen, als hierdurch kein verbleibender negativer Unterschiedsbetrag entsteht oder sich ein schon vor der Aufdeckung der stillen Reserven bestehender passiver Unterschiedsbetrag erhöht.[20] Die Neubewertungsmethode verlangt dagegen im Unterschied zur Buchwertmethode eine vollständige Neubewertung des Eigenkapitals – auch wenn erst auf diese Weise ein negativer Unterschiedsbetrag entsteht.

Die Technik der Verrechnung und die u. U. erheblichen materiellen Konsequenzen, die sich aus der **unterschiedlichen Reihenfolge der Konsolidierungsteilschritte** und der Beachtung der Anschaffungskostenrestriktion ergeben können, werden erst später[21] dargestellt. Im Folgenden wird zunächst der Grundgedanke der Erwerbsmethode geschildert.

123. Die in die Kapitalkonsolidierung einzubeziehenden Bilanzposten

123.1 Die konsolidierungspflichtigen Anteile des Mutterunternehmens

Von zentraler Bedeutung für die Kapitalkonsolidierung nach beiden Methoden sind ihre in den folgenden Abschnitten zu behandelnden **sachlichen und zeitlichen Determinanten.**[22] Zunächst ist zu klären, welche Werte sachlich miteinander zu verrechnen sind und zu welchem Zeitpunkt diese Werte zu ermitteln sind.

Bei der Erwerbsmethode legt § 301 Abs. 1 Satz 1 bezüglich des **sachlichen Aspekts der Kapitalkonsolidierung** fest, dass der Wert der dem Mutterunternehmen gehörenden Anteile an einem Tochterunternehmen mit dem auf diese Anteile entfallenden Betrag des Eigenkapitals des Tochterunternehmens zu verrechnen ist.

Mit **Anteilen** des Mutterunternehmens an dem Tochterunternehmen sind in § 301 Abs. 1 Satz 1 alle Beteiligungen mit Einlagecharakter gemeint.[23] Damit sind Mitgliedschaftsrechte bzw. Gesellschaftsrechte am Eigenkapital des Tochterunternehmens verbunden, die es dem Mutterunternehmen ermöglichen, Einfluss auf die Geschäfts- und Finanzpolitik des Tochterunternehmens zu nehmen, und die das Mutterunternehmen am Gewinn bzw. Verlust wie auch am Liquidationserlös des Tochterunternehmens beteiligen.[24] Derartige Beteiligungen sind bei Tochterunternehmen in

---

20 Vgl. Abschn. 125.31 in diesem Kapitel.

21 Vgl. Abschn. 125. in diesem Kapitel.

22 Während dieser Abschn. die sachlichen Determinanten behandelt, werden die zeitlichen Determinanten im Abschn. 124. in diesem Kapitel dargestellt.

23 Vgl. IDW (Hrsg.), WP-Handbuch 2012, Bd. I, Rn. M 349.

der Rechtsform einer Kapitalgesellschaft üblicherweise Aktien oder GmbH-Anteile, bei Personenhandelsgesellschaften die Anteile, die eine Mitgliedschaft oder eine Gesellschafterstellung begründen.[25] Die einzubeziehenden Anteile sind im Einzelabschluss des Mutterunternehmens in dem mit „Anteile an verbundenen Unternehmen" bezeichneten Bilanzposten ausgewiesen. In dem Bilanzgliederungsschema des § 266 sind dies die Posten A. III. 1. für das Anlagevermögen sowie B. III. 1. für das Umlaufvermögen.

Alle Anteile an Tochterunternehmen sind unabhängig davon, in welchem Posten des Einzelabschlusses des Mutterunternehmens sie ausgewiesen worden sind (vorbehaltlich des Konsolidierungswahlrechtes des § 296 Abs. 1 Nr. 3 bei ausschließlich zur Weiterveräußerung bestimmten Anteilen[26]) in die Kapitalkonsolidierung einzubeziehen. Ferner sind auch diejenigen Anteile an Tochterunternehmen in die Konsolidierung einzubeziehen, die anderen vollkonsolidierten Unternehmen des Konzerns gehören.[27] Dieses Vorgehen steht auch im Einklang mit dem Wortlaut des Art. 24 Abs. 3 Satz 1 der Richtlinie 2013/34/EU, nach dem die Anteile „der in die Konsolidierung einbezogenen Unternehmen" berücksichtigt werden müssen.

Nicht einzubeziehen sind nach E-DRS 30.17 die Anteile an einem Tochterunternehmen, die über Gemeinschaftsunternehmen und assoziierte Unternehmen gehalten werden, die mit Hilfe der Equity-Methode im Konzernabschluss abgebildet werden. Die Anteile eines anteilig konsolidierten Gemeinschaftsunternehmens an einem Tochterunternehmen sind jedoch – trotz einer Ungleichbehandlung im Vergleich zu den Anteilen eines at equity bilanzierten Gemeinschaftsunternehmens – mit dem auf diese Anteile entfallenden Eigenkapital zu verrechnen, um eine Doppelerfassung der Beteiligung und der Vermögensgegenstände und Schulden des Tochterunternehmens zu vermeiden (E-DRS 30.17).[28]

Die von einem gemäß § 296 nicht in den Konzernabschluss einbezogenen Tochterunternehmen gehaltenen Anteile sind nicht in der Summenbilanz enthalten, so dass eine unmittelbare Konsolidierung dieser Anteile mit dem auf sie entfallenden Eigenkapital des Tochterunternehmens nicht möglich ist. Um einem nicht zutreffenden Ausweis des auf diese Anteile entfallenden Eigenkapitals unter dem Posten „Nicht beherrschende Anteile" entgegenzuwirken, empfiehlt E-DRS 30.97 dieses durch einen „Davon-Vermerk" oder durch Angaben im Konzernanhang kenntlich zu machen.

---

24 Vgl. HACHMEISTER, D./BEYER, B., in: Beck HdR, C 401, Rn. 61.

25 Vgl. BAETGE, J./HEIDEMANN, C./JONAS, M., in: Baetge/Kirsch/Thiele, § 301 HGB, Rn. 23; DUSEMOND, M./WEBER, C.-P./ZÜNDORF, H., in: Küting/Weber, HdK, 2. Aufl., § 301 HGB, Rn. 16-21.

26 Vgl. hierzu Kap. III Abschn. 322.4, sowie BAETGE, J./HEIDEMANN, C./JONAS, M., in: Baetge/Kirsch/Thiele, § 301 HGB, Rn. 26. A. A. HACHMEISTER, D./BEYER, B., in: Beck HdR, C 401, Rn. 63.

27 Vgl. ADS, 6. Aufl., § 301 HGB, Rn. 15-20.

28 Vgl. so auch FÖRSCHLE, G./DEUBERT, M., in: Beck Bilanzkomm., 9. Aufl., § 301 HGB, Rn. 12.

Ebenso ist aber auch eine mittelbare Konsolidierung mit Hilfe des sog. Sprungkonsolidierungsverfahrens[29] möglich, um zu vermeiden, dass das Reinvermögen des Tochterunternehmens im Konzernabschluss doppelt erfasst wird.

Der **Wertansatz der in die Kapitalkonsolidierung einzubeziehenden Anteile** entspricht bei einer Erstkonsolidierung im Erwerbszeitpunkt den aus Konzernsicht zu bestimmenden Anschaffungskosten gemäß §§ 298 Abs. 1 i. V. m. 255 Abs. 1 und 253 Abs. 1 Satz 1. Diese bemessen sich nach der für den Erwerb der Anteile erbrachten Gegenleistung, die den Erwerbspreis der Anteile zuzüglich Anschaffungsnebenkosten und sonstiger direkt dem Erwerb zurechenbarer Leistungen umfasst (DRS 4.12 f. bzw. E-DRS 30.22-25).[30] Die Gegenleistung kann in Form von Zahlungsmitteln, der Übertragung von Vermögensgegenständen, der Ausgabe eigener (neuer) Anteile oder der Übernahme von Schulden erbracht werden. Etwaige Anschaffungspreisminderungen – wie z. B. Ausgleichszahlungen des Anteilsverkäufers an den Anteilskäufer aufgrund des Wirksamwerdens von Wertsicherungsklauseln – sind von den Anschaffungskosten abzuziehen (E-DRS 30.30 f.).[31]

Wenn ein Teil der für den Erwerb der Anteile zu erbringenden Gegenleistung von künftigen Ereignissen abhängt (**sog. Kaufpreisanpassungsklauseln**), ist dieser bereits im Erwerbszeitpunkt in den Anschaffungskosten zu berücksichtigen, wenn die bedingte Gegenleistung wahrscheinlich erbracht werden muss und der Betrag verlässlich geschätzt werden kann (DRS 4.14 bzw. E-DRS 30.32). Solche Klauseln betreffen bspw. das Erreichen von Leistungsindikatoren oder Ergebnisgrößen. Die Anschaffungskosten sind in einem solchen Fall um den Barwert der noch zu erbringenden Gegenleistung zu erhöhen (E-DRS 30.33).[32] Da der Bedingungseintritt im Erwerbszeitpunkt indes regelmäßig nicht wahrscheinlich ist,[33] wird die ggf. noch zu erbringende Gegenleistung gemäß DRS 4.15 bzw. E-DRS 30.155 f. im Rahmen der Folgekonsolidierung als nachträgliche Anschaffungskosten der Anteile erfasst.

Bei **Wertkorrekturen auf die Anschaffungskosten** der einzubeziehenden Anteile ist zu unterscheiden, ob diese vor oder nach der Erstkonsolidierung vorgenommen werden. Die Abschreibungen, die zwischen dem Zugang der Anteile und der Erstkonsolidierung auf Finanzanlagen bei nicht dauerhafter Wertminderung im Jahresabschluss des Mutterunternehmens gemäß § 253 Abs. 3 Satz 4 HGB vorgenommen wurden, dürfen im Konzernabschluss beibehalten werden, soweit sie nach § 308 (Einheitlichkeit der Bewertung) zulässig sind.[34] Abschreibungen auf Anteile, die nicht dem Fi-

---

29 Bei der Sprungkonsolidierung wird das Eigenkapital, das auf die durch das nicht konsolidierte Tochterunternehmen gehaltenen Anteile entfällt, mit der Beteiligung des Mutterunternehmens in Höhe des Buchwertes der Anteile des nicht konsolidierten Tochterunternehmens am Tochterunternehmen verrechnet. Vgl. hierzu ausführlich BUSSE VON COLBE, W. U. A., Konzernabschlüsse, S. 318-321.

30 Vgl. FÖRSCHLE, G./DEUBERT, M., in: Beck Bilanzkomm., 9. Aufl., § 301 HGB, Rn. 20.

31 Vgl. FÖRSCHLE, G./DEUBERT, M., in: Beck Bilanzkomm., 9. Aufl., § 301 HGB, Rn. 20. Im Gegensatz zu DRS 4 thematisiert E-DRS 30.30 f. explizit Anpassungen der Anschaffungskosten bei Wirksamwerden von Wertsicherungsklauseln.

32 Vgl. EWELT-KNAUER, C./KNAUER, T., Variable Kaufpreisklauseln, S. 1919.

33 Vgl. FÖRSCHLE, G./DEUBERT, M., in: Beck Bilanzkomm., 9. Aufl., § 301 HGB, Rn. 28.

nanzanlagevermögen zuzuordnen sind und deren Grund im Erstkonsolidierungszeitpunkt noch besteht, sind beizubehalten.[35] Eine Zuschreibung auf die ursprünglichen
Anschaffungskosten der Anteile würde bspw. im Fall künftig nachhaltiger Ertragslo-
sigkeit zu einem höheren positiven bzw. einem geringeren negativen Unterschiedsbetrag führen, der jedoch aufgrund der Wertminderung nicht zu rechtfertigen ist.[36] Abschreibungen auf den Beteiligungsbuchwert, die nach der Erstkonsolidierung vorgenommen werden, müssen im Jahr der Abschreibung zu Gunsten des Konzernergebnisses erfolgserhöhend eliminiert werden. Denn nach der Konzeption der
Kapitalkonsolidierung nach der Erwerbsmethode sind die Wertverhältnisse zum Zeitpunkt der Erstkonsolidierung bei der Folgekonsolidierung zugrunde zu legen. In den
dem Abschreibungsjahr folgenden Jahren ist die Abschreibung daher jeweils erfolgsneutral zu eliminieren.[37] Bei Zuschreibungen auf den Beteiligungsbuchwert ist analog, d. h. mit umgekehrtem Vorzeichen, zu verfahren.[38]

Die Berücksichtigung von **Anteilszugängen** und **Anteilsabgängen** wird im Abschnitt „Änderungen bestehender Beteiligungsverhältnisse" behandelt.[39]

123.2 Das konsolidierungspflichtige Eigenkapital des Tochter-
unternehmens

Die Anteile des Mutterunternehmens am Tochterunternehmen sind nach § 301
Abs. 1 Satz 1 mit dem auf diese Anteile entfallenden Betrag des Eigenkapitals des
Tochterunternehmens zu verrechnen. Die gesetzliche Formulierung stellt klar, dass
bei der Kapitalkonsolidierung auch im Fall der Vollkonsolidierung nur das **anteilige
Eigenkapital** des betreffenden Tochterunternehmens abhängig von der (mittelbaren
und unmittelbaren) Höhe der Beteiligung des Mutterunternehmens heranzuziehen
ist. Maßgeblich ist hierfür grundsätzlich die relative Beteiligung des Mutterunternehmens am Kapital des Tochterunternehmens.[40] Die Verteilung der Stimmrechte ist indes nicht von Bedeutung. E-DRS 30.47 konkretisiert in diesem Zusammenhang, dass
unter bestimmten Voraussetzungen das zu konsolidierende Eigenkapital auch mit
Hilfe einer „wirtschaftlichen" Beteiligungsquote ermittelt werden darf. Diese richtet
sich z. B. nach dem Anteil des Mutterunternehmens am Ergebnis bzw. Liquidationserlös des Tochterunternehmens.[41]

---

34 Vgl. DUSEMOND, M./WEBER, C.-P./ZÜNDORF, H., in: Küting/Weber, HdK, 2. Aufl., § 301
    HGB, Rn. 38-40.

35 Vgl. SENGER, T./HOEHNE, F., in: Münchener Komm. Bilanzrecht, § 301 HGB, Rn. 48 f. A. A.
    DUSEMOND, M./WEBER, C.-P./ZÜNDORF, H., in: Küting/Weber, HdK, 2. Aufl., § 301 HGB,
    Rn. 38.

36 Vgl. HACHMEISTER, D./BEYER, B., in: Beck HdR, C 401, Rn. 86.

37 Vgl. SCHINDLER, J., Kapitalkonsolidierung, S. 172.

38 Vgl. SCHINDLER, J., Kapitalkonsolidierung, S. 172 f.

39 Vgl. Kap. VIII Abschn. 2.

40 Vgl. SENGER, T./HOEHNE, F., in: Münchener Komm. Bilanzrecht, § 301 HGB, Rn. 60
    und 71.

Als Eigenkapital des Tochterunternehmens in der Rechtsform einer Kapitalgesellschaft gelten die folgenden in § 266 Abs. 3 aufgeführten Posten:

- Gezeichnetes Kapital (Pos. A. I.),
- Kapitalrücklage (Pos. A. II.),
- gesetzliche Rücklage (Pos. A. III. 1.),
- satzungsmäßige Rücklagen (Pos. A. III. 3.),
- andere Gewinnrücklagen (Pos. A. III. 4.),
- Gewinnvortrag/Verlustvortrag (Pos. A. IV.) und
- Jahresüberschuss/Jahresfehlbetrag (Pos. A. V.).

An die Stelle des Postens „Gewinnvortrag/Verlustvortrag" und des Postens „Jahresüberschuss/Jahresfehlbetrag" tritt gemäß § 268 Abs. 1 der Posten „Bilanzgewinn/Bilanzverlust", falls das Jahresergebnis des Tochterunternehmens teilweise verwendet wurde. Bei Personenhandelsgesellschaften sind die Eigenkapitalkonten der Gesellschafter zugrunde zu legen.

Die bis zum Zeitpunkt der Erstkonsolidierung erwirtschafteten Ergebnisse sind ebenso wie die aus Vorjahren resultierenden **Ergebnisvorträge** in die Konsolidierung einzubeziehen. Dadurch wird erreicht, dass in das Konzernergebnis keine erworbenen Ergebnisse, d. h. Ergebnisse, die das Tochterunternehmen vor der Konzernzugehörigkeit erzielt hat, eingehen. Ergebnisse, die den bisherigen Gesellschaftern zuzuordnen sind, sind als Verbindlichkeit gegenüber diesen auszuweisen und nicht in das zu konsolidierende Eigenkapital einzubeziehen.[42] Die Erstkonsolidierung nach der Erwerbsmethode bleibt somit – wie die Anschaffung einer Beteiligung – erfolgsneutral. Die Kapitalkonsolidierung wird in den Folgejahren i. d. R. aber erfolgswirksam, da die stillen Reserven und stillen Lasten in den Folgejahren abzuschreiben oder aufzulösen sind.

Tochterunternehmen müssen gemäß § 272 Abs. 4 für Rückbeteiligungen an einem herrschenden oder einem mit Mehrheit beteiligten Unternehmen eine „**Rücklage für Anteile an einem herrschenden oder mehrheitlich beteiligten Unternehmen**" auf der Passivseite bilden. Aus Sicht des Konzerns sind als Rückbeteiligung geltende Anteile am Mutterunternehmen ökonomisch als eigene Anteile zu klassifizieren und daher gemäß §§ 298 Abs. 1 i. V. m. 272 Abs. 1a in der Konzernbilanz mit dem gezeichneten Kapital (Nennbetrag oder rechnerischer Wert der Anteile) und mit den frei verfügbaren Rücklagen (Unterschiedsbetrag zwischen Nennbetrag oder rechnerischem Wert und Kaufpreis der Anteile) zu verrechnen.[43] Die im Jahresabschluss des Tochterunternehmens gebildete Rücklage für solche Anteile ist Teil des konsolidierungspflichtigen Eigenkapitals.[44]

---

41 Vgl. so auch FÖRSCHLE, G./DEUBERT, M., in: Beck Bilanzkomm., 9. Aufl., § 301 HGB, Rn. 48.

42 Vgl. BUSSE VON COLBE, W., in: Münchener Komm. HGB, 3. Aufl., § 301 HGB, Rn. 38.

43 Vgl. auch BT-Drucksache, 16/10067, S. 82; KESSLER, H./LEINEN, M./STRICKMANN, M., Handbuch BilMoG, S. 718.

Eine Besonderheit ergibt sich, wenn an dem Tochterunternehmen nicht beherrschende Gesellschafter beteiligt sind. In diesem Fall verkörpert die Rückbeteiligung auch Ansprüche der nicht beherrschenden Gesellschafter an dem Kapital und dem Ergebnis des Mutterunternehmens. Die Rückbeteiligung und die „Rücklage für Anteile an einem herrschenden oder mehrheitlich beteiligten Unternehmen" wären dann anteilig auf den Posten „Nicht beherrschende Anteile", der in der Konzernbilanz gemäß § 307 auszuweisen ist, und den nach § 272 Abs. 1a zu verrechnenden Anteil aufzuteilen.[45] E-DRS 30.98 sieht vor, den vollen Nennwert bzw. rechnerischen Wert der Rückbeteiligung vom gezeichneten Kapital abzusetzen. Da die nicht beherrschenden Gesellschafter bei der Verrechnung der Rückbeteiligung jedoch zu berücksichtigen sind, sollte der Teil der Anschaffungskosten, der den Nennwert bzw. rechnerischen Wert der Anteile übersteigt, bei Verrechnung mit dem Ausgleichsposten gemäß § 307 Abs. 1 entsprechend reduziert werden.

Weist ein Tochterunternehmen „**Eingefordertes Kapital**"[46] auf das gezeichnete Kapital gemäß § 272 Abs. 1 Satz 3 aus, so haben die eingeforderten ausstehenden Einlagen Forderungscharakter und sind in die Konzernbilanz zu übernehmen. Werden die eingeforderten ausstehenden Einlagen von einem Konzernunternehmen geschuldet, so ist für die aus den eingeforderten Einlagen entstehende Forderung bei einem anderen Tochterunternehmen oder bei dem Mutterunternehmen eine Verbindlichkeit ausgewiesen. Die eingeforderten ausstehenden Einlagen und die Verbindlichkeiten sind daher in der Schuldenkonsolidierung zu eliminieren.[47]

Eine Besonderheit ergibt sich, wenn das Eigenkapital des Tochterunternehmens durch Verluste aufgebraucht wurde und gemäß § 268 Abs. 3 ein Bilanzposten „**Nicht durch Eigenkapital gedeckter Fehlbetrag**" auf der Aktivseite auszuweisen ist: In diesem Fall sind die konsolidierungspflichtigen Anteile mit dem „Nicht durch Eigenkapital gedeckten Fehlbetrag" zu saldieren, was einer Addition dieser beiden Posten entspricht.[48]

Vor dem BilMoG durften gemäß §§ 247 Abs. 3, 273 a. F. bestimmte Posten, die in der Steuerbilanz aufgrund rein steuerrechtlicher Vorschriften gebildet wurden, in der Handelsbilanz als „**Sonderposten mit Rücklageanteil**" passiviert werden.[49] Dieses Wahlrecht wurde durch das BilMoG gestrichen. Allerdings dürfen Sonderposten mit Rücklageanteil gemäß Art. 66 Abs. 5 EGHGB letztmals für das vor dem 01.01.2010

---

44   Vgl. HACHMEISTER, D./BEYER, B., in: Beck HdR, C 401, Rn. 96; FÖRSCHLE, G./ DEUBERT, M., in: Beck Bilanzkomm., 9. Aufl., § 301 HGB, Rn. 39.

45   Gl. A. HACHMEISTER, D./BEYER, B., in: Beck HdR, C 401, Rn. 95 f.; DUSEMOND, M./ WEBER, C.-P./ZÜNDORF, H., in: Küting/Weber, HdK, 2. Aufl., § 301 HGB, Rn. 347-361. A. A. in Bezug auf die Verrechnung der Rückbeteiligung FÖRSCHLE, G./DEUBERT, M., in: Beck Bilanzkomm., 9. Aufl., § 301 HGB, Rn. 39.

46   Das Wahlrecht zum Aktivausweis nicht eingeforderter ausstehender Einlagen gemäß § 272 Abs. 1 a. F. ist durch das BilMoG gestrichen worden.

47   Vgl. hierzu Abschn. 2 in diesem Kapitel.

48   Vgl. ADS, 6. Aufl., § 301 HGB, Rn. 53.

49   Vgl. BAETGE, J./KIRSCH, H.-J./THIELE, S. Bilanzen, 9. Aufl., Kap. X Abschn. 4.

beginnende Geschäftsjahr gebildet und alte Posten fortgeführt werden. Ein vor dem BilMoG beim Tochterunternehmen gebildeter **„Sonderposten mit Rücklageanteil"** ist im Rahmen der Aufstellung der HB II aufzulösen.[50] Hierbei ist der Sonderposten auf das konsolidierungspflichtige Eigenkapital und – für eventuell vorliegende (latente) Steuerbelastungen – die Steuerrückstellung aufzuteilen.

Auch **Kapitalerhöhungen** und **Kapitalherabsetzungen** des Tochterunternehmens haben einen Einfluss auf das konsolidierungspflichtige Eigenkapital. Diese werden im Abschnitt „Änderungen bestehender Beteiligungsverhältnisse" behandelt.[51]

Das zu konsolidierende Eigenkapital des Tochterunternehmens ist anhand einer auf den **für die Kapitalkonsolidierung maßgeblichen Zeitpunkt aufzustellenden Bilanz** zu ermitteln.[52] In diese sind grundsätzlich alle Vermögensgegenstände, Schulden und Rechnungsabgrenzungsposten des Tochterunternehmens aufzunehmen, da die Einzelerwerbsfiktion unterstellt, dass der Konzern diese einzeln angeschafft hat.[53] Dabei ist es gemäß § 300 Abs. 2 Satz 1 unerheblich, ob die Vermögensgegenstände, Schulden und Rechnungsabgrenzungsposten bereits im Jahresabschluss des Tochterunternehmens angesetzt wurden.[54] So sind bspw. immaterielle Vermögensgegenstände, die im Jahresabschluss des Tochterunternehemens aufgrund des Aktivierungsverbotes bzw. -wahlrechtes gemäß § 248 Abs. 2 nicht bilanziert wurden, aus Konzernsicht entgeltlich erworben und daher anzusetzen (DRS 4.18 bzw. E-DRS 30.51). E-DRS 30.52 knüpft den Ansatz eines Vermögensgegenstandes oder einer Schuld an deren verlässliche Bewertbarkeit. Daher sind auch im Jahresabschluss des Tochterunternehmens (bisher) nicht bilanzwirksame Ansprüche und Verpflichtungen, wie z. B. Finanzderivate, schuldrechtliche Haftungsverhältnisse oder Besserungsabreden aus erklärten Darlehensverzichten, anzusetzen, soweit sie verlässlich bewertbar sind (E-DRS 30.B21). Weiterhin sind nach E-DRS 30.60 Schulden zu passivieren, die aufgrund sog. „Change-of-control-Klauseln", d. h. durch einen Kontrollwechsel, bspw. gegenüber Arbeitnehmern oder Lieferanten, entstehen.[55] Anders als nach DRS 4.19 sind Restrukturierungsrückstellungen nach E-DRS 30.58 nicht bereits zu passivieren, wenn ein Restrukturierungsplan vorliegt und dieser in seinen wesentlichen Punkten bekannt gegeben wurde. Vielmehr ist hierfür aufgrund des allgemeinen Passivierungsgrundsatzes der Ansatz einer Außenverpflichtung des Tochterunternehmens im Zeitpunkt der Einbeziehung erforderlich.[56] Sofern die rechtliche Entste-

---

50   Vgl. IDW (Hrsg.), WP-Handbuch 2006, Bd. I, Rn. M 341.

51   Vgl. Kap. VIII Abschn. 2.

52   Vgl. Abschn. 124. in diesem Kapitel

53   Vgl. SENGER, T./HOEHNE, F., in: Münchener Komm. Bilanzrecht, § 301 HGB, Rn. 74.

54   Vgl. KIRSCH, H.-J./HEPERS, L./DETTENRIEDER, D., in: Baetge/Kirsch/Thiele, § 300 HGB, Rn. 51.

55   In DRS 4 werden derartige Sachverhalte nicht thematisiert.

56   Vgl. ausführlich zum Passivierungsgrundsatz BAETGE, J./KIRSCH, H.-J./THIELE, S., Bilanzen, Kap. III Abschn. 31.

hung von Schulden von Maßnahmen oder Entscheidungen des erwerbenden Unternehmens nach der erstmaligen Einbeziehung abhängt, dürfen diese Schulden im Erstkonsolidierungszeitpunkt nicht angesetzt werden.[57]

Die Erwerbsmethode in Form der **Neubewertungsmethode** erfordert im Gegensatz zur Buchwertmethode zusätzlich die vollständige Aufdeckung der stillen Reserven und stillen Lasten der vorgenannten Vermögensgegenstände und Schulden zur Bestimmung des zu konsolidierenden neubewerteten Eigenkapitals vor bzw. im Zuge der eigentlichen Kapitalkonsolidierung.[58] Die Vermögensgegenstände, Schulden, Rechnungsabgrenzungsposten und Sonderposten des Tochterunternehmens sind also mit ihren Zeitwerten anzusetzen.

124. Der für die Verrechnung der Anteile mit dem anteiligen Eigenkapital maßgebende Zeitpunkt

Der **zeitliche Aspekt der Kapitalkonsolidierung** betrifft die Frage, welcher Zeitpunkt für die Wertansätze nach § 301 Abs. 1, die für die Erstkonsolidierung eines Tochterunternehmens maßgeblich sind, zugrunde zu legen ist. Während vor dem BilMoG verschiedene Zeitpunkte zur Auswahl standen,[59] ist in § 301 Abs. 2 nunmehr grundsätzlich eine Verrechnung „auf Grundlage der Wertansätze zu dem Zeitpunkt, zu dem das Unternehmen Tochterunternehmen geworden ist" vorgeschrieben. Dieser Zeitpunkt wird i. d. R. mit dem Zeitpunkt des Anteilserwerbs übereinstimmen.[60] Eine auf den **Zeitpunkt des Erwerbs** abstellende Kapitalkonsolidierung entspricht dem oben beschriebenen Grundgedanken einer erfolgsneutralen Erstkonsolidierung.[61] Zur Ermittlung der relevanten Wertverhältnisse muss das Tochterunternehmen i. d. R. einen Zwischenabschluss aufstellen. Gemäß DRS 4.11 ist die Aufstellung eines Zwischenabschlusses indes nicht verpflichtend. Wird auf die Aufstellung eines Zwischenabschlusses verzichtet, ist zumindest eine dem Zwischenabschluss äquivalente Dokumentation der erworbenen Vermögensgegenstände und Schulden sowie des vom Tochterunternehmen erwirtschafteten Ergebnisses bis zum Erstkonsolidierungszeitpunkt erforderlich.[62] E-DRS 30.11 empfiehlt die Aufstellung eines Zwischenabschlusses, wenn der Zeitpunkt der erstmaligen Einbeziehung von dem Bilanzstichtag des Tochterunternehmens abweicht. Zumindest dürfte ein Inventar aufzustellen sein, das sämtliche Vermögensgegenstände, Schulden, und sonstige Posten zum Erstkonsolidierungszeitpunkt enthält (E-DRS 30.13 i. V. m. B5).

---

57 Vgl. Stibi, B./Klaholz, E., Kaufpreisverteilung im Rahmen der Kapitalkonsolidierung, S. 2583.

58 Vgl. hierzu auch Abschn. 125.2 und Abschn. 125.3 in diesem Kapitel.

59 Vgl. Baetge, J./Kirsch, H.-J./Thiele, S., Konzernbilanzen, 7. Aufl., Kap. VI Abschn. 124.

60 Vgl. BT-Drucksache 16/10067, S. 81; Senger, T./Hoehne, F., in: Münchener Komm. Bilanzrecht, § 301 HGB, Rn. 19.

61 Vgl. ADS, 6. Aufl., § 301 HGB, Rn. 114.

62 Vgl. Hachmeister, D./Beyer, B. in: Beck HdR, C 401, Rn. 57.

Falls ein Unternehmen Anteile in verschiedenen Tranchen (sukzessive) erwirbt, so weicht der Erwerbszeitpunkt früherer Tranchen u. U. von dem Zeitpunkt ab, zu dem das Beteiligungsunternehmen Tochterunternehmen geworden ist. Die Kapitalkonsolidierung ist in diesen Fällen zwingend auf den Zeitpunkt vorzunehmen, zu dem das Mutter-Tochter-Verhältnis erstmals vorliegt.[63] Eine tranchenweise Erstkonsolidierung zum jeweiligen Erwerbszeitpunkt der Anteile ist in derartigen Fällen durch die Änderungen des BilMoG nicht mehr zulässig. Der für die Kapitalkonsolidierung maßgebende Zeitpunkt betrifft sowohl die Zeitwerte der Vermögensgegenstände und Schulden (Buchwerte plus aufgedeckte stille Reserven und Lasten) als auch das vom Tochterunternehmen erwirtschaftete Ergebnis. Das bis zum Zeitpunkt, zu dem das Unternehmen Tochterunternehmen geworden ist, erwirtschaftete Ergebnis ist in das konsolidierungspflichtige Eigenkapital der Erstkonsolidierung einzubeziehen. Der danach erwirtschaftete Teil des Ergebnisses geht bei der Folgekonsolidierung in das Konzernergebnis ein.

Das HGB sieht in § 301 Abs. 2 Satz 2 eine Vereinfachung vor, falls die Wertansätze zu dem oben genannten Zeitpunkt im Rahmen der Erstkonsolidierung nicht endgültig ermittelt werden können. In diesem Fall sind die Wertansätze innerhalb der darauf folgenden zwölf Monate anzupassen, wobei die Anpassung erfolgsneutral durchgeführt werden muss, weil nur die Abbildung des ursprünglichen, erfolgsneutralen Anschaffungsvorganges angepasst wird.[64] Durch diese Vereinfachungsregel will der Gesetzgeber es Unternehmen erleichtern, zeitliche Engpässe um den Bilanzstichtag zu vermeiden, und eine verlässliche Ermittlung der endgültigen Wertansätze fördern.[65]

Darüber hinaus sind unabhängig von der Entstehung eines Mutter-Tochter-Verhältnisses gemäß § 301 Abs. 2 Sätze 3 und 4 die „Wertansätze zum Zeitpunkt der Einbeziehung des Tochterunternehmens in den Konzernabschluss" zugrunde zulegen, falls

(1) das Unternehmen erstmalig einen Konzernabschluss aufstellt und das Tochterunternehmen nicht im Jahr der erstmaligen Aufstellung Tochterunternehmen geworden ist oder

(2) ein Tochterunternehmen, das bisher nach § 296 nicht einbezogen wurde, erstmalig in den Konzernabschluss einbezogen wird.

Falls **erstmalig** ein Konzernabschluss aufgestellt wird, soll die Ausnahmeregelung vermeiden, dass Unternehmen, die erstmals die Schwellenwerte zur Befreiung von der Konzernrechnungslegungspflicht des § 293 überschreiten oder nicht mehr die Befreiungstatbestände gemäß §§ 291 und 292 erfüllen, ihre langjährigen Tochterunternehmen auf Basis der ursprünglichen, nunmehr ggf. nur schwer ermittelbaren Werte konsolidieren müssen. Gemäß dem Wortlaut der Vorschrift vor dem BilRUG waren bei der Aufstellung des **ersten verpflichtenden** Konzernabschlusses die Wertansätze

---

63 Vgl. die Regelungen zur Übergangskonsolidierung mit Statuswechsel in Kap. VIII Abschn. 232.

64 Im RegE-BilMoG war für die nachträgliche Anpassung der Wertansätze zunächst ein Wahlrecht vorgesehen.

65 Vgl. BT-Drucksache 16/10067, S. 81.

zwangsweise zu diesem Zeitpunkt (neu) zu bestimmen. Verlässliche (fortgeführte) historische Wertansätze der Vermögensgegenstände, Schulden, Rechnungsabgrenzungsposten und Sonderposten eines Tochterunternehmens, die bspw. aufgrund eines freiwillig aufgestellten Konzernabschlusses vorlagen, durften grundsätzlich nicht herangezogen werden.[66] Daher wurde die Regelung häufig als „Zwangserleichterung"[67] bezeichnet. Mit der Neuregelung durch das BilRUG sind gemäß § 301 Abs. 2 Satz 3 die Wertansätze zum Zeitpunkt der erstmaligen Einbeziehung des Tochterunternehmens in den Konzernabschluss bei der Ermittlung des zu konsolidierenden Eigenkapitals maßgeblich. Sofern jedoch auch verlässliche Informationen über die (historischen) Wertverhältnisse eines Tochterunternehmens vor dessen erstmaliger Einbeziehung in einen Konzernabschluss vorliegen, dürfen diese Wertverhältnisse unter Angaben im Konzernanhang gemäß § 301 Abs. 2 Satz 5 ausnahmsweise bei der erstmaligen Einbeziehung zugrunde gelegt werden.[68] Durch die Neuregelungen im Rahmen des BilRUG ist somit keine zwangsweise Neubewertung zum Zeitpunkt der erstmalig verpflichtenden Aufstellung eines Konzernabschlusses mehr erforderlich, und verlässliche (fortgeführte) historische Wertansätze eines Tochterunternehmens können berücksichtigt werden.[69] Unternehmen, die erst in dem Jahr Tochterunternehmen geworden sind, für das erstmalig ein Konzernabschluss aufgestellt wird, werden von der Ausnahmeregelung indes nicht erfasst. Diese Unternehmen sind grundsätzlich mit den Wertansätzen zum Zeitpunkt der Entstehung des Mutter-Tochter-Verhältnisses gemäß § 301 Abs. 2 Satz 1 in den Konzernabschluss einzubeziehen.[70]

Die Vereinfachungsregel ist auch auf Tochterunternehmen anzuwenden, die bisher unter Anwendung des Konsolidierungswahlrechtes des § 296 nicht in den Konzernabschluss einbezogen wurden. Somit entfällt auch hier die u. U. schwierige Wertermittlung auf den Zeitpunkt, zu dem das Unternehmen Tochterunternehmen geworden ist. Grundsätzlich ist ein nach § 296 bisher nicht konsolidiertes Tochterunternehmen dann ab dem Zeitpunkt einzubeziehen, zu dem das Einbeziehungswahlrecht nicht mehr in Anspruch genommen wird oder die Voraussetzungen zu dessen Inanspruchnahme entfallen. Aus Vereinfachungsgründen ist es jedoch auch zulässig, die Wertansätze zu Beginn des Konzerngeschäftsjahres heranzuziehen, in dem das bisher nicht konsolidierte Tochterunternehmen in den Konzernabschluss einbezogen wird.[71] Von dieser Regel ausgenommen sind Tochterunternehmen, die im Jahr der erstmaligen Konzernrechnungslegungspflicht erworben wurden.

---

66 Vgl. SENGER, T./HOEHNE, F., in: Münchener Komm. Bilanzrecht, § 301 HGB, Rn. 29. Vgl. zur Diskussion der Berücksichtigung (fortgeführter) historischer Wertansätze vor dem BilRUG KLAHOLZ, T./STIBI, B., Erstmalige Aufstellung eines Konzernabschlusses, S. 2923-2927.

67 DRSC (Hrsg.), Stellungnahme zum BilRUG-RegE, S. 7.

68 Vgl. BT-Drucksache 18/5256, S. 86.

69 Vgl. BLÖINK, T./KNOLL-BIERMANN, T., Bilanzrichtlinie-Umsetzungsgesetz, S. 73; THEILE, C., Konzernspezifische Änderungen durch den BilRUG-RegE, S. 228.

70 Vgl. BT-Drucksache 18/5256, S. 86.

71 Vgl. GELHAUSEN, H. F./FEY, G./KÄMPFER, G., Rechnungslegung und Prüfung nach dem Bil-MoG, § 301 HGB, Rn. 244.

125. Die Technik der Kapitalkonsolidierung nach der Erwerbsmethode

125.1 Überblick und Ausgangsbeispiel

Wie zuvor dargestellt, besteht einer der grundsätzlichen Unterschiede zwischen der Neubewertungsmethode und der Buchwertmethode in der Reihenfolge der Konsolidierungsteilschritte. Werden bei der Neubewertungsmethode zunächst die stillen Reserven und stillen Lasten aufgedeckt und anschließend die Beteiligung des Mutterunternehmens an dem Tochterunternehmen gegen das anteilige Eigenkapital des Tochterunternehmens aufgerechnet, so sind diese beiden Schritte bei der Buchwertmethode in genau umgekehrter Reihenfolge vorzunehmen.

Die Technik und die Unterschiede der verschiedenen Methoden der Kapitalkonsolidierung werden im Folgenden jeweils anhand eines Beispiels erläutert. Dabei wird zunächst die Periode der erstmaligen Einbeziehung des Tochterunternehmens (Erstkonsolidierung) betrachtet. Anschließend wird das Vorgehen in der auf die Erstkonsolidierung folgenden Periode (Folgekonsolidierung) gezeigt. Dabei werden nacheinander für die Neubewertungsmethode und für die Buchwertmethode zunächst der Fall einer 100 %igen Beteiligung des Mutterunternehmens am Tochterunternehmen und anschließend die Vollkonsolidierung bei einer Beteiligungsquote des Mutterunternehmens am Tochterunternehmen von 75 % betrachtet.

Die Grundlage für die Beispiele der Erstkonsolidierung in der Periode t = 0 für den Fall einer 100 %igen Beteiligung des Mutterunternehmens am Tochterunternehmen bildet das Ausgangsbeispiel in der Übersicht V-1.

Zeitpunkt t = 0	MU	TU	
(Alle Zahlen-angaben in GE)	HB II	HB II	stR/stL in t = 0
Aktiva GoF Sonstiges AV Anteile an verb. Unt. UV Verbleibender UB	400 600 300	300 500	40 20
Summe Aktiva	1.300	800	
Passiva Eigenkapital Sonstige Passiva	500 800	400 400	20
Summe Passiva	1.300	800	

Legende:

AV	≙	Anlagevermögen	Sonst. EK ≙	Sonstiges Eigenkapital	
Anteile an verb.	≙	Anteile an verbundenen	stL	≙	stille Lasten
Unt.		Unternehmen	stR	≙	stille Reserven
GE	≙	Geldeinheiten	TU	≙	Tochterunternehmen
GoF	≙	Geschäfts- oder Firmenwert	UB	≙	Unterschiedsbetrag
HB II	≙	Handelsbilanz II	UV	≙	Umlaufvermögen
MU	≙	Mutterunternehmen			

Übersicht V-1: *Ausgangsbeispiel für die Kapitalkonsolidierung in t = 0*

Auf der Aktivseite der Bilanz des Mutterunternehmens (Tochterunternehmens) befindet sich das sonstige Anlagevermögen in Höhe von 400 GE (300 GE) und das Umlaufvermögen mit einem Wert von 300 GE (500 GE). Ferner weist das Mutterunternehmen auf der Aktivseite die Anteile an verbundenen Unternehmen in Höhe von 600 GE aus. Auf der Passivseite bilanziert das Mutterunternehmen (Tochterunternehmens) sonstige Passiva in Höhe von 800 GE (400 GE) und sein Eigenkapital in Höhe von 500 GE (400 GE). Des Weiteren ist zu berücksichtigen, dass bei dem Tochterunternehmen stille Reserven im sonstigen Anlagevermögen in Höhe von 40 GE und im Umlaufvermögen in Höhe von 20 GE sowie in den sonstigen Passiva stille Lasten in Höhe von 20 GE vorhanden sind.

Übersicht V-2 zeigt das Beispiel für die Folgekonsolidierung in der Periode t = 1 im Fall einer 100 %igen Beteiligung des Mutterunternehmens am Tochterunternehmen.

Zeitpunkt t = 1	MU	TU	
(Alle Zahlen-angaben in GE)	HB II	HB II	stR/stL in t = 0
Aktiva GoF Sonstiges AV Anteile an verb. Unt. UV Verbleibender UB	400 600 300	300 500	40 20
Summe Aktiva	1.300	800	
Passiva Eigenkapital ■ Sonst. EK ■ Gewinn Sonstige Passiva	500 60 740	400 80 320	20
Summe Passiva	1.300	800	
Legende: Vgl. Übersicht V-1.			

Übersicht V-2: *Ausgangsbeispiel für die Kapitalkonsolidierung in t = 1*

Auf der Aktivseite der Bilanzen des Mutterunternehmens und des Tochterunternehmens sollen sich die unterstellten Werte aus t = 0 nicht geändert haben.[72] Für das **sonstige Anlagevermögen** wird jeweils angenommen, dass in Höhe der Abschreibungen neue Vermögensgegenstände beschafft wurden, und für das **Umlaufvermögen**, dass der Wert der abgegangenen Vermögensgegenstände dem Wert der zugegangenen Vermögensgegenstände entspricht. In der ersten Periode hat das Mutterunternehmen bzw. das Tochterunternehmen einen **Gewinn** von 60 GE bzw. 80 GE erwirtschaftet, der gesondert auf der Passivseite ausgewiesen wird. Die **sonstigen Passiva** haben sich jeweils in Höhe des Gewinns vermindert.

---

72 Dieses wird aus didaktischen Gründen unterstellt, damit die Konsolidierungseffekte nicht durch andere Geschäftsvorfälle überlagert werden.

125.2 Die Neubewertungsmethode

125.21 Die Erstkonsolidierung nach der Neubewertungsmethode

Ausgehend von der Datensituation im Ausgangsbeispiel in t = 0 zeigt Übersicht V-3 die Erstkonsolidierung nach der Neubewertungsmethode.

Zeitpunkt t = 0	MU	TU			SB	Konsolidierungs-spalte		KB
(Alle Zahlen-angaben in GE)	HB II	HB II	stR/stL in t = 0	HB III NBM		Soll	Haben	
Aktiva								
GoF						160^3		160
Sonstiges AV	400	300	40^1	340	740			740
Anteile an verb. Unt.	600				600		600^2	
UV	300	500	20^1	520	820			820
Verbleibender UB						160^2	160^3	
Summe Aktiva	1.300	800		860	2.160			1.720
Passiva								
Eigenkapital	500	400	40^1	440	940	440^2		500
Sonstige Passiva	800	400	20^1	420	1.220			1.220
Summe Passiva	1.300	800		860	2.160	760	760	1.720

Legende:

AV	≙	Anlagevermögen	Nicht beh.	≙	Nicht beherrschende
Anteile an verb.	≙	Anteile an verbundenen	Anteile		Anteile
Unt.		Unternehmen	SB	≙	Summenbilanz
BWM	≙	Buchwertmethode	Sonst. EK	≙	Sonstiges Eigenkapital
GE	≙	Geldeinheiten	stL	≙	stille Lasten
GoF	≙	Geschäfts- oder Firmenwert	stR	≙	stille Reserven
HB	≙	Handelsbilanz	TU	≙	Tochterunternehmen
KB	≙	Konzernbilanz	UB	≙	Unterschiedsbetrag
MU	≙	Mutterunternehmen	UV	≙	Umlaufvermögen
NBM	≙	Neubewertungsmethode			

Übersicht V-3: *Erstkonsolidierung nach der Neubewertungsmethode bei einer Beteiligungsquote von 100 % (Beispiel 1)*

Die Spalte **MU HB II** zeigt die Posten der HB II des Mutterunternehmens zum Zeitpunkt des Erwerbs der Anteile am Tochterunternehmen (t = 0). Das Mutterunternehmen ist hier zu 100 % an dem Tochterunternehmen beteiligt. Die Spalte **TU HB II** zeigt die Posten der HB II des Tochterunternehmens zum Zeitpunkt t = 0. Ferner werden in der Spalte **TU stR/stL** die stillen Reserven und Lasten des Tochterunternehmens zum Zeitpunkt t = 0 aufgedeckt.[73] In diesem Schritt sind zum einen

---

73 Die hier und in den folgenden Übersichten hochgestellten Nummern, in diesem Fall die hochgestellte 1, kennzeichnen die jeweilige Nummer des zugehörigen Buchungssatzes.

die stillen Reserven und Lasten der bereits in der HB I bzw. HB II bilanzierten Sachverhalte aufzudecken. Zum anderen sind in dieser Spalte aber auch sämtliche aus Sicht des Tochterunternehmens im Einzelabschluss nicht bilanzierungsfähigen Posten anzusetzen und zum Zeitwert zu bewerten. In diesem Schritt könnten bspw. selbsterstellte Marken des Tochterunternehmens, für die nach § 248 Abs. 2 Satz 2 im Einzelabschluss ein Aktivierungsverbot besteht, angesetzt werden, weil diese aus Sicht des Konzerns durch den Kauf des Tochterunternehmens entgeltlich erworben wurden. E-DRS 30.51 f. i. V. m. 64-70 sieht in diesem Zusammenhang auch den Ansatz von (bisher) im Jahresabschluss des Tochterunternehmens nicht bilanzwirksamen Ansprüchen und Verpflichtungen vor, sofern diese verlässlich bewertbar sind. Für das Beispiel wurde von derartigen Sachverhalten abstrahiert. Die aufgedeckten stillen Reserven und Lasten werden dann in der Konzernbuchführung entweder gesondert oder als Teil der Zeitwerte der Vermögensgegenstände und Schulden erfasst und in den Folgeperioden fortgeführt. Im Rahmen der Konsolidierung werden sie ebenfalls entweder (einschließlich des Eigenkapitaleffektes) gesondert oder als Teil der Zeitwerte in einer gesonderten HB III berücksichtigt und in die Summenbilanz eingerechnet. Die Spalte **SB** zeigt dann die Summenbilanz, die durch zeilenweise (horizontale) Addition der Spalten MU HB II, TU HB II und stille Reserven/stille Lasten in t = 0 oder alternativ durch Addition der Spalten MU HB II und TU HB III gewonnen wird. Aus der Summenbilanz wird durch die in der **Konsolidierungsspalte** angegebenen Konsolidierungsbuchungen die Konzernbilanz **KB** ermittelt. Die Konsolidierungsbuchungen werden im Folgenden erläutert.

Bei der Neubewertungsmethode werden gemäß § 301 Abs. 1 zunächst die stillen Reserven und stillen Lasten als Differenz zwischen den Zeit- und Buchwerten gesondert oder in einer **HB III** aufgedeckt. Die HB III weist also die Vermögensgegenstände und Schulden des Tochterunternehmens zu Zeitwerten zum Erstkonsolidierungszeitpunkt t = 0 und nicht – wie die HB II – zu Buchwerten aus. Bei der Neubewertungsmethode sind diese Differenzen **in voller Höhe** aufzudecken. **Stille Reserven und stille Lasten** wirken sich dadurch in voller Höhe auf das **Eigenkapital des Tochterunternehmens** aus, das um die Summe der aufgedeckten Einzeldifferenzen korrigiert und damit **neubewertet** wird. Dieses Vorgehen begründet den Namen der Neubewertungsmethode.

Bei der Aufdeckung der stillen Reserven und stillen Lasten gilt bei der Neubewertungsmethode **keine Anschaffungskostenrestriktion**. Dies bedeutet, dass eine durch die vollständige Auflösung stiller Reserven erfolgende Neubewertung des Eigenkapitals unabhängig von den Anschaffungskosten für die Anteile am Eigenkapital des Tochterunternehmens zulässig ist, auch wenn hierdurch ein negativer Unterschiedsbetrag entsteht oder sich erhöht.[74]

---

74 In den nachfolgenden Beispielen ist die Anschaffungskostenrestriktion nicht relevant. Die Beispiele dienen dazu, die grundsätzlichen Unterschiede zwischen der Neubewertungsmethode und der Buchwertmethode zu zeigen.

Bei der Kapitalkonsolidierung nach der Neubewertungsmethode werden zuerst die stillen Reserven und stillen Lasten **unabhängig von der Beteiligungsquote** aufgedeckt. Für das Tochterunternehmen in unserem Beispielkonzern ergibt sich das **neubewertete Eigenkapital** wie folgt:

	Stille Reserven im sonstigen AV	40 GE
+	Stille Reserven im UV	+ 20 GE
−	Stille Lasten bei den sonstigen Passiva	− 20 GE
=	Summe der stillen Reserven und Lasten	40 GE
+	Bilanzielles Eigenkapital des Tochterunternehmens	+ 400 GE
=	Neubewertetes Eigenkapital des Tochterunternehmens	440 GE

Die **Aufdeckung der stillen Reserven und stillen Lasten** wird gemäß Buchungssatz (1) wie folgt gebucht:

Sonstiges Anlagevermögen	40 GE			
Umlaufvermögen	20 GE	an	Eigenkapital	40 GE
			Sonstige Passiva	20 GE

Bei der Neubewertungsmethode werden die stillen Reserven und stillen Lasten bereits vor der Erstellung der Summenbilanz gesondert oder durch die zusätzliche **Aufstellung einer HB III** aufgedeckt, so dass die Summenbilanz die neubewerteten Posten enthält.[75] Der Buchungssatz (1) gibt an, wie aus der ursprünglichen HB II des Tochterunternehmens (Spalte **TU HB II**) die nach der Neubewertungsmethode modifizierte HB III (Spalte **TU HB III NBM**) gewonnen wird.

Kaufpreis bzw. Beteiligungsbuchwert beim Mutterunternehmen und anteiliges bilanzielles Eigenkapital des Tochterunternehmens werden nur selten übereinstimmen. Mit dem Kaufpreis einer Beteiligung wird nämlich nicht nur das rechnerische Eigenkapital des Beteiligungsunternehmens vergütet, vielmehr werden auch künftige Ertragserwartungen und die in den Buchwerten der Vermögensgegenstände und Schulden des Beteiligungsunternehmens enthaltenen stillen Reserven und stillen Lasten abgegolten. Bei der Neubewertungsmethode werden die stillen Reserven und Lasten bereits im Rahmen der Bildung der Summenbilanz aufgedeckt, so dass bei der Kapitalkonsolidierung der Beteiligungsbuchwert mit dem **neubewerteten Eigenkapital** verrechnet wird. Die verbleibende Differenz wird für den Beispielkonzern als **Unterschiedsbetrag** wie folgt berechnet:

	Buchwert der Beteiligung	600 GE
−	Anteiliges neubewertetes Eigenkapital (440 GE · 100 %)	− 440 GE
=	Verbleibender Unterschiedsbetrag	160 GE

---

75 Vgl. DUSEMOND, M./WEBER, C.-P./ZÜNDORF, H., in: Küting/Weber, HdK, 2. Aufl., § 301 HGB, Rn. 69.

Der Buchungssatz (2) lautet somit:

Verbleibender Unterschiedsbetrag	160 GE			
Eigenkapital	440 GE	an	Anteile an verbundenen Unternehmen	600 GE

Der nach der Aufdeckung stiller Reserven und stiller Lasten verbleibende Unterschiedsbetrag kann entweder ein positives (wie in dem obigen Beispiel) oder ein negatives Vorzeichen haben. Ein positiver Unterschiedsbetrag ist als **Geschäfts- oder Firmenwert** auf der Aktivseite der Konzernbilanz auszuweisen; eine negative Restdifferenz ist dagegen als „**Unterschiedsbetrag aus der Kapitalkonsolidierung**" zu passivieren (§ 301 Abs. 3 Satz 1). Ausgewiesene Unterschiedsbeträge und ihre wesentlichen Veränderungen gegenüber dem Vorjahr, die in erster Linie auf Änderungen des Konsolidierungskreises zurückzuführen sind, müssen im Konzernanhang erläutert werden, d. h., die Ursachen der wesentlichen Änderungen, etwa die Erstkonsolidierung neuer Tochterunternehmen, sind explizit anzugeben. Die weitere Behandlung verbliebener Unterschiedsbeträge aus der Kapitalkonsolidierung wird jedoch nicht hier, sondern an späterer Stelle vertieft.[76]

Da es sich im Beispiel um einen aktiven Unterschiedsbetrag handelt, ist dieser als **Geschäfts- oder Firmenwert** zu behandeln und dementsprechend durch Buchungssatz (3) umzubuchen:

Geschäfts- oder Firmenwert	160 GE	an	Verbleib. Unterschiedsbetrag	160 GE

Die Spalte KB zeigt die resultierende **Konzernbilanz**, in der das Eigenkapital des Tochterunternehmens sowie die Beteiligung des Mutterunternehmens aufgrund der Kapitalkonsolidierung (Eliminierung konzerninterner Beteiligungsbeziehungen) nicht mehr enthalten sind und in der die Vermögensgegenstände und Schulden des Tochterunternehmens zu Konzernanschaffungskosten (also einschließlich der aufgedeckten stillen Reserven und stillen Lasten) sowie ein verbleibender Unterschiedsbetrag ausgewiesen werden.

Die Vermögensgegenstände und Schulden des zu konsolidierenden Tochterunternehmens werden bei der Vollkonsolidierung – unabhängig von der Höhe der Beteiligung des Mutterunternehmens – zu 100 % in den Konzernabschluss übernommen. Das Eigenkapital des Tochterunternehmens wird dagegen nur entsprechend dem Konzernanteil, also dem auf die beherrschenden Gesellschafter entfallenden Anteil, mit dem Beteiligungsbuchwert verrechnet. Da der Konzernabschluss aber alle einbezogenen Unternehmen zusammen, und zwar wie ein einziges Unternehmen, darstellen soll, muss **bei einer Beteiligung von weniger als 100 %** auch der Teil des Eigenkapitals der einbezogenen Tochterunternehmen im Konzernabschluss berücksichtigt werden, der nicht von Konzernunternehmen gehalten wird. Dazu ist in die Konzernbilanz gemäß § 307 Abs. 1 ein Ausgleichsposten für die Anteile der nicht beherr-

---

76 Vgl. Abschn. 126. in diesem Kapitel.

schenden Gesellschafter unter der Bezeichnung „Nicht beherrschende Anteile" einzu-stellen. Dieser Posten berechnet sich bei der Neubewertungsmethode durch Multipli-kation des Beteiligungsanteils der Konzernaußenstehenden mit dem **neubewerteten Eigenkapital** des Tochterunternehmens. Die Anteile der nicht beherrschenden Ge-sellschafter werden somit bei der Neubewertungsmethode nach der Aufdeckung der stillen Reserven und stillen Lasten gebildet, so dass die konzernaußenstehenden Ge-sellschafter bei dieser Methode an den stillen Reserven und stillen Lasten rechnerisch beteiligt sind.

Im folgenden Beispiel 2 wird nun angenommen, dass das Tochterunternehmen nicht wie in Beispiel 1 zu 100 %, sondern nur zu 75 % im Besitz des Mutterunternehmens ist. Im Vergleich zum Beispiel einer 100 %igen Beteiligung wird von einem proportional zur Beteiligungsquote sinkenden Kaufpreis ausgegangen. Der neue Kaufpreis beträgt somit 450 GE (= 600 GE · 75 %). Die sonstigen Passiva werden entsprechend gemindert. Alle übrigen Daten bleiben unverändert. Für das Beispiel 2 mit einer Beteiligungsquote von 75 % ergibt sich dann für die Erstkonsolidierung nach der Neubewertungsmethode die folgende Übersicht:

Zeitpunkt t = 0	MU	TU			SB	Konsolidie-rungsspalte		KB
(Alle Zahlen-angaben in GE)	HB II	HB II	stR/stL in t = 0	HB III NBM		Soll	Haben	
Aktiva								
GoF						120^3		120
Sonstiges AV	400	300	40^1	340	740			740
Anteile an verb. Unt.	450				450		450^2	
UV	300	500	20^1	520	820			820
Verbleibender UB						120^2	120^3	
Summe Aktiva	1.150	800		860	2.010			1.680
Passiva								
Eigenkapital								
▪ Sonst. EK	500	400	40^1	440	940	330^2 110^4		500
▪ Nicht beh. Anteile							110^4	110
Sonstige Passiva	650	400	20^1	420	1.070			1.070
Summe Passiva	1.150	800		860	2.010	680	680	1.680
Legende: Vgl. Übersicht V-3.								

Übersicht V-4: *Erstkonsolidierung nach der Neubewertungsmethode bei einer Betei-ligungsquote von 75 % (Beispiel 2)*

Der erste Schritt der Erstkonsolidierung nach der Neubewertungsmethode ist bei einer Beteiligungsquote von weniger als 100 % (hier: 75 %) nicht von der Erstkonsolidierung bei einer Beteiligungsquote von 100 % zu unterscheiden, da die **stillen Reserven und stillen Lasten unabhängig von der Beteiligungsquote vollständig aufzudecken** sind:

	Stille Reserven im sonstigen AV	40 GE
+	Stille Reserven im UV	+ 20 GE
−	Stille Lasten bei den sonstigen Passiva	− 20 GE
=	Summe der stillen Reserven und Lasten	40 GE
+	Bilanzielles Eigenkapital des Tochterunternehmens	+ 400 GE
=	**Neubewertetes** Eigenkapital des Tochterunternehmens	440 GE

Der in der Spalte **TU HB III NBM** implizit enthaltene Buchungssatz (1) lautet somit:

Sonstiges Anlagevermögen	40 GE			
Umlaufvermögen	20 GE	an	Sonstiges Eigenkapital	40 GE
			Sonstige Passiva	20 GE

Der Buchungssatz gibt wieder an, wie ggf. aus der ursprünglichen HB II (Spalte TU HB II) die modifizierte HB III (Spalte TU HB III NBM) gewonnen wird.

Erst nachdem die stillen Reserven und stillen Lasten aufgedeckt wurden, wird bei der Neubewertungsmethode das neubewertete Eigenkapital unter Berücksichtigung der Beteiligungsquote mit dem Beteiligungsbuchwert verglichen. Für unseren Beispielkonzern berechnet sich dieser verbleibende **Unterschiedsbetrag** wie folgt:

	Buchwert der Beteiligung	450 GE
−	Anteiliges neubewertetes Eigenkapital (440 GE · 75 %)	− 330 GE
=	Verbleibender Unterschiedsbetrag	120 GE

Der Buchungssatz (2) lautet:

Verbleibender				
Unterschiedsbetrag	120 GE			
Sonstiges Eigenkapital	330 GE	an	Anteile an verbundenen	
			Unternehmen	450 GE

Da es sich um einen aktiven Unterschiedsbetrag handelt, ist dieser als **Geschäfts- oder Firmenwert** zu behandeln und dementsprechend durch Buchungssatz (3) umzubuchen:

Geschäfts- oder Firmenwert	120 GE	an	Verbleib. Unterschiedsbetrag	120 GE

Für die Anteile am Eigenkapital von Tochterunternehmen, die nicht zu 100 % im Besitz von Konzernunternehmen sind, ist ein Ausgleichsposten für „**Nicht beherrschende Anteile**" zu bilden. Der Posten „Nicht beherrschende Anteile" ist gemäß

§ 307 Abs. 1 in der Konzernbilanz innerhalb des Eigenkapitals gesondert auszuweisen. Diese Vorschrift entspricht somit der **Interessentheorie mit Vollkonsolidierung**.[77] Dieser Posten berechnet sich als Produkt des entsprechenden Beteiligungsprozentsatzes mit dem **neubewerteten Eigenkapital**, da die nicht beherrschenden Gesellschafter an den aufgedeckten stillen Reserven und stillen Lasten rechnerisch beteiligt sind. In den Ausgleichsposten „Nicht beherrschende Anteile" gehen also auch die auf die Beteiligung der nicht beherrschenden Gesellschafter entfallenden Bestandteile der aufgedeckten stillen Reserven und stillen Lasten ein:

Nicht beherrschende Anteile	=	Beteiligungsquote der nicht beherrschenden Gesellschafter · **neubewertetes** Eigenkapital des Tochterunternehmens
	=	25 % · 440 GE
	=	110 GE

Buchungssatz (4) lautet somit:

Sonstiges Eigenkapital	110 GE	an	Nicht beherrschende Anteile	110 GE

Die oben angegebenen und nach der Neubewertungsmethode ermittelten Konzernbilanzen mit den zugrunde liegenden Beteiligungsquoten von 100 % bzw. 75 % werden später mit denjenigen Konzernbilanzen verglichen, die sich bei der Kapitalkonsolidierung nach der Buchwertmethode ergeben. Auf diese Weise lassen sich die Unterschiede zwischen diesen beiden Varianten der Erwerbsmethode verdeutlichen.[78]

125.22 Die Folgekonsolidierung nach der Neubewertungsmethode

Die Verrechnung von Beteiligungsbuchwert und anteiligem Eigenkapital wird in den Folgejahren auf der **Datenbasis des ersten Jahres** der Zugehörigkeit des Tochterunternehmens zum Konsolidierungskreis (Erstkonsolidierung) lediglich wiederholt. Veränderungen bei der Kapitalkonsolidierung in Folgejahren ergeben sich daher nur bei Änderungen der Beteiligungshöhe bzw. bei Änderungen des gezeichneten Kapitals des Tochterunternehmens.[79] Die bei der Erstkonsolidierung durch die Aufdeckung von stillen Reserven und stillen Lasten ermittelten Werte der **Vermögensgegenstände und Schulden** und ein verbleibender Unterschiedsbetrag sind in den Folgejahren **fortzuführen**. Dies kann auf Ebene des Tochterunternehmens, z. B. für die Vermögensgegenstände des Anlagevermögens in der Anlagenbuchhaltung, oder in der Konzernbuchhaltung erfolgen.[80] Für die Wertansätze der Vermögensgegenstände und Schulden im Konzernabschluss ergeben sich dabei die gleichen Wertentwicklungen

---

77 Vgl. dazu Kap. I Abschn. 633.

78 Vgl. Abschn. 125.4 in diesem Kapitel.

79 Vgl. Kap. VIII Abschn. 2.

80 Aus didaktischen Gründen der Übereinstimmung mit der Darstellung bei der Erstkonsolidierung wird im folgenden Beispiel unterstellt, dass die stillen Reserven und Lasten auf der Ebene des Tochterunternehmens im Rahmen der Fortführung der Zeitwerte gebucht werden.

wie in den HB II. Diese bei der Erstkonsolidierung vorgenommenen Korrekturen teilen das Schicksal des jeweiligen Postens in der HB II. Beispielsweise sind bei abnutzbaren Vermögensgegenständen des Anlagevermögens die prozentualen Abschreibungen bei den Posten im Konzernabschluss unter Einbeziehung der aufgelösten stillen Reserven und stillen Lasten vorzunehmen. Hierbei sind die konzerneinheitlichen Abschreibungsmethoden zugrunde zu legen. Besonderen Einfluss auf die Folgekonsolidierung hat auch die Behandlung eines bei der Erstkonsolidierung entstandenen aktiven Geschäfts- oder Firmenwertes bzw. eines passiven Unterschiedsbetrages aus der Kapitalkonsolidierung, die aus systematischen Gründen indes erst später[81] behandelt wird.

Die **erfolgswirksamen Wertänderungen** schlagen über das Konzernergebnis auf das Konzerneigenkapital durch, das entsprechend zu korrigieren ist. Dabei sind bei Tochterunternehmen, an denen auch Konzernaußenstehende beteiligt sind, die Ergebniswirkungen in den Konzernanteil und in den auf die Konzernaußenstehenden entfallenden Anteil aufzuteilen und somit entsprechend der Höhe der Beteiligung dem „konzerneigenen" Eigenkapital und dem Posten „**Nicht beherrschende Anteile**" zuzurechnen. Da der Posten „Nicht beherrschende Anteile" nach der Neubewertungsmethode auf der Grundlage des neubewerteten Eigenkapitals der Tochterunternehmen (also nach der Aufdeckung und Verteilung stiller Reserven und stiller Lasten) berechnet wird und die konzernaußenstehenden Gesellschafter somit rechnerisch auch an den stillen Reserven und stillen Lasten beteiligt sind, wird der Posten „Nicht beherrschende Anteile" bei der Folgekonsolidierung nach der Neubewertungsmethode durch zwei Komponenten beeinflusst. Zum einen schlägt sich die Folgebewertung des auf die konzernaußenstehenden Gesellschafter entfallenen Teils der aufgedeckten stillen Reserven und stillen Lasten nieder. Zum anderen ist der auf die konzernaußenstehenden Gesellschafter entfallende Teil des Ergebnisses des Tochterunternehmens gegen diesen Posten zu verrechnen. Dieses Vorgehen lässt sich an den **Beispielen 1 und 2** verdeutlichen.

Für die folgende **Periode t = 1** ist die Datensituation aus dem **Ausgangsbeispiel in t = 1** unterstellt. Darüber hinaus wird unterstellt, dass die **stillen Reserven** im sonstigen Anlagevermögen des Tochterunternehmens Vermögensgegenständen zuzuordnen sind, die linear abgeschrieben werden und deren Restlaufzeit noch fünf Jahre beträgt. Somit beträgt der Abschreibungszeitraum der stillen Reserven ebenfalls fünf Jahre. Die stillen Reserven im Umlaufvermögen sind erhalten geblieben, was z. B. bei einer Bewertung der Vorräte mit der Lifo-Methode bei steigenden Preisen der Fall sein kann. Hingegen wurden die **stillen Lasten** bei den sonstigen Passiva realisiert; das könnte z. B. durch die Auflösung einer zu niedrig bemessenen Rückstellung geschehen sein. Für den **Geschäfts- oder Firmenwert** gilt im Beispiel eine Abschreibungsdauer von fünf Jahren.

---

81 Vgl. Abschn. 126. in diesem Kapitel.

Betrachtet wird zunächst die Folgekonsolidierung für **Beispiel 1**, d. h. für eine Beteiligungsquote von 100 %. Bei der Folgekonsolidierung nach der Neubewertungsmethode bei einer Beteiligungsquote von 100 % ist wie folgt vorzugehen:

Zeitpunkt t = 1	MU	TU		SB	Konsolidierungs-spalte		KB
(Alle Zahlen-angaben in GE)	HB II	HB II	stR/stL in t = 0		Soll	Haben	
Aktiva							
GoF					160[3]	**32[4]**	128
Sonstiges AV	400	300	40[1]	740		**8[4]**	732
Anteile an verb. Unt.	600			600		600[2]	
UV	300	500	20[1]	820			820
Verbleibender UB					160[2]	160[3]	
Summe Aktiva	1.300	800		2.160			1.680
Passiva							
Eigenkapital							
■ Sonst. EK	500	400	40[1]	940	440[2]		500
■ Gewinn	60	80		140	**20[4]**		120
Sonstige Passiva	740	320	20[1]	1.080	**20[4]**		1.060
Summe Passiva	1.300	800		2.160	800	800	1.680
Legende: Vgl. Übersicht V-3.							

Übersicht V-5:   *Folgekonsolidierung nach der Neubewertungsmethode bei einer Beteiligungsquote von 100 % (Beispiel 1)*

Der Buchungssatz (1) verdeutlicht, wie die in t = 0 aufgedeckten stillen Reserven und Lasten gesondert in der Periode t = 1 berücksichtigt werden:

Sonstiges Anlagevermögen	40 GE			
Umlaufvermögen	20 GE	an	Sonstiges Eigenkapital	40 GE
			Sonstige Passiva	20 GE

Im Rahmen der Folgekonsolidierung entsprechen die Buchungssätze (1), (2) und (3) den drei Buchungssätzen der Erstkonsolidierung in Übersicht V-3. Hinzu kommt aber die erfolgswirksame Buchung (4), die die folgenden Wertänderungen erfasst:

GoF:	Durch den Abschreibungszeitraum von fünf Jahren vermindert sich der GoF um 20 %, d. h., der GoF wird um 32 GE / Jahr (= 160 GE / 5 Jahre) abgeschrieben.
Sonstiges AV:	Die stillen Reserven im sonstigen Anlagevermögen werden entsprechend der Nutzungsdauer der zugehörigen Vermögensgegenstände linear abgeschrieben. Die Abschreibung beträgt 8 GE / Jahr [= (40 GE / 5 Jahre) · 100 %].
Sonstige Passiva:	Die stillen Lasten bei den sonstigen Passiva werden durch die Begleichung der Verpflichtung realisiert. In der Einzelbilanz des Tochterunternehmens haben aufgrund der zu niedrig dotierten Passiva (bspw. wegen einer zu niedrig dotierten Rückstellung) zusätzliche Aufwendungen den Jahresüberschuss gemindert. In der Konzernbilanz ist dagegen bei der Erstkonsolidierung Vorsorge durch die Aufdeckung der stillen Lasten bei den sonstigen Passiva getroffen worden. Das Konzernergebnis wird bei der Folgekonsolidierung durch die Auflösung der stillen Lasten verbessert.[82] Der Konzerngewinn erhöht sich um 20 GE (= 20 GE · 100 %).

Die Abschreibungen auf den Geschäfts- oder Firmenwert, die Abschreibungen auf die stillen Reserven im sonstigen Anlagevermögen und die bei den sonstigen Passiva realisierten stillen Reserven sind erfolgswirksam zu Lasten des **Konzerngewinns** zu buchen. Der Konzerngewinn verändert sich um −20 GE = −32 GE − 8 GE + 20 GE. Der Buchungssatz (4) lautet somit:

Gewinn	20 GE			
Sonstige Passiva	20 GE	an	Geschäfts- oder Firmenwert	32 GE
			Sonstiges Anlagevermögen	8 GE

Für die Folgekonsolidierung nach der Neubewertungsmethode ergibt sich bei einer Beteiligungsquote von 75 % (**Beispiel 2**) folgende Übersicht, in der die im Vergleich zum Fall einer 100 %igen Beteiligung geänderten oder neu hinzukommenden Buchungssätze fett gedruckt sind:

---

82   Vgl. BAETGE, J./KLAHOLZ, T./JONAS, M., in: Baetge/Kirsch/Thiele, § 301 HGB, Rn. 261-263; DUSEMOND, M./WEBER, C.-P./ZÜNDORF, H., in: Küting/Weber, HdK, 2. Aufl., § 301 HGB, Rn. 171.

Zeitpunkt t = 1 (Alle Zahlenangaben in GE)	MU HB II	TU HB II	TU stR/stL in t = 0	SB	Konsolidierungsspalte Soll	Haben	KB
Aktiva							
GoF					120[3]	**24[5]**	96
Sonstiges AV	400	300	40[1]	740		**6[5]** **2[6]**	732
Anteile an verb. Unt.	450			450		450[2]	
UV	300	500	20[1]	820			820
Verbleibender UB					120[2]	120[3]	
Summe Aktiva	1.150	800		2.010			1.648
Passiva							
Eigenkapital							
■ Sonst. EK	500	400	40[1]	940	330[2] **110[4]**		500
■ Gewinn	60	80		140	**20[4]** **15[5]**		105
■ Nicht beh. Anteile						**130[4]** **3[6]**	133
Sonstige Passiva	590	320	20[1]	930	**15[5]** **5[6]**		910
Summe Passiva	1.150	800		2.010	735	735	1.648
Legende: Vgl. Übersicht V-3.							

Übersicht V-6: *Folgekonsolidierung nach der Neubewertungsmethode bei einer Beteiligungsquote von 75 % (Beispiel 2)*

Der in der Spalte **TU stR/stL bzw. SB** enthaltene Buchungssatz (1) der Folgekonsolidierung nach der Neubewertungsmethode lautet:

Sonstiges Anlagevermögen	40 GE			
Umlaufvermögen	20 GE	an	Sonstiges Eigenkapital	40 GE
			Sonstige Passiva	20 GE

Die Buchungssätze (2) und (3) bei der Folgekonsolidierung stimmen mit den entsprechenden Buchungssätzen der Erstkonsolidierung (vgl. Übersicht V-4) überein. Der Buchungssatz (4) der Erstkonsolidierung bei einer Beteiligungsquote von 75 % ist indes bei der Folgekonsolidierung anzupassen. Zu berücksichtigen ist dabei, dass den konzernaußenstehenden, **nicht beherrschenden Gesellschaftern** nicht nur ihr Anteil am neubewerteten Eigenkapital des Tochterunternehmens (440 GE) in Höhe von 25 %, sondern auch 25 % des beim Tochterunternehmen entstandenen Gewinns von 80 GE zustehen, also 20 GE (= 80 GE · 25 %). Bei einer Beteiligungsquote von 75 % lautet der Buchungssatz (4) also:

Sonstiges Eigenkapital	110 GE			
Gewinn	20 GE	an	Nicht beherrschende Anteile	130 GE

Im Rahmen der Folgekonsolidierung nach der Neubewertungsmethode bei einer Beteiligungsquote von 75 % kommen zwei weitere Buchungssätze hinzu, die die folgenden **Wertänderungen** erfassen:

GoF: Durch den Abschreibungszeitraum von fünf Jahren vermindert sich der GoF um 20 %, d. h., der GoF wird um 24 GE / Jahr (= 120 GE / 5 Jahre) abgeschrieben. Die Beteiligungsquote ist nicht zu berücksichtigen, da Konzernaußenstehende nicht am GoF beteiligt sind.

Sonstiges AV: Die stillen Reserven im sonstigen Anlagevermögen, die bei der Erstkonsolidierung voll aufgedeckt wurden, werden entsprechend der Nutzungsdauer der zugehörigen Vermögensgegenstände linear abgeschrieben. Die Abschreibung beträgt 8 GE / Jahr (= 40 GE / 5 Jahre). Die Abschreibungen werden entsprechend der Beteiligungsquote auf die beherrschenden und auf die nicht beherrschenden Gesellschafter verteilt, also 6 GE (= 8 GE · 75 %) auf die beherrschenden Gesellschafter und 2 GE (= 8 GE · 25 %) auf die nicht beherrschenden Gesellschafter.

Sonstige Passiva: Die stillen Lasten bei den sonstigen Passiva werden durch Begleichung der Verpflichtung realisiert. In der Einzelbilanz des Tochterunternehmens haben aufgrund der zu niedrig dotierten Passiva (z. B. wegen einer zu niedrig dotierten Rückstellung) zusätzliche Aufwendungen den Jahresüberschuss gemindert. In der Konzernbilanz ist dagegen bei der Erstkonsolidierung Vorsorge durch die Aufdeckung der stillen Lasten bei den sonstigen Passiva getroffen worden. Das Konzernergebnis wird folglich bei der Folgekonsolidierung durch die Auflösung der stillen Lasten verbessert.[83] Die Auflösung der stillen Lasten wird entsprechend der Beteiligungsquote auf die beherrschenden und auf die nicht beherrschenden Gesellschafter verteilt, hier also 15 GE (= 20 GE · 75 %) auf die beherrschenden Gesellschafter und 5 GE (= 20 GE · 25 %) auf die nicht beherrschenden Gesellschafter.

Die vollen Abschreibungen auf den Geschäfts- oder Firmenwert und die anteiligen Abschreibungen auf die stillen Reserven im sonstigen Anlagevermögen sowie die anteiligen bei den sonstigen Passiva realisierten stillen Lasten sind für die **beherrschenden Gesellschafter** erfolgswirksam zu Lasten des Konzerngewinns zu buchen. Der **Konzerngewinn** verändert sich in diesem Fall um –15 GE = –24 GE – 6 GE + 15 GE. Der Buchungssatz (5) lautet somit:

---

83 Vgl. BAETGE, J./KLAHOLZ, T./JONAS, M., in: Baetge/Kirsch/Thiele, § 301 HGB, Rn. 261-263; DUSEMOND, M./WEBER, C.-P./ZÜNDORF, H., in: Küting/Weber, HdK, 2. Aufl., § 301 HGB, Rn. 171.

Gewinn	15 GE			
Sonstige Passiva	15 GE	an	Geschäfts- oder Firmenwert	24 GE
			Sonstiges Anlagevermögen	6 GE

Für die **nicht beherrschenden Gesellschafter** sind die anteiligen Abschreibungen auf die stillen Reserven im sonstigen Anlagevermögen und die anteiligen bei den sonstigen Passiva realisierten stillen Lasten zu Gunsten des Postens „Nicht beherrschende Anteile" zu buchen, d. h., der Posten „Nicht beherrschende Anteile" erhöht sich im Beispiel um 3 GE = 5 GE – 2 GE. Der Buchungssatz (6) lautet somit:

Sonstige Passiva	5 GE	an	Sonstiges Anlagevermögen	2 GE
			Nicht beherrschende Anteile	3 GE

125.3 Die Buchwertmethode

125.31 Die Erstkonsolidierung nach der Buchwertmethode

Die Buchwertmethode war im HGB bis zum BilMoG als gleichwertige Alternative zur Neubewertungsmethode kodifiziert. Nach der Aufhebung des Wahlrechtes durch das BilMoG darf die Buchwertmethode zwar nicht mehr auf neue Konsolidierungen angewendet werden, sie darf aber gemäß Art. 66 Abs. 3 EGHGB für Tochterunternehmen, die vor dem 01.01.2010 nach der Buchwertmethode konsolidiert worden sind, beibehalten werden. Daher wird die Technik der Buchwertmethode an dieser Stelle ebenfalls erläutert.

Bei der Kapitalkonsolidierung nach der Buchwertmethode (§ 301 Abs. 1 Satz 2 Nr. 1 a. F.) sind die beiden zentralen **Teilschritte der Kapitalkonsolidierung**, nämlich die Aufrechnung der Beteiligung mit dem anteiligen Eigenkapital des Tochterunternehmens und die Aufdeckung der stillen Reserven und stillen Lasten, im Vergleich zur Neubewertungsmethode in **umgekehrter Reihenfolge** vorzunehmen. Die **zwei Teilschritte der Kapitalkonsolidierung** können wie folgt beschrieben werden:

(1) Verrechnung des Beteiligungsbuchwertes des Mutterunternehmens mit dem anteiligen Eigenkapital des Tochterunternehmens;

(2) möglichst weitgehende Reduktion des vorläufigen Unterschiedsbetrages zwischen Beteiligungsbuchwert des Mutterunternehmens und anteiligem Eigenkapital des Tochterunternehmens durch die Aufdeckung stiller Reserven und stiller Lasten bei den Vermögensgegenständen und Schulden des Tochterunternehmens, wobei nunmehr die Anschaffungskostenrestriktion zu beachten ist.

Im **ersten Teilschritt** der Kapitalkonsolidierung wird der Buchwert der Beteiligung des Mutterunternehmens an dem zu konsolidierenden Tochterunternehmen mit dem anteiligen (bilanziellen) Eigenkapital des betreffenden Tochterunternehmens verrechnet (§ 301 Abs. 1 Satz 2 Nr. 1 a. F.). Der Beteiligungsbuchwert stellt dabei die Anschaffungskosten der Beteiligung dar.

Die **Vermögensgegenstände und Schulden des Tochterunternehmens** sind vor der Verrechnung des Beteiligungsbuchwerts mit dem anteiligen Eigenkapital zum **Buchwert** anzusetzen, was dieser Ausprägung der Kapitalkonsolidierung den Namen gibt. Dem Beteiligungsbuchwert ist daher auch das Eigenkapital des Tochterunternehmens zu Buchwerten gegenüberzustellen. Der Beteiligungsbuchwert ist bei der Kapitalkonsolidierung allerdings nicht mit dem gesamten Eigenkapital des Tochterunternehmens zu vergleichen bzw. zu verrechnen, sondern lediglich mit dem der Höhe der Beteiligung entsprechenden anteiligen Eigenkapital, da nur für diesen Anteil des Eigenkapitals der Kaufpreis gezahlt worden ist. Im folgenden **Beispiel 1** wird auf die Datensituation des Ausgangsbeispiels in t = 0 zurückgegriffen und zunächst wieder eine Beteiligungsquote von 100 % unterstellt.

Zeitpunkt t = 0	MU	TU		SB	Konsolidierungs-spalte		KB
(Alle Zahlen-angaben in GE)	HB II	HB II	stR/stL in t = 0		Soll	Haben	
Aktiva							
GoF					160^2		160
Sonstiges AV	400	300	40	700	40^2		740
Anteile an verb. Unt.	600			600		600^1	
UV	300	500	20	800	20^2		820
Vorläufiger UB					200^1	200^2	
Summe Aktiva	1.300	800		2.100			1.720
Passiva							
Eigenkapital	500	400		900	400^1		500
Sonstige Passiva	800	400	20	1.200		20^2	1.220
Summe Passiva	1.300	800		2.100	820	820	1.720
Legende: Vgl. Übersicht V-3.							

Übersicht V-7: *Erstkonsolidierung nach der Buchwertmethode bei einer Beteiligungsquote von 100 % (Beispiel 1)*

Bei der Buchwertmethode wird durch den Vergleich des Beteiligungsbuchwertes mit dem anteiligen bilanziellen Eigenkapital zunächst ein vorläufiger Unterschiedsbetrag ermittelt. Der Unterschiedsbetrag wird deswegen als vorläufig bezeichnet, da er sich im zweiten Schritt der Buchwertmethode, die Aufdeckung stiller Reserven und Lasten, i. d. R. noch ändert. Für Beispiel 1 wird der vorläufige Unterschiedsbetrag wie folgt berechnet:

	Buchwert der Beteiligung	600 GE
–	Anteiliges bilanzielles Eigenkapital (400 GE · 100 %)	– 400 GE
=	Vorläufiger Unterschiedsbetrag	200 GE

Dieser vorläufige Unterschiedsbetrag wird zugleich mit der Konsolidierungsbuchung (1) der Kapitalkonsolidierung erfasst.

Der Buchungssatz (1) lautet somit:

Vorläufiger Unterschiedsbetrag	200 GE			
Eigenkapital	400 GE	an	Anteile an verbundenen Unternehmen	600 GE

Der vorläufige Unterschiedsbetrag ist im zweiten Teilschritt durch die Aufdeckung der stillen Reserven und Lasten gemäß § 301 Abs. 1 Satz 3 a. F. auf die Bilanzposten des Tochterunternehmens aufzuteilen. Diesem Schritt liegt der beschriebene Gedanke zugrunde, dass bspw. bei einem das bilanzielle Eigenkapital übersteigenden Kaufpreis (Buchwert) der Beteiligung mit einem Teil des überschießenden Betrages die stillen Reserven der erworbenen Vermögensgegenstände vergütet worden sind.

Bei der **Aufdeckung der stillen Reserven** in den Vermögensgegenständen und Schulden ist allerdings die **Anschaffungskostenrestriktion** zu beachten. Diese Restriktion hat zur Folge, dass u. U. nicht alle vorhandenen stillen Reserven aufgedeckt werden dürfen. Nach dem Anschaffungskostenprinzip darf ein von Dritten erworbener Vermögensgegenstand höchstens zu seinen Anschaffungskosten bewertet werden. Anschaffungskosten fallen bei dem Mutterunternehmen für den Erwerb der Beteiligung an einem Tochterunternehmen in Höhe des Anschaffungspreises für das anteilige Reinvermögen (Eigenkapital) des Tochterunternehmens, zuzüglich Anschaffungsnebenkosten und nachträglicher Anschaffungskosten, abzüglich Anschaffungspreisminderungen an. Hieraus ergeben sich zwei mögliche Restriktionen:

(1) Durch die Aufdeckung der stillen Reserven darf kein passiver Unterschiedsbetrag entstehen, und

(2) durch die Aufdeckung der stillen Reserven darf sich ein passiver Unterschiedsbetrag nicht erhöhen.

Die **erste Restriktion** impliziert, dass im Fall eines aktiven vorläufigen Unterschiedsbetrages die Aufdeckung der stillen Reserven auf die Höhe des aktiven vorläufigen Unterschiedsbetrages begrenzt ist. Der aktive Unterschiedsbetrag darf durch die Aufdeckung der stillen Reserven nicht in einen passiven Unterschiedsbetrag umschlagen. Die **zweite Restriktion** impliziert, dass im Fall eines bereits nach der Kapitalkonsolidierung passiven vorläufigen Unterschiedsbetrages keine stillen Reserven aufgedeckt werden dürfen. Die **Zurechnung der stillen Reserven oder stillen Lasten** zu einzelnen Vermögensgegenständen oder Schulden kann ein Problem mit sich bringen, falls die vorhandenen Reserven nicht vollständig aufgedeckt werden dürfen. Zur Lösung dieser Problematik wurden im Schrifttum verschiedene Konzepte diskutiert, die hier nicht näher betrachtet werden sollen, da sie nur bei der jetzt nicht mehr zulässigen Erstkonsolidierung nach der Buchwertmethode relevant sind.[84]

---

[84] Für eine detaillierte Betrachtung der Anschaffungskostenrestriktion und der Zuordnungskonzepte von stillen Reserven und stillen Lasten vgl. BAETGE, J./KIRSCH, H.-J./THIELE, S., Konzernbilanzen, 7. Aufl., Kap. VI Abschn. 126.

Durch beide Restriktionen wird vermieden, dass ein Tochterunternehmen in der Konzernbilanz mit einem Wert über den Anschaffungskosten der Beteiligung ausgewiesen wird. Diese Restriktionen sind indes nur bei Anwendung der Buchwertmethode zu beachten, bei Anwendung der **Neubewertungsmethode** können die stillen Reserven unabhängig von der Anschaffungskostenrestriktion vollständig aufgedeckt werden.Die Beispiele 1 und 2 sind so gewählt, dass die Restriktionen bei der Aufdeckung stiller Reserven nicht verletzt werden und daher nicht beachtet werden müssen.

Zu beachten ist aber, dass bei der Buchwertmethode die **nicht beherrschenden Gesellschafter** nicht an der Aufdeckung der stillen Reserven und stillen Lasten beteiligt sind. Da beim Vergleich des Beteiligungsbuchwertes mit dem Eigenkapital nur das der Höhe der Beteiligung entsprechende anteilige Eigenkapital des Tochterunternehmens zu Buchwerten herangezogen wird, dürfen die stillen Reserven und stillen Lasten als Eigenkapitalbestandteile bei der späteren Aufteilung des vorläufigen Unterschiedsbetrages demgemäß nur **anteilig**, d. h. entsprechend der Höhe der Beteiligung, aufgedeckt werden.[85] Die stillen Reserven (40 GE im Sonstigen AV und 20 GE im UV im Beispiel 1) und stillen Lasten (20 GE bei den Sonstigen Passiva) sind daher wie folgt aufzudecken, wobei diese Unterscheidung im Fall einer Beteiligung von 100 % zwar noch unerheblich ist, aus didaktischen Gründen allerdings schon hier eingeführt wird:

	Vorläufiger Unterschiedsbetrag zwischen Buchwert der Beteiligung und anteiligem Eigenkapital des Tochterunternehmens zu Buchwerten	200 GE
−	Anteilige stille Reserven im sonstigen AV (40 GE · 100 %)	− 40 GE
−	Anteilige stille Reserven im UV (20 GE · 100 %)	− 20 GE
+	Anteilige stille Lasten bei den sonstigen Passiva (20 GE · 100 %)	+ 20 GE
=	Verbleibender Unterschiedsbetrag (GoF)	160 GE

Da es sich um einen aktiven Unterschiedsbetrag handelt, ist dieser als **Geschäfts- oder Firmenwert** zu behandeln und dementsprechend zu aktivieren.

Der Buchungssatz (2) bei der Kapitalkonsolidierung, mit dem der Unterschiedsbetrag auf die stillen Reserven und stillen Lasten verteilt wird, lautet:

Geschäfts- oder Firmenwert	160 GE			
Sonstiges Anlagevermögen	40 GE			
Umlaufvermögen	20 GE	an	Vorläuf. Unterschiedsbetrag	200 GE
			Sonstige Passiva	20 GE

Buchung (2) wird bei der Buchwertmethode im Vergleich zur Neubewertungsmethode zusätzlich durchgeführt. Hierdurch werden die stillen Reserven und Lasten aufgedeckt, was bei der Neubewertungsmethode bereits im Rahmen der Bildung der Summenbilanz erfolgt. Mit den beiden Buchungen (1) und (2) ist die Erstkonsolidierung nach der Buchwertmethode für das Beispiel 1 abgeschlossen.

---

85   Vgl. Biener, H./Berneke, W., Bilanzrichtlinien-Gesetz, S. 333.

Im folgenden Beispiel 2 sei angenommen, dass das Tochterunternehmen nicht wie in Beispiel 1 zu 100 %, sondern nur zu 75 % im Besitz des Mutterunternehmens ist. Wie bereits im Rahmen der Erläuterung der Neubewertungsmethode angenommen, wird auch hier von einem proportional zum Beteiligungsansatz gesunkenen Beteiligungsbuchwert ausgegangen. Alle übrigen Daten bleiben unverändert.

Zeitpunkt t = 0	MU	TU		SB	Konsolidierungs- spalte		KB
(Alle Zahlen- angaben in GE)	HB II	HB II	stR/stL in t = 0		Soll	Haben	
Aktiva							
GoF					120[2]		120
Sonstiges AV	400	300	40	700	30[2]		730
Anteile an verb. Unt.	450			450		450[1]	
UV	300	500	20	800	15[2]		815
Vorläufiger UB					150[1]	150[2]	
Summe Aktiva	1.150	800		1.950			1.665
Passiva							
Eigenkapital							
▪ Sonst. EK	500	400		900	300[1] 100[3]		500
▪ Nicht beh. Anteile						100[3]	100
Sonstige Passiva	650	400	20	1.050		15[2]	1.065
Summe Passiva	1.150	800		1.950	715	715	1.665
Legende: Vgl. Übersicht V-3.							

Übersicht V-8: *Erstkonsolidierung nach der Buchwertmethode bei einer Beteiligungsquote von 75 % (Beispiel 2)*

Analog zum Beispiel 1 ist zunächst der vorläufige **Unterschiedsbetrag** zu ermitteln, wobei aufgrund der Beteiligungsquote von 75 % das Eigenkapital des Tochterunternehmens nur zu 75 % zu berücksichtigen ist:

Buchwert der Beteiligung	450 GE
− Anteiliges bilanzielles Eigenkapital (400 GE · 75 %)	− 300 GE
= Vorläufiger Unterschiedsbetrag	150 GE

Der Buchungssatz (1) bei der Kapitalkonsolidierung lautet somit:

Vorläufiger Unterschiedsbetrag	150 GE			
Sonstiges Eigenkapital	300 GE	an	Anteile an verbundenen Unternehmen	450 GE

In Beispiel 2 sind die **stillen Reserven und stillen Lasten** unter Beachtung der Beteiligungsquote folgendermaßen aufzudecken:

Vorläufiger Unterschiedsbetrag zwischen Buchwert der Beteiligung und anteiligem Eigenkapital des Tochterunternehmens zu Buchwerten	150 GE
– Anteilige stille Reserven im sonstigen AV (40 GE · 75 %)	– 30 GE
– Anteilige stille Reserven im UV (20 GE · 75 %)	– 15 GE
+ Anteilige stille Lasten bei den sonstigen Passiva (20 GE · 75 %)	+ 15 GE
= Verbleibender Unterschiedsbetrag (GoF)	120 GE

Der Buchungssatz (2) bei der Kapitalkonsolidierung lautet somit:

Geschäfts- oder Firmenwert	120 GE			
Sonstiges Anlagevermögen	30 GE			
Umlaufvermögen	15 GE	an	Vorläuf. Unterschiedsbetrag	150 GE
			Sonstige Passiva	15 GE

Bei einer Beteiligungsquote von weniger als 100 % sind bei der Erstkonsolidierung auch nach der Buchwertmethode **Anteile nicht beherrschender Gesellschafter** zu berücksichtigen. Da die anderen Gesellschafter bei der Buchwertmethode nicht an der Aufdeckung der stillen Reserven und stillen Lasten partizipieren, ist ihr Anteil – im Gegensatz zur Neubewertungsmethode – auf Basis des **bilanziellen Eigenkapitals** zu berechnen. Der Posten „Nicht beherrschende Anteile" berechnet sich für Beispiel 2 wie folgt:

Nicht beherrschende Anteile	=	Beteiligungsquote der nicht beherrschenden Gesellschafter · **bilanzielles** Eigenkapital des Tochterunternehmens
	=	25 % · 400 GE
	=	100 GE

Die in der Konzernbilanz als „Nicht beherrschende Anteile" auszuweisenden Anteile nicht beherrschender Gesellschafter am Eigenkapital betragen somit insgesamt 100 GE und werden durch den Buchungssatz (3) berücksichtigt:

Sonstiges Eigenkapital	100 GE	an	Nicht beherrschende Anteile	100 GE

Damit sind bei der Kapitalkonsolidierung alle konzerninternen Kapitalbeziehungen eliminiert und alle Posten der **Konzernbilanz** berechnet (vgl. Übersicht V-8).

125.32 Die Folgekonsolidierung nach der Buchwertmethode

Für die Beispiele 1 und 2 zur Buchwertmethode wird für die Folgekonsolidierung die gleiche **Datensituation** wie bei der Neubewertungsmethode unterstellt.[86]

Die Folgekonsolidierung wird zunächst am **Beispiel 1**, d. h. für eine Beteiligungsquote von 100 %, verdeutlicht.

Zeitpunkt t = 1	MU	TU		SB	Konsolidierungsspalte		KB
(Alle Zahlenangaben in GE)	HB II	HB II	stR/stL in t = 0		Soll	Haben	
Aktiva							
GoF					160^2	$\mathbf{32^3}$	128
Sonstiges AV	400	300	40	700	40^2	$\mathbf{8^3}$	732
Anteile an verb. Unt.	600			600		600^1	
UV	300	500	20	800	20^2		820
Vorläufiger UB					200^1	200^2	
Summe Aktiva	1.300	800		2.100			1.680
Passiva							
Eigenkapital							
■ Sonst. EK	500	400		900	400^1		500
■ Gewinn	60	80		140	$\mathbf{20^3}$		120
Sonstige Passiva	740	320	20	1.060	$\mathbf{20^3}$	20^2	1.060
Summe Passiva	1.300	800		2.100	860	860	1.680
Legende: Vgl. Übersicht V-3.							

Übersicht V-9: *Folgekonsolidierung nach der Buchwertmethode bei einer Beteiligungsquote von 100 % (Beispiel 1)*

Die Buchungssätze (1) und (2) bei der Folgekonsolidierung entsprechen den Buchungssätzen bei der Erstkonsolidierung (vgl. Übersicht V-7). Bei der Folgekonsolidierung sind folgende **Wertänderungen** durch den in der Übersicht V-9 fett gedruckten Buchungssatz (3) zu berücksichtigen:

GoF: Durch den Abschreibungszeitraum von fünf Jahren vermindert sich der GoF um 20 %, d. h., der GoF wird um 32 GE / Jahr (= 160 GE / 5 Jahre) abgeschrieben.

Sonstiges AV: Die stillen Reserven im sonstigen Anlagevermögen werden entsprechend der Nutzungsdauer der zugehörigen Vermögensgegenstände linear abgeschrieben. Die Abschreibung beträgt 8 GE / Jahr (= 40 GE / 5 Jahre · 100 %).

---

86 Vgl. hierfür Abschn. 125.22 in diesem Kapitel.

Sonstige Passiva: Die stillen Lasten bei den sonstigen Passiva werden durch Begleichung der Verpflichtung realisiert. Das Konzernergebnis wird bei der Folgekonsolidierung durch die Auflösung der stillen Lasten verbessert.[87] Der Konzerngewinn erhöht sich somit um 20 GE (= 20 GE · 100 %).

Die Abschreibungen auf den Geschäfts- oder Firmenwert, die Abschreibungen auf die stillen Reserven im sonstigen Anlagevermögen und die bei den sonstigen Passiva realisierten stillen Lasten sind jeweils erfolgswirksam zu Lasten bzw. zu Gunsten des **Konzernergebnisses** zu buchen, d. h., der Konzerngewinn verändert sich im Beispiel um −20 GE = −32 GE − 8 GE + 20 GE.

Der Buchungssatz (3) lautet somit:

Gewinn	20 GE			
Sonstige Passiva	20 GE	an	Geschäfts- oder Firmenwert	32 GE
			Sonstiges Anlagevermögen	8 GE

Damit ergibt sich die in Übersicht V-9 ausgewiesene **Konzernbilanz**.

---

87 Vgl. BAETGE, J./KLAHOLZ, T.,/JONAS, M., in: Baetge/Kirsch/Thiele, § 301 HGB, Rn. 261-263; DUSEMOND, M./WEBER, C.-P./ZÜNDORF, H., in: Küting/Weber, HdK, 2. Aufl., § 301 HGB, Rn. 171.

Für **Beispiel 2** mit einer 75 %igen Beteiligung des Mutterunternehmens an dem Tochterunternehmen ergibt sich folgende Übersicht:

Zeitpunkt t = 1 (Alle Zahlenangaben in GE)	MU HB II	TU HB II	TU stR/stL in t = 0	SB	Konsolidierungsspalte Soll	Konsolidierungsspalte Haben	KB
Aktiva							
GoF					120[2]	**24[4]**	96
Sonstiges AV	400	300	40	700	30[2]	**6[4]**	724
Anteile an verb. Unt.	450			450		450[1]	
UV	300	500	20	800	15[2]		815
Vorläufiger UB					150[1]	150[2]	
Summe Aktiva	1.150	800		1.950			1.635
Passiva							
Eigenkapital							
▪ Sonst. EK	500	400		900	300[1] **100[3]**		500
▪ Gewinn	60	80		140	**20[3]** **15[4]**		105
▪ Nicht beh. Anteile						**120[3]**	120
Sonstige Passiva	590	320	20	910	**15[4]**	15[2]	910
Summe Passiva	1.150	800		1.950	765	765	1.635
Legende: Vgl. Übersicht V-3.							

Übersicht V-10: *Folgekonsolidierung nach der Buchwertmethode bei einer Beteiligungsquote von 75 % (Beispiel 2)*

Die ersten beiden Buchungssätze bei der Folgekonsolidierung entsprechen den Buchungen bei der Erstkonsolidierung (vgl. Übersicht V-8). Die dritte Buchung der Erstkonsolidierung bei einer Beteiligungsquote von 75 % ist bei der Folgekonsolidierung indes anzupassen. Zu berücksichtigen ist, dass den nicht beherrschenden Gesellschaftern nicht nur 25 % des Eigenkapitals des Tochterunternehmens (400 GE), sondern auch 25 % des **beim Tochterunternehmen entstandenen Gewinns** von 80 GE zustehen, also 20 GE (= 80 GE · 25 %). Der Buchungssatz (3) lautet bei der Folgekonsolidierung bei einer Beteiligungsquote von 75 % somit:

Sonstiges Eigenkapital	100 GE			
Gewinn	20 GE	an	Nicht beherrschende Anteile	120 GE

Buchungssatz (4) der Folgekonsolidierung bei einer Beteiligungsquote von 75 % berücksichtigt die folgenden **Wertänderungen**:

GoF: Durch den gewählten Abschreibungszeitraum von fünf Jahren vermindert sich der Geschäfts- oder Firmenwert um 20 %, d. h., der GoF wird um 24 GE / Jahr (= 120 GE / 5 Jahre) abgeschrieben. Die Beteiligungsquote ist nicht zu berücksichtigen, da die nicht beherrschenden Gesellschafter nicht am GoF beteiligt sind.

Sonstiges AV: Die stillen Reserven im sonstigen Anlagevermögen, die entsprechend der Beteiligungsquote von 75 % aufgedeckt wurden, werden linear über die Nutzungsdauer der zugehörigen Vermögensgegenstände abgeschrieben. Die Abschreibung beträgt 6 GE / Jahr [= (40 GE / 5 Jahre) · 75 %].

Sonstige Passiva: Die stillen Lasten bei den sonstigen Passiva werden durch Begleichung der Verpflichtung realisiert. Das Konzernergebnis wird bei der Folgekonsolidierung durch die Auflösung der stillen Lasten verbessert.[88] Der Konzerngewinn erhöht sich daher um 15 GE (= 20 GE · 75 %).

Die Abschreibungen auf den Geschäfts- oder Firmenwert, die Abschreibungen auf die stillen Reserven im sonstigen Anlagevermögen und die bei den sonstigen Passiva realisierten stillen Lasten sind auch hier erfolgswirksam zu Lasten bzw. zu Gunsten des **Konzerngewinns** zu buchen, d. h., der Konzerngewinn verändert sich im Beispiel um − 15 GE = −24 GE − 6 GE + 15 GE. Der Buchungssatz (4) lautet somit:

Gewinn	15 GE			
Sonstige Passiva	15 GE	an	Geschäfts- oder Firmenwert	24 GE
			Sonstiges Anlagevermögen	6 GE

---

88 Vgl. BAETGE, J./KLAHOLZ, T./JONAS, M., in: Baetge/Kirsch/Thiele, § 301 HGB, Rn. 261-263; DUSEMOND, M./WEBER, C.-P./ZÜNDORF, H., in: Küting/Weber, HdK, 2. Aufl., § 301 HGB, Rn. 171.

125.4 Der Vergleich von Neubewertungsmethode und Buchwertmethode

In der zusammenfassenden Übersicht V-11 werden die Unterschiede und Gemeinsamkeiten von Neubewertungsmethode (NBM) und Buchwertmethode (BWM) anhand der Konzernbilanzen zu den Beispielen 1 und 2 bei der **Erstkonsolidierung** dargestellt.

Zeitpunkt t = 0	MU	TU		KB (Übersicht V-3)	KB (Übersicht V-7)	KB (Übersicht V-4)	KB (Übersicht V-8)
(Alle Zahlenangaben in GE)	HB II	HB II	stR/stL in t = 0	NBM 100 %	BWM 100 %	NBM 75 %	BWM 75 %
Aktiva							
GoF				160	160	120	120
Sonstiges AV	400	300	40	740	740	740	730
Anteile an verb. Unt.	600						
UV	300	500	20	820	820	820	815
Summe Aktiva	1.300	800		1.720	1.720	1.680	1.665
Passiva							
Eigenkapital							
■ Sonst. EK	500	400		500	500	500	500
■ Nicht beh. Anteile						110	100
Sonst. Passiva	800	400	20	1.220	1.220	1.070	1.065
Summe Passiva	1.300	800		1.720	1.720	1.680	1.665
Legende: Vgl. Übersicht V-3.							

Übersicht V-11: *Vergleich der Erstkonsolidierung nach der Neubewertungs- und der Buchwertmethode anhand der Beispiele 1 und 2*

Der detaillierte Vergleich der Konzernbilanzen (KB) zeigt, dass Unterschiede in den Posten zu finden sind, bei denen stille Reserven oder stille Lasten bei Vermögensgegenständen und Schulden aufgedeckt und zugeordnet wurden, die zu Tochterunternehmen gehören, an denen Konzernaußenstehende beteiligt sind. Diese stillen Reserven und stillen Lasten werden bei der Buchwertmethode nur anteilig, bei der Neubewertungsmethode dagegen vollständig aufgedeckt. Bei einer **Beteiligungsquote von 100 %** müssen die beiden Methoden zum gleichen Ergebnis führen, wie der Vergleich der Spalten NBM 100 % und BWM 100 % zeigt.[89]

---

89 Dabei werden die möglichen Auswirkungen der Anschaffungskostenrestriktion explizit ausgeklammert.

Bei **Beteiligungsquoten von unter 100 %** unterscheiden sich die Ergebnisse nach der Neubewertungsmethode und der Buchwertmethode. Vergleicht man die Neubewertungsmethode bei einer Beteiligungsquote von 75 % (Spalte NBM 75 %) mit der Buchwertmethode bei einer Beteiligungsquote von ebenfalls 75 % (Spalte BWM 75 %), so zeigen sich Unterschiede beim sonstigen Anlagevermögen, beim Umlaufvermögen und bei den sonstigen Passiva, die darauf beruhen, dass bei der Buchwertmethode die stillen Reserven und die stillen Lasten bei diesen Posten jeweils nur anteilig aufgedeckt wurden. Auch der Posten „Nicht beherrschende Anteile" zeigt Unterschiede zwischen den beiden Methoden, da dieser Posten bei der Neubewertungsmethode anteilige stille Reserven und stille Lasten enthält. Aufgrund der unterschiedlichen Behandlung der stillen Reserven und stillen Lasten bei der Neubewertungsmethode und der Buchwertmethode unterscheiden sich auch die Bilanzsummen der beiden Konzernbilanzen. Dies kann u. U. Auswirkungen auf die Analyse von Konzernabschlüssen bei Kennzahlen haben, in die die Bilanzsumme eingeht, z. B. bei der Eigenkapitalquote. Keine Unterschiede zwischen beiden Methoden zeigt der GoF, da an diesem Posten Konzernaußenstehende nicht beteiligt sind.

Die beschriebenen Unterschiede zwischen Neubewertungs- und Buchwertmethode bei der Erstkonsolidierung haben auch Konsequenzen für die **Folgekonsolidierung** (vgl. Übersicht V-12).

Zeitpunkt t = 1	MU	TU	KB (Übersicht V-5)	KB (Übersicht V-9)	KB (Übersicht V-6)	KB (Übersicht V-10)
(Alle Zahlenangaben in GE)	HB II	HB II	NBM 100 %	BWM 100 %	NBM 75 %	BWM 75 %
Aktiva						
GoF			128	128	96	96
Sonstiges AV	400	300	732	732	732	724
Anteile an verb. Unt.	600					
UV	300	500	820	820	820	815
Summe Aktiva	1.300	800	1.680	1.680	1.648	1.635
Passiva						
Eigenkapital						
■ Sonst. EK	500	400	500	500	500	500
■ Gewinn	60	80	120	120	105	105
■ Nicht beh. Anteile					133	120
Sonstige Passiva	740	320	1.060	1.060	910	910
Summe Passiva	1.300	800	1.680	1.680	1.648	1.635
Legende: Vgl. Übersicht V-3.						

Übersicht V-12: *Vergleich der Folgekonsolidierung nach der Buchwert- und der Neubewertungsmethode anhand der Beispiele 1 und 2*

Auch bei der Folgekonsolidierung entsprechen sich bei einer **Beteiligungsquote von 100 %** die Konzernbilanzen (KB) nach der Neubewertungsmethode (Spalte NBM 100 %) und nach der Buchwertmethode (Spalte BWM 100 %).[90]

Bei **Beteiligungsquoten von weniger als 100 %** ergeben sich dagegen Unterschiede zwischen Neubewertungsmethode und Buchwertmethode. Im Rahmen der Erstkonsolidierung werden die **stillen Reserven und Lasten** bei der Neubewertungsmethode vollständig aufgedeckt, und zwar unabhängig vom Beteiligungsanteil des Mutterunternehmens am Tochterunternehmen. Dementgegen werden die stillen Reserven und Lasten bei der Buchwertmethode – sofern die Anschaffungsrestriktion nicht greift – in Höhe der quotalen Beteiligung des Mutterunternehmens aufgedeckt. Unter sonst gleichen Bedingungen sind die Abschreibungen in den Folgejahren bei der Neubewertungsmethode entsprechend höher, da sie auch den Anteil an den höheren aufgedeckten stillen Reserven umfassen.

Auch der Posten „Nicht beherrschende Anteile" ist bei Anwendung der Neubewertungsmethode zum Zeitpunkt der Erstkonsolidierung um die auf die nicht beherrschenden Gesellschafter entfallenden anteiligen stillen Reserven bzw. stillen Lasten höher bzw. niedriger. In den Folgeperioden ist dieser Ausgleichsposten dementsprechend über die anteiligen Gewinne und Verluste aus dem Einzelabschluss des Tochterunternehmens hinaus auch um die Wertänderungen aus der Folgebewertung der auf sie entfallenden stillen Reserven und Lasten zu korrigieren.

Die Beispiele 1 und 2 zeigen, dass sich der **Konzerngewinn** bei der Neubewertungsmethode und der Buchwertmethode trotz der unterschiedlichen Behandlung der Wertkorrekturen auf die stillen Reserven gleich entwickelt, da bei der Neubewertungsmethode zwar die stillen Reserven und stillen Lasten vollständig aufgedeckt werden, allerdings der auf die nicht beherrschenden Gesellschafter entfallende Anteil im Posten „Nicht beherrschende Anteile", also nicht zu Lasten des Konzerngewinns, fortgeschrieben wird. Bei der Buchwertmethode werden die stillen Reserven und stillen Lasten nur anteilig aufgedeckt, der aufgedeckte Anteil der stillen Reserven und stillen Lasten dann aber vollständig zu Lasten des Konzernergebnisses abgeschrieben.

Diese Unterschiede zwischen Neubewertungs- und Buchwertmethode verringern sich unter sonst gleichen Bedingungen im Zeitablauf, da bei den Folgekonsolidierungen die Ursachen dieser Unterschiede, nämlich die anteiligen stillen Reserven und stillen Lasten der konzernaußenstehenden Gesellschafter, durch Abschreibungen bzw. Auflösungen quasi aus dem Konzernabschluss herauswachsen. Dies zeigen auch die Konzernbilanzen für die Beispiele 1 und 2 bei der Erstkonsolidierung und bei der Folgekonsolidierung des ersten Jahres nach der Erstkonsolidierung (Spalten NBM 75 % und BWM 75 % in den Übersichten V-11 und V-12). Beim sonstigen Anlagevermögen beträgt der Unterschied nur noch 8 GE (Erstkonsolidierung 10 GE), und bei den sonstigen Passiva besteht kein Unterschied mehr (Erstkonsolidierung 5 GE). Der Posten „Nicht beherrschende Anteile" unterscheidet sich um 13 GE gegenüber 10 GE

---

90 Auch hier werden die möglichen Auswirkungen der Anschaffungskostenrestriktion explizit ausgeklammert.

bei der Erstkonsolidierung, da im Jahr der Folgekonsolidierung anteilige stille Lasten in Höhe von 5 GE bei den sonstigen Passiva gewinnsteigernd zu Gunsten der Konzernaußenstehenden aufgelöst wurden. Ließe man diese Auflösung stiller Lasten bei der Folgekonsolidierung außer Acht, ergäbe sich ein Rückgang der Höhe des Postens „Nicht beherrschende Anteile" von 10 GE auf 8 GE, was auf die Abschreibung der den konzernaußenstehenden Gesellschaftern zustehenden stillen Reserven im sonstigen Anlagevermögen zurückzuführen wäre. Beim Umlaufvermögen beträgt der Unterschied weiterhin 5 GE, und zwar solange, bis die stillen Reserven im Umlaufvermögen aufgelöst werden. Die Posten Geschäfts- oder Firmenwert, Eigenkapital und der entstandene Konzerngewinn zeigen auch bei der Folgekonsolidierung keine Unterschiede.

Zusammenfassend bleibt für den Vergleich von Neubewertungsmethode und Buchwertmethode festzuhalten, dass bei der Erstkonsolidierung die beiden Konsolidierungsteilschritte

- Aufdeckung stiller Reserven und stiller Lasten und
- Vergleich des Beteiligungsbuchwertes mit dem anteiligen Eigenkapital

bei Neubewertungsmethode und Buchwertmethode in der umgekehrten Reihenfolge vorzunehmen sind. Bei der Neubewertungsmethode werden die stillen Reserven und stillen Lasten vollständig aufgedeckt, auch wenn das Mutterunternehmen nicht 100 % der Anteile an dem Tochterunternehmen hält. Da die stillen Reserven und stillen Lasten bei der Buchwertmethode dagegen nur anteilig aufzudecken sind, ergeben sich bei dieser Variante der Kapitalkonsolidierung entsprechend niedrigere Bilanzansätze. Allerdings verringern sich diese Unterschiede im Laufe der Zeit oder verschwinden vollständig, sobald die aufgedeckten stillen Reserven aufgelöst worden sind (bspw. durch die Abschreibung oder den Abgang von Vermögensgegenständen, in denen stille Reserven enthalten waren). Die Unterschiede bleiben allerdings solange bestehen, wie stille Reserven im nicht abnutzbaren Anlagevermögen enthalten sind und diese Vermögensgegenstände im Bestand verbleiben.

Im Vergleich zur Neubewertungsmethode hat die Buchwertmethode den Nachteil, dass in der Konzernbilanz Zeitwerte und Buchwerte vermischt werden. Aus diesem Grund sprach sich DRS 4 bereits vor der Aufhebung des Wahlrechtes zur Anwendung der Buchwertmethode durch das BilMoG für die Anwendung der Neubewertungsmethode aus.

126. Der Charakter und die Behandlung verbleibender Unterschiedsbeträge aus der Kapitalkonsolidierung

126.1 Überblick

Da sich der Beteiligungsbuchwert des Mutterunternehmens am Tochterunternehmen und das anteilige Eigenkapital des Tochterunternehmens in unterschiedlicher Höhe gegenüberstehen können, ergibt sich nach deren Konsolidierung regelmäßig ein **Unterschiedsbetrag**.

Hierbei wird zwischen positiven (**aktiven**) und negativen (**passiven**) Unterschiedsbeträgen differenziert. Da diese einen unterschiedlichen wirtschaftlichen Charakter haben, unterscheidet sich auch ihre Behandlung in der Erst- und Folgekonsolidierung. Diese wird in den nachfolgenden Abschnitten sowohl für einen aktiven Unterschiedsbetrag (Abschn. 126.2) als auch für einen passiven Unterschiedsbetrag (Abschn. 126.3) vorgestellt.

Bei der erstmaligen Einbeziehung eines Tochterunternehmens können darüber hinaus aktive und passive Unterschiedsbeträge entstehen, die ganz oder teilweise auf die formale Konsolidierungstechnik zurückgehen. Die Behandlung dieser sog. **technischen** Unterschiedsbeträge ist Gegenstand von Abschn. 126.4.

126.2 Der verbleibende aktive Unterschiedsbetrag aus der Kapitalkonsolidierung (GoF)

Verbleibt bei der Kapitalkonsolidierung gemäß der Erwerbsmethode nach dem Vergleich von Beteiligungsbuchwert und Eigenkapital des Tochterunternehmens einschließlich der Aufdeckung stiller Reserven und Lasten ein aktiver Unterschiedsbetrag, so ist dieser Unterschiedsbetrag gemäß § 301 Abs. 3 Satz 1 auf der Aktivseite der Konzernbilanz als **Geschäfts- oder Firmenwert (GoF)** auszuweisen. Damit wird unterstellt, dass beim Erwerb der Beteiligung über den reinen Substanzwert des Tochterunternehmens (Buchwerte und aufgedeckte stille Reserven und Lasten) hinaus **immaterielle positive Ertragserwartungen** abgegolten wurden. Wie bei der Charakterisierung des derivativen Geschäftswertes im Einzelabschluss[91] werden die Eigenschaften des aktiven Unterschiedsbetrages aus der Kapitalkonsolidierung kontrovers diskutiert. Das Meinungsspektrum im Schrifttum[92] reicht von der Bilanzierungshilfe[93] über einen Vermögensgegenstand[94] bis hin zu einem Wert eigener Art.[95] Durch das BilMoG wurde der Geschäfts- oder Firmenwert „im Wege einer Fiktion"[96] zum Vermögensgegenstand erhoben, der nach § 246 Abs. 1 Satz 4 aktivierungspflichtig ist.

Bei der **Erstkonsolidierung** ist gemäß § 301 Abs. 3 Satz 1 ein nach der Verrechnung des Beteiligungsbuchwertes des Mutterunternehmens am Tochterunternehmen mit dem neubewerteten Eigenkapital des Tochterunternehmens verbleibender aktiver Unterschiedsbetrag anzusetzen.[97] Der Verweis des § 298 Abs. 1 auf § 266 sowie die

---

91 Vgl. BAETGE, J./KIRSCH, H.-J./THIELE, S., Bilanzen, Kap. V Abschn. 24.

92 Vgl. m. w. N. WEBER, C.-P./ZÜNDORF, H., in: Küting/Weber, HdK, 2. Aufl., § 309 HGB, Rn. 8.

93 Vgl. MOXTER, A., Zum neuen Bilanzrichtlinienentwurf, S. 1101.

94 Vgl. WOHLGEMUTH, M., in: HdJ, Abt. V/2, Rn. 108.

95 Vgl. ADS, 6. Aufl, § 309 HGB, Rn. 13.

96 BT-Drucksache 16/10067, S. 47.

97 Vgl. zur Ermittlung des Geschäfts- oder Firmenwertes Abschn. 125.21 in diesem Kapitel für die Neubewertungsmethode sowie Abschn. 125.31 in diesem Kapitel für die Buchwertmethode, wobei beide Methoden für den Geschäfts- oder Firmenwert ein identisches Ergebnis liefern.

Regelungen zur Folgebewertung machen deutlich, dass der Gesetzgeber den Geschäfts- oder Firmenwert wie einen **immateriellen Vermögensgegenstand** (des Anlagevermögens) ansieht.

Gemäß den Regelungen des DRS 4, der die gesetzlichen Regelungen konkretisiert, ist der Geschäfts- oder Firmenwert im Erwerbszeitpunkt des Tochterunternehmens dessen Geschäftsfeldern zuzuordnen (DRS 4.30). E-DRS 30 hält weiterhin an der Aufteilung des Geschäfts- oder Firmenwertes auf die Geschäftsfelder des Tochterunternehmens fest (E-DRS 30.85). Indes wird dieses Vorgehen nur empfohlen und ist nur zulässig, soweit der Geschäfts- oder Firmenwert objektiv nachvollziehbar aufgeteilt werden kann. Sofern der Geschäfts- oder Firmenwert nicht auf die betreffenden Geschäftsfelder aufgeteilt wird, bezieht er sich auf das Tochterunternehmen als Ganzes. Umgekehrt dürfen Teil-Geschäfts- oder Firmenwerte nicht über mehrere Tochterunternehmen hinweg zusammengefasst werden (E-DRS 30.87).

Während das HGB vor dem BilMoG noch verschiedene Möglichkeiten einschließlich der erfolgsneutralen Verrechnung mit den Rücklagen vorsah, richtet sich die **Folgebewertung**[98] gemäß § 309 Abs. 1 nunmehr nach den modifizierten Vorschriften des Einzelabschlusses. Hiernach wird der Geschäfts- oder Firmenwert als Vermögensgegenstand betrachtet, dessen Nutzung zeitlich begrenzt ist und der daher über die voraussichtliche **Nutzungsdauer** abzuschreiben ist (§ 253 Abs. 3). Die „voraussichtliche Nutzungsdauer" des Geschäfts- oder Firmenwertes wird im HGB nicht näher konkretisiert. DRS 4 sah ursprünglich noch in Anlehnung an das Vorbild des alten IAS 22 (Unternehmenszusammenschlüsse) eine maximale Nutzungsdauer von 20 Jahren vor. Vor dem BilRUG war gemäß § 314 Abs. 1 Nr. 20 in der damaligen Fassung eine längere Nutzungsdauer als fünf Jahre nur in begründeten Fällen möglich. Die das Gesetz konkretisierenden Regelungen des DRS 4.33 bzw. des E-DRS 30.121 enthalten für eine gesetzeskonforme Bestimmung der Nutzungsdauer nach dem BilRUG eine Reihe möglicher Anhaltspunkte für die Schätzung der Nutzungsdauer, z. B. die Bestandsdauer des erworbenen Unternehmens, Branchenstabilität, Produktlebenszyklen, Veränderungen der Absatz- und Beschaffungsmärkte, Vertragslaufzeiten und Wettbewerberverhalten.[99] Zwar wird eine Objektivierung der Abschreibungsdauer anhand dieser Kriterien nur bedingt möglich sein, zumindest werden aber die Möglichkeiten der derzeit nach handelsrechtlichen Vorschriften eher willkürlichen Schätzungen der Nutzungsdauer eines Geschäfts- oder Firmenwertes eingeschränkt.[100] Sofern die Nutzungsdauer indes nicht verlässlich geschätzt werden kann, ist der Geschäfts- oder Firmenwert über einen Zeitraum von zehn Jahren abzuschreiben (§ 253 Abs. 3 Satz 4 i. V. m. Satz 3).

Wurde der Geschäfts- oder Firmenwert im Erstkonsolidierungszeitpunkt auf mehrere Geschäftsfelder aufgeteilt, so ist die Nutzungsdauer für jedes Geschäftsfeld individuell zu bestimmen (DRS 4.32 bzw. E-DRS 30.116). Die verbleibende Restnutzungs-

---

98 Vgl. umfassend zur Folgebewertung des Geschäfts- oder Firmenwertes als Bestandteil des Anlagevermögens BAETGE, J./KIRSCH, H.-J./THIELE, S., Bilanzen, Kap. V Abschn. 32.

99 Vgl. KAHLING, D., in: Baetge/Kirsch/Thiele, § 309 HGB, Rn. 30.

100 Vgl. PEEMÖLLER, V. H./BECKMANN, C./GEIGER, T., Standardentwurf E-DRS 4, S. 1084.

dauer eines Geschäfts- oder Firmenwertes ist an jedem Konzernbilanzstichtag zu überprüfen und ggf. anzupassen (DRS 4.34 bzw. E-DRS 30.122). Im Einzelabschluss sind die Annahmen zur Bestimmung und die Dauer der betriebsgewöhnlichen Nutzung gemäß § 285 Nr. 13 im Anhang zu erläutern und anzugeben. Für den Konzernabschluss besteht die entsprechende Angabepflicht gemäß § 314 Abs. 1 Nr. 20.

Die planmäßige Abschreibung des Geschäfts- oder Firmenwertes erfolgt grundsätzlich **linear**, es sei denn, dass eine andere Methode den Nutzungsverlauf zutreffender widerspiegelt (DRS 4.31 bzw. E-DRS 30.119). Sofern der Geschäfts- oder Firmenwert auf mehrere Geschäftsfelder aufgeteilt wurde, ist er für jedes Geschäftsfeld gesondert fortzuführen (E-DRS 30.116). Änderungen des Abschreibungsplanes sind zulässig und besonders zu begründen. Der Aufwand aus der Abschreibung des Geschäfts- oder Firmenwertes ist gemäß DRS 4.37 gesondert in der GuV auszuweisen. Nach E-DRS 30.207 ist dieser im Konzernanhang anzugeben.

Zudem ist der Geschäfts- oder Firmenwert bei einer voraussichtlich dauernden Wertminderung gemäß § 253 Abs. 3 Satz 3 **außerplanmäßig abzuschreiben**. Dafür ist nach DRS 4.34 zu jedem Konzernbilanzstichtag die Werthaltigkeit des Geschäfts- oder Firmenwertes zu prüfen. E-DRS 30.122 sieht indes nur eine Prüfung der Werthaltigkeit vor, wenn hierfür Anhaltspunkte vorliegen.[101] Sofern eine dauernde Wertminderung festgestellt wird, ist der Geschäfts- oder Firmenwert auf den niedrigeren beizulegenden Wert außerplanmäßig abzuschreiben. E-DRS 30 legt als beizulegenden Wert den impliziten Geschäfts- oder Firmenwert fest, der sich durch die Verrechnung des beizulegenden Zeitwerts der Beteiligung des Mutterunternehmens am Tochterunternehmen mit dem auf die Beteiligung entfallenden, zum beizulegenden Zeitwert bewerteten Eigenkapital des Tochterunternehmens ergibt (E-DRS 30.126). Der endgültige Standard DRS 23 wird hier voraussichtlich alternativ eine vereinfachte Ermittlung des Umfangs einer außerplanmäßigen Abschreibung vorsehen, bei der dem Zeitwert der Beteiligung die Summe aus Reinvermögen zu Buchwerten und dem Buchwert des Geschäfts- oder Firmenwertes gegenüber gestellt wird, ggf. unter Berücksichtigung lediglich der wesentlichen stillen Reserven und Lasten. Die Vorgehensweise zur Ermittlung des Umfangs der außerplanmäßigen Abschreibung wird im Anhang anzugeben sein. Nach § 253 Abs. 5 Satz 2 muss der geminderte Wert zudem **beibehalten** werden, auch wenn die Gründe für die außerplanmäßige Abschreibung entfallen sind.

126.3 Der verbleibende passive Unterschiedsbetrag aus der Kapitalkonsolidierung

Tritt im Zuge der Kapitalkonsolidierung ein negativer Unterschiedsbetrag auf, so ist dieser Betrag nach § 301 Abs. 3 Satz 1 als „Unterschiedsbetrag aus der Kapitalkonsolidierung" auf der Passivseite der Konzernbilanz nach dem Eigenkapital auszuwei-

---

101 E-DRS 30.125 führt beispielhafte Anhaltspunkte an, die auf eine dauernde Wertminderung des Geschäfts- oder Firmenwertes hindeuten.

sen.[102] Er „kann ergebniswirksam aufgelöst werden, soweit ein solches Vorgehen den Grundsätzen der §§ 297 und 298 ... entspricht" (§ 309 Abs. 2). Die gesetzliche Regelung zur Behandlung eines negativen Unterschiedsbetrages ist im Gegensatz zur fallweisen Unterscheidung der Fortführung gemäß § 309 Abs. 2 in der Fassung vor dem BilRUG eher allgemein gefasst.[103] Die Auflösung darf gemäß § 309 Abs. 2 nicht gegen die Generalnorm des § 297 Abs. 2 Satz 2 verstoßen und muss im Einklang mit „den allgemeinen Bewertungsgrundsätzen und -methoden"[104] stehen.[105] Die Vorschriften des DRS 4.40 f. bzw. E-DRS 30.134 machen – wie auch schon § 309 Abs. 2 in der Fassung vor dem BilRUG – die Auflösung eines passiven Unterschiedsbetrages von dessen **Entstehungsursache**[106] abhängig.[107]

Ein verbleibender passiver Unterschiedsbetrag kann erstens dadurch begründet sein, dass aus der Beteiligung in der Zukunft negative Erfolgsbeiträge erwartet werden (sog. **badwill**) und dass diese Erwartungen bereits in einem relativ niedrigen Kaufpreis der Beteiligung, nicht aber im (ggf. anteilig) neubewerteten Eigenkapital des Tochterunternehmens berücksichtigt wurden.[108] In diesem Fall hat der verbleibende passive Unterschiedsbetrag den **Charakter einer Schuld**[109], die wie bereits nach § 309 Abs. 2 Nr. 1 in der Fassung vor dem BilRUG gemäß DRS 4.40 bzw. E-DRS 30.138 nur ergebniswirksam aufzulösen ist, wenn die erwartete ungünstige Entwicklung tatsächlich eintritt. Die aufgelöste Rückstellung neutralisiert dann diese negativen Erfolgsbeiträge des Konzernunternehmens.

Die Schwierigkeiten bei der Feststellung der Voraussetzungen des DRS 4.40 bzw. E-DRS 30.138 eröffnen dem Bilanzierenden große Ermessensspielräume. Aus diesem Grund sind die Entstehungsursachen in Form der erwarteten Aufwendungen und ungünstigen Entwicklungen unmittelbar nach der Erstkonsolidierung zu dokumentie-

---

102 Zur Bilanzierung eines passiven Unterschiedsbetrages nach IFRS vgl. QIN, S , Bilanzierung des Excess nach IFRS 3, Kap. 3.

103 Vgl. LÜDENBACH, N./FREIBERG, J., BilRUG-RegE: Mehr als selektive Nachbesserungen?, S. 366. Vgl. zur fallweisen Unterscheidung der Fortführung eines negativen Unterschiedsbetrages vor dem BilRUG BAETGE, J./KIRSCH, H.-J./THIELE, S., Konzernbilanzen, 10. Aufl., Kap. V Abschn. 126.2.

104 BT-Drucksache 18/4050, S. 73.

105 Vgl. OSER, P./ORTH, C./WIRTZ, H., Neue Vorschriften durch das BilRUG, S. 202.

106 Vgl. hierzu KÜTING, K./DUSEMOND, M./NARDMANN, B., Ausgewählte Probleme der Kapitalkonsolidierung, S. 15.

107 Vgl. dazu auch die Übersicht bei BÖCKING, H.-J./KLEIN, G./LOPATTA, K., Darstellung des E-DRS 4, S. 437; FREIBERG, J., Ausgewählter Änderungsbedarf des BilRUG-RegE – Contra, S. 55. A. A. HAAKER, A., Ausgewählter Änderungsbedarf des BilRUG-RegE – Pro, S. 54, der in der Neufassung des § 309 Abs. 2 eine Abkehr von der Fiktion eines lucky buy sieht.

108 Eine Berücksichtigung der erwarteten negativen Erfolgsbeiträge im neubewerteten Eigenkapital des Tochterunternehmens kann bspw. an den hohen Voraussetzungen an die Bildung von Drohverlustrückstellungen scheitern. Vgl. ähnlich schon OSSADNIK, W., Zur Diskussion um den „negativen" Geschäfts- oder Firmenwert, S. 751.

109 Vgl. kritisch zur Charakterisierung eines passiven Unterschiedsbetrages SAUTHOFF, J.-P., Zum bilanziellen Charakter negativer Firmenwerte, S. 619 f.

ren, so dass deren Eintritt in künftigen Perioden nachvollziehbar ist. Nur so können Erfolgswirkungen aus dem passiven Unterschiedsbetrag periodengerecht erfasst werden.[110]

Als zweite mögliche Ursache für einen verbleibenden passiven Unterschiedsbetrag kommt ein sog. Gelegenheitskauf oder **lucky buy** in Frage. Hier konnte das Mutterunternehmen die Beteiligung an einem Tochterunternehmen aufgrund einer bestimmten Marktsituation günstig erwerben und hatte nur einen Kaufpreis zu bezahlen, der niedriger als das anteilige neubewertete Eigenkapital des Tochterunternehmens war. In diesem Fall ist der Teil des verbleibenden passiven Unterschiedsbetrages gemäß DRS 4.41 b) im Erstkonsolidierungszeitpunkt erfolgswirksam zu vereinnahmen, der die beizulegenden Zeitwerte der erworbenen, nicht-monetären Vermögensgegenstände übersteigt. Ein die beizulegenden Zeitwerte der erworbenen, nicht-monetären Vermögensgegenstände nicht übersteigender Betrag ist planmäßig über die durchschnittliche Restnutzungsdauer der o. g. Vermögensgegenstände erfolgswirksam aufzulösen (DRS 4.41 a)). Im Unterschied zu den Vorschriften des DRS 4 ist nach E-DRS 30 im Fall eines lucky buy eine erfolgswirksame Auflösung im Erstkonsolidierungszeitpunkt indes nur noch in Ausnahmefällen zulässig (E-DRS 30.140 f.). Grundsätzlich soll der passive Unterschiedsbetrag in einem solchen Fall über die gewichtete durchschnittliche Restnutzungsdauer der erworbenen abnutzbaren Vermögensgegenstände vereinnahmt werden (E-DRS 30.140).

Zusätzlich zu den bisherigen Regelungen empfiehlt E-DRS 30.92 i. V. m. 85-90 – wie auch für einen Geschäfts- oder Firmenwert – die **Aufteilung** eines passiven Unterschiedsbetrages auf die betreffenden Geschäftsfelder des Tochterunternehmens und eine entsprechend differenzierte Fortführung.

126.4 Technische Unterschiedsbeträge aus der Kapitalkonsolidierung

Eine weitere mögliche Ursache für einen verbleibenden passiven Unterschiedsbetrag besteht darin, dass eine Beteiligung an einem Tochterunternehmen bereits über einen längeren Zeitraum gehalten wurde, ohne dass das Tochterunternehmen konsolidiert werden musste, und das Tochterunternehmen im Laufe seiner Konzernzugehörigkeit in erheblichem Maße Rücklagen angesammelt hat. Dadurch kann das zum Zeitpunkt der erstmaligen Konsolidierung neubewertete anteilige Eigenkapital des Tochterunternehmens über die ursprünglichen Anschaffungskosten der Beteiligung gestiegen sein. In diesem Fall ergibt sich bei der Erstkonsolidierung ein sog. **technischer passiver Unterschiedsbetrag**, ohne dass ein badwill oder ein lucky buy vorliegt. Von praktischer Bedeutung ist dieser Fall insbesondere für Tochterunternehmen, die bisher unter Anwendung des § 296 nicht konsolidiert wurden. Die erstmalige Konsolidierung ist in diesem Fall gemäß § 301 Abs. 2 Satz 4 auf Grundlage der Werte zum Zeitpunkt der Einbeziehung des Tochterunternehmens in den Konzernabschluss vorzunehmen.[111] Somit gehen die während der Konzernzugehörigkeit angesammelten

---

110 Vgl. KAHLING, D., in: Baetge/Kirsch/Thiele, § 309 HGB, Rn. 69.

Rücklagen in die Konsolidierung ein und können so einen negativen Unterschiedsbetrag verursachen. Ein solcher verbleibender passiver Unterschiedsbetrag hat insofern Eigenkapitalcharakter. Die weitere Behandlung eines derartigen Unterschiedsbetrages war in § 309 Abs. 2 in der Fassung vor dem BilRUG nicht geregelt. Die Neufassung des § 309 Abs. 2 lässt nunmehr die schon zuvor im Schrifttum vertretene erfolgsneutrale Auflösung eines technischen passiven Unterschiedsbetrages zu. Daher ist hier zu empfehlen, den Unterschiedsbetrag zu den Rücklagen des Konzerns zu rechnen, da unterstellt wird, dass sich die Eigenkapitaländerungen des Tochterunternehmens wie bei einer fiktiven Folgekonsolidierung auch in der Konzernbilanz niedergeschlagen hätten, wenn das Tochterunternehmen schon früher konsolidiert worden wäre. Die Kapital- und die Gewinnrücklagen des Konzerns sind entsprechend der Eigenkapitalentwicklung des Tochterunternehmens fortzuschreiben. Eine nach DRS 4.41 b) zulässige erfolgswirksame Vereinnahmung entspricht zwar dem Kongruenzprinzip, verzerrt jedoch die Ertragslage der Periode der Auflösung und ist daher nicht zu befürworten. E-DRS 30 adressiert die Behandlung technischer passiver Unterschiedsbeträge explizit und differenziert dabei nach den Entstehungsursachen. Diese Unterschiedsbeträge sind je nach zugrunde liegendem Sachverhalt ihrer Entstehung unmittelbar erfolgsneutral in die Konzerngewinnrücklagen bzw. den Konzernergebnisvortrag einzustellen oder in Folgeperioden ertragswirksam aufzulösen (E-DRS 30.142-146). Ein im oben beschriebenen Fall thesaurierter Gewinne entstehender passiver Unterschiedsbetrag ist gemäß E-DRS 30.143 i. V. m. 142 a) erfolgsneutral in die Konzerngewinnrücklagen bzw. den Konzernergebnisvortrag umzugliedern. Wenn ein technischer passiver Unterschiedsbetrag bspw. auf die Erhöhung des neubewerteten Eigenkapitals durch stille Reserven in den Vermögensgegenständen und Schulden des Tochterunternehmens zurückgeht, die zwischen dem Zeitpunkt der Entstehung des Mutter-Tochter-Verhältnisses und dem Zeitpunkt der erstmaligen Einbeziehung in den Konzernabschluss entstanden sind, ist dieser Unterschiedsbetrag entsprechend der Fortschreibung der Konzernbuchwerte der Vermögensgegenstände und Schulden des Tochterunternehmens ertragswirksam aufzulösen (E-DRS 30.144 i. V. m. 142 b)).

Fallen der Zeitpunkt der Entstehung eines Mutter-Tochter-Verhältnisses und der Zeitpunkt der Erstkonsolidierung auseinander, können bei zwischenzeitlich aufgelaufenen Verlusten des Tochterunternehmens durch die damit einhergehende Reduktion des Eigenkapitals auch **technische aktive Unterschiedsbeträge** entstehen.[112] Im Unterschied zu DRS 4 sieht E-DRS 30 auch für deren Behandlung explizite Regelungen vor (E-DRS 30.109-113). Der Teil des Geschäfts- oder Firmenwertes, der auf derartige Sachverhalte zurückgeht, ist erfolgsneutral mit den Konzerngewinnrücklagen bzw. dem Konzerngewinn- und -verlustvortrag zu verrechnen.

---

111 Vgl. die Ausführungen zu dem für die Kapitalkonsolidierung maßgeblichen Zeitpunkt in Abschn. 124. in diesem Kapitel.

112 E-DRS 30 nennt Gründungskosten, Kapitalmaßnahmen des Tochterunternehmens, eine zu zahlende Grunderwerbsteuer und nicht mit ihrem beizulegenden Zeitwert bewertete Sacheinlagen als weitere Ursachen für die Entstehung eines technischen aktiven Unterschiedsbetrages.

126.5 Gesonderter Ausweis aktiver und passiver Unterschiedsbeträge

Verbleibende aktive und verbleibende passive Unterschiedsbeträge aus der Kapital-konsolidierung sind **grundsätzlich** jeweils **gesondert** auszuweisen (§ 301 Abs. 3 Satz 1). Dabei dürfen jeweils alle verbleibenden aktiven Unterschiedsbeträge und alle verbleibenden passiven Unterschiedsbeträge für sich **zusammengefasst** werden. Die Zusammensetzung eines verbleibenden aktiven und eines verbleibenden passiven Un-terschiedsbetrages sowie ihre wesentlichen Änderungen (vor allem bei Änderungen im Konsolidierungskreis) sind im **Konzernanhang** zu erläutern (§ 301 Abs. 3 Satz 2).

Gemäß § 301 Abs. 3 Satz 3 a. F. durften verbleibende aktive und verbleibende passive Unterschiedsbeträge auch miteinander saldiert werden. In der Konzernbilanz war dann nur der **Saldo aller Unterschiedsbeträge** zu zeigen. In diesem Fall war der ver-bleibende aktive und der verbleibende passive Bestandteil dieses Saldos allerdings ge-mäß § 301 Abs. 3 Satz 3 a. F. im **Konzernanhang** anzugeben. Dieses Ausweiswahl-recht ist durch das BilMoG gestrichen worden.

127. Die Anteile nicht beherrschender Gesellschafter

In der Konzernbilanz muss gemäß § 307 ein Ausgleichsposten für „Nicht beherr-schende Anteile" gebildet werden, wenn Konzernaußenstehende am Eigenkapital ei-nes Tochterunternehmens beteiligt sind. Der Ausgleichsposten ist also für den Teil des Eigenkapitals des zu konsolidierenden Tochterunternehmens zu bilden, der auf Anteile entfällt, die nicht von den Gesellschaftern der Konzernobergesellschaft gehalten werden. Die Notwendigkeit, einen Ausgleichsposten „Nicht beherrschende Anteile" zu bilden, ergibt sich daraus, dass bei der Kapitalkonsolidierung (unabhän-gig von der angewendeten Variante der Erwerbsmethode) der Buchwert der Beteili-gung des Mutterunternehmens an dem Tochterunternehmen nur mit dem anteiligen Eigenkapital des zu konsolidierenden Tochterunternehmens verrechnet wird. Somit würde ohne diesen Ausgleichsposten der **auf konzernaußenstehende Gesellschafter entfallende Teil des Eigenkapitals des Tochterunternehmens** undifferenziert als solcher im Summenabschluss und somit im Konzernabschluss verbleiben. Dieser Teil des Eigenkapitals wird daher als „Nicht beherrschende Anteile" gesondert ausgewie-sen und auf diese Weise vom Eigenkapital des Konzerns abgegrenzt.

Die Anteile konzernaußenstehender, nicht beherrschender Gesellschafter berechnen sich bei der **Neubewertungsmethode** auf der Grundlage des neubewerteten Eigenka-pitals des Tochterunternehmens, d. h. des Zeitwertes des Eigenkapitals. Daher wer-den bei dieser Methode der Kapitalkonsolidierung den konzernaußenstehenden Ge-sellschaftern auch stille Reserven und stille Lasten zugeordnet. Der Posten „Nicht be-herrschende Anteile" wird in der Konzernbilanz daher einschließlich des Anteils der konzernaußenstehenden Gesellschafter an den stillen Reserven und stillen Lasten des Tochterunternehmens ausgewiesen. Bei der **Buchwertmethode** wird dieser Ausgleichsposten dagegen auf der Grundlage des bilanziellen Eigenkapitals des Tochterunternehmens berechnet, in das keine stillen Reserven und stillen Lasten eingegangen sind.

Für den zu bildenden Ausgleichsposten sind gemäß § 307 Abs. 1 die **Bezeichnung** „Nicht beherrschende Anteile" und ein gesonderter Ausweis innerhalb des Eigenkapitals des Konzerns vorgeschrieben. Da der Ausgleichsposten gemäß § 307 Abs. 1 in der Fassung vor dem BilRUG lediglich unter „entsprechender Bezeichnung" auszuweisen war, finden sich in der Praxis hier bspw. die Bezeichnungen „Anteile anderer Gesellschafter", „Ausgleichsposten für Minderheitenanteile" oder „Anrechte Mitbeteiligter". Die vorgegebene Bezeichnung des Bilanzpostens für Anteile nicht beherrschender Gesellschafter soll die Vergleichbarkeit von Konzernbilanzen erhöhen.[113] Die gesetzliche Regelung des § 307 Abs. 1 beruht auf der **Interessentheorie mit Vollkonsolidierung**.[114] Allerdings würde ein Ausweis der „Anteile im Fremdbesitz" unter den Verbindlichkeiten der Interessentheorie besser entsprechen.[115]

Neben dem Ausweis des Ausgleichspostens in der Konzernbilanz sind die konzernaußenstehenden Gesellschafter auch in der **Konzern-GuV** zu berücksichtigen. In der GuV ist der auf die nicht beherrschenden Gesellschafter entfallende Teil des Ergebnisses des Tochterunternehmens gemäß § 307 Abs. 2 nach dem Konzernjahresergebnis unter dem Posten „Nicht beherrschende Anteile" auszuweisen.[116] Eine tiefere Untergliederung in positive und negative Ergebnisbeiträge wie schon vor dem BilRUG, nach Sparten oder nach einzelnen Tochterunternehmen ist zulässig und im Interesse des Rechenschaftszweckes des Konzernabschlusses wünschenswert.

13 Die Kapitalkonsolidierung nach IFRS

131. Die Technik der Kapitalkonsolidierung

Die Kapitalkonsolidierung nach IFRS ist in IFRS 10 (Konzernabschlüsse)[117] i. V. m. IFRS 3 (Unternehmenszusammenschlüsse) geregelt. Die relevanten Vorschriften zur Aufstellungspflicht, zum Konsolidierungskreis und zu den Konsolidierungsregeln für die Aufstellung des Konzernabschlusses sind in IFRS 10 enthalten; IFRS 3 regelt detailliert die Methode der Bilanzierung von Unternehmenszusammenschlüssen. Nach IFRS 3.4 ist für Unternehmenszusammenschlüsse ausschließlich die **Erwerbsmetho-**

---

113 Vgl. BT-Drucksache 18/4050, S. 72.

114 Vgl. Kap. I Abschn. 633.

115 Zum Ausweis der Anteile nicht beherrschender Gesellschafter vgl. auch EBELING, R. M., Die zweckgemäße Abbildung der Anteile fremder Gesellschafter, S. 328-330.

116 Zur Berücksichtigung der Anteile nicht beherrschender Gesellschafter in der Ergebnisverwendungsrechnung vgl. Kap. XII Abschn. 42.

117 IFRS 10 ist für Geschäftsjahre, die nach dem 01. Januar 2014 beginnen, verpflichtend anzuwenden. Bis zu diesem Zeitpunkt sind die Regelungen des IAS 27 maßgeblich.

de zulässig; die Existenz eines Zusammenschlusses unter Gleichen, der mit der Interessenzusammenführungsmethode abgebildet werden könnte, wird in IFRS 3 verneint (IFRS 3.BC29-BC35).

Der Anwendungsbereich des IFRS 3 erstreckt sich auf die Bilanzierung aller Arten von Unternehmenszusammenschlüssen im Einzel- und Konzernabschluss. Nach IFRS 3.B5 ist ein Unternehmenszusammenschluss definiert als „… eine Transaktion oder ein anderes Ereignis, bei dem ein Erwerber die Kontrolle über ein oder mehrere Unternehmen erlangt". Nicht in den Anwendungsbereich von IFRS 3 fallen die Gründung eines Gemeinschaftsunternehmens, Unternehmenszusammenschlüsse unter Beteiligung gemeinschaftlich beherrschter Unternehmen und der Erwerb von Vermögenswerten oder einer Gruppe von Vermögenswerten, die keinen Geschäftsbetrieb darstellen (IFRS 3.2).

Nach IFRS 3.8 ist der **maßgebliche Stichtag für die Erstkonsolidierung** das Datum, an dem das Mutterunternehmen die Kontrolle über das Tochterunternehmen erlangt. Ausschlaggebend für die Bestimmung des Kontrollübergangs ist dabei eine wirtschaftliche Betrachtungsweise, d. h., die Kontrolle kann bereits auf das erwerbende Unternehmen übergehen, auch wenn die rechtliche Transaktion noch nicht abgeschlossen ist.

Nach IFRS 3.10 müssen alle **identifizierbaren Vermögenswerte und Schulden** sowie Anteile nicht-kontrollierender Gesellschafter[118] (non-controlling interests) in den Konzernabschluss übernommen und getrennt vom Geschäfts- oder Firmenwert angesetzt werden. Für den Ansatz im Konzernabschluss müssen die erworbenen identifizierbaren Vermögenswerte und Schulden die Vermögenswert- und Schuldendefinition des Conceptual Framework erfüllen.[119] Der Ansatz im Konzernabschluss ist dabei unabhängig vom Ansatz im Jahresabschluss des Tochterunternehmens, so dass das erwerbende Unternehmen bspw. identifizierbare immaterielle Vermögenswerte im Konzernabschluss ansetzt, die nicht im Jahresabschluss des Tochterunternehmens angesetzt werden durften (IFRS 3.13). Zu dieser prinzipiellen Vorgehensweise existieren einige Ausnahmen, so dass z. B. eine Eventualverbindlichkeit im Rahmen eines Unternehmenserwerbs unter bestimmten Bedingungen anzusetzen ist, obwohl IAS 37 (Rückstellungen, Eventualverbindlichkeiten und Eventualforderungen) grundsätzlich lediglich eine Angabe im Anhang vorsieht.[120]

Unternehmenszusammenschlüsse dürfen nach IFRS 3 nur nach der **vollständigen Neubewertungsmethode** abgebildet werden. Bei dieser Methode werden die stillen Reserven und stillen Lasten unabhängig vom Anteil des Mutterunternehmens am Tochterunternehmen vollständig aufgedeckt. Im Rahmen der vollständigen Neubewertung ist die Aufdeckung stiller Reserven nicht an die Anschaffungskosten der Beteiligung als Obergrenze gebunden. Damit entspricht die Methode der vollständigen

---

118 Darunter sind jene Anteile am Kapital des Tochterunternehmens zu verstehen, die dem Mutterunternehmen weder direkt noch indirekt zuordenbar sind.

119 Vgl. hierzu ausführlich BAETGE, J./KIRSCH, H.-J./THIELE, S., Bilanzen, Kap. III Abschn. 5.

120 Vgl. ausführlich PELLENS, B. U. A., Internationale Rechnungslegung, S. 751-755.

Neubewertung nach IFRS grundsätzlich der Neubewertungsmethode im HGB; Unterschiede können sich durch die Behandlung des Goodwill und der Anteile nicht beherrschender Gesellschafter ergeben. Diese Unterschiede werden im Rahmen der Beschreibung der Goodwill-Bilanzierung später in diesem Abschnitt näher erläutert. Wie im HGB eröffnen auch die IFRS dem Bilanzierer die Möglichkeit, die Werte des übernommenen Vermögens innerhalb eines Jahres nach dem Erwerb retrospektiv anzupassen (IFRS 3.45-50).[121]

Die bilanzielle Behandlung eines **verbleibenden Unterschiedsbetrages** ist in IFRS 3.32-40 geregelt. Der IASB hat mit dem IFRS 3 zwei alternative Bilanzierungsweisen für den **Goodwill** kodifiziert, die sich nur bei Beteiligungsquoten von unter 100 % unterscheiden:

(1) Ansatz des erworbenen Goodwill ohne den auf die nicht-kontrollierenden Gesellschafter entfallenden Anteil am Goodwill oder

(2) Ansatz des full goodwill, also einschließlich des auf die nicht-kontrollierenden Gesellschafter entfallenden Goodwill.

Die Wahl zwischen den Alternativen steht in direktem Zusammenhang mit der **Bewertung der Anteile nicht-kontrollierender Gesellschafter.** Diese dürfen gemäß IFRS 3.19 entweder mit dem ihnen zustehenden Anteil am (neubewerteten) Nettovermögen, oder mit dem fair value des nicht-kontrollierenden Anteils angesetzt werden.[122] Wählt der Bilanzierende Vorgehensweise (1) und bewertet den Anteil der nicht-kontrollierenden Gesellschafter durch den ihnen zustehenden **Anteil an dem (neubewerteten) Nettovermögen,** so ist der Goodwill ohne den auf die nicht-kontrollierenden Gesellschafter entfallenden Anteil zu zeigen. Da den nicht-kontrollie renden Gesellschaftern nur Anteile an den in der Konzernbilanz identifizierten Vermögenswerten und Schulden zugerechnet werden, entfällt der dann ausgewiesene Goodwill komplett auf das Mutterunternehmen. Diese Vorgehensweise entspricht der vollständigen Neubewertungsmethode im HGB.

Die alternative Bewertung der Anteile nicht-kontrollierender Gesellschafter zum **fair value,** der durch Ertragswertverfahren zu ermitteln ist, führt zum Ausweis des „full goodwill", der dann anteilig auch die auf nicht-kontrollierende Gesellschafter entfallende Goodwill-Bestandteile umfasst (Vorgehensweise (2)). Dieser **auf nicht-kontrollierende Gesellschafter entfallende Goodwill** entspricht der Differenz zwischen dem fair value der nicht-kontrollierenden Anteile und dem korrespondierenden anteiligen Nettovermögen der nicht-kontrollierenden Gesellschafter.

Die Anwendung der **Full Goodwill-Methode** wird im Folgenden anhand eines Beispiels verdeutlicht. Das Beispiel baut auf den Daten der Beispiele in diesem Kapitel für den Fall einer 75 %igen Beteiligung auf. Bei der Full Goodwill-Bilanzierung ist

---

121 Vgl. dazu auch KÜTING, K./WEBER, C.-P./WIRTH, J., Goodwillbilanzierung, S. 141, sowie Abschn. 124. in diesem Kapitel für die entsprechende Regelung im HGB.

122 Zur Ausübung des Wahlrechtes vgl. BAETGE, J./HAYN, S./STRÖHER, T., in: Baetge u. a., Rechnungslegung nach IFRS, 2. Aufl., IFRS 3, Rn. 253-257.

die Beteiligung der nicht-kontrollierenden Gesellschafter zum fair value anzusetzen. Dieser fair value wird hier mit 140 GE angenommen. Die übrigen Werte bleiben unverändert.[123]

Zeitpunkt t = 0	MU	TU			SB	Konsolidierungsspalte		KB
(Alle Zahlenangaben in GE)	HB II	HB II	stR/stL in t = 0	HB III		Soll	Haben	
Aktiva Goodwill						120[3] 30[5]		150
Sonstiges AV	400	300	40[1]	340	740			740
Anteile an verb. Unt.	450				450		450[2]	
UV	300	500	20[1]	520	820			820
Verbleib. UB						120[2]	120[3]	
Summe Aktiva	1.150	800		860	2.010			1.710
Passiva Eigenkapital ■ Sonst. EK	500	400	40[1]	440	940	330[2] 110[4]		500
■ Nicht beh. Anteile							110[4] 30[5]	140
Sonstige Passiva	650	400	20[1]	420	1.070			1.070
Summe Passiva	1.150	800		860	2.010	710	710	1.710
Legende: Vgl. Übersicht V-3.								

Übersicht V-13: *Erstkonsolidierung bei einer Beteiligungsquote von 75 % nach der Full Goodwill-Methode gemäß IFRS 3*

Unabhängig von der Beteiligungsquote des Mutterunternehmens werden in einem ersten Schritt die stillen Reserven und Lasten beim Tochterunternehmen vollständig aufgedeckt:

---

123 Vgl. für die Ausgangsdaten des Beispiels Abschn. 125.1 in diesem Kapitel.

	Stille Reserven im sonstigen Anlagevermögen	40 GE
+	Stille Reserven im Umlaufvermögen	+ 20 GE
−	Stille Lasten bei den sonstigen Passiva	− 20 GE
=	Summe der stillen Reserven und Lasten	40 GE
+	Bilanzielles Eigenkapital des Tochterunternehmens	+ 400 GE
=	Neubewertetes Eigenkapital des Tochterunternehmens	440 GE

Die Aufdeckung der stillen Reserven und stillen Lasten erfolgt gemäß Buchungssatz (1):

Sonstiges Anlagevermögen	40 GE			
Umlaufvermögen	20 GE	an	Sonstiges Eigenkapital	40 GE
			Sonstige Passiva	20 GE

Im Anschluss an die Neubewertung des Eigenkapitals wird mit Buchungssatz (2) das auf die Anteilseigner des Mutterunternehmens entfallende neubewertete Eigenkapital mit dem Beteiligungsbuchwert verrechnet.

Verbleibender Unterschiedsbetrag	120 GE			
Sonstiges Eigenkapital	330 GE	an	Anteile an verbundenen Unternehmen	450 GE

Da es sich um einen aktiven Unterschiedsbetrag[124] handelt, ist dieser als **Goodwill** zu behandeln und dementsprechend durch Buchungssatz (3) umzubuchen:

Goodwill	120 GE	an	Verbleib. Unterschiedsbetrag	120 GE

Bei Tochterunternehmen, die nicht zu 100 % im Besitz von Konzernunternehmen stehen, ist ein Ausgleichsposten für „**Anteile nicht-kontrollierender Gesellschafter**" zu bilden. Dieser Posten berechnet sich als Produkt aus dem entsprechenden Beteiligungsprozentsatz und dem **neubewerteten Eigenkapital**, da die nicht-kontrollierenden Gesellschafter an der Aufdeckung der stillen Reserven und stillen Lasten partizipieren. In den Ausgleichsposten „Anteile nicht-kontrollierender Gesellschafter" gehen also auch die der Beteiligung der nicht-kontrollierenden Gesellschafter entsprechenden Bestandteile der aufgedeckten stillen Reserven und stillen Lasten ein:

Anteile nicht-kontrollierender Gesellschafter	=	Beteiligungsquote der nicht-kontrollierenden Gesellschafter · **neubewertetes** Eigenkapital des Tochterunternehmens
	=	25 % · 440 GE
	=	110 GE

---

124 Für eine detaillierte Betrachtung der Bilanzierung eines passiven Unterschiedsbetrages nach IFRS vgl. QIN, S., Bilanzierung des Excess nach IFRS 3, Kap. 3.

Buchungssatz (4) lautet somit:

Sonstiges Eigenkapital	110 GE	an	Anteile nicht-kontrollierender Gesellschafter	110 GE

Erst im letzten Schritt unterscheidet sich diese Variante der Neubewertungsmethode nach IFRS von der Neubewertungsmethode nach HGB. Nun erfolgt die Aufdeckung des auf die nicht-kontrollierenden Gesellschafter entfallenden Goodwill. Dieser berechnet sich aus der Differenz zwischen dem **fair value** des nicht-kontrolliernden Anteils und dem auf diesen Anteil entfallenden Nettovermögen.[125] Für die Bewertung des auf die nicht-kontrollierenden Gesellschafter entfallenden Goodwill ist der fair value der nicht-kontrollierenden Anteile zu ermitteln, wobei eine Hochrechnung auf Basis des Beteiligungswertes des Mutterunternehmens nicht zulässig ist (IFRS 3.B44-45). Hierdurch soll der Tatsache Rechnung getragen werden, dass der Beteiligungswert des kontrollierenden (Mutter-)Unternehmens eine Kontrollprämie enthält, die die Möglichkeit des Mutterunternehmens, die Geschäftstätigkeit des Tochterunternehmens zu kontrollieren, widerspiegelt. Der hochgerechnete Wert der Beteiligung der nicht-kontrollierenden Gesellschafter in Höhe von 150 GE (= 450 GE / 75 % · 25 %) läge somit über dem (hier angenommenen) fair value der Beteiligung der nicht-kontrollierenden Gesellschafter in Höhe von 140 GE. Diese Differenz in Höhe von 10 GE spiegelt die Kontrollprämie wider, die in der 75 %igen Beteiligung enthalten ist.

Für die Ermittlung des auf die nicht-kontrollierenden Gesellschafter entfallenden Goodwill ist daher der fair value der Beteiligung der nicht-kontrollierenden Gesellschafter heranzuziehen (im Beispiel 140 GE). Der fair value der Beteiligung der nicht-kontrollierenden Gesellschafter wird dann mit dem auf die nicht-kontrollierenden Gesellschafter entfallenden (neubewerteten) Eigenkapital (Nettovermögen) verrechnet. Der auf die nicht-kontrollierenden Gesellschafter entfallende Goodwill berechnet sich damit wie folgt:

Fair value der Anteile nicht-kontrollierender Gesellschafter	140 GE
− Auf nicht-kontrollierende Gesellschafter entfallendes neubewertetes Eigenkapital	− 110 GE
= Auf nicht-kontrollierende Gesellschafter entfallender Goodwill	30 GE

Durch die Full Goodwill-Methode wird berücksichtigt, dass den nicht-kontrollierenden Gesellschaftern – zumindest theoretisch – ebenfalls ein Goodwill zusteht. Der zu aktivierende auf nicht-kontrollierende Gesellschafter entfallende Goodwill wird daher den Anteilen nicht-kontrollierender Gesellschafter mit Buchungssatz (5) hinzugerechnet:

---

125 Vgl. PELLENS, B. U. A., Internationale Rechnungslegung, S. 742 f.

Goodwill	30 GE	an	Anteile nicht-kontrollierender Gesellschafter	30 GE

Bei der **Folgebewertung des Goodwill** ist in den IFRS keine planmäßige Abschreibung vorgesehen. Der IASB verfolgt den sog. „impairment-only-approach" nach IAS 36 (Wertminderung von Vermögenswerten), nach dem der Goodwill nicht planmäßig abzuschreiben ist.[126] Eine Wertminderung ist also nur in Form einer außerplanmäßigen Abschreibung möglich. Zur Ermittlung eines eventuellen Wertminderungsbedarfs muss der aktivierte Goodwill auf sog. **zahlungsmittelgenerierende Einheiten (ZGE)** aufgeteilt werden. Eine ZGE ist die kleinste abgrenzbare Einheit in einem Unternehmen, der ein weitestgehend eigenständiger Cashflow zugeordnet werden kann (IAS 36.6). Bei den ZGE wird es sich in diesem Zusammenhang zumeist um Geschäftsfelder handeln, da das Synergiepotential des Goodwill vor allem auf Ebene von Geschäftsfeldern ausstrahlt.[127] Die ZGE ist jährlich darauf zu überprüfen, ob ihr erzielbarer Betrag ihren Buchwert unterschreitet. Zudem ist unterjährig ein Werthaltigkeitstest durchzuführen, falls die in IAS 36.7-17 beschriebenen Indikatoren vorliegen. Ergibt sich durch den Werthaltigkeitstest ein Abschreibungsbedarf für eine ZGE, weil der erzielbare Betrag den Buchwert unterschreitet, so ist zunächst der der ZGE zugeordnete Goodwill abzuschreiben (IAS 36.104). Der verbleibende Abwertungsbedarf ist dann proportional auf die Vermögenswerte der ZGE zu verteilen. Zu beachten ist hierbei, dass die einzelnen Vermögenswerte nicht unter den höchsten der drei folgenden Werte Nettoveräußerungserlös, Nutzungswert oder Null abgeschrieben werden dürfen.[128]

---

126 Zum impairment-only-approach vgl. KIRSCH, H.-J./KOELEN, P./TINZ, O., Berichterstattung in Bezug auf die Neuregelung des impairment only approach des IASB.

127 Vgl. KÜTING, K./WEBER, C.-P./WIRTH, J., Goodwillbilanzierung, S. 144 f.

128 Zum Impairment-Test nach IFRS vgl. BAETGE, J./KIRSCH, H.-J./THIELE, S., Bilanzen, Kap. IV Abschn. 232.

132. Zusammenfassender Vergleich der Kapitalkonsolidierung nach HGB und IFRS

Die folgende Übersicht fasst die wesentlichen Unterschiede der Kapitalkonsolidierung nach HGB und nach IFRS 3 systematisch zusammen.

	HGB-Regelung	**IFRS-Regelung**
Anschaffungs- kosten	Anschaffungskosten nach § 255	Anschaffungsnebenkosten sind als Aufwand zu erfassen.
Stichtag der Erst- konsolidierung	Grundsätzlich Tag, an dem das Erwerbsobjekt Tochterunternehmen geworden ist (einige Ausnahmen)	Tag, an dem die Beherrschungs- möglichkeit über das Erwerbsobjekt tatsächlich auf den Erwerber übergeht
Technik der Erwerbsmethode	Neubewertungsmethode: Sämtliche stillen Reserven und Lasten bei den Vermögensgegenständen und Schulden des TU werden vollständig (unabhängig von der Beteiligungsquote) aufgedeckt.	Neubewertungsmethode: Sämtliche stillen Reserven und Lasten bei den Vermögenswerten und Schulden des TU werden vollständig (unabhängig von der Beteiligungsquote) aufgedeckt.
Goodwill	Ansatz des GoF und Abschreibung über die planmäßige Nutzungsdauer	Ansatz des Goodwill, keine planmäßige Abschreibung des Goodwill Wahlweiser Ansatz des Full Goodwill
	Pflicht zur außerplanmäßigen Abschreibung bei voraussichtlich dauernder Wertminderung	Durchführung eines jährlichen Wertminderungstestes (Impairment-Test)
	Wertaufholungsverbot	Wertaufholungsverbot
Negativer Unter- schiedsbetrag	Eng an den Ursachen des negativen Unterschiedsbetrages orientierte Auflösung des negativen Unterschiedsbetrages	Die Kosten des Zusammenschlusses und der beizulegenden Zeitwerte der abgrenzbaren Vermögenswerte, Schulden und Eventualschulden sind zunächst zu überprüfen; ein danach noch verbleibender negativer Unterschiedsbetrag ist ertragswirksam zu vereinnahmen.

Übersicht V-14: *Systematisierung der Bestimmungen zur Kapitalkonsolidierung nach HGB und IFRS*

2 Die Schuldenkonsolidierung

21 Die Aufgabe der Schuldenkonsolidierung

Die Konsolidierung von Geschäftsbeziehungen zwischen den in den Konzernabschluss einbezogenen Unternehmen dient dem Kompensationszweck des Konzernabschlusses, die Mängel des Einzelabschlusses zu beseitigen. Diesem Zweck folgend soll nach § 297 Abs. 3 Satz 1 die Vermögens-, Finanz- und Ertragslage im Konzernabschluss so dargestellt werden, als ob die einbezogenen Unternehmen insgesamt ein einziges Unternehmen wären.[129]

So sind nach § 303 Abs. 1 im Konzernabschluss

> „Ausleihungen und andere Forderungen, Rückstellungen und Verbindlichkeiten zwischen den in den Konzernabschluß einbezogenen Unternehmen sowie entsprechende Rechnungsabgrenzungsposten ... wegzulassen".

Die Bezeichnung Schuldenkonsolidierung des § 303 soll zum Ausdruck bringen, dass innerkonzernliche Schuldbeziehungen eliminiert werden. Während die in Abschn. 1 in diesem Kapitel dargestellte Kapitalkonsolidierung gewährleistet, dass keine internen Eigenkapital- und Beteiligungsbeziehungen im Konzernabschluss abgebildet werden, wird durch die Schuldenkonsolidierung erreicht, dass die **Konzernbilanz frei von internen Schuldbeziehungen sowie sämtlichen Konsequenzen aus diesen Schuldbeziehungen** ist. Nach dem Einheitsgrundsatz dürfen keine Schuldverhältnisse zwischen den in den Konzernabschluss einbezogenen Unternehmen im Konzernabschluss enthalten sein. Vielmehr entsprechen Ansprüche und Verpflichtungen einzelner Konzernunternehmen gegenüber verbundenen Unternehmen Ansprüchen und Verpflichtungen des Konzerns gegenüber sich selbst, die nach den Ansatzgrundsätzen in der Bilanz nicht zu berücksichtigen sind. Durch die Schuldenkonsolidierung wird der **Kompensationszweck des Konzernabschlusses** gestützt, da durch Eliminierung innerkonzernlicher Schuldbeziehungen die Vermögenslage i. S. d. Schuldendeckungsfähigkeit des Konzerns besser dargestellt wird. Würde der Konzernabschluss durch einfache Addition der Einzelabschlüsse und ohne Schuldenkonsolidierung aufgestellt, dann würden Sachverhalte doppelt erfasst. Denn die Bilanzierung der Forderung eines Gläubigerunternehmens in der Konzernbilanz entspräche einer zweiten Erfassung des Vermögens des Schuldnerunternehmens; in gleicher Weise würden das Kapital des Gläubigerunternehmens und die Verbindlichkeit des Schuldnerunternehmens in der Konzernbilanz ein weiteres Mal erfasst.[130] Die Konzernbilanz würde durch Sachverhalte aufgebläht, die im Verhältnis zwischen Gesamtkonzern und Dritten nicht existieren. Die Vermögenslage würde somit ohne Schuldenkonsolidierung aus Sicht des Konzerns falsch dargestellt.

---

129 Zum Einheitsgrundsatz vgl. Kap. II Abschn. 25.
130 Vgl. SCHILDBACH, T., Der Konzernabschluss, S. 247.

Zwar spricht das Gesetz von einer „Schuldenkonsolidierung", doch wird dieser Begriff der tatsächlichen Maßnahme als einem der Schritte vom Summenabschluss zum Konzernabschluss nicht gerecht. Werden die in die Schuldenkonsolidierung einzubeziehenden Bilanzposten betrachtet, so dürfte eher von einer „Forderungen-/Schulden-Konsolidierung" oder einer „Konsolidierung der Schuldverhältnisse" zu sprechen sein.[131]

Mit der Konsolidierung von Ansprüchen und Verpflichtungen zwischen Konzernunternehmen sind im Wesentlichen zwei Probleme verbunden. Erstens regelt die genannte Vorschrift des § 303 Abs. 1 die zu konsolidierenden Bilanzposten nicht abschließend, sondern zählt lediglich einige mögliche betroffene Bilanzposten auf. Zweitens ist ein dem Gesetzeswortlaut entsprechendes einfaches „Weglassen" der zu konsolidierenden Ansprüche und Verpflichtungen zwischen den in den Konzernabschluss einbezogenen Unternehmen nur möglich, wenn sich die Posten in gleicher Höhe gegenüberstehen. Dieses ist indes häufig nicht der Fall.

22   Die in die Schuldenkonsolidierung einzubeziehenden Bilanzposten

Nach dem Wortlaut des § 303 Abs. 1 sind bei der Schuldenkonsolidierung „Ausleihungen und andere Forderungen, Rückstellungen und Verbindlichkeiten ... sowie ... Rechnungsabgrenzungsposten" zu eliminieren, die gegenüber in den Konzernabschluss einbezogenen Unternehmen bestehen. Rein formal gesehen ist diese Aufzählung abschließend. Aus dem Kompensationszweck des Konzernabschlusses i. V. m. der Generalnorm des § 297 Abs. 2 Satz 2, die ein den tatsächlichen Verhältnissen entsprechendes Bild der Vermögens-, Finanz- und Ertragslage des Konzerns fordert, ergibt sich indes die Notwendigkeit, das Gesetz weiter auszulegen. Ein Konzernabschluss, der die Vermögenslage des Konzerns zutreffend darstellt, setzt nämlich voraus, dass bei der Schuldenkonsolidierung nicht nur die in § 303 Abs. 1 genannten Bilanzposten berücksichtigt werden. Vielmehr sind **alle Bilanzposten herauszurechnen, „durch die Schuldverhältnisse zwischen in die Konsolidierung einbezogenen Unternehmen abgebildet werden"**[132]. Hierzu zählen u. a. auch eingeforderte ausstehende Einlagen, Anzahlungen, Wechselforderungen, Guthaben bei Kreditinstituten sowie sonstige Vermögensgegenstände.[133] Die Konsolidierung darf sich aber nicht nur auf Bilanzposten beschränken. Auch die **Angaben unter der Bilanz** oder im Anhang sind auf eliminierungspflichtige Sachverhalte zu untersuchen. Hier kommen vor allem die Angaben zu den Haftungsverhältnissen (§ 251) und sonstigen fi-

---

131 Vgl. EBELING, R. M., in: Baetge/Kirsch/Thiele, § 303 HGB, Rn. 3.

132 SCHILDBACH, T., Der Konzernabschluss, S. 248. So auch MAAS, R., in: Beck HdR, C 420, Rn. 2 f.

133 Vgl. IDW (Hrsg.), WP-Handbuch 2012, Bd. I, Rn. M 453.

nanziellen Verpflichtungen (§ 285 Nr. 3a) in Betracht.[134] Übersicht V-15 gibt einen zusammenfassenden Überblick über die Jahresabschlussposten[135], die auf konzerninterne Schuldbeziehungen zu untersuchen sind.

Schuldenkonsolidierung

Aktivseite	Passivseite	Posten unter der Bilanz oder im Anhang
- Geleistete Anzahlungen - Ausleihungen an verbundene Unternehmen - Wertpapiere des Anlagevermögens - Forderungen aus Lieferungen und Leistungen - Forderungen gegen verbundene Unternehmen - Sonstige Vermögens-gegenstände - Sonstige Wertpapiere - Schecks und Guthaben bei Kreditinstituten - Rechnungsabgrenzungs-posten	- Sonstige Rückstellungen - Anleihen - Verbindlichkeiten aus Lieferungen und Leistungen - Verbindlichkeiten gegenüber Kreditinstituten - Erhaltene Anzahlungen auf Bestellungen - Verbindlichkeiten aus der Annahme gezogener Wechsel und Ausstellung eigener Wechsel - Verbindlichkeiten gegenüber verbundenen Unternehmen - Rechnungsabgrenzungs-posten	- Verbindlichkeiten aus der Begebung und Übertragung von Wechseln - Verbindlichkeiten aus Bürgschaften, Wechsel- und Scheckbürgschaften - Verbindlichkeiten aus Gewährleistungsverträgen - Haftungsverhältnisse aus der Bestellung von Sicherheiten für fremde Verbindlichkeiten - Sonstige Haftungs-verhältnisse

Übersicht V-15: *Bei der Schuldenkonsolidierung zu untersuchende Jahresabschluss-posten*

Vorgeschrieben ist nach § 303 Abs. 1 nur die Konsolidierung von Ansprüchen und Verpflichtungen gegenüber einbezogenen Unternehmen. Eine Aufrechnung von sog. **Drittschuldverhältnissen** ist grundsätzlich nicht geboten.[136] Nach Auffassung des Schrifttums dürfen diese indes bei einer vorhandenen Aufrechnungslage, soweit sie also gleichartig, gleichwertig und gleichfristig sind,[137] gegeneinander aufgerechnet werden.[138] Bei Drittschuldverhältnissen handelt es sich um Schuldbeziehungen, die

---

134 Vgl. FÖRSCHLE, G./DEUBERT, M., in: Beck Bilanzkomm., 9. Aufl., § 303 HGB, Rn. 7 f.; SCHILDBACH, T., Der Konzernabschluss, S. 248; HARMS, J. E., in: Küting/Weber, HdK, 2. Aufl., § 303 HGB, Rn. 2.

135 Die in Übersicht V-15 an letzter Stelle ausgewiesenen sonstigen Haftungsverhältnisse sind Bestandteil der in § 285 Nr. 3a genannten sonstigen finanziellen Verpflichtungen. Vgl. ausführlich FEY, G., Grundsätze ordnungsmäßiger Bilanzierung für Haftungsverhältnisse, S. 148 f. Da nicht passivierte Innenverpflichtungen ebenso wie Aufwandsrückstellungen nicht zu konsolidieren sind (vgl. Abschn. 234. in diesem Kapitel), reduziert sich die Betrachtung der sonstigen finanziellen Verpflichtungen auf die sonstigen Haftungsverhältnisse.

136 Vgl. FÖRSCHLE, G./DEUBERT, M., in: Beck Bilanzkomm., 9. Aufl., § 303 HGB, Rn. 45.

137 Vgl. KUSSMAUL, H., in: Küting/Pfitzer/Weber, HdR-E, 5. Aufl., § 246 HGB, Rn. 24; FÖRSCHLE, G./DEUBERT, M., in: Beck Bilanzkomm., 9. Aufl., § 303 HGB, Rn. 46.

quasi im Dreiecksverhältnis mit einem **nicht in den Konzernabschluss einbezogenen Unternehmen** bestehen. Dieses Unternehmen hat gleichzeitig Forderungen gegen ein einbezogenes Unternehmen und Verbindlichkeiten gegenüber einem anderen einbezogenen Unternehmen.[139] Grundlage für das Konsolidierungswahlrecht von Drittschuldverhältnissen unter den genannten Voraussetzungen – Gleichartigkeit, Gleichwertigkeit, Gleichfristigkeit – ist der Einheitsgrundsatz bzw. der darin zum Ausdruck kommende Kompensationszweck des Konzernabschlusses. Zudem ist unter gleichen Bedingungen trotz des grundsätzlichen Saldierungsverbotes nach § 246 Abs. 2 auch eine Aufrechnung von Drittschuldverhältnissen im Einzelabschluss möglich. Aus Sicht des Einheitsgrundsatzes ist eine Konsolidierung von Drittschuldverhältnissen aber vor allem dann wünschenswert, wenn es sich bei dem Drittunternehmen um ein nach § 296 nicht in den Konzernabschluss einbezogenes Tochterunternehmen handelt. Anzunehmen ist nämlich, dass der Konzern die Geschäftsbeziehungen auch zu nicht konsolidierten Tochterunternehmen wesentlich gestalten kann. Die (freiwillige) Konsolidierung von Drittschuldverhältnissen ist im Anhang zu erläutern.[140]

Im Folgenden werden nun einige wichtige in die Schuldenkonsolidierung einzubeziehende Bilanzposten erläutert, soweit mit ihrer Konsolidierung besondere Probleme verbunden sind.

23   Konsolidierungsmaßnahmen bei einzelnen wichtigen Bilanzposten

231.   Ausstehende Einlagen auf das gezeichnete Kapital

Ausstehende Einlagen auf das gezeichnete Kapital nach § 272 Abs. 1 Satz 3 stellen rechtlich Forderungen des Unternehmens gegenüber seinen Anteilseignern dar; wirtschaftlich sind sie Korrekturposten zum Eigenkapital.[141] Sofern ausstehende Einlagen auf das gezeichnete Kapital eingefordert, aber noch nicht eingezahlt sind, ist der zugehörige Betrag unter entsprechender Bezeichnung unter den Forderungen gesondert auszuweisen. Richten sich **eingeforderte Einlagen** gegen andere in den Konzernabschluss einbezogene Unternehmen, so sind diese Einlagen aufgrund ihres

---

138 Vgl. FISCHER, T. M./HALLER, A., in: Münchener Komm. Bilanzrecht, 2013, Bd. 4, § 303 HGB, Rn. 36; HARMS, J. E., in: Küting/Weber, HdK, 2. Aufl., § 303 HGB, Rn. 26; SCHILDBACH, T., Der Konzernabschluss, S. 263; IDW (Hrsg.), WP-Handbuch 2012, Bd. I, Rn. M 470.

139 Vgl. VON WYSOCKI, K., Entwicklung der Konzernbilanz, S. 287; SCHERRER, G., in: Hofbauer/Kupsch, § 303 HGB, Rn. 24.

140 Vgl. WOHLGEMUTH, M., in: HdJ, Abt. V/4, Rn. 115 f.

141 Vgl. BAETGE, J./KIRSCH, H.-J./THIELE, S., Bilanzen, Kap. X Abschn. 212.

Forderungscharakters in die Schuldenkonsolidierung einzubeziehen.[142] Sie müssen gegen die entsprechenden, bei den anderen einbezogenen Unternehmen ausgewiesenen Kapitaleinzahlungsverpflichtungen aufgerechnet werden.

Mit dem BilMoG ist das zuvor bestehende Wahlrecht entfallen, nicht eingeforderte ausstehende Einlagen auf der Aktivseite der Bilanz vor dem Anlagevermögen unter entsprechender Bezeichnung gesondert auszuweisen oder offen von dem Bilanzposten „Gezeichnetes Kapital" abzusetzen. Gemäß § 272 Abs. 1 Satz 3 ist es nunmehr nur noch zulässig, dass die nicht eingeforderten ausstehenden Einlagen von dem „Gezeichneten Kapital" offen abgesetzt werden. Die **nicht eingeforderten Einlagen** eines Tochterunternehmens sind nicht Gegenstand der Schuldenkonsolidierung.

232. Geleistete und erhaltene Anzahlungen

Anzahlungen sind Vorleistungen eines Vertragspartners auf ein schwebendes Geschäft, wobei geleistete Anzahlungen einen Anspruch auf und erhaltene Anzahlungen eine Verpflichtung zur Leistung bedingen. Sind die Vertragspartner in den Konzernabschluss einbezogene Unternehmen, handelt es sich um konzerninterne Schuldbeziehungen, die zu eliminieren sind.

Die Schuldenkonsolidierung ist unproblematisch sowohl bei erhaltenen Anzahlungen als auch bei geleisteten Anzahlungen auf Vermögensgegenstände des Umlaufvermögens. Schwierigkeiten kann dagegen die Konsolidierung der **geleisteten Anzahlungen auf Vermögensgegenstände des Anlagevermögens** bereiten. Zu konsolidieren sind Anzahlungen, soweit noch keine Lieferung erfolgte, die in den wirtschaftlichen Verfügungsbereich des Anzahlungsgebers übergegangen ist. Die für die Schuldenkonsolidierung erforderliche Abgrenzung der geleisteten Anzahlungen von den im Bau befindlichen Anlagen wird u. U. wesentlich von der Abrechnungsmethode zwischen dem Leistenden und dem Leistungsempfänger abhängen. Zwar vertritt das Schrifttum[143] teilweise die Ansicht, dass bei Anzahlungen auf Vermögensgegenstände des Anlagevermögens aufgrund dieser Abgrenzungsprobleme auf eine Schuldenkonsolidierung verzichtet werden kann. Begründet wird dieser Verzicht mit dem in § 303 Abs. 2 explizit für die Schuldenkonsolidierung kodifizierten Grundsatz der Wirtschaftlichkeit. Bei den Abgrenzungsproblemen zwischen Anzahlungen und Anlagen im Bau handelt es sich aber grundsätzlich gar nicht um die Frage der Unwesentlichkeit. Vielmehr sind die Abgrenzungsprobleme auf Ungenauigkeiten oder sogar Fehler im Rechnungswesen der Vertragspartner zurückzuführen. Dementsprechend sind auch Anzahlungen auf Vermögensgegenstände des Anlagevermögens in die Schuldenkonsolidierung einzubeziehen.

---

142 Vgl. EBELING, R. M., in: Baetge/Kirsch/Thiele, § 303 HGB, Rn. 27; MAAS, R., in: Beck HdR, C 420, Rn. 34; HARMS, J. E., in: Küting/Weber, HdK, 2. Aufl., § 303 HGB, Rn. 17; SCHILDBACH, T., Der Konzernabschluss, S. 250.

143 Vgl. HARMS, J. E., in: Küting/Weber, HdK, 2. Aufl., § 303 HGB, Rn. 19; eingeschränkt WOHLGEMUTH, M., in: HdJ, Abt. V/4, Rn. 58.

233. Konzerninterne Anleihen

Ein konzerninternes Schuldverhältnis kann ferner dadurch begründet werden, dass ein in den Konzernabschluss einbezogenes Unternehmen Schuldverschreibungen besitzt, die von einem anderen einbezogenen Konzernunternehmen emittiert wurden. Grundsätzlich sind diese festverzinslichen Wertpapiere gegen die entsprechende Anleiheverpflichtung aufzurechnen.

Im Einzelabschluss dürfen vom Emittenten **rückerworbene Schuldverschreibungen** nur dann mit der von ihm selbst begebenen Anleihe saldiert werden, wenn die Wertpapiere nicht mehr an Dritte verkauft werden können. Entsprechend muss auch im Konzernabschluss auf die Konsolidierung dieser internen Schuldbeziehungen verzichtet werden, solange die Schuldverschreibungen noch in den Verkehr gebracht werden können.[144] Allerdings ist es wünschenswert, diese Wertpapiere sowie die Anleihe als konzerninterne Schuldbeziehung zu kennzeichnen.[145]

234. Rückstellungen

Nach § 303 Abs. 1 sind Rückstellungen ebenfalls Gegenstand der Schuldenkonsolidierung. Gemeint sind hier allein die Rückstellungen, bei denen es sich um **ungewisse Verpflichtungen gegenüber Dritten** handelt, also um Verbindlichkeitsrückstellungen, Drohverlustrückstellungen sowie um Rückstellungen für Gewährleistungen ohne rechtliche Verpflichtung.[146] **Aufwandsrückstellungen** sind hingegen nicht in die Schuldenkonsolidierung einzubeziehen. Letztere stellen Verpflichtungen eines Unternehmens gegenüber sich selbst dar, die auch aus Konzernsicht zu passivieren sind.

Bei der Behandlung der übrigen Rückstellungen im Rahmen der Schuldenkonsolidierung ist die Frage entscheidend, wie der Sachverhalt, der im Einzelabschluss zu einer Rückstellung geführt hat, aus der Sicht des Konzerns zu beurteilen ist. So ist zunächst zwischen ungewissen Verpflichtungen gegenüber Konzernaußenstehenden und ungewissen Verpflichtungen gegenüber in den Konzernabschluss einbezogenen Unternehmen zu unterscheiden. **Rückstellungen für ungewisse Verpflichtungen gegenüber Konzernaußenstehenden** sind unverändert in den Konzernabschluss zu übernehmen. Im Unterschied dazu sind **Rückstellungen für ungewisse Verpflichtungen gegenüber anderen in den Konzernabschluss einbezogenen Unternehmen** entweder bei der Schuldenkonsolidierung aus dem Summenabschluss herauszurechnen oder unter bestimmten Voraussetzungen als Aufwandsrückstellung umzuqualifizieren.[147]

---

144 Vgl. Busse von Colbe, W. u. a., Konzernabschlüsse, S. 360.; Ebeling, R. M., in: Baetge/Kirsch/Thiele, § 303 HGB, Rn. 47; Wohlgemuth, M., in: HdJ, Abt. V/4, Rn. 52; Dusemond, M./Knop, W., in: Küting/Pfitzer/Weber, HdR-E, 5. Aufl., § 266 HGB, Rn. 149.

145 Vgl. Wohlgemuth, M., in: HdJ, Abt. V/4, Rn. 53.

146 Vgl. Wohlgemuth, M., in: HdJ, Abt. V/4, Rn. 65-67.

147 Vgl. Ebeling, R. M., in: Baetge/Kirsch/Thiele, § 303 HGB, Rn. 40 f.

Rückstellungen für ungewisse Verpflichtungen gegenüber anderen einbezogenen Unternehmen stellen aus Konzernsicht Verpflichtungen gegenüber sich selbst dar. Deshalb ist vor der Konsolidierung von Verbindlichkeits- oder Drohverlustrückstellungen stets zu prüfen, ob diese aus Konzernsicht als „Innenverpflichtung" zu charakterisierende Verpflichtung im Konzernabschluss den Ansatz einer Aufwandsrückstellung nach § 249 Abs. 1 Satz 2 Nr. 1 erfordert. Umzuwidmen sind etwa im Einzelabschluss gebildete Rückstellungen für Gewährleistungen gegenüber einem anderen einbezogenen Unternehmen. Beziehen sich die Gewährleistungsverpflichtungen auf Sachanlagen, die an dieses andere Konzernunternehmen geliefert wurden, und befinden sich diese Vermögensgegenstände noch in Konzernbesitz, hat die Verpflichtung aus Sicht des Konzerns u. U. den Charakter einer nach § 249 Abs. 1 Satz 2 Nr. 1 passivierungspflichtigen Rückstellung für unterlassene Instandhaltungsaufwendungen.[148]

Zu eliminieren sind grundsätzlich Rückstellungen für Verpflichtungen gegenüber anderen in den Konzernabschluss einbezogenen Unternehmen, die nicht die Bedingungen einer Aufwandsrückstellung erfüllen und daher nicht umgegliedert werden dürfen oder müssen, sowie vor allem mehrfache Rückstellungen aus demselben Anlass.[149]

Nicht zu konsolidieren sind indes Rückstellungen, die **nur formal** gegenüber einem in den Konzernabschluss einbezogenen Unternehmen, materiell indes gegenüber einem Konzernaußenstehenden bestehen. Wurde etwa im Einzelabschluss eines in den Konzernabschluss einbezogenen Unternehmens eine Rückstellung für drohende Verluste aus schwebenden Geschäften mit einem Konzernunternehmen gebildet und ist jenes Unternehmen aus einem zu gleichen Bedingungen geschlossenen Geschäft gegenüber einem konzernaußenstehenden Dritten verpflichtet, muss die Drohverlustrückstellung in den Konzernabschluss übernommen werden.[150] Im Fall eines solchen **Reihengeschäftes unter gleichen Bedingungen** bildet nur das erste liefernde Konzernunternehmen in der Reihe eine Rückstellung für drohende Verluste aus schwebenden Geschäften.

Dieses Problem soll das folgende Beispiel verdeutlichen (vgl. Übersicht V-16). Angenommen, das Mutterunternehmen A habe mit dem Konzernunternehmen B vertraglich vereinbart, an B ein Gut zu einem Preis von 100 GE zu liefern. Ferner habe B mit dem konzernaußenstehenden Unternehmen C über denselben Vermögensgegenstand einen Liefervertrag zu einem Preis von ebenfalls 100 GE abgeschlossen. Erwartet A einen Aufwand in Höhe von 110 GE, so hat dieses Mutterunternehmen in seinem Einzelabschluss in Höhe der Differenz zwischen dem erwarteten Erlös aus dem

---

148 Vgl. SCHILDBACH, T., Der Konzernabschluss, S. 252; BUSSE VON COLBE, W. U. A., Konzernabschlüsse, S. 361 f.

149 Vgl. MAAS, R., in: Beck HdR, C 420, Rn. 45. Mehrfache Rückstellungen aus demselben Anlass können bspw. vorliegen, wenn Vermögensgegenstände zunächst von einem Konzernunternehmen an ein oder mehrere andere Konzernunternehmen geliefert und von diesen weiterverarbeitet werden, bevor sie an Konzernaußenstehende gelangen und von den in diese Leistungskette involvierten Konzernunternehmen jeweils eine Gewährleistungsrückstellung gebildet wurde.

150 Vgl. MAAS, R., in: Beck HdR, C 420, Rn. 46.

Verkauf an B und den entstehenden Aufwendungen eine Drohverlustrückstellung zu bilden. Das empfangende und an den Konzernaußenstehenden liefernde Konzernunternehmen B hingegen gibt die Leistung genau zu den Konditionen weiter, zu denen es sie auch erhält. Aus seiner Sicht ist das schwebende Geschäft ausgeglichen. Eine Drohverlustrückstellung ist folglich im Einzelabschluss des zweiten Konzernunternehmens in der Reihe nicht zu bilden (Fall (a)). Wird nun dieses schwebende Reihengeschäft aus Konzernsicht betrachtet, so droht insgesamt ein negativer Erfolgsbeitrag über 10 GE, da der Vermögensgegenstand an den Konzernaußenstehenden zu einem Preis (100 GE) abgegeben wird, der unter dem Aufwand (110 GE) liegt, den er im Konzern verursacht. Zu konsolidieren wäre die Drohverlustrückstellung allerdings in dem Fall, dass das Konzernunternehmen B mit dem Außenstehenden C vereinbart, den Vermögensgegenstand nicht zu einem Preis von 100 GE, sondern zu 120 GE zu liefern (Fall (b)). Da aus Konzernsicht tatsächlich ein Gewinn in Höhe von 10 GE, also 120 GE abzüglich 110 GE, entstehen wird, ist die im Einzelabschluss von A zurecht gebildete Rückstellung aus dem Summenabschluss herauszurechnen.

(Alle Zahlenangaben in GE)	Einzelabschluss			Konzernabschluss	
	MU	TU			
		(a)	(b)	(a)	(b)
AK/HK	110	100	100	110	110
Erwarteter Veräußerungserlös	100	100	120	100	120
Erfolg	−10	0	20	−10	+10
Drohverlustrückstellung	10	0	0	10	0

Übersicht V-16:   *Schuldenkonsolidierung von Rückstellungen (Beispiel)*

235. Haftungsverhältnisse

Nach dem Einheitsgrundsatz sind neben Verbindlichkeiten und Rückstellungen ferner Haftungsverhältnisse (§ 251) sowie sog. Eventualverbindlichkeiten (§ 285 Nr. 3a) in die Schuldenkonsolidierung einzubeziehen. Soweit die in den Einzelabschlüssen vermerkten **Haftungsverhältnisse** auf konzerninternen Schuldbeziehungen beruhen, entfällt eine Vermerkpflicht im Konzernabschluss, da dem Grunde nach unsichere Verpflichtungen gegenüber sich selbst nicht vermerkpflichtig sind. Da Eventualforderungen weder unter der Bilanz noch im Anhang angegeben werden, ist keine Konsolidierungsbuchung erforderlich. Vielmehr sind die aus Konzernsicht nicht gerechtfertigten Eventualverbindlichkeiten wegzulassen.

Entfallen muss der Vermerk des **Wechselobligos** (Verpflichtung aus der Begebung und Übertragung von Wechseln) unter den Haftungsverhältnissen, wenn ein einbezogenes Konzernunternehmen am Bilanzstichtag Wechsel hält, die von einem anderen einbezogenen Unternehmen ausgestellt oder indossiert wurden.[151] Gleiches gilt, wenn sich der Wechsel zwar bei einem Konzernaußenstehenden befindet, Hauptschuldner sowie Bezogener indes jeweils in den Konzernabschluss einbezogene Unternehmen sind.[152] Der Hauptschuldner hat die Wechselschuld als Wechselverbindlichkeit bereits im Einzelabschluss zu passivieren. Diese ist in die Konzernbilanz zu übernehmen. Ein zusätzlicher Ausweis als Eventualverbindlichkeit würde ein und denselben Sachverhalt doppelt erfassen. Hat ein in den Konzernabschluss einbezogenes Unternehmen einem anderen einbezogenen Unternehmen eine **Bürgschaft** gewährt, so ist die aus der Bürgschaft resultierende Verpflichtung im Konzernabschluss nicht vermerkpflichtig.[153] Dies gilt auch für den Fall, dass ein in den Konzernabschluss einbezogenes Unternehmen einem konzernaußenstehenden Dritten eine Bürgschaft für eine von einem ebenfalls einbezogenen Unternehmen zu erbringende Leistung gewährt. In diesem Fall muss ein Vermerk unterbleiben, da die entsprechende Hauptschuld (des zur Leistung verpflichteten Unternehmens) gegenüber dem Nichtkonzernunternehmen schon in der Einzelbilanz des verpflichteten Konzernunternehmens und damit ebenfalls in der Konzernbilanz unter den Verbindlichkeiten auszuweisen ist.[154] Mit einem zusätzlichen Vermerk der Bürgschaftsverpflichtung als Haftungsverhältnis unter der Konzernbilanz oder im Konzernanhang würde die Verpflichtung aus dem Schuldverhältnis auch hier doppelt berücksichtigt. Bei **Verbindlichkeiten aus Gewährleistungsverträgen** und bei Haftungsverhältnissen aus der **Bestellung von Sicherheiten für fremde Verbindlichkeiten** ist analog zu den Verbindlichkeiten aus Bürgschaften zu verfahren.[155]

Grundsätzlich sind zudem sämtliche **sonstigen Haftungsverhältnisse**, die im Anhang als sonstige finanzielle Verpflichtungen nach § 285 Nr. 3a angegeben werden, zu eliminieren, soweit sie sich auf konzerninterne Schuldverhältnisse beziehen.[156] Unter den sonstigen finanziellen Verpflichtungen im Anhang sind nicht nur mögliche künftige Zahlungsverpflichtungen gegenüber Dritten[157] auszuweisen, sondern auch ungewisse Innenverpflichtungen.[158] Die im Anhang des Einzelabschlusses ausgewiesenen sonstigen Haftungsverhältnisse sind folglich darauf zu untersuchen, ob sie nicht lediglich als ungewisse Innenverpflichtungen umzuqualifizieren sind.

---

151 Vgl. ADS, 6. Aufl., § 303 HGB, Rn. 19; IDW (Hrsg.), WP-Handbuch 2012, Bd. I, Rn. M 464.

152 Vgl. MAAS, R., in: Beck HdR, C 420, Rn. 52.

153 Vgl. HARMS, J. E., in: Küting/Weber, HdK, 2. Aufl., § 303 HGB, Rn. 47.

154 Vgl. FÖRSCHLE, G./DEUBERT, M., in: Beck Bilanzkomm., 9. Aufl., § 303 HGB, Rn. 40; SCHILDBACH, T., Der Konzernabschluss, S. 253 f.; IDW (Hrsg.), WP-Handbuch 2012, Bd. I, Rn. M 466.

155 Vgl. hierzu HARMS, J. E., in: Küting/Weber, HdK, 2. Aufl., § 303 HGB, Rn. 48-51. Zu der Schuldenkonsolidierung von sonstigen finanziellen Verpflichtungen nach § 285 Nr. 3a vgl. die Fn. zu Übersicht V-15.

156 Vgl. EBELING, R. M., in: Baetge/Kirsch/Thiele, § 303 HGB, Rn. 72.

157 Diese Zahlungsverpflichtungen gegenüber Dritten umfassen auch sonstige Haftungsverhältnisse. Vgl. FEY, G., Grundsätze ordnungsmäßiger Bilanzierung für Haftungsverhältnisse, S. 148 f.

158 Vgl. GROTTEL, B., in: Beck Bilanzkomm., 9. Aufl., § 285 HGB, Rn. 42 f.

24   Entstehung und Behandlung von Aufrechnungsdifferenzen

241.   Überblick

Der Wortlaut des § 303 Abs. 1 lässt vermuten, dass bei der Schuldenkonsolidierung innerkonzernliche Ansprüche und Verbindlichkeiten in gleicher Höhe eliminiert werden. In diesem Fall, in dem auf der Aktiv- und der Passivseite der gleiche Betrag „weggelassen" wird, entstehen keine „Konsolidierungsdifferenzen". Die Konsolidierung verläuft erfolgsneutral.[159] Das einfache Aufrechnen der sich wertgleich gegenüberstehenden Posten führt dann lediglich zu einer Bilanzverkürzung.[160]

Häufig aber ist eine differenzfreie Aufrechnung nicht möglich, da sich die zu konsolidierenden Ansprüche und Verpflichtungen in unterschiedlicher Höhe gegenüberstehen. In diesen Fällen entstehen bei der Schuldenkonsolidierung sog. **Aufrechnungsdifferenzen**.[161] Diese Unterschiede von Ansprüchen und Verpflichtungen können grundsätzlich sowohl zu **passiven** (Ansprüche < Verpflichtungen) als auch zu **aktiven** (Ansprüche > Verpflichtungen) Aufrechnungsdifferenzen führen. Aufrechnungsdifferenzen haben verschiedene Ursachen und sind abhängig von ihren Entstehungsgründen unterschiedlich zu behandeln. Im Schrifttum wird zwischen

- unechten Aufrechnungsdifferenzen,
- stichtagsbedingten Aufrechnungsdifferenzen und
- echten Aufrechnungsdifferenzen

unterschieden.[162] Die Behandlung entstehender Aufrechnungsdifferenzen ist weder in der 7. EG-Richtlinie noch im HGB geregelt. Sie hat sich vielmehr an den Zwecken des Konzernabschlusses zu orientieren. Dem Kompensationszweck[163] des Konzernabschlusses folgend, hat die Schuldenkonsolidierung die Aufgabe, sämtliche Wirkungen konzerninterner Schuldbeziehungen auf den Konzernabschluss zu beseitigen.

242.   Unechte Aufrechnungsdifferenzen

Aufrechnungsdifferenzen werden als „unecht" bezeichnet, wenn sich konzerninterne Ansprüche und Verpflichtungen aufgrund **buchungstechnischer Unzulänglichkeiten** in unterschiedlicher Höhe gegenüberstehen.[164] Diese Unzulänglichkeiten kön-

---

159 Vgl. ARBEITSKREIS „EXTERNE UNTERNEHMENSRECHNUNG" DER SCHMALENBACH-GESELL-SCHAFT, Aufstellung von Konzernabschlüssen, S. 86.

160 Vgl. HARMS, J. E., in: Küting/Weber, HdK, 2. Aufl., § 303 HGB, Rn. 11; COENENBERG, A. G./HALLER, A./SCHULTZE, W., Jahresabschluss und Jahresabschlussanalyse, S. 727; WOHLGEMUTH, M., in: HdJ, Abt. V/4, Rn. 9.

161 Vgl. WOHLGEMUTH, M., in: HdJ, Abt. V/4, Rn. 9.

162 Vgl. EBELING, R. M., in: Baetge/Kirsch/Thiele, § 303 HGB, Rn. 91-106; HARMS, J. E., in: Küting/Weber, HdK, 2. Aufl., § 303 HGB, Rn. 28-38; SCHILDBACH, T., Der Konzernabschluss, S. 255-262.

163 Vgl. Kap. II Abschn. 124.

164 Vgl. WOHLGEMUTH, M., in: HdJ, Abt. V/4, Rn. 10; ADS, 6. Aufl., § 303 HGB, Rn. 33.

nen sowohl in **Fehlbuchungen** bei einem der beteiligten Konzernunternehmen als auch in zeitlichen Buchungsunterschieden um den Bilanzstichtag bei den beteiligten Unternehmen begründet sein.[165] Vor allem Fehlbuchungen können aber i. d. R. durch eine bessere Organisation bzw. Abstimmung der Konzernunternehmen bei der Aufstellung ihrer Einzelbilanzen vermieden werden.[166] Insofern ist GROSS/SCHRUFF/ VON WYSOCKI[167] zuzustimmen, dass unechte Aufrechnungsdifferenzen kein spezifisches Problem der Schuldenkonsolidierung darstellen. Der Konzernabschluss ist daher um die unechten Aufrechnungsdifferenzen aufgrund von buchungstechnischen Unzulänglichkeiten zu korrigieren. Die wirtschaftliche Situation des Konzerns muss durch diese Korrektur so dargestellt werden, wie sie sich ohne fehlerhafte bzw. verspätete Buchung ergeben hätte. Dies geschieht je nach Erfolgscharakter des Geschäftsvorfalls entweder **erfolgswirksam oder erfolgsneutral** durch eine Nachbuchung, wenn möglich, bereits bei der Erstellung der Handelsbilanz II.[168]

Unechte Aufrechnungsdifferenzen umfassen ferner **zeitliche Buchungsunterschiede**, die nicht aus Fehlbuchungen resultieren, sondern sich vielmehr bei Beachtung des Realisationsprinzips ergeben. Ein solcher Fall liegt etwa vor, wenn ein Konzernunternehmen A den an ein anderes Konzernunternehmen B zu liefernden Vermögensgegenstand an einen Transporteur übergibt und dieser Transporteur die Gefahr des zufälligen Unterganges des Vermögensgegenstandes übernimmt. Aus Sicht des leistenden Unternehmens A ist mit der Übergabe an den Transporteur ein Ertrag realisiert, die Forderung ist zu aktivieren. Anders aus Sicht des empfangenden Konzernunternehmens B: Solange die Gefahr des zufälligen Unterganges des Vermögensgegenstandes noch nicht vom Transporteur auf dieses Unternehmen übergegangen ist, hat B keine Verbindlichkeit zu passivieren. Liegt zwischen dem Entstehungszeitpunkt der Forderung und dem Entstehungszeitpunkt der Verbindlichkeit ein Bilanzstichtag, treten somit Aufrechnungsdifferenzen auf, die **erfolgswirksam** zu eliminieren sind. Erfolgswirksam heißt hier, dass der im Einzelabschluss von A realisierte und somit im Summenabschluss enthaltene Erfolg aus dem Geschäft mit B aus dem Summenabschluss eliminiert wird.

243. Stichtagsbedingte Aufrechnungsdifferenzen

Aufrechnungsdifferenzen werden als „stichtagsbedingt" bezeichnet, wenn sich konzerninterne Ansprüche und Verpflichtungen wegen **abweichender Bilanzstichtage der einbezogenen Unternehmen** in unterschiedlicher Höhe gegenüberstehen.[169] Die Problematik der stichtagsbedingten Aufrechnungsdifferenzen resultiert aus der

---

165 Vgl. ADS, 6. Aufl., § 303 HGB, Rn. 33; SCHILDBACH, T., Der Konzernabschluss, S. 256.

166 Vgl. HARMS, J. E., in: Küting/Weber, HdK, 2. Aufl., § 303 HGB, Rn. 28.

167 Vgl. GROSS, G./SCHRUFF, L./VON WYSOCKI, K., Der Konzernabschluß nach neuem Recht, S. 169.

168 Vgl. ARBEITSKREIS „EXTERNE UNTERNEHMENSRECHNUNG" DER SCHMALENBACH-GESELLSCHAFT, Aufstellung von Konzernabschlüssen, S. 87.

169 Vgl. SCHILDBACH, T., Der Konzernabschluss, S. 257.

Regelung des § 299 Abs. 2. Danach darf ein Unternehmen ohne Zwischenabschluss in den Konzernabschluss einbezogen werden, wenn der Abschlussstichtag des Unternehmens nicht mehr als drei Monate vor dem des Konzernabschlusses liegt. Aufrechnungsdifferenzen entstehen dann, wenn konzerninterne Schuldverhältnisse zwar am abweichenden Stichtag des einen Unternehmens noch bestanden haben und entsprechend auch in dessen Einzelabschluss ausgewiesen wurden, die Schuldverhältnisse aber bis zum Stichtag des anderen einbezogenen Unternehmens erloschen sind.[170] Aber auch wenn Schuldverhältnisse zwischen Abschlussstichtag des einen Unternehmens und Stichtag des anderen einbezogenen Unternehmens neu entstehen, treten Aufrechnungsdifferenzen auf. Stichtagsbedingte Aufrechnungsdifferenzen spiegeln in diesem Sinne nur zeitliche Buchungsunterschiede wider. Insofern sollten stichtagsbedingte Differenzen ebenso wie unechte Differenzen durch eine **nachträgliche Korrekturbuchung** in der HB II eliminiert werden.[171] Je nach dem Charakter des (teilweise) zu eliminierenden Geschäftsvorfalls werden diese Korrekturbuchungen erfolgswirksam oder erfolgsneutral sein.

244. Echte Aufrechnungsdifferenzen

244.1 Entstehungsursachen echter Aufrechnungsdifferenzen

Aufrechnungsdifferenzen werden als „echt" bezeichnet, wenn sich konzerninterne Ansprüche und Verpflichtungen aufgrund von **Ansatz- und Bewertungsvorschriften** in unterschiedlicher Höhe gegenüberstehen und sich die Differenzen selbst bei Anwendung konzerneinheitlicher Bewertungsmethoden i. S. d. § 308 nicht vermeiden lassen.[172] Mögliche **Gründe** für echte Aufrechnungsdifferenzen sind:

- **Rückstellungen**

  Hat z. B. ein Konzernunternehmen gemäß § 249 Abs. 1 Satz 1 eine Rückstellung für ungewisse Verbindlichkeiten gegenüber einem anderen Konzernunternehmen gebildet, enthält dessen Einzelabschluss keinen entsprechenden Gegenposten, da ungewisse Forderungen – im Unterschied zu ungewissen Verbindlichkeiten – nicht bilanzierungsfähig sind.[173] In der Summenbilanz ist dann lediglich die Rückstellung, nicht aber ein korrespondierender Aktivposten enthalten, der „weggelassen" werden könnte.

- **Niederstwertvorschriften für Forderungen bzw. Höchstwertprinzip für Verbindlichkeiten**

  Aufrechnungsdifferenzen können sich bspw. auch aufgrund der imparitätischen Bewertung von Forderungen und Verbindlichkeiten ergeben. Da die gegensätzliche Behandlung von Ansprüchen und Verpflichtungen i. S. d. Kapitalerhaltungs-

---

170 Vgl. MAAS, R., in: Beck HdR, C 420, Rn. 16.

171 Vgl. ADS, 6. Aufl., § 299 HGB, Rn. 88-91.

172 Vgl. EBELING, R. M., in: Baetge/Kirsch/Thiele, § 303 HGB, Rn. 101; GROSS, G./SCHRUFF, L./VON WYSOCKI, K., Der Konzernabschluß nach neuem Recht, S. 161.

173 Vgl. Abschn. 234. in diesem Kapitel.

zweckes generell zu niedrigeren Wertansätzen bei den Ansprüchen als bei den entsprechenden Verpflichtungen führt, werden die echten Aufrechnungsdifferenzen i. d. R. passiver Natur sein; aktive Differenzen können dagegen nur in Ausnahmefällen auftreten, wenn etwa ein einbezogenes Unternehmen Schuldverschreibungen eines anderen einbezogenen Unternehmens über pari erworben hat.[174]

■ **Kreditgewährung mit Abschlag (Auszahlungs-Disagio)**

Während die Verbindlichkeit aus einem mit Auszahlungs-Disagio gewährten Kredit zum Erfüllungsbetrag anzusetzen ist, muss die entsprechende Forderung zum Nennbetrag ausgewiesen werden, der dann nur dem Auszahlungsbetrag entspricht. Bis zur Höhe des Auszahlungs-Disagios darf nach § 250 Abs. 3 ein aktiver Rechnungsabgrenzungsposten gebildet werden.[175] Wird ein Rechnungsabgrenzungsposten für das Disagio nicht gebildet, wird die Verbindlichkeit bei dem einen Konzernunternehmen um den Betrag des Disagios höher ausgewiesen als die korrespondierende Forderung bei dem ebenfalls in den Konzernabschluss einbezogenen Partnerunternehmen, es entsteht eine Aufrechnungsdifferenz.[176]

■ **Währungsumrechnung**

Werden ausländische Unternehmen in den Konzernabschluss einbezogen, sind ihre Jahresabschlüsse in Euro umzurechnen.[177] Bei der Umrechnung von Jahresabschlüssen ausländischer Tochterunternehmen gemäß § 308a können echte Aufrechnungsdifferenzen entstehen, da die zugehörigen Ansprüche bzw. Verpflichtungen bereits im Einzelabschluss unter Berücksichtigung von § 256a zum jeweiligen Bilanzstichtag zu bewerten sind.[178]

Bei der Behandlung der echten Aufrechnungsdifferenzen ist zu unterscheiden zwischen der Periode, in der die Aufrechnungsdifferenz entsteht, und den Folgejahren bis zur Auflösung der Differenz.

---

174 Vgl. GROSS, G./SCHRUFF, L./VON WYSOCKI, K., Der Konzernabschluß nach neuem Recht, S. 161; SCHILDBACH, T., Der Konzernabschluss, S. 258.

175 Vgl. BAETGE, J./KIRSCH, H.-J./THIELE, S., Bilanzen, Kap. VIII Abschn. 322.

176 Vgl. EBELING, R. M., in: Baetge/Kirsch/Thiele, § 303 HGB, Rn. 107-110.

177 Zur Währungsumrechnung im Konzernabschluss vgl. ausführlich Kap. IV Abschn. 4.

178 Vgl. WOHLGEMUTH, M., in: HdJ, Abt. V/4, Rn. 104; vgl. auch Abschn. 244.3 in diesem Kapitel.

244.2 Die Behandlung echter Aufrechnungsdifferenzen im Entstehungsjahr

Echte Aufrechnungsdifferenzen sind im Zuge der Schuldenkonsolidierung zu eliminieren, da nach dem Einheitsgrundsatz die wirtschaftliche Lage des Konzerns so zu zeigen ist, als ob die Geschäftsvorfälle, aus denen die Differenzen resultieren, gar nicht stattgefunden hätten. Zum Zwecke der periodengerechten Ermittlung des Konzernerfolges ist zu beachten, in welchem Geschäftsjahr die Aufrechnungsdifferenzen entstanden sind.[179]

Sind die Differenzen vollständig **im aktuellen Geschäftsjahr entstanden** und wurden sie im Einzelabschluss des einbezogenen Unternehmens **erfolgswirksam** berücksichtigt, so sind sie nach dem Kompensationszweck bei der Konsolidierung erfolgswirksam zu neutralisieren. Neutralisiert wird in der Weise, dass neben der Eliminierung der aus der Schuldbeziehung resultierenden Aktiv- und/oder Passivposten in Höhe einer aktiven Differenz, die im Einzelabschluss Ertrag war, in der Konsolidierungsspalte eine Minderung des Ertrages gebucht wird, bzw. in Höhe einer passiven Differenz, die im Einzelabschluss Aufwand war, eine Minderung des Aufwandes gebucht wird.[180] Infolgedessen führen passive Aufrechnungsdifferenzen zu einem Konzernjahreserfolg, der höher ist als die Summe der Jahreserfolge der einbezogenen Unternehmen. Dementgegen führen aktive Aufrechnungsdifferenzen zu einem niedrigeren Konzernjahreserfolg.[181] Sind echte Aufrechnungsdifferenzen hingegen **erfolgsneutral entstanden**, ist eine **erfolgsneutrale Eliminierung** erforderlich.

Erfolgsneutral sind ggf. echte Aufrechnungsdifferenzen aus der **Währungsumrechnung von Forderungen und Verbindlichkeiten** zu behandeln.[182] Aus Ansprüchen und Verpflichtungen in fremder Währung zwischen einem ausländischen Konzernunternehmen, dessen Jahresabschluss gemäß § 308a in Euro umgerechnet wird, und einem inländischen in den Konzernabschluss einbezogenen Unternehmen können **„versteckte" echte Aufrechnungsdifferenzen** resultieren. Gewährt etwa ein inländisches Konzernunternehmen einem ausländischen Konzernunternehmen am 30.04. einen langfristigen Kredit in Höhe von 200 Mio. £, so bucht das inländische Unternehmen diese Forderung in seinem Einzelabschluss zu dem Wechselkurs, der bei ihrer Entstehung gültig war. Bei einem Wechselkurs von 1,60 €/£ betragen die Euro-Anschaffungskosten der Forderung am 30.04. somit 320 Mio. €. Das ausländische Unternehmen bucht die Verbindlichkeit in Fremdwährung, also in Höhe von 200 Mio. £.

Sinkt der Wechselkurs zum Abschlussstichtag 31.12. auf 1,40 €/£, so hat das inländische Unternehmen die Forderung nach § 253 Abs. 4 Satz 1 auf 280 Mio. € abzuschreiben. Im Einzelabschluss entsteht ein Aufwand in Höhe von 40 Mio. €, der in den Summenabschluss zu übernehmen ist. Wird der Einzelabschluss des ausländi-

---

179 Vgl. WOHLGEMUTH, M., in: HdJ, Abt. V/4, Rn. 26.

180 Vgl. MAAS, R., in: Beck HdR, C 420, Rn. 17 f.

181 Vgl. SCHILDBACH, T., Der Konzernabschluss, S. 259.

182 Vgl. ORDELHEIDE, D., Schuldenkonsolidierung, S. 1558-1560.

schen Unternehmens zum Stichtag 31.12. nach § 308a umgerechnet, wird die Verbindlichkeit im Summenabschluss ebenfalls unter Berücksichtigung des zum Bilanzstichtag aktuellen Wechselkurses mit 280 Mio. € ausgewiesen. Bei Aufrechnung von Forderung und Verbindlichkeit der in den Konzernabschluss einbezogenen Unternehmen entstehen hier keine Differenzen. Indes verbleibt ein eliminierungspflichtiger Aufwand aus der Forderungsabschreibung in Höhe von 40 Mio. € in der Summen-GuV. Das gleiche Problem ergäbe sich, wenn ein inländisches Unternehmen eine Verbindlichkeit in fremder Währung gegenüber einem ausländischen Konzernunternehmen eingegangen und der Wechselkurs zum Stichtag 31.12. auf 1,80 €/£ gestiegen wäre. In diesem Fall wäre die Verbindlichkeit entsprechend dem Höchstwertprinzip zu erhöhen.

Da die Kreditgewährung zwischen zwei in den Konzernabschluss einbezogenen Unternehmen aus Sicht des Konzerns ein interner Vorgang ist, besteht aus Sicht des Konzerns kein Währungsrisiko. Daher darf der Aufwand aus der Abschreibung der Forderung bzw. der Zuschreibung der Verbindlichkeit in fremder Währung nicht in der Summen-GuV verbleiben, sondern muss bei der Schuldenkonsolidierung eliminiert werden. Bevor die Fremdwährungsforderung und Fremdwährungsverbindlichkeit miteinander verrechnet werden, ist zunächst die Abschreibung der Forderung im Fall der Kurssenkung (bzw. die Zuschreibung der Verbindlichkeit bei Kurserhöhung) erfolgswirksam rückgängig zu machen. Eine verbleibende Differenz ist erfolgsneutral zu buchen.[183]

244.3 Die Behandlung echter Aufrechnungsdifferenzen in Folgejahren

Da der Konzernabschluss in jedem Jahr erneut aus der Summe der Einzelabschlüsse erstellt wird, ist auch jedes Jahr erneut eine Schuldenkonsolidierung vorzunehmen. Besteht hier der der Aufrechnungsdifferenz zugrunde liegende Sachverhalt weiter, so hat auch die Aufrechnungsdifferenz noch Bestand. Hier sind jetzt Aufrechnungsdifferenzen, die **nicht in der Abrechnungsperiode, sondern bereits in Vorperioden entstanden sind**, **erfolgsneutral** zu eliminieren, da sie schon in den Vorperioden erfolgswirksam verrechnet wurden.[184] Die wiederholte erfolgswirksame Verrechnung einer gegenüber der Vorperiode unverändert bestehenden Aufrechnungsdifferenz in aufeinander folgenden Konzernabschlüssen würde das Konzernergebnis mehrfach in derselben Art und Weise beeinflussen. Außerdem enthält die Summen-GuV nicht wie in der Periode der Entstehung der Differenz die zu konsolidierende Erfolgswirkung. In welcher Form diese erfolgsunwirksame Eliminierung erfolgen soll, ist im Schrifttum nicht eindeutig geklärt. Im Ergebnis ist allerdings eine Korrektur über das Konzerneigenkapital erforderlich. So wird es für zulässig gehalten, die Aufrechnungs-

---

183 Zu dem Problem der Schuldenkonsolidierung bei in fremder Währung fakturierten Ansprüchen und Verpflichtungen vgl. ausführlich ORDELHEIDE, D., Schuldenkonsolidierung, S. 1558-1560, sowie FÖRSCHLE, G./DEUBERT, M., in: Beck Bilanzkomm., 9. Aufl., § 303 HGB, Rn. 18-21.

184 Vgl. WOHLGEMUTH, M., in: HdJ, Abt. V/4, Rn. 31; SCHILDBACH, T., Der Konzernabschluss, S. 259.

differenzen entweder erfolgsneutral über den Ergebnisvortrag[185] bzw. mit den Gewinnrücklagen zu verrechnen (**direkte Einzelkorrektur**) oder aber in Höhe der Aufrechnungsdifferenzen in der Bilanz einen passiven Korrekturposten zum Eigenkapital zu bilden (**indirekte Globalkorrektur**);[186] dieser Korrekturposten zum Eigenkapital kann je nach Art der Aufrechnungsdifferenz ein positives oder negatives Vorzeichen haben.[187] Bei dieser indirekten Globalkorrektur wird auf eine Zuordnung zu einzelnen Eigenkapitalposten verzichtet.

Die **Verrechnung von Aufrechnungsdifferenzen mit dem Konzernergebnisvortrag** wurde vor allem nach dem Konzernbilanzrecht des AktG 1965 präferiert.[188] Problematisch ist eine solche Verrechnung vor allem deshalb, da ein Konzernergebnisvortrag ggf. nicht mehr über die tatsächliche Ertragslage informieren kann.[189] So könnte sich bei langfristigen aktiven Aufrechnungsdifferenzen ein Verlustvortrag ergeben, obwohl die Konzernergebnisse der Vergangenheit nicht negativ gewesen sind. Umgekehrt würde bei passiven Aufrechnungsdifferenzen ein Gewinnvortrag ausgewiesen. Darüber hinaus hat das Konto Ergebnisvortrag als Gewinnvortrag die Aufgabe, Gewinnspitzen, die weder den Rücklagen zugeführt noch ausgeschüttet werden sollen, kurzfristig aufzunehmen, damit in der Folgeperiode erneut über ihre Verwendung entschieden werden kann.[190] Für den Konzernabschlussleser suggeriert ein solcher Ausweis, dass dieser Gewinnvortrag künftig noch verwendet werden kann. Tatsächlich ist über die Gewinnverwendung in der Entstehungsperiode entschieden worden, so dass in der Folgeperiode keine Dispositionsfreiheit mehr besteht. Die Höhe des Gewinnvortrages hängt allein davon ab, ob die betrachteten Schuldverhältnisse künftig weiter bestehen.[191]

---

185 Vgl. Sonderausschuss Neues Aktienrecht des IDW, Rechnungslegung im Konzern, S. 133.

186 Zu den Begriffen „Einzelkorrektur" und „Globalkorrektur" vgl. Busse von Colbe, W. u. a., Konzernabschlüsse, S. 464 f.

187 Vgl. Wohlgemuth, M., in: HdJ, Abt. V/4, Rn. 34 und 38; IDW (Hrsg.), WP-Handbuch 2012, Bd. I, Rn. M 475. Der Arbeitskreis Weltabschlüsse der Schmalenbach-Gesellschaft schlägt neben den Möglichkeiten der Verrechnung mit den Ergebnisrücklagen sowie der Bildung eines Ausgleichspostens auch eine Verrechnung mit dem Gewinn- oder Verlustvortrag bzw. die Bildung eines Sonderpostens nach dem Gewinn- oder Verlustvortrag vor. Vgl. Arbeitskreis Weltabschlüsse der Schmalenbach-Gesellschaft, Aufstellung internationaler Konzernabschlüsse, S. 66.

188 Vgl. Gelhausen, W./Gelhausen, H. F., Eigenkapital im Konzernabschluß, S. 230. Für eine Verrechnung mit dem Konzernergebnisvortrag vgl. ebenfalls Förschle, G./Deubert, M. in: Beck Bilanzkomm., 9. Aufl. § 303 HGB, Rn. 68.

189 Vgl. Koncok, G., Gewinnvortrag im konsolidierten Jahresabschluß, S. 637.

190 Vgl. IDW (Hrsg.), WP-Handbuch 2012, Bd. I, Rn. M 673.

191 Zur Kritik an der Verrechnung der Aufrechnungsdifferenzen über den Ergebnisvortrag vgl. Harms, J. E./Küting, K./Weber, C.-P., in: Küting/Weber, HdK, 2. Aufl., Kap. II, Rn. 1436; Gelhausen, W./Gelhausen, H. F., Eigenkapital im Konzernabschluß, S. 230.

Alternativ wäre eine **Verrechnung gegen die Gewinnrücklagen** oder, falls diese nicht ausreichen, gegen die Kapitalrücklage denkbar.[192] Faktisch würde eine solche Verrechnung zu willkürlichen Ergebnissen führen, da die Aufrechnungsdifferenzen dann zwischen Konzernbilanzgewinn, dem Gewinn im Ausgleichsposten für „Nicht beherrschende Anteile" sowie den Konzernrücklagen aufzuteilen wären.[193] Zudem müssten theoretisch bei der Entscheidung, mit welchem Posten der Ergebnisverwendung die Aufrechnungsdifferenzen verrechnet werden, Annahmen über de lege lata nicht vorgesehene Gewinnverwendungsentscheidungen des Konzerns getroffen werden.[194]

Zu präferieren ist daher der Vorschlag, für erfolgsneutral zu verrechnende Aufrechnungsdifferenzen einen **besonderen Posten innerhalb des Eigenkapitals** zu bilden.[195] Dieser Korrekturposten (häufig als Konsolidierungsausgleichsposten oder Konsolidierungsdifferenzen bezeichnet) nimmt dann typischerweise auch die Differenz aus der Zwischenergebniseliminierung[196] und der Aufwands- und Ertragskonsolidierung[197] auf. Voraussetzung einer indirekten Globalkorrektur ist indes, dass der Korrekturposten im Eigenkapital separat ausgewiesen wird, da nur so für den außenstehenden Konzernabschlussadressaten erkennbar ist, welcher Teil des ausgewiesenen Eigenkapitals aus Konsolidierungsdifferenzen besteht. Das grundsätzlich für den Konzernabschluss ebenfalls geltende Bilanzgliederungsschema des § 266 Abs. 3 A. sieht keinen dem Charakter der Aufrechnungsdifferenzen entsprechenden Posten im Eigenkapital vor. Nach § 298 Abs. 1 sind die einzelgesellschaftlichen Gliederungs- und Ausweisvorschriften für den Konzernabschluss nur zu übernehmen, soweit die Eigenart des Konzerns keine Abweichung bedingt.[198] Eine solche Abweichung ist in diesem Fall unzweifelhaft gegeben, da die Konsolidierungsdifferenzen konzernspezifische Sachverhalte sind, die zur Erfüllung der Generalnorm des § 297 Abs. 2 Satz 2 für den Konzernabschlussadressaten ersichtlich sein müssen. Folglich ist es zulässig, dem Eigenkapital einen neuen Posten hinzuzufügen.[199]

---

192 Vgl. FÖRSCHLE, G./DEUBERT, M in: Beck Bilanzkomm., 9. Aufl. § 303 HGB, Rn. 68.

193 Vgl. BUSSE VON COLBE, W. U. A., Konzernabschlüsse, S. 463 f. SCHILDBACH verlangt dagegen, dass Aufrechnungsdifferenzen in den Folgejahren nur mit den Rücklagen des Konzerns verrechnet werden dürfen. Vgl. hierzu SCHILDBACH, T., Der Konzernabschluss, S. 259. Der Streit, mit welchen Posten des Eigenkapitals eine Aufrechnungsdifferenz verrechnet werden soll – nur mit Posten, die den Anteilseignern des Mutterunternehmens zuzurechnen sind, oder auch mit den Anteilen nicht beherrschender Gesellschafter – wäre nur dann zufriedenstellend zu lösen, wenn theoretisch eindeutig entschieden werden könnte, ob der Konzernabschluss der Einheitstheorie oder der Interessentheorie folgt.

194 Vgl. KÜTING, K., Erfolgs- und ergebniswirksame Konsolidierungsvorgänge, S. 457 f.

195 Vgl. VON WYSOCKI, K./WOHLGEMUTH, M./BRÖSEL, G., Konzernrechnungslegung, S. 272 f.; a. A. hingegen GELHAUSEN, W./GELHAUSEN, H. F., Eigenkapital im Konzernabschluß, S. 231, die für den Fall eines negativen Korrekturpostens einen Ausweis innerhalb der Rücklagen für nicht zulässig erachten.

196 Vgl. Abschn. 3 in diesem Kapitel.

197 Vgl. Abschn. 4 in diesem Kapitel.

198 Vgl. BUSSE VON COLBE, W. U. A., Konzernabschlüsse, S. 462.

199 So auch WOHLGEMUTH, M., in: HdJ, Abt. V/4, Rn. 31.

Eine analoge Systematik gilt für die später behandelte Zwischenergebniseliminierung.[200] Während erstmalig entstandene Zwischenergebnisse in der Konzernbilanz erfolgswirksam mit dem Konzernergebnis verrechnet werden, sind bereits in den Vorperioden erfolgswirksam eliminierte Zwischenergebnisse erfolgsneutral gegen das Konzerneigenkapital zu buchen. Als Verrechnungsposten kommen bei der Zwischenergebniseliminierung ebenfalls der Ergebnisvortrag, die Gewinnrücklagen oder ein Sonderposten in Form des von uns präferierten Konsolidierungsausgleichspostens in Betracht.

Während der Betrag von aus Vorjahren stammenden Aufrechnungsdifferenzen erfolgsneutral durch die Bildung des passiven Korrekturpostens fortgeführt wird, sind **Änderungen einer bestehenden Aufrechnungsdifferenz** gegenüber dem Vorjahr grundsätzlich erfolgswirksam zu behandeln. Hat sich eine Aufrechnungsdifferenz, die am Anfang des Geschäftsjahres bestand, im abgelaufenen Geschäftsjahr erhöht oder vermindert, so muss zur Eliminierung der der Veränderung zugrunde liegenden Erfolgswirkung bei der Konsolidierung die Erhöhung einer passiven (aktiven) Differenz als Verminderung des entsprechenden Aufwandes (Ertrages) im Summenabschluss und die Verminderung einer passiven (aktiven) Differenz als Verminderung des entsprechenden Ertrages (Aufwandes) berücksichtigt werden.[201] Damit die Veränderungen erfasst werden können, ist es erforderlich, bestehende Aufrechnungsdifferenzen in einer **Konzernbuchführung** gesondert zu erfassen und fortzuführen.

Werden die Aufrechnungsdifferenzen aus den Vorperioden **vollständig aufgelöst** und geschieht dies im Einzelabschluss erfolgswirksam, muss dieser Einfluss auf das Konzernergebnis neutralisiert werden. Wird bspw. eine zuvor teilweise abgeschriebene Forderung beglichen und übersteigt der gezahlte Betrag den Restbuchwert der Forderung, so entsteht ein von der Höhe des tatsächlich gezahlten Betrages abhängiger Ertrag beim Gläubiger. Liegt der gezahlte Betrag noch unter dem Restbuchwert der wertberichtigten Forderung, so fällt beim Gläubiger in seinem Einzelabschluss ein zusätzlicher Aufwand an. Da die Verbindlichkeit bis zur Begleichung mindestens zu ihrem Erfüllungsbetrag angesetzt werden muss, hat der Schuldner in beiden Fällen einen zusätzlichen Ertrag zu berücksichtigen. Die erfolgswirksame Auflösung der echten Aufrechnungsdifferenzen ist durch eine entsprechende erfolgswirksame Buchung (hier durch die Verminderung des Ertrages) bei der Konsolidierung zu neutralisieren. In Ermangelung eines Gegenpostens ist die erfolgswirksame Auflösung der Differenz gegen den Korrekturposten im Eigenkapital zu buchen.

---

200 Vgl. Abschn. 3 in diesem Kapitel.
201 Vgl. WOHLGEMUTH, M., in: HdJ, Abt. V/4, Rn. 27 f.

244.4 Beispiel zur Behandlung echter Aufrechnungsdifferenzen

Die Behandlung echter Aufrechnungsdifferenzen im Zeitablauf (Erst- und Folgekonsolidierung) wird anhand des folgenden stark vereinfachten Beispiels verdeutlicht.

In **Periode t = 0** hat das Mutterunternehmen (MU) eine Forderung aus Lieferungen und Leistungen gegenüber dem Tochterunternehmen (TU) in Höhe von 100 GE. Diese Forderung wird vom Mutterunternehmen in **Periode t = 1** in Höhe von 20 GE abgeschrieben und mit diesem Betrag unverändert in **Periode t = 2** bewertet. Die Abschreibung wird in der HB II und in der Summenbilanz beibehalten. In **Periode t = 3** wird die Forderung durch eine Zahlung des Tochterunternehmens in Höhe von 100 GE beglichen.

Die Entwicklung von Einzel- und Konzernabschluss der betrachteten Konzernunternehmen unter ausschließlicher Berücksichtigung der Schuldenkonsolidierung in Periode t = 0 bis Periode t = 3 zeigen die folgenden Übersichten V-17 bis V-20.

Zeitpunkt t = 0	MU	TU	Summen-abschluss	Konsolidie-rungsspalte		Konzern-abschluss
(Alle Zahlenangaben in GE)	HB II	HB II		Soll	Haben	
Bilanz						
Aktiva						
Forderungen gegen verbundene Unternehmen	100		100		100^1	
Bank		150	150			150
Summe Aktiva	100	150	250			150
Passiva						
Jahresergebnis	50	50	100			100
Verbindlichkeiten gegenüber verbundenen Unternehmen		100	100	100^1		
Rechnungsabgrenzungsposten	50		50			50
Summe Passiva	100	150	250			150
GUV						
Ertrag						
Umsatzerlöse	50	50	100			100
Aufwand						
Sonstiger betrieblicher Aufwand						
Jahresergebnis	50	50	100			100

Übersicht V-17: *Schuldenkonsolidierung ohne Aufrechnungsdifferenzen für die Periode t = 0*

In Periode t = 0 stehen sich die Forderung des Mutterunternehmens und die Verbindlichkeit des Tochterunternehmens in identischer Höhe gegenüber. Daher ergeben sich zunächst keine Aufrechnungsdifferenzen.[202] Die Konsolidierungsbuchung (1) zum Bilanzstichtag lautet somit:

Verbindlichkeiten gegenüber verbundenen Unternehmen 100 GE	an	Forderungen gegen verbundene Unternehmen 100 GE

In der Folgeperiode t = 1 ergibt sich indes aufgrund der Abschreibung der Forderung im Einzelabschluss des Mutterunternehmens in Höhe von 20 GE eine echte Aufrechnungsdifferenz:

Zeitpunkt t = 1 (Alle Zahlenangaben in GE)	MU HB II	TU HB II	Summen-abschluss	Konsolidierungsspalte Soll	Konsolidierungsspalte Haben	Konzern-abschluss
Bilanz						
Aktiva						
Forderungen gegen verbundene Unternehmen	80		80		80^2	
Bank		150	150			150
Summe Aktiva	80	150	230			150
Passiva						
Jahresergebnis	30	50	80		20^2	100
Verbindlichkeiten gegenüber verbundenen Unternehmen		100	100	100^2		
Rechnungsabgrenzungsposten	50		50			50
Summe Passiva	80	150	230			150
GuV						
Ertrag						
Umsatzerlöse	50	50	100			100
Aufwand						
Sonstiger betrieblicher Aufwand	20		20		20^3	
Jahresergebnis	30	50	80	20^3		100

Übersicht V-18: *Schuldenkonsolidierung mit echten Aufrechnungsdifferenzen für die Periode t = 1*

---

202 Vgl. Abschn. 241. in diesem Kapitel.

Während die Verbindlichkeit des Tochterunternehmens in Periode t = 1 in Höhe von 100 GE passiviert ist, besteht im Einzelabschluss des Mutterunternehmens die Forderung aufgrund der Abschreibung nur noch mit 80 GE. Diese unterschiedlich hohen Beträge stehen sich im Summenabschluss gegenüber, der dadurch eine **passive Aufrechnungsdifferenz** in Höhe von 20 GE aufweist. Durch die ergebnismindernde Abschreibung enthält die Einzel-GuV des Mutterunternehmens einen Aufwand in Höhe von 20 GE, der ebenfalls in den Summenabschluss eingeht. Die Schuldbeziehung zwischen Mutter- und Tochterunternehmen ist in dieser Periode t = 1 durch folgende Buchungssätze (2) und (3) **erfolgswirksam** zu konsolidieren:

Der Buchungssatz (2) für die Bilanz lautet:[203]

Verbindlichkeiten gegenüber verbundenen Unternehmen	100 GE	an	Forderungen gegen verbundene Unternehmen	80 GE
			Jahresergebnis	20 GE

Der Buchungssatz (3) für die GuV lautet:

Jahresergebnis	20 GE	an	Sonstiger betrieblicher Aufwand 20 GE

Durch diese erfolgswirksamen Buchungen wird die Schuldbeziehung aus der Summenbilanz herausgerechnet und die Abschreibung in der Konzern-GuV neutralisiert. Somit beeinflusst die konzerninterne Schuldbeziehung weder die Vermögens- und Finanzlage noch die Ertragslage des Konzerns.

In **Periode t = 2** besteht die Forderung des Mutterunternehmens gegen das Tochterunternehmen gegenüber dem vorangegangenen Abschlussstichtag in unveränderter Höhe weiter. In Periode t = 2 ergibt sich nach der Schuldenkonsolidierung der (bis auf die nun folgende Forderungsabschreibung) unveränderten Abschlüsse folgender Konzernabschluss:

---

203 Da i. d. R. keine besondere umfassende Konzernbuchführung existiert, sind die Konzernabschlüsse vielmehr jährlich durch Addition der Einzelbilanzen der einzubeziehenden Unternehmen und anschließende Konsolidierung zu erstellen. Im Zeitpunkt der Erstellung des Konzernabschlusses sind die GuV der einzelnen Unternehmen bereits abgeschlossen und das Jahresergebnis ist in der Bilanz erfasst. Änderungen des Jahresergebnisses durch erfolgswirksame Buchungen sind daher in der GuV sowohl gegen den betreffenden Erfolgsposten als auch gegen das Jahresergebnis zu buchen. Entsprechend ist durch einen besonderen Buchungssatz das Jahresergebnis als Unterkonto des Eigenkapitalkontos in der Bilanz zu korrigieren. Aus diesem Grund ergeben sich in diesem Beispiel zwei Buchungen.

Zeitpunkt t = 2	MU	TU	Summen-abschluss	Konsolidie-rungsspalte		Konzern-abschluss
(Alle Zahlenangaben in GE)	HB II	HB II		Soll	Haben	
Bilanz						
Aktiva Forderungen gegen verbundene Unternehmen	80		80		80^4	
Bank		150	150			150
Summe Aktiva	80	150	230			150
Passiva Jahresergebnis	30	50	80			80
Korrekturposten (im EK)					20^4	20
Verbindlichkeiten gegenüber verbundenen Unternehmen		100	100	100^4		
Rechnungsabgrenzungsposten	50		50			50
Summe Passiva	80	150	230			150
GuV						
Ertrag Umsatzerlöse	30	50	80			80
Aufwand Sonstiger betrieblicher Aufwand						
Jahresergebnis	30	50	80			80

Übersicht V-19: *Schuldenkonsolidierung mit echten Aufrechnungsdifferenzen für die Periode t = 2*

Da in Periode t = 2 die Forderung und die Verbindlichkeit unverändert weiter beste-hen, weist der Summenabschluss eine **Aufrechnungsdifferenz** in unveränderter Höhe aus. Diese Aufrechnungsdifferenz wurde bereits im Geschäftsjahr 1 erfolgs-wirksam ausgebucht; sie darf im Geschäftsjahr 2 nur **erfolgsneutral** durch den Bu-chungssatz (4) eliminiert werden, da zum einen diese Differenz bereits in der Vorperi-ode erfolgswirksam neutralisiert wurde und zum anderen kein zu neutralisierender Gegenposten in der GuV existiert:

Verbindlichkeiten gegenüber verbundenen Unternehmen	100 GE	an	Forderungen gegen verbundene Unternehmen	80 GE
			Korrekturposten	20 GE

Wie bereits erläutert, empfiehlt sich ein **gesonderter Ausweis des Korrekturpostens innerhalb des Eigenkapitals**. Dieser Korrekturposten könnte stattdessen – aber weniger aussagefähig – auch mit den anderen Gewinnrücklagen des Konzerns verrechnet werden, d. h., er würde in diesem Fall die Gewinnrücklagen erhöhen.

In **Periode t = 3** wird die Forderung des Mutterunternehmens durch eine Zahlung des Tochterunternehmens in Höhe von 100 GE beglichen. Forderung und Verbindlichkeit sind jetzt nicht mehr in den Einzelabschlüssen und somit auch nicht im Summenabschluss enthalten.

Zeitpunkt t = 3	MU	TU	Summen-abschluss	Konsolidie-rungsspalte		Konzern-abschluss
(Alle Zahlenangaben in GE)	HB II	HB II		Soll	Haben	
Bilanz						
Aktiva Forderungen gegen verbundene Unternehmen Bank	100	50	150			150
Summe Aktiva	100	50	150			150
Passiva Jahresergebnis	50	50	100	20^6		80
Korrekturposten (im EK)					20^6	20
Verbindlichkeiten gegenüber verbundenen Unternehmen Rechnungsabgrenzungs- posten	50		50			50
Summe Passiva	100	50	150			150
GuV						
Ertrag Umsatzerlöse	30	50	80			80
Sonstiger betrieblicher Ertrag	20		20	20^5		
Aufwand Sonst. betrieblicher Aufwand						
Jahresergebnis	50	50	100	20^5		80

Übersicht V-20: *Schuldenkonsolidierung mit echten Aufrechnungsdifferenzen für die Periode t = 3*

Wird in Periode t = 3 die Forderung des Mutterunternehmens durch die Zahlung des Tochterunternehmens in Höhe von 100 GE beglichen, so entsteht im Einzelabschluss des Mutterunternehmens ein sonstiger betrieblicher Ertrag in Höhe von 20 GE, da die Forderung aufgrund der Niederstwertvorschriften nur noch in Höhe von 80 GE ausgewiesen wurde. Diese Erfolgswirkung ist durch die Schuldenkonsolidierung mit den Buchungssätzen (5) und (6) zu neutralisieren:

Der Buchungssatz (5) für die GuV lautet:

Sonstiger betrieblicher Ertrag	20 GE	an	Jahresergebnis	20 GE

Der Buchungssatz (6) für die Bilanz, in der kein Gegenposten aus dem Geschäftsvorfall selbst mehr enthalten ist, lautet:

Jahresergebnis	20 GE	an	Korrekturposten	20 GE

Der Charakter des Korrekturpostens unterscheidet sich im Beispiel in $t = 3$ gegenüber der Vorperiode. In $t = 2$ nimmt der Posten die (in $t = 1$ erfolgswirksam entstandenen und eliminierten) echten Aufrechnungsdifferenzen zwischen Forderungen und Verbindlichkeiten auf. In $t = 3$ wird die zu eliminierende Erfolgswirkung aus der Begleichung der Schuldbeziehung im Korrekturposten gebucht, da Forderung und Verbindlichkeit nicht mehr im Summenabschluss enthalten sind.

Das Beispiel zeigt, dass nur neu entstandene sowie aufgelöste bzw. in ihrer Höhe veränderte Aufrechnungsdifferenzen erfolgswirksam, betragsmäßig unveränderte Aufrechnungsdifferenzen hingegen erfolgsneutral zu behandeln sind. In der **Konzernbuchführung** muss die Aufrechnungsdifferenz bis zu jenem Geschäftsjahr fortgeführt werden, in dem der Sachverhalt endgültig abgeschlossen ist, damit so Veränderungen richtig interpretiert werden können. Würde der Konzernabschluss nach erstmaliger Erstellung fortgeführt und nicht jährlich erneut aus den Einzelabschlüssen erstellt, würden sich die Probleme der Folgekonsolidierung, vor allem die mit dem Korrekturposten zum Eigenkapital verbundenen Probleme, nicht ergeben. Der Korrekturposten entsteht in den Jahren der Folgekonsolidierung nur jeweils einmalig für das betreffende Konzerngeschäftsjahr. Da jeweils immer wieder die Einzelabschlüsse herangezogen werden, kumuliert sich der Korrekturposten nicht. Auch aus diesem Grund könnte auf eine aufwendige Zuordnung des aus der Folgekonsolidierung von Schuldbeziehungen resultierenden Ausgleichspostens zu einzelnen Komponenten des Eigenkapitals verzichtet werden. Bei vielen Schuldbeziehungen in einem Konzernabschluss wird sich die individuelle Betrachtung der einzelnen Beziehungen indes nicht immer vermeiden lassen, da z. B. allein aus der Existenz einer (Gesamt-)Aufrechnungsdifferenz nicht unmittelbar ersichtlich ist, ob echte oder unechte Differenzen die Ursache sind und ob eine erfolgswirksame oder eine erfolgsneutrale Berücksichtigung angemessen ist.

244.5 Aufrechnungsdifferenzen bei erstmaliger Schuldenkonsolidierung

Gesondert zu betrachten ist der Fall, dass Schuldbeziehungen zwischen einem Konzernunternehmen und einem bisher nicht in den Konsolidierungskreis einbezogenen Unternehmen bestehen. Tritt nun das bisher nicht einbezogene Unternehmen in den Konsolidierungskreis ein, so sind bei erstmaliger Konsolidierung auch die Schuldbeziehungen zwischen dem Konzernunternehmen, das Gläubigerfunktion hat, und dem Schuldnerunternehmen, das ebenfalls zum Konsolidierungskreis gehört, zu eliminieren. Echte Aufrechnungsdifferenzen, die die Ergebnisse der betrachteten Unternehmen **vor der Erstkonsolidierung** des bisher nicht einbezogenen Unternehmens beeinflusst haben, sind erfolgsneutral zu behandeln, da die ihnen zugrunde liegenden Erfolge noch unter Dritten erzielt wurden. Für diese ist im Fall der erstmaligen Schuldenkonsolidierung ein Korrekturposten zu bilden. Veränderungen dieser Aufrechnungsdifferenzen, die **nach der erstmaligen Schuldenkonsolidierung** eintreten, sind grundsätzlich erfolgswirksam zu behandeln.[204]

25 Der Verzicht auf die Schuldenkonsolidierung

Nach § 303 Abs. 2 darf auf die Schuldenkonsolidierung verzichtet werden,

> „wenn die wegzulassenden Beträge für die Vermittlung eines den tatsächlichen Verhältnissen entsprechenden Bildes der Vermögens-, Finanz- und Ertragslage des Konzerns nur von untergeordneter Bedeutung sind."

Diese Vorschrift ist Ausdruck des Grundsatzes der Wirtschaftlichkeit, der durch die Wesentlichkeit einer Information konkretisiert wird.[205]

Wann die im Zuge der Schuldenkonsolidierung zu eliminierenden Beträge „von untergeordneter Bedeutung", also unwesentlich sind, kann nicht allgemein gültig festgelegt werden. In jedem Fall ist eine **Gesamtbetrachtung aller zu konsolidierenden Sachverhalte von untergeordneter Bedeutung** erforderlich; es sind weder einzelne Bilanzposten isoliert noch der letztlich verbleibende Differenzbetrag zwischen den Forderungs- und Schuldposten zu betrachten, sondern vielmehr die Summen der Forderungs- und Schuldposten.[206]

Auf die Schuldenkonsolidierung völlig zu verzichten, wird nur in Ausnahmefällen zulässig sein, etwa bei sehr unabhängig voneinander operierenden Konzernunternehmen. Aus Gründen der Wirtschaftlichkeit kann außerdem darauf verzichtet werden, einzelne **unwesentliche Aufrechnungsdifferenzen** zu neutralisieren und fortzufüh-

---

204 Vgl. ADS, 6. Aufl., § 303 HGB, Rn. 45 f.

205 Vgl. BAETGE, J./KIRSCH, H.-J./THIELE, S., Bilanzen, Kap. II Abschn. 232.16.

206 Vgl. EBELING, R. M., in: Baetge/Kirsch/Thiele, § 303 HGB, Rn. 153; MAAS, R., in: Beck HdR, C 420, Rn. 74; ADS, 6. Aufl., § 303 HGB, Rn. 49; HARMS, J. E., in: Küting/Weber, HdK, 2. Aufl., § 303 HGB, Rn. 57; FÖRSCHLE, G./DEUBERT, M., in: Beck Bilanzkomm., 9. Aufl., § 303 HGB, Rn. 71 f.

ren. Entstandene unwesentliche Aufrechnungsdifferenzen und deren zwischenzeitliche unwesentliche Veränderungen könnten dann erfolgsneutral mit dem Eigenkapital verrechnet werden und nicht – wie eigentlich notwendig – erfolgswirksam über die GuV.

Zudem ist der Grundsatz der Wesentlichkeit dahingehend zu interpretieren, dass nicht nur für jede Konsolidierungsmaßnahme isoliert zu beurteilen ist, ob aufgrund untergeordneter Bedeutung für die Vermögens-, Finanz- und Ertragslage auf sie verzichtet werden darf. Vielmehr dürfen auch alle für sich allein genommen für die Vermögens-, Finanz- und Ertragslage unbedeutenden Konsolidierungsmaßnahmen zusammengenommen das Bild der wirtschaftlichen Lage nicht wesentlich beeinträchtigen (**doppeltes Minimumprinzip**).[207]

26   Die Schuldenkonsolidierung nach IFRS

Die Schuldenkonsolidierung wird in den IFRS nur sehr allgemein geregelt. IFRS 10.B86 (c) verpflichtet dazu, sämtliche Ansprüche und Verpflichtungen zwischen einbezogenen Unternehmen (intragroup balances) zu eliminieren. Ansprüche und Verpflichtungen sind dabei unabhängig von der Beteiligungsquote möglicher nicht-kontrollierender Gesellschafter in voller Höhe zu eliminieren. Auf die Schuldenkonsolidierung darf, dem Grundsatz der Wesentlichkeit (materiality) folgend, in Fällen von untergeordneter Bedeutung verzichtet werden (CF.QC.11).

Bei der Schuldenkonsolidierung ergeben sich bei Anwendung der IFRS in aller Regel **keine Abweichungen zur Vorgehensweise nach HGB**. Allerdings bleibt zu beachten, dass im Vergleich zur deutschen Regelung andere Sachverhalte Gegenstand der Schuldenkonsolidierung sein können, so sind z. B. auch **Eventualforderungen** (contingent assets) in den notes anzugeben (IAS 37.34 i. V. m. 89).[208] Solche ungewissen Forderungen sind ggf. in die Schuldenkonsolidierung einzubeziehen und zu eliminieren.

---

207 Vgl. BAETGE, J./KIRSCH, H.-J., in: Küting/Weber, HdK, 2. Aufl., § 297 HGB, Rn. 68. Zum doppelten Minimumprinzip sowie zu kritischen Kennzahlenwerten vgl. Kap. II Abschn. 333.

208 Außerdem können sich die Angaben zu den Eventualverbindlichkeiten nach HGB und IFRS unterscheiden, da IAS 37 einerseits umfangreichere Angaben vorsieht, andererseits allerdings eine Angabepflicht nach IAS 37.28 erst besteht, wenn der Eintritt des Ereignisses nicht unwahrscheinlich (remote) ist. Vgl. GROTTEL, B./HAUẞER, J., in: Beck Bilanzkomm., 9. Aufl., § 251, Rn. 60.

3   Die Zwischenergebniseliminierung

31   Die Aufgabe der Zwischenergebniseliminierung

Nach der Kapitalkonsolidierung und der Schuldenkonsolidierung bildet die Zwischenergebniseliminierung einen weiteren Schritt zur Eliminierung konzerninterner Transaktionen. Mit der Zwischenergebniseliminierung wird sichergestellt, dass die Vermögensgegenstände zu Anschaffungs- oder Herstellungskosten aus Sicht des Konzerns angesetzt werden. Dabei sind ggf. auch einzelgesellschaftliche Erfolge aus konzerninternen Lieferungs- und Leistungsbeziehungen zu eliminieren. Allgemein soll damit dafür gesorgt werden, dass auch im Konzernabschluss das Realisationsprinzip eingehalten wird.

Nach dem Realisationsprinzip sind Güter und Leistungen, die ein Unternehmen bezogen bzw. selbst erstellt hat, solange mit den Anschaffungs- oder Herstellungskosten anzusetzen, bis sie den Wertsprung zum Absatzmarkt geschafft haben, sofern nicht ein niedrigerer Wert anzusetzen ist.[209] Die Forderungen aus dem Verkauf der Güter werden zu den Verkaufspreisen, die i. d. R. über den Anschaffungs- oder Herstellungskosten liegen, angesetzt. Der **Realisationszeitpunkt**, d. h. der Zeitpunkt, zu dem die aus dem Verkauf der Güter zufließenden Erträge erfolgswirksam vereinnahmt werden dürfen (und müssen) und positive Erfolgsbeiträge als realisiert gelten, ist aus handelsrechtlicher Sicht an dem Tag erreicht, an dem die Lieferung oder Leistung bewirkt wurde.[210] Zu diesem Zeitpunkt sind die Beschaffungs-, Produktions- und Absatzrisiken weitgehend eliminiert. Lediglich latente Bonitätsrisiken sind noch vorhanden.[211]

Das Realisationsprinzip gilt gemäß § 252 Abs. 1 Nr. 4 Halbsatz 2 i. V. m. § 298 Abs. 1 auch für den Konzernabschluss. Lieferungen und Leistungen zwischen in den Konzernabschluss einbezogenen Unternehmen stellen konzerninterne Transaktionen dar und sind zu Anschaffungs- oder Herstellungskosten in der Konzernbilanz anzusetzen. Der Sprung zum (konzernexternen) Absatzmarkt ist dabei aus Konzernsicht noch nicht vollzogen.

Entsteht durch einen konzerninternen Umsatz im Einzelabschluss eines Konzernunternehmens ein positiver Erfolgsbeitrag[212], so weist das verkaufende Unternehmen aus Konzernsicht einen unrealisierten Erfolg und das kaufende Unternehmen einen um den Erfolgsbeitrag zu hohen Bestandswert aus. Entsprechend wird im Summenabschluss sowohl ein zu hoher Erfolg als auch ein zu hoher Bestand ausgewiesen. Die

---

209 Vgl. BAETGE, J./KIRSCH, H.-J./THIELE, S., Bilanzen, Kap. II Abschn. 232.42.

210 Vgl. LEFFSON, U., Die Grundsätze ordnungsmäßiger Buchführung, S. 265-272; BAETGE, J./ ZIESEMER, S./SCHMIDT, M., in: Baetge/Kirsch/Thiele, § 252 HGB, Rn. 189 f.

211 Für verschiedene Vertragsarten kann die allgemeine Regel zur Bestimmung des handelsrechtlichen Realisationszeitpunktes weiter differenziert werden. Vgl. BAETGE, J./KIRSCH, H.-J./ THIELE, S., Bilanzen, Kap. II Abschn. 232.42 sowie ausführlich BAETGE, J./ZIESEMER, S./ SCHMIDT, M., in: Baetge/Kirsch/Thiele, § 252 HGB, Rn. 191-207.

212 Zum Begriff „Erfolgsbeitrag" vgl. LEFFSON, U., Die Grundsätze ordnungsmäßiger Buchführung, S. 248.

wirtschaftliche Lage des Konzerns wird also zu gut dargestellt. Entsteht dagegen durch den konzerninternen Umsatz ein negativer Erfolgsbeitrag, so wird ein Verlust bei dem verkaufenden Unternehmen und ein um den Erfolgsbeitrag zu niedriger Bestandswert bei dem kaufenden Unternehmen gezeigt. Im Einzelabschluss (und im Summenabschluss) werden stille Reserven gebildet, die erst in der Periode aufgelöst werden, wenn der Vermögensgegenstand an ein nicht in den Konzernabschluss einbezogenes Unternehmen verkauft wird. Positive und negative Erfolgsbeiträge, die ein einbezogenes Unternehmen durch ein Geschäft mit einem anderen einbezogenen Unternehmen erzielt hat, sind aus dem Konzernabschluss zu eliminieren. Die Berichtigung des Wertes von Vermögensgegenständen und des entsprechenden Ergebnisses in der Bilanz um die positiven Erfolgsbeiträge („Gewinne") bzw. negativen Erfolgsbeiträge („Verluste") aus konzerninternen Umsätzen einschließlich der Bestimmung der Konzernanschaffungskosten oder -herstellungskosten ist Aufgabe der **Zwischenergebniseliminierung** nach § 304; die Berichtigung des GuV-Ergebnisses um die korrespondierenden positiven bzw. negativen Erfolgsbeiträge aus konzerninternen Transaktionen geschieht dagegen bei der **Aufwands- und Ertragskonsolidierung** nach § 305 in der GuV.[213]

Bevor die Aufgabe der Zwischenergebniseliminierung weiter beschrieben wird, ist der Begriff „Zwischenergebnis" zu definieren. Obwohl der Gesetzgeber den Begriff **„Zwischenergebnis"** in der Überschrift zu § 304 verwendet, fehlt eine Definition des Begriffs im Gesetzestext. Der Begriff „Zwischen" kennzeichnet eine Beziehung von mindestens zwei Objekten. Bezogen auf den Kontext des Konzerns sind die Liefer- und Leistungsbeziehungen gemeint, die im Konzern zwischen den in den Konzernabschluss einbezogenen Unternehmen bestehen. Der Begriff „Ergebnis" stellt in der handelsrechtlichen Betrachtung den Saldo von Erträgen und Aufwendungen dar. Übersteigen die Erträge die Aufwendungen, hat das Ergebnis die Ausprägung eines positiven Erfolgsbeitrages und im umgekehrten Fall die Ausprägung eines negativen Erfolgsbeitrages. Die Zwischenergebniseliminierung ist also die Bereinigung der Konzernbilanz um positive Erfolgsbeiträge („Gewinne") bzw. um negative Erfolgsbeiträge („Verluste"), die aus konzerninternen Umsätzen entstanden sind. Auf die beschriebene Bereinigung im Zuge der Zwischenergebniseliminierung stellt die Formulierung des § 304 Abs. 1 ab:

> „In den Konzernabschluß zu übernehmende Vermögensgegenstände, die ganz oder teilweise auf Lieferungen oder Leistungen zwischen in den Konzernabschluß einbezogenen Unternehmen beruhen, sind in der Konzern**bilanz** mit einem Betrag anzusetzen, zu dem sie in der auf den Stichtag des Konzernabschlusses aufgestellten Jahresbilanz dieses Unternehmens angesetzt werden könnten, wenn die in den Konzernabschluß einbezogenen Unternehmen auch rechtlich ein einziges Unternehmen bilden würden." [Hervorhebung durch die Verfasser]

---

213 Zur Aufwands- und Ertragskonsolidierung vgl. Abschn. 4 in diesem Kapitel.

Dazu sind die aus den Einzelbilanzen der einbezogenen Unternehmen in der Summenbilanz zusammengefassten Bestandswerte und Jahresergebnisse für die Konzernbilanz durch „Konsolidierung" um die darin enthaltenen Zwischenergebnisse zu korrigieren. Nach dem Wortlaut bezieht sich die Zwischenergebniseliminierung nur auf die **Konsolidierung der Zwischenergebnisse in der Konzernbilanz**.[214] Dieses bedeutet, dass die Zwischenergebniseliminierung insgesamt folgende **Aufgaben** umfasst:

(1) Die Vermögensgegenstände, die aus der HB II in die Summenbilanz übernommen wurden, sind in der Konzernbilanz mit ihren planmäßig fortgeführten und eventuell um außerplanmäßige Abschreibungen korrigierten Konzernanschaffungskosten bzw. Konzernherstellungskosten zu bewerten.

(2) Die Differenz zwischen den planmäßig fortgeführten und eventuell um außerplanmäßige Abschreibungen korrigierten Konzernanschaffungskosten bzw. Konzernherstellungskosten und den planmäßig fortgeführten und eventuell um außerplanmäßige Abschreibungen korrigierten Anschaffungskosten bzw. Herstellungskosten aus den HB II ist bei der Konsolidierung mit dem Konzernergebnis in der Konzernbilanz bzw. mit dem Konzerneigenkapital zu verrechnen.

Mit der Zwischenergebniseliminierung wird einerseits durch die korrigierten Bestandswerte ein zutreffenderer Einblick in die Vermögenslage des Konzerns vermittelt, andererseits wird mit der Bereinigung des Bilanzergebnisses um die Zwischenergebnisse ein zutreffender Einblick in die Ertragslage des Konzerns gegeben.[215]

Nach dem Wortlaut und dem Wortsinn des § 304 Abs. 1 ist ein Zwischenergebnis zu eliminieren, wenn folgende **Anwendungsvoraussetzungen** kumulativ erfüllt sind:

(1) Es müssen Vermögensgegenstände vorliegen.

(2) Die Vermögensgegenstände müssen in der Summenbilanz enthalten sein.

(3) Die Vermögensgegenstände sind in der Summenbilanz höher oder niedriger als die Konzernanschaffungskosten bzw. Konzernherstellungskosten bewertet worden, und zwar aufgrund von Lieferungen oder Leistungen zwischen einbezogenen Unternehmen.

Ad (1) Vorliegen von Vermögensgegenständen

Bei einer Zwischenergebniseliminierung muss ein Vermögensgegenstand das Objekt eines konzerninternen Umsatzes sein.[216] Ein Vermögensgegenstand liegt vor, d. h. die abstrakte Aktivierungsfähigkeit ist gegeben, wenn das Gut selbständig verwertbar ist. Nach § 246 Abs. 1 i. V. m. § 298 Abs. 1 sind Vermögensgegenstände aktivierungspflichtig, sofern nicht spezifische Wahlrechte, wie z. B. nach § 248 Abs. 2 Satz 1 i. V. m. § 298 Abs. 1, in Anspruch ge-

---

214 Die Konzern-GuV um die Zwischenergebnisse zu berichtigen ist – wie gesagt – Aufgabe der Aufwands- und Ertragskonsolidierung.

215 Vgl. WEBER, H., in: Küting/Weber, HdK, 2. Aufl., § 304 HGB, Rn. 3.

216 Vgl. EBELING, R. M., in: Baetge/Kirsch/Thiele, § 304 HGB, Rn. 26 f.; WOHLGEMUTH, M., in: HdJ, Abt. V/5, Rn. 9.

nommen werden oder ein konkretes Ansatzverbot, wie z. B. für selbsterstellte Marken, Drucktitel, Verlagsrechte, Kundenlisten oder vergleichbare immaterielle Vermögensgegenstände (§ 248 Abs. 2 Satz 2 i. V. m. § 298 Abs. 1), besteht.[217] Kommt es nach dem konzerninternen Umsatz bei dem empfangenden Unternehmen in der gleichen Periode zum Verkauf der entsprechenden Güter an ein konzernexternes Unternehmen, so bedarf es keiner Zwischenergebniseliminierung, sondern lediglich der Aufwands- und Ertragskonsolidierung der Aufwendungen und Erträge aus dem konzerninternen Umsatz nach § 305.[218] Denn bei diesem Geschäftsvorfall entsprechen sich bei zutreffender Bilanzierung die Aufwendungen des empfangenden und die Erträge des leistenden Konzernunternehmens. Die dabei zuvor nur konzernintern entstandenen positiven oder negativen Erfolgsbeiträge werden durch den konzernexternen Umsatz nun auch aus Konzernsicht realisiert.

Ad (2) Aktivierung der Vermögensgegenstände in der Summenbilanz

Zwischenergebnisse sind nur zu eliminieren, wenn die Vermögensgegenstände am Konzernbilanzstichtag in der HB II eines einbezogenen Unternehmens gemäß § 246 Abs. 1 i. V. m. § 298 Abs. 1 bilanziert sind.[219] Sofern nach dem Recht des Mutterunternehmens kein Ansatzverbot oder kein Ansatzwahlrecht besteht, sind die Vermögensgegenstände der HB I auch in der HB II zu belassen und über den Summenabschluss vollständig in den Konzernabschluss aufzunehmen (§ 300 Abs. 2 Satz 1). Für das Mutterunternehmen bestehende Ansatzwahlrechte dürfen für den Konzernabschluss nach § 300 Abs. 2 Satz 2 neu – wenn auch nur einheitlich und stetig – ausgeübt werden.[220]

Ad (3) Wertunterschiede zu den Konzernanschaffungskosten bzw. Konzernherstellungskosten aufgrund einer Lieferung oder Leistung des Vermögensgegenstandes zwischen einbezogenen Unternehmen

Tochterunternehmen, die aufgrund eines Einbeziehungswahlrechtes nach § 296 nicht in den Konzernabschluss einbezogen werden, sind nicht zu konsolidieren.[221] Lieferungen oder Leistungen von einbezogenen Unternehmen an diese nicht einbezogenen Unternehmen stellen einen Außenumsatz dar, der im Konzernabschluss nicht zu eliminieren ist. Indes ist i. S. d. true and fair view zu fordern, dass für den Fall, dass Transaktionen von erheblichem Umfang mit diesen Unternehmen vorliegen, die Auswirkungen auf die Vermögens-, Finanz- und Ertragslage des Konzerns im Konzernanhang anzugeben sind. Sofern ein Unternehmen nicht mehr in den Konzernabschluss einbezogen wird, da bspw. die Anteile an diesem Unternehmen an ein kon-

---

217 Vgl. BAETGE, J./KIRSCH, H.-J./THIELE, S., Bilanzen, Kap. V Abschn. 23.

218 Vgl. EBELING, R. M., in: Baetge/Kirsch/Thiele, § 304 HGB, Rn. 22, sowie ausführlich Abschn. 4 in diesem Kapitel.

219 Vgl. ADS, 6. Aufl., § 304 HGB, Rn. 44.

220 Vgl. zur Einheitlichkeit des Ansatzes im Konzernabschluss ausführlich Kap. IV Abschn. 31.

221 Vgl. Kap. III Abschn. 322.

zernfremdes Unternehmen verkauft wurden, sind die Zwischenergebnisse aus Lieferungen und Leistungen **bis zum Zeitpunkt der Veräußerung** zu eliminieren.[222] Entsprechend ist vorzugehen, wenn ein Unternehmen erstmalig einbezogen wird. In diesem Fall sind die Zwischenergebnisse **ab dem Zeitpunkt der Einbeziehung** bis zu dem Stichtag des Konzernabschlusses zu eliminieren.

Eliminierungspflichtig sind nicht nur Zwischenergebnisse bei Vermögensgegenständen, die vollständig aus einem Innenumsatz stammen, sondern auch Zwischenergebnisse bei Vermögensgegenständen, die nur zu einem Teil aus einer Lieferung oder Leistung mit einem einbezogenen Unternehmen stammen. Bezieht etwa ein Konzernunternehmen für die Herstellung eines Fertigerzeugnisses Rohstoffe sowohl von einem einbezogenen als auch von einem konzernfremden Unternehmen, so sind die gefertigten Erzeugnisse anteilig entsprechend der Höhe der von dem einbezogenen Unternehmen erworbenen Rohstoffe um das Zwischenergebnis zu bereinigen.

Ein besonderes Problem stellen mittelbare Transaktionen (**Dreiecksgeschäfte**) dar. Ein Dreiecksgeschäft liegt vor, wenn ein einbezogenes Unternehmen zunächst an ein konzernfremdes Unternehmen liefert und das fremde Unternehmen den Vermögensgegenstand mit oder ohne Be- und Verarbeitung wieder an ein (anderes) einbezogenes Unternehmen veräußert.[223] Nach dem Wortlaut des § 304 bezieht sich die Eliminierungspflicht nur auf unmittelbare Lieferungen und Leistungen zwischen einbezogenen Unternehmen. Sofern die Transaktion mit einem fremden Unternehmen getätigt wird, objektiviert der Markt den Wert des Vermögensgegenstandes. Dreiecksgeschäfte sind folglich grundsätzlich nicht eliminierungspflichtig, es sei denn, dass die Vorschriften der Zwischenergebniseliminierung damit umgangen werden sollen oder dass es sich um treuhänderische oder treuhandähnliche Geschäfte handelt.[224] Einen solchen Umgehungsversuch wird der Konzernabschlussprüfer zu bemängeln haben. Der Konzernabschlussadressat würde solche Sachverhalte nicht feststellen können.

32 Die Ermittlung der Zwischenergebnisse

321. Methodisches Vorgehen bei der Ermittlung der Zwischenergebnisse

Vor der Zwischenergebniseliminierung sind diejenigen Vermögensgegenstände zu identifizieren, die zum einen aus Innenumsätzen stammen und zum anderen im Konzernabschluss konkret aktivierungsfähig sind. Nur diese Vermögensgegenstände sind Gegenstand der Zwischenergebniseliminierung. Verkauft etwa ein einbezogenes Unternehmen eine selbsterstellte Marke an ein anderes einbezogenes Unternehmen, so ist die Marke in der Einzelbilanz des erwerbenden Unternehmens als derivativer im-

---

222 Vgl. WEBER, H., in: Küting/Weber, HdK, 2. Aufl., § 304 HGB, Rn. 15.

223 Vgl. EBELING, R. M., in: Baetge/Kirsch/Thiele, § 304 HGB, Rn. 29; WEBER, H., in: Küting/ Weber, HdK, 2. Aufl., § 304 HGB, Rn. 14.

224 Vgl. ARBEITSKREIS „EXTERNE UNTERNEHMENSRECHNUNG" DER SCHMALENBACH-GESELL-SCHAFT, Aufstellung von Konzernabschlüssen, S. 92 f.

materieller Vermögensgegenstand aktivierungspflichtig und ggf. über die Dauer der Nutzung abzuschreiben. Bezogen auf den Konzernabschluss liegt indes ein Innenumsatz vor, so dass die Marke als originärer **immaterieller Vermögensgegenstand** des Anlagevermögens dem Ansatzverbot nach § 248 Abs. 2 Satz 2 i. V. m. § 298 Abs. 1 unterliegt. Folglich darf die Marke nicht in der Konzernbilanz angesetzt werden und unterliegt deshalb nicht der Zwischenergebniseliminierung.[225] Derartige Sachverhalte sind grundsätzlich im Rahmen der Vereinheitlichung von Ansatz und Bewertung im vierten Schritt der Konzernabschlusserstellung zu eliminieren.[226] Soweit dieses daran scheitert, dass dem kaufenden Unternehmen die entsprechenden Informationen nicht vorliegen, muss die Marke (spätestens) im Rahmen der Zwischenergebniseliminierung herausgerechnet werden, die dann über ihren eigentlichen Zweck hinaus die Aufgabe hat, die Aktivseite um konzerninterne Geschäfte zu bereinigen. Die Aufwands- und Ertragskonsolidierung in der Konzern-GuV ist indes in jedem Fall vorzunehmen.

Bezogen auf die sieben Schritte der Konzernabschlusserstellung[227] zählt die Zwischenergebniseliminierung zum sechsten Schritt, also zur Konsolidierung. Ausgangspunkt der Zwischenergebniseliminierung ist demzufolge die im fünften Schritt erstellte Summenbilanz. Da die **konzerneinheitlichen Richtlinien** die Bewertung sowohl für die Konzernanschaffungskosten und Konzernherstellungskosten, d. h. die Anschaffungskosten und Herstellungskosten im Konzernabschluss, als auch für die Anschaffungskosten und Herstellungskosten in der HB II des Einzelunternehmens festlegen, muss die Zwischenergebniseliminierung immer i. V. m. dem vierten Schritt der Konzernabschlusserstellung, nämlich mit der Aufstellung der HB II aus der HB I, betrachtet werden. Dabei kann das zu eliminierende Zwischenergebnis nicht nur aus einem „Gewinn" oder „Verlust", sondern auch aus **bewertungsabhängigen Bestandteilen** bestehen.[228] Denn abhängig von der Ausübung der Wahlrechte, Vermögensgegenstände mindestens zur Herstellungskostenuntergrenze und höchstens zur Herstellungskostenobergrenze aus Sicht des Konzerns zu bewerten (§ 255 Abs. 2 i. V. m. § 298 Abs. 1), sind auch über Anpassungen in der HB II hinaus bewertungsabhängige Teile in den Herstellungskosten enthalten, die aus Sicht des Konzerns bei der Konsolidierungsmaßnahme „Zwischenergebniseliminierung" zu korrigieren sind.[229]

Welche Bestandteile bei der Zwischenergebniseliminierung im Einzelnen zu berücksichtigen sind, soll anhand der nachfolgenden Übersicht deutlich gemacht werden:

---

225 Vgl. EBELING, R. M., in: Baetge/Kirsch/Thiele, § 304 HGB, Rn. 39.

226 Vgl. Kap. IV.

227 Vgl. zu den Schritten der Konzernabschlusserstellung Kap. I Abschn. 4.

228 Vgl. WEBER, H., in: Küting/Weber, HdK, 2. Aufl., § 304 HGB, Rn. 52-59; a. A. SCHILDBACH, T., Der Konzernabschluss, S. 269 f.

229 Die Bestimmung des Zwischengewinns in Abhängigkeit von den festzulegenden Konzernherstellungskosten wird in Abschn. 323.2 in diesem Kapitel ausführlich behandelt.

Bestandteile des Zwischenergebnisses
+/– Ergebniszuschläge/-abschläge (Gewinn/Verlust aus Sicht des Einzelabschlusses)
+ Vertriebskosten
– Kostenbestandteile, die zwar aus Sicht des Einzelabschlusses nicht aktivierbar sind, aber aus Sicht des Konzerns aktivierungsfähig oder -pflichtig sind (z. B. bestimmte Vertriebskosten aus Sicht des Einzelabschlusses)[230]
+ Kostenbestandteile, die zwar aus Sicht des Einzelabschlusses, nicht aber aus Konzernsicht Herstellungskosten darstellen (z. B. konzernintern verrechnete Kostenbestandteile wie Lizenzgebühren)
+ Bei einem Ansatz zur Herstellungskostenuntergrenze die auf Vorstufen aktivierten Gemeinkosten
= Zwischenergebnis

Übersicht V-21:   *Die Bestandteile des zu eliminierenden Zwischenergebnisses*

Bevor die einzelnen Bestandteile und die Technik der Zwischenergebniseliminierung erläutert werden, soll zunächst anhand des folgenden **Beispiels** das Problem der auf Vorstufen aktivierungsfähigen Gemeinkosten dargestellt werden, wobei unter aktivierungsfähigen Gemeinkosten im Folgenden ausschließlich die Bestandteile der Herstellungskosten verstanden werden, für die ein Aktivierungswahlrecht besteht:

Das Konzernunternehmen A veräußert einen Vermögensgegenstand an das Konzernunternehmen B, für den es selbst 20 GE Einzelkosten, 25 GE aktivierungspflichtige Gemeinkosten und 10 GE aktivierungsfähige Gemeinkosten aufgewendet hat,[231] mit einem Gewinnaufschlag von 10 GE, also zu insgesamt 65 GE. Das Unternehmen B setzt den Vermögensgegenstand als Rohstoff in der Produktion ein und fertigt daraus ein neues Gut. Neben den 65 GE für den Rohstoff, die aus Sicht des Konzernunternehmens B als Einzelkosten anzusehen sind, fallen noch weitere 10 GE Einzelkosten, 15 GE aktivierungspflichtige Gemeinkosten und 5 GE aktivierungsfähige Gemeinkosten an.

---

230 Zur Diskussion, wie Vertriebskosten des Einzelunternehmens aus Sicht des Konzerns zu behandeln sind, vgl. Abschn. 323.2 in diesem Kapitel.

231 Zum Umfang der Herstellungskosten nach HGB vgl. BAETGE, J./KIRSCH, H.-J./THIELE, S., Bilanzen, Kap. IV Abschn. 222.

Diese Charakterisierung der verschiedenen Kostenbestandteile verdeutlicht die folgende Übersicht:

	Unternehmen	
	A	B
Einzelkosten	20	65
		10
Aktivierungspflichtige Gemeinkosten	25	15
Aktivierungsfähige Gemeinkosten	10	5
Gewinnaufschlag	10	
	65	

Übersicht V-22: *Beispiel zur Charakterisierung der Kostenbestandteile aus Sicht der Einzelunternehmen*

Bei der Zwischenergebniseliminierung sind im Beispiel in jedem Fall die 10 GE Gewinnaufschlag herauszurechnen, da sie nicht mit einem konzernexternen Dritten realisiert wurden. Abhängig von der Ausübung des Wahlrechtes bei der Bestimmung der Herstellungskosten sind weitere Ergebnisbestandteile zu eliminieren. Wurde in den konzerninternen Richtlinien entschieden, dass der Vermögensgegenstand zur **Herstellungskostenobergrenze** angesetzt werden soll, ist der Vermögensgegenstand im Einzelabschluss (HB II) von B mit 95 GE anzusetzen. Als Konzernherstellungskosten sind in unserem Beispiel 85 GE (= 20 GE Einzelkosten bei A + 25 GE aktivierungspflichtige Gemeinkosten bei A + 10 GE aktivierungsfähige Gemeinkosten bei A + 10 GE weitere Einzelkosten bei B + 15 GE aktivierungspflichtige Gemeinkosten bei B + 5 GE aktivierungsfähige Gemeinkosten bei B) in der Konzernbilanz zu aktivieren. Zu eliminieren ist somit lediglich der Gewinnaufschlag in Höhe von 10 GE. Wurde in den konzerninternen Richtlinien dagegen festgelegt, dass der Vermögensgegenstand zur **Herstellungskostenuntergrenze** angesetzt werden soll, dürfen bei B die 5 GE aktivierungsfähige Gemeinkosten nicht angesetzt werden. In der HB II von B und somit auch im Summenabschluss ist der Vermögensgegenstand dann mit 90 GE bilanziert. Die Konzernherstellungskosten zur Herstellungskostenuntergrenze betragen hingegen nur 70 GE. Bei der Zwischenergebniseliminierung ist der Wertansatz also zunächst wieder um den Gewinnaufschlag von 10 GE zu vermindern. Ferner sind aus Konzernsicht noch die 10 GE aktivierungsfähige Gemeinkosten bei A aus der Kalkulation von A zu eliminieren, so dass der Vermögensgegenstand in der Konzernbilanz mit 70 GE (also den Einzelkosten und den aktivierungspflichtigen Gemeinkosten aus Konzernsicht) angesetzt wird. Entsprechende Informationen müssen von A erfragt werden.

Die folgende Übersicht stellt die Ermittlung der zu eliminierenden Zwischenergebnisse tabellarisch dar:

		Konzernabschluss			
		HK-Untergrenze$_{KA}$ = 70		HK-Obergrenze$_{KA}$ = 85	
Einzelabschluss B	HK-Untergrenze$_B$ = 90		90		90
		akt.fäh. Gemeinkosten$_A$	-10		
				akt.fäh. Gemeinkosten$_B$	+5
		Gewinnaufschlag	-10	Gewinnaufschlag	-10
			70		**85**
	HK-Obergrenze$_B$ = 95		95		95
		akt.fäh. Gemeinkosten$_A$	-10		
		akt.fäh. Gemeinkosten$_B$	-5		
		Gewinnaufschlag	-10	Gewinnaufschlag	-10
			70		**85**

Übersicht V-23: *Ermittlung der zu eliminierenden Zwischenergebnisse*

Im Gegensatz zu den Bestandteilen „Gewinn" oder „Verlust" einer Transaktion, die zwingend zu eliminieren sind, gelten die bewertungsabhängigen **Bestandteile des Zwischenergebnisses** bis zur endgültigen Festlegung der Bewertungsrichtlinien als eliminierungsfähig. Erst mit der endgültigen Festlegung der Bewertungsrichtlinien für Vermögensgegenstände werden ehemals eliminierungsfähige Zwischenergebnisse grundsätzlich eliminierungspflichtig bzw. werden schon bei der Aufstellung der HB II im Rahmen der einheitlichen Bewertung gemäß § 308 bereinigt. In jedem Fall eliminierungspflichtig sind dagegen die auf der Ebene des einzelnen einbezogenen Unternehmens realisierten Erfolgsbeiträge. Das Zwischenergebnis besteht folglich insgesamt aus Erfolgsbestandteilen, die eliminierungspflichtig sind, und den von der endgültigen Festlegung der Bewertungsrichtlinien abhängigen und deshalb eliminierungsfähigen (noch nicht eliminierungspflichtigen) Aufwandsbestandteilen.

Damit das Zwischenergebnis aus einer konzerninternen Lieferung ermittelt werden kann, ist die konzerninterne Lieferung zu den fortgeführten Anschaffungs- oder Herstellungskosten aus der HB II (**Einzelbilanzwert**) mit den fortgeführten Anschaffungs- oder Herstellungskosten aus der Konzernbilanz (**Konzernbilanzwert**) zu vergleichen.[232] Die Differenz, das Zwischenergebnis, ist anschließend mit dem Konzernergebnis oder dem Konzerneigenkapital in der Konzernbilanz zu verrechnen. Die korrespondierende **Eliminierung des Zwischenergebnisses in der GuV** ist dagegen Gegenstand der Aufwands- und Ertragskonsolidierung.

---

232 Vgl. EBELING, R. M., in: Baetge/Kirsch/Thiele, § 304 HGB, Rn. 30; KLEIN, K.-G., in: Beck HdR, C 430, Rn. 41 f.

Die Ermittlung des Zwischenergebnisses und seine anschließende Verrechnung in der Konzernbilanz werden an einem **Beispiel** dargestellt. In dem Beispiel soll ein **Zwischengewinn** entstehen, wobei unterschieden wird zwischen einer Bewertung in der HB II bzw. in der Konzernbilanz zur Herstellungskostenobergrenze (Fall A) und zur Herstellungskostenuntergrenze (Fall B). Für die Konsolidierung des Zwischenergebnisses ist in einem ersten Schritt der Wert des Vermögensgegenstandes in der Einzelbilanz zu ermitteln, der zunächst auch kurz allgemein vorgestellt wird.

322. Die Ermittlung des Einzelbilanzwertes

Bei der Bewertung von Vermögensgegenständen im Einzelabschluss sind die folgenden gesetzlichen Vorschriften zu beachten: Nach § 253 Abs. 1 Satz 1 sind Vermögensgegenstände in den Einzelbilanzen (HB I) der einbezogenen Unternehmen höchstens zu Anschaffungs- oder Herstellungskosten, vermindert um Abschreibungen nach § 253 Abs. 3 und 4, zu bewerten. Bei Finanzanlagen ist das Abschreibungswahlrecht nach § 253 Abs. 3 Satz 4 für den Fall einer voraussichtlich nicht dauernden Wertminderung zu berücksichtigen. Die Bestandteile der Anschaffungs- und Herstellungskosten sind in § 255 Abs. 1 und 2 geregelt.

Anschaffungskosten umfassen diejenigen Ausgaben, die geleistet werden müssen, um einen Vermögensgegenstand zu erwerben und in einen betriebsbereiten Zustand zu versetzen. Die Ausgaben müssen dem betreffenden Vermögensgegenstand einzeln zuordenbar sein. Anschaffungsnebenkosten sowie nachträgliche Anschaffungskosten sind gleichfalls als Anschaffungskosten zu aktivieren. Anschaffungspreisminderungen sind von den Anschaffungskosten abzusetzen.[233]

Herstellungskosten umfassen mindestens die Einzelkosten zuzüglich aktivierungspflichtiger Gemeinkosten. Die Einzelkosten umfassen im Einzelnen die Materialeinzelkosten, die Fertigungseinzelkosten sowie die Sonderkosten der Fertigung. Als aktivierungspflichtige Gemeinkosten werden nach § 255 Abs. 2 Satz 2 angemessene Teile der Materialgemeinkosten, der Fertigungsgemeinkosten und des Werteverzehrs des Anlagevermögens, soweit dieser durch die Fertigung veranlasst ist, klassifiziert. Ein **Aktivierungswahlrecht** besteht nach § 255 Abs. 2 Satz 3 für Kosten der allgemeinen Verwaltung, Kosten für soziale Einrichtungen des Betriebes, freiwillige soziale Leistungen und Kosten für die betriebliche Altersversorgung. Die Summe aus Pflichtbestandteilen und Wahlbestandteilen der Herstellungskosten bildet die Obergrenze der Herstellungskosten. Forschungs- und Vertriebskosten dürfen nicht aktiviert werden. Fremdkapitalzinsen dürfen, soweit sie auf den Zeitraum der Herstellung entfallen und sofern das Fremdkapital zur Finanzierung der Herstellung des Vermögensgegen-

---

233 Zur Bewertung von Vermögensgegenständen zu Anschaffungskosten vgl. ausführlich BAETGE, J./KIRSCH, H.-J./THIELE, S., Bilanzen, Kap. IV Abschn. 21.

standes verwendet wurde, anteilig in den Herstellungskosten berücksichtigt werden.[234] Kalkulatorische Kosten dürfen in die Herstellungskosten nur einbezogen werden, sofern sie pagatorisch sind.[235]

Hierdurch ergibt sich bei einer konzerninternen Herstellung ein Intervall für den Wertansatz von Vermögensgegenständen in der HB II, weil die Herstellungskosten auch Wahlbestandteile enthalten. Die Bestandteile der Herstellungskosten sind in der folgenden Übersicht zusammengefasst.

Art der Herstellungskosten	Bestandteile der Herstellungskosten
Aktivierungspflichtige Herstellungskostenbestandteile	Materialeinzelkosten + Fertigungseinzelkosten + Sonderkosten der Fertigung + Angemessene Teile der notwendigen Materialgemeinkosten + Angemessene Teile der notwendigen Fertigungsgemeinkosten + Angemessene Teile des Werteverzehrs des Anlagevermögens
	= Untergrenze der Herstellungskosten in der HB II
Aktivierungsfähige, aber nicht aktivierungspflichtige Herstellungskostenbestandteile	+ Kosten der allgemeinen Verwaltung + Aufwendungen für soziale Einrichtungen des Betriebes, für freiwillige soziale Leistungen und für betriebliche Altersversorgung + Zurechenbare Zinsen für Fremdkapital
	= Obergrenze der Herstellungskosten in der HB II

Übersicht V-24: *Untergrenze und Obergrenze der Herstellungskosten in der HB II*

In ihrer (originären) HB I sind die einbezogenen Unternehmen zunächst in der Ausübung der beschriebenen Wahlrechte frei. Lediglich für das Mutterunternehmen ist im Anhang anzugeben, wenn die konzerneinheitliche Bewertung von der Bewertung im Einzelabschluss abweicht. Im vierten Schritt der Konzernabschlusserstellung, nämlich der Vereinheitlichung der Bewertung im Rahmen der Aufstellung der HB II aus der HB I, sind die Wertansätze der Vermögensgegenstände dann an die konzerneinheitlichen Richtlinien anzupassen. Dazu sind für den Fall, dass in der HB I zur Herstellungskostenuntergrenze bewertet wurde und im Konzern zur Herstellungskostenobergrenze bewertet werden soll, alle nicht aktivierten, aber aktivierungsfähigen Gemeinkosten in den Wertansatz der HB II einzubeziehen. Im umgekehrten Fall, einer Bewertung in der HB I zur Herstellungskostenobergrenze und einer Bilanzierung

---

234 Vgl. BAETGE, J./KIRSCH, H.-J./THIELE, S., Bilanzen, Kap. IV Abschn. 222.

235 Vgl. BAETGE, J./UHLIG, A., Ermittlung der handelsrechtlichen „Herstellungskosten", S. 274-280. Zur Bewertung von Vermögensgegenständen zu Herstellungskosten insgesamt vgl. ausführlich BAETGE, J./KIRSCH, H.-J./THIELE, S., Bilanzen, Kap. IV Abschn. 222.

zur Untergrenze im Konzernabschluss, sind alle aktivierungsfähigen, aber nicht aktivierungspflichtigen Gemeinkosten aus dem Wertansatz herauszurechnen. Da diese Wertanpassung sehr aufwendig sein kann, werden in vielen Konzernen die konzerninternen Richtlinien für die Erstellung der HB II schon der HB I zugrunde gelegt.

Bei der Ermittlung der Einzelbilanzwerte in der HB II, die der Einheitlichkeit der Bewertung nach § 308 und noch nicht der eigentlichen Zwischengewinneliminierung zuzurechnen ist, sind also zwei Bereiche zu unterscheiden. Erstens ist konzerneinheitlich festzulegen, wie die Wahlrechte bei der Bemessung der Herstellungskosten auszuüben sind. Dieses ist eine (im Rahmen der Bewertungsstetigkeit nach § 252 Abs. 1 Nr. 6 i. V. m. § 298 Abs. 1) einmalige Entscheidung von entsprechender bilanzpolitischer Bedeutung. Wenn diese Entscheidung gefallen ist, sind zweitens die Wertansätze aus der HB I in der HB II auf die konzerneinheitliche Bewertung umzustellen.

Die Betrachtung war bisher auf ein einzelnes Konzernunternehmen begrenzt, dass einen Vermögensgegenstand herstellt. Sie ist aber auch auf konzerninterne Produktions- und Lieferungsprozesse zwischen mehreren einbezogenen Unternehmen zu übertragen. Die Ermittlung des Einzelbilanzwertes konzentriert sich allerdings auf dasjenige Konzernunternehmen, bei dem der Vermögensgegenstand zum Stichtag bilanziert wird.

Den Ausführungen der folgenden Abschnitte liegt das nachstehende Beispiel zugrunde, das auf dem Beispiel zur Kapitalkonsolidierung aufbaut (vgl. Übersicht V-1). Im Folgenden wird dazu bei der Ermittlung der Einzelbilanzwerte die Abbildung der Geschäftsvorfälle in den Abschlüssen der beteiligten Unternehmen in den Vordergrund gestellt. Insofern wird zwar die Bilanzierung zur Unter- und zur Obergrenze der Herstellungskosten, nicht aber die Unterscheidung zwischen HB I und HB II behandelt.

Das Konzernunternehmen (TU_1) liefert an das Konzernmutterunternehmen (MU) einen selbsterstellten Vermögensgegenstand zum Preis von 100 GE. Diesen Vermögensgegenstand verarbeitet das MU weiter, ohne ihn zu verkaufen, so dass er am Bilanzstichtag auf Lager liegt. Das Unternehmen (TU_1) wird erstmalig in den Konzernabschluss einbezogen. Die Kalkulation des Selbstkostenpreises ist in der folgenden Übersicht dargestellt. In den Einzel- und Gemeinkosten seien nur pagatorische Kostenelemente enthalten. Zum Zeitpunkt des Verkaufs des Vermögensgegenstandes entstehen bei TU_1 Vertriebskosten von 5 GE für eine werbewirksame Transportverpackung, die nicht sofort bar beglichen werden. Beide Unternehmen bewerten Fertigerzeugnisse zur Herstellungskostenobergrenze und stellen ihre GuV nach dem Umsatzkostenverfahren auf.

Kalkulation des Selbstkostenpreises (Alle Zahlenangaben in GE)	TU$_1$
Materialeinzelkosten	10
+ Fertigungseinzelkosten	10
+ Sondereinzelkosten der Fertigung	5
= Summe der Einzelkosten	25
+ Angemessene Teile der notwendigen Materialgemeinkosten	10
+ Angemessene Teile der notwendigen Fertigungsgemeinkosten	5
+ Angemessene Teile des Werteverzehrs des Anlagevermögens	5
= Summe der aktivierungspflichtigen Gemeinkosten	20
+ Anteilige Gemeinkosten der allgemeinen Verwaltung	3
+ Anteilige Aufwendungen für soziale Einrichtungen des Betriebes, für freiwillige soziale Leistungen und für betriebliche Altersversorgung	-
+ Anteilige zurechenbare Zinsen für Fremdkapital	2
= Summe der aktivierungsfähigen Gemeinkosten	5
+ Vertriebskosten	5
+ Gewinnzuschlag	45
= Selbstkostenpreis	100

Übersicht V-25: *Die Bestandteile des Selbstkostenpreises bei TU$_1$*

Die Buchung der Transaktion in der HB I des TU$_1$ wird im Folgenden dargestellt, wobei davon ausgegangen wird, dass zwischen HB I und HB II keine Unterschiede bestehen. Die konzerneinheitlichen Richtlinien werden annahmegemäß bereits in der HB I berücksichtigt, d. h., erforderliche Anpassungsmaßnahmen zur Sicherstellung der formellen und materiellen Einheitlichkeit[236] sind bereits vorgenommen worden. Zunächst werden die Buchungssätze für den Fall A, die Bewertung zur Herstellungskostenobergrenze, und anschließend die Anpassung der Buchungssätze für den Fall B, die Bewertung zur Herstellungskostenuntergrenze, dargestellt.

Die Transaktion zwischen TU$_1$ und MU ist in der HB I bei TU$_1$ mit folgenden Buchungssätzen (1) und (2) zu erfassen:[237]

Kasse	100 GE	an	Umsatzerlöse	100 GE

Sonstiger betrieblicher Aufwand	5 GE	an	Verbindlichkeiten	5 GE

---

236 Vgl. Kap. IV.
237 Die Buchungen werden später in Übersicht V-27 zusammengefasst.

Die Abschlussbuchungen (3) und (4) bei TU_1 am Bilanzstichtag lauten:

Umsatzkosten*	50 GE	an	Fertige Erzeugnisse I**	50 GE

* Als Umsatzkosten werden die Herstellungskosten der zur Erzielung der Umsatzerlöse erbrachten Leistungen bezeichnet.

** Fertige Erzeugnisse I sind im Beispiel diejenigen Erzeugnisse, die noch ohne konzerninterne Geschäftsvorfälle beim TU_1 entstanden sind.

Jahreserfolg	45 GE	an	Eigenkapital	45 GE

Beim empfangenden MU wird der Vermögensgegenstand als Rohstoff zu seinen Anschaffungskosten von 100 GE in der Bilanz angesetzt. Das MU verarbeitet die Rohstoffe vollständig. Bei der Weiterverarbeitung fallen Kosten an, bei denen hier zur Vereinfachung unterstellt wird, dass keine Unterschiede zwischen Kosten- und Aufwandsbestandteilen bestehen. Die folgende Übersicht systematisiert die Bestandteile der beim MU angefallenen Herstellungskosten.

Kalkulation der Herstellungskosten (Alle Zahlenangaben in GE)	**MU**
Einzelkosten	175
+ Aktivierungspflichtige Gemeinkosten	20
+ Aktivierungsfähige Gemeinkosten	5
= **Herstellungskostenobergrenze**	200

Übersicht V-26: *Die Bestandteile der Herstellungskosten beim MU*

In den Einzelkosten sind neben 75 GE Fertigungseinzelkosten auch die Anschaffungskosten für das Fertigerzeugnis I aus der Transaktion in Höhe von 100 GE als Materialeinzelkosten enthalten. Das MU bewertet das fertige Erzeugnis zur Herstellungskostenobergrenze, so dass in der HB I am Bilanzstichtag der Vermögensgegenstand mit 200 GE ausgewiesen wird. Dies wird mit den Buchungssätzen (5) und (6) in der HB I des MU abgebildet:

Roh-, Hilfs- und Betriebsstoffe 100 GE	an	Kasse	100 GE

Fertige Erzeugnisse II*	200 GE	an	Verbindlichkeiten	100 GE
			Roh-, Hilfs- und Betriebsstoffe	100 GE

* Fertige Erzeugnisse II betreffen diejenigen Bestände an fertigen Erzeugnissen, die auch aufgrund konzerninterner Geschäftsvorfälle entstanden sind.

Die folgende Übersicht zeigt die Buchungen, die im Beispiel für den **Fall A** einer Bewertung zur Herstellungskostenobergrenze erläutert wurden. Die Buchungssätze sind mit (1) – (6) gekennzeichnet.

Zeitpunkt t = 0	TU_1	MU	Summen-abschluss	Konsolidie-rungsspalte		Konzern-abschluss
(Alle Zahlen-angaben in GE)	HB I = HB II	HB I = HB II		Soll	Haben	
Bilanz						
Aktiva						
Sonstiges AV	700	400				
Anteile an verb. Unt.		600				
RHB		$+ 100^5$				
		$- 100^6$				
FE_I	50					
	$- 50^3$					
FE_{II}		$+ \mathbf{200}^6$				
Kasse	$+ 100^1$	200				
		$- 100^5$				
Summe Aktiva	800	1.300				
Passiva						
Eigenkapital	355	500				
	$+ 45^4$					
Verbindlichkeiten	$+ 5^2$	$+ 100^6$				
Sonst. Passiva	395	700				
Summe Passiva	800	1.300				
GuV						
Ertrag						
Umsatzerlöse	100^1					
Umsatzkosten	50^3					
Aufwand						
Sonstiger betriebli-cher Aufwand	5^2					
Jahresergebnis	$+ 45^4$					

Legende:

AV	≙	Anlagevermögen	HB	≙	Handelsbilanz
FE_I	≙	Fertige Erzeugnisse I	MU	≙	Mutterunternehmen
FE_{II}	≙	Fertige Erzeugnisse II	RHB	≙	Roh-, Hilfs- und Betriebsstoffe
GE	≙	Geldeinheiten	TU	≙	Tochterunternehmen

Übersicht V-27: *Entwicklung des Einzelbilanzwertes bei einer Bewertung zur Herstellungskostenobergrenze (Fall A)*

Im alternativen **Fall B** ist gemäß den konzerneinheitlichen Richtlinien für die Bemessung der Herstellungskosten der Vermögensgegenstand in der HB II nun mit der Untergrenze der Herstellungskosten, also unter Vernachlässigung der aktivierungsfähigen Gemeinkosten, anzusetzen. Das vom TU_1 hergestellte Fertigerzeugnis I wurde in der HB I des TU_1 in der Ausgangssituation zur Herstellungskostenobergrenze, also zu 50 GE angesetzt. In gleicher Höhe war die Bestandsminderung bei Verkauf des

Fertigerzeugnisses I an das MU zu buchen (Buchungssatz (3)). Zur Anpassung der Buchung in der HB I wird im Fall B einerseits die Buchung (2) durch den Buchungssatz (2) ersetzt:

Sonstiger betrieblicher Aufwand	10 GE	an	Verbindlichkeiten	10 GE

In diesem Fall belasten die grundsätzlich aktivierungsfähigen, indes gemäß den konzerneinheitlichen Richtlinien nicht aktivierten Gemeinkosten das Ergebnis des TU_1.

Bei Verkauf des Fertigerzeugnisses I an das MU ist die Buchung (3) um die aktivierungsfähigen Gemeinkosten zu korrigieren. Buchungssatz (3) lautet:

Umsatzkosten	45 GE	an	Fertige Erzeugnisse I	45 GE

Der GuV-Posten „Umsatzkosten" erfasst in diesem Fall nur noch die Einzelkosten sowie die aktivierungspflichtigen Gemeinkosten des fertigen Erzeugnisses I, da die zugehörigen aktivierungsfähigen Gemeinkosten bereits über die Buchung (2) erfolgswirksam berücksichtigt wurden.

Der Wertansatz des Vermögensgegenstandes in der HB I des MU ist um die bei der Weiterverarbeitung im MU angefallenen aktivierungsfähigen Gemeinkosten von 5 GE zu korrigieren, damit die Bewertung den konzerneinheitlichen Richtlinien entspricht. Buchungssatz (6) ist in diesem Fall durch Buchungssatz (6) zu ersetzen. Die grundsätzlich aktivierungsfähigen, indes gemäß den konzerneinheitlichen Richtlinien nicht aktivierbaren Gemeinkosten mindern das Eigenkapital des MU und werden mit Buchungssatz (7) erfasst:

Fertige Erzeugnisse II	195 GE			
Sonstiger betrieblicher Aufwand	5 GE	an	Verbindlichkeiten	100 GE
			Roh-, Hilfs- und Betriebsstoffe	100 GE

Eigenkapital	5 GE	an	Jahreserfolg	5 GE

Die Entwicklung der Einzelbilanzwerte wird in der folgenden Tabelle zusammengefasst.

Zeitpunkt t = 0 (Alle Zahlen-angaben in GE)	TU_1 HB I = HB II	MU HB I = HB II	Summen-abschluss	Konsolidie-rungsspalte		Konzern-abschluss
				Soll	Haben	
Bilanz						
Aktiva						
Sonstiges AV	700	400				
Anteile an verb. Unt.		600				
RHB		$+ 100^5$				
		$- 100^6$				
FE_I	45					
	$- 45^3$					
FE_{II}		$+ \mathbf{195}^{\mathbf{6}}$				
Kasse	$+ 100^1$	200				
		$- 100^5$				
Summe Aktiva	800	1.295				
Passiva						
Eigenkapital	355	500				
	$+ 45^4$	$- 5^7$				
Verbindlichkeiten	$+ 10^2$	$+ 100^6$				
Sonst. Passiva	390	700				
Summe Passiva	800	1.295				
GuV						
Ertrag						
Umsatzerlöse	100^1					
Aufwand						
Umsatzkosten	45^3					
Sonstiger betriebli-cher Aufwand	10^2	5^6				
Jahresergebnis	$+45^4$	$- 5^7$				

Legende: Vgl. Übersicht V-27.

Übersicht V-28: *Entwicklung des Einzelbilanzwertes bei einer Bewertung zur Her-stellungskostenuntergrenze (Fall B)*

Ein Vermögensgegenstand darf nach § 255 Abs. 2 auch zu einem Wert angesetzt wer-den, der zwischen der Obergrenze und der Untergrenze der Herstellungskosten liegt. Da hier später die größtmöglichen Auswirkungen auf die Zwischenergebniselimi-nierung dargestellt werden sollen, wenn die Herstellungskosten entsprechend dem

Bewertungswahlrecht in der HB II entweder an der Obergrenze oder an der Untergrenze angesetzt werden, bleiben die Fälle einer Bewertung zwischen der Ober- und Untergrenze im Folgenden unberücksichtigt.

In der HB II sind sowohl in Fall A als auch in Fall B Zwischenergebnisse enthalten, da in dem Bilanzwert dcs Vermögensgegenstandes (jeweils fettgedruckt in der Spalte „MU HB II“, vgl. Übersicht V-27 und Übersicht V-28) noch der Gewinn, die anteiligen Gemeinkosten und die Vertriebskosten des liefernden Tochterunternehmens enthalten sind. Dieser Wert geht im folgenden Schritt in die Summenbilanz ein und ist durch die eigentliche Zwischenergebniseliminierung auf die Konzernherstellungskosten anzupassen.

323. Die Ermittlung des Konzernbilanzwertes

323.1 Konzernanschaffungskosten

Falls ein Vermögensgegenstand von einem einbezogenen Unternehmen an ein anderes einbezogenes Unternehmen veräußert wird, ist dieser Vermögensgegenstand zu Konzernanschaffungskosten anzusetzen. Nach § 255 Abs. 1 i. V. m. § 298 Abs. 1 umfassen die Konzernanschaffungskosten diejenigen Ausgaben, die ein in den Konzernabschluss einbezogenes Unternehmen leisten muss, um einen Vermögensgegenstand von einem nicht einbezogenen Unternehmen zu erwerben und in den betriebsbereiten Zustand zu versetzen. Die Vorgaben des § 255 Abs. 1 sind hierbei aus Konzernsicht auszulegen. So können Ausgaben für **Anschaffungsnebenkosten** aus Sicht des einzelnen Unternehmens sehr wohl zu aktivieren sein, aus Sicht des Konzerns indes nicht.[238] Ein Beispiel hierfür wären Gebühren für die Eintragung in das Grundbuch, die entstehen, wenn ein einbezogenes Unternehmen ein Grundstück an ein anderes einbezogenes Unternehmen verkauft.[239] Der Zeitpunkt der Anschaffung ist der erstmalige Zugang des Vermögensgegenstandes bei einem einbezogenen Unternehmen von außen bzw. der Zeitpunkt, zu dem der Vermögensgegenstand in den betriebsbereiten Zustand versetzt wird. Als **nachträgliche Konzernanschaffungskosten** sind solche Aufwendungen anzusetzen, die nach dem Anschaffungszeitpunkt anfallen, indes in einem sachlichen und auch noch in einem gewissen zeitlichen Zusammenhang mit der Anschaffung stehen und deren Entstehen bereits bei der Bemessung des Kaufpreises berücksichtigt wurde.[240]

---

238 Vgl. EBELING, R. M., in: Baetge/Kirsch/Thiele, § 304 HGB, Rn. 33.

239 Vgl. BIENER, H./BERNEKE, W., Bilanzrichtlinien-Gesetz, S. 345.

240 Vgl. ADS, 6. Aufl., § 255 HGB, Rn. 40-44.

323.2 Konzernherstellungskosten

Für den Fall, dass ein Vermögensgegenstand von einem einbezogenen Unternehmen selbst erstellt und nicht von außen fremdbezogen wurde, ist dieser Vermögensgegenstand zu Konzernherstellungskosten zu bewerten. Für die Definition der Konzernherstellungskosten ist nach § 298 Abs. 1 die Definition der Herstellungskosten nach § 255 Abs. 2 und 3 maßgeblich.[241]

Die aus Sicht eines einzelnen Unternehmens bestehenden Wahlbestandteile[242] der Herstellungskosten bestehen auch aus Konzernsicht, wobei die zugrunde liegenden Sachverhalte aus der Perspektive des Konzerns und nicht aus der Sicht des einzelnen Unternehmens zu betrachten sind. Die Ausübung der Wahlrechte ist einmalig in der konzerneinheitlichen Bewertungsrichtlinie festzulegen. Die konzerneinheitliche Bewertungsrichtlinie kann eine Bewertung zur Ober- oder Untergrenze sowie zu Werten zwischen der Ober- und Untergrenze der Konzernherstellungskosten vorschreiben. Abhängig von der konzerneinheitlichen Bewertungsrichtlinie wird die Höhe des zu eliminierenden Zwischenergebnisses determiniert. Bis zur Festlegung der konzerneinheitlichen Richtlinie ist die Differenz zwischen dem Konzernhöchst- und Konzernmindestwert eliminierungsfähig, allerdings nicht eliminierungspflichtig. Ein eliminierungspflichtiger Zwischengewinn ergibt sich, falls der HB II-Wert über dem Höchstwert der Konzernherstellungskosten liegt. Der Zusammenhang wird durch die folgende Übersicht V-29 verdeutlicht:

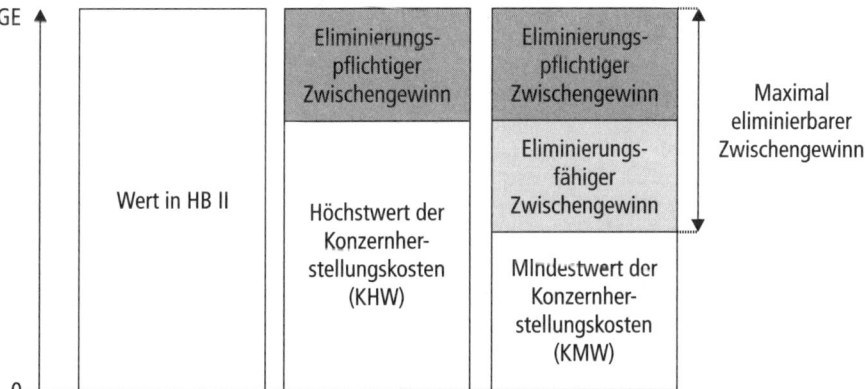

Übersicht V-29:   *Die Bestimmung des Zwischengewinns abhängig von den festzulegenden Konzernherstellungskosten*

---

241 Handelt es sich bei den Vermögensgegenständen um selbstgeschaffene immaterielle Vermögensgegenstände des Anlagevermögens, ist zur Frage der Aktivierbarkeit der angefallenen Herstellungskosten neben § 255 Abs. 2 auch § 255 Abs. 2a zu beachten.

242 Vgl. Abschn. 322. in diesem Kapitel.

Der bilanzpolitische Spielraum der eliminierungsfähigen Zwischenergebnisse ist dabei in der Realität aus zwei Gründen eher beschränkt. Zum einen wird die Entscheidung, ob bestimmte Vermögensgegenstände im Konzernabschluss zur Herstellungskostenobergrenze oder Herstellungskostenuntergrenze angesetzt werden, aufgrund der Komplexität der praktischen Umsetzung i. d. R. schon im Vorfeld der Konzernabschlusserstellung gefällt und mit der Konzernbilanzierungsrichtlinie an die Konzernunternehmen kommuniziert. Dadurch werden die grundsätzlich eliminierungsfähigen Gemeinkostenanteile auf Vorstufen entweder eliminierungspflichtig (bei einer Bewertung zur Herstellungskostenuntergrenze) oder aktivierungspflichtig (bei einer Bewertung zur Herstellungskostenobergrenze). Zum anderen ist die Erhebung der Informationen über die auf Vorstufen verrechneten Gemeinkosten sehr aufwendig, weshalb in vielen Fällen eine Bewertung zur (ohnehin aussagefähigeren[243]) Herstellungskostenobergrenze gewählt wird. Auch in diesem Fall sind keine Kostenbestandteile mehr eliminierungsfähig.

Für den Fall eines Zwischenverlustes stellt sich die Situation genau spiegelbildlich dar. Falls der HB II-Wert unter dem Mindestwert der Konzernherstellungskosten liegt, besteht ein eliminierungspflichtiger Zwischenverlust. Für die Differenz zwischen dem Mindest- und dem Höchstwert der Konzernherstellungskosten besteht wiederum bis zur Festlegung der konzerneinheitlichen Richtlinie ein einmalig auszuübendes Wahlrecht. In Höhe der Differenz zwischen dem Mindest- und dem Höchstwert der Konzernherstellungskosten handelt es sich somit um einen eliminierungsfähigen, allerdings nicht eliminierungspflichtigen Zwischengewinn. Der Zusammenhang wird durch die folgende Übersicht V-30 verdeutlicht:

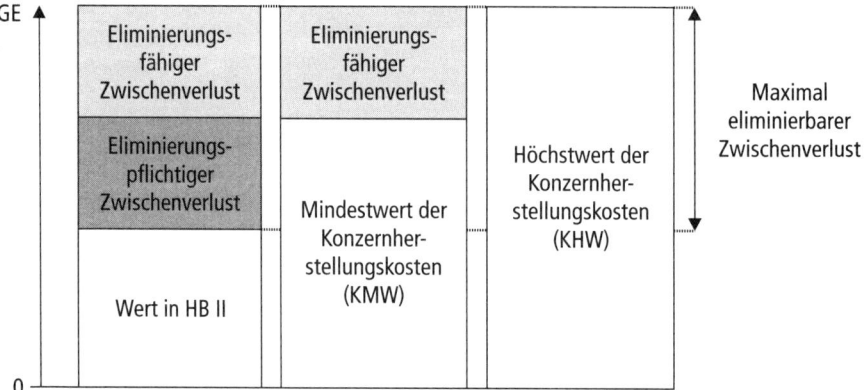

Übersicht V-30: *Die Bestimmung des Zwischenverlustes abhängig von den festzulegenden Konzernherstellungskosten*

---

243 Vgl. BAETGE, J./KIRSCH, H.-J./THIELE, S., Bilanzen, 9. Aufl., Kap. IV Abschn. 212.4.

Nachdem die Abgrenzung der Herstellungskosten konzerneinheitlich definiert wurde, bestehen nur noch eliminierungspflichtige Zwischengewinne bzw. Zwischenverluste in Höhe der Differenz zwischen HB II-Wert und den dann festgelegten Konzernherstellungskosten.

Zur Ermittlung der Konzernherstellungskosten sind die Wertansätze aus der HB II um sog. Herstellungskostenmehrungen und Herstellungskostenminderungen zu korrigieren.[244] **Herstellungskostenmehrungen** sind Aufwendungen, für die zwar aus Sicht des einzelnen einbezogenen Unternehmens eine Aktivierung nicht in Betracht kommt, die aber aus Sicht des Konzerns aktivierungspflichtig sind.[245] So sind bei konzerninternen Lieferungen entstandene Aufwendungen für den Transport des Erzeugnisses aus Sicht des liefernden Unternehmens den Vertriebskosten zuzuordnen, die im Einzelabschluss des liefernden Unternehmens nicht aktiviert werden dürfen. Aus Konzernsicht sind diese Aufwendungen i. d. R., da es sich aus Konzernsicht um einen Transport zwischen verschiedenen Betriebsstätten handelt, als Fertigungskosten zu behandeln und folglich zu aktivieren. Als **Herstellungskostenminderungen** gelten zum einen Aufwendungen, die in der HB II aktiviert wurden, im Konzernabschluss indes nicht aktivierungsfähig sind. So sind z. B. innerkonzernliche Lizenzgebühren, innerkonzernliche Mietaufwendungen oder Gewinnzuschläge, die bei dem empfangenden Konzernunternehmen aktiviert werden, zu eliminieren. Zum anderen sind Bestandteile zu eliminieren, die zwar grundsätzlich aktivierungsfähig sind, aber gemäß den vom Mutterunternehmen festgelegten Konzernbilanzrichtlinien nicht angesetzt werden dürfen. Beispielsweise sind bei konzerneinheitlicher Bewertung zur Herstellungskostenuntergrenze auf Vorstufen verrechnete Verwaltungsgemeinkosten zu eliminieren.

Für die Ermittlung des Konzernhöchstwertes und des Konzernmindestwertes sind die Bestandteile der Herstellungskosten in **unserem Beispiel** entsprechend der folgenden, angenommenen Aufteilung der Einzel- und Gemeinkosten wie folgt einzustufen:

---

244 Zur grundsätzlichen Behandlung von Herstellungskostenmehrungen und Herstellungskostenminderungen bei der Ermittlung der Herstellungskosten vgl. Übersicht V-21. Ausgangspunkt für die Bestimmung der Konzernherstellungskosten sind demnach die Herstellungskosten der HB II. Zur Unter- bzw. Obergrenze der Herstellungskosten gemäß HB II vgl. Übersicht V-24.

245 Vgl. KÜTING, K./WEBER, C.-P., Einzelfragen der Eliminierung von Zwischenergebnissen, S. 306.

Kalkulation des Selbstkostenpreises bzw. der vorläufigen Konzernherstellungskosten (Alle Zahlenangaben in GE)		TU_1	MU	Fall A KHW	Fall B KMW
P	Materialeinzelkosten	10	100	10	10
+	Fertigungseinzelkosten	10	75	85	85
+	Sondereinzelkosten der Fertigung	5	–	5	5
=	Summe der Einzelkosten	25	175	100	100
+	Angemessene Teile der notwendigen Materialgemeinkosten	10	7	17	17
+	Angemessene Teile der notwendigen Fertigungsgemeinkosten	5	7	12	12
+	Angemessene Teile des Werteverzehrs des Anlagevermögens	5	6	11	11
=	Summe der aktivierungspflichtigen Gemeinkosten	20	20	40	40
W	+ Anteilige Gemeinkosten der allgemeinen Verwaltung	3	1	4	–
+	Anteilige Aufwendungen für soziale Einrichtungen des Betriebes, für freiwillige soziale Leistungen und für betriebliche Altersversorgung		2	2	–
+	Anteilige zurechenbare Zinsen für Fremdkapital	2	2	4	–
=	Summe der aktivierungsfähigen Gemeinkosten	5	5	10	–
V	+ Vertriebskosten	5		–	
+	Gewinnzuschlag	45		–	–
=	**Selbstkostenpreis**	100	–	–	–
=	**Vorläufige Konzernherstellungskosten**	–	–	150	140

Legende:
P ≙ Pflichtbestandteile der Herstellungskosten
W ≙ Wahlbestandteile der Herstellungskosten
V ≙ Verbot der Aktivierung
KHW ≙ Konzernhöchstwert
KMW ≙ Konzernmindestwert

Übersicht V-31: *Die Bestandteile der Konzernherstellungskosten*

Bei den in den beiden rechten Spalten der Übersicht V-31 ausgewiesenen Werten handelt es sich um die Ober- bzw. Untergrenze der **Konzernherstellungskosten** (KHW bzw. KMW). Über die aus Konzernsicht nötige Umwidmung der beim MU angefallenen Materialeinzelkosten in Höhe von 100 GE hinaus ist zusätzlich zu berücksichtigen, dass aus Sicht des Konzerns als der wirtschaftlichen Einheit bestimmte im konzerninternen Lieferungs- und Leistungsverkehr anfallende Aufwendungen anders zu beurteilen sind als aus Sicht des Einzelunternehmens. Die Zusammensetzung der Konzernherstellungskosten wird durch die folgende Übersicht verdeutlicht:

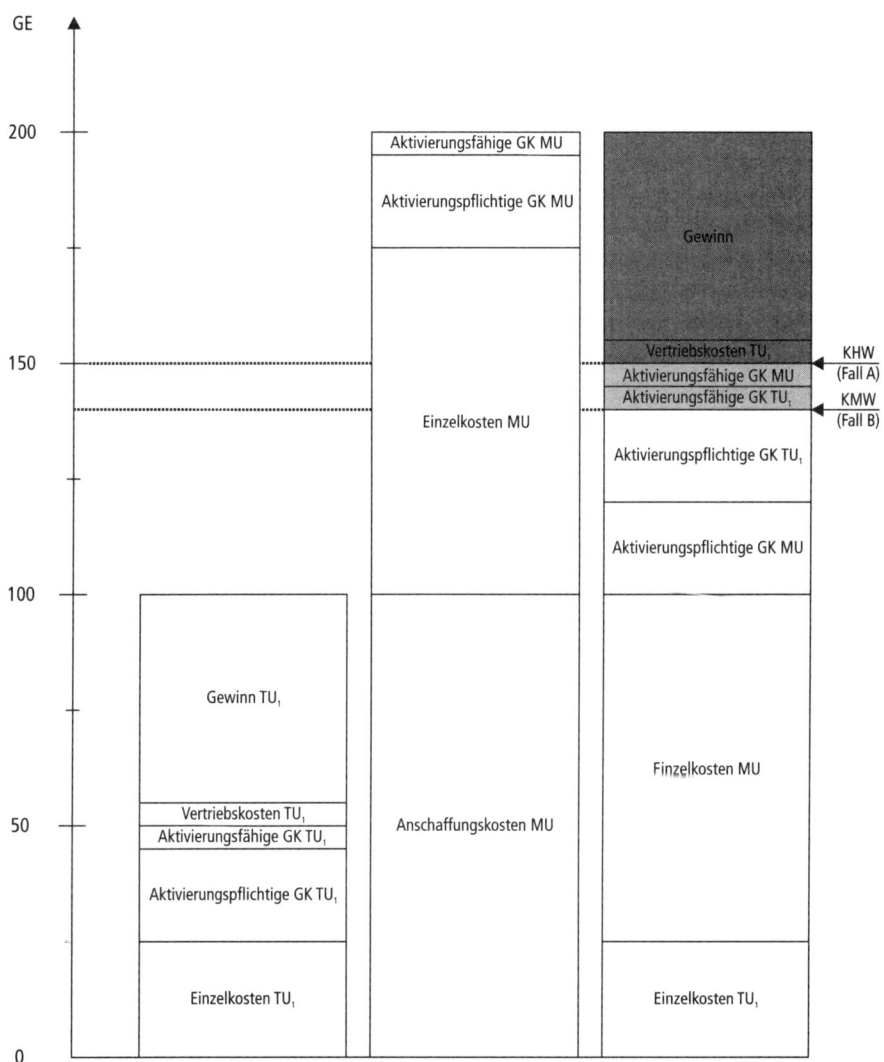

Übersicht V-32: *Die Bandbreite des Zwischengewinns in Verbindung mit dem festzu-legenden Konzernwert*

Zu prüfen ist im Folgenden, ob im Beispiel nur aus Konzernsicht aktivierungspflich-tige bzw. aktivierungsfähige Kostenbestandteile oder aus Konzernsicht nicht aktivier-bare Kostenbestandteile in den Herstellungskosten enthalten sind. Fraglich ist hier-bei, ob die beim liefernden Tochterunternehmen angefallenen Vertriebskosten (5 GE) für eine werbewirksame Transportverpackung aus Konzernsicht als Herstel-lungskostenmehrungen zu beurteilen sind. Da diese Verpackung auch für den Ver-kauf des Vermögensgegenstandes am externen Markt verwendet wird, sind die ange-fallenen Vertriebskosten in diesem Fall nicht als Herstellungskostenmehrungen zu

Einzelkosten, sondern auch aus Konzernsicht als nicht aktivierbare Vertriebskosten zu klassifizieren.[246] Allgemein ist hier wie bei allen anderen Bestandteilen der Herstellungskosten die Einordnung der angefallenen Aufwendungen aus Konzernsicht entscheidend. Hätte es sich im Beispiel um eine reine (nicht werbewirksame) Transportverpackung gehandelt, wäre diese aus Sicht des Einzelunternehmens ebenfalls als Vertriebskosten nicht aktivierungsfähig gewesen, wohl aber aus Sicht des Konzerns als Sondereinzelkosten der Fertigung.

Zuletzt ist der ermittelte Konzernbilanzwert daraufhin zu prüfen, ob eventuell eine außerplanmäßige Abschreibung vorzunehmen ist. Eine Pflicht zur **außerplanmäßigen Abschreibung** besteht bei Gegenständen des Anlagevermögens, wenn die Wertminderung voraussichtlich von Dauer ist (§ 253 Abs. 3 Satz 3), sowie bei Gegenständen des Umlaufvermögens, um den Wertansatz an den niedrigeren aus einem Börsen- oder Marktpreis abgeleiteten Wert bzw. an den niedrigeren beizulegenden Wert anzugleichen (§ 253 Abs. 4). Bei Finanzanlagen besteht ein Abschreibungswahlrecht, wenn sie vorübergehend in ihrem Wert gemindert sind (§ 253 Abs. 3 Satz 4).

Die bisher ermittelten Herstellungskosten (vgl. Übersicht V-31) brauchen im **Beispiel** nicht wegen fehlender Gängigkeit der fertigen Erzeugnisse oder aufgrund von Schwund auf einen niedrigeren beizulegenden (Markt-)Wert korrigiert zu werden. Der Vermögensgegenstand darf dementsprechend maximal mit 150 GE bei einer Bewertung zur Herstellungskostenobergrenze angesetzt werden. Soll der Vermögensgegenstand indes mit dem geringstmöglichen Wert und damit zur Herstellungskostenuntergrenze angesetzt werden, so ist der Vermögensgegenstand mit den Einzelkosten zuzüglich aktivierungspflichtiger Gemeinkosten in Höhe von 140 GE zu bewerten.

324. Die Technik der Zwischenergebniseliminierung

Der Zusammenhang von Zwischenergebniseliminierung und Bemessung der Konzernherstellungskosten wird an dem oben eingeführten **Beispiel** (vgl. Abschn. 322. in diesem Kapitel) erläutert. Im **Fall A** wird wieder unterstellt, dass Vermögensgegenstände gemäß den konzerneinheitlichen Richtlinien in der HB II bzw. in der Summenbilanz zur Herstellungskostenobergrenze und korrespondierend dazu in der Konzernbilanz mit dem Konzernhöchstwert (KHW) angesetzt werden. Dagegen werden im **Fall B** die Vermögensgegenstände in der HB II bzw. in der Summenbilanz mit der Untergrenze der Herstellungskosten und in der Konzernbilanz mit dem Konzernmindestwert (KMW) angesetzt. Latente Steuern bleiben jeweils unberücksichtigt.[247]

Für den **Fall A**, bei dem der Vermögensgegenstand in der Summenbilanz zu 200 GE bewertet wird, entsteht ein eliminierungspflichtiger Zwischengewinn von 50 GE, da der Konzernhöchstwert (KHW) nur 150 GE beträgt (vgl. Übersicht V-27 i. V. m. Übersicht V-31).

---

246 Vgl. BUSSE VON COLBE, W. U. A., Konzernabschlüsse, S. 382 f.
247 Vgl. hierzu Kap. VIII Abschn. 323.23.

Der Zwischengewinn wird im **Fall B** um 5 GE erhöht, wenn nicht jeweils zur Herstellungskostenobergrenze, sondern nur zur Herstellungskostenuntergrenze bewertet wird. Der Wertansatz des Vermögensgegenstandes in der Summenbilanz wird um die aktivierungsfähigen Gemeinkosten von 5 GE des MU auf 195 GE vermindert. Da indes der Vermögensgegenstand in der Konzernbilanz nur mit dem Konzernmindestwert (KMW) von 140 GE zu bewerten ist, ergibt sich ein eliminierungspflichtiger Zwischengewinn von 55 GE (vgl. Übersicht V-28, wieder i. V. m. Übersicht V-31).

Der Zwischengewinn ist im **Fall A** in der Bilanz mit Buchungssatz (1A) zu konsolidieren:

Gewinn	50 GE	an	Fertige Erzeugnisse II	50 GE

Das Zwischenergebnis für den Fall A wird in der folgenden Konsolidierungsübersicht eliminiert. Die buchhalterische Erfassung der Transaktion wurde in Abschn. 322. in diesem Kapitel erläutert, die Zwischenergebniseliminierung setzt auf der dort hergeleiteten Summenbilanz auf (vgl. Übersicht V-27). Die Konsolidierungsbuchung (1A) wird in der **Konsolidierungsspalte** erfasst.[248]

---

248 Die Buchungen in der GuV sind nicht Bestandteil der Zwischenergebniseliminierung, sondern der Aufwands- und Ertragskonsolidierung. In der Übersicht sind die Buchungen nur der Vollständigkeit halber enthalten. Die Aufwands- und Ertragskonsolidierung wird im folgenden Abschn. 4 in diesem Kapitel behandelt.

Zeitpunkt t = 0 (Alle Zahlenangaben in GE)	TU$_1$ HB II	MU HB II	Summen-abschluss	Konsolidie-rungsspalte Soll	Haben	Konzern-abschluss
Bilanz						
Aktiva						
Sonstiges AV	700	400	1.100			1.100
Anteile an verb. Unt.		600	600			600
FE$_{II}$		200	200		50^{1A}	150
Kasse	100	100	200			200
Summe Aktiva	800	1.300	2.100			2.050
Passiva						
Eigenkapital						
■ Jahresergebnis	45	0	45	50^{1A}		– 5
■ Sonstiges EK	355	500	855			855
Verbindlichkeiten	5	100	105			105
Sonst. Passiva	395	700	1.095			1.095
Summe Passiva	800	1.300	2.100			2.050
GuV						
Ertrag						
Umsatzerlöse	100		100	100		
Aufwand						
Umsatzkosten	50		50		50	
Sonstiger betrieblicher Aufwand	5		50			5
Jahresergebnis	+ 45		+ 45	50	50	– 5
Legende: Vgl. Übersicht V-27.						

Übersicht V-33: *Die Zwischenergebniseliminierung bei Ansatz des Konzernhöchstwertes (Fall A)*

Mit der Konsolidierungsbuchung (1A) ist der Zwischengewinn in der Konzernbilanz eliminiert worden. Die Weiterverarbeitung des Vermögensgegenstandes durch das Mutterunternehmen wird im Konzernabschluss nach der Konsolidierung als Aktivtausch und damit aus Konzernsicht zutreffend ausgewiesen. Bei der Zwischenergebniseliminierung wird das Zwischenergebnis in der Konzern-GuV nicht konsolidiert, denn dies ist Teil der Aufwands- und Ertragskonsolidierung, die nachfolgend in Abschn. 4 in diesem Kapitel behandelt wird. Das negative Jahresergebnis im Konzernabschluss ist dabei im Beispiel ausschließlich dem eliminierungspflichtigen Zwischengewinn von 50 GE geschuldet, welcher sich aus der Differenz zwischen dem Wertansatz des veräußerten Vermögensgegenstandes in der Summenbilanz (200 GE) und dem Konzernhöchstwert (150 GE) ergibt. Da dem eliminierungspflichtigen Zwischengewinn lediglich ein Jahreserfolg von 45 GE auf Seiten des TU$_1$ aus der Veräußerung des Vermögensgegenstandes an das MU gegenüber steht, verbleibt nach der Zwischenergebniseliminierung ein negativer Jahreserfolg im Konzernabschluss.

Im **Fall B** ist der Zwischengewinn mit Buchungssatz (1B) zu konsolidieren:

Jahresergebnis	55 GE	an	Fertige Erzeugnisse II	55 GE

Das Zwischenergebnis für den Fall B wird in folgender Übersicht eliminiert, wobei die Zwischenergebniseliminierung wiederum auf der in Abschn. 322. in diesem Kapitel hergeleiteten Summenbilanz aufsetzt (vgl. Übersicht V-28):[249]

Zeitpunkt t = 0 (Alle Zahlenangaben in GE)	TU_1 HB II	MU HB II	Summen-abschluss	Konsolidierungsspalte Soll	Konsolidierungsspalte Haben	Konzern-abschluss
Bilanz						
Aktiva						
Sonstiges AV	700	400	1.100			1.100
Anteile an verb. Unt.		600	600			600
FE_{II}		195	195		55^{1B}	140
Kasse	100	100	200			200
Summe Aktiva	800	1.295	2.095			2.040
Passiva						
Eigenkapital						
▪ Jahresergebnis	45	− 5	40	55^{1B}		− 15
▪ Sonstiges EK	355	500	855			855
Verbindlichkeiten	10	100	110			110
Sonst. Passiva	390	700	1.090			1.090
Summe Passiva	800	1.295	2.095			2.040
GuV						
Ertrag						
Umsatzerlöse	100		100	100		
Aufwand						
Umsatzkosten	45		45	45		
Sonstiger betrieblicher Aufwand	10	5	15			15
Jahresergebnis	+45	− 5	40		55	− 15
Legende: Vgl. Übersicht V-27.						

Übersicht V-34: *Die Zwischenergebniseliminierung bei Ansatz des Konzernmindestwertes (Fall B)*

---

249 Wiederum sind die Buchungen in der GuV nicht Bestandteil der Zwischenergebniseliminierung, sondern der Aufwands- und Ertragskonsolidierung. In der Übersicht sind die Buchungen nur zur Vollständigkeit enthalten. Die Aufwands- und Ertragskonsolidierung wird im folgenden Abschn. 4 in diesem Kapitel behandelt.

Die **Bestimmungsfaktoren des Zwischengewinns** lassen sich identifizieren, wenn der Zwischengewinn des Beispiels in seine einzelnen Elemente aufgespalten wird, siehe dazu Übersicht V-35:

Bestimmungsfaktoren des Zwischengewinns (Alle Zahlenangaben in GE)	Fall A HK-Obergrenze	Fall B HK-Untergrenze
Gewinnzuschlag (TU$_1$)	45	45
+ Vertriebskosten	5	5
– Kostenbestandteile, die zwar aus Sicht des Einzelabschlusses nicht aktivierbar sind, aber aus Sicht des Konzerns aktivierungsfähig oder -pflichtig sind (z. B. bestimmte Vertriebskosten)	–	–
+ Kostenbestandteile, die zwar aus Sicht des Einzelabschlusses, nicht aber aus Konzernsicht Herstellungskosten darstellen (z. B. konzernintern verrechnete Kostenbestandteile wie Lizenzgebühren)	–	–
+ Summe der aktivierungsfähigen Gemeinkosten (TU$_1$)	–	5
= Zwischengewinn	50	55

Übersicht V-35: *Die Bestimmungsfaktoren des Zwischengewinns im Fall A und im Fall B*

Die Gewinnbestandteile bilden ebenso wie die im Konzernabschluss nicht aktivierbaren Vertriebskosten den eliminierungspflichtigen Zwischengewinn. Damit werden Kostenbestandteile, die einem Aktivierungsverbot im Konzernabschluss unterliegen, automatisch zu Bestandteilen des eliminierungspflichtigen Zwischengewinns. Sofern innerkonzernliche Lizenzgebühren gezahlt wurden, reduzieren diese den Zwischengewinn, da diese aus Konzernsicht keine Herstellungskosten darstellen. Die übrigen Bestandteile (aktivierungsfähige Gemeinkosten der Vorstufen) sind durch die Festlegung der konzerneinheitlichen Bewertungsrichtlinie ggf. zu eliminierungspflichtigen Bestandteilen des Zwischenergebnisses geworden (Fall B).

33   Die Verrechnung von Zwischenergebnissen in der Konzernbilanz

331.   Überblick

Bei der Verrechnung eliminierter Zwischenergebnisse ist nach der Art der Vermögensgegenstände zu unterscheiden. Bei Lieferungen in das **Vorratsvermögen** ist das Zwischenergebnis beim Posten Vorräte auf der Aktivseite zu korrigieren. In jeder Konzernbilanz sind die konzernintern gelieferten Vorräte von neuem zu bereinigen, bis sie an nicht einbezogene Unternehmen verkauft werden.[250] Bei Lieferungen von **nicht abnutzbaren Vermögensgegenständen des Anlagevermögens** sind diese Vermögensgegenstände in jedem Konzernabschluss solange im Wert zu berichtigen, bis sie aus dem Konzern ausscheiden. Zudem ist auch in den Folgeperioden für alle Vermögensgegenstände zu prüfen, ob eine Pflicht zur **außerplanmäßigen Abschreibung** besteht. Eine derartige Pflicht besteht bei Gegenständen des Anlagevermögens, wenn die Wertminderung voraussichtlich von Dauer ist (§ 253 Abs. 3 Satz 3), sowie bei Gegenständen des Umlaufvermögens, um den Wertansatz an den niedrigeren aus einem Börsen- oder Marktpreis abgeleiteten Wert bzw. an den niedrigeren beizulegenden Wert anzugleichen (§ 253 Abs. 4). Es besteht ein Wahlrecht, Finanzanlagen abzuschreiben, wenn sie vorübergehend in ihrem Wert gemindert sind (§ 253 Abs. 3 Satz 4).

Ein **abnutzbarer Vermögensgegenstand des Anlagevermögens** ist außerdem planmäßig abzuschreiben. Wenn ein abnutzbarer Vermögensgegenstand des Anlagevermögens innerhalb des Konzerns veräußert wird, berechnet sich im Jahr der Transaktion das Zwischenergebnis als Differenz zwischen dem Veräußerungspreis und dem Konzernwert. Aufgrund dieser Differenz weichen in den Folgejahren die planmäßigen Abschreibungen in der HB II des empfangenden Konzernunternehmens von den im Konzernabschluss zulässigen Abschreibungen ab. Dieser Sachverhalt lässt sich an dem oben eingeführten **Beispiel** veranschaulichen.

Zeitpunkt t (Alle Zahlenangaben in GE)	0	1	2	3	4	5
Restbuchwert AV						
HB II	200	160	120	80	40	0
Konzernabschluss	150	120	90	60	30	0
Abschreibungen in t						
HB II		− 40	− 40	− 40	− 40	− 40
Konzernabschluss		− 30	− 30	− 30	− 30	− 30
Abschreibungsdifferenz (ergebniswirksam)		+ 10	+ 10	+ 10	+ 10	+ 10
Zwischengewinn						
Bestand AV	50	40	30	20	10	0
GuV-Veränderung (ergebniswirksam)	− 50	+ 10	+ 10	+ 10	+ 10	+ 10
Eigenkapitalverrechnung						
Konsolidierungsausgleichsposten	0	− 50	− 40	− 30	− 20	− 10

Übersicht V-36: *Beispiel zur Entwicklung des Zwischenergebnisses in den Folgeperioden*

Das MU habe den von dem TU$_1$ gekauften Vermögensgegenstand weiterverarbeitet und zu seiner Herstellungskostenobergrenze mit 200 GE in t = 0 angesetzt. Der Vermögensgegenstand wird über die Nutzungsdauer von fünf Jahren linear abgeschrie-

---

250 Vgl. ADS, 6. Aufl., § 304 HGB, Rn. 78 f.

ben. Die Konzernleitung entscheidet sich für einen Ansatz des Vermögensgegenstandes zum Konzernhöchstwert (150 GE). Zum Zeitpunkt der Anschaffung wird der Konzernerfolg in der Konzernbilanz um den Zwischengewinn in Höhe von 50 GE gekürzt. In den Folgejahren wird in der HB II von 200 GE und im Konzernabschluss von 150 GE abgeschrieben, so dass pro rata temporis der Zwischengewinn um die **Abschreibungsdifferenz** von 10 GE ergebniswirksam verringert wird. Über die fünf Jahre betrachtet wird der um den Zwischengewinn in t = 0 verringerte Konzernerfolg jährlich in Höhe der Abschreibungsdifferenz um 10 GE erhöht, so dass sich am Ende der Nutzungsdauer der in t = 0 eliminierte Zwischengewinn mit der Summe der Abschreibungsdifferenzen ausgeglichen hat. Da der Zwischengewinn bereits in t = 0 erfolgswirksam eliminiert wurde, ist das Zwischenergebnis in den Folgeperioden erfolgsneutral mit dem Konzerneigenkapital (z. B. mit einem Konsolidierungsausgleichsposten) zu verrechnen. Die jährliche Verringerung dieses Postens um 10 GE resultiert aus der erfolgswirksamen Verrechnung der jährlichen Abschreibungsdifferenz mit dem Konzernerfolg. Falls bei der konzerninternen Lieferung ein Zwischenverlust entsteht, gilt die gleiche Entwicklung mit einem umgekehrten Vorzeichen.[251]

Der Umfang der Zwischenergebniseliminierung verändert sich in den Folgeperioden nur dann, wenn der Vermögensgegenstand außerplanmäßig abgeschrieben oder im Kreis der einbezogenen Unternehmen zu einem neuen Verrechnungspreis verkauft wird.[252] Bei abnutzbaren Vermögensgegenständen sind die fortgeschriebenen Werte aus der HB II dann auf den um planmäßige Abschreibungen fortgeführten Wert der Konzernanschaffungs- oder Konzernherstellungskosten zu bringen. Weichen die Werte voneinander ab, so besteht ein eliminierungspflichtiges Zwischenergebnis, das in den Folgeperioden über die planmäßige Abschreibung pro rata temporis bis zum Abgang des Vermögensgegenstandes aus dem Kreis der einbezogenen Unternehmen oder bis zur vollen Abschreibung realisiert wird.[253]

Da durch die Zwischenergebniseliminierung die Bestandswerte korrigiert werden, ist eine Gegenbuchung erforderlich, die die Konzernbilanz ausgleicht. Vor dem Hintergrund des Rechenschaftszweckes ist die Gegenbuchung in der Form auszuführen, dass die Erfolge im Konzernabschluss zu dem Zeitpunkt ausgewiesen werden, zu dem sie aus Konzernsicht realisiert sind. **Erstmalig entstandene Zwischenergebnisse** sind in der Konzernbilanz beim Konzernergebnis gegenzubuchen. Der Konzernerfolg ist bei der Aufwands- und Ertragskonsolidierung noch um das Zwischenergebnis in der Konzern-GuV zu berichtigen. Um diesen Betrag wird der Konzernerfolg bei einem Zwischengewinn zu hoch ausgewiesen bzw. bei einem Zwischenverlust zu niedrig. Neu entstandene Zwischenergebnisse sind folglich auf der Passivseite über den Konzernerfolg zu eliminieren, also **erfolgswirksam** zu korrigieren. Ist der betroffene Vermögensgegenstand in der Folgeperiode noch bei einem der einbezogenen Unterneh-

---

251 Zu diesem Beispiel vgl. WEBER, H., in: Küting/Weber, HdK, 2. Aufl., § 304 HGB, Rn. 84.

252 Vgl. ADS, 6. Aufl., § 304 HGB, Rn. 88.

253 Vgl. EBELING, R. M., in: Baetge/Kirsch/Thiele, § 304 HGB, Rn. 64. Zum Zurechnungsproblem der Zwischenergebnisse bei abnutzbaren Vermögensgegenständen des Anlagevermögens vgl. ADS, 6. Aufl., § 304 HGB, Rn. 80-86; GROBE, S., Eliminierung von Zwischengewinnen, S. 310 f.

men vorhanden, so wird aus Konzernsicht der Vermögensgegenstand in der Summenbilanz um den Zwischengewinn (-verlust) zu hoch (zu niedrig) ausgewiesen. Das Zwischenergebnis ist daher erneut zu eliminieren. In der HB II ist kein Zwischenergebnis in den Jahreserfolg eingeflossen, da die Transaktion in der Vorperiode stattfand. Das Zwischenergebnis aus den Vorperioden wird auch in der GuV der laufenden Periode nicht abgebildet. Daher ist es notwendig, **Zwischenergebnisse aus Vorperioden** in den Folgeperioden **erfolgsneutral** zu verrechnen.[254]

Eine solche Notwendigkeit zur erfolgsneutralen Verrechnung ergibt sich auch in der **Periode des Abganges** von Vermögensgegenständen, die in Vorperioden aufgrund konzerninterner Lieferungen und Leistungen zu Zwischenergebnissen geführt haben. Verlassen die Vermögensgegenstände durch Veräußerung an einen Konzernaußenstehenden den Verfügungsbereich des Konzerns, so sind die Zwischenergebnisse aus vorherigen konzerninternen Transaktionen unter Berücksichtigung des Erfolges aus der Veräußerung durch die Buchung gegen einen entsprechenden Ausgleichsposten erfolgsneutral zu eliminieren.[255]

332. Die erfolgswirksame Verrechnung von Zwischenergebnissen in der Konzernbilanz

Eine erfolgswirksame Verrechnung von Zwischenergebnissen kann in folgenden vier Konstellationen auftreten, wobei die Betrachtung hier gegenüber dem Beispiel auch auf negative Zwischenergebnisse, also Zwischenverluste, ausgedehnt wird:

- Fall (a): Der Zwischengewinn wird erstmalig eliminiert.
- Fall (b): Der eliminierte Zwischengewinn wird in der Folgeperiode realisiert.
- Fall (c): Der Zwischenverlust wird erstmalig eliminiert.
- Fall (d): Der eliminierte Zwischenverlust wird in der Folgeperiode realisiert.

Sind erstmalig Zwischengewinne zu eliminieren (**Fall (a)**), so sind bei der Zwischenergebniseliminierung der Wertansatz des Vermögensgegenstandes und das in der Bilanz ausgewiesene Ergebnis um den Zwischengewinn zu reduzieren. In der Folgeperiode, in der die Transaktion aus Konzernsicht realisiert wird (**Fall (b)**), ist der Konzernjahreserfolg im Vergleich zur Summe der Einzelerfolge zu erhöhen. Sind dagegen erstmalig Zwischenverluste zu eliminieren (**Fall (c)**), so ist bei der Zwischenergebniseliminierung der Wertansatz des Vermögensgegenstandes und das bilanzielle Konzernergebnis zu erhöhen. In der Folgeperiode, in der die Transaktion aus Konzernsicht realisiert wird (**Fall (d)**), ist der Konzernjahreserfolg im Vergleich zur Summe der Einzelerfolge zu vermindern.[256]

---

254 Vgl. WOHLGEMUTH, M., in: HdJ, Abt. V/5, Rn. 98.

255 Zur Diskussion um die erfolgswirksame oder erfolgsneutrale Verrechnung von Differenzen vgl. die entsprechenden Ausführungen zur Schuldenkonsolidierung in Abschn. 24 in diesem Kapitel.

256 Vgl. SCHILDBACH, T., Der Konzernabschluss, S. 284 f.

Liegen in einem Geschäftsjahr die verschiedenen Fälle gleichzeitig vor, dann wird durch die Zwischenergebniseliminierung der Konzernjahreserfolg insgesamt wie folgt korrigiert:[257]

Summe der Einzeljahreserfolge der einbezogenen Unternehmen aus den HB II
– Neu entstandene Zwischengewinne
+ Realisierte Zwischengewinne
+ Neu entstandene Zwischenverluste
– Realisierte Zwischenverluste
= Konzernjahreserfolg

Übersicht V-37: *Die Korrektur des Konzernjahreserfolges um Zwischenergebnisse*

333. Die erfolgsneutrale Verrechnung von Zwischenergebnissen in der Konzernbilanz

Wenn der Wertansatz eines Vermögensgegenstandes Zwischengewinne enthält, die bereits in Vorperioden erfolgswirksam eliminiert wurden, oder wenn ein solcher Vermögensgegenstand an Konzernaußenstehende veräußert wird, ist das Zwischenergebnis erfolgsneutral mit dem Konzerneigenkapital zu verrechnen.[258] Hierbei stellt sich die Frage, mit welchem Posten des Konzerneigenkapitals das Zwischenergebnis zu verrechnen ist. In seiner Entstehungsperiode ist das Zwischenergebnis im Jahreserfolg des einbezogenen Unternehmens enthalten. Die jeweiligen Organe des Unternehmens stellen bei der Gewinnverwendung das Zwischenergebnis im Fall der Gewinnthesaurierung in die Gewinnrücklagen oder im Fall der Ausschüttung in den Bilanzgewinn ein. Da in der Folgeperiode das Zwischenergebnis damit in den Gewinnrücklagen oder im Ergebnisvortrag oder in beiden Posten des Einzelunternehmens anteilig enthalten ist, sind diese Posten um die entsprechenden Teile des Zwischenergebnisses zu korrigieren.[259] Diese **differenzierte Verrechnung des Zwischenergebnisses** verlangt genaue Kenntnisse über die Gewinnverwendung in jedem einzelnen einbezogenen Unternehmen. Da eine differenzierte Verrechnung in der Praxis, vor allem bei einer großen Zahl von einbezogenen Unternehmen, auf erhebliche Schwierigkeiten stößt, wird das Zwischenergebnis aus Wirtschaftlichkeitsgründen häufig global entweder mit dem **Ergebnisvortrag,** mit den **Gewinnrücklagen** oder mit einem **Sonderposten** i. S. eines Korrekturpostens (häufig als Konsolidierungsausgleichsposten bezeichnet) verrechnet.[260] Die Argumentation hinsichtlich Ausgestal-

---

257 Vgl. HARMS, J. E./KÜTING, K., Die Eliminierung von Zwischenverlusten, S. 1898.

258 Die erfolgsneutrale Verrechnung von Zwischenergebnissen ist zudem bei Abgang der entsprechenden Vermögensgegenstände geboten. Vgl. hierzu die Ausführungen in Abschn. 24 in diesem Kapitel.

259 Vgl. WOHLGEMUTH, M., in: HdJ, Abt. V/5, Rn. 98; ADS, 6. Aufl., § 304 HGB, Rn. 91.

260 Vgl. KLEIN, K.-G., in: Beck HdR, C 430, Rn. 132.

tung und Vorzugswürdigkeit dieser drei Alternativen wurde bereits im Rahmen der Schuldenkonsolidierung[261] dargelegt und gilt analog für die Zwischenergebniseliminierung.

Auf welche Weise Zwischenergebnisse erfolgsneutral mit dem Konzerneigenkapital verrechnet werden, ist in jedem Fall im Konzernanhang zu erläutern.[262] Sofern das Unternehmen sein Eigenkapital, z. B. in dem in § 297 Abs. 1 vorgesehenen Eigenkapitalspiegel, weiter differenziert, sollten hier auch die verrechneten Zwischenergebnisse gezeigt werden. Dieses gilt vor allem auch für den Fall, dass der Korrekturposten mit den erfolgsneutralen Differenzen aus anderen Konsolidierungsmaßnahmen zusammengefasst wird.[263]

34 Der Verzicht auf die Zwischenergebniseliminierung

Mit § 304 Abs. 2 befreit der Gesetzgeber den Konzernabschlussersteller von der Pflicht, Zwischenergebnisse zu eliminieren, wenn die Eliminierung von nur untergeordneter Bedeutung für die Vermögens-, Finanz- und Ertragslage des Konzerns ist. Vor einem Verzicht auf die Zwischenergebniseliminierung muss der Konzernabschlussersteller schätzen, wie hoch die Zwischenergebnisse sind. Ein Verzicht auf die Zwischenergebniseliminierung ist nur zulässig, wenn die Zwischenergebnisse im Verhältnis zum Konzernergebnis unbedeutend sind und wenn auch der Verzicht auf die Schuldenkonsolidierung und auf die Aufwands- und Ertragskonsolidierung zusammen mit der Zwischenergebniseliminierung von untergeordneter Bedeutung wäre (**doppeltes Minimumprinzip**).[264] .

Sind die Zwischenergebnisse in der Konzernbilanz bisher nach § 304 Abs. 1 eliminiert worden und wird nun das Wahlrecht nach § 304 Abs. 2 in Anspruch genommen, ist die Konsolidierungsmethode gewechselt worden. Mit dem Wechsel der Konsolidierungsmethode, der nach § 297 Abs. 3 Satz 3 in Ausnahmefällen zulässig ist, wird der **Grundsatz der Stetigkeit** und damit die Vergleichbarkeit aufeinander folgender Konzernabschlüsse eingeschränkt. Damit dieses Informationsdefizit für den Adressaten kompensiert wird, muss über die Verletzung der Methodenstetigkeit und ihre Auswirkungen im **Konzernanhang** berichtet werden (§ 297 Abs. 3 Sätze 4 und 5). Ein Wechsel der Konsolidierungsmethode liegt gleichfalls vor, wenn das Wahlrecht nach § 304 Abs. 2 nicht länger ausgeübt werden darf, da die Voraussetzungen entfallen sind und die Zwischenergebnisse nun nach § 304 Abs. 1 zu eliminieren sind. Auch in diesem Fall ist über den Wechsel im Konzernanhang zu berichten und die Vergleichbarkeit der betreffenden Posten herzustellen.[265]

---

261 Vgl. Abschn. 2 in diesem Kapitel.

262 Vgl. ADS, 6. Aufl., § 304 HGB, Rn. 99.

263 Vgl. z. B. für die Schuldenkonsolidierung Abschn. 244.4 in diesem Kapitel.

264 Vgl. ADS, 6. Aufl., § 303 HGB, Rn. 49; vgl. dann auch Kap. II Abschn. 333.

265 Vgl. WOHLGEMUTH, M., in: HdJ, Abt. V/5, Rn. 19.

35 Die Zwischenergebniseliminierung nach IFRS

Ebenso wie die HGB-Regelungen zur Zwischenergebniseliminierung sind auch die Regelungen in den IFRS sehr allgemein. Gemäß IFRS 10.B86 sind konzerninterne Lieferungen und Leistungen sowie daraus resultierende unrealisierte **Gewinne** vollständig aus dem Konzernabschluss zu eliminieren. **Verluste** aus konzerninternen Lieferungen und Leistungen sind gleichfalls zu eliminieren, sofern die Konzernanschaffungs- oder Konzernherstellungskosten am Absatzmarkt realisierbar sind (recoverable amount). Zwischengewinne und -verluste sind gemäß IFRS 10.B86 unabhängig von der Höhe der Beteiligungsquote möglicher nicht-kontrollierender Gesellschafter voll zu eliminieren. Die Frage, ob es sich bei den Lieferungen oder Leistungen um up-stream-Geschäfte (ein Tochterunternehmen beliefert das Mutterunternehmen) oder um downstream-Geschäfte (das Mutterunternehmen beliefert ein Tochterunternehmen) handelt, spielt hier keine Rolle.[266]

Die Eliminierung von Zwischenergebnissen darf in Fällen von untergeordneter Bedeutung unterbleiben (CF.OB2 i. V. m. QC4 und QC11).

4 Die Aufwands- und Ertragskonsolidierung

41 Die Aufgabe der Aufwands- und Ertragskonsolidierung

Der Konzernabschluss besteht aus der Konzernbilanz, der Konzern-GuV, dem Konzernanhang, der Konzernkapitalflussrechnung, dem Konzerneigenkapitalspiegel sowie ggf. der Konzernsegmentberichterstattung (§ 297 Abs. 1). In Abschn. 1, Abschn. 2 und Abschn. 3 in diesem Kapitel wurden die Konsolidierungsmaßnahmen zur Ermittlung der Konzernbilanz dargestellt. Dabei betreffen die für die Erstellung der Konzernbilanz erforderlichen Konsolidierungsmaßnahmen häufig nicht nur die Konzernbilanz, sondern auch die Konzern-GuV. Während die in den vorhergehenden Abschnitten erläuterten Konsolidierungsmaßnahmen die Konzernbilanz betreffen, soll in diesem Abschnitt nun die **Herleitung der Konzern-GuV** erläutert werden. Die zur Ermittlung der Konzern-GuV erforderlichen Konsolidierungsmaßnahmen werden als **Aufwands- und Ertragskonsolidierung** bezeichnet und sind gesetzlich in § 305 geregelt.

Die Konzern-GuV basiert auf den Einzel-GuV aller einbezogenen Konzernunternehmen. Da § 275, die Vorschrift für die Gliederung der Einzel-GuV, gemäß § 298 Abs. 1 auch für den Konzernabschluss gilt, ist die Konzern-GuV entsprechend der GuV des Einzelabschlusses von Kapitalgesellschaften zu gliedern.[267] Abweichungen ergeben sich indes aufgrund zweier gesetzlicher Regelungen. Zum einen ist gemäß § 307 Abs. 2 der im Jahresergebnis enthaltene Gewinn/Verlust, der auf andere Gesell-

---

266 Vgl. BAETGE, J./HAYN, S./STRÖHER, T., in: Baetge u. a., Rechnungslegung nach IFRS, 2. Aufl., IFRS 10 27, Rn. 287.
267 Vgl. ADS, 6. Aufl., § 305 HGB, Rn. 1.

schafter entfällt, nach dem Posten „Jahresabschluss/Jahresfehlbetrag" unter entsprechender Bezeichnung gesondert auszuweisen. Zum anderen wird in § 312 Abs. 4 Satz 2 der gesonderte Ausweis des auf assoziierte Beteiligungen entfallenden Ergebnisses gefordert. Die Konzern-GuV kann wie die Einzel-GuV wahlweise nach dem Gesamtkostenverfahren (GKV) oder dem Umsatzkostenverfahren (UKV) erstellt werden.

Die Konzern-GuV wird ähnlich wie die Konzernbilanz in drei Schritten entwickelt.[268] Im **ersten Schritt** müssen die originären Einzel-GuV (GuV I) der Konzernunternehmen vereinheitlicht werden. Dabei sind die Auswirkungen des Grundsatzes der Einheitlichkeit von Ansatz und Bewertung in der Bilanz auch in der GuV zu berücksichtigen. Falls die Konzern-GuV nach dem GKV erstellt werden soll, müssen die GuV I der einzubeziehenden Konzernunternehmen, die nach dem UKV aufgestellt wurden, wegen des einheitlichen Ausweises in die Form des GKV gebracht werden oder umgekehrt.[269] Die GuV I ausländischer Tochterunternehmen sind in die Konzernwährung umzurechnen.[270] Des Weiteren müssen die einbezogenen kleinen und mittelgroßen Konzernunternehmen (§ 267), die im Einzelabschluss die größenabhängigen Erleichterungen des § 276 beansprucht haben, die zusammengefassten Posten ggf. entschlüsseln.[271] Im ersten Schritt entsteht damit analog zur HB II eine **GuV II**.

Im **zweiten Schritt** sind die GuV II der einzelnen Konzernunternehmen, die nach den Anpassungen im ersten Schritt die gleichen Posten und die gleichen Recheneinheiten enthalten, durch **zeilenweise (horizontale) Addition** zusammenzufassen. Analog zur Summenbilanz entsteht eine **Summen-GuV.**

Im **dritten Schritt** wird dann die eigentliche Konsolidierung der konzerninternen Aufwendungen und Erträge vorgenommen, die sog. **Aufwands- und Ertragskonsolidierung**. Mit diesem Konsolidierungsschritt wird die **Konzern-GuV** von Erfolgskomponenten befreit, die allein aus Geschäften zwischen einbezogenen Konzernunternehmen resultieren. Nach der Aufwands- und Ertragskonsolidierung sollte die Konzern-GuV grundsätzlich[272] nur noch Aufwendungen und Erträge aus Geschäften mit nicht einbezogenen Unternehmen ausweisen.[273]

---

268 Vgl. SCHILDBACH, T., Der Konzernabschluss, S. 295. Vgl. hierzu außerdem die Schritte 4, 5 und 6 in Kap. I Übersicht I-2.

269 Vgl. Kap. IV Abschn. 33 und Kap. VIII Abschn. 4.

270 Vgl. Kap. IV Abschn. 4.

271 Aus dem Verweis des § 298 auf § 275 (ohne Verweis auf § 276) ergibt sich eindeutig, dass für die Konzern-GuV die ausführliche Gliederung der nach § 267 großen Kapitalgesellschaften vorgeschrieben ist. Vgl. GEBHARDT, G./BERGMANN, J., Konsolidierung von Erträgen und Aufwendungen, S. 629, und auch Kap. VIII Abschn. 4.

272 Für die Fälle, in denen auf eine Aufwands- und Ertragskonsolidierung verzichtet werden kann, vgl. Abschn. 43 in diesem Kapitel.

273 Vgl. EBELING, R. M., in: Baetge/Kirsch/Thiele, § 305 HGB, Rn. 4.

Die Notwendigkeit, konzerninterne Geschäfte aus der Konzern-GuV zu eliminieren, ergibt sich aus dem **Einheitsgrundsatz**.[274] Nach § 297 Abs. 3 Satz 1 ist die Vermögens-, Finanz- und **Ertragslage** eines Konzerns so darzustellen, als ob dieser Konzern ein einziges Unternehmen wäre. Die rechtlich selbständigen Unternehmen sind somit wie Abteilungen eines Unternehmens (des Konzerns) zu behandeln. In der Konzern-GuV sollen die Aufwendungen und Erträge daher so erfasst werden, wie sie sich aus Sicht der wirtschaftlichen Einheit ergeben würden.

Die **Definitionsgrundsätze für den Jahreserfolg** regeln für den Einzelabschluss, wann Einzahlungen und Auszahlungen erfolgswirksam in der GuV zu erfassen sind.[275] Die Sicht der wirtschaftlichen Einheit lässt sich dementsprechend für die Konzern-GuV nur gewährleisten, sofern diese Definitionsgrundsätze auch für den Konzern-Jahreserfolg beachtet werden. Nach dem **Realisationsprinzip**, das nach § 252 Abs. 1 Nr. 4 i. V. m. § 298 Abs. 1 auch auf den Konzernabschluss anzuwenden ist, sind Güter und Leistungen, die ein Unternehmen bezogen bzw. selbst erstellt hat, solange mit den Anschaffungs- oder Herstellungskosten anzusetzen, bis sie den Wertsprung zum Absatzmarkt geschafft haben. Die mit veräußerten Gütern und Leistungen in Zusammenhang stehenden Aufwendungen und Erträge gelten somit erst ab dem Tag als realisiert, an dem die entsprechende Lieferung oder Leistung erbracht wurde.[276] Aus Sicht der wirtschaftlichen Einheit Konzern sind Umsatzerlöse demnach erst dann realisiert, wenn das Produkt bzw. die Leistung den **Verfügungsbereich des Konzerns** verlassen hat. Hat etwa das Mutterunternehmen einen Vermögensgegenstand an ein einbezogenes Tochterunternehmen geliefert, so ist in der GuV des Mutterunternehmens ein Umsatzerlös auszuweisen. Aus Konzernsicht ist dieser Umsatz aber nicht realisiert, da der Vermögensgegenstand den Verfügungsbereich des Konzerns noch nicht verlassen hat. Somit ist dieser Umsatzerlös aus der Summen-GuV zu eliminieren.

Nach dem **Grundsatz der Abgrenzung der Sache nach**, der das Realisationsprinzip ergänzt, sind den realisierten Erträgen die ihnen (final) zurechenbaren Aufwendungen gegenüberzustellen.[277] Somit sind bei der Konsolidierung auch die den zu eliminierenden Erträgen zurechenbaren Aufwendungen aus der Summen-GuV herauszurechnen. Die Erträge und die entsprechenden Aufwendungen werden aus der Summen-GuV eliminiert, indem beide Posten miteinander verrechnet werden.

Die Aufwands- und Ertragskonsolidierung wird in § 305 geregelt. § 305 Abs. 1 konkretisiert den Einheitsgrundsatz und regelt somit die grundsätzliche Pflicht, konzerninterne Aufwendungen und Erträge zu konsolidieren. In § 305 Abs. 2 ist dagegen kodifiziert, unter welchen Bedingungen von der Pflicht zur Aufwands- und Ertragskonsolidierung abgesehen werden kann.

---

274 Vgl. Kap. II Abschn. 25.

275 Vgl. BAETGE, J./KIRSCH, H.-J./THIELE, S., Bilanzen, Kap. II Abschn. 232.4.

276 Vgl. LEFFSON, U., Die Grundsätze ordnungsmäßiger Buchführung, S. 265-272.

277 Vgl. BAETGE, J./KIRSCH, H.-J./THIELE, S., Bilanzen, Kap. II Abschn. 232.43.

§ 305 Abs. 1 Nr. 1 schreibt vor, die Umsatzerlöse aus sog. **Innenumsätzen**, d. h. aus Lieferungs- und Leistungsgeschäften zwischen Konzernunternehmen, mit den entsprechenden Aufwendungen zu **verrechnen** bzw. in Bestandserhöhungen oder aktivierte Eigenleistungen **umzugliedern**. § 305 Abs. 1 Nr. 2 regelt diese Verrechnung bzw. Umgliederung für andere Erträge und andere Aufwendungen. Der Wortlaut des § 305 Abs. 1 Nr. 2 schreibt die Verrechnung bzw. Umgliederung zwar explizit nur für andere Erträge vor. Unumstritten ist indes, dass analog zu dieser Vorschrift auch andere Aufwendungen zu konsolidieren sind.[278] Des Weiteren wird mit § 305 Abs. 1 Nr. 2 zwar nur eine Umgliederung der anderen Erträge in aktivierte Eigenleistungen explizit geregelt, doch wenn der Sachverhalt dies fordert, müssen andere Erträge auch in Bestandsveränderungen umgegliedert werden.[279] Der Begriff „andere Erträge" ist im Gesetz nicht erläutert. Im Schrifttum werden all jene Ertragsposten der GuV als andere Erträge aufgefasst, die nicht gesondert in § 305 Abs. 1 Nr. 1 erfasst wurden.[280] Hierzu zählen z. B. Erträge aus dem Abgang von Vermögensgegenständen des Anlagevermögens, Beteiligungserträge und Zinserträge.[281]

Die **Aufgabe der Aufwands- und Ertragskonsolidierung** besteht somit darin, im dritten Schritt der Erstellung der Konzern-GuV jene Erträge und Aufwendungen zu konsolidieren (zu verrechnen bzw. umzugliedern), die zwar aus Sicht des einzelnen Konzernunternehmens realisiert und daher in der GuV I des entsprechenden Konzernunternehmens erfasst wurden, die indes aus Konzernsicht gemäß den Definitionsgrundsätzen für den Jahreserfolg noch nicht realisiert sind und somit in der Konzern-GuV (noch) nicht erscheinen dürfen. Diese sich aus den Definitionsgrundsätzen ergebende Aufgabe der Aufwands- und Ertragskonsolidierung wird am folgenden einfachen **Beispiel** erläutert:

Ein Tochterunternehmen (TU) hat von dem Mutterunternehmen (MU) eine Maschine zu einem Preis von 100 GE gekauft. Die Maschine stand in der Bilanz des MU mit einem Wert von 100 GE zu Buche. In der GuV des MU und dadurch auch in der Summen-GuV wurde ein Ertrag und ein Aufwand in Höhe von je 100 GE gebucht. Aus Sicht des Konzerns ist indes kein Ertrag entstanden, da die Maschine nicht den Verfügungsbereich des Konzerns verlassen hat. Entsprechend ist auch kein Aufwand in der Konzern-GuV zu berücksichtigen.

Wenn die Maschine, die zu 100 GE an das TU verkauft wurde, hingegen nur mit einem Wert von 80 GE in der Bilanz des MU stand, hat das MU durch das Verkaufsgeschäft einen Jahreserfolg von 20 GE erwirtschaftet. In der GuV des MU stehen sich 80 GE Aufwendungen aus dem Abgang der Maschine und 100 GE Umsatzerlöse aus dem Verkauf gegenüber. Aus Konzernsicht ist der Sachverhalt aber genauso zu beur-

---

278 Vgl. u. a. GEBHARDT, G./BERGMANN, J., Konsolidierung von Erträgen und Aufwendungen, S. 692 f.; KÜTING, K./WEBER, C.-P., Der Konzernabschluss, S. 562; RIESE, J., in: Beck HdR, C 470, Rn. 40.

279 Vgl. IDW (Hrsg.), WP-Handbuch 2012, Bd. I, Rn. M 635; TELKAMP, H.-J., in: Küting/Weber, HdK, 2. Aufl., § 305 HGB, Rn. 37.

280 Vgl. ADS, 6. Aufl., § 305 HGB, Rn. 58; RIESE, J., in: Beck HdR, C 470, Rn. 41.

281 Vgl. KLÖS, H. L., Die 7. gesellschaftsrechtliche Richtlinie, S. 72.

teilen wie im vorherigen Fall; der Konzern hat keinen Jahreserfolg realisiert und somit sind weder der Aufwand noch der Ertrag aus dem Verkauf der Maschine in der Konzern-GuV zu berücksichtigen. Die Summen-GuV wird durch die positiven und negativen Erfolgsbestandteile „aufgebläht", die aber aus Konzernsicht nicht relevant sind. Der im zweiten Fall vom MU erwirtschaftete Jahreserfolg ist als Zwischenergebnis zu behandeln und entsprechend zu eliminieren.[282]

Im Rahmen der Aufwands- und Ertragskonsolidierung werden beide Posten (grundsätzlich unabhängig von der Frage, ob bei der Transaktion ein Zwischenergebnis entstanden ist) durch eine gegenseitige Verrechnung eliminiert. Allerdings entsprechen sich die Beträge der zu verrechnenden Erträge und Aufwendungen häufig nicht. Vielmehr wird in der Summen-GuV i. d. R. auch ein Zwischenergebnis ausgewiesen, das aus Konzernsicht noch nicht realisiert und daher zu eliminieren ist. Dies geschieht, indem die Differenz aus den Erträgen und Aufwendungen mit dem Jahresergebnis in der GuV verrechnet wird. Die Eliminierung des entsprechenden Zwischenergebnisses aus der Konzernbilanz ist Aufgabe der **Zwischenergebniseliminierung**.[283]

42 Die Technik der Aufwands- und Ertragskonsolidierung

421. Die Grundkonzeption

Die Regelung des § 305 ist zwar detaillierter als die allgemeine Formulierung des Artikels 26 Abs. 1 Buchstabe b) der 7. EG-Richtlinie,[284] doch kann auch § 305 nicht alle bei der Aufwands- und Ertragskonsolidierung auftretenden Einzelfragen regeln.[285] Für die Vielzahl der denkbaren Geschäftsvorfälle ist dies nicht möglich und auch nicht erforderlich. Vielmehr dienen die Grundsätze ordnungsmäßiger Konsolidierung[286] und damit auch der Einheitsgrundsatz dazu, die gesetzlichen Einzelvorschriften zu ergänzen, wenn für bestimmte Sachverhalte keine expliziten gesetzlichen Regelungen existieren, und auf diese Weise Gesetzeslücken zu schließen.[287]

Die Vielzahl der erforderlichen konsolidierungstechnischen Umbuchungen ergibt sich zum einen aus den verschiedenen **Arten der zugrunde liegenden konzerninternen Geschäftsvorfälle**.[288] Diese lassen sich – ohne Anspruch auf Vollständigkeit – danach systematisieren, ob:

- ▪ es sich um ein Kreditgeschäft, ein Lieferungsgeschäft, ein Leistungsgeschäft oder um Ergebnisübernahmen handelt,

---

282 Die Zwischenergebniseliminierung wird im Abschn. 3 in diesem Kapitel behandelt.

283 Vgl. Abschn. 3 in diesem Kapitel.

284 Dort heißt es: „Aufwendungen und Erträge aus Geschäften zwischen in die Konsolidierung einbezogenen Unternehmen [sind wegzulassen; Ergänzung durch die Verfasser]".

285 Vgl. RIESE, J., in: Beck HdR, C 470, Rn. 20.

286 Vgl. Kap. II Abschn. 333.

287 Vgl. analog BAETGE, J./FEY, D./FEY, G./KLÖNNE, H., in: Küting/Pfitzer/Weber, HdR-E, 5. Aufl., § 348 HGB, Rn. 3.

288 Vgl. TELKAMP, H.-J., in: Küting/Weber, HdK, 2. Aufl., § 305 HGB, Rn. 11.

■ konzernintern Mieten oder Lizenzgebühren berechnet wurden,

■ ein Vermögensgegenstand von dem liefernden Konzernunternehmen hergestellt oder von konzernfremden Dritten bezogen wurde,

■ ein Vermögensgegenstand von keinem, einem oder mehreren Konzernunternehmen weiterverarbeitet wurde,

■ das empfangende Unternehmen die Lieferung oder Leistung im Anlagevermögen oder im Umlaufvermögen aktiviert oder direkt als Verbrauch gebucht hat,

■ ein Vermögensgegenstand im Berichtsjahr oder in einem Vorjahr hergestellt oder bezogen wurde,

■ das empfangende Unternehmen den Vermögensgegenstand bereits an Dritte weiterverkauft hat oder noch im Bestand hält,

■ ein Zwischenergebnis entstanden ist oder sich die zu konsolidierenden Erträge und Aufwendungen der Höhe nach entsprechen,

■ Transportkosten bei der Weiterveräußerung angefallen sind und/oder

■ die aktivierten Vermögensgegenstände zur Herstellungskostenobergrenze oder unterhalb davon bewertet worden sind.

Zum anderen hängen die Umbuchungen von der gewählten **Gliederungsform der Konzern-GuV** (GKV oder UKV) ab, wenn durch den zugrunde liegenden Geschäftsvorfall die ersten acht bzw. sieben Posten der GuV nach § 275 Abs. 2 bzw. Abs. 3 angesprochen werden.[289] So sind in bestimmten Fällen bei Anwendung des GKV die Umsatzerlöse in Bestandserhöhungen bzw. aktivierte Eigenleistungen umzugliedern, was bei der Anwendung des UKV nicht möglich ist, da eine GuV nach dem UKV diese Posten nicht enthält. Gleiche Sachverhalte sind somit abhängig von der Gliederungsform der Konzern-GuV z. T. unterschiedlich umzubuchen.

In der Praxis existieren viele denkbare Einzelfälle der Aufwands- und Ertragskonsolidierung. Im Folgenden wird daher die **Grundkonzeption der Aufwands- und Ertragskonsolidierung** vermittelt, nach der es möglich ist, für alle denkbaren Geschäftsvorfälle die Summen-GuV von konzerninternen Aufwendungen und Erträgen zu bereinigen. Für die Technik der Aufwands- und Ertragskonsolidierung ist der Einheitsgrundsatz von grundsätzlicher Bedeutung:

(1) Zunächst ist festzustellen, wie der zu betrachtende Geschäftsvorfall in der GuV der wirtschaftlichen Einheit Konzern abzubilden ist.

(2) Die Abbildung in der Konzern-GuV ist dann mit der Abbildung in der Summen-GuV zu vergleichen.

(3) Ausgehend von der Summen-GuV sind schließlich die notwendigen Konsolidierungsbuchungen vorzunehmen, die zu der gewünschten Konzern-GuV führen.

Diese drei Grundüberlegungen zur Aufwands- und Ertragskonsolidierung sind auf alle zu bereinigenden Geschäftsvorfälle anzuwenden. Auf einige bei der Konsolidierungstechnik zu beachtende Besonderheiten wird in Abschn. 424. und Abschn. 425.

---

289 Vgl. Ebeling, R. M., in: Baetge/Kirsch/Thiele, § 305 HGB, Rn. 21.

in diesem Kapitel eingegangen. So werden ähnlich wie bei der Zwischenergebniseliminierung, bei der nicht nur Zwischenergebnisse herausgerechnet werden, sondern auch weitere Anpassungen an die Konzernanschaffungs- oder -herstellungskosten erforderlich sein können, im Rahmen der Aufwands- und Ertragskonsolidierung nicht nur konzerninterne Aufwendungen und Erträge konsolidiert, sondern die Aufwendungen und Erträge darüber hinaus ebenfalls an die Konzernperspektive angepasst.[290] Zuvor werden indes die drei Grundüberlegungen anhand von Beispielen verdeutlicht. Hierfür ist zwischen der Konsolidierungstechnik bei Anwendung des GKV (Abschn. 422. in diesem Kapitel) bzw. des UKV (Abschn. 423. in diesem Kapitel) zu unterscheiden, da sich Geschäfte je nach gewählter Gliederungsform der Konzern-GuV unterschiedlich in der Konzern-GuV auswirken.[291] Wird für den Konzern eine **GuV nach dem GKV** aufgestellt, wirken sich Geschäftsvorfälle in der Konzern-GuV aus, wenn aus Konzernsicht

(1) ein Vermögensgegenstand erstellt oder weiterverarbeitet worden ist,

(2) bei Verkauf des Vermögensgegenstandes Erträge realisiert wurden oder

(3) der Vermögensgegenstand erfolgswirksam verbraucht wurde.

Wird für den Konzern dagegen eine **GuV nach dem UKV** aufgestellt, wirkt sich die Weiterverarbeitung eines Vermögensgegenstandes nicht auf die Konzern-GuV aus. Lediglich ein Verkauf oder ein Verbrauch wird in der GuV nach dem UKV erfasst.

422. Die Konsolidierungstechnik bei Anwendung des GKV

422.1 Aus der Konzern-GuV vollständig zu eliminierende Geschäftsvorfälle

Konzerninterne Lieferungen oder Leistungen, die in dem betrachteten Geschäftsjahr weder zu einem Verkauf von Vermögensgegenständen an konzernfremde Dritte noch zu einer Herstellung, zu einem Verbrauch oder zu einer Weiterverarbeitung von Vermögensgegenständen durch ein Konzernunternehmen geführt haben, dürfen nicht in der Konzern-GuV erfasst werden.[292] Derartige Geschäftsvorfälle sind durch die **Aufwands- und Ertragskonsolidierung** aus der Summen-GuV vollständig zu eliminieren. In Abschn. 3 in diesem Kapitel wurden die im Zusammenhang mit bestimmten konzerninternen Lieferungen oder Leistungen zugleich erforderlichen Konsolidierungsbuchungen in der **Summenbilanz** bereits erläutert. Diese waren Gegenstand der **Zwischenergebniseliminierung**.

Voll eliminierungspflichtige Geschäftsvorfälle betreffen z. B. den Handel mit fremdbezogenen oder in Vorjahren von einem Konzernunternehmen selbsterstellten Vermögensgegenständen zwischen Konzernunternehmen. Es kann sich aber auch um

---

290 Vgl. Abschn. 425. in diesem Kapitel.

291 Für eine Übersicht der Gemeinsamkeiten und Unterschiede von GKV und UKV vgl. BAETGE, J./KIRSCH, H.-J./THIELE, S., Bilanzen, Kap. XII Abschn. 32.

292 Vgl. EBELING, R. M., in: Baetge/Kirsch/Thiele, § 305 HGB, Rn. 24.

bestimmte konzerninterne Leistungen, z. B. Mieterträge und Mietaufwendungen, handeln. Die Lieferung von Vermögensgegenständen von einem Konzernunternehmen an ein anderes einbezogenes Konzernunternehmen ist im Konzernabschluss wie die Weitergabe von Vermögensgegenständen zwischen Abteilungen zu behandeln, denn als solche gelten die einbezogenen Konzernunternehmen nach dem Einheitsgrundsatz des § 297 Abs. 3 Satz 1. Die Weitergabe von Vermögensgegenständen zwischen Abteilungen führt in einem Einzelabschluss weder zu Aufwendungen noch zu Erträgen. Analog dürfen aus der Weitergabe von Vermögensgegenständen zwischen Konzernunternehmen keine Aufwendungen und Erträge im Konzernabschluss resultieren.

Für die **Eliminierung eines Geschäftsvorfalls** aus der Summen-GuV ist es unerheblich, ob es sich bei dem weitergegebenen Vermögensgegenstand um einen Vermögensgegenstand des Anlagevermögens oder des Umlaufvermögens, um einen in Vorjahren selbsterstellten bzw. weiterverarbeiteten Vermögensgegenstand, um einen in Vorjahren oder im laufenden Geschäftsjahr fremdbezogenen Vermögensgegenstand handelt oder ob der Geschäftsvorfall auf einem Leistungsvertrag basiert. Für die Art der Umbuchung bzw. den Buchungssatz bei der Aufwands- und Ertragskonsolidierung ist dies aber entscheidend, da je nach der Art des Lieferungs- oder Leistungsgeschäftes durch den Geschäftsvorfall unterschiedliche Posten in den GuV II der beteiligten Unternehmen angesprochen werden. Entsprechend sind je nach Art des Geschäftsvorfalls unterschiedliche Konsolidierungsbuchungen notwendig, damit der Geschäftsvorfall nicht in der Konzern-GuV abgebildet wird. Letztlich entscheidend ist dabei, dass die gesamten konzerninternen Aufwands- und Ertragsbeziehungen aus dem Konzernabschluss eliminiert werden.

Die Konsolidierungstechnik für Geschäftsvorfälle, die aus der Summen-GuV vollständig zu eliminieren sind, wird am folgenden **Beispiel (1)** erläutert:

Ein Tochterunternehmen (TU) bezieht von einem konzernfremden Unternehmen einen Vermögensgegenstand für 50 GE und verkauft diesen im gleichen Geschäftsjahr an das Mutterunternehmen (MU) für 100 GE. Das MU hält den Vermögensgegenstand am Ende des Geschäftsjahres noch im Bestand.

Zeitpunkt t = 0 (Alle Zahlenangaben in GE)	TU GuV II	MU GuV II	Summen-GuV	Konsolidierungsspalte Soll	Konsolidierungsspalte Haben	Konzern-GuV
Ertrag Umsatzerlöse	100		100	100[1]		
Aufwand Materialaufwand	50		50		50[1]	
Jahresergebnis	+ 50		+ 50		50[1]	

Übersicht V-38: *Aufwands- und Ertragskonsolidierung (GKV) von aus der Summen-GuV vollständig zu eliminierenden Geschäftsvorfällen (Beispiel (1))*

Der Geschäftsvorfall ist, wie in der Übersicht V-38 dargestellt, in den GuV II der Konzernunternehmen sowie in der Summen-GuV erfasst. Der konzerninterne Verkauf hat in unserem Beispiel bei dem betrachteten Tochterunternehmen TU zu einem Zwischengewinn von 50 GE geführt. In dieser Höhe wird der Vermögensgegenstand in der Bilanz des MU zu hoch ausgewiesen, da die konzerneinheitlichen Anschaffungskosten nur 50 GE (Anschaffungskosten des TU) betragen. Aufgabe der in Abschn. 3 in diesem Kapitel behandelten Zwischenergebniseliminierung ist es, das im Wertansatz des Vermögensgegenstandes enthaltene Zwischenergebnis aus der **Summenbilanz** zu eliminieren. Die Aufwands- und Ertragskonsolidierung hingegen sorgt für einen richtigen Erfolgsausweis in der Konzern-GuV. Im Beispiel darf der als Handel zwischen betrieblichen Abteilungen zu interpretierende konzerninterne Handel den Erfolgsausweis in der Konzern-GuV nicht beeinflussen. Daher sind die in der **Summen-GuV** erfassten Umsatzerlöse, Materialaufwendungen und der Zwischengewinn aus der Summen-GuV zu eliminieren, indem die Umsatzerlöse mit den Materialaufwendungen und dem Jahresergebnis in der GuV verrechnet werden.

Der entsprechende Buchungssatz (1) lautet somit:

Umsatzerlöse	100 GE	an	Materialaufwand	50 GE
			Jahresergebnis (GuV)	50 GE

Hat das TU den an das MU veräußerten Vermögensgegenstand im Vorjahr selbst erstellt und daher im Bestand der fertigen Erzeugnisse ausgewiesen, bucht das TU in seiner GuV II beim GKV eine **Bestandsverminderung** anstelle der Materialaufwendungen. Auch diese Bestandsverminderung ist für den Konzernabschluss zu eliminieren. Somit sind die Umsatzerlöse mit den Bestandsverminderungen und dem Jahresergebnis zu verrechnen.

Die Konsolidierungsbuchung lautet in diesem Fall:

Umsatzerlöse	100 GE	an	Bestandsverminderung	50 GE
			Jahresergebnis (GuV)	50 GE

Die Höhe der Bestandsverminderung hängt davon ab, ob das TU das Fertigerzeugnis zur Herstellungskostenobergrenze oder -untergrenze aktiviert hat. Diese Problematik wird in Abschn. 425. in diesem Kapitel näher behandelt. Für die in Abschn. 422. und Abschn. 423. in diesem Kapitel dargestellten Beispiele wird stets eine Bewertung zur Herstellungskostenobergrenze unterstellt.

422.2 Lieferungen und Leistungen aus Sicht des Konzerns

Veräußert ein Konzernunternehmen von einem anderen Konzernunternehmen erworbene Vermögensgegenstände an konzernfremde Dritte, so muss in der Konzern-GuV der Umsatz mit dem Konzernaußenstehenden erfasst werden. Außerdem sind die aus Konzernsicht auf den Umsatz entfallenden Aufwendungen bzw. Bestandsveränderungen sowie ein realisierter Gewinn bzw. Verlust in der Konzern-GuV auszuweisen.

In der Summen-GuV ist hingegen einerseits der Umsatz zwischen den beiden Konzernunternehmen und andererseits der Umsatz eines Konzernunternehmens mit dem Konzernaußenstehenden erfasst. Der konzerninterne Umsatz ist aus Konzernsicht indes zu eliminieren, da zwischen Abteilungen – und als solche werden die Konzernunternehmen angesehen – kein Verkauf stattfindet. Vielmehr ist in der Konzern-GuV nur der Außenumsatz, d. h. der Umsatz mit konzernfremden Dritten, zu erfassen.

In der Konzern-GuV sind außerdem entsprechend dem Grundsatz der Abgrenzung der Sache nach die auf den Außenumsatz entfallenden Aufwendungen bzw. Bestandsveränderungen auszuweisen. Weiterhin zu erfassen sind demnach alle Aufwendungen, die mit der Herstellung bzw. Anschaffung und dem Absatz der umgesetzten Vermögensgegenstände zusammenhängen. Dies sind zum einen die Aufwendungen des liefernden Konzernunternehmens. Das liefernde Unternehmen kann den Vermögensgegenstand entweder im Geschäftsjahr oder in einem Vorjahr selbst erstellt haben oder aber von Dritten bezogen haben. Hat es den Vermögensgegenstand im Geschäftsjahr selbst erstellt oder von Dritten bezogen, so fallen i. d. R. Aufwendungen für Roh-, Hilfs- und Betriebsstoffe bzw. für bezogene Waren sowie für Löhne und Gehälter an. Hat das liefernde Konzernunternehmen den Vermögensgegenstand bereits in einem Vorjahr erstellt, ist in der GuV des liefernden Unternehmens eine Bestandsverminderung zu buchen.

Neben diesen beim liefernden Konzernunternehmen entstandenen Aufwendungen können auch beim empfangenden Konzernunternehmen Aufwendungen berücksichtigt worden sein, die aus Konzernsicht gemäß dem Grundsatz der Abgrenzung der Sache nach dem Außenumsatz zuzuordnen sind. Beispielsweise können Aufwendungen für die Weiterverarbeitung des Vermögensgegenstandes vor dem Verkauf an Dritte entstanden sein. Dagegen sind die vom empfangenden Konzernunternehmen für den Bezug des Vermögensgegenstandes gebuchten Aufwendungen nicht in der Konzern-GuV zu erfassen. Diese Aufwendungen sind daher aus der Summen-GuV zu eliminieren. Die Summen-GuV enthält damit zwei sich betragsgleich gegenüberstehende Erfolgsposten, die aus Sicht des Konzerns miteinander zu verrechnen sind.

Die Konsolidierungstechnik für solche Geschäftsvorfälle, bei denen es sich aus Konzernsicht um Lieferungs- oder Leistungsgeschäfte handelt, wird am **Beispiel (2)** erläutert:

Das TU erwirbt von einem konzernfremden Unternehmen Vermögensgegenstände für 50 GE und verkauft diese im gleichen Geschäftsjahr an das MU für 100 GE. Das MU verarbeitet diese Vermögensgegenstände weiter, wobei 100 GE Löhne und Gehälter entstehen. Die weiterverarbeiteten Vermögensgegenstände werden anschließend im gleichen Geschäftsjahr für 300 GE an ein konzernfremdes Unternehmen veräußert.

Zeitpunkt t = 0 (Alle Zahlen-angaben in GE)	TU GuV II	MU GuV II	Summen-GuV	Konsolidierungs-spalte Soll	Konsolidierungs-spalte Haben	Konzern-GuV
Ertrag Umsatzerlöse	100	300	400	100^2		300
Aufwand Materialaufwand Löhne und Gehälter	50	100 100	150 100		100^2	50 100
Jahresergebnis	+ 50	+ 100	+ 150			+ 150

Übersicht V-39: *Aufwands- und Ertragskonsolidierung (GKV): Lieferungen oder Leistungen (Beispiel (2))*

Der Geschäftsvorfall ist so wie in der Übersicht V-39 aufgeführt in den GuV II der Konzernunternehmen und in der daraus gebildeten Summen-GuV erfasst. In der Konzern-GuV sind lediglich der realisierte Außenumsatz in Höhe von 300 GE, die entsprechenden Aufwendungen (Materialaufwendungen des TU in Höhe von 50 GE und Löhne und Gehälter des MU in Höhe von 100 GE) sowie der mit Konzernaußenstehenden realisierte Gewinn in Höhe von 150 GE auszuweisen. Somit sind die in der Summen-GuV um je 100 GE zu hoch ausgewiesenen Umsatzerlöse und Materialaufwendungen in dieser Höhe zu konsolidieren. Dies geschieht durch folgenden Buchungssatz (2):

Umsatzerlöse	100 GE	an	Materialaufwand	100 GE

422.3 Herstellung oder Weiterverarbeitung von Vermögensgegenständen aus Sicht des Konzerns

Konzerninterne Lieferungen und Leistungen, die weder zu einem Verkauf von Vermögensgegenständen an konzernfremde Dritte führen noch sofort vom empfangenden Unternehmen verbraucht werden und bei denen ein oder beide Konzernunternehmen die Vermögensgegenstände hergestellt oder weiterverarbeitet haben, sind in der Konzern-GuV als **Bestandserhöhungen** oder als **aktivierte Eigenleistungen** zu buchen.

Alle Aufwendungen, die beim liefernden Unternehmen bei der Herstellung oder Weiterverarbeitung eines Vermögensgegenstandes, der am Ende des Geschäftsjahres noch im Bestand des Konzerns ist, entstanden sind, sind auch in der Konzern-GuV als Aufwendungen zu erfassen. Dagegen ist der Umsatzerlös, der durch die konzerninterne Veräußerung des erstellten bzw. weiterverarbeiteten Vermögensgegenstandes entstanden ist, nicht in der Konzern-GuV zu erfassen, da aus Konzernsicht keine Veräußerung, sondern eine nicht zu berücksichtigende Weitergabe eines Vermögensgegenstandes von einer Abteilung an eine andere Abteilung stattgefunden hat. Vielmehr sind aus Konzernsicht die zu buchenden Aufwendungen durch eine Bestandsveränderung bzw. eine aktivierte Eigenleistung zu neutralisieren. Die Buchung als Bestandsveränderung oder als aktivierte Eigenleistung ist abhängig davon, ob es sich bei den konzernintern gehandelten Vermögensgegenständen um selbsterstellte fertige oder unfertige Erzeugnisse, Roh-, Hilfs- und Betriebsstoffe oder um Gegenstände des Anlagevermögens handelt. Der entsprechende Posten ist in der Konzern-GuV in Höhe der beim liefernden Konzernunternehmen entstandenen Aufwendungen (zuzüglich der beim empfangenden Konzernunternehmen für die eventuelle Weiterverarbeitung entstandenen Aufwendungen) auszuweisen. Die Höhe der Bestandsveränderung bzw. der aktivierten Eigenleistung hängt davon ab, ob der Vermögensgegenstand gemäß den konzerneinheitlichen Bewertungsrichtlinien zur Herstellungskostenobergrenze oder -untergrenze zu aktivieren ist. Der in der Summen-GuV ausgewiesene Umsatzerlös ist in den Posten „Bestandserhöhung" bzw. „andere aktivierte Eigenleistungen" umzugliedern. Das beim liefernden Unternehmen entstandene Zwischenergebnis ist aus der Summen-GuV zu eliminieren und gegen das Jahresergebnis zu verrechnen.

Die bei einer Weiterverarbeitung der bezogenen Vermögensgegenstände beim empfangenden Konzernunternehmen entstandenen Aufwendungen müssen in der Konzern-GuV erfasst werden. In Höhe dieser Aufwendungen und abhängig von der Bewertung (zur Herstellungskostenobergrenze oder -untergrenze) wird analog zu den beim liefernden Unternehmen entstandenen Aufwendungen in der Konzern-GuV eine Bestandserhöhung bzw. aktivierte Eigenleistung ausgewiesen. Da diese Aufwendungen und Bestandsveränderungen bzw. aktivierten Eigenleistungen aber bereits in der GuV des empfangenden Konzernunternehmens und damit auch in der Summen-GuV als solche gebucht worden sind, sind hier keine Umbuchungen erforderlich.

Allerdings sind im Fall der Aktivierung von Eigenleistungen die bei dem empfangenden Unternehmen möglicherweise gebuchten **Abschreibungen** zu korrigieren. Denn das empfangende Unternehmen hat als Bemessungsgrundlage für die Abschreibung die Anschaffungskosten (ggf. zuzüglich angefallener eigener Weiterverarbeitungskosten) für den erworbenen Vermögensgegenstand angesetzt. Diese Anschaffungskosten enthalten indes einen aus Konzernsicht nicht realisierten Zwischengewinn bzw. -verlust. Die Abschreibung aus Konzernsicht bemisst sich aber an den Konzernherstellungskosten. Somit sind die in der Konzern-GuV zu buchenden Abschreibungen neu zu berechnen und ausgehend von der in der Summen-GuV ausgewiesenen (im Fall eines Zwischengewinns zu hohen) Abschreibung zu korrigieren.

Die Konsolidierungstechnik für Geschäftsvorfälle, bei denen aus Sicht des Konzerns ein Vermögensgegenstand hergestellt oder weiterverarbeitet wurde, der noch nicht an Dritte veräußert wurde oder intern verbraucht wurde, wird am **Beispiel (3)** dargestellt:

Das TU stellt eine Maschine her. Dafür werden 400 GE Roh-, Hilfs- und Betriebsstoffe und 300 GE Löhne und Gehälter aufgewendet. Anschließend verkauft das TU die Maschine an das MU für 800 GE. Dem MU entstehen weitere 100 GE Anschaffungsnebenkosten (Löhne und Gehälter), bevor es die Maschine nutzen kann. Die Nutzung kann bereits im Januar des betreffenden Geschäftsjahres beginnen, so dass die Maschine vereinfachend für ein volles Jahr abzuschreiben ist. Die Maschine ist gemäß den konzerneinheitlichen Richtlinien zur Herstellungskostenobergrenze zu aktivieren und über zehn Jahre abzuschreiben.

Zeitpunkt t = 0 (Alle Zahlenangaben in GE)	TU GuV II	MU GuV II	Summen-GuV	Konsolidierungsspalte Soll	Konsolidierungsspalte Haben	Konzern-GuV
Ertrag						
Umsatzerlöse	800		800	800³		
Aktivierte Eigenleistungen		100	100		700³	800
Aufwand						
Materialaufwand	400		400			400
Löhne und Gehälter	300	100	400			400
Abschreibung		90	90		10³	80
Jahresergebnis	+ 100	– 90	+ 10		90³	– 80

Übersicht V-40: *Aufwands- und Ertragskonsolidierung (GKV): Herstellung/Weiterverarbeitung von Vermögensgegenständen (Beispiel (3))*

Dieser Geschäftsvorfall ist, wie in der Übersicht V-40 angegeben, in den GuV II der Konzernunternehmen sowie in der Summen-GuV erfasst. Aus Konzernsicht hat aber kein Umsatz stattgefunden. Vielmehr ist die vom TU hergestellte Maschine, die vor Inbetriebnahme von dem MU verwendungsfähig gemacht wurde, im Anlagevermögen des Konzerns zu aktivieren. Zur Neutralisierung der in der Konzern-GuV auszuweisenden Aufwendungen (400 GE Materialaufwendungen des TU, 300 GE Löhne und Gehälter des TU sowie 100 GE Löhne und Gehälter des MU) sind somit in gleicher Höhe aktivierte Eigenleistungen (800 GE) in der Konzern-GuV auszuweisen. In der Summen-GuV sind bereits 100 GE Löhne und Gehälter als vom MU aktivierte Eigenleistungen zu zeigen.[293] Die Umsatzerlöse in Höhe von 800 GE sind somit in 700 GE aktivierte Eigenleistungen umzugliedern, und die Differenz (100 GE = 800 GE –700 GE) ist mit dem Jahresergebnis in der GuV zu verrechnen. Bei dieser Differenz handelt es sich um den beim TU entstandenen und im Einzelabschluss zutreffend erfassten Zwischengewinn. Außerdem ist die in der Summen-GuV erfasste Abschreibung in Höhe von 90 GE (= 1/10 von [800 GE Anschaffungskosten + 100 GE Anschaffungsnebenkosten]) zu hoch. Da die Konzernherstellungskosten für diesen Vermögensgegenstand 800 GE betragen, sind in der Konzern-GuV Abschreibungen von 80 GE (= 1/10 von [700 GE Herstellungskosten des TU + 100 GE

---

293 Hierbei wird unterstellt, dass das MU die Anschaffungskosten für die Maschine beim Kauf in der Bilanz aktiviert hat, so dass in der GuV des MU keine Aufwendungen in dieser Höhe angefallen sind (sog. Netto-Methode; vgl. ADS, 6. Aufl., § 275 HGB, Rn. 63).

Herstellungskosten des MU]) zu erfassen. Somit ist noch die Verminderung der Abschreibung in Höhe von 10 GE (erfolgserhöhend) mit dem Jahresergebnis in der GuV zu verrechnen.

Damit ergibt sich folgender zusammengefasster Buchungssatz (3):

Umsatzerlöse	800 GE	an	Aktivierte Eigenleistung	700 GE
			Abschreibung	10 GE
			Jahresergebnis (GuV)	90 GE

422.4 Ergebniswirksamer Verbrauch aus Sicht des Konzerns

Konzerninterne Lieferungen und Leistungen, die vom empfangenden Konzernunternehmen nicht aktiviert, sondern direkt als Aufwand ergebnismindernd erfasst werden, sind auch in der Konzern-GuV als solcher zu buchen. Denn aus Sicht des Konzerns sind die von einer Abteilung erstellten Vermögensgegenstände von einer anderen Abteilung direkt verbraucht worden. Das Gleiche gilt für empfangene Leistungen (z. B. Beratungsleistungen).

Die Aufwendungen für die Lieferung oder Leistung sind originär bei dem liefernden Unternehmen entstanden und daher in der GuV II dieses Konzernunternehmens gebucht. Die beim empfangenden Konzernunternehmen erfassten Aufwendungen (z. B. sonstige betriebliche Aufwendungen) sind dagegen aus Konzernsicht nicht entstanden. Sie stellen vielmehr eine Doppelerfassung der Aufwendungen für die verbrauchte Lieferung oder Leistung dar. Dementsprechend sind diese Aufwendungen zu eliminieren. Darüber hinaus sind die beim liefernden Unternehmen ausgewiesenen Umsatzerlöse aus Konzernsicht nicht entstanden und damit in der Summen-GuV gegen die beim empfangenden Konzernunternehmen entstandenen Aufwendungen zu verrechnen.

Die Konsolidierungstechnik für Geschäftsvorfälle, bei denen aus Konzernsicht ein ergebniswirksamer Verbrauch entstanden ist, wird am **Beispiel (4)** erläutert:

Das TU berät das MU. Dabei sind dem TU 100 GE Löhne und Gehälter entstanden; dem empfangenden MU, das diese Beratungsleistung nicht aktivieren kann, hat das TU 120 GE in Rechnung gestellt.[294]

---

294 Hier wird unterstellt, dass die Beratungsleistung des TU eine für die gewöhnliche Geschäftstätigkeit des TU typische Dienstleistung ist (§ 277 Abs. 1).

Zeitpunkt t = 0 (Alle Zahlenangaben in GE)	TU GuV II	MU GuV II	Summen-GuV	Konsolidierungsspalte Soll	Konsolidierungsspalte Haben	Konzern-GuV
Ertrag Umsatzerlöse	120		120	120^4		
Aufwand Löhne und Gehälter Sonstiger betrieblicher Aufwand	100	120	100 120		120^4	100
Jahresergebnis	+ 20	− 120	− 100			− 100

Übersicht V-41: *Aufwands- und Ertragskonsolidierung (GKV): Ergebniswirksamer Verbrauch (Beispiel (4))*

Der Geschäftsvorfall ist, wie in Übersicht V-41 dargestellt, in den GuV II der Konzernunternehmen sowie in der Summen-GuV erfasst. Aus Sicht des Konzerns sind die 100 GE Löhne und Gehälter direkt und damit ergebnismindernd verbraucht worden, so dass sie in der Konzern-GuV in dieser Höhe ausgewiesen werden, was zu einem Jahresverlust in Höhe von 100 GE führt. Die in der Summen-GuV erfassten Umsatzerlöse und sonstigen betrieblichen Aufwendungen sind aus Konzernsicht nicht entstanden und somit zu eliminieren.

Der Buchungssatz (4) lautet:

Umsatzerlöse	120 GE	an	Sonstiger betrieblicher Aufwand	120 GE

Eine Besonderheit ergibt sich, wenn von einem Konzernunternehmen **immaterielle Vermögensgegenstände** selbst erstellt wurden und in der gleichen Periode an ein anderes Konzernunternehmen weitergegeben werden und diese vom empfangenden Konzernunternehmen als entgeltlich erworbene immaterielle Vermögensgegenstände aktiviert werden. Aus Sicht des Konzerns handelt es sich bei diesen Vermögensgegenständen indes weiterhin um selbsterstellte, d. h. nicht entgeltlich erworbene, immaterielle Vermögensgegenstände. Soll das Aktivierungswahlrecht nach § 248 Abs. 2 Satz 1 i. V. m. § 298 Abs. 1 im Konzernabschluss nicht in Anspruch genommen werden oder fallen die Vermögensgegenstände unter das Bilanzierungsverbot nach § 248 Abs. 2 Satz 2 i. V. m. § 298 Abs. 1, sind diese direkt als Aufwendungen erfolgsmindernd zu buchen.[295] In diesem Fall wurde der Geschäftsvorfall in der GuV II des empfangenden MU nicht erfasst. Die Summen-GuV entspricht also der GuV II des liefernden TU.[296] Damit die Konzern-GuV die Ertragslage des Konzerns richtig wiedergibt,[297] müssen die Umsatzerlöse mit dem Jahresergebnis verrechnet werden.

295 Vgl. GEBHARDT, G./BERGMANN, J., Konsolidierung von Erträgen und Aufwendungen, S. 692.
296 Vgl. Übersicht V-41, Spalte TU.

423. Die Konsolidierungstechnik bei Anwendung des UKV

423.1 Aus der Konzern-GuV vollständig zu eliminierende Geschäfts-vorfälle

Konzerninterne Lieferungen oder Leistungen, die am Ende des Berichtsjahres noch im Bestand des Konzerns sind, d. h. nicht an konzernfremde Dritte veräußert oder direkt erfolgsmindernd verbraucht wurden, dürfen nicht in der Konzern-GuV ausgewiesen werden. Somit sind solche Geschäftsvorfälle bei der Aufwands- und Ertragskonsolidierung vollständig zu eliminieren.

Der Handel mit fremdbezogenen oder mit in einem Vorjahr von einem Konzernunternehmen selbsterstellten Vermögensgegenständen zwischen Konzernunternehmen ist – wie auch bei Anwendung des GKV – nicht in der Konzern-GuV zu berücksichtigen.[298] Auch die dazu erforderlichen Umbuchungen unterscheiden sich – abgesehen davon, dass sich die Posten einer GuV nach dem UKV von denen einer GuV nach dem GKV z. T. unterscheiden – grundsätzlich nicht von denen bei Anwendung des GKV. Bei der Aufwands- und Ertragskonsolidierung sind die Umsatzerlöse nicht mit den Materialaufwendungen, sondern mit dem Posten 2 einer GuV nach dem UKV „Herstellungskosten der zur Erzielung der Umsatzerlöse erbrachten Leistungen", hier als Umsatzkosten bezeichnet, zu verrechnen.

Bei der Anwendung des UKV werden indes – abweichend von der Anwendung des GKV – auch solche Geschäftsvorfälle nicht in der Konzern-GuV erfasst, bei denen der weitergegebene Vermögensgegenstand durch ein oder beide Konzernunternehmen hergestellt und/oder weiterverarbeitet wurde. Ist dieser hergestellte und/oder weiterverarbeitete Vermögensgegenstand noch im Bestand des Konzerns (Anlagevermögen oder Umlaufvermögen), d. h. nicht an Dritte veräußert oder als Aufwand erfolgswirksam gebucht, so darf in der Konzern-GuV kein Umsatz ausgewiesen werden. Denn aus Sicht des Konzerns ist in dem abgelaufenen Geschäftsjahr ein Vermögensgegenstand lediglich erstellt, indes nicht an Konzernaußenstehende veräußert worden. Da nach der Konzeption des UKV die Herstellungskosten der zur Erzielung der Umsatzerlöse erbrachten Leistungen unabhängig davon, wann sie entstanden sind, in der Periode ausgewiesen werden, in der der entsprechende Umsatz realisiert wird, ist die Herstellung oder Weiterverarbeitung des Vermögensgegenstandes für die Konzern-GuV zunächst ergebnisunwirksam. Somit sind auch in diesem Fall alle in der Summen-GuV erfassten Posten zu eliminieren. Dies wird mit **Beispiel (5)** verdeutlicht:

Das TU veräußert einen selbsterstellten Vermögensgegenstand für 100 GE an das MU. Für die Herstellung des Vermögensgegenstandes sind bei dem TU Materialaufwendungen in Höhe von 20 GE und Personalaufwendungen in Höhe von 30 GE

297 Vgl. Übersicht V-41, Spalte Konzern-GuV.
298 Vgl. Abschn. 422.1 in diesem Kapitel.

entstanden. Das MU verarbeitet den erworbenen Vermögensgegenstand weiter, wodurch weitere 100 GE Personalaufwendungen entstehen. Am Ende des Geschäftsjahres ist der Vermögensgegenstand noch im Bestand des MU.

Zeitpunkt t = 0 (Alle Zahlenangaben in GE)	TU GuV II	MU GuV II	Summen-GuV	Konsolidierungsspalte Soll	Haben	Konzern-GuV
Ertrag Umsatzerlöse	100		100	100^5		
Aufwand Umsatzkosten	50		50		50^5	
Jahresergebnis	+ 50		+ 50		50^5	

Übersicht V-42: *Aufwands- und Ertragskonsolidierung (UKV) von aus der Konzern-GuV vollständig zu eliminierenden Geschäftsvorfällen (Beispiel (5))*

Dieser Geschäftsvorfall ist so, wie in Übersicht V-42 dargestellt, in der GuV II des Tochterunternehmens und der Summen-GuV erfasst. In der Konzern-GuV darf dieser Geschäftsvorfall indes nicht berücksichtigt werden. Somit müssen die in der Summen-GuV gebuchten Umsatzerlöse, Umsatzkosten und der Zwischengewinn miteinander verrechnet werden.

Der Buchungssatz (5) lautet somit:

Umsatzerlöse	100 GE	an	Umsatzkosten	50 GE
			Jahresergebnis (GuV)	50 GE

423.2 Lieferungen und Leistungen aus Sicht des Konzerns

Wie bei der Anwendung des GKV muss die Veräußerung eines Vermögensgegenstandes, den ein Konzernunternehmen von einem anderen Konzernunternehmen erworben hat, an einen konzernfremden Dritten in der Konzern-GuV (nach UKV) als Umsatz erfasst werden. Die Konsolidierungsbuchungen entsprechen dabei grundsätzlich denen bei Anwendung des GKV,[299] so dass hier auf ein Beispiel verzichtet werden kann. Indes ist zu beachten, dass die anzusprechenden Aufwandsposten des Betriebsergebnisses bei Anwendung des UKV sich von denen bei Anwendung des GKV unterscheiden. So sind als Aufwandsposten des GKV abhängig davon, ob die weitergegebenen Vermögensgegenstände bereits im Bestand waren oder erst im Geschäftsjahr bezogen oder erstellt wurden, als Bestandsminderungen, Materialaufwendungen und/oder Personalaufwendungen auszuweisen. Bei Anwendung des UKV ist dagegen zwischen Herstellungs-, Vertriebs- und Verwaltungsaufwendungen zu unterscheiden.

---

[299] Vgl. Abschn. 422.2 in diesem Kapitel.

423.3 Herstellung oder Weiterverarbeitung von Vermögensgegenständen aus Sicht des Konzerns

Im Gegensatz zum GKV sind konzerninterne Lieferungen und Leistungen, die weder zu einem Verkauf von Vermögensgegenständen an konzernfremde Dritte führen noch sofort vom empfangenden Unternehmen verbraucht werden und bei denen ein oder beide Konzernunternehmen die Vermögensgegenstände hergestellt oder weiterverarbeitet haben, in der Konzern-GuV nach UKV nicht als Bestandserhöhungen oder als aktivierte Eigenleistungen zu behandeln. Vielmehr wirkt sich die Herstellung bzw. Weiterverarbeitung der Vermögensgegenstände in der Konzern-GuV nach dem UKV nicht aus, nur der Verkauf oder Verbrauch von Vermögensgegenständen ist in der Konzern-GuV ersichtlich.

Wird ein konzernintern hergestellter oder weiterverarbeiteter Vermögensgegenstand beim empfangenden Unternehmen aktiviert und planmäßig über eine festgelegte Nutzungsdauer abgeschrieben, so sind die beim empfangenden Unternehmen gebuchten Abschreibungen in der Konzern-GuV zu korrigieren. Dies ergibt sich daraus, dass sich die Anschaffungs- bzw. Herstellungskosten aus Sicht des empfangenden Unternehmens anders bemessen als aus Konzernsicht.[300]

Die Konsolidierungstechnik nach dem UKV für Geschäftsvorfälle, bei denen aus Sicht des Konzerns ein Vermögensgegenstand hergestellt oder weiterverarbeitet wurde, der sich aber noch im Konzern befindet, wird anhand des bereits in Abschn. 422.3 eingeführten Beispiels, hier als Beispiel (3) bezeichnet, vorgestellt:

Zeitpunkt t = 0 (Alle Zahlenangaben in GE)	TU GuV II	MU GuV II	Summen-GuV	Konsolidierungsspalte Soll	Konsolidierungsspalte Haben	Konzern GuV
Ertrag Umsatzerlöse	800		800	800[3]		
Aufwand Umsatzkosten	700		700		700[3]	
Sonstiger betrieblicher Aufwand		90	90		10[3]	– 80
Jahresergebnis	+ 100	– 90	+ 10		90[3]	– 80

Übersicht V-43:   *Aufwands- und Ertragskonsolidierung (UKV): Herstellung/Weiterverarbeitung von Vermögensgegenständen (Beispiel (3))*

Die hergestellte Maschine ist im Anlagevermögen des Konzerns mit einem Wert von 800 GE zu aktivieren. Übersicht V-43 zeigt, wie die in der Summen-GuV ausgewiesenen Umsatzerlöse und Aufwendungen eliminiert werden, so dass sich die Herstellung oder Weiterverarbeitung des Vermögensgegenstandes in der Konzern-GuV nicht

---

300 Vgl. hierzu Abschn. 422.3 in diesem Kapitel.

auswirkt. Lediglich die aus Konzernsicht anfallenden Abschreibungen von jährlich 80 GE (= 1/10 von 800 GE) werden erfolgswirksam behandelt. Insgesamt resultiert ein negatives Jahresergebnis in der Konzern-GuV in Höhe der Abschreibung.

Damit ergibt sich folgender zusammengefasster Buchungssatz (3):

Umsatzerlöse	800 GE	an	Umsatzkosten	700 GE
			Sonstiger betrieblicher	
			Aufwand	10 GE
			Jahresergebnis (GuV)	90 GE

423.4 Ergebniswirksamer Verbrauch aus Sicht des Konzerns

Auch in einer nach dem UKV aufgestellten Konzern-GuV sind analog zu einer nach dem GKV erstellten Konzern-GuV konzerninterne Lieferungen oder Leistungen, die vom empfangenden Unternehmen nicht aktiviert, sondern direkt als Aufwand ergebniswirksam gebucht wurden, ergebnismindernd auszuweisen. Dabei ist zu beachten, dass bei der Anwendung des UKV unter dem Posten 2 des § 275 Abs. 3 nur solche Aufwendungen als Herstellungskosten erfasst werden dürfen, die zur Erzielung von Umsatzerlösen entstanden sind. Da bei konzerninternen Lieferungen oder Leistungen aus Konzernsicht indes kein Umsatz realisiert wurde, sind die beim liefernden Konzernunternehmen entstandenen und als Umsatzkosten unter Posten 2 einer GuV nach dem UKV erfassten Aufwendungen aus Sicht des Konzerns keine Umsatzkosten, sondern sonstige betriebliche Aufwendungen. Somit sind die Umsatzerlöse des liefernden Konzernunternehmens nicht wie bei der Anwendung des GKV mit den Aufwendungen des empfangenden Unternehmens zu verrechnen, sondern vielmehr mit den Aufwendungen des liefernden Unternehmens. Die Differenz in Höhe des Zwischengewinns ist in der Summen-GuV mit den sonstigen betrieblichen Aufwendungen zu verrechnen.

Die Konsolidierungstechnik für solche Geschäftsvorfälle, die aus Sicht des Konzerns als ergebniswirksamer Verbrauch zu buchen sind, wird am **Beispiel (6)** erläutert:

Das TU berät das MU. Dem TU entstehen dabei 100 GE Personalaufwendungen. Dem empfangenden MU, das diese Beratungsleistung nicht aktivieren kann, stellt das TU 120 GE in Rechnung.

Zeitpunkt t = 0 (Alle Zahlenangaben in GE)	TU	MU	Summen-GuV	Konsolidierungsspalte		Konzern-GuV
	GuV II	GuV II		Soll	Haben	
Ertrag Umsatzerlöse	120		120	120[6]		
Aufwand Umsatzkosten Sonstiger betrieblicher Aufwand	100	120	100 120	100[6]	20[6]	100
Jahresergebnis	+ 20	– 120	– 100			– 100

Übersicht V-44: *Aufwands- und Ertragskonsolidierung (UKV): Ergebniswirksamer Verbrauch (Beispiel (6))*

Der Geschäftsvorfall ist in den GuV II der Konzernunternehmen sowie in der Summen-GuV, wie in der Übersicht V-44 angegeben, erfasst. Aus Sicht des Konzerns hat eine Abteilung eine andere Abteilung beraten, wobei 100 GE Personalaufwendungen angefallen sind. Diese Aufwendungen hat das TU in seiner GuV II als Umsatzkosten erfasst, die der umgesetzten Beratungsleistung zuzuordnen sind. Da diese aus Konzernsicht indes nicht zur Erzielung eines Umsatzes führten, stellen die Personalaufwendungen aus Konzernsicht keine Umsatzkosten, sondern sonstige betriebliche Aufwendungen dar. Somit sind die in der Summen-GuV ausgewiesenen Umsatzerlöse in Höhe von 120 GE mit den Umsatzkosten des TU in Höhe von 100 GE zu verrechnen. In Höhe der Differenz von 20 GE sind die um diesen Betrag zu hoch ausgewiesenen sonstigen betrieblichen Aufwendungen zu korrigieren.

Der Buchungssatz (6) lautet:

Umsatzerlöse	120 GE	an	Umsatzkosten	100 GE
			Sonstiger betrieblicher Aufwand	20 GE

424. Besonderheiten der Konsolidierungstechnik bei Ergebnisübernahmen

Die Konsolidierungstechnik bei Ergebnisübernahmen in einem gesonderten Abschnitt darzustellen, hat verschiedene Gründe. So lässt sich die gesonderte Darstellung als erstes dadurch begründen, dass die aufgrund einer Ergebnisübernahme angesprochenen GuV-Posten das **Finanzergebnis** betreffen, dessen Inhalt bei Anwendung des **GKV** oder des **UKV** identisch ist. Somit ist eine Unterscheidung zwischen GKV und UKV – wie in Abschn. 422. und Abschn. 423. in diesem Kapitel – für die im Folgenden zu behandelnden Sachverhalte überflüssig.[301]

Als zweites erfordert die Begründung für die Aufwands- und Ertragskonsolidierung bei Ergebnisübernahmen eine gesonderte Darstellung der Konsolidierungstechnik. Während die Notwendigkeit der Konsolidierung der bisher beschriebenen Geschäftsvorfälle mit der mangelnden Realisation der zu konsolidierenden Aufwendungen und Erträge aus Konzernsicht begründet wurde, ist die Realisation der Aufwendungen und Erträge bei den hier zu behandelnden Sachverhalten unstrittig. Indes wird bei der Ergebnisübernahme die Aufwands- und Ertragskonsolidierung notwendig, da das realisierte Ergebnis in der Summen-GuV doppelt erfasst ist. So geht bei einer Gewinnübernahme innerhalb des Konsolidierungskreises zum einen der Gewinn als Differenz der Erträge und Aufwendungen in die Summen-GuV ein, zum anderen wird ein **Beteiligungsertrag** in Höhe des abgeführten Gewinns und ggf. (in bestimmten noch näher zu untersuchenden Fällen) auch ein Aufwand in Höhe des abgeführten Betrages gebucht. Dies gilt mit umgekehrten Vorzeichen für Verlustübernahmen. Somit wird sowohl die **Erwirtschaftung** bzw. die Realisierung als auch die **Ausschüttung eines Ergebnisses** in der Summen-GuV erfasst.[302] Dies ist aufgrund des Einheitsgrundsatzes nicht zulässig, so dass eine Erfassung storniert werden muss.[303] Aus Sicht des Konzerns ist nur die Entstehung des Ergebnisses auszuweisen;[304] die Ausschüttung ist aus Konzernsicht dagegen nicht zu erfassen.

Drittens begründet die Vielzahl der möglichen Arten von Ergebnisübernahmen eine gesonderte Darstellung der Konsolidierungstechnik bei Ergebnisübernahmen. Zwar lässt sich die Konsolidierung solcher Ergebnisübernahmen auch unter die bereits dargestellte Konsolidierung der anderen Erträge und Aufwendungen fassen, so dass hier grundsätzlich auf die in Abschn. 421. in diesem Kapitel dargestellte Grundkonzeption zurückgegriffen werden kann; indes ist die Konsolidierungstechnik vor allem von dem **Zeitpunkt und der Art der Ergebnisübernahme** abhängig und insofern erläuterungsbedürftig.

Bezüglich des Zeitpunktes der Gewinnvereinnahmung wird zwischen zeitgleicher und zeitverschobener Gewinnvereinnahmung unterschieden.[305] Bei einer **zeitgleichen Gewinnvereinnahmung** wird das Ergebnis im selben Geschäftsjahr erwirtschaftet und ausgeschüttet, während bei der **zeitverschobenen Gewinnvereinnahmung** die Ausschüttung erst in den folgenden Geschäftsjahren gebucht wird.[306]

Die Art des Gewinntransfers lässt sich grob in Gewinntransfers mit Gewinnabführungsvertrag und Gewinntransfers ohne Gewinnabführungsvertrag unterscheiden.[307] **Ergebnisübernahmen mit Gewinnabführungsvertrag** sind stets zeitgleich. Das

---

301 Vgl. SCHILDBACH, T., Der Konzernabschluss, S. 319.

302 Vgl. COENENBERG, A. G./HALLER, A./SCHULTZE, W., Jahresabschluss und Jahresabschlussanalyse, S. 761 f.

303 Vgl. KÜTING, K./WEBER, C.-P., Der Konzernabschluss, S. 562 f.

304 Vgl. BUSSE VON COLBE, W. U. A., Konzernabschlüsse, S. 437 f.

305 Vgl. COENENBERG, A. G./HALLER, A./SCHULTZE, W., Jahresabschluss und Jahresabschlussanalyse, S. 761.

306 Vgl. KÜTING, K./WEBER, C.-P., Der Konzernabschluss, S. 563.

307 Vgl. EBELING, R. M., in: Baetge/Kirsch/Thiele, § 305 HGB, Rn. 82-90.

Mutterunternehmen – das i. d. R. das vereinnahmende Unternehmen ist – bucht die Erträge aus Gewinnabführungsverträgen in einem gesondert auszuweisenden Posten (§ 277 Abs. 3 Satz 2). Beim ausschüttenden Tochterunternehmen wird die Entstehung des Ergebnisses durch die Gegenüberstellung von Erträgen und Aufwendungen dokumentiert. Die Ausschüttung wird in der GuV II des Tochterunternehmens unter einem gesondert auszuweisenden Aufwandsposten gebucht (§ 277 Abs. 3 Satz 2). Diese in den GuV II des Mutterunternehmens und des Tochterunternehmens gebuchten Posten erscheinen aufgrund der horizontalen Addition der GuV II auch in der Summen-GuV. Die Summen-GuV wird „aufgebläht". Da in der Konzern-GuV nur die Entstehung des Ergebnisses erfasst werden darf, sind die aufgrund der Ausschüttung in der GuV II des Mutterunternehmens gebuchten Erträge mit den beim Tochterunternehmen in der GuV II gebuchten Aufwendungen zu verrechnen.[308]

Häufig entsprechen sich die Beträge der zu verrechnenden Aufwendungen und Erträge. Sind indes an einer ausschüttenden Aktiengesellschaft auch **konzernaußenstehende Gesellschafter** beteiligt, so sind gemäß § 304 AktG an diese Minderheitsgesellschafter **Ausgleichszahlungen** – i. d. R. durch das Mutterunternehmen – zu leisten. In einem derartigen Fall vereinnahmt das Mutterunternehmen als Beteiligungsertrag den um die Ausgleichszahlung verminderten Jahreserfolg des Tochterunternehmens. Bei der Konsolidierungsbuchung sind die Aufwendungen des Tochterunternehmens mit den Erträgen des Mutterunternehmens zu verrechnen, und die Differenz ist gemäß § 307 Abs. 2 in einen Posten mit entsprechender Bezeichnung (z. B. „auf andere Gesellschafter entfallende Gewinne") einzustellen.[309]

Für die **Ergebnisübernahme ohne Gewinnabführungsvertrag** ist sowohl der Fall der zeitgleichen als auch der Fall der zeitverschobenen Gewinnvereinnahmung denkbar. Gewinne dürfen ohne formellen Ausschüttungsbeschluss **zeitgleich** dann vereinnahmt werden, wenn die ausschüttende Gesellschaft entweder die Rechtsform einer Personenhandelsgesellschaft hat oder im Fall der Rechtsform einer Kapitalgesellschaft bestimmte vom EuGH und BGH in der sog. Tomberger-Entscheidung[310] formulierte Bedingungen erfüllt sind. Sind diese Bedingungen erfüllt, erfasst das Mutterunternehmen das ausgeschüttete Ergebnis als Beteiligungsertrag in der GuV II, während beim Tochterunternehmen der ausgeschüttete Betrag als Differenz der Erträge und Aufwendungen in der GuV II ausgewiesen wird. Daraus folgt, dass in der Summen-GuV das Ergebnis doppelt erfasst wird. Der Beteiligungsertrag ist durch eine Verrechnung mit dem Jahresergebnis zu eliminieren.[311]

---

308 Vgl. RIESE, J., in: Beck HdR, C 470, Rn. 48.

309 Vgl. RIESE, J., in: Beck HdR, C 470, Rn. 49.

310 Vgl. EuGH, Urteil vom 27.06.1996 – Rs. C-234/94, berichtigt durch EuGH, Beschluss vom 10.07.1997 – Rs. C-234/94 sowie BGH, Urteil vom 12.01.1998 – II ZR 82/93. Vgl. dazu m. w. N. etwa KROPFF, B., Phasengleiche Gewinnvereinnahmung, S. 117-130 sowie die Beiträge in HERZIG, N./BIENER, H., Europäisierung des Bilanzrechts.

311 Vgl. RIESE, J., in: Beck HdR, C 470, Rn. 52.

Im Fall der **zeitverschobenen Gewinnvereinnahmung** wurde kein Gewinnabführungsvertrag geschlossen, oder die Voraussetzungen für eine zeitgleiche Gewinnvereinnahmung sind nicht gegeben. Die Entstehung und die Ausschüttung der Erträge werden dann in unterschiedlichen Geschäftsjahren gebucht. Im Jahr der Entstehung sind keine Konsolidierungsbuchungen erforderlich. Das Ergebnis des Tochterunternehmens geht vielmehr als Differenz der Erträge und Aufwendungen über die Summen-GuV in die Konzern-GuV ein. Indes würde im folgenden Geschäftsjahr die beim Mutterunternehmen gebuchte Ausschüttung des Tochterunternehmens über die Summen-GuV erneut in die Konzern-GuV eingehen, was aus Konzernsicht nicht zulässig ist. Somit sind im folgenden Geschäftsjahr die vereinnahmten Erträge mit einem Ergebnisvortrag, den Gewinnrücklagen oder einem Ausgleichsposten zu verrechnen.[312]

425. Besonderheiten der Konsolidierungstechnik bei selbsterstellten bzw. weiterverarbeiteten, konzernintern verkauften Vermögensgegenständen

Bisher wurde unterstellt, dass die selbsterstellten, konzernintern verkauften Vermögensgegenstände in der Konzernbilanz zur Herstellungskostenobergrenze aktiviert werden. Dies bedeutet, dass bei fehlendem Außenumsatz alle aktivierungspflichtigen und aktivierungsfähigen Einzel- und Gemeinkosten in der Summen-GuV zu neutralisieren (bei Anwendung des GKV) bzw. aus der Summen-GuV zu eliminieren (bei Anwendung des UKV) sind. In Abschn. 3 in diesem Kapitel zur Zwischenergebniseliminierung wurde bereits ausführlich dargestellt, dass im Konzernabschluss – wie auch im Einzelabschluss – Vermögensgegenstände zu einem Konzernmindestwert, zu einem Konzernhöchstwert oder zu einem Wert zwischen Konzernmindestwert und Konzernhöchstwert bilanziert werden dürfen. Der Konzernmindestwert bzw. der Konzernhöchstwert ergibt sich aus der Summe der Herstellungskosten aus den Einzelabschlüssen korrigiert um Herstellungskostenminderungen bzw. Herstellungskostenmehrungen.

Werden von einem Konzernunternehmen selbsterstellte Vermögensgegenstände an ein anderes Konzernunternehmen verkauft, so sind zunächst alle Herstellungskostenbestandteile aus der GuV II des liefernden Konzernunternehmens in der Summen-GuV zusammenzufassen. Im Fall der Bilanzierung zur **Herstellungskostenobergrenze** in der Konzernbilanz und ohne die Notwendigkeit, Herstellungskostenminderungen bzw. -mehrungen zu erfassen, sind sämtliche Herstellungsaufwendungen

(1) bei Anwendung des GKV durch eine Umgliederung der Umsatzerlöse in Bestandserhöhungen bzw. aktivierte Eigenleistungen zu neutralisieren (Beispiel (3)) bzw.

---

312 Vgl. EBELING, R. M., in: Baetge/Kirsch/Thiele, § 305 HGB, Rn. 91; TELKAMP, H.-J., in: Küting/Weber, HdK, 2. Aufl., § 305 HGB, Rn. 43.

(2) bei Anwendung des UKV durch eine Verrechnung der Umsatzerlöse mit den Herstellungskosten der zur Erzielung der Umsatzerlöse erbrachten Leistungen zu eliminieren (Beispiel (3)).

Wird der Vermögensgegenstand in der Konzernbilanz dagegen zur **Herstellungskostenuntergrenze**, d. h. zum Konzernmindestwert in Höhe der aktivierungspflichtigen Material- und Fertigungseinzelkosten und -gemeinkosten, oder zu einem Wert zwischen Konzernmindestwert und Konzernhöchstwert bilanziert, so sind bei der Aufwands- und Ertragskonsolidierung nur die zu aktivierenden Kostenbestandteile bei Anwendung des Gesamtkostenverfahrens in Bestandsveränderungen bzw. aktivierte Eigenleistungen einzustellen oder bei Anwendung des Umsatzkostenverfahrens vollständig aus der Konzernerfolgsrechnung zu eliminieren. Der Rest der Aufwendungen ist dagegen sofort erfolgswirksam in der Konzern-GuV zu erfassen. Für die Aufwands- und Ertragskonsolidierung bedeutet dies, dass

(1) bei Anwendung des GKV die Umsatzerlöse nur in Höhe der aktivierten Kostenbestandteile in Bestandserhöhungen bzw. in aktivierte Eigenleistungen umzugliedern sind und der Rest mit dem Jahresergebnis verrechnet wird[313] bzw.

(2) bei Anwendung des UKV die Umsatzerlöse vollständig mit den Umsatzkosten und dem Jahresergebnis zu verrechnen sind und zusätzlich die nicht aktivierten Kostenbestandteile als Aufwand erfolgsmindernd gebucht werden.[314]

Ferner sind auch die in Abschn. 3 in diesem Kapitel beschriebenen **Herstellungskostenminderungen** bzw. **Herstellungskostenmehrungen** bei der Aufwands- und Ertragskonsolidierung zu beachten. Sind z. B. durch die Weitergabe von Vermögensgegenständen innerhalb des Konzerns Transportkosten in Form von Löhnen und Gehältern entstanden, so werden diese im Einzelabschluss des liefernden Unternehmens als Vertriebskosten erfasst. Sofern diese Kosten nicht auch aus Sicht des Konzerns Vertriebskosten darstellen und damit dem Aktivierungsverbot des § 255 Abs. 2 Satz 4 i. V. m. § 298 Abs. 1 unterliegen, handelt es sich um im Konzernabschluss aktivierungspflichtige Kostenbestandteile.[315] In diesem Fall sind die im Summenabschluss ausgewiesenen Herstellungskosten um **Herstellungskostenmehrungen** zu erhöhen.

Für die Technik der Aufwands- und Ertragskonsolidierung ist danach zu unterscheiden, ob diese Herstellungskostenmehrungen aktiviert werden oder nicht. Im Fall der Aktivierung dieser Kostenbestandteile sind diese durch die Umgliederung der Umsatzerlöse in Bestandserhöhungen bzw. aktivierte Eigenleistungen zu neutralisieren (GKV) oder durch eine Verrechnung mit den Umsatzerlösen zu eliminieren (UKV). Bei Nichtaktivierung dieser Kostenbestandteile sind die Umsatzerlöse in gleicher Höhe mit dem Jahresergebnis zu verrechnen (GKV und UKV). Bei Anwendung des

---

313 Vgl. VON WYSOCKI, K., Die Konsolidierung der Innenumsatzerlöse, S. 725.

314 Vgl. TELKAMP, H.-J., in: Küting/Weber, HdK, 2. Aufl., § 305 HGB, Rn. 18; SABI DES IDW, Probleme des Umsatzkostenverfahrens, S. 142.

315 Vgl. GEBHARDT, G./BERGMANN, J., Konsolidierung von Erträgen und Aufwendungen, S. 634.

UKV sind die Kostenbestandteile zusätzlich noch in andere Aufwandsposten umzugliedern, da solche Kostenbestandteile nicht als Umsatzkosten, sondern z. B. als sonstige betriebliche Aufwendungen auszuweisen sind.[316]

Herstellungskostenminderungen, d. h. Kostenbestandteile, die zwar aus Sicht des Einzelabschlusses, nicht aber aus Konzernsicht Herstellungskosten darstellen (z. B. innerkonzernliche Lizenzgebühren, Mietaufwendungen aus konzerninternen Mietverträgen), sind von den summierten Kosten der GuV II zu subtrahieren. Diese Aufwendungen sind stets erfolgsmindernd zu erfassen.[317] Für die Aufwands- und Ertragskonsolidierung bedeutet dies, dass in Höhe dieser Kostenbestandteile die Umsatzerlöse mit dem Jahresergebnis verrechnet werden. Zusätzlich sind bei Anwendung des UKV die noch in der Summen-GuV erfassten „Herstellungskosten der zur Erzielung der Umsatzerlöse erbrachten Leistungen" in andere Aufwandsposten umzugliedern.

Die Konsolidierungstechnik bei konzerninternen Lieferungen selbsterstellter Vermögensgegenstände, die zur Herstellungskostenuntergrenze aktiviert werden, wird am **Beispiel (7)** dargestellt.

Das TU hat einen Vermögensgegenstand selbst erstellt. Dabei sind Materialaufwendungen in Höhe von 11 GE (= 5 GE Einzelkosten + 6 GE aktivierungspflichtige Gemeinkosten) sowie Personalaufwendungen in Höhe von 22 GE (= 3 GE Fertigungseinzelkosten + 4 GE Fertigungsgemeinkosten + 15 GE Kosten der allgemeinen Verwaltung) entstanden.[318] Im Jahr der Herstellung wird dieser Vermögensgegenstand an das MU für 50 GE verkauft, wobei nochmals 2 GE Vertriebskosten (reine Transportkosten in Form von Personaleinzelkosten) anfallen. Der Vermögensgegenstand wird in der Konzernbilanz zur Herstellungskostenuntergrenze (Konzernmindestwert) bilanziert.

---

316 Für eine umfassende Darstellung der bilanziellen Auswirkung vgl. Übersicht V-33 und Übersicht V-34 in Abschn. 324. in diesem Kapitel.

317 Gegebenenfalls sind diese Herstellungskostenminderungen durch die Aufwands- und Ertragskonsolidierung eines anderen Geschäftsvorfalls zu eliminieren. Zum Beispiel sind Mieterträge und Mietaufwendungen aufgrund von Mietverträgen zwischen Konzernunternehmen zu eliminieren.

318 Für eine Abgrenzung von aktivierungspflichtigen und aktivierungsfähigen Gemeinkosten vgl. Abschn. 32 in diesem Kapitel.

Die Aufwands- und Ertragskonsolidierung wird zunächst bei Anwendung des Gesamtkostenverfahrens in der Konzern-GuV dargestellt:

Zeitpunkt t = 0 (Alle Zahlen-angaben in GE)	TU GuV II	MU GuV II	Summen-GuV	Konsolidierungs-spalte Soll	Haben	Konzern-GuV
Ertrag Umsatzerlöse Bestandserhöhungen	50		50	50^{7A}	20^{7A}	20
Aufwand Materialaufwand Löhne und Gehälter	11 24		11 24			11 24
Jahresergebnis	+ 15		+ 15	30^{7A}		– 15

Übersicht V-45: *Aufwands- und Ertragskonsolidierung (GKV): Lieferung eines zur Herstellungskostenuntergrenze aktivierten selbsterstellten Vermögensgegenstandes (Beispiel (7A))*

Der Geschäftsvorfall hat sich in den Einzel-GuV der Konzernunternehmen und somit in der Summen-GuV, wie in Übersicht V-45 dargestellt, niedergeschlagen. Da der Vermögensgegenstand in der Konzernbilanz nur zur Herstellungskostenuntergrenze angesetzt wird, ist in Höhe der Einzelkosten (10 GE = 5 GE Materialeinzelkosten + 3 GE Fertigungseinzelkosten + 2 GE aus Konzernsicht aktivierungspflichtige Personaleinzelkosten der innerkonzernlichen Weitergabe) zuzüglich der aktivierungspflichtigen Gemeinkosten (10 GE = 6 GE Materialgemeinkosten + 4 GE Fertigungsgemeinkosten) eine Bestandserhöhung in der Konzern-GuV zu buchen. Die aktivierungsfähigen Gemeinkosten sind dagegen bei der Bewertung zur Herstellungskostenuntergrenze sofort erfolgswirksam zu buchen, d. h., in Höhe der Kosten der allgemeinen Verwaltung (15 GE) wird ein Jahresfehlbetrag ausgewiesen. Der in der Summen-GuV ausgewiesene Umsatzerlös (50 GE) ist aus Konzernsicht noch nicht realisiert. Dieser Umsatzerlös ist vielmehr in Bestandserhöhungen (20 GE) umzugliedern und mit dem Konzernjahresergebnis (30 GE) zu verrechnen.

Der Buchungssatz (7A) lautet somit:

Umsatzerlöse	50 GE	an	Bestandserhöhungen	20 GE
			Jahresergebnis (GuV)	30 GE

Bei Anwendung des Umsatzkostenverfahrens stellt sich die Aufwands- und Ertrags-konsolidierung wie folgt dar:

Zeitpunkt t = 0 (Alle Zahlen-angaben in GE)	TU GuV II	MU GuV II	Summen-GuV	Konsolidierungs-spalte Soll	Haben	Konzern-GuV
Ertrag Umsatzerlöse	50		50	50[7B]		
Aufwand Umsatzkosten Vertriebskosten Allgemeine Verwal-tungskosten	18 2 15		18 2 15	18[7B] 2[7B]		15
Jahresergebnis	+ 15		+ 15	30[7B]		– 15

Übersicht V-46: *Aufwands- und Ertragskonsolidierung (UKV): Lieferung eines zur Herstellungskostenuntergrenze aktivierten selbsterstellten Vermögens-gegenstandes (Beispiel (7B))*

Bei Anwendung des UKV ist der Geschäftsvorfall, wie in Übersicht V-46 abgebildet, in den GuV II und in der Summen-GuV berücksichtigt. Da in der Konzern-GuV nur die nicht aktivierten, indes grundsätzlich aktivierungsfähigen Gemeinkosten (Kosten der allgemeinen Verwaltung) erfolgswirksam gebucht werden dürfen, und zwar nicht als Herstellungskosten der zur Erzielung der Umsatzerlöse erbrachten Leistungen, sondern als allgemeine Verwaltungskosten, sind folgende Umbuchungen mit Bu-chungssatz (7B) vorzunehmen:

Umsatzerlöse	50 GE	an	Umsatzkosten	18 GE
			Vertriebskosten	2 GE
			Jahresergebnis (GuV)	30 GE

43 Der Verzicht auf die Aufwands- und Ertragskonsolidierung

431. Der Wesentlichkeitsgrundsatz bei der Aufwands- und Ertrags-konsolidierung

In § 305 Abs. 2 ist der Grundsatz der Wesentlichkeit für die Aufwands- und Ertrags-konsolidierung kodifiziert. Danach darf auf die Aufwands- und Ertragskonsolidie-rung verzichtet werden, wenn die wegzulassenden Beträge für die Vermittlung eines den tatsächlichen Verhältnissen der wirtschaftlichen Lage des Konzerns entsprechen-den Bildes von untergeordneter Bedeutung sind. Indes ist – wie schon bei den in den vorhergehenden Abschnitten dargestellten Konsolidierungsmaßnahmen – nicht die Bedeutung einzelner Verrechnungs- bzw. Umgliederungsvorgänge entscheidend. Vielmehr müssen für eine Befreiung von der Pflicht zur Aufwands- und Ertragskonsolidierung alle wegzulassenden Aufwendungen und Erträge eines Konzernunternehmens für die wirtschaftliche Lage des Konzerns von untergeordneter Bedeutung sein.[319]

Ferner gilt auch hier das **doppelte Minimumprinzip**[320], d. h., die Unwesentlichkeit muss für alle Konsolidierungsmaßnahmen eines einbezogenen Unternehmens isoliert und im Verbund geprüft werden. Nur wenn beide Prüfungen ergeben, dass die betreffenden Konsolidierungen von untergeordneter Bedeutung sind, darf auf sie verzichtet werden.

432. Von der Grundkonzeption aufgrund des Wesentlichkeitsgrundsatzes abweichende Konsolidierungstechnik

Gemäß § 304 Abs. 1 wird ein nicht realisiertes Zwischenergebnis aus der Konzernbilanz eliminiert. Das Zwischenergebnis ist bei der Aufwands- und Ertragskonsolidierung gemäß § 305 aus der Konzern-GuV zu eliminieren.[321] Nun kann sowohl auf die Zwischenergebniseliminierung gemäß § 304 Abs. 2 als auch auf die Aufwands- und Ertragskonsolidierung gemäß § 305 Abs. 2 unter bestimmten Voraussetzungen verzichtet werden. Unproblematisch ist, wenn beide Befreiungsvorschriften gleichzeitig wirken, d. h., weder die Zwischenergebnisse aus der Bilanz eliminiert noch die konzerninternen Aufwendungen und Erträge in der GuV konsolidiert werden.

Probleme träten indes auf, wenn nur die Befreiungsvorschrift für eine der beiden Konsolidierungsmaßnahmen greifen würde, nicht aber für die andere Konsolidierungsmaßnahme, da in diesem Fall nur aus der Bilanz oder nur aus der GuV das aus Konzernsicht nicht realisierte Zwischenergebnis eliminiert würde und somit die Jahresergebnisse in der Bilanz und in der GuV unterschiedlich ausgewiesen würden. Hierbei sind zwei Fälle zu unterscheiden. Im ersten Fall könnte die Zwischenergebniseliminierung vorzunehmen sein, aber gemäß § 305 Abs. 2 könnte auf die Aufwands- und Ertragskonsolidierung verzichtet werden, da die zu verrechnenden Beträge von untergeordneter Bedeutung sind. Dieser Fall ist allerdings grundsätzlich ausgeschlossen, da nach dem **doppelten Minimumprinzip** die Wesentlichkeit für alle Konsolidierungsmaßnahmen eines einbezogenen Unternehmens gemeinsam geprüft werden muss. Demnach darf auf die Aufwands- und Ertragskonsolidierung nur dann verzichtet werden, wenn auch gleichzeitig auf die Zwischenergebniseliminierung gemäß § 304 Abs. 2 verzichtet werden darf.

Der umgekehrte zweite Fall, d. h. Verzicht auf die Zwischenergebniseliminierung (§ 304 Abs. 2), aber Pflicht zur Aufwands- und Ertragskonsolidierung, ist nach dem doppelten Minimumprinzip ebenfalls nur möglich, wenn auch auf die Aufwands- und Ertragskonsolidierung aufgrund des Wesentlichkeitsgrundsatzes verzichtet werden darf.

---

319 Vgl. Kap. II Abschn. 333.
320 Vgl. Kap. II Abschn. 333.
321 Vgl. Abschn. 41 in diesem Kapitel.

44 Die Aufwands- und Ertragskonsolidierung nach IFRS

Die Aufwands- und Ertragskonsolidierung wird in den IFRS nur sehr allgemein, ohne weiterführende technische Leitlinien, geregelt. Durch IFRS 10.B86 wird lediglich bestimmt, dass Aufwendungen und Erträge aus Geschäften zwischen Konzernunternehmen sowie konzerninterne Dividendenzahlungen oder sonstige Gewinnvereinnahmungen vollständig eliminiert werden müssen. Dies trägt ebenfalls dem Einheitsgrundsatz Rechnung, da in IFRS 10.A gefordert wird, dass der Konzern so darzustellen ist, als ob es sich um ein einziges Unternehmen handeln würde.[322]

Die Aufwands- und Ertragskonsolidierung darf in einem IFRS-Konzernabschluss nach dem Grundsatz der Wesentlichkeit (materiality) in Fällen von untergeordneter Bedeutung unterbleiben (CF.OB2 i. V. m. QC4 und QC11). Insofern ergeben sich im Rahmen der Aufwands- und Ertragskonsolidierung keine Abweichungen zur Vorgehensweise nach den deutschen handelsrechtlichen Regelungen.

---

322 Vgl. BAETGE, J./HAYN, S./STRÖHER, T., in: Baetge u. a., Rechnungslegung nach IFRS, 2. Aufl., IFRS 10, Rn. 290.

Kapitel VI:
Die Quotenkonsolidierung

1 Die Konzeption der Quotenkonsolidierung

Dem Konzernabschluss im Rechtssinne liegt eine Stufenkonzeption zugrunde.[1] Nach dieser **Stufenkonzeption** sind vier Stufen abhängig von der Intensität der Beziehungen des einen Konzernabschluss aufstellenden Unternehmens zu untergeordneten Unternehmen zu unterscheiden, und zwar zu:[2]

- Tochterunternehmen,

- Gemeinschaftsunternehmen,

- assoziierten Unternehmen sowie

- Unternehmen, mit denen ein Beteiligungsverhältnis i. S. d. § 271 Abs. 1 besteht.

Der Konzernabschluss wird durch diese Konzeption zu einem „Abschluss über die **Einflusssphäre des Konzerns**"[3] [Hervorhebung durch die Verfasser]. Der abnehmende Einfluss der Konzernobergesellschaft auf untergeordnete Unternehmen soll in der Methode, nach der ein Unternehmen im Konzernabschluss berücksichtigt wird, zum Ausdruck kommen.[4] Während **Tochterunternehmen** i. S. d. § 290 voll zu konsolidieren sind, sieht § 310 für **Gemeinschaftsunternehmen**, d. h. für Unternehmen auf der ersten Übergangsstufe zwischen Unternehmensgruppe (Mutter- und Tochterunternehmen) und Umwelt, ein Wahlrecht zur quotalen Konsolidierung vor.[5] Wird von dem Wahlrecht kein Gebrauch gemacht, sind Gemeinschaftsunternehmen aufgrund der Stufenkonzeption nach der Equity-Methode zu bilanzieren.[6] Insofern kann von einem Wahlrecht zwischen der Quotenkonsolidierung und der Equity-Methode

---

1   Vgl. dazu ausführlich Kap. III Abschn. 31.

2   Vgl. EISELE, W./RENTSCHLER, R., Gemeinschaftsunternehmen im Konzernabschluß, S. 311.

3   EISELE, W./RENTSCHLER, R., Gemeinschaftsunternehmen im Konzernabschluß, S. 311.

4   Vgl. SIGLE, H., in: Küting/Weber, HdK, 2. Aufl., § 310 HGB, Rn. 5.

5   Vgl. BUSSE VON COLBE, W./CHMIELEWICZ, K., Das neue Bilanzrichtlinien-Gesetz, S. 326; EISELE, W./RENTSCHLER, R., Gemeinschaftsunternehmen im Konzernabschluß, S. 311; SIGLE, H., in: Küting/Weber, HdK, 2. Aufl., § 310 HGB, Rn. 5.

6   Vgl. Kap. VII Abschn. 22.

gesprochen werden.[7] Dieses Wahlrecht enthält auch der einschlägige DRS 9 (Bilanzierung von Anteilen an Gemeinschaftsunternehmen im Konzernabschluss) in DRS 9.4.[8]

Das **Wahlrecht zur quotalen Konsolidierung** kann nach deutschem Konzernrechnungslegungsrecht nur dann ausgeübt werden, wenn das den Konzernabschluss aufstellende Gesellschafterunternehmen[9] gleichzeitig Mutterunternehmen i. S. v. § 290 Abs. 1 bzw. Abs. 2 in Bezug auf mindestens ein anderes einzubeziehendes Unternehmen ist. Sollte das Gesellschafterunternehmen ausschließlich Unternehmen gemeinsam mit fremden Unternehmen führen, indes kein Tochterunternehmen haben, folgt daraus keine Pflicht zur Aufstellung eines Konzernabschlusses[10] und damit auch keine Möglichkeit zur Quotenkonsolidierung. Im Einzelabschluss des Gesellschafterunternehmens wären die Anteile als die Beteiligung am Gemeinschaftsunternehmen zu (fortgeführten) Anschaffungskosten zu bilanzieren.

Methodisch entspricht die quotale Konsolidierung gemeinsam geführter Unternehmen der Vollkonsolidierung.[11] Vermögensgegenstände, Schulden, Rechnungsabgrenzungsposten, Aufwendungen und Erträge sind indes nur anteilig in den Konzernabschluss einzubeziehen. Ferner sind das Eigenkapital, die Schulden sowie Aufwendungen und Erträge nur entsprechend der Beteiligungsquote zu konsolidieren und auch Zwischenerfolge lediglich quotal zu eliminieren. Die auf die nicht vollkonsolidierten Gesellschafterunternehmen entfallenden Teile der Vermögensgegenstände, Schulden, Aufwendungen und Erträge werden also nicht in den Konzernabschluss aufgenommen. Umgekehrt werden die auf diese Gesellschafterunternehmen entfallenden Teile der Transaktionen mit dem (Voll-)Konsolidierungskreis nicht eliminiert. Ebenso werden die Anteile der übrigen, nicht in den Konzernabschluss einbezogenen Gesellschafterunternehmen **nicht** wie die Anteile der Minderheitsgesellschafter vollkonsolidierter Tochterunternehmen als Anteile anderer Gesellschafter berücksichtigt.

Bevor die besonderen Probleme der quotalen Einbeziehung von Gemeinschaftsunternehmen in den Konzernabschluss dargestellt werden, ist zunächst zu klären, wann eine Unternehmensbeziehung vorliegt, die als **gemeinsame Führung** zu verstehen ist. Diese gemeinsame Führung ist gemäß § 310 Abs. 1 Voraussetzung für das Wahlrecht zur quotalen Konsolidierung. Nach der Stufenkonzeption sind Gemeinschaftsunternehmen einerseits gegenüber Tochterunternehmen abzugrenzen, für die eine Pflicht

---

7   Vgl. EBELING, R., in: Baetge/Kirsch/Thiele, § 310 HGB, Rn. 21.

8   Vgl. KRAWITZ, N., Quotenkonsolidierung für Gemeinschaftsunternehmen nach E-DRS 9, S. 669.

9   Im Folgenden wird das den Konzernabschluss aufstellende Unternehmen aufgrund des besonderen Verhältnisses zwischen dem an der gemeinsamen Führung beteiligten Unternehmen und dem Gemeinschaftsunternehmen nicht mehr als „Mutterunternehmen", sondern als das „den Konzernabschluss aufstellende Gesellschafterunternehmen" bezeichnet. Von einem Mutterunternehmen kann nur gesprochen werden, wenn ein Mutter-Tochter-Verhältnis i. S. v. § 290 vorliegt.

10 Vgl. BUSSE VON COLBE, W. U. A., Konzernabschlüsse, S. 493.

11 Zu den einzelnen Konsolidierungsmaßnahmen im Rahmen der Vollkonsolidierung vgl. Kap. V.

zur Vollkonsolidierung besteht, andererseits gegenüber assoziierten Unternehmen, auf die ein maßgeblicher Einfluss ausgeübt wird und die im Konzernabschluss nach der Equity-Methode zu berücksichtigen sind.

2 Die Anwendungsvoraussetzungen für die Quotenkonsolidierung

Nach § 310 Abs. 1 ist das Wahlrecht, ein Unternehmen quotal in den Konzernabschluss einzubeziehen, auf solche Unternehmen beschränkt, die von einem in den Konzernabschluss einbezogenen Konzernunternehmen gemeinsam mit einem oder mehreren nicht in den Konzernabschluss einbezogenen Unternehmen geführt werden. Der Begriff des **Gemeinschaftsunternehmens** – andere Bezeichnungen sind Joint Venture, Partnerschafts-Unternehmen, partnership investment oder jointly owned company[12] – ist im HGB nicht definiert. Gemeinsam geführte Unternehmen zeichnen sich durch die folgenden drei Merkmale aus:

(1) Unternehmenseigenschaft des Gemeinschaftsunternehmens

Grundlegende Voraussetzung ist, dass das Gemeinschaftsunternehmen die Eigenschaft eines Unternehmens besitzt.[13] Der Unternehmensbegriff erfasst grundsätzlich alle Formen einer wirtschaftlichen Betätigung, sofern diese von außen erkennbar ausgeübt wird. Dabei ist die **Rechtsform** des (gemeinsam geführten) Unternehmens unerheblich.[14] Im Schrifttum umstritten ist die Qualifizierung von Arbeitsgemeinschaften, die vor allem in der Bauindustrie häufig anzutreffen sind. Nach der Stellungnahme des HFA 1/1993 ist die Unternehmenseigenschaft bei solchen Arbeitsgemeinschaften in der Rechtsform einer BGB-Gesellschaft nur gegeben, wenn

- das Vermögen der Arbeitsgemeinschaft ganz oder teilweise als Gesamthandsvermögen gebunden ist,

- erwerbswirtschaftliche Interessen verfolgt werden,

- die Arbeitsgemeinschaft nach außen in Erscheinung tritt und Rechtsbeziehungen zu Dritten oder den Gesellschafterunternehmen unterhält.[15]

Mit der Unternehmenseigenschaft eng verbunden ist die Frage der Dauer der Zusammenarbeit zwischen den Gesellschaftern des Gemeinschaftsunternehmens. Schon Beteiligungen als niedrigste Stufe der Möglichkeit der Einflussnahme des Konzerns müssen nach § 271 Abs. 1 Satz 1 dazu bestimmt sein, dem eigenen Geschäftsbetrieb dauernd i. S. einer Zweckbestimmung zu dienen.

---

12 Vgl. ZÜNDORF, H., Begriff des Gemeinschaftsunternehmens, S. 1911; NORDMEYER, A., Einbeziehung von Joint Ventures, S. 301.

13 Vgl. für eine ausführliche Darstellung zur Unternehmenseigenschaft von Gemeinschaftsunternehmen VAUBEL, M.-A., Joint Ventures im Konzernabschluß, S. 40-46.

14 Vgl. SABI DES IDW, Aufstellungspflicht und Konsolidierungskreis, S. 341.

15 Vgl. HFA DES IDW, Bilanzierung von Joint Ventures, S. 441.

(2) Wirtschaftliche Unabhängigkeit der Gesellschafterunternehmen

Gemeinsame Führung i. S. d. HGB setzt des Weiteren die wirtschaftliche Unabhängigkeit der Gesellschafterunternehmen voneinander voraus. Nach § 310 Abs. 1 muss die gemeinsame Führung durch das in den Konzernabschluss einbezogene Mutter- oder Tochterunternehmen zusammen mit einem anderen Unternehmen ausgeübt werden, das nicht in den Konzernabschluss einbezogen wird.[16] Bei wörtlicher Auslegung wäre diese Bedingung auch dann erfüllt, wenn es sich bei dem anderen Gesellschafterunternehmen um ein nach § 296 nicht konsolidiertes Tochterunternehmen oder um ein nicht quotenkonsolidiertes Gemeinschaftsunternehmen handelt.[17] Eine solche Wortlaut-Interpretation würde indes dem Zweck des § 310 Abs. 1 widersprechen. Die gemeinsame Führung ist nämlich dadurch gekennzeichnet, dass der Konzern nur begrenzten Einfluss auf die Geschäftspolitik des untergeordneten Unternehmens nehmen kann. Dieser Einfluss wird dadurch begrenzt, dass andere Unternehmen gleichwertige Kompetenzen besitzen. Konzerninteressen könnten hingegen bei der gemeinsamen Führung mit nicht konsolidierten Tochterunternehmen und/ oder nicht quotenkonsolidierten Gemeinschaftsunternehmen uneingeschränkt durchgesetzt werden. Folglich muss das Gemeinschaftsunternehmen zusammen mit einem „fremden", d. h. vom Konzern unabhängigen, Gesellschafterunternehmen geführt werden.[18]

Fraglich ist, ob die Gesellschafterunternehmen noch als wirtschaftlich unabhängig anzusehen sind, wenn das Gemeinschaftsunternehmen von dem Mutterunternehmen oder einem Tochterunternehmen gemeinsam mit einem assoziierten Unternehmen geführt wird. In § 311 Abs. 1 wird für assoziierte Unternehmen verlangt, dass das Mutterunternehmen die Geschäfts- und Finanzpolitik dieses Unternehmens maßgeblich beeinflussen kann[19], was insofern der Unabhängigkeit der Gesellschafterunternehmen widerspricht. Demnach wäre das Gemeinschaftsunternehmen also nach der Equity-Methode zu berücksichtigen. Allerdings würde in diesem Fall nach der Stufenkonzeption eine schwächere Form der Einbeziehung angewendet, obwohl eine stärkere Einflussnahme als bei anderen Gemeinschaftsunternehmen möglich ist. Aus diesem Grund dürfen gemeinsam mit assoziierten Unternehmen geführte Unternehmen quotal konsolidiert werden.[20]

---

16 Vgl. SCHINDLER, J., Konsolidierung von Gemeinschaftsunternehmen, S. 158; EISELE, W./ RENTSCHLER, R., Gemeinschaftsunternehmen im Konzernabschluß, S. 310; SIGLE, H., in: Küting/Weber, HdK, 2. Aufl., § 310 HGB, Rn. 17.

17 Vgl. ZÜNDORF, H., Quotenkonsolidierung versus Equity-Methode, S. 9.

18 Vgl. ADS, 6. Aufl., § 310 HGB, Rn. 17; ZÜNDORF, H., Begriff des Gemeinschaftsunternehmens, S. 1912; SIGLE, H., in: Küting/Weber, HdK, 2. Aufl., § 310 HGB, Rn. 41; a. A. SCHINDLER, J., Kapitalkonsolidierung, S. 265.

19 Vgl. ausführlich Kap. VII.

20 Im Ergebnis so auch ADS, 6. Aufl., § 310 HGB, Rn. 17.

(3) Tatsächliche Ausübung der gemeinsamen Führung

Die Quotenkonsolidierung nach § 310 fordert gemäß Absatz 1, Halbsatz 1 eine gemeinsame Führung. Die Voraussetzungen für das Vorliegen einer gemeinsamen Führung sind vom Gesetzgeber indes nicht konkretisiert worden.[21] Der Tatbestand der gemeinsamen Führung liegt dann vor, wenn alle beteiligten Unternehmen zusammenwirken, um eine in ihrem Interesse liegende Geschäftsführung zu gewährleisten.[22] Die gemeinsame Führung zeichnet sich somit durch das **aktive Lenken und Führen des Gemeinschaftsunternehmens** im Konsens aus.[23] Zur Sicherung des Anspruchs auf eine Beteiligung an der gemeinsamen Führung kommen entsprechende Bestimmungen in der Satzung bzw. im Gesellschaftsvertrag oder vertragliche Absprachen, z. B. über einen Katalog zustimmungspflichtiger Geschäfte, in Betracht.[24] Bei zwei Gesellschafterunternehmen ist somit der Einfluss jedes einzelnen Gesellschafterunternehmens dadurch begrenzt, dass Entscheidungen nicht gegen das Interesse des anderen Gesellschafterunternehmens getroffen werden können.[25] Sind hingegen, etwa aufgrund vertraglicher Konstellationen, einem der Gesellschafterunternehmen umfassendere Einflussnahmemöglichkeiten eingeräumt, wird diese Tatsache einer gemeinsamen Führung entgegenstehen. Da in dieser Fallkonstellation eine planmäßige Einflussnahme auf die Geschäftsführung des dann abhängigen Unternehmens durch ein Gesellschafterunternehmen möglich ist, sind vielmehr die Tatbestände des § 290 Abs. 2 zu prüfen. Der Tatbestand der gemeinsamen Führung hängt nicht von der Höhe der Kapitalbeteiligung oder der Höhe der Stimmrechte ab.[26] Ferner reicht eine reine Finanzbeteiligung oder die ausschließliche Ausübung von Gesellschaftsrechten, wie des Stimmrechtes in der Haupt- oder Gesellschafterversammlung, nicht für eine Klassifizierung als „gemeinsame Führung" und somit zur Ausübung des Wahlrechtes zur Quotenkonsolidierung aus.[27]

Sind die beschriebenen Bedingungen (1)-(3) erfüllt, darf das Gemeinschaftsunternehmen in den Konzernabschluss quotal einbezogen werden. Das **Wahlrecht zur quotalen Konsolidierung** darf von den einzelnen Gesellschafterunternehmen unabhängig voneinander ausgeübt werden. Ist das den Konzernabschluss aufstellende Gesellschafterunternehmen zudem an der gemeinsamen Führung mehrerer Gemeinschaftsunternehmen beteiligt, kann isoliert für jedes dieser Gemeinschaftsunternehmen entschie-

---

21 Vgl. ADS, 6. Aufl., § 310 HGB, Rn. 19.

22 Vgl. ADS, 6. Aufl., § 310 HGB, Rn. 20-23; EBELING, R., in: Baetge/Kirsch/Thiele, § 310 HGB, Rn. 30; SIGLE, H., in: Küting/Weber, HdK, 2. Aufl., § 310 HGB, Rn. 24-25; ARBEITSKREIS „EXTERNE UNTERNEHMENSRECHNUNG" DER SCHMALENBACH-GESELLSCHAFT, Aufstellung von Konzernabschlüssen, S. 124.

23 Vgl. SIGLE, H., in: Küting/Weber, HdK, 2. Aufl., § 310 HGB, Rn. 30.

24 Vgl. EBELING, R., in: Baetge/Kirsch/Thiele, § 310 HGB, Rn. 32.

25 Vgl. SCHINDLER, J., Kapitalkonsolidierung, S. 263; ZÜNDORF, H., Begriff des Gemeinschaftsunternehmens, S. 1912; EISELE, W./RENTSCHLER, R., Gemeinschaftsunternehmen im Konzernabschluß, S. 310 f.; SIGLE, H., in: Küting/Weber, HdK, 2. Aufl., § 310 HGB, Rn. 30.

26 Vgl. ARBEITSKREIS „EXTERNE UNTERNEHMENSRECHNUNG DER SCHMALENBACH-GESELLSCHAFT", Aufstellung von Konzernabschlüssen, S. 124; EBELING, R., in: Baetge/Kirsch/Thiele, § 310 HGB, Rn. 44.

27 Vgl. EBELING, R., in: Baetge/Kirsch/Thiele, § 310 HGB, Rn. 30.

den werden, ob es quotal in den Konzernabschluss einbezogen wird oder ob die Beteiligung at equity bilanziert wird.[28] Eine einheitliche Ausübung des Wahlrechtes ist indes zu präferieren.

Nach dem **Stetigkeitsgebot** des § 297 Abs. 3 Satz 2 ist die einmal getroffene Entscheidung zur quotalen Konsolidierung bindend, solange die Anwendungsvoraussetzungen des § 310 Abs. 1 erfüllt sind. Abweichungen vom Gebot der Stetigkeit sind nur in Ausnahmefällen zulässig. Diese Abweichungen sind dann gemäß § 297 Abs. 3 Sätze 4 und 5 im Anhang anzugeben, zu begründen, und ihr Einfluss auf die Vermögens-, Finanz- und Ertragslage ist anzugeben.

Im **Konzernanhang** sind nach § 313 Abs. 2 Nr. 3 Name und Sitz der **anteilig** konsolidierten Gemeinschaftsunternehmen anzugeben sowie der Tatbestand, aus dem sich die Eigenschaft der gemeinsamen Führung ergibt. Darüber hinaus ist im Konzernanhang auch der Anteil am Kapital des Gemeinschaftsunternehmens anzugeben, den das Gesellschafterunternehmen, die in den Konzernabschluss einbezogenen Tochterunternehmen oder eine für deren Rechnung handelnde Person halten. Wünschenswert wäre auch die Angabe der Namen der anderen Gesellschafterunternehmen sowie des Zweckes der Zusammenarbeit.[29] Für Gemeinschaftsunternehmen, die at equity im Konzernabschluss berücksichtigt werden, ist, analog zu den assoziierten Unternehmen, § 313 Abs. 2 Nr. 2 einschlägig.[30]

Die in DRS 9 geforderten ausführlichen Anhangangaben im Zusammenhang mit der Bilanzierung von Gemeinschaftsunternehmen beziehen sich z. T. auf §§ 313 f., gehen aber auch darüber hinaus. Bspw. sind die Rahmenbedingungen des Erwerbs der Anteile (einschließlich der Angabe des Kaufpreises) (DRS 9.21) und die Behandlung eines Unterschiedsbetrages ausführlich zu beschreiben (DRS 9.23 f.).

3 Die Technik der Quotenkonsolidierung

31 Vorbemerkung

Nach § 310 Abs. 2 sind die §§ 297-301, 303-306, 308, 308a und 309 auf die Quotenkonsolidierung entsprechend anzuwenden. Mit der Wortwahl „entsprechend anzuwenden" wird verdeutlicht, dass die Quotenkonsolidierung methodisch der Vollkonsolidierung grundsätzlich entspricht. Gegenüber der Vollkonsolidierung sind indes einige Besonderheiten zu beachten,[31] die nachfolgend erläutert werden.

---

28 Vgl. SIGLE, H., in: Küting/Weber, HdK, 2. Aufl., § 310 HGB, Rn. 8.

29 Vgl. ADS, 6. Aufl., § 310 HGB, Rn. 56.

30 Vgl. MÜLLER, R., in: Baetge/Kirsch/Thiele, § 313 HGB, Rn. 99; vgl. dann auch Kap. VII Abschn. 1.

31 Vgl. EBELING, R., in: Baetge/Kirsch/Thiele, § 310 HGB, Rn. 61 f.; EISELE, W./RENTSCHLER, R., Gemeinschaftsunternehmen im Konzernabschluß, S. 313.

§ 310 Abs. 2 verweist explizit auf die **Generalnorm** des § 297 Abs. 2 Satz 2. Danach hat der Konzernabschluss durch Einbeziehung des Gemeinschaftsunternehmens unter Beachtung der GoK ein den tatsächlichen Verhältnissen entsprechendes Bild zu vermitteln. Außerdem ist der **Einheitsgrundsatz** zu beachten (§ 297 Abs. 3 Satz 1). Auch bei quotaler Einbeziehung von Gemeinschaftsunternehmen ist die Vermögens-, Finanz- und Ertragslage im Konzernabschluss so darzustellen, als ob alle, auch die quotal einbezogenen Unternehmen, ein einziges Unternehmen wären. Der Einheitsgrundsatz verpflichtet dazu, konzerninterne Beziehungen zu eliminieren.[32] Der mögliche Widerspruch aus quotaler Einbeziehung und Einheitsgrundsatz wird im Konzernabschluss dadurch gelöst, dass für die Konsolidierung das Gemeinschaftsunternehmen gedanklich in zwei Teile zerlegt wird: in einen zum Konzern gehörenden Teil sowie einen anderen Teil, der als konzernfremd behandelt wird.[33]

32 Die Schritte zur Erstellung des Summenabschlusses

Für die quotale Einbeziehung eines Gemeinschaftsunternehmens gelten die Vorschriften über den **Ausweis** und den **Ansatz** von Vermögensgegenständen, Schulden, Rechnungsabgrenzungsposten, Sonderposten, Aufwendungen und Erträgen (§§ 298 Abs. 1, 300) uneingeschränkt. Der **Grundsatz der Vollständigkeit** nach § 300 Abs. 2 bezieht sich auch bei quotaler Konsolidierung lediglich auf die Bilanzierung dem Grunde nach. Gemäß § 308 sind zudem sämtliche Vermögensgegenstände und Schulden unabhängig von der Vorgehensweise im Einzelabschluss des Gemeinschaftsunternehmens entsprechend dem Recht des den Konzernabschluss aufstellenden Gesellschafterunternehmens **konzerneinheitlich** neu zu **bewerten**. Sofern ihr Abschlussstichtag um mehr als drei Monate vor oder auch nur einen Tag nach dem Stichtag des Konzernabschlusses liegt, haben auch Gemeinschaftsunternehmen gemäß § 299 Abs. 2 einen **Zwischenabschluss** aufzustellen.[34]

Werden ausländische Gemeinschaftsunternehmen in den Konzernabschluss einbezogen, die ihren Abschluss in einer anderen als der Konzernwährung aufstellen, sind ihre Einzelabschlüsse **in die Konzernwährung Euro umzurechnen**. Dabei sind gemäß § 308a Aktiv- und Passivposten mit dem Devisenkassamittelkurs am Abschlussstichtag anzusetzen, während das Eigenkapital zum historischen Kurs umzurechnen ist. Auf die Posten der Gewinn- und Verlustrechnung ist der Durchschnittskurs anzuwenden.

Weichen Ansatz, Bewertung, Ausweis oder Stichtag des Einzelabschlusses des Gemeinschaftsunternehmens von der Vorgehensweise im Konzernabschluss ab, ist das Gemeinschaftsunternehmen zur Aufstellung einer HB II verpflichtet. Wird ein Gemeinschaftsunternehmen in mehrere Konzernabschlüsse einbezogen und wenden die

---

32 Vgl. Kap. II Abschn. 2.

33 Vgl. EBELING, R., in: Baetge/Kirsch/Thiele, § 310 HGB, Rn. 63.

34 Vgl. SIGLE, H., Quotenkonsolidierung, S. 327. Anders als Gemeinschaftsunternehmen dürfen assoziierte Unternehmen nach § 312 Abs. 6 den letzten Jahresabschluss für die Konzernabschlusserstellung zugrunde legen.

Gesellschafterunternehmen jeweils unterschiedliche Bilanzierungs- und Bewertungsmethoden an, hat das Gemeinschaftsunternehmen sogar mehrere HB II aufzustellen.[35] Ist das Gemeinschaftsunternehmen zugleich Mutterunternehmen und hat es selbst einen Konzernabschluss aufzustellen, so ist der Konzernabschluss und nicht der Einzelabschluss des Gemeinschaftsunternehmens der quotalen Konsolidierung zugrunde zu legen.[36] Durch den Einfluss auf das Gemeinschaftsunternehmen führen die Gesellschafterunternehmen nämlich auch dessen Tochterunternehmen gemeinsam.[37]

In den Summenabschluss des Konzerns sind die Bilanz- und GuV-Posten des Gemeinschaftsunternehmens gemäß § 310 Abs. 1 Halbsatz 2 entsprechend den **Anteilen am Kapital** einzubeziehen, die dem den Konzernabschluss aufstellenden Gesellschafterunternehmen sowohl direkt als auch indirekt gehören.[38] Die gesetzliche Vorgabe der Anteile am Kapital als relevante Konsolidierungsquote impliziert objektivierend, dass die wirtschaftlichen Verhältnisse, z. B. die Gewinnverteilung, dieser Quote entsprechen. Aufgrund der wirtschaftlichen Betrachtungsweise könnte indes im Einzelfall die Ermittlung einer vom Kapitalanteil abweichenden Konsolidierungsquote sachgerecht sein. Weicht beispielsweise der vertraglich vereinbarte Anteil am laufenden sowie am Liquidationsergebnis vom Kapitalanteil ab, sollte dieser für die Ermittlung der Quote, mit der ein Gemeinschaftsunternehmen anteilig konsolidiert wird, ausschlaggebend sein.[39]

Wie bereits erwähnt, wird der Konzernanteil des Gesellschafterunternehmens am Gemeinschaftsunternehmen grundsätzlich als Summe aller direkten und indirekten Anteile an dem unter gemeinsamer Führung stehenden Unternehmen errechnet. Somit sind auch solche Anteile bei der Berechnung der Quote zu berücksichtigen, die einem in den Konzernabschluss einbezogenen Tochterunternehmen gehören.[40] Fraglich ist, wie nach § 296 **nicht konsolidierte Tochterunternehmen** bei der Berechnung der Beteiligungsquote zu behandeln sind. Dazu wird im Schrifttum die Auffassung vertreten, dass sie wie fremde Gesellschafterunternehmen zu behandeln seien, und somit die von ihnen gehaltenen Anteile nicht berücksichtigt werden dürften.[41] Entschei-

---

35 Vgl. SCHINDLER, J., Konsolidierung von Gemeinschaftsunternehmen, S. 160; SIGLE, H., in: Küting/Weber, HdK, 2. Aufl., § 310 HGB, Rn. 73.

36 Vgl. SIGLE, H., in: Küting/Weber, HdK, 2. Aufl., § 310 HGB, Rn. 63. Zur Frage der befreienden Wirkung eines übergeordneten Konzernabschlusses hinsichtlich der Pflicht zur Aufstellung eines Teilkonzernabschlusses durch dieses Gemeinschaftsunternehmen (Tannenbaumprinzip), in den das betrachtete Gemeinschaftsunternehmen quotal einbezogen wird, vgl. HOFFMANN-BECKING, M./RELLERMEYER, K., Gemeinschaftsunternehmen, S. 216-219.

37 Vgl. HARMS, J. E./KNISCHEWSKI, G., Quotenkonsolidierung, S. 1359; ZÜNDORF, H., Problematik der Zwischenergebniseliminierung, S. 2130 f.

38 Vgl. HARMS, J. E./KNISCHEWSKI, G., Quotenkonsolidierung, S. 1356. Eine andere Möglichkeit besteht darin, die Vermögensgegenstände und Schulden, Aufwendungen und Erträge zunächst in voller Höhe in den Summenabschluss zu übernehmen. In diesem Fall sind dann bei der Konsolidierung die Anteile der anderen Gesellschafterunternehmen herauszurechnen. Vgl. z. B. KÜTING, K., Die Quotenkonsolidierung nach der 7. EG-Richtlinie, S. 809.

39 Vgl. ähnlich E-DRS 30.47 zur Ermittlung der Konsolidierungsquote bei Tochterunternehmen.

40 Vgl. EBELING, R., in: Baetge/Kirsch/Thiele, § 310 HGB, Rn. 72.

dend für die Frage der Berücksichtigung dieser Anteile sollte jedoch die Möglichkeit sein, über nicht konsolidierte Tochterunternehmen die geschäftlichen Beziehungen zu den Gemeinschaftsunternehmen zu beeinflussen. So ist in Abhängigkeit der in § 296 genannten Gründe für den Verzicht auf die Konsolidierung des Tochterunternehmens zu prüfen, ob die oben genannte Möglichkeit gegeben ist.[42]

Werden Anteile nicht konsolidierter Tochterunternehmen in die Beteiligungsquote einbezogen, so ist jedoch ein „**Ausgleichsposten für Anteile nicht konsolidierter Tochterunternehmen an Gemeinschaftsunternehmen**" zu passivieren.[43] Dieser Ausgleichsposten umfasst die Anteile an den Vermögensgegenständen, Schulden, Aufwendungen und Erträgen des Gemeinschaftsunternehmens, die dem nicht konsolidierten Tochterunternehmen gehören.

Nach DRS 9.8 sind bei der Festlegung der relevanten Quote für die in den Konzernabschluss einzubeziehenden Posten diejenigen Anteile am Kapital des Gemeinschaftsunternehmens zugrunde zu legen, die dem Gesellschafterunternehmen zuzurechnen sind. Dabei handelt es sich um die Anteile am Gemeinschaftsunternehmen, die von einbezogenen und nicht einbezogenen Tochterunternehmen gehalten werden. Insofern stimmen Gesetz und Standard materiell überein.

Die ermittelte Quote ist dann **einheitlich auf alle Konsolidierungsmaßnahmen** anzuwenden. Gleichgültig ist dabei, mit welchem der konsolidierten Unternehmen das Gemeinschaftsunternehmen Geschäftsbeziehungen unterhalten hat und wie hoch der Kapitalanteil dieses Unternehmens am Gemeinschaftsunternehmen ist.[44]

33 Die Konsolidierungsbereiche bei der Quotenkonsolidierung

Die bei der Vollkonsolidierung vorgesehenen Maßnahmen zur Eliminierung konzerninterner Geschäftsbeziehungen sind gemäß § 310 Abs. 2 bei quotaler Einbeziehung des gemeinsam geführten Unternehmens in den Konzernabschluss entsprechend anzuwenden. Auch bei der Quotenkonsolidierung ist also eine Kapitalkonsolidierung, eine Schuldenkonsolidierung, eine Zwischenergebniseliminierung sowie eine Aufwands- und Ertragskonsolidierung vorzunehmen. Die einzelnen Konsolidierungsmaßnahmen bei der Quotenkonsolidierung werden im Folgenden erläutert.

Der Beteiligungsbuchwert des den Konzernabschluss aufstellenden Gesellschafterunternehmens ist gegen das anteilig in der Summenbilanz enthaltene Eigenkapital des Gemeinschaftsunternehmens (**Kapitalkonsolidierung**) gemäß § 310 Abs. 2 nach der **Erwerbsmethode** in Form der Neubewertungsmethode aufzurechnen. Stille Reserven und stille Lasten sind nur quotal aufzudecken.[45] Im Unterschied zur Vollkonsolidie-

---

41   Vgl. SIGLE, H., in: Küting/Weber, HdK, 2. Aufl., § 310 HGB, Rn. 39.

42   Vgl. weiterführend Kap. III Abschn. 322.1.

43   Vgl. BUSSE VON COLBE, W. U. A., Konzernabschlüsse, S. 498; ADS, 6. Aufl., § 310 HGB, Rn. 30.

44   Vgl. ZÜNDORF, H., Problematik der Zwischenergebniseliminierung, S. 2130.

rung werden bei der Quotenkonsolidierung die Kapitalanteile der anderen Gesellschafterunternehmen nicht berücksichtigt. Ein Ausgleichsposten für die Anteile anderer Gesellschafter[46] entfällt somit. Daher fehlt in § 310 Abs. 2 auch der Verweis auf § 307.

Ein eventuell entstehender Unterschiedsbetrag ist bei der Quotenkonsolidierung gemäß § 301 Abs. 3 zusammen mit Unterschiedsbeträgen aus der Vollkonsolidierung als „Geschäfts- oder Firmenwert" auf der Aktivseite bzw. als „Unterschiedsbetrag aus der Kapitalkonsolidierung" auf der Passivseite der Konzernbilanz auszuweisen.[47]

34 Beispiel zur Anwendung der Quotenkonsolidierung

Das folgende **Beispiel (1)** verdeutlicht die quotale Kapitalkonsolidierung. Damit ein Vergleich der Quotenkonsolidierung mit der Vollkonsolidierung möglich ist, werden die Zahlen der oben eingeführten Beispiele zur Kapitalkonsolidierung bei einer Vollkonsolidierung[48] verwendet. Die quotale Kapitalkonsolidierung erfolgt im Beispiel (1) nach der Neubewertungsmethode. Dabei werden die anteiligen stillen Reserven und stillen Lasten, die auf das den Konzernabschluss aufstellende Gesellschafterunternehmen entfallen, in einer zusätzlich zu erstellenden HB III aufgedeckt. Die Summenbilanz enthält demzufolge bereits die anteiligen neubewerteten Posten. Erst nach der Aufdeckung der stillen Reserven und Lasten wird das neubewertete Eigenkapital des Gemeinschaftsunternehmens mit dem Beteiligungsbuchwert des Gesellschafterunternehmens verglichen. Die verbleibende Differenz wird als Unterschiedsbetrag behandelt.

Dem Beispiel liegt die **Annahme** zugrunde, dass das den Konzernabschluss aufstellende Gesellschafterunternehmen zu insgesamt 25 % am Gemeinschaftsunternehmen beteiligt ist. Vermögensgegenstände, Schulden und das Eigenkapital des Gemeinschaftsunternehmens werden daher in der Summenbilanz nur anteilig zu 25 % erfasst. Auch die stillen Reserven beim Anlage- und Umlaufvermögen und die stillen Lasten bei den sonstigen Passiva werden lediglich in Höhe des Konzernanteils von 25 % aufgedeckt (vgl. Übersicht VI-1). Bei der Neubewertungsmethode werden diese stillen Reserven und stillen Lasten bei der Aufstellung der HB III mit dem folgenden Buchungssatz (1) berücksichtigt:[49]

---

45   Vgl. BOLIN, M./ZÜNDORF, H., Problematik der Konzernrechnungslegung, S. 1449; ARBEITS-KREIS „EXTERNE UNTERNEHMENSRECHNUNG" DER SCHMALENBACH-GESELLSCHAFT, Aufstellung von Konzernabschlüssen, S. 128; KÜTING, K./WEBER, C.-P., Der Konzernabschluss, S. 570 f.

46   Bei der Kapitalkonsolidierung nach der Neubewertungsmethode enthält der Ausgleichsposten die auf die Minderheitsgesellschafter entfallenden anteiligen stillen Reserven und stillen Lasten. Vgl. ausführlich Kap. V Abschn. 125.4 und Kap. V Abschn. 127. Zur Bewertung des Ausgleichspostens für die Anteile anderer Gesellschafter vgl. zudem EBELING, R. M., Die zweckgemäße Abbildung der Anteile fremder Gesellschafter, S. 330-342.

47   Vgl. SIGLE, H., in: Küting/Weber, HdK, 2. Aufl., § 310 HGB, Rn. 80-83.

48   Zur Erstkonsolidierung nach der Neubewertungsmethode vgl. Kap. V Abschn. 125.21. Zur Buchwertmethode vgl. Kap. V Abschn. 125.31.

Sonstiges Anlagevermögen	10 GE			
Umlaufvermögen	5 GE	an	Sonstiges Eigenkapital	10 GE
			Sonstige Passiva	5 GE

Zeitpunkt t = 0	GesU	GU			SB	Konsolidierungsspalte		KB
(Alle Zahlen- angaben in GE)	HB II	HB II	Zeit- werte 100 %	HB III 25 %		Soll	Haben	
Aktiva								
GoF						40[3]		40
Sonstiges AV	400	300	340	85	485			485
Beteiligung	150				150		150[2]	
UV	300	500	520	130	430			430
Verbleibender UB						40[2]	40[3]	
Summe Aktiva	850	800		215	1.065			955
Passiva								
EK	500	400		110	610	110[2]		500
Sonstige Passiva	350	400	420	105	455			455
Summe Passiva	850	800		215	1.065	190	190	955

Legende:

AV	≙	Anlagevermögen	HB	≙	Handelsbilanz
FK	≙	Eigenkapital	KB	≙	Konzernbilanz
GE	≙	Geldeinheiten	MU	≙	Mutterunternehmen
GesU	≙	Gesellschafterunternehmen	SB	≙	Summenbilanz
GoF	≙	Geschäfts- oder Firmenwert	UV	≙	Umlaufvermögen
GU	≙	Gemeinschaftsunternehmen	Verbleibender UB	≙	Verbleibender Unterschieds- betrag

Übersicht VI-1: *Quotale Erstkonsolidierung eines Gemeinschaftsunternehmens nach der Neubewertungsmethode bei einer Beteiligungsquote von 25 %*

In die Summenbilanz werden neben den Vermögensgegenständen und Schulden des den Konzernabschluss aufstellenden Gesellschafterunternehmens ferner die anteiligen Zeitwerte der Vermögensgegenstände und Schulden des Gemeinschaftsunternehmens einbezogen. Die **anteiligen stillen Reserven** betragen beim sonstigen Anlagevermögen 10 GE und beim Umlaufvermögen 5 GE. Bei den sonstigen Passiva betragen die anteiligen stillen Lasten 5 GE. Bei der quotalen Kapitalkonsolidierung ist in einem ersten Teilschritt die Beteiligung des Gesellschafterunternehmens (150 GE) mit dem anteiligen neubewerteten bilanziellen Eigenkapital des Gemeinschaftsunternehmens zu verrechnen. Die verbleibende Differenz (40 GE) wird als **verbleibender Unterschiedsbetrag** (UB) mit Buchungssatz (2) gebucht:

---

49 Vgl. Kap. V Abschn. 125.21.

Verbleibender Unterschiedsbetrag	40 GE			
Eigenkapital	110 GE	an	Beteiligung	150 GE

Im zweiten Teilschritt wird der Unterschiedsbetrag als Geschäfts- oder Firmenwert aus der Kapitalkonsolidierung auf der Aktivseite der Konzernbilanz mit Buchungssatz (3) ausgewiesen:

Geschäfts- oder Firmenwert	40 GE	an	Verbleibender Unterschiedsbetrag	40 GE

Das Beispiel verdeutlicht, dass die Höhe des Konzerneigenkapitals bei der Quotenkonsolidierung der Höhe des Konzerneigenkapitals bei Vollkonsolidierung[50] ohne Berücksichtigung der Anteile anderer Gesellschafter entspricht. Der Grund hierfür liegt in der quotalen Einbeziehung der Vermögensgegenstände und Schulden. Im Unterschied dazu werden bei der Vollkonsolidierung die Vermögensgegenstände und Schulden vollständig in den Konzernabschluss einbezogen. Der Posten „Anteile anderer Gesellschafter" nach § 307 Abs. 1 zeigt dann die auf Konzernaußenstehende entfallenden Anteile der Vermögensgegenstände und Schulden und „korrigiert" somit den Ausweis der Vermögensgegenstände und Schulden in voller Höhe. Da die Vermögensgegenstände und Schulden bei der Quotenkonsolidierung nur anteilig in den Konzernabschluss einbezogen und stille Reserven und stille Lasten nur entsprechend dem Konzernanteil aufgedeckt werden, ist diese „Korrektur" nicht erforderlich. Somit ist dann z. B. auch die Bilanzsumme geringer als bei der Vollkonsolidierung. Entsprechend ist die Eigenkapitalquote höher als bei der Vollkonsolidierung.

Für die **Folgekonsolidierung** wird wiederum die gleiche Datensituation wie im oben eingeführten Beispiel zur Vollkonsolidierung nach der Neubewertungsmethode[51] unterstellt. Auf der Aktivseite der Bilanzen von Gesellschafter- und Gemeinschaftsunternehmen haben sich die unterstellten Werte nicht geändert. Beim **sonstigen Anlagevermögen** wird angenommen, dass in Höhe der Abschreibungen neue Vermögensgegenstände beschafft wurden, der Wert der Abgänge im **Umlaufvermögen** entspricht den Zugängen. Beim Gesellschafterunternehmen ist ein **Gewinn** von 60 GE und beim Gemeinschaftsunternehmen ein **Gewinn** von 80 GE entstanden. Die **sonstigen Passiva** haben sich jeweils in Höhe des Gewinns vermindert. Die **stillen Reserven** im sonstigen Vermögen des Gemeinschaftsunternehmens sind Vermögensgegenständen zuzuordnen, die linear über eine Restlaufzeit von fünf Jahren abgeschrieben werden. Die stillen Reserven im Umlaufvermögen bleiben erhalten. Die **stillen Lasten** in den sonstigen Passiva wurden realisiert. Der **Geschäfts- oder Firmenwert** wird im Beispiel über seine Nutzungsdauer von fünf Jahren abgeschrieben.

---

50 Vgl. Übersicht V-7 in Kap. V Abschn. 125.1.
51 Vgl. Kap. V Abschn. 125.22.

Zeitpunkt t = 1 (Alle Zahlenangaben in GE)	GesU HB II	GU HB II	GU Zeitwerte 100 %	GU HB III 25 %	SB	Konsolidierungsspalte Soll	Haben	KB
Aktiva								
GoF						40[3]	**8[4]**	32
Sonstiges AV	400	300	340	85	485		**2[4]**	483
Beteiligung	150				150	150[2]		
UV	300	500	520	130	430			430
Verbleibender UB						40[2]	40[3]	
Summe Aktiva	850	800		215	1.065			945
Passiva								
Eigenkapital								
▪ Sonst. EK	500	400		110	610	110[2]		500
▪ Gewinn	60	80		20	80		**5[4]**	75
Sonstige Passiva	290	320	340	85	375		**5[4]**	370
Summe Passiva	850	800		215	1.065	200	200	945

Legende: Vgl. Übersicht VI-1.

Übersicht VI-2: *Quotale Folgekonsolidierung eines Gemeinschaftsunternehmens nach der Neubewertungsmethode bei einer Beteiligungsquote von 25 %*

Die Buchungen (1), (2) und (3) bei der Folgekonsolidierung entsprechen den Buchungen bei der Erstkonsolidierung (vgl. Übersicht VI-1). Bei der Folgekonsolidierung sind folgende **Wertänderungen** durch den Buchungssatz (4) zu berücksichtigen:

GoF: Durch den Abschreibungszeitraum von fünf Jahren vermindert sich der GoF um 20 %, d. h., der GoF wird um 8 GE pro Jahr abgeschrieben (40 GE / 5 Jahre).

Sonstiges AV: Die stillen Reserven im sonstigen Anlagevermögen werden entsprechend der Nutzungsdauer der zugehörigen Vermögensgegenstände linear abgeschrieben. Die Abschreibung beträgt dann 2 GE pro Jahr (10 GE / 5 Jahre).

Sonstige Passiva: Die stillen Lasten bei den sonstigen Passiva werden durch die Begleichung der Verpflichtung realisiert. Das Konzernergebnis wird durch die Auflösung der stillen Lasten um 5 GE erhöht.

Die Abschreibungen auf den Geschäfts- oder Firmenwert, die Abschreibungen auf die stillen Reserven im sonstigen Anlagevermögen und die bei den sonstigen Passiva realisierten stillen Lasten sind erfolgswirksam zu Lasten bzw. zu Gunsten des Konzerngewinns zu buchen, d. h., der **Konzerngewinn** verändert sich durch diese ergebniswirksame Buchung um −8 GE − 2 GE + 5 GE = −5 GE.

Der Buchungssatz (4) lautet somit:

Gewinn	5 GE			
Sonstige Passiva	5 GE	an	Geschäfts- oder Firmenwert	8 GE
			Sonstiges Anlagevermögen	2 GE

Damit ergibt sich die in Übersicht VI-2 ausgewiesene Konzernbilanz.

Auch die **Schuldbeziehungen** zwischen den übrigen in den Konzernabschluss einbezogenen Unternehmen und dem Gemeinschaftsunternehmen sind nach § 303 anteilig zu konsolidieren. Echte Aufrechnungsdifferenzen sind wie solche aus der Vollkonsolidierung konzerninterner Schuldbeziehungen grundsätzlich erfolgswirksam, indes nur quotal zu eliminieren.[52] Im Konzernabschluss verbleibt somit jeweils der Anteil von Forderungen, Verbindlichkeiten, Rückstellungen, Rechnungsabgrenzungsposten, Haftungsverhältnissen, sonstigen finanziellen Verpflichtungen und möglichen Aufrechnungsdifferenzen zwischen den einbezogenen Unternehmen und dem Gemeinschaftsunternehmen, der dem Anteil der anderen Gesellschafterunternehmen am Kapital des Gemeinschaftsunternehmens entspricht. Der nicht eliminierte Teil der Forderungen und Verbindlichkeiten betrifft Konzernaußenstehende und ist als Forderungen oder Verbindlichkeiten gegenüber Unternehmen, mit denen ein Beteiligungsverhältnis besteht, in der Konzernbilanz auszuweisen.[53]

§ 304 verlangt, dass „in den Konzernabschluss zu übernehmende Vermögensgegenstände, die ganz oder teilweise auf Lieferungen oder Leistungen zwischen in den Konzernabschluss einbezogenen Unternehmen beruhen", mit dem Betrag anzusetzen sind, „zu dem sie in der auf den Stichtag des Konzernabschlusses aufgestellten Jahresbilanz dieses Unternehmens angesetzt werden könnten, wenn die in den Konzernabschluss einbezogenen Unternehmen auch rechtlich ein einziges Unternehmen bilden würden". Diese **Zwischenerfolge** sind bei der Quotenkonsolidierung anteilig aus dem Summenabschluss herauszurechnen.[54]

Bei der anteiligen Konsolidierung gemeinsam geführter Unternehmen nach § 310 sind außerdem Aufwendungen und Erträge gemäß § 305 zu konsolidieren. **Aufwendungen und Erträge** aus Lieferungs- und Leistungsbeziehungen zwischen dem Gesellschafterunternehmen bzw. dessen Tochterunternehmen einerseits und dem Gemeinschaftsunternehmen andererseits werden quotal gegeneinander aufgerechnet. Der in der Konzern-GuV verbleibende Teil entfällt auf Konzernaußenstehende und ist daher als realisiert anzusehen.[55] Eine Ausnahme besteht für Beteiligungserträge, die vom Gemeinschaftsunternehmen an den Konzern ausgeschüttet wurden. Sie stellen einen Anteil am Erfolg des Gemeinschaftsunternehmens dar, der dem Gesell-

---

52 Vgl. ADS, 6. Aufl., § 310 HGB, Rn. 39; EBELING, R., in: Baetge/Kirsch/Thiele, § 310 HGB, Rn. 86; SIGLE, H., in: Küting/Weber, HdK, 2. Aufl., § 310 HGB, Rn. 88.

53 Vgl. ADS, 6. Aufl., § 310 HGB, Rn. 38.

54 Vgl. EBELING, R., in: Baetge/Kirsch/Thiele, § 310 HGB, Rn. 90.

55 Vgl. SIGLE, H., in: Küting/Weber, HdK, 2. Aufl., § 310 HGB, Rn. 105.

schafterunternehmen in voller Höhe zusteht. Aus Sicht des Konzerns handelt es sich um eine Thesaurierung.[56] Daher sind diese Beteiligungserträge zu eliminieren und gegen die Konzernrücklagen zu verrechnen.

Je nach Richtung des zugrunde liegenden Geschäftes zwischen Gesellschafterunternehmen und Gemeinschaftsunternehmen können auch nach der Zwischenerfolgseliminierung sowie der Aufwands- und Ertragskonsolidierung Zwischenerfolge im Wertansatz der betreffenden Vermögensgegenstände verbleiben. Handelt es sich um ein **Downstream-Geschäft**, also um eine Leistung des den Konzernabschluss aufstellenden Gesellschafterunternehmens oder eines seiner Tochterunternehmen an das Gemeinschaftsunternehmen, dann sind im Summenabschluss die entsprechenden Erfolgspositionen in voller Höhe enthalten. Die von Konzernunternehmen an das Gemeinschaftsunternehmen gelieferten Vermögensgegenstände einschließlich der Zwischenerfolge sind hingegen im Summenabschluss nur anteilig enthalten. Bei quotaler Zwischenerfolgseliminierung verbleibt, wie das folgende **Beispiel (2)** für Downstream-Geschäfte zeigt, der Anteil am Zwischenerfolg in der Konzernerfolgsrechnung, der auf die anderen Gesellschafterunternehmen des Gemeinschaftsunternehmens entfällt. Er wird als mit Konzernaußenstehenden realisiert angesehen.[57] Die anteiligen Vermögensgegenstände werden bei Downstream-Geschäften indes vollständig um (die anteiligen) Zwischenerfolge bereinigt.

Ein voll zu konsolidierendes Tochterunternehmen liefert (downstream) Vorräte an ein Gemeinschaftsunternehmen, an dem der Konzern zu 25 % beteiligt ist:

	GesU (Vollkons.)	GU/SB (Quotenkons.)
Veräußerungspreis	120 GE	
Ansatz der Summenbilanz (120 GE · 25 %)		30 GE
Konzerneinheitliche Herstellungskosten[58]	80 GE	
Ansatz in der Konzernbilanz (80 GE · 25 %)		20 GE
Zwischenerfolg lt. GuV des Tochterunternehmens	40 GE	
Zu eliminierender Zwischenerfolg		10 GE
Legende: Vgl. Übersicht VI-1.		

---

56 Vgl. EISELE, W./RENTSCHLER, R., Gemeinschaftsunternehmen im Konzernabschluß, S. 315.

57 Vgl. ZÜNDORF, H., Problematik der Zwischenergebniseliminierung, S. 2133; SIGLE, H., in: Küting/Weber, HdK, 2. Aufl., § 310 HGB, Rn. 99.

Der **anteilige Zwischenerfolg** in Höhe von 10 GE ist durch den Buchungssatz

Jahresergebnis	10 GE	an	Vorratsvermögen	10 GE

in der Summenbilanz zu eliminieren.

Zudem sind in der Summen-GuV die anteiligen Aufwendungen und Erträge aus dieser Lieferung wie folgt zu konsolidieren:

Umsatzerlöse	30 GE	an	Bestandsverminderung	20 GE
			Jahresergebnis	10 GE

Bei diesem Downstream-Geschäft verbleibt folglich ein Zwischenerfolg in Höhe von 30 GE (= 40 GE – 10 GE bzw. 40 GE · 75 %) in der Konzern-GuV. Dieser Zwischenerfolg wurde mit den anderen Gesellschafterunternehmen realisiert, die zu insgesamt 75 % an dem Gemeinschaftsunternehmen beteiligt sind. Der bei einem Downstream-Geschäft im Bestand des Gemeinschaftsunternehmens befindliche Vermögensgegenstand selbst wird im Konzernabschluss anteilig zu konzerneinheitlichen Herstellungskosten von 20 GE angesetzt.

Gerade umgekehrt ist es, wenn das Gemeinschaftsunternehmen an das Gesellschafterunternehmen oder eines seiner Tochterunternehmen leistet, also bei sog. **Upstream-Geschäften.** Da die Vermögensgegenstände aus Upstream-Geschäften im Summenabschluss in voller Höhe, die Erfolgspositionen des Gemeinschaftsunternehmens hingegen quotal in den Summenabschluss eingehen, verbleibt nach anteiliger Konsolidierung im Wertansatz der Vermögensgegenstände ein Zwischenerfolg. Dieser wird wiederum als mit Konzernaußenstehenden realisiert angesehen.[59] **Beispiel (3)** verdeutlicht diese Zusammenhänge:

Ein Gemeinschaftsunternehmen liefert (upstream) Vorräte an ein voll zu konsolidierendes Tochterunternehmen. Der Konzern ist an dem Gemeinschaftsunternehmen zu 25 % beteiligt:

---

58 Die konzerneinheitlichen Herstellungskosten entsprechen den aktivierten Herstellungskosten beim liefernden Tochterunternehmen.

59 Vgl. Zündorf, H., Problematik der Zwischenergebniseliminierung, S. 2133; Sigle, H., in: Küting/Weber, HdK, 2. Aufl., § 310 HGB, Rn. 100 f. Im Schrifttum wird z. T. auch eine vollständige Zwischenerfolgseliminierung bei Upstream-Geschäften mit Rückgriff auf das Wahlrecht zur Zwischenerfolgseliminierung bei der Equity-Methode für möglich erachtet. Vgl. dazu Sigle, H., in: Küting/Weber, HdK, 2. Aufl., § 310 HGB, Rn. 100 f. Da indes ein Teil des Zwischenergebnisses auf den Teil des Gemeinschaftsunternehmens entfällt, der wie ein fremdes Unternehmen behandelt wird, halten wir die Zwischenergebniseliminierung in voller Höhe bei der Quotenkonsolidierung für nicht systemgerecht. Vgl. ebenso ADS, 6. Aufl., § 310 HGB, Rn. 41.

	GesU/SB (Vollkons.)	GU (Quotenkons.)
Veräußerungspreis		120 GE
Ansatz der Summenbilanz:	120 GE	
Konzerneinheitliche Herstellungskosten[58]	80 GE	80 GE
Zwischenerfolg lt. GuV des Gemeinschafts-unternehmens		40 GE
Anteiliger Zwischenerfolg lt. Summen-GuV (40 GE · 25 %)		10 GE
Im Ansatz in der Summenbilanz enthaltener vorläufiger Zwischenerfolg	40 GE	
Zu eliminierender Zwischenerfolg (40 GE · 25 %)	10 GE	
Legende: Vgl. Übersicht VI-1.		

Auch bei Upstream-Geschäften ist der anteilige Zwischenerfolg in Höhe von 10 GE durch den Buchungssatz

Jahresergebnis	10 GE	an	Vorratsvermögen	10 GE

in der Summenbilanz zu eliminieren. Der zu eliminierende Zwischenerfolg bei Upstream-Geschäften entspricht dem Zwischenerfolg, der über die GuV des Gemeinschaftsunternehmens quotal in der Summen-GuV berücksichtigt wird. Das Veräußerungsgeschäft ist dann gänzlich aus der Konzern-GuV eliminiert. Die Aufwendungen und Erträge sind in der Summen-GuV wie folgt zu konsolidieren:

Umsatzerlöse	30 GE	an	Bestandsverminderung	20 GE
			Jahresergebnis	10 GE

Der Wertansatz für den Vermögensgegenstand, der sich bei einem Upstream-Geschäft im Bestand eines vollkonsolidierten Konzernunternehmens befindet, beträgt in der Konzernbilanz 110 GE (= 120 GE – 10 GE).

Besonderheiten bestehen, wenn mehrere Gemeinschaftsunternehmen, zwischen denen ein Lieferungs- und Leistungsverkehr besteht, anteilig in den Konzernabschluss einbezogen werden. Die aus Transaktionen zwischen Gemeinschaftsunternehmen, den sog. **cross-stream-Geschäften**, resultierenden Zwischenergebnisse sind quotal zu eliminieren. Ist der Kapitalanteil des den Konzernabschluss aufstellenden Gesellschafterunternehmens an allen betroffenen Gemeinschaftsunternehmen gleich hoch, so werden die Zwischenerfolge bei der Konsolidierung in Bilanz und GuV vollständig eliminiert. Sind hingegen die Beteiligungsprozentsätze des den Konzernabschluss aufstellenden Gesellschafterunternehmens an den Gemeinschaftsunternehmen unterschiedlich hoch, können Zwischenerfolge aus Lieferungen und Leistungen zwischen den Gemeinschaftsunternehmen nicht in voller Höhe ausgeschaltet werden. Diese

Tatsache hat ihre Ursache darin, dass die betreffenden Vermögensgegenstände und Erfolgspositionen aus den Einzelabschlüssen der Gemeinschaftsunternehmen nur in Höhe des (unterschiedlichen) Anteils am Kapital des betreffenden Gemeinschaftsunternehmens in den Summenabschluss einbezogen werden.

Folglich können in diesen Fällen die Zwischenerfolge nur entsprechend dem niedrigsten Beteiligungsprozentsatz eliminiert werden.[60]

4 Würdigung der Quotenkonsolidierung

Die Quotenkonsolidierung stellt bei der Bilanzierung von Gemeinschaftsunternehmen im Konzernabschluss eine Alternative zur Equity-Methode dar, deren Vor- und Nachteile im Folgenden erörtert werden sollen.

Im Schrifttum findet sich häufig als wesentlicher Kritikpunkt der Quotenkonsolidierung ihre **interessentheoretische Fundierung**[61] und der daraus resultierende Verstoß gegen die Einheitstheorie, die dem handelsrechtlichen Konzernabschluss zugrunde liege.[62] Die Annahme, der handelsrechtliche Konzernabschluss basiere auf der **Einheitstheorie**, resultiert aus der Interpretation des § 297 Abs. 3 Satz 1 als kodifizierte Einheitstheorie.[63] Indes kann der Einheitsgrundsatz des § 297 Abs. 3 Satz 1 nicht eindeutig der Einheits- oder der Interessentheorie zugeordnet werden. Insofern sind also keine Aussagen darüber möglich, welche der Theorien dem handelsrechtlichen Konzernabschluss zugrunde liegt.[64] Hinzu kommt, dass sich die Theorien allein auf einen Konzernabschluss beziehen, in den ausschließlich das Mutterunternehmen und die Tochterunternehmen einbezogen werden, d. h. Unternehmen, die das übergeordnete Unternehmen durch Mehrheitsbeteiligung oder auf andere Art beherrscht. Sowohl die Einheitstheorie als auch die Interessentheorie setzen damit ein Mutterunternehmen voraus, das als Mehrheitsgesellschafter seine Interessen gegenüber den Minderheitsgesellschaftern durchsetzen kann. Da sich die Konzernabschlusstheorien nicht mit der Einbeziehung von Gemeinschaftsunternehmen in einen Konzernabschluss beschäftigen, kann die Quotenkonsolidierung von Gemeinschaftsunternehmen nicht hinsichtlich ihrer unmittelbaren Theorieadäquanz beurteilt werden.

---

60 Vgl. ADS, 6. Aufl., § 310 HGB, Rn. 42; ZÜNDORF, H., Problematik der Zwischenergebniseliminierung, S. 2132 f.

61 Den Überlegungen liegt die Interessentheorie mit partieller Konsolidierung zugrunde; vgl. hierzu Kap. I Abschn. 632.

62 Vgl. KÜTING, K., Die Quotenkonsolidierung nach der 7. EG-Richtlinie, S. 803 und 807; HAVERMANN, H., Der Konzernabschluß nach neuem Recht, S. 187; EISELE, W./ RENTSCHLER, R., Gemeinschaftsunternehmen im Konzernabschluß, S. 312 f. und 319.

63 Vgl. VON WYSOCKI, K., Das Dritte Buch des HGB, S. 177; ADS, 6. Aufl., § 297 HGB, Rn. 5, Rn. 32 und Rn. 39; HAVERMANN, H., Der Konzernabschluß nach neuem Recht, S. 177; SCHEREN, M., in: Küting/Weber, HdK, 2. Aufl., Kap. I, Rn. 294; STAKS, H., in: Küting/Weber, HdK, 1. Aufl., Kap. I, Rn. 229.

64 Vgl. dazu ausführlich Kap. I Abschn. 64.

Ferner widerspricht die für den Konzernabschluss getroffene **Annahme einer Teilung des Gemeinschaftsunternehmens nach den Anteilen am Kapital der tatsächlichen Rechtslage**. Bei den im Konzernabschluss quotal erfassten Aktiva und Passiva des Gemeinschaftsunternehmens handelt es sich daher nicht um Vermögensgegenstände, die durch den Konzern selbständig verwertbar sind, und bei den Schulden nicht um Gesamtverpflichtungen des Konzerns. Nur ein vollständiger Vermögensgegenstand wäre durch das den Konzernabschluss aufstellende Gesellschafterunternehmen bzw. dessen Tochterunternehmen verwertbar. Entsprechendes gilt für die Verbindlichkeiten. Von einem Gesellschafterunternehmen allein kann hingegen nicht über die Vermögensgegenstände und Schulden des Gemeinschaftsunternehmens verfügt werden.[65]

Für die Quotenkonsolidierung spricht demgegenüber, dass der sog. **Pyramideneffekt** im Konzern nur bei quotaler Konsolidierung richtig dargestellt wird. Der Pyramideneffekt umfasst zum einen den **Umsatzmultiplikator**, der das Phänomen bezeichnet, dass sich durch Verschachtelungen im Konzern bei gegebenem Eigenkapitaleinsatz ein höheres Umsatzvolumen erreichen lässt als bei einem Unternehmen ohne Beteiligungen. Zum anderen umfasst der Pyramideneffekt den **Rentabilitäts-/Risikohebel**: Bei einem gegebenen Verschuldungsgrad im verschachtelten Konzern kann ein zusätzlicher Rentabilitäts-Leverage-Effekt erzielt werden, gleichzeitig tritt aber ein größeres Kapitalstrukturrisiko auf. Vor allem dieser Risikohebel wird bei der Vollkonsolidierung nur unzureichend sichtbar. Im Konzernabschluss lässt sich das konzernspezifische Kapitalstrukturrisiko ausschließlich bei quotaler Konsolidierung den tatsächlichen Verhältnissen entsprechend berücksichtigen.[66]

Für die Quotenkonsolidierung spricht ferner, dass in der Konzern-GuV über die Erfolgskomponenten unsaldiert Rechenschaft gelegt wird. Zwar werden die Aufwendungen und Erträge nur anteilig in die Konzern-GuV übernommen, doch verbessert sich so der Einblick in die Aufwands- und Ertragsstruktur des Konzerns. Nachhaltig erzielte Erfolgsbeiträge aus der Geschäftätigkeit des Konzerns werden detailliert dargestellt und damit wird mit dem Konzernabschluss aus eher dynamischer Sicht der Einblick in die Ertragslage des Konzerns gegenüber einem saldierten Ausweis wie bei der Equity-Methode verbessert.

Einen Kritikpunkt an der Quotenkonsolidierung stellt wiederum dar, dass bei ungleichen Kapitalanteilen die ansonsten gleichen Sachverhalte unterschiedlich hoch bewertet werden. So werden bspw. Zwischenerfolge nur quotal eliminiert. Bei Upstream-Geschäften[67] bleibt dadurch ein mit Konzernexternen als realisiert betrachteter „Zwischenerfolg" in dem in der Konzernbilanz ausgewiesenen Wert der Vermögensgegenstände. Der Wert des von einem Gemeinschaftsunternehmen gelieferten Vermögensgegenstandes ist durch die nur **quotale Zwischenerfolgseliminierung** höher, und zwar verglichen mit einer Lieferung des gleichen Vermögensgegenstandes

---

65 Vgl. KÜTING, K., Art. 18 der 7. EG-Richtlinie, S. 8 und S. 11; KÜTING, K., Die Quotenkonsolidierung nach der 7. EG-Richtlinie, S. 812; NIEHUS, R. J., Neues Konzernrecht für die GmbH, S. 1793; SCHINDLER, J., Konsolidierung von Gemeinschaftsunternehmen, S. 164.

66 Vgl. hierzu SCHIERENBECK, H., Der Pyramideneffekt, S. 249-258.

67 Vgl. Beispiel (3) im Abschn. 34 in diesem Kapitel.

durch ein vollkonsolidiertes Tochterunternehmen. Der Wert von Vermögensgegenständen, Schulden, Rechnungsabgrenzungsposten und Sonderposten des Gemeinschaftsunternehmens in der Konzernbilanz hängt demnach von der Höhe des Anteils am Kapital des den Konzernabschluss aufstellenden Gesellschafterunternehmens am Gemeinschaftsunternehmen ab.[68]

Ferner wird beanstandet, das **Wahlrecht zur Quotenkonsolidierung** eröffne erhebliche konzernbilanzpolitische Spielräume und beeinträchtige die Vergleichbarkeit zu anderen Konzernabschlüssen.[69] Wesentliche Voraussetzung für die zeitliche Vergleichbarkeit ist die Stetigkeit der angewendeten Konsolidierungsmethode. Die Quotenkonsolidierung unterliegt dem **Grundsatz der Stetigkeit**, sofern die Anwendungsvoraussetzungen des § 310 Abs. 1 erfüllt sind. Ein Abweichen von der anteiligen Konsolidierung erfordert nach § 297 Abs. 3 Satz 4 Angaben und Begründungen im Konzernanhang. Das Wahlrecht zur Quotenkonsolidierung ist insofern zu begrüßen, als das den Konzernabschluss aufstellende Unternehmen abhängig von der Intensität der Beziehung zum untergeordneten Unternehmen und von der Erfüllung der Generalnorm des § 297 Abs. 2 Satz 2 entscheiden kann, ob ein Gemeinschaftsunternehmen quotal einbezogen oder at equity bilanziert werden soll.[70] Für eine zwischenbetriebliche Vergleichbarkeit wäre allerdings eine gesetzliche Pflicht zur Quotenkonsolidierung verbunden mit den Einbeziehungswahlrechten gemäß § 296 und mit ausführlichen Erläuterungen im Anhang von höherer Aussagekraft.

Wenngleich die Quotenkonsolidierung in vielen Bereichen als verbesserungsbedürftig charakterisiert werden kann, so kann sie dennoch die Aussagekraft gegenüber einer Bilanzierung at equity erhöhen. Nach dem Grundsatz der Vollständigkeit des Konsolidierungskreises hat der Konzernabschluss sämtliche wirtschaftlichen Aktivitäten des Konzerns zu enthalten.[71] Durch die anteilige Konsolidierung wird der Beteiligungsbuchwert am Gemeinschaftsunternehmen in seine Bestandteile zerlegt, wodurch die wirtschaftlichen Aktivitäten des Gemeinschaftsunternehmens ersichtlich werden.[72] Eine Equity-Bewertung würde den Einblick in die Vermögens-, Finanz- und Ertragslage zumindest dann stark verzerren, wenn wesentliche Aktivitäten des Konzerns in Gemeinschaftsunternehmen angesiedelt werden.[73]

Die Entscheidung für oder gegen die quotale Konsolidierung sollte allein abhängig von der Intensität der Beziehungen des den Konzernabschluss aufstellenden Gesellschafterunternehmens zu dem Gemeinschaftsunternehmen getroffen werden. So wird die Möglichkeit, die Geschäftsbeziehung zum Gemeinschaftsunternehmen zu gestal-

---

68 Siehe zur Bestimmung der Beteiligungsquote Abschn. 32 in diesem Kapitel.

69 Vgl. HARMS, J. E./KNISCHEWSKI, G., Quotenkonsolidierung, S. 1356; EISELE, W./RENTSCHLER, R., Gemeinschaftsunternehmen im Konzernabschluß, S. 321.

70 Vgl. SIGLE, H., Quotenkonsolidierung, S. 325.

71 Vgl. SCHINDLER, J., Kapitalkonsolidierung, S. 273.

72 Vgl. BIENER, H., Konzernrechnungslegung nach der Siebenten Richtlinie, S. 12; EISELE, W./RENTSCHLER, R., Gemeinschaftsunternehmen im Konzernabschluß, S. 318.

73 So übersteigt das Vermögen von Arbeitsgemeinschaften vielfach das Gesamtvermögen der Partner; vgl. DILL, R., Bilanzierung von Beteiligungen an Arbeitsgemeinschaften, S. 754.

ten, bei einer 50:50-Beteiligung besonders groß und damit auch eine quotale Konsolidierung geboten sein. Hingegen wird bei einer Beteiligung der Gesellschafterunternehmen im Verhältnis 25:25:25:25 die Anwendung der Equity-Methode aufgrund der beschränkteren Einflussnahmemöglichkeiten eher zu rechtfertigen sein.

Wird die Quotenkonsolidierung wahlweise[74] auf Gemeinschaftsunternehmen nicht angewendet, so sind die Gemeinschaftsunternehmen at equity in den Konzernabschluss einzubeziehen. Die Equity-Methode wird in Kap. VII behandelt.

5 Die Quotenkonsolidierung nach IFRS

Im Rahmen der umfassenden Überarbeitung der Konzernrechnungslegung nach internationalen Standards hat das IASB unter anderem die Vorschriften zur Quotenkonsolidierung reformiert.[75] Die Regelungen zur quotalen Konsolidierung des IAS 31 (Anteile an Gemeinschaftsunternehmen) wurden durch die Vorschriften des IFRS 11 (Gemeinschaftliche Vereinbarungen) ersetzt.[76] IAS 31.7 unterschied drei Formen gemeinschaftlicher Vereinbarungen: gemeinsam geführte Tätigkeiten (jointly controlled operations), gemeinsam geführtes Vermögen (jointly controlled assets) und gemeinsam geführte Gesellschaften (jointly controlled entities). IFRS 11.6 differenziert hingegen lediglich zwischen zwei Kategorien: **gemeinschaftliche Tätigkeiten** (joint operations) und **Gemeinschaftsunternehmen** (joint ventures).[77] Dabei orientiert sich IFRS 11 nicht mehr ausschließlich an der rechtlichen Form der Zusammenarbeit, sondern sieht die Rechte und Pflichten der kooperierenden Parteien als zentrales Abgrenzungskriterium an.[78] Unmittelbar verbunden mit der Klassifizierung gemeinschaftlicher Vereinbarungen ist ihre bilanzielle Abbildung. Sofern ein Gemeinschaftsunternehmen vorliegt, schreibt IFRS 11.24 zwingend die Anwendung der Equity-Methode gemäß IAS 28 (Beteiligungen an assoziierten Unternehmen und Gemeinschaftsunternehmen) vor. Damit entfällt das noch nach IAS 31 bestehende Wahlrecht zur Quotenkonsolidierung. Besteht hingegen eine gemeinschaftliche Tätigkeit zwischen zwei oder mehr Unternehmen, wird diese Tätigkeit, in Anlehnung an die Quotenkonsolidierung des IAS 31, weiterhin anteilig einbezogen (IFRS 11.20).

---

74 Vgl. ausführlich zur Bedeutung der Konsolidierungswahlrechte für Gemeinschaftsunternehmen Abschn. 2 in diesem Kapitel.

75 Zu den Neuerungen des IFRS 10 und des IFRS 12 vgl. Kap. III und Kap. IX.

76 IFRS 11 ist für alle Geschäftsjahre, die an oder nach dem 1. Januar 2014 begannen, verpflichtend anzuwenden. Vgl. Art. 2 der Verordnung (EU) Nr. 1254/2012 der Europäischen Kommission vom 11. Dezember 2012.

77 Die Kategorisierungen gemeinsam geführtes Vermögen und gemeinsam geführte Tätigkeiten nach der Definition des IAS 31, werden im IFRS 11 unter gemeinschaftliche Tätigkeiten subsumiert. Vgl. GALBIATI, L./BAUR, D., Joint Arrangements, S. 318 f.

78 Vgl. LEITNER-HANETSEDER, S./STOCKINGER, M., Auswirkungen IFRS 11 auf den Konzernabschluss, S. 349; KÜTING, K./WIRTH, J., Umstellung auf die Equity-Methode gemäß IFRS 11, S. 150.

Grundlegende Voraussetzung für die Anwendung des IFRS 11 ist eine **gemeinschaftliche Vereinbarung**. Diese ist regelmäßig dann gegeben, wenn die beteiligten Gesellschaften ihre gemeinsamen Aktivitäten auf Grundlage einer vertraglichen Vereinbarung (contractual arrangement) sowie unter gemeinschaftlicher Beherrschung (joint control) ausüben (IFRS 11.5).[79] Eine durchsetzbare vertragliche Vereinbarung regelt vor allem den Zweck, die Tätigkeit und die Dauer der gemeinschaftlichen Aktivitäten (IFRS 11.B4). Sie muss indes nicht zwingend in schriftlicher Form vorliegen (IFRS 11.B2). Für eine gemeinschaftliche Beherrschung ist die Definition des Beherrschungskonzeptes nach IFRS 10 (Konzernabschlüsse) maßgeblich (IFRS 11.B5). Als gemeinschaftlich ist die Beherrschung indes erst dann zu charakterisieren, wenn Entscheidungen über relevante Aktivitäten von mehreren Parteien im Konsens getroffen werden müssen. Dann ist es jedem Unternehmen der gemeinschaftlichen Vereinbarung möglich, eine einseitige Bestimmung der relevanten Aktivitäten durch eine andere Partei zu verhindern (IFRS 11.10).[80]

Im Anschluss an die Prüfung der gemeinschaftlichen Vereinbarung zwischen mindestens zwei Unternehmen ist diese zu kategorisieren. Dabei ist die **Klassifizierung** vor dem Hintergrund der Rechte und Pflichten der beteiligten Partnerunternehmen zu beurteilen (IFRS 11.14). Sofern Rechte gegenüber einzelnen Vermögenswerten und Pflichten gegenüber Verbindlichkeiten bestehen, liegt eine gemeinschaftliche Tätigkeit vor (IFRS 11.15). Begründen sie indes Ansprüche am Nettovermögen, handelt es sich um eine gemeinschaftliche Vereinbarung in Form eines Gemeinschaftsunternehmens (IFRS 11.16). Aufgrund der wirtschaftlichen Betrachtungsweise ist nicht jede gemeinschaftliche Vereinbarung, die in einer rechtlich selbständigen Einheit organisiert ist, automatisch als Gemeinschaftsunternehmen zu klassifizieren. Die Gründung eines separaten Vehikels, z. B. in Form einer juristischen Person, ist lediglich eine notwendige, jedoch keine hinreichende Bedingung für die Existenz eines Gemeinschaftsunternehmens.[81] So kann auf der Basis vertraglicher Vereinbarungen, bspw. über abzunehmende Erzeugnisse sowie die verpflichtende Bereitstellung finanzieller Mittel zur Begleichung von Schulden, auch eine gemeinschaftliche Tätigkeit vorliegen (IFRS 11.B32)

---

79 Vgl. KÜTING, K./SEEL, C., Gemeinschaftliche Beherrschung nach IFRS 11, S. 452.

80 Vgl. KÜTING, K./SEEL, C., Gemeinschaftliche Beherrschung nach IFRS 11, S. 453.

81 Vgl. FREIBERG, J./TEUFEL, C., Anwendung des IFRS 10 und IFRS 11, S. 13.

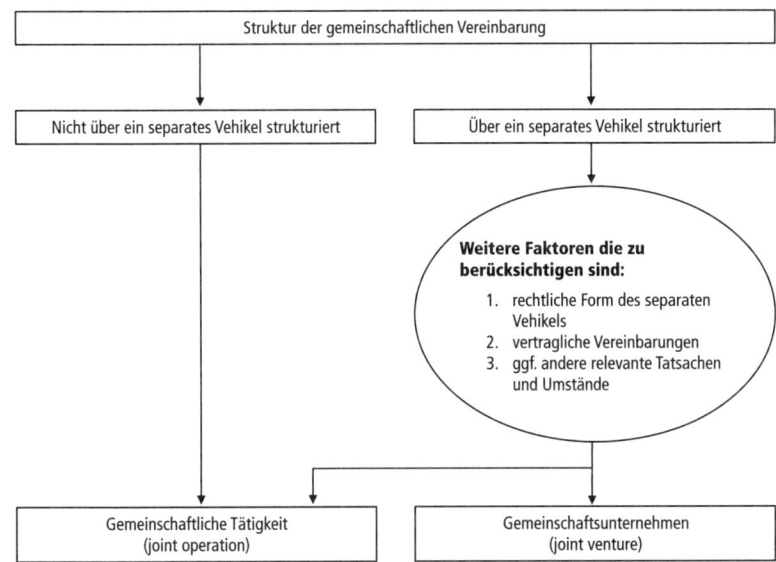

Übersicht VI-3: *Klassifizierung einer gemeinschaftlichen Vereinbarung anhand ihrer formalen Struktur[82]*

Sofern ein Unternehmen als Gemeinschaftsunternehmen einzustufen ist, ist die **Equity-Methode** verpflichtend anzuwenden (IFRS 11.24).[83] Besteht indes eine gemeinschaftliche Tätigkeit, so ist ihre bilanzielle Abbildung mit einer **Quotenkonsolidierung** vergleichbar.[84] Jede Partei hat ihren Anteil an den Vermögenswerten (assets) und Schulden (liabilities) sowie den Erlösen (revenues) und Aufwendungen (expenses) aus den gemeinsamen Aktivitäten zu erfassen (IFRS 11.20). Wird die gemeinschaftliche Tätigkeit jedoch in einer separaten Rechtspersönlichkeit organisiert, unterscheidet sich die bilanzielle Erfassung von der Quotenkonsolidierung konzeptionell dahingehend, dass für die anteilige Einbeziehung der Vermögenswerte und Schulden der vertragliche Anteil z. B. am Output maßgeblich ist. Dieser ist nicht zwingend identisch mit dem Kapitalanteil der Parteien an der rechtlichen Einheit.[85]

Die **Angabepflichten im Anhang** in Bezug auf gemeinschaftliche Vereinbarungen sind in IFRS 12 (Angaben zu Anteilen an anderen Unternehmen) geregelt, welcher im Rahmen der Überarbeitung der internationalen Konzernrechnungslegungsvorschriften ebenfalls neu eingeführt wurde (IFRS 11.IN11).[86] Demnach sind die Art

---

82 Vgl. IFRS 11.B21.

83 Die Equity-Methode ist in IAS 28 geregelt. Vgl. dazu Kap. VII Abschn. 5. Die Vorschriften des IFRS 11 beziehen sich ebenfalls auf die bilanzielle Behandlung von Gemeinschaftsunternehmen im Einzelabschluss. Hier existiert gem. IFRS 11.26 i. V. m. IAS 27.10 ein Wahlrecht, welches es ermöglicht, die Anteile entweder nach der Anschaffungskostenmethode oder IFRS 9 zu bilanzieren.

84 Vgl. BÖCKEM, H./ISMAR, M., Joint Arrangements nach IFRS 11, S. 822.

85 Vgl. KÜTING, K./SEEL, C., Abgrenzung und Bilanzierung von joint arrangements, S. 349.

der Vereinbarung sowie deren Umfang offenzulegen. Darüber hinaus ist über die finanziellen Auswirkungen der Anteile an einer gemeinschaftlichen Vereinbarung auf den Konzernabschluss zu berichten (IFRS 12.20). Auch die vertraglichen Beziehungen zu anderen Investoren, die an der gemeinschaftlichen Führung der gemeinschaftlichen Vereinbarung beteiligt sind bzw. maßgeblichen Einfluss auf diese haben, müssen im Anhang erläutert werden. Zusätzlich sind gemäß IFRS 12.20 (b) die Art und Änderungen der Risiken, die mit den Anteilen an Gemeinschaftsunternehmen verbunden sind, darzulegen.[87]

Im **Ergebnis** entfernen sich die Vorschriften des IFRS 11 von denen des HGB. Während das HGB in § 310 für Gemeinschaftsunternehmen ein Wahlrecht zwischen quotaler Konsolidierung und Anwendung der Equity-Methode vorsieht – bei der keiner der beiden Wahlmöglichkeiten der Vorzug gegeben wird –, wird von IFRS 11 zwingend die Anwendung der Equity-Methode gefordert. Lediglich bei gemeinschaftlichen Tätigkeiten besteht die quotale Konsolidierung in abgewandelter Form fort. Es bleibt festzuhalten, dass die erläuterte Abschaffung des Konsolidierungswahlrechtes des IAS 31 durch die Regelungen des IFRS 11 zu einer erhöhten (internationalen) Vergleichbarkeit der jeweiligen Konzerabschlüsse führen könnte. Gleichwohl werden, bspw. im Zuge der Neuklassifizierung gemeinschaftlicher Vereinbarungen, neue faktische Wahlrechte und Ermessensspielräume geschaffen.[88]

---

86   Zu den Regelungen des IFRS 12 vgl. umfassender Kap. IX Abschn. 8.

87   Da die beschriebenen Ausweisregelungen im Anhang sowohl für gemeinschaftliche Vereinbarungen als auch für assoziierte Unternehmen von Bedeutung sind, hat das IASB die Angabepflichten für beide Anteilsformen im IFRS 12.20-23 zusammengefasst. Vgl. ZÜLCH, H./ERDMANN, M.-K./POPP, M., Neuformulierung der konzernbezogenen Anhangangaben, S. 510.

88   Vgl. KÜTING, K., Konzernrechnungslegung nach IFRS und HGB, S. 2830.

Kapitel VII:
Die Equity-Methode

1 Überblick

Entsprechend der Stufenkonzeption des Konzernabschlusses[1] wurde in den vorhergehenden Abschnitten untersucht, wie Unternehmen im Konzernabschluss zu berücksichtigen sind, die das den Konzernabschluss aufstellende Unternehmen alleine (Tochterunternehmen) oder gemeinsam mit anderen Nicht-Konzerngesellschaften (Gemeinschaftsunternehmen) führt. In der Reihenfolge der abgestuften Intensität von Unternehmensbeziehungen sieht das HGB nach der Voll- und Quotenkonsolidierung für die nächstschwächere Form von Unternehmensbeziehungen gemäß den §§ 311 und 312 die sog. Equity-Methode vor.[2] Mit dieser Methode sind Unternehmen im Konzernabschluss abzubilden, zu denen der Konzern eine Beziehung unterhält, die schwächer als die gemeinsame Führung, aber noch stärker als ein normaler Beteiligungsbesitz ist. Nach der gesetzlichen Definition des § 311 ist ein solches **assoziiertes Unternehmen** dadurch gekennzeichnet, dass ein in den Konzernabschluss einbezogenes Unternehmen auf die Geschäfts- und Finanzpolitik dieses Unternehmens einen **maßgeblichen Einfluss tatsächlich** ausübt. Ein maßgeblicher Einfluss wird ab einem Stimmrechtsanteil von mindestens 20 % (widerlegbar) vermutet.

Über diese **typischen** assoziierten Unternehmen hinaus sind ebenfalls sogenannte **untypische** assoziierte Unternehmen nach der Equity-Methode im Konzernabschluss zu berücksichtigen. Darunter fallen grundsätzlich zum einen Tochterunternehmen, die aufgrund der Ausübung der Einbeziehungswahlrechte des § 296 nicht in den Vollkonsolidierungskreis einbezogen werden, und zum anderen Gemeinschaftsunternehmen, die aufgrund des Wahlrechtes des § 310 Abs. 1 nicht anteilig konsolidiert werden.[3]

---

1   Vgl. Kap. III Abschn. 31.
2   Vgl. dazu ausführlich KIRSCH, H.-J., Die Equity-Methode im Konzernabschluß.
3   Vgl. Kap. III Abschn. 34.

Ergänzend zu den Regelungen des HGB wurde vom Deutschen Standardisierungsrat (DSR) der DRS 8 (Bilanzierung von Anteilen an assoziierten Unternehmen im Konzernabschluss) verabschiedet.[4] Dieser bezieht sich allerdings ausschließlich auf die Abbildung von typischen assoziierten Unternehmen.

Gemäß § 311 Abs. 2 darf auf die Anwendung der Equity-Methode verzichtet werden, wenn die zu berücksichtigenden assoziierten Unternehmen **unwesentlich** i. S. d. Generalnorm des § 264 Abs. 2 sind. Dieses Kriterium ist, wie bei der Vollkonsolidierung, sowohl für einzelne assoziierte Unternehmen, als auch für alle in Frage kommenden assoziierten Unternehmen gemeinsam zu prüfen.[5] Außerdem ist die Equity-Methode nicht auf assoziierte Unternehmen anzuwenden, wenn der maßgebliche Einfluss nur **vorübergehend** besteht (DRS 8.6 f.), wie beim Anteilserwerb zum ausschließlichen Zweck der Weiterveräußerung.

Übersicht VII-1 systematisiert den Anwendungsbereich der Equity-Methode im handelsrechtlichen Konzernabschluss.

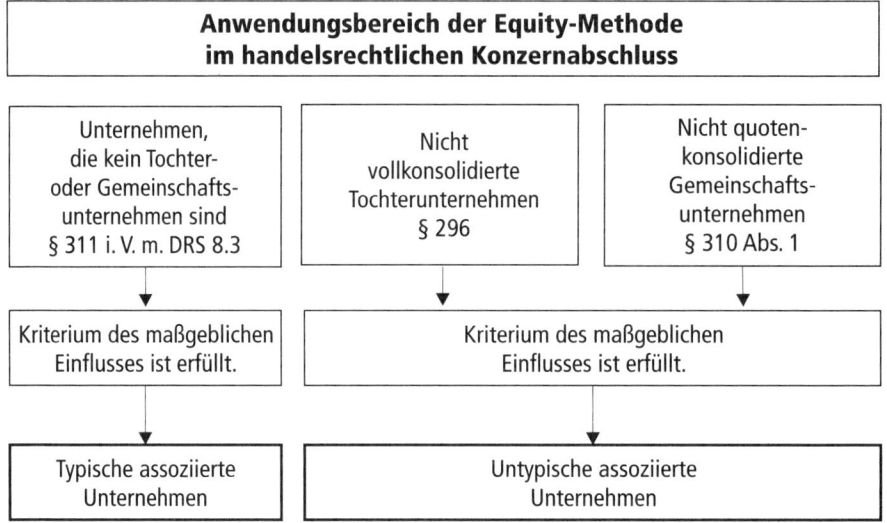

Übersicht VII-1: *Anwendungsbereich der Equity-Methode im handelsrechtlichen Konzernabschluss*

§ 312 regelt die technische Verfahrensweise bei der Equity-Methode. Das **wesentliche Merkmal** der Equity-Methode ist, dass im Unterschied zur Voll- und Quotenkonsolidierung keine Vermögensgegenstände und Schulden sowie Aufwendungen und Erträge aus dem Jahresabschluss des assoziierten Unternehmens in den Konzern-

---

4   Der DRS 8 wird zurzeit überarbeitet. Dabei werden zum einen mit DRÄS 6 die aufgrund des BilRUG erforderlichen Änderungen eingearbeitet. Zum anderen steht der Standard für eine grundlegende Überarbeitung auf dem Arbeitsprogramm des HGB-Fachausschusses.

5   Vgl. Kap. III Abschn. 322.5.

abschluss übernommen werden. Vielmehr wird bei der Equity-Methode der Beteiligungsbuchwert entsprechend der Entwicklung des anteiligen Eigenkapitals des assoziierten Unternehmens im Konzernabschluss fortgeschrieben. Somit kann der Equity-Wert nach dem erstmaligen Ansatz zu Anschaffungskosten der Beteiligung in folgenden Perioden auch darüber hinaus gehen. Der Equity-Wert wird dabei handelsrechtlich nach der Buchwertmethode ermittelt.[6]

Beteiligungen an assoziierten Unternehmen, die nach der Equity-Methode im Konzernabschluss berücksichtigt werden, sind gemäß § 311 Abs. 1 Satz 1 unter einem besonderen Posten mit entsprechender Bezeichnung auszuweisen. Der **Ausweis** der Fortschreibungsbeträge erfolgt in der Gewinn- und Verlustrechnung gemäß § 312 Abs. 4 Satz 2 ebenfalls in einem gesonderten Posten. Darüber hinaus sind gemäß § 312 Abs. 1 Satz 2 ein etwaiger Unterschiedsbetrag zwischen dem Beteiligungsbuchwert und dem dahinterstehenden anteiligen Eigenkapital des assoziierten Unternehmens sowie ein darin ggf. enthaltener Geschäfts- oder Firmenwert bzw. negativer Unterschiedsbetrag im Konzernanhang anzugeben.

Die Wertansätze der Vermögensgegenstände und Schulden in den Jahresabschlüssen der nach der Equity-Methode im Konzernabschluss zu berücksichtigenden assoziierten Unternehmen können gemäß § 312 Abs. 5 Satz 1 an die **konzerneinheitlichen Bewertungsvorschriften** angepasst werden.[7] In diesen Fällen ist dann eine HB II aufzustellen. Alternativ kann gemäß § 312 Abs. 5 Satz 2 auch auf die Anpassung verzichtet und die originäre HB I zugrunde gelegt werden, was dann im Konzernanhang anzugeben ist. Die aus Geschäften der Konzernunternehmen mit assoziierten Unternehmen resultierenden **Zwischenergebnisse** sind gemäß § 312 Abs. 5 Satz 3 zu eliminieren, soweit die entsprechenden Sachverhalte bekannt oder zugänglich sind. Andere Konsolidierungsmaßnahmen sind im Gesetz nicht vorgesehen.

Im **Konzernanhang** sind zusätzlich gemäß § 313 Abs. 2 Nr. 2 Angaben zum Namen und Sitz der assoziierten Unternehmen sowie zu den von in den Konzern einbezogenen Unternehmen gehaltenen Kapitalanteilen zu machen. Wird die Equity-Methode aufgrund untergeordneter Bedeutung des assoziierten Unternehmens für den Konzernabschluss nicht angewendet, ist dies zu begründen.

---

6   Die gemäß § 312 Abs. 1 Nr. 2 HGB a. F. alternativ anzuwendende Kapitalanteilsmethode wurde durch das BilMoG abgeschafft.

7   Zu den Pflichtbestandteilen, Wahlrechten und Ermessensspielräumen bei der Anwendung der Equity-Methode vgl. LITTKEMANN, J./NICNERSKI, N., Equity-Bewertung, S. 1805 f.

2   Der Anwendungsbereich der Equity-Methode

21   Die Anwendung der Equity-Methode auf typische assoziierte Unternehmen

211.   Überblick über die Kriterien für ein typisches assoziiertes Unternehmen

Ein Unternehmen gilt als typisches assoziiertes Unternehmen, wenn die beiden in § 311 Abs. 1 Satz 1 genannten Kriterien erfüllt sind: Zum einen muss eine **Beteiligung** i. S. d. § 271 Abs. 1 vorliegen. Zum anderen muss das beteiligte Unternehmen einen **maßgeblichen Einfluss** auf die Geschäfts- und Finanzpolitik des Beteiligungsunternehmens tatsächlich ausüben.[8]

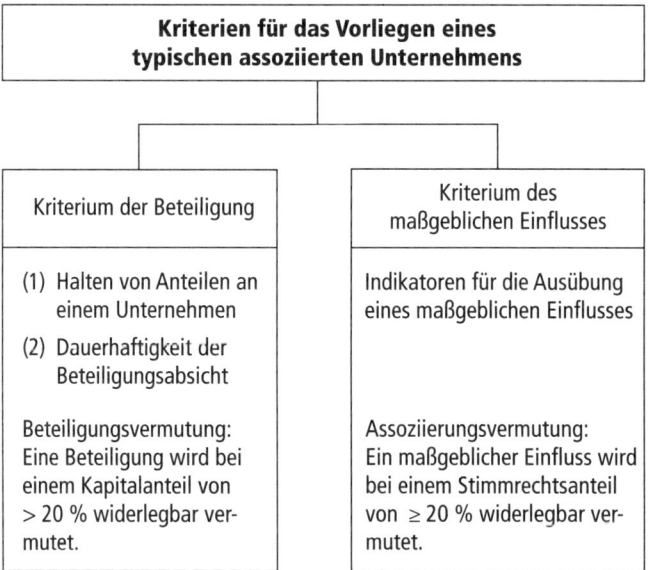

Kriterien für das Vorliegen eines typischen assoziierten Unternehmens

Kriterium der Beteiligung	Kriterium des maßgeblichen Einflusses
(1) Halten von Anteilen an einem Unternehmen (2) Dauerhaftigkeit der Beteiligungsabsicht Beteiligungsvermutung: Eine Beteiligung wird bei einem Kapitalanteil von > 20 % widerlegbar vermutet.	Indikatoren für die Ausübung eines maßgeblichen Einflusses Assoziierungsvermutung: Ein maßgeblicher Einfluss wird bei einem Stimmrechtsanteil von ≥ 20 % widerlegbar vermutet.

Übersicht VII-2:   *Kriterien für das Vorliegen eines typischen assoziierten Unternehmens*

212.   Das Kriterium der Beteiligung

Die Beteiligungsdefinition in § 271 Abs. 1 ist erfüllt, wenn zwei **Voraussetzungen** vorliegen: Erstens muss das beteiligte Unternehmen Anteile an einem anderen Unternehmen (dem Beteiligungsunternehmen) halten. Zweitens müssen diese Anteile dem

---

8   Vgl. KIRSCH, H.-J., Die Equity-Methode im Konzernabschluß, S. 25.

Geschäftsbetrieb des beteiligten Unternehmens dauernd dienen. Darüber hinaus muss gemäß § 311 Abs. 1 Satz 1 das beteiligte Unternehmen in den Konzernabschluss einbezogen werden.

Anteile an einem anderen Unternehmen können nur vorliegen, wenn dem Beteiligungsunternehmen Kapital überlassen oder verbindlich zugesagt wurde und das Kapital ohne Rückzahlungsverpflichtung verwendet werden darf.[9] Im Einzelnen kommen je nach Rechtsform des Beteiligungsunternehmens Aktien, Anteile an einer Gesellschaft mit beschränkter Haftung, Kommanditeinlagen, Gesellschaftsanteile von Komplementären an einer OHG, Komplementäranteile an einer KG oder KGaA, Beteiligungsdarlehen und Anteile an einer BGB-Gesellschaft (z. B. Bohranteile) in Betracht.[10] Wegen der Ausnahmeregelung in § 271 Abs. 1 Satz 5 zählt die Mitgliedschaft in einer eingetragenen Genossenschaft handelsrechtlich nicht zu den Beteiligungen, so dass eine Genossenschaft kein typisches assoziiertes Unternehmen sein kann.

Die **Dauerhaftigkeit der Beteiligungsabsicht** wird auch als Kriterium für die Zuordnung der Anteile zum Anlagevermögen oder Umlaufvermögen verwendet. Nach § 271 Abs. 1 Satz 1 muss durch den Anteilserwerb eine dauernde Verbindung zu dem erworbenen Unternehmen geschaffen werden, so dass bspw. eine vorübergehende Anlage von Finanzmittelüberschüssen in Anteilsrechten nicht zu einer Beteiligung i. S. d. § 271 Abs. 1 führt.[11] Die Länge des Zeitraumes, ab der eine Haltedauer als dauernd bezeichnet wird, ist schwierig zu konkretisieren. Von einer dauernden Verbindung wird man aber sprechen können, wenn die Anteile länger als ein Jahr gehalten werden. Objektivierende Kriterien zur Beurteilung einer dauernden Verbindung sind z. B. gemeinsam durchgeführte Projekte, personelle Verflechtungen oder vertragliche Bindungen.[12] Indes bleibt trotz solcher Merkmale ein Spielraum erhalten, in dem der Zweck des Anteilskaufs (die subjektive Absicht des Bilanzierenden) entscheidend für die Erfüllung dieses Unterkriteriums ist.[13]

Diese zwei Voraussetzungen für das Bestehen einer Beteiligung werden durch die widerlegbare **Beteiligungsvermutung** gemäß § 271 Abs. 1 Sätze 3 und 4 ergänzt. Danach gelten (widerlegbar) im Zweifel Anteile an einem Unternehmen als qualifizierende Beteiligung, wenn ihre Nennbeträge insgesamt den fünften Teil des Nennkapitals dieser Gesellschaft überschreiten.[14] Inhaltlich ist diese Beteiligungsver-

---

9   Vgl. GROTTEL, B./KREHER, M., in: Beck Bilanzkomm., 9. Aufl., § 271 HGB, Rn. 13.

10 Vgl. KÜTING, K./KÖTHNER, R./ZÜNDORF, H., in: Küting/Weber, HdK, 2. Aufl., § 311 HGB, Rn. 13.

11 Vgl. TEICHMANN, M., Bilanzierung von Beteiligungen, S. 266 f.; GROTTEL, B./KREHER, M., in: Beck Bilanzkomm., 9. Aufl., § 271 HGB, Rn. 16 m. w. N.

12 Vgl. TEICHMANN, M., Bilanzierung von Beteiligungen, S. 297 m. w. N.; GROTTEL, B./KREHER, M., in: Beck Bilanzkomm., 9. Aufl., § 271 HGB, Rn. 17; ADS, 6. Aufl., § 271 HGB, Rn. 19.

13 Vgl. BAETGE, J./BRUNS, C., Equity-Methode, S. 613.

14 Vgl. ausführlich GROTTEL, B./KREHER, M., in: Beck Bilanzkomm., 9. Aufl., § 271 HGB, Rn. 24-28.

mutung von der Assoziierungsvermutung, die das Kriterium des maßgeblichen Einflusses betrifft, zu trennen: Erstens bezieht sich die Beteiligungsvermutung auf die Höhe des Kapitalanteils und nicht – wie die Assoziierungsvermutung – auf den davon u. U. abweichenden Stimmrechtsanteil. Zweitens schließt die Widerlegung der Beteiligungsvermutung aus, dass ein assoziiertes Unternehmen existiert, während umgekehrt die Widerlegung der Assoziierungsvermutung nichts darüber aussagt, ob eine qualifizierende Beteiligung vorliegt.[15]

Weiter fordert der Gesetzeswortlaut, dass das **beteiligte Unternehmen in den Konzernabschluss einbezogen** wird. Zu den einbezogenen Unternehmen zählen dabei das Mutterunternehmen und die vollkonsolidierten Tochterunternehmen.[16] Das bedeutet, dass nicht einbezogene Unternehmen kein Assoziierungsverhältnis begründen können. Allerdings kann bspw. ein nicht vollkonsolidiertes Tochterunternehmen, das aufgrund hoher Kosten gemäß § 296 Abs. 1 Nr. 2 nicht in den Konzernabschluss einbezogen wird, dennoch einen maßgeblichen Einfluss auf das assoziierte Unternehmen ausüben, so dass eine Berücksichtigung der Beteiligung gerechtfertigt erscheint.[17]

213.   Das Kriterium des maßgeblichen Einflusses

213.1 Vorbemerkung

Die Definition eines assoziierten Unternehmens ist in § 311 Abs. 1 Satz 1 an den Begriff des maßgeblichen Einflusses auf die Geschäfts- und Finanzpolitik des Unternehmens geknüpft, an dem ein in den Konzernabschluss einbezogenes Unternehmen eine Beteiligung hält. Was unter diesem Begriff des maßgeblichen Einflusses zu verstehen ist, konkretisiert der Wortlaut des Gesetzes allerdings nicht. Der Wortlaut ist nur dahingehend eindeutig, als dieser maßgebliche Einfluss **tatsächlich ausgeübt** werden muss.

Die Stellung des § 311 im Gesetz zeigt, dass der maßgebliche Einfluss schwächer als der beherrschende Einfluss eines Unternehmens einzustufen ist. Die bilanzielle Behandlung von Unternehmen unter beherrschendem Einfluss ist im Ersten bis Fünften Titel, unter gemeinschaftlicher Führung mit anderen Unternehmen im Sechsten Titel der handelsrechtlichen Konzernrechnungslegungsvorschriften geregelt. Die Vorschriften zur Equity-Methode sind dagegen im Siebenten Titel kodifiziert. Eine Unternehmensverbindung durch maßgeblichen Einfluss ist i. S. d. Stufenkonzeption des Konzernabschlusses also zwischen einer reinen Beteiligungsbeziehung und einer gemeinschaftlichen Führung einzuordnen.

---

15 Vgl. KÜTING, K./KÖTHNER, R./ZÜNDORF, H., in: Küting/Weber, HdK, 2. Aufl., § 311 HGB, Rn. 14.

16 Vgl. z. B. D'ARCY, A./KURT, C. E., in Beck HdR, C 510 Rn. 40; ADS, 6. Aufl., § 311 HGB, Rn. 32.

17 Vgl. ähnlich D'ARCY, A./KURT, C. E., in Beck HdR, C 510 Rn. 49.

213.2 Indikatoren für das Vorliegen eines maßgeblichen Einflusses

Eine allgemein gültige abstrakte Definition des Begriffs des maßgeblichen Einflusses ist ähnlich schwierig wie die Definition des Begriffs des beherrschenden Einflusses.[18] Daher wird im Schrifttum versucht, den Tatbestand des maßgeblichen Einflusses mit einer Aufzählung von Indikatoren zu konkretisieren, bei denen dieser Einfluss zu unterstellen ist.[19]

Das Schrifttum orientiert sich bei der Konkretisierung des Begriffs des maßgeblichen Einflusses im Wesentlichen an den angelsächsischen Regelungen. So werden in DRS 8.3 als **Indikatoren für das Vorliegen eines maßgeblichen Einflusses** bspw. genannt:[20]

- Zugehörigkeit eines Vertreters des beteiligten Unternehmens zum Verwaltungsorgan oder einem gleichartigen Leitungsgremium des Beteiligungsunternehmens,
- Mitwirkung an der Geschäftspolitik des Beteiligungsunternehmens,
- Austausch von Führungspersonal zwischen dem beteiligten Unternehmen und dem Beteiligungsunternehmen,
- wesentliche Geschäftsbeziehungen zwischen dem beteiligten Unternehmen und dem Beteiligungsunternehmen,
- Bereitstellung von wesentlichem technischen Know-how durch das beteiligte Unternehmen.

Im Schrifttum ist strittig, ob ein **Einfluss auf die Gewinnverwendung** des potenziellen assoziierten Unternehmens zur Begründung eines maßgeblichen Einflusses erforderlich ist.[21] Aus Sicht des beteiligten Unternehmens hängt der Wert einer Beteiligung an einem assoziierten Unternehmen erheblich davon ab, ob die ausgewiesenen Erträge des assoziierten Unternehmens (dessen anteilige Jahresergebnisse) auch zu entsprechenden Einzahlungen (Dividenden) beim beteiligten Unternehmen führen. Wenn das beteiligte Unternehmen die Gewinnverwendung nicht beeinflussen kann (z. B. weil bei ausländischen assoziierten Unternehmen staatliche Transferbeschränkungen für Gewinne vorliegen), stellt dies u. U. die Vereinbarkeit der Equity-Methode mit dem Realisationsprinzip in Frage.[22] Die beschriebene Möglichkeit der Einflussnahme auf die Gewinnverwendung ist somit zwar ein wichtiger Indikator für

---

18 Vgl. BUSSE VON COLBE, W., Equity-Methode, S. 253 f.; MAAS, U./SCHRUFF, W., Der Konzernabschluß nach neuem Recht, S. 244.

19 Vgl. KÜTING, K./ZÜNDORF, H., Die Equity-Methode, S. 3 f.; BUSSE VON COLBE, W., Equity-Methode, S. 253 f.; SCHERRER, G., in: Hofbauer/Kupsch, § 311 HGB, Rn. 13-20; KÜTING, K./KÖTHNER, R./ZÜNDORF, H., in: Küting/Weber, HdK, 2. Aufl., § 311 HGB, Rn. 15-67.

20 Zu weiteren Indikatoren siehe HAVERMANN, H., Rechnungslegung im Wandel, S. 54 f.; SCHÄFER, H., Bilanzierung von Beteiligungen, S. 205-219; SCHERRER, G., in: Hofbauer/Kupsch, § 311 HGB, Rn. 13-15; BUSSE VON COLBE, W. U. A., Konzernabschlüsse, S. 520 f.; HACHMEISTER, D./BEYER, B., in: Baetge/Kirsch/Thiele, § 311 HGB, Rn. 31-37.

21 Vgl. HAVERMANN, H., Bilanzierung von Beteiligungen, S. 238; KÜTING, K./KÖTHNER, R./ ZÜNDORF, H., in: Küting/Weber, HdK, 2. Aufl., § 311 HGB, Rn. 51-55; HACHMEISTER, D./ BEYER, B., in: Baetge/Kirsch/Thiele, § 311 HGB, Rn. 35 f.

das Vorliegen eines maßgeblichen Einflusses. Umgekehrt ist aber fraglich, ob die fehlende Möglichkeit einen maßgeblichen Einfluss ausschließt. Daher sind stets die gesamten Umstände zur Beurteilung des maßgeblichen Einflusses zu berücksichtigen. Insgesamt reicht es aus, wenn das beteiligte Unternehmen die Entscheidung über die Gewinnverwendung beeinflussen kann; deren Majorisierung ist nicht erforderlich.

213.3 Die Assoziierungsvermutung

Die einzige gesetzliche Objektivierung des Kriteriums des maßgeblichen Einflusses ist die Assoziierungsvermutung des § 311 Abs. 1 Satz 2 sowie des DRS 8.3.[23] Danach wird ein maßgeblicher Einfluss bei **einem Stimmrechtsanteil von mindestens 20 %** unterstellt, ohne dass ein maßgeblicher Einfluss nachgewiesen werden muss.[24]. Allerdings handelt es sich bei dieser Regelung um eine **widerlegbare Vermutung**, d. h., dass der unterstellte maßgebliche Einfluss widerlegt werden kann.[25] Dabei wird das beteiligte Unternehmen glaubhaft machen müssen, dass es tatsächlich keinen maßgeblichen Einfluss ausübt. Hierzu muss das beteiligte Unternehmen entweder nachweisen, dass keine Möglichkeit zur Ausübung eines maßgeblichen Einflusses besteht oder eine solche bestehende Möglichkeit tatsächlich nicht genutzt wird (z. B. bei bloßer Ausübung der Beteiligungsrechte).[26]

Bei einem **Stimmrechtsanteil von weniger als 20 %** ist hingegen stets zu prüfen, ob ein maßgeblicher Einfluss aufgrund der tatsächlichen Umstände vorliegt. Dies könnte z. B. bei einem Stimmrechtsanteil von 15 % gegeben sein, wenn sich die übrigen Anteile in Streubesitz befinden.[27] Wird nämlich in diesem durchaus realistischen Fall ein maßgeblicher Einfluss tatsächlich ausgeübt, erfüllt ein Unternehmen die Bedingung des § 311 Abs. 1 Satz 1 und muss daher trotz geringem Stimmrechtsanteil im Konzernabschluss nach der Equity-Methode berücksichtigt werden.[28]

Der maßgebliche Einfluss ist somit nach oben durch den beherrschenden Einfluss eines Unternehmens und nach unten durch die Assoziierungsvermutung abgegrenzt. Die Höhe der Beteiligungsquote wird danach bei einem typischen assoziierten Unternehmen in aller Regel zwischen 50 % und 20 % liegen.

---

22 Vgl. m. w. N. hier und im Folgenden Küting, K./Köthner, R./Zündorf, H., in: Küting/ Weber, HdK, 2. Aufl., § 311 HGB, Rn. 51-55.

23 Vgl. Maas, U./Schruff, W., Der Konzernabschluß nach neuem Recht, S. 244.

24 Vgl. Winkeljohann, N./Lewe, S., in: Beck Bilanzkomm., 9. Aufl., § 311 HGB, Rn. 16; Biener, H./Berneke, W., Bilanzrichtlinien-Gesetz, S. 386.

25 Vgl. Harms, J. E./Küting, K., Equity-Accounting, S. 2151.

26 Vgl. Kirsch, H.-J., Die Equity-Methode im Konzernabschluß, S. 30.

27 Ebenso Küting, K./Köthner, R./Zündorf, H., in: Küting/Weber, HdK, 2. Aufl., § 311 HGB, Rn. 76; Winkeljohann, N./Lewe, S., in: Beck Bilanzkomm., 9. Aufl., § 311 HGB, Rn. 16.

28 Vgl. Biener, H./Schatzmann, J., Konzern-Rechnungslegung, S. 53; ADS, 6. Aufl., § 311 HGB, Rn. 39.

Zu diskutieren ist in diesem Zusammenhang, ob die Tatsache, dass das beteiligte Unternehmen nicht über die für die technische Ausführung der Equity-Methode **notwendigen Informationen** verfügt, der Assoziierungsvermutung entgegensteht.[29] Dabei ist zu berücksichtigen, dass ein beteiligtes Unternehmen seinen maßgeblichen Einfluss dazu nutzen könnte, das Beteiligungsunternehmen zu veranlassen, die Verfügbarkeit der Informationen zu verneinen, um die Anwendung der Equity-Methode zu umgehen.[30] Fraglich ist, wie eine Beteiligung im Konzernabschluss nach der Equity-Methode behandelt werden soll, wenn die erforderlichen Informationen tatsächlich nicht verfügbar sind. Dieses Problem wird allerdings dadurch relativiert, dass aufgrund der nicht zwingend erforderlichen Vereinheitlichung des Abschlusses schon Informationen über das Jahresergebnis für die Anwendung der Equity-Methode ausreichen sollten. Praktisch wird hingegen aus Konzernsicht regelmäßig das Problem auftreten, die erforderlichen Informationen zeitgerecht zu erhalten, wenn Konzern und assoziiertes Unternehmen nicht den gleichen Stichtag haben. Gegebenenfalls muss der Equity-Wert hier auf der Basis eines vorläufigen Abschlusses ermittelt werden.

22 Die Anwendung der Equity-Methode auf untypische assoziierte Unternehmen

In diesem Abschnitt ist zu klären, ob und in welchen Fällen es gerechtfertigt bzw. geboten ist, aus dem Vollkonsolidierungskreis ausgeschlossene Tochterunternehmen und nicht anteilig konsolidierte Gemeinschaftsunternehmen nach der Equity-Methode als untypische assoziierte Unternehmen zu behandeln.

Für die gemäß § 296 wahlweise nicht vollkonsolidierten **Tochterunternehmen** besteht keine gesetzliche Regelung, wie diese im Konzernabschluss abzubilden sind. Gemäß der Stufenkonzeption des Konzernabschlusses stellt der maßgebliche Einfluss eine schwächere Form der Unternehmensbeziehung dar als der beherrschende Einfluss. Folglich schließt der beherrschende Einfluss einen maßgeblichen Einfluss grundsätzlich mit ein. Somit unterliegen auch die gemäß § 296 wahlweise nicht vollkonsolidierten Tochterunternehmen grundsätzlich der Equity-Methode. Das Kriterium des maßgeblichen Einflusses dient somit als Auffangtatbestand im Rahmen der Stufenkonzeption des Konzernabschlusses. Allerdings muss im Einzelfall geprüft werden, ob das Mutterunternehmen einen maßgeblichen Einfluss tatsächlich ausübt und die Tochterunternehmen damit als assoziierte Unternehmen gelten können.[31]

---

29 Vgl. BÜHNER, R./HILLE, K., Anwendungsprobleme der Equity-Methode, S. 263; KÜTING, K./ ZÜNDORF, H., Die Equity-Methode, S. 4; SCHILDBACH, T., Grundlagen einer Konzernrechnungslegung, S. 164.

30 Vgl. BÜHNER, R./HILLE, K., Anwendungsprobleme der Equity-Methode, S. 263.

31 Vgl. BIENER, H./SCHATZMANN, J., Konzern-Rechnungslegung, S. 53; BUSSE VON COLBE, W., Equity-Methode, S. 254 f.; HAVERMANN, H., Equity-Bewertung, S. 302 f.; BIENER, H./ BERNEKE, W., Bilanzrichtlinien-Gesetz, S. 368; MAAS, U./SCHRUFF, W., Der Konzernabschluß nach neuem Recht, S. 244; GROSS, G./SCHRUFF, L./VON WYSOCKI, K., Der Konzernabschluß nach neuem Recht, S. 244.

Übersicht VII-3 systematisiert die Anwendung der Equity-Methode auf untypische assoziierte Unternehmen.

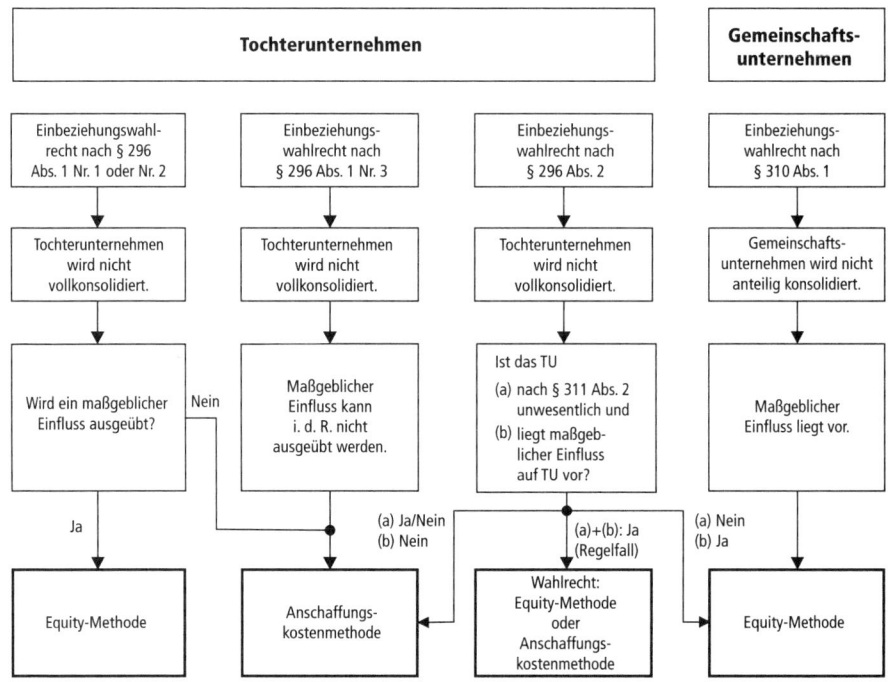

Übersicht VII-3: *Anwendung der Equity-Methode auf untypische assoziierte Unternehmen*

Nicht vollkonsolidierte Tochterunternehmen sind also nicht zwangsläufig auch assoziierte Unternehmen. Das Mutterunternehmen wird möglicherweise seinen beherrschenden Einfluss z. B. bei jenen Unternehmen nicht ausüben, die Tochterunternehmen gemäß § 290 Abs. 2 Nr. 1 (Mehrheit der Stimmrechte) oder Nr. 2 (Recht zur Bestellung der Mehrheit der Organe) sind, die aber gemäß § 296 Abs. 1 Nr. 1 (Beschränkung der Ausübung der Rechte)[32] oder Nr. 2 (hohe Kosten oder Verzögerungen durch die Einbeziehung)[33] nicht konsolidiert werden. In diesen Fällen ist dann zu prüfen, ob zumindest noch ein maßgeblicher Einfluss tatsächlich ausgeübt wird. Unterbleibt die Vollkonsolidierung des Tochterunternehmens gemäß § 296 Abs. 1 Nr. 3 (Zweck der Weiterveräußerung)[34], kann i. d. R. kein maßgeblicher Einfluss auf das Tochterunternehmen vorliegen.[35] Wird ein Tochterunternehmen dagegen gemäß

---

32   Vgl. auch DRS 19.81-86.

33   Vgl. auch DRS 19.87-93.

34   Vgl. auch DRS 19.94-100.

35   Vgl. z. B. KIRSCH, H.-J., Die Equity-Methode im Konzernabschluß, S. 41 f.; KÜTING, K./ KÖTHNER, R./ZÜNDORF, H., in: Küting/Weber, HdK, 2. Aufl., § 311 HGB, Rn. 105.

§ 296 Abs. 2 (Unwesentlichkeit)[36] nicht konsolidiert, liegt in den meisten Fällen ein maßgeblicher Einfluss vor. Sofern das Tochterunternehmen unwesentlich i. S. v. § 296 Abs. 2 ist, wird es zwar i. d. R. auch unwesentlich i. S. v. § 311 Abs. 2 sein; dennoch muss die Unwesentlichkeit auch für den Kreis der assoziierten Unternehmen gesondert festgestellt werden.

Auch **Gemeinschaftsunternehmen** sind grundsätzlich als assoziierte Unternehmen anzusehen, da entsprechend der Stufenkonzeption die gemeinschaftliche Führung einen maßgeblichen Einfluss einschließt.[37] Das Kriterium der tatsächlichen Ausübung des Einflusses ist bei einem Gemeinschaftsunternehmen notwendigerweise erfüllt.[38] Somit sind Gemeinschaftsunternehmen, die aufgrund des Wahlrechtes des § 310 Abs. 1 nicht quotenkonsolidiert werden, im Konzernabschluss grundsätzlich nach der Equity-Methode zu berücksichtigen.

3 Die Technik der Equity-Methode

31 Erstmalige Anwendung der Equity-Methode

Im Unterschied zur Voll- und Quotenkonsolidierung werden bei der Equity-Methode keine Vermögensgegenstände und Schulden sowie Aufwendungen und Erträge des assoziierten Unternehmens in den Konzernabschluss übernommen. Lediglich die Beteiligung wird im Konzernabschluss gezeigt, wobei diese bei der Erstbewertung mit dem Buchwert anzusetzen ist, mit dem sie im Jahresabschluss des Unternehmens geführt wird, das den maßgeblichen Einfluss ausübt.

Nach § 312 Abs. 3 ist der Equity-Wert erstmalig zu dem Zeitpunkt zu ermitteln, zu dem das Unternehmen zum assoziierten Unternehmen wird. Können Wertansätze zu diesem Zeitpunkt nicht endgültig ermittelt werden, sind diese innerhalb des folgenden Jahres anzupassen. Der Equity-Wert darf somit im Erstanwendungszeitpunkt die Anschaffungskosten der Beteiligung nicht übersteigen. Damit wird im Zeitpunkt der erstmaligen Anwendung der Equity-Methode das Realisationsprinzip in seiner Ausprägung als Anschaffungskostenprinzip nicht verletzt und dem Prinzip der erfolgsneutralen Beschaffung Rechnung getragen. Das Anschaffungskostenprinzip widerspricht indes dem Grundgedanken der Equity-Methode, stille Reserven im Wertansatz der Beteiligung zu vermeiden.

Gemäß § 312 ist sowohl der Unterschiedsbetrag zwischen dem Beteiligungsbuchwert aus dem Jahresabschluss des beteiligten Unternehmens und dem anteiligen Eigenkapital des assoziierten Unternehmens als auch ein darin enthaltener Geschäfts- oder Firmenwert bzw. passiver Unterschiedsbetrag zu ermitteln. Stille Reserven und Lasten sind aufzudecken, indem der Unterschiedsbetrag gemäß § 312 Abs. 2 Satz 1 den Ver-

---

36 Vgl. auch DRS 19.101-106.
37 Vgl. HACHMEISTER, D/BEYER, B., in: Baetge/Kirsch/Thiele, § 311 HGB, Rn. 76.
38 Vgl. Kap. VI Abschn. 2.

mögensgegenständen und Schulden des Beteiligungsunternehmens im Rahmen einer Neubewertung zugeordnet wird.[39] Dazu werden die Unterschiede zwischen den Buchwerten und den beizulegenden Zeitwerten der einzelnen Vermögensgegenstände und Schulden in einer Nebenrechnung erfasst.[40] Die Aufdeckung der stillen Reserven und Lasten ist dabei allerdings (implizit) aufgrund der Anschaffungskostenrestriktion auf die Anschaffungskosten der Beteiligung beschränkt. Der darüber hinaus verbleibende Unterschiedsbetrag entfällt auf den Geschäfts- oder Firmenwert bzw. auf einen passiven Unterschiedsbetrag. Dieser ist allerdings nicht gesondert in der Bilanz anzusetzen. Stattdessen sind gemäß § 312 Abs. 1 Satz 2 der Unterschiedsbetrag zwischen Buchwert und anteiligem Eigenkapital sowie ein darin enthaltener Geschäfts- oder Firmenwert bzw. passiver Unterschiedsbetrag im Konzernanhang anzugeben.

Liegt der Zeitpunkt des Anteilserwerbs innerhalb eines Geschäftsjahres, dann muss der erworbene Erfolg, also der Anteil des Jahresergebnisses, der vor dem Anteilserwerb erwirtschaftet wurde, bei der Ermittlung des Unterschiedsbetrages berücksichtigt werden. Dazu ist dieser Erfolg dem anteiligen Eigenkapital des assoziierten Unternehmens hinzuzurechnen.

32   Fortschreibung des Equity-Wertes in den Folgejahren

Gemäß § 312 Abs. 4 Satz 1 ist in den Folgejahren der Equity-Wert um die **Eigenkapitalveränderungen des assoziierten Unternehmens** fortzuschreiben. Die Erhöhungen bzw. Verminderungen des Equity-Wertes sind gemäß § 312 Abs. 4 Satz 2 im Konzernabschluss innerhalb der Gewinn- und Verlustrechnung in einem gesonderten Posten, z. B. als „Ergebnis aus assoziierten Unternehmen", im Finanzergebnis zu zeigen.

Im Rahmen der **regelmäßigen Fortschreibung** des Equity-Wertes werden die anteiligen Jahresergebnisse in der Periode ihrer Entstehung beim assoziierten Unternehmen im Konzernabschluss erfasst. Jahresüberschüsse erhöhen, Jahresfehlbeträge mindern den Equity-Wert. Tatsächliche Ausschüttungen sind somit bei der Fortschreibung gemäß § 312 Abs. 4 Satz 1 Halbsatz 2 wertmindernd im Equity-Wert zu berücksichtigen, da diese beim empfangenden Unternehmen bereits zu Beteiligungserträgen geführt haben und ansonsten doppelt erfasst würden.[41] Außerdem haben die ausgeschütteten Ergebnisse das der Equity-Methode zugrunde liegende Eigenkapital ge-

---

39 Vgl. BUSSE VON COLBE, W., Equity-Methode, S. 257; MAAS, U./SCHRUFF, W., Der Konzernabschluß nach neuem Recht, S. 245; SCHERRER, G., in: Hofbauer/Kupsch, § 312 HGB, Rn. 16-22; HAVERMANN, H., Equity-Bewertung, S. 304 f.; zu Problemen der Bilanzierung bei negativem anteiligen Eigenkapital assoziierter Unternehmen vgl. KÜTING, K./HAYN, B., Equity-Methode, S. 2419-2424.

40 Diese Vorgehensweise entspricht der mit dem BilMoG abgeschafften Buchwertmethode bei der Vollkonsolidierung. Vgl. dazu Kap. V Abschn. 125.3.

41 Vgl. ADS, 6. Aufl., § 312 HGB, Rn. 123.

mindert. Jahresergebnisse sind nur insoweit einzubeziehen, wie sie nach dem Erwerbszeitpunkt erwirtschaftet worden sind. Frühere Ergebnisse dürften schon im Kaufpreis abgegolten worden sein.

Bei der Fortschreibung des Equity-Wertes werden gemäß § 312 Abs. 2 Satz 2 ferner die aus der Neubewertung der Vermögensgegenstände und Schulden aufgedeckten stillen Reserven und Lasten entsprechend der Entwicklung der zugehörigen Vermögensgegenstände und Schulden im Jahresabschluss des assoziierten Unternehmens im Konzernabschluss fortgeführt oder aufgelöst.

Der Geschäfts- oder Firmenwert ist gemäß § 312 Abs. 2 Satz 3 i. V. m. § 309 wie bei der Voll- und Quotenkonsolidierung zu behandeln und somit planmäßig über seine Nutzungsdauer abzuschreiben.[42] Ein negativer Unterschiedsbetrag darf gemäß § 312 Abs. 2 Satz 3 i. V. m. § 309 Abs. 2 nur dann aufgelöst werden, wenn entweder die negativen Entwicklungen eingetreten bzw. die erwarteten Aufwendungen zu berücksichtigen sind, oder am Abschlussstichtag feststeht, dass dieser verbleibende Unterschiedsbetrag einem realisierten Gewinn entspricht.

Auch die gemäß § 312 Abs. 5 Satz 3 eliminierten Zwischenergebnisse[43] sind bei der Fortschreibung des Equity-Wertes zu berücksichtigen.

Sofern der Equity-Wert durch die regelmäßige Fortschreibung negativ wird, ist dieser gemäß DRS 8.27 in der Nebenrechnung zwar fortzuführen. Er ist allerdings in der Konzernbilanz mit einem Wert von Null anzusetzen. Eine bilanzielle Fortführung kommt erst wieder in Betracht, sobald der Equity-Wert einen positiven Wert angenommen hat.

Über die regelmäßige Fortschreibung des Equity-Wertes hinaus ist eine **unregelmäßige Fortschreibung** vorzunehmen, wenn sich der Beteiligungsbuchwert geändert hat (z. B. durch außerplanmäßige Abschreibungen) oder beim assoziierten Unternehmen Eigenkapitalmaßnahmen (z. B. in Form einer Kapitalerhöhung) vorgenommen wurden.

Zusätzlich müssen in früheren Perioden erfasste Fortschreibungen des Equity-Wertes entsprechend wiederholt werden, um die **Bilanzidentität** herzustellen.[44] Ergebniswirksam erfasste Sachverhalte dürfen in Folgeperioden kein weiteres Mal das Ergebnis in gleicher Weise beeinflussen und sind daher erfolgsneutral mit den Gewinnrücklagen zu verrechnen.[45] Erfolgsneutrale Vorgänge können dagegen problemlos auf die ursprüngliche Weise wiederholt werden.

---

42 Ergänzend zu den Regelungen in § 309 regelt auch DRS 8 die Behandlung des verbleibenden Unterschiedsbetrages (DRS 8.22-24).

43 Vgl. dazu ausführlich Kap. V Abschn. 3.

44 Vgl. KÜTING, K./WEBER, C.-P., Der Konzernabschluss, S. 595.

45 Vgl. hier und im Folgenden PELLENS, B. U. A., Int. Rechnungslegung, S. 832 f.

Die Komponenten einer regelmäßigen und unregelmäßigen Fortschreibung des Equity-Wertes fasst folgende Übersicht zusammen:

	Beteiligungsbuchwert im Jahr t	
Regelmäßige Fort-schreibungen des Equity-Wertes bei der Equity-Methode	+	Anteiliger Jahresüberschuss (– anteiliger Jahresfehlbetrag) des Beteiligungsunternehmens
	–	Erhaltene Dividendenzahlungen vom Beteiligungsunternehmen
	–	Auflösung / Abschreibung der aufgedeckten stillen Reserven
	+	Auflösung / Verminderung der aufgedeckten stillen Lasten
	–	Abschreibung des Geschäfts- oder Firmenwertes
	+	Auflösung eines passiven Unterschiedsbetrages
	+/–	Ergebniswirkung aus der Anpassung an konzerneinheitliche Bewertungsmethoden
	–/+	Eliminierung von Zwischengewinnen / Zwischenverlusten
Unregelmäßige Fortschreibungen des Equity-Wertes bei der Equity-Methode	–	Außerplanmäßige Abschreibungen
	+	Zuschreibungen
	+	Kapitaleinzahlungen/Zugänge
	–	Kapitalrückzahlungen/Abgänge
	=	Beteiligungsbuchwert im Jahr t + 1

Übersicht VII-4: *Regelmäßige und unregelmäßige Fortschreibungen des Equity-Wertes in den Folgejahren[46]*

33   Beispiel zur Equity-Methode

Das bereits aus der Voll- und Quotenkonsolidierung bekannte Beispiel verdeutlicht die Vorgehensweise der Equity-Methode. Dabei ist ein Beteiligungsunternehmen mit 25 % an einem typischen assoziierten Unternehmen (AU) beteiligt. Fragen der einheitlichen Bewertung und der Zwischenergebniseliminierung bleiben im Beispiel außer Betracht. Auch eine Dividendenzahlung sei unterblieben. Ferner werden im Beispiel die beiden Unternehmen isoliert betrachtet, obwohl ein Mutterunternehmen ohne mindestens ein vollständig zu konsolidierendes Tochterunternehmen keinen Konzernabschluss aufstellen muss.[47]

Im Anschluss an die technische Darstellung der Buchwertmethode wird die Equity-Methode zunächst mit der Quotenkonsolidierung verglichen, bevor schließlich ein Vergleich zur Vollkonsolidierung gezogen wird.

---

46 Vgl. z. B. BAETGE, J./BRUNS, C., Equity-Methode, S. 618 f.; KESSLER, H., Zur konsolidierungstechnischen Umsetzung, S. 1750 f.

47 Vgl. ADS, 6. Aufl., § 311 HGB, Rn. 3; Kap. III Abschn. 1.

Die **wesentlichen Daten des Beispiels**[48] für die Darstellung der Buchwertmethode bei der Equity-Methode sind:

Anschaffungskosten der Beteiligung am AU (hier gleich dem Buchwert der Beteiligung)	150 GE
Bilanzielles Eigenkapital des AU	400 GE
Anteiliges bilanzielles Eigenkapital des AU (400 GE · 25 %)	100 GE
Anteilige stille Reserven des AU ◼ im sonstigen Anlagevermögen (40 GE · 25 %) ◼ im Umlaufvermögen (20 GE · 25 %)	10 GE 5 GE
Anteilige stille Lasten des AU ◼ in den sonstigen Passiva (20 GE · 25 %)	5 GE
Nutzungsdauer des sonstigen Anlagevermögens	5 Jahre
Abschreibungsdauer des GoF	5 Jahre

Im ersten Jahr der Anwendung der Equity-Methode wird die Beteiligung als „Beteiligungen an assoziierten Unternehmen" in Höhe des Buchwertes der Beteiligung aus der Bilanz des Mutterunternehmens in den Konzernabschluss übernommen. Die folgende Übersicht zeigt die resultierende Konzernbilanz nach dem bekannten Schema:

---

48   Zu den übrigen dem Beispiel zugrunde liegenden Daten vgl. Kap. V Abschn. 125.31.

Zeitpunkt t = 0 (Alle Zahlenangaben in GE)	MU HB II	AU HB II	AU Zeitwerte	SB	Konsolidierungsspalte Soll	Konsolidierungsspalte Haben	KB
Aktiva							
Sonstiges AV	400	300	340				400
Beteiligung an ass. Unternehmen	150						150
Umlaufvermögen	300	500	520				300
Summe Aktiva	850	800					850
Passiva							
EK	500	400	440				500
Sonstige Passiva	350	400	420				350
Summe Passiva	850	800					850

Legende:				
AV	≙	Anlagevermögen	GE ≙	Geldeinheiten
Anteile an ass.	≙	Anteile an assoziierten	HB II ≙	Handelsbilanz II
Unt.		Unternehmen	KB ≙	Konzernbilanz
EK	≙	Eigenkapital	SB ≙	Summenbilanz

Übersicht VII-5: *Erstmalige Anwendung der Equity-Methode bei einer Beteiligungsquote von 25 %*

Zusätzlich wird der Beteiligungsbuchwert mit dem anteiligen Eigenkapital des assoziierten Unternehmens verglichen. Für unser Beispiel ergeben sich folgende Berechnungen für den Unterschiedsbetrag:

	Beteiligungsbuchwert beim MU (= Beteiligung an AU)	150 GE
−	Anteiliges bilanzielles EK des AU (400 · 25 %)	− 100 GE
=	Unterschiedsbetrag	50 GE

Der **Unterschiedsbetrag** von 50 GE enthält sowohl die anteiligen stillen Reserven in Höhe von 15 GE (= (40 GE + 20 GE) · 25 %), die anteiligen stillen Lasten in Höhe von 5 GE (= 20 GE · 25 %) als auch den eigentlichen Geschäfts- oder Firmenwert in Höhe von 40 GE (= 50 GE − 15 GE + 5 GE). Diese Komponenten des Unterschiedsbetrages sind in der Nebenrechnung getrennt zu erfassen und ihrem Charakter entsprechend fortzuführen. Im Konzernabschluss sind die einzelnen Komponenten indes nicht unmittelbar ersichtlich. Gemäß § 312 Abs. 1 Satz 2 sind lediglich der Unterschiedsbetrag in Höhe von 50 GE und der Geschäfts- oder Firmenwert in Höhe von 40 GE im Konzernanhang anzugeben.

In den **Folgejahren** ist der Wert der Beteiligung entsprechend der Eigenkapitalentwicklung des assoziierten Unternehmens und der Entwicklung der Komponenten des Unterschiedsbetrages fortzuschreiben. Wir gehen dabei von den in Kap. V Abschn. 1 für das Beispiel zur Kapitalkonsolidierung bei Vollkonsolidierung getroffenen **Annahmen**[49] aus. Diese lauteten im Einzelnen:

Auf der Aktivseite der Bilanzen von Mutterunternehmen und assoziiertem Unternehmen haben sich die unterstellten Werte nicht geändert. Für das sonstige Anlagevermögen wird angenommen, dass in Höhe der Abschreibungen neue Vermögensgegenstände beschafft wurden, und für das Umlaufvermögen, dass der Wert der abgegangenen Vermögensgegenstände dem Wert der zugegangenen Vermögensgegenstände entspricht. Die Passivseite der betrachteten Unternehmen hat sich dadurch geändert, dass für die erste Periode beim Mutterunternehmen ein Gewinn von 60 GE und beim assoziierten Unternehmen ein Gewinn von 80 GE entstanden ist. Die sonstigen Passiva haben sich jeweils in Höhe des Gewinns vermindert. Darüber hinaus wird unterstellt, dass die stillen Reserven im sonstigen Anlagevermögen des assoziierten Unternehmens Vermögensgegenständen zuzuordnen sind, die linear abgeschrieben werden und deren Restlaufzeit noch fünf Jahre beträgt (somit beträgt der Abschreibungszeitraum der stillen Reserven ebenfalls fünf Jahre). Die stillen Reserven im Umlaufvermögen sind erhalten geblieben, was z. B. bei einer Bewertung der Vorräte mit der Lifo-Methode bei steigenden Preisen der Fall sein kann. Hingegen wurden die stillen Lasten bei den sonstigen Passiva realisiert; das könnte z. B. durch Inanspruchnahme einer zu niedrig bemessenen Rückstellung geschehen sein. Für den Geschäfts- oder Firmenwert gilt im Beispiel ebenfalls eine Abschreibungsdauer von fünf Jahren.

Für unser Beispiel sieht die **Fortschreibung des Wertes** der „Beteiligungen an assoziierten Unternehmen" nach der Buchwertmethode dann wie folgt aus:

	Wert der Beteiligung am assoziierten Unternehmen (Equity-Wert) in t = 0	150 GE
+	Anteiliger Erfolg des AU (80 GE · 25 %)	+ 20 GE
−	Vom Konzern erhaltene Dividende	− 0 GE
−	Abschreibung auf anteilig stille Reserven im sonstigen AV ((40 GE/5) · 25 %)	− 2 GE
−	Abschreibung auf den Geschäfts- oder Firmenwert (40 GE/5)	− 8 GE
+	Anteilig realisierte stille Lasten in den sonstigen Passiva (20 GE · 25 %)	+ 5 GE
=	Wert der Beteiligung am assoziierten Unternehmen (Equity-Wert) in t = 1	165 GE
−	Anteiliges bilanzielles EK des AU (480 · 25 %)	− 120 GE
=	Unterschiedsbetrag	45 GE

Der Wert der „Beteiligungen an assoziierten Unternehmen" wird somit um 15 GE erfolgswirksam auf einen Wert von 165 GE erhöht. Der Unterschiedsbetrag in t = 1 setzt sich aus der Summe der anteiligen stillen Reserven in Höhe von 13 GE (= 8 GE + 5 GE) und dem Geschäfts- oder Firmenwert in Höhe von 32 GE (= 40 GE · 80 %) zusammen. Der Betrag der stillen Reserven ergibt sich wiederum aus der unveränderten Höhe der stillen Reserven des Umlaufvermögens in Höhe von 5 GE (= 20 · 25 %) und den fortgeführten stillen Reserven des Anlagevermögens in Höhe von 8 GE (= (40 GE · 80%) · 25 %).

---

49 Vgl. Kap. V Abschn. 125.32.

Dies schlägt sich auf die Konzernbilanz in der Folgeperiode wie folgt nieder:

Zeitpunkt t = 1 (Alle Zahlenangaben in GE)	MU HB II	AU HB II	SB	Konsolidierungs- spalte Soll	Haben	KB
Aktiva						
Sonstiges AV	400	300				400
Beteiligung an ass.						
Unternehmen	150			15		165
Umlaufvermögen	300	500				300
Summe Aktiva	850	800				865
Passiva						
Eigenkapital						
▪ Sonstiges EK	500	400				500
▪ Gewinn	60	80			15	75
Sonstige Passiva	290	320				290
Summe Passiva	850	800				865
Legende: Vgl. Übersicht VII-5.						

Übersicht VII-6: *Anwendung der Equity-Methode bei einer Beteiligungsquote von 25 % im Folgejahr*

34 Vergleich der Equity-Methode mit der Quotenkonsolidierung und der Vollkonsolidierung

Ein **Vergleich der Quotenkonsolidierung mit der Equity-Methode** zeigt, dass der wesentliche Unterschied zwischen diesen beiden Verfahren im Ausweis des Beteiligungsverhältnisses in der Konzernbilanz besteht und somit die Struktur der Konzernbilanz maßgeblich beeinflusst wird. Während bei der Quotenkonsolidierung sämtliche Vermögensgegenstände und Schulden sowie Aufwendungen und Erträge anteilig berücksichtigt werden und somit dieselben bilanziellen Aufbereitungsmaßnahmen notwendig sind wie bei vollkonsolidierten Tochterunternehmen, wird bei einer bilanziellen Abbildung von Beteiligungsverhältnissen nach der Equity-Methode lediglich der Beteiligungswert fortgeschrieben. Die Bilanzsumme steigt entsprechend deutlich geringer als bei einer quotalen Konsolidierung, was sich positiv auf Kennzahlen wie die Eigenkapitalquote auswirken kann.[50] Im Vergleich zum Jahresabschluss des Mutterunternehmens unterscheidet sich der Konzernabschluss bilanziell aufgrund der Berücksichtigung der Beteiligung at equity lediglich durch die erfolgswirksame Änderung des ausgewiesenen Beteiligungswertes.

---

50   Vgl. DUSEMOND, M., Quotenkonsolidierung versus Equity-Methode, S. 1783.

Die Höhe des Konzernerfolges ist indes grundsätzlich gleich. So wird im Beispiel der Konzerngewinn durch die Beteiligung sowohl bei der Quotenkonsolidierung als auch bei der Equity-Methode um 15 GE erhöht, wenngleich Unterschiede in der Ermittlungsweise liegen. Im Rahmen der Quotenkonsolidierung ergibt sich der Konzernerfolg unter anderem aus der Abschreibung bzw. Auflösung der explizit in der HB III aufgedeckten stillen Reserven und Lasten sowie des aus der Kapitalkonsolidierung entstandenen und in der Konzernbilanz angesetzten Geschäfts- oder Firmenwertes. Bei der Equity-Methode wird dagegen die Erfolgswirkung in einer Nebenrechnung ermittelt und der Equity-Wert anschließend um diese fortgeschrieben. Ein Geschäfts- oder Firmenwert wird somit nur bei der Quotenkonsolidierung separat ausgewiesen.

Unterschiede im Ergebnis entstehen jedoch dann, wenn der Wert der Beteiligung durch beteiligungsmindernde Verluste unter Null sinkt. Diese Fehlbeträge werden im Rahmen der Equity-Methode zunächst nur in der Nebenrechnung festgehalten. Die Beteiligung wird erst dann wieder in der Konzernbilanz gezeigt, wenn sämtliche aufgelaufenen Verluste durch anschließende Erfolge kompensiert wurden. Bei einer Quotenkonsolidierung dagegen werden sämtliche Verluste stets im Jahr der Entstehung berücksichtigt.

Grundsätzlich gelten für einen **Vergleich der Equity-Methode mit der Vollkonsolidierung** die inhaltlichen Ausführungen zur Quotenkonsolidierung analog, da das technische Vorgehen der Quotenkonsolidierung dem der Vollkonsolidierung entspricht. Eine Einschränkung besteht darin, dass das Jahresergebnis im Konzernabschluss im Fall der Vollkonsolidierung nur dann dem Ergebnis bei Anwendung der Equity-Methode entspricht, wenn das Jahresergebnis um die Ergebnisbeiträge, die auf nicht beherrschende Anteile entfallen, korrigiert wird.

Folgendes Beispiel zeigt die Gemeinsamkeiten und Unterschiede von Vollkonsolidierung, Quotenkonsolidierung (jeweils nach der Neubewertungsmethode) und Equity-Methode für die Erst- und Folgekonsolidierung. Dabei wird für das Beteiligungsunternehmen im Fall der Vollkonsolidierung angenommen, dass es trotz einer Beteiligung von nur 25 % die Kriterien eines Tochterunternehmens erfüllt.

Zeitpunkt t = 0 (Alle Zahlen angaben in GE)	MU HB II	Konsolidiertes Unternehmen HB II	stR/stL in t = 0	HB III (25 %)	KB (Voll-kons.)	KB (Quoten-kons.)	KB (Equity-Methode)
Aktiva							
GoF					40	40	
Sonstiges AV	400	300	40	85	740	485	400
Anteile an (konsol.) Unt.[1]	150						150
Umlaufvermögen	300	500	20	130	820	430	300
Summe Aktiva	850	800		215	1.600	955	850
Passiva							
Eigenkapital							
▪ Sonstiges EK	500	400	40	110	500	500	500
▪ Nicht beh. Anteile					330		
Sonstige Passiva	350	400	20	105	770	455	350
Summe Passiva	850	800		215	1.600	955	850

Legende:

AV	≙	Anlagevermögen	KB	≙	Konzernbilanz
Nicht beh. Anteile	≙	Nicht beherrschende Anteile	MU	≙	Mutterunternehmen
Anteile an (konsol.) Unt.	≙	Anteile an (konsolidierten) Unternehmen	Quoten-kons.	≙	Quotenkonsolidierung
EK	≙	Eigenkapital	stL	≙	stille Lasten
GE	≙	Geldeinheiten	stR	≙	stille Reserven
GoF	≙	Geschäfts- oder Firmenwert	UB	≙	Unterschiedsbetrag
HB II	≙	Handelsbilanz II	Voll-kons.	≙	Vollkonsolidierung

(1) Hinweis: Die Bezeichnung des Postens „Anteile an (konsolidierten) Unternehmen" hängt von der Einordnung der Beteiligung in die Stufenkonzeption des HGB ab. Während die Beteiligung für den Fall der Vollkonsolidierung im Jahresabschluss des MU als „Anteile an verbundenen Unternehmen" auszuweisen ist, wird der Posten bei Anwendung der Equity-Methode im Konzernabschluss als „Beteiligungen an assoziierten Unternehmen" ausgewiesen.

Übersicht VII-7: *Vergleich der Equity-Methode mit der Quoten- und Vollkonsolidierung bei der Erstkonsolidierung*

Die Bilanzstrukturen unterscheiden sich deutlich, da bei der Vollkonsolidierung die Vermögensgegenstände und Schulden des Tochterunternehmens unabhängig von der Höhe der Beteiligung zu 100 % in den Konzernabschluss eingehen, bei der Quotenkonsolidierung dagegen nur anteilig und bei der Equity-Methode gar nicht. Der Geschäfts- oder Firmenwert entsteht unabhängig von der angewendeten Methode in gleicher Höhe, er wird lediglich bei der Equity-Methode nicht gesondert ausgewiesen, sondern ist Teil des Equity-Wertes. Ebenso ist der Konzernerfolg (unter den genannten Bedingungen) über die verschiedenen Methoden hinweg identisch.

Zeitpunkt t = 1 (Alle Zahlen angaben in GE)	MU HB II	Konsolidiertes Unternehmen			KB (Voll- kons.)	KB (Quoten- kons.)	KB (Equity- Methode)
		HB II	stR/stL in t = 0	HB III (25 %)			
Aktiva GoF					32	32	
Sonstiges AV	400	300	40	85	732	483	400
Anteile an (konsol.) Unt.	150						165
Umlaufvermögen	300	500	20	130	820	430	300
Summe Aktiva	850	800		215	1.584	945	865
Passiva Eigenkapital							
▪ Sonstiges EK	500	400	40	110	500	500	500
▪ Gewinn	60	80		20	75	75	75
▪ Anteile a. Gesell.					399		
Sonstige Passiva	290	320	20	85	610	370	290
Summe Passiva	850	800		215	1.584	945	865
Legende: Vgl. Übersicht VII-7.							

Übersicht VII-8: *Vergleich der Equity-Methode mit der Quoten- und Vollkonsolidierung bei der Folgekonsolidierung*

4 Sonstige Probleme bei der Anwendung der Equity-Methode

41 Die einheitliche Bewertung bei Anwendung der Equity-Methode

§ 312 Abs. 5 Satz 1 räumt das Wahlrecht ein, die der Ermittlung des Equity-Wertes zugrunde liegenden Vermögensgegenstände und Schulden des assoziierten Unternehmens in dessen HB II nach den konzerneinheitlichen Bewertungsmethoden oder nach den davon u. U. abweichenden Bewertungsmethoden des assoziierten Unternehmens anzusetzen. Sollte auf eine konzerneinheitliche Bewertung verzichtet werden, ist dies gemäß § 312 Abs. 5 Satz 2 im Konzernanhang anzugeben.[51]

Bei der Frage, für welche assoziierten Unternehmen dieses **Wahlrecht der einheitlichen Bewertung** in den der Ermittlung des Equity-Wertes zugrunde liegenden HB II von Bedeutung ist, sind zwei Gruppen von Unternehmen zu betrachten. So dürfen Unternehmen, deren Jahresabschlüsse nicht den konzerneinheitlichen Bewer-

---

51 Vgl. HACHMEISTER, D./BEYER, B., in: Baetge/Kirsch/Thiele, § 312 HGB, Rn. 233.

tungsrichtlinien entsprechen, die abweichenden Wertansätze beibehalten. Dies entspricht auch der Absicht des Gesetzgebers, dem Ersteller des Konzernabschlusses keinen zusätzlichen Aufwand durch eine Angleichung der Wertansätze im Rahmen der Equity-Methode aufzuerlegen.[52] Die Ausgangssituation der unterschiedlichen Bewertung wird in erster Linie bei typischen assoziierten Unternehmen und bei Tochterunternehmen, die erst seit kurzem zum Konsolidierungskreis gehören und ihr Rechnungswesen noch nicht auf den Konzernstandard umstellen konnten, anzutreffen sein (§ 296 Abs. 1 Nr. 2). Umgekehrt darf bei denjenigen Unternehmen, die ihren Jahresabschluss nach den Bewertungsstandards des Konzerns aufgestellt haben, dieser Abschluss zur Ermittlung des Equity-Wertes herangezogen werden. Dies trifft in aller Regel bei gemäß § 296 Abs. 1 Nr. 1 und 3 nicht vollkonsolidierten Tochterunternehmen zu (untypische assoziierte Unternehmen). Wurde bspw. für ein Tochterunternehmen, das nach abweichenden Bewertungsmethoden bilanziert hat, bereits eine HB II erstellt, bevor aus bestimmten Gründen eine Entscheidung gegen die Vollkonsolidierung dieses Unternehmens getroffen wurde, so darf das Mutterunternehmen wahlweise die originäre HB I oder die angepasste HB II des Tochterunternehmens für die Ermittlung des Equity-Wertes heranziehen. Gemäß DRS 8 müssen die Bilanzierungs- und Bewertungsmethoden des assoziierten Unternehmens lediglich den Regelungen des HGB und der DRS entsprechen (DRS 8.8).[53]

Im Unterschied zur einheitlichen Bewertung ist die Anwendung einheitlicher **Ansatzvorschriften**, wie sie § 300 Abs. 2 für die Vollkonsolidierung und die Quotenkonsolidierung vorschreibt, bei der Equity-Methode gesetzlich nicht vorgesehen. Diesen ungeregelten Bereich füllt das Schrifttum z. T. durch eine Analogie zur einheitlichen Bewertung bei der Vollkonsolidierung aus. So folgern KÜTING/ZÜNDORF[54] zutreffend aus der ratio legis der Vorschriften zur Equity-Methode, dass neben der einheitlichen Bewertung auch der einheitliche Ansatz in den der Equity-Methode zugrunde liegenden Jahresabschlüssen möglich ist.[55]

42 Die Zwischenergebniseliminierung bei Anwendung der Equity-Methode

Die Zwischenergebniseliminierung ist gemäß § 312 Abs. 5 Satz 3 durch die analoge Anwendung des § 304 über die Behandlung von Zwischenergebnissen bei der Vollkonsolidierung auch für die Ermittlung des Equity-Wertes vorgeschrieben.[56] Folglich sind wie bei der Voll- und Quotenkonsolidierung bestimmte Geschäfte, die ein nach

---

52 Vgl. BT-Drucksache 10/3440, S. 41.

53 Der DRS 8 wird allerdings zurzeit aufgrund der Änderungen durch das BilRUG überarbeitet, so dass dessen Empfehlungen nur eingeschränkt auf den Rechtsstand nach BilRUG übertragbar sind.

54 Vgl. KÜTING, K./ZÜNDORF, H., in: Küting/Weber, HdK, 2. Aufl,, § 312 HGB, Rn. 206 f

55 Vgl. ähnlich ADS, 6. Aufl., § 312 HGB, Rn. 145; zur Einheitlichkeit des Ansatzes bei der Vollkonsolidierung vgl. ausführlich Kap. IV Abschn. 31.

56 Zur Zwischenergebniseliminierung vgl. ausführlich Kap. V Abschn. 3.

der Equity-Methode zu behandelndes Unternehmen mit anderen in den Konzernabschluss einzubeziehenden Unternehmen getätigt hat, aus dem Konzernabschluss herauszurechnen.

Dem Wortlaut des § 304 zufolge kommen allerdings nur Zwischenergebnisse in Wertansätzen von Vermögensgegenständen, die in der Konzernbilanz angesetzt werden, in Betracht. Da aber die Vermögensgegenstände und Schulden eines nach der Equity-Methode zu berücksichtigenden Unternehmens nicht in die Konzernbilanz übernommen werden, kann sich die Regelung ausschließlich auf Zwischenergebnisse aus **Upstream-Geschäften** beziehen, d. h. aus Lieferungen oder Leistungen des assoziierten Unternehmens an andere in den Konzernabschluss einbezogene Unternehmen. Sofern Zwischenergebnisse aus **Downstream-Geschäften**, d. h. aus Lieferungen oder Leistungen eines in den Konzernabschluss einbezogenen Unternehmens an ein assoziiertes Unternehmen, nicht berücksichtigt werden, würde aber der unrealisierte Zwischenerfolg im ausgewiesenen Konzernergebnis verbleiben.[57]

Nach DRS 8 sind Zwischenergebnisse sowohl aus Upstream-Geschäften als auch Downstream-Geschäften mit dem Equity-Wert zu verrechnen (DRS 8.30-32). Unberücksichtigt bleibt dabei allerdings, dass der Zwischengewinn aus einem Upstream-Geschäft nicht im Equity-Wert, sondern im Vermögensgegenstand enthalten ist.

Die Zwischenergebniseliminierung darf gemäß § 312 Abs. 5 Satz 3 gänzlich unterbleiben, wenn die hierfür benötigten Informationen nicht zur Verfügung stehen. Dieses **Informationsproblem** kann bspw. auftreten, wenn ein nach der Equity-Methode zu behandelndes assoziiertes Unternehmen von einem konzernfremden Unternehmen beherrscht wird, das den Zugang zu den für die Zwischenergebniseliminierung erforderlichen internen Kalkulationsunterlagen verwehrt. Vor allem im Rahmen von Upstream-Geschäften wäre der Einblick in die interne Kalkulation des assoziierten Unternehmens zur Ermittlung der Zwischenergebnisse erforderlich. Auf die Zwischenergebniseliminierung darf darüber hinaus gemäß § 304 Abs. 2 verzichtet werden, wenn die Zwischenergebnisse unwesentlich i. S. d. Generalnorm sind.[58]

Mit der Umsetzung des BilRUG entfällt künftig das bisher gemäß § 312 Abs. 5 Satz 4 eröffnete Wahlrecht, Zwischenergebnisse nur anteilig entsprechend der Beteiligungsquote zu eliminieren. DRS 8.30 sieht indes noch eine anteilige Eliminierung vor.

Die Eliminierung nur anteiliger Zwischenergebnisse erscheint indes nicht zweckgerecht, da die gesetzlich zwingend vorgesehene Zwischenergebniseliminierung ihren Zweck, alle bei konzerninternen Geschäftsbeziehungen entstandenen Erfolgsbeiträge aus dem Konzernabschluss zu eliminieren, dann nicht erfüllen kann. Allerdings handelt es sich bei Transaktionen des Konzerns mit typischen assoziierten Unternehmen, die also keine von der Konsolidierung ausgeschlossenen Tochter- oder Gemeinschaftsunternehmen sind, nicht um konzerninterne Geschäfte i. S. v. § 304. Abhän-

---

57   Vgl. Scherrer, G., in: Hofbauer/Kupsch, § 312 HGB, Rn. 56.
58   Vgl. Kap. V Abschn. 34.

gig vom Charakter des assoziierten Unternehmens wären dann Zwischenergebnisse entweder bei einer Equity-Konsolidierung ganz oder bei einer Equity-Bewertung gar nicht aus dem Konzernabschluss zu eliminieren.[59] Dieser grundsätzlichen Frage nach dem **Charakter der Equity-Methode** ist der folgende Abschn. 43 in diesem Kapitel gewidmet.

43   Der Charakter der Equity-Methode

Bei der obigen Analyse der Notwendigkeit und des Umfanges der Zwischenergebniseliminierung bei der Equity-Methode wird das im Schrifttum diskutierte Problem deutlich, ob die Equity-Methode eine **Bewertungsmethode** oder eine **Konsolidierungsmethode** ist. Dabei handelt es sich um eine Diskussion mit durchaus tiefgreifenden materiellen Konsequenzen für den Konzernabschluss und dessen Prüfung.[60] So ist es einerseits oft nahezu unmöglich bzw. wirtschaftlich nicht vertretbar, bei einem typischen assoziierten Unternehmen mit möglicherweise geringer Beteiligungsquote des Mutterunternehmens einheitlich zu bewerten oder die Zwischenergebnisse genau zu bestimmen. Andererseits ist es unbefriedigend, wenn (i. d. R. bekannte) Zwischenergebnisse, die in den Abschlüssen von aus formalen Gründen nicht konsolidierten Tochterunternehmen enthalten sind, über den Umweg der Equity-Methode auf den Konzerngewinn durchschlagen und so den Konzerngewinn verfälschen.

Dieses Dilemma kann gelöst werden, wenn man die Equity-Methode für nicht konsolidierte Tochter- und Gemeinschaftsunternehmen als **Equity-Konsolidierung**, für typische assoziierte Unternehmen dagegen als **Equity-Bewertung** interpretiert.[61] Danach wäre für **typische assoziierte Unternehmen** weder eine einheitliche Bewertung noch eine Zwischenergebniseliminierung erforderlich.

Für nicht **konsolidierte Tochter- und Gemeinschaftsunternehmen** wären dagegen beide Konsolidierungsmaßnahmen sachgerecht.[62] Diese Unternehmen wären wie bei einer „normalen" Konsolidierung, indes ohne Übernahme der Vermögensgegenstände und Schulden, zu behandeln. Somit wären nicht nur die einheitliche Bewertung und die Zwischenergebniseliminierung erforderlich. Auch weitere, für die Equity-Methode gesetzlich nicht geregelte Konsolidierungsbereiche, wären i. S. d. Generalnorm auszufüllen. So müssten bei einer Equity-Konsolidierung auch konzerninterne Erfolge im Rahmen der Aufwands- und Ertragskonsolidierung sowie Ergebnisauswirkungen aus der Schuldenkonsolidierung eliminiert werden. Erfolge wären jeweils anteilig zu eliminieren, da bei der Equity-Methode aufgrund des interessentheoretischen Hintergrundes auch bei Tochterunternehmen nur das anteilige Eigenkapital

---

59   Vgl. KIRSCH, H.-J., Die Equity-Methode im Konzernabschluß, S. 157 und 160 f.

60   Vgl. KIRSCH, H.-J., Die Equity-Methode im Konzernabschluß, S. 3 f.

61   Vgl. dazu ausführlich KIRSCH, H.-J., Die Equity-Methode im Konzernabschluß, S. 156-164; zur Differenzierung der Equity-Methode nach nicht vollkonsolidierten Tochterunternehmen und typischen assoziierten Unternehmen vgl. SCHINDLER, J., Kapitalkonsolidierung, S. 328.

62   Für die Zwischenergebniseliminierung nicht konsolidierter Tochterunternehmen vgl. ADS, 6. Aufl., § 312 HGB, Rn. 159; PELLENS, B., Equity-Methode, Sp. 541.

berücksichtigt wird. Allerdings verbleiben bei der anteiligen Zwischenergebniseliminierung stets die auf nicht-kontrollierende Gesellschafter entfallenden
Erfolgsbestandteile aus konzerninternen Geschäften im Konzernabschluss.

5 Die Anwendung der Equity-Methode nach IFRS

51 Der Anwendungsbereich der Equity-Methode nach IFRS

IAS 28 (Beteiligungen an assoziierten Unternehmen und Gemeinschaftsunternehmen) regelt die Bilanzierung von Beteiligungen an assoziierten Unternehmen (associates) und legt die Vorschriften zur Anwendung der Equity-Methode fest (IAS 28.1).
Der in 2011 geänderte Standard ist neben Beteiligungen unter maßgeblichem Einfluss auch verpflichtend auf Gemeinschaftsunternehmen (joint ventures) nach
IFRS 11 (Gemeinschaftliche Vereinbarungen) anzuwenden.[63] Bisher konnten Anteile
an Gemeinschaftsunternehmen nach IAS 31 (Anteile an Gemeinschaftsunternehmen) wahlweise nach der Equity-Methode oder der Quotenkonsolidierung im Konzernabschluss berücksichtigt werden, wobei die Quotenkonsolidierung die durch den
IASB bevorzugte Methode darstellte (IAS 31.40).[64] Damit sind, ähnlich wie im Handelsrecht, sowohl typische als auch bestimmte untypische assoziierte Unternehmen
gemäß der Equity-Methode im Konzernabschluss abzubilden. Für Tochterunternehmen ist die Equity-Methode nach IFRS allerdings in keinem Fall einschlägig. Übersicht VII-9 systematisiert den Anwendungsbereich der Equity-Methode im Konzernabschluss nach IFRS.

---

63 IAS 28 ist für alle Abschlüsse anzuwenden, deren Berichtsperioden ab dem 01.01.2013 begin-
    nen. Innerhalb der EU ist IAS 28 ab dem 01.01.2014 verpflichtend anzuwenden.
64 Vgl. Kap. VI Abschn. 5.

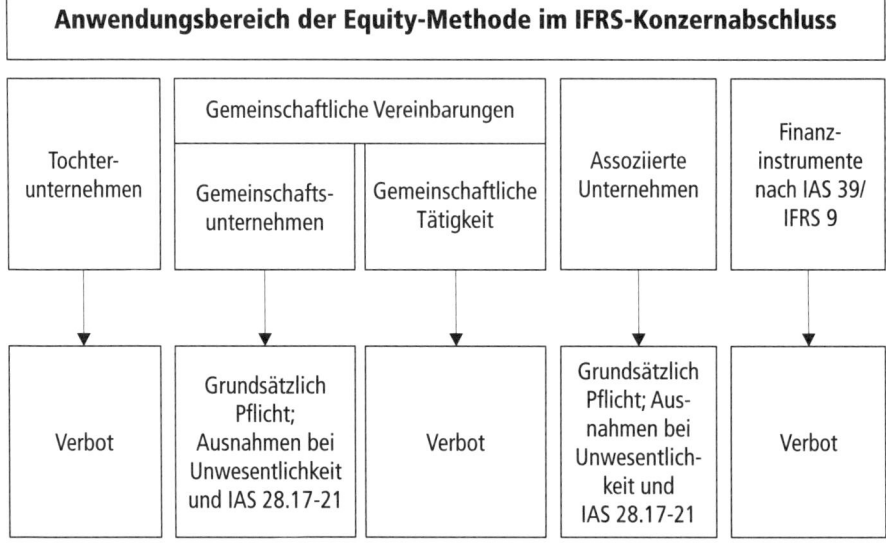

Anwendungsbereich der Equity-Methode im IFRS-Konzernabschluss				
Tochter-unternehmen	Gemeinschaftliche Vereinbarungen		Assoziierte Unternehmen	Finanz-instrumente nach IAS 39/ IFRS 9
	Gemeinschafts-unternehmen	Gemeinschaftliche Tätigkeit		
Verbot	Grundsätzlich Pflicht; Ausnahmen bei Unwesentlichkeit und IAS 28.17-21	Verbot	Grundsätzlich Pflicht; Aus-nahmen bei Unwesentlich-keit und IAS 28.17-21	Verbot

Übersicht VII-9: *Anwendungsbereich der Equity-Methode im IFRS-Konzernabschluss:*

Da **Tochterunternehmen** nach IFRS nicht gleichzeitig assoziierte Unternehmen bzw. Gemeinschaftsunternehmen sein können, darf die Equity-Methode auf Tochterunternehmen im IFRS-Konzernabschluss nicht angewendet werden. Dementgegen werden im Handelsrecht Tochterunternehmen, die gemäß § 296 wahlweise nicht vollkonsolidiert werden, grundsätzlich at equity bilanziert.[65]

Für die Erfassung von **Gemeinschaftsunternehmen** nach der Equity-Methode ist IFRS 11 einschlägig. Nach IFRS 11 hat ein Unternehmen zunächst die Art der Beteiligungen zu kategorisieren (IAS 28.IN6 i. V. m. IFRS 11.14). Dabei ist zwischen zwei Formen zu unterscheiden:[66]

(a) Gemeinschaftliche Tätigkeiten (joint operations) und

(b) Gemeinschaftsunternehmen (joint ventures).

Bei einer gemeinschaftlichen Tätigkeit hat jeder Betreiber gemäß IFRS 11.15 Rechte an den einzelnen Vermögenswerten und Verpflichtungen aus den Schulden der Vereinbarung und daher seinen Anteil an den Vermögenswerten (assets) und Schulden (liabilities) sowie den Erlösen (revenues) und Aufwendungen (expenses) anteilig zu erfassen (IFRS 11.20). Eine Anwendung der Equity-Methode ist bei dieser Art der gemeinschaftlichen Vereinbarung ausgeschlossen. Anders verhält es sich bei der bilanziellen Abbildung eines Gemeinschaftsunternehmens im Konzernabschluss. In die-

---

65 Vgl. HACHMEISTER, D./BEYER, B., in: Baetge/Kirsch/Thiele, § 312 HGB, Rn. 508; vgl. auch Abschn. 22 in diesem Kapitel.

66 Vgl. zur Bilanzierung gemeinschaftlicher Vereinbarung Kap. VI Abschn. 5.

sem Fall hat das beteiligte Unternehmen lediglich Rechte am Nettovermögen des Beteiligungsunternehmens, so dass die Beteiligung zwingend nach der Equity-Methode gemäß IAS 28 abzubilden ist (IFRS 11.24 i. V. m. IAS 28.16).

Anteile an assoziierten Unternehmen müssen grundsätzlich, genau wie Gemeinschaftsunternehmen, nach der Equity-Methode bilanziert werden. Abweichend von diesem Grundsatz gibt es indes vier Ausnahmen:[67]

(a) **Ausübung einer bestimmten Geschäftstätigkeit durch das beteiligte Unternehmen**

Trotz eines maßgeblichen Einflusses i. S. d. IAS 28.5-9 haben bestimmte Gesellschaften ihre Beteiligungen nicht zwingend at equity zu bilanzieren. So besteht für Wagniskapitalgesellschaften, offene Investment Fonds, Investmentgesellschaften oder ähnliche Unternehmen einschließlich fondgebundener Versicherungen ein Wahlrecht, ihre Beteiligungen an einem assoziierten bzw. Gemeinschaftsunternehmen erfolgswirksam zum beizulegenden Zeitwert gemäß IAS 39 bzw. IFRS 9 zu bewerten (IAS 28.18).[68]

(b) **Absicht zur Weiterveräußerung der Anteile**

Sofern eine Beteiligung als zur Veräußerung gehalten (held for sale) zu klassifizieren ist, fällt die bilanzielle Abbildung nicht in den Anwendungsbereich des IAS 28, sondern in den des IFRS 5 (Zur Veräußerung gehaltene langfristige Vermögenswerte und aufgegebene Geschäftsbereiche) (IAS 28.20).[69] Für eine solche Klassifizierung müssen die gehaltenen Anteile gemäß IFRS 5.7 im gegenwärtigen Zustand veräußerbar sein. Zusätzlich muss die Beteiligung mit einer hohen Wahrscheinlichkeit veräußert werden (IFRS 5.7).[70] Werden die Kriterien für eine Klassifizierung als held for sale erfüllt, ist die Beteiligung zwingend mit dem niedrigeren Wert aus Buchwert und beizulegendem Zeitwert abzüglich Veräußerungskosten anzusetzen (IFRS 5.1 (a)).

(c) **Befreiungsvorschriften für Teilkonzerne**

Das beteiligte Unternehmen ist gemäß IAS 28.17 i. V. m. IFRS 10.4 (a) von der Anwendung der Equity-Methode befreit, wenn es selber als Tochterunternehmen in einen IFRS-Konzernabschluss einbezogen wird. Allerdings ist dieser Befreiungstatbestand innerhalb der Europäischen Union ohne Bedeutung, da sich die Konzernabschlussaufstellungspflicht nach EU-Vorschriften bestimmt.[71]

(d) **Unwesentlichkeit des assoziierten Unternehmens bzw. Gemeinschaftsunternehmens**

Das beteiligte Unternehmen darf auf die Anwendung der Equity-Methode ver-

---

67 Vgl. ausführlich HAYN, B., in: Beck IFRS HB, 4. Aufl., § 36, Rn. 9-20.
68 Vgl. HEUSER, P. J./THEILE, C., IFRS Handbuch, 5. Aufl., Rn. 5257. Zur unterschiedlichen Behandlung von Anteilen an assoziierten Unternehmen und einer daraus folgenden Bilanzierung sowohl nach IAS 39 bzw. IFRS 9 einerseits und IAS 28 andererseits vgl. HAYN, B., in: Beck IFRS HB, 4. Aufl., § 36, Rn. 9.
69 Vgl. BAETGE, J./KLAHOLZ, T./GRAUPE, F. in: Baetge u. a., Rechnungslegung nach IFRS, 2. Aufl., IAS 28, Rn. 43.
70 Vgl. IFRS 5.8 zu objektivierenden Merkmalen einer hohen Veräußerungswahrscheinlichkeit.
71 Vgl. HEUSER, P. J./THEILE, C., IFRS Handbuch, 5. Aufl., Rn. 5259.

zichten, wenn das assoziierte Unternehmen bzw. das Gemeinschaftsunternehmen für den Konzernabschluss von untergeordneter Bedeutung ist. Diese Wahlmöglichkeit ergibt sich nicht aus einer expliziten Regelung in IAS 28, sondern aus dem Wesentlichkeitsgrundsatz (materiality) des Conceptual Framework. Eine Bilanzierung gemäß der Equity-Methode darf indes aus Wesentlichkeitsgründen nur unterbleiben, wenn die Summe aller unwesentlichen assoziierten Unternehmen bzw. Gemeinschaftsunternehmen ebenfalls als unwesentlich einzustufen ist. Wenn eine Bilanzierung gemäß der Equity-Methode nicht mehr einschlägig ist, ist die Beteiligung grundsätzlich in Übereinstimmung mit IAS 39 bzw. IFRS 9 zu bilanzieren.[72] Unterbleibt die at equity Bilanzierung indes allein aus Wesentlichkeitsgründen, kann auch eine Bewertung zu Anschaffungskosten zulässig sein.[73]

Die Equity-Methode ist für **Finanzinstrumente nach IAS 39 bzw. IFRS 9** nicht vorgesehen, da der Eigentümer auf Beteiligungen i. S. d. IAS 39 bzw. IFRS 9 keinen maßgeblichen Einfluss gemäß IAS 28.5 ausüben kann.[74]

52 Die Merkmale eines assoziierten Unternehmens nach IFRS

Nach IAS 28.3 ist ein assoziiertes Unternehmen als ein Unternehmen definiert, auf das ein Investor einen maßgeblichen Einfluss hat.[75] Damit entspricht ein assoziiertes Unternehmen nach den internationalen Regelungen nur teilweise den beiden handelsrechtlichen Kriterien für das Vorliegen eines assoziierten Unternehmens (Kriterium der Beteiligung und Kriterium des maßgeblichen Einflusses).

IAS 28.3 verlangt nicht explizit, dass eine **Beteiligung** in einem mit § 271 vergleichbaren Sinne vorliegen muss.[76] Vielmehr folgt die Notwendigkeit einer Beteiligungsbeziehung mit dem assoziierten Unternehmen implizit aus dem Begriff „investment" (vgl. z. B. IAS 28.1 oder IAS 28.10). Auch die handelsrechtlichen Voraussetzungen für das Vorliegen einer Beteiligung stimmen insgesamt nicht völlig mit den entsprechenden IASB-Voraussetzungen überein. Z. B. existiert in den IFRS keine § 271 Abs. 1 Satz 5 entsprechende Ausnahmeregelung für Genossenschaften. Daher gibt es – wenn auch nur in wenigen und hier nicht weiter betrachteten Fällen – Unterschiede, bei denen nach IFRS ein assoziiertes Unternehmen vorliegt, während handelsrechtlich das Kriterium der Beteiligung nicht erfüllt ist.

---

72 Vgl. BAETGE, J./KLAHOLZ, T./GRAUPE, F. in: Baetge u. a., Rechnungslegung nach IFRS, 2. Aufl., IAS 28, Rn. 48 f.; HAYN, B., in: Beck IFRS HB, 4. Aufl., § 36, Rn. 20.

73 Vgl. HAYN, B., in: Beck IFRS HB, 4. Aufl., § 36, Rn. 20.

74 Vgl. BAETGE, J./KLAHOLZ, T./GRAUPE, F. in: Baetge u. a., Rechnungslegung nach IFRS, 2. Aufl., IAS 28, Rn. 38.

75 Die Abgrenzung assoziierter Unternehmen gemäß IAS 28.3 bleibt, verglichen mit der des IAS 28.2 (überarbeitet 2008), unverändert. Vgl. HEUSER, P. J./THEILE, C., IFRS Handbuch, 5. Aufl., Rn. 5255.

76 Der in IAS 28.3 verwendete Begriff „entity" ist umfassender als der deutsche Begriff Unternehmen. Unter „entity" sind Beteiligungen, Zweigniederlassungen, Geschäftsbereiche und andere organisatorische Einheiten mit verschiedenen und separierbaren Geschäftsvorfällen zu verstehen.

Wie im Handelsrecht wird auch nach IAS 28 ein **maßgeblicher Einfluss** vermutet, wenn das beteiligte Unternehmen direkt oder indirekt 20 % oder mehr der Stimmrechte (voting power) des Beteiligungsunternehmens hält (IAS 28.5).[77] Umgekehrt wird bei einem Stimmrechtsanteil von weniger als 20 % angenommen, dass kein maßgeblicher Einfluss besteht. Die Assoziierungsvermutung nach IFRS setzt also bei der gleichen Grenze an wie § 311 Abs. 1 Satz 2. Ein Unterschied zum Handelsrecht besteht indes darin, dass ein maßgeblicher Einfluss nach IAS 28 bereits vorliegt, wenn das beteiligte Unternehmen die **Möglichkeit zur Einflussnahme** besitzt. Handelsrechtlich ist dagegen die tatsächliche Ausübung des maßgeblichen Einflusses erforderlich.

Um die Assoziierungsvermutung zu widerlegen, muss daher deutlich gezeigt werden (can be clearly demonstrated), dass das beteiligte Unternehmen keinen maßgeblichen Einfluss ausüben kann. Die **Indikatoren** für das Vorliegen eines maßgeblichen Einflusses nach IAS 28 unterscheiden sich nur marginal von denen, die im handelsrechtlichen Schrifttum genannt werden.[78] Dieses Ergebnis ist darauf zurückzuführen, dass die Regelungen nach HGB und nach IFRS vor allem auf der US-amerikanischen APB Op. 18 basieren.

53 Die Technik der Equity-Methode nach IFRS

Maßgebend für die erstmalige Anwendung der Equity-Methode ist der **Zeitpunkt, an dem das Beteiligungsunternehmen zum assoziierten Unternehmen geworden ist** (IAS 28.32). Bei unterjährigem Anteilserwerb ist regelmäßig ein Zwischenabschluss zum Erwerbszeitpunkt aufzustellen. Dies gilt sowohl für einen einmaligen als auch für einen sukzessiven Anteilserwerb. Ausnahmsweise ist die Stichtagsanpassung aus Gründen der Wesentlichkeit zulässig.[79]

Die Bewertung der Beteiligung an dem assoziierten oder Gemeinschaftsunternehmen entspricht bei erstmaliger Anwendung grundsätzlich ihren Anschaffungskosten.[80] Der zugrunde liegende Jahresabschluss des Beteiligungsunternehmens ist gemäß IAS 28.36 an die **Rechnungslegungsvorschriften des Konzerns** anzupassen.

Bei der Equity-Methode nach IAS 28 werden die anteiligen stillen Reserven und Lasten des Beteiligungsunternehmens im Rahmen der Neubewertungsmethode durch den Ansatz der Vermögenswerte und Schulden mit ihren Zeitwerten in einer außerbilanziellen Nebenrechnung aufgedeckt; auf diese Weise wird das **anteilige neubewertete Eigenkapital des assoziierten Unternehmens** ermittelt. Anschließend werden

---

77 Vgl. HACHMEISTER, D/BEYER, B., in: Baetge/Kirsch/Thiele, § 311 HGB, Rn. 517.

78 Vgl. z. B. ADS, 6. Aufl., § 311 HGB, Rn. 29; SCHERRER, G., in: Hofbauer/Kupsch, § 311 HGB, Rn. 13-15; vgl. ausführlich auch Abschn. 213.2 in diesem Kapitel.

79 A. A. GEFIU, Anpassung deutscher Konzernabschlüsse an die Rechnungslegungsvorschriften des IASC, S. 1188.

80 Vgl. KÖSTER, O., in: Hennrichs/Kleindiek/Watrin, Münchener Komm. Bilanzrecht, IAS 28, Rn. 42.

die Anschaffungskosten der Anteile und das anteilige neubewertete Eigenkapital miteinander verglichen. Daraus ergibt sich entweder ein aktiver Unterschiedsbetrag (Goodwill bzw. Geschäfts- oder Firmenwert) oder ein passiver Unterschiedsbetrag, der allerdings gemäß IAS 28.32 (a) nicht separat in der Konzernbilanz ausgewiesen wird. Ein Goodwill ist stattdessen impliziter Bestandteil des Equity-Wertes, während ein passiver Unterschiedsbetrag als günstiger Erwerb interpretiert und daher gemäß IAS 28.32 (b) sofort als erfolgswirksamer Ertrag vereinnahmt wird. Der Equity-Wert erhöht sich entsprechend.

Im Unterschied zum deutschen Handelsrecht müssen nach IFRS 3.18 sämtliche vorhandenen stillen Reserven und Lasten anteilig aufgedeckt werden, weil die IFRS keine Begrenzung auf die Höhe des aktiven oder passiven Unterschiedsbetrages vorsehen. Nach IASB-Grundsätzen kann daher – was handelsrechtlich aufgrund der Anschaffungskostenrestriktion in § 312 Abs. 1 nicht erlaubt ist – ein passiver Unterschiedsbetrag auch dann entstehen, wenn die Anschaffungskosten der Anteile größer sind als das anteilige Eigenkapital zu Buchwerten.[81] Übersicht VII-10 stellt die bestehenden Unterschiede in der Ermittlung des anteiligen Eigenkapitals und des Unterschiedsbetrages graphisch dar.

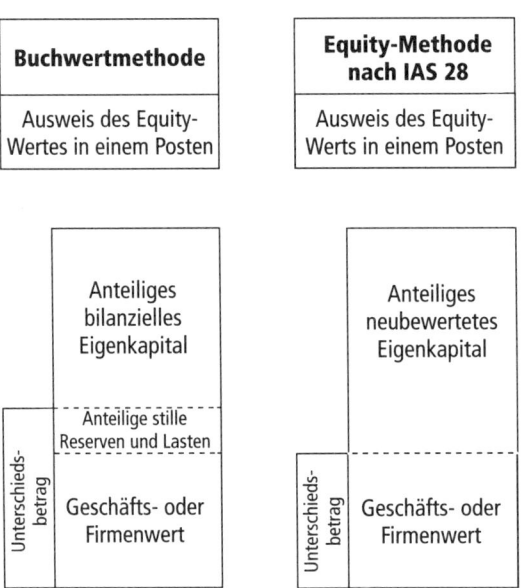

Übersicht VII-10: *Vergleich der Ermittlung des Unterschiedsbetrages nach der Buchwertmethode des HGB und nach IAS 28*

---

81   Vgl. IDW (Hrsg.), Rechnungslegung nach International Accounting Standards, S. 327.

Zwischen der **erstmaligen Anwendung** der Equity-Methode und der **Fortführung des Equity-Wertes** wird nach IAS 28 nicht unterschieden. Der Equity-Wert wird somit bereits im gleichen Jahr um die Eigenkapitalveränderungen des Beteiligungsunternehmens fortgeschrieben. Dagegen wird handelsrechtlich der Equity-Wert erst in den Folgejahren fortgeschrieben. Die Abschreibung bzw. Auflösung der **stillen Reserven und Lasten** entspricht der handelsrechtlichen Regelung. Der **Goodwill** ist hingegen gemäß IAS 28.32 (a) weder planmäßig abzuschreiben noch einem Wertminderungstest zu unterziehen. Stattdessen ist die Beteiligung gemäß IAS 28.42 auf Wertminderung nach den Vorschriften des IAS 36 zu prüfen. Ein sich ggf. ergebender Wertminderungsbedarf kann allerdings gemäß IAS 28.42 weder den Vermögegenswerten und Schulden noch einem Goodwill zugeordnet werden.

Zwischenergebnisse aus Upstream- und Downstream-Geschäften sind nach IAS 28.28 entsprechend der Beteiligungsquote zu eliminieren.

Die Frage, ob bei der Equity-Methode nach IAS 28 eine **Schuldenkonsolidierung** und eine **Aufwands- und Ertragskonsolidierung** vorzunehmen sind, muss über den Verweis in IAS 28.26 geklärt werden. Weder in IFRS 3 noch in IFRS 10 oder IAS 28 werden die Konsolidierungsmaßnahmen auf die Eliminierung von Zwischenergebnissen beschränkt. Dies ist auch konsequent, da die Equity-Methode dann zu einer **echten Konsolidierungsmethode** ausgebaut wird. Daher wären bei der Equity-Methode nach IFRS 10.B86 (c) konzerninterne Geschäfte und sämtliche daraus entstehenden Erfolgswirkungen zu eliminieren.

Sollte der Equity-Wert rechnerisch einen Wert unter Null annehmen, ist die Equity-Methode auszusetzen bis die außerbilanziell erfassten kumulierten Verluste durch Gewinne kompensiert wurden.[82] Das Verlustverrechnungspotenzial erstreckt sich gemäß IAS 28.38 aber über den Equity-Wert hinaus auch auf das gesamte finanzielle Engagement.[83] Für weitere Verluste kommt der Ansatz einer Schuld allerdings gemäß IAS 28.39 nur in Betracht, soweit das beteiligte Unternehmen rechtliche oder faktische Verpflichtungen eingegangen ist oder Zahlungen für das assoziierte Unternehmen oder Gemeinschaftsunternehmen geleistet hat.[84]

IFRS 12 sieht darüber hinaus vergleichsweise umfangreiche Anhangangaben über Beziehungen zu assoziierten und Gemeinschaftsunternehmen vor.

---

82 Vgl. HEUSER, P. J./THEILE, C., IFRS Handbuch, 5. Aufl., Rn. 6057.

83 Vgl. HAYN, B., in: Bohl/Riese/Schlüter, Beck IFRS HB, § 36, Rn. 82.

84 Vgl. HAYN, B., in Bohl/Riese/Schlüter, Beck IFRS HB, § 36, Rn. 84.

Kapitel VIII:
Einzelfragen der Konzernrechnungslegung

1 Die Kapitalkonsolidierung im mehrstufigen Konzern

11 Grundlagen

In den Abschn. 11 und 12 des Kapitels V wurden nur einfache Konzernstrukturen betrachtet, bei denen ein Mutterunternehmen eine Beteiligung an einem oder mehreren Tochterunternehmen hält. In vielen Unternehmensverbindungen sind Mutterunternehmen aber wiederum Tochterunternehmen anderer Unternehmen. In solchen Fällen liegt ein **mehrstufiger Konzern** vor.

Die Vorschriften zur Kapitalkonsolidierung einstufiger (einfacher) Konzerne müssen entsprechend auf mehrstufige Konzerne angewandt werden, da bisher weder das HGB noch die DRS explizit Regelungen für die Kapitalkonsolidierung im mehrstufigen Konzern vorsehen. Im Rahmen der Überarbeitung des DRS 4 (Unternehmenserwerbe im Konzernabschluss) wurden mit E-DRS 30.191-205 Regelungen erarbeitet, die die Kapitalkonsolidierung im mehrstufigen Konzern erstmals explizit regeln sollen und mit der Verabschiedung eines finalen DRS künftig anzuwenden sein werden.[1]

Bei der Kapitalkonsolidierung sind die dem MU gehörenden Anteile an einem TU mit dem auf diese Anteile entfallenden Eigenkapital dieses TU zu verrechnen (§ 301 Abs. 1). Bei mehrstufigen Konzernen, mit mehreren Mutter-Tochter-Beziehungen auf unterschiedlichen hierarchischen Ebenen, stellt sich jedoch die Frage, ob für die Kapitalkonsolidierung eines hierarchisch nachgeordneten Unternehmens die Perspektive des „direkten" Mutterunternehmens oder des Mutterunternehmens an der Konzernspitze einzunehmen ist. Diese Frage wird im Schrifttum anhand der **Entstehungsgeschichte** des Konzerns diskutiert.[2]

---

1 Vgl. STIBI, B./KIRSCH, H.-J./ENGELKE, F., Der Standardentwurf des E-DRS 30, S. 411.
2 Vgl. hierzu erstmals MANDL, G./KÖNIGSMAIER, H., Behandlung von Minderheitsanteilen im mehrstufigen Konzern, S. 239-277.

Mehrstufige Konzerne können auf unterschiedlichen Wegen entstehen. Für die einfachste Ausprägung, einen zweistufigen Konzern, lassen sich im Wesentlichen **zwei Fälle** voneinander unterscheiden:[3]

■ Im **Fall 1** bilden ein Mutterunternehmen (MU) und ein Tochterunternehmen (TU) bereits einen einstufigen Konzern, der dann in einem zweiten Schritt eine Beteiligung an einem weiteren Unternehmen (Enkelunternehmen = EU) erwirbt. Der Konzern wird **nach „unten" erweitert**.

■ Im **Fall 2** bilden TU und EU einen einstufigen Konzern. Durch den Beteiligungserwerb eines MU am TU entsteht ein zweistufiger Konzern, indem der anfangs einstufige Konzern **nach „oben" erweitert** wird.

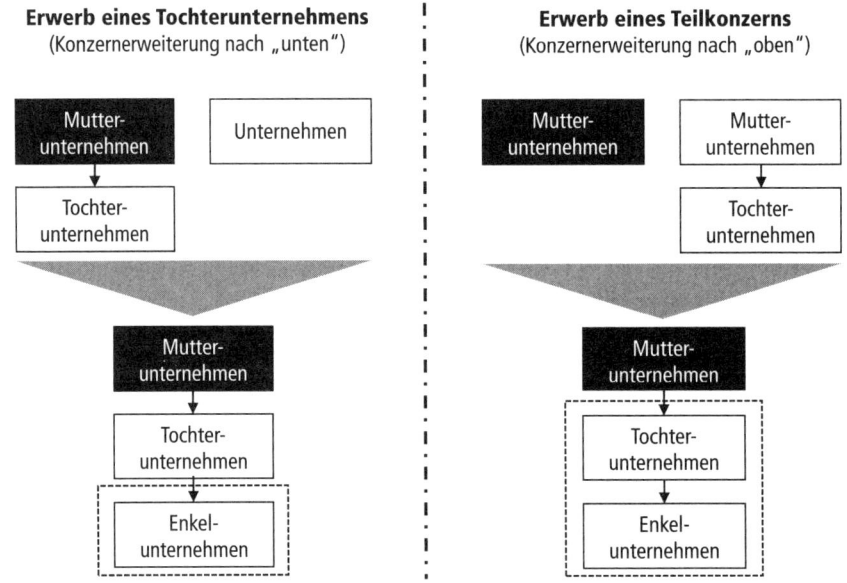

Erwerb eines Tochterunternehmens
(Konzernerweiterung nach „unten")

Erwerb eines Teilkonzerns
(Konzernerweiterung nach „oben")

Übersicht VIII-1: Die Entstehungsgeschichten eines mehrstufigen Konzerns

Der erste Fall einer Erweiterung des Konzerns nach „unten" lässt sich als ein Erwerb des EU durch den Teilkonzern$_{MU/TU}$ interpretieren.[4] Da der Teilkonzern insofern die Rolle des Mutterunternehmens einnimmt, ergeben sich im Rahmen der Kapital-

---

3   Vgl. MANDL, G./KÖNIGSMAIER, H., Behandlung von Minderheitsanteilen im mehrstufigen Konzern, S. 257 f. und 269 f., die zwar noch eine dritte Variante, die gleichzeitige (simultane) Entstehung eines Konzerns, aufführen. Gleichwohl stellen sie fest, dass eine derartige Entstehungsgeschichte zum einen wohl einen Grenzfall darstellt und zum anderen je nach Reihenfolge der tatsächlichen Beteiligungserwerbe einem der beiden im folgenden aufgeführten Varianten ähnelt.

4   Vgl. MANDL, G./KÖNIGSMAIER, H., Behandlung von Minderheitsanteilen im mehrstufigen Konzern, S. 260.

konsolidierung des EU grundsätzlich keine Unterschiede zur Vorgehensweise beim einstufigen Konzern.[5] Das Eigenkapital des EU ist insofern mit der beim TU und damit im Teilkonzernabschluss$_{MU/TU}$ angesetzten Beteiligung zu verrechnen.

Kontrovers diskutiert wird dagegen im Schrifttum, aus welcher Perspektive die Kapitalkonsolidierung des EU im Fall einer Erweiterung des Konzerns nach „oben" durchzuführen ist, da das EU zum Zeitpunkt der Konsolidierung weder durch das MU noch durch das TU direkt erworben wurde. Auswirkungen auf den Konzernabschluss ergeben sich dabei immer dann, wenn auf einer Zwischenstufe des Konzerns (hier TU) nicht beherrschende Gesellschafter beteiligt sind. Die zentrale Herausforderung besteht in derartigen Fällen darin, die für die Kapitalkonsolidierung maßgebliche Beteiligungsquote des Konzerns am EU zu ermitteln.[6]

Technisch können die konzerninternen Kapitalverflechtungen mit Hilfe verschiedener Vorgehensweisen konsolidiert werden. Hierbei sind vor allem die sog. **Kettenkonsolidierung**, die in Abschn. 131. in diesem Kapitel beschrieben wird, und die sog. **Simultankonsolidierung** zu nennen. E-DRS 30.191-193 präferiert in diesem Kontext die Kettenkonsolidierung, obgleich auch andere Konsolidierungstechniken – wie die Simultankonsolidierung – zulässig sind, wenn auf hierarchisch nachgeordneten Konzernstufen die auf diesen Stufen entstehenden Unterschiedsbeträge nicht miteinander saldiert werden.

In Abschn. 13 in diesem Kapitel wird anhand des Beispiels eines zweistufigen Konzerns ohne gegenseitige Beteiligungen die Kapitalkonsolidierung mit Hilfe der sog. **Kettenkonsolidierung** sowohl nach der Neubewertungsmethode als auch nach der Buchwertmethode dargestellt.[7] Da die Erweiterung nach „unten" im Wesentlichen der Kapitalkonsolidierung im einstufigen Konzern entspricht, wird hier der Fall gezeigt, dass der Konzern nach „oben" erweitert worden ist.

Dazu wird u. a. untersucht, wie die für die Kapitalkonsolidierung heranzuziehende Beteiligungsquote des Konzerns an hierarchisch nachgeordneten Konzernunternehmen zu ermitteln ist und welche Posten zum konsolidierungspflichtigen Kapital zu zählen sind. Anschließend wird kurz das sog. **Gleichungsverfahren** dargestellt, bei dem die Kapitalkonsolidierung im mehrstufigen Konzern in einem Schritt vorgenommen wird (Simultankonsolidierung).

---

5 Vgl. für eine Darstellung der Vorgehensweise in derartigen Fällen MANDL, G./ KÖNIGSMAIER, H., Behandlung von Minderheitsanteilen im mehrstufigen Konzern, S. 258-263 sowie FÖRSCHLE, G./HOFFMANN, K., in: Beck Bilanzkomm., 9. Aufl., § 301 HGB, Rn. 373.

6 Erschwert wird die Kapitalkonsolidierung in mehrstufigen Konzernen zusätzlich, wenn die Tochterunternehmen untereinander beteiligt sind, was hier jedoch nicht weiter diskutiert wird. Zur Lösung dieses Problems vgl. EWERT, R./SCHENK, G., Probleme bei der Kapitalkonsolidierung im mehrstufigen Konzern, S. 9-13; EISELE, W./KRATZ, N., Anteile außenstehender Gesellschafter im mehrstufigen Konzern, S. 303-309.

7 Vgl. zur Diskussion über die Zulässigkeit der Methoden nach dem BilMoG Kap. I Abschn. 71 und Kap. V Abschn. 122.

12   Das Ausgangsbeispiel

Ein MU erwirbt im Jahr 01 eine Beteiligung von 70 % an einem TU, das zum Zeitpunkt des Erwerbs eine Beteiligung in Höhe von 80 % an einem weiteren Unternehmen (EU) hält. Die übrigen 30 % bzw. 20 % der Anteile am TU bzw. EU werden von konzernaußenstehenden, nicht beherrschenden Gesellschaftern gehalten. Weitere Geschäftsbeziehungen zwischen den Konzernunternehmen bestehen nicht. Die folgende Übersicht zeigt die Beteiligungsverhältnisse in diesem zweistufigen Konzern:

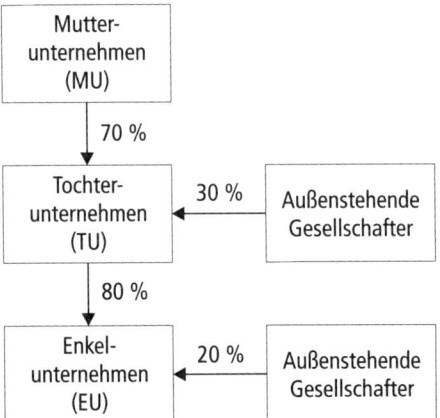

Übersicht VIII-2: *Beteiligungsverhältnisse im Beispiel eines zweistufigen Konzerns*

Zum Zeitpunkt der Erstkonsolidierung[8] des Teilkonzerns$_{TU/EU}$ in den Konzernabschluss des MU liegen die folgenden Einzelbilanzen (HB II) vor:

(Alle Zahlenangaben in GE)	MU	TU	EU
Aktiva			
Anteile an verb. Unt.			
■ MU an TU	50		
■ TU an EU		200	
Umlaufvermögen	150	240	450
Summe Aktiva	200	440	450
Passiva			
Eigenkapital	150	100	200
Fremdkapital	50	340	250
Summe Passiva	200	440	450

Legende:					
Anteile an verb.	≙	Anteile an verbundenen	Nicht beh.	≙	Nicht beherrschende
Unt.		Unternehmen	Anteile		Anteile
BWM	≙	Buchwertmethode	pUB	≙	passiver Unterschiedsbetrag
EU	≙	Enkelunternehmen	SB	≙	Summenbilanz
GoF	≙	Geschäfts- oder Firmenwert	Sonst. EK	≙	Sonstiges Eigenkapital
GE	≙	Geldeinheiten	TKA	≙	Teilkonzernabschluss
KB	≙	Konzernbilanz	TU	≙	Tochterunternehmen
KZA	≙	Kettenzwischenabschluss	UB	≙	Unterschiedsbetrag
MU	≙	Mutterunternehmen	UV	≙	Umlaufvermögen
NBM	≙	Neubewertungsmethode			

Übersicht VIII-3: *Die Bilanzen der Konzernunternehmen im Zeitpunkt der Erstkonsolidierung*

Im Umlaufvermögen des TU und des EU sind stille Reserven in Höhe von 50 GE bzw. 25 GE enthalten. Weiterhin wird vereinfachend angenommen, dass die Wertansätze der Beteiligungen ihren (historischen) Anschaffungskosten entsprechen und dass der Zeitwert des auf das MU entfallenden Teils der Beteiligung am EU 140 GE beträgt und somit den anteiligen historischen Anschaffungskosten entspricht.[9]

---

8 Zur Folgekonsolidierung vgl. FÖRSCHLE, G./HOFFMANN, K., in: Beck Bilanzkomm., 9. Aufl., § 301 HGB, Rn. 384-386.

9 Vgl. zur Bewertung der dem MU zuordenbaren Anteile am Enkelunternehmen im Rahmen eines Teilkonzernerwerbs KÜTING, K./LEINEN, M., Kapitalkonsolidierung, S. 1208 m. w. N.

13 Die Kettenkonsolidierung im mehrstufigen Konzern ohne gegenseitige Beteiligungen

131. Die Vorgehensweise der Kettenkonsolidierung

Bei der Kettenkonsolidierung wird zunächst das hierarchisch unterste Konzernunternehmen des mehrstufigen Konzerns mit dem unmittelbar darüber liegenden Unternehmen zum **Kettenzwischenabschluss (KZA)** konsolidiert. Anschließend wird der Kettenzwischenabschluss seinerseits mit dem Jahresabschluss des darüber liegenden Unternehmens zusammengefasst, und zwar zum Konzernabschluss, falls es sich bei dem darüber liegenden Unternehmen um das oberste Unternehmen handelt, oder zu einem weiteren Kettenzwischenabschluss, falls das darüber liegende Unternehmen nicht das oberste Unternehmen des Konzerns ist.[10] Die nachfolgende Abbildung zeigt die Vorgehensweise der Kettenkonsolidierung im Beispielkonzern.

MU	KZA	SB	Konsolidierung	KA
.	.	.	.	.

TU	EU	SB	Konsolidierung	KZA
.	.	.	.	.

Übersicht VIII-4: *Die Kettenkonsolidierung im mehrstufigen Konzern*

Im Beispielkonzern (vgl. Übersicht VIII-3) sind also in einem ersten Schritt das EU und das TU zum Kettenzwischenabschluss$_{TU/EU}$ zusammenzufassen. Dieser Kettenzwischenabschluss ist in einem zweiten Schritt mit dem Abschluss des MU zum Konzernabschluss zu konsolidieren.

132. Die Ermittlung der für die Kettenkonsolidierung maßgeblichen Beteiligungsquote am Enkelunternehmen

Eine zentrale Größe für die im Rahmen der Kapitalkonsolidierung erforderliche Verrechnung der Beteiligung des Konzerns am EU mit dem auf diese Beteiligung entfallenden Eigenkapital des EU ist die relevante Beteiligungsquote des Konzerns am EU. Die zugrunde gelegte Beteiligungsquote hat Auswirkungen auf die Höhe eines Unterschiedsbetrages aus der Kapitalkonsolidierung, die Höhe der Anteile nicht beherrschender Gesellschafter sowie bei der Anwendung der Buchwertmethode auf die Aufdeckung stiller Reserven und Lasten. Für die Ermittlung der maßgeblichen Beteiligungsquote des Konzerns am EU werden im Schrifttum unterschiedliche Ansätze vertreten.

---

10 Vgl. VON WYSOCKI, K./WOHLGEMUTH, M./BRÖSEL, G., Konzernrechnungslegung, S. 154; BUSSE VON COLBE, W. U. A., Konzernabschlüsse, S. 302.

Bei der sog. **multiplikativen Methode** wird die für die Kapitalkonsolidierung des EU heranzuziehende Beteiligungsquote ($Bet_{(m)}$) ermittelt, indem die nominelle Beteiligungsquote, die das TU an dem EU hält, mit dem nominellen Anteil des MU am TU multipliziert wird:[11]

$$Bet_{(m)} = \alpha \cdot \beta = 0{,}7 \cdot 0{,}8 = 0{,}56$$

Legende:

$Bet_{(m)}$	$\widehat{=}$	Für die Kapitalkonsolidierung maßgebliche Beteiligungsquote am EU bei multiplikativer Ermittlung
α	$\widehat{=}$	Beteiligungsquote MU am TU (70 %)
β	$\widehat{=}$	Beteiligungsquote TU am EU (80 %)

Die maßgebliche Beteiligungsquote beträgt im Beispiel damit 56 % und entspricht der effektiven Beteiligungsquote des MU am EU. Hierdurch wird unterstellt, dass für die Kapitalkonsolidierung das oberste Mutterunternehmen das relevante Mutterunternehmen ist.

Im Beispiel wird die Kapitalkonsolidierung auf Ebene des Teilkonzerns$_{TU/EU}$ somit aus Sicht des MU mit 56 % durchgeführt. Die restlichen 44 % am EU werden von den nicht beherrschenden Gesellschaftern des EU und des TU gehalten. Diese 44 % setzen sich zusammen aus dem direkten Anteil der nicht beherrschenden Gesellschafter des EU am Eigenkapital des EU in Höhe von 20 % und dem indirekten Anteil der nicht beherrschenden Gesellschafter des TU am Eigenkapital des EU in Höhe von 24 % = 30 % · 80 %.

Bei der sog. **additiven Methode** zur Ermittlung der Beteiligungsquote wird für die Kapitalkonsolidierung des EU dagegen die Perspektive des direkten Mutterunternehmens – im Beispiel also die des TU – eingenommen. Die maßgebliche Beteiligungsquote entspricht dann der direkten Beteiligung des TU am EU und somit 80 %. Hierarchisch vorgelagerte Beteiligungsbeziehungen werden an dieser Stelle zunächst vernachlässigt, so dass die Beteiligungsquote wie nachfolgend zu bestimmen ist:

$$Bet_{(a)} = \beta = 0{,}8$$

Legende:

$Bet_{(a)}$	$\widehat{=}$	Für die Kapitalkonsolidierung maßgebliche Beteiligungsquote am EU bei additiver Ermittlung
α	$\widehat{=}$	Beteiligungsquote MU am TU (70 %)
β	$\widehat{=}$	Beteiligungsquote TU am EU (80 %)

Additive und multiplikative Methode führen zu **unterschiedlichen effektiven Beteiligungsquoten** des MU am EU. Merkmal der multiplikativen Methode ist die ausdrückliche Berücksichtigung indirekter Beteiligungsverhältnisse. Die Beteiligungs-

---

11 Vgl. BAETGE, J./ZÜLCH, H., in: Baetge/Kirsch/Thiele, § 301 HGB, Rn. 387; EWERT, R./ SCHENK, G., Probleme bei der Kapitalkonsolidierung im mehrstufigen Konzern, S. 5; KÜTING, K./GÖTH, P., Minderheitenanteile im Konzernabschluß eines mehrstufigen Konzerns, S. 306; MANDL, G./KÖNIGSMAIER, H., Behandlung von Minderheitsanteilen im mehrstufigen Konzern, S. 248.

quote wird, vom obersten Mutterunternehmen ausgehend, multiplikativ nach unten durchgerechnet. Bei der additiven Methode werden hingegen nur direkte Beteiligungsverhältnisse berücksichtigt, wodurch die Konsolidierung auf den einzelnen Stufen der Vorgehensweise im einstufigen Konzern entspricht.[12]

Die Ermittlungsmethodik der der Kapitalkonsolidierung zugrunde zu legenden Beteiligungsquote kann Auswirkungen auf die Höhe eines Geschäfts- oder Firmenwertes sowie ggf. auf die Aufdeckung etwaiger stiller Reserven und Lasten haben. Bei der multiplikativen Methode wird ein Geschäfts- oder Firmenwert nur in der Höhe aktiviert, die aus dem (multiplikativ) durchgerechneten Anteilsbesitz der Konzerneigentümer resultiert. Ein auf indirekt beteiligte nicht beherrschende Gesellschafter – im Beispiel die nicht beherrschenden Gesellschafter des TU – entfallender Geschäfts- oder Firmenwert wird nicht aktiviert, sondern erfolgsneutral mit dem Posten „Nicht beherrschende Anteile" verrechnet. Im Gegensatz dazu wird bei der additiven Methode der Geschäfts- oder Firmenwert, der auf indirekt beteiligte nicht beherrschende Gesellschafter entfällt, ebenso wie der Geschäfts- oder Firmenwert der beherrschenden Gesellschafter des MU aktiviert. Bei der Buchwertmethode gilt dasselbe für die Aufdeckung stiller Reserven und Lasten.[13] Unterschiede ergeben sich daher immer dann, wenn auf Zwischenstufen des Konzerns nicht beherrschende Gesellschafter beteiligt sind. Hält das Mutterunternehmen 100 % der Anteile an sämtlichen Unternehmen des erworbenen Teilkonzerns oder sind nicht beherrschende Gesellschafter nur auf der hierarchisch untersten Stufe beteiligt, führen die multiplikative und die additive Methode zum gleichen Ergebnis.

Im Mittelpunkt der kontroversen Diskussion um die Anwendung der multiplikativen oder der additiven Methode steht die Frage, ob der auf die indirekt beteiligten nicht beherrschenden Gesellschafter entfallende Teil des Unterschiedsbetrages aus der Kapitalkonsolidierung genauso wie der auf die beherrschenden Gesellschafter entfallende Teil behandelt werden darf.[14] Während die Befürworter der additiven Methode dies vor dem Hintergrund des Einheitsgrundsatzes fordern, lehnen die Vertreter der multiplikativen Methode eine solche Vorgehensweise ab, da ansonsten die indirekten und direkten Anteile nicht beherrschender Gesellschafter hinsichtlich des Ansatzes eines Unterschiedsbetrages aus der Kapitalkonsolidierung ungleich behandelt würden.[15] In Teilen des Schrifttums wird die Auffassung vertreten, dass eine solche Ungleichbehandlung insofern gerechtfertigt sei, als die auf die indirekten Anteile nicht beherrschender Gesellschafter entfallenden Unterschiedsbeträge durch den (historischen) Erwerb des EU durch das TU pagatorisch abgesichert und somit objektiviert sind.[16] Im Gegensatz dazu würde der Ansatz eines auf direkte Anteile der nicht be-

---

12 Vgl. für diesen Fall bspw. MANDL, G./KÖNIGSMAIER, H., Behandlung von Minderheitsanteilen im mehrstufigen Konzern, S. 258-263.

13 Vgl. FRÖHLICH, C., Kapitalkonsolidierung, S. 65.

14 Vgl. zu einer Übersicht der Diskussion KÜTING, K./LEINEN, M., Kapitalkonsolidierung, S. 1204-1206. Bei der Buchwertmethode kann die Argumentation auch auf die Aufdeckung der auf die indirekten Anteile nicht beherrschender Gesellschafter entfallenden stillen Reserven und Lasten übertragen werden.

15 Vgl. KÜTING, K./LEINEN, M., Kapitalkonsolidierung, S. 1204 m. w. N.

herrschenden Gesellschafter entfallenden Geschäfts- oder Firmenwertes durch eine Hochrechnung auf der Grundlage der vom erwerbenden TU bezahlten Anschaffungskosten bestimmt.[17] Eine solche Argumentation ist im Fall der Konzernerweiterung nach „unten" zutreffend, da in diesem Fall die vom TU für den Erwerb des EU gezahlten Anschaffungskosten aus Sicht des Teilkonzerns$_{MU/TU}$ für die Kapitalkonsolidierung maßgeblich sind.[18] Im Fall einer Konzernerweiterung nach „oben" vernachlässigt diese Argumentation allerdings, dass das EU vom TU erworben wurde, bevor das TU den Status eines Konzernunternehmens erlangt hat. Der vom TU für den Erwerb des EU entrichtete Kaufpreis enthält daher etwaige stille Reserven und Lasten und ggf. einen Geschäfts- oder Firmenwert, die nach dem Erwerb der Anteile des TU durch das MU teilweise auf nicht beherrschende Gesellschafter entfallen und nicht vom MU vergütet werden.[19]

E-DRS 30.204 beschreibt – unabhängig von der Entstehung des mehrstufigen Konzerns – die Ermittlung der maßgeblichen Beteiligungsquote gemäß der additiven Methode. Demnach ist die Aktivierung eines auf indirekt beteiligte nicht beherrschende Gesellschafter entfallenden Geschäfts- oder Firmenwertes geboten. Hier steht das Argument im Vordergrund, dass der Geschäfts- oder Firmenwert durch tatsächlich entstandene Anschaffungskosten pagatorisch abgesichert ist. Die Regelungen des finalen Standards DRS 23 (Kapitalkonsolidierung (Einbeziehung von Tochterunternehmen in den Konzernabschluss)) zur Kapitalkonsolidierung im mehrstufigen Konzern werden zwischen dem Erwerb eines einzelnen Tochterunternehmens und dem Erwerb eines Teilkonzerns unterscheiden. In beiden Fällen wird der Standard voraussichtlich die additive Methode präferieren, wenn auch mit unterschiedlichem Verbindlichkeitscharakter.

In den folgenden Ausführungen wird die Konsolidierung im mehrstufigen Konzern nach der Neubewertungs- und der Buchwertmethode anhand des Ausgangsbeispiels einer Erweiterung des Konzerns nach „oben" zunächst nach der multiplikativen und anschließend nach der additiven Methode gezeigt.

---

16   Vgl. beispielsweise FÖRSCHLE, G./HOFFMANN, K., in: Beck Bilanzkomm., 9. Aufl., § 301 HGB, Rn. 378 sowie BUSSE VON COLBE, W. U. A., Konzernabschlüsse, S. 306.

17   Dies entspräche der im Rahmen der IFRS zulässigen Full Goodwill-Methode. Vgl. hierzu Kap. V Abschn. 131.

18   Vgl. ausführlich hierzu MANDL, G./KÖNIGSMAIER, H., Behandlung von Minderheitsanteilen im mehrstufigen Konzern, S. 258-263.

19   Vgl. ADS, 6. Aufl., § 307 HGB, Rn. 47.

133. Die Kettenkonsolidierung nach der Neubewertungsmethode

133.1 Anwendung der multiplikativen Methode

Bei der Neubewertungsmethode unter Anwendung der multiplikativen Methode werden zunächst die stillen Reserven und stillen Lasten des EU aufgedeckt und im Anschluss die Beteiligung am EU mit dem anteiligen neubewerteten Eigenkapital des EU im Rahmen der Kapitalkonsolidierung verrechnet.[20]

(Alle Zahlenangaben in GE)	TU	EU NBM	SB	Konsolidierungsspalte I		KZA TU/EU NBM	MU	SB	Konsolidierungsspalte II		KB
	HB II	HB III		Soll	Haben	HB II			Soll	Haben	
Aktiva											
GoF				14^3		14		14			14
Anteile an verb. Unt.											
■ MU an TU							50	50	50^7		
■ TU an EU	200		200		140^2						
					60^5						
UV	240	475	715			765	150	915			915
UB				14^2	14^3						
Summe Aktiva	440	475	915			779	200	979			929
Passiva											
Eigenkapital											
■ Sonst. EK	100	225	325	126^2		150	150	300	105^7		150
				99^4					45^8		
■ Nicht beh. Anteile				60^5	99^4	39		39		45^8	84
pUB										55^7	55
Sonstige Passiva	340	250	590			590	50	640			640
Summe Passiva	440	475	915	313	313	779	200	979	150	150	929
Legende: Vgl. Übersicht VIII-3.											

Übersicht VIII-5: *Kettenkonsolidierung nach der Neubewertungsmethode unter Anwendung der multiplikativen Methode*

Die **stillen Reserven** sind bei der Neubewertungsmethode unbegrenzt aufzudecken.[21] Durch die nicht in der Übersicht VIII-5 enthaltene Buchung (1) werden die stillen Reserven des EU daher in Höhe von 25 GE im Umlaufvermögen aufgedeckt:[22]

Umlaufvermögen	25 GE	an	Sonstiges Eigenkapital	25 GE

---

20 Vgl. Kap. V Abschn. 125.2.

21 In der Spalte „EU" der Übersicht VIII-5 werden die Bilanzposten des EU nach der Auflösung der stillen Reserven eingetragen. Durch den Zusatz „NBM" wird die Anwendung der Neubewertungsmethode kenntlich gemacht.

Bei der Kapitalkonsolidierung nach der multiplikativen Methode ist das anteilige neubewertete Eigenkapital des EU mit dem Wert des dem MU zuzurechnenden Anteils der Beteiligung des TU am EU zu verrechnen.[23] Der **Unterschiedsbetrag aus der Kapitalkonsolidierung** ergibt sich dann wie folgt:

Wert des dem MU zuzuordnenden Beteiligungsanteils am EU	140 GE
− Anteiliges neubewertetes Eigenkapital des EU (225 GE · 56 %)	− 126 GE
= Unterschiedsbetrag	14 GE

Der Unterschiedsbetrag wird mit der Buchung (2) in die Konsolidierungsspalte I eingestellt:

Unterschiedsbetrag	14 GE			
Sonstiges Eigenkapital	126 GE	an	Anteile an verbundenen Unternehmen TU an EU	140 GE

Der Unterschiedsbetrag entspricht einem **Geschäfts- oder Firmenwert** i. S. d. § 301 Abs. 3 Satz 1 und kann durch Buchung (3) daher unverändert als solcher im Kettenzwischenabschluss ausgewiesen werden. Da er sich ausschließlich auf den dem MU zuordenbaren Anteil der Beteiligung am EU bezieht, wird hier kein auf die indirekten Anteile der nicht beherrschenden Gesellschafter am EU entfallender Geschäfts- oder Firmenwert angesetzt.

Geschäfts- oder Firmenwert	14 GE	an	Unterschiedsbetrag	14 GE

Mit der Buchung (4) werden anschließend die direkten und indirekten **Anteile der nicht beherrschenden Gesellschafter** am neubewerteten Eigenkapital des EU gesondert ausgewiesen. Die direkte Beteiligungsquote der nicht beherrschenden Gesellschafter beträgt 20 %, die indirekte Beteiligungsquote der nicht beherrschenden Gesellschafter des TU über die Beteiligung am EU beträgt 24 % (= 30 % · 80 %). Der direkte und indirekte Anteil der nicht beherrschenden Gesellschafter am Eigenkapital des EU hat daher eine Höhe von 99 GE (=225 GE · 44 %). Die Buchung (4) lautet:

Sonstiges Eigenkapital	99 GE	an	Nicht beherrschende Anteile	99 GE

Durch die Buchung (5) wird die verbliebene Beteiligung des TU am EU in Höhe des indirekten Anteils der nicht beherrschenden Gesellschafter (60 GE =200 GE · 30 %) gegen deren bereits in Buchung (2) gebildeten Anteil am Eigenkapital des EU verrechnet, um eine Doppelerfassung zu verhindern.[24]

---

22 Vgl. zu dem Vorgehen bei der Kettenkonsolidierung nach der Neubewertungsmethode auch EWERT, R./SCHENK G., Probleme bei der Kapitalkonsolidierung im mehrstufigen Konzern, S. 5 f.; KÜTING, K./WEBER, C.-P./DUSEMOND, M., Kapitalkonsolidierung im mehrstufigen Konzern, S. 1088 f.

23 Der für die Verrechnung maßgebliche Wertansatz der anteiligen Beteiligung des MU am EU ist somit grundsätzlich unabhängig vom Buchwert der Beteiligung am EU in der HB II des TU. Da der Zeitwert im Beispiel jedoch annahmegemäß dem anteiligen Buchwert in Höhe von 140 GE (= 200 GE · 70 %) entspricht, führen hier beide Vorgehensweisen zum gleichen Ergebnis.

Nicht beherrschende Anteile	60 GE	an	Anteile an verbundenen Unternehmen TU an EU	60 GE

Im nächsten Schritt ist der so erstellte Kettenzwischenabschluss mit dem Einzelabschluss des MU zu konsolidieren. Dabei werden bei der Neubewertungsmethode die **stillen Reserven im Umlaufvermögen des TU** vollständig aufgedeckt (vgl. die Spalte KZA$_{TU/EU}$ der Übersicht VIII-5), obwohl das anteilige Eigenkapital des TU vor Neubewertung (100 GE · 70 %) die Anschaffungskosten für die Beteiligung in Höhe von 50 GE bereits überschreitet. Im Gegensatz zur Buchwertmethode gilt bei Anwendung der Neubewertungsmethode keine Anschaffungskostenrestriktion.[25] Folglich werden bei der Konsolidierung des Kettenzwischenabschlusses durch die nicht in der Übersicht VIII-5 enthaltene Buchung (6) sämtliche stillen Reserven in Höhe von 50 GE aufgedeckt, so dass das neubewertete Eigenkapital im Kettenzwischenabschluss 150 GE beträgt:

Umlaufvermögen	50 GE	an	Sonstiges Eigenkapital	50 GE

Im Anschluss daran wird der Beteiligungsbuchwert gemäß § 301 Abs. 1 Satz 1 mit dem anteiligen Eigenkapital des TU verrechnet und der Unterschiedsbetrag aus der Kapitalkonsolidierung ermittelt.[26]

Beteiligungsbuchwert	50 GE
− Anteiliges neubewertetes Eigenkapital (150 GE · 70 %)	− 105 GE
= Unterschiedsbetrag	− 55 GE

---

24 Während die nicht beherrschenden Gesellschafter zu 30 % an der Beteilung des TU am EU beteiligt sind, werden ihnen durch die Buchung (4) gleichzeitig 24 % des Nettovermögens zugerechnet. Ohne die Korrektur käme es daher zu einer Doppelerfassung, die allerdings erst im Rahmen der Konsolidierung des Kettenzwischenabschlusses$_{TU/EU}$ mit dem MU deutlich werden würde. Vgl. hierzu auch MANDL. G./KÖNIGSMAIER, H., Behandlung von Minderheitsanteilen im mehrstufigen Konzern, S. 251.

25 Vgl. Abschn. 134. in diesem Kapitel.

26 Bei der Neubewertungsmethode gilt wie bei der Buchwertmethode, dass die verbliebenen Unterschiedsbeträge aus der Kapitalkonsolidierung hierarchisch nachgeordneter Konzernunternehmen nicht mit dem konsolidierungspflichtigen Eigenkapital einer höheren Konzernstufe zu verrechnen sind. Vgl. dazu ausführlich Abschn. 135. in diesem Kapitel sowie KÜTING, K./LEINEN, M., Kapitalkonsolidierung, S. 1208. A. A. FÖRSCHLE, G./HOFFMANN, K., in: Beck Bilanzkomm., 9. Aufl., § 301 HGB, Rn. 375, denen zufolge die auf den unterschiedlichen Stufen eines Teilkonzerns entstehenden Unterschiedsbeträge zunächst zu verrechnen sind. Ein insgesamt entstehender Geschäfts- oder Firmenwert bzw. passiver Unterschiedsbetrag aus der Kapitalkonsolidierung eines Teilkonzerns ist anschließend jedoch wiederum auf die verschiedenen Geschäftsfelder und ggf. auf die einzelnen TU aufzuteilen.

Mit Buchung (7) schlägt sich dies in der Konsolidierungsspalte II wie folgt nieder:

Sonstiges Eigenkapital	105 GE	an	Anteile an verbundenen Unternehmen MU an TU	50 GE
			Passiver Unterschiedsbetrag	55 GE

Da der Unterschiedsbetrag aus der Kapitalkonsolidierung ein negatives Vorzeichen hat, muss er als **passiver Unterschiedsbetrag aus der Kapitalkonsolidierung** in der Konzernbilanz gemäß § 301 Abs. 3 Satz 1 ausgewiesen werden.[27]

Mit der letzten Buchung (8) wird der direkte Anteil (30 %) der nicht beherrschenden Gesellschafter am neubewerteten Eigenkapital des TU gesondert ausgewiesen:

Sonstiges Eigenkapital	45 GE	an	Nicht beherrschende Anteile	45 GE

---

27 Eine Saldierung mit einem aktiven Unterschiedsbetrag ist seit dem BilMoG nicht mehr zulässig.

133.2   Anwendung der additiven Methode

Bei der Neubewertungsmethode sind unabhängig von der Methode zur Ermittlung der effektiven Beteiligungsquote zunächst die stillen Reserven und stillen Lasten des EU aufzudecken.[28] Im Anschluss wird die Beteiligung am EU mit dem anteiligen neubewerteten Eigenkapital im Rahmen der Kapitalkonsolidierung verrechnet.[29]

(Alle Zahlenangaben in GE)	TU HB II	EU NBM HB III	SB	Konsolidierungsspalte I		KZA TU/EU NBM HB II	MU	SB	Konsolidierungsspalte II		KB
				Soll	Haben				Soll	Haben	
Aktiva											
GoF				20[3]		20		20			20
Anteile an verb. Unt.											
■ MU an TU							50	50	50[6]		
■ TU an EU	200		200		200[2]						
UV	240	475	715			765	150	915			915
UB				20[2]	20[3]						
Summe Aktiva	440	475	915			785	200	985			935
Passiva											
Eigenkapital											
■ Sonst. EK	100	225	325	180[2] 45[4]		150	150	300	105[6] 45[7]		150
■ Nicht beh. Anteile pUB					45[4]	45		45		45[7] 55[6]	90 55
Sonstige Passiva	340	250	590			590	50	640			640
Summe Passiva	440	475	915		265	785	200	985	150	150	935
Legende: Vgl. Übersicht VIII-3.											

Übersicht VIII-6: *Kettenkonsolidierung nach der Neubewertungsmethode unter Anwendung der additiven Methode*

Wie schon in Abschn. 133.1 in diesem Kapitel sind damit auch bei der Kapitalkonsolidierung nach der additiven Methode die **stillen Reserven** unbegrenzt aufzudecken. Durch die nicht in der Übersicht VIII-6 enthaltene Buchung (1) werden die stillen Reserven des EU daher in Höhe von 25 GE im Umlaufvermögen aufgedeckt:

Umlaufvermögen	25 GE	an	Sonstiges Eigenkapital	25 GE

Anschließend ist das anteilige neubewertete Eigenkapital des EU mit der gesamten Beteiligung des TU am EU, d. h. sowohl des Anteils des MU als auch des Anteils der nicht beherrschenden Gesellschafter, zu verrechnen.[30] Der **Unterschiedsbetrag aus der Kapitalkonsolidierung** ergibt sich dann wie folgt:

---

28   Vgl. Abschn. 133.1 in diesem Kapitel.
29   Vgl. Kap. V Abschn. 125.2.

Wert der Beteiligung des TU am EU	200 GE
− Anteiliges neubewertetes Eigenkapital des EU (225 GE · 80 %)	− 180 GE
= Unterschiedsbetrag	20 GE

Der Unterschiedsbetrag wird mit der Buchung (2) in die Konsolidierungsspalte I eingestellt:

Unterschiedsbetrag	20 GE			
Sonstiges Eigenkapital	180 GE	an	Anteile an verbundenen Unternehmen TU an EU	200 GE

Der Unterschiedsbetrag entspricht einem **Geschäfts- oder Firmenwert** i. S. d. § 301 Abs. 3 Satz 1 und kann durch Buchung (3) daher unverändert als solcher im Kettenzwischenabschluss ausgewiesen werden. Dieser entfällt im Gegensatz zum Geschäfts- oder Firmenwert nach der multiplikativen Methode in Abschn. 133.1 sowohl auf das MU als auch auf die direkt am TU beteiligten nicht beherrschenden Gesellschafter, die über die Beteiligung des TU auch indirekt am EU beteiligt sind.

Geschäfts- oder Firmenwert	20 GE	an	Unterschiedsbetrag	20 GE

Mit der Buchung (4) werden anschließend die direkten **Anteile der nicht beherrschenden Gesellschafter** am neubewerteten Eigenkapital des EU gesondert ausgewiesen. Die direkte Beteiligungsquote der nicht beherrschenden Gesellschafter beträgt 20 %. Der Anteil dieser Gesellschafter am Eigenkapital des EU hat daher eine Höhe von 45 GE (= 225 GE · 20 %). Die Buchung (4) lautet:

Sonstiges Eigenkapital	45 GE	an	Nicht beherrschende Anteile	45 GE

Die weiteren, nachfolgenden Schritte zur Erstellung des Konzernabschlusses entsprechen der Vorgehensweise bei der Kapitalkonsolidierung nach der multiplikativen Methode.[31] Mit dem nicht in Übersicht VIII-6 enthaltenen Buchungssatz (5) werden die stillen Reserven und Lasten des TU aufgedeckt.

Umlaufvermögen	50 GE	an	Sonstiges Eigenkapital	50 GE

Anschließend wird der Beteiligungsbuchwert mit dem anteiligen Eigenkapital des TU verrechnet und der Unterschiedsbetrag aus der Kapitalkonsolidierung ermittelt.

---

30 Der für die Verrechnung maßgebliche Wertansatz der anteiligen Beteiligung des MU am EU ist somit grundsätzlich unabhängig vom Buchwert der Beteiligung am EU in der HB II des TU. Da der Zeitwert im Beispiel jedoch annahmegemäß dem anteiligen Buchwert in Höhe von 140 GE (= 200 GE · 70 %) entspricht, führen hier beide Vorgehensweise zum gleichen Ergebnis.

31 Vgl. Abschn. 133.1 in diesem Kapitel.

Beteiligungsbuchwert		50 GE
– Anteiliges neubewertetes Eigenkapital (150 GE · 70 %)		– 105 GE
= Unterschiedsbetrag		– 55 GE

Mit Buchung (6) schlägt sich dies in der Konsolidierungsspalte II wie folgt nieder:

Sonstiges Eigenkapital	105 GE	an	Anteile an verbundenen Unternehmen MU an TU	50 GE
			Passiver Unterschiedsbetrag	55 GE

Mit der letzten Buchung (7) wird der direkte Anteil (30 %) der nicht beherrschenden Gesellschafter am neubewerteten Eigenkapital des TU gesondert ausgewiesen:

Sonstiges Eigenkapital	45 GE	an	Nicht beherrschende Anteile	45 GE

133.3 Eignung des Kettenzwischenabschlusses als Teilkonzernabschluss

Sollte das im Ausgangsbeispiel durch das MU erworbene TU schon vor dem Erwerbsvorgang durch das MU zur Aufstellung eines **Teilkonzernabschlusses** verpflichtet sein, so hängt es von der Methode der Ermittlung der effektiven Beteiligungsquote ab, ob ein Kettenzwischenabschluss als Teilkonzernabschluss geeignet ist. Ein nach der **additiven Methode** ermittelter Kettenzwischenabschluss kann grundsätzlich als Teilkonzernabschluss verwendet werden. Für die Annäherung des Kettenzwischenabschlusses und des Teilkonzernabschlusses sind jedoch die im Ausgangsbeispiel getroffenen Annahmen zu berücksichtigen. So können sich bspw. Abweichungen des Kettenzwischenabschlusses vom Teilkonzernabschluss ergeben, wenn die Beteiligung des TU am EU aus Konzernsicht und damit für die Ermittlung des Kettenzwischenabschlusses nicht wie annahmegemäß mit den (historischen) Anschaffungskosten – wie dies für die Ermittlung des Teilkonzernabschlusses erfolgt – bewertet wird, sondern z. B. eine Neubewertung der Beteiligung im Rahmen des Teilkonzernerwerbs vorgenommen würde. E-DRS 30.201 empfiehlt in diesem Zusammenhang grundsätzlich die Fortführung der bisherigen Beteiligungsbuchwerte des TU. Wenn jedoch die aus Konzernsicht nicht beherrschenden Gesellschafter des TU wesentlich am TU beteiligt sind, ist eine Neubewertung der Beteiligung des TU am EU erforderlich, um den Posten „Nicht beherrschende Anteile" zutreffend im Konzernabschluss auszuweisen (E-DRS 30.202). Weitere Unterschiede können sich ergeben, da beiden Abschlüssen grundsätzlich unterschiedliche Wertverhältnisse zugrunde liegen. Während für den Kettenzwischenabschluss die Wertverhältnisse zum Zeitpunkt des Teilkonzernerwerbs durch das MU maßgeblich sind, ist für den Teilkonzernabschluss$_{TU/EU}$ der Zeitpunkt des Erwerbs des EU durch das TU ausschlaggebend. Weiterhin werden Abweichungen des Teilkonzernabschlusses vom Kettenzwischenabschluss relativiert, wenn bereits im Rahmen der Aufstellung der HB II des EU und der Bilanz des TU die Bilanzierungs- und Bewertungsgrundsätze des MU angewandt werden.

Neben den vorgenannten Unterschieden werden bei Anwendung der **multiplikativen Methode** vor allem die indirekt am EU beteiligten nicht beherrschenden Gesellschafter des TU im Kettenzwischenabschluss anders behandelt als dies ein Teilkonzernabschluss erfordert. Für einen solchen Teilkonzernabschluss dürfen die nicht beherrschenden Gesellschafter des TU nach der Einheitstheorie nämlich nicht als Außenstehende betrachtet werden, sondern sind sowohl an den stillen Reserven als auch am Geschäfts- oder Firmenwert zu beteiligen.[32]

Den Regelungen zur Kapitalkonsolidierung im einstufigen Konzern entsprechend ist daher der vollständige Beteiligungsbuchwert des TU am EU (200 GE) nach einer vollständigen Aufdeckung der stillen Reserven und Lasten mit dem anteiligen neubewerteten Eigenkapital des EU (225 GE · 80 %) zu verrechnen (Buchung (1)). Der hierbei verbleibende aktive Unterschiedsbetrag in Höhe von 20 GE ist gemäß § 301 Abs. 3 Satz 1 in voller Höhe – und somit um 6 GE höher als im Kettenzwischenabschluss nach der multiplikativen Methode – als Geschäfts- oder Firmenwert in der Konzernbilanz auszuweisen (Buchung (2)). Mit der abschließenden Buchung (3) wird der Anteil der nicht beherrschenden Gesellschafter des EU am neubewerteten Eigenkapital des EU (45 GE = 225 GE · 20 %) gesondert gezeigt.

(Alle Zahlenangaben in GE)	TU	EU	SB	Konsolidierungsspalte		TKA TU/EU
				Soll	Haben	
Aktiva						
GoF				20^2		20
Anteile an verb. Unt.						
■ TU an EU	200		200		200^1	
UV	240	475	715			715
UB				20^1	20^2	
Summe Aktiva	440	475	915			735
Passiva						
Eigenkapital						
■ Sonst. EK	100	225	325	180^1 45^3		100
■ Nicht beh. Anteile					45^3	45
Sonstige Passiva	340	250	590			590
Summe Passiva	440	475	915	265	265	735
Legende: Vgl. Übersicht VIII-3.						

Übersicht VIII-7: *Teilkonzernabschluss$_{TU/EU}$ nach der Neubewertungsmethode*

---

32 Vgl. EWERT, R./SCHENK, G., Probleme bei der Kapitalkonsolidierung im mehrstufigen Konzern, S. 6.

Falls das TU zur Aufstellung eines Teilkonzernabschlusses verpflichtet ist, verbleibt ihm aufgrund des gezeigten Unterschieds daher nur die Möglichkeit, sowohl einen Kettenzwischenabschluss als auch einen Teilkonzernabschluss zu erstellen oder den Kettenzwischenabschluss entsprechend zu modifizieren.[33] Eine Annäherung beider Abschlüsse kann durch eine Umstellung der Konsolidierungstechnik im Rahmen der Kettenkonsolidierung erreicht werden (vgl. Übersicht VIII-8). Die Korrekturen der Anteile nicht beherrschender Gesellschafter um die indirekte Beteiligung am EU wird dabei nicht auf Ebene des Kettenzwischenabschlusses, sondern auf der Ebene des Konzernabschlusses vorgenommen.[34] Im Unterschied zur bereits dargestellten Vorgehensweise müsste das EU dafür – im Anschluss an die Aufdeckung der stillen Reserven in Höhe von 25 GE (Buchung (1)) – zunächst (wie im Teilkonzernabschluss) aus der Perspektive des TU konsolidiert werden.

Der Unterschiedsbetrag aus der Kapitalkonsolidierung wird in diesem Fall durch die Verrechnung des dem MU zuzuordnenden Anteils der Beteiligung des TU am EU zuzüglich des auf die nicht beherrschenden Gesellschafter des TU entfallenden Beteiligungsanteils am EU mit dem anteiligen neubewerteten Eigenkapital des EU ermittelt:

	Wert des dem MU zuzuordnenden Beteiligungsanteils am EU	140 GE
+	Auf die nicht beherrschenden Gesellschafter des TU entfallender Beteiligungsanteil am EU	+ 60 GE
−	Anteiliges neubewertetes Eigenkapital des EU (225 GE · 80 %)	− 180 GE
=	Unterschiedsbetrag	20 GE

Der Unterschiedsbetrag wird zunächst vollständig in die Konsolidierungsspalte I eingestellt (Buchung (2)) und anschließend als **Geschäfts- oder Firmenwert** im Kettenzwischenabschluss gezeigt (Buchung (3)). Zuletzt werden durch Buchung (4) die auf die nicht beherrschenden Gesellschafter des EU entfallenden Anteile gesondert ausgewiesen. Die indirekten Anteile der anderen Geselleschafter am EU werden bei dieser Konsolidierungsvariante erst im zweiten Schritt, nämlich bei der Konsolidierung des Kettenzwischenabschlusses mit dem Einzelabschluss des MU berücksichtigt. Da der so ermittelte Geschäfts- oder Firmenwert auch die auf die nicht beherrschenden Gesellschafter des TU entfallenden Anteile umfasst, entspricht der in Übersicht VIII-8 dargestellte Kettenzwischenabschluss im Beispiel – abgesehen von den im Kettenzwischenabschluss aufgedeckten stillen Reserven im Umlaufvermögen des TU – dem Teilkonzernabschluss.

Der Kettenzwischenabschlusses ist im nächsten Schritt mit dem Einzelabschluss des MU zu konsolidieren. Die dafür erforderlichen Buchungen (6), (7) und (8) unterscheiden sich nicht von der Vorgehensweise im Fall eines einstufigen Konzerns. Schließlich wird mit der zusätzlichen Buchung (9) der im ersten Schritt zunächst un-

---

33 Vgl. KÜTING, K./WEBER, C.-P./DUSEMOND, M., Kapitalkonsolidierung im mehrstufigen Konzern, S. 1090; EWERT, R./SCHENK, G., Probleme bei der Kapitalkonsolidierung im mehrstufigen Konzern, S. 6.

34 Vgl. dazu allgemein auch KÜTING, K./WEBER, C.-P., Der Konzernabschluss, S. 449-452.

berücksichtigte indirekte Anteil der nicht beherrschenden Gesellschafter am Geschäfts- oder Firmenwert (20 GE · 30 %) des EU entsprechend der multiplikativen Methode korrigiert.

Nicht beherrschende Anteile	6 GE	an	Geschäfts- oder Firmenwert	6 GE

(Alle Zahlenangaben in GE)	TU NBM	EU NBM	SB	Konsolidierungsspalte I		KZA TU/EU NBM	MU	SB	Konsolidierungsspalte II		KB
	HB II	HB II		Soll	Haben	HB II			Soll	Haben	
Aktiva											
GoF				20^3		20		20	6^9		14
Anteile an verb. Unt.											
■ MU an TU							50	50	50^7		
■ TU an EU	200		200	140^2 60^2							
UV	240	475	715			765	150	915			915
UB				20^2	20^3						
Summe Aktiva	440	475	915			785	200	985			929
Passiva											
Eigenkapital											
■ Sonst. EK	100	225	325	180^2 45^4		150	150	300	105^7 45^8		150
■ Nicht beh. Anteile					45^4	45		45	6^9	45^8	84
pUB										55^7	55
Sonstige Passiva	340	250	590			590	50	640			640
Summe Passiva	440	475	915	265	265	785	200	985	156	156	929
Legende: Vgl. Übersicht VIII-3.											

Übersicht VIII-8: *Kettenkonsolidierung nach der Neubewertungsmethode unter Anwendung der multiplikativen Methode (alternative Vorgehensweise)*

134. Die Kettenkonsolidierung nach der Buchwertmethode

134.1 Anwendung der multiplikativen Methode

Bei der Buchwertmethode[35] werden die Teilschritte der Kapitalkonsolidierung nach der Neubewertungsmethode in umgekehrter Reihenfolge durchgeführt. Übersicht VIII-9 stellt die Kapitalkonsolidierung nach der Buchwertmethode unter Anwendung der multiplikativen Methode dar.

(Alle Zahlenangaben in GE)	TU	EU	SB	Konsolidierungsspalte I		KZA TU/EU	MU	SB	Konsolidierungsspalte II		KB
	HB II	HB II		Soll	Haben	BWM	HB II		Soll	Haben	
Aktiva											
GoF				14^2		14		14			14
Anteile an verb. Unt.											
■ MU an TU							50	50	50^5		
■ TU an EU	200		200		140^1 60^4						
UV	240	450	690	14^2	28^2	704	150	854			854
Vorläufiger UB				28^1							
Summe Aktiva	440	450	890			718	200	918			868
Passiva											
Eigenkapital											
■ Sonstiges EK	100	200	300	112^1 88^3		100	150	250	70^5 30^6		150
■ Nicht beh. Anteile				60^4	88^3	28		28		30^6	58
pUB										20^5	20
Sonstige Passiva	340	250	590			590	50	640			640
Summe Passiva	440	450	890	316	316	718	200	918	100	100	868
Legende: Vgl. Übersicht VIII-3.											

Übersicht VIII-9: *Kettenkonsolidierung nach der Buchwertmethode unter Anwendung der multiplikativen Methode*

Zunächst wird der Beteiligungsbuchwert des TU am EU mit dem darauf entfallenden Eigenkapital des EU zu Buchwerten aus der Summenbilanz eliminiert.[36] Bei Anwendung der multiplikativen Methode muss beachtet werden, dass zur Erstellung des Kettenzwischenabschlusses nur **der auf das Mutterunternehmen entfallende Wertanteil der Beteiligung des TU am EU**, im Beispiel 140 GE, **mit dem effektiven Anteil des MU am Eigenkapital des EU** saldiert wird. Letzterer beträgt bei Anwendung der

---

35 Vgl. zur Diskussion über die Zulässigkeit der Methode nach dem BilMoG Kap. I Abschn. 71 und Kap. V Abschn. 122.

36 Vgl. Kap. V Abschn. 125.3.

multiplikativen Methode 56 % (= 70 % · 80 %). Der vorläufige **Unterschiedsbetrag aus der Kapitalkonsolidierung** für den Kettenzwischenabschluss wird somit wie folgt berechnet:

Wert des dem MU zuzuordnenden Beteiligungsanteils am EU	140 GE
– Anteiliges Eigenkapital des EU zu Buchwerten (200 GE · 56 %)	– 112 GE
= Vorläufiger Unterschiedsbetrag	28 GE

In Übersicht VIII-9 wird die Ermittlung des Unterschiedsbetrages durch den Buchungssatz (1) in der Konsolidierungsspalte I erfasst:

Vorläufiger Unterschiedsbetrag 28 GE			
Sonstiges Eigenkapital 112 GE	an	Anteile an verbundenen Unternehmen TU an EU	140 GE

Im zweiten Schritt der Kapitalkonsolidierung ist gemäß § 301 Abs. 1 Satz 3 HGB a. F. der vorläufige Unterschiedsbetrag auf die **stillen Reserven** des EU zu verteilen. Bei der Buchwertmethode dürfen stille Reserven aufgrund der Anschaffungskostenrestriktion nur bis zur Höhe eines positiven Unterschiedsbetrages aufgedeckt werden. Denn nach dem Anschaffungskostenprinzip darf das anteilige Eigenkapital zu Buchwerten zuzüglich anteiliger stiller Reserven und abzüglich stiller Lasten die Anschaffungskosten der Beteiligung nicht übersteigen.[37] Übersteigt der Unterschiedsbetrag die aufdeckbaren stillen Reserven, so ist der verbleibende Betrag gemäß § 301 Abs. 3 Satz 1 HGB a. F. als **Geschäfts- oder Firmenwert** auszuweisen.

Vorläufiger Unterschiedsbetrag	28 GE
– Konzernanteilige stille Reserven (25 GE · 56 %)	– 14 GE
= Geschäfts- oder Firmenwert	14 GE

Der Ausweis des Geschäfts- oder Firmenwertes sowie die Aufdeckung der stillen Reserven werden in der Konsolidierungsspalte I durch die Buchung (2) erfasst:

Geschäfts- oder Firmenwert 14 GE			
Umlaufvermögen 14 GE	an	Vorläufiger Unterschiedsbetrag	28 GE

Mit der Buchung (3) wird der direkte und indirekte **Anteil der nicht beherrschenden Gesellschafter** am Eigenkapital des EU gemäß § 307 Abs. 1 im Eigenkapital des Kettenzwischenabschlusses gesondert ausgewiesen, da die nicht beherrschenden Gesellschafter bei der Buchwertmethode nicht an den aufzudeckenden stillen Reserven zu beteiligen sind. Im Rahmen der multiplikativen Vorgehensweise wird dies nicht nur für die direkt am EU beteiligten, sondern auch für die indirekt durch das TU beteiligten nicht beherrschenden Gesellschafter angenommen. Der Anteil dieser Gesellschafter ergibt sich folglich, indem ihr direkter wie auch ihr indirekter Anteil am Ei-

---

37 Vgl. Kap. V Abschn. 125.31. Vorhandene stille Lasten sind – wie in Kap. V Abschn. 125.31 gezeigt wurde – dagegen immer aufzudecken.

genkapital des EU mit dem Eigenkapital des EU zu Buchwerten multipliziert wird (88 GE = 200 GE · 44 %).[38] Der Ausgleichsposten für „Nicht beherrschende Anteile" ergibt sich durch Buchungssatz (3) wie folgt:

Sonstiges Eigenkapital	88 GE	an	Nicht beherrschende Anteile 88 GE

Im letzten Schritt der Erstellung des Kettenzwischenabschlusses (Buchung (4)) wird der Anteil der nicht beherrschenden Gesellschafter des TU an der Beteiligung des TU am EU in einer Höhe von 60 GE (= 200 GE · 30 %) mit dem Ausgleichsposten für „Nicht beherrschende Anteile" saldiert. Diese Buchung wird vorgenommen, damit die Ansprüche der nicht beherrschenden Gesellschafter des TU nicht doppelt im Konzernabschluss erscheinen.[39]

Nicht beherrschende Anteile	60 GE	an	Anteile an verbundenen Unternehmen TU an EU	60 GE

Der Kettenzwischenabschluss ist nun mit der HB II des MU zum **Konzernabschluss** zu konsolidieren. Hierzu werden der Kettenzwischenabschluss und der Jahresabschluss des MU zum Summenabschluss addiert. Mit der Buchung (5) in der Konsolidierungsspalte II werden die Kapitalverflechtungen, die zwischen dem MU und dem TU bestehen, aus dem Summenabschluss eliminiert. Dazu ist der Buchwert der Beteiligung des MU am TU in Höhe von 50 GE mit dem anteiligen Eigenkapital des TU zu Buchwerten (70 GE = 100 GE · 70 %) zu saldieren:

	Beteiligungsbuchwert	50 GE
−	Anteiliges Eigenkapital zu Buchwerten (100 GE · 70 %)	− 70 GE
=	Unterschiedsbetrag	−20 GE

Die Buchung (5) lautet daher:

Sonstiges Eigenkapital	70 GE	an	Anteile an verbundenen Unternehmen MU an TU	50 GE
			Passiver Unterschiedsbetrag	20 GE

Im Beispielkonzern verbleibt nach der Saldierung des Buchwertes der Beteiligung des MU am TU mit dem anteiligen, konsolidierungspflichtigen und mit Buchwerten bewerteten Eigenkapital des Kettenzwischenabschlusses ein **passiver Unterschiedsbetrag** in Höhe von 20 GE. Im Fall eines passiven Unterschiedsbetrages aus der Kapitalkonsolidierung dürfen stille Reserven bei der Buchwertmethode aufgrund des Anschaffungskostenprinzips nicht mehr aufgedeckt werden, da das anteilige Reinvermö-

---

38 Gl. A. ADS, 6. Aufl., § 307 HGB, Rn. 46-50; BAETGE, J./ZÜLCH, H., in: Baetge/Kirsch/Thiele, § 301 HGB, Rn. 416; KÜTING, K./WEBER, C.-P./DUSEMOND, M., Kapitalkonsolidierung im mehrstufigen Konzern, S. 1087. A. A. SCHINDLER, J., Der Ausgleichsposten für die Anteile anderer Gesellschafter nach § 307 HGB, S. 589 f.

39 Zur Interpretation eines durch die Saldierung negativ werdenden Ausgleichspostens für Minderheitenanteile vgl. EWERT, R./SCHENK, G., Probleme bei der Kapitalkonsolidierung im mehrstufigen Konzern, S. 8 f.

gen (Eigenkapital) des TU die Anschaffungskosten der Beteiligung bereits erreicht hat.[40] Der passive Unterschiedsbetrag ist gemäß § 301 Abs. 3 Satz 1 als solcher in der Konzernbilanz auszuweisen.

Mit der Buchung (6) wird die Kapitalkonsolidierung abgeschlossen, indem die Anteile (30 %) der nicht beherrschenden Gesellschafter am Eigenkapital des TU (100 GE) gemäß § 307 Abs. 1 Satz 1 gesondert im Eigenkapital des Konzerns ausgewiesen werden:

Sonstiges Eigenkapital	30 GE	an	Nicht beherrschende Anteile	30 GE

134.2 Anwendung der additiven Methode

Übersicht VIII-10 stellt die Kapitalkonsolidierung nach der Buchwertmethode unter Anwendung der additiven Methode dar.

(Alle Zahlenangaben in GE)	TU	EU	SB	Konsolidierungsspalte I		KZA TU/EU	MU	SB	Konsolidierungsspalte II		KB
	HB II	HB II		Soll	Haben	BWM	HB II		Soll	Haben	
Aktiva											
GoF				20[2]		20		20			20
Anteile an verb. Unt.											
■ MU an TU							50	50		50[4]	
■ TU an EU	200		200		200[1]						
UV	240	450	690	20[2]		710	150	860			860
Vorläufiger UB				40[1]	40[2]						
Summe Aktiva	440	450	890			730	200	930			880
Passiva											
Eigenkapital											
■ Sonstiges EK	100	200	300	160[1] 40[3]		100	150	250	70[4] 30[5]		150
■ Nicht beh. Anteile					40[3]	40		40		30[5]	70
pUB										20[4]	20
Sonstige Passiva	340	250	590			590	50	640			640
Summe Passiva	440	450	890	280	280	730	200	930	100	100	880
Legende: Vgl. Übersicht VIII-3.											

Übersicht VIII-10: *Kettenkonsolidierung nach der Buchwertmethode unter Anwendung der additiven Methode*

---

40 Vgl. Kap. V Abschn. 125.31.

Zunächst wird der Beteiligungsbuchwert des TU am EU mit dem darauf entfallenden Eigenkapital des EU zu Buchwerten aus der Summenbilanz eliminiert.[41] Im Gegensatz zur Kapitalkonsolidierung unter Anwendung der multiplikativen Methode wird neben dem auf das Mutterunternehmen entfallenden Wertanteil auch der auf die nicht beherrschenden Gesellschafter entfallende Anteil der Beteiligung des TU am EU bei der Ermittlung des vorläufigen Unterschiedsbetrages berücksichtigt. Der vorläufige **Unterschiedsbetrag aus der Kapitalkonsolidierung** für den Kettenzwischenabschluss wird somit wie folgt berechnet:

Wert der Beteiligung des TU am EU	200 GE
− Anteiliges Eigenkapital des EU zu Buchwerten (200 GE · 80 %)	− 160 GE
= Vorläufiger Unterschiedsbetrag	40 GE

In Übersicht VIII-10 wird die Ermittlung des Unterschiedsbetrages durch den Buchungssatz (1) in der Konsolidierungsspalte I erfasst:

Vorläufiger Unterschiedsbetrag 40 GE				
Sonstiges Eigenkapital	160 GE	an	Anteile an verbundenen Unternehmen TU an EU	200 GE

Im zweiten Schritt der Kapitalkonsolidierung ist gemäß § 301 Abs. 1 Satz 3 HGB a. F. der vorläufige Unterschiedsbetrag auf die **stillen Reserven** des EU zu verteilen. Bei der Buchwertmethode dürfen stille Reserven aufgrund der Anschaffungskostenrestriktion höchstens in Höhe eines positiven Unterschiedsbetrages aufgedeckt werden. Denn nach dem Anschaffungskostenprinzip darf das anteilige Eigenkapital zu Buchwerten zuzüglich anteiliger stiller Reserven und abzüglich stiller Lasten die Anschaffungskosten der Beteiligung nicht übersteigen.[42] Übersteigt der Unterschiedsbetrag die aufdeckbaren stillen Reserven, so ist der verbleibende Betrag gemäß § 301 Abs. 3 Satz 1 HGB a. F. als **Geschäfts- oder Firmenwert** auszuweisen.

Vorläufiger Unterschiedsbetrag	40 GE
− Konzernanteilige stille Reserven (25 GE · 80 %)	− 20 GE
= Geschäfts- oder Firmenwert	20 GE

Der Ausweis des Geschäfts- oder Firmenwertes sowie die Aufdeckung der stillen Reserven werden in der Konsolidierungsspalte I durch die Buchung (2) erfasst:

Geschäfts- oder Firmenwert	20 GE			
Umlaufvermögen	20 GE	an	Vorläufiger Unterschiedsbetrag	40 GE

Mit der Buchung (3) wird der direkte **Anteil der nicht beherrschenden Gesellschafter** am Eigenkapital des EU gemäß § 307 Abs. 1 im Eigenkapital des Kettenzwischenabschlusses gesondert ausgewiesen, da die nicht beherrschenden Gesellschafter

---

41 Vgl. Kap. V Abschn. 125.31.

42 Vgl. Kap. V Abschn. 125.31. Vorhandene stille Lasten sind – wie in Kap. V Abschn. 125.31 gezeigt wurde – dagegen immer aufzulösen.

bei der Buchwertmethode grundsätzlich nicht an den aufzudeckenden stillen Reserven zu beteiligen sind. Bei Anwendung der additiven Methode werden indes stille Reserven aufgedeckt, die auf die indirekten Anteile der nicht beherrschenden Gesellschafter entfallen. Der Anteil der nicht beherrschenden Gesellschafter ergibt sich folglich, indem ihr direkter Anteil am Eigenkapital des EU mit dem Eigenkapital des EU zu Buchwerten multipliziert wird (40 GE = 200 GE · 20 %).[43] Der Ausgleichsposten für „Nicht beherrschende Anteile" ergibt sich durch Buchungssatz (3) wie folgt:

Sonstiges Eigenkapital	40 GE	an	Nicht beherrschende Anteile	40 GE

Die weiteren, nachfolgenden Schritte zur Erstellung des Konzernabschlusses entsprechen der Vorgehensweise bei der Kapitalkonsolidierung nach der multiplikativen Methode.[44] Mit der Buchung (4) in der Konsolidierungsspalte II werden die Kapitalverflechtungen, die zwischen dem MU und dem TU bestehen, aus dem Summenabschluss eliminiert. Dazu ist der Buchwert der Beteiligung des MU am TU in Höhe von 50 GE mit dem anteiligen Eigenkapital des TU zu Buchwerten (70 GE = 100 GE · 70 %) zu saldieren:

	Beteiligungsbuchwert	50 GE
−	Anteiliges Eigenkapital zu Buchwerten (100 GE · 70 %)	− 70 GE
=	Unterschiedsbetrag	−20 GE

Die Buchung (4) lautet daher:

Sonstiges Eigenkapital	70 GE	an	Anteile an verbundenen Unternehmen MU an TU	50 GE
			Passiver Unterschiedsbetrag	20 GE

Der passive Unterschiedsbetrag, der nach der Saldierung des Buchwertes der Beteiligung des MU am TU mit dem anteiligen, konsolidierungspflichtigen und mit Buchwerten bewerteten Eigenkapital des Kettenzwischenabschlusses verbleibt, ist gemäß § 301 Abs. 3 Satz 1 als solcher in der Konzernbilanz auszuweisen.

Mit der Buchung (5) wird die Kapitalkonsolidierung abgeschlossen, indem die Anteile (30 %) der nicht beherrschenden Gesellschafter am Eigenkapital des TU (100 GE) gemäß § 307 Abs. 1 Satz 1 gesondert im Eigenkapital des Konzerns ausgewiesen werden:

Sonstiges Eigenkapital	30 GE	an	Nicht beherrschende Anteile	30 GE

---

43 Gl. A. ADS, 6. Aufl., § 307 HGB, Rn. 46-50; BAETGE, J./ZÜLCH, H., in: Baetge/Kirsch/Thiele, § 301 HGB, Rn. 416; KÜTING, K./WEBER, C.-P./DUSEMOND, M., Kapitalkonsolidierung im mehrstufigen Konzern, S. 1087. A. A. SCHINDLER, J., Der Ausgleichsposten für die Anteile anderer Gesellschafter nach § 307 HGB, S. 589 f.

44 Vgl. Abschn. 134.1 in diesem Kapitel.

134.3 Eignung des Kettenzwischenabschlusses als Teilkonzernabschluss

Wie bereits für die Kettenkonsolidierung nach der Neubewertungsmethode gezeigt, gilt auch für die Kettenkonsolidierung nach der Buchwertmethode, dass der nach der multiplikativen Methode ausgewiesene Kettenzwischenabschluss$_{TU/EU}$ (vgl. Übersicht VIII-9) nicht mit dem Teilkonzernabschluss$_{TU/EU}$ (vgl. Übersicht VIII-11) verwechselt werden darf, der freiwillig oder aufgrund einer gesetzlichen Norm (z. B. gemäß § 291 Abs. 3) aufgestellt wird.[45] Unterschiede ergeben sich wiederum u. a. dadurch, dass die nicht beherrschenden Gesellschafter des TU im Teilkonzernabschluss$_{TU/EU}$ nicht als Außenstehende betrachtet werden dürfen.

Für die Aufstellung eines Teilkonzernabschlusses nach der Buchwertmethode unter Anwendung der multiplikativen Methode wird zunächst der gesamte Beteiligungsbuchwert des TU am EU (200 GE) mit dem Anteil des Teilkonzerns an dem Eigenkapital des EU (160 GE = 200 GE · 80 %) verrechnet (Buchung (1) der Übersicht VIII-11). Anschließend sind die dem TU als unmittelbarem Mutterunternehmen zuzuordnenden stillen Reserven in Höhe von 20 GE (= 25 GE · 80 %) aufzudecken und der restliche Teil des aktiven Unterschiedsbetrages als Geschäfts- oder Firmenwert auf der Aktivseite auszuweisen (Buchung (2) der Übersicht VIII-11). Schließlich ist noch die Beteiligung der direkten nicht beherrschenden Gesellschafter des EU am Eigenkapital des EU (40 GE = 200 GE · 20 %) in den Posten „Nicht beherrschende Anteile" umzubuchen (Buchung (3) der Übersicht VIII-11). Die Buchung (4) der Übersicht VIII-9, mit der ein ggf. verbleibender Beteiligungsbuchwert des TU am EU mit dem Posten „Nicht beherrschende Anteile" verrechnet wird, entfällt, da die Beteiligung bereits in voller Höhe mit dem Eigenkapital des Konzerns verrechnet wurde.

---

45   Vgl. BAETGE, J./ZÜLCH, H., in: Baetge/Kirsch/Thiele, § 301 HGB, Rn. 417.5; KÜTING, K./ WEBER, C.-P./DUSEMOND, M., Kapitalkonsolidierung im mehrstufigen Konzern, S. 1090; EWERT, R./SCHENK, G., Probleme bei der Kapitalkonsolidierung im mehrstufigen Konzern, S. 6. Im Ergebnis auch ADS, 6. Aufl., § 301 HGB, Rn. 231. Zur Aufstellungspflicht vgl. auch Kap. III Abschn. 1.

(Alle Zahlenangaben in GE)	TU	EU	SB	Konsolidierungsspalte		TKA TU/EU
	HB II	HB II		Soll	Haben	
Aktiva GoF				20^2		20
Anteile an verb. Unt.						
▪ TU an EU	200		200		200^1	
UV	240	450	690	20^2		710
UB				40^1	40^2	
Summe Aktiva	440	450	890			730
Passiva Eigenkapital						
▪ Sonst. EK	100	200	300	160^1 40^3		100
▪ Nicht beh. Anteile					40^3	40
Sonstige Passiva	340	250	590			590
Summe Passiva	440	450	890	280	280	730
Legende: Vgl. Übersicht VIII-3.						

Übersicht VIII-11: *Teilkonzernabschluss$_{TU/EU}$ nach der Buchwertmethode*

Wie schon bei der Neubewertungsmethode kann der Kettenzwischenabschluss auch bei der Buchwertmethode durch eine Umstellung der Kapitalkonsolidierungsschritte an den in Übersicht VIII-11 dargestellten Teilkonzernabschluss$_{TU/EU}$ angenähert werden. Hierfür sind bei der Aufstellung des Kettenzwischenabschlusses die Anteile der am EU indirekt beteiligten nicht beherrschenden Gesellschafter zunächst wiederum zu vernachlässigen, so dass sowohl die auf diese entfallenden stillen Reserven und Lasten als auch der vollständige Geschäfts- oder Firmenwert aktiviert werden. Die den nicht beherrschenden Gesellschaftern des TU zuzuordnenden Beträge sind dann jedoch bei der Konsolidierung des Kettenzwischenabschlusses mit dem Einzelabschluss des MU durch eine Buchung gegen den Posten „Nicht beherrschende Anteile" zu korrigieren. Gleichwohl können sich bei dieser Konsolidierungsvariante – wie schon bei der Neubewertungsmethode – weitere Unterschiede zwischen dem Teilkonzernabschluss und dem Kettenzwischenabschluss ergeben, wenn diese auf unterschiedlichen Wertverhältnissen beruhen.[46]

---

46 Vgl. Abschn. 133.3 in diesem Kapitel.

135. Sonderfragen des konsolidierungspflichtigen Eigenkapitals im Kettenzwischenabschluss

Neben der Ermittlung der für die Konsolidierung maßgeblichen Beteiligungsquote stellt sich im Rahmen der Kettenkonsolidierung außerdem die Frage, welche Posten des Kettenzwischenabschlusses zum konsolidierungspflichtigen Eigenkapital zählen. Dabei ist insbesondere zu klären, wie verbleibende passive Unterschiedsbeträge aus der Kapitalkonsolidierung hierarchisch nachgeordneter Konzernunternehmen und Anteile nicht beherrschender Gesellschafter zu behandeln sind.

Verbleibende Unterschiedsbeträge aus der Kapitalkonsolidierung sind u. E. i. S. d. § 301 Abs. 3 Satz 1 unabhängig davon, ob sie auf der Aktiv- oder Passivseite stehen, unverändert in die Konzernbilanz zu übernehmen. Somit darf ein **verbleibender passiver Unterschiedsbetrag** aus der Kapitalkonsolidierung hierarchisch nachgeordneter Konzernunternehmen – trotz eines möglichen Eigenkapitalcharakters – nicht zum konsolidierungspflichtigen Kapital gezählt werden.[47] Andernfalls würde dieser passive Unterschiedsbetrag bei der Kapitalkonsolidierung mit dem Beteiligungsbuchwert einer höheren Konzernstufe verrechnet und damit untergehen. In der Konzernbilanz würde dann kein verbleibender passiver Unterschiedsbetrag aus der Kapitalkonsolidierung hierarchisch nachgeordneten Konzernstufen in der Konzernbilanz ausgewiesen werden. E-DRS 30.196 sieht in diesem Zusammenhang indes ausschließlich die Ermittlung eines Gesamtunterschiedsbetrages bei Erwerb eines Teilkonzerns vor, da der Erwerb eines Teilkonzerns als eine einheitliche Transaktion zu interpretieren ist. Ein auf hierarchisch nachgeordneten Konzernstufen entstehender Unterschiedsbetrag ist daher zunächst sehr wohl in das konsolidierungspflichtige Eigenkapital einzubeziehen.[48] Der Standardentwurf empfiehlt den (gesamten) Unterschiedsbetrag aus der Kapitalkonsolidierung eines Teilkonzerns anschließend den betreffenden Geschäftsfeldern und den rechtlichen Einheiten des Teilkonzerns zuzuordnen (E-DRS 30.198). Dabei können diesen passive Unterschiedsbeträge (Geschäfts- oder Firmenwerte) zugeordnet werden, obwohl sich insgesamt ein Geschäfts- oder Firmenwert (passiver Unterschiedsbetrag) ergibt (E-DRS 30.198 i. V. m. 90).

Die **Anteile nicht beherrschender Gesellschafter** aus nachgeordneten Konzernstufen sind bei der Ermittlung des konsolidierungspflichtigen Eigenkapitals dieses Teilkonzerns bzw. dessen Kettenzwischenabschlusses nicht zu berücksichtigen, auch wenn sie gemäß § 307 Abs. 1 Satz 1 gesondert innerhalb des Eigenkapitals auszuweisen sind und damit grundsätzlich als Teil des Teilkonzerneigenkapitals zu behandeln sind.[49] Denn nach § 301 Abs. 1 Satz 1 ist der Beteiligungsbuchwert der Anteile an einer untergeordneten Gesellschaft nur mit dem auf diese Anteile entfallenden Betrag des Eigenkapitals zu verrechnen. Die Anteile der nicht beherrschenden Gesellschafter am Eigenkapital eines Teilkonzerns entfallen aber nicht auf die Anteile des MU an

---

47 So auch KÜTING, K./WEBER, C.-P., Der Konzernabschluss, S. 421.

48 Vgl. FÖRSCHLE, G./HOFFMANN, K., in: Beck Bilanzkomm., 9. Aufl., § 301 HGB, Rn. 375.

49 Vgl. die Vorgehensweise in den Abschn. 133.1 und 134.1 in diesem Kapitel sowie BAETGE, J., Kapitalkonsolidierung im mehrstufigen Konzern, S. 31.

diesem Eigenkapital, so dass eine Einbeziehung der Anteile nicht beherrschender Gesellschafter in das konsolidierungspflichtige Eigenkapital nach dem Wortlaut des Gesetzes nicht in Betracht kommt.[50] Mit der Umsetzung der Regelung des E-DRS 30.199 in einem finalen DRS wird künftig explizit vorgeschrieben, dass die Anteile der nicht beherrschenden Gesellschafter nicht Bestandteil des zu konsolidierenden Eigenkapitals auf der nächsthöheren Konzern(zwischen)stufe sind.

14 Die Simultankonsolidierung nach dem Gleichungsverfahren ohne gegenseitige Beteiligungen

Aufgrund der zunehmenden Komplexität der Kettenkonsolidierung mit einer zunehmenden Zahl der Stufen des Konzerns wird im Schrifttum die Frage diskutiert, ob nicht auch eine Konsolidierung in einem Schritt im Anschluss an eine Summierung aller in den Konzernabschluss einzubeziehenden Unternehmen möglich ist.[51] Eine solche Konsolidierung wird als Simultankonsolidierung bezeichnet. Bereits nach dem AktG 1965 sind hierzu einige Verfahren entwickelt worden.[52] Im Folgenden wird das von FORSTER/HAVERMANN[53] für den damaligen aktienrechtlichen Konzernabschluss entwickelte Gleichungsverfahren darauf geprüft, ob es auf das HGB übertragen werden darf. Bei dem Gleichungsverfahren wird zunächst ein Gesamtunterschiedsbetrag aus der Kapitalkonsolidierung ermittelt, der gemäß der Neubewertungsmethode bereits die stillen Reservern und Lasten enthält. Anschließend sind die Anteile nicht beherrschender Gesellschafter, die gemäß § 307 Abs. 1 Satz 1 gesondert im Eigenkapital auszuweisen sind, zu ermitteln.

Der Gesamtunterschiedsbetrag aus der Kapitalkonsolidierung würde nach dem für das HGB **modifizierten Gleichungsverfahren** bei der **Neubewertungsmethode** für einen zweistufigen Konzern in allgemeiner Form wie folgt ermittelt:[54]

---

50 Gl. A. EWERT, R./SCHENK, G., Probleme bei der Kapitalkonsolidierung im mehrstufigen Konzern, S. 4; KÜTING, K./GÖTH, P., Minderheitenanteile im Konzernabschluß eines mehrstufigen Konzerns, S. 306.

51 Vgl. aktuell KÜTING, K./WEBER, C.-P./WIRTH, J., Kapitalkonsolidierung im mehrstufigen Konzern, S. 46 f. sowie schon zuvor SIMONS, D., Bestimmung der effektiven Anteilsquoten, S. 774; MANDL, G./KÖNIGSMAIER, H., Behandlung von Minderheitsanteilen im mehrstufigen Konzern, S. 245 und 249.

52 Vgl. KLOOCK, J./SABEL, H., Zur Diskussion von Kapitalkonsolidierungsverfahren mehrstufiger Konzerne aus aktienrechtlicher und betriebswirtschaftlicher Sicht, S. 569-579.

53 Vgl. FORSTER, K.-H./HAVERMANN, H., Zur Ermittlung der konzernfremden Gesellschaftern zustehenden Kapital- und Gewinnanteile, S. 4-6. Neben dem Gleichungsverfahren sind weitere Verfahren der Simultankonsolidierung denkbar, etwa Verfahren der Matrizenrechnung. Vgl. m. w. N. VON WYSOCKI, K./WOHLGEMUTH, M./BRÖSEL, G., Konzernrechnungslegung, S. 163 f.

54 Vgl. für die Buchwertmethode KÜTING, K./WEBER, C.-P./DUSEMOND, M., Kapitalkonsolidierung im mehrstufigen Konzern, S. 1082 f.

	Buchwert der Beteiligung des MU am TU	
−	Beteiligungsquote des MU am TU · neubewertetes Eigenkapital des TU	
+	Beteiligungsquote des MU am TU · Buchwert der Beteiligung des TU am EU	
−	Beteiligungsquote des MU am TU · Beteiligungsquote des TU am EU · neubewertetes Eigenkapital des EU	
=	Gesamter Unterschiedsbetrag aus der Kapitalkonsolidierung	

Für das Beispiel (vgl. Übersicht VIII-3) ergäbe sich folgender **Gesamtunterschiedsbetrag**:

	Buchwert der Beteiligung des MU am TU	50 GE
−	150 GE · 70 %	− 105 GE
+	200 GE · 70 %	+ 140 GE
−	225 GE · 56 %	− 126 GE
=	Gesamter Unterschiedsbetrag	− 41 GE

Die Anteile nicht beherrschender Gesellschafter würden in allgemeiner Form für die Neubewertungsmethode nach folgender Formel berechnet:[55]

	Direkte Beteiligungsquote der nicht beherrschenden Gesellschafter am TU · neubewertetes Eigenkapital des TU	
+	Indirekte Beteiligungsquote der nicht beherrschenden Gesellschafter des TU am EU · neubewertetes Eigenkapital des EU	
+	Direkte Beteiligungsquote der nicht beherrschenden Gesellschafter am EU · neubewertetes Eigenkapital des EU	
−	Direkte Beteiligung der nicht beherrschenden Gesellschafter am TU · Buchwert der Beteiligung des TU am EU	
=	Anteile nicht beherrschender Gesellschafter gemäß § 307 Abs. 1	

Würde dieses Verfahren auf den Beispielkonzern angewendet, so ergäben sich folgende Anteile nicht beherrschender Gesellschafter:

	150 GE · 30 %	45 GE
+	225 GE · 24 %	+ 54 GE
+	225 GE · 20 %	+ 45 GE
−	200 GE · 30 %	− 60 GE
=	Anteile nicht beherrschender Gesellschafter	84 GE

Hinsichtlich der Anteile nicht beherrschender Gesellschafter kommt die hier dargestellte Variante der Simultankonsolidierung zum gleichen Ergebnis wie die Kettenkonsolidierung nach der multiplikativen Methode. Abweichungen ergeben sich indes beim Unterschiedsbetrag aus der Kapitalkonsolidierung. Der im Zuge der Simultankonsolidierung ermittelte Unterschiedsbetrag entspricht dem Wert, der aus der Sal-

---

55 Vgl. für die Buchwertmethode KÜTING, K./WEBER, C.-P./DUSEMOND, M., Kapitalkonsolidierung im mehrstufigen Konzern, S. 1083.

dierung der bei der Kettenkonsolidierung nach der multiplikativen Methode berechneten aktiven und passiven Unterschiedsbeträge resultieren würde. Da eine solche Saldierung seit dem BilMoG nicht mehr zulässig ist, entspricht die Simultankonsolidierung nach dem Gleichungsverfahren wohl nicht dem geltenden Recht.[56] Auch E-DRS 30.193 lässt nur Konsolidierungsverfahren zu, die sicherstellen, dass Unterschiedsbeträge auf hierarchisch nachgeordneten Konzernstufen nicht salidiert werden. Die hier vorgestellte Methode stellt daher auch keine Vereinfachung der Konsolidierung dar, da eine weitere Aufschlüsselung des Unterschiedsbetrages notwendig wäre, um diese Anforderungen zu erfüllen.[57]

15 Die Kapitalkonsolidierung im mehrstufigen Konzern nach IFRS

Wie auch im Handelsrecht finden sich in den IFRS keine expliziten Vorgaben zur Kapitalkonsolidierung im mehrstufigen Konzern. Für die Kapitalkonsolidierung sind grundsätzlich IFRS 10 (Konzernabschlüsse) i. V. m. IFRS 3 (Unternehmenszusammenschlüsse) maßgeblich. Gemäß IFRS 10.B86 (b) ist der auf das Mutterunternehmen entfallende Buchwert der Beteiligung an einem Tochterunternehmen mit dem dem Mutterunternehmen zuzuordnenden Eigenkapital des Tochterunternehmens zu verrechnen. Wie schon bei der Auslegung der handelsrechtlichen Vorschrift zur Kapitalkonsolidierung ist fraglich, aus welcher Perspektive – der des obersten Konzernunternehmens oder des hierarchisch unmittelbar vorgelagerten Mutterunternehmens – die Regelung zu interpretieren ist. Konsequenzen ergeben sich auch hier immer dann, wenn nicht-kontrollierende Gesellschafter auf Zwischenstufen des Konzerns beteiligt sind.

Da der IASB den für die Konsolidierung ausschlaggebenden Tatbestand der Kontrolle des Tochterunternehmens durch das Mutterunternehmen als nicht teilbar ansieht,[58] ist letztlich das oberste Konzernunternehmen als kontrollierende Instanz anzusehen. Demnach scheint die Vorschrift des IFRS 10 zur Kapitalkonsolidierung im Kontext des mehrstufigen Konzerns aus Sicht des obersten Mutterunternehmens anzuwenden zu sein. Dies hätte zur Folge, dass nur ein multiplikativ auf die Anteile der Konzernobergesellschaft durchgerechneter Goodwill zu aktivieren wäre.[59]

Gleichwohl sind zur Bilanzierung des Goodwill auch die darüber hinaus gehenden Regelungen des IFRS 3 zu beachten. Gemäß IFRS 3.32 i. V. m. 19 (b) ist die Differenz aus der übertragenen Gegenleistung zuzüglich der Anteile aller nicht-kontrollierenden Gesellschafter an dem erworbenen Unternehmen und dem gesamten (neubewerteten) Eigenkapital des erworbenen Unternehmens als Goodwill anzusetzen. Die explizite Einbeziehung der Anteile nicht-kontrollierender Gesellschafter in die Er-

---

56 Vgl. KÜTING, K./WEBER, C.-P., Der Konzernabschluss, S. 421.
57 Vgl. zur weiteren Aufschlüsselung des Unterschiedsbetrages FÖRSCHLE, G./HOFFMANN, K., in: Beck Bilanzkomm., 9. Aufl., § 301 HGB, Rn. 375.
58 Vgl. hierzu IFRS 10.BC69.
59 Vgl. Abschn. 132. in diesem Kapitel.

mittlung des Goodwill spricht dabei – im Gegensatz zur Vorschrift des IFRS 10 – zunächst dafür, auch den auf indirekt beteiligte nicht-kontrollierende Gesellschafter entfallenden Anteil am Goodwill zu aktivieren und somit die additive Methode[60] zugrunde zu legen. Nach IFRS 3.19 (b) besteht jedoch ein Wahlrecht, die Anteile nicht-kontrollierender Gesellschafter mit ihrem fair value oder dem ihnen zustehenden Anteil am (neubewerteten) Eigenkapital des TU zu bewerten. Übt das bilanzierende Unternehmen das Wahlrecht in der Weise aus, dass es die Anteile der nicht-kontrollierenden Gesellschafter mit ihrem fair value ansetzt (**Full Goodwill-Methode**), so sind hierbei neben den direkt beteiligten zwingend auch die indirekt am erworbenen Unternehmen beteiligten nicht-kontrollierenden Gesellschafter miteinzubeziehen.[61] Insofern ist der Goodwill – im Gegensatz zur handelsrechtlichen Vorgehensweise – in diesem Fall unabhängig von der Entstehungsgeschichte des Konzerns nach der additiven Methode zu ermitteln.[62]

Fraglich ist indes, ob dies auch geboten bzw. zulässig ist, wenn das Wahlrecht nicht zugunsten der Full Goodwill-Methode ausgeübt wird.[63] Bei der Aktivierung eines **Partial Goodwill** auf der obersten Konzernstufe und der Anwendung der additiven Methode für die Kapitalkonsolidierung auf hierarchisch nachgeordneten Konzernstufen würden die direkten und indirekten Anteile nicht-kontrollierender Gesellschafter unterschiedlich behandelt und der Goodwill zu einer schwer interpretierbaren Mischgröße werden. Daher wird bei der Wahl der Partial Goodwill-Methode im Schrifttum die Anwendung der multiplikativen Methode präferiert.[64]

---

60 Vgl. Abschn. 132. in diesem Kapitel.

61 Vgl. SENGER, T./DIERSCH, U., Beck IFRS HB, 4. Aufl., § 35, Rn. 75.

62 Im Gegensatz zur Anwendung der additiven Methode im handelsrechtlichen Kontext ist der auf die indirekt beteiligten nicht-kontrollierenden Gesellschafter entfallende Goodwill nach IFRS – der Konzeption der Full Goodwill-Methode folgend – nicht auf Basis historischer Anschaffungskosten, sondern auf Basis des fair value zu bewerten.

63 Vgl. ausführlich zu dieser Diskussion KÜTING, K./WEBER, C.-P./WIRTH, J., Kapitalkonsolidierung im mehrstufigen Konzern, S. 43-52.

64 Vgl. bspw. SENGER, T./DIERSCH, U., Beck IFRS HB, 4. Aufl., § 35, Rn. 75; KÜTING, K./WEBER, C.-P./WIRTH, J., Kapitalkonsolidierung im mehrstufigen Konzern, S. 52; MÜLLER, S./KREIPL, M., Behandlung indirekter Anteile anderer Gesellschafter, S. 283; a. A. bspw. HAEGLER, O., Bilanzierung von Anteilen nicht-beherrschender Gesellschafter, S. 192 f.

2 Änderungen bestehender Beteiligungsverhältnisse

21 Grundlagen

Im Zeitablauf können sich Beteiligungsverhältnisse zwischen einer Konzernobergesellschaft und ihren Beteiligungsunternehmen ändern. So beeinflussen der Erwerb oder die Veräußerung von Anteilen an einem Beteiligungsunternehmen die Beteiligungsquote und damit den Grad der Einflussmöglichkeit der Konzernobergesellschaft. Auch eigenkapitalverändernde Maßnahmen im Beteiligungsunternehmen sowie Änderungen der rechtlichen oder politischen Verhältnisse (bei konstanter Beteiligungsquote der Konzernobergesellschaft) können sich auf Beteiligungsverhältnisse auswirken.

Die Änderung von Beteiligungsverhältnissen ist im Konzernabschluss abzubilden. Das Ausmaß der Änderung eines Beteiligungsverhältnisses und der damit verbundene Einflussverlust bzw. -zuwachs der Konzernobergesellschaft spielt in diesem Zusammenhang eine entscheidende Rolle (vgl. Übersicht VIII-12). Sofern ein Beteiligungsunternehmen den Konsolidierungskreis des Mutterunternehmens durch die vollständige Veräußerung der Anteile verlässt, ist eine **Endkonsolidierung** erforderlich. Verändern sich die Beteiligungsverhältnisse zwischen dem Mutterunternehmen und einem bereits konsolidierten Unternehmen, ohne dass dieses aus dem Konsolidierungskreis austritt – bspw. durch den Erwerb weiterer Anteile bzw. die Veräußerung bestehender Anteile –, so hängt die Abbildung im Konzernabschluss davon ab, ob die bisher angewandte Konsolidierungsmethode in der Stufenkonzeption des HGB beizubehalten ist (**Übergangskonsolidierung** ohne Statuswechsel, also ohne Wechsel der Konsolidierungs- und Bewertungsmethode) oder ob die Methode gewechselt werden muss (**Übergangskonsolidierung** mit Statuswechsel, also mit Wechsel der Konsolidierungs- bzw. Bewertungsmethode). Bei einem erforderlichen Wechsel der anzuwendenden Methode kann es sich entsprechend der Stufenkonzeption um einen Abwärtswechsel (z. B. von der Vollkonsolidierung zur Equity-Methode) oder einen Aufwärtswechsel (z. B. von der Quoten- zur Vollkonsolidierung) handeln.

Änderungen bestehender Beteiligungsverhältnisse		Konsolidierungstechnik
Vollständige Veräußerung der Beteiligung		Endkonsolidierung
Aufstockung der Beteiligungsquote	Ohne Statuswechsel	Übergangskonsolidierung
	Mit Statuswechsel	
Abstockung der Beteiligungsquote	Ohne Statuswechsel	
	Mit Statuswechsel	

Übersicht VIII-12: *Systematisierung der Änderungen von Beteiligungsverhältnissen*

Gesetzliche Abbildungsregeln existieren im HGB weder für die Endkonsolidierung noch für die Übergangskonsolidierung.

22   Die Endkonsolidierung

221.   Grundlagen der Endkonsolidierung

Sofern sämtliche Anteile an einem in den Konzernabschluss einbezogenen Unternehmen veräußert werden, ist dieses Unternehmen nicht mehr im Konzernabschluss abzubilden. Wie bei der erstmaligen Konsolidierung ist dazu zunächst zu klären, welcher Zeitpunkt der Endkonsolidierung zugrunde zu legen ist. Ferner stellt sich die Frage der Behandlung zuvor konsolidierter Vorgänge. Wie beim Einzelerwerb und einer späteren Veräußerung eines Vermögensgegenstandes ist der Abgang der Beteiligung und damit auch die Endkonsolidierung erfolgswirksam. Dabei ergibt sich der Veräußerungserfolg im Einzelabschluss des Mutterunternehmens durch die Gegenüberstellung des Veräußerungserlöses und der Anschaffungskosten der Beteiligung unter Berücksichtigung eventueller außerplanmäßiger Abschreibungen. Der im Konzernabschluss des Mutterunternehmens auszuweisende Veräußerungserfolg weicht allerdings aus verschiedenen Gründen i. d. R. von dem im Einzelabschluss ausgewiesenen Veräußerungserfolg ab. Bei der Endkonsolidierung ist daher der aus Sicht des Konzerns zutreffende Veräußerungserfolg zu ermitteln.

222.   Der Verrechnungszeitpunkt für die Endkonsolidierung

Analog zur Vorgehensweise bei der Erstkonsolidierung muss auch für die Endkonsolidierung der Anteile an einem Tochterunternehmen zunächst der Zeitpunkt festgelegt werden, dessen Wertverhältnisse der Ermittlung des Endkonsolidierungserfolges zugrunde gelegt werden. Hier bietet es sich an, die Vorschriften für die Verrechnungszeitpunkte der Erstkonsolidierung auf die Endkonsolidierung vollkonsolidierter Beteiligungsunternehmen zu übertragen.[65] Analog zu § 301 Abs. 2 ist demnach grundsätzlich der **Zeitpunkt, zu dem das Unternehmen kein Tochterunternehmen mehr ist,** zugrunde zu legen.[66] Dies wird regelmäßig mit dem Zeitpunkt des Anteilsabganges übereinstimmen.[67] Werden die Stimmrechte losgelöst von den Anteilen übertragen, so gilt der Übertragungszeitpunkt der Stimmrechte als Endkonsolidierungszeitpunkt.[68] Für unterjährige Beteiligungsveräußerungen ist die Endkonsolidierung – wie auch schon die Erstkonsolidierung[69] – auf Basis eines Zwischenabschlusses vorzunehmen.[70]

---

65   Vgl. HACHMEISTER, D./BEYER, B., in: Beck HdR, C 401, Rn. 37-39; Kap. V Abschn. 124.

66   Vgl. so auch E-DRS 30.173 sowie FÖRSCHLE, G./DEUBERT, M., in: Beck Bilanzkomm., 9. Aufl., § 301 HGB, Rn. 325.

67   So auch ADS, 6. Aufl., § 301 HGB, Rn. 274.

68   Vgl. DUSEMOND, M./WEBER, C.-P./ZÜNDORF, H., in: Küting/Weber, HdK, 2. Aufl., § 301 HGB, Rn. 365; HACHMEISTER, D./BEYER, B., in: Beck HdR, C 401, Rn. 37-39.

69   Vgl. Kap. V Abschn. 124.

70   Vgl. DUSEMOND, M./WEBER, C.-P./ZÜNDORF, H., in: Küting/Weber, HdK, 2. Aufl., § 301 HGB, Rn. 365; ELKART, W./HUNDT, K.-H./MÜLLER, K., Probleme der Entkonsolidierung, S. 59; FÖRSCHLE, G./DEUBERT, M., in: Beck Bilanzkomm., 9. Aufl., § 301 HGB, Rn. 326; ADS, 6. Aufl., § 301 HGB, Rn. 28.

Für die Endkonsolidierung quotal konsolidierter Gemeinschaftsunternehmen gelten die für die vollkonsolidierten Beteiligungen genannten Endkonsolidierungszeitpunkte.

Bei der Equity-Methode gilt analog zu § 312 Abs. 3 der Veräußerungszeitpunkt bzw. der Übergangszeitpunkt der Stimmrechte als Endkonsolidierungszeitpunkt, sofern die Stimmrechte losgelöst von den Anteilen übertragen werden. Bei unterjähriger Beteiligungsveräußerung ist der Endkonsolidierung nach der Equity-Methode indes gemäß § 312 Abs. 6 der letzte Jahresabschluss des Beteiligungsunternehmens zugrunde zu legen.[71]

223.   Die Behandlung konsolidierter Vorgänge

Die Beendigung der Kapitalkonsolidierung und die Festlegung des Verrechnungszeitpunktes für die Endkonsolidierung sind die ersten Schritte im Rahmen der Endkonsolidierung eines Beteiligungsunternehmens. Darüber hinaus stellt sich die Frage, wie bislang konsolidierte Vorgänge zu behandeln sind.

Grundsätzlich sind die einzelnen zum Veräußerungszeitpunkt relevanten Konsolidierungsmaßnahmen erfolgswirksam rückgängig zu machen und in den Endkonsolidierungserfolg einzubeziehen.[72] So sind bspw. vor der Endkonsolidierung eliminierte, aber noch bestehende Forderungen und Verbindlichkeiten der Konzernobergesellschaft gegenüber dem Beteiligungsunternehmen im Endkonsolidierungszeitpunkt wieder in den Konzernabschluss aufzunehmen bzw. dort zu belassen. Sie sind somit nicht aus dem Summenabschluss zu konsolidieren. Die Forderungen der Obergesellschaft sind nach den Niederstwertvorschriften ggf. abzuwerten, wodurch die im Konzernabschluss noch vorhandenen Aufrechnungsdifferenzen aus einer erfolgswirksamen Schuldenkonsolidierung aufgelöst werden.

Für die Behandlung eliminierter Zwischenergebnisse aus Lieferungs- und Leistungsbeziehungen zwischen dem Beteiligungsunternehmen und der Konzernobergesellschaft ist indes die Richtung des Lieferungs- bzw. Leistungsflusses ausschlaggebend. Zwischenergebnisse aus Lieferungen und Leistungen des veräußerten Tochterunternehmens an das Mutterunternehmen (upstream-Geschäfte), die vor der Endkonsolidierung voll oder teilweise eliminiert wurden, gelten erst bei Veräußerung des im Bestand des Mutterunternehmens befindlichen Vermögensgegenstandes an Konzernaußenstehende als realisiert. Demnach sind die entsprechenden Vermögensgegenstände weiterhin mit den um die Zwischenergebnisse gekürzten Wertansätzen auszuweisen und entsprechend fortzuführen.[73] Zuvor eliminierte Zwischenergebnisse aus Lieferungen und Leistungen des Mutterunternehmens an das veräußerte Beteili-

---

71   Vgl. BAETGE, J., Änderungen bestehender Beteiligungsverhältnisse, S. 534.

72   Vgl. dazu detailliert Abschn. 224 in diesem Kapitel. Ausnahmen ergeben sich u. a. bei der Behandlung von auf Konsolidierungsmaßnahmen gebildeten latenten Steuern, vgl. hierzu auch FÖRSCHLE, G./DEUBERT, M., in: Beck Bilanzkomm., 9. Aufl., § 301 HGB, Rn. 314-316.

73   Vgl. HAYN, B./KÜTING, K., Beendigung der Vollkonsolidierung, S. 2075.

gungsunternehmen (downstream-Geschäfte) sind im Endkonsolidierungszeitpunkt dagegen erfolgswirksam als Teil des Veräußerungserfolges zu erfassen.[74] In diesem Fall verlässt der zuvor an das Beteiligungsunternehmen gelieferte Vermögensgegenstand den Verfügungsbereich des Konzerns vollständig, so dass das Zwischenergebnis zu realisieren ist.[75]

224. Die Ermittlung des Endkonsolidierungserfolges des Konzerns

Eine vollständig veräußerte Beteiligung ist aus dem Konzernabschluss herauszunehmen, indem der **Abgangswert** des Beteiligungsunternehmens bzw. der Beteiligung dem **Veräußerungserlös** aus dem Einzelabschluss des veräußernden Unternehmens gegenübergestellt und so der Veräußerungserfolg aus der Sicht des Konzerns ermittelt wird.[76] Der Veräußerungserfolg des Konzerns entspricht indes nicht dem in den Summenabschluss übernommenen Veräußerungserfolg aus dem Einzelabschluss der Konzernobergesellschaft, da die Erfolge aus der Investition in eine Beteiligung im Einzelabschluss der Konzernobergesellschaft und im Konzernabschluss unterschiedlich periodisiert werden.[77] So werden im Konzernabschluss i. d. R. Teile der Beteiligungsanschaffungskosten bereits während der Konzernzugehörigkeit durch Abschreibungen auf aufgedeckte stille Reserven oder auf den Geschäfts- oder Firmenwert aufwandswirksam, während der Beteiligungsbuchwert im Einzelabschluss allenfalls durch außerplanmäßige Abschreibungen gemindert werden kann. Des Weiteren werden im Konzernabschluss u. a. Wertänderungen der Beteiligung in Form der konzernextern erwirtschafteten Jahresergebnisse der Beteiligungsunternehmen im Entstehungszeitpunkt erfolgswirksam berücksichtigt. Im Einzelabschluss der Konzernobergesellschaft führen diese Erfolgskomponenten dementgegen erst im Ausschüttungszeitpunkt bzw. bei Veräußerung der Beteiligung zu entsprechenden Erfolgen.

Der Beteiligungsbuchwert aus dem Einzelabschluss der Konzernobergesellschaft und der Abgangswert aus dem Konzernabschluss weichen aufgrund dieser Periodisierungsunterschiede im Endkonsolidierungszeitpunkt regelmäßig voneinander ab. Der Veräußerungserfolg der Konzernobergesellschaft darf daher nicht unkorrigiert in den Konzernabschluss übernommen werden, da sonst Teile der Aufwendungen und Erträge im Konzernabschluss doppelt erfolgswirksam erfasst würden. Durch die Korrekturen wird sichergestellt, dass der Totalerfolg aus der Beteiligung im Konzernabschluss und der Totalerfolgsbeitrag im Einzelabschluss der Konzernobergesellschaft übereinstimmen.

---

74 Vgl. so auch FÖRSCHLE, G./DEUBERT, M., in: Beck Bilanzkomm., 9. Aufl., § 301 HGB, Rn. 310.

75 Vgl. BAETGE, J./HERRMANN, D., Probleme der Endkonsolidierung, S. 229; HAYN, B./KÜTING, K., Beendigung der Vollkonsolidierung, S. 2074.

76 Vgl. HACHMEISTER, D./SCHWARZKOPF, A.-S., in: Beck HdR, C 404, Rn. 44 f.

77 Vgl. auch FÖRSCHLE, G./DEUBERT, M., in: Beck Bilanzkomm., 9. Aufl., § 301 HGB, Rn. 306.

Für die Ermittlung des zutreffenden Konzern-Veräußerungserfolges (Endkonsolidierungserfolg) nach der **Erwerbsmethode** lassen sich zwei Verfahren unterscheiden.[78] Zum einen wird bei der **Endkonsolidierung ausgehend vom Summenabschluss** der Veräußerungserfolg aus dem Einzelabschluss der Konzernobergesellschaft (Veräußerungserlös abzüglich Beteiligungsbuchwert) um die im Konzernabschluss bereits erfolgswirksam verrechneten Komponenten korrigiert (vgl. Übersicht VIII-13). Zum Beispiel führt ein bei der Erstkonsolidierung nach der Erwerbsmethode entstandener und zum Zeitpunkt der Endkonsolidierung als Teil der Anschaffungskosten im Konzernabschluss bereits z. T. abgeschriebener Geschäfts- oder Firmenwert dazu, dass der aus der Einzel-GuV in die Summen-GuV als Aufwand übernommene Buchwert der Anteile aus Konzernsicht um diesen Betrag zu hoch ist. Der Buchwert der Anteile ist dementsprechend um diese Beträge zu reduzieren mit der Folge, dass sich der Veräußerungserfolg aus Konzernsicht um den gleichen Betrag erhöht.

Zum anderen kann der **Endkonsolidierungserfolg ausgehend von einer fortgeführten Konzernbilanz** ermittelt werden. Die einzelnen im Konzernabschluss erfassten Vermögensgegenstände und Schulden des Beteiligungsunternehmens sowie die aus der Erstkonsolidierung resultierenden Unterschiedsbeträge aus der Kapitalkonsolidierung werden – analog zur Einzelerwerbsfiktion im Rahmen der Erstkonsolidierung – dem Veräußerungserlös gegenüber gestellt und **erfolgswirksam** ausgebucht (vgl. Übersicht VIII-14).[79]

Beide Wege führen zum gleichen Ergebnis und werden im Folgenden für den Fall der vollständigen Veräußerung einer Beteiligung an einem vollkonsolidierten Tochterunternehmen dargestellt. Wird die Beteiligung nicht vollständig veräußert, gehen die Korrekturposten des Veräußerungserfolges (bei der Endkonsolidierung ausgehend vom Summenabschluss) bzw. des Veräußerungserlöses (bei der Endkonsolidierung ausgehend von einer fortgeführten Konzernbilanz) jeweils nur anteilig in die Berechnung des Veräußerungserfolges des Konzerns ein.

---

78   Vgl. HERRMANN, D., Änderung von Beteiligungsverhältnissen, S. 230-252.
79   Vgl. FÖRSCHLE, G./DEUBERT, M., in: Beck Bilanzkomm., 9. Aufl., § 301 HGB, Rn. 307.

Veräußerungserfolg des Mutterunternehmens

+ Bereits erfolgswirksam verrechnete aufgedeckte stille Reserven
− Bereits erfolgswirksam verrechnete aufgedeckte stille Lasten
+ Bereits erfolgswirksam verrechneter Geschäftswert aus der Erstkonsolidierung
− Bereits erfolgswirksam verrechneter passiver Unterschiedsbetrag aus der Erstkonsolidierung
− Rücklagenzuführungen im Tochterunternehmen seit Beteiligungserwerb
+ Rücklagenminderungen im Tochterunternehmen seit Beteiligungserwerb
− Jahresüberschuss zum Veräußerungszeitpunkt
− Bereits erfolgswirksam verrechnete Erträge aus der Währungsumrechnung (bei ausländischen Tochterunternehmen)
+ Bereits erfolgswirksam verrechnete Aufwendungen aus der Währungsumrechnung (bei ausländischen Tochterunternehmen)

= Veräußerungserfolg des Konzerns aus der Beteiligung

Übersicht VIII-13: *Ermittlung des Endkonsolidierungserfolges ausgehend vom Veräußerungserfolg des Mutterunternehmens im Summenabschluss*

Im ersten Bewertungsschema ist der Veräußerungserfolg des Mutterunternehmens zunächst um den im Konzernabschluss bereits erfolgswirksam verrechneten Anteil an den aufgedeckten stillen Reserven und am Geschäfts- oder Firmenwert zu erhöhen. Gleiches gilt mit umgekehrtem Vorzeichen für den bereits erfolgswirksam verrechneten Anteil der im Rahmen der Erstkonsolidierung aufgedeckten stillen Lasten sowie eines ggf. ausgewiesenen passiven Unterschiedsbetrages aus der Erstkonsolidierung. Bei Anwendung der **Neubewertungsmethode** dürfen die Erfolgswirkungen aus der Folgebewertung der stillen Reserven und Lasten sowie der Unterschiedsbeträge aus der Kapitalkonsolidierung indes nur in Höhe der auf die Konzernobergesellschaft entfallenden Anteile berücksichtigt werden.

Weiterhin sind sowohl Zuführungen zu den Rücklagen des Tochterunternehmens als auch der Jahresüberschuss des Tochterunternehmens im Veräußerungszeitpunkt vom Veräußerungserfolg des Mutterunternehmens zu subtrahieren. Zwar werden sowohl Rücklagenerhöhungen als auch der Jahresüberschuss über den Veräußerungserlös des Mutterunternehmens indirekt entgolten, gleichwohl wurden sie aus Sicht des Konzerns bereits im Zeitpunkt ihrer Entstehung erfolgswirksam berücksichtigt. Wird die Endkonsolidierung von Anteilen eines ausländischen Tochterunternehmens vorgenommen, so ist der Erfolg aus dem Einzelabschluss des Mutterunternehmens um die im Konzernabschluss bereits erfolgswirksam verrechneten Erträge bzw. Aufwendungen aus der Währungsumrechnung zu kürzen bzw. zu erhöhen.

Wird die Endkonsolidierung der Anteile in einer fortgeführten Konzernbilanz vorgenommen, so ist der Endkonsolidierungserfolg der Anteile, wie in Übersicht VIII-14 dargestellt, direkt aus dem Konzernabschluss vor der Endkonsolidierung zu ermitteln:

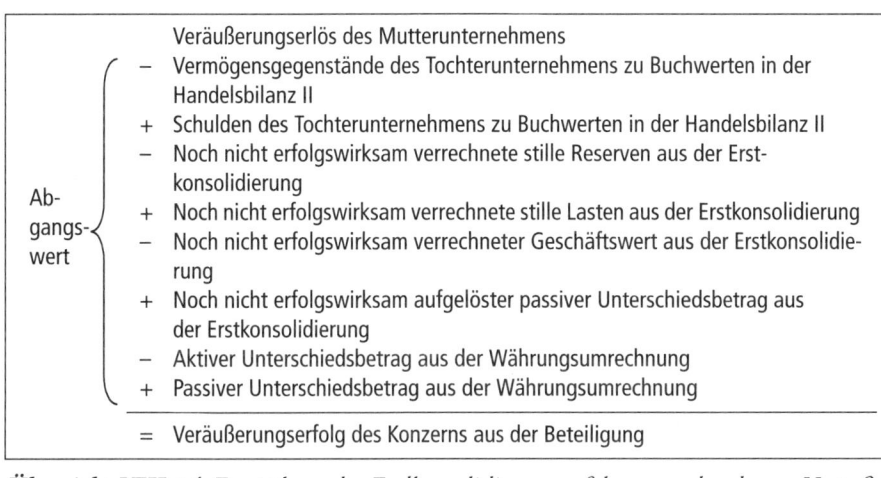

Ab-
gangs-
wert

	Veräußerungserlös des Mutterunternehmens
–	Vermögensgegenstände des Tochterunternehmens zu Buchwerten in der Handelsbilanz II
+	Schulden des Tochterunternehmens zu Buchwerten in der Handelsbilanz II
–	Noch nicht erfolgswirksam verrechnete stille Reserven aus der Erstkonsolidierung
+	Noch nicht erfolgswirksam verrechnete stille Lasten aus der Erstkonsolidierung
–	Noch nicht erfolgswirksam verrechneter Geschäftswert aus der Erstkonsolidierung
+	Noch nicht erfolgswirksam aufgelöster passiver Unterschiedsbetrag aus der Erstkonsolidierung
–	Aktiver Unterschiedsbetrag aus der Währungsumrechnung
+	Passiver Unterschiedsbetrag aus der Währungsumrechnung
=	Veräußerungserfolg des Konzerns aus der Beteiligung

Übersicht VIII-14: *Ermittlung des Endkonsolidierungserfolges ausgehend vom Veräußerungserlös für die Beteiligung in einer fortgeführten Konzernbilanz*

Wurde der Geschäfts- oder Firmenwert bei der Erstkonsolidierung gemäß § 309 Abs. 1 Satz 3 HGB a. F. mit den Rücklagen verrechnet, so ist diese erfolgsneutrale Verrechnung bei der Endkonsolidierung zu stornieren, und der Geschäfts- oder Firmenwert ist als Bestandteil des Veräußerungserfolges des Konzerns zu subtrahieren.[80]

Die Alternativen zur Ermittlung des Endkonsolidierungserfolges sollen nun anhand des Beispiels aus Kap. V Abschn. 125.22 gezeigt werden. Auf der Basis der Ausgangsdaten des Beispiels wird der Endkonsolidierungserfolg zunächst ausgehend vom Veräußerungserfolg des Mutterunternehmens (vgl. Übersicht VIII-14) und anschließend ausgehend vom Veräußerungserlös für die Beteiligung (vgl. Übersicht VIII-15) berechnet:

Das zum Ende der Periode t = 0 vom MU bei einer Beteiligungsquote von 100 % erstmalig konsolidierte TU wird zum Ende des Jahres t = 1 zum Preis von 690 GE veräußert. Bei dem Buchwert der Beteiligung am TU im Einzelabschluss des MU in Höhe von 600 GE ergibt sich daraus ein Veräußerungserfolg im Einzelabschluss des MU in Höhe von 90 GE. Im Konzernabschluss sind die konsolidierungsspezifischen Ergebniswirkungen zu berücksichtigen. Während die in t = 0 aufgedeckten stillen Reserven im Anlagevermögen (40 GE) sowie der ursprünglich in Höhe von 160 GE aktivierte Geschäfts- oder Firmenwert bereits zu je einem Fünftel abgeschrieben wurden, sind die im Umlaufvermögen enthaltenen stillen Reserven in voller Höhe (20 GE) erhalten geblieben. Die stillen Lasten in Höhe von 20 GE sind zum Ende der Periode t = 1 vollständig realisiert worden. Darüber hinaus wurde in der HB II des TU in t = 1 ein Gewinn in Höhe von 80 GE ausgewiesen, für den hier unterstellt wird, dass er in die Gewinnrücklage eingestellt wird.

---

80 Vgl. m. w. N. FÖRSCHLE, G./DEUBERT, M., in: Beck Bilanzkomm., 9. Aufl., § 301 HGB, Rn. 308.

Der Endkonsolidierungserfolg ausgehend vom Veräußerungserfolg des Mutterunternehmens ergibt sich dementsprechend wie folgt:

	Veräußerungserfolg des Mutterunternehmens	90 GE
+	Bereits erfolgswirksam verrechnete aufgedeckte stille Reserven	+ 8 GE
–	Bereits erfolgswirksam verrechnete aufgedeckte stille Lasten	– 20 GE
+	Bereits erfolgswirksam verrechneter Geschäftswert aus der Erstkonsolidierung	+ 32 GE
–	Bereits erfolgswirksam verrechneter passiver Unterschiedsbetrag aus der Erstkonsolidierung	– 0 GE
–	Rücklagenzuführungen im Tochterunternehmen seit Beteiligungserwerb	– 80 GE
+	Rücklagenminderungen im Tochterunternehmen seit Beteiligungserwerb	+ 0 GE
–	Jahresüberschuss zum Veräußerungszeitpunkt	– 0 GE
–	Bereits erfolgswirksam verrechnete Erträge aus der Währungsumrechnung	– 0 GE
+	Bereits erfolgswirksam verrechnete Aufwendungen aus der Währungsumrechnung	+ 0 GE
=	Veräußerungserfolg des Konzerns aus der Beteiligung	30 GE

Übersicht VIII-15: *Ermittlung des Endkonsolidierungserfolges ausgehend vom Veräußerungserfolg des Mutterunternehmens im Summenabschluss (Beispiel)*

Der auf Basis der fortgeführten Konzernbilanz ausgehend vom Veräußerungserlös ermittelte Endkonsolidierungserfolg der Beteiligung kann im Beispiel wie folgt errechnet werden:

	Veräußerungserlös des Mutterunternehmens	690 GE
–	Vermögensgegenstände des Tochterunternehmens zu Buchwerten in der Handelsbilanz II	– 800 GE
+	Schulden des Tochterunternehmens zu Buchwerten in der Handelsbilanz II	+ 320 GE
–	Noch nicht erfolgswirksam verrechnete stille Reserven aus der Erstkonsolidierung	– 52 GE
+	Noch nicht erfolgswirksam verrechnete stille Lasten aus der Erstkonsolidierung	+ 0 GE
–	Noch nicht erfolgswirksam verrechneter Geschäftswert aus der Erstkonsolidierung	– 128 GE
+	Noch nicht erfolgswirksam aufgelöster passiver Unterschiedsbetrag aus der Erstkonsolidierung	+ 0 GE
–	Aktiver Unterschiedsbetrag aus der Währungsumrechnung	– 0 GE
+	Passiver Unterschiedsbetrag aus der Währungsumrechnung	+ 0 GE
=	Veräußerungserfolg des Konzerns aus der Beteiligung	30 GE

Übersicht VIII-16: *Ermittlung des Endkonsolidierungserfolges ausgehend vom Veräußerungserlös für die Beteiligung in einer fortgeführten Konzernbilanz (Beispiel)*

Die Endkonsolidierung von Anteilen eventuell vorhandener nicht beherrschender Gesellschafter ist nur im Rahmen der Ermittlung des Endkonsolidierungserfolges ausgehend vom Veräußerungserlös des Mutterunternehmens für die Beteiligung erforderlich. Wird der Konzernabschluss ausgehend vom Summenabschluss des Konzerns aufgestellt, so entfällt die Endkonsolidierung dieser Anteile, da sich sämtliche

Größen der Berechnung in Übersicht VIII-13 nur auf die Anteile des Konzerns beziehen. Wird der Konzernabschluss ausgehend von der fortgeführten Konzernbilanz aufgestellt, so ist die Endkonsolidierung für die Anteile der beherrschenden Gesellschafter und die Anteile der nicht beherrschenden Gesellschafter getrennt vorzunehmen.[81]

Bei Anwendung der Neubewertungsmethode errechnet sich der Veräußerungserfolg des Konzerns bzw. die **Endkonsolidierung der Anteile der beherrschenden Gesellschafter** wie folgt:

Veräußerungserlös des Mutterunternehmens
− Anteilige Vermögensgegenstände des Tochterunternehmens zu Buchwerten in der Handelsbilanz II
+ Anteilige Schulden des Tochterunternehmens zu Buchwerten in der Handelsbilanz II
− Anteilige noch nicht erfolgswirksam verrechnete stille Reserven aus der Erstkonsolidierung
+ Anteilige noch nicht erfolgswirksam verrechnete stille Lasten aus der Erstkonsolidierung
− Noch nicht erfolgswirksam verrechneter Geschäftswert aus der Erstkonsolidierung
+ Noch nicht erfolgswirksam aufgelöster passiver Unterschiedsbetrag aus der Erstkonsolidierung
− Anteiliger aktiver Unterschiedsbetrag aus der Währungsumrechnung
+ Anteiliger passiver Unterschiedsbetrag aus der Währungsumrechnung
= Veräußerungserfolg des Konzerns aus der Beteiligung

Übersicht VIII-17: *Ermittlung des Endkonsolidierungserfolges der beherrschenden Gesellschafter ausgehend vom Veräußerungserlös für die Beteiligung in einer fortgeführten Konzernbilanz*

Bei Anwendung der Buchwertmethode sind die noch nicht erfolgswirksam verrechneten stillen Reserven und Lasten – genau wie der Geschäfts- oder Firmenwert – vollständig zu berücksichtigen.

Die **Endkonsolidierung der nicht beherrschenden Anteile** ist erfolgsneutral. Dabei wird der anteilige Abgangswert des Tochterunternehmens gegen den gleich hohen Ausgleichsposten für „Nicht beherrschende Anteile" aufgerechnet. Bei Anwendung der **Neubewertungsmethode** ergibt sich der Abgangswert als Differenz aus den anteiligen Vermögensgegenständen und Schulden des Beteiligungsunternehmens in der Handelsbilanz II unmittelbar vor der Endkonsolidierung zuzüglich bzw. abzüglich der „abgehenden" anteiligen aufgedeckten und noch nicht erfolgswirksam verrechneten stillen Reserven und Lasten aus der Erstkonsolidierung. Bei Anwendung der **Buchwertmethode** unterbleibt die Hinzurechnung der noch nicht erfolgswirksam verrechneten stillen Reserven und Lasten, da sich diese ohnehin nur auf die Anteile der beherrschenden Gesellschafter beziehen.

Die im Folgenden dargestellte und an die Ausgangsdaten des Kap. V Abschn. 125.22 angelehnte Beispielrechnung zeigt die Ermittlung des Endkonsolidierungserfolges bei der Beteiligung von nicht beherrschenden Gesellschaftern ausgehend vom Veräuße-

---

81 Im Ergebnis so auch DRS 4.46 bzw. E-DRS 30.178 f.

rungserlös für die Beteiligung. Hierbei wird wieder eine Beteiligungsquote des MU am TU in Höhe von 75 % angenommen. Der Erlös für die Veräußerung der Anteile des MU beträgt 550 GE. In einem ersten Schritt ist der Endkonsolidierungserfolg aus Sicht des Mutterunternehmens zu berechnen:

	Veräußerungserlös des Mutterunternehmens	550 GE
−	Anteilige Vermögensgegenstände des Tochterunternehmens zu Buchwerten in der Handelsbilanz II	− 600 GE
+	Anteilige Schulden des Tochterunternehmens zu Buchwerten in der Handelsbilanz II	+ 240 GE
−	Anteilige noch nicht erfolgswirksam verrechnete stille Reserven aus der Erstkonsolidierung	− 39 GE
+	Anteilige noch nicht erfolgswirksam verrechnete stille Lasten aus der Erstkonsolidierung	+ 0 GE
−	Noch nicht erfolgswirksam verrechneter Geschäftswert aus der Erstkonsolidierung	− 128 GE
+	Noch nicht erfolgswirksam aufgelöster passiver Unterschiedsbetrag aus der Erstkonsolidierung	+ 0 GE
−	Anteiliger aktiver Unterschiedsbetrag aus der Währungsumrechnung	− 0 GE
+	Anteiliger passiver Unterschiedsbetrag aus der Währungsumrechnung	+ 0 GE
=	Veräußerungserfolg des Konzerns aus der Beteiligung	23 GE

Übersicht VIII-18: *Ermittlung des Endkonsolidierungserfolges ausgehend vom Veräuße-*
rungserlös für die Beteiligung bei einer Beteiligungsquote von 75 %
in einer fortgeführten Konzernbilanz (Beispiel)

In einem zweiten Schritt werden anschließend die Anteile der nicht beherrschenden Gesellschafter erfolgsneutral endkonsolidiert:

	Ausgleichsposten für „Nicht beherrschende Anteile"	133 GE
−	Anteilige Vermögensgegenstände des Tochterunternehmens zu Buchwerten in der Handelsbilanz II	− 200 GE
+	Anteilige Schulden des Tochterunternehmens zu Buchwerten in der Handelsbilanz II	+ 80 GE
−	Anteilige noch nicht erfolgswirksam verrechnete stille Reserven aus der Erstkonsolidierung	− 13 GE
+	Anteilige noch nicht erfolgswirksam verrechnete stille Lasten aus der Erstkonsolidierung	+ 0 GE
=	Veräußerungserfolg des Konzerns aus der Beteiligung	0 GE

Übersicht VIII-19: *Endkonsolidierung der nicht beherrschenden Anteile (Beispiel)*

Diese Alternativen zur Ermittlung des Veräußerungserfolges können auch bei den übrigen Kapitalkonsolidierungs- bzw. Bewertungsmethoden analog angewendet werden.

225. Der Ausweis der Beteiligungsveräußerung

Im Einzelabschluss der Konzernobergesellschaft wird der Erfolg aus der Veräußerung einer Beteiligung i. d. R. im Finanzergebnis ausgewiesen.[82] Zusätzlich besteht gemäß § 314 Abs. 1 Nr. 23 die Pflicht zur Angabe des Erfolges aus der Beteiligungsveräußerung im Konzernanhang, sofern dieser aus Konzernsicht von außergewöhnlicher Höhe oder Art ist. Letzteres ist i. d. R. der Fall, wenn die veräußerte Beteiligung einen eigenen Geschäftszweig repräsentiert.[83] Da bei der Endkonsolidierung einer voll- oder quotenkonsolidierten Beteiligung aus Konzernsicht keine Beteiligung veräußert wird, darf der Endkonsolidierungserfolg im Konzernabschluss nicht im Finanzergebnis erfasst werden. Die Beteiligungsveräußerung ist stattdessen wie eine Teilbetriebsveräußerung auszuweisen.[84] Für den Fall eines stark diversifizierten Mischkonzerns mit hoher Beteiligungsfluktuation ist die Veräußerung hingegen keine Ausnahme, so dass das Veräußerungsergebnis im sonstigen betrieblichen Ergebnis auszuweisen ist.[85]

Da die Veräußerung einer Beteiligung an einem assoziierten Unternehmen auch aus Konzernsicht als Beteiligungsveräußerung (an einem nicht zur wirtschaftlichen Einheit gehörenden Unternehmen) beurteilt wird, ist der Endkonsolidierungserfolg wie im Einzelabschluss der Konzernobergesellschaft zu behandeln und somit im Finanzergebnis und ggf. im Konzernanhang auszuweisen.

Wenn sich der Konsolidierungskreis wesentlich geändert hat, sind aufeinander folgende Konzernabschlüsse gemäß § 294 Abs. 2 durch zusätzliche Angaben vergleichbar zu machen. Für das Anlagevermögen können diese Angaben im **Anlagengitter** des Konzernabschlusses gegeben werden. Die Abgänge des Anlagevermögens werden häufig in einer zusätzlich einzufügenden Spalte „Abgänge wegen Veränderung des Konsolidierungskreises" ausgewiesen oder sie können mit den Abgängen von Vermögensgegenständen des Anlagevermögens aus den Einzelabschlüssen zusammengefasst werden.[86] Ein saldierter Ausweis der Beteiligungszugänge und -abgänge in einer gesonderten Spalte „Veränderungen des Konsolidierungskreises" ist dabei möglich.[87]

---

82 Vgl. Biener, H./Berneke, W., Bilanzrichtlinien-Gesetz, S. 214, Rn. 9; Gschrei, M. J., Beteiligungen im Jahresabschluß und Konzernabschluß, S. 60 f.

83 Vgl. Baetge, J./Fischer, T. R., Aussagefähigkeit der Gewinn- und Verlustrechnung, S. 187.

84 Vgl. Baetge, J./Herrmann, D., Probleme der Endkonsolidierung, S. 229 f.

85 Vgl. Isele, H./Urner-Hemmeter, S./Paffrath, E., in: Küting/Pfitzer/Weber, HdR-E, 5. Aufl., § 277 HGB, Rn. 127.

86 Vgl. Busse von Colbe, W. u. a., Konzernabschlüsse, S. 273.

87 Vgl. auch Dusemond, M./Weber, C.-P./Zündorf, H., in: Küting/Weber, HdK, 2. Aufl., § 301 HGB, Rn. 374; Elkart, W./Hundt, K.-H./Müller, K., Probleme der Entkonsolidierung, S. 61.

23   Die Übergangskonsolidierung

231.   Die Übergangskonsolidierung ohne Wechsel der Konsolidierungs- bzw. Bewertungsmethode

231.1   Grundlagen der Übergangskonsolidierung ohne Wechsel der Konsolidierungs- bzw. Bewertungsmethode

Neben der vollständigen Veräußerung eines Beteiligungsunternehmens ist auch die Auf- bzw. Abstockung von Anteilen an einem Beteiligungsunternehmen im Konzernabschluss abzubilden. Auf- oder Abstockungen der Beteiligungsquote resultieren typischerweise aus dem Erwerb weiterer Anteile bzw. dem teilweisen Verkauf bereits bestehender Anteile an einem Beteiligungsunternehmen. Andererseits können auch eigenkapitalverändernde Maßnahmen in einem Beteiligungsunternehmen Auswirkungen auf die Beteiligungsquote der Konzernobergesellschaft haben. In beiden Fällen ist eine sog. **Übergangskonsolidierung** erforderlich. Dabei ist die bisher angewandte Konsolidierungs- bzw. Bewertungsmethode immer dann beizubehalten, wenn diese trotz des veränderten Einflusses auf das Beteiligungsunternehmen weiterhin einschlägig ist.

Die Vorgehensweise zur bilanziellen Abbildung von Auf- bzw. Abstockungen ohne Wechsel der Methode kann konzeptionell unter Zuhilfenahme der Interessen- und Einheitstheorie[88] abgeleitet bzw. gewürdigt werden.[89] In Anlehnung an die **Interessentheorie** gelten derartige Vorgänge als Transaktion zwischen fremden Dritten, da nicht beherrschende Gesellschafter als Konzernaußenstehende betrachtet werden. Demzufolge sind diese Vorgänge als („reguläres") Erwerbs- bzw. Veräußerungsgeschäft im Konzernabschluss abzubilden. Hingegen zählen, in Anlehnung an die **Einheitstheorie**, die nicht beherrschenden Gesellschafter als konzernzugehörige Gesellschafter, so dass die Vorgänge als Kapitaltransaktion zwischen gleichberechtigten Gesellschaftergruppen zu werten sind. Während DRS 4 (Unternehmenserwerbe im Konzernabschluss) derartige Transaktionen als Erwerbs- bzw. Veräußerungsgeschäft interpretierte, lässt E-DRS 30 (Kapitalkonsolidierung) diese Entscheidung offen.[90] Hier wird indes weiterhin die interessentheoretisch geprägte Interpretation präferiert.[91]

---

88   Vgl. zur Interessen- und Einheitstheorie Kap. I Abschn. 62 f.

89   Vgl. zur Diskussion, ob solche Transaktionen interessentheoretisch als Erwerbs- bzw. Veräußerungsgeschäft oder aber einheitstheoretisch als Kapitaltransaktion zwischen den verschiedenen Gruppen von Anteilseignern zu werten sind bspw. schon DUSEMOND, M./WEBER, C.-P./ZÜNDORF, H., in: Küting/Weber, HdK, 2. Aufl., § 301 HGB, Rn. 210; STIBI, B., Statuswahrende Auf- und Abstockung von Anteilen an Tochterunternehmen, S. 755-761; SENGER, T./EWELT-KNAUER, C./HOEHNE, F., Statuswahrende Aufstockung und Abstockung, S. 83-90; FÖRSCHLE, G./DEUBERT, M., in: Beck Bilanzkomm., 9. Aufl., § 301 HGB, Rn. 205-208 sowie OSER, P., Auf- und Abstockung von Mehrheitsbeteiligungen, S. 65-68.

90   E-DRS 30 gewährt in der Anwendung der gewählten Methode ein Wahlrecht (E-DRS 30.166). Die gewählte Methode ist einheitlich für alle Auf- und Abstockungen sowohl zeitlich als auch sachlich stetig anzuwenden (E-DRS 30.B42).

231.2 Erwerb und Veräußerung von Anteilen an Tochterunternehmen

Bei einer Übergangskonsolidierung ohne Wechsel der Konsolidierungs- bzw. Bewertungsmethode sind die neu **erworbenen** Anteile für den Fall eines bereits vollkonsolidierten Tochterunternehmens[92] auf Basis der Wertverhältnisse zum Erwerbszeitpunkt erfolgsneutral **erstzukonsolidieren**.[93] Die bereits zuvor konsolidierten Anteile sind dagegen weiterhin auf Basis der Wertverhältnisse zu demjenigen Zeitpunkt folgezukonsolidieren, zu dem das Unternehmen Tochterunternehmen geworden ist. Die Wertverhältnisse der jeweiligen Anteilstranchen und somit die aufgedeckten stillen Reserven und Lasten sowie ein ggf. angesetzter Unterschiedsbetrag aus der Kapitalkonsolidierung beziehen sich also auf unterschiedliche Zeitpunkte. Daher ist die Konsolidierung der neu erworbenen Anteile gesondert vorzunehmen.[94]

Bei einer teilweisen Veräußerung von Anteilen an einem vollkonsolidierten Tochterunternehmen sind die **veräußerten** Anteile dagegen erfolgswirksam **endzukonsolidieren**. Die zentrale Herausforderung besteht dabei – wie schon für den Fall einer vollständigen Veräußerung eines Tochterunternehmens – in der Ermittlung des aus Konzernsicht zutreffenden Veräußerungserfolges.[95]

Die im Konzern verbleibende Restbeteiligung wird unverändert unter Berücksichtigung der neuen Beteiligungsquote folgekonsolidiert, so dass sich der Ausgleichsposten „Nicht beherrschender Anteile" um die den verkauften Anteilen anteilig zuzuordnenden Vermögensgegenstände und Schulden des Tochterunternehmens einschließlich der im Rahmen der Erstkonsolidierung aufgedeckten und noch nicht abgeschriebenen stillen Reserven und Lasten erhöht. Der vor der anteiligen Veräußerung ausgewiesene Geschäfts- oder Firmenwert entfällt nach der Veräußerung

---

91 Vgl. zur interessentheoretischen Interpretation des Konzernabschlusses im HGB Kap. I Abschn. 63 sowie SENGER, T./EWELT-KNAUER, C./HOEHNE, F., Statuswahrende Aufstockung und Abstockung, S. 83-90.

92 Für den Fall eines quotenkonsolidierten Unternehmens gelten die folgenden Ausführungen unter Berücksichtigung der quotalen Einbeziehung grundsätzlich analog. Zu den Besonderheiten der Übergangskonsolidierung bei Anwendung der Equity-Methode vgl. KÜTING, K./HAYN, B./ZÜNDORF, H., in: Küting/Weber, HdK, 2. Aufl., § 312 HGB, Rn. 138 f.; BENTLER, M., Grundsätze ordnungsmäßiger Bilanzierung für die Equitymethode, S. 114 f.

93 Vgl. m. w. N. FÖRSCHLE, G./DEUBERT, M., in: Beck Bilanzkomm., 9. Aufl., § 301 HGB, Rn. 216 f. Für die Berücksichtigung des Beteiligungszukaufs im Konzernabschluss werden im Schrifttum weitere Vorschläge gemacht; vgl. dazu WEBER, C.-P./ZÜNDORF, H., Veränderungen des Beteiligungsbuchwerts, S. 1854; DUSEMOND, M./WEBER, C.-P./ZÜNDORF, H., in: Küting/Weber, HdK, 2. Aufl., § 301 HGB, Rn. 196; BUSSE VON COLBE, W. U. A., Konzernabschlüsse, S. 325-329; vgl. aktuell zu dieser Diskussion SENGER, T./EWELT-KNAUER, C./HOEHNE, F., Statuswahrende Aufstockung und Abstockung, S. 83-90 sowie STIBI, B., Statuswahrende Auf- und Abstockung von Anteilen an Tochterunternehmen, S. 755-761.

94 Eine solche tranchenweise Folgekonsolidierung setzt demnach eine gesonderte Konzernbuchführung voraus.

95 Vgl. Abschn. 22 in diesem Kapitel.

zum Teil auf die nicht beherrschenden Gesellschafter, so dass der Ausgleichsposten im Eigenkapital entsprechend zu erhöhen ist.[96] Eine anteilige Minderung des Geschäfts- oder Firmenwertes ist nach E-DRS 30.168 nicht mehr zulässig. [97]

Wird ein Anteilszuerwerb indes als **Kapitalvorgang** verstanden, so sind die Vermögensgegenstände und Schulden gemäß E-DRS 30.170 nicht neu zu bewerten. Dann werden die neu erworbenen Anteile mit dem auf sie entfallenden Anteil nicht beherrschender Gesellschafter und der überschießende Betrag mit dem Konzerneigenkapital erfolgsneutral verrechnet, so dass aus dieser Transaktion kein Geschäfts- oder Firmenwert resultiert.[98] Im Rahmen der Veräußerung ist nach E-DRS 30.171 der das anteilige Eigenkapital überschießende Teil des Veräußerungserlöses erfolgsneutral im Konzerneigenkapital zu erfassen.

Die Systematik zur Übergangskonsolidierung ohne Wechsel der Konsolidierungsmethode soll anhand des Beispiels aus Kap. V Abschn. 125.22 deutlich gemacht werden. Auf Basis der Ausgangsdaten des Beispiels wird zunächst der Veräußerungserfolg aus der Abstockung der Mehrheitsbeteiligung ermittelt (vgl. Übersicht VIII-20) und anschließend die Beteiligung erfolgswirksam endkonsolidiert (vgl. Übersichten VIII-21- VIII-18).[99]

Ein Mutterunternehmen hat wie im Ausgangsbeispiel[100] zum 31.12.t0 eine 100 %ige Beteiligung am Tochterunternehmen für 600 GE erworben. Die in t = 0 aufgedeckten stillen Reserven im Anlagevermögen in Höhe von 40 GE und der ursprünglich in Höhe von 160 GE aktivierte Geschäfts- oder Firmenwert sind in t = 1 bereits zu je einem Fünftel abgeschrieben worden. Dagegen sind die stillen Reserven im Umlaufvermögen in Höhe von 20 GE vollständig erhalten geblieben. Die stillen Lasten in Höhe von 20 GE sind zum Ende der Periode t = 1 vollständig realisiert worden. Darüber hinaus wurde in der HB II des Tochterunternehmens ein Gewinn in Höhe von 80 GE ausgewiesen. Am 31.12.t1 verkauft das Mutterunternehmen 25 % der Beteiligung am Tochterunternehmen zu einem Preis von 250 GE:

Kasse	250 GE	an	Nicht beherrschende Anteile	150 GE
			Sonstige betriebliche Erträge	100 GE

---

96 Vgl. WIRTH, J. U. A., Praxis der handelsrechtlichen Kapitalkonsolidierung – Teil 2, S. 1114.

97 Vgl. zur Diskussion, ob der Geschäfts- oder Firmenwert zwingend anteilig zu mindern ist, FALKENHAHN, G., Änderungen der Beteiligungsstruktur; GIMPEL-HENNING, N./EWELT-KNAUER, C., Geschäfts- oder Firmenwert im Rahmen der Abstockung, S. 944-952.

98 Vgl. STIBI, B./KIRSCH, H.-J./ENGELKE, F., Der Standardentwurf des E-DRS 30, S. 410.

99 Im Beispiel wird die Abstockung in Anlehnung an die Interessentheorie als Veräußerungsgeschäft interpretiert.

100 Vgl. Kap. V Abschn. 125.1.

Die Ermittlung des Veräußerungserfolges aus der Abstockung der Mehrheitsbeteiligung ausgehend von einer fortgeführten Konzernbilanz ergibt sich wie folgt:

	Veräußerungserlös des Mutterunternehmens	250 GE
−	Anteilige Vermögensgegenstände des Tochterunternehmens zu Buchwerten in der Handelsbilanz II (= 800 GE · 25 %)	− 200 GE
+	Anteilige Schulden des Tochterunternehmens zu Buchwerten in der Handelsbilanz II (= 320 GE · 25 %)	+ 80 GE
−	Anteilige noch nicht erfolgswirksam verrechnete stille Reserven aus der Erstkonsolidierung (= (32 GE + 20 GE) : 4 Jahre)	− 13 GE
+	Anteilige noch nicht erfolgswirksam verrechnete stille Lasten aus der Erstkonsolidierung	+ 0 GE
−	Noch nicht erfolgswirksam verrechneter Geschäftswert aus der Erstkonsolidierung (= 160 GE : 5 Jahre)	− 32 GE
+	Noch nicht erfolgswirksam aufgelöster passiver Unterschiedsbetrag aus der Erstkonsolidierung	+ 0 GE
=	Veräußerungserfolg des Konzerns aus der Beteiligung	85 GE

Übersicht VIII-20: *Ermittlung des Veräußerungserfolges aus der Abstockung der Mehrheitsbeteiligung ausgehend von einer fortgeführten Konzernbilanz*

Im Folgenden wird die Beteiligung erfolgswirksam endkonsolidiert. Die Buchungssätze (1)-(4) der Folgekonsolidierung nach der Neubewertungsmethode sind entsprechend auf die Übergangskonsolidierung ohne Wechsel der Konsolidierungsmethode anzuwenden.[101] Hinzu kommt die bilanzielle Abbildung der Veräußerung der Beteiligung mit den Buchungssätzen (5)-(7).

Bilanz Zeitpunkt t = 1 (**nach** Abstockung)	MU	TU		SB	Konsolidierungs-spalte		KB
(Alle Zahlenangaben in GE)	HB II	HB II	stR/stL in t = 0		Soll	Haben	
Aktiva							
GoF					160[3]	32[4] 32[7]	96
Sonstiges AV	400	300	40	740		8[4]	732
Anteile an verb. Unt.	450			450	**150[5]**	600[2]	
Umlaufvermögen	550	500	20	1.070	**250[6]**	**250[5]**	1.070
Verbleibender UB					160[2]	160[3]	
Summe Aktiva	1.400	800		2.260			1.898
Passiva Eigenkapital							
▪ Sonst. EK	500	400	40	940	440[2]		500
▪ Gewinn	160	80		240	**35**		205
Nicht beherrschende Anteile					**32[7]**	165[6]	133
Sonstige Passiva	740	320	20	1.080	20[4]		1.060
Summe Passiva	1.400	800		2.260	1.247	1.247	1.898

Legende:				
AV	≙	Anlagevermögen	KB	≙ Konzernbilanz
Anteile an verb.	≙	Anteile an verbundenen	MU	≙ Mutterunternehmen
Unt.		Unternehmen	SB	≙ Summenbilanz
EK	≙	Eigenkapital	stL	≙ stille Lasten
GE	≙	Geldeinheiten	stR	≙ stille Reserven
GoF	≙	Geschäfts- oder Firmenwert	TU	≙ Tochterunternehmen
HB	≙	Handelsbilanz	UB	≙ Unterschiedsbetrag

Übersicht VIII-21: *Bilanz zur Übergangskonsolidierung ohne Wechsel der Konsolidierungsmethode (Beispiel)*

---

101 Vgl. Kap. V Abschn. 125.22.

GuV Zeitpunkt t = 1 (**nach** Abstockung)	MU	TU	SGuV	Konsolidierungsspalte		KGuV
(Alle Zahlenangaben in GE)	GuV II	GuV II		Soll	Haben	
Umsatzerlöse	100	100		200			200
Sonstige betriebliche Erträge	100			100	100^5	20^4 85^6	105
Materialaufwand	40	20		60			60
Abschreibungen					40^4		40
Jahresergebnis	160	80		240		35	205
Legende: KGuV ≙ Konzern-GuV MU ≙ Mutterunternehmen			SGuV ≙ Summen-GuV TU ≙ Tochterunternehmen			

Übersicht VIII-22: *Gewinn- und Verlustrechnung zur Übergangskonsolidierung ohne Wechsel der Konsolidierungsmethode (Beispiel)*

Dazu wird die im Einzelabschluss des Mutterunternehmens vorgenommene Buchung zurückgenommen, indem die gemäß § 253 Abs. 3 zu fortgeführten Anschaffungskosten bilanzierte anteilige Beteiligung (150 GE = 600 GE · 25 %) ausgebucht wird, da auf Ebene des Konzerns die übernommenen Vermögensgegenstände und Schulden vollkonsolidiert werden. Diese Buchung stellt sicher, dass keine Erfolgsbeiträge doppelt erfasst werden. Der Buchungssatz (5) lautet somit:

Anteile an verbundenen Unternehmen	150 GE			
Sonstige betriebliche Erträge	100 GE	an	Kasse	250 GE

Im nächsten Schritt wird die Mehrheitsbeteiligung abgestockt. Dazu wird der Veräußerungserlös (250 GE) entsprechend auf das den nicht beherrschenden Gesellschaftern zuzuordnende Konzernnettovermögen (165 GE = 250 GE – 85 GE; vgl. Übersicht VIII-16) eingebucht bzw. als Veräußerungserfolg (85 GE; vgl. Übersicht VIII-16) erfolgswirksam erfasst. Der Buchungssatz (6) stellt den Veräußerungsvorgang aus Sicht des Konzerns dar und lautet somit:

Kasse	250 GE	an	Nicht beherrschende Anteile	165 GE
			Sonstige betriebliche Erträge	85 GE

In einem letzten Schritt wird der Anteil des Geschäfts- oder Firmenwertes, der auf die nicht beherrschenden Gesellschafter entfällt, ausgebucht.[102] Der Buchungssatz (7) lautet somit:

| Nicht beherrschende Anteile | 32 GE | an | Geschäfts- oder Firmenwert | 32 GE |

231.3 Eigenkapitalverändernde Maßnahmen im Tochterunternehmen

Kapitalerhöhungen aus Gesellschaftsmitteln im Tochterunternehmen[103] haben rein buchtechnischen Charakter und daher auf die Kapitalkonsolidierung grundsätzlich keinen Einfluss.[104] Es ergeben sich erst dann Auswirkungen, wenn die Kapitalerhöhung zu einer Änderung der Beteiligungsquote der Konzernobergesellschaft führt. Nimmt die Konzernobergesellschaft ihrer Beteiligungsquote entsprechend an einer im Beteiligungsunternehmen vorgenommenen **Kapitalerhöhung gegen Einlage** teil, so verändert sich das Beteiligungsverhältnis ebenfalls nicht. In beiden Fällen ist keine Übergangskonsolidierung erforderlich; allerdings ist im Rahmen der Kapitalkonsolidierung zu beachten, dass die Anschaffungskosten der neu erworbenen Aktien bzw. Anteilsscheine[105] gegen das grundsätzlich **gleich hohe** neu geschaffene Eigenkapital des Beteiligungsunternehmens aufzurechnen sind. Ein neuer Unterschiedsbetrag resultiert daraus i. d. R. nicht.[106]

Erwirbt die Obergesellschaft bei der Kapitalerhöhung indes **mehr** neue Aktien, als zum Erhalt ihrer bisherigen Beteiligungsquote notwendig sind, hat dies sehr wohl Konsequenzen für die Kapitalkonsolidierung, da aufgrund der zu erwartenden Ausgabe der neuen Anteile über pari i. d. R. ein neuer Unterschiedsbetrag aus der Kapitalkonsolidierung entsteht.[107] Die Anschaffungskosten derjenigen neu erworbenen Aktien, die den Erhalt der bisherigen Beteiligungsquote sichern, sind wie zuvor dargestellt gegen das gleich hohe neu geschaffene anteilige Eigenkapital des Beteiligungsunternehmens aufzurechnen, so dass aus der fortgeführten Konsolidierung der alten Beteiligung insgesamt kein neuer Unterschiedsbetrag entsteht. Für den alten Anteil

---

102 Gemäß E-DRS 30.168 würde der Buchungssatz (7) entfallen. Im Beispiel wird der auf andere Gesellschafter übergehende Anteil eines Geschäfts- oder Firmenwertes nach DRS 4.48 ausgebucht.

103 Eigenkapitalverändernde Maßnahmen in quotenkonsolidierten Unternehmen sind analog zur Vorgehensweise bei Tochterunternehmen zu behandeln, so dass sich keine Besonderheiten im Rahmen der Übergangskonsolidierung ergeben. Zu den Besonderheiten bei assoziierten Unternehmen vgl. KÜTING, K./HAYN, B./ZÜNDORF, H., in: Küting/Weber, HdK, 2. Aufl., § 312 HGB, Rn. 171-184.

104 Vgl. DUSEMOND, M./WEBER, C.-P./ZÜNDORF, H., in: Küting/Weber, HdK, 2. Aufl., § 301 HGB, Rn. 225.

105 Im Folgenden wird ausschließlich der Begriff der Aktie verwendet; gemeint sind indes auch die in anderer Form verbrieften Anteile an einer GmbH bzw. an Unternehmen anderer Rechtsform.

106 Vgl. FÖRSCHLE, G./DEUBERT, M., in: Beck Bilanzkomm., 9. Aufl., § 301 HGB, Rn. 260-262.

107 Vgl. ADS, 6. Aufl., § 301 HGB, Rn. 200; FÖRSCHLE, G./DEUBERT, M., in: Beck Bilanzkomm., 9. Aufl., § 301 HGB, Rn. 267.

am Kapital des Tochterunternehmens ist also der ursprüngliche Unterschiedsbetrag fortzuführen. Die Anschaffungskosten der über die alte Beteiligungsquote hinaus erworbenen Aktien sind dagegen entsprechend dem Vorgehen bei der Erstkonsolidierung mit dem neubewerteten anteiligen Eigenkapital nach der Kapitalerhöhung zu verrechnen.[108] Ein ggf. entstehender Unterschiedsbetrag zeigt somit den für den neu erworbenen Anteil am Tochterunternehmen bezahlten Geschäfts- oder Firmenwert im Zeitpunkt der Kapitalerhöhung und ist mit dem bisher ausgewiesenen fortgeführten Geschäfts- oder Firmenwert zusammen auszuweisen.

Nimmt die Konzernobergesellschaft nicht an einer Kapitalerhöhung des Tochterunternehmens gegen Einlage teil oder erwirbt sie **weniger** Aktien, als zum Erhalt ihrer bisherigen Beteiligung notwendig sind, sinkt ihre Beteiligungsquote nach der Kapitalerhöhung, so dass eine Endkonsolidierung des Tochterunternehmens in Höhe des gesunkenen Anteils vorzunehmen ist. Aus der Änderung des auf die Konzernobergesellschaft entfallenden Eigenkapitals des Beteiligungsunternehmens nach der Kapitalerhöhung entsteht im Konzernabschluss somit abhängig von der Höhe des Ausgabekurses der neu erworbenen Aktien ein Gewinn oder Verlust, der erfolgswirksam auszuweisen ist. Der Unterschiedsbetrag aus der Kapitalkonsolidierung ist darüber hinaus um den Betrag zu mindern, der der Verminderung der Beteiligungsquote entspricht.[109] In Höhe dieses Betrages gehen Ertragserwartungen sowie stille Reserven und Lasten auf die nicht beherrschenden Gesellschafter über. Ein ggf. vorhandener Erlös aus einer Bezugsrechtsveräußerung ist aus dem Einzelabschluss der Konzernobergesellschaft in die Konzern-GuV zu übernehmen.

Werden bei einer **Kapitalherabsetzung durch Einziehung von Aktien** diese ausschließlich bei der Konzernobergesellschaft eingezogen, so sind die eingezogenen Aktien ebenfalls endzukonsolidieren.[110] Ein entstehender Gewinn oder Verlust aus der Kapitalherabsetzung ist in der Konzern-GuV auszuweisen. Werden die Anteile dagegen überwiegend oder nur bei den nicht beherrschenden Gesellschaftern des Beteiligungsunternehmens eingezogen, so erhöht sich zwar die Beteiligungsquote der Konzernobergesellschaft, abgesehen von der erfolgsneutralen Endkonsolidierung der nicht beherrschenden Anteile ergeben sich jedoch keine Auswirkungen auf die Kapitalkonsolidierung.[111]

---

108 Vgl. ADS, 6. Aufl., § 301 HGB, Rn. 200; DUSEMOND, M./WEBER, C.-P./ZÜNDORF, H., in: Küting/Weber, HdK, 2. Aufl., § 301 HGB, Rn. 227.

109 Vgl. zur Equity-Methode FRICKE, G., Rechnungslegung für Beteiligungen, S. 199.

110 Vgl. Abschn. 22 in diesem Kapitel.

111 Vgl. DUSEMOND, M./WEBER, C.-P./ZÜNDORF, H., in: Küting/Weber, HdK, 2. Aufl., § 301 HGB, Rn. 232 f.

232. Die Übergangskonsolidierung mit Wechsel der Konsolidierungs- bzw. Bewertungsmethode

232.1 Grundlagen der Übergangskonsolidierung mit Wechsel der Konsolidierungs- bzw. Bewertungsmethode

Stockt ein Unternehmen die Beteiligung an einem anderen Unternehmen bspw. durch einen Erwerb auf bzw. durch eine Veräußerung ab, kann es erforderlich sein, die bis dahin auf die Beteiligung angewandte Konsolidierungs- bzw. Bewertungsmethode zu wechseln. Dies ist immer dann der Fall, wenn die Anwendungsvoraussetzungen dieser Methode nicht mehr erfüllt werden oder die Voraussetzungen der nächst höheren Konsolidierungsstufe erstmals einschlägig sind.[112]

Wird die Konsolidierungs- bzw. Bewertungsmethode gewechselt, ergeben sich für die Übergangskonsolidierung der neu erworbenen bzw. veräußerten Anteile keine Unterschiede zur Übergangskonsolidierung ohne Wechsel der Konsolidierungs- bzw. Bewertungsmethode. Folglich müssen neu erworbene Anteile erfolgsneutral **erstkonsolidiert** bzw. veräußerte Anteile erfolgswirksam **endkonsolidiert** werden.[113] Unterschiede ergeben sich erst durch die Übergangskonsolidierung der (verbliebenen) Altanteile. Diese vollzieht sich in zwei Schritten. Zunächst sind die Altanteile nach der bis zu ihrer Übergangskonsolidierung angewandten Kapitalkonsolidierungsmethode zu entflechten, d. h. aus dem Konzernabschluss herauszurechnen (1. Schritt: **Entflechtung der Altanteile**). Anschließend wird für die Altanteile ein Anschaffungsvorgang zum Zeitpunkt der Auf- bzw. Abstockung unterstellt. Die Altanteile werden dann nach der neuen Kapitalkonsolidierungs- bzw. Bewertungsmethode erneut erstkonsolidiert bzw. erstbewertet (2. Schritt: **Neubewertung der Altanteile**).[114]

232.2 Entflechtung der Altanteile

Durch die Entflechtung der Altanteile werden die (verbliebenen) Altanteile an einem Beteiligungsunternehmen aus dem Konzernabschluss herausgerechnet, um sie anschließend nach der nun einschlägigen Konsolidierungs- bzw. Bewertungsmethode neu abbilden zu können.

Der **Entflechtungswert** der Altanteile ist abhängig von der bis zur Übergangskonsolidierung angewandten Konsolidierungs- bzw. Bewertungsmethode. Bei vorheriger Anwendung der Voll- und Quotenkonsolidierung ergibt sich der Entflechtungswert aus dem Saldo der im Konzernabschluss erfassten anteiligen Vermögensgegenstände und anteiligen Schulden zuzüglich der fortgeführten stillen Reserven und Lasten des Beteiligungsunternehmens sowie eines noch nicht erfolgswirksam verrechneten Geschäfts- oder Firmenwertes. Wird das Beteiligungsunternehmen nach der Equity-Me-

---

112 Das Stetigkeitsgebot des § 297 Abs. 3 Satz 2 wird dadurch nicht verletzt, da dieses Gebot nur bei unveränderten Beteiligungsverhältnissen gilt.

113 Vgl. Abschn. 231. in diesem Kapitel.

114 Vgl. BAETGE, J. U. A., in: Baetge/Kirsch/Thiele, § 301 HGB, Rn. 343 f.

thode bewertet, entspricht der Entflechtungswert dem letzten Equity-Wert. Bei der Anschaffungskostenmethode sind die fortgeführten Anschaffungskosten aus der Konzernbilanz unmittelbar vor der Übergangskonsolidierung der Entflechtungswert.

Der Entflechtungswert zeigt die den Altanteilen zuzurechnenden **Wertänderungen**, d. h. die im Beteiligungsunternehmen während der Konzernzugehörigkeit erzielten und im Konzernabschluss erfassten Jahresergebnisse des Beteiligungsunternehmens sowie die Erfolge aus der Währungsumrechnung. Ferner enthält der Entflechtungswert bei Anwendung der Voll- und Quotenkonsolidierung keine auf konzerninternen Geschäften beruhenden Ergebnisbestandteile und ist somit nach der Zwischenergebniseliminierung und der Schuldenkonsolidierung zu ermitteln.[115] Bei vorheriger Anwendung der Equity-Methode gilt dies entsprechend.[116]

232.3 Neubewertung der Altanteile

232.31 Vorbemerkungen

Nachdem die (verbliebenen) Altanteile in Form des Entflechtungswertes aus dem Konzernabschluss heraus gerechnet worden sind, müssen sie im nächsten Schritt auf der Basis der nunmehr anzuwendenden Konsolidierungs- bzw. Bewertungsmethode erneut erstkonsolidiert bzw. erstbewertet werden. Dabei wird der Neukonsolidierungswert der Beteiligung in den Konzernabschluss eingestellt, d. h. in die der neuen Konsolidierungsmethode entsprechenden Posten in der Konzernbilanz (z. B. Beteiligung an assoziierten Unternehmen oder Vermögensgegenstände, Schulden und GoF des Beteiligungsunternehmens) gebucht. Für die Ermittlung des **Neukonsolidierungswertes** lassen sich zwei grundsätzliche Vorgehensweisen unterscheiden:[117] die sog. tranchenweise Übergangskonsolidierung und die sog. einheitliche Übergangskonsolidierung.[118]

232.32 Die tranchenweise Übergangskonsolidierung

Bei der tranchenweisen Übergangskonsolidierung werden die (verbliebenen) Altanteile so im konsolidierten Abschluss abgebildet, als seien sie bereits seit ihrem Erwerb nach der neuen Methode konsolidiert bzw. bewertet worden.[119] Für die Neubewertung dieser Anteile muss somit auf die Wertverhältnisse zum Zeitpunkt des ursprüng-

---

115 Vgl. HERRMANN, D., Änderung von Beteiligungsverhältnissen, S. 135-138.

116 Vgl. zu den im Rahmen der Equity-Methode anzuwendenden Konsolidierungsmaßnahmen Kap. VII Abschn. 43.

117 In Anlehnung an HERRMANN, D., Änderung von Beteiligungsverhältnissen, S. 134.

118 In Anlehnung an ZAUNER, J., Übergangs- und Endkonsolidierung nach IFRS, S. 54-60. Vgl. auch OSER, P., Konzernrechnungslegung nach dem HGB, S. 108.

119 Vgl. die Regelungen der §§ 301 Abs. 2 HGB a. F. bzw. 312 Abs. 3 HGB a. F., wonach für die Kapitalverrechnung bei der Vollkonsolidierung, der Quotenkonsolidierung und nach der Equity-Methode der Erwerbszeitpunkt der Anteile zugrunde gelegt werden darf.

lichen Erwerbs sowie auf die historischen Anschaffungskosten zurückgegriffen werden. Da im Fall einer Aufstockung der Beteiligung die Konsolidierung bzw. Bewertung der neu erworbenen Anteile dagegen auf den Wertverhältnissen des neuerlichen Anteilserwerbs beruht, liegen der Übergangskonsolidierung letztlich Wertverhältnisse unterschiedlicher Zeitpunkte zugrunde. Insofern ist die tranchenweise Übergangskonsolidierung mit einem erheblichen Aufwand verbunden. So muss zum einen gewährleistet sein, dass die Zeitwerte der identifizierbaren Vermögensgegenstände und Schulden bei jedem wesentlichen Teilerwerbsschritt dokumentiert werden oder in späteren Jahren ermittelt werden können, um – bspw. beim Wechsel von der Anschaffungskostenmethode zur Vollkonsolidierung – eine rückwirkende Aufdeckung der am ursprünglichen Erwerbszeitpunkt bestehenden stillen Reserven und Lasten zu ermöglichen. Zum anderen müssen diese Werte in einer Nebenrechnung bis zum Zeitpunkt des Wechsels der Konsolidierungs- bzw. Bewertungsmethode fortgeschrieben werden, als wäre bereits zum Zeitpunkt des ersten Teilerwerbsschrittes vollkonsolidiert worden.[120]

Sofern nach der neuen Kapitalkonsolidierungs- bzw. Bewertungsmethode rückwirkend abweichende Anpassungsmaßnahmen aus der Konsolidierung vorgenommen werden, entstehen im Konzernabschluss Erfolge aus der Übergangskonsolidierung (Übergangs- bzw. Neukonsolidierungsdifferenzen).[121] Damit wird gegen die Definitionsgrundsätze für den Konzernjahreserfolg verstoßen. Beispielsweise würden bei einem rückwirkenden Wechsel von der Anschaffungskostenmethode zur Vollkonsolidierung im Konzernabschluss noch nicht realisierte Wertänderungen der Beteiligung ausgewiesen werden sowie die vor der Übergangskonsolidierung erfolgswirksam vorgenommenen Abschreibungen auf den Beteiligungsbuchwert storniert werden.[122] Bei einem entsprechenden Wechsel von der Vollkonsolidierung zur Equity-Bewertung ohne Zwischenergebniseliminierung würden ferner z. B. die vor der Übergangskonsolidierung eliminierten Zwischenergebnisse erfolgswirksam erfasst werden, obwohl die Zwischenergebnisse aus upstream-Lieferungen und -Leistungen erst im Zeitpunkt der Veräußerung des Vermögensgegenstandes durch die Konzernobergesellschaft an Konzernaußenstehende realisiert werden dürfen.

Mit dem **BilMoG** ist diese Methode der Übergangskonsolidierung **aufgehoben** worden,[123] so dass nun ausschließlich die Methode der einheitlichen Übergangskonsolidierung zulässig ist. E-DRS 30.184 i. V. m. .B44 f. erachtet indes die tranchenweise Kapitalkonsolidierung entgegen des Wortlauts von § 301 für zulässig, da der Vermögens- und in der Folge auch der Ergebnisausweis dem der Zwischenergebniseliminierung entspricht.[124]

---

120 Vgl. ZAUNER, J., Übergangs- und Endkonsolidierung nach IFRS, S. 57 f.

121 Vgl. ähnlich DUSEMOND, M./WEBER, C.-P./ZÜNDORF, H., in: Küting/Weber, HdK, 2. Aufl., § 301 HGB, Rn. 386.

122 Vgl. das Beispiel bei SCHÄFER, H., Bilanzierung von Beteiligungen, S. 333-336.

123 Vgl. OSER, P. u. a., Ausgewählte Neuregelungen, S. 106.

124 Vgl. STIBI, B./KIRSCH, H.-J./ENGELKE, F., Der Standardentwurf des E-DRS 30, S. 410.

232.33 Die einheitliche Übergangskonsolidierung

Bei der einheitlichen Übergangskonsolidierung werden im Unterschied zur tranchenweisen Übergangskonsolidierung für die Neukonsolidierung der Altanteile nicht die Wertverhältnisse des ursprünglichen Erwerbszeitpunktes herangezogen. Stattdessen wird die Neukonsolidierung der Altanteile erst zum Stichtag der Übergangskonsolidierung nach der neuen Konsolidierungs- bzw. Bewertungsmethode im Konzernabschluss abgebildet. Die Bilanzierung der Beteiligung bzw. der ihr zuzuordnenden Vermögensgegenstände und Schulden im Konzernabschluss beruht somit auf einem einzigen (einheitlichen) Zeitpunkt. Für die Ermittlung des sog. Neukonsolidierungswertes kommen die historischen Anschaffungskosten, die fortgeführten Anschaffungskosten der Beteiligung aus dem Einzelabschluss der Konzernobergesellschaft, der Entflechtungswert und der beizulegende Zeitwert[125] in Betracht.[126]

Die einheitliche Übergangskonsolidierung auf Basis der historischen und der fortgeführten Anschaffungskosten aus dem Einzelabschluss der Konzernobergesellschaft verursacht i. d. R. erfolgswirksame Übergangskonsolidierungsdifferenzen. Bei der Entflechtung der Altanteile nach der bis zur Übergangskonsolidierung angewandten Konsolidierungs- bzw. Bewertungsmethode werden die Wertänderungen der Beteiligung über den Entflechtungswert aus dem Konzernabschluss herausgerechnet.[127] Wenn bei der Neukonsolidierung der Altanteile aber lediglich die historischen oder fortgeführten Anschaffungskosten der Beteiligung aus dem Einzelabschluss des Mutterunternehmens in den Konzernabschluss übernommen werden, werden die aus Konzernsicht bereits realisierten Wertänderungen somit erfolgswirksam revidiert. Zum Beispiel werden die im Konzernabschluss vor dem Wechsel eines Tochterunternehmens von der Equity-Methode zur Vollkonsolidierung realisierten Wertänderungen der Altanteile storniert, obwohl sie aus Sicht des Konzerns als realisiert anzusehen sind. Dementsprechend ist die einheitliche Übergangskonsolidierung auf Basis der historischen und der fortgeführten Anschaffungskosten aus dem Einzelabschluss der Konzernobergesellschaft aufgrund des Verstoßes gegen das Realisationsprinzip abzulehnen.

Wird für die Ermittlung des Neukonsolidierungswertes und damit der „fiktiven" Anschaffungskosten der Altanteile zum Zeitpunkt des Wechsels der Konsolidierungs- bzw. Bewertungsmethode der **Entflechtungswert** herangezogen, werden die zuvor realisierten Wertänderungen GoK-gerecht übernommen, da der im Rahmen der Entflechtung zunächst herausgerechnete Wert in gleicher Höhe und somit **erfolgsneu-**

---

125 Vgl. zu den internationalen Regelungen Abschn. 24 in diesem Kapitel.

126 In Anlehnung an BAETGE, J. U. A., in: Baetge/Kirsch/Thiele, § 301 HGB, Rn. 348 f. Vgl. so auch E-DRS 30.180 f.

127 Die Wertänderungen einer Beteiligung umfassen die seit dem Beteiligungserwerb erzielten anteiligen Periodenergebnisse des Beteiligungsunternehmens sowie die Abschreibungen auf den GoF und die stillen Reserven.

tral neukonsolidiert wird.[128] Die Stichtagsanpassung auf Basis des Entflechtungswertes entspricht also insoweit den Definitionsgrundsätzen für den Konzernjahreserfolg und ist die u. E. zu präferierende Methode.

Eine Neukonsolidierung der Altanteile zum beizulegendem Zeitwert wie in den IFRS ist in der HGB-Rechnungslegung nicht möglich.[129]

24   Änderungen bestehender Beteiligungsverhältnisse nach IFRS

Für die Bilanzierung von Änderungen bestehender Beteiligungsverhältnisse nach IFRS sind insbesondere IFRS 3 (Unternehmenszusammenschlüsse), IFRS 10 (Konzernabschlüsse)[130] sowie IAS 28 (Beteiligungen an assoziierten Unternehmen und Gemeinschaftsunternehmen) maßgeblich.[131]

Die **Endkonsolidierung**[132] von Beteiligungsanteilen ist in IFRS 10 bzw. IAS 28 geregelt.[133] Bei der Festlegung des Endkonsolidierungszeitpunktes bestehen zwischen den IFRS und den deutschen Grundsätzen keine Unterschiede. Als Verrechnungszeitpunkt für die Endkonsolidierung wird sowohl handelsrechtlich als auch in IFRS 10.20 i. V. m. 25 der Zeitpunkt festgelegt, an dem das bisherige Mutterunternehmen die Kontrolle über das Tochterunternehmen an den Käufer effektiv verliert, was i. d. R. dem Veräußerungszeitpunkt der Anteile entsprechen wird. Auch hinsichtlich der Ermittlung des Endkonsolidierungserfolges gibt es keine grundsätzlichen Unterschiede zwischen IFRS und HGB. Der Endkonsolidierungserfolg des Konzerns ergibt sich gemäß IFRS 10.B98 aus dem Unterschiedsbetrag zwischen dem Veräußerungserlös und dem Reinvermögen des Tochterunternehmens zum Veräußerungszeitpunkt (vgl. Übersicht VIII-23).[134] Das Reinvermögen des Tochterunternehmens

---

128 Vgl. so auch E-DRS 30.180.

129 Vgl. zu den internationalen Regelungen Abschn. 24 in diesem Kapitel.

130 IFRS 10 ist für Geschäftsjahre, die nach dem 01. Januar 2014 beginnen, verpflichtend anzuwenden. Bis zu diesem Zeitpunkt waren die Regelungen des IAS 27 (Konzern- und Einzelabschlüsse, überarbeitet 2008) maßgeblich. Vgl. für eine Darstellung der Vorschriften des IAS 27 (überarbeitet 2008) BAETGE, J./HAYN, S./STRÄHER, T., in: Baetge u. a., Rechnungslegung nach IFRS, 2. Aufl., IAS 27, Rn. 246-351.

131 Vgl. umfassend HAYN, B., Beck IFRS HB, 4. Aufl., § 38.

132 Vgl. Abschn. 22 in diesem Kapitel.

133 Vgl. Abschn. 22 in diesem Kapitel sowie zur Endkonsolidierung nach IFRS ausführlich HOEHNE, F., Veräußerung von Anteilen.

134 Vgl. dazu auch WEBER, C.-P./WIRTH, J., Goodwillbehandlung einer teilweisen Endkonsolidierung, S. 19.

berechnet sich dabei als Differenz der Konzernwerte der in den Konzernabschluss einbezogenen Vermögenswerte und Schulden.[135] Darüber hinaus sind alle im **sonstigen Ergebnis** erfassten Beträge erfolgswirksam umzugliedern (IFRS 10.B99).

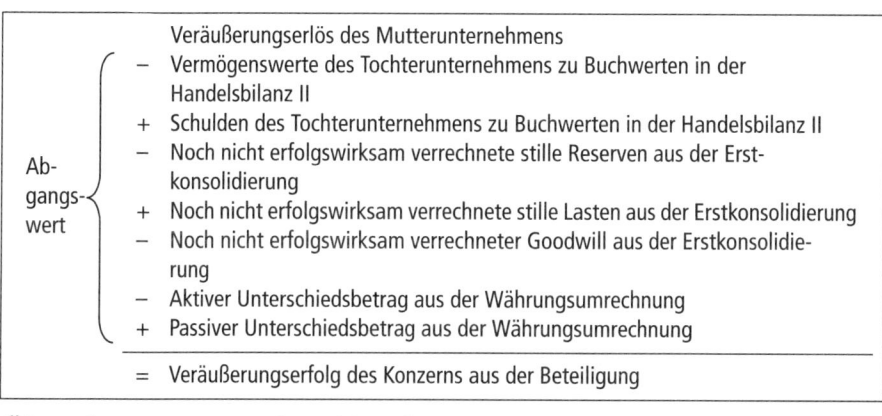

	Veräußerungserlös des Mutterunternehmens
Ab- gangs- wert	− Vermögenswerte des Tochterunternehmens zu Buchwerten in der Handelsbilanz II
	+ Schulden des Tochterunternehmens zu Buchwerten in der Handelsbilanz II
	− Noch nicht erfolgswirksam verrechnete stille Reserven aus der Erstkonsolidierung
	+ Noch nicht erfolgswirksam verrechnete stille Lasten aus der Erstkonsolidierung
	− Noch nicht erfolgswirksam verrechneter Goodwill aus der Erstkonsolidierung
	− Aktiver Unterschiedsbetrag aus der Währungsumrechnung
	+ Passiver Unterschiedsbetrag aus der Währungsumrechnung
	= Veräußerungserfolg des Konzerns aus der Beteiligung

Übersicht VIII-23: *Ermittlung des Endkonsolidierungserfolges ausgehend vom Veräußerungserlös für die Beteiligung in einer fortgeführten Konzernbilanz nach IFRS*

Die IFRS-Rechnungslegung unterscheidet sich bei der bilanziellen Behandlung des Geschäfts- oder Firmenwertes und des sonstigen Ergebnisses von den handelsrechtlichen Regelungen. Wenn ein **Goodwill** einer zahlungsmittelgenerierenden Einheit zugeordnet wurde und das Unternehmen einen Geschäftsbetrieb innerhalb dieser Einheit veräußert, so ist gemäß IAS 36.86 der mit diesem veräußerten Geschäftsbereich verbundene Geschäfts- oder Firmenwert im Rahmen der Endkonsolidierung einzubeziehen. Im **sonstigen Ergebnis** ausgewiesene Beträge, die das Tochterunternehmen betreffen, sind bei der Endkonsolidierung nach IFRS 10.B99 so zu behandeln, als ob die dazugehörigen Vermögenswerte direkt veräußert worden wären. Ein zuvor im sonstigen Ergebnis erfasster Gewinn bzw. Verlust wird somit bei erfolgsneutral zum beizulegenden Zeitwert bewerteten Finanzinstrumenten mit Beherrschungsverlust erfolgswirksam.[136]

Weitere Unterschiede der IFRS zu den handelsrechtlichen Regelungen bestehen bei der **Übergangskonsolidierung** im Fall einer Auf- oder Abstockung von Anteilen an einem Tochterunternehmen **ohne Kontrollerwerb oder -verlust.** Nach IFRS 10.23 ist der Erwerb weiterer Anteile bzw. die teilweise Veräußerung von Anteilen an einem Tochterunternehmen, ohne dass sich hierdurch die Kapitalkonsolidierungs- und Bewertungsmethode ändert, nicht als erfolgsneutraler Erwerbsvorgang bzw. erfolgswirksamer Verkaufsvorgang, sondern grundsätzlich als erfolgsneutrale Eigenkapitaltransaktion zu bilanzieren.[137] So sind weder bei der Aufstockung stille Reserven und Las-

---

135 Die Begriffe „Vermögensgegenstände" und „assets" sowie die Begriffe „Anlagevermögen" und „non-current assets" sowie „Umlaufvermögen" und „current assets" stimmen nicht überein; vgl. Abschn. 432. in diesem Kapitel.

136 Vgl. HACHMEISTER, D./SCHWARZKOPF, A.-S., in: Beck HdR, C 404, Rn. 45.

ten neu aufzudecken oder ein Geschäfts- oder Firmenwert neu zu ermitteln noch ist bei einer Abstockung ein Veräußerungserfolg zu berücksichtigen. Der Geschäfts- oder Firmenwert gilt auch nach einer Anteilsveräußerung ohne Statuswechsel weiterhin als Vermögenswert, so dass er nicht anteilig gemindert wird (IFRS 3.BC318). Differenzen, die sich aus dem Anpassungsbetrag der nicht beherrschenden Gesellschafter und dem beizulegenden Zeitwert der erhaltenen Gegenleistung ergeben, sind erfolgsneutral mit den auf die Anteilseigner des Mutterunternehmens entfallenden Konzernrücklagen zu verrechnen.[138]

Weitere Unterschiede ergeben sich bei der Übergangskonsolidierung **mit Wechsel der Konsolidierungs- bzw. Bewertungsmethode.** Explizite Regelungen zur Übergangskonsolidierung **aufwärts** – ausgehend von einem assoziierten Unternehmen, Gemeinschaftsunternehmen oder einer Finanzinvestition – finden sich weder in IFRS 10 noch in IAS 28. Auch die Übergangskonsolidierung ausgehend von einer Finanzinvestition hin zu einem assoziierten Unternehmen wird vom IASB nicht geregelt. Die IFRS regeln in IFRS 3 den Fall, dass Anteile an einem Tochterunternehmen nicht nur in einem Schritt, sondern in mehreren Schritten in Form eines sog. sukzessiven Anteilserwerbs erworben wurden. Nach IFRS 3.42 sind Anteile, die vor Erlangung der Beherrschung erworben wurden, mit dem beizulegenden Zeitwert zum Zeitpunkt der Erlangung der Beherrschung zu bewerten.[139] Für die Ermittlung des Geschäfts- oder Firmenwertes aus der Beteiligung sind dementsprechend nicht nur die Anschaffungskosten für die neu erworbenen Anteile, sondern auch der beizulegende Zeitwert der Altanteile mit dem den Anteilen zuordenbaren neubewerteten Eigenkapital zu verrechnen. Die sich aus der Neubewertung ergebenden Wertänderungen der Altanteile sind erfolgswirksam zu erfassen. Diese Vorgehensweise entspricht einer Variante der einheitlichen Übergangskonsolidierung,[140] bei der die Altanteile in Höhe des beizulegenden Zeitwertes (und nicht wie nach HGB zum Entflechtungswert) neukonsolidiert werden.[141] Bei Ausübung des Wahlrechtes gemäß IFRS 9.5.7.1 (b), Änderungen des beizulegenden Zeitwertes von Finanzinvestitionen im sonstigen Ergebnis zu erfassen, sind diese Bewertungsänderungen nach IFRS 9.B5.7.1 im Zeitpunkt des Überganges auf die Vollkonsolidierung erfolgsneutral umzubuchen.

---

137 Vgl. OSER, P., Konzernrechnungslegung nach dem HGB, S. 108 f., sowie aktuell SENGER, T./ EWELT-KNAUER, C./HOEHNE, F., Statuswahrende Aufstockung und Abstockung, S. 83-90 sowie STIBI, B., Statuswahrende Auf- und Abstockung von Anteilen an Tochterunternehmen, S. 755-761; KÜTING, K., Konzernrechnungslegung nach IFRS und HGB, S. 2824 f.

138 So auch KÜTING, K./WEBER, C.-P., Der Konzernabschluss, S. 408.

139 Zur Diskussion um die Übergangskonsolidierung einer als Finanzinvestition gehaltenen Beteiligung auf die Equitymethode vgl. ausführlich HAYN, B., Beck IFRS HB, 4. Aufl., § 38, Rn. 20-31.

140 Vgl. ZAUNER, J., Übergangs- und Endkonsolidierung nach IFRS, S. 56 f.

141 Für eine Einordnung der Methode in die möglichen Formen der Übergangskonsolidierung siehe Übersicht VIII-25.

Die Übergangskonsolidierung **abwärts**– ausgehend von einem vollkonsolidierten Tochterunternehmen oder einem assoziierten Unternehmen – ist in IFRS 10 bzw. IAS 28 geregelt.[142] Beim Übergang von der Vollkonsolidierung auf die Equity-Methode werden in einem ersten Schritt die Teilveräußerungen der Beteiligung an dem ehemaligen Tochterunternehmen durch das Konzernmutterunternehmen – analog zur Vorgehensweise nach HGB – erfolgswirksam endkonsolidiert. Anschließend werden die verbliebenen Anteile in einem zweiten Schritt mit dem beizulegenden Zeitwert angesetzt (IFRS 10.25 (b)), der dann der Kapitalkonsolidierung zugrunde gelegt wird. Der Gesamterfolg aus der Veräußerung des Tochterunternehmens ermittelt sich dabei wie folgt:

	Veräußerungserlös des Mutterunternehmens
–	Vermögenswerte des Tochterunternehmens zu Buchwerten in der Handelsbilanz II
+	Schulden des Tochterunternehmens zu Buchwerten in der Handelsbilanz II
–	Noch nicht erfolgswirksam verrechnete stille Reserven aus der Erstkonsolidierung
+	Noch nicht erfolgswirksam verrechnete stille Lasten aus der Erstkonsolidierung
–	Noch nicht erfolgswirksam verrechneter Goodwill aus der Erstkonsolidierung
–	Aktiver Unterschiedsbetrag aus der Währungsumrechnung
+	Passiver Unterschiedsbetrag aus der Währungsumrechnung
+	Beizulegender Zeitwert der verbleibenden Anteile
+	Buchwert der abgehenden nicht beherrschenden Anteile
+/–	Umgliederung bislang im Eigenkapital erfolgsneutral erfasster Beträge
=	Gesamterfolg aus dem Abgang des Tochterunternehmens

Übersicht VIII-24: Ermittlung des Gesamterfolges ausgehend vom Veräußerungserlös für die Beteiligung in einer fortgeführten Konzernbilanz nach IFRS

In gleicher Weise ist beim Übergang auf die Finanzinvestition vorzugehen. IFRS 10.25 (b) und IAS 28.22 (b) sehen vor, dass Beteiligungen an Unternehmen ab dem Zeitpunkt, an dem sie aus dem Konsolidierungskreis ausscheiden bzw. nicht mehr als assoziiertes Unternehmen in den Konzernabschluss einbezogen werden, als Finanzinstrument gemäß IAS 39 (Finanzinstrumente) bzw. IFRS 9 (Finanzinstrumente) zu bilanzieren sind. Die von der Konzernobergesellschaft veräußerten Anteile der Beteiligung am Tochterunternehmen sind dabei entsprechend den handelsrechtlichen Grundsätzen erfolgswirksam endzukonsolidieren. Unterschiede ergeben sich erst beim Ansatz der verbliebenen Anteile. Während letztere nach handelsrechtlichen Grundsätzen auf Basis des Entflechtungswertes erfolgsneutral erstzukonsolidieren sind, werden sie nach IFRS 10.25 (b) und IAS 28.22 (b) erfolgswirksam mit dem **fair value** angesetzt.[143]

---

142 Vgl. zur End- und Übergangskonsolidierung nach IFRS ausführlich HOEHNE, F., Veräußerung von Anteilen.

143 Vgl. HAYN, B., Beck IFRS HB, 4. Aufl., § 38, Rn. 68.

Die folgende Übersicht fasst die Bilanzierung von Änderungen von Beteiligungsverhältnissen nach HGB und nach IFRS zusammen, wobei die wesentlichen Unterschiede hervorgehoben sind:

Änderungen bestehender Beteiligungsverhältnisse		HGB-Regelung		IFRS-Regelung
Vollständige Veräußerung		Erfolgswirksame Endkonsolidierung der Beteiligung		Erfolgswirksame Endkonsolidierung der Beteiligung
Aufstockung	Ohne Statuswechsel	**Wahlrecht**		Erfolgsneutrale **Eigenkapitaltransaktion** in Höhe der aufgestockten Anteile
		Erfolgsneutrale **Erstkonsolidierung** der aufgestockten Anteile	Erfolgsneutrale **Eigenkapitaltransaktion** in Höhe der aufgestockten Anteile	
	Mit Statuswechsel	Erfolgsneutrale Erstkonsolidierung der aufgestockten Anteile Erfolgs**neutrale** Neukonsolidierung der Altanteile **zum Entflechtungswert**		Erfolgsneutrale Erstkonsolidierung der aufgestockten Anteile Erfolgs**wirksame** Neukonsolidierung der Altanteile **zum fair value**
Abstockung	Ohne Statuswechsel	**Wahlrecht**		Erfolgs**neutrale** **Eigenkapitaltransaktion** der abgegangenen Anteile
		Erfolgs**wirksame** **Endkonsolidierung** der abgegangenen Anteile	Erfolgs**neutrale** **Eigenkapitaltransaktion** der abgegangenen Anteile	
	Mit Status wechsel	Erfolgswirksame Endkonsolidierung der abgegangen Anteile Erfolgs**neutrale** Neukonsolidierung der verbliebenen Altanteile **zum Entflechtungswert**		Erfolgswirksame Endkonsolidierung der abgegangen Anteile Erfolgs**wirksame** Neukonsolidierung der verbliebenen Altanteile **zum fair value**

Übersicht VIII-25: *Systematisierung der Vorgehensweise bei der End- und Übergangskonsolidierung nach HGB und IFRS[144]*

---

144 Die dargestellten IFRS-Regelungen zur Übergangskonsolidierung gelten für Übergänge ausgehend vom bzw. hin zu einem Tochterunternehmen. Die HGB-Regelungen berücksichtigen die Vorschriften des E-DRS 30.

3 Latente Steuern im Konzernabschluss

31 Gesetzliche Vorschriften und Grundlagen

Die Bilanzierung latenter Steuern im Konzernabschluss basiert auf zwei gesetzlichen Vorschriften, und zwar den §§ 274 und 306 (ggf. i. V. m. § 298 Abs. 1). Darüber hinaus finden sich in DRS 18 (Latente Steuern) weitere konkretisierende Anforderungen.

Der steuerrechtliche Abschluss ist der Ausgangspunkt zur Ermittlung des tatsächlichen Steueraufwandes. Die Ursache für den Ansatz latenter Steuern liegt in bestehenden Diskrepanzen zwischen dem Handelsrecht und dem Steuerrecht. Diese haben sich mit der Aufhebung der umgekehrten Maßgeblichkeit im Rahmen des BilMoG weiter erhöht. Bedingt durch unterschiedliche Bilanzierungsregeln sowie die sich unterscheidende Ausübung von Wahlrechten, kann der steuerrechtliche Abschluss vom handelsrechtlichen Jahres- bzw. Konzernabschluss abweichen. Darüber hinaus können Differenzen im Konzernabschluss aus den Konsolidierungsmaßnahmen entstehen. Diese Grundlagen zur Bildung latenter Steuern sind in §§ 306 Satz 1 sowie 274 Abs. 1 Sätze 1 und 2 i. V. m. § 298 Abs. 1 normiert.

Bei der Bilanzierung latenter Steuern können zwei Konzeptionen unterschieden werden. Beim GuV-orientierten **Timing-Konzept** ist die Differenz zwischen der fiktiven, dem Konzernergebnis weitgehend angepassten Steuerbelastung und der Summe der von den einzelnen Konzernunternehmen auf Basis ihrer Steuerbilanzen ermittelten und zu zahlenden effektiven Steuern die Grundlage zur Ermittlung der latenten Steuern. Hierbei werden die latenten Steuern also über **zeitliche Ergebnisdifferenzen** ermittelt.[145]

Seit dem BilMoG beruht die Ermittlung latenter Steuern im handelsrechtlichen Jahresabschluss einer Kapitalgesellschaft gemäß § 274 sowie im handelsrechtlichen Konzernabschluss gemäß § 306 nicht mehr auf dem Timing-Konzept, sondern auf dem bilanzorientierten **Temporary-Konzept**. Dieses Konzept, welches ebenfalls dem Ansatz latenter Steuern nach IFRS zugrunde liegt, basiert auf **temporären Differenzen** in der Bilanz. Beim Temporary-Konzept wird grundsätzlich jeder Vermögensgegenstand bzw. jede Schuld in der Handelsbilanz mit dem nach den steuerrechtlichen Vorschriften ermittelten Wertansatz in der Steuerbilanz verglichen. Der Zweck der Bilanzierung von latenten Steuern nach dem Temporary-Konzept liegt in der zutreffenden Darstellung der Vermögenslage durch die Abbildung künftiger steuerrechtlicher Vermögensvorteile und -lasten.[146]

Temporäre Ansatz- und Bewertungsunterschiede zwischen Steuerbilanz und Einzel- bzw. Konzernbilanz fließen gemäß der **bilanzorientierten Konzeption** in die zu ermittelnde Steuerlatenz ein, wenn daraus in einer späteren Periode eine Steuerbelastung (passive latente Steuer) oder eine Steuerentlastung (aktive latente Steuer) resul-

---

145 Zum Timing-Konzept vgl. ausführlich ADS, 6. Aufl., § 306 HGB, Rn. 1-52.
146 Vgl. SCHULZ-DANSO, M., in: Beck IFRS HB, 4. Aufl., § 25, Rn. 37.

tiert. Voraussetzung für den Ansatz latenter Steuern ist gemäß § 306 Satz 1 bzw. § 274 Abs. 1 Sätze 1 und 2 der **voraussichtliche Abbau** der gegenwärtigen Differenzen in späteren Geschäftsjahren.

Latente Steuern sind gemäß DRS 18.50 grundsätzlich erfolgswirksam anzusetzen und aufzulösen, es sei denn, die Entstehung bzw. der Abbau der zugrunde liegenden temporären Differenzen war erfolgsneutral. In diesem Fall sind auch die latenten Steuern erfolgsneutral zu behandeln.

Jede sich im normalen Geschäftsverlauf umkehrende zeitliche Ergebnisdifferenz ist eine temporäre Differenz; umgekehrt ist jedoch nicht jede temporäre Differenz auch eine (solche) zeitliche Ergebnisdifferenz.[147] Im Gegensatz zu den, nach dem Timing-Konzept relevanten, zeitlichen Ergebnisdifferenzen umfassen temporäre Differenzen auch **quasi-permanente Differenzen**, die sich nicht automatisch, sondern u. U. erst am Ende der Lebenszeit eines Konzernunternehmens oder durch nicht vorhersehbare Gründe ausgleichen. Quasi-permanente Differenzen resultieren bspw. aus steuerrechtlich nicht anerkannten Abschreibungen auf Grundstücke. Auch **permanente (Ergebnis-)Differenzen** können gleichzeitig temporäre Differenzen sein und insofern zum Ansatz latenter Steuern führen, wenn sie bilanzwirksam sind. Derartige Differenzen entstehen z. B., wenn Immobilien handelsrechtlich zum Verkehrswert übernommen und steuerrechtlich die Buchwerte fortgeführt werden.

Aktive latente Steuern sind darauf zurückzuführen, dass

- ein Aktivposten lediglich in der Steuerbilanz angesetzt wird,
- ein Passivposten lediglich in der Handelsbilanz angesetzt wird,
- der jeweilige Aktivposten in der Handelsbilanz niedriger bewertet wird als der entsprechende Aktivposten in der Steuerbilanz und/oder
- der jeweilige Passivposten in der Handelsbilanz höher bewertet wird als der entsprechende Passivposten in der Steuerbilanz.

Im Unterschied zum Jahresabschluss ist für den Konzernabschluss keine Ausschüttungssperre für einen Überhang aktiver latenter Steuern über die passiven latenten Steuern vorgesehen, da der Konzernabschluss keine Ausschüttungsbemessungsfunktion hat.[148]

Passive latente Steuern resultieren hingegen daraus, dass

- ein Aktivposten lediglich in der Handelsbilanz angesetzt wird,
- ein Passivposten lediglich in der Steuerbilanz angesetzt wird,
- der jeweilige Aktivposten in der Handelsbilanz höher bewertet wird als der entsprechende Aktivposten in der Steuerbilanz und/oder
- der jeweilige Passivposten in der Handelsbilanz niedriger bewertet wird als der entsprechende Passivposten in der Steuerbilanz.

---

147 Vgl. BAETGE, J./KIRSCH, H.-J./THIELE, S., Bilanzen, Kap. XI Abschn. 222.
148 Zur Regelung im Jahresabschluss vgl. LOITZ, R., Latente Steuern und BilMoG, S. 254.

Zur Ermittlung der latenten Steuern sind gemäß § 274 Abs. 2 Satz 1 grundsätzlich unternehmensindividuelle **Steuersätze** im Zeitpunkt des Differenzenabbaus zu verwenden. Ferner bestimmt § 274 Abs. 2 Satz 1, dass die Beträge der sich ergebenden künftigen Steuerbe- und -entlastung **nicht abgezinst** werden dürfen. Gemäß § 306 Satz 5 sind die Vorschriften des § 274 Abs. 2 entsprechend für die aus konsolidierungsspezifischen Maßnahmen resultierenden temporären Differenzen anzuwenden.

Auf Jahresabschlussebene gilt gemäß § 274 Abs. 1 Satz 1 eine **Ansatzpflicht** für eine sich insgesamt ergebende passive latente Steuer. Ein **Ansatzwahlrecht** besteht hingegen laut § 274 Abs. 1 Satz 2 für eine sich insgesamt ergebende aktive latente Steuer. Auf Konzernabschlussebene besteht darüber hinaus gemäß § 306 Satz 1 eine Ansatzpflicht sowohl für eine sich aus Konsolidierungsmaßnahmen insgesamt ergebende aktive als auch passive Steuerlatenz.[149] Sowohl für den Jahresabschluss (§ 274 Abs. 1 Satz 3) als auch für den Konzernabschluss (§ 306 Satz 2) besteht das Wahlrecht zum unsaldierten **Ausweis** der sich ergebenden passiven und der sich ergebenden aktiven latenten Steuern in der Bilanz. Hinsichtlich des Ausweises des Aufwandes oder des Ertrages aus der Veränderung bilanzierter latenter Steuern ist § 274 Abs. 2 Satz 3 i. V. m. § 306 Satz 5 anzuwenden. Die Erfolgswirkung aus der Bilanzierung latenter Steuern ist demnach in der GuV gesondert unter dem Posten „Steuern vom Einkommen und vom Ertrag" auszuweisen.

Folgendes **Beispiel** verdeutlicht zunächst allgemein das bilanzorientierte Konzept der Ermittlung latenter Steuern für den Fall passiver latenter Steuern:

Ein Unternehmen kauft Anfang des Jahres 01 einen Computer für 1.800 GE. Steuerrechtlich wird dieser Computer über drei Jahre, handelsrechlich über sechs Jahre abgeschrieben. Der Steuersatz für die Jahre 01 bis 06 sei einheitlich s = 30 %. Für die einzelnen Jahre ergeben sich folgende temporäre Differenzen und Steuerlatenzen:

Jahr (Alle Zahlenangaben in GE)	01	02	03	04	05	06
Buchwert in der Steuerbilanz	1.200	600	0	0	0	0
Buchwert in der Handelsbilanz	1.500	1.200	900	600	300	0
Temporäre Differenz	300	600	900	600	300	0
Passive latente Steuern	90	180	270	180	90	0
Latenter Steueraufwand Latenter Steuerertrag	– 90	– 90	– 90 	 + 90	 + 90	 + 90

Übersicht VIII-26: *Temporäre Differenzen und latente Steuern in den einzelnen Jahren*

In den ersten drei Jahren erhöhen sich im Beispiel die temporären Differenzen und damit auch die anzusetzenden passiven latenten Steuern. Dementsprechend ist jährlich ein latenter Steueraufwand in der GuV zu berücksichtigen. In den Jahren 04 bis

---

149 So auch DRS 18.14.

06 verringert sich die Differenz zwischen der Handelsbilanz und der Steuerbilanz, was zur Folge hat, dass weniger latente Steuern angesetzt werden müssen. Es entstehen latente Steuererträge aus der Auflösung passiver latenter Steuern. Die Buchwerte in der Handelsbilanz und in der Steuerbilanz sind schließlich im Jahr 06 ausgeglichen, da hier der Computer sowohl handelsrechtlich als auch steuerrechtlich vollständig abgeschrieben ist.

32 Ebenen der Bilanzierung latenter Steuern

321. Überblick

Die Bilanzierung latenter Steuern im handelsrechtlichen Konzernabschluss kann, angelehnt an die Schritte der Aufstellung eines Konzernabschlusses,[150] in mehrere Ebenen unterteilt werden:

- Latente Steuern aus dem **Jahresabschluss** (HB I),
- latente Steuern aus der **Vereinheitlichung** der Jahresabschlüsse (HB II),
- latente Steuern aus den **Konsolidierungsmaßnahmen** (KB).

Die Bildung latenter Steuern für den **Jahresabschluss** regelt § 274. Auf dieser Ebene ergeben sich latente Steuern aus den Differenzen zwischen den Wertansätzen der Vermögensgegenstände und Schulden in der Handelsbilanz und der Steuerbilanz (**inside basis differences I**), da die Maßgeblichkeit der Handelsbilanz für die Steuerbilanz nicht vollständig greift.[151] Diese Steuerlatenzen werden hier nicht weiter behandelt.[152]

Die Vorschrift des § 274 hat indes weitergehende Auswirkungen auf die Ermittlung von Steuerlatenzen im Konzernabschluss:

- Bei der Konzernabschlusserstellung sind auf Differenzen zwischen der HB I und der HB II aufgrund der Vereinheitlichung der Jahresabschlüsse zusätzlich latente Steuern gemäß § 274 i. V. m. § 298 Abs. 1 zu bilden.[153]

---

150 Vgl. Kap. I Abschn. 4.

151 Vgl. HERZIG, N., Modernisierung des Bilanzrechts und Besteuerung, S. 3 f.; DÖRFLER, O./ ADRIAN, G., Steuerliche Auswirkungen, S. 44-49; für die Rechtslage vor dem BilMoG vgl. BAETGE, J., Ansatz- und Bewertungsvorschriften, S. 211 f.

152 Vgl. BAETGE, J./KIRSCH, H.-J./THIELE, S., Bilanzen, Kap. XI Abschn. 2.

153 Nach wörtlicher Auslegung des § 306 werden Differenzen aufgrund der Vereinheitlichung der Bewertung und der Währung gemäß §§ 308 bzw. 308a davon nicht erfasst. Nach h. M. sind diese in die Bilanzierung latenter Steuern gemäß § 274 i. V. m. § 298 Abs. 1 einzubeziehen. Vor dem Hintergrund einer einheitlichen Behandlung dieser Maßnahmen wird es als sachgerecht erachtet, auch Differenzen aufgrund der Vereinheitlichung des Ansatzes gemäß § 300 nicht nach § 306 in die Bilanzierung latenter Steuern einzubeziehen, sondern nach § 274. Die Zuordnung ist z. B. für die Anwendbarkeit des Ansatzwahlrechtes für aktive latente Steuern des § 274 von Bedeutung. Vgl. m. w. N. SENGER, T./HOEHNE, F., in: Münchener Komm. Bilanzrecht, § 306 HGB, Rn. 15.

■ Darüber hinaus verweist § 306 Satz 5 insbesondere für die anzuwendenden Steuersätze, die Auflösung der ausgewiesenen Posten sowie den Ausweis der korrespondierenden GuV-Posten auf § 274 Abs. 2.

Im Rahmen der **Vereinheitlichung** der jeweiligen nationalen Jahresabschlüsse werden diese im vierten Schritt der Aufstellung des Konzernabschlusses in eine HB II nach handelsrechtlichen Vorschriften übergeleitet. Bei der Entwicklung der HB II aus dem originären Jahresabschluss des Tochterunternehmens können sich die Differenzen zwischen der Handelsbilanz und der Steuerbilanz durch die Anpassung der HB I an die konzerneinheitlichen Ansatz- und Bewertungsregeln in der HB II erhöhen oder vermindern, da die Steuerbilanz von diesen Anpassungen unberührt bleibt (**inside basis differences II**). Die insgesamt in der HB II berücksichtigten latenten Steuern resultieren letztlich aus den Differenzen zwischen den Wertansätzen in der HB II und der Steuerbilanz.

Latente Steuern aus den **Konsolidierungsmaßnahmen**, dem sechsten Schritt der Aufstellung des Konzernabschlusses, entstehen aus Differenzen zwischen den Wertansätzen der Vermögensgegenstände und Schulden in der Konzernbilanz und den in der Summenbilanz ausgewiesenen Wertansätzen der einzelnen Bilanzposten laut HB II (**inside basis differences II**).

Daneben werden noch sog. **outside basis differences** unterschieden, die Differenzen zwischen dem (anteiligen) im Konzernabschluss angesetzten Nettovermögen einer Konzerngesellschaft und dem Beteiligungsbuchwert in der Steuerbilanz des Anteilseigners darstellen. Für outside basis differences dürfen gemäß § 306 Satz 4 keine latenten Steuern auf Konzernebene angesetzt werden.[154]

---

154 Dadurch ist auch die Bildung passiver latenter Steuern auf phasenverschobene Ergebnisübernahmen nicht mehr möglich. Diese wurde vor dem BilMoG von DRS 10.A6 in bestimmten Fällen vorgeschlagen. Vgl. dazu LOITZ, R., Latente Steuern, S. 917 und LOITZ, R., Latente Steuern nach dem BilMoG, S. 1392, sowie den aktuellen DRS 18.A8.

Übersicht VIII-27 fasst die verschiedenen Ebenen latenter Steuern im Konzernabschluss systematisch zusammen.

Ebene der Bilanzierung latenter Steuern	Art der Differenz	Relevante Regelung
Jahresabschluss (HB I)	Inside basis differences I	**§ 274** Ansatzpflicht für passive Steuerlatenzen; Ansatzwahlrecht für aktive Steuerlatenzen
Vereinheitlichung (HB II)	Inside basis differences II	
Konsolidierungs-maßnahmen (KB)		**§ 306 Sätze 1-3** Ansatzpflicht
Ansatz Nettovermögen	Outside basis differences	**§ 306 Satz 4** Ansatzverbot

Übersicht VIII-27: *Systematisierung latenter Steuern im Konzernabschluss*

322.   Latente Steuern aus der Vereinheitlichung der Jahresabschlüsse

Die bei der Bildung latenter Steuern im handelsrechtlichen Konzernabschluss zu berücksichtigenden Differenzen zwischen der HB I und der HB II können sich aus verschiedenen Maßnahmen ergeben.[155] Diese Maßnahmen umfassen die Vereinheitlichung der Abschlussstichtage, der Abschlussinhalte sowie die Währungsumrechnung.[156]

Aufgrund der Vereinheitlichung der **Abschlussstichtage** zu berücksichtigende Sachverhalte sind zwar in die Bilanzierung latenter Steuern einzubeziehen. Die Maßnahmen zur Vereinheitlichung an sich verursachen indes keine temporären Differenzen, da die Wertansätze in der HB II nicht unabhängig von der Steuerbilanz berührt werden.

Gemäß § 300 Abs. 2 sind hinsichtlich der Einheitlichkeit der **Abschlussinhalte** die Vermögensgegenstände und Schulden der einzelnen Tochterunternehmen, unabhängig von der Behandlung in den Jahresabschlüssen dieser Unternehmen, nach den Bilanzierungsrichtlinien des Mutterunternehmens anzusetzen. Die jeweiligen HB I sind zudem gemäß § 308 an die konzerneinheitlichen Bewertungsmethoden nach dem Recht des Mutterunternehmens anzupassen. Da die Steuerbilanz von diesen Anpassungen unberührt bleibt, können sich Unterschiede zwischen der HB II und der Steuerbilanz ergeben, wenn bspw. die konzerneinheitlichen Bewertungsmethoden von denen in der Steuerbilanz abweichen.

---

155 Zur Rechtslage vor dem BilMoG vgl. ADS, 6. Aufl., § 306 HGB, Rn. 20 f.
156 Zum Grundsatz der Einheitlichkeit vgl. Kap. IV.

Ferner muss ggf. eine **Währungsumrechnung** vorgenommen werden, damit die Wertansätze der Vermögensgegenstände und Schulden ausländischer Tochterunternehmen in den Konzernabschluss übernommen werden können. Die Konsolidierungsmaßnahmen setzen dann auf einer umgerechneten HB II auf. Gemäß § 308a sind Aktiv- und Passivposten, mit Ausnahme des Eigenkapitals, in der Bilanz mit dem Devisenkassamittelkurs am Konzernbilanzstichtag umzurechnen. Bereits bestehende Steuerlatenzen in der Handelsbilanz des Tochterunternehmens sind somit ebenfalls mit dem aktuellen Devisenkassamittelkurs umzurechnen.[157] Bei sich im Zeitablauf ändernden Wechselkursen können aus der Umrechnung in Euro weitere bei der Bilanzierung latenter Steuern zu berücksichtigende temporäre Differenzen entstehen.

323. Latente Steuern aus Konsolidierungsmaßnahmen

323.1 Überblick

Nachdem aus den endgültigen HB II die Summenbilanz ermittelt worden ist, müssen im Zuge der **Vollkonsolidierung** noch vielfältige Konsolidierungsmaßnahmen i. S. d. Einheitsgrundsatzes des § 297 Abs. 3 Satz 1 vorgenommen werden. Temporäre Ansatz- und Bewertungsunterschiede zwischen den HB II und der Konzernbilanz können aus den folgenden konsolidierungsspezifischen Maßnahmen resultieren:

- Kapitalkonsolidierung (§ 301),
- Schuldenkonsolidierung (§ 303),
- Zwischenergebniseliminierung (§ 304).[158]

Im Rahmen der **Quotenkonsolidierung** gemäß § 310 werden die latenten Steuern anteilig erfasst. Für die Ermittlung latenter Steuern gelten ansonsten dieselben Grundsätze wie bei der Vollkonsolidierung.[159] Darüber hinaus können auch aus der Anwendung der **Equity-Methode** gemäß §§ 311 und 312 latente Steuern entstehen.

323.2 Latente Steuern aus der Voll- und Quotenkonsolidierung

323.21 Latente Steuern aus der Kapitalkonsolidierung

Bei der Kapitalkonsolidierung gemäß § 301 Abs. 1 Satz 1 wird die Beteiligung des Mutterunternehmens mit dem anteiligen Eigenkapital des Tochterunternehmens verrechnet. Gemäß § 301 Abs. 1 Satz 2 ist in diesem Zusammenhang lediglich die **Neubewertungsmethode** zulässig, die eine vollständige Neubewertung der erworbenen Vermögensgegenstände und Schulden erfordert. Hierbei werden sämtliche Unter-

---

157 Vgl. EBERHARTINGER, E./POTT, C./SIEGEL, D., in: Baetge/Kirsch/Thiele, § 306 HGB, Rn. 35.

158 Bei der Aufwands- und Ertragskonsolidierung entstehen keine temporären Differenzen, da die Bilanzposten davon unberührt bleiben.

159 Vgl. EBERHARTINGER, E./POTT, C./SIEGEL, D., in: Baetge/Kirsch/Thiele, § 306 HGB, Rn. 77.

schiede zwischen dem beizulegenden Wert und dem Buchwert der Vermögensgegenstände und Schulden aufgedeckt. Durch die Neubewertung können somit latente Steuern aus der **Aufdeckung stiller Reserven** bzw. aus der **Aufdeckung stiller Lasten** entstehen, die gemäß § 306 zu bilanzieren sind. Im Vergleich zur Vollkonsolidierung werden die latenten Steuern bei der Quotenkonsolidierung entsprechend der Vermögensgegenstände und Schulden ebenfalls nur anteilig erfasst.

Differenzen, die aus dem erstmaligen Ansatz eines nach § 301 Abs. 3 **verbleibenden Unterschiedsbetrages** – entweder eines Geschäfts- oder Firmenwertes (GoF) oder eines passiven Unterschiedsbetrages aus der Kapitalkonsolidierung – entstehen, sind allerdings gemäß § 306 Satz 3 bei der Ermittlung der latenten Steuern nicht zu berücksichtigen.

Ebenso besteht gemäß § 306 Satz 4 ein Bilanzierungsverbot für Steuerlatenzen aufgrund von **outside basis differences**, d. h. Differenzen zwischen dem im handelsrechtlichen Konzernabschluss angesetzten Nettovermögen des Tochterunternehmens einerseits und dem Beteiligungsbuchwert dieser Konzerngesellschaft in der Steuerbilanz des Mutterunternehmens andererseits.[160]

Folgende an das Beispiel zur Kapitalkonsolidierung aus Kap. V Abschn. 125. angelehnte **Beispielrechnung** zeigt die Bildung latenter Steuern aufgrund von Differenzen aus der Kapitalkonsolidierung:

Beim Erwerb von 75 % der Anteile an einem TU (share deal) zum Anschaffungspreis von 450 GE werden im Anlagevermögen bzw. Umlaufvermögen dieses TU stille Reserven in Höhe von 40 GE bzw. 20 GE und darüber hinaus in den sonstigen Passiva stille Lasten in Höhe von 20 GE aufgedeckt. Der Buchwert des Eigenkapitals beträgt 400 GE. Daraus resultiert ein neubewertetes Eigenkapital in Höhe von insgesamt 440 GE (= 400 GE + 40 GE + 20 GE – 20 GE). Da der Kaufpreis der Anteile an dem TU bei 450 GE liegt, ergibt sich in der Konzernbilanz unter Berücksichtigung der Beteiligungsquote und ohne latente Steuern ein Geschäfts- oder Firmenwert in Höhe von 120 GE (= 450 GE – 440 GE · 75 %).[161]

Aus der Aufdeckung der stillen Reserven und Lasten im Konzernabschluss resultieren höhere Wertansätze. Da hier unterstellt wird, dass die Buchwerte in der Steuerbilanz den handelsrechtlichen Buchwerten vor der Aufdeckung stiller Reserven und Lasten entsprechen, führen die aufgedeckten stillen Reserven und Lasten vollumfänglich zum Ansatz latenter Steuern. In den Folgeperioden ergeben sich höhere handelsrechtliche Abschreibungen. Ferner werden die stillen Lasten realisiert. Im Zeitablauf gleichen sich somit die handelsrechtlichen und steuerrechtlichen Buchwerte an und im weiteren Verlauf wieder aus.

Die latenten Steuern berechnen sich im Beispiel in Übersicht VIII-28 unter der Annahme eines unsaldierten Ausweises der Steuerlatenzen wie folgt: Bei einem Steuersatz von s = 30 % sind passive latente Steuern auf das Anlagevermögen in Höhe von

---

160 Vgl. BT-Drucksache 16/12407, S. 90.
161 Vgl. Kap. V Übersicht V-4.

12 GE (= 40 GE · 30 %) sowie passive latente Steuern auf das Umlaufvermögen in Höhe von 6 GE (= 20 GE · 30 %) zu bilden. Insgesamt resultieren somit aus der Aufdeckung der stillen Reserven passive latente Steuern in Höhe von 18 GE (= 12 GE + 6 GE). Außerdem entstehen bei der Aufdeckung der stillen Lasten in den sonstigen Passiva aktive latente Steuern in Höhe von 6 GE (= 20 GE · 30 %).[162] Im Vergleich zu der Konstellation ohne die Berücksichtigung latenter Steuern vermindert sich das neubewertete Eigenkapital um 12 GE auf 428 GE (= 440 GE – 12 GE).

---

162 Diese Latenzen sind zusätzlich zu Latenzen zu berücksichtigen, die sich aus Unterschieden zwischen den Wertansätzen in Steuerbilanz und HB II ergeben.

Bei der Beteiligungsquote von 75 % erhöht sich der Geschäfts- oder Firmenwert bei gleichem Beteiligungsbuchwert somit um 9 GE (= 12 GE · 75 %) auf nun 129 GE (= 450 GE – 428 GE · 75 %).

Zeitpunkt t = 0 (Alle Zahlenangaben in GE)	MU HB II	TU HB II = StB	TU stR/ stL in t = 0	TU HB III (mit latenten Steuern)	SB	Konsolidierungsspalte Soll	Konsolidierungsspalte Haben	KB
Aktiva								
GoF						129[3]		129
Sonstiges AV	400	300	40[1]	340	740			740
Anteile an verb. Unt.	450				450		450[2]	
UV	300	500	20[1]	520	820			820
Aktive latente Steuern			6[1]	6	6			6
Verbleibender UB						129[2]	129[3]	
Summe Aktiva	1.150	800		866	2.016			1.695
Passiva								
Eigenkapital								
■ Sonst. EK	500	400	28[1]	428	928	321[2] 107[4]		500
■ Nicht beh. Anteile							107[4]	107
Sonstige Passiva	650	400	20[1]	420	1.070			1.070
Passive latente Steuern			18[1]	18	18			18
Summe Passiva	1.150	800		866	2.016	686	686	1.695

Legende:

AV	≙	Anlagevermögen	Nicht beh.	≙	Nicht beherrschende Anteile
Anteile an verb.	≙	Anteile an verbundenen	StB	≙	Steuerbilanz
Unt.		Unternehmen	stL	≙	stille Lasten
EK	≙	Eigenkapital	stR	≙	stille Reserven
GE	≙	Geldeinheiten	TU	≙	Tochterunternehmen
GoF	≙	Geschäfts- oder Firmenwert	UB	≙	Unterschiedsbetrag
HB	≙	Handelsbilanz	UV	≙	Umlaufvermögen
KB	≙	Konzernbilanz			
MU	≙	Mutterunternehmen			

Übersicht VIII-28: *Auswirkungen der Bilanzierung latenter Steuern im Rahmen der Kapitalkonsolidierung bei Vollkonsolidierung (Erstkonsolidierung)*

323.22 Latente Steuern aus der Schuldenkonsolidierung

Gemäß § 303 Abs. 1 sind Ausleihungen und andere Forderungen, Rückstellungen und Verbindlichkeiten zwischen den Konzernunternehmen sowie entsprechende Rechnungsabgrenzungsposten wegzulassen. Auf die Eliminierung darf verzichtet werden, wenn die zu eliminierenden Beträge unwesentlich i. S. d. Generalnorm des § 297 Abs. 2 Satz 2 sind (§ 303 Abs. 2).

Wird z. B. eine Forderung in der Handelsbilanz eines Konzernunternehmens und die korrespondierende Verbindlichkeit (jeweils zuzüglich der zugehörigen Rechnungsabgrenzungsposten) in der Handelsbilanz eines anderen Konzernunternehmens in gleicher Höhe ausgewiesen, so ergibt sich kein Anlass zum Ansatz einer latenten Steuer, da sich die jeweiligen temporären Differenzen aus der Schuldenkonsolidierung in gleicher Höhe gegenüberstehen. Latente Steuern sind nur dann anzusetzen, wenn ein Aktivposten in anderer Höhe als der entsprechende Passivposten angesetzt wird oder wenn einem aus konzerninternen Geschäften resultierenden Passivposten kein zugehöriger Aktivposten gegenübersteht. In diesem Fall kommt es zu einer **Aufrechnungsdifferenz**. Auf die entstandenen Aufrechnungsdifferenzen sind, sofern sich diese im Zeitablauf voraussichtlich wieder abbauen, (zusätzliche) latente Steuern zu bilden. Dies kann unter anderem in folgenden Fällen auftreten, wobei es nicht auf die Ergebniswirkung, sondern auf die Höhe des Bilanzpostens ankommt:[163]

- Konzerninterne Rückstellungen,
- Niederstwertvorschriften für konzerninterne Forderungen bzw. Höchstwertprinzip für konzerninterne Verbindlichkeiten,
- konzerninterne Kreditgewährung mit Abschlag (Auszahlungs-Disagio),
- Währungsumrechnung.[164]

Die folgende auf dem Beispiel zur Schuldenkonsolidierung aus Kap. V Abschn. 244.4 basierende **Beispielrechnung** illustriert die Entstehung latenter Steuern bei der Schuldenkonsolidierung:

Ein MU hat eine Forderung aus Lieferungen und Leistungen in Höhe von 100 GE gegenüber seinem TU, das in gleicher Höhe eine Verbindlichkeit ansetzt. Am Bilanzstichtag schreibt das MU die Forderungen um 20 GE auf 80 GE ab, während die Verbindlichkeit beim TU unverändert bleibt. Daraus resultiert bei der Schuldenkonsolidierung eine Aufrechnungsdifferenz. Da sich diese annahmegemäß künftig wieder auflösen wird, sind bei einem Steuersatz von s = 30 % erfolgswirksam passive latente Steuern in Höhe von 6 GE (= 20 GE · 30 %) zu bilden.

---

163 Für die Rechtslage vor dem BilMoG vgl. SCHERRER, G., in: Hofbauer/Kupsch, § 306 HGB, Rn. 19; BAUMANN, K.-H., in: Küting/Weber, HdK, 2. Aufl., § 306 HGB, Rn. 25. Vgl. auch EBERHART-INGER, E./POTT, C./SIEGEL, D., in: Baetge/Kirsch/Thiele, § 306 HGB, Rn. 44.

164 Vgl. Kap. V Abschn. 244.1.

323.23 Latente Steuern aus der Zwischenergebniseliminierung

In § 304 ist die Eliminierung von Zwischenergebnissen normiert, die aus Lieferungen oder Leistungen zwischen den in den Konzernabschluss einbezogenen Unternehmen resultieren. Aus Konzernsicht handelt es sich bei Zwischenergebnissen um **unrealisierte Gewinne oder Verluste**, die nach dem Einheitsgrundsatz erst realisiert werden dürfen, wenn an Konzernaußenstehende geliefert oder geleistet worden ist bzw. die Güter abgeschrieben oder verbraucht worden sind.

Bei einem **Zwischengewinn bzw. Zwischenverlust** fallen die Konzern-AK/HK eines konzernintern verkauften Vermögensgegenstandes und die Anschaffungskosten dieses Vermögensgegenstandes im Jahresabschluss des kaufenden Konzernunternehmens auseinander. Dadurch entsteht eine temporäre Differenz, bei der es nicht auf die Ergebniswirkung ankommt, sondern darauf, dass sich die Werte in der Handels- und Steuerbilanz unterscheiden. Das kaufende Konzernunternehmen bilanziert in seinem Jahresabschluss wie auch in der Steuerbilanz den erhaltenen Vermögensgegenstand zu seinen Anschaffungskosten, die dem gezahlten internen Verkaufspreis entsprechen. Im Konzernabschluss ist der Vermögensgegenstand indes mit den Konzern-AK/HK anzusetzen. Der Wert des Vermögensgegenstandes in der Konzernbilanz ist folglich bei einem Zwischengewinn (Zwischenverlust) um eben diesen niedriger (höher) als der Wert in der HB II.

Aus der Zwischenergebniseliminierung resultieren somit i. d. R. temporäre Differenzen, die eine Bilanzierungspflicht latenter Steuern nach § 306 begründen. Diese Differenzen lösen sich bei Verkauf an einen fremden Dritten, durch Abschreibungen oder Verbrauch des Vermögensgegenstandes wieder auf.

Folgendes **Beispiel**, dem die Beispielrechnung zur Zwischenergebniseliminierung aus Kap. V Abschn. 322. zugrunde liegt, veranschaulicht die Entstehung latenter Steuern im Zusammenhang mit der Eliminierung von Zwischenergebnissen aus konzerninternen Geschäften (vgl. Übersicht VIII-29):

Im Vorratsposten (Umlaufvermögen) des MU sind Zwischengewinne in Höhe von 50 GE aus konzerninternen Lieferungen zwischen dem MU und dem TU enthalten. Diese sind daraus entstanden, dass das TU Vorräte für insgesamt 100 GE an das MU verkauft hat, die Herstellungskosten für diese Vorräte aber lediglich bei 50 GE lagen. Der entstandene Zwischengewinn unterliegt einem Steuersatz von s = 30 %. Somit sind in der Konzernbilanz zum einen die Vorräte um den Zwischengewinn zu korrigieren (50 GE) sowie zum anderen aktive latente Steuern für künftige Steuerentlastungen in Höhe von 15 GE (= 50 GE · 30 %) anzusetzen.

Zeitpunkt t = 0 (Alle Zahlenangaben in GE)	TU₁	MU	Summen-abschluss	Konsolidierungsspalte		Konzern-abschluss s
	HB II	HB II		Soll	Haben	
Bilanz						
Aktiva						
AV	700	1.000	1.700			1.700
FE_II		200	200		50^1A	150
Kasse	100	100	200			200
Aktive latente Steuern				**15**		**15**
Summe Aktiva	800	1.300	2.100			2.065
Passiva						
Eigenkapital						
▪ Jahresergebnis	45	0	45	50^1A	**15**	**10**
▪ Sonstiges EK	355	500	855			855
Verbindlichkeiten	5	100	105			105
Sonst. Passiva	395	700	1.095			1.095
Summe Passiva	800	1.300	2.100			2.065
GuV						
Umsatzerlöse	100		100	100		
Umsatzkosten	50		50		50	
Sonstiger betrieblicher Aufwand	5		5			5
Ertrag aus latenten Steuern					15	+ 15
Jahresergebnis	+ 45		+ 45		35	+ 10

Legende: Vgl. Übersicht VIII-28.
Hinweis: Die ohne die Berücksichtigung latenter Steuern vorgenommenen Konsolidierungsbuchungen zur Eliminierung des Zwischengewinns wurden mit (1A) gekennzeichnet.

Übersicht VIII-29: *Auswirkungen der Bilanzierung latenter Steuern im Rahmen der Zwischenergebniseliminierung bei Vollkonsolidierung*

323.3 Latente Steuern aus der Anwendung der Equity-Methode

Seit dem BilRUG verweist § 312 Abs. 5 Satz 3 explizit auf § 306. Damit hat der Gesetzgeber klargestellt, dass die Regelungen zur Bilanzierung latenter Steuern entsprechend auch im Rahmen der Equity-Methode anzuwenden sind, sofern die maßgeblichen Sachverhalte bekannt oder zugänglich sind. Zuvor war unklar, ob der Gesetzgeber dies beabsichtigt hatte. Dem Wortlaut des § 306 nach gelten dessen Regelungen nämlich nur für **Maßnahmen der Vollkonsolidierung**. Daraus wurde teilweise geschlossen, dass ein Ansatz von Steuerlatenzen bei der Equity-Methode nicht erforderlich sei.[165] Nach der hier vertretenen Auffassung wurde dabei allerdings nicht berücksichtigt, dass zwischen der Anwendung der Equity-Methode als Bewertungsmethode und als Konsolidierungsmethode unterschieden werden muss.[166] Nur soweit die Equity-Methode als Konsolidierungsmethode angewendet wurde (nämlich auf nicht vollkonsolidierte Tochterunternehmen und nicht quotenkonsolidierte Gemeinschaftsunternehmen), sollten auch latente Steuern berücksichtigt werden.

Seit dem BilRUG ist diese Unterscheidung vermeintlich entbehrlich, da sowohl gemäß § 312 Abs. 5 Satz 3 i. V. m. § 306 als auch gemäß DRS 18.27 aus der Anwendung der Equity-Methode entstandene temporäre Differenzen bei der Bilanzierung latenter Steuern zu berücksichtigen sind. Bei der Anwendung der Equity-Methode können temporäre Differenzen entstehen, da der Beteiligungsbuchwert in der Steuerbilanz und der entsprechende Equity-Wert im Konzernabschluss nach unterschiedlichen Methoden ermittelt werden. Für die Beantwortung der Frage, ob daraus auch Latenzen im Konzernabschluss resultieren, ist die Unterscheidung zwischen inside basis differences und outside basis differences von besonderer Bedeutung. Die **inside basis differences I** ergeben sich aufgrund von Unterschieden zwischen dem Wertansatz in der Handelsbilanz und dem Wertansatz in der Steuerbilanz des Beteiligungsunternehmens. Da bei der Anwendung der Equity-Methode keine einzelnen Vermögensgegenstände oder Schulden in die Konzernbilanz übernommen werden, sind folglich die aus den inside basis differences I entstandenen latenten Steuern des Beteiligungsunternehmens nicht im handelsrechtlichen Konzernabschluss abzubilden. Die **inside basis differences II** gehen über die inside basis differences I hinaus. Sie entstehen bspw. bei der Zwischenergebniseliminierung und der Aufdeckung der stillen Reserven und stillen Lasten im Rahmen der Anwendung der Equity-Methode. Die auf Basis der inside basis differences II ermittelten latenten Steuern sind in einer Nebenrechnung außerhalb der Konzernbilanz zu erfassen und führen (erst) bei der Fortschreibung des Equity-Wertes zu einer Anpassung desselben.

Outside basis differences, also Differenzen zwischen dem Beteiligungsbuchwert in der Steuerbilanz des beteiligten Unternehmens und dem bei Anwendung der Equity-Methode ermittelten Equity-Wert, dürfen gemäß § 306 Satz 4 bei der Ermittlung latenter Steuern nicht berücksichtigt werden.

Insofern führen also sowohl inside basis differences als auch outside basis differences bei der Anwendung der Equity-Methode nicht zu einem separaten Ansatz latenter Steuern in der Konzernbilanz. Latente Steuern sind indes bei der Ermittlung und Fortschreibung des Equity-Wertes in einer Nebenrechnung außerhalb der Konzernbilanz zu erfassen.

---

165 Zur Rechtslage vor dem BilRUG vgl. EBERHARTINGER, E./POTT, C./SIEGEL, D., in: Baetge/ Kirsch/Thiele, § 306, Rn. 78.

166 Vgl. KIRSCH, H.-J., Die Equity-Methode im Konzernabschluß, S. 22 und 157 f.; GELHAUSEN, W., Aktuelle Entwicklungen der Konzernrechnungslegung, S. 92 f.; vgl. vor allem auch Kap. VII Abschn. 43.

33   Die Ermittlung und Bewertung latenter Steuern

Die Bewertung latenter Steuern ist in § 274 Abs. 2 geregelt. Auch § 306 Satz 5 verweist für die aus den Konsolidierungsmaßnahmen resultierenden latenten Steuern auf § 274 Abs. 2. Bei der Wahl des Steuersatzes ist gemäß § 274 Abs. 2 Satz 1 die **Liability-Methode** (Verbindlichkeitsmethode) anzuwenden.[167] Die Beträge der sich ergebenden künftigen Steuerbe- und -entlastung sind mit dem **künftigen Steuersatz** zu bewerten, der zum Zeitpunkt des Abbaus der Differenz gültig ist.[168] Kann der künftige Steuersatz nicht hinreichend zuverlässig bestimmt werden, so ist gemäß der Gesetzesbegründung zum BilMoG der aktuelle Steuersatz anzuwenden. Sofern der Bundesrat Änderungen des Steuersatzes im Rahmen eines Steuergesetzes vor oder am Bilanzstichtag zugestimmt hat, sind diese entsprechend zu berücksichtigen.[169]

Damit der Konzernabschluss ein den tatsächlichen Verhältnissen entsprechendes Bild der Vermögens-, Finanz- und Ertragslage vermitteln kann, ist der **unternehmensindividuelle Steuersatz** der in den Konzernabschluss einbezogenen Unternehmen im Zeitpunkt des Abbaus der Differenz zur Berechnung der latenten Steuern heranzuziehen. Durch die Betrachtung der individuellen Steuersätze der Konzernunternehmen wird die Fiktion des Konzerns als wirtschaftliche Einheit an dieser Stelle zurückgedrängt.[170]

Die Bestimmung unternehmensindividueller künftiger Steuersätze ist gerade im Konzernabschluss u. U. sehr komplex. Dies ist vor allem darauf zurückzuführen, dass eigentlich jeder einzelnen temporären Differenz der individuelle Steuersatz des jeweiligen Konzernunternehmens zuzuordnen ist und diese Daten darüber hinaus noch über den Zeitraum bis zur Auflösung der Differenz in einer Nebenrechnung fortzuführen wären. Um dieser Komplexität zu begegnen, kann nach der Begründung zum BilMoG ausnahmsweise ein **konzerneinheitlicher Steuersatz** verwendet werden, wenn dies unter Verhältnismäßigkeits- und Wesentlichkeitsgesichtspunkten zu rechtfertigen ist.[171] Der Steuersatz ist dabei unter Berücksichtigung der Steuerlastquoten der in den Konzernabschluss einbezogenen Unternehmen zu bilden oder zu schätzen.[172] In diesem Zusammenhang können die für die einzelnen Konzernunternehmen geltenden Steuertarife der jeweiligen Länder herangezogen werden, um hieraus einen gewichteten Durchschnittssteuersatz zu ermitteln.[173] Auch nach DRS 18.41 f. ist die Verwendung eines konzerneinheitlichen Steuersatzes bei der Bewertung der (temporären) Differenzen nur dann zulässig, wenn die Abweichungen im Vergleich zur Verwendung des jeweils individuellen Steuersatzes des betroffenen Konzernunter-

167 Vgl. LOITZ, R., Latente Steuern und BilMoG, S. 253.

168 Vgl. EBERHARTINGER, E./POTT, C./SIEGEL, D., in: Baetge/Kirsch/Thiele, § 306 HGB, Rn. 71.

169 Vgl. BT-Drucksache 16/10067, S. 68.

170 Vgl. BT-Drucksache 16/10067, S. 83.

171 Vgl. BT-Drucksache 16/10067, S. 83.

172 Vgl. BRIESE, J., in: Beck HdR, C 440, Rn. 98-100.

173 Vgl. EBERHARTINGER, E./POTT, C./SIEGEL, D., in: Baetge/Kirsch/Thiele, § 306 HGB, Rn. 71.

nehmens unwesentlich sind. Bei konzerninternen Lieferungen oder Leistungen (Zwischenergebniseliminierung) ist der Steuersatz desjenigen Unternehmens maßgeblich, das die Lieferung oder Leistung empfangen hat (DRS 18.45).

34 Der Ausweis latenter Steuern im Konzernabschluss

Im Konzernabschluss müssen latente Steuern ausgewiesen werden, die entweder auf der Grundlage der Vorschrift des § 274 oder der Vorschrift des § 306 gebildet worden sind. Die latenten Steuern auf Konzernebene gemäß § 306 dürfen mit den jeweiligen latenten Steuern aus dem Jahresabschluss gemäß § 274 **zusammengefasst** werden (§ 306 Satz 6).

Die sich nach § 306 Satz 1 insgesamt ergebenden, also saldierten,[174] latenten Steuern setzen sich zusammen aus den Unterschieden zwischen den Wertansätzen in der Steuerbilanz und in der Konzernbilanz und sind auf der Aktiv- bzw. der Passivseite anzusetzen. Grundsätzlich sind die ermittelten aktiven und passiven latenten Steuern zu **saldieren**,[175] allerdings besteht gemäß § 306 Satz 2, wie auch im Jahresabschluss, das Wahlrecht zum unsaldierten Ausweis. Der Betrag einer sich (ggf. insgesamt) ergebenden künftigen Steuerbelastung ist in der Bilanz in dem **Posten „Passive latente Steuern"** (§ 266 Abs. 3 E.) und der Betrag einer sich (ggf. insgesamt) ergebenden Steuerentlastung in dem **Posten „Aktive latente Steuern"** (§ 266 Abs. 2 D.) auszuweisen.

Darüber hinaus sind gemäß § 274 Abs. 2 Satz 3 i. V. m. § 306 Satz 5 die Aufwendungen bzw. die Erträge aus der Veränderung latenter Steuern in der Gewinn- und Verlustrechnung unter dem **Posten „Steuern vom Einkommen und vom Ertrag"** gesondert auszuweisen.

Die ausgewiesenen latenten Steuern sind zudem gemäß § 314 Abs. 1 Nr. 21 im Konzernanhang zu erläutern. Dabei sind die temporären Differenzen und die steuerlichen Verlustvorträge sowie die Steuersätze, welche die Basis für die Ermittlung latenter Steuern darstellen, anzugeben. Die Angabepflichten werden durch DRS 18.63-67 konkretisiert.[176] Seit dem BilRUG sind diese Angaben gemäß § 314 Abs. 1 Nr. 22 um die Beträge der in der Konzernbilanz angesetzten passiven latenten Steuern am Ende des Geschäftsjahres und ihre Veränderungen im Laufe des Geschäftsjahres zu ergänzen.

---

174 Vgl. BT-Drucksache 16/12407, S. 87.

175 Vgl. KÜTING, K./SEEL, C., Regelungen zu latenten Steuern, S. 924.

176 Zu der Vorgängerregelung in DRS 10 vgl. LOITZ, R., Latente Steuern und BilMoG, S. 253.

35 Latente Steuern im Konzernabschluss nach IFRS

351. Die Konzeption der Bilanzierung latenter Steuern nach IFRS

Eine dem deutschen Maßgeblichkeitsgrundsatz entsprechende Regelung existiert in den IFRS aufgrund des transnationalen Charakters der Regelungen naturgemäß nicht, d. h., die International Financial Reporting Standards verknüpfen den IFRS-Abschluss und den steuerrechtlichen Abschluss nicht. Dadurch können die Wertansätze im IFRS-Abschluss und in der Steuerbilanz erheblich auseinanderfallen, so dass die latenten Steuern nach IFRS eine große Bedeutung haben.[177]

IAS 12 (Ertragsteuern) regelt die Bilanzierung aller ertragsabhängigen Steuern im Jahresabschluss und im Konzernabschluss. Der Standard bezieht sich dabei überwiegend auf latente Steuern, da für die effektiven Steuerzahlungen deutlich weniger Regelungsbedarf besteht. IAS 12 unterscheidet nicht zwischen Personengesellschaften und Kapitalgesellschaften; grundsätzlich sind die Regelungen auf alle erwerbswirtschaftlich tätigen Organisationen anzuwenden, die einen IFRS-Abschluss aufstellen.

Bereits bei der wesentlichen Überarbeitung des IAS 12 im Jahre 1996 wurde die US-amerikanische Konzeption des SFAS 109 (Ertragsteuern) weitgehend übernommen. Sowohl nach SFAS 109 als auch nach IAS 12 basiert die Bilanzierung latenter Steuern auf dem bilanzorientierten **Temporary-Konzept**. Analog zu den Regelungen im HGB ergeben sich Steuerlatenzen aufgrund **temporärer Differenzen** in der Bilanz, bei denen zwischen **inside basis differences** und **outside basis differences** zu unterscheiden ist. Während erstere auf temporären Differenzen zwischen den Wertansätzen der Vermögenswerte und Schulden in der Konzernbilanz einerseits und den nationalen Steuerbilanzen andererseits beruhen,[178] umfassen letztere die temporären Differenzen zwischen dem Nettovermögen eines Konzernunternehmens im Konzernabschluss und dem Beteiligungsbuchwert in der Steuerbilanz des Anteilseigners.[179] Je nachdem, ob temporäre Differenzen zu einer künftigen Steuerentlastung (aktive latente Steuer) oder einer künftigen Steuerbelastung (passive latente Steuer) führen, unterscheidet IAS 12 zwischen **abzugsfähigen temporären Differenzen** und **zu versteuernden temporären Differenzen** (vgl. Übersicht VIII-30).

Grundsätzlich sind gemäß IAS 12 latente Steuern auf sämtliche temporäre Differenzen zu bilden. **Aktive latente Steuern** sind gemäß IAS 12.24 indes nur in dem Umfang zu berücksichtigen, wie es wahrscheinlich ist, dass ein zu versteuernder Gewinn verfügbar sein wird, gegen den die abzugsfähige temporäre Differenz verwendet werden kann.

---

177 Vgl. auch IDW (Hrsg.), Rechnungslegung nach International Accounting Standards, S. 206 f.; GRÖNER, S./MARTEN, K.-U./SCHMID, S., Latente Steuern im internationalen Vergleich, S. 479.

178 Zur weiteren Untergliederung der inside basis differences in inside basis differences I und inside basis differences II vgl. Abschn. 323.3 in diesem Kapitel.

179 Vgl. LIENAU, A., Latente Steuern bei der Währungsumrechnung, S. 10 f.

Der Ansatz latenter Steuern ist unabhängig von der **Erfolgswirksamkeit** der Entstehung der zugrunde liegenden temporären Differenzen.[180] Latente Steuern sind grundsätzlich entsprechend der Entstehung der temporären Differenzen erfolgsneutral oder erfolgswirksam anzusetzen. Erfolgsneutrale Differenzen resultieren z. B. aus der Anwendung der erfolgsneutralen Neubewertungsmethode[181] gemäß IAS 16 (Sachanlagen).

Eine explizite Ausnahme von der Bilanzierungspflicht besteht gemäß IAS 12.15 (b) und IAS 12.24 für latente Steuern auf Basis von temporären Differenzen aus dem **erstmaligen Ansatz eines Vermögenswertes oder einer Schuld**, sofern dieser weder den bilanziellen noch den zu versteuernden Gewinn im Zeitpunkt des Ansatzes berührt und nicht im Zusammenhang mit einem Unternehmenszusammenschluss steht. Darüber hinaus dürfen keine passiven latenten Steuern aufgrund zu versteuernder temporärer Differenzen aus der **erstmaligen Bilanzierung eines Goodwill** angesetzt werden, sofern dieser steuerrechtlich nicht abzugsfähig ist.[182]

Die Bilanzierung latenter Steuern auf **outside basis differences** im Zusammenhang mit Tochterunternehmen, assoziierten Unternehmen sowie Anteilen an gemeinschaftlichen Vereinbarungen unterliegt zusätzlichen Bedingungen. Eine daraus entstandene passive latente Steuer ist gemäß IAS 12.39 nur anzusetzen, sofern das bilanzierende Unternehmen den zeitlichen Verlauf der Auflösung der temporären Differenz nicht steuern kann oder die Auflösung in absehbarer Zukunft wahrscheinlich ist.

Die **Bewertung** latenter Steuern nach IFRS folgt der einzig mit dem Temporary-Konzept kompatiblen **Liability-Methode**. Bei dieser werden aktive und passive latente Steuern als mögliche Steuerforderungen respektive Steuerschulden angesehen. Da die Höhe einer Steuerforderung bzw. einer Steuerschuld von dem (künftigen) Steuersatz abhängt, der im Fälligkeitszeitpunkt der Forderung oder Verpflichtung gilt, sind der Bewertung latenter Steuern die künftigen Steuersätze zugrunde zu legen.[183]

---

180 Vgl. hier und im Folgenden SCHULZ-DANSO, M., Beck IFRS HB, § 25, Rn. 113 und 116.

181 Vgl. BAETGE, J./KIRSCH, H.-J./THIELE, S., Bilanzen, Kap. V Abschn. 532.13; kritisch zur Vorgehensweise nach IFRS vgl. SCHILDBACH, T., Latente Steuern, S. 941-943.

182 Vgl. LIENAU, A., Latente Steuern im Konzernabschluss, S. 163-167.

183 Vgl. WOLLMERT, P., Behandlung latenter Steuern im IASC-Abschluß, S. 90 f.; COENENBERG, A. G./HILLE, K., Latente Steuern nach IAS 12, S. 543.

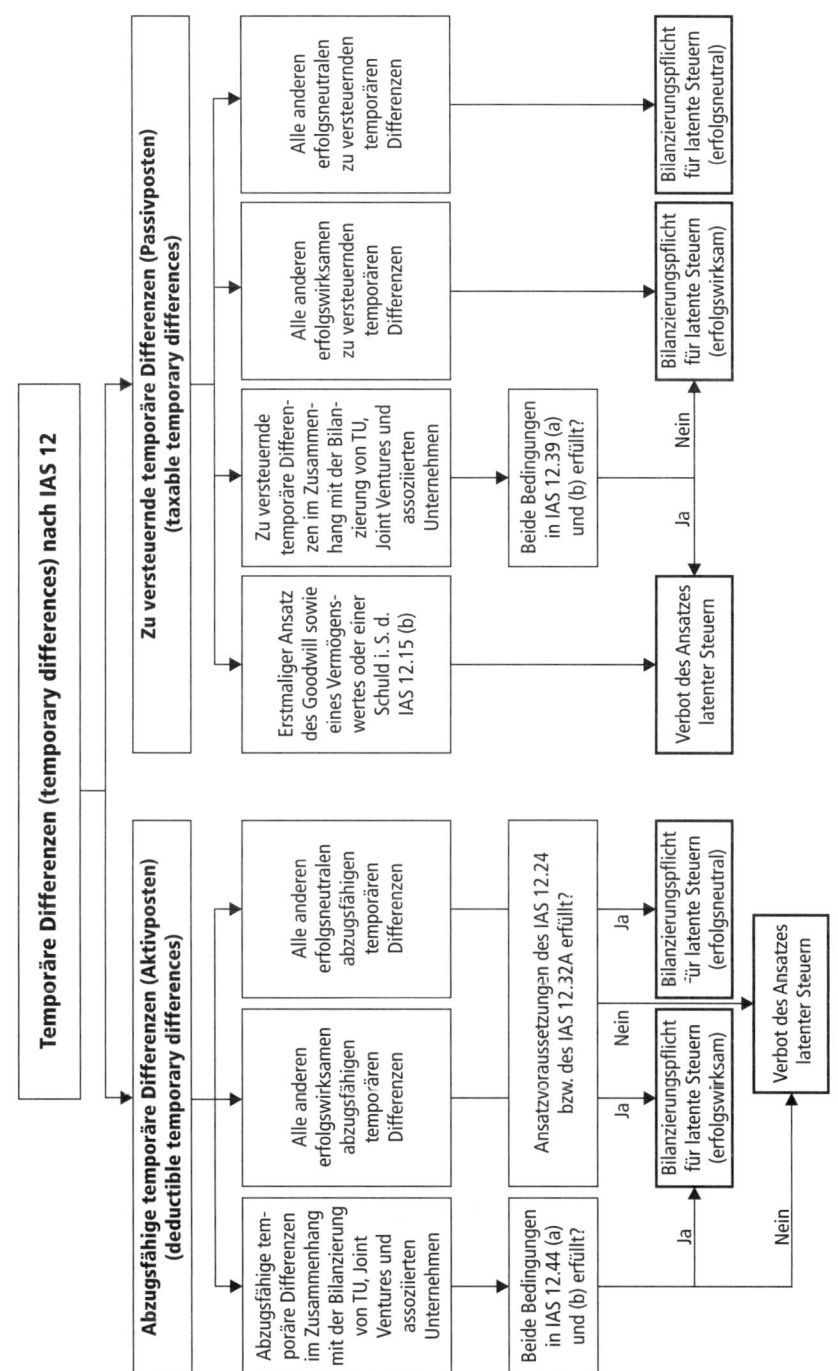

Übersicht VIII-30: *Arten temporärer Differenzen nach IAS 12*

352. Ebenen der Bilanzierung latenter Steuern nach IFRS

352.1 Überblick

Auch im IFRS-Konzernabschluss kann die Bilanzierung latenter Steuern in drei Ebenen untergliedert werden:

(1) Latente Steuern aus dem **Jahresabschluss** (IFRS-Bilanz I): Latente Steuern können auf Ebene des Jahresabschlusses aufgrund von temporären Differenzen zwischen der IFRS-Bilanz I und der Steuerbilanz entstehen. Diese werden hier nicht weiter behandelt.

(2) Latente Steuern aus der **Vereinheitlichung** der Jahresabschlüsse (IFRS-Bilanz II): Latente Steuern entstehen im Rahmen der Aufstellung einer IFRS-Bilanz II insbesondere durch die in IFRS 10.19 i. V. m. B87 vorgeschriebene Anpassung der Bilanzansätze und der Bewertung an das Recht des Mutterunternehmens sowie durch umrechnungsbedingte Wertänderungen im Konzernabschluss gemäß IAS 21 (Auswirkungen von Wechselkursänderungen).

(3) Latente Steuern aus den **Konsolidierungsmaßnahmen**: Temporäre Differenzen zwischen der IFRS-Bilanz II und der Konzernbilanz können im Rahmen der **Vollkonsolidierung** aus den folgenden konsolidierungsspezifischen Maßnahmen resultieren:

- ■ Kapitalkonsolidierung,
- ■ Schuldenkonsolidierung,
- ■ Zwischenergebniseliminierung.

Zur Bildung latenter Steuern auf temporäre Differenzen aus der **anteiligen Konsolidierung** von gemeinschaftlichen Tätigkeiten gemäß IFRS 11 (Gemeinschaftliche Vereinbarungen) enthalten die IFRS keine expliziten Regelungen. Indes müssen nach dem Einheitsgrundsatz in IFRS 10.A auch bei der anteiligen Konsolidierung latente Steuern angesetzt werden, wenn konzerninterne Verflechtungen eliminiert werden. Dabei ist grundsätzlich analog zur Vollkonsolidierung vorzugehen, mit dem Unterschied, dass die latenten Steuern nur anteilig in Höhe der Einbeziehungsquote der gemeinschaftlichen Tätigkeit im Konzernabschluss angesetzt werden. Weiter können ebenso bei Anwendung der **Equity-Methode** temporäre Differenzen aus den Konsolidierungsmaßnahmen entstehen.

352.2 Latente Steuern aus der Vollkonsolidierung nach IFRS

352.21 Latente Steuern aus der Kapitalkonsolidierung nach IFRS

Latente Steuern sind bei der Kapitalkonsolidierung insbesondere in zwei Fällen zu bilden:

(1) **Aufdeckung stiller Reserven und Lasten**: Beim Ansatz der identifizierbaren Vermögenswerte und Schulden im Konzernabschluss sieht IFRS 3 (Unternehmenszusammenschlüsse) die Aufdeckung sämtlicher stiller Reserven und Lasten

im Rahmen der vollständigen Neubewertungsmethode vor. Temporäre Differenzen entstehen hier bspw., wenn Vermögenswerte in der Steuerbilanz des erworbenen Unternehmens weiterhin mit ihren fortgeführten Anschaffungskosten bewertet werden, während sie mit ihrem aktuellen beizulegenden Zeitwert in den Konzernabschluss eingehen.

(2) **Erstmaliger Ansatz eines Goodwill**: Aus dem erstmaligen Ansatz eines derivativen Goodwill kann zwar eine temporäre Differenz entstehen, gemäß IAS 12.15 (a) ist aber der Ansatz passiver latenter Steuern hierauf nicht zulässig. Aus einer sich in den Folgeperioden ergebenden zu versteuernden temporären Differenz, die noch nicht zum Zeitpunkt der Erstkonsolidierung bestand, kann hingegen gemäß IAS 12.21B eine zu passivierende Steuerlatenz resultieren. Voraussetzung dafür ist jedoch, dass die steuerrechtliche Bemessungsgrundlage durch die Abschreibungen des steuerrechtlichen Goodwill vermindert wird. Des Weiteren ist schon beim erstmaligen Ansatz eines Goodwill eine aktive latente Steuer zu bilden, sofern gemäß IAS 12.32A der steuerrechtliche Goodwill größer als der in der Konzernbilanz ausgewiesene Wertansatz ist. Allerdings sind die sich ergebenden aktiven latenten Steuern für abzugsfähige temporäre Differenzen nur in dem Maße zu bilanzieren, wie es wahrscheinlich ist, dass ein künftiger steuerpflichtiger Gewinn entsteht, mit dem die abzugsfähigen temporären Differenzen verrechnet werden können.[184]

352.22 Latente Steuern aus der Schuldenkonsolidierung nach IFRS

Nach IFRS 10.B86 (c) müssen im Konzernabschluss sämtliche Ansprüche und Verpflichtungen zwischen einbezogenen Unternehmen in voller Höhe eliminiert werden. Sofern Forderungen in der IFRS-Bilanz II des einen Konzernunternehmens und die korrespondierenden Verbindlichkeiten (jeweils einschließlich der zugehörigen Abgrenzungsposten) in der IFRS-Bilanz II des anderen Konzernunternehmens in gleicher Höhe ausgewiesen werden, ergeben sich keine Differenzen, die zu latenten Steuern führen könnten.

Temporäre Differenzen zwischen der Konzernbilanz und der IFRS-Bilanz II, für die latente Steuern zu aktivieren bzw. passivieren sind, ergeben sich bei der Schuldenkonsolidierung nur aus **echten Aufrechnungsdifferenzen**, also z. B. aus

- Abschreibungen auf konzerninterne Forderungen (z. B. wegen des Bonitätsrisikos des Schuldners),

- konzerninternen Rückstellungen (z. B. Garantierückstellung für eine Lieferung an ein anderes Konzernunternehmen) und aus

---

184 Vgl. LIENAU, A., Latente Steuern im Konzernabschluss, S. 163-169. Ein negativer Goodwill führt grundsätzlich nicht zum Ansatz latenter Steuern. Vgl. zur Berücksichtigung eines negativen Unterschiedsbetrages bei der Ermittlung latenter Steuern LÜDENBACH, N./HOFFMANN, W.-D./FREIBERG, J.,in: Haufe IFRS-Kommentar, 13. Aufl., § 26, Rn. 144 sowie LIENAU, A., Latente Steuern im Konzernabschluss, S. 170 f. und 234 f.

■ der Umrechnung konzerninterner Fremdwährungskredite mit unterschiedlichen Kursen.

352.23 Latente Steuern aus der Zwischenergebniseliminierung nach IFRS

Bei einem Zwischengewinn bzw. -verlust fallen die Konzern-AK/HK eines konzernintern verkauften Vermögenswertes und die Anschaffungskosten dieses Vermögenswertes in der Steuerbilanz des kaufenden Konzernunternehmens auseinander. Folglich entsteht eine temporäre Differenz zwischen dem Wertansatz in der Konzernbilanz zu Konzern-AK/HK und dem steuerrechtlichen Wertansatz in Höhe des internen Verkaufspreises. Nach IFRS 10.B86 (c) müssen auf die ermittelte temporäre Differenz in Höhe des Zwischengewinns (Zwischenverlustes) grundsätzlich aktive (passive) latente Steuern gebildet werden.

352.3 Latente Steuern aus der Anwendung der Equity-Methode nach IFRS

Die Verpflichtung zur Berücksichtigung latenter Steuern im Rahmen der Anwendung der Equity-Methode ergibt sich aus IAS 28.26 i. V. m. IAS 12. Zu unterscheiden ist zwischen inside basis differences und outside basis differences. **Inside basis differences I** führen bei der Anwendung der Equity-Methode analog zur handelsrechtlichen Behandlung[185] ebenso wenig zum separaten Ansatz latenter Steuern in der IFRS-Konzernbilanz wie **inside basis differences II**. Die aus den inside basis differences II entstandenen latenten Steuern werden in einer außerbilanziellen Nebenrechnung erfasst und fortgeführt. Sie führen zu einer Anpassung des Equity-Wertes an den Abschlussstichtagen nach dem Beteiligungserwerb.[186]

Dagegen resultieren aus **outside basis differences** im Konzernabschluss zu bilanzierende latente Steuern. Hierbei handelt es sich um Differenzen zwischen dem Beteiligungsbuchwert in der Steuerbilanz des Anteilseigners und dem bei Anwendung der Equity-Methode resultierenden Equity-Wert, der im Konzernabschluss ausgewiesen wird.[187] Derartige Differenzen können vor allem aus thesaurierten Gewinnen entstehen. Die Beteiligung an einem assoziierten Unternehmen wird in der Steuerbilanz generell nach der Anschaffungskostenmethode bilanziert. Demzufolge ändert sich der Beteiligungsbuchwert weder durch die Thesaurierung noch durch die Ausschüttung von Gewinnen. Im Konzernabschluss hingegen ändert sich der Equity-Wert durch Gewinnausschüttungen lediglich dann nicht, wenn dem anteiligen Jahresergebnis des Beteiligungsunternehmens eine gleich hohe Dividendenzahlung gegenübersteht (Vollausschüttung).

---

185 Vgl. Abschn. 323.3 in diesem Kapitel.

186 Vgl. LIENAU, A., Latente Steuern im Konzernabschluss, S. 198 f.

187 Vgl. LIENAU, A., Bilanzierung nach der Equity-Methode, S. 18-20.

Zu versteuernde temporäre Differenzen, die im Zusammenhang mit den Anteilen an einem Beteiligungsunternehmen entstehen, führen nur dann nicht zum Ansatz passiver latenter Steuern, wenn

(1) der Anteilseigner den zeitlichen Verlauf der Auflösung der temporären Differenzen bestimmen kann (IAS 12.39 (a)) und

(2) in absehbarer Zeit keine Auflösung der temporären Differenzen wahrscheinlich ist (IAS 12.39 (b)).

Während bei Gemeinschaftsunternehmen, die gemäß IFRS 11.24 i. V. m. IAS 28.16 ebenfalls nach der Equity-Methode in den IFRS-Konzernabschluss einbezogen werden müssen,[188] in der Mehrheit der Fälle die Möglichkeit der Bestimmung des Verlaufs der Auflösung temporärer Differenzen gegeben ist, haben die Anteilseigner von assoziierten Unternehmen diese Möglichkeit im Zweifel nicht. Insofern führen bspw. thesaurierte Gewinne assoziierter Unternehmen in der Regel zu einer zu versteuernden temporären Differenz, die den Ansatz latenter Steuern begründet.[189] Sofern die Auflösung der Differenz in absehbarer Zeit wahrscheinlich ist, sind latente Steuern auf outside basis differences auch im Zusammenhang mit Beteiligungen an Gemeinschaftsunternehmen zu passivieren.

In seltenen Fällen können auch abzugsfähige temporäre outside basis differences entstehen.[190] Aktive latente Steuern sind dann in dem Umfang zu bilanzieren, in dem es wahrscheinlich ist, dass

(1) die Auflösung der temporären Differenzen absehbar ist (IAS 12.44 (a)) und

(2) künftig ein zu versteuerndes Einkommen vorliegen wird, mit dem die temporären Differenzen verrechnet werden können (IAS 12.44 (b)).

352.4 Latente Steuern aus konzerninternen Ergebnisübernahmen nach IFRS

In dem Fall phasenverschobener konzerninterner Ergebnisübernahmen ist gemäß IAS 12.39 und IAS 12.44 i. V. m. IAS 12.38 grundsätzlich der Effekt der künftigen kumulierten Steuerwirkungen im Konzern bereits zum Zeitpunkt der Gewinnentstehung zu berücksichtigen. Dies wird erreicht, indem das anteilige Nettovermögen der einbezogenen Konzerngesellschaft mit dem Beteiligungsbuchwert in der Steuerbilanz des Mutterunternehmens verglichen wird und auf Basis des resultierenden Differenz-

---

188 Vgl. Kap. VII Abschn. 5.

189 Vgl. zur Bildung latenter Steuern auf outside basis differences abhängig von der Rechtsform des beteiligten Unternehmens und des Beteiligungsunternehmens LÜDENBACH, N./HOFFMANN, W.-D./FREIBERG, J., in: Haufe IFRS-Kommentar, 13. Aufl., § 33, Rn. 126.

190 Vgl. LIENAU, A., Latente Steuern im Konzernabschluss, S. 201.

betrages (outside basis difference) eine latente Steuer angesetzt wird.[191] Handels-rechtlich ist ein solcher Ansatz von Steuerlatenzen auf outside basis differences gemäß § 306 Satz 4 untersagt.

Allerdings dürfen nach IFRS passive latente Steuern auch gemäß IAS 12.39 nicht an-gesetzt werden, wenn das Mutterunternehmen den zeitlichen Verlauf der Umkehrung der temporären Differenz steuern kann (IAS 12.39 (a)) und es zudem wahrscheinlich ist, dass sich die temporäre Differenz in absehbarer Zukunft nicht umkehren wird (IAS 12.39 (b)). Aus abzugsfähigen temporären outside basis differences resultierende aktive Steuerlatenzen dürfen gemäß IAS 12.44 dagegen in dem Umfang angesetzt werden, in dem die Auflösung der temporären Differenz in absehbarer Zeit (IAS 12.44 (a)) sowie darüber hinaus die Existenz eines mit der temporären Differenz verrechnungsfähigen zu versteuernden Gewinns (IAS 12.44 (b)) wahrscheinlich ist.

353.   Die Ermittlung und Bewertung latenter Steuern nach IFRS

Der Bewertung latenter Steuern liegt die **Liability-Methode** zugrunde. Gemäß IAS 12 ist folglich eine Einzelbetrachtung durchzuführen, so dass die aktiven und passiven latenten Steuern durch Multiplikation der einzelnen abzugsfähigen bzw. zu versteuernden temporären Differenzen mit den relevanten Steuersätzen zu ermitteln sind. Dabei sind gemäß IAS 12.47 grundsätzlich künftige Steuersätze heranzuziehen, die voraussichtlich im Zeitpunkt der Umkehr gelten werden, sofern diese am Ab-schlussstichtag gültig oder gesetzlich angekündigt sind.

Latente Steuern dürfen wie im handelsrechtlichen Jahres- oder Konzernabschluss auch gemäß IAS 12.53 **nicht abgezinst** werden.

Die Werthaltigkeit von aktiven latenten Steuern muss an jedem Bilanzstichtag ge-prüft werden. Wenn aktive latente Steuern voraussichtlich nicht gegen künftige Steu-erzahlungen verrechnet werden können, weil keine steuerrechtlichen Gewinne erwar-tet werden, müssen die aktiven latenten Steuern gemäß IAS 12.56 außerplanmäßig abgeschrieben werden. Fällt der Grund für eine solche außerplanmäßige Abschrei-bung in späteren Geschäftsjahren wieder weg, ist eine Wertaufholung geboten.

354.   Der Ausweis latenter Steuern nach IFRS

Aktive und passive latente Steuern müssen gemäß IAS 1.54 zum einen gesondert von anderen Vermögenswerten und Schulden ausgewiesen werden; zum anderen dürfen sie nicht gemeinsam mit aktuellen Steuerforderungen und Steuerschulden ausgewie-sen werden. Eine Saldierung aktiver und passiver latenter Steuern ist grundsätzlich ausgeschlossen. Sofern der Bilanzierende jedoch ein einklagbares Recht zur Aufrech-nung tatsächlicher Steuerforderungen und Steuerschulden hat und die aktiven und

---

191 Vgl. LIENAU, A., Latente Steuern bei der Währungsumrechnung, S. 10 f.; vgl. auch HEUSER, P. J./THEILE, C., IFRS Handbuch, 5. Aufl., Rn. 4050-4057.

passiven latenten Steuern gegenüber der gleichen Steuerbehörde bestehen, ist die Saldierung gemäß IAS 12.74 verpflichtend. Beispielsweise dürfen in den USA aktive latente Steuern aus Landessteuern nicht mit passiven latenten Steuern aus Bundessteuern verrechnet werden.[192] In Deutschland sind latente Körperschaftsteuern mit latenten Gewerbeertragsteuern[193] zu saldieren,[194] da die Bemessungsgrundlagen beider Steuerarten von derselben Behörde festgesetzt werden.

Grundsätzlich müssen gemäß IAS 12.79 alle wesentlichen Bestandteile des Steueraufwandes bzw. Steuertrages im Anhang angegeben werden. Im Einzelnen zählen dazu folgende Angaben (IAS 12.80):

(a) Aktueller Steueraufwand bzw. Steuerertrag,

(b) Änderungen des aktuellen Steueraufwandes bzw. Steuertrages, die durch Nachveranlagungen oder Erstattungen aus früheren Perioden entstanden sind,

(c) Betrag aktiver und passiver latenter Steuern, der auf neu entstandene bzw. aufgelöste temporäre Differenzen zurückzuführen ist,

(d) Betrag aktiver und passiver latenter Steuern, der auf geänderte Steuersätze oder die Einführung neuer Steuerarten zurückzuführen ist,

(e) Höhe des Betrages, in der der Steueraufwand durch steuerrechtliche Verluste oder andere nicht aktivierte, (aktive) temporäre Differenzen gemindert wurde,

(f) Höhe des Betrages, in der steuerrechtliche Verluste oder andere nicht aktivierte, aktive temporäre Differenzen den latenten Steueraufwand gemindert haben,

(g) Höhe des latenten Steueraufwandes, der gemäß IAS 12.56 außerplanmäßig abgeschrieben wurde. Wenn der Grund für eine vorherige außerplanmäßige Abschreibung entfallen ist und deswegen einer Zuschreibungspflicht nachgekommen werden musste, ist die Höhe der Zuschreibung anzugeben,

(h) Höhe der Steueraufwendungen und Steuererträge, die im Geschäftsjahr auf schwerwiegende Fehler und Änderungen der Bilanzierungs- und Bewertungsmethoden i. S. v. IAS 8 (Rechnungslegungsmethoden, Änderungen von rechnungslegungsbezogenen Schätzungen und Fehler) zurückzuführen sind und nach der alternativen Methode in IAS 8 im ordentlichen Ergebnis ausgewiesen wurden.

Gemäß IAS 12.81 sind zusätzlich anzugeben:

(a) Gesamtbetrag aktueller und latenter Steuern auf erfolgsneutrale Sachverhalte (z. B. Einstellungen in die Neubewertungsrücklage gemäß IAS 16),

(b) Höhe des entstandenen Betrages an Ertragsteuern für jede Komponente des other comprehensive income,

(c) Erläuterung des Verhältnisses zwischen den Steueraufwendungen/Steuererträgen und dem Jahresergebnis des IFRS-Abschlusses in einer Überleitungsrechnung (zwei Darstellungsmöglichkeiten),

---

192 Vgl. WOLLMERT, P., Behandlung latenter Steuern im IASC-Abschluß, S. 97.

193 Die Einnahmen aus Gewerbesteuer stehen den Gemeinden zu (§ 1 GewStG).

194 Vgl. WOLLMERT, P., Behandlung latenter Steuern im IASC-Abschluß, S. 97.

(d) Erläuterung der Änderungen des angewendeten Steuersatzes bzw. der angewende-ten Steuersätze im Vergleich zur Vorperiode,

(e) Höhe und ggf. Auflösungszeitpunkt von aktiven temporären Differenzen, bisher nicht verrechneten steuerrechtlichen Verlusten und bisher nicht verrechneten Steuergutschriften, soweit dafür keine aktiven latenten Steuern gebildet wurden,

(f) Gesamtbetrag an temporären Differenzen, die im Zusammenhang mit der Bilan-zierung von TU, Joint Ventures und assoziierten Unternehmen entstanden sind, aber nicht in einer Steuerschuld berücksichtigt worden sind (vgl. dazu IAS 12.39),

(g) gesonderte Angabepflichten für jede Art von temporären Differenzen und jede Art von bisher nicht verrechneten steuerrechtlichen Verlusten oder Steuergut-schriften,

(h) bei eingestellten oder einzustellenden betrieblichen Tätigkeiten (discontinued operations) ist der Steueraufwand anzugeben, der auf den Ertrag oder Aufwand entfällt, welcher durch die Einstellung der betrieblichen Tätigkeiten entstanden ist. Anzugeben sind auch der Steueraufwand, der auf die ordentlichen Gewinne oder Verluste entfällt, die mit der Einstellung der betrieblichen Tätigkeiten weg-fallen, sowie die entsprechenden Vorjahreszahlen (soweit diese eingestellten oder einzustellenden betrieblichen Tätigkeiten in den Vorjahresabschlüssen bereits enthalten waren),

(i) Betrag der ertragsteuerlichen Konsequenzen von Dividendenzahlungen an die Anteilseigner des Mutterunternehmens, die vor der Veröffentlichung des Ab-schlusses vorgeschlagen oder beschlossen wurden, aber noch nicht im Abschluss berücksichtigt sind,

(j) Betrag der aufgrund eines Unternehmenserwerbs resultierenden Änderung der bereits vor dem Erwerb bilanzierten aktiven latenten Steuern,

(k) Erläuterung der Gründe für den verspäteten Ansatz von bereits in einer früheren Periode im Rahmen eines Unternehmenszusammenschlusses erworbenen laten-ten Steuervorteilen.

Gemäß IAS 12.82A werden zudem zusätzliche Angaben verlangt, wenn thesaurierte und ausgeschüttete Gewinne unterschiedlich besteuert werden (vgl. IAS 12.52A). Weiterhin muss gemäß IAS 12.82 die Aktivierung von latenten Steuern begründet werden, wenn die ihnen zugrunde liegende abzugsfähige temporäre Differenz über den Betrag vorhandener zu versteuernder temporärer Differenzen hinausgeht und das Unternehmen im Berichtsjahr oder im Vorjahr Verluste ausgewiesen hat. In einem solchen Fall ist schließlich fraglich, ob künftig ausreichende zu versteuernde Gewinne zur Nutzung der künftigen Steuervorteile realisiert werden.

4 Die Gliederung von Konzernbilanz und Konzern-GuV

41 Anwendung der Gliederungsvorschriften für den Einzelabschluss

Die Vorschriften über den Konzernabschluss schreiben keine besondere Gliederung für die Konzernbilanz und die Konzern-GuV vor. Vielmehr verweist § 298 Abs. 1 explizit auf die §§ 264c, 265, 266, 268 Abs. 1 bis 7, die §§ 270, 271, 272 Abs. 1 bis 4 sowie §§ 274, 275 und 277. Grundsätzlich sind Konzernbilanz und Konzern-GuV demnach den Vorschriften entsprechend zu gliedern, die für den Einzelabschluss großer Kapitalgesellschaften gelten.[195] Diese **Gliederungsäquivalenz** gewährleistet eine **Vergleichbarkeit von Einzel- und Konzernabschluss**.

Die Gliederungsvorschriften großer Kapitalgesellschaften gelten unabhängig von der Größe der konzernabschlusspflichtigen Kapitalgesellschaft (Mutterunternehmen) oder der Größe des gesamten Konzerns. Nicht angewendet werden dürfen daher die **Gliederungserleichterungen** der §§ 266 Abs. 1 Satz 3 sowie 276 für kleine Kapitalgesellschaften. Nach § 13 Abs. 2 PublG sind die Gliederungsschemata der §§ 266 und 275 und ergänzend die §§ 265 und 277 auch auf **Konzernabschlüsse nach dem PublG** anzuwenden, sofern nicht besondere Formblattvorschriften oder gesellschaftsvertragliche Regelungen zu beachten sind.[196]

Den Konzernabschluss entsprechend den Vorschriften für große Kapitalgesellschaften zu gliedern, setzt voraus, dass auch die Einzelabschlüsse der in den Konzernabschluss einbezogenen in- oder ausländischen Tochter- und Gemeinschaftsunternehmen nach diesem Schema gegliedert sind. Eventuell notwendige **Anpassungen** sind bereits bei der Erstellung der HB II vorzunehmen.[197]

Bei der Gliederung von Konzernbilanz und Konzern-GuV sind die **allgemeinen Grundsätze** nach § 265 zu beachten:[198]

- Darstellungsstetigkeit (§ 265 Abs. 1),
- Angabe der Vorjahresbeträge (§ 265 Abs. 2),
- Vermerk oder Angabe der Mitzugehörigkeit zu mehreren Posten (§ 265 Abs. 3),
- Gliederung bei mehreren Geschäftszweigen (§ 265 Abs. 4),
- weitere Untergliederung (§ 265 Abs. 5 Satz 1),
- Hinzufügen neuer Posten und Zwischensummen (§ 265 Abs. 5 Satz 2),
- Änderung der Gliederung und der Postenbezeichnung (§ 265 Abs. 6),
- Zusammenfassung von Posten (§ 265 Abs. 7),

---

195 Zu den Gliederungsvorschriften für den Einzelabschluss vgl. BAETGE, J./KIRSCH, H.-J./THIELE, S., Bilanzen, Kap. V Abschn. 4, Kap. VI Abschn. 23, Kap. VII Abschn. 6, Kap. VIII Abschn. 4 und bspw. Kap. IX Abschn. 6 für die Bilanz und Kap. XII Abschn. 34 für die GuV.

196 Vgl. BUSSE VON COLBE, W. U. A., Konzernabschlüsse, S. 444.

197 Vgl. ADS, 6. Aufl., § 298 HGB, Rn. 112. Zur Einheitlichkeit des Ausweises vgl. Kap. IV Abschn. 33.

198 Vgl. BAETGE, J./KIRSCH, H.-J./THIELE, S., Bilanzen, Kap. V Abschn. 4 für die Bilanz und Kap. XII Abschn. 34 für die GuV.

▪ Leerposten (§ 265 Abs. 8).

Soweit hingegen die **Eigenarten des Konzernabschlusses** Abweichungen bedingen oder die §§ 299 bis 312 einen besonderen Ausweis verlangen, ist nach § 298 Abs. 1 das Gliederungsschema des Einzelabschlusses zu modifizieren.[199] Sofern Besonderheiten des Konzernabschlusses nicht explizit in handelsrechtlichen Vorschriften geregelt sind, muss sich die Gliederung von Konzernbilanz und Konzern-GuV an den allgemeinen Gliederungsgrundsätzen sowie nach § 297 Abs. 2 Satz 1 an dem **Grundsatz der Klarheit und Übersichtlichkeit** orientieren, da andernfalls kein den tatsächlichen Verhältnissen entsprechendes Bild der Vermögens-, Finanz- und Ertragslage des Konzerns vermittelt werden kann.

42 Abweichungen aufgrund der Besonderheiten des Konzernabschlusses

421. Gesetzlich geregelte Abweichungen von der Gliederung des Einzelabschlusses

Die Eigenarten des Konzernabschlusses werden in der Gliederung von Konzernbilanz und Konzern-GuV durch besondere Posten berücksichtigt, die indes nur z. T. in einzelnen gesetzlichen Vorschriften zur Konzernrechnungslegung explizit kodifiziert sind:

So muss ein bei der Kapitalkonsolidierung nach der **Erwerbsmethode** entstehender aktiver Unterschiedsbetrag[200] nach § 301 Abs. 3 Satz 1 auf der Aktivseite als **Geschäfts- oder Firmenwert** ausgewiesen werden. Ein **passiver Unterschiedsbetrag aus der Kapitalkonsolidierung** nach der Erwerbsmethode ist nach § 301 Abs. 3 Satz 1 auf der Passivseite als Unterschiedsbetrag aus der Kapitalkonsolidierung nach dem Eigenkapital auszuweisen. In beiden Fällen ist die Gliederung des Einzelabschlusses um einen entsprechenden Posten zu ergänzen. Werden bereits im Einzelabschluss gemäß § 246 Abs. 1 Satz 4 i. V. m. § 298 Abs. 1 ausgewiesene Geschäfts- oder Firmenwerte in den Konzernabschluss übernommen, so sollte der aus der Kapitalkonsolidierung resultierende aktive Unterschiedsbetrag in Form eines „Davon-Vermerks" von diesen abgesetzt werden.[201] Aktive und passive Unterschiedsbeträge dürfen nicht gegeneinander aufgerechnet werden.[202]

Unterschiedsbeträge aus der **quotalen Kapitalkonsolidierung** sind nach § 301 Abs. 3 i. V. m. § 310 Abs. 2 entsprechend den Unterschiedsbeträgen aus der Kapitalkonsolidierung bei Vollkonsolidierung zu behandeln, wobei sie mit den aktiven bzw. passiven Unterschiedsbeträgen aus der Kapitalkonsolidierung bei Vollkonsolidierung zusammengefasst werden dürfen.[203]

---

199 Vgl. BERNDT, H., in: Küting/Weber, HdK, 2. Aufl., § 298 HGB, Rn. 31.

200 Zur Behandlung der Unterschiedsbeträge vgl. Kap. V Abschn. 126.

201 Vgl. FÖRSCHLE, G./DEUBERT, M., in: Beck Bilanzkomm., 9. Aufl., § 301 HGB, Rn. 151.

202 Vgl. BT-Drucksache 16/10067, S. 81.

Im Fall der Vollkonsolidierung wird bei der Kapitalkonsolidierung der Beteiligungs-buchwert mit dem anteiligen Eigenkapital des Tochterunternehmens verrechnet, während die Vermögensgegenstände und die Schulden des Tochterunternehmens in voller Höhe in den Konzernabschluss einbezogen werden. Der verbleibende Anteil des Eigenkapitals des Tochterunternehmens ist in der Konzernbilanz in den Ausgleichsposten „**Anteile anderer Gesellschafter**" einzustellen. Dieser Ausgleichsposten ist nach § 307 Abs. 1 Satz 1 innerhalb des Eigenkapitals des Konzerns gesondert auszuweisen. Gleichermaßen enthält auch der Jahresüberschuss Erfolgsbestandteile, die auf die Minderheitsgesellschafter entfallen. § 307 Abs. 2 verlangt, dass der „**anderen Gesellschaftern zustehende Gewinn und der auf sie entfallende Verlust**" nach dem Posten „Jahresüberschuss/Jahresfehlbetrag" unter dem Posten „Nicht beherrschende Anteile "gesondert auszuweisen" ist.

Bei der Anwendung der **Equity-Methode**[204] sind ein verbleibender Unterschiedsbetrag und ein darin enthaltener Geschäfts- oder Firmenwert nach § 312 Abs. 1 Satz 2 im Konzernanhang anzugeben. Das auf **assoziierte Unternehmen entfallende Ergebnis** ist nach § 312 Abs. 4 Satz 2 in der Konzern-GuV unter einem gesonderten Posten auszuweisen. In dem Posten „Ergebnis aus Beteiligungen an assoziierten Unternehmen" sollten auch sämtliche Änderungen des Unterschiedsbetrages, etwa die Abschreibung auf die anteilig aufgedeckten stillen Reserven, erfasst werden.[205] Positive und negative Ergebnisse, die auf verschiedene assoziierte Unternehmen entfallen, dürfen indes nach § 246 Abs. 2 Satz 1 i. V. m. § 298 Abs. 1 nicht saldiert werden.[206]

Aus der Umrechnung von Jahresabschlüssen ausländischer Tochterunternehmen in die einheitliche Konzernberichtswährung können Umrechnungsdifferenzen entstehen. Diese sind gemäß § 308a erfolgsneutral nach den Konzernrücklagen als „Eigenkapitaldifferenz aus **Währungsumrechnung**" zu zeigen.

Nach § 306 Satz 1 sind **aktive latente Steuern** unter dem Posten „Aktive latente Steuern" und **passive latente Steuern** unter dem Posten „Passive latente Steuern" in der Konzernbilanz auszuweisen. Ein unsaldierter Ausweis ist explizit zulässig (§ 306 Satz 2). § 306 Satz 5 erlaubt, latente Steuern aus der Konsolidierung mit den latenten Steuern nach § 274 zusammenzufassen.[207]

Bis zum BilRUG hat § 298 Abs. 2 ermöglicht, **Vorräte** vereinfacht auszuweisen. Diese durften in der Konzernbilanz in einem Posten zusammengefasst gezeigt werden, wenn aufgrund besonderer Umstände durch den Verzicht auf eine Aufgliederung der Arbeitsaufwand erheblich reduziert wurde. Nach der Richtlinie 2013/34/EU ist die entsprechende Regelung nicht mehr enthalten und die Zusammenfassung der Vorräte in einem Posten nicht mehr zulässig.

---

203 Vgl. ADS, 6. Aufl., § 310 HGB, Rn. 52.

204 Vgl. ausführlich Kap. VII.

205 Vgl. Busse von Colbe, W. u. a., Konzernabschlüsse, S. 567.

206 Vgl. Bentler, M., Grundsätze ordnungsmäßiger Bilanzierung für die Equitymethode, S. 260.

207 Vgl. ausführlich Abschn. 3 in diesem Kapitel.

Neben diesen im Gesetz weitgehend geregelten Besonderheiten des Ausweises ergeben sich bei der Aufstellung des Konzernabschlusses aber auch Ausweisfragen, die von den gesetzlichen Vorschriften nicht explizit geregelt werden.

422.　Gesetzlich nicht geregelte Abweichungen von der Gliederung des Einzelabschlusses

Nicht explizit gesetzlich geregelt ist vor allem die **Gliederung des Konzerneigenkapitals**. Zwar verweist § 298 Abs. 1 auch auf die für den Einzelabschluss relevanten Gliederungsvorschriften für das Eigenkapital, indes hat die Gliederung des Eigenkapitals im Einzelabschluss die Funktion der Ausschüttungsregulierung. Das Konzernergebnis bzw. das Konzerneigenkapital selbst ist hingegen rechtlich kein Maßstab für eine Ausschüttung an die Anteilseigner.[208] Fraglich ist demzufolge, wie zweckgerecht ein **Ausweis des Eigenkapitals vor oder nach Ergebnisverwendung** für die Darstellung der Vermögens-, Finanz- und Ertragslage ist.[209] Bei einer Darstellung des Eigenkapitals vor Verwendung des Konzernergebnisses werden die Konzerngewinnrücklagen nicht um Zuführungen aus dem Konzernergebnis verändert. Vielmehr wird der Konzernerfolg in voller Höhe in der Bilanz innerhalb des Eigenkapitals gezeigt. Wird dagegen das Eigenkapital nach Ergebnisverwendung ausgewiesen, wird in der praktischen Umsetzung der Konzernbilanzgewinn häufig in Höhe des Bilanzgewinns des Mutterunternehmens gezeigt, was durch eine entsprechende technische Verrechnung mit der Konzernrücklage erreicht werden kann.[210] Der auf die nicht beherrschender Gesellschafter von Tochterunternehmen entfallende Teil des Konzernergebnisses ist ferner gemäß § 307 Abs. 2 unter dem Posten „Konzernfremden Gesellschaftern zustehender Gewinn" nach dem Konzernjahresüberschuss/-fehlbetrag zu erfassen.[211]

Der Ausweis des Eigenkapitals ist auch für die **Behandlung von Aufrechnungsdifferenzen** aus der Schuldenkonsolidierung[212] sowie Aufrechnungsdifferenzen aus der Zwischenergebniseliminierung[213] bedeutend; auch hierzu finden sich im Gesetz keine Hinweise. Aufrechnungsdifferenzen entstehen bei der Folgekonsolidierung von Schuldbeziehungen bzw. Zwischenergebnissen, die bereits in früheren Geschäftsjahren entstanden sind. Bestehen Schuldbeziehungen über mehrere Konzerngeschäftsjahre bzw. sind Vermögensgegenstände aus konzerninternen Lieferungen und Leistungen über mehrere Geschäftsjahre in der Konzernbilanz zu aktivieren, so sind entstehende Aufrechnungsdifferenzen in den Jahren nach der Erstkonsolidierung erfolgsneutral zu eliminieren. Diese erfolgsneutrale Konsolidierung beeinflusst das in der Konzernbilanz auszuweisende Eigenkapital. Vorgeschlagen werden einerseits eine

---

208　Vgl. Busse von Colbe, W. u. a., Konzernabschlüsse, S. 461 f.

209　Zur Frage der Bedeutung einer Ergebnisverwendung im Konzern vgl. Kap. XII Abschn. 41.

210　Vgl. Kap. XII Abschn. 42 sowie ausführlich zur Diskussion Busse von Colbe, W. u. a., Konzernabschlüsse, S. 466 f.

211　Vgl. Busse von Colbe, W. u. a., Konzernabschlüsse, S. 466.

212　Vgl. Kap. V Abschn. 24.

213　Vgl. Kap. V Abschn. 33.

indirekte Korrektur des Eigenkapitals durch besondere Korrekturposten oder andererseits eine direkte Korrektur einzelner Eigenkapitalposten.[214] Die Möglichkeit, einen besonderen Posten innerhalb des Eigenkapitals zu bilden und dessen Entwicklung in der Darstellung der Eigenkapitalveränderungen zu zeigen, fördert die Vermittlung eines den tatsächlichen Verhältnissen entsprechenden Bildes der Vermögens-, Finanz- und Ertragslage. Da eine Verrechnung vorhandener Aufrechnungsdifferenzen mit einzelnen Eigenkapitalposten zudem erhebliche Zuordnungsprobleme auslöst, ist die indirekte Korrektur unabhängig vom Ausweis des Eigenkapitals zu empfehlen.[215] Im Konzernabschluss des Mutterunternehmens wird das durch den Ausweis des Eigenkapitals in der Bilanz vermittelte Bild der Finanzlage durch die Darstellung der Eigenkapitalveränderungen wesentlich ergänzt.[216]

Die Gliederung von Konzernbilanz und Konzern-GuV sollte gegenüber der Bilanz und GuV des Einzelabschlusses um die in der folgenden Übersicht **in eckigen Klammern eingefassten Posten** ergänzt werden.

---

214 Vgl. BUSSE VON COLBE, W. U. A., Konzernabschlüsse, S. 480 f.

215 Kritisch hierzu GELHAUSEN, W./GELHAUSEN, H. F., Eigenkapital im Konzernabschluß, S. 231, die vor allem den Ausweis eines negativen Korrekturpostens innerhalb der Rücklagen für unzulässig halten. Vgl. auch Kap. V Abschn. 24.

216 Vgl. Kap. XII.

Bilanz: Aktivseite

A. Anlagevermögen:
   I. Immaterielle Vermögensgegenstände:
   [Geschäfts- oder Firmenwert aus der Kapitalkonsolidierung nach der Erwerbs-
   methode bei Voll- und Quotenkonsolidierung]
   II. Sachanlagen
   III. Finanzanlagen:
     1. Anteile an verbundenen Unternehmen;
     2. Ausleihungen an verbundene Unternehmen;
     3. [Beteiligungen an assoziierten Unternehmen];
     4. Beteiligungen;
     5. Ausleihungen an Unternehmen, mit denen ein Beteiligungsverhältnis besteht;
     6. Wertpapiere des Anlagevermögens;
     7. Sonstige Ausleihungen.

B. Umlaufvermögen:
   I. Vorräte
    II. Forderungen und sonstige Vermögensgegenstände
   III. Wertpapiere:
     1. Anteile an verbundenen Unternehmen;
     2. Sonstige Wertpapiere.
   IV. Schecks, Kassenbestand, Bundesbankguthaben, Guthaben bei Kreditinstituten

C. Rechnungsabgrenzungsposten
D. Aktive latente Steuern
E. Aktiver Unterschiedsbetrag aus der Vermögensverrechnung
F. Nicht durch Eigenkapital gedeckter Fehlbetrag

Bilanz: Passivseite

A. Eigenkapital:
   I. Gezeichnetes Kapital
   II. Kapitalrücklage
   III. Gewinnrücklage
   IV. [Ausgleichsposten für Anteile anderer Gesellschafter]
   V. [Aufrechnungsdifferenzen aus der Schuldenkonsolidierung oder der
     Zwischenergebniseliminierung]
   VI. [Eigenkapitaldifferenz aus Währungsumrechnung]
   VII. Konzernergebnisvortrag
     (ohne Anteile anderer Gesellschafter)
   VIII. Konzernerfolg

B. [Unterschiedsbetrag aus der Kapitalkonsolidierung]
C. Rückstellungen
D. Verbindlichkeiten
E. Passive latente Steuern
F. Rechnungsabgrenzungsposten

Übersicht VIII-31: *Gliederungsschema für die Konzernbilanz nach § 266 HGB i. V. m.*
§ 298 Abs. 1 HGB

Unter den „**Anteilen an verbundenen Unternehmen**" auf der Aktivseite der Konzernbilanz sind z. B. Anteile an verbundenen Unternehmen auszuweisen, die quotenkonsolidierten Gemeinschaftsunternehmen gehören. Unter den „**Beteiligungen an assoziierten Unternehmen**" sollten nur Anteile an assoziierten Unternehmen ausgewiesen werden, die auch nach der **Equity-Konsolidierung** oder der **Equity-Bewertung** einbezogen werden. Wird auf die Anwendung der Equity-Methode z. B. gemäß § 311 Abs. 2 verzichtet, sollten die Anteile als Anteile an verbundenen Unternehmen oder als Beteiligungen ausgewiesen werden.[217] Zu den „**Eigenen Anteilen**" zählen Anteile am Mutterunternehmen, die von konsolidierten Unternehmen (und damit ggf. auch dem Mutterunternehmen selbst) gehalten werden.

---

217 Vgl. auch BUSSE VON COLBE, W. U. A., Konzernabschlüsse, S. 456 f.

Die **Gliederung der Konzern-GuV** nach dem Gesamtkostenverfahren und dem Umsatzkostenverfahren zeigen die folgenden Übersichten:[218]

GuV: Gesamtkostenverfahren
1. Umsatzerlöse
2. Erhöhung oder Verminderung des Bestandes an fertigen und unfertigen Erzeugnissen
3. Andere aktivierte Eigenleistungen
4. Sonstige betriebliche Erträge
5. Materialaufwand: a) Aufwendungen für Roh-, Hilfs- und Betriebsstoffe und für bezogene Waren   b) Aufwendungen für bezogene Leistungen
6. Personalaufwand: a) Löhne und Gehälter   b) soziale Abgaben und Aufwendungen für Altersversorgung und für Unterstützung,   davon für Altersversorgung

7. Abschreibungen:
 a) auf immaterielle Vermögensgegenstände des Anlagevermögens
     und Sachanlagen
 b) auf Vermögensgegenstände des Umlaufvermögens, soweit diese
     die in der Kapitalgesellschaft üblichen Abschreibungen überschreiten

8. Sonstige betriebliche Aufwendungen
9. Erträge aus Beteiligungen,   davon aus verbundenen Unternehmen
10. [Ergebnis aus Beteiligungen an assoziierten Unternehmen]
11. Erträge aus anderen Wertpapieren und Ausleihungen des Finanzanlagevermögens,   davon aus verbundenen Unternehmen
12. Sonstige Zinsen und ähnliche Erträge,   davon aus verbundenen Unternehmen
13. Abschreibungen auf Finanzanlagen und auf Wertpapiere des Umlaufvermögens
14. Zinsen und ähnliche Aufwendungen,   davon an verbundene Unternehmen
15. Steuern vom Einkommen und vom Ertrag
16. Ergebnis nach Steuern
17. sonstige Steuern
18. Jahresüberschuss/Jahresfehlbetrag
19. [Anderen Gesellschaftern zustehender Gewinn]
20. [Auf andere Gesellschafter entfallender Verlust]

Übersicht VIII-32: *Das Gliederungsschema für die GuV nach dem Gesamtkostenverfahren (§ 275 Abs. 2 HGB i. V. m. § 298 Abs. 1 HGB)*

---

218 Vgl. ADS, 6. Aufl., § 298 HGB, Rn. 167 sowie § 275.

GuV: Umsatzkostenverfahren
1. Umsatzerlöse
2. Herstellungskosten der zur Erzielung der Umsatzerlöse erbrachten Leistungen
3. Bruttoergebnis vom Umsatz
4. Vertriebskosten
5. Allgemeine Verwaltungskosten
6. Sonstige betriebliche Erträge
7. Sonstige betriebliche Aufwendungen
8. Erträge aus Beteiligungen,   davon aus verbundenen Unternehmen
9. [Ergebnis aus Beteiligungen an assoziierten Unternehmen]
10. Erträge aus anderen Wertpapieren und Ausleihungen des Finanzanlagevermögens,   davon aus verbundenen Unternehmen
11. Sonstige Zinsen und ähnliche Erträge,   davon aus verbundenen Unternehmen
12. Abschreibungen auf Finanzanlagen und auf Wertpapiere des Umlaufvermögens
13. Zinsen und ähnliche Aufwendungen,   davon an verbundene Unternehmen
14. Steuern vom Einkommen und vom Ertrag
15. Sonstige Steuern
16. Jahresüberschuss/Jahresfehlbetrag
17. [Anderen Gesellschaftern zustehender Gewinn]
18. [Auf andere Gesellschafter entfallender Verlust]

Übersicht VIII-33: *Das Gliederungsschema für die GuV nach dem Umsatzkostenverfahren (§ 275 Abs. 3 HGB i. V. m. § 298 Abs. 1 HGB)*

Im Zuge des BilRUG wurde der § 275 Abs. 2 und damit die Gliederungsstruktur der GuV nach Gesamt- und Umsatzkostenverfahren angepasst. Das Ergebnis der gewöhnlichen Geschäftstätigkeit, außerordentlichen Aufwendungen und Erträge und damit auch das außerordentliche Ergebnis werden nicht mehr separat ausgewiesen. Durch den Wegfall der außerordentlichen Erträge wird es tendenziell zu einer Erhöhung der Umsatzerlöse kommen.[219]

Wird die Konzern-GuV um die **Ergebnisverwendungsrechnung** erweitert, sind die Posten „Anderen Gesellschaftern zustehender Gewinn" bzw. „Auf andere Gesellschafter entfallender Verlust" in die Ergebnisverwendungsrechnung einzubeziehen. Das **auf assoziierte Beteiligungen entfallende Ergebnis** ist gemäß § 312 Abs. 4 Satz 2 in einem gesonderten Posten, allerdings als Bestandteil des Jahresergebnisses, auszuweisen.

---

219 Vgl. KLEINMANNS, H., BilRUG: Änderungen zum GuV-Ausweis, S. 795 f.

43   Die Gliederung von Konzernbilanz und Konzern-Gesamtergebnis-rechnung nach IFRS

431.   Überblick über die Gliederungsvorschriften nach IAS 1

Die Struktur von Konzernbilanz und Konzern-Gesamtergebnisrechnung[220] sind in IAS 1[221] (Darstellung des Abschlusses) geregelt. Allerdings verzichtet der Standard darauf, eine detaillierte Gliederung und ein Format wie im HGB (§§ 266 und 275 i. V. m. 298 Abs. 1) vorzugeben.[222] In IAS 1.54 und 82 werden lediglich einzelne Posten angegeben, die in der Konzernbilanz bzw. der Konzern-Gesamtergebnisrechnung gesondert auszuweisen sind. Gegebenenfalls sind diese Posten dann zu ergänzen bzw. zu untergliedern, wenn ein anderer IFRS den Ausweis eines gesonderten Postens verlangt. Ferner können in der Konzernbilanz und Konzern-Gesamtergebnisrechnung – über die Mindestangaben hinaus – weitere Posten, Überschriften und Zwischensummen ergänzt werden, wenn durch sie die Darstellung eines den tatsächlichen Verhältnissen entsprechenden Bildes der Vermögens- Finanz- und Ertragslage verbessert werden kann (IAS 1.55 und 85). Nach IAS 1.38 sind auch die Vorjahreszahlen der jeweiligen Posten anzugeben.

In der Umsetzungsanleitung (implementation guidance) zu IAS 1 werden ergänzend beispielhafte Darstellungsformate einer Konzernbilanz und Konzern-Gesamtergebnisrechnung gezeigt, welche die normgerechte Anwendung des IAS 1 veranschaulichen sollen.

432.   Die Gliederungsvorschriften für die Konzernbilanz nach IAS 1

Die Vorgaben des IAS 1 zur Gliederung der Konzernbilanz können in drei Stufen unterteilt werden. Zuerst sind in IAS 1.54 die Posten benannt, die in einer Bilanz mindestens getrennt voneinander auszuweisen sind. In einem nächsten Schritt wird in IAS 1.55 verlangt, diese Posten um zusätzliche Überschriften, Zwischensummen und Posten zu ergänzen, was in den meisten Fällen gemäß IAS 1.58 notwendig sein wird. Schließlich werden in den IAS 1.79 f. verschiedene Regelungen genannt, die darüber hinaus weitere Ergänzungen und Untergliederungen notwendig machen. Diese Ergänzungen und Untergliederungen sind entweder in der Konzernbilanz oder im Konzernanhang anzugeben.

---

220 Die Gesamtergebnisrechnung enthält neben den Komponenten der handelsrechtlichen Gewinn- und Verlustrechnung zusätzlich die erfolgsneutralenneutralen Aufwendungen und Erträge des Geschäftsjahres.

221 Der IASB diskutiert schon seit einiger Zeit eine grundlegende Überarbeitung der Darstellungsregelungen für einen IFRS-Abschluss. Auch wenn das in 2004 zusammen mit dem FASB aufgenommene Financial Statement Presentation Project u. a. im Zuge der Finanzkrise ausgesetzt wurde und in seiner damaligen Form nicht wieder aufgenommen werden soll, äußerte der IASB jüngst seine Absicht, die in IAS 1 enthaltenen Regelungen erneut zu überdenken. Vgl. IASB (Hrsg.), DP/2013/1 Conceptual Framework, S.136.

222 Vgl. PELLENS, B. U. A., Internationale Rechnungslegung, S. 170 f.; KÜTING, K./HAYN, S., in: Küting/Weber, HdK, 2. Aufl., Kap. I, Rn. 79.

Die in IAS 1.54 genannten Posten, die in einem Konzernabschluss mindestens enthalten sein müssen, sind in der folgenden Übersicht aufgeführt.

Bilanz: Aktive Posten (assets)
– Sachanlagen – Finanzinvestitionen in Immobilien – Immaterielle Vermögenswerte – Finanzielle Vermögenswerte – Nach der Equity-Methode bilanzierte Finanzanlagen – Biologische Vermögenswerte im Rahmen des IAS 41 – Vorräte – Forderungen aus Lieferungen und Leistungen und sonstige Forderungen – Zahlungsmittel und Zahlungsmitteläquivalente – Zur Veräußerung gehaltene langfristige Vermögenswerte und aufgegebene Geschäftsbereiche gemäß IFRS 5
Bilanz: Passive Posten (equity and liabilities)
– Verbindlichkeiten aus Lieferungen und Leistungen und sonstige Verbindlichkeiten – Rückstellungen – Finanzielle Schulden – Steuerschulden und -erstattungsansprüche für laufende Steuern, wie von IAS 12 festgelegt – Latente Steuerschulden und -erstattungsansprüche, wie von IAS 12 festgelegt – Verbindlichkeiten in Veräußerungsgruppen, die in Übereinstimmung mit IFRS 5 zur Veräußerung gehalten werden – Minderheitsanteile als Bestandteil des Eigenkapitals – Gezeichnetes Kapital und Rücklagen der Gesellschafter des Mutterunternehmens

Übersicht VIII-34: *Mindestgliederung einer Konzernbilanz nach IAS 1.54*

Wie aus Übersicht VIII-34 ersichtlich, unterscheidet sich die in IAS 1 genannte Gliederung der Passivseite von der Gliederung des § 266, denn es werden zuerst die Verbindlichkeiten und Rückstellungen genannt und dann erst das Eigenkapital. Ob und inwieweit darüber hinaus eine Ergänzung und Untergliederung von Posten notwendig ist, wird in den IAS 1.58 und 78 geregelt.

Ein Unternehmen hat grundsätzlich kurzfristige (current) und langfristige (non-current) **Schulden** als separate Posten in der Bilanz auszuweisen (IAS 1.60). Ein Ausweis der Schulden nach der Liquidität darf nur vorgenommen werden, wenn dadurch verlässlichere und relevantere Informationen vermittelt werden. Bei Verbindlichkeiten entsprechen sich Fristigkeit und Liquidität in den meisten Fällen, so dass der Ausweis der Verbindlichkeiten als unproblematisch angesehen werden kann. Gemäß IAS 1.61 sind für Verbindlichkeiten diejenigen Beträge offenzulegen, die in weniger als zwölf Monaten fällig werden. Im Fall von Rückstellungen wird im HGB weder eine Einteilung nach der Liquidität noch nach der Fristigkeit verlangt. Daher unterscheidet sich der Rückstellungsposten in einem HGB-Abschluss deutlich von dem in einem IFRS-Abschluss, bei dem eine Differenzierung in kurzfristige und langfristige Rückstellungen erforderlich wird.

Im IFRS-Abschluss ist der getrennte Ausweis von langfristigen (non-current) und kurzfristigen (current) **Vermögenswerten** grundsätzlich verpflichtend (IAS 1.60). Ein separater Ausweis von langfristigen und kurzfristigen Vermögenswerten in der Bilanz liefert nach Ansicht des IASB nützliche Informationen darüber, welche Vermögenswerte dem Unternehmen langfristig und welche kurzfristig zur Erwirtschaftung von Cashflows dienen (IAS 1.62). Ausnahmsweise darf ein Unternehmen die Vermögenswerte in der Bilanz auch nach ihrer Liquiditätsnähe anordnen, sofern diese Darstellung aussagefähiger und verlässlicher ist als die Anordnung der Vermögenswerte nach der Fristigkeit (IAS 1.60).

Ein entsprechendes Wahlrecht existiert im HGB nicht. In dem vorgeschriebenen Gliederungsschema gemäß § 266 ist die Aktivseite in Anlagevermögen und Umlaufvermögen, die Passivseite in Eigenkapital, Rückstellungen und Verbindlichkeiten sowie den entsprechenden Rechnungsabgrenzungsposten verbindlich gegliedert. Entscheidend für die Zuordnung eines Vermögensgegenstandes zum Anlagevermögen bzw. zum Umlaufvermögen ist die Dauer der betrieblichen „Nutzung" (des „Dienstes").[223] IAS 1.60 f. sieht hingegen eine Unterteilung der Bilanz, sowohl der Aktiv- als auch der Passivseite, nach Fristigkeit vor. Aus diesen unterschiedlichen Gliederungssystematiken resultieren Unterschiede. So wären bspw. nach IFRS die Rechnungsabgrenzungsposten in lang- und kurzfristige Komponenten zu unterteilen. Eine solche Aufteilung sieht das HGB indes nicht vor. Im Wesentlichen entsprechen aber die non-current assets dem Anlagevermögen und die current assets dem Umlaufvermögen. Auch die Posten der Passivseite nach IFRS und HGB entsprechen sich im Wesentlichen,[224] wobei die Rückstellungen im HGB-Abschluss nicht in kurzfristige und langfristige Rückstellungen unterteilt werden.[225]

In IAS 1.79 f. sind weitere Ausweispflichten kodifiziert, die wahlweise in der Bilanz oder im Anhang zu erfüllen sind. So sind umfassende Angaben über die Zusammensetzung des Eigenkapitals erforderlich. Zum einen sind bspw. die im Eigenkapital ausgewiesenen Rücklagen hinsichtlich ihrer Art und ihres Zweckes zu beschreiben. Zum anderen sind nach Aktionärsgruppen gegliederte Angaben zur Höhe des genehmigten Kapitals, zum Nennwert der Aktien oder zu den geleisteten bzw. noch ausstehenden Einzahlungen auf das gezeichnete Kapital zu machen. Weiterhin sollten die Rechte bzw. Beschränkungen, die mit der jeweiligen Anteilskategorie verbunden sind, erläutert werden. Gemäß IAS 1.55 und 57 ist eine weitere Untergliederung erforderlich, wenn dies ein einzelner IFRS vorschreibt oder eine Ergänzung notwendig wird, um ein den tatsächlichen Verhältnissen entsprechendes Bild der Vermögens- und Finanzlage abzubilden.

Die Grundidee des IAS 1 ist es, kein festes Gliederungsschema für die Bilanz vorzugeben. Vielmehr wird den Unternehmen die Freiheit eingeräumt, ihre Konzernbilanz so zu gestalten, dass sie die aus ihrer Sicht entscheidungsrelevanten Informationen

---

223 Vgl. Baetge, J./Kirsch, H.-J./Thiele, S. Bilanzen, Kap. V Abschn. 1.

224 Für Unterschiede zwischen dem Eigenkapital und den Rückstellungen nach HGB und IFRS vgl. Pellens, B. u. a., Internationale Rechnungslegung, S. 458-460, 488-490 und 516-518.

225 Vgl. Baetge, J./Kirsch, H.-J./Thiele S., Bilanzen, Kap. IX Abschn. 8.

veröffentlichen können. Ferner ermöglicht die Flexibilität des Gliederungsschemas den Unternehmen, ihren IFRS-Abschluss an nationale Vorschriften anzupassen. Insofern sprechen auch praktische Überlegungen für ein flexibles Gliederungsschema.[226]

Die Umsetzungsanleitung des IAS 1 verdeutlicht anhand eines Beispiels die Regelungen zur Gliederung der Konzernbilanz (vgl. Übersicht VIII-35). Innerhalb der einzelnen Bilanzposten können sich im Detail jedoch Unterschiede zwischen der handelsrechtlichen Darstellung und der Darstellung nach IAS 1 ergeben.

---

226 Vgl. PELLENS, B. U. A., Internationale Rechnungslegung, S. 170.

ABC Konzern - Bilanz zum 31. Dezember 20-1		
	20-1	**20-0**
Vermögenswerte		
Langfristige Vermögenswerte		
Sachanlagen	X	X
Geschäfts- oder Firmenwert	X	X
Sonstige immaterielle Vermögenswerte	X	X
Anteile an assoziierten Unternehmen	X	X
Finanzinvestitionen in Eigenkapitalinstrumente	X	X
	X	X
Kurzfristige Vermögenswerte		
Vorräte	X	X
Forderungen aus Lieferungen und Leistungen	X	X
Sonstige Vermögenswerte	X	X
Zahlungsmittel und Zahlungsmitteläquivalente	X	X
	X	X
Summe Vermögenswerte	**X**	**X**
Eigenkapital und Schulden		
Eigenkapital der Gesellschafter des Mutterunternehmens		
Gezeichnetes Kapital	X	X
Gewinnrücklagen	X	X
Sonstige Eigenkapitalkomponenten	X	X
	X	X
Minderheitsanteile	X	X
Summe Eigenkapital	X	X
Langfristige Schulden		
Langfristige Darlehen	X	X
Latente Steuern	X	X
Langfristige Rückstellungen	X	X
Summe langfristige Schulden	X	X
Kurzfristige Schulden		
Verbindlichkeiten aus Lieferungen und Leistungen und sonstige Verbindlichkeiten	X	X
Kurzfristige Darlehen	X	X
Kurzfristiger Teil der langfristigen Darlehen	X	X
Kurzfristige Steuerverbindlichkeiten	X	X
Kurzfristige Rückstellungen	X	X
Summe kurzfristige Schulden	X	X
Summe Schulden	X	X
Summe Eigenkapital und Schulden	**X**	**X**

Übersicht VIII-35: *Beispielhafte Gliederung einer Konzernbilanz nach IAS 1*

433. Die Gliederungsvorschriften für die Konzern-Gesamtergebnisrechnung nach IAS 1

Die Bestandteile der Gesamtergebnisrechnung sind in IAS 1 geregelt. Sie enthält neben den aus der handelsrechtlichen Gewinn- und Verlustrechnung bekannten Komponenten zusätzlich erfolgsneutrale Aufwendungen und Erträge des Geschäftsjahres. Nach IAS 1.10A wird es dem Konzern freigestellt, die Gewinn- und Verlustrechnung in einer von den erfolgsneutralen Aufwendungen und Erträge getrennten Rechnung oder zusammen mit diesen in einem einzigen Rechenwerk darzustellen. Für die formale Struktur der Gesamtergebnisrechnung enthält IAS 1 keine detaillierten Regelungen, da es Unternehmen durch die Flexibilität des Gliederungsschemas ermöglicht werden soll, ihren IFRS-Abschluss an nationale Vorschriften anzupassen.[227] Allerdings präferiert der IASB wohl die Staffelform,[228] da in der Umsetzungsanleitung des IAS 1 ausschließlich diese Darstellungsform als Beispiel gezeigt wird.

Ebenso wie in § 275 besteht auch nach IFRS das Wahlrecht, die Gesamtergebnisrechnung entweder nach dem Umsatzkostenverfahren (function of expense method) oder nach dem Gesamtkostenverfahren (nature of expense method) aufzustellen, so dass die Aufwendungen entweder nach Art oder nach Funktion im Unternehmen aufgeschlüsselt werden müssen (IAS 1.99). Diese Aufschlüsselung kann entweder in der Gesamtergebnisrechnung oder im Anhang erfolgen. Der IASB empfiehlt jedoch, die Aufschlüsselung in der Gesamtergebnisrechnung selbst darzustellen (IAS 1.100). Gemäß IAS 1.81A-82A f. soll die Konzern-Gesamtergebnisrechnung – in diesem Fall gemäß dem one statement approach – mindestens folgende Posten enthalten:

---

227 Vgl. ähnlich auch PELLENS, B. U. A., Internationale Rechnungslegung, S. 176 f.
228 Vgl. FÖRSCHLE, G./KRONER, M., in: Beck Bilanzkomm., 9. Aufl., § 275 HGB, Rn. 334.

Gesamtergebnisrechnung

– Umsatzerlöse
– Gewinne und Verluste aus der Ausbuchung finanzieller Vermögenswerte, die zu fort-
  geführten Anschaffungskosten bewertet werden
– Finanzierungsaufwendungen
– Gewinn- und Verlustanteile an assoziierten Unternehmen und Joint Ventures, die nach der
  Equity-Methode bilanziert werden
– Gewinne und Verluste aus einer Reklassifizierung finanzieller Vermögenswerte der Kate-
  gorie zum beizulegenden Zeitwert
– Steueraufwendungen
– Gesamtbetrag des Gewinns/Verlustes nach Steuern aus dem Abgang von eingestellten
  Geschäftsbereichen und der Bewertung der einzustellenden Geschäftsbereiche zum
  beizulegenden Zeitwert abzüglich Veräußerungskosten oder der Vermögenswerte oder
  Veräußerungsgruppe(n), aus denen der einzustellenden Geschäftsbereich besteht
– **Periodengewinn oder -verlust**
  – den Minderheitsanteilen zuzurechnender Periodengewinn oder -verlust
  – den Anteilseignern des Mutterunternehmens zuzurechnender Periodengewinn
    oder -verlust
– Alle Bestandteile des sonstigen Gesamtergebnisses entsprechend ihrem Charakter, die
  unter bestimmten Bedingungen später aufwands- oder ertragswirksam umgegliedert
  werden
– Alle Bestandteile des sonstigen Gesamtergebnisses entsprechend ihrem Charakter, die
  nicht aufwands- oder ertragswirksam umgegliedert werden
– **Gesamtergebnis der Periode**
  – den Minderheitsanteilen zuzurechnendes Gesamtergebnis der Periode
  – den Anteilseignern des Mutterunternehmens zuzurechnendes Gesamtergebnis der
    Periode

Übersicht VIII-36: *Mindestgliederung einer Konzern-Gesamtergebnisrechnung nach IAS 1.81A-82A*

Diese Posten sind um weitere Posten, Überschriften und Zwischensummen zu ergänzen, wenn dies ein einzelner IFRS fordert oder die Darstellung eines den tatsächlichen Verhältnissen entsprechenden Bildes der Ertragslage hierdurch verbessert werden kann (IAS 1.85).

Unternehmen, die ihre Erträge und Aufwendungen nach dem Umsatzkostenverfahren gliedern, müssen zusätzliche Angaben zu Abschreibungen und Personalaufwendungen (IAS 1.104) und weiteren Aufwendungen, die für die Vorhersage künftiger
Cashflows notwendig sind, offenlegen (IAS 1.105).

IAS 1 gibt in der Umsetzungsanleitung jeweils ein Beispiel für das Umsatzkostenverfahren und das Gesamtkostenverfahren an. Diese beiden Darstellungsvarianten einer
Gesamtergebnisrechnung sind in den folgenden Übersichten (ohne sonstige Ergebnisbestandteile)[229] dargestellt:

ABC Konzern - Gesamtergebnisrechnung für das Geschäftsjahr 20-1
(Beispiel einer Darstellung des Umsatzkostenverfahrens)

	20-1	20-0
Umsatzerlöse	X	X
Umsatzkosten	– X	– X
Bruttogewinn	X	X
Sonstige Erträge	X	X
Vertriebskosten	– X	– X
Verwaltungsaufwendungen	– X	– X
Sonstige Aufwendungen	– X	– X
Finanzierungsaufwendungen	– X	– X
Erträge aus assoziierten Unternehmen	X	X
Gewinn oder Verlust vor Steuern	X	X
Ertragsteueraufwand	– X	– X
Gewinn oder -verlust aus weiterzuführenden Geschäftsbereichen	X	X
Ergebnis aus aufgegebenen Geschäftsbereichen	X	X
Periodengewinn oder -verlust	X	X
zurechenbar den:		
Anteilseignern des Mutterunternehmens	X	X
Minderheitsanteilen	X	X
	X	X

Übersicht VIII-37: *Beispielhafte Gliederung der Konzern-Gesamtergebnisrechnung bei Anwendung des Umsatzkostenverfahrens nach IAS 1 (ohne sonstiges Gesamtergebnis)*

---

229 Aus der Wahl zwischen dem Umsatz- und dem Gesamtkostenverfahren ergeben sich keine Unterschiede für die Darstellung des sonstigen Ergebnisses, so dass in den folgenden beiden Übersichten nur die erfolgswirksamen Bestandteile abgebildet werden.

ABC Konzern - Gesamtergebnisrechnung für das Geschäftsjahr 20-1
(Beispiel einer Darstellung des Gesamtkostenverfahrens)

	20-1	20-0
Umsatzerlöse	X	X
Sonstige Erträge	X	X
Veränderung des Bestandes an fertigen und unfertigen Erzeugnissen	– X	X
Andere aktivierte Eigenleistungen	X	X
Roh-, Hilfs- und Betriebsstoffe	– X	– X
Personalaufwendungen	– X	– X
Aufwendungen für planmäßige Abschreibungen	– X	– X
Wertminderung von Sachanlagen	– X	– X
Sonstige Aufwendungen	– X	– X
Finanzierungskosten	– X	– X
Erträge aus assoziierten Unternehmen	X	X
Gewinn oder Verlust vor Steuern	X	X
Ertragsteueraufwand	– X	– X
Ergebnis aus weiterzuführenden Geschäftsbereichen	X	X
Ergebnis aus aufgegebenen Geschäftsbereichen	X	X
Periodengewinn oder -verlust	X	X
zurechenbar den:		
Anteilseignern des Mutterunternehmens	X	X
Minderheitsanteilen	X	X
	X	X

Übersicht VIII-38: *Beispielhafte Gliederung der Konzern-Gesamtergebnisrechnung bei Anwendung des Gesamtkostenverfahrens nach IAS 1 (ohne sonstiges Gesamtergebnis)*

Kapitel IX:
Der Konzernanhang

1 Zweck, Rechtsgrundlagen und Struktur des Konzernanhangs

11 Der Zweck des Konzernanhangs

Nach § 297 Abs. 1 bildet der Konzernanhang zusammen mit der Konzernbilanz, der Konzern-GuV, der Kapitalflussrechnung und dem Eigenkapitalspiegel den Konzernabschluss. Ein Konzernanhang ist damit von allen zur Konzernrechnungslegung verpflichteten Mutterunternehmen zu erstellen. Die Rechnungslegung zum Konzernanhang ist zum einen in den mit „Konzernanhang" überschriebenen §§ 313 und 314 kodifiziert. Zum anderen resultieren die Angabepflichten aus den konzernspezifischen Vorschriften der §§ 290-312 sowie aus den nach § 298 Abs. 1 auch für den Konzernabschluss geltenden Vorschriften zum Einzelabschluss. Nach § 298 Abs. 1 sind die Vorschriften zum Einzelabschluss grundsätzlich analog auf den Konzernabschluss anzuwenden, indes nicht die einzelabschlussspezifischen Anhangvorschriften der §§ 284-288, die durch die konzernspezifischen Anhangvorschriften (§§ 313 und 314) ersetzt werden. Außerdem sind die zahlreichen Angabepflichten der DRS zu beachten.

Als Element des Konzernabschlusses dient der Konzernanhang dem **Rechenschaftszweck** und dem eng mit dem Rechenschaftszweck verbundenen Zweck der **Kapitalerhaltung aufgrund von Informationen**.[1] Primär dient der Konzernanhang indes dem Rechenschaftszweck, da der Konzernanhang – wie der Anhang des Einzelabschlusses – die Aufgabe hat, die durch die Konzernbilanz und die Konzern-GuV vermittelten Informationen näher zu erläutern, zu ergänzen und zu korrigieren sowie die Konzernbilanz und die Konzern-GuV von bestimmten Angaben zu entlasten.[2] Der

---

[1] Zum Rechenschaftszweck des Konzernabschlusses sowie zum Zwecke der Kapitalerhaltung aufgrund von Informationen vgl. Kap. II Abschn. 122. und 123.

[2] Vgl. etwa SELCHERT, F. W./KARSTEN, J., Inhalt und Gliederung des Konzernanhangs, S. 1258-1264; BAETGE, J./KIRSCH, H.-J./THIELE, S., Bilanzen, Kap. XIV Abschn. 1; RUSS, W., Der Anhang, S. 19-23; SCHERRER, G., Konzernrechnungslegung, S. 370.

Rechenschaftszweck des Konzernanhangs wird daher durch die **Erläuterungs-, Ergänzungs-, Korrektur- und Entlastungsfunktion** des Konzernanhangs im Hinblick auf die Konzernbilanz und die Konzern-GuV konkretisiert.

Erläuternde Funktion haben jene Informationen des Konzernanhangs, die die Posten der Konzernbilanz oder der Konzern-GuV kommentieren oder interpretieren. Dagegen haben solche (zusätzlichen) Informationen des Konzernanhangs **ergänzenden** Charakter, die sich nicht unmittelbar auf die anderen Konzernabschlusselemente beziehen. Die **Korrekturfunktion** des Konzernanhangs spiegelt sich in § 297 Abs. 2 Satz 3 wider; danach haben zusätzliche Angaben im Konzernanhang die Konzernbilanz und die Konzern-GuV zu korrigieren, wenn besondere Umstände dazu führen, dass der Konzernabschluss kein den tatsächlichen Verhältnissen entsprechendes Bild der Vermögens-, Finanz- und Ertragslage des Konzerns vermittelt. Der Konzernanhang **entlastet** die Konzernbilanz oder die Konzern-GuV, wenn Informationen statt in die Konzernbilanz oder in die Konzern-GuV alternativ in den Konzernanhang aufgenommen werden, um die Konzernbilanz oder die Konzern-GuV **klarer und übersichtlicher** zu gestalten.

Die gesetzlichen Vorschriften zum Konzernanhang verlangen unterschiedlich detaillierte Informationen; entsprechend den unterschiedlichen gesetzlichen Vorschriften sind Informationen im Konzernanhang **anzugeben, auszuweisen, aufzugliedern, zu erläutern, darzustellen** und zu **begründen**. SELCHERT/KARSTEN[3] konkretisieren diese Informationen wie folgt:

Informationsart	Konkretisierung der Informationen
Angabe	Bloße Nennung ohne weitere Zusätze; je nach Art des anzugebenden Sachverhaltes muss diese Nennung quantitativ oder verbal erfolgen.
Ausweis	Quantitative Nennung eines Sachverhaltes
Aufgliederung	Segmentierung einer Größe in einzelne Komponenten, so dass deren Zusammensetzung ersichtlich wird; die Aufgliederung erfolgt quantitativ.
Erläuterung	Kommentierung und Interpretation, so dass der Inhalt und/oder die Ursache ersichtlich werden; die Erläuterung erfolgt verbal.
Darstellung	Angabe, verbunden mit einer Aufgliederung oder Erläuterung; je nach dem darzustellenden Sachverhalt erfolgt die Darstellung quantitativ und/oder verbal.
Begründung	Offenlegung der Überlegungen und Argumente, die kausal für ein bestimmtes Tun oder Unterlassen sind und dessen Nachvollziehbarkeit ermöglichen; die Begründung erfolgt verbal.

Übersicht IX-1: *Die Konkretisierung von Informationen im Konzernanhang*

---

3 Vgl. SELCHERT, F. W./KARSTEN, J., Inhalt und Gliederung des Anhangs, S. 1890.

12 Überblick über die Rechtsgrundlagen

Der Inhalt des Konzernanhangs beruht im Wesentlichen auf **Pflichtangaben aufgrund handelsrechtlicher Vorschriften**. Auf diese Pflichtangaben darf grundsätzlich nur verzichtet werden, wenn die in den Vorschriften geregelten Tatbestände den bei einem bestimmten Konzern vorliegenden Sachverhalten nicht entsprechen. Dem **Grundsatz der Wesentlichkeit** folgend, brauchen bestimmte Angaben im Konzernanhang auch dann nicht gemacht zu werden, wenn die Angaben für die Vermögens-, Finanz- und Ertragslage des Konzerns von untergeordneter Bedeutung sind (§ 313 Abs. 3 Satz 4). Zu den Pflichtangaben zählen bspw. Angaben zu den angewandten und gegenüber dem Vorjahr abweichenden Bilanzierungs-, Bewertungs- und Konsolidierungsmethoden sowie Angaben zu Anpassungen von Vorjahreszahlen.

Neben den Pflichtangaben existieren für den Konzernanhang sog. **Wahlpflichtangaben**, bei denen der Rechnungslegende das Wahlrecht hat, ausweispflichtige Informationen entweder in der Konzernbilanz bzw. in der Konzern-GuV oder alternativ im Konzernanhang auszuweisen.[4] Das Wahlrecht gilt indes nicht hinsichtlich der grundsätzlichen Aufnahme der Informationen in den Konzernabschluss.

Neben den handelsrechtlichen Pflichtangaben sehen diverse DRS umfangreiche weitere Anhangangaben vor.[5]

13 Die Struktur des Konzernanhangs

Nach § 297 Abs. 2 Satz 1 ist der Konzernabschluss klar und übersichtlich aufzustellen. Dies gilt vor allem für den Konzernanhang, da trotz der vielen aufzunehmenden Angaben[6] keine gesetzlichen Ausweisvorschriften existieren. Bei der Gliederung des Konzernanhangs ist der **Grundsatz der Klarheit und Übersichtlichkeit** besonders zu berücksichtigen. Mit dem BilRUG hat der Gesetzgeber in § 313 Abs. 1 Satz 1 Halbsatz 2 eine Gliederungsvorschrift für den Konzernanhang ins Handelsrecht implementiert. Demnach sind Angaben in der Reihenfolge der einzelnen Posten der Konzernbilanz und der Konzern-GuV darzustellen. Anhand des formalen Aufbaus muss der Konzernabschlussadressat die Struktur der angegebenen Informationen problemlos erkennen können. Dies lässt sich gewährleisten, wenn inhaltlich zusammenhängende Angaben jeweils in zusammenhängenden Abschnitten – unabhängig von der nummerischen Kennzeichnung der Vorschriften im HGB – im Konzernanhang ausgewiesen werden. Die einzelnen Abschnitte sollten durch aussagefähige Überschriften kenntlich gemacht werden. Für den Konzernanhang dürfte es allerdings

---

4   Vgl. BAETGE, J./KIRSCH, H.-J./THIELE, S., Bilanzen, Kap. XIV Abschn. 4 und 5.

5   Vgl. Abschn. 64 in diesem Kapitel sowie ausführlich zu den möglichen Angaben im Anhang gemäß HGB und den Regelungen des DRS siehe MÜLLER, S., in: Baetge/Kirsch/Thiele, § 313 HGB, Rn. 28-38. Ergänzend zu den verschiedenen Angabepflichten nach HGB verlangen auch Vorschriften im EGHGB sowie im AktG und im GmbHG bestimmte Angabepflichten im Konzernanhang; vgl. hierzu etwa FARR, W.-M., Prüferchecklisten, S. 4-28.

6   Zur Übersicht der möglichen Anhangangaben siehe MÜLLER, S., in: Baetge/Kirsch/Thiele, § 313 HGB, Rn. 28-38.

kaum möglich sein, eine allgemeingültige Struktur zu entwickeln; im Einzelfall wird abhängig von den jeweils gegebenen Sachverhalten individuell über die zweckadäquate **Struktur des Konzernanhangs** zu entscheiden sein. Die folgende Struktur des Konzernanhangs ist sachgerecht und in der Praxis der Geschäftsberichterstattung weit verbreitet:[7]

(1) Allgemeine Angaben zu Inhalt und Gliederung des Konzernabschlusses,

(2) Angaben zum Konsolidierungskreis,

(3) Angaben zu den Konsolidierungsgrundsätzen, Bilanzierungs- und Bewertungsmethoden sowie zur Währungsumrechnung,

(4) sonstige Angaben zu den einzelnen Posten der Konzernbilanz und der Konzern-GuV,

(5) sonstige Pflichtangaben,

(6) freiwillige Anhangangaben.

Dem **Grundsatz der formellen Stetigkeit** (§ 265 Abs. 1 Satz 1 i. V. m. § 298 Abs. 1) folgend, ist die gewählte Struktur des Konzernanhangs in den folgenden Konzernabschlüssen beizubehalten. Nur in Ausnahmefällen darf aufgrund besonderer Umstände von der festgelegten Struktur abgewichen werden; die Abweichungen sind dann im Konzernanhang anzugeben und zu begründen (§ 265 Abs. 1 Satz 2 i. V. m. § 298 Abs. 1).

2   Allgemeine Angaben zu Inhalt und Gliederung des Konzernabschlusses

Nach § 313 Abs. 1 sind im Konzernanhang Angaben zu einzelnen Posten der Konzernbilanz oder der Konzern-GuV erforderlich, wenn diese aufgrund eines Wahlrechtes nicht in die Konzernbilanz oder Konzern-GuV aufgenommen wurden.

§ 298 Abs. 2 Satz 1 räumt das **Wahlrecht** ein, den **Konzernanhang mit dem Anhang des Jahresabschlusses des Mutterunternehmens zusammenzufassen**, womit sich Wiederholungen im Einzel- respektive Konzernabschluss vermeiden lassen. Der Konzernabschluss und der Jahresabschluss des Mutterunternehmens müssen in diesem Fall nach § 298 Abs. 2 Satz 2 gemeinsam offengelegt werden, wobei aus dem zusammengefassten Anhang hervorgehen muss, welche Angaben sich auf den Konzern und welche sich auf das Mutterunternehmen beziehen (§ 298 Abs. 2 Satz 3).

Der § 313 Abs. 3 Satz 1 entbindet den rechnungslegenden Konzern explizit von bestimmten Angaben im Konzernanhang, wenn Konzernunternehmen durch die Angaben erhebliche Nachteile entstehen würden. Dies gilt indes nicht für Konzern-

---

7   Vgl. ähnlich FARR, W.-M., Prüferchecklisten, S. 4-28 sowie ARMELOH, K.-H., Die Berichterstattung im Anhang, S. 42 m. w. N.

abschlüsse, wenn das Mutterunternehmen oder eines seiner Tochterunternehmen kapitalmarktorientiert i. S. d. § 264d ist (§ 313 Abs. 3 Satz 3). Die Anwendung dieser Ausnahmeregelung ist im Konzernanhang anzugeben.

Eine Erleichterung für die Aufstellung und Offenlegung des Konzernanhangs kann z. B. die sog. **Aufstellung des Anteilsbesitzes** betreffen, wenn durch die sonst erforderliche Beteiligungsliste dem betroffenen Unternehmen nach vernünftiger kaufmännischer Beurteilung **erhebliche Nachteile** entstehen können (§ 313 Abs. 3). So kann die Angabe von Eigenkapital und Ergebnis nach § 313 Abs. 2 Nr. 4 unterbleiben, sofern das in Anteilsbesitz stehende Unternehmen seinen Jahresabschluss nicht offenlegt (§ 313 Abs. 3 Satz 5).

Größenabhängige Erleichterungen für die Aufstellung oder Offenlegung des Konzernanhangs sind nicht vorgesehen.

Darüber hinaus existiert für den Konzernanhang zwar keine explizite Schutzklausel, dennoch dürfte die für den (Einzel-)Anhang geltende Einschränkung der Berichtspflicht, wenn durch die Angaben das Wohl der Bundesrepublik Deutschland oder eines ihrer Länder gefährdet wäre (§ 286 Abs. 1), nach vernünftiger kaufmännischer Beurteilung auch für den Konzernanhang gelten. Obgleich es keine Schutzklausel für die weiteren (Konzern-)Rechnungslegungsinstrumente gibt, darf daraus nicht geschlossen werden, dass für die Bundesrepublik Deutschland oder eines ihrer Länder nachteilige Angaben in der Konzernbilanz, der Konzern-GuV oder im Konzernlagebericht angegeben werden dürfen.[8] Im Fall des gefährdeten „Wohls der Bundesrepublik Deutschland" handelt es sich um eine Unterlassungspflicht und nicht um ein Unterlassungsrecht.[9] Die Informationsinteressen der Konzernabschlussadressaten haben sich in diesem Fall einem übergeordneten Interesse unterzuordnen.

Für die Berichterstattung der WESTFALEN AG über die allgemeinen Angaben zu Inhalt und Gliederung des Konzernabschlusses vgl. Beispiel IX-1.[10]

Rechnungslegung

Der Jahresabschluss der Westfalen AG ist nach den Vorschriften der §§ 242, 284 ff. HGB und der Konzernabschluss der Westfalen AG nach den Vorschriften der §§ 290 ff. HGB aufgestellt. Die Erläuterungen erfüllen die relevanten Anforderungen der §§ 313 ff. HGB und werden für die Westfalen AG und den Westfalen AG Konzern in Übereinstimmung mit § 298 Abs. 3 HGB gemeinsam vorgenommen. Die Aussagen betreffen beide Jahresabschlüsse, soweit nicht zusätzliche Angaben erfolgen.

Die Bilanzen der Westfalen AG und des Westfalen AG Konzerns sind unter teilweiser Verwendung des Jahresergebnisses nach § 268 Abs. 1 HGB aufgestellt. Zur Verbesserung der Übersichtlichkeit sind unter Anwendung des § 265 Abs. 7 Nr. 2 HGB bestimmte Posten in der Bilanz und in der Gewinn- und Verlustrechnung zusammengefasst und im Anhang einzeln aufgeführt. Der Jahresabschluss und der Konzernabschluss werden in TEUR aufgestellt.

Beispiel IX-1: *Berichterstattung der* WESTFALEN AG *zu Inhalt und Gliederung des mit dem Jahresabschluss zusammengefassten Konzernabschlusses*

---

8   Ähnlich KIRSCH/KÖHRMANN für den Lagebericht; vgl. KIRSCH, H.-J./KÖHRMANN, H., in: Beck HdR, B 500, Rn. 43.

9   Vgl. TICHY, E., Der Inhalt des Lageberichts, S. 230 f.

10 WESTFALEN AG (Hrsg.), Geschäftsbericht 2013, S. 8.

3 Angaben zum Konsolidierungskreis

Das HGB verlangt explizit in § 313 Abs. 2 Erläuterungen zum **Konsolidierungskreis**[11] und zu sonstigen Beteiligungsbeziehungen des Konzerns im Konzernanhang. Damit sollen die Adressaten des Konzernabschlusses über Umfang und Inhalt des Konsolidierungskreises und über den weiteren Anteils- und Stimmrechtsbesitz des Konzerns informiert werden. Diese Regelung entspricht im Wesentlichen der Berichterstattung nach § 285 Nr. 11, 11a und 11b, wobei hier die Sichtweise des Konzerns maßgeblich ist. Dabei ist die Größe und Rechtsform der in § 313 Abs. 2 Nr. 1-5 genannten Unternehmen, für die Angaben im Anhang notwendig sind, nicht ausschlaggebend. Aufgrund des fehlenden Wesentlichkeitskriteriums sind für alle einbezogenen und nicht einbezogenen Tochterunternehmen, assoziierte Unternehmen sowie anteilsmäßig konsolidierte Unternehmen neben Namen, Sitz und Anteil am Kapital weitere unternehmensspezifische Angaben notwendig.[12] Zudem ist gemäß § 296 Abs. 3 die Nichteinbeziehung von Tochterunternehmen in den Konzernabschluss im Anhang zu begründen. Gemäß § 294 Abs. 2 sind außerdem Angaben erforderlich, wenn sich der Konsolidierungskreis im Laufe des Geschäftsjahres wesentlich geändert hat.[13] Erforderlich sind nach § 313 Abs. 2 Nr. 6-8 zusätzlich Angaben zum kleinsten und größten Konsolidierungskreis, wenn das Mutterunternehmen zugleich Tochterunternehmen eines oder mehrerer größerer Konsolidierungskreise ist.

Bislang bezogen sich die Angabepflichten des § 313 Abs. 2 Nr. 4 zum Anteilsbesitz auf Unternehmen, an denen das Mutter- oder Tochterunternehmen mindestens 20 % der Anteile hält. Mit dem BilRUG wurde diese 20 %-Grenze durch die Beteiligungsdefinition des § 271 Abs. 1 ersetzt. Ein Anteilsbesitz von 20 % begründet nun lediglich eine Beteiligungsvermutung. Somit sind Angaben erforderlich, wenn der Grenzwert von 20 % unterschritten wird und die Beteiligung der Herstellung einer dauernden Verbindung dient.[14] Umgekehrt entfällt eine Angabepflicht trotz eines Anteilsbesitzes von über 20 %, wenn die Beteiligungsvermutung widerlegt wird und der Anteilsbesitz dem Geschäftsbetrieb nicht dauerhaft dient.[15] Gemäß § 313 Abs. 2 Nr. 5 sind ferner die Beteiligungen an großen Kapitalgesellschaften, die fünf Prozent der Stimmrechte überschreiten, anzugeben, wenn sie von einem börsennotierten Mutter- oder Tochterunternehmen gehalten werden.

---

11   Ausführlich zur Abgrenzung des Konsolidierungskreises siehe Kap. III Abschn. 3.

12   Zu den einzelnen notwendigen Angaben siehe GROTTEL, B., in: Beck Bilanzkomm., 9. Aufl., § 313 HGB, Rn. 189-216; MÜLLER, S., in: Baetge/Kirsch/Thiele, § 313 HGB, Rn. 91-114.

13   Vgl. dazu ausführlich Kap. III Abschn. 323.

14   Vgl. OSER, P./ORTH, C./WIRTZ, H., Neue Vorschriften durch das BilRUG, S. 200.

15   Vgl. FINK, C./THEILE, C., Anhang und Lagebericht nach BilRUG, S. 757.

Für die Berichterstattung der DEUTSCHE MESSE AG zum Konsolidierungskreis siehe Beispiel IX-2.[16]

Konsolidierungskreis

Die Deutsche Messe AG, Hannover, als Mutterunternehmen hält - direkt und indirekt - die in der Anlage 2 aufgeführten Anteile an verbundenen Unternehmen und Beteiligungen.

Mit den inländischen Tochtergesellschaften EMH, MG, FH, HFI, DMB und spring bestehen Ergebnisabführungsverträge. Diese und weitere inländische Tochterunternehmen und die ausländischen Tochterunternehmen sind in den Konzernabschluss einbezogen. Ebenfalls in den Abschluss einbezogen wurde die in 2013 gegründete Tochtergesellschaft HFCan, Kanada. Als assoziierte Unternehmen wurden die GEC und FSZ nach der Buchwertmethode einbezogen.

Nicht in den Konzernabschluss einbezogen werden wegen ihrer untergeordneten Bedeutung für die Vermittlung eines den tatsächlichen Verhältnissen entsprechenden Bildes der Vermögens-, Finanz- und Ertragslage des Konzerns die Tochtergesellschaften miovent, Sektörel und HFJKK sowie die assoziierten Unternehmen GfV und HVV.

Die HIFAS und die Parkplatz GmbH sind auf die jeweiligen Obergesellschaften verschmolzen worden. Die Parkplatz KG ging durch Anwachsung auf die Deutsche Messe AG über.

Die Änderungen des Konsolidierungskreises haben keinen wesentlichen Einfluss auf die Vermögens-, Finanz- und Ertragslage des Konzerns.

Beispiel IX-2: *Auszug aus der Berichterstattung der* DEUTSCHE MESSE AG *zur Abgrenzung des Konsolidierungskreises*

4 Angaben zu den Grundlagen der Rechnungslegung

Neben den Angaben zum Konsolidierungskreis sind im Anhang als Grundlagen der Rechnungslegung die Konsolidierungsgrundsätze, die Bilanzierungs- und Bewertungsmethoden sowie die Methode der Währungsumrechnung zu erläutern. Die Angaben zu den **Konsolidierungsgrundsätzen** beziehen sich dabei auf die Aufbereitung der Einzelabschlüsse und die eigentliche Konsolidierung. Dazu ist auf die allgemeine Methodik sowie auf die Einheitlichkeit der Bilanzierung und Bewertung gemäß §§ 300 und 308 einzugehen. § 313 Abs. 1 Satz 3 Nr. 2 fordert die Angabe und Begründung aller Abweichungen von Konsolidierungsmethoden. Dazu zählen Abweichungen vom gesetzlichen Regelfall und die Ausübung von Wahlrechten.[17] Aufgrund der bestehenden Wahlrechte bei der Zwischenergebniseliminierung und den damit in Verbindung stehenden latenten Steuern sind hierzu u. a. erläuternde Angaben notwendig.

Analog zu § 284 Abs. 2 Nr. 1 beim Einzelabschluss schreibt § 313 Abs. 1 Satz 3 Nr. 1 beim Konzernabschluss die Angabe der auf die Posten der Konzernbilanz und Konzern-GuV angewandten **Bilanzierungs- und Bewertungsmethoden** vor. Dadurch sollen die angewandten Abbildungsregeln verdeutlicht werden. Dabei ist neben der Darstellung der allgemeinen Rechnungslegungsmethodik auf die Ausübung der vom

---

16 DEUTSCHE MESSE AG (Hrsg.), Geschäftsbericht 2013, S. 8.

17 Zu den Angabepflichten siehe GROTTEL, B., in: Beck Bilanzkomm., 9. Aufl., § 313 HGB, Rn. 117-128.

Gesetzgeber eingeräumten Wahlrechte einzugehen. Speziell die gemäß § 298 Abs. 1 im Konzernabschluss anzuwendenden Regelungen des Einzelabschlusses erfordern entsprechende zusätzliche Angaben im Anhang (bspw. § 265).[18]

Neben der Darstellung der angewandten Bilanzierungs- und Bewertungsmethoden sind gemäß § 313 Abs. 1 Satz 3 Nr. 2 alle Abweichungen vom Regelfall der Bilanzierungs-, Bewertungs- und Konsolidierungsmethoden und -grundsätze sowie deren Einfluss auf die VFE-Lage des Konzerns anzugeben und zu begründen. Abgesehen von den Abweichungen vom gesetzlichen Regelfall sind Verstöße gegen die Stetigkeit aufgrund der zum Vorjahr veränderten Anwendung von Bilanzierungs- und Bewertungsmethoden anzugeben. Dieser Verstoß gegen die Stetigkeit ist nur ausnahmsweise möglich (§ 297 Abs. 3 Satz 3) und daher im Anhang zu erläutern (§ 297 Abs. 3 Satz 4). Dadurch soll die aus dem Stetigkeitsverstoß resultierende mangelnde Vergleichbarkeit von Konzernabschlüssen ausgeglichen werden.

Im Konzernanhang sind außerdem Angaben über die Umrechnung von fremden Währungen in Euro im Rahmen der angewandten Bilanzierungs- und Bewertungsmethoden anzugeben, wenn im Konzernabschluss Posten enthalten sind, die ursprünglich auf eine Fremdwährung lauteten. **Währungsumrechnungen** resultieren dabei aus der Verpflichtung zur Aufstellung des Konzernabschlusses in Euro (§ 298 Abs. 1 i. V. m. § 244). Im Konzernabschluss können Währungsumrechnungen aus zwei verschiedenen Sachverhalten resultieren. Zum einen sind einzelne Fremdwährungsposten von in den Konzernabschluss einbezogenen Unternehmen und ausländischen Betriebsstätten nach § 256a umzurechnen. Zum anderen ist ggf. eine Währungsumrechnung bei der Einbeziehung von Jahresabschlüssen ausländischer Unternehmen gemäß § 308a erforderlich, wenn der Jahresabschluss der Tochtergesellschaft nicht in Euro aufgestellt ist.[19]

---

18 Vgl. MÜLLER, S., in: Baetge/Kirsch/Thiele, § 313 HGB, Rn. 28-38 und 52 f.; ausführlicher zu den möglichen Angaben vgl. BAETGE, J./KIRSCH, H.-J./THIELE, S., Bilanzen, Kap. XIV Abschn. 4.

19 Vgl. ausführlich zur Währungsumrechnung Kap. IV Abschn. 4.

Beispiel IX-3[20] zeigt einen Auszug aus der Berichterstattung der WESTFALEN AG zu den Konsolidierungsgrundsätzen.

Konsolidierungsgrundsätze

Stichtag

Der Konzernabschluss wurde auf den Stichtag des Jahresabschlusses des Mutterunternehmens zum 31. Dezember aufgestellt. Mit Ausnahme einer Gesellschaft, deren Bilanzstichtag der 31. März ist, entspricht der Stichtag der Einzelabschlüsse dem Stichtag des Konzernabschlusses. Diese Gesellschaft hat – mangels relevanter Auswirkung – keinen Zwischenabschluss erstellt.

Kapitalkonsolidierung

Die Kapitalkonsolidierung erfolgt in den Fällen der Erstkonsolidierung vor dem 01. Januar 2010 im Rahmen der Vollkonsolidierung nach der Buchwertmethode gem. § 301 Abs. 1 S. 2 Nr. 1 HGB a.F. durch Verrechnung der Anschaffungskosten für die jeweiligen Anteile an den Tochterunternehmen mit dem jeweiligen anteiligen Eigenkapital zum Zeitpunkt der Erstkonsolidierung. Ab dem Geschäftsjahr 2010 erfolgt die Erstkonsolidierung gem. § 301 Abs. 2 HGB n.F.

Bewertung von Anteilen an assoziierten Unternehmen

Anteile an assoziierten Unternehmen werden gem. § 311 HGB im Konzernabschluss unter den Anteilen an assoziierten Unternehmen ausgewiesen und gem. § 312 HGB at equity nach der Buchwertmethode bewertet.

Schuldenkonsolidierung

Gem. § 303 HGB wurden die Forderungen und Verbindlichkeiten zwischen den in den Konzernabschluss einbezogenen Unternehmen aufgerechnet.

Eliminierung von Zwischenergebnissen

Eine Zwischenergebniseliminierung wird gem. § 304 Abs. 1 HGB durchgeführt. Von der Eliminierung von Zwischenergebnissen, die auf Lieferungen zwischen assoziierten Unternehmen und Tochterunternehmen beruhen, wurde in Übereinstimmung mit § 312 Abs. 5 S. 3 i.V.m. § 304 Abs. 2 HGB abgesehen.

Aufwands- und Ertragskonsolidierung

Gem. § 305 HGB werden die Aufwendungen und Erträge zwischen den in den Konzernabschluss einbezogenen Unternehmen aufgerechnet.

Latente Steuern

Latente Steuern wurden in Anwendung der §§ 274 und 306 HGB und DRS 18 ermittelt. Aktive und passive latente Steuern werden saldiert auf der Passivseite ausgewiesen.

Währungsumrechnung

Die Vermögensgegenstände und Schulden der Bilanz sowie die Aufwendungen und Erträge der Gewinn- und Verlustrechnung der Gesellschaften, die ihren Sitz außerhalb des Euro-Währungsgebietes haben, werden entsprechend § 308a HGB nach dem modifizierten Stichtagskursverfahren des Geschäftsjahres umgerechnet. Dabei werden die Vermögensgegenstände und Schulden der Bilanz zum Mittelkurs am Bilanzstichtag und die Aufwendungen und Erträge aus der Gewinn- und Verlustrechnung zum Durchschnittskurs des Geschäftsjahres umgerechnet. Der Umrechnung des Eigenkapitals werden die historischen Mittelkurse zum Stichtag der Erstkonsolidierung zugrunde gelegt.

Beispiel IX-3: *Auszug aus der Berichterstattung der WESTFALEN AG zu den Konsolidierungsgrundsätzen*

---

20 WESTFALEN AG (Hrsg.), Geschäftsbericht 2013, S. 8 f.

5 Angaben zu einzelnen Posten der Konzernbilanz und Konzern-GuV

Neben den allgemeinen Angaben zu den Bilanzierungs- und Bewertungsmethoden sind zusätzliche Erläuterungen **einzelner Posten der Konzernbilanz und -GuV** erforderlich. Dies entspricht im Wesentlichen den Regelungen des Einzelabschlusses, die aufgrund des § 298 Abs. 1 im Konzernabschluss anzuwenden sind.[21] In diesem Zusammenhang sind zunächst die im Anhang gemäß § 265 Abs. 7 Nr. 2 zusammengefassten Posten der Bilanz und GuV gesondert auszuweisen. Außerdem ist bspw. die Zugehörigkeit eines Postens zu einem anderen Posten entweder in der Bilanz oder im Anhang anzugeben (§ 265 Abs. 3). Im Anhang sind auch „sonstige Vermögensgegenstände" oder „Verbindlichkeiten" von größerem Umfang zu erläutern, die erst nach dem Abschlussstichtag entstehen (§ 268 Abs. 4 Satz 2 und Abs. 5 Satz 3).

Darüber hinaus kodifiziert § 314, im Wesentlichen analog zu § 285 für den Einzelabschluss, weitere Angabepflichten zu bestimmten Posten der Konzernbilanz und Konzern-GuV. So fordert bspw. § 314 Abs. 1 Nr. 1 die Angabe von **Verbindlichkeiten** mit einer Restlaufzeit von fünf Jahren sowie der gesicherten Verbindlichkeiten. Weitere Erläuterungen beziehen sich auf die Aufgliederung der Umsatzerlöse (§ 314 Abs. 1 Nr. 3), soweit diese bei Aufstellung einer Segmentberichterstattung nicht gemäß § 314 Abs. 2 entfallen darf.

6 Ausgewählte sonstige Pflichtangaben

61 Berichterstattung über Geschäfte mit nahe stehenden Unternehmen und Personen

Die Berichterstattung über Geschäfte mit nahe stehenden Unternehmen und Personen wurde durch das BilMoG in § 314 Abs. 1 Nr. 13 (bzw. in § 285 Nr. 21 für den Einzelabschluss) eingeführt.[22] Gemäß § 314 Abs. 1 Nr. 13 sind zumindest wesentliche Geschäfte des Mutterunternehmens und seiner Tochterunternehmen, die nicht zu marktüblichen Bedingungen zustande gekommen sind, im Konzernanhang anzugeben. Alternativ kann der Bilanzierende auch über alle Geschäfte mit nahe stehenden Unternehmen und Personen berichten, wobei eine Differenzierung nach marktunüblichen und marktüblichen Geschäften nicht erforderlich ist.[23]

---

21 Zu den hieraus resultierenden Anhangangaben vgl. ausführlich BAETGE, J./KIRSCH, H.-J./ THIELE, S., Bilanzen, Kap. XIV Abschn. 4 und 5.

22 Der Zweck dieser Vorschrift ist nach der Regierungsbegründung die Annäherung an die Berichterstattung über related parties nach IAS 24, vgl. BT-Drucksache 16/10067, S. 72. Der DRS 11, der vor der Einführung des BilMoG die Berichterstattung über Beziehungen zu nahe stehenden Personen konkretisierte, wurde mit Bekanntmachung des DRÄS 4 durch das BMJ am 18.02.2010 außer Kraft gesetzt und befindet sich zur Zeit nicht im Arbeitsprogramm des zuständigen HGB-Fachausschusses des DRSC. Eine Konkretisierung der Angaben nach §§ 285 Nr. 21 und 314 Abs. 1 Nr. 13 liefert die einschlägige Stellungnahme des HFA des IDW, vgl. HFA des IDW, IDW RS HFA 33, S. 72-79.

Die Abgrenzung des Kreises der **nahe stehenden Unternehmen und Personen** richtet sich dabei gemäß Art. 41 Abs. 1a der Konzernbilanzrichtlinie bzw. Art. 43 Abs. 1 Nr. 7b der Bilanzrichtlinie nach den in der EU geltenden IFRS – im vorliegenden Fall also nach IAS 24.9-12. IAS 24.9 und 11 liefern in diesem Zusammenhang eine ausführliche, wohl abschließende,[24] Aufzählung möglicher nahe stehender Unternehmen und Personen. In Frage kommen dabei in- und ausländische Unternehmen jeder Rechtsform sowie juristische und natürliche Personen.[25] Als nahe stehende Personen gelten z. B. die Eigentümer und Gesellschafter sowohl des berichtenden (Mutter-) Unternehmens als auch der einbezogenen Tochterunternehmen. Der Begriff des **Geschäftes** ist daneben in einem weiten, funktionalen Sinne zu verstehen und umfasst alle rechtlichen und wirtschaftlichen Transaktionen, die sich auf die Finanzlage des Konzerns auswirken können.[26] Dies können neben dem Kauf oder Verkauf von Waren oder Dienstleistungen bspw. auch Produktionsverlagerungen auf ein nahe stehendes Unternehmen sein.[27]

In Bezug auf die konkreten **Geschäfte** ist gemäß § 314 Abs. 1 Nr. 13 über die Art der zustande gekommenen Geschäfte, den Wert dieser Geschäfte sowie die Art der Beziehung zu den nahe stehenden Unternehmen bzw. Personen zu berichten. Darüber hinaus sind weitere Angaben zu machen, die für die Beurteilung der Finanzlage des Konzerns notwendig sind – im Fall von Dauerschuldverhältnissen können dies bspw. außergewöhnliche Kündigungsoptionen sein.[28] Sowohl die Art der Geschäfte als auch die Beziehungen zu den nahe stehenden Unternehmen bzw. Personen dürfen in sachgerechte Kategorien zusammengefasst werden.[29]

Die **Berichterstattung** über Geschäfte mit nahe stehenden Unternehmen und Personen kann im Konzernanhang indes **unterbleiben** soweit entweder keine wesentlichen Geschäfte mit nahe stehenden Unternehmen und Personen getätigt wurden oder diese vollumfänglich marktüblich waren und das Unternehmen gemäß § 314 Abs. 1 Nr. 13 von der Möglichkeit Gebrauch macht, lediglich über marktunübliche Geschäfte zu berichten. Darüber hinaus entfällt die Angabepflicht für Geschäfte zwischen in eine Konsolidierung einbezogenen nahe stehenden Unternehmen, wenn diese Geschäfte bei der Konsolidierung weggelassen werden. (§ 314 Abs. 1 Nr. 13 Satz 1 Halbsatz 2). Dem Wortlaut folgend gilt diese Befreiungsvorschrift nicht für Geschäfte eines nicht vollkonsolidierten Tochterunternehmens

---

23 Vgl. HFA des IDW, IDW RS HFA 33, S. 75, Tz. 20.

24 Vgl. IDW (Hrsg.), WP-Handbuch 2012, Bd. I, Rn. F 1006 sowie GROTTEL, B., in: Beck Bilanzkomm., 9. Aufl., § 285 HGB, Rn. 364.

25 Vgl. GROTTEL, B., in: Beck Bilanzkomm., 9. Aufl., § 285 HGB, Rn. 363 f.

26 Vgl. HFA des IDW, IDW RS HFA 33, S. 72 f., Tz. 4 und 7.

27 Vgl. zu weiteren Beispielen HFA des IDW, IDW RS HFA 33, Tz. 5 und RIMMELSPACHER, D./ FEY, G., Anhangangaben zu nahe stehenden Unternehmen und Personen, S. 184-186 sowie zur Berichterstattungspraxis über nahe stehende Unternehmen und Personen BREITWEG, J./HAHN, K./ZAJONTZ, Y., Bilanzierungspraxis mittelständischer Konzerne, S. 658 f. und VON KEITZ, I./ GLOTH, T., Praxis ausgewählter HGB-Anhangangaben (Teil 2), S. 190 f.

28 Vgl. HFA des IDW, IDW RS HFA 33, S. 75, Tz. 18.

29 Vgl. HFA des IDW, IDW RS HFA 33, S. 74, Tz. 14 f.

mit seinen nahe stehenden Unternehmen und Personen. Dies erscheint jedoch nicht sachgerecht, da der Konzernabschluss als "Quasi-Einzelabschluss" die wirtschaftliche Einheit der rechtlich selbständigen Unternehmen des Konzerns abbilden soll. Demzufolge sollte eine Angabepflicht nur bestehen, wenn die wirtschaftliche Einheit selbst Geschäfte mit seinen nahe stehenden Unternehmen und Personen tätigt.[30]

Die Berichterstattung der EDEKA ZENTRALE AG & Co. KG zu den Geschäften mit nahe stehenden Unternehmen und Personen zeigt Beispiel IX-4.[31]

Geschäfte mit nahe stehenden Unternehmen und Personen

Die Geschäfte des EDEKA ZENTRALE Konzerns mit nahestehenden Personen und Unternehmen betreffen hauptsächlich die Abwicklung des Warengeschäfts mit den EDEKA-Regionalgesellschaften, die An- und Vermietung von Immobilien sowie die Inanspruchnahme von Finanz- und sonstigen Dienstleistungen.

in EUR Mio.	Aufwand	Ertrag
Warengeschäft	4.367,7	19.714,1
- davon assoziierte Unternehmen	497,7	19.377,8
- davon sonstige nahestehende Unternehmen	3.870,0	336,3
Mietgeschäft	4,2	4,9
- davon assoziierte Unternehmen	0,4	2,8
- davon sonstige nahestehende Unternehmen	3,8	2,1
Sonstige Dienstleistungen	146,8	399,0
- davon assoziierte Unternehmen	12,5	342,2
- davon sonstige nahestehende Unternehmen	134,3	56,8
Finanzgeschäft	5,7	21,7
- davon assoziierte Unternehmen	2,9	20,1
- davon sonstige nahestehende Unternehmen	2,8	1,6
Gesamt	**4.524,4**	**20.139,7**

Beispiel IX-4: *Berichterstattung der EDEKA ZENTRALE AG & CO. KG zu Geschäften mit nahe stehenden Unternehmen und Personen*

62 Vorgänge von besonderer Bedeutung nach Ablauf des Konzerngeschäftsjahres

Durch das BilRUG wurde mit § 314 Abs. 1 Nr. 25 die Berichterstattung zu Vorgängen von besonderer Bedeutung, die nach dem Schluss des Konzerngeschäftsjahres eingetreten und weder in der Konzern-Gewinn- und Verlustrechnung noch in der Konzernbilanz berücksichtigt sind, vom Konzernlagebericht in den Konzernanhang

---

30   Vgl. so auch FINK, C./THEILE, C., Anhang und Lagebericht nach BilRUG, S. 762.
31   EDEKA ZENTRALE AG & Co. KG (Hrsg.), Finanzbericht 2013, S. 49.

verschoben. Die den bisherigen § 315 Abs. 2 Nr. 1 konkretisierenden Regelungen zum Nachtragsbericht finden sich derzeit noch in DRS 20.114 f. Mit der Anhangangabe entfällt die bisherige Lageberichterstattung über Vorgänge von besonderer Bedeutung nach Ablauf des Konzerngeschäftsjahres, um Doppelungen und damit bürokratische Belastungen zu vermeiden. Maßgeblich ist der Konzernabschlussstichtag, der indes von den Jahresabschlussstichtagen der einbezogenen Konzernunternehmen abweichen kann.[32] Der Zweck dieses sog. **Nachtragsberichts** besteht darin, das vom (übrigen) Konzernabschluss und vom Konzernlagebericht gezeichnete Bild von der Lage des Konzerns zu **aktualisieren** und ggf. zu korrigieren.[33] Der Nachtragsbericht hat jene bedeutenden Vorgänge zu berücksichtigen, die in der Zeit zwischen dem Konzernabschlussstichtag und der Berichterstellung eingetreten sind. Diese sog. **wertbegründenden Informationen** dürfen nämlich im (übrigen) Konzernabschluss des alten Konzerngeschäftsjahres nicht berücksichtigt werden. **Wertaufhellende Informationen** sind dagegen nicht im Nachtragsbericht darzustellen. Als wertaufhellende Informationen werden solche Informationen bezeichnet, deren zugrunde liegender Sachverhalt sich im alten Konzerngeschäftsjahr ereignet hat, die der Konzernleitung aber erst nach dem Stichtag bekannt werden; diese Informationen sind im übrigen Konzernabschluss zu berücksichtigen.

Berichtspflichtig nach § 314 Abs. 1 Nr. 25 sind jene Vorgänge, die die Beurteilung der wirtschaftlichen Lage des Konzerns **wesentlich** beeinflussen und damit zu einer anderen Beurteilung des Konzerns führen, als dies durch den Konzernabschluss und durch den Wirtschaftsbericht des Konzerns möglich ist. Die Vorgänge sind unter Angabe ihrer Art und ihrer finanziellen Auswirkungen anzugeben.

63 Weitere Anhangangaben aufgrund des BilMoG

Durch die Änderungen des BilMoG wurden die Angabepflichten des § 314 in Teilen umgestellt und erweitert. So wurde in § 314 Abs. 1 Nr. 13 die im Abschnitt zuvor erläuterte Berichterstattung über **nicht** zu **marktüblichen** Bedingungen zustande gekommene Geschäfte eingeführt.

Die Angaben zu **Finanzinstrumenten** (§ 314 Abs. 1 Nr. 10-12) wurden durch die Neufassung in eine systematisch sinnvolle Reihenfolge gebracht.[34] In diesem Zusammenhang sind auch detaillierte Angaben zu Bewertungseinheiten gemäß § 314 Abs. 1 Nr. 15 erforderlich:

(a) Mit welchem Betrag jeweils Vermögensgegenstände, Schulden, schwebende Geschäfte und mit hoher Wahrscheinlichkeit erwartete Transaktionen zur Absicherung welcher Risiken in welche Arten von Bewertungseinheiten einbezogen sind sowie die Höhe der mit Bewertungseinheiten abgesicherten Risiken,

---

32 Zum Konzernabschlussstichtag vgl. § 299 und Kap. IV Abschn. 2.

33 Vgl. BAETGE, J./FISCHER, T. R./PASKERT, D., Der Lagebericht, S. 37.

34 Vgl. BT-Drucksache 16/10067, S. 85.

(b) für die jeweils abgesicherten Risiken, warum, in welchem Umfang und für welchen Zeitraum sich die gegenläufigen Wertänderungen oder Zahlungsströme künftig voraussichtlich ausgleichen einschließlich der Methode der Ermittlung,

(c) eine Erläuterung der mit hoher Wahrscheinlichkeit erwarteten Transaktionen, die in Bewertungseinheiten einbezogen wurden,

soweit die Angaben nicht im Konzernlagebericht gemacht werden.[35]

Darüber hinaus ergeben sich weitere Angabepflichten durch die veränderte Bilanzierung von Sachverhalten nach dem BilMoG:

■ Die Notwendigkeit zur Berichterstattung über den Gesamtbetrag der **Forschungs- und Entwicklungskosten** nach § 314 Abs. 1 Nr. 14 ergibt sich aufgrund der Möglichkeit, Entwicklungskosten als selbsterstellten immateriellen Vermögensgegenstand des Anlagevermögens zu aktivieren.

■ Zur Bewertung von **Pensionsrückstellungen** sind gemäß § 314 Abs. 1 Nr. 16 die versicherungsmathematischen Berechnungsverfahren sowie die grundlegenden Annahmen der Berechnung (z. B. Zinssatz oder erwartete Lohn- und Gehaltssteigerungen) zu nennen.

■ Werden **Vermögensgegenstände** gemäß § 246 Abs. 2 Satz 2 **verrechnet**, sind nach § 314 Abs. 1 Nr. 17 die Anschaffungskosten und der beizulegende Zeitwert der verrechneten Vermögensgegenstände, der Erfüllungsbetrag der verrechneten Schulden, die Aufwendungen und Erträge sowie die im Rahmen der Bestimmung der beizulegenden Zeitwerte zugrunde gelegten Annahmen anzugeben.

■ Die Angaben zu Anteilen oder Anlageaktien an inländischen **Investmentvermögen** i. S. v. § 1 Investmentgesetz oder vergleichbaren ausländischen Investmentanteilen i. S. v. § 2 Abs. 9 des Investmentgesetzes sind gemäß § 314 Abs. 1 Nr. 18 aufgegliedert im Anhang darzustellen.

■ Für die in § 251 bezeichneten **Haftungsverhältnisse** sind nach § 314 Abs. 1 Nr. 19 die Gründe der Einschätzung des Risikos der Inanspruchnahme anzugeben.

■ Nach § 253 Abs. 3 Satz 4 ist der entgeltlich erworbene **Geschäfts- oder Firmenwert** über eine standardisierte Nutzungsdauer von zehn Jahren abzuschreiben, wenn seine voraussichtliche Nutzungsdauer nicht verlässlich geschätzt werden kann. Der Zeitraum, über den ein entgeltlich erworbener Geschäfts- oder Firmenwert abgeschrieben wird, ist zu erläutern (§ 314 Abs. 1 Nr. 20).

■ Für **latenten Steuern** ist anzugeben, auf Basis welcher Steuersätze die Bewertung erfolgt sowie auf welchen Differenzen oder steuerlichen Verlustvorträgen sie beruhen (§ 314 Abs. 1 Nr. 21).

---

35 Ausführlicher zu Finanzinstrumenten und Bewertungseinheiten siehe BAETGE, J./ KIRSCH, H.-J./THIELE, S., Bilanzen, Kap. VI Abschn. 5 sowie Kap. XIII Abschn. 7

64 Angaben aufgrund ausgewählter DRS

Neben den gesetzlichen Vorschriften ergeben sich Angabepflichten aufgrund verschiedener DRS. Soweit die DRS vom BMJ bekanntgemacht worden sind, wird gemäß § 342 Abs. 2 vermutet, dass unter Beachtung der DRS aufgestellte Konzernabschlüsse den Grundsätzen ordnungsmäßiger Konzernrechnungslegung (GoK) entsprechen.[36] Angabepflichten aufgrund ausgewählter DRS zeigt Übersicht IX-2.

Anhangangaben aufgrund von ausgewählten DRS			
Vorschrift		**Sachverhalt**	**Anmerkungen**
DRS	3.25-28	Beschreibung des Segments und Angaben zur Segmentabgrenzung	Unternehmen, die freiwillig eine Segmentberichterstattung erstellen, sollen DRS 3 beachten (DRS 3.4)
	3.31-36	Segmentspezifische Angabe der externen und internen Umsatzerlöse, des Segmentergebnisses (sowie die darin enthaltenen Abschreibungen, andere nicht zahlungswirksame Posten, das Ergebnis aus Beteiligungen an assoziierten Unternehmen und die Erträge aus sonstigen Beteiligungen), des Vermögens einschließlich der Beteiligungen, der Investitionen in das langfristige Vermögen und der Schulden sowie ggf. des Zinsertrages und -aufwandes, der Ertragsteuern und des Cashflows aus laufender Geschäftstätigkeit	Unternehmen, die freiwillig eine Segmentberichterstattung erstellen, sollen DRS 3 beachten (DRS 3.4)
	3.37	Angabe einer Überleitungsrechnung	Unternehmen, die freiwillig eine Segmentberichterstattung erstellen, sollen DRS 3 beachten (DRS 3.4)
	3.38 f.	Bei nicht produktorientierter Segmentabgrenzung: Angabe der Umsatzerlöse je Produkt- oder Dienstleistungsgruppe, des Segmentvermögens und der Investitionen in das langfristige Vermögen; bei produktorienterter Abgrenzung oder Abgrenzung nach anderen Kriterien: Angaben zur geografischen Verteilung der Umsatzerlöse, zum Vermögen und zu den Investitionen in das langfristige Vermögen	Unternehmen, die freiwillig eine Segmentberichterstattung erstellen, sollen DRS 3 beachten (DRS 3.4)
	3.42	Größenordnung der Umsätze mit externen Kunden, mit denen mindestens 10 % der gesamten externen und intersegmentären Außenumsatzerlöse generiert werden, sowie der betroffenen Segmente	Unternehmen, die freiwillig eine Segmentberichterstattung erstellen, sollen DRS 3 beachten (DRS 3.4)

Anhangangaben aufgrund von ausgewählten DRS		
Vorschrift	**Sachverhalt**	**Anmerkungen**
DRS		
7.15 E-DRS 31.58	Angabe des Betrages, der am Stichtag zur Ausschüttung an die Gesellschafter zur Verfügung steht und der Beträge, die gesetzlichen, satzungsmäßigen und/oder gesellschaftsvertraglichen Ausschüttungssperren unterliegen	
7.16	Angabe und Erläuterung der „übrigen Veränderungen" des Konzerneigenkapitals sowie der Bestandteile des „übrigen Konzernergebnisses", sofern wesentlich	
8.47	Bei erstmaliger Einbeziehung eines assoziierten Unternehmens nach der Equity-Methode: Name und Sitz des assoziierten Unternehmens, der Anteile am Kapital und an den Stimmrechten, der Stichtag der Einbeziehung, die Höhe der Anschaffungskosten inklusive des Geschäfts- oder Firmenwertes bzw. des passiven Unterschiedsbetrages sowie die Abschreibungsdauer und Abschreibungsmethode für den Geschäfts- oder Firmenwert und u. U. eine Begründung für eine andere als lineare Abschreibung des Geschäfts- oder Firmenwertes.	Die Angabe zur Höhe der Anschaffungskosten inklusive des Geschäfts- oder Firmenwertes bzw. des passiven Unterschiedsbetrages wird durch DRÄS 6 voraussichtlich gestrichen.
8.48 f.	Zu jedem Abschlussstichtag ist für die assoziierten Unternehmen anzugeben: Name und Sitz jedes Unternehmens, der Anteile am Kapital und an den Stimmrechten, die Anzahl von Unternehmen, die wegen Unwesentlichkeit nicht nach der Equity-Methode bilanziert werden, die von den Unternehmen angewandten Bilanzierungs- und Bewertungsmethoden und jeweils die Summe der Geschäfts- oder Firmenwerte bzw. passiven Unterschiedsbeträge, die auf die Unternehmen entfallen; außerdem die finanziellen Verpflichtungen, die gegenüber den assoziierten Unternehmen oder Dritten bestehen.	
13.14	Bei Änderung der angewendeten Bilanzierungsgrundsätze sind Proforma-Angaben für die wesentlichen Posten des Abschlusses der Vorperiode zu machen und zu erläutern	
13.15	Bei Änderungen der Konsolidierungsmethoden sind Proforma-Angaben zu machen und zu erläutern	

---

36 Vgl. ausführlich zum Prozess der Erarbeitung der DRS BAETGE, J./KIRSCH, H.-J./THIELE, S., Bilanzen, Kap. I Abschn. 44 sowie für eine Übersicht über die aktuell geltenden DRS Kap. I Abschn. 73.

Anhangangaben aufgrund von ausgewählten DRS			
Vorschrift		**Sachverhalt**	**Anmerkungen**
DRS	13.23	Der Ausweis der in der Berichtsperiode offen gelegten Vorperioden ist anzupassen und zu erläutern, wenn der Ausweis in der Berichtsperiode geändert wird.	
	13.28	Erläuterung der einzelnen Bilanzierungsgrundsätze und Angabe der jeweiligen Änderungsgründe	
	13.29	Betragsmäßige Darstellung der Auswirkungen aus der Anwendung anderer Bilanzierungsgrundsätze für jeden einzelnen betreffenden Bilanzposten. Für die maßgeblichen Posten der Vorjahresabschlüsse sind Proforma-Angaben zu machen und zu erläutern, soweit die Angaben nicht bereits im Abschluss selbst gemacht wurden	
	13.30	Betragsmäßige Angabe und Erläuterung der Auswirkungen von Änderungen von Schätzungen auf die wirtschaftliche Lage für die Berichtsperiode; auf Auswirkungen auf Folgeperioden ist hinzuweisen	
	13.32	Bei Fehlerkorrekturen, die die Darstellung der wirtschaftlichen Lage beeinträchtigen: Angabe der Art des Fehlers und des Korrekturbetrages für jede anzupassende frühere Periode und des kumulativen Betrages	
	18.63a	Angabe der Differenzen oder steuerlichen Verlustvorträge, auf denen die latenten Steuern beruhen	
	18.63b	Angabe der Steuersätze	
	18.63c	Angabe der latenten Steuerschulden am Ende des Geschäftsjahres und die in der Konzernbilanz im Laufe des Geschäftsjahres erfolgten Änderungen dieser Salden, wenn latente Steuerschulden in der Konzernbilanz angesetzt werden	
	18.66	Angabe des Betrages und ggf. des Zeitpunktes des Verfalls von abzugsfähigen temporären Differenzen, für die kein latenter Steueranspruch in der Bilanz angesetzt ist sowie von bislang ungenutzten steuerlichen Verlustvorträgen und Steuergutschriften	
	18.67	Überleitungsrechnung zwischen erwartetem und ausgewiesenem Steueraufwand/-ertrag	
	21.52	Angabe der Definition des Finanzmittelfonds, der Zusammensetzung des Finanzmittelfonds, wesentlicher zahlungsunwirksamer Investitions- und Finanzierungsvorgänge und Geschäftsvorfälle sowie Bestände des Finanzmittelfonds von quotal einbezogenen Unternehmen und Bestände, die Verfügungsbeschränkungen unterliegen	

Übersicht IX-2: *Anhangangaben aufgrund von ausgewählten DRS*

7 Freiwillige Angaben

Zusätzlich zu den Pflichtangaben und Wahlpflichtangaben dürfen weitere Informationen freiwillig im Konzernanhang angegeben werden, sofern sie das den tatsächlichen Verhältnissen entsprechende Bild der Vermögens-, Finanz- und Ertragslage des Konzerns nicht beeinträchtigen. Als freiwillige Angaben eignen sich vor allem Zusatzrechnungen zur Vermögens-, Finanz- und Ertragslage des Konzerns; dazu zählen im Einzelnen z. B.

- Bewegungsbilanzen,
- Sozialbilanzen,
- Wertschöpfungsrechnungen[37] sowie
- Kapital- und Substanzerhaltungsrechnungen.

Freiwillig kann z. B. auch ein Ergebnis je Aktie[38] angegeben werden oder ein Jahresergebnis nach ausländischen Rechnungslegungsvorschriften, wodurch der konsolidierte Abschluss deutscher Konzerne international partiell vergleichbar wird.[39] Zudem sollte im Konzernanhang über den Umfang von Leasinggeschäften[40] berichtet werden. Da der Konzernlagebericht ebenfalls derartige freiwillige Informationen enthalten kann,[41] muss der Konzernanhang mit dem Konzernlagebericht abgestimmt werden.[42]

8 Der Konzernanhang nach IFRS

Der IAS 1 (Darstellung des Abschlusses) regelt umfassend die Darstellung von Jahres- und Konzernabschlüssen. Neben der Bilanz, der Gesamtergebnisrechnung und der Darstellung der Eigenkapitalveränderungen besteht der IFRS-Jahres- bzw. Konzernabschluss unabhängig von Branche und Größe des rechnungslegenden Unternehmens aus der Kapitalflussrechnung und dem Konzernanhang (notes), die sich in Angaben zu den Bilanzierungs- und Bewertungsmethoden (accounting policies) und den erläuternden Anhangangaben (explanatory notes) unterteilen lassen (IAS 1.10). Die im Anhang angabepflichtigen Erläuterungen und Angaben entsprechen dabei dem Wesen nach den Anhangangaben eines HGB-Abschlusses.

---

37 Vgl. hierzu HALLER, A., Wertschöpfungsrechnung, S. 491-545; BAETGE, J./KIRSCH, H.-J./ THIELE, S., Bilanzen, Kap. XIV Abschn. 8.

38 Vgl. hierzu BUSSE VON COLBE, W. U. A. (Hrsg.), Ergebnis nach DVFA/SG.

39 Zu einem empirischen Befund über den Umfang und die Qualität der freiwilligen Berichterstattung im Anhang vgl. ARMELOH, K.-H., Die Berichterstattung im Anhang, S. 204-228.

40 Zu den Anforderungen an die Anhang-Berichterstattung zu Leasinggeschäften vgl. GEFIU, Leasingverträge in der Rechnungslegung, S. 336 f.; GELHAUSEN, H. F./HENNEBERGER, M., in: HdJ, Abt. VI/1, Rn. 192-197.

41 Zu den freiwilligen Angaben im Konzernlagebericht vgl. Kap. XIII Abschn. 26.

42 Vgl. KROPFF, B., Der Lagebericht nach geltendem und zukünftigem Recht, S. 521.

Die Anhangangaben sind in einer systematischen Art und Weise offenzulegen, wobei ein expliziter Querverweis von jeder Angabe der Bilanz, der Gesamtergebnisrechnung, der gesonderten GuV (falls erstellt), der Eigenkapitalveränderungsrechnung oder der Kapitalflussrechnung zu diesen Erläuterungen erforderlich ist (IAS 1.113).

Der Zweck des Konzernanhangs besteht darin, Informationen über die Grundlagen der Aufstellung und die besonderen Bilanzierungs- und Bewertungsmethoden zu liefern, Angaben, die an keiner anderen Stelle im Abschluss gegeben werden, zu veröffentlichen und zusätzliche Informationen zu liefern, die ansonsten nicht dargelegt werden, die aber für die Vermittlung eines den tatsächlichen Verhältnissen entsprechenden Bildes notwendig sind (IAS 1.112).[43]

Beispiele zur systematischen Gliederung oder Gruppierung von Informationen im Konzernanhang gibt IAS 1.114:

(a) Betonung der für ein Verständnis der Vermögens-, Finanz- und Ertragslage wesentlichen Geschäftsbereiche bzw. Aktivitäten, wie z. B. Informationen über bestimmte operative Tätigkeiten,

(b) Gruppieren sämtlicher Informationen von Abschlussposten, die derselben Bewertungsmethode, z. B. einer Bewertung zum beizulegenden Zeitwert, unterliegen,

(c) Folgen der Reihenfolge einzelner Posten der Konzernbilanz und -GuV, z. B. durch:

   (i) Bestätigung der Übereinstimmung des Jahresabschlusses mit den IFRS,

   (ii) Erläuterung der Bilanzierungs- und Bewertungsmethoden,

   (iii) ergänzende Informationen zu den in den Abschlussbestandteilen dargestellten Posten,

   (iv) sonstige Anhangangaben.

Die Erläuterung der Bilanzierungs- und Bewertungsmethoden hat dabei explizit auf die bei der Erstellung des Abschlusses herangezogenen Bewertungsgrundlagen und jede spezifische Bilanzierungs- und Bewertungsmethode, die für ein richtiges Verständnis des Abschlusses notwendig ist, einzugehen (IAS 1.117).[44]

Die Vorschriften des IAS 1 werden insbesondere durch IFRS 7 (Finanzinstrumente: Angaben) zu Finanzinstrumenten ergänzt.[45] Regelungsinhalt von IFRS 7 sind geschäftstypische Bilanzierungs- und Offenlegungsregeln für Finanzinstrumente.[46]

---

43 Vgl. BRÜGGEMANN, B., Die Berichterstattung im Anhang des IFRS-Abschlusses, S. 36.

44 Vgl. PRICEWATERHOUSECOOPERS, Understanding IAS, S. 1-31.

45 Vgl. zu den Anhangangaben zu Finanzinstrumenten auch ausführlicher BAETGE, J./KIRSCH, H.-J./THIELE, S., Bilanzen, Kap. VI Abschn. 6.

46 Vgl. SCHARPF, P., IFRS 7 Financial Instruments: Disclosures, S. 3.

Die sonstigen Anhangangaben müssen folgende Informationen über das rechnungslegende Unternehmen umfassen, sofern diese nicht bereits an einer anderen Stelle im Abschluss veröffentlicht wurden (IAS 1.137 f.):

- Der Gesamtbetrag der zur Ausschüttung vorgesehenen Dividende und der Betrag pro Aktie,

- der Gesamtbetrag der vorgesehenen Vorzugsdividende,

- Sitz, Rechtsform und weitere Angaben über die Registrierung,

- Angaben über Geschäftätigkeit und Hauptaktivitäten,

- den Namen des direkten und des obersten Mutterunternehmens,

- bei Unternehmen mit zeitlich beschränkter Lebensdauer, Informationen über die Länge der Geschäftätigkeit.

Mit der Novellierung der Konzernrechnungslegungsvorschriften durch den IASB wurden in dem neuen Standard IFRS 12 (Angaben zu Anteilen an anderen Unternehmen) alle erforderlichen Konzernanhangangaben zu den ebenfalls neu eingeführten bzw. überarbeiteten Standards IFRS 10 (Konzernabschlüsse), IFRS 11 (Gemeinschaftliche Vereinbarungen), IAS 27 (Einzelabschlüsse) und IAS 28 (Beteiligungen an assoziierten Unternehmen und Gemeinschaftsunternehmen) gebündelt.[47]

Ziel der Angaben ist es zum einen, die Art der Anteile und die damit verbundenen Chancen und Risiken besser einschätzen zu können. Zum anderen sollen die aus den Unternehmensverbindungen resultierenden Einflüsse auf die Vermögens-, Finanz- und Ertragslage besser beurteilt werden können (IFRS 12.1).[48]

Damit dieses Ziel erreicht wird, hat das den Konzernabschluss aufstellende Unternehmen innerhalb des Konzernanhangs über folgende Bereiche zu berichten:[49]

- Erhebliche Ermessensentscheidungen und Annahmen, die bei der Einbeziehung der Anteile in den Konsolidierungskreis getroffen wurden (IFRS 12.7-9),

- Anteile an Tochterunternehmen (IFRS 12.10-19),

- Anteile an gemeinschaftlichen Vereinbarungen und assoziierten Unternehmen (IFRS 12.20-23) sowie über

- Anteile an nicht konsolidierten strukturierten Unternehmen (IFRS 12.24-31).

Der Geltungsbereich des Standards bezieht sich damit sowohl auf die in den Konsolidierungskreis einbezogenen Unternehmen als auch auf nicht konsolidierte Zweckgesellschaften (IFRS 12.5).

---

47 Vgl. MARTENS, S./OLDEWURTEL, C./KÜMPEL, K., Neuerungen der Konzernrechnungslegung, S. 45; ZÜLCH, H./ERDMANN, M.-K./POPP, M., Neuformulierung der konzernbezogenen Anhangangaben, S. 509 m. w. N.

48 Vgl. KIRSCH, H.-J./EWELT-KNAUER, C., Abgrenzung des Vollkonsolidierungskreises, S. 1644.

49 Vgl. ZÜLCH, H./ERDMANN, M.-K./POPP, M., Neuformulierung der konzernbezogenen Anhangangaben, S. 509.

Insgesamt erfordern die IFRS umfangreichere und detailliertere Angaben im Konzernanhang als das deutsche Handelsrecht.[50] Diese, im Schrifttum unter dem Stichwort des disclosure overload bekannte Problematik, ist zur Zeit Gegenstand der Diskussion um die Einführung eines disclosure framework, welches die Entscheidungsnützlichkeit der Anhangangaben erhöhen soll.[51] Im IAS 1 ist zudem genau festgelegt, ob eine Information in der Bilanz, in der Gesamtergebnisrechnung oder im Anhang gegeben werden muss.

Im deutschen Handelsrecht ist explizit festgelegt, welche Angaben im Anhang erforderlich sind. Lediglich durch die Entlastungsfunktion des Anhangs ist es nach deutschem Bilanzrecht an einigen Stellen zulässig, bestimmte Informationen entweder in der Bilanz bzw. der GuV oder im Anhang anzugeben.

---

50 Ausführlich zu weiteren möglichen Angaben im Anhang gemäß IFRS siehe MÜLLER, S., in: Baetge/Kirsch/Thiele, § 313 HGB, Rn. 511-516.

51 Vgl. ausführlich zur Einführung eines disclosure framework KIRSCH, H.-J./GIMPEL-HENNING, N., Diskussion eines "Disclosure Framework", S. 190-197.

Kapitel X:
Die Kapitalflussrechnung

1 Rechtsgrundlagen für die Aufstellung einer Kapitalflussrechnung

Gemäß § 297 Abs. 1 Satz 1 ist die Kapitalflussrechnung fester Bestandteil des Konzernabschlusses.[1] Die Aufstellung der Kapitalflussrechnung soll vor allem einer verbesserten Information der Anleger über die Finanzlage des Konzerns dienen.[2]

Das HGB enthält neben der Verpflichtung, eine Kapitalflussrechnung zu erstellen, keine weiteren Vorschriften über ihre Gestaltung. Konkretisierende Anforderungen an eine Kapitalflussrechnung finden sich jedoch in DRS 21 (Kapitalflussrechnung), der von nach HGB bilanzierenden Mutterunternehmen bei der Aufstellung des Konzernabschlusses zu beachten ist. Unternehmen, die freiwillig eine Kapitalflussrechnung erstellen, wird die Anwendung des DRS 21 empfohlen (DRS 21.7).

DRS 21 wurde am 04.02.2014 vom Deutschen Rechnungslegung Standards Committee (DRSC) verabschiedet und am 08.04.2014 im Bundesanzeiger bekannt gemacht. DRS 21 ersetzt damit den bisher geltenden DRS 2 (Kapitalflussrechnung), in dem unter anderem auch der aus dem BilMoG resultierende Anpassungsbedarf umgesetzt wurde. Die aus der Richtlinie 2013/34/EU bzw. dem BilRUG resultierenden Änderungen sind in der am 2. April 2014 im Bundesanzeiger veröffentlichten Fassung des DRS 21 noch nicht berücksichtigt. Der Geltungsbereich des DRS 21 ist branchenübergreifend; Besonderheiten der Kapitalflussrechnung von Kredit- und Finanzinstituten sowie Versicherungsunternehmen für die zuletzt DRS 2-10 (Kapi-

---

[1] Mit Änderung durch das BilMoG sind gemäß § 264 Abs. 1 Satz 2 auch Einzelabschlüsse kapitalmarktorientierter Unternehmen, die nicht zur Aufstellung eines Konzernabschlusses verpflichtet sind, um eine Kapitalflussrechnung zu ergänzen. Diese Regelung dient der Gleichstellung kapitalmarktorientierter Unternehmen hinsichtlich des Umfanges ihrer Berichtspflichten. Vgl. BT-Drucksache 16/10067, S. 62 f.

[2] Zur Erstellung und Analyse einer Kapitalflussrechnung vgl. ausführlich BAETGE, J./KIRSCH, H.-J./THIELE, S., Bilanzanalyse, Kap. V Abschn. 43.

talflussrechnung von Kreditinstituten) bzw. DRS 2-20 (Kapitalflussrechnung von Versicherungsunternehmen) maßgeblich waren sind in den Anlagen 2 und 3 des DRS 21 geregelt (DRS 21.8).

2 Zweck einer Kapitalflussrechnung und Formen ihrer Erstellung

Der **Zweck** der Kapitalflussrechnung besteht darin, den Konzernabschluss dahingehend zu ergänzen, dass detailliertere Informationen über die **Finanzlage**[3] eines Unternehmens gegeben werden, als sie in Konzernbilanz, Konzern-GuV und Konzernanhang gewährt werden.[4] Der Begriff der Finanzlage umfasst neben der Fähigkeit, jederzeit den fälligen Zahlungsverpflichtungen nachkommen zu können und Ausschüttungen an die Anteilseigner leisten zu können (statischer Aspekt, Liquidität), auch die Fähigkeit, künftige Zahlungsüberschüsse zu erwirtschaften (dynamischer Aspekt). Die Kapitalflussrechnung hat die konkrete Aufgabe zu zeigen, welche Zahlungsströme (Cashflows) in der Berichtsperiode geflossen sind, wie das Unternehmen Finanzmittel erwirtschaftet hat und welche zahlungswirksamen Investitions- und Finanzierungstätigkeiten vorgenommen wurden (DRS 21.1). Dabei sind folgende Bereiche zu unterscheiden:

- Cashflows aus der laufenden Geschäftstätigkeit,
- Cashflows aus der Investitionstätigkeit und
- Cashflows aus der Finanzierungstätigkeit.

Ausgangspunkt der Kapitalflussrechnung bildet ein vorher genau abzugrenzender **Finanzmittelfonds**. Dabei wird unter einem Finanzmittelfonds die Zusammenfassung mehrerer Bilanzposten zu einer Einheit verstanden.[5]

Im Anschluss an die Abgrenzung des Finanzmittelfonds werden die Ursachen der Veränderung dieses Fonds ermittelt: Die Änderungen des Finanzmittelbestandes resultieren entweder aus Zahlungen, die dem Unternehmen zugeflossen bzw. von ihm abgeflossen sind, oder aus Wertänderungen des Fonds selbst. Dazu wird die Kapitalflussrechnung in zwei Teile separiert, nämlich in die Ursachenrechnung und den Fondsänderungsnachweis.

Die **Ursachenrechnung** enthält die aus den verschiedenen Geschäftsbereichen resultierenden Zahlungsströme, d. h. die dem Unternehmen zufließenden und abfließenden Geldströme (Einzahlungen bzw. Auszahlungen). Damit soll das Bild der Finanz-

---

3 Zum Begriff der Finanzlage vgl. BAETGE, J./FEIDICKER, M., Vermögens- und Finanzlage, Sp. 2093 f.

4 Konzernbilanz und Konzern-GuV bilden in erster Linie die Vermögens- und Ertragslage ab. Vgl. dazu grundsätzlich LEFFSON, U., Der Ausbau der unternehmerischen Rechenschaft, S. 2 f.

5 Vgl. KÄFER, K., Kapitalflußrechnungen, S. 41.

lage durch die Kapitalflussrechnung objektiviert und somit unbeeinflusst durch die notwendigerweise weniger objektiven Periodisierungsregeln der Rechnungslegung (§ 252 Abs. 1 Nr. 5) vermittelt werden.[6]

Der **Fondsänderungsnachweis** bildet die Wertänderungen des Fonds ab. Dabei wird der Endbestand des Fonds als Summe seines Anfangsbestandes und der positiven und negativen Veränderungen des Finanzmittelbestandes gezeigt.

Bei der Erstellung einer Kapitalflussrechnung ist einerseits die Ermittlung und andererseits die Darstellung der Zahlungsströme zu unterscheiden. Bei der **Ermittlung der Zahlungsströme** wird wiederum zwischen der originären und der derivativen Erstellung der Kapitalflussrechnung unterschieden: Bei der **originären** Ermittlung werden sämtliche zahlungswirksame Geschäftsvorfälle direkt aus der Finanzbuchhaltung oder ggf. geführten Zahlungskonten entnommen. Diese werden anschließend zu den Cashflows der einzelnen Tätigkeitsbereiche zusammengefasst. Den Ausgangspunkt bilden bei der originären Ermittlung hier also die tatsächlichen Zahlungsströme, die dann innerhalb der entsprechenden Tätigkeitsbereiche verdichtet werden. Bei der **derivativen** Ermittlung werden die relevanten Zahlungsströme dagegen indirekt aus den Daten des (Konzern-)Jahresabschlusses abgeleitet. Die den Erträgen und Aufwendungen sowie den Veränderungen der Bilanzbestände zugrunde liegenden Geschäftsvorfälle sind hierbei daraufhin zu prüfen, ob sie zu Zahlungsströmen geführt haben. Die zahlungswirksamen Geschäftsvorfälle werden dann zu den Cashflows der entsprechenden Tätigkeitsbereiche aggregiert. In diesem Fall stellt man also auf Größen der Buchführung ab, bei denen im zweiten Schritt deren Zahlungswirksamkeit geprüft werden muss.

Bei der **Darstellung** der Zahlungsströme trennt man zwischen der direkten und der indirekten Darstellungsweise: Die **direkte Darstellung** ist dadurch gekennzeichnet, dass Einzahlungen und Auszahlungen unsaldiert abgebildet werden, d. h., dass nur de facto geflossene Zahlungsströme gezeigt werden. Für die **indirekte Darstellung** bildet hingegen das Periodenergebnis der GuV den Ausgangspunkt.[7] Bei dem Periodenergebnis handelt es sich um eine Größe, die auf **periodisierten** Einnahmen und Ausgaben basiert. Daher muss diese Periodisierung rückgängig gemacht werden, indem das Periodenergebnis um zahlungsunwirksame Aufwendungen und Erträge und um erfolgsneutrale, aber zahlungswirksame Bestandsveränderungen bereinigt wird.

Für die Kapitalflussrechnung sieht DRS 21.21 die Aufstellung in **Staffelform** vor, wobei die in der Anlage 1 des Standards beschriebenen Mindestgliederungsschemata zu berücksichtigen sind. Einzahlungen und Auszahlungen sind grundsätzlich unsaldiert auszuweisen, lediglich bei Posten mit großen Beträgen, hoher Umschlagshäufigkeit, kurzer Laufzeit, für Rechnung von Dritten, die weitgehend auf Aktivitäten der Dritten zurückzuführen sind, und bei Ertragsteuerzahlungen darf vom Prinzip des Bruttoausweises abgewichen werden (DRS 21.26). Zudem wird für die Vergleichbar-

---

6   Vgl. FÖRSCHLE, G./RIMMELSPACHER, D., in: Beck Bilanzkomm., 9. Aufl., § 297 HGB, Rn. 52 f.

7   Vgl. BALLWIESER, W., in: Baetge/Kirsch/Thiele, § 297 HGB, Rn. 34.

keit der Kapitalflussrechnungen im Zeitablauf empfohlen, die entsprechenden Zahlen der Vorperiode anzugeben (DRS 21.22). Zu diesem Zwecke muss die Kapitalflussrechnung gemäß dem Grundsatz der Stetigkeit aufgestellt werden (DRS 21.23). Im Übrigen muss der Grundsatz der Wesentlichkeit beachtet werden, d. h., es müssen nur wesentliche Posten in die Kapitalflussrechnung aufgenommen werden.

3 Der zugrunde liegende Finanzmittelfonds

Die Kapitalflussrechnung geht von einem Zahlungsmittelbestand aus, der als **Finanzmittelfonds** bezeichnet wird. Dieser Zahlungsmittelbestand wird am Anfang und am Ende der Berichtsperiode in Bezug auf seinen Umfang analysiert. Dabei wird die zwischen Anfangs- und Endbestand auftretende Differenz durch die Cashflows der einzelnen Tätigkeitsbereiche oder durch zahlungsunwirksame Wertänderungen erklärt. Umschichtungen zwischen den einzelnen Komponenten des Finanzmittelfonds führen nicht zu einer Änderung seiner Höhe.

Der Finanzmittelfonds umfasst nur **Zahlungsmittel** und **Zahlungsmitteläquivalente**. Unter Zahlungsmitteln werden Barmittel und täglich fällige Sichteinlagen (z. B. Guthaben bei Kreditinstituten) verstanden; Zahlungsmitteläquivalente sind als Liquiditätsreserve gehaltene, kurzfristige, äußerst liquide Finanzmittel definiert, die jederzeit in Zahlungsmittel umgewandelt werden können und nur unwesentlichen Wertschwankungen unterliegen (DRS 21.33 i. V. m. 9). Unter die Zahlungsmitteläquivalente fallen Finanzmittel nur dann, wenn ihre Restlaufzeit ab dem Erwerbszeitpunkt drei Monate nicht übersteigt.[8]

Ein derart abgegrenzter Fonds wird als **Bruttofonds** bezeichnet, wenn er nur Aktivposten der Bilanz umfasst. Das in DRS 2.19 eingeräumte Wahlrecht, jederzeit fällige Bankverbindlichkeiten, soweit sie zur Disposition der liquiden Mittel gehören, mit in den Finanzmittelfonds einzubeziehen, besteht im neuen Standard nicht mehr. Nach DRS 21.34 sind nunmehr jederzeit fällige Verbindlichkeiten ggü. Kreditinstituten sowie sonstige Kreditaufnahmen, die zur Disposition der liquiden Mittel gehören, verpflichtend fondsmindernd zu berücksichtigen.[9] Der aktualisierte Standard sieht demnach eine zwingende Anwendung des Nettoprinzips vor. Da sowohl Aktiv- als auch Passivposten in den Fonds einbezogen werden, wird dieser als **Nettofonds** bezeichnet. Alternative Finanzmittelfondsabgrenzungen, die früher diskutiert wurden (z. B. Nettogeldvermögen oder Nettoumlaufvermögen), sind heute als überholt anzusehen.[10]

---

8 Vgl. COENENBERG, A. G./HALLER, A./SCHULTZE, W., Jahresabschluss und Jahresabschlussanalyse, S. 814 f. Bisher wurde in DRS 2.18 von einer Restlaufzeit von „in der Regel" nicht mehr als drei Monaten gesprochen. DRS 21 definiert den anzusetzenden Zeitraum demnach trennschärfer, vgl. DRS 21.B15.

9 Vgl. DRS 21.B14, sowie RIMMELSPACHER D./RETMEIER B., DRS 21: Neue Grundsätze für die handelsrechtliche Kapitalflussrechnung, S. 790.

10 Vgl. GEBHARDT, G., Empfehlungen zur Gestaltung, S. 1314.

4 Die Gliederung der Kapitalflussrechnung

41 Überblick

Kapitalflussrechnungen werden i. d. R. nach dem sog. Aktivitätsformat gegliedert. Dabei ist die Kapitalflussrechnung nach einzelnen Aktivitätsbereichen im unternehmerischen Prozess zu unterteilen. Auch die Kapitalflussrechnung laut DRS 21 ist nach den unterschiedlichen Bereichen der Unternehmenstätigkeit zu gliedern: Umsatzbereich (laufende Geschäftstätigkeit), Anlagenbereich (Investitionstätigkeit) und Kapitalbereich (Finanzierungstätigkeit). Der Ausweis der einzelnen Mittelzu- und Mittelabflüsse innerhalb dieser Bereiche wird als Ursachenrechnung bezeichnet. Daran schließt sich der Fondsänderungsnachweis an, der neben den zahlungswirksamen Änderungen (Summe der Cashflows der einzelnen Aktivitätsbereiche) auch zahlungsunwirksame Wertänderungen des Finanzmittelfonds (bspw. durch veränderte Wechselkursrelationen) berücksichtigt und somit die Änderung des Finanzmittelbestandes der Berichtsperiode insgesamt erklärt.

42 Cashflow aus der laufenden Geschäftstätigkeit

Der Bereich der **laufenden Geschäftstätigkeit** ist gegenüber den anderen Tätigkeitsbereichen negativ abgegrenzt. Zum Cashflow aus der laufenden Geschäftstätigkeit gehören Zahlungsströme aus der auf Erlöserzielung ausgerichteten Tätigkeit des Unternehmens, sofern sie nicht aus der Investitions- oder der Finanzierungstätigkeit resultieren (DRS 21.9). Hauptsächlich werden hier also Zahlungsströme im Zusammenhang mit der betrieblichen Leistungserstellung des Unternehmens erfasst. Dazu gehören in erster Linie Einzahlungen von Kunden für abgesetzte Produkte und Auszahlungen an Lieferanten für den Bezug von Vorprodukten sowie Roh-, Hilfs- und Betriebsstoffen und Zahlungen an Arbeitnehmer als Gegenleistung für deren Arbeitstätigkeit. Im aktualisierten DRS 21 werden zudem Ertragsteuerzahlungen im Cashflow aus der laufenden Geschäftstätigkeit berücksichtigt.

Für die Darstellung des Cashflows aus laufender Geschäftstätigkeit stehen zwei alternative Methoden zur Verfügung: Zum einen kann der Cashflow nach der **direkten Methode** abgebildet werden (DRS 21.38 a)). Das bedeutet, dass Einzahlungen und Auszahlungen unsaldiert gezeigt werden. Für diese Darstellungsform enthält DRS 21.39 ein Mindestgliederungsschema, das ggf. entsprechend den weiteren Anforderungen dieses Standards sowie entsprechend den unternehmensspezifischen Besonderheiten weiter zu untergliedern ist:

1.		Einzahlungen von Kunden für den Verkauf von Erzeugnissen, Waren und Dienstleistungen
2.	–	Auszahlungen an Lieferanten und Beschäftigte
3.	+	Sonstige Einzahlungen, die nicht der Investitions- oder Finanzierungstätigkeit zuzuordnen sind
4.	–	Sonstige Auszahlungen, die nicht der Investitions- oder Finanzierungstätigkeit zuzuordnen sind
5.	+	Einzahlungen im Zusammenhang mit Erträgen von außergewöhnlicher Größenordnung oder außergewöhnlicher Bedeutung
6.	–	Auszahlungen im Zusammenhang mit Aufwendungen von außergewöhnlicher Größenordnung oder außergewöhnlicher Bedeutung
7.	+/–	Ertragsteuerzahlungen
8.	=	Cashflow aus der laufenden Geschäftstätigkeit

Übersicht X-1:   *Der Cashflow aus der laufenden Geschäftstätigkeit nach DRS 21 (direkte Methode)[11]*

Zum anderen kann der Cashflow nach der **indirekten Methode** abgeleitet werden (DRS 21.38 b)). Das bedeutet, dass – ausgehend vom auf dem Periodisierungsprinzip basierenden Periodenergebnis – der Cashflow retrograd durch Eliminierung zahlungsunwirksamer Vorgänge ermittelt wird. In DRS 21.40 ist ein Mindestgliederungsschema für die indirekte Darstellung enthalten (vgl. Übersicht X-2). Dieses Schema muss ggf. entsprechend den weiteren Anforderungen dieses Standards sowie den unternehmensspezifischen Besonderheiten angepasst werden. Dabei ist der Cashflow entweder direkt aus dem Periodenergebnis oder aus einer anderen geeigneten Größe zu ermitteln. Geht das Unternehmen bei der indirekten Darstellung nicht vom Periodenergebnis aus, muss die jeweilige Ausgangsgröße auf dieses übergeleitet werden (DRS 21.41). Eine der Neuerungen im DRS 21 ist die darin enthaltene Definition des Periodenergebnisses die im bisher gültigen DRS 2 nicht enthalten war; DRS 21.9 hingegen definiert das Periodenergebnis als Konzernjahresüberschuss bzw. -fehlbetrag.[12]

---

11 Durch die Änderungen im Rahmen des BilRUG werden Ein- und Auszahlungen aus außerordentlichen Posten nicht mehr separat ausgewiesen, siehe dazu auch Kap. VIII. Nunmehr sind gemäß § 314 Abs. 1 Nr. 23 Erträge und Aufwendungen von außergewöhnlicher Größenordnung oder außergewöhnlicher Bedeutung im Konzernanhang anzugeben. Diese Änderungen werden durch DRÄS 6 in DRS 21 nachvollzogen.

12 Alternativ bietet sich bspw. ein betriebliches Ergebnis wie z. B. EBIT oder EBITDA als Ausgangsgröße der indirekten Darstellung an. Dieses ist dann auf den Konzernjahresüberschuss bzw. -fehlbetrag überzuleiten oder es muss auf die separat ausgewiesene Größe in der Konzerngewinn- und verlustrechnung verwiesen werden (DRS 21.B11).

1.		Periodenergebnis (Konzernjahresüberschuss/-fehlbetrag einschließlich Ergebnisanteile anderer Gesellschafter)
2.	+/–	Abschreibungen/Zuschreibungen auf Gegenstände des Anlagevermögens
3.	+/–	Zunahme/Abnahme der Rückstellungen
4.	+/–	Sonstige zahlungsunwirksame Aufwendungen/Erträge (bspw. Abschreibungen auf ein aktiviertes Disagio)
5.	–/+	Zunahme/Abnahme der Vorräte, der Forderungen aus LuL sowie anderer Aktiva, die nicht der Investitions- oder Finanzierungstätigkeit zuzuordnen sind
6.	+/–	Zunahme/Abnahme der Verbindlichkeiten aus LuL sowie anderer Passiva, die nicht der Investitions- oder Finanzierungstätigkeit zuzuordnen sind
7.	–/+	Gewinn/Verlust aus dem Abgang von Gegenständen des Anlagevermögens
8.	+/–	Aufwendungen/Erträge von außergewöhnlicher Größenordnung oder außergewöhnlicher Bedeutung
9.	+	Einzahlungen im Zusammenhang mit Erträgen von außergewöhnlicher Größenordnung oder außergewöhnlicher Bedeutung
10.	–	Auszahlungen im Zusammenhang mit Aufwendungen von außergewöhnlicher Größenordnung oder außergewöhnlicher Bedeutung
11.	+/–	Zinsaufwendungen-/Zinserträge
12.	–	Sonstige Beteiligungserträge
13.	+/–	Ertragsteueraufwand/-ertrag
14.	–/+	Ertragsteuerzahlungen
15.	=	Cashflow aus der laufenden Geschäftstätigkeit

Übersicht X-2: *Der Cashflow aus der laufenden Geschäftstätigkeit nach DRS 21 (indirekte Methode)*[13]

Durch die Anwendung des Jahresüberschuss/-fehlbetrages als Basis des Cashflows aus der laufenden Geschäftstätigkeit ist eine Korrektur um das Finanzergebnis sowie um den Ertragsteueraufwand/-ertrag notwendig.

Im Rahmen der Überarbeitung des DRS 2 ist im DRS 21 die Zuordnungssystematik von Zinsaufwendungen und -erträgen geändert worden. Gezahlte Zinsen werden dem Cashflow aus der Finanzierungstätigkeit zugerechnet, da diese Entgelte für die Kapitalüberlassung darstellen (DRS 21.44). Erhaltene Zinsen und erhaltene Dividendenzahlungen werden dem Cashflow aus der Investitionstätigkeit zugeordnet, da diese als Entgelte für die Kapitalüberlassung in Form von Investitionen interpretiert werden (DRS 21.48). Falls der Jahresüberschuss als Ausgangspunkt dient, werden bei der indirekten Ermittlung Zinsaufwendungen und -erträge sowie sonstige Beteiligungsergebnisse hinzugerechnet bzw. abgezogen, also quasi storniert.

---

13 Durch die Änderungen im Rahmen des BilRUG werden Ein- und Auszahlungen aus außerordentlichen Posten nicht mehr separat ausgewiesen, siehe dazu auch Kap. VIII. Nunmehr sind gemäß § 314 Abs. 1 Nr. 23 Erträge und Aufwendungen von außergewöhnlicher Größenordnung oder außergewöhnlicher Bedeutung im Konzernanhang anzugeben. Diese Änderungen werden durch DRÄS 6 in DRS 21 nachvollzogen.

Zahlungen aus **Ertragsteuern** sind nicht mehr wie im DRS 2.40 f. gesondert anzugeben, sondern grundsätzlich als ein einzelner Posten dem Bereich der laufenden Geschäftstätigkeit zuzuordnen (DRS 21.18). Bei eindeutiger Zugehörigkeit zu Geschäftsvorfällen aus dem Investitions- oder Finanzierungsbereich dürfen diese auch einem dieser Bereiche zugeordnet werden (DRS 21.19).

43 Cashflow aus der Investitionstätigkeit

Der **Investitionstätigkeit** sind diejenigen Zahlungen zuzuordnen, denen Aktivitäten zugrunde liegen, die in Verbindung mit Zu- und Abgängen von Vermögensgegenständen des Anlagevermögens sowie von Vermögensgegenständen des Umlaufvermögens stehen, die nicht dem Finanzmittelfonds oder der laufenden Geschäftstätigkeit zuzuordnen sind (DRS 21.9). Hierunter sind auch Zahlungsströme aus der kurzfristigen Finanzdisposition zu erfassen, wenn sie nicht zum Finanzmittelfonds gehören oder zu Handelszwecken gehalten werden. Ferner sind Zahlungsströme aus dem Erwerb und Verkauf von konsolidierten Unternehmen als Investitionstätigkeit zu klassifizieren. Darüber hinaus sind nicht nur Auszahlungen beim erstmaligen Ansatz, sondern auch Auszahlungen im Zusammenhang mit nachträglichen Anschaffungs- oder Herstellungskosten (z. B. bei einer Erweiterung von Produktionsanlagen) dem Cashflow aus Investitionstätigkeit zuzuordnen (DRS 21.B6). Zahlungen sind allerdings nur zu berücksichtigen, sofern sie aktiviert werden, z. B. auch im Zusammenhang mit § 248 Abs. 2. Eine Ausnahme bilden lediglich Zahlungen, die zur Vermeidung von Buchwertminderungen (z. B. Sanierungszuschüsse für Beteiligungen) dienen (DRS 21.B27).

DRS 21 berücksichtigt im Unterschied zu DRS 2 auch eine klarere Zuordnung von Zahlungsströmen des Deckungsvermögens nach § 246 Abs. 2 Satz 2. Im DRS 21.45 wird klargestellt, dass Auszahlungen für den Erwerb oder die Herstellung von Deckungsvermögen dem Cashflow aus Investitionstätigkeit zuzuordnen sind. Ferner werden erhaltene Zinsen und Dividenden nach der Überarbeitung des DRS 2 grundsätzlich der Investitionstätigkeit zugeordnet (DRS 21.B25).

Für den Teilbereich der Investitionstätigkeit ist gemäß DRS 21.42 nur eine Darstellung der Zahlungsströme nach der direkten Methode sinnvoll. Dazu sieht DRS 21.46 folgendes Mindestgliederungsschema vor:

1.		Einzahlungen aus Abgängen von Gegenständen des immateriellen Anlagevermögens
2.	−	Auszahlungen für Investitionen in das immaterielle Anlagevermögen
3.	+	Einzahlungen aus Abgängen von Gegenständen des Sachanlagevermögens
4.	−	Auszahlungen für Investitionen in das Sachanlagevermögen
5.	+	Einzahlungen aus Abgängen von Gegenständen des Finanzanlagevermögens
6.	−	Auszahlungen für Investitionen in das Finanzanlagevermögen
7.	+	Einzahlungen aus Abgängen aus dem Konsolidierungskreis
8.	−	Auszahlungen für Zugänge zum Konsolidierungskreis
9.	+	Einzahlungen aufgrund von Finanzmittelanlagen im Rahmen der kurzfristigen Finanzdisposition
10.	−	Auszahlungen aufgrund von Finanzmittelanlagen im Rahmen der kurzfristigen Finanzdisposition
11.	+	Einzahlungen im Zusammenhang mit Erträgen von außergewöhnlicher Größenordnung oder außergewöhnlicher Bedeutung
12.	−	Auszahlungen im Zusammenhang mit Aufwendungen von außergewöhnlicher Größenordnung oder außergewöhnlicher Bedeutung
13.	+	Erhaltene Zinsen
14.	+	Erhaltene Dividenden
15.	=	Cashflow aus der Investitionstätigkeit

Übersicht X-3:   *Der Cashflow aus der Investitionstätigkeit nach DRS 21*[14]

44   Cashflow aus der Finanzierungstätigkeit

Zum Bereich der Finanzierungstätigkeit gehören Zahlungsströme aus Transaktionen mit Gesellschaftern des Mutterunternehmens und anderen Gesellschaften konsolidierter Tochterunternehmen sowie aus der Aufnahme oder Tilgung von Finanzschulden (DRS 21). Nach DRS 21.48 werden gezahlte Zinsen und Dividenden explizit als Teil der Finanzierungstätigkeit angesehen und sind dementsprechend auch in diesem Bereich auszuweisen. Darüber hinaus sind Einzahlungen aus erhaltenen Zuschüssen/Zuwendungen im Cashflow aus der Finanzierungstätigkeit zu berücksichtigen (DRS 21.49).

---

14 Durch die Änderungen im Rahmen des BilRUG werden Ein- und Auszahlungen aus außerordentlichen Posten nicht mehr separat ausgewiesen, siehe dazu auch Kap. VIII. Nunmehr sind gemäß § 314 Abs. 1 Nr. 23 Erträge und Aufwendungen von außergewöhnlicher Größenordnung oder außergewöhnlicher Bedeutung im Konzernanhang anzugeben. Diese Änderungen werden durch DRÄS 6 in DRS 21 nachvollzogen.

Die Darstellung der Finanzierungtätigkeit ist nach DRS 21.47 ebenfalls nur nach der direkten Methode sinnvoll. Dazu sieht DRS 21.50 folgendes Mindestgliederungsschema vor:

1.	+	Einzahlungen aus Eigenkapitalzuführung von Gesellschaftern des Mutterunternehmens
2.	+	Einzahlungen aus Eigenkapitalzuführung von anderen Gesellschaftern
3.	-	Auszahlungen aus Eigenkapitalherabsetzung an Gesellschafter des Mutterunternehmens
4.	-	Auszahlungen aus Eigenkapitalherabsetzung an andere Gesellschafter
5.	+	Einzahlungen aus der Begebung von Anleihen und der Aufnahme von (Finanz-) Krediten
6.	-	Auszahlungen aus der Tilgung von Anleihen und (Finanz-) Krediten
7.	+	Einzahlungen aus erhaltenen Zuschüssen/Zuwendungen
8.	+	Einzahlungen von außergewöhnlicher Größenordnung oder außergewöhnlicher Bedeutung
9.	-	Auszahlungen von außergewöhnlicher Größenordnung oder außergewöhnlicher Bedeutung
10.	-	Gezahlte Zinsen
12.	-	Gezahlte Dividenden an Gesellschafter des Mutterunternehmens
13.	-	Gezahlte Dividenden an andere Gesellschafter
14.	=	Cashflow aus der Finanzierungstätigkeit

Übersicht X-4:   *Der Cashflow aus der Finanzierungstätigkeit nach DRS 21*[15]

45   Der Fondsänderungsnachweis

Der **Fondsänderungsnachweis** der Kapitalflussrechnung erfasst zunächst die Summe der Cashflows aus der laufenden Geschäftstätigkeit, der Investitionstätigkeit und der Finanzierungstätigkeit. Zusätzlich kann sich der Bestand des Finanzmittelfonds aufgrund wechselkurs-, konsolidierungskreis- und bewertungsbedingter Geschäftsvorfälle ändern. Wenn die im Finanzmittelfonds enthaltenen Zahlungsmittel Wertänderungen aufgrund von veränderten Wechselkursrelationen oder aufgrund von sonstigen zahlungsunwirksamen Wertänderungen (z. B. Zu- oder Abschreibungen von im Finanzmittelfonds enthaltenen Wertpapieren) unterliegen,[16] sind die daraus resultierenden Auswirkungen auf den Finanzmittelfonds in einer gesonderten Position unterhalb der Ursachenrechnung auszuweisen (DRS 21.35 sowie DRS 21.37). Gleiches gilt für konsolidierungskreisbedingte Wertänderungen des Finanzmittelfonds, sofern sie nicht direkt mit einem Erwerb oder einer Veräußerung von Anteilen an zu konsolidierenden Unternehmen zusammenhängen (DRS 21.36).

Der Bestand des Finanzmittelfonds am Ende der Periode wird ermittelt, indem zum Bestand des Finanzmittelfonds am Anfang der Periode die drei (Teil-)Cashflows aus den einzelnen Tätigkeitsbereichen und der Saldo der wechselkurs-, konsolidierungs-

---

15 Durch die Änderungen im Rahmen des BilRUG werden Ein- und Auszahlungen aus außerordentlichen Posten nicht mehr separat ausgewiesen, siehe dazu auch Kap. VIII. Nunmehr sind gemäß § 314 Abs. 1 Nr. 23 Erträge und Aufwendungen von außergewöhnlicher Größenordnung oder außergewöhnlicher Bedeutung im Konzernanhang anzugeben. Diese Änderungen werden durch DRÄS 6 in DRS 21 nachvollzogen.

16 Vgl. FÖRSCHLE, G./RIMMELSPACHER D., in: Beck Bilanzkomm., 9. Aufl., § 297 HGB, Rn. 72.

kreis- und bewertungsbedingten Wertänderungen des Finanzmittelfonds addiert werden. Der konkrete Aufbau des Fondsänderungsnachweises ist aus dem Mindestgliederungsschema der Anlage des DRS 21 ersichtlich:

1.		Zahlungswirksame Veränderungen des Finanzmittelfonds (Summe der Cashflows der einzelnen Tätigkeitsbereiche)
2.	+/–	Wechselkurs-, konsolidierungskreis- und bewertungsbedingte Änderungen des Finanzmittelfonds
3.	+	Finanzmittelfonds am Anfang der Periode
4.	=	Finanzmittelfonds am Ende der Periode

Übersicht X-5:   *Der Fondsänderungsnachweis nach DRS 21*

5 Die konzernabschlussspezifischen Besonderheiten der Kapitalflussrechnung

51 Allgemeines

Konzernkapitalflussrechnungen können auf unterschiedliche Art und Weise erstellt werden. Zum einen besteht die Möglichkeit, die Kapitalflussrechnungen aller in den Konzernabschluss einbezogenen Einzelunternehmen zu der Konzernkapitalflussrechnung zu konsolidieren. Dabei werden zuerst die Kapitalflussrechnungen der Einzelgesellschaften von der Landeswährung in die Konzernberichtswährung umgerechnet. Anschließend werden diese summiert und um konzerninterne Zahlungen bereinigt.[17] In diesem Fall müssten alle einbezogenen Unternehmen eine eigene Kapitalflussrechnung erstellen.

Zum anderen kann die Konzernkapitalflussrechnung aus der Konzernbilanz und der Konzern-GuV entwickelt werden.[18] Bei dieser, in der Praxis vorherrschenden Methode braucht dann nur eine einzige Kapitalflussrechnung auf Konzernebene erstellt zu werden. Die so ermittelte Konzernkapitalflussrechnung ist allerdings um samtliche

---

17 Vgl. GEBHARDT, G., Empfehlungen zur Gestaltung, S. 1316 f.

18 Neben diesen zwei Varianten einer derivativen Ableitung kann die Konzernkapitalflussrechnung grundsätzlich auch originär, d. h. unmittelbar aus den Konten der Finanzbuchhaltung bzw. ggf. existierenden Zahlungskonten, ermittelt werden. Dabei kann einerseits auf das Rechnungswesen der einzelnen Konzernunternehmen zurückgegriffen werden. Andererseits ist auch eine Aufstellung der Konzernkapitalflussrechnung auf Basis eines integrierten Konzernrechnungswesens denkbar. Vgl. hierzu ARBEITSKREIS „FINANZIERUNGSRECHNUNG" DER SCHMALENBACH-GESELLSCHAFT, Praxis der Aufstellung und Nutzung, S. 9-12. Bei der letzten Variante handelt es sich jedoch um eine idealtypische Vorgehensweise, die in der Praxis aufgrund der hohen Anforderungen an das Konzernrechnungswesen unbedeutend ist. Vgl. COENENBERG, A. G./HALLER, A./SCHULTZE, W., Jahresabschluss und Jahresabschlussanalyse, S. 841.

zahlungsunwirksame Auswirkungen aus der Konsolidierung, aus Änderungen des Konsolidierungskreises sowie aus der Umrechnung von Einzelabschlüssen ausländischer Konzernunternehmen in die Konzernwährung zu korrigieren.[19]

52 Die Auswirkung der Währungsumrechnung auf die Kapitalflussrechnung

Bei international tätigen Konzernen werden Zahlungen zumeist in unterschiedlichen Währungen abgerechnet. Da die Konzernkapitalflussrechnung gemäß § 244 i. V. m. § 298 Abs. 1 in Euro zu erstellen ist, müssen alle Zahlungsströme, die in einer anderen Währung geleistet wurden, in die Berichtswährung umgerechnet werden. Veränderungen von Währungsparitäten dürfen sich nur dann in der Ursachenrechnung niederschlagen, wenn aus ihnen auch veränderte Zahlungsströme resultieren.

DRS 21 unterscheidet bei der Währungsumrechnung anhand der Ermittlungsart der Zahlungsströme. Bei der derivativen Ermittlung der Zahlungsströme (d. h. Ableitung aus Bilanz und GuV) hat die Währungsumrechnung bereits nach §§ 256a, 308a stattgefunden. Bei der originären Ermittlung der Zahlungsströme bilden einzelne Geschäftsvorfälle die Umrechnungsbasis. Die notwendige Umrechnung der Zahlungsströme in Fremdwährungen findet zum Devisenkassamittelkurs des jeweiligen Transaktions-/Zahlungstags statt (DRS 2.13).[20] Aus Vereinfachungsgründen kann auch zum Durchschnittskurs der Berichtsperiode umgerechnet werden. Wesentliche Geschäftsvorfälle (z. B. im Rahmen der Investitions- oder Finanzierungstätigkeit) sind allerdings mit dem Transaktionskurs umzurechnen.

Wechselkursbedingte Fondsänderungen können durch schwankende Wechselkurse selbst dann entstehen, wenn sich der Finanzmittelfonds eines einzubeziehenden ausländischen Tochterunternehmens in Landeswährung nicht verändert hat. Durch die Umrechnung dieses Finanzmittelbestandes in die Konzernberichtswährung kommt es ggf. zu einem veränderten Finanzmittelbestand auf Konzernebene, obwohl keine Zahlungen zwischen dem Tochter- und dem Mutterunternehmen geflossen sind.[21] Diese Änderungen des Finanzmittelbestandes, die nicht auf einer Zahlung beruhen, sind im Posten „Wechselkurs-, konsolidierungskreis- und bewertungsbedingte Änderungen des Finanzmittelfonds" zu berücksichtigen.

Außerdem können **wechselkursbedingte Bestandsänderungen** dann auftreten, wenn die Konzernkapitalflussrechnung aus der Konzernbilanz und -GuV entwickelt wird. So besteht bspw. die Möglichkeit, dass Forderungen auf Konzernebene aufgrund von Wechselkursschwankungen abgewertet werden müssen, obwohl sich der Bestand in Landeswährung nicht geändert hat. Auch in diesem Fall ist die Bestandsänderung nicht durch einen Zahlungsstrom begründet, so dass sie in der Konzernkapitalflussrechnung korrigiert werden muss.[22]

---

19 Vgl. GEBHARDT, G., Empfehlungen zur Gestaltung, S. 1317 m. w. N.
20 Vgl. Kap. IV Abschn. 4.
21 Vgl. FÖRSCHLE, G./KRONER, M., in: Beck Bilanzkomm., 9. Aufl., § 297 HGB, Rn. 76.

53   Die Berücksichtigung von Änderungen des Konsolidierungskreises in der Kapitalflussrechnung

Aufgrund des Einheitsgrundsatzes des § 297 Abs. 3 Satz 1 müssen alle in den Konzernabschluss einbezogenen Unternehmen auch in die Konzernkapitalflussrechnung eingehen. DRS 21.12 sieht vor, dass der Erst-, End- oder Übergangskonsolidierungszeitpunkt den Zeitpunkt der Berücksichtigung der zuzuordnenden Zahlungsströme der Tochterunternehmen in der Kapitalflussrechnung bestimmt. Nach DRS 21.14 sind die in den Konzernabschluss einbezogenen Unternehmen verpflichtend ihrer Konsolidierungsmethode entsprechend in der Kapitalflussrechnung zu berücksichtigen. So sind z. B. Zahlungen eines quotenkonsolidierten Unternehmens anteilig in der Kapitalflussrechnung zu berücksichtigen. Fraglich ist, wie bei **Änderungen des Konsolidierungskreises** vorgegangen werden muss. Beim Erwerb einer Beteiligung fließen i. d. R. Zahlungsmittel als Gegenleistung für die Anteilsrechte ab. Zugleich verändert sich der Finanzmittelbestand dadurch, dass das Unternehmen, dessen Anteile gekauft werden, selbst über Zahlungsmittel und Zahlungsmitteläquivalente verfügt, die dann in die Konzernbilanz mit eingehen. Darüber hinaus können auch Änderungen des Konsolidierungskreises, die nicht mit einem Erwerb oder einer Veräußerung von Anteilen an einem Unternehmen zusammenhängen, den Finanzmittelfonds beeinflussen. In diesem Fall resultieren dessen Wertänderungen ausschließlich aus dem geänderten Anteil der in der Konzernbilanz einbezogenen Zahlungsmittel und Zahlungsmitteläquivalente des entsprechenden Unternehmens.

Die unterschiedlichen konsolidierungskreisbedingten Änderungen des Finanzmittelfonds müssen auch in der Konzernkapitalflussrechnung gezeigt werden: **Anteilserwerbe oder -veräußerungen** sind in der Konzernkapitalflussrechnung als Investitionen bzw. Desinvestitionen im Bereich der Investitionstätigkeit zu berücksichtigen (DRS 21.43); und zwar in der Höhe, in der de facto Zahlungsmittel zu- oder abgeflossen sind. Der dabei auszuweisende Saldo ergibt sich aus der zu- bzw. abgeflossenen Vergütung für die Unternehmensanteile ab- bzw. zuzüglich der anteiligen Finanzmittelbestände des veräußerten oder erworbenen Unternehmens.

---

22 Vgl. FÖRSCHLE, G./KRONER, M., in: Beck Bilanzkomm., 9. Aufl., § 297 HGB, Rn. 77 m. w. N.

Das Beispiel X-1[23] zeigt die Kapitalflussrechnung der GRUSCHWITZ TEXTILWERKE AG.

Konzern-Kapitalflussrechnung	2014 TEUR	2013 TEUR
1. Konzernjahresüberschuss	1.048	988
2. +/./. Ab-/Zuschreibungen auf Gegenstände des Anlagevermögens	623	627
3. ./.+ Abnahme/Zunahme Rückstellungen	-122	67
4. +/./. Sonstige zahlungsunwirksame Aufwendungen/Erträge	110	-472
5. ./.+ Zunahme/Abnahme der Vorräte, der Forderungen aus Lieferungen und Leistungen sowie andere Aktiva, die nicht der Investitions- oder der Finanzierungstätigkeit zuzuordnen sind	727	1.517
6. +/./. Zunahme/Abnahme der Verbindlichkeiten aus Lieferungen und Leistungen sowie anderer Passiva, die nicht der Investitions- oder der Finanzierungstätigkeit zuzuordnen sind	69	116
7. ./.+ Gewinn/Verlust aus dem Abgang von Gegenständen des Anlagevermögens	29	-3
8. +/./. Zinsaufwendungen/Zinserträge	286	274
9. +/./. Ertragsteueraufwand/-ertrag	466	508
10. ./.+ Ertragsteuerzahlungen	-548	-58
11. Cashflow aus der laufenden Geschäftstätigkeit	**2.688**	**3.564**
12. ./. Auszahlungen für Investitionen in das immaterielle Anlagevermögen	-7	-40
13. + Einzahlungen aus Abgängen von Gegenständen des Sachanlagevermögens	0	3
14. ./. Auszahlungen für Investitionen in das Sachanlagevermögen	-3.146	-414
15. ./. Auszahlungen für Investitionen in das Finanzanlagevermögen	0	-1
16. Cashflow aus der Investitionstätigkeit	**-3.153**	**-452**
17. + Einzahlungen aus der Begebung von Anleihen und der Aufnahme von (Finanz-)Krediten	2.516	771
18. ./. Auszahlungen aus der Tilgung von Anleihen und (Finanz-)Krediten	-854	-989
19. ./. Gezahlte Zinsen	-286	-274
20. Cashflow aus der Finanzierungstätigkeit	**1.376**	**-492**
21. Zahlungsunwirksame Veränderungen des Finanzmittelfonds (Summe der Nummern 11, 16 und 20)	911	2.620
22. +/./. Wechselkurs- und bewertungsbedingte Änderungen des Finanzmittelfonds	-28	22
23. +/./. Finanzmittelfonds am Anfang der Periode	1.838	-804
24. Finanzmittelfonds am Ende der Periode	**2.721**	**1.838**

Beispiel X-1: *Konzern-Kapitalflussrechnung der* GRUSCHWITZ TEXTILWERKE AG

---

23 GRUSCHWITZ TEXTILWERKE AG (Hrsg.), Geschäftsbericht 2014, S. 18.

6 Die Kapitalflussrechnung nach IFRS

Die Kapitalflussrechnung gehört zu den Pflichtbestandteilen eines Einzel- oder Konzernabschlusses nach IFRS (IAS 1.10). Dies gilt auch für Unternehmen, die nicht im produzierenden Gewerbe tätig sind, z. B. für Unternehmen aus dem Finanzdienstleistungssektor.[24] Der Aufbau der nach IFRS erforderlichen Kapitalflussrechnung ist in IAS 7 (Kapitalflussrechnungen) geregelt.

Bei der Abgrenzung des **Finanzmittelfonds** nach IAS 7 sind Zahlungsmittel und Zahlungsmitteläquivalente (cash and cash equivalents) zu erfassen, wobei die Zahlungsmitteläquivalente wie folgt definiert werden: „kurzfristige hochliquide Finanzinvestitionen, die jederzeit in festgelegte Zahlungsmittelbeträge umgewandelt werden können und nur unwesentlichen Werteschwankungsrisiken unterliegen" (IAS 7.6). Unter Zahlungsäquivalente fallen Finanzinvestitionen dann, wenn ihre Restlaufzeit ab dem Erwerbszeitpunkt drei Monate nicht übersteigt.[25] Ferner dürfen im Finanzmittelfonds jederzeit fällige Bankverbindlichkeiten erfasst werden.[26]

Die Kapitalflussrechnung nach IAS 7 ist ebenso wie ihr Pendant nach DRS 21 im **Aktivitätsformat** aufzustellen und in folgende **Tätigkeitsbereiche** zu gliedern: **laufende Geschäftstätigkeit** (operating activities), **Investitionstätigkeit** (investing activities) und **Finanzierungstätigkeit** (financing activities). Dabei ist der Bereich der laufenden Geschäftstätigkeit gegenüber den anderen Bereichen in der Form negativ abgegrenzt, dass hier alle Zahlungsströme zu erfassen sind, die nicht aus Investitionen in langfristig zu nutzende Ressourcen (Investitionstätigkeit) oder aus Kapitalaufnahmen oder Kapitalrückzahlungen (Finanzierungstätigkeit) resultieren.[27] Der Cashflow aus der laufenden Geschäftstätigkeit darf nach IAS 7.18 entweder nach der direkten oder nach der indirekten Methode dargestellt werden.

Erhaltene und gezahlte Zins- und Dividendenzahlungen sowie Zahlungen aus Ertragsteuern können grundsätzlich verschiedenen Aktivitätsbereichen zugeordnet werden (IAS 7.31-34). Während gezahlte Zinsen sowie erhaltene Zinsen und Dividenden bei Finanzinstituten wohl als Teil der laufenden Geschäftstätigkeit auszuweisen sind (IAS 7.33), umfasst IAS 7 keine derartige Empfehlung für Nicht-Finanzinstitute. Auch gezahlte Dividenden können wahlweise der Finanzierungstätigkeit oder der laufenden Geschäftstätigkeit zugeordnet werden. Ertragsteuerzahlungen sind dementgegen grundsätzlich als Zahlungsströme aus der laufenden Geschäftstätigkeit zu klassifizieren (IAS 7.35). Sollten die Steuerzahlungen jedoch bestimmten Finanzierungs- oder Investitionstätigkeiten zugeordnet werden können, ist alternativ auch eine Aufteilung des Gesamtbetrages auf die entsprechenden Bereiche zulässig.

---

24 Vgl. PRICEWATERHOUSECOOPERS, Understanding IAS, S. 7-2.

25 Vgl. PELLENS, B. U. A., Internationale Rechnungslegung, S. 184 f.; ADS International, Abschn. 23, Rn. 15.

26 Vgl. PRICEWATERHOUSECOOPERS, Understanding IAS, S. 7-2.

27 IAS 7.14 nennt Beispiele für Cashflows aus der erlöswirksamen Tätigkeit, die der laufenden Geschäftstätigkeit zugeordnet werden.

Eine Kapitalflussrechnung nach DRS 2 hat alle Anforderungskriterien des IAS 7 erfüllt. Dies wurde im DRS 2 durch das sog. „**Meistregelungsprinzip**" sichergestellt, demzufolge in einer Kapitalflussrechnung nach DRS 2 sowohl alle Pflichtangaben nach IAS 7 als auch nach SFAS 95, der die Kapitalflussrechnung nach US-GAAP regelt, enthalten sein mussten.[28] Dieses dürfte auch für den DRS 21 gelten.

Auch die SEC erkennt eine Kapitalflussrechnung, die nach IAS 7 erstellt wurde, alternativ zu einer Kapitalflussrechnung nach SFAS 95 als Voraussetzung zur Zulassung an der NYSE an.[29]

---

28 Vgl. VON WYSOCKI, K., DRS 2, S. 2378.
29 Vgl. ADS International, Abschn. 23, Rn. 4.

Kapitel XI:
Die Segmentberichterstattung

1 Rechtsgrundlagen für die Aufstellung einer Segmentberichterstattung

Gemäß § 297 Abs. 1 Satz 2 besteht für Konzernmutterunternehmen ein Wahlrecht zur Aufstellung eines Segmentberichts, der dann ggf. ein eigenständiger Bestandteil des Konzernabschlusses ist.[1]

Die konkrete Gestaltung der Segmentberichterstattung ist im HGB nicht festgelegt. Auch in der Gesetzesbegründung finden sich keine Hinweise darauf, wie eine Segmentberichterstattung konkret auf- und darzustellen ist.[2] Deshalb hat das DRSC, zu dessen Aufgabe die Entwicklung von Grundsätzen ordnungsmäßiger Konzernrechnungslegung gehört, am 20. Dezember 1999 den DRS 3 (Segmentberichterstattung) verabschiedet.[3]

2 Theoretische Grundlagen der Segmentberichterstattung

Bei der Erstellung von Segmentberichten sind zwei Schritte zu unterscheiden. In einem ersten Schritt gilt es, die berichtpflichtigen Segmente zu identifizieren und voneinander abzugrenzen, für die in einem zweiten Schritt ausgewählte Segmentinformationen ermittelt und offengelegt werden müssen. Den Vorschriften zur Segmentberichterstattung liegen, sowohl hinsichtlich der Segmentabgrenzung als auch der Seg-

---

1   Mit Änderung durch das BilMoG haben gemäß § 264 Abs. 1 Satz 1 kapitalmarktorientierte Unternehmen ein Wahlrecht, auch ihren Einzelabschluss um eine Segmentberichterstattung zu ergänzen.

2   Vgl. BÖCKING, H.-J./BENECKE, B., Segmentberichterstattung, S. 839.

3   DRS 3 ist erstmalig am 31. Mai 2000 durch den BMJ bekannt gemacht worden und wurde letztmalig am 15. Juli 2005 durch den DRSC geändert. Vgl. zur Bindungswirkung der DRS Kap. I Abschn. 73.

mentdatenermittlung, verschiedene Konzeptionen zugrunde. Im Zentrum der theoretischen Überlegungen stehen dabei zwei Ansätze: der management approach und der risks and rewards approach.

Beim **management approach** sollen den externen Bilanzadressaten durch die Segmentberichterstattung die Informationen zur Verfügung gestellt werden, auf die auch das Management für Zwecke der internen Steuerung der einzelnen Organisationseinheiten zurückgreift. Diesem Ansatz liegt die Überlegung zugrunde, dass die intern verwendeten Informationen auch den externen Adressaten der Segmentberichterstattung den besten Eindruck vermitteln, wie das Unternehmen tatsächlich geführt wird.[4] Im Hinblick auf die Segmentabgrenzung hat sich die für externe Zwecke vorzunehmende Segmentierung dementsprechend an der internen Organisations- und Berichtsstruktur zu orientieren. Bei konsequenter Auslegung sind darüber hinaus bei der Ermittlung der Segmentinformationen, die zur internen Steuerung erhobenen Daten in die externe Segmentberichterstattung zu übernehmen. Dies betrifft nicht allein die Auswahl und den Umfang der zu berichtenden Informationen, sondern vor allem auch die den Segmentangaben zugrunde liegenden Bilanzierungs- und Bewertungsgrundsätze. Somit können grundsätzlich auch Kostenrechnungsbestandteile, wie bspw. kalkulatorische Kosten, angesetzt werden. Für den Abschlusersteller hätten diese Angaben möglicherweise einen hohen Informationswert, jedoch wäre die Verlässlichkeit bzw. Objektivität und vor allem die (zwischenbetriebliche) Vergleichbarkeit der Daten nicht gewährleistet.

Demgegenüber orientiert sich der **risks and rewards approach** bei der Segmentberichterstattung an den Chancen und Risiken eines Unternehmens. Daher werden Segmente so abgegrenzt, dass sie eine homogene, von anderen Segmenten unterscheidbare Risiko- und Chancenstruktur haben.[5] Wenn bspw. die Risiken und Chancen eines Unternehmens eher aus unterschiedlichen Produkten oder Dienstleistungen resultieren, wird bei der Berichterstattung eine produktbezogene Segmentabgrenzung im Vordergrund stehen. Dagegen ist die Segmentierung nach Regionen aussagekräftiger, wenn die Chancen und Risiken eher aus den unterschiedlichen regionalen Absatzmärkten oder den Produktionsstandorten resultieren.[6] Eine Segmentierung nach dem risks and rewards approach kann durchaus zum gleichen Ergebnis führen wie eine Segmentierung nach dem management approach, sofern das interne Berichtswesen unter Berücksichtigung der Risiko- und Chancenstruktur der Unternehmenseinheiten gestaltet ist. Allerdings unterscheiden sich die beiden theoretischen Ansätze bei der Ermittlung der Segmentdaten. Anders als beim management approach stellt der risks and rewards approach zwingend auf die externen Rechnungslegungsgrundsätze des berichtenden Unternehmens ab,[7] so dass die Segmentdaten vergleichsweise einfach auf die aggregierten Abschlussdaten übergeleitet werden können.

---

4   Vgl. BÖCKING, H.-J./BENECKE, B., Segmentberichterstattung, S. 840 m. w. N.

5   Vgl. BÖCKING, H.-J./BENECKE, B., Segmentberichterstattung, S. 840.

6   Vgl. für eine Übersicht über mögliche Segmentierungskriterien WIEDERHOLD, P., Segmentberichterstattung und Corporate Governance, S. 51-58.

7   Vgl. WIEDERHOLD, P., Segmentberichterstattung und Corporate Governance, S. 60.

Neben den beiden zuvor beschriebenen Konzeptionen wird in Bezug auf die Ermittlung der Segmentdaten mit dem autonomous entity approach und dem disaggregation approach zwischen zwei weiteren Ansätzen differenziert. Diese zielen nicht auf die Frage nach dem Verhältnis von internen zu externen Informationen, sondern auf das Bezugsobjekt für die Datenermittlung ab. Die Grundidee des **autonomous entity approach** ist es, die Lage der Unternehmensteileinheit bei wirtschaftlicher Unabhängigkeit vom Gesamtunternehmen darzustellen, um so eine größere Vergleichbarkeit mit rechtlich selbständigen Unternehmen zu ermöglichen. Daher sind sämtliche Interdependenzen zwischen den einzelnen Segmenten zu eliminieren. Dies darf allerdings nicht im Sinne eines Ausweises konsolidierter Daten missverstanden werden. Vielmehr sind die Transaktionen zwischen den Segmenten mit Marktpreisen neuzubewerten. Darüber hinaus sind bspw. mehreren Segmenten zuordenbare Aufwendungen diesen nicht pro rata zuzurechnen. Stattdessen sollten in der Segmentberichterstattung diejenigen Aufwendungen berücksichtigt werden, die die einzelnen Segmente als unabhängig operierende Unternehmen fiktiv verursachen würden. Im Unterschied dazu zielt der **disaggregation approach** darauf ab, die Segmente als Teil einer übergeordneten Organisationseinheit zu zeigen. Die Segmentinformationen werden dementsprechend aus den konsolidierten Daten des Gesamtunternehmens abgeleitet, indem diese den einzelnen Teilbereichen zugerechnet werden. Dabei sind die den einzelnen Segmenten zugeordneten Vermögens- und Schuldposten grundsätzlich mit den korrespondierenden Aufwendungen und Erträgen auszuweisen.[8] Vermögens- und Schuldposten, die von mehreren Segmenten gemeinsam genutzt werden, sind auf die einzelnen Segmente durch eine sachgerechte Schlüsselung zu verteilen.[9] Die Nützlichkeit der hierdurch vermittelten Informationen hängt daher maßgeblich von der Identifikation eines sachgerechten Allokationsschlüssels ab.

Sofern sich die Segmentberichterstattung am risks and rewards approach orientiert, kommt für die Segmentdatenermittlung ausschließlich der disaggregation approach in Frage, da die Segmentdaten bei Anwendung des autonomous entity approach in den seltensten Fällen mit den externen Bilanzierungs- und Bewertungsgrundsätzen übereinstimmen werden. Dementgegen kann der management approach sowohl mit dem disaggregation approach als auch dem autonomous entity approach kombiniert werden.

---

8   Vgl. KIND, A., Segment-Rechnung, S. 101.
9   Vgl. FÖRSCHLE, G./RIMMELSPACHER, D., in: Beck Bilanzkomm., 9. Aufl., § 297 HGB, Rn. 170-172; COENENBERG, A. G./HALLER, A./SCHULTZE, W., Jahresabschluss und Jahresabschlussanalyse, S. 899.

3 Die Segmentberichterstattung nach DRS 3

31 Sinn und Zweck der Berichterstattung

Da weder in der Konzernbilanz noch in der Konzern-GuV die Vermögensgegenstände und Schulden bzw. die Aufwendungen und Erträge in Segmente aufgegliedert werden, ist eine detaillierte Analyse der Mittelherkunft und -verwendung bzw. der Erfolgsquellen einzelner unternehmerischer Aktivitäten auf Basis dieser beiden Rechnungslegungsinstrumente für externe Analysten nicht möglich. Gleichwohl sind diese Informationen für aktuelle und potentielle Investoren von erheblichem Interesse.[10] Daher gehört es zu den Aufgaben der Segmentberichterstattung, die im Konzernabschluss aggregierten Informationen in disaggregierter Form für die unterscheidbaren wirtschaftlichen Teileinheiten aufzugliedern.[11]

Die Zielsetzung der Segmentberichterstattung besteht darin, externen Adressaten des Jahresabschlusses Informationen über wesentliche Geschäftsbereiche des Konzerns bereitzustellen, den Einblick in die Vermögens-, Finanz- und Ertragslage zu verbessern und so die Einschätzung und Beurteilung der Risiken und Ertragsaussichten zu erleichtern (DRS 3.2). Da in den einzelnen Unternehmenssegmenten häufig unterschiedliche Chancen- und Risikoprofile bestehen, machen detaillierte quantitative und qualitative Informationen über die einzelnen Bereiche die Entwicklung des Ergebnisses und des Vermögens des Konzerns deutlich.[12]

32 Abgrenzung der angabepflichtigen Segmente

Die Segmente sind nach DRS 3 aufbauend auf der internen Berichts- und Organisationsstruktur des Unternehmens so abzugrenzen, dass ihre Geschäftsaktivitäten zu Umsatzerlösen oder sonstigen Erträgen führen und ihre wirtschaftliche Lage regelmäßig von der Unternehmensleitung überwacht wird (sog. operative Segmente oder Geschäftssegmente). Hierbei wird unterstellt, dass einer solchen Segmentierung unterscheidbare Chancen und Risiken der unternehmerischen Aktivitäten zugrunde liegen.

Als Abgrenzungsmerkmale kommen i. d. R. produktorientierte bzw. geografische Segmentierungskriterien in Frage, die in DRS 3.8 definiert werden. Produktorientierte Segmentierungskriterien sind demnach vor allem:

- die Gleichartigkeit der Produkte und Dienstleistungen,
- die Gleichartigkeit der Produktions- und Dienstleistungsprozesse,
- die Gleichartigkeit der Kundengruppen,
- die Gleichartigkeit der Methoden des Vertriebs oder der Bereitstellung von Produkten und Dienstleistungen sowie

---

10 Vgl. NAUMANN, T. K., Standardentwurf zur Segmentberichterstattung, S. 2288.
11 Vgl. STROBEL, W., Der Standardentwurf, S. 2017.
12 Vgl. NAUMANN, T. K., Standardentwurf zur Segmentberichterstattung, S. 2289.

■ geschäftszweigbedingte Besonderheiten.

Geografische Segmentierungskriterien sind vor allem:

■ die Gleichartigkeit der wirtschaftlichen und politischen Rahmenbedingungen,

■ die Nähe der Beziehungen zwischen Tätigkeiten in unterschiedlichen geografischen Regionen,

■ die räumliche Nähe der Tätigkeiten zueinander,

■ spezielle Risiken von Tätigkeiten in einem bestimmten Gebiet,

■ die Gleichartigkeit der Außenhandels- und Devisenbestimmungen sowie

■ ein gleichartiges Währungsrisiko.

Die im Folgenden aufgeführten Größenmerkmale sollen bewirken, dass nur Angaben zu wesentlichen Segmenten veröffentlicht werden.[13] Ein operatives Segment ist nach DRS 3.15 immer dann anzugeben, wenn

■ seine externen und intersegmentären Umsatzerlöse mindestens 10 % der gesamten externen und intersegmentären Umsatzerlöse darstellen **oder**

■ sein Ergebnis wenigstens 10 % der zusammengefassten Ergebnisse aller operativen Segmente mit positivem Ergebnis oder aller operativen Segmente mit negativem Ergebnis beträgt, wobei der jeweils höhere der beiden Beträge ausschlaggebend ist, **oder**

■ sein Vermögen mindestens 10 % des gesamten Vermögens aller operativen Segmente beträgt.

Weitere operative Segmente, die diese Größenmerkmale nicht erfüllen, dürfen in der Segmentberichterstattung angegeben werden, wenn hierunter die Klarheit und Übersichtlichkeit nicht leidet (DRS 3.16); sie sind zwingend anzugeben, falls die den bis dahin angegebenen Segmenten zuzuordnenden externen Umsatzerlöse weniger als 75 % der konsolidierten Umsatzerlöse betragen (DRS 3.12). Ein operatives Segment, das voraussichtlich nur an einem Konzernabschlussstichtag eines der oben angegebenen Größenmerkmale überschreitet, braucht nicht in der Segmentberichterstattung angegeben zu werden (DRS 3.18). Besitzt ein Segment nicht mehr die gemäß DRS 3.15 erforderliche Größe, darf es in der Segmentberichterstattung gleichwohl weiterhin aufgeführt werden, wenn dies in der Vergangenheit der Fall war und die Unternehmensleitung diesem Segment eine wesentliche Bedeutung beimisst (DRS 3.17).[14]

Aus Gründen der Klarheit und Übersichtlichkeit dürfen operative Segmente mit im Verhältnis zueinander homogenen Chancen und Risiken zusammengefasst werden, wenn keines der betroffenen Segmente eines der oben genannten Größenmerkmale überschreitet.[15]

---

13 Vgl. BÖCKING, H.-J./BENECKE, B., Segmentberichterstattung, S. 842.
14 Vgl. BALLWIESER, W., in: Baetge/Kirsch/Thiele, § 297 HGB, Rn. 66.
15 Vgl. NAUMANN, T. K., Standardentwurf zur Segmentberichterstattung, S. 2289.

Diese Abgrenzung macht deutlich, dass die Segmentberichterstattung nach DRS 3 keiner der beiden oben beschriebenen theoretischen Grundkonzeptionen zur Segmentabgrenzung eindeutig zugeordnet werden kann. So folgt DRS 3 zwar vorrangig dem management approach, da operative Segmente aus der internen Berichts- und Organisationsstruktur des Konzerns abgegrenzt werden. Allerdings deutet die Tatsache, dass bei mehreren möglichen Segmentierungen die auszuwählen ist, die vermutlich die Chancen- und Risikostruktur des Unternehmens am besten widerspiegelt (DRS 3.11) darauf hin, dass das DRSC in Teilaspekten auch dem risks and rewards approach gefolgt ist.

33   Angabepflichtige Segmentinformation

Die Merkmale der Segmentabgrenzung und ggf. die Zusammenfassung von Segmenten müssen im Anhang erläutert werden. Außerdem ist jedes angegebene Segment zu beschreiben, etwa durch die Nennung zuordenbarer Produkte oder Dienstleistungen, der Tätigkeiten oder geografischen Zusammensetzung des jeweiligen Segments (DRS 3.25 f.).

Für jedes angegebene Segment werden ferner folgende Angaben für das Berichtsjahr und das Vorjahr in DRS 3.31 gefordert:[16]

- ■ Umsatzerlöse, unterteilt in externe und intersegmentäre,
- ■ Segmentergebnis, darin gesondert: Abschreibungen, andere nicht zahlungswirksame Posten, Ergebnis aus Beteiligungen an assoziierten Unternehmen und Erträge aus sonstigen Beteiligungen,
- ■ Vermögen einschließlich der Beteiligungen,
- ■ Investitionen in das langfristige Vermögen sowie
- ■ Schulden.

Die Gesamtbeträge der Segmenterlöse, der Segmentergebnisse, des Segmentvermögens, der Segmentschulden und weiterer wesentlicher Segmentposten müssen auf die im Konzernabschluss ausgewiesenen aggregierten Größen übergeleitet werden (DRS 3.37). Hierfür sind, bspw. in einer gesonderten Überleitungsspalte, sämtliche den Segmenten nicht eindeutig zurechenbare Bestands- und Stromgrößen anzugeben und im Fall der Wesentlichkeit zu erläutern.

DRS 3.36 empfiehlt, zusätzlich den Cashflow aus der laufenden Geschäftätigkeit für jedes Segment anzugeben. In diesem Fall müssen die Abschreibungen und die anderen nicht zahlungswirksamen Posten nicht genannt werden. Wenn die Umsatzerlöse mit einem externen Kunden 10 % der gesamten externen und intersegmentären Umsatzerlöse übersteigen, sind zumindest die Größenordnung und die betroffenen Segmente offenzulegen (DRS 3.42).

---

16   Für eine Gegenüberstellung mit den Angabepflichten in DRS 3 bzw. IFRS 8 vgl. KÜTING, K./ WEBER, C.-P., Der Konzernabschluss, S. 670.

Da die Segmentberichterstattung Teil des Konzernabschlusses ist, muss sie in Übereinstimmung mit den Bilanzierungs- und Bewertungsmethoden des Konzernabschlusses aufgestellt werden. DRS 3 folgt damit dem risks and rewards approach und unterscheidet sich in diesem Punkt von der Segmentberichterstattung nach IFRS (IFRS 8 (Geschäftssegmente)), bei der auf die Daten des internen Rechnungswesens zurückgegriffen wird.[17] Von einer Anwendung des management approach sieht der DRS 3 bei der Segmentdatenermittlung bewusst ab, um die Informationen zu den Jahresabschlussdaten überleiten zu können. Neben dem konsequenten Rückgriff auf die Bilanzierungs- und Bewertungsmethoden des Konzernabschlusses sieht DRS 3 außerdem eine Bewertung vor Konsolidierungsmaßnahmen vor; innerhalb eines anzugebenden Segments sind gleichwohl Konsolidierungen erforderlich (DRS 3.19). Während die Generierung der Segmentdaten aus dem konsolidierten Abschluss ein Ausdruck des disaggregation approach ist, deutet der Ansatz von Segmentdaten vor Konsolidierung eher auf den autonomous entity approach hin. Obwohl DRS 3 damit Kennzeichen beider Ansätze aufweist, ist er insgesamt eher dem disaggregation approach zuzuordnen.[18]

Auch für die Segmentberichterstattung gilt das Gebot der Stetigkeit, von dem nur in begründeten Ausnahmefällen abgewichen werden darf (DRS 3.46 f.).

---

17 Vgl. KÜTING, K./WEBER, C.-P., Der Konzernabschluss, S. 669.

18 Vgl. ALVAREZ, M., Segmentberichterstattung nach DRS 3, S. 2060; NARDMANN, H., Die Segmentberichterstattung, S. 111.

Einen Auszug aus der Segmentberichterstattung der KNORR-BREMSE AG zeigt Beispiel XI-1.[19]

Geschäftsjahr 2014	Europa	Amerika	Asien/ Australien	Knorr-Bremse Konzern
Werte in TEUR				
Umsatzerlöse der Regionen	3.079.827	1.260.847	1.612.528	5.953.202
davon Umsatzerlöse mit Dritten	2.454.443	1.163.644	1.587.918	5.206.005
davon Umsatzerlöse mit anderen Segmenten	625.384	97.203	24.610	747.197
Jahresüberschuss	202.243	103.482	254.311	560.036
Ertragsteueraufwand	91.517	46.826	115.079	253.422
Investitionen (ohne Finanzanlagen)	104.202	30.762	25.619	160.583
Abschreibungen (ohne Finanzanlagen)	122.869	29.597	16.637	169.103
Ergebnis aus assoziierten Unternehmen	(308)			(308)
Ergebnis aus sonstigen Beteiligungen	20			20
Vermögen	1.806.032	690.384	1.046.607	3.543.023

Geschäftsjahr 2013	Europa	Amerika	Asien/ Australien	Knorr-Bremse Konzern
Werte in TEUR				
Umsatzerlöse der Regionen	2.629.729	1.090.737	1.051.120	4.771.586
davon Umsatzerlöse mit Dritten	2.252.457	1.019.132	1.031.093	4.302.682
davon Umsatzerlöse mit anderen Segmenten	377.272	71.605	20.027	468.904
Jahresüberschuss	160.180	78.227	128.297	366.704
Ertragsteueraufwand	79.029	38.596	63.299	180.924
Investitionen (ohne Finanzanlagen)	92.751	39.285	27.427	159.463
Abschreibungen (ohne Finanzanlagen)	81.480	28.296	15.375	125.151
Ergebnis aus assoziierten Unternehmen	(857)			(857)
Ergebnis aus sonstigen Beteiligungen	31			31
Vermögen	1.458.176	604.114	806.778	2.869.068

Beispiel XI-1: *Auszug aus der Segmentberichterstattung der* KNORR-BREMSE AG

4 Die Segmentberichterstattung nach IFRS

Nach den relevanten Regelungen des IFRS 8 gehört die Segmentberichterstattung zwar nicht zu den Pflichtbestandteilen eines IFRS-Abschlusses für alle Unternehmen. Allerdings regelt IFRS 8.2, dass IFRS 8 von solchen Unternehmen zwingend anzuwenden ist, deren Wertpapiere öffentlich gehandelt werden oder die sich gerade im Going-public-Prozess befinden. Somit sind nur kapitalmarktorientierte Unternehmen oder Unternehmen, welche die Zulassung in die Wege geleitet haben, zwingend

---

19 KNORR BREMSE AG (Hrsg.), Geschäftsbericht 2014, S. 140.

von der Rechnungslegungspflicht nach IFRS 8 betroffen.[20] Deutsche Mutterunternehmen, die ihren Konzernabschluss verpflichtend gemäß der IAS-Verordnung i. V. m. § 315a Abs. 1 oder Abs. 2 oder freiwillig gemäß § 315a Abs. 3 nach IFRS aufstellen, müssen als Teil ihres IFRS-Konzernabschlusses eine Segmentberichterstattung nach IFRS 8 aufstellen, soweit sie die Bedingungen des IFRS 8.2 erfüllen.

IFRS 8 folgt dem management approach, der sich an den unternehmensinternen Berichtsstrukturen und -inhalten orientiert. So werden nach IFRS 8 die Segmente anhand der internen Berichtsstruktur nach sog. Geschäftssegmenten abgegrenzt. Dabei ist ein **Geschäftssegment** gemäß IFRS 8.5 als ein Bereich des Unternehmens gekennzeichnet,

- der Geschäftätigkeiten betreibt, mit denen Erträge erwirtschaftet werden und bei denen Aufwendungen anfallen können,
- dessen Betriebsergebnisse regelmäßig vom Hauptentscheidungsträger des Unternehmens im Hinblick auf die Allokation von Ressourcen zu diesem Segment und die Bewertung seiner Ertragskraft überprüft werden und
- für den einschlägige Finanzinformationen vorliegen.

Können nach diesen Kennzeichen keine eindeutigen Geschäftssegmente im Unternehmen abgegrenzt werden, sind gemäß IFRS 8.8 weitere Indizien für die Bestimmung der Segmente zu berücksichtigen, wie

- die Wesensart der Geschäftätigkeiten jedes Bereiches,
- das Vorhandensein und die Verantwortlichkeiten von Führungskräften oder
- die dem Geschäftsführungs- oder Aufsichtsorgan vorgelegten Informationen.

Zusätzlich geht IFRS 8.9 zur Abgrenzung der Geschäftssegmente konkretisierend darauf ein, ob ein sog. Segmentmanager vorhanden ist. So ist grundsätzlich davon auszugehen, dass jedes Segment ein Manager zugeordnet ist. Dieser kann sowohl gegenüber dem Hauptentscheidungsträger des Unternehmens (chief operating decision maker) berichtpflichtig sein als auch selbst als Hauptentscheidungsträger des Unternehmens für ein Geschäftssegment verantwortlich sein. Der Segmentmanager ist somit funktional und nicht aufgrund der Bezeichnung des Managers zu identifizieren.[21]

Segmente können zu einem wesentlichen Segment zusammengefasst werden, sofern sie ähnliche ökonomische Merkmale aufweisen und sich in den folgenden Kriterien gleichen (IFRS 8.12):[22]

- der Wesensart der Produkte und Dienstleistungen,
- der Art des Produktprozesses,

---

20 Vgl. BEINE, F./NARDMANN, H., in: Wiley-Handbuch, 7. Aufl., Abschn. 22, Rn. 15; PELLENS, B. U. A., Internationale Rechnungslegung, S. 907.

21 Vgl. BEINE, F./NARDMANN, H., in: Wiley-Handbuch, 7. Aufl., Abschn. 22, Rn. 30.; PELLENS, B. U. A., Internationale Rechnungslegung, S. 909.

22 Vgl. hierzu vertiefend BEINE, F./NARDMANN, H., in: Wiley-Handbuch, 7. Aufl., Abschn. 22, Rn. 38-42.

- dem Typ oder der Kategorie der Segmentkunden, -produkte und -dienstleistungen,

- den Methoden beim Vertrieb der Segmentprodukte oder den Methoden bei der Erbringung der Segmentdienstleistungen und

- falls erforderlich, der Wesensart des regulatorischen Umfeldes.

Berichtspflichtig ist ein Geschäftssegment gemäß IFRS 8.13, wenn

- sein erfasster Ertrag einschließlich der Verkäufe an externe Kunden und Verkäufe oder Transfers zwischen den Segmenten 10 % oder mehr der internen und externen Erträge aller Geschäftssegmente beträgt oder

- sein Periodenergebnis mindestens 10 % des gesamten Gewinns bzw. Verlustes aller Segmente, die einen Gewinn bzw. Verlust berichten, beträgt oder

- seine Vermögenswerte mindestens 10 % der Vermögenswerte aller Segmente betragen.

Wenn die berichtspflichtigen Geschäftssegmente insgesamt weniger als 75 % aller externen Umsatzerlöse des Unternehmens ausmachen, sind zusätzliche Segmente zu identifizieren und anzugeben, bis die externen Umsatzerlöse der berichtspflichtigen Geschäftssegmente die 75 %-Grenze mindestens erreicht haben (IFRS 8.15). Zudem kann über ein Geschäftssegment nach IFRS 8.13 und IFRS 8.17 unter bestimmten Bedingungen auch dann berichtet werden, wenn es die Signifikanzschwelle des IFRS 8.13 unterschreitet.

Die Angabepflichten für die Geschäftssegmente ergeben sich aus IFRS 8.20-24. Anzugeben sind danach u. a.

- die externen und internen Umsatzerlöse,

- das Segmentergebnis,

- das Segmentvermögen,

- die Segmentschulden,

- die Zugänge an langfristigem Segmentvermögen,

- die Zinserträge und Zinsaufwendungen,

- die Abschreibungen und Wertberichtigungen sowie

- bedeutende zahlungsunwirksame Aufwendungen und Ergebnisbeiträge von assoziierten Unternehmen, von Gemeinschaftsunternehmen und anderen Beteiligungen, die at equity bewertet wurden.[23]

Außerdem sind gemäß IFRS 8.31-34 zusätzliche, unternehmensübergreifend einheitliche Angaben erforderlich. Diese Angaben, die der Objektivierung der von den internen Berichtsstrukturen geprägten Angaben über die Geschäftssegmente dienen, umfassen Informationen über Produkte und Dienstleistungen, über geografische Bereiche und über wichtige Kunden.[24]

---

23 Für eine Gegenüberstellung mit den Angabepflichten in SFAS 131 bzw. DRS 3 vgl. BÖCKING, H.-J./BENECKE, B., Segmentberichterstattung, S. 845.

Die Bewertung der in der Segmentberichterstattung angegebenen Posten richtet sich gemäß IFRS 8.25 f. nach der internen Berichtsstruktur und den intern berichteten Werten. Aus Gründen der Transparenz sind gemäß IFRS 8.27 umfangreiche Angaben zu den Grundlagen erforderlich, auf denen diese Werte basieren. Zusätzlich muss gemäß IFRS 8.28 eine Überleitungsrechnung von den Posten der Segmentberichterstattung auf die Posten der Konzern-Bilanz und der Konzern-Gesamtergebnisrechnung erstellt werden.

Sowohl die Segmentabgrenzung als auch die Bewertung der Segmentposten folgt gemäß IFRS 8 dem **management approach**.[25] Die Geschäftssegmente werden ausschließlich nach internen Berichtsstrukturen abgegrenzt, zwingende unternehmensübergreifende Vorgaben für die Strukturierung der Geschäftssegmente bestehen nicht. Zudem entstammen die Werte der in der Segmentberichterstattung dargestellten Posten dem intern berichteten Zahlenmaterial. Eine Neubewertung segmentübergreifender Umsatzerlöse zu Marktpreisen, wie sie der autonomous entity approach vorsehen würde, ist für die Segmentberichterstattung nach IFRS 8 nicht erforderlich. Sollte eine derartige Anpassung jedoch bereits im Rahmen des internen Rechnungswesens vorgenommen werden, sind die entsprechenden Werte auch extern auszuweisen. Dementsprechend kann der Segmentberichterstattung nach IFRS 8 je nach Ausgestaltung des internen Rechnungswesens sowohl der disaggregation approach als auch der autonomous entity approach zugrunde gelegt werden.[26]

Tendenziell erschwert die Anwendung des management approach die Vergleichbarkeit von Segmentberichterstattungen unterschiedlicher Konzerne und das Verständnis des Zusammenhangs zwischen den in der Segmentberichterstattung und im Konzernabschluss berichteten Werten.[27] Diese Problematik versucht IFRS 8 durch die beschriebenen umfangreichen Angabepflichten zu unternehmensübergreifend einheitlichen Segmenten sowie durch die Pflicht zur Erstellung einer Überleitungsrechnung zumindest teilweise zu kompensieren.

---

24 Zu detaillierten Hinweisen für die Pflichtangaben vgl. PELLENS, B. U. A., Internationale Rechnungslegung, S. 914-921.

25 Vgl. BEINE, F./NARDMANN, H., in: Wiley-Handbuch, 7. Aufl., Abschn. 22, Rn. 23; HEUSER, P. J./THEILE, C., IFRS Handbuch, 5. Aufl., Rn. 7900 f.

26 Vgl. BOHL, W., in: Beck IFRS HB, 4. Aufl., § 21, Rn. 50. Unabhängig von der Ausgestaltung des internen Rechnungswesens ist der Ansatz der Segmentdaten vor Konsolidierung Ausdruck des autonomous entity approach.

27 Vgl. hierzu auch BAETGE, J./HAENELT, T., Segmentberichterstattung nach IFRS 8, S. 47.

Kapitel XII:
Die Darstellung von Eigenkapital-veränderungen

1 Die Bedeutung der Darstellung von Eigenkapital-veränderungen

Das Konzerneigenkapital wird durch eine Reihe von Vorgängen beeinflusst, die für den Bilanzadressaten nicht unmittelbar aus Konzernbilanz und Konzern-GuV ersichtlich sind. So können Veränderungen in der Höhe des Eigenkapitals zum einen aus dem in der GuV erkennbaren Konzernjahresergebnis sowie Transaktionen zwischen den Konzernunternehmen und seinen Eigenkapitalgebern resultieren. Zum anderen werden bei der Erstellung des Konzernabschlusses weitere Sachverhalte direkt, d.h. erfolgsneutral mit dem Eigenkapital des Konzerns verrechnet.[1]

Mit Hilfe des sog. Eigenkapitalspiegels, der nach § 297 Abs. 1 ein **fester Bestandteil des Konzernabschlusses** ist,[2] soll diese Informationslücke geschlossen werden. Abschlussadressaten werden durch dieses Berichtsinstrument über sämtliche Eigenkapitalveränderungen der Berichtsperiode umfassend informiert.[3] Die konkrete Darstellung der Eigenkapitalveränderungen sind dabei (wie für Kapitalflussrechnung und Segmentberichterstattung) nicht im HGB, sondern durch die Deutschen Rechnungslegungs Standards in Form des DRS 7 (Konzerneigenkapital und Konzerngesamtergebnis) geregelt.[4]

---

1   Vgl. hierzu Abschn. 2.

2   Vgl. Kap. III Abschn. 11.

3   Vgl. ACHLEITNER, A.-K./GERBAULET, C., Das „Statement of Non-Owner Movements in Equity", S. 90.

4   Vgl. DEUBERT, M./ROLAND, S., E-DRS 29, S. 149. DRS 7 wird zur Zeit durch das DRSC umfassend überarbeitet, vgl. Abschn. 3 in diesem Kapitel. Für die Regelungen zur Kapitalflussrechnung vgl. Kap. X, für die diejenigen zur Segmentberichterstattung Kap. XI.

2   Die eigenkapitalverändernden Sachverhalte im Überblick

In das Konzerneigenkapital gehen alle erfolgswirksamen und erfolgsneutralen Buchungen aus der Anpassung der HB I an die HB II und aus der Konsolidierung des Kapitals, der Schulden, der Zwischenergebnisse sowie der Aufwendungen und Erträge ein.[5] Die erfolgswirksamen Buchungen beeinflussen die Höhe des in der Konzern-GuV ausgewiesenen Konzernjahresergebnisses und damit auch den ggf. im Konzernabschluss ausgewiesenen Konzernbilanzgewinn/-verlust. Dagegen berühren die erfolgsneutralen Buchungen das Konzernjahresergebnis nicht. Gleichwohl verändern erfolgsneutrale Buchungen die Höhe des Konzerneigenkapitals, da sie die zum Konzerneigenkapital gehörenden Rücklagen des Konzerns erhöhen oder mindern.

Vor allem die folgenden konzernabschlussspezifischen Sachverhalte werden bei der Erstellung des Konzernabschlusses **erfolgswirksam** gebucht. Sie beeinflussen damit unmittelbar das Konzernjahresergebnis:

(1) Kapitalkonsolidierung:

- Abschreibung eines Geschäfts- oder Firmenwertes aus der Kapitalkonsolidierung gemäß § 309 Abs. 1 (Kap. V Abschn. 126.),
- Auflösung eines passiven Unterschiedsbetrages aus der Kapitalkonsolidierung gemäß § 309 Abs. 2 (Kap. V Abschn. 126.).

(2) Schuldenkonsolidierung:

- Unechte und stichtagsbedingte Aufrechnungsdifferenzen aus der Schuldenkonsolidierung, abhängig vom Erfolgscharakter des zugrunde liegenden Geschäftsvorfalls (Kap. V Abschn. 242. und Abschn. 243.),
- echte Aufrechnungsdifferenzen aus der Schuldenkonsolidierung im Entstehungsjahr (Kap. V Abschn. 244.2),
- in den auf das Entstehungsjahr folgenden Jahren bestehende, aber veränderte echte Aufrechnungsdifferenzen (Kap. V Abschn. 244.3).

(3) Zwischenergebniseliminierung:

- Erstmalig entstandene sowie realisierte Zwischenergebnisse (Kap. V Abschn. 332.).

(4) Aufwands- und Ertragskonsolidierung:

- Aufrechnungsdifferenzen aus einem Geschäftsvorfall, der zu einem Zwischenergebnis geführt hat (Kap. V Abschn. 4).

(5) Quotenkonsolidierung:

- Quotale Differenzen aus der Währungsumrechnung und aus den Konsolidierungsmaßnahmen (Kap. VI).

---

5   Vgl. hierzu Kap. IV.

(6) Equity-Methode:

- Änderungen des Equity-Wertes (Kap. VII Abschn. 3),
- Konsolidierungsdifferenzen bei untypischen assoziierten Unternehmen (Kap. VII Abschn. 43).

(7) Änderung bestehender Beteiligungsverhältnisse:

- Endkonsolidierung veräußerter Anteile an einem – nach der Erwerbsmethode oder nach der Quotenkonsolidierung einbezogenen – Beteiligungsunternehmen bei der Übergangskonsolidierung mit und ohne Wechsel der Kapitalkonsolidierungsmethode (Kap. VIII Abschn. 231.1, Abschn. 231.2 und Abschn. 231.3),
- Gewinn/Verlust aus der Änderung des auf die Konzernobergesellschaft entfallenden Eigenkapitals des Beteiligungsunternehmens nach einer Kapitalerhöhung gegen Einlage (Kap. VIII Abschn. 231.2 und Abschn. 231.3),
- Gewinn/Verlust aus einer Kapitalherabsetzung durch Einziehung von Aktien (Kap. VIII Abschn. 231.2 und Abschn. 231.3),
- eliminierte Zwischenergebnisse aus downstream-Geschäften bei der Übergangskonsolidierung mit Wechsel der Kapitalkonsolidierungs- bzw. Bewertungsmethode hin zu einer schwächeren Einbeziehungsform („abwärts" der Stufenkonzeption) sowie bei der Endkonsolidierung (Kap. VIII Abschn. 232. und Abschn. 223.),
- Aufrechnungsdifferenzen aus der Schuldenkonsolidierung bei der Übergangskonsolidierung mit Wechsel der Konsolidierungs- bzw. Bewertungsmethode hin zu einer schwächeren Einbeziehungsform (Kap. VIII Abschn. 232.),
- Aufrechnungsdifferenzen aus der Schuldenkonsolidierung bei der Übergangskonsolidierung mit Wechsel der Konsolidierungs- bzw. Bewertungsmethode hin zu einer stärkeren Einbeziehungsform („aufwärts" der Stufenkonzeption), sofern die Schuldbeziehung vor dem Methodenwechsel erfolgsunwirksam war (Kap. VIII Abschn. 232.),
- Erfolge aus Beteiligungsveräußerungen (Kap. VIII Abschn. 224.).

Erfolgsneutral werden dagegen bei der Erstellung des Konzernabschlusses besonders die folgenden Sachverhalte gebucht. Sie beeinflussen damit direkt die Zusammensetzung und die Höhe des Konzerneigenkapitals:

(1) Währungsumrechnung:

- Umrechnungsdifferenzen aus der Währungsumrechnung nach § 308a (Kap. IV Abschn. 421.),

(2) Schuldenkonsolidierung:

- Unechte und stichtagsbedingte Aufrechnungsdifferenzen aus der Schuldenkonsolidierung, abhängig vom Erfolgscharakter des zugrunde liegenden Geschäftsvorfalls (Kap. V Abschn. 242. und Abschn. 243.),

- echte Aufrechnungsdifferenzen im Entstehungsjahr, die sich bei in fremder Währung fakturierten Ansprüchen und Verpflichtungen „versteckt" ergeben (Kap. V Abschn. 244.),

- in den auf das Entstehungsjahr folgenden Jahren bestehende, aber unveränderte echte Aufrechnungsdifferenzen (Kap. V Abschn. 244.).

(3) Zwischenergebniseliminierung:

- Fortgeführte Zwischenergebnisse aus Vorperioden (Kap. V Abschn. 333.).

(4) Aufwands- und Ertragskonsolidierung:

- Aufrechnungsdifferenzen aus einem Geschäftsvorfall, der zu einem Zwischenergebnis geführt hat (Kap. V Abschn. 4).

(5) Quotenkonsolidierung:

- Quotale Differenzen aus der Währungsumrechnung und aus den Konsolidierungsmaßnahmen (Kap. VI),

- Beteiligungserträge, die vom Gemeinschaftsunternehmen an den Konzern ausgeschüttet wurden (Kap. VI Abschn. 34).

(6) Equity-Methode:

- Konsolidierungsdifferenzen bei untypischen assoziierten Unternehmen (Kap. VII Abschn. 22).

(7) Änderung bestehender Beteiligungsverhältnisse:

- Entflechtung der Altanteile bei der Übergangskonsolidierung mit Wechsel der Kapitalkonsolidierungs- bzw. Bewertungsmethode (Kap. VIII Abschn. 232.),

- eliminierte, aber nicht realisierte Zwischenergebnisse bei der Übergangskonsolidierung mit Wechsel der Kapitalkonsolidierungs- bzw. Bewertungsmethode sowie bei der Endkonsolidierung (Kap. VIII Abschn. 232.),

- Aufrechnungsdifferenzen aus der Schuldenkonsolidierung bei der Übergangskonsolidierung mit Wechsel der Konsolidierungs- bzw. Bewertungsmethode hin zu einer stärkeren Einbeziehungsform, sofern die Schuldbeziehung vor dem Methodenwechsel erfolgswirksam war (Kap. VIII Abschn. 232.),

- Endkonsolidierung der Minderheitenanteile (Kap. VIII Abschn. 224.).

Bereits aus dieser nur beispielhaften Aufzählung der das Konzerneigenkapital beeinflussenden Sachverhalte wird ersichtlich, dass die Eigenkapitalveränderungen im Konzernabschluss für externe Adressaten nur dann nachvollziehbar sind, wenn die Veränderungen umfassend dokumentiert werden. Hierfür sind im folgenden beschriebenen Regelungen des DRS 7 zu beachten.

3 Die Darstellung der Eigenkapitalveränderungen nach DRS

Die Darstellung der Eigenkapitalveränderungen ist in **DRS 7** geregelt. DRS 7 wurde am 03.04.2001 durch den Deutschen Standardisierungsrat[6] verabschiedet und letztmalig am 05.01.2010 angepasst. Der Standard regelt, wie die Entwicklung des Konzerneigenkapitals und des Konzerngesamtergebnisses im Konzerneigenkapitalspiegel darzustellen ist (DRS 7.1a).

Das Ziel des Konzerneigenkapitalspiegels ist die systematische Abbildung der Entwicklung des Eigenkapitals des Mutterunternehmens und eventuell vorhandener Minderheitsgesellschafter[7] und die damit verbundene Erhöhung des Informationswertes des Konzernabschlusses. Damit soll der komplexen Struktur des Konzerneigenkapitals Rechnung getragen werden (DRS 7.1). Der durch die Konzern-GuV ermittelte Konzernjahresüberschuss/-fehlbetrag wird unter Einbeziehung erfolgsneutraler Konzerneigenkapitalveränderungen („übriges Konzernergebnis") jeweils separat für das Mutterunternehmen und die Minderheitsgesellschafter auf das Konzerngesamtergebnis übergeleitet (DRS 7.2). Neben der Entwicklung des Konzerngesamtergebnisses ist im Konzerneigenkapitalspiegel auch die Entwicklung sämtlicher anderer Konzerneigenkapitalbestandteile, ebenfalls gesondert für das Mutterunternehmen und die Minderheitsgesellschafter, für das Berichtsjahr sowie das Vorjahr darzustellen (DRS 7.3).

Im Konzerneigenkapitalspiegel ist die Veränderung der folgenden Posten zu zeigen:

- Gezeichnetes Kapital des Mutterunternehmens,
- nicht eingeforderte ausstehende Einlagen des Mutterunternehmens,
- Kapitalrücklage,
- erwirtschaftetes Eigenkapital,
- eigene Anteile und kumuliertes übriges Konzernergebnis, soweit es auf die Gesellschafter des Mutterunternehmens entfällt,
- für die Minderheitsgesellschafter das Minderheitenkapital sowie das auf sie entfallende kumulierte übrige Konzernergebnis (DRS 7.7).

Ein beispielhaftes Schema für die Darstellung der Eigenkapitalveränderungen findet sich in der Anlage zu DRS 7 (vgl. Übersicht XII-1). Falls es sich bei dem Mutterunternehmen des Konzerns nicht um eine Kapitalgesellschaft handelt, ist das Schema entsprechend anzupassen (DRS 7.8).

---

6   Nach der Umstrukturierung des DRSC hat der neugegründete HGB-Fachausschuss die das Handelsrecht betreffenden Aufgaben des DSR übernommen. Vgl. Kap. I Abschn. 73.

7   Im Rahmen des BilRUG wurde die Bezeichnung der Minderheitsgesellschafter zu „Nicht beherrschende Anteile" geändert und konkretisiert, vgl. § 307 Abs. 1 und 2. Sofern im Folgenden die Regelungen des DRS 7 angesprochen werden, wird der Begriff Minderheitsgesellschafter weiterhin verwendet.

	Mutterunternehmen									Minderheitsgesellschafter					Konzerneigenkapital
	Gezeichnetes Kapital		Nicht eingeforderte ausstehende Einlagen	Kapitalrücklage	Erwirtschaftetes Konzerneigenkapital	Eigene Anteile	Kumuliertes übriges Konzernergebnis		Eigenkapital gemäß Konzernbilanz	Minderheitenkapital	Kumuliertes übriges Konzernergebnis		Eigenkapital	
	Stammaktien	Vorzugsaktien					Ausgleichsposten aus der Fremdwährungsumrechnung	andere neutrale Transaktionen			Ausgleichsposten aus der Fremdwährungsumrechnung	andere neutrale Transaktionen		
Stand am 31.12.X1														
Ausgabe von Anteilen														
Erwerb/Einziehung eigener Anteile														
Gezahlte Dividenden														
Änderung des Konsolidierungskreises														
Übrige Veränderungen														
Konzernjahresüberschuss/ -fehlbetrag														
Übriges Konzernergebnis														
Konzerngesamtergebnis														
Stand am 31.12.X2														

Übersicht XII-1: *Darstellung der Eigenkapitalveränderungen nach DRS 7*

DRS 7 wurde vom HGB-Fachausschuss des DRSC **umfassend überarbeitet.** Der erste Standardentwurf, **E-DRS 29 (Konzerneigenkapital)**[8], wurde am 19. Februar 2014 zur Kommentierung gestellt. Die Regelungen dieses Entwurfes fanden grundsätzliche Zustimmung bei den Adressaten, wurden indes aufgrund der zu geringen Ausrichtung auf konzernspezifische Aspekte kritisiert.[9] Basierend auf den Ergebnissen der öffentlichen Diskussionen, den Literaturbeiträgen sowie den Sitzungen des HGB-Fachausschusses wurde der Entwurf nochmals umfassend überarbeitet. Aufgrund des Umfangs der Änderungen wurde die Veröffentlichung eines neuen Entwurfes, **E-DRS 31 (Konzerneigenkapital)**, beschlossen. Die Regelungen konzentrieren sich noch stärker als diejenigen des E-DRS 29 auf konzernabschlussspezifische Fragestellungen. Dieser Entwurf fand bis auf wenige Anmerkungen mehrheitliche Zustimmung in der interessierten Öffentlichkeit.[10]

E-DRS 31 adressiert ausgewählte Themenbereiche, die eine Auswirkung auf die Darstellung des Konzerneigenkapitals haben und nicht gesetzlich detailliert geregelt sind.[11] Besonders die Bilanzierung eigener Anteile im Konzernabschlusses wird ausführlich geregelt. Hier wird die Rücklagenverrechnung im Erwerbs- und Veräußerungsfall (Tz. 29-36 bzw. Tz. 37-44) unter Berücksichtigung der fehlenden Ausschüttungsbemessungsfunktion des Konzernabschlusses thematisiert. Außerdem werden Besonderheiten des Konzerneigenkapitalspiegels von Personenhandelsgesellschaften i. S. d. § 264a adressiert, z. B. die Darstellung der Ergebnisse des Mutterunternehmens und der in den Konzernabschluss einbezogenen Tochterunternehmen im Konzernabschluss (Tz. 22-25).

E-DRS 31 gibt jeweils ein Schema zur Aufstellung des Konzerneigenkapitalspiegels von Mutterunternehmen in der Rechtsform einer Kapitalgesellschaft und eines für Mutterunternehmen in der Rechtsform der Personenhandelsgesellschaft vor (Tz. 10). Es wird klargestellt, dass sich die Struktur des Konzerneigenkapitalspiegels stets nach der Rechtsform des Mutterunternehmens bestimmt (Tz. 18). Im Folgenden ist das Schema des Konzerneigenkapitalspiegels für Mutterunternehmen in der Rechtsform einer Kapitalgesellschaft dargestellt (vgl. Übersicht XII-2).

Der endgültige Standard **DRS 22 (Konzerneigenkapital)** wird sich voraussichtlich gegenüber dem Entwurf E-DRS 31 (Konzerneigenkapital) nur in wenigen Aspekten ändern.

---

8   Abrufbar unter www.drsc.de.

9   Vgl. zur Kritik an den Regelungen des E-DRS 29 IDW (Hrsg.), E-DRS 29, S. 409-412; DEUBERT, M./ROLAND, S., E-DRS 29, S. 149-155.

10   Vgl. dazu auch die Projektbeschreibung unter www.drsc.de.

11   Vgl. DRSC (Hrsg.), E-DRS 31 (Konzerneigenkapital), Zusammenfassung.

Eigenkapital des Mutterunternehmens

	Gezeichnetes Kapital – Stammaktien	Gezeichnetes Kapital – Vorzugsaktien	Gez. Kapital Summe	Eigene Anteile – Stammaktien	Eigene Anteile – Vorzugsaktien	Eigene Anteile Summe	Nicht eingef. – Stammaktien	Nicht eingef. – Vorzugsaktien	Nicht eingef. Summe	Summe	KapRücklage §272 Abs. 2 Nr. 1-3 HGB	KapRücklage §272 Abs. 2 Nr. 4 HGB	KapRücklage Summe	Gesetzliche Rücklage	§272 Abs. 4 HGB	satzungsmäßige Rücklagen	andere Gewinnrücklagen	Gewinnrücklagen Summe	Summe
Stand am 31.12.X1																			
Kapitalerhöhung/herabsetzung z. B. :																			
Ausgabe von Anteilen	+	+									+	+							
Erwerb/Veräußerung eigener Anteile	.	.		-/+	-/+						-/+	-/+		-/+	.	-/+	-/+		
Einziehung von Anteilen	-	.		+	+						+			.					
Kapitalerhöhung aus Gesellschaftsmitteln	+	+																	
Einforderung/ Einzahlung bisher nicht eingeforderter Einlagen	+	+					+	+											
Einstellung in/ Entnahme aus Rücklagen											+/-	+/-		+/-	+/-	+/-	+/-		
Ausschüttung											.	.		.	.	.	.		
Währungsumrechnung																			
Sonstige Veränderungen												.			.	+/-	+/-		
Änderungen des Konsolidierungskreises	+/-	+/-		+/-	+/-		+/-	+/-			+/-	+/-		+/-	+/-	+/-	+/-		
Konzernjahresüberschuss/fehlbetrag														+/-	+/-	+/-	+/-		
Stand am 31.12.X2																			

Übersicht XII-2: Schema des Konzerneigenkapitalspiegels für Mutterunternehmen in der Rechtsform einer Kapitalgesellschaft

	Eigenkapital des Mutterunternehmens				Nicht beherrschende Anteile				Konzerneigenkapital
	Eigenkapitaldifferenz aus Währungsumrechnung	Gewinnvortrag/ Verlustvortrag	Konzernjahresüberschuss/-fehlbetrag, der dem Mutterunternehmen zuzurechnen ist	Summe	Nicht beherschende Anteile vor Eigenkapitaldifferenz aus Währungsumrechnung und Jahresergebnis	Auf nicht beherrschende Anteile entfallende Eigenkapitaldifferenz aus Währungsumrechnung	Auf nicht beherrschende Anteile entfallende Gewinne/ Verluste	Summe	Summe
Stand am 31.12.X1									
Kapitalerhöhung/-herabsetzung z. B.:									
Ausgabe von Anteilen					+				
Erwerb/Veräußerung eigener Anteile					-/+				
Einziehung von Anteilen									
Kapitalerhöhung aus Gesellschaftsmitteln					+				
Einforderung/Einzahlung bisher nicht eingeforderter Einlagen									
Einstellung in/Entnahme aus Rücklagen		+/-							
Ausschüttung									
Währungsumrechnung	+/-					+/-			
Sonstige Veränderungen	+/-	+/-	+/-		+/-	+/-			
Änderungen des Konsolidierungskreises		+/-	+/-		+/-	+/-	+/-		
Konzernjahresüberschuss/-fehlbetrag		+/-	+/-				+/-		
Stand am 31.12.X2									

Fortsetzung Übersicht XII-2

4 Die Darstellung der Ergebnisverwendung im Konzernabschluss

41 Die Bedeutung der Darstellung der Ergebnisverwendung im Konzernabschluss

Mit Hilfe der sog. Ergebnisverwendungsrechnung wird gezeigt, wie das Ergebnis der wirtschaftlichen Betätigung des Unternehmens bzw. des Konzerns (Jahresüberschuss bzw. Jahresfehlbetrag) unter Berücksichtigung von Gewinn- oder Verlustvorträgen des Vorjahres und Änderungen der Rücklagen bis zum Bilanzgewinn (bzw. Bilanzverlust) fortgeführt wird.[12] Der Bilanzgewinn verbleibt bei Kapitalgesellschaften im Einzelabschluss zur Ausschüttung an die Gesellschafter. Während Konzerne gemäß §§ 332, 333 AktG a. F. verpflichtet waren, die **Ergebnisverwendung im Konzernabschluss** auszuweisen, existiert seit der Umsetzung der 7. EG-Richtlinie in deutsches Recht **keine derartige explizite Vorschrift** mehr. Allerdings besteht gemäß 298 Abs. 1 i.V. m. § 268 Abs. 1 das Wahlrecht, die (Konzern-)Bilanz auch unter Berücksichtigung der (vollständigen oder teilweisen) Ergebnisverwendung aufzustellen. Zudem sind nach § 298 Abs. 1 jene Vorschriften auf den Konzernabschluss anzuwenden, die sich aufgrund der Rechtsform der einbezogenen Unternehmen ergeben. Zu diesen rechtsformspezifischen Vorschriften zählt u.a. auch § 158 Abs. 1 Satz 1 AktG, wonach die GuV von Aktiengesellschaften (AG) und Kommanditgesellschaften auf Aktien (KGaA) um eine Ergebnisverwendungsrechnung ergänzt werden muss.[13] Da der Konzernabschluss indes rechtlich nicht der Ausschüttungsbemessung dient,[14] sind nach überwiegender Auffassung des Schrifttums die Vorschriften zur Darstellung der Ergebnisverwendung im Einzelabschluss nicht auf den Konzernabschluss übertragbar.[15] Insofern bedingt die „Eigenart des Konzernabschlusses" (§ 298 Abs. 1), von den Vorschriften für den Einzelabschluss abzuweichen.[16]

Nach unserer Auffassung verlangen aber die **Zwecke des Konzernabschlusses** – Rechenschaft, Kapitalerhaltung aufgrund von Informationen und Kompensation der Mängel des Einzelabschlusses – den Ausweis einer **Ergebnisverwendungsrechnung im Konzernabschluss**, auch wenn der Konzernabschluss selbst nicht Ausschüttungsbemessungsgrundlage ist.[17] Zum einen ist die Ergebnisverwendungsrechnung ein **wesentliches Element des Nachweises der Eigenkapitalentwicklung** im Konzern. Zum anderen ist auch im Konzernabschluss zu zeigen, welcher Betrag aus Konzernsicht

---

12 Vgl. Abschn. 42.

13 Die Angaben dürfen gemäß Abs. 1 Satz 2 aber auch im Anhang gemacht werden.

14 So auch E-DRS 31.B47.

15 Vgl. dazu etwa ADS, 6. Aufl., § 298 HGB, Rn. 196; BRUNS, H.-G./KÜHNE, M., in: Beck HdR, C 450, Rn. 5; BUSSE VON COLBE, W., Neue Entwicklungstendenzen, S. 657; IDW (Hrsg.), WP-Handbuch 2012, Bd. I, Rn. 616; SCHRUFF, W., Einflüsse der 7. EG-Richtlinie, S. 332.

16 Zur Darstellung des Konzerneigenkapitals im Konzernabschluss vgl. ausführlich KÜTING, K./GÖTH, P./STRICKMANN, M., Dokumentation des Konzerneigenkapitals, S. 935-940 und 978-981.

von den einzelnen Konzerngesellschaften an die Anteilseigner des Mutterunternehmens und an die außenstehenden Gesellschafter der Tochterunternehmen insgesamt ausgeschüttet werden soll und daher dem Eigenkapital des Konzerns nicht dauerhaft zugerechnet werden kann.[18] Nach der hier vertretenen Auffassung muss der Konzernabschluss daher gemäß § 158 Abs. 1 AktG i. V. m. § 298 Abs. 1 um eine Ergebnisverwendungsrechnung ergänzt werden, wenn mindestens ein einbezogenes Unternehmen die Rechtsform der AG oder KGaA besitzt. Lediglich in dem Fall, dass unter den in den Konzernabschluss einbezogenen Unternehmen keine Unternehmen in der Rechtsform einer AG oder KGaA geführt werden, darf auf den Ausweis der Ergebnisverwendungsrechnung verzichtet werden. Vor dem Hintergrund des Nachweises der Eigenkapitalentwicklung im Konzern ist der Ausweis allerdings zu empfehlen.

42 Die Darstellung der Ergebnisverwendung in der Konzernbilanz und der Konzern-GuV

Die konkrete Darstellung der Ergebnisverwendungsrechnung im Konzernabschluss wird durch § 158 Abs. 1 AktG i. V. m. § 298 Abs. 1 geregelt. Hiernach kann sich die Ergebnisverwendungsrechnung sowohl an die Konzern-GuV anschließen, deren Gliederung und Darstellungsmöglichkeiten in § 275 geregelt werden, als auch gemäß § 158 Abs. 1 Satz 2 AktG in den Konzernanhang aufgenommen werden. Unter Berücksichtigung des Postens „Nicht beherrschende Anteile" nach § 307 Abs. 2 sowie der auf nicht beherrschende Anteile entfallenden Ergebnisse in Form eines „Davon-Vermerks" werden in der Ergebnisverwendungsrechnung daher die folgenden Posten ausgewiesen:

	Konzernjahresüberschuss/-fehlbetrag
−	Auf nicht beherrschende Anteile entfallender Gewinn, davon zur Ausschüttung vorgesehen
+	Auf nicht beherrschende Anteile entfallen der Verlust
+	Gewinnvortrag
−	Verlustvortrag
+	Entnahmen aus der Kapitalrücklage
+	Entnahmen aus Gewinnrücklagen
−	Einstellungen in Gewinnrücklagen
=	Konzernbilanzgewinn/-verlust

Übersicht XII-3: *Ergebnisverwendungsrechnung im Konzern nach § 158 Abs. 1 AktG i. V. m. §§ 298 Abs. 1 und 307 Abs. 2 HGB*

---

17 Vgl. E-DRS 31.B47; GELHAUSEN, W./GELHAUSEN, H. F., Eigenkapital im Konzernabschluß, S. 220. Zur Gewinnverwendungskompetenz im Konzern vgl. PELLENS, B., Aktionärsschutz im Konzern, S. 46-83, sowie PELLENS, B., Aktionärsinteressen bei der Gewinnverwendung im Konzern, S. 174-176.

18 Vgl. GELHAUSEN, W./GELHAUSEN, H. F., Eigenkapital im Konzernabschluß, S. 223. Zum Informationspotential einer Ergebnisverwendungsrechnung im Konzernabschluss vgl. auch ausführlich EBELING, R. M., Die Einheitsfiktion, S. 342-348.

Im Einzelabschluss ergibt sich der Bilanzgewinn als Saldo des Jahresergebnisses, den ggf. bestehenden Gewinn- bzw. Verlustvorträgen und den Einstellungen in bzw. den Entnahmen aus den Rücklagen des Unternehmens. Da der Konzernabschluss selbst jedoch nicht Grundlage der Ergebnisverwendung ist, muss sich die Ergebnisverwendungsrechnung des Konzerns auf die **Ergebnisverwendungen der einbezogenen Unternehmen** stützen. Bei AG und KGaA können daher die Ergebnisverwendungsrechnungen der Einzelabschlüsse zugrunde gelegt werden. Bei Unternehmen anderer Rechtsformen müssen die Eigenkapitalveränderungen im Rahmen der Aufstellung der HB II entsprechend zugeordnet werden.[19] Sofern die Veränderungen der Rücklagen und die Ergebnisvorträge aus den Einzelabschlüssen der konsolidierten Unternehmen unangepasst übernommen werden, weicht der resultierende Konzernbilanzgewinn i. d. R. von der Summe der Bilanzgewinne der konsolidierten Unternehmen ab. Grund dafür sind erfolgswirksame Anpassungen im Rahmen der Konzernabschlusserstellung, die zu Unterschieden des Konzernjahresergebnisses, das der Ausgangspunkt der Gewinnverwendungsrechnung ist, und der Summe der Jahresergebnisse der konsolidierten Unternehmen führen. Ein auf diese Weise ermittelter Konzernbilanzgewinn würde dementsprechend eine rein fiktive und somit schwer interpretierbare Größe darstellen.

Eine in der Praxis regelmäßig vorzufindende Alternative besteht daher darin, den **Konzernbilanzgewinn an den Bilanzgewinn des Mutterunternehmens anzugleichen.** Im Fall eines solchen Vorgehens ist dann erkennbar, welcher Betrag aus Konzernsicht an die Anteilseigner des Mutterunternehmens ausgeschüttet werden soll und daher dem auf die Mehrheitsgesellschafter entfallenden Eigenkapital des Konzerns nicht dauerhaft zugerechnet werden darf.[20]

Hierfür sind **zwei Arten von Anpassungen** erforderlich. Zum einen sind aus der Summe der aus den Einzelabschlüssen übernommenen **Bilanzgewinne der Tochterunternehmen** die (vorgesehenen) Ausschüttungen an einbezogene Unternehmen zu **eliminieren,** da diese aus der Sicht des Konzerns nicht an Außenstehende ausgeschüttet werden. Ihre Verteilung führt vielmehr nur zu einer Liquiditätsverlagerung innerhalb des Konzerns. Konzerninterne Gewinnausschüttungen sind daher in die Rücklagen des Konzerns umzugliedern.[21] Zum anderen sind die im Rahmen der Aufstellung des Konzernabschlusses erforderlichen erfolgswirksamen Anpassungen (bspw. bei der Aufstellung der HB II oder der Schuldenkonsolidierung) zu berücksichtigen. Demnach müssen sämtliche Erfolgskorrekturen durch eine entsprechende **Zuführung in** bzw. **Entnahme aus den Konzernrücklagen** in der Gewinnverwendungsrechnung ausgeglichen werden, da nur so auf den Bilanzgewinn des Mutterunternehmens übergeleitet werden kann.[22]

---

19 Vgl. ADS, 6. Aufl., § 298 HGB, Rn. 197.

20 Vgl. hierzu auch KÜTING, K./GÖTH, P./STRICKMANN, M., Dokumentation des Konzerneigenkapitals, S. 937.

21 Vgl. BUSSE VON COLBE, W. U. A., Konzernabschlüsse, S. 476; a. A. KÜTING, K./WEBER, C.-P., Der Konzernabschluss, S. 623, die dafür plädieren, dass auch die Bilanzgewinne der einbezogenen Tochterunternehmen in den Konzernbilanzgewinn einbezogen werden.

Sofern alle in den Konzernabschluss einbezogenen Unternehmen zu **100 % im Besitz des Mutterunternehmens** sind, stellt der **Bilanzgewinn des Mutterunternehmens** den Betrag dar, der in Form von Ausschüttungen den Konzernverbund verlassen könnte. Sollten an den Ergebnissen der Tochterunternehmen jedoch **nicht** beherrschende Anteile partizipieren, können deren Gewinnanteile abhängig von der jeweiligen Gewinnverwendungsentscheidung auch den Konzernverbund verlassen. Trotzdem sollte der Konzernbilanzgewinn nur den an die Anteilseigner des Mutterunternehmens ausschüttbaren Betrag, also den Bilanzgewinn des Mutterunternehmens, enthalten.[23] Die Einbeziehung der auf die nicht beherrschenden Anteile entfallenen Bilanzgewinne in den Konzernbilanzgewinn würde bei den Anteilseignern des Mutterunternehmens andernfalls u. U. die falsche Vorstellung erwecken, dass auch der den Bilanzgewinn des Mutterunternehmens übersteigende Betrag an sie ausgeschüttet werden könnte.[24]

Für den Fall, dass nicht beherrschende Anteile an den Ergebnissen der Tochterunternehmen partizipieren, sollten die auf diese entfallenden Bilanzgewinne stattdessen in Form eines „Davon-Vermerks" offen von dem Posten „Konzernfremden Gesellschaftern zustehender Gewinn" abgesetzt werden. Letzterer ist nach § 307 Abs. 2 als Posten „Nicht beherrschende Anteile" nach dem Konzernjahresüberschuss/-fehlbetrag auszuweisen.[25] Auf diese Weise ist es allen Adressaten des Konzernabschlusses möglich zu erkennen, welche Konzernmittel insgesamt ausgeschüttet werden sollen.[26]

5 Die Darstellung der Eigenkapitalveränderungen nach IFRS

Gemäß IAS 1 (Darstellung des Abschlusses) muss ein Abschluss nach IFRS neben den Bestandteilen Bilanz, Gesamtergebnisrechnung, Anhang und Kapitalflussrechnung nach IAS 1.10 (c) auch eine **Darstellung der Eigenkapitalveränderungen** (statement of changes in equity) enthalten. Die Eigenkapitalveränderungsrechnung zeigt die **Zu- oder Abnahme des Nettovermögens** während der betrachteten Periode

---

22 Vgl. BUSSE VON COLBE, W. U. A., Konzernabschlüsse, S. 476 f.; vgl. für eine ausführliche Darstellung sowie Kritik zu diesem Konsolidierungsmodell KÜTING, K./WEBER, C.-P., Der Konzernabschluss, S. 625 m. w. N.

23 Vgl. ARBEITSKREIS WELTABSCHLÜSSE DER SCHMALENBACH-GESELLSCHAFT, Aufstellung internationaler Konzernabschlüsse, Rn. 147; GELHAUSEN, W./GELHAUSEN, H. F., Eigenkapital im Konzernabschluß, S. 232 m. w. N.

24 Vgl. ARBEITSKREIS WELTABSCHLÜSSE DER SCHMALENBACH-GESELLSCHAFT, Aufstellung internationaler Konzernabschlüsse, Rn. 147; ORDELHEIDE, D., Kapitalkonsolidierung und Konzernerfolg, S. 301.

25 Bei dem Posten nach § 307 Abs. 2 handelt es sich nach h. M. nicht um den auf die nicht beherrschenden Anteile entfallenden Bilanzgewinn, sondern um den diesen beteiligungsproportional zugeordneten Anteil am Konzernjahresergebnis. Vgl. ADS, 6. Aufl., § 307 HGB, Rn. 70 f.; FÖRSCHLE, G./HOFFMANN, K., in: Beck Bilanzkomm., 9. Aufl., § 307 HGB, Rn. 81; HACHMEISTER, D./BEYER, B., in: Beck HdR, C 401, Rn. 148. Da die auf die nicht beherrschenden Anteile entfallenden Bilanzgewinne bereits im Posten nach § 307 Abs. 2 enthalten sind, ist eine Hinzurechnung zum Konzernbilanzgewinn schon insofern ausgeschlossen.

26 Vgl. ähnlich BUSSE VON COLBE, W. U. A., Konzernabschlüsse, S. 493.

(IAS 1.109). **Ziel** der Rechnung ist es, die Adressaten des Konzernabschlusses über sämtliche eigenkapitalverändernden Vorgänge zu informieren. Mit Ausnahme der Transaktionen mit den Anteilseignern (owner movements in equity) sind sämtliche Veränderungen des Eigenkapitals auf das Gesamtergebnis des Unternehmens (nonowner movements in equity) zurückzuführen (IAS 1.109). Neben den in der GuV (profit or loss) erfassten erfolgswirksamen Geschäftsvorfällen ist auch das auf speziellen Regelungen der IFRS basierende sonstige Ergebnis (other comprehensive income) darzustellen.[27]

Ein **erfolgsneutraler Ausweis** im sonstigen Ergebnis kann sich gemäß IAS 1.7 unter Beachtung von IAS 1.82A aus folgenden Standards ergeben: IAS 12 (Ertragsteuern), IAS 16 (Sachanlagen), IAS 19 (Leistungen an Arbeitnehmer), IAS 21 (Auswirkungen von Wechselkursänderungen), IAS 38 (Immaterielle Vermögenswerte), IAS 39 (Finanzinstrumente: Ansatz und Bewertung) und IFRS 9 (Finanzinstrumente).[28]

Die Eigenkapitalveränderungsrechnung hat gemäß IAS 1.106 die folgenden Informationen, u. a. zu gezeichnetem Kapital, Rücklagen und erfolgsneutralen eigenkapitalverändernden Sachverhalten zu enthalten:

- Die Aufteilung des Gesamtjahresergebnisses auf die Eigentümer des Mutterunternehmens und die nicht beherrschenden Anteile und das vollständige Gesamtergebnis,

- alle Eigenkapitaländerungen, die sich gemäß IAS 8 (Rechnungslegungsmethoden, Änderungen von rechnungslegungsbezogenen Schätzungen und Fehler) aufgrund von rückwirkenden Anwendungen oder Anpassungen ergeben, sowie

- eine Überleitungsrechnung, die die Entwicklung aller Posten des Eigenkapitals in der Berichtsperiode angibt, wobei alle Transaktionen separat für jeden Posten auszuweisen sind.

Gemäß IAS 1.38A müssen die Veränderungen aller Eigenkapitalposten im Eigenkapitalspiegel für zwei Geschäftsperioden gezeigt werden. Spezielle Formvorschriften für die **Darstellung** der Eigenkapitalveränderungen sind (wie auch für Bilanz und Gesamtergebnisrechnung) nicht vorgesehen, allerdings enthalten die Anwendungsleitlinien (implementation guidance) als Teil der ergänzenden Dokumente zu IAS 1 einige Beispiele für eine mögliche Darstellung der Eigenkapitalveränderungen. Für ein Beispiel einer möglichen Eigenkapitalveränderungsrechnung vgl. Übersicht XII-4.

---

27 Vgl. BRUNE, J., in: Beck IFRS HB, 4. Aufl., § 17, Rn. 15-20; BAETGE, J., Der Eigenkapitalspiegel, S. 352; KPMG DEUTSCHE TREUHANDGESELLSCHAFT (Hrsg.), Einführung in die Rechnungslegung nach den Grundsätzen des IASB, S. 141; ACHLEITNER, A.-K./ KLEEKÄMPER, H., Presentation of Financial Statements, S. 119 f.

28 Vgl. HOLZER, P./ERNST, C., Erfassung und Ausweis des Jahresergebnisses und des Eigenkapitals, S. 368; DOBLER, M./DOBLER, S., Other Comprehensive Income, S. 36.

	Eigenkapitalanteil der Gesellschafter des Mutterunternehmens								Nicht beherrschende Anteile	Summe Eigenkapital
	Gezeichnetes Kapital	Andere Rücklagen	Gewinnrücklagen	Umrechnungsdifferenz	Rücklage für zur Veräußerung gehaltene Finanzinstrumente	Rücklage für Cashflow Hedges	Neubewertungsrücklage	Gesamt		
Saldo zum 01.01.X1										
Änderungen der Bilanzierungs- und Bewertungsmethoden										
Angepasster Saldo										
Eigenkapitalveränderungen in X1										
Dividendenzahlungen										
Gesamtergebnis der Periode										
Saldo zum 31.12.X1										
Eigenkapitalveränderungen in X2										
Kapitalerhöhung										
Dividendenzahlungen										
Gesamtergebnis der Periode										
Einstellungen zu den Gewinnrücklagen										
Saldo zum 31.12.X2										

Übersicht XII-4:   *Statement of changes in equity gemäß IAS 1*

Kapitel XIII:
Der Konzernlagebericht

1   Der Zweck des Konzernlageberichts

Mutterunternehmen von Konzernen und Teilkonzernen haben nach § 290 Abs. 1 neben dem Konzernabschluss auch einen Konzernlagebericht in den ersten fünf Monaten des Konzerngeschäftsjahres (bzw. vier Monaten für Kapitalgesellschaften i. S. d. § 325 Abs. 4 Satz 1) für das vergangene Konzerngeschäftsjahr aufzustellen. Die Regelungen zum Konzernlagebericht sind in § 315 kodifiziert und wurden, mit einer kleinen Ausnahme,[1] analog zu den Regelungen für den Lagebericht zum Einzelabschluss nach § 289 gestaltet. Die Auslegung der Rechnungslegungsvorschrift zum Konzernlagebericht kann sich daher grundsätzlich an der Auslegung der Rechnungslegung zum Lagebericht (nach § 289) orientieren.

Neben den gesetzlichen Regelungen des HGB sind für den Konzernlagebericht die deutschen Rechnungslegungsstandards (DRS) des Deutschen Rechnungslegungs Standards Committee (DRSC) relevant. Diese wurden aufgrund der steigenden Informationsbedürfnisse und der gesammelten praktischen Erfahrungen der Lageberichtsadressaten sowie aufgrund der internationalen Entwicklungen grundlegend überarbeitet.[2] Ergebnis dieser Überarbeitung ist **DRS 20** (Konzernlagebericht), der am 14.09.2012 vom DRSC verabschiedet und am 4.12.2012 im Bundesanzeiger bekannt gemacht wurde. In diesem neuen Standard werden die bisherigen Anforderungen an die Konzernlageberichterstattung, im Detail die Regelungen des DRS 15 (Lageberichterstattung) und des DRS 5 (Risikoberichterstattung) sowie die branchenspezifischen Regelungen des DRS 5-10 und des DRS 5-20 (Risikoberichterstattung von Kredit- und Finanzdienstleistungsinstituten bzw. Versicherungsunternehmen), zusammengeführt.[3]

---

1   Die Analyse von Geschäftsverlauf und Lage muss im Konzernlagebericht stets auch nichtfinanzielle Leistungsindikatoren umfassen, während dies im Lagebericht zum Einzelabschluss gemäß § 289 Abs. 3 nur bei großen Kapitalgesellschaften erforderlich ist.

2   Mit der Überarbeitung war nach der Umstrukturierung des DRSC der HGB-Fachausschuss betraut, vgl. Kap. I Abschn. 73.

3   Vgl. BÖCKING, H.-J. U. A., Der neue Konzernlagebericht nach DRS 20, S. 31.

Der Geltungsbereich von DRS 20 beschränkt sich auf die Konzernlageberichterstattung nach § 315. Eine Anwendung auf den Lagebericht nach § 289 wird gleichwohl empfohlen (DRS 20.2). Der im Jahr 2007 vom DRSC veröffentlichte DRS 17 (Berichterstattung über die Vergütung der Organmitglieder), der die Regelungen des § 315 Abs. 2 Nr. 4 näher konkretisiert, wird (zunächst) unverändert beibehalten.

Nach § 315 Abs. 1 hat der Konzernlagebericht ein den tatsächlichen Verhältnissen entsprechendes Bild des Geschäftsverlaufs (einschließlich des Geschäftsergebnisses) und der Lage des Konzerns zu vermitteln. Diese gesetzliche Vorschrift entspricht im Kern der Generalnorm für den Konzernabschluss nach § 297 Abs. 2 Satz 2. Danach hat der Konzernabschluss unter Beachtung der Grundsätze ordnungsmäßiger Buchführung ein den tatsächlichen Verhältnissen entsprechendes Bild der Vermögens-, Finanz- und Ertragslage des Konzerns zu vermitteln. Aus den bis auf den Bezug auf die GoB identischen Kernaussagen des § 315 Abs. 1 und des § 297 Abs. 2 Satz 2 folgt, dass auch der Konzernlagebericht dem Rechenschaftszweck sowie dem Zweck der Kapitalerhaltung aufgrund von Informationen dient.[4] Da der Konzernlagebericht aber nicht nur über Vergangenes Rechenschaft ablegen, sondern darüber hinaus auch Prognoseinformationen enthalten soll, lässt sich der Zweck des Konzernlageberichts treffender als **Informationsvermittlung** bezeichnen.[5]

Aus dem Zweck, Informationen zu vermitteln, resultiert für den Konzernlagebericht die Aufgabe, den Konzernabschluss zu verdichten sowie sachlich und zeitlich zu ergänzen.[6] Der Konzernlagebericht stützt auf diese Weise die Zwecke des Konzernabschlusses.[7]

Der Konzernlagebericht hat erstens die drei in § 297 Abs. 2 Satz 2 genannten „Teillagen" des Konzerns zu einer (Gesamt-)Lage des Konzerns **zu verdichten**.[8] Die wirtschaftliche (Gesamt-)Lage lässt sich vor allem bei international tätigen Konzernen mit diversifizierter Produktions- und Vertriebsstruktur nur anhand des Lageberichts des Konzerns beurteilen.[9] So wird bei Holding- und Beteiligungsgesellschaften oder bei Unternehmen, die ihre eigenen operativen Funktionen in verschiedene, rechtlich selbständige Tochterunternehmen ausgegliedert haben, besonders deutlich, dass die allein von der Muttergesellschaft gegebene Darstellung im Lagebericht nicht diejenige ersetzt, die die wirtschaftliche Einheit des Konzerns in den Mittelpunkt stellt.[10]

---

4   Analog argumentieren BAETGE/FISCHER/PASKERT beim Lagebericht nach § 289; vgl. BAETGE, J./FISCHER, T. R./PASKERT, D., Der Lagebericht, S. 7 f.; zum Rechenschaftszweck und zum Zweck der Kapitalerhaltung aufgrund von Informationen vgl. Kap. II Abschn. 122. und Kap. II Abschn. 123.

5   Vgl. KIRSCH, H.-J./KÖHRMANN, H., in: Beck HdR, B 500, Rn. 2.

6   Vgl. KIRSCH, H.-J./KÖHRMANN, H., in: Beck HdR, B 500, Rn. 4 f.; FÜLBIER, R. U./PELLENS, B., in: Münchener Komm. Bilanzrecht 2013, § 315 HGB, Rn. 2 f.; KÜTING, K./WEBER, C.-P., Der Konzernabschluss, S. 690; LÜCK, W., in: Küting/Weber, HdK, 2. Aufl., § 315 HGB, Rn. 14; KRUMBHOLZ, M., Die Qualität publizierter Lageberichte, S. 18 f.

7   Zu den Zwecken des handelsrechtlichen Konzernabschlusses vgl. Kap. II Abschn. 1.

8   Vgl. KIRSCH, H.-J./KÖHRMANN, H., in: Beck HdR, B 500, Rn. 4; BAETGE, J./FISCHER, T. R./ PASKERT, D., Der Lagebericht, S. 9.

9   Vgl. ADS, 6. Aufl., § 315 HGB, Rn. 12.

Der Konzernlagebericht hat zweitens den Konzernabschluss **sachlich zu ergänzen**, da der Konzernabschluss oft unvollständig ist. Faktoren, die den Erfolg des Konzerns bestimmen, können oder dürfen u. U. nicht im Konzernabschluss berücksichtigt werden. So können oder dürfen schwebende Geschäfte, Komponenten des Firmenwertes wie Qualität der Konzernführung, Organisation und Marktstellung nicht im Konzernabschluss ausgewiesen werden, weil diese Erfolgsfaktoren nicht bilanzierungsfähig sind bzw. ihre Bilanzierung verboten ist. Über diese Erfolgsfaktoren darf und soll der Konzernlagebericht ergänzend informieren.

Der Konzernlagebericht hat drittens den Konzernabschluss **zeitlich zu ergänzen**, da der Konzernabschluss als vergangenheitsorientiertes Rechnungslegungsinstrument die Vermögens-, Finanz- und Ertragslage des Konzerns nicht vollständig darstellen kann.[11] Die wirtschaftliche (Gesamt-)Lage des Konzerns wird nämlich im Wesentlichen von der künftigen Geschäftsentwicklung geprägt. LEFFSON bezeichnet die wirtschaftliche Lage als die Fähigkeit des Unternehmens, in der Zukunft seine Aufgaben erfüllen zu können.[12] Entsprechend soll der Konzernlagebericht zukunftsorientierte Angaben und Erläuterungen enthalten. Nach § 315 Abs. 1 Satz 5 „ist im Konzernlagebericht die voraussichtliche Entwicklung mit ihren wesentlichen Chancen und Risiken zu beurteilen und zu erläutern".

Der Konzernlagebericht bietet der Konzernleitung damit die Möglichkeit, ihre Einschätzungen und Prognosen offenzulegen und somit Informationen, die die Adressaten für ihre Dispositionen in Bezug auf den berichterstattenden Konzern benötigen, zu ergänzen bzw. zu berücksichtigen. In der Regel ist die künftige wirtschaftliche (Gesamt-)Lage, wie sie der Konzernlagebericht vermittelt, für die Adressaten interessanter als die vergangene oder gegenwärtige Lage, die der Konzernabschluss vermittelt.

2 Der Inhalt des Konzernlageberichts

21 Grundsätze ordnungsmäßiger Konzernlageberichterstattung

Da sich der Inhalt des Konzernlageberichts allein aus der Vorschrift des § 315 nicht so weit formalisieren und konkretisieren lässt wie der Konzernabschluss aus den entsprechenden gesetzlichen Vorschriften, öffnet sich dem aufstellungspflichtigen Konzern (zunächst) ein relativ weiter Spielraum, den Konzernlagebericht hinsichtlich Informationsinhalt und Informationsumfang zu gestalten.[13] Der Konzernlagebericht kann die Aufgabe, ein den tatsächlichen Verhältnissen entsprechendes Bild des Konzerns zu vermitteln, indes nur dann erfüllen, wenn er entsprechend den **Grundsätzen gewissenhafter und getreuer Rechenschaft**[14] objektiv und ausgewogen über das

---

10 Vgl. ADS, 6. Aufl., § 315 HGB, Rn. 12; GROTTEL, B., in: Beck Bilanzkomm., 9. Aufl., § 315 HGB, Rn. 9.

11 Vgl. KIRSCH, H.-J./KÖHRMANN, H., in: Beck HdR, B 500, Rn. 6.

12 Vgl. LEFFSON, U., Der Ausbau der unternehmerischen Rechenschaft, S. 1 f.

wirtschaftliche Geschehen im Konzern informiert. Grundlegend dafür sind die Grundsätze der Richtigkeit, der Vollständigkeit und der Klarheit. BAETGE/FISCHER/ PASKERT haben diese Grundsätze ergänzt und daraus ein System spezieller Grundsätze für den Lagebericht nach § 289, die **Grundsätze ordnungsmäßiger Lageberichterstattung**, entwickelt.[15] Diese Grundsätze gelten grundsätzlich analog für die Konzernlageberichterstattung nach § 315. Im Einzelnen bilden folgende Grundsätze das System der **Grundsätze ordnungsmäßiger (Konzern-)Lageberichterstattung**:[16]

- Grundsatz der **Richtigkeit**,
- Grundsatz der **Vollständigkeit**,
- Grundsatz der **Klarheit**,
- Grundsatz der **Vergleichbarkeit**,
- Grundsatz der **Wirtschaftlichkeit und der Wesentlichkeit**,
- Grundsatz der **Informationsabstufung nach Art und Größe des Konzerns**,
- Grundsatz der **Ausgewogenheit**.

Die genannten Grundsätze sind bei den im Folgenden zu erläuternden Elementen des Lageberichts zu beachten.[17]

Von DRS 20 werden einige dieser Grundsätze ordnungsmäßiger Konzernlageberichterstattung übernommen. Folgende sechs Grundsätze werden dort genannt:

- Grundsatz der **Vollständigkeit**,
- Grundsatz der **Verlässlichkeit und Ausgewogenheit**,
- Grundsatz der **Klarheit und Übersichtlichkeit**,
- Grundsatz der **Vermittlung der Sicht der Konzernleitung**,
- Grundsatz der **Wesentlichkeit** und
- Grundsatz der **Informationsabstufung**.

Der Grundsatz der Wesentlichkeit fordert dabei, dass sich der Konzernlagebericht auf die wesentlichen, zum Verständnis des Geschäftsverlaufs, der Lage und der voraussichtlichen Entwicklung notwendigen Informationen konzentriert. Unwesentliche Aspekte brauchen nicht erläutert zu werden. Im Unterschied dazu rechtfertigt der

---

13   Der Spielraum wird allerdings durch DRS 20 eingeschränkt, der die Anforderungen an die handelsrechtliche Konzernlageberichterstattung einschließlich formaler Vorgaben konkretisiert. Vgl. KIRSCH, H.-J./SCHEELE, A., E-DRS 20, S. 2733; BUCHHEIM, R./KNORR, L., Der Lagebericht nach DRS 15, S. 416; FREIDANK, C.-C./SEPETAUZ, K., (Konzern-)Lageberichterstattung nach DRS 20, S. 56.

14   Vgl. grundlegend SPRENGER, R., Grundsätze gewissenhafter und getreuer Rechenschaft.

15   Vgl. BAETGE, J./FISCHER, T. R./PASKERT, D., Der Lagebericht, S. 16-27; vgl. auch KAJÜTER, P., in: Küting/Pfitzer/Weber, HdR-E, 5. Aufl., § 289 HGB, Rn. 42-56; GROTTEL, B., in: Beck Bilanzkomm., 9. Aufl., § 289 HGB, Rn. 8-13.

16   Vgl. BAETGE, J./FISCHER, T. R./PASKERT, D., Der Lagebericht, S. 16-27; BAETGE, J./ SOLMECKE, H., Value Reporting, S. 17-22.

17   Vgl. zu den Grundsätzen auch ausführlich KIRSCH, H.-J./KÖHRMANN, H., in: Beck HdR, B 500, Rn. 29-40 sowie BAETGE, J./KIRSCH, H.-J./THIELE, S., Bilanzen, Kap. XV Abschn. 2.

Grundsatz der Informationsabstufung explizit nicht, dass zu einzelnen Berichtspunkten keinerlei Informationen gegeben werden. Vielmehr sollen die Ausführlichkeit und der Detaillierungsgrad der Berichterstattung von den spezifischen Gegebenheiten des Konzerns, wie bspw. der Art der Geschäftätigkeit, der Größe und der Inanspruchnahme des Kapitalmarktes, abhängen (DRS 20.32-35).

22 Angaben nach § 315 Abs. 1 HGB

221. Darstellung von Geschäftsverlauf und Lage des Konzerns

Im Konzernlagebericht sind nach § 315 Abs. 1 Satz 1 der Geschäftsverlauf und die Lage des Konzerns so darzustellen, dass ein den tatsächlichen Verhältnissen entsprechendes Bild vermittelt wird. Das Geschäftsergebnis wird dabei als Element des Geschäftsverlaufs bezeichnet.[18] Informationen über den **Geschäftsverlauf** des Konzerns sollen die Entwicklung des Konzerns während des vergangenen Konzerngeschäftsjahres sowie die Faktoren, die zu dieser Entwicklung geführt haben, verdeutlichen. Durch die Darstellung der Lage am Ende des Konzerngeschäftsjahres sollen die bestehenden Potentiale des Konzerns abgebildet werden.[19] Die wirtschaftliche Lage eines Konzerns bestimmen vor allem das Beschaffungs-, Produktions- und Absatzpotential sowie die gegebenen betrieblichen Möglichkeiten, dieses Potential zu nutzen.[20]

Da der Geschäftsverlauf und die Lage des Konzerns eng miteinander verknüpft sind, erscheint es zweckgerecht, den **Geschäftsverlauf und die Lage des Konzerns zusammenzufassen**.

Damit der Konzernlagebericht ein den tatsächlichen Verhältnissen entsprechendes Bild der wirtschaftlichen (Gesamt-)Lage des Konzerns vermitteln kann, sollte der sog. Wirtschaftsbericht im Einzelnen Informationen über folgende Bereiche umfassen:[21]

---

18 Vgl. KIRSCH, H.-J./KÖHRMANN, H., in: Beck HdR, B 500, Rn. 14; BT-Drucksache 15/3419, S. 30.

19 Vgl. BAETGE, J./KIRSCH, H.-J./THIELE, S., Bilanzen, Kap. XV Abschn. 321.

20 Vgl. LEFFSON, U., Bilanzanalyse, S. 36 f.

21 Vgl. BAETGE, J./FISCHER, T. R./PASKERT, D., Der Lagebericht, S. 32 und ausführlich KIRSCH, H.-J./KÖHRMANN, H., in: Beck HdR, B 510, Rn. 8-77. Eine empirische Untersuchung von 120 Lageberichten großer deutscher Konzerne hat gezeigt, dass die tatsächliche Berichterstattung über diese Informationen noch stark verbessert werden kann, vgl. dazu KRUMBHOLZ, M., Die Qualität publizierter Lageberichte, S. 226-229. Vgl. auch BARTH, D./THORMANN, B., Enforcement der Lageberichterstattung, S. 997 und 1001, sowie die empirische Studie über die Qualität der Berichterstattung in deutschen und US-amerikanischen Geschäftsberichten von BROTTE, J., US-amerikanische und deutsche Geschäftsberichte, S. 193-364. Zu empirischen Untersuchungen der Lageberichte der 500 größten deutschen börsennotierten Kapitalgesellschaften vgl. BAETGE, J./ARMELOH, K.-H./SCHULZE, D., Anforderungen an die Geschäftsberichterstattung, S. 176-180 und BAETGE, J./ARMELOH, K.-H./SCHULZE, D., Qualität der Geschäftsberichterstattung, S. 212-219, sowie BAETGE, J./SCHULZE, D., Befund über die Qualität der Geschäftsberichterstattung, S. 303-337. Vgl. ebenso KÜTING, K./HEIDEN, M., Informationsqualität der Lageberichterstattung, S. 935-937.

- ■ **Rahmenbedingungen:**
  - – Gesamtwirtschaftliche Situation,
  - – Branchensituation.

- ■ **Betriebliche Situation des Konzerns:**
  - – Investitionen,
  - – Finanzierung,
  - – Beschaffung,
  - – Produktion, Produkte,
  - – Umsatz, Absatz, Auftragslage,
  - – Organisation, Verwaltung,
  - – Rechtliche Unternehmensstruktur,
  - – Personal-, Sozialbereich,
  - – Umweltschutz,
  - – Ergebnisbereich.

Im Wirtschaftsbericht sind nicht nur die in den Konzernabschluss einbezogenen, sondern auch die nicht einbezogenen Tochterunternehmen zu berücksichtigen.[22] Dies sind jene Konzernunternehmen, die nach § 296 aufgrund der dort eingeräumten Wahlrechte nicht in den Konzernabschluss einbezogen werden. In diesem Fall ist zu prüfen, ob der Konzernlagebericht ohne Berücksichtigung des betreffenden Konzernunternehmens ein den tatsächlichen Verhältnissen entsprechendes Bild des Konzerns vermittelt.[23] Analog sind anteilig einbezogene und assoziierte Unternehmen in den Konzernlagebericht einzubeziehen, wenn diese Unternehmen die wirtschaftliche Lage des Konzerns wesentlich prägen.

Der Konzernlagebericht ist **keine Zusammenfassung einzelner Lageberichte**; Geschäftsverlauf und Lage einzelner Tochtergesellschaften sind grundsätzlich nicht im Konzernlagebericht zu erläutern.[24] Vielmehr ist der **Gesamtkonzern** Gegenstand der Konzernlageberichterstattung.[25]

Über den **Geschäftsverlauf und die Lage einzelner Tochtergesellschaften** ist lediglich zu berichten, wenn Ereignisse eintreten, die für die wirtschaftliche (Gesamt-)Lage des Konzerns bedeutend sind. In diesem Fall ist über diese Ereignisse sowie deren Konsequenzen für die (Gesamt-)Lage des Konzerns zu berichten. Obgleich nicht explizit im HGB erwähnt, gehört dazu z. B. auch die Berichterstattung über größere,

22 Vgl. ARBEITSKREIS „EXTERNE UNTERNEHMENSRECHNUNG" DER SCHMALENBACH-GESELLSCHAFT, Aufstellung von Konzernabschlüssen, S. 173; FÜLBIER, R. U./PELLENS, B., in: Münchener Komm. Bilanzrecht, § 315 HGB, Rn.18.

23 Vgl. LÜCK, W., in: Küting/Weber, HdK, 2. Aufl., § 315 HGB, Rn. 10.

24 Vgl. IDW (Hrsg.), WP-Handbuch 2012, Bd. I, Rn. M 876; LÜCK, W., in: Küting/Weber, HdK, 2. Aufl., § 315 HGB, Rn. 33.

25 Vgl. BIENER, H./BERNEKE, W., Bilanzrichtlinien-Gesetz, S. 394; GROTTEL, B., in: Beck Bilanzkomm., 9. Aufl., § 315 HGB, Rn. 9.

bereits entstandene Verluste von Konzernunternehmen, die nicht in den Konzernabschluss einbezogen sind. Dagegen sind Randgebiete der Konzerntätigkeit nicht zu erläutern, da diese Erläuterungen u. U. einen falschen Eindruck von der Konzernlage vermitteln könnten. Stattdessen dürfte eine branchenweise Zusammenfassung von Konzernunternehmen zu Berichtseinheiten angemessen sein.[26] Eine Berichterstattung im Konzernlagebericht nach Segmenten kann bei sehr differenzierten Geschäftsfeldern des Konzerns sogar geboten sein, um ein den tatsächlichen Verhältnissen entsprechendes Bild des Konzerns zu vermitteln.[27] DRS 20 verlangt entsprechend segmentbezogene Angaben zur Ertragslage sowie zu Investitionen, sofern der Konzernabschluss eine Segmentberichterstattung enthält (DRS 20.77 und 91).

222. Analyse von Geschäftsverlauf und Lage des Konzerns

Im Konzernlagebericht sind **Lage und Geschäftsverlauf** des Konzerns nicht nur darzustellen, sondern nach § 315 Abs. 1 auch zu **analysieren**. Der Begriff der Analyse wird in DRS 20.11 als „Aufzeigen von Ursachen und Wirkungszusammenhängen" definiert. Gemäß § 315 Abs. 1 Satz 2 muss diese Analyse

- ausgewogen,
- umfassend,
- dem Umfang der Geschäftstätigkeit entsprechend sowie
- der Komplexität der Geschäftstätigkeit entsprechend sein.[28]

In § 315 Abs. 1 Satz 3 werden die Anforderungen an die Analyse dahingehend konkretisiert, dass in die Analyse „die für die Geschäftstätigkeit bedeutsamsten finanziellen Leistungsindikatoren einzubeziehen und … zu erläutern" sind. Nach Satz 4 gilt dies ebenso für nichtfinanzielle Leistungsindikatoren, „soweit sie für das Verständnis des Geschäftsverlaufs oder der Lage von Bedeutung sind". In diesem Zusammenhang werden explizit **Umwelt- und Arbeitnehmerbelange** genannt. Welche Kennzahlen genau offenzulegen sind, wird nicht festgelegt. Entsprechend dem Grundsatz der Vermittlung der Sicht der Konzernleitung sind indes diejenigen finanziellen und nichtfinanziellen Leistungsindikatoren einzubeziehen, die auch für die interne Steuerung des Konzerns herangezogen werden (DRS 20.102 und 106).[29] Neben den Finanzdaten eines Konzerns spielen die nichtfinanziellen Aspekte der Geschäftstätigkeit zunehmend eine bedeutende Rolle in der Unternehmenskommunikation, um Gefahren für die Nachhaltigkeit zu zeigen und das Vertrauen von Investoren und Verbrauchern zu stärken.[30] Mit der Richtlinie 2014/95/EU, die bis zum 06. Dezember 2016 in nationales Recht umgesetzt werden muss, ist für Konzerne von öffentlichem Interesse

---

26 Vgl. HACHMEISTER, D./GLASER, A., in: Beck HdR, C 610, Rn. 3.

27 Vgl. HACHMEISTER, D./GLASER, A., in: Beck HdR, C 610, Rn. 3.

28 Vgl. GREINERT, M., Anforderungen an den Konzernlagebericht, S. 53; KIRSCH, H.-J./ KÖHRMANN, H., in: Beck HdR, B 510, Rn. 81 f.

29 Vgl. SENGER, T./BRUNE, J., DRS 20, S. 1287.

30 Vgl. Richtlinie 2014/95/EU, Erwägungsgrund 3.

mit mehr als 500 Mitarbeitern eine sog. nichtfinanzielle Erklärung in den Konzernlagebericht aufzunehmen. Diese umfasst Angaben zu Umwelt-, Sozial- und Arbeitnehmerbelangen, zur Achtung der Menschenrechte und zur Bekämpfung von Korruption und Bestechung sowie zu den wichtigsten nichtfinanziellen Leistungsindikatoren.

Der (Konzern-)Lagebericht dient der Unternehmensleitung also dazu, die wirtschaftliche Lage und den Geschäftsverlauf des Konzerns nicht nur darzustellen, sondern auch aus ihrer Perspektive zu analysieren und zu würdigen. Der Lagebericht ist somit ein wichtiges Publizitätsinstrument für eine kapitalmarktorientierte Unternehmensberichterstattung.[31] So betonen HALLER/DIETRICH die Notwendigkeit, „dass der Lagebericht die wirtschaftliche Situation des Unternehmens nicht nur befreit vom engen Korsett der Rechnungslegungsregeln darstellt, sondern dass diese Situation auch aus Sicht des Managements erläutert wird".[32]

Im Rahmen der Analyse ist darüber hinaus die Entwicklung der Geschäftstätigkeit im abgelaufenen Geschäftsjahr in Beziehung zur vorherigen Entwicklung und Berichterstattung zu stellen. Hierbei ist die tatsächliche Geschäftsentwicklung mit den in der Vorperiode berichteten Prognosen zu vergleichen (DRS 20.57).

223. Bericht über die voraussichtliche Entwicklung des Konzerns einschließlich der wesentlichen Chancen und Risiken

Gemäß § 315 Abs. 1 Satz 5 „ist im Konzernlagebericht die voraussichtliche Entwicklung mit ihren wesentlichen Chancen und Risiken zu beurteilen und zu erläutern". Somit stehen **Risiko- und Chancenbericht** mit dem **Prognosebericht**[33] in einem engen Zusammenhang.[34] Ob diese Berichtsbestandteile indes zusammen oder getrennt voneinander behandelt werden, ist davon abhängig, welche Darstellungsform aus Sicht der Konzernleitung die voraussichtliche Entwicklung sowie die wesentlichen Chancen und Risiken dem Adressaten klarer vermittelt (DRS 20.117).[35]

Gemäß § 315 Abs. 1 ist die **voraussichtliche Entwicklung** (mit ihren wesentlichen Chancen bzw. Risiken) zu beurteilen und zu erläutern. Die Adressaten des Konzernlageberichts sollen also bei ihren Dispositionen in Bezug auf den berichterstattenden Konzern nicht allein auf vergangenheitsbezogene Angaben angewiesen sein, sondern auch Prognosen berücksichtigen können. Im **Prognosebericht** ist grundsätzlich über

---

31 Vgl. KAJÜTER, P., Lagebericht, S. 197, KIRSCH, H.-J./SCHEELE, A., E-DRS 20, S. 2736 sowie WILLEKE, C., E-DRS 20, S. 359.

32 HALLER, A./DIETRICH, R., Intellectual Capital, S. 1047.

33 Verschiedene empirische Untersuchungen belegen eine sehr unterschiedliche Qualität der Prognoseberichterstattung deutscher Unternehmen mit erheblichem Verbesserungspotential. Vgl. z. B. BAETGE, J./HIPPEL, B./SOMMERHOFF, D., Prognoseberichterstattung, S. 368-371; BARTH, D./BEYHS, O., Prognoseberichterstattung in der Praxis, S. 573-578.

34 Vgl. KAJÜTER, P., Berichterstattung über Chancen und Risiken im Lagebericht, S. 430.

35 Zu empirischen Befunden zur Berichtspraxis der Chancen- und Risikoberichterstattung vgl. KAJÜTER, P./NIENHAUS, M./MOHRSCHLADT, H., Chancen- und Risikoberichterstattung, S. 514-525.

die gleichen Sachverhalte zu berichten wie im Wirtschaftsbericht.[36] Allerdings dürften im Einzelfall die Grundsätze der Wesentlichkeit und der Informationsabstufung beim Prognosebericht stärker als beim Wirtschaftsbericht greifen, da es i. d. R. aufwendiger sein dürfte, Prognosen zu generieren als vergangenheitsorientierte Daten zu erheben.[37]

Die **Zuverlässigkeit von Prognosen** hängt von ihrer Genauigkeit und ihrer Sicherheit ab.[38] In der Regel treffen Prognosen umso sicherer zu, je allgemeiner oder je weniger genau sie formuliert sind.[39] Rein verbale, **qualitative Prognosen** sind daher zwar relativ sicher, indes sind sie wenig genau und wenig aussagekräftig.[40] Dagegen sind **quantitative Prognosen** aussagekräftiger und bieten den Adressaten eine bessere Dispositionsgrundlage.[41] Dem Grundsatz der Objektivität bzw. der intersubjektiven Nachprüfbarkeit folgend, spricht für eine quantitative Prognoseberichterstattung auch die Möglichkeit, Prognosen ex post überprüfen zu können.[42] Quantitative Prognosen sind daher qualitativen Prognosen vorzuziehen. Einen Kompromiss zwischen Sicherheit und Genauigkeit lassen **Intervall-Prognosen** zu; zwar haben Intervall-Prognosen nicht die Genauigkeit von **Punkt-Prognosen**, dafür ist ihre Sicherheit aber wesentlich höher als bei Punkt-Prognosen. Im Übrigen ist die mögliche Streuung um einen zu erwartenden Wert erkennbar.[43] Wird allerdings der Sicherheitsaspekt durch zu große Bandbreiten einseitig betont und die Genauigkeit vernachlässigt, besteht die Gefahr, dass die Intervall-Prognose ihrer Funktion als Entscheidungshilfe nicht mehr hinreichend gerecht werden kann. Daher sollten bei Prognosen grundsätzlich eine Mindestsicherheit und gleichzeitig eine Mindestgenauigkeit eingehalten werden.[44]

Die Sicherheit von Prognosen hängt ferner von dem Zeitraum ab, auf den sie sich beziehen. Zukunftsaussagen werden umso unsicherer, je weiter der Prognosehorizont ist. Prognosen sollten sich dabei über einen **Zeitraum von zwei Jahren** erstrecken.[45] Prognosen, die lediglich für das restliche Geschäftsjahr nach Veröffentlichung des Geschäftsberichts gegeben werden, sinken in ihrem Wert für den Adressaten, je länger der Zeitraum zwischen Konzernabschlussstichtag und Offenlegung ist.[46] Gegen ei-

---

36 Vgl. Abschn. 221. in diesem Kapitel.

37 Vgl. BAETGE, J./FISCHER, T. R./PASKERT, D., Der Lagebericht, S. 41.

38 Vgl. BAETGE, J., Sicherheit und Genauigkeit, S. 719 f.

39 Vgl. BUSSE VON COLBE, W., Prognosepublizität von Aktiengesellschaften, S. 105.

40 Vgl. LÜCK, W., in: Küting/Weber, HdK, 2. Aufl., § 315 HGB, Rn. 60 f.

41 Vgl. LÜCK, W., in: Küting/Weber, HdK, 2. Aufl., § 315 HGB, Rn. 60 f.; BUCHHEIM, R./ KNORR, L., Der Lagebericht nach DRS 15, S. 422.

42 Vgl. BAETGE, J./FISCHER, T. R./PASKERT, D., Der Lagebericht, S. 42; RÜCKLE, D., Externe Prognosen und Prognoseprüfungen, S. 62.

43 Vgl. BRETZKE, W.-R., Prognoseprüfung, Sp. 1440.

44 Vgl. BAETGE, J./FISCHER, T. R./PASKERT, D., Der Lagebericht, S. 43.

45 Vgl. BAETGE, J./FISCHER, T. R./PASKERT, D., Der Lagebericht, S. 43 f.; KAJÜTER, P., in: Küting/Pfitzer/Weber, HdR-E, 5. Aufl., § 289 HGB, Rn. 88; PUCKLER, G. H., Herausforderung an den Wirtschaftsprüfer, S. 158; WANIK, O., Probleme der Aufstellung und Prüfung von Prognosen, S. 55; SAHNER, F./KAMMERS, H., Der Lagebericht, S. 2313; KRAWITZ, N., Der Lagebericht und seine Prüfung, S. 9; ADS, 6. Aufl., § 289 HGB, Rn. 111.

nen zweijährigen oder längeren Prognosehorizont spricht indes, dass die Prognosen mit zunehmendem Zeithorizont unsicherer werden. Dem Grundsatz der Vollständigkeit folgend sollte der Prognosezeitraum stets explizit angegeben werden.[47]

Anders als noch DRS 15 fordert DRS 20 nur noch einen Prognosezeitraum von mindestens einem Jahr, gerechnet vom letzten Konzernabschlussstichtag. Allerdings ist auch über absehbare Sondereinflüsse nach diesem verkürzten Prognosehorizont zu berichten (DRS 20.127). Gleichzeitig wird durch DRS 20 eine im Vergleich zu DRS 15 höhere Prognosegenauigkeit gefordert. Während DRS 15.88 noch vorgab, dass Prognosen als positive oder negative Trends zu beschreiben seien, müssen gemäß DRS 20.128 nunmehr die Richtung und die Intensität der erwarteten Veränderung zum Istwert des Berichtsjahres angegeben werden. Prognosearten, die diesen Anforderungen genügen, sind bspw. Punktprognosen, Intervallprognosen und qualifiziert-komparative[48] Prognosen. Rein komparative bzw. rein qualitative Prognosen sind hingegen nicht mehr ausreichend.[49] Damit hat sich das DRSC für eine Verkürzung des Prognosezeitraumes zugunsten einer höheren Prognosegenauigkeit entschieden. Von dieser Prognosegenauigkeit darf indes abgewichen werden, sofern hinsichtlich der künftigen Entwicklung aufgrund gesamtwirtschaftlicher Rahmenbedingungen außergewöhnlich hohe Unsicherheit besteht. In diesen besonderen Fällen, in denen die Prognosefähigkeit der Unternehmen wesentlich beeinträchtigt ist, sind ausnahmsweise komparative Prognosen oder die Darstellung der Entwicklung der wesentlichen Leistungsindikatoren in verschiedenen Zukunftsszenarien ausreichend (DRS 20.133).

Neben der Sicherheit ist auch die Plausibilität von Prognosen für die Adressaten bedeutend. Die Plausibilität von Prognosen kann allerdings nicht ohne Kenntnis der **Prämissen**, die den Zukunftsaussagen zugrunde liegen, beurteilt werden. Nach dem Grundsatz der Objektivität sind daher die Prognoseprämissen im Konzernlagebericht offenzulegen. Je genauer die Prämissen angegeben werden, desto besser kann sich der Prognoseempfänger ein eigenes Urteil über die Sicherheit und Plausibilität der Prognose machen und die Ursachen einer eventuellen Differenz zwischen dem prognostizierten und dem eingetretenen Wert nachvollziehen.[50] Die Offenlegung der den Prognosen zugrunde liegenden Annahmen wird in § 315 Abs. 1 Satz 5 Halbsatz 2 sowie in DRS 20.120 explizit gefordert.

Darüber hinaus sind gemäß DRS 20.118 die Prognosen zu beurteilen, zu erläutern und zu einer Gesamtaussage zu verdichten. Die Tatsache, dass auf die voraussichtliche Entwicklung nicht nur einzugehen ist, sondern dass diese zu beurteilen und zu erläu-

---

46 Zur Offenlegungsfrist vgl. § 325 Abs. 3.

47 Vgl. GROTTEL, B., in: Beck Bilanzkomm., 9. Aufl., § 289 HGB, Rn. 37.

48 Eine qualifiziert-komparative Prognose ist gemäß DRS 20.11 eine Prognose mit Angabe einer Veränderung im Vergleich zum Istwert der Berichtsperiode unter Angabe der Richtung und Intensität dieser Veränderung.

49 Vgl. BÖCKING, H.-J. U. A., Der neue Konzernlagebericht nach DRS 20, S. 39.

50 Vgl. BUSSE VON COLBE, W., Prognosepublizität von Aktiengesellschaften, S. 108; WASSER, G., Bestimmungsfaktoren freiwilliger Prognosepublizität, S. 45.

tern ist, gibt der Prognoseberichterstattung eine größere Bedeutung. Während eine Beurteilung eine konkrete Bewertung betroffener Sachverhalte impliziert, ist für die geforderten Erläuterungen „eine über die Beurteilung hinausgehende Erklärung und Kommentierung der berichtspflichtigen Sachverhalte"[51] erforderlich.

Nach § 315 Abs. 1 Satz 5 ist die voraussichtliche Entwicklung nicht nur in allgemeiner Form zu beurteilen und zu erläutern; vor allem ist auf wesentliche **Chancen** und **Risiken** der voraussichtlichen Entwicklung einzugehen. Der **Risikobericht** ist ursprünglich mit dem KonTraG in das HGB mit folgenden Zielen eingeführt worden: Der Aufsichtsrat soll besser über die Lage des Unternehmens unterrichtet werden,[52] den Informationsbedürfnissen internationaler Investoren soll besser Rechnung getragen werden[53] und die bestehende Erwartungslücke[54] soll weiter reduziert werden.[55]

DRS 20.11 beschreibt den Risikobegriff als „mögliche künftige Entwicklungen oder Ereignisse, die zu einer für das Unternehmen negativen Prognose- bzw. Zielabweichung führen können". Aufgrund der Vielzahl von Risiken, denen ein Unternehmen ausgesetzt ist, kann nicht über jedes Risiko berichtet werden. Nach DRS 20.146 ist über solche Risiken zu berichten, die die Entscheidungen der Adressaten beeinflussen können. So sind insbesondere bestandsgefährdende Risiken und solche Risiken mit wesentlichem (negativen) Einfluss auf die Vermögens-, Finanz- und Ertragslage des Unternehmens berichtspflichtig. Bei Risiken der erstgenannten Kategorie ist zu prüfen, ob durch sie nachhaltig die Fortführungsprämisse (§ 252 Abs. 1 Nr. 2) gefährdet wird, wohingegen bei den Risiken der zweitgenannten Kategorie darauf abgestellt wird, ob mit ihnen wesentliche negative Auswirkungen auf die wirtschaftliche Lage des Unternehmens verbunden sind.[56] Liegen bestandsgefährdende Risiken vor, müssen sie im Risikobericht als solche bezeichnet werden (DRS 20.148). Es ist somit auf die Gefahren der künftigen Entwicklung einzugehen.[57]

Für die Risikoberichterstattung sind die Risiken in einer Rangfolge zu ordnen, zu Kategorien gleichartiger Risiken zusammenzufassen oder segmentspezifisch zu differenzieren (DRS 20.162). Bei der Zusammenfassung gleichartiger Risiken in Kategorien kann sich das Unternehmen an der Einteilung orientieren, die es auch intern im Risikomanagement verwendet. Alternativ schlägt DRS 20.164 die folgenden Risikokategorien vor:

---

51 KAJÜTER, P., Berichterstattung über Chancen und Risiken im Lagebericht, S. 430.

52 Vgl. BT-Drucksache 13/9712, S. 27.

53 Vgl. BT-Drucksache 13/9712, S. 11.

54 Als Erwartungslücke bezeichnet man die Divergenzen zwischen den Erwartungen der Anleger an den Bestätigungsvermerk des Abschlussprüfers und dessen tatsächlichen Inhalt; vgl. m. w. N. BÖCKING, H.-J./ORTH, C., Verringerung der Erwartungslücke, S. 352; BAETGE, J., Möglichkeiten der Objektivierung der Redepflicht, S. 3 f.

55 Vgl. BT-Drucksache 13/9712, S. 11.

56 Vgl. DÖRNER, D./BISCHOF, S., Zweifelsfragen, S. 448 f.

57 Vgl. BAETGE, J./SCHULZE, D., Möglichkeiten der Objektivierung der Lageberichterstattung, S. 939 f.

- Umfeldrisiken,

- Branchenrisiken,

- leistungswirtschaftliche Risiken,

- finanzwirtschaftliche Risiken und

- sonstige Risiken.

Bei der Berichterstattung über die künftigen Risiken soll der Lageberichtsadressat in die Lage versetzt werden, sich selbst ein Bild über die Risiken, deren Eintrittswahrscheinlichkeiten und deren Auswirkungen auf die wirtschaftliche Lage des Unternehmens zu machen.[58] Gemäß DRS 20.149 sind die Risiken einzeln darzustellen; möglicherweise aus ihnen resultierende Konsequenzen sind zu analysieren und zu beurteilen. Sofern der Konzernabschluss eine Segmentberichterstattung umfasst, sind bei der Risikodarstellung die betroffenen Segmente anzugeben, sofern sie nicht ohnehin erkennbar sind (DRS 20.151). Damit den Adressaten möglichst genaue und aussagekräftige Informationen präsentiert werden, müssen die Risiken und ihre Auswirkungen darüber hinaus quantifiziert werden. Dazu ist es zum einen nötig, die Eintrittswahrscheinlichkeit eines wesentlichen Einzelrisikos zu ermitteln und darzustellen. Zum anderen gewinnt diese Information erst dann an Aussagekraft, wenn das Ausmaß des Risikoeintritts in finanziellen Größen quantifiziert wird.[59] DRS 20.152 verlangt die Quantifizierung der Risiken dann, wenn diese auch zur internen Steuerung vorgenommen wird und die quantitativen Angaben für den Adressaten wesentlich sind. Im Fall einer Quantifizierung sind die angewandten Modelle und Annahmen zu erläutern.

Bei der Darstellung sind grundsätzlich risikoreduzierende Risikobewältigungsmaßnahmen zu berücksichtigen, wobei sowohl eine Brutto- als auch eine Nettobetrachtung möglich ist. Somit können entweder die Risiken vor den ergriffenen Risikobegrenzungsmaßnahmen in Kombination mit den Maßnahmen oder die Risiken, die nach Umsetzung der Maßnahmen verbleiben, dargestellt und beurteilt werden (DRS 20.157). Mögliche Maßnahmen zur Risikobegrenzung können bspw. Termingeschäfte oder Versicherungen sein. Bei der Risikoeinschätzung ist ein dem jeweiligen Risiko adäquater Prognosezeitraum[60] zugrunde zu legen (DRS 20.156).

Im Rahmen der Risikoberichterstattung sind die dargestellten Risiken in ihrer Gesamtheit zu betrachten und zu einer Aussage über die Risikolage des Konzerns zu verdichten. Sollten Diversifizierungseffekte bestehen, dürfen diese berücksichtigt werden (DRS 20.160).

Sofern das Mutterunternehmen des Konzerns kapitalmarktorientiert ist, sind gemäß DRS 20.K137 f. im Konzernlagebericht die Merkmale des konzernweiten **Risikomanagementsystems** darzustellen, damit der Adressat den Umgang mit Risiken im Kon-

---

58 Vgl. BAETGE, J./SCHULZE, D., Möglichkeiten der Objektivierung der Lageberichterstattung, S. 943 m. w. N.

59 Vgl. GROTTEL, B., in: Beck Bilanzkomm., 9. Aufl., § 289 HGB, Rn. 48.

60 Vgl. WEBER, C.-P., Risikoberichterstattung nach dem E-DRS 5, S. 143.

zern besser einschätzen kann. In diesem Rahmen ist sowohl auf Ziele und Strategien als auch auf Strukturen und Prozesse des Risikomanagements einzugehen. Daneben ist anzugeben, ob durch das Risikomanagementsystem lediglich Risiken oder auch Chancen erfasst werden.

Die ebenfalls nach § 315 Abs. 1 Satz 5 vorgeschriebene **Chancenberichterstattung** stellt das Pendant zur Risikoberichterstattung dar. So wird der Terminus „Chance" analog zum „Risiko" als „mögliche künftige Entwicklungen oder Ereignisse, die zu einer für das Unternehmen positiven Prognose- bzw. Zielabweichung führen können" definiert (DRS 20.11). Im Rahmen der Chancenberichterstattung sind die Regelungen des DRS 20 zur Risikoberichterstattung (DRS 20.135-164) sinngemäß anzuwenden (DRS 20.165). Über Chancen und Risiken ist dabei ausgewogen zu berichten (DRS 20.166).[61] Indes dürfen die Auswirkungen von Chancen und Risiken nicht miteinander verrechnet werden (DRS 20.167). Zudem kann der Chancen- und Risikobericht auch dann nicht entfallen, wenn sich daraus keine zusätzlichen Hinweise ergeben.[62]

224. Versicherung der gesetzlichen Vertreter

Gemäß § 315 Abs. 1 Satz 6 haben die gesetzlichen Vertreter des den Konzernabschluss aufstellenden Mutterunternehmens schriftlich zu versichern, dass der Konzernlagebericht nach bestem Wissen ein den tatsächlichen Verhältnissen entsprechendes Bild vermittelt und dass die wesentlichen Chancen und Risiken beschrieben sind.[63] Diese Angabe wird auch als **Bilanzeid** bezeichnet.[64] Der Bilanzeid muss von den gesetzlichen Vertretern eines Mutterunternehmens abgegeben werden, das Inlandsemittent i. S. d. § 2 Abs. 7 WpHG, aber keine Kapitalgesellschaft i. S. d. § 327a ist. Eine unzutreffende Abgabe ist strafbar und kann gemäß § 331 Nr. 3a mit einer Freiheitsstrafe von bis zu drei Jahren oder einer Geldstrafe sanktioniert werden. Das Unterlassen der Erklärung ist eine Ordnungswidrigkeit (§ 39 Abs. 2 Nr. 2n WpHG und kann gemäß § 39 Abs. 4 WpHG mit einer Geldstrafe von bis zu € 200.000 geahndet werden.

---

61   Vgl. SENGER, T./BRUNE, J., DRS 20, S. 1288 f.

62   Vgl. OLG FRANKFURT A. M., WpÜG 11 und 12/09; IDW PS 350, Tz. 9.

63   Die Pflicht zur Abgabe des Bilanzeides resultiert aus der Umsetzung des Transparenzrichtlinie-Umsetzungsgesetzes (TUG) vom 05.01.2007.

64   Vgl. dazu ausführlich KIRSCH, H.-J./KÖHRMANN, H., in: Beck HdR, B 510, Rn. 133-138.

23   Angaben im Konzernlagebericht nach § 315 Abs. 2 HGB

231.   Vorgänge von besonderer Bedeutung nach Ablauf des Konzerngeschäftsjahres

Mit dem BilRUG entfällt der bislang gemäß § 315 Abs. 2 Nr. 1 a. F. im Konzernlagebericht vorgeschriebene Nachtragsbericht. Die Angaben zu Vorgängen von besonderer Bedeutung nach Ablauf des Konzerngeschäftsjahres sind nun (ausschließlich) im Konzernanhang nach § 314 Abs. 1 Nr. 25 anzusiedeln, um Doppelungen und bürokratische Belastungen zu vermeiden.[65] Ein Verweis auf den Nachtragsbericht im Konzernanhang bzw. eine Fehlanzeige ist indes zu empfehlen.[66]

232.   Finanzrisiken

In § 315 Abs. 2 Nr. 1 wird die Berichterstattung über Finanzrisiken geregelt. Der Konzernlagebericht soll auf die Risikomanagementziele und -methoden des Konzerns eingehen („einschließlich seiner Methoden zur Absicherung aller wichtigen Arten von Transaktionen, die im Rahmen der Bilanzierung von Sicherungsgeschäften erfasst werden") sowie auf bestimmte Risiken, denen der Konzern bei der Verwendung von Finanzinstrumenten ausgesetzt ist.[67] In diesem Zusammenhang werden Preisänderungs-, Ausfall- und Liquiditätsrisiken sowie Risiken aus Zahlungsstromschwankungen aufgeführt. Mit dieser Formulierung hat der deutsche Gesetzgeber den Richtlinientext der Fair-Value-Richtlinie der EU weitgehend wortgetreu umgesetzt.[68] Eine terminologische Abweichung ergibt sich dadurch, dass der Begriff des Cashflowrisikos durch den Begriff des Risikos aus Zahlungsstromschwankungen ersetzt wurde.

Mit dem Begriff des Sicherungsgeschäftes sind vor allem Hedge-Geschäfte gemeint. Im Lagebericht ist entsprechend insbesondere über die Systematik und Art sowie über die verschiedenen Kategorien der Hedge-Geschäfte zu berichten.[69]

Die Berichterstattung nach § 315 Abs. 2 Nr. 1 bezieht sich explizit auf Risiken im Zusammenhang mit Finanzinstrumenten, nicht aber auf andere Risiken. Die Berichterstattung über Finanzrisiken wird nur verlangt, wenn die Finanzrisiken für die Beurteilung der Lage der Gesellschaft oder ihrer voraussichtlichen Entwicklung von Belang sind.

Die Berichterstattung über das Finanzmanagement und bestimmte Risiken aus Finanzinstrumenten nach § 315 Abs. 2 Nr. 1 ist im Zusammenhang mit bestimmten vorgeschriebenen Anhangangaben zu sehen.[70] So sind nach § 314 Abs. 1 Nr. 10 und Nr. 11 umfangreiche Angaben über derivative Finanzinstrumente und über zu den

---

65   Vgl. ausführlich Kap. IX Abschn. 62.

66   Vgl. die voraussichtlichen entsprechenden Änderungen durch DRÄS 6 in DRS 20.114.

67   Vgl. dazu ausführlich KIRSCH, H.-J./KÖHRMANN, H., in: Beck HdR, B 510, Rn. 153-170.

68   Vgl. KAJÜTER, P., Berichterstattung über Chancen und Risiken im Lagebericht, S. 431.

69   Vgl. BT-Drucksache 15/3419, S. 31.

70   Vgl. BÖCKING, H.-J., Lagebericht, Anhang und IFRS, S. 6.

Finanzanlagen gehörende Finanzinstrumente erforderlich. Die durch diese Anhangangaben im HGB implementierte Fair Value-Ermittlung[71] wird durch die Konzernlageberichterstattung ergänzt.

233. Forschung und Entwicklung des Konzerns

Im Konzernlagebericht soll nach § 315 Abs. 2 Nr. 2 der Bereich Forschung und Entwicklung (F&E) des Konzerns erläutert werden. Mit dem **Forschungs- und Entwicklungsbericht** soll dafür gesorgt werden, dass die Adressaten darüber informiert werden, ob und wieweit der Konzern durch Forschung und Entwicklung für die Zukunft vorsorgt. Forschung und Entwicklung gelten als wesentliche Determinanten des wirtschaftlichen Erfolges. Die künftige Entwicklung eines Konzerns sowie die Marktposition und die Wettbewerbsfähigkeit werden wesentlich durch die Qualität und den Umfang vergangener Forschungs- und Entwicklungsaktivitäten geprägt. Diese These stützen eine Reihe empirischer Befunde, die auf einen signifikant positiven Einfluss des Forschungs- und Entwicklungsaufwandes auf das Umsatzwachstum von Industrieunternehmen deuten.[72]

Der **Grundsatz der Willkürfreiheit** verlangt von der Berichterstattung über den Bereich Forschung und Entwicklung, dass die Forschung und Entwicklung objektiv von den übrigen Konzernaktivitäten abzugrenzen ist. Forschung und Entwicklung werden in § 255 Abs. 2a als „eigenständige und planmäßige Suche nach neuen wissenschaftlichen oder technischen Erkenntnissen oder Erfahrungen allgemeiner Art" bzw. als dessen Ergebnisanwendung „für die Neuentwicklung von Gütern oder Verfahren oder die Weiterentwicklung von Gütern oder Verfahren mittels wesentlicher Änderungen" definiert.

Im Forschungs- und Entwicklungsbericht des Konzerns sind die für den Konzern insgesamt **wesentlichen Vorgänge** zu erläutern. Ein grundlegendes Problem bei der Beurteilung der Forschungs- und Entwicklungsaktivitäten sowie deren Einfluss auf die künftige wirtschaftliche Lage des Konzerns liegt darin, dass sicheren Forschungs- und Entwicklungsaufwendungen in der Gegenwart nur unsichere Erträge in einer unbestimmten Zukunft gegenüberstehen. Erschwerend kommt hinzu, dass die Vorschrift des § 315 Abs. 2 Nr. 2 Art und Umfang der Angaben zum Bereich Forschung und Entwicklung unbestimmt lässt. Eine Antwort auf die Frage nach dem Einfluss der Forschungs- und Entwicklungsaktivitäten auf die künftige wirtschaftliche Lage des Konzerns können Angaben über die **Produktivität und Effizienz der Forschung und Entwicklung** im Konzern geben. Im Einzelnen indizieren folgende Angaben die Produktivität und die Effizienz der Forschung und Entwicklung:[73]

---

71 Vgl. BÖCKING, H.-J., Lagebericht, Anhang und IFRS, S. 6.

72 Eine Übersicht empirischer Befunde zum Zusammenhang zwischen F&E-Aufwand und Umsatzwachstum zeigen GIERL, H./KOTZBAUER, N., Einfluß des F&E-Aufwandes, S. 983.

73 Vgl. BROCKHOFF, K., Forschung und Entwicklung im Lagebericht, S. 243 f.; KUHN, W., Forschung und Entwicklung im Lagebericht, S. 104 f.; KIRSCH, H.-J./KÖHRMANN, H., in: Beck HdR, B 510, Rn. 174-176.

- **Ziele und Schwerpunkte** der Forschung und Entwicklung, die die Rahmenbedingungen der Forschungs- und Entwicklungsaktivitäten fixieren,

- **Faktoreinsätze** in der Forschung und Entwicklung, z. B. F&E-Aufwand, F&E-Investitionen, Zahl und Qualifikation der F&E-Mitarbeiter, F&E-Einrichtungen sowie

- **Ergebnisse** der Forschung und Entwicklung, z. B. Umsatz neu entwickelter Produkte, durch neue Fertigungsverfahren reduzierte Kosten, Zahl der erworbenen Verwertungsrechte (Patente, Lizenzen), Zahl und Art neuer Produkte oder Produktionsverfahren, Lizenzeinnahmen.

Der **Grundsatz der Vollständigkeit** fordert eine „Fehlanzeige" von jenen Konzernen, die keine Forschung und Entwicklung betreiben, wenn eine solche Tätigkeit aber aufgrund der Branchenzugehörigkeit in nicht unerheblichem Umfang zu erwarten wäre.[74]

Die **Grenzen der Berichterstattung** über den Bereich Forschung und Entwicklung sind erreicht, wenn durch die Angaben nach § 315 Abs. 2 Nr. 2 das Wohl der Bundesrepublik Deutschland oder eines ihrer Länder gefährdet wäre oder wenn das **Selbstschutzinteresse** des berichtenden Konzerns den Informationszweck des Forschungs- und Entwicklungsberichts überwiegt.[75] So können sich Konkurrenten bei sehr detaillierten Angaben zu den Forschungs- und Entwicklungsaktivitäten auf angekündigte Innovationen rechtzeitig einstellen und somit Wettbewerbsvorteile des berichtenden Konzerns reduzieren.

In DRS 20 wird der Bereich Forschung und Entwicklung in den Berichtsteil zu den Grundlagen des Konzerns eingeordnet (DRS 20.48-52). Gemäß DRS 20 sind die Forschungs- und Entwicklungsaktivitäten darzustellen und zu erläutern, wenn sie für eigene Zwecke des Konzerns durchgeführt werden. Gleiches gilt für wesentliche Veränderungen gegenüber dem Vorjahr. Insgesamt sollen die Informationen Auskunft über die allgemeine Ausrichtung der Aktivitäten sowie über deren Intensität geben.

234. Zweigniederlassungen

Mit dem BilRUG wird der sog. Zweigniederlassungsbericht in § 315 Abs. 2 Nr. 3 nun auch auf Konzernebene verpflichtend.[76] Im Zweigniederlassungsbericht ist über Zweigniederlassungen der insgesamt in den Konzernabschluss einbezogenen Unternehmen zu berichten, die für das Verständnis der Lage des Konzerns wesentlich sind.

---

74 Vgl. FORSTER, K.-H., Anhang, Lagebericht, Prüfung und Publizität, S. 1633; BAETGE, J./FISCHER, T. R./PASKERT, D., Der Lagebericht, S. 46 f.

75 Vgl. BROCKHOFF, K., Forschung und Entwicklung im Lagebericht, S. 239 f.

76 Vgl. für den Einzelabschluss FEY, G., Angabe bestehender Zweigniederlassungen im Lagebericht, S. 485-487; ADS, 6. Aufl., § 289 HGB, Rn. 120-127; KAJÜTER, P., in: Küting/Pfitzer/Weber, HdR-E, 5. Aufl., § 289 HGB, Rn. 138-144; GROTTEL, B., in: Beck Bilanzkomm., 9. Aufl., § 289 HGB, Rn. 90; VEIT, K.-R., Funktion und Aufbau des Berichts zu Zweigniederlassungen, S. 461 f.

Der Zweigniederlassungsbericht soll die wirtschaftliche und soziale Bedeutung von rechtlich nicht selbständigen Zweigniederlassungen, die mit selbständigen Tochterunternehmen vergleichbar sind, hervorheben.[77] Besonders auf international agierende Unternehmen, die Zweigniederlassungen in Entwicklungs- und Schwellenländern halten, in denen bspw. mangelnde Umweltschutzbedingungen existieren oder Menschenrechte missachtet werden, hat diese Neuregelung erhebliche Auswirkungen.[78] Der Zweigniederlassungsbericht auf Konzernebene ermöglicht den Adressaten des Konzernlageberichts somit – ohne Rückgriff auf die Lageberichte der einbezogenen Unternehmen – anhand der geografischen Ausbreitung des Konzerns bedeutende Rückschlüsse auf die Verantwortung des Unternehmens bezüglich der Einhaltung der gesetzlichen und unternehmensinternen Richtlinien.[79]

235. Grundzüge des Vergütungssystems

Handelt es sich bei einem Mutterunternehmen um eine börsennotierte Aktiengesellschaft, ist es gemäß § 315 Abs. 2 Nr. 4 dazu verpflichtet, die Grundzüge seines Vergütungssystems in einem sog. **Vergütungsbericht** offenzulegen. Mit diesem Bericht soll die Transparenz gegenüber den Aktionären erhöht werden, da die Vergütung und Anreizgestaltung des Managements für die Lage des Unternehmens von großer Bedeutung ist.[80] Die Vergütungssysteme sind lediglich für Vorstand, Aufsichtsrat, Beirat oder eine ähnliche Einrichtung offenzulegen. Demnach sind die Vergütungsstrukturen nicht für alle Mitarbeiter anzugeben. Der Vergütungsbericht sollte gemäß der Empfehlung der EU mindestens die folgenden Angaben enthalten:[81]

- Erläuterungen zum Verhältnis der erfolgsunabhängigen und erfolgsbezogenen Komponenten sowie der Komponenten mit langfristiger Anreizwirkung,

- einzelne Parameter der Erfolgsbindung der Vergütung,

- Bedingungen für Aktienoptionen und sonstige Bezugsrechte auf Aktien,

- Bedingungen für Bonusleistungen und

- Grundsätze der Altersversorgung.

Sensible Angaben, die von der Konkurrenz zum Nachteil des publizierenden Unternehmens verwandt werden können, dürfen unterbleiben.[82] Das DRSC hat dazu **DRS 17** veröffentlicht, der die Angaben weiter konkretisiert.[83]

---

77 Vgl. MÜLLER, S., Zweigniederlassungsbericht, in: Handbuch Lagebericht, S. 180.

78 Vgl. FINK, C./THEILE, C., Anhang und Lagebericht nach BilRUG, S. 762.

79 Vgl. so auch FINK, C./THEILE, C., Anhang und Lagebericht nach BilRUG, S. 762.

80 Vgl. Gesetzesbegründung zum VorstOG, BT-Drucksache 15/5577, S. 8.

81 Vgl. Empfehlung der Europäischen Kommission 2004/913/EG vom 14. Dezember 2004. Für weitere Erläuterungen vgl. KIRSCH, H.-J./KÖHRMANN, H., in: Beck HdR, B 510, Rn. 200.

82 Vgl. bspw. KIRSCH, H.-J./KÖHRMANN, H., in: Beck HdR, B 510, Rn. 202.

236. Internes Kontrollsystem und Risikomanagementsystem

Gemäß § 315 Abs. 2 Nr. 5 sind die **wesentlichen Merkmale des internen Kontroll- und des Risikomanagementsystems** im Hinblick auf den Konzernrechnungslegungsprozess im Konzernlagebericht zu beschreiben, sofern eines der in den Konzernabschluss einbezogenen Tochterunternehmen oder das Mutterunternehmen kapitalmarktorientiert i. S. d. § 264d ist. Die Angaben hierzu können mit den Angaben zu § 315 Abs. 2 Nr. 1[84] und den Ausführungen zum allgemeinen konzernweiten Risikomanagementsystem (DRS 20.K169) zu einem einheitlichen Risikobericht zusammengefasst werden. Durch die Vorschrift soll weder die Einführung eines internen Kontroll- noch eines Risikomanagementsystems verpflichtend vorgeschrieben werden. Diese Pflicht besteht nach § 91 Abs. 2 AktG für die Früherkennung bestandsgefährdender Risiken. Für Unternehmen, die über kein internes Kontroll- bzw. über kein Risikomanagementsystem verfügen, ist im Lagebericht eine Fehlanzeige erforderlich. Um eine derartige Fehlanzeige zu vermeiden, könnte die Einrichtung eines internen Kontroll- bzw. Risikomanagementsystems für viele dieser Unternehmen zu einer faktischen Pflicht werden.[85] Die Angaben sind nur in Bezug auf die Rechnungslegung erforderlich,[86] um mögliche schutzwürdige Interessen des Unternehmens zu wahren. Ferner werden keine Angaben bezüglich der Effektivität des internen Kontroll- und des Risikomanagementsystems verlangt. Die im Gesetz geforderte Beschreibung soll indes dazu beitragen, dass die Organe der Geschäftsführung sich intensiv mit dem internen Kontroll- und dem Risikomanagementsystem und somit auch seiner Effektivität beschäftigen. Bei einer unzureichenden Auseinandersetzung mit dem internen Kontroll- und dem Risikomanagementsystem könnte die Möglichkeit einer Sorgfaltspflichtverletzung bestehen.[87]

---

83 Daneben enthält auch der Deutsche Corporate Governance Kodex (DCGK) Hinweise für die Berichterstattung über die Organvergütung. Die jüngste Überarbeitung des DCGK wurde am 05.05.2015 abgeschlossen. Ein wesentlicher Unterschied zwischen DRS 17 und dem DCGK besteht darin, dass in DRS 17 auf das Konzept der definitiven Vermögensmehrung abgestellt wird. Diesem Konzept folgend gelten Bezüge grundsätzlich erst als gewährt und sind damit erst anzugeben, wenn die Bezüge sowohl zugesagt als auch die mit der Zusage verbundenen Bedingungen (z. B. kein Verlustausweis im Geschäftsjahr) erfüllt sind (DRS 17.20). Demgegenüber wird im DCGK der Zeitpunkt der Gewährung mit dem Zeitpunkt der Zusage gleichgesetzt. Weitere Unterschiede zwischen DRS 17 und dem DCGK basieren insgesamt auf der tendenziell umfangreicheren Berichterstattung des DCGK bspw. in Gestalt einer separaten Darstellung der gewährten Festvergütungen und Nebenleistungen, die lediglich der DCGK fordert.

84 Vgl. BT-Drucksache 16/10067, S. 86.

85 Vgl. MELCHER, W./MATTHEUS, D., BilMoG, S. 53.

86 Die Angaben müssen sich zum einen auf die wesentlichen Merkmale der für den Konzernabschluss und den Konzernlagebericht relevanten Rechnungslegungsprozesse der einbezogenen Unternehmen und zum anderen auf die für den Konzernabschluss wesentlichen Merkmale der Konsolidierungsprozesse beziehen (DRS 20.K173).

87 Vgl. BT-Drucksache 16/10067, S. 76 f.

24 Angaben im Konzernlagebericht nach § 315 Abs. 4 HGB

Gemäß § 315 Abs. 4 ist seit der Umsetzung des Übernahmerichtlinie-Umsetzungsgesetzes ein **Bericht zur Übernahmesituation** offenzulegen.[88] Hierin sind Angaben zu folgenden Bereichen zu veröffentlichen:[89]

- Zusammensetzung des gezeichneten Kapitals, soweit die Angaben nicht im Konzernanhang zu machen sind,

- Beschränkungen, die Stimmrechte oder die Übertragung von Aktien betreffen,

- direkte oder indirekte Beteiligungen am Kapital, die 10 % der Stimmrechte überschreiten, soweit die Angaben nicht im Konzernanhang zu machen sind,

- Inhaber von Aktien mit Sonderrechten, die Kontrollbefugnisse verleihen,

- Art der Stimmrechtskontrolle, wenn Arbeitnehmer am Kapital beteiligt sind und ihre Kontrollrechte nicht unmittelbar ausüben,

- gesetzliche Vorschriften und Satzungsbestimmungen hinsichtlich der Ernennung und Abberufung von Vorstandsmitgliedern und über die Änderung der Satzung,

- Befugnisse des Vorstandes zur Ausgabe und zum Rückkauf von Aktien,

- wesentliche Vereinbarungen des Mutterunternehmens, die unter der Bedingung eines Kontrollwechsels infolge eines Übernahmeangebotes stehen und die sich hieraus ergebenden Folgewirkungen,

- Entschädigungsvereinbarungen des Mutterunternehmens, die mit den Mitgliedern des Vorstandes oder Arbeitnehmern für den Fall eines Übernahmeangebotes getroffen worden sind, soweit die Angaben nicht im Konzernanhang zu machen sind.

Sofern einzelne Angaben im Konzernanhang zu machen sind, ist im Konzernlagebericht darauf zu verweisen (§ 315 Abs. 4 Satz 2).

Potentielle Bieter sollen mit Hilfe dieser Angaben die Chancen einer Übernahme und die Höhe eines Übernahmeangebotes besser einschätzen können.[90] In DRS 20.K188-K223 werden die Anforderungen an die übernahmerelevanten Angaben weiter konkretisiert.

25 Erklärung zur Unternehmensführung

Mit dem BilRUG hat das Konzernmutterunternehmen gemäß § 315 Abs. 5 i. S. d. § 289a Abs. 1 für den Konzern eine Erklärung zur Unternehmensführung zu erstellen und als gesonderten Abschnitt in den Konzernlagebericht aufzunehmen.[91] Das Mutterunternehmen soll für den Konzern und für sich selbst gleiche Unternehmens-

---

88 Dies gilt für Mutterunternehmen, deren stimmberechtigte Aktien auf einem organisierten Markt i. S. d. § 2 Abs. 7 WpÜG zum Handel zugelassen sind.

89 Vgl. dazu ausführlich Kirsch, H.-J./Köhrmann, H., in: Beck HdR, B 510, Rn. 208-245.

90 Vgl. Kindler, P./Horstmann, H., Die EU-Übernahmerichtlinie, S. 868 und Meckl, R./Hoffmann, T., Ökonomische Implikationen, S. 529.

führungsgrundsätze zugrunde legen. Angaben sind indes nur erforderlich, wenn das Mutterunternehmen börsennotiert ist oder ausschließlich andere Wertpapiere als Aktien zum Handel an einem organisierten Markt ausgegeben hat und deren ausgegebenen Aktien auf eigene Veranlassung über ein multilaterales Handelssystem gehandelt werden. Die Erklärung darf alternativ gemäß § 315 Abs. 5 i. V. m. § 289a auf der Internetseite des Konzerns öffentlich zugänglich gemacht werden. In diesem Fall ist in den Konzernlagebericht ein entsprechender Verweis auf die Internetseite aufzunehmen. Wenn mehrere Tochterunternehmen börsennotiert sind, das Mutterunternehmen jedoch nicht, bleiben die Tochterunternehmen im Anwendungsbereich des § 289a oder vergleichbaren auf sie anwendbaren ausländischen Vorschriften. Folglich haben sie eine entsprechende Erklärung zur Unternehmensführung abzugeben.

26 Freiwillige Angaben im Konzernlagebericht

Die Zulässigkeit weiterer freiwilliger Angaben im Konzernlagebericht wurde bis zum Inkrafttreten des BilReG aus der Formulierung „zumindest" in § 315 Abs. 1 a. F. abgeleitet. Durch die Konzernlageberichtsreform des BilReG wurde diese Formulierung aus dem Gesetz gestrichen. Es ist jedoch nicht davon auszugehen, dass damit ein Verbot freiwilliger Angaben beabsichtigt wurde.[92] Demzufolge kann auch weiterhin davon ausgegangen werden, dass freiwillige Angaben im Konzernlagebericht zulässig sind. So können z. B. freiwillige Kennzahlenanalysen[93] die differenzierten Konzernabschlussinformationen verdichten.[94] Zu den freiwilligen Angaben gehört auch eine gesellschaftsbezogene Berichterstattung in Form von Wertschöpfungsrechnungen, Umwelt- oder Sozialbilanzen,[95] in denen die Beziehungen des Konzerns zur gesellschaftlichen und physischen Umwelt dargestellt werden können.[96]

Ferner können freiwillig Angaben über die wesentlichen Ziele und Strategien des Konzerns gemacht werden. DRS 20 stellt hierzu Leitlinien auf, die beachtet werden sollten, sofern freiwillig eine Strategieberichterstattung vorgenommen wird (DRS 20.39-44 und 56). Nach diesen Regelungen sollen Ausführungen über die Ziele und Strategien bereitgestellt werden, die es dem Adressaten ermöglichen, den Geschäftsverlauf, die wirtschaftliche Lage und die voraussichtliche Entwicklung sowie die wesentlichen Chancen und Risiken des Konzerns in den Kontext der verfolgten Ziele und Strategien einzuordnen (DRS 20.40). Die Strategien sollen hierbei auf

---

91 Vgl. zur Erklärung zur Unternehmensführung im Lagebericht ausführlich BAETGE, J./ KIRSCH, H.-J./THIELE, S., Bilanzen, Kap. XV Abschn. 37.

92 Vgl. KAJÜTER, P., Lagebericht, S. 200.

93 Vgl. hierzu ARBEITSKREIS „EXTERNE UNTERNEHMENSRECHNUNG" DER SCHMALENBACH-GESELLSCHAFT, Kennzahlen in Geschäftsberichten, S. 1989-1994.

94 Zu den freiwilligen Angaben im Konzernanhang vgl. Kap. IX Abschn. 7.

95 Zu beachten ist in diesem Zusammenhang, dass Umwelt- und Arbeitnehmerbelange explizit in den Berichterstattungspflichten nach § 315 Abs. 1 Satz 4 erwähnt werden.

96 Vgl. BAUCHOWITZ, H., Lageberichtspublizität, S. 36 f.; SCHERRER, G., in: Hofbauer/Kupsch, § 315 HGB, Rn. 17.

Konzernebene angegeben werden und insbesondere Aussagen enthalten, die darüber Auskunft geben, wie der Konzern sein Geschäft mittel- und langfristig führen und weiterentwickeln möchte (DRS 20.42). Für die Beurteilung der Zielerreichung sollen ferner das Ausmaß und der Zeitbezug der Ziele (DRS 20.43) angegeben sowie Aussagen zum Stand der Erreichung der strategischen Ziele gemacht werden (DRS 20.56). Darüber hinaus sollen wesentliche Veränderungen der Ziele und Strategien des Konzerns gegenüber dem Vorjahr dargestellt und erläutert werden (DRS 20.44).

Durch die freiwillige Berichterstattung dürfen die tatsächlichen Verhältnisse im Konzern indes nicht verfälscht wiedergegeben werden. Dabei ist zu beachten, dass auch freiwillige Zusatzangaben im Konzernlagebericht prüfungs- und offenlegungspflichtig sind.

3 Zusammenfassung von Konzernlagebericht und Lagebericht des Mutterunternehmens

Eine Erweiterung gegenüber der Vorschrift des § 289 zum Lagebericht resultiert aus der konzernspezifischen Regelung des § 315 Abs. 3, in der das **Wahlrecht** eingeräumt wird, den Konzernlagebericht mit dem Lagebericht des Mutterunternehmens zusammenzufassen.[97] Der Konzernlagebericht und der Lagebericht müssen in diesem Fall nach § 325 Abs. 3 gemeinsam offengelegt werden.[98]

Die Zusammenfassung von Konzernlagebericht und Lagebericht des Mutterunternehmens dient einer vereinfachten Darstellung, da Wiederholungen derselben Sachverhalte vermieden werden können. Die Zusammenfassung bietet sich vor allem dann an, wenn der Konzern weitgehend durch das Mutterunternehmen geprägt wird und damit der Geschäftsverlauf und die Lage des Konzerns dem Adressaten erst dann richtig vermittelt werden können, wenn die entsprechenden Sachverhalte des Mutterunternehmens erläutert werden.[99] Dabei ist sicherzustellen, dass aus den Angaben zu erkennen ist, ob sich die Informationen auf den Konzern oder auf das Mutterunternehmen beziehen.

---

97 Die in DRS 15 enthaltene Empfehlung, den Konzernlagebericht und den Lagebericht des Mutterunternehmens nicht zusammenzufassen, wurde nicht in DRS 20 übernommen. Stattdessen wird auch hier auf das gesetzliche Wahlrecht zur Zusammenfassung hingewiesen (DRS 20.22).

98 Vgl. BÖCKING, H.-J./DUTZI, A./GROS, M., in: Baetge/Kirsch/Thiele, § 315 HGB, Rn. 51.

99 Vgl. ARBEITSKREIS „EXTERNE UNTERNEHMENSRECHNUNG" DER SCHMALENBACH-GESELLSCHAFT, Aufstellung von Konzernabschlüssen, S. 174.

4 Konzernzahlungsbericht

Unternehmen, die in der mineralgewinnenden Industrie bzw. im Holzeinschlag in Primärwäldern tätig sind und gleichzeitig große Kapitalgesellschaften bzw. große Personenhandelsgesellschaften im Sinne des § 264a Abs. 1 oder Unternehmen von öffentlichem Interesse sind, müssen gemäß §§ 341q-341y einen Konzernzahlungsbericht erstellen. Das sog. **country-by-country reporting** stellt einen separaten Bericht dar und ist somit weder Teil des Konzernabschlusses noch des Konzernlageberichts. Der Zahlungsbericht ist erstmals für Geschäftsjahre, die nach dem 31. Dezember 2015 beginnen, zu erstellen. Er dient der Korruptionsbekämpfung durch Transparenz, indem länder- und projektspezifisch über Zahlungen mit einem Gesamtbetrag ab € 100.000 an staatliche Stellen zu berichten ist.[100] Der Konzernzahlungsbericht ist gemäß § 341w Abs. 1 innerhalb eines Jahres offenzulegen.

5 Der „Konzernlagebericht" nach IFRS

Ein vollständiger IFRS-Abschluss besteht gemäß IAS 1.10 aus einer Bilanz, einer Gesamtergebnisrechnung, einer Eigenkapitalveränderungsrechnung, einer Kapitalflussrechnung sowie einem Anhang. Dementsprechend enthalten die IFRS selbst **keine Verpflichtung zur Erstellung eines Lageberichts**.[101] Ein nach IFRS bilanzierendes deutsches Mutterunternehmen ist indes nicht von der Pflicht zur Aufstellung eines Konzernlageberichts befreit, sondern muss gemäß § 315a Abs. 1 einen Konzernlagebericht entsprechend den nationalen Regelungen des § 315 erstellen. Allerdings werden bereits im IFRS-Anhang teilweise Informationen vermittelt, die einzelnen nach § 315 in den Konzernlagebericht aufzunehmenden Angaben entsprechen. So muss der Bilanzierende bspw. auf **Finanzrisiken** sowohl nach § 315 Abs. 2 Nr. 1 als auch nach IFRS 7 (Finanzinstrumente: Angaben), IAS 37 (Rückstellungen, Eventualverbindlichkeiten und Eventualforderungen) und IAS 39 (Finanzinstrumente: Ansatz und Bewertung) bzw. IFRS 9 (Finanzinstrumente) eingehen.[102]

In IAS 1.13 wird darauf hingewiesen, dass viele Unternehmen **freiwillig** einen **Bericht über die Unternehmenslage durch das Management** (financial review by management) veröffentlichen. Dieser kann folgende Bereiche umfassen:

- die Haupteinflussfaktoren für die Vermögens-, Finanz- und Ertragslage, einschließlich der Änderungen der für das Unternehmen wichtigen Umweltbedingungen mit Maßnahmen des Unternehmens und Konsequenzen für das Unternehmen,

---

100 Vgl. OSER, P./ORTH, C./WIRTZ, H., Neue Vorschriften durch das BilRUG – RefE, S. 1884.

101 Die Segmentberichterstattung ist nur für börsennotierte Unternehmen oder Unternehmen, die die Zulassung in die Wege geleitet haben, verpflichtend und wird somit in IAS 1.10 nicht aufgeführt. Vgl. Kap. XI Abschn. 4.

102 Vgl. BÖCKING, H.-J./DUTZI, A./GROS, M., in: Baetge/Kirsch/Thiele, § 315 HGB, Rn. 502; GROTTEL, B., in: Beck Bilanzkomm., 9. Aufl., § 289 HGB, Rn. 175.

- die Investitionspolitik des Unternehmens einschließlich der Dividendenpolitik,

- die Finanzierungspolitik und das geplante Verhältnis von Fremd- zu Eigenkapital sowie

- nicht in der Bilanz berücksichtigte Ressourcen des Unternehmens.

Ferner wird in IAS 1.14 auf eine weitergehende **freiwillige Berichterstattung** Bezug genommen, bspw. in Form einer Wertschöpfungsrechnung oder eines Umweltberichts. Dazu wird festgehalten, dass solche freiwilligen Berichte nicht Bestandteil der financial statements nach IFRS sind.

Der IASB hat sich davon losgelöst mit dem Themenkomplex „Lageberichterstattung" in einer Arbeitsgruppe beschäftigt. Als Ergebnis dieser Beratungen wurde im Dezember 2010 das **„IFRS Practice Statement Management Commentary"** (IFRS PS MC) veröffentlicht. Hierbei handelt es sich um Anwendungsleitlinien und nicht um einen verpflichtend zu befolgenden Rechnungslegungsstandard (IFRS PS MC.BC13).[103] Stattdessen überlässt es der IASB den nationalen Gesetzgebern, die Anwendung des IFRS PS MC vorzuschreiben bzw. zu gestatten (IFRS PS MC.BC16).

Um entscheidungsnützliche Informationen bereitzustellen, hat der Managementbericht gemäß IFRS PS MC.12 zwei Grundsätzen zu genügen. Zum einen ist er aus Sicht des Managements zu verfassen (management approach) und zum anderen hat er die im Abschluss dargestellten Informationen zu ergänzen und zu erläutern.

Konkretisierend werden in der Stellungnahme folgende Inhaltskategorien genannt, die ein Managementbericht enthalten sollte:[104]

- Art der Geschäftstätigkeit,

- Ziele und Strategien des Managements,

- wesentliche Ressourcen, Risiken und Beziehungen,

- Geschäftsergebnisse und Zukunftsaussichten sowie

- wesentliche finanzielle und nichtfinanzielle Leistungsindikatoren.

Im Gegensatz zu den Regelungen des DRS 20 sind die inhaltlichen Anforderungen aus dem IFRS PS MC nicht verbindlich vorgeschrieben.[105] Vielmehr liegt es in der Entscheidung der Unternehmensleitung, welche Unternehmensbelange wesentlich und dementsprechend darzustellen sind. Hiermit wird das Ziel einer flexiblen Berichterstattung verfolgt.

---

103 Vgl. KAJÜTER, P., IFRS Practice Statement, S. 221; MELCHER, W./MURER, A., Das IFRS Practice Statement, S. 430.

104 Ausführlich zu den Inhalten des IFRS PS MC vgl. BAETGE, J./KIRSCH, H.-J./DITTMAR, P., in: Baetge u. a., Rechnungslegung nach IFRS, 2. Aufl., Teil A, Kap. VIII, Rn. 57-81.

105 Vgl. zum vorangegangenen Diskussionspapier KIRSCH, H.-J./SCHEELE, A., Management-Commentary, S. 90 f.

In Deutschland wird die Anwendung des IFRS PS MC derzeit weder vorgeschrieben noch hat er in dem Sinne befreiende Wirkung, dass er den nationalen Lagebericht gemäß § 315 ersetzen kann.[106] Die Vorgaben sind vielmehr für solche Unternehmen relevant, die nicht durch zusätzliche Vorschriften zur Aufstellung eines Lageberichts verpflichtet sind.[107] Diesen Unternehmen bietet die Stellungnahme eine Grundlage zur Erläuterung ihrer veröffentlichten IFRS-Abschlüsse. Ein Management Commentary darf allerdings nur als IFRS-konform bezeichnet werden, wenn er allen Ansprüchen der Stellungnahme entspricht (IFRS PS MC.7). Deutschen Unternehmen steht es indes grundsätzlich frei einen „dualen Managementbericht"[108] zu erstellen, der den Anforderungen des HGB bzw. der DRS und des IFRS PS MC gleichermaßen nachkommt. Beispielsweise müssen im „dualen Managementbericht" einerseits Angaben zu den wichtigsten strategischen Zielen und zu ihrer Erreichung gemacht werden, die weder nach HGB noch nach DRS 20 verpflichtend sind. Andererseits ist auch ein Übernahmebericht zu erstellen, der gemäß IFRS PS MC nicht erforderlich ist. Deutsche Unternehmen können dann die Übereinstimmung mit den Vorgaben des IFRS PS MC in ihrem Lagebericht erklären.[109]

Der Lagebericht der SAP SE enthält bereits einen solchen Hinweis, durch den die zusätzliche Übereinstimmung mit den Regelungen des IFRS PS MC erklärt wird. Dieser ist in dem folgenden Beispiel abgebildet:[110]

Grundlagen der Darstellung

Dieser zusammengefasste Konzernlagebericht des SAP-Konzerns ... und Lagebericht der SAP SE wurde gemäß §§ 289, 315 und § 315a HGB sowie nach den Deutschen Rechnungslegungsstandards (DRS) Nr. 17 und 20 aufgestellt. Er stellt außerdem einen Managementbericht gemäß dem Practice Statement „Management Commentary" der International Financial Reporting Standards (IFRS) dar.

Beispiel XIII-1: *Erklärung der SAP SE zum IFRS PS MC*

---

106 Vgl. BAETGE, J./KIRSCH, H.-J./DITTMAR, P., in: Baetge u. a., Rechnungslegung nach IFRS, 2. Aufl., Teil A, Kap. VIII, Rn. 100.

107 Vgl. MELCHER, W./MURER, A., Das IFRS Practice Statement, S. 430.

108 KAJÜTER, P., IFRS Practice Statement, S. 224.

109 Vgl. BÖCKING, H.-J./DUTZI, A./GROS, M., in: Baetge/Kirsch/Thiele, § 289 HGB, Rn. 504.

110 Vgl. SAP SE (Hrsg.), Geschäftsbericht 2014, S. 56.

Quellenverzeichnis

Verzeichnis der Kommentare und Handbücher zur Bilanzierung

ADLER, HANS/DÜRING, WALTHER/SCHMALTZ, KURT, Rechnungslegung nach Internationalen Standards, Stuttgart 2002 ff. (zitiert: ADS International).

ADLER, HANS/DÜRING, WALTHER/SCHMALTZ, KURT, Rechnungslegung und Prüfung der Unternehmen, 6. Aufl., Stuttgart 1994/2001 (zitiert: ADS, 6. Aufl.).

BAETGE, JÖRG/WOLLMERT, PETER/KIRSCH, HANS-JÜRGEN/OSER, PETER/BISCHOF, STEFAN (Hrsg.), Rechnungslegung nach International Financial Reporting Standards, Loseblatt, 2. Aufl., Stuttgart 2003 ff. (zitiert: BEARBEITER, in: Baetge u. a., Rechnungslegung nach IFRS, 2. Aufl.).

BAETGE, JÖRG/KIRSCH, HANS-JÜRGEN/THIELE, STEFAN (Hrsg.), Bilanzrecht, Loseblatt, Bonn/Berlin 2002 ff. (zitiert: BEARBEITER, in: Baetge/Kirsch/Thiele).

BALLWIESER, WOLFGANG/BEINE, FRANK/HAYN, SVEN/PEEMÖLLER, VOLKER H./SCHRUFF, LOTHAR/WEBER, CLAUS-PETER (Hrsg.), IFRS 2011, Wiley-Handbuch IFRS, 7. Aufl., Weinheim 2011 (zitiert: BEARBEITER, in: Wiley-Handbuch, 7. Aufl.).

BAUMBACH, ADOLF/HOPT, KLAUS J./MERKT, HANNO/ROTH, MARKUS, Handelsgesetzbuch mit GmbH & Co., Handelsklauseln, Bank- und Börsenrecht, Transportrecht (ohne Seerecht), Beck'scher Kurz-Kommentar, begründet v. Baumbach, Adolf, 35. Aufl., München 2012 (zitiert: BEARBEITER, in: Baumbach/Hopt, 35. Aufl.).

BOHL, WERNER/RIESE, JOACHIM/SCHLÜTER, JÖRG (Hrsg.), Beck'sches IFRS-Handbuch: Kommentierung der IFRS/IAS, 4. Aufl., München 2013 (zitiert: BEARBEITER, in: Beck IFRS HB, 4. Aufl.).

BUDDE, WOLFGANG DIETER/CLEMM, HERMANN/ELLROTT, HELMUT/FÖRSCHLE, GERHART (Hrsg.), Beck'scher Bilanzkommentar, 3. Aufl., München 1995 (zitiert: BEARBEITER: in: Beck Bilanzkomm., 3. Aufl.).

CASTAN, EDGAR/BÖCKING, HANS-JOACHIM/HEYMANN, GERD/PFITZER, NORBERT/SCHEFFLER, EBERHARD (Hrsg.), Beck'sches Handbuch der Rechnungslegung, Loseblatt, München 1986 ff. (zitiert: BEARBEITER, in: Beck HdR).

FÖRSCHLE, GERHART/GROTTEL, BERND/SCHMIDT, STEFAN/SCHUBERT, WOLFGANG/WINKELJOHANN, NORBERT (Hrsg.), Beck'scher Bilanzkommentar, 9. Aufl., München 2014 (zitiert: BEARBEITER, in: Beck Bilanzkomm., 9. Aufl.).

EMMERICH, VOLKER/HABERSACK, MATHIAS (Hrsg.), Aktien- und GmbH-Konzernrecht, 7. Aufl., München 2013 (zitiert: BEARBEITER, in: Emmerich/Habersack, Aktien- und GmbH-Konzernrecht, 7. Aufl.).

GELHAUSEN, HANS FRIEDRICH/FEY, GERD/KÄMPFER, GEORG (Hrsg.), Rechnungslegung und Prüfung nach dem Bilanzrechtsmodernisierungsgesetz, Düsseldorf 2009 (zitiert: BEARBEITER, in: Rechnungslegung und Prüfung nach dem BilMoG).

HENNRICHS, JOACHIM/KLEINDIEK, DETLEF/WATRIN, CHRISTOPH (Hrsg.), Münchener Kommentar zum Bilanzrecht, Band II, München 2013, (zitiert: BEARBEITER, in: Münchener Komm. Bilanzrecht).

HEUSER, PAUL J./THEILE, CARSTEN, IFRS Handbuch, Einzel- und Konzernabschluss, 5. Aufl., Köln 2012 (IFRS Handbuch, 5. Aufl.).

HOFBAUER, MAX A./KUPSCH, PETER (Hrsg.), Rechnungslegung (ursprünglich unter dem Titel Bonner Handbuch Rechnungslegung), Loseblatt, 2. Aufl., Berlin 2000 ff. (zitiert: BEARBEITER, in: Hofbauer/Kupsch).

KÜTING, KARLHEINZ/PFITZER, NORBERT/WEBER, CLAUS-PETER (Hrsg.), Handbuch der Rechnungslegung – Einzelabschluss, Loseblatt, 5. Aufl., Stuttgart 2002 ff. (zitiert: BEARBEITER, in: Küting/Pfitzer/Weber, HdR-E, 5. Aufl.).

KÜTING, KARLHEINZ/WEBER, CLAUS-PETER (Hrsg.), Handbuch der Konzernrechnungslegung. Kommentar zur Bilanzierung und Prüfung, 1. Aufl., Stuttgart 1989 (zitiert: BEARBEITER, in: Küting/Weber, HdK, 1. Aufl.).

KÜTING, KARLHEINZ/WEBER, CLAUS-PETER (Hrsg.), Handbuch der Konzernrechnungslegung. Kommentar zur Bilanzierung und Prüfung, Band II, 2. Aufl., Stuttgart 1998 (zitiert: BEARBEITER, in: Küting/Weber, HdK, 2. Aufl.).

LÜDENBACH, NORBERT/HOFFMANN, WOLF-DIETER/FREIBERG, JENS (Hrsg.), Haufe IFRS – Kommentar, 13. Aufl., Freiburg 2015 (zitiert: BEARBEITER, in: Haufe IFRS-Kommentar, 13. Aufl.).

LUTTER, MARCUS/HOMMELHOFF, PETER/BAYER, WALTER/KLEINDIEK, DETLEF, GmbH-Gesetz, Kommentar, 18. Aufl., Köln 2012 (zitiert: BEARBEITER, in: Lutter u. a., 18. Aufl.).

MEYER-LANDRUT, JOACHIM/MILLER, FRITZ GEORG/NIEHUS, RUDOLF J. (Hrsg.), Gesetz betreffend die Gesellschaften mit beschränkter Haftung (GmbHG) einschließlich Rechnungslegung zum Einzel- sowie zum Konzernabschluß, Kommentar, Berlin u. a. 1987 (zitiert: BEARBEITER, in: Meyer-Landrut/Miller/Niehus).

MÜLLER, STEFAN/STUTE, ANDREAS/WITHUS, KARL-HEINZ (Hrsg.), Handbuch Lagebericht, Berlin 2013, (zitiert: BEARBEITER, Kapitel, in: Handbuch Lagebericht).

SCHMIDT, KARSTEN/EBKE, WERNER F. (Hrsg.), Münchener Kommentar zum Handelsgesetzbuch, Band. IV, 3. Aufl., München 2013 (zitiert: BEARBEITER, in: Münchener Komm. HGB).

WYSOCKI, KLAUS V./SCHULZE-OSTERLOH, JOACHIM/HENNRICHS, JOACHIM/KUHNER, CHRISTOPH (Hrsg.), Handbuch des Jahresabschlusses in Einzeldarstellungen, Loseblatt, Köln 1984 ff. (zitiert: BEARBEITER, in: HdJ).

ZÖLLNER, WOLFGANG/NOACK, ULRICH, Kölner Kommentar zum AktG. Konzernrecht: §§ 15-22, 291-328 AktG und Meldepflichten nach §§ 21 ff. WpHG, SpruchG, 3. Aufl., Köln u. a. 2004 (zitiert: BEARBEITER, in: Zöllner/Noack, 3. Aufl.).

Verzeichnis der Aufsätze und Monographien

ACHLEITNER, ANN-KRISTIN/GERBAULET, CHRISTIAN, Das „Statement of Non-Owner Movements in Equity" als neuer verbindlicher Bestandteil des Jahresabschlusses nach IAS, in: Jahrbuch zum Finanz- und Rechnungswesen 1997, hrsg. v. Siegwart, Hans, Zürich 1997, S. 85-101 (Das „Statement of Non-Owner Movements in Equity").

ACHLEITNER, ANN-KRISTIN/KLEEKÄMPER, HEINZ, „Presentation of Financial Statements" – Das Reformprojekt des IASC und seine Auswirkungen, in: WPg 1997, S. 117-126 (Presentation of Financial Statements).

ALBACH, HORST, Grundgedanken einer synthetischen Bilanztheorie, in: ZfB 1965, S. 21-31 (Synthetische Bilanztheorie).

ALVAREZ, MANUEL, Segmentberichterstattung nach DRS 3 – Vergleich zu IAS 14 und SFAS 131, in: DB 2002, S. 2057-2065 (Segmentberichterstattung nach DRS 3).

ARBEITSKREIS „EXTERNE UNTERNEHMENSRECHNUNG" DER SCHMALENBACH-GE-SELLSCHAFT, Aufstellung von Konzernabschlüssen, ZfbF-Sonderheft 21/1987, hrsg. v. Busse von Colbe, Walther/Müller, Eberhard/Reinhard, Herbert, 2. Aufl., Düsseldorf/Frankfurt a. M. 1989 (Aufstellung von Konzernabschlüssen).

ARBEITSKREIS „EXTERNE UNTERNEHMENSRECHNUNG" DER SCHMALENBACH-GE-SELLSCHAFT, Empfehlungen zur Vereinheitlichung von Kennzahlen in Geschäftsberichten, in: DB 1996, S. 1989-1994 (Kennzahlen in Geschäftsberichten).

ARBEITSKREIS „FINANZIERUNGSRECHNUNG" DER SCHMALENBACH-GESELLSCHAFT, Praxis der Aufstellung und Nutzung von Kapitalflussrechnungen deutscher Industrieunternehmen, ZfbF-Sonderheft 66/2012, S. 1-140 (Praxis der Aufstellung und Nutzung).

ARBEITSKREIS WELTABSCHLÜSSE DER SCHMALENBACH-GESELLSCHAFT, Aufstellung internationaler Konzernabschlüsse, ZfbF-Sonderheft 9/1979, Wiesbaden 1979 (Aufstellung internationaler Konzernabschlüsse).

ARBEITSKREIS WELTBILANZ DES IDW, Die Einbeziehung ausländischer Unternehmen in den Konzernabschluß („Weltabschluß"). Ergebnisse des Arbeitskreises „Weltbilanz" des Instituts der Wirtschaftsprüfer in Deutschland e. V., Düsseldorf 1977 (Die Einbeziehung ausländischer Unternehmen in den Konzernabschluß).

ARMELOH, KARL-HEINZ, Die Berichterstattung im Anhang, Eine theoretische und empirische Untersuchung der Qualität der Berichterstattung im Anhang börsennotierter Kapitalgesellschaften, Düsseldorf 1998 (Die Berichterstattung im Anhang).

BAETGE, JÖRG, Möglichkeiten der Objektivierung des Jahreserfolges, Düsseldorf 1970 (Möglichkeiten der Objektivierung).

BAETGE, JÖRG, Kapital und Vermögen, in: Handwörterbuch der Betriebswirtschaft, hrsg. v. Grochla, Erwin/Wittmann, Waldemar, 4. Aufl., Stuttgart 1975, Sp. 2089-2096 (Kapital und Vermögen).

BAETGE, JÖRG, Rechnungslegungszwecke des aktienrechtlichen Jahresabschlusses, in: Bilanzfragen. Festschrift zum 65. Geburtstag von Ulrich Leffson, hrsg. v. Baetge, Jörg/Moxter, Adolf/Schneider, Dieter, Düsseldorf 1976, S. 11-30 (Rechnungslegungszwecke).

ᴊAETGE, JÖRG, Die neuen Ansatz- und Bewertungsvorschriften, in: ZfbF 1987, S. 206-218 (Ansatz- und Bewertungsvorschriften).

BAETGE, JÖRG, Änderungen bestehender Beteiligungsverhältnisse im Konzernabschluß, in: Bilanzrecht und Kapitalmarkt. Festschrift zum 65. Geburtstag von Adolf Moxter, hrsg. v. Ballwieser, Wolfgang u. a., Düsseldorf 1994, S. 531-549 (Änderungen bestehender Beteiligungsverhältnisse).

BAETGE, JÖRG, Kapitalkonsolidierung nach der Erwerbsmethode im mehrstufigen Konzern, in: Rechenschaftslegung im Wandel. Festschrift für Wolfang Dieter Budde, hrsg. v. Förschle, Gerhart/Kaiser, Klaus/Moxter, Adolf, München 1995, S. 19-42 (Kapitalkonsolidierung im mehrstufigen Konzern).

BAETGE, JÖRG, Möglichkeiten der Objektivierung der Redepflicht nach § 321 Abs. 1 Satz 4 und Abs. 2 HGB, in: Internationale Wirtschaftsprüfung. Festschrift für Hans Havermann, hrsg. v. Lanfermann, Josef, Düsseldorf 1995, S. 1-35 (Möglichkeiten der Objektivierung der Redepflicht).

BAETGE, JÖRG, Der Eigenkapitalspiegel als Bestandteil des Konzernabschlusses nach HGB und IAS, in: Unternehmensberatung und Wirtschaftsprüfung. Festschrift für Günter Sieben, hrsg. v. Matschke, Manfred J. u. a., Stuttgart 1998, S. 343-358 (Der Eigenkapitalspiegel).

BAETGE, JÖRG, Sicherheit und Genauigkeit, in: Lexikon der Rechnungslegung und Abschlußprüfung, hrsg. v. Lück, Wolfgang, 4. Aufl., München 1998, S. 719 f. (Sicherheit und Genauigkeit).

BAETGE, JÖRG/ARMELOH, KARL-HEINZ/SCHULZE, DENNIS, Anforderungen an die Geschäftsberichterstattung aus betriebswirtschaftlicher und handelsrechtlicher Sicht, in: DStR 1997, S. 176-180 (Anforderungen an die Geschäftsberichterstattung).

BAETGE, JÖRG/ARMELOH, KARL-HEINZ/SCHULZE, DENNIS, Empirische Befunde über die Qualität der Geschäftsberichterstattung börsennotierter Kapitalgesellschaften, in: DStR 1997, S. 212-219 (Qualität der Geschäftsberichterstattung).

BAETGE, JÖRG/BRUNS, CARSTEN, Die Equity-Methode, in: BBK 1997, Fach 18, S. 611-626 (Equity-Methode).

BAETGE, JÖRG/FEIDICKER, MARKUS, Vermögens- und Finanzlage, Prüfung der, in: Handwörterbuch der Revision, hrsg. v. Coenenberg, Adolf Gerhard/Wysocki, Klaus v., 2. Aufl., Stuttgart 1992, Sp. 2086-2107 (Vermögens- und Finanzlage).

BAETGE, JÖRG/FISCHER, THOMAS R., Zur Aussagefähigkeit der Gewinn- und Verlustrechnung tt, in: ZfB 1987, Ergänzungsheft 1, S. 175-201 (Aussagefähigkeit der Gewinn- und Verlustrechnung).

BAETGE, JÖRG/FISCHER, THOMAS R./PASKERT, DIERK, Der Lagebericht. Aufstellung, Prüfung und Offenlegung, Stuttgart 1989 (Der Lagebericht).

BAETGE, JÖRG/HAENELT, TIMO, Kritische Würdigung der neu konzipierten Segmentberichterstattung nach IFRS 8 unter Berücksichtigung prüfungsrelevanter Aspekte, in: IRZ 2008, S. 43-49 (Segmentberichterstattung nach IFRS 8).

BAETGE, JÖRG/HERRMANN, DAGMAR, Probleme der Endkonsolidierung im Konzernabschluß, in: WPg 1995, S. 225-232 (Probleme der Endkonsolidierung).

BAETGE, JÖRG/HIPPEL, BORIS/SOMMERHOFF, DOMINIC, Anforderungen und Praxis der Prognoseberichterstattung, in: DB 2011, S. 365-372 (Prognoseberichterstattung).

BAETGE, JÖRG/KIRSCH, HANS-JÜRGEN/SOLMECKE, HENRIK, Auswirkungen des Bil-MoG auf die Zwecke des handelsrechtlichen Jahresabschlusses, in: WPg 2009, S. 1211-1222 (Auswirkungen des BilMoG).

BAETGE, JÖRG/KIRSCH, HANS-JÜRGEN/THIELE, STEFAN, Bilanzanalyse, 2. Aufl., Düsseldorf 2004 (Bilanzanalyse).

BAETGE, JÖRG/KIRSCH, HANS-JÜRGEN/THIELE, STEFAN, Konzernbilanzen, 7. Aufl., Düsseldorf 2004 (Konzernbilanzen, 7. Aufl.).

BAETGE, JÖRG/KIRSCH, HANS-JÜRGEN/THIELE, STEFAN, Konzernbilanzen, 10. Aufl., Düsseldorf 2013 (Konzernbilanzen, 10. Aufl.).

BAETGE, JÖRG/KIRSCH, HANS-JÜRGEN/THIELE, STEFAN, Bilanzen, 9. Aufl., Düsseldorf 2007 (Bilanzen, 9. Aufl.).

BAETGE, JÖRG/KIRSCH, HANS-JÜRGEN/THIELE, STEFAN, Bilanzen, 13. Aufl., Düsseldorf 2014 (Bilanzen).

BAETGE, JÖRG/LUTTER, MARCUS (Hrsg.), Abschlussprüfung und Corporate Governance. Bericht des Arbeitskreises „Abschlussprüfung und Corporate Governance", Köln 2003 (Abschlussprüfung und Corporate Governance).

BAETGE, JÖRG/SCHULZE, DENNIS, Aktueller Befund über die Qualität der Geschäftsberichterstattung, in: Der Geschäftsbericht, hrsg. v. Baetge, Jörg/Kirchhoff, Klaus Rainer, Wien 1997, S. 303-337 (Befund über die Qualität der Geschäftsberichterstattung).

BAETGE, JÖRG/SCHULZE, DENNIS, Möglichkeiten der Objektivierung der Lageberichterstattung über „Risiken der künftigen Entwicklung", in: DB 1998, S. 937-948 (Möglichkeiten der Objektivierung der Lageberichterstattung).

BAETGE, JÖRG/SOLMECKE, HENRIK, Grundsätze und Konzeption des Value Reporting, in: Zeitschrift für Controlling und Management 2006, S. 16-30 (Value Reporting).

BAETGE, JÖRG/THIELE, STEFAN, Gesellschafterschutz versus Gläubigerschutz – Rechenschaft versus Kapitalerhaltung, in: Handelsbilanzen und Steuerbilanzen. Festschrift zum 70. Geburtstag von Heinrich Beisse, hrsg. v. Budde, Wolfgang Dieter/Moxter, Adolf/Offerhaus, Klaus, Düsseldorf 1997, S. 11-24 (Gesellschafterschutz versus Gläubigerschutz).

BAETGE, JÖRG/THIELE, STEFAN/PLOCK, MARCUS, Die Restrukturierung des IASC – Auf dem Weg zum globalen Standardsetter, in: DB 2000, S. 1033-1038 (Die Restrukturierung des IASC).

BAETGE, JÖRG/UHLIG, ANNEGRET, Zur Ermittlung der handelsrechtlichen „Herstellungskosten" unter Verwendung der Daten der Kostenrechnung, in: WiSt 1985, S. 274-280 (Ermittlung der handelsrechtlichen „Herstellungskosten").

BALLWIESER, WOLFGANG, Zur Frage der Rechtsform-, Konzern- und Branchenunabhängigkeit der Grundsätze ordnungsmäßiger Buchführung, in: Rechenschaftslegung im Wandel. Festschrift für Wolfgang Dieter Budde, hrsg. v. Förschle, Gerhart/Kaiser, Klaus/Moxter, Adolf, München 1995, S. 43-66 (Grundsätze ordnungsmäßiger Buchführung).

BARTH, DANIELA/BEHYS, OLIVER, Prognoseberichterstattung in der Praxis. Update2012: Analyse der Berichtsqualität in Deutschland mithilfe eines gewichteten Disclosure Index-Verfahrens für die Jahre 2004 bis 2011, in: KoR 2012, S. 572-578 (Prognoseberichterstattung).

BARTH, DANIELA/THORMANN, BETTINA, Enforcement der Lageberichterstattung, in: DB 2015, S. 993-1002 (Enforcement der Lageberichterstattung).

BARTHOLOMEW, E. G./BROWN, ANDREW/MUIS, JULES W., Konzernabschlüsse in Europa, Wiesbaden 1981 (Konzernabschlüsse in Europa).

BAUCHOWITZ, HANS, Die Lageberichtspublizität der Deutschen Aktiengesellschaften. Eine empirische Untersuchung zum Stand der Berichterstattung gem. § 160 Abs. 1 AktG, Frankfurt a. M./Bern/Las Vegas 1979 (Lageberichtspublizität).

BEISSE, HEINRICH, Die Generalnorm des neuen Bilanzrechts, in: Handels- und Steuerrecht. Festschrift für Georg Döllerer, hrsg. v. Klein, Franz/Knobbe-Keuk, Brigitte/Moxter, Adolf, Düsseldorf 1988, S. 25-44 (Die Generalnorm des neuen Bilanzrechts).

BELL, WILLIAM H., Accountants' Reports, New York 1925 (Accountants' Reports).

BEYHS, OLIVER/WAGNER, BERNADETTE, Die neuen Vorschriften des IASB zur Abbildung von Unternehmenszusammenschlüssen, in: DB 2007, S. 73-83 (Neue Vorschriften zur Abbildung von Unternehmenszusammenschlüssen).

BENTLER, MARTIN, Grundsätze ordnungsmäßiger Bilanzierung für die Equitymethode, Wiesbaden 1991 (Grundsätze ordnungsmäßiger Bilanzierung für die Equitymethode).

BIENER, HERBERT, Auswirkungen der Vierten EG-Richtlinie der EG auf den Informationsgehalt der Rechnungslegung deutscher Unternehmen, in: BFuP 1979, S. 1-16 (Auswirkungen der Vierten EG-Richtlinie).

BIENER, HERBERT, Die Konzernrechnungslegung nach der Siebenten Richtlinie des Rates der Europäischen Gemeinschaften über den Konzernabschluß, in: DB 1983, Beilage Nr. 19 zu Heft 35, S. 1-16 (Konzernrechnungslegung nach der Siebenten Richtlinie).

BIENER, HERBERT/BERNEKE, WILHELM, Bilanzrichtlinien-Gesetz, unter Mitarbeit v. Niggemann, Karl Heinz, Düsseldorf 1986 (Bilanzrichtlinien-Gesetz).

BIENER, HERBERT/SCHATZMANN, JÜRGEN, Konzern-Rechnungslegung, Düsseldorf 1983 (Konzern-Rechnungslegung).

BLÖINK, THOMAS/KNOLL-BIERMANN, THOMAS, Bilanzrichtlinie-Umsetzungsgesetz (BilRUG), in: Der Konzern 2015, S. 65-79 (Bilanzrichtlinie-Umsetzungsgesetz).

BÖCKEM, HANNE/ISMAR, MICHAEL, Die Bilanzierung von Joint Arrangements nach IFRS 11, in: WPg 2011, S. 820-828 (Joint Arrangements nach IFRS).

BÖCKING, HANS-JOACHIM, Zum Verhältnis von neuem Lagebericht, Anhang und IFRS. Ein Beitrag zur Berichterstattung über die Finanzinstrumente und die Finanzanlage nach dem Bilanzrechtsreformgesetz, in: BB 2005, Beilage 3, S. 5-8 (Lagebericht, Anhang und IFRS).

BÖCKING, HANS-JOACHIM/BENECKE, BIRKA, Der Entwurf des DRSC zur Segmentberichterstattung „E-DRS 3", in: WPg 1999, S. 839-845 (Segmentberichterstattung).

BÖCKING, HANS-JOACHIM/GROS, MARIUS/KOCH, SEBASTIAN/WALLEK, CHRISTOPH, Der neue Konzernlagebericht nach DRS 20, in: Der Konzern 2013, S. 30-43 (Der neue Konzernlagebericht nach DRS).

BÖCKING, HANS-JOACHIM/KLEIN, GABRIELLE/LOPATTA, KERSTIN, Darstellung des E-DRS 4, Unternehmenserwerbe im Konzernabschluß, in: FB 2000, S. 433-440 (Darstellung des E-DRS 4).

BÖCKING, HANS-JOACHIM/ORTH, CHRISTIAN, Kann das „Gesetz zur Kontrolle und Transparenz im Unternehmensbereich (KonTraG)" einen Beitrag zur Verringerung der Erwartungslücke leisten? – Eine Würdigung auf Basis von Rechnungslegung und Kapitalmarkt, in: WPg 1998, S. 351-364 (Verringerung der Erwartungslücke).

BOLIN, MANFRED/ZÜNDORF, HORST, Zur Problematik der Konzernrechnungslegung nach der 7. EG-Richtlinie, in: BB 1983, S. 1447-1450 (Problematik der Konzernrechnungslegung).

BORCHERT, MANFRED/GROSSEKETTLER, HEINZ, Preis- und Wettbewerbstheorie, Stuttgart u. a. 1985 (Preis- und Wettbewerbstheorie).

BORES, WILHELM, Konsolidierte Erfolgsbilanzen und andere Bilanzierungsmethoden in Konzernen und Kontrollgesellschaften, Würzburg 1935 (Konsolidierte Erfolgsbilanzen).

BREITWEG, JAN/HAHN, KLAUS/ZAJONTZ, YVONNE, Zur Bilanzierungspraxis mittelständischer Konzerne nach BilMoG – Ergebnisse einer empirischen Untersuchung von BDI/EY/DHBW, in: StuB 2012, S. 651-659 (Bilanzierungspraxis mittelständischer Konzerne).

BRETZKE, WOLF-RÜDIGER, Prognoseprüfung, in: Handwörterbuch der Revision, hrsg. v. Coenenberg, Adolf Gerhard/Wysocki, Klaus v., 2. Aufl., Stuttgart 1992, Sp. 1436-1443 (Prognoseprüfung).

BROCKHOFF, KLAUS, Forschung und Entwicklung im Lagebericht, in: WPg 1982, S. 237-247 (Forschung und Entwicklung im Lagebericht).

BROTTE, JÖRG, US-amerikanische und deutsche Geschäftsberichte, Wiesbaden 1997 (US-amerikanische und deutsche Geschäftsberichte).

BRÜGGEMANN, BENEDIKT, Die Berichterstattung im Anhang des IFRS-Abschlusses, Düsseldorf 2007 (Die Berichterstattung im Anhang des IFRS-Abschlusses).

BUCHHEIM, REGINE, IAS Improvements Project. Weiterentwicklung der IAS/IFRS erfordert aktive Mitarbeit auch in Deutschland, in: BB 2002, S. 1475-1479 (Improvements Project).

BUCHHEIM, REGINE/KNORR, LIESEL, Der Lagebericht nach DRS 15 und internationale Entwicklungen, in: WPg 2006, S. 413-425 (Der Lagebericht nach DRS 15).

BÜHNER, ROLF/HILLE, KLAUS, Anwendungsprobleme der Equity-Methode für die Konzernrechnungslegung in der Europäischen Gemeinschaft, in: WPg 1980, S. 261-266 (Anwendungsprobleme der Equity-Methode).

BUNDESVERBAND DER DEUTSCHEN INDUSTRIE E. V. (Hrsg.), Industrie-Kontenrahmen IKR. Neufassung 1986 in Anpassung an das Bilanzrichtlinien-Gesetz (BiRiLiG). Tiefgliederung, 3. Aufl., Köln/Bergisch Gladbach 1990 (Industrie-Kontenrahmen).

BURKEL, PETER, Arten, Aufgaben und Aussagekraft externer Bilanzen, in: BB 1985, S. 838-846 (Externe Bilanzen).

BUSSE VON COLBE, WALTHER, Prognosepublizität von Aktiengesellschaften, in: Beiträge zur Lehre von der Unternehmung. Festschrift für Karl Käfer, hrsg. v. Angehrn, Otto/Künzi, Hans Paul, Stuttgart 1968, S. 91-118 (Prognosepublizität von Aktiengesellschaften).

BUSSE VON COLBE, WALTHER, Zur Umrechnung der Jahresabschlüsse ausländischer Konzernunternehmen für die Aufstellung von Konzernabschlüssen bei Wechselkursänderungen, in: The Finnish Journal of Business Economics 1972, S. 306-333 (Umrechnung der Jahresabschlüsse ausländischer Konzernunternehmen).

BUSSE VON COLBE, WALTHER, Neue Entwicklungstendenzen in der Konzernrechnungslegung, in: WPg 1978, S. 652-660 (Neue Entwicklungstendenzen).

BUSSE VON COLBE, WALTHER, Der Konzernabschluß im Rahmen des Bilanzrichtlinie-Gesetzes, in: ZfbF 1985, S. 761-782 (Der Konzernabschluß im Rahmen des Bilanzrichtlinie-Gesetzes).

BUSSE VON COLBE, WALTHER, Die Equity-Methode zur Bewertung von Beteiligungen im Konzernabschluß – eine wichtige Neuerung für das deutsche Bilanzrecht, in: Zukunftsaspekte einer anwendungsorientierten Betriebswirtschaftslehre. Festschrift für Erwin Grochla zum 65. Geburtstag gewidmet, hrsg. v. Gaugler, Eduard/Meissner, Hans Günther/Thom, Norbert, Stuttgart 1986, S. 249-266 (Equity-Methode).

BUSSE VON COLBE, WALTHER/BECKER, WINFRIED/BERNDT, HELMUT/GEIGER, KLAUS M./HAASE, HEIDRUN/SCHELLMOSER, FRIEDRICH/SCHMITT, GÜNTER/SEEBERG, THOMAS/WYSOCKI, KLAUS V. (Hrsg.), Ergebnis nach DVFA/SG. DVFA/SG Earnings per Share. Gemeinsame Empfehlung der DVFA und der Schmalenbach-Gesellschaft zur Ermittlung eines von Sondereinflüssen bereinigten Jahresergebnisses je Aktie (Joint recommendation), 3. Aufl., Stuttgart 2000 (Ergebnis nach DVFA/SG).

BUSSE VON COLBE, WALTHER/CHMIELEWICZ, KLAUS, Das neue Bilanzrichtlinien-Gesetz, in: DBW 1986, S. 289-347 (Das neue Bilanzrichtlinien-Gesetz).

BUSSE VON COLBE, WALTHER/ORDELHEIDE, DIETER/GEBHARDT, GÜNTHER/PELLENS, BERNHARD, Konzernabschlüsse – Rechnungslegung nach betriebswirtschaftlichen Grundsätzen sowie nach Vorschriften des HGB und der IAS/IFRS, 9. Aufl., Wiesbaden 2010 (Konzernabschlüsse).

CAIRNS, DAVID, Applying International Accounting Standards, 4. Aufl., London 2004 (Applying IAS).

CARSON, GORDON C., Elimination of Intercompany Profits in Consolidated Statements, in: Journal of Accountancy, Vol. 36, 1923, S. 1-6 und 390 f. (Elimination of Intercompany Profits).

COENENBERG, ADOLF GERHARD/HALLER, AXEL/SCHULTZE, WOLFGANG, Jahresabschluss und Jahresabschlussanalyse. Betriebswirtschaftliche, handelsrechtliche, steuerrechtliche und internationale Grundlagen – HGB, IAS/IFRS, US-GAAP, DRS, 23. Aufl., Stuttgart 2014 (Jahresabschluss und Jahresabschlussanalyse).

COENENBERG, ADOLF GERHARD/HILLE, KLAUS, Latente Steuern nach der neu gefaßten Richtlinie IAS 12, in: DB 1997, S. 537-544 (Latente Steuern nach IAS 12).

DEUBERT, MICHAEL/ROLAND, SANDRA, E-DRS 29: Konzerneigenkapital: Überblick und kritische Anmerkungen, in: WP Praxis 2014, S. 149-155 (E-DRS 29).

DILL, ROLF, Bilanzierung von Beteiligungen an Arbeitsgemeinschaften nach dem neuen Bilanzrecht, in: DB 1987, S. 752-755 (Bilanzierung von Beteiligungen an Arbeitsgemeinschaften).

DOBLER, MICHAEL/DOBLER, SILVIA, Other Comprehensive Income: Empirische Analyse von Ausmaß, Komponenten und Recycling in deutschen IFRS-Abschlüssen, in: IRZ 2012, S. 35-40 (Other Comprehensive Income).

DÖLLERER, GEORG, Grundsätze ordnungsmäßiger Bilanzierung, deren Entstehung und Ermittlung, in: WPg 1959, S. 653-658 (Grundsätze ordnungsmäßiger Bilanzierung).

DÖRFLER, OLIVER/ADRIAN, GERRIT, Zum Referentenentwurf des Bilanzrechtsmodernisierungsgesetzes (BilMoG): Steuerliche Auswirkungen, in: DB 2008, S. 44-49 (Steuerliche Auswirkungen).

DÖRNER, DIETRICH/BISCHOF, STEFAN, Zweifelsfragen zur Berichterstattung über die Risiken der künftigen Entwicklung im Lagebericht, in: WPg 1999, S. 445-455 (Zweifelsfragen).

DREGER, KARL-MARTIN, Der Konzernabschluß, Wiesbaden 1969 (Der Konzernabschluß).

DRSC (Hrsg.), Standardisierungsvertrag zwischen dem Bundesministerium der Justiz (BMJ) und dem DRSC e. V., http://www.drsc.de/docs/drsc/standardisierungsvertrag/111202_SV_BMJ-DRSC.pdf (Stand: 25.08.2013) (Standardisierungsvertrag).

DRSC (Hrsg.), Satzung des Vereins „DRSC – Deutsches Rechnungslegungs Standards Committee", http://www.drsc.de/docs/drsc/satzung/110720_Satzung.pdf (Stand: 25.08.2013) (Satzung des DRSC).

DRSC (Hrsg.), Stellungnahme zum BilRUG (Regierungsentwurf), http://www.drsc.de/docs/press_releases/2015/150224_DRSC_BilRUG-RegE_SN.pdf?date=2015-6-2 (Stand: 07.07.2015) (Stellungnahme zum BilRUG-RegE).

DUSEMOND, MICHAEL, Ausprägungen und Reichweite des Stetigkeitsgrundsatzes im Konzern, in: WPg 1994, S. 721-727 (Stetigkeitsgrundsatz im Konzern).

DUSEMOND, MICHAEL, Quotenkonsolidierung versus Equity-Methode, in: DB 1997, S. 1781-1785 (Quotenkonsolidierung versus Equity-Methode).

EBELING, RALF MICHAEL, Die Einheitsfiktion als Grundlage der Konzernrechnungslegung, Stuttgart 1995 (Die Einheitsfiktion).

EBELING, RALF MICHAEL, Die zweckgemäße Abbildung der Anteile fremder Gesellschafter im Konzernabschluß nach deutschem HGB, in: DBW 1995, S. 323-346 (Die zweckgemäße Abbildung der Anteile fremder Gesellschafter).

EDELKOTT, DIETER, Der Konzernabschluß in Deutschland. Eine Untersuchung über seine Aussagefähigkeit und seine zweckmäßige Gestaltung, Zürich 1963 (Der Konzernabschluß in Deutschland).

EISELE, WOLFGANG/KRATZ, NORBERT, Der Ausweis von Anteilen außenstehender Gesellschafter im mehrstufigen Konzern, in: ZfbF 1997, S. 291-310 (Anteile außenstehender Gesellschafter im mehrstufigen Konzern).

EISELE, WOLFGANG/RENTSCHLER, RALPH, Gemeinschaftsunternehmen im Konzernabschluß, in: BFuP 1989, S. 309-324 (Gemeinschaftsunternehmen im Konzernabschluß).

ELKART, WOLFGANG/HUNDT, KARL-HEINZ/MÜLLER, KLAUS, Probleme der Entkonsolidierung, in: Aktuelle Fachbeiträge aus Wirtschaftsprüfung und Beratung. Festschrift zum 65. Geburtstag von Hans Luik, hrsg. v. d. Schitag Ernst & Young - Gruppe, Stuttgart 1991, S. 53-89 (Probleme der Entkonsolidierung).

EMMERICH, VOLKER/HABERSACK, MATHIAS, Konzernrecht, 10. Aufl., München 2013 (Konzernrecht).

ERNST, CHRISTOPH/SEIDLER, HOLGER, Die Kernpunkte des Referentenentwurfs eines Gesetzes zur Modernisierung des Bilanzrechts im Überblick, in: Der Konzern 2007, S. 822-831 (Überblick über den Referentenentwurf).

EVERLING, WOLFGANG, Konzernrechnungslegung, Herne/Berlin 1990 (Konzernrechnungslegung).

EWELT-KNAUER, CORINNA/KNAUER, THORSTEN, Variable Kaufpreisklauseln bei (Teil-) Unternehmenserwerben - Status quo zum Einsatz in der Praxis sowie bilanzielle Abbildung nach HGB und IFRS, in: DStR 2011, S. 1918-1922 (Variable Kaufpreisklauseln).

EWERT, RALF/SCHENK, GERALD, Offene Probleme bei der Kapitalkonsolidierung im mehrstufigen Konzern, in: BB 1993, Beilage Nr. 14 zu Heft 20, S. 1-14 (Probleme bei der Kapitalkonsolidierung im mehrstufigen Konzern).

FALKENHAHN, GUNTHER, Änderungen der Beteiligungsstruktur an Tochterunternehmen im Konzernabschluss, Bochum 2006 (Änderungen der Beteiligungsstruktur).

FARR, WOLF-MICHAEL, Checkliste für die Aufstellung, Prüfung und Offenlegung des Konzernanhangs, 7. Aufl., Düsseldorf 2011 (Prüfercheclisten).

FEY, DIRK, Imparitätsprinzip und GoB-System im Bilanzrecht 1986, Berlin 1987 (Imparitätsprinzip und GoB-System).

FEY, GERD, Grundsätze ordnungsmäßiger Bilanzierung für Haftungsverhältnisse, Düsseldorf 1989 (Grundsätze ordnungsmäßiger Bilanzierung für Haftungsverhältnisse).

FEY, GERD, Die Angabe bestehender Zweigniederlassungen im Lagebericht nach § 289 Abs. 2 Nr. 4 HGB, in: DB 1994, S. 485-487 (Angabe bestehender Zweigniederlassungen im Lagebericht).

FEY, GERD/SCHRUFF, WIENAND, Das Standing Interpretations Committee (SIC) des International Accounting Standards Committee, in: WPg 1997, S. 585-595 (Standing Interpretations Committee).

FINK, CHRISTIAN/THEILE, CARSTEN, Anhang und Lagebericht nach dem RegE zum Bilanzrichtlinie-Umsetzungsgesetz, in: DB 2015, S. 753-762 (Anhang und Lagebericht nach BilRUG).

FÖRSCHLE, GERHART/KROPP, MANFRED, Die Bewertungsstetigkeit im Bilanzrichtlinien-Gesetz, in: ZfB 1986, S. 873-893 (Bewertungsstetigkeit).

FORSTER, KARL-HEINZ, Anhang, Lagebericht, Prüfung und Publizität im Regierungsentwurf eines Bilanzrichtlinie-Gesetzes, in: DB 1982, S. 1577-1582 und 1631-1635 (Anhang, Lagebericht, Prüfung und Publizität).

FORSTER, KARL-HEINZ/HAVERMANN, HANS, Zur Ermittlung der konzernfremden Gesellschaftern zustehenden Kapital- und Gewinnanteile, in: WPg 1969, S. 1-6 (Zur Ermittlung der konzernfremden Gesellschaftern zustehenden Kapital- und Gewinnanteile).

FREIBERG, JENS, Ausgewählter Änderungsbedarf des BilRUG-RegE - Contra, in: PiR 2015, S. 55 (Ausgewählter Änderungsbedarf des BilRUG-RegE - Contra).

FREIBERG, JENS/TEUFEL, CRISPIN, Neue Herausforderungen in der Abgrenzung des Konsolidierungskreises - Anwendung des IFRS 10 nd IFRS 11, in: Der Konzern 2013, S. 9-16 (Anwendung des IFRS 10 und IFRS 11).

FREIDANK, CARL-CHRISTIAN/SEPETAUZ, KARSTEN, (Konzern-)Lageberichterstattung nach DRS 20. Bestandsaufnahme und Darstellung der Änderungen, in: StuB 2013, S. 54-57 ((Konzern-)Lageberichterstattung nach DRS 20).

FRICKE, GABRIELE, Rechnungslegung für Beteiligungen nach der Anschaffungskostenmethode und nach der Equity-Methode, Bochum 1983 (Rechnungslegung für Beteiligungen).

FRÖHLICH, CHRISTOPH, Nochmals: Die Kapitalkonsolidierung bei Erwerb eines Teilkonzerns, in: WPg 2004, S. 65-70 (Kapitalkonsolidierung).

FUCHS, HERMANN/GERLOFF, OTTO, Die konsolidierte Bilanz, Köln 1954 (Die konsolidierte Bilanz).

FUNK, JOACHIM, Die Bilanzierung nach neuem Recht aus der Sicht eines international tätigen Unternehmens, in: Das neue Bilanzrecht – Ein Kompromiß divergierender Interessen?, hrsg. v. Baetge, Jörg, Düsseldorf 1985, S. 145-175 (Die Bilanzierung nach neuem Recht).

GALBIATI, LAURA/BAUR, DAVID, IFRS 11 Joint Arrangements: major changes and anticipated impact, in: IRZ 2011, S. 317-322 (Joint Arrangements).

GEBHARDT, GÜNTHER, Empfehlungen zur Gestaltung informativer Kapitalflußrechnungen nach internationalen Grundsätzen, in: BB 1999, S. 1314-1321 (Empfehlungen zur Gestaltung).

GEBHARDT, GÜNTHER/BERGMANN, JÖRG, Konsolidierung von Erträgen und Aufwendungen aus konzerninternen Lieferungen und Leistungen, in: WiSu 1990, S. 629-634 und 689-694 (Konsolidierung von Erträgen und Aufwendungen).

GEFIU, Möglichkeiten und Grenzen der Anpassung deutscher Konzernabschlüsse an die Rechnungslegungsvorschriften des International Accounting Standards Committee (IASC), in: DB 1995, S. 1137-1143 und 1185-1191 (Anpassung deutscher Konzernabschlüsse an die Rechnungslegungsvorschriften des IASC).

GEFIU, Stellungnahme des Arbeitskreises „Leasing" der Gesellschaft für Finanzwirtschaft in der Unternehmensführung e. V. (GEFIU) zum Arbeitspapier des Accounting Advisory Forums der EG-Kommission: Die Behandlung von Leasingverträgen in der Rechnungslegung, in: DB 1995, S. 333-337 (Leasingverträge in der Rechnungslegung).

GELHAUSEN, WOLF, Aktuelle Entwicklungen der Konzernrechnungslegung, in: Rechnungslegung und Prüfung 1996, hrsg. v. Baetge, Jörg, Düsseldorf 1996, S. 71-98 (Aktuelle Entwicklungen der Konzernrechnungslegung).

GELHAUSEN, WOLF/GELHAUSEN, HANS FRIEDRICH, Gedanken zur Behandlung des Eigenkapitals im Konzernabschluß, in: Rechnungslegung. Entwicklungen bei der Bilanzierung und Prüfung von Kapitalgesellschaften. Festschrift zum 65. Geburtstag von Karl-Heinz Forster, hrsg. v. Moxter, Adolf u. a., Düsseldorf 1992, S. 215-233 (Eigenkapital im Konzernabschluß).

GIERL, HERIBERT/KOTZBAUER, NORBERT, Der Einfluß des F&E-Aufwandes auf den wirtschaftlichen Erfolg von Industrieunternehmen, in: ZfbF 1992, S. 974-989 (Einfluß des F&E-Aufwandes).

GIMPEL-HENNING, NILS/EWELT-KNAUER, CORINNA, Die handelsrechtliche Bilanzierung des Geschäfts- oder Firmenwerts im Rahmen der Abstockung von Mehrheitsbeteiligungen – Eine interessentheoretische Untersuchung, in: WPg 2014, S. 944-952 (Geschäfts- oder Firmenwert im Rahmen der Abstockung).

GREINERT, MARKUS, Weitergehende Anforderungen an den Konzernlagebericht durch E-DRS 20 sowie das Bilanzrechtsreformgesetz, in: KoR 2004, S. 51-60 (Anforderungen an den Konzernlagebericht).

GROBE, STEFFI, Zur Eliminierung von Zwischengewinnen bei Konzernabschlüssen, in: WPg 1965, S. 310-314 (Eliminierung von Zwischengewinnen).

GRÖNER, SUSANNE/MARTEN, KAI-UWE/SCHMID, SONJA, Latente Steuern im internationalen Vergleich. Analyse der Bilanzierungsvorschriften in der BRD, Großbritannien, den USA und nach IAS 12 (revised), in: WPg 1997, S. 479-488 (Latente Steuern im internationalen Vergleich).

GROSS, GERHARD, Teilkonzernabschlüsse als Mittel des Minderheitenschutzes?, in: WPg 1976, S. 214-220 (Teilkonzernabschlüsse als Mittel des Minderheitenschutzes?).

GROSS, GERHARD/SCHRUFF, LOTHAR/VON WYSOCKI, KLAUS, Der Konzernabschluß nach neuem Recht. Aufstellung – Prüfung – Offenlegung, 2. Aufl., Düsseldorf 1987 (Der Konzernabschluß nach neuem Recht).

GROSSFELD, BERNHARD, Ein den tatsächlichen Verhältnissen entsprechendes Bild der Vermögens-, Finanz- und Ertragslage, in: Handwörterbuch unbestimmter Rechtsbegriffe im Bilanzrecht des HGB, hrsg. v. Leffson, Ulrich/Rückle, Dieter/Großfeld, Bernhard, Köln 1986, S. 192-204 (Generalnorm).

GROSSFELD, BERNHARD/LUTTERMANN, CLAUS, Bilanzrecht, 4. Aufl., Heidelberg 2005 (Bilanzrecht).

GROSSFELD, BERNHARD/JUNKER, CHRISTOPH, Die Prüfung des Jahresabschlusses im Lichte der 4. EG-Richtlinie, in: Rechnungslegung nach neuem Recht, ZfbF-Sonderheft 10/1980, hrsg. v. Bierich, Marcus u. a., Wiesbaden 1980, S. 251-277 (Prüfung des Jahresabschlusses).

GSCHREI, MICHAEL JEAN, Beteiligungen im Jahresabschluß und Konzernabschluß, Heidelberg 1990 (Beteiligungen im Jahresabschluß und Konzernabschluß).

HAAKER, ANDREAS, Ausgewählter Änderungsbedarf des BilRUG-RegE - Pro, in: PiR 2015, S. 54 (Ausgewählter Änderungsbedarf des BilRUG-RegE - Pro).

HAEGLER, OLAF, Bilanzierung von Anteilen nicht-beherrschender Gesellschafter im mehrstufigen Konzern nach IFRS, in: PiR 2009, S. 191-194 (Bilanzierung von Anteilen nicht-beherrschender Gesellschafter).

588

HALLER, AXEL, Wertschöpfungsrechnung. Ein Instrument zur Steigerung der Aussagefähigkeit von Unternehmensabschlüssen im internationalen Kontext, Stuttgart 1997 (Wertschöpfungsrechnung).

HALLER, AXEL/DIETRICH, RALPH, Intellectual Capital Bericht als Teil des Lageberichts, in: DB 2001, S. 1045-1052 (Intellectual Capital).

HARMS, JENS E./KNISCHEWSKI, GERD, Quotenkonsolidierung versus Equity-Methode im Konzernabschluß – Ein bilanzpolitisches Entscheidungsproblem –, in: DB 1985, S. 1353-1359 (Quotenkonsolidierung).

HARMS, JENS E./KÜTING, KARLHEINZ, Equity-Accounting im Konzernabschluß. Die Bewertung von Beteiligungen gemäß dem geänderten Vorschlag für eine 7. EG-Richtlinie nach dem Stand vom 10. Februar 1982, in: BB 1982, S. 2150-2161 (Equity-Accounting).

HARMS, JENS E./KÜTING, KARLHEINZ, Die Eliminierung von Zwischenverlusten nach der 7. EG-Richtlinie, in: BB 1983, S. 1891-1901 (Die Eliminierung von Zwischenverlusten).

HARMS, JENS E./KÜTING, KARLHEINZ, Konsolidierung bei unterschiedlichen Bilanzstichtagen nach künftigem Konzernrecht, in: BB 1985, S. 432-443 (Konsolidierung bei unterschiedlichen Bilanzstichtagen).

HAVERMANN, HANS, Zur Bilanzierung von Beteiligungen an Kapitalgesellschaften in Einzel- und Konzernabschluß. Einige Anmerkungen zum Equity-Accounting, in: WPg 1975, S. 233-242 (Bilanzierung von Beteiligungen).

HAVERMANN, HANS, Rechnungslegung im Wandel – Nationale und internationale Entwicklungstendenzen ausgewählter Bereiche, Köln 1980 (Rechnungslegung im Wandel).

HAVERMANN, HANS, Der Konzernabschluß nach neuem Recht – ein Fortschritt?, in: Bilanz- und Konzernrecht. Festschrift zum 65. Geburtstag von Reinhard Goerdeler, hrsg. v. Havermann, Hans, Düsseldorf 1987, S. 173-197 (Der Konzernabschluß nach neuem Recht).

HAVERMANN, HANS, Die Equity-Bewertung von Beteiligungen, in: ZfbF 1987, S. 302-309 (Equity-Bewertung).

HAVERMANN, HANS, Die Handelsbilanz II – Zweck, Inhalt und Einzelfragen ihrer Erstellung –, in: Handelsrecht und Steuerrecht. Festschrift für Georg Döllerer, hrsg. v. Klein, Franz/Knobbe-Keuk, Brigitte/Moxter, Adolf, Düsseldorf 1988, S. 185-203 (Die Handelsbilanz II).

HAYN, BENITA/KÜTING, KARLHEINZ, Beendigung der Vollkonsolidierung von Tochterunternehmen, in: BB 1999, S. 2072-2078 (Beendigung der Vollkonsolidierung).

HAYN, SVEN, Die International Accounting Standards – Ihre grundlegende Bedeutung für die internationale Harmonisierung der Rechnungslegung sowie eine Darstellung wesentlicher Unterschiede zu den einzelgesellschaftlichen Normen des HGB –, in: WPg 1994, S. 713-721 und 749-755 (Die International Accounting Standards).

HEINEN, EDMUND, Handelsbilanzen, 12. Aufl., Wiesbaden 1986 (Handelsbilanzen).

HENDLER, MATTHIAS, Abbildung des Erwerbs und der Veränderung von Anteilen an Tochterunternehmen nach der Interessentheorie und der Einheitstheorie, Lohmar 2002 (Interessentheorie und Einheitstheorie).

589

HERDZINA, KLAUS, Wettbewerbspolitik, 5. Aufl., Stuttgart 1999 (Wettbewerbspolitik).

HERRMANN, DAGMAR, Die Änderung von Beteiligungsverhältnissen im Konzernabschluß, Düsseldorf 1994 (Änderung von Beteiligungsverhältnissen).

HERZIG, NORBERT, Modernisierung des Bilanzrechts und Besteuerung, in: DB 2008, S. 1-10 (Modernisierung des Bilanzrechts und Besteuerung).

HERZIG, NORBERT/BIENER, HERBERT, Europäisierung des Bilanzrechts. Konsequenzen der Tomberger-Entscheidung des EuGH für die handelsrechtliche Rechnungslegung und die steuerliche Gewinnermittlung, Köln 1997 (Europäisierung des Bilanzrechts).

HFA DES IDW, Einheitliche Bewertung im Konzernabschluß, Stellungnahme Hauptfachausschuß 3/1988, in: WPg 1988, S. 483-485 (Einheitliche Bewertung im Konzernabschluß).

HFA DES IDW, Konzernrechnungslegung bei unterschiedlichen Abschlußstichtagen, Stellungnahme Hauptfachausschuß 4/1988, in: WPg 1988, S. 682 f. (Konzernrechnungslegung bei unterschiedlichen Abschlußstichtagen).

HFA DES IDW, Zur Aufstellung und Prüfung des Berichts über Beziehungen zu verbundenen Unternehmen (Abhängigkeitsbericht nach § 312 AktG), Stellungnahme Hauptfachausschuß 3/1991, in: WPg 1992, S. 91-94 (Abhängigkeitsbericht nach § 312 AktG).

HFA DES IDW, Zur Bilanzierung von Joint Ventures, Stellungnahme Hauptfachausschuß 1/1993, in: WPg 1993, S. 441-444 (Bilanzierung von Joint Ventures).

HFA DES IDW, Zum Grundsatz der Bewertungsstetigkeit, Stellungnahme Hauptfachausschuß 3/1997, in: WPg 1997, S. 540-542 (Grundsatz der Bewertungsstetigkeit).

HFA DES IDW, Entwurf einer Stellungnahme: Zur Währungsumrechnung im Konzernabschluß, in: WPg 1998, S. 549-555 (Währungsumrechnung).

HFA DES IDW, Anhangangaben nach §§ 285 Nr. 21, 314 Abs. 1 Nr. 13 HGB zu Geschäften mit nahe stehenden Unternehmen und Personen (IDW RS HFA 33), in: WPg-Supplement 2010, S. 72-79 (IDW RS HFA 33).

HFA DES IDW, Vorjahreszahlen im handelsrechtlichen Konzernabschluss und Konzernrechnungslegung bei Änderungen des Konsolidierungskreises (IDW RS HFA 44), in: WPg-Supplement 2012, S. 32-35 (IDW RS HFA 44).

HOEHNE, FELIX, Veräußerung von Anteilen an Tochterunternehmen im IFRS-Konzernabschluss. End- und Übergangskonsolidierung, Wiesbaden 2009 (Veräußerung von Anteilen).

HOFFMANN, ALEXANDER, Die Konzern-Bilanz, Leipzig 1930 (Die Konzern-Bilanz).

HOFFMANN-BECKING, MICHAEL/RELLERMEYER, KLAUS, Gemeinschaftsunternehmen im neuen Recht der Konzernrechnungslegung, in: Bilanz- und Konzernrecht. Festschrift zum 65. Geburtstag von Reinhard Goerdeler, hrsg. v. Havermann, Hans, Düsseldorf 1987, S. 200-220 (Gemeinschaftsunternehmen).

HOLZER, H. PETER/ERNST, CHRISTIAN, (Other) Comprehensive Income und Non-Ownership Movements in Equity – Erfassung und Ausweis des Jahresergebnisses und des Eigenkapitals nach US-GAAP und IAS, in: WPg 1999, S. 353-370 (Erfassung und Ausweis des Jahresergebnisses und des Eigenkapitals).

HOMMELHOFF, PETER, Konzernrecht für den Europäischen Binnenmarkt, in: ZGR 1992, S. 121-141 (Konzernrecht für den Europäischen Binnenmarkt).

HUCKE, ANJA/AMMANN, HELMUT, Der Entwurf des Transparenz- und Publizitätsgesetzes – ein weiterer Schritt zur Modernisierung des Unternehmensrechts, in: DStR 2002, S. 689-696 (Modernisierung des Unternehmensrechts).

IDW, Stellungnahme zur Transformation der 7. EG-Richtlinie, in: WPg 1984, S. 509-513 (Stellungnahme zur Transformation der 7. EG-Richtlinie).

IDW (Hrsg.), Rechnungslegung nach International Accounting Standards, Düsseldorf 1995 (Rechnungslegung nach International Accounting Standards).

IDW (Hrsg.), IDW Prüfungsstandard: Prüfung des Lageberichts (IDW PS 350), in: WPg 2006, S. 1293-1327 (IDW PS 350).

IDW (Hrsg.), WP-Handbuch 2006, Band I, bearbeitet v. Budde, Wolfgang Dieter u. a., 13. Aufl., Düsseldorf 2006 (WP-Handbuch 2006, Bd. I).

IDW (Hrsg.), WP-Handbuch 2012, Band I, bearbeitet v. Burghardt, Markus u. a. 14. Aufl., Düsseldorf 2012 (WP-Handbuch 2012, Bd. I).

JUNG, MAXIMILIAN, Zum Konzept der Wesentlichkeit bei Jahresabschlußerstellung und -prüfung, Frankfurt a. M. u. a. 1997 (Konzept der Wesentlichkeit).

KÄFER, KARL, Kapitalflußrechnungen, 2. Aufl., Stuttgart 1984 (Kapitalflußrechnungen).

KAJÜTER, PETER, Berichterstattung über Chancen und Risiken im Lagebericht, in: BB 2004, S. 427-433 (Berichterstattung über Chancen und Risiken im Lagebericht).

KAJÜTER, PETER, Der Lagebericht als Instrument einer kapitalmarktorientierten Rechnungslegung – Umfassende Reformen nach dem Entwurf zum BilReG und E-DRS 20 –, in: DB 2004, S. 197-203 (Lagebericht).

KAJÜTER, PETER, IFRS Practice Statement Management Commentary: Anwendungsperspektiven in Deutschland und international, in: IRZ 2011, S. 221-226 (IFRS Practice Statement).

KAJÜTER, PETER/NIENHAUS, MARTIN/MOHRSCHLADT, HANNES, Chancen- und Risikoberichterstattung nach DRS 20 – Berichtspraxis und Anwendungserfahrungen bei DAX und MDAX-Unternehmen, in: WPg 2015, S. 514-525 (Chancen- und Risikoberichterstattung).

KAMINSKI, HORST, Rechnungslegung im Konzern nach dem Vorschlag einer 7. Richtlinie der Kommission der Europäischen Gemeinschaften, in: Journal UEC 1977, S. 54-63 (Rechnungslegung im Konzern).

KARRENBROCK, HOLGER, Von der Steuerabgrenzung zur Bilanzierung latenter Steuern – Die Neuregelungen der Bilanzierung latenter Steuerzahlungen nach dem Entwurf des Bilanzrechtsmodernisierungsgesetzes (BilMoG), WPg 2008, S. 328-337 (Latente Steuern nach dem BilMoG).

KESSLER, HARALD, Zur konsolidierungstechnischen Umsetzung der Equity-Methode im Konzernabschluß nach HGB, in: BB 1999, S. 1750-1758 (Zur konsolidierungstechnischen Umsetzung).

KESSLER, HARALD/LEINEN, MARKUS/STRICKMANN, MICHAEL, Handbuch Bilanz-rechtsmodernisierungsgesetz: Die Reform der Handelsbilanz – Rechnungslegung, Abschlussprüfung und Offenlegung nach dem BilMoG, 2. Aufl., Freiburg u. a. 2010 (Handbuch BilMoG).

KESTER, ROY B., Accounting Theory and Practice, Band II, New York 1925 (Accounting Theory, Bd. II).

KIND, ALEXANDER, Segment-Rechnung und -Bewertung, Bern: Haupt, XVI, Schriftenreihe des Instituts für Rechnungslegung und Controlling; zugl. St. Gallen, Univ., Diss., Bern u. a. 2000 (Segment-Rechnung).

KINDLER, PETER/HORSTMANN, HENDRIK, Die EU-Übernahmerichtlinie – ein „europäischer Kompromiss", in: DStR 2004, S. 866-873 (Die EU-Übernahmerichtlinie).

KIRSCH, HANS-JÜRGEN, Die Equity-Methode im Konzernabschluß, Düsseldorf 1990 (Die Equity-Methode im Konzernabschluß).

KIRSCH, HANS-JÜRGEN, Zur Frage der Umsetzung der Mitgliedstaatenwahlrechte der EU-Verordnung zur Anwendung der IAS/IFRS, in: WPg 2003, S. 275-278 (Umsetzung der Mitgliedstaatenwahlrechte).

KIRSCH, HANS-JÜRGEN/EWELT-KNAUER, CORINNA, Abgrenzung des Vollkonsolidierungskreises nach IFRS 10 und IFRS 12 - Update zu BB 2009, 1574 ff., in: BB 2011, S. 1641-1646 (Abgrenzung des Vollkonsolidierungskreises).

KIRSCH, HANS-JÜRGEN/GIMPEL-HENNING, NILS, Zur aktuellen Diskussion um die Einführung eines "Disclosure Framework": eine Darstellung der beiden Diskussionspapiere der EFRAG und des FASB, in: KoR 2013, S. 190-197 (Diskussion eines "Disclosure Framework").

KIRSCH, HANS-JÜRGEN/KOELEN, PETER/TINZ, OLIVER, Die Berichterstattung der DAX-30-Unternehmen in Bezug auf die Neuregelung des impairment only approach des IASB, in: KoR 2008, S. 88-97 und 188-193 (Berichterstattung in Bezug auf die Neuregelung des impairment only approach des IASB).

KIRSCH, HANS-JÜRGEN/SCHEELE, ALEXANDER, E-DRS 20: Ausweitung der Lageberichterstattung zum Value Reporting?, in: BB 2003, S. 2733-2739 (E-DRS 20).

KIRSCH, HANS-JÜRGEN/SCHEELE, ALEXANDER, Diskussionspapier des IASB zum „Management-Commentary", in: WPg 2006, S. 89-91 (Management-Commentary).

KLAHOLZ, THOMAS/STIBI, BERND, Erstmalige Aufstellung eines handelsrechtlichen Konzernabschlusses nach neuem Recht: Kann es der Vereinfachung auch zu viel sein?, in: BB 2011, S. 2923-2927 (Erstmalige Aufstellung eines Konzernabschlusses).

KLEINMANNS, HERMANN, BilRUG: Änderungen zum GuV-Ausweis und Einführung sog. Zahlungsberichte, in: StuB 2014, S. 794-800 (BilRUG: Änderungen zum GuV-Ausweis).

KLÖS, HELMUT L., Die 7. gesellschaftsrechtliche Richtlinie über den konsolidierten Abschluß (Ratsdokument 83/349/EWG), in: DBW 1984, S. 63-78 (Die 7. gesellschaftsrechtliche Richtlinie).

KLOOCK, JOSEF/SABEL, HERMANN, Zur Diskussion von Kapitalkonsolidierungsverfahren mehrstufiger Konzerne aus aktienrechtlicher und betriebswirtschaftlicher Sicht, in: WPg 1969, S. 569-579 (Zur Diskussion von Kapitalkonsolidierungsverfahren mehrstufiger Konzerne aus aktienrechtlicher und betriebswirtschaftlicher Sicht).

KOCH, HELMUT, Die Problematik des Niederstwertprinzips, in: WPg 1957, S. 1-7, S. 31-35 und 60-63 (Die Problematik des Niederstwertprinzips).

KOMMISSION RECHNUNGSWESEN IM VERBAND DER HOCHSCHULLEHRER FÜR BETRIEBSWIRTSCHAFT E. V., Empfehlungen zur Konzernrechnungslegung nach dem geänderten Vorschlag der 7. EG-Richtlinie, in: BFuP 1979, S. 403-412 (Empfehlungen zur Konzernrechnungslegung).

KOMMISSION RECHNUNGSWESEN IM VERBAND DER HOCHSCHULLEHRER FÜR BETRIEBSWIRTSCHAFT E. V., Stellungnahme zur Umsetzung der 7. EG-Richtlinie (Konzernabschluß-Richtlinie), in: DBW 1985, S. 267-277 (Stellungnahme zur Umsetzung der 7. EG-Richtlinie).

KONCOK, GERHARD, Zum Gewinnvortrag im konsolidierten Jahresabschluß, in: DB 1968, S. 637 f. (Gewinnvortrag im konsolidierten Jahresabschluß).

KPMG DEUTSCHE TREUHANDGESELLSCHAFT (Hrsg.), International Financial Reporting Standards – Eine Einführung in die Rechnungslegung nach den Grundsätzen des IASB, 4. Aufl., Stuttgart 2007 (Einführung in die Rechnungslegung nach den Grundsätzen des IASB).

KPMG TREUVERKEHR AG (Hrsg.), Handbuch zum Konzernabschluß der GmbH, Düsseldorf 1990 (Handbuch zum Konzernabschluß der GmbH).

KRAWITZ, NORBERT, Der Lagebericht und seine Prüfung, in: Rechnungslegung, Finanzen, Steuern und Prüfung in den neunziger Jahren, hrsg. v. Baetge, Jörg, Düsseldorf 1990, S. 1-30 (Der Lagebericht und seine Prüfung).

KRAWITZ, NORBERT, Die Abgrenzung des Konsolidierungskreises – Gesetzliche Regelungen, empirische Befunde und theoretische Schlußfolgerungen –, in: WPg 1996, S. 342-357 (Die Abgrenzung des Konsolidierungskreises).

KRAWITZ, NORBERT, Quotenkonsolidierung für Gemeinschaftsunternehmen nach E-DRS 9, in: BB 2001, S. 668-673 (Quotenkonsolidierung für Gemeinschaftsunternehmen nach E-DRS 9).

KROPFF, BRUNO, Der Lagebericht nach geltendem und zukünftigem Recht, in: BFuP 1980, S. 514-532 (Der Lagebericht nach geltendem und zukünftigem Recht).

KROPFF, BRUNO, Diskussionsbeitrag, in: Konzernrechnungslegung und -prüfung, hrsg. v. Baetge, Jörg, Düsseldorf 1990, S. 69 (Diskussionsbeitrag).

KROPFF, BRUNO, § 337 AktG. Vorlage des Konzernabschlusses und des Konzernlageberichts, in: Aktiengesetz, Kommentar, hrsg. v. Geßler, Ernst u. a., München 1994, S. 59-103 (§ 337 AktG).

KROPFF, BRUNO, Phasengleiche Gewinnvereinnahmung aus der Sicht des Europäischen Gerichtshofs, in: ZGR 1997, S. 117-130 (Phasengleiche Gewinnvereinnahmung).

KRUMBHOLZ, M., Die Qualität publizierter Lageberichte, Düsseldorf 1994 (Die Qualität publizierter Lageberichte).

KUBIN, KONRAD W./LÜCK, WOLFGANG, Zur funktionalen Währungsumrechnungsmethode in internationalen Konzernabschlüssen, in: BFuP 1984, S. 357-383 (Funktionale Währungsumrechnungsmethode).

KÜHNE, MAREIKE/SCHWEDLER, KRISTINA, Geplante Änderungen der Bilanzierung von Unternehmenszusammenschlüssen, in: KoR 2005, S. 329-338 (Geplante Änderungen der Bilanzierung von Unternehmenszusammenschlüssen).

KÜTING, KARLHEINZ, Zur Problematik erfolgs- und ergebniswirksamer Konsolidierungsvorgänge, in: WPg 1974, S. 456-464 (Erfolgs- und ergebniswirksame Konsolidierungsvorgänge).

KÜTING, KARLHEINZ, Zur Problematik des Art. 18 der 7. EG-Richtlinie – Einbeziehung von Gemeinschaftsunternehmen in den Konsolidierungsbereich auf der Grundlage der Quotenkonsolidierung –, in: DB 1980, S. 5-11 (Art. 18 der 7. EG-Richtlinie).

KÜTING, KARLHEINZ, Konsolidierungspraxis – Grundsätze ordnungsmäßiger Konsolidierung und die Konsolidierungspraxis deutscher Konzerne, 2. Aufl., Berlin 1981 (Konsolidierungspraxis).

KÜTING, KARLHEINZ, Die Quotenkonsolidierung nach der 7. EG-Richtlinie. Anwendungsprobleme und kritische Würdigung, in: BB 1983, S. 804-814 (Die Quotenkonsolidierung nach der 7. EG-Richtlinie).

KÜTING, KARLHEINZ, Konzernrechnungslegung nach IFRS und HGB, in: DB 2012, S. 2821-2830 (Konzernrechnungslegung nach IFRS und HGB).

KÜTING, KARLHEINZ/DUSEMOND, MICHAEL/NARDMANN, BENITA, Ausgewählte Probleme der Kapitalkonsolidierung in Theorie und Praxis: Ergebnisse einer empirischen Erhebung des Instituts für Wirtschaftsprüfung an der Universität des Saarlandes, in: BB 1994, Beilage Nr. 8 zu Heft 14, S. 1-18 (Ausgewählte Probleme der Kapitalkonsolidierung).

KÜTING, KARLHEINZ/GÖTH, PETER, Minderheitenanteile im Konzernabschluß eines mehrstufigen Konzerns, in: WPg 1997, S. 305-320 (Minderheitenanteile im Konzernabschluß eines mehrstufigen Konzerns).

KÜTING, KARLHEINZ/GÖTH, PETER/STRICKMANN, MICHAEL, Die Dokumentation des Konzerneigenkapitals, Teil I und II, in: DStR 1997, S. 935-940 und 978-981 (Dokumentation des Konzerneigenkapitals).

KÜTING, KARLHEINZ/HAYN, BENITA, Zur Bilanzierung im Rahmen der Equity-Methode bei negativem Eigenkapital des assoziierten Unternehmens, BB 1997, S. 2419-2424 (Equity-Methode).

KÜTING, KARLHEINZ/HEIDEN, MATTHIAS, Zur Informationsqualität der Lageberichterstattung in deutschen Geschäftsberichten – Branchenangaben, Risikobericht, Prognosebericht –, in: StuB 2002, S. 933-937 (Informationsqualität der Lageberichterstattung).

KÜTING, KARLHEINZ/LEINEN, MARKUS, Die Kapitalkonsolidierung bei Erwerb eines Teilkonzerns, in: WPg 2002, S. 1201-1217 (Kapitalkonsolidierung).

KÜTING, KARLHEINZ/SEEL, CHRISTOPH, Die Ungereimtheiten der Regelungen zu latenten Steuern im neuen Bilanzrecht, in: DB 2009, S. 922-925 (Regelungen zu latenten Steuern).

KÜTING, KARLHEINZ/SEEL, CHRISTOPH, Die Abgrenzung und Bilanzierung von joint arrangements nach IFRS 11, in: KoR 2011, S. 342-350 (Abgrenzung und Bilanzierung von joint arrangements).

KÜTING, KARLHEINZ/SEEL, CHRISTOPH, Die gemeinschaftliche Beherrschung nach IFRS 11, in: KoR 2012, S. 452-460 (Gemeinschaftliche Beherrschung nach IFRS 11).

KÜTING, KARLHEINZ/WEBER, CLAUS-PETER, Einzelfragen der Eliminierung von Zwischenergebnissen nach neuem Konzernbilanzrecht – Unter besonderer Berücksichtigung konzernbilanzpolitischer Aspekte –, in: ZfB 1987, Ergänzungsheft 1, S. 299-317 (Einzelfragen der Eliminierung von Zwischenergebnissen).

KÜTING, KARLHEINZ/WEBER, CLAUS-PETER, Der Konzernabschluss, 13. Aufl., Stuttgart 2012 (Der Konzernabschluss).

KÜTING, KARLHEINZ/WEBER, CLAUS-PETER/DUSEMOND, MICHAEL, Kapitalkonsolidierung im mehrstufigen Konzern, in: BB 1991, S. 1082-1090 (Kapitalkonsolidierung im mehrstufigen Konzern).

KÜTING, KARLHEINZ/WEBER, CLAUS-PETER/WIRTH, JOHANNES, Die Goodwillbilanzierung im finalisierten Business Combinations Project Phase II, in: KoR 2008, S. 139-152 (Goodwillbilanzierung).

KÜTING, KARLHEINZ/WEBER, CLAUS-PETER/WIRTH, JOHANNES, Kapitalkonsolidierung im mehrstufigen Konzern, in: KoR 2013, S. 43-52 (Kapitalkonsolidierung im mehrstufigen Konzern).

KÜTING, KARLHEINZ/WIRTH, JOHANNES, Umrechnung von Fremdwährungsabschlüssen vollzukonsolidierender Unternehmen nach IAS/IFRS, in: KoR 2003, S. 376-387 (Umrechnung von Fremdwährungsabschlüssen).

KÜTING, KARLHEINZ/WIRTH, JOHANNES, Bilanzierung von Unternehmenszusammenschlüssen nach IFRS 3, in: KoR 2004, S. 167-177 (Bilanzierung von Unternehmenszusammenschlüssen).

KÜTING, KARLHEINZ/WIRTH, JOHANNES, Goodwillbilanzierung im neuen Near Final Draft zu Business Combinations Phase II, in: KoR 2007, S. 460-469 (Goodwillbilanzierung im Near Final Draft).

KÜTING, KARLHEINZ/WIRTH, JOHANNES, Umstellung von Gemeinschaftsunternehmen auf die Equity-Methode gemäß IFRS 11: Grundlagen und buchhalterischer Prozess der Umstellung von der Quotenkonsolidierung, in: KoR 2012, S. 150-157 (Umstellung auf die Equity-Methode gemäß IFRS 11).

KÜTING, KARLHEINZ/ZÜNDORF, HORST, Die Equity-Methode im deutschen Bilanzrecht, in: BB 1986, Beilage Nr. 7 zu Heft 21, S. 1-24 (Die Equity-Methode).

KÜTING, KARLHEINZ/ZWIRNER, CHRISTIAN, Funktion und Aufgaben des DRSC – weitere Existenz auch nach 2004?, in: Bilanzbuchhalter und Controller 2002, S. 197-203 (Aufgaben des DRSC).

KUHN, WOLFGANG, Forschung und Entwicklung im Lagebericht. Eine theoretische und empirische Untersuchung, Hamburg 1992 (Forschung und Entwicklung im Lagebericht).

LANGENBUCHER, GÜNTHER, Die Umrechnung von Jahresabschlüssen – Die neue Stellungnahme No. 52 des FASB –, in: DB 1982, S. 389-394 (Die Umrechnung von Jahresabschlüssen).

LANGENBUCHER, GÜNTHER, Das Aufstellen von Weltabschlüssen in einer Unternehmensgruppe mittlerer Größe. Überlegungen, Entscheidungen, Maßnahmen, in: BFuP 1984, S. 338-356 (Das Aufstellen von Weltabschlüssen).

LANGENBUCHER, GÜNTHER/BLAUM, ULF, Ist ein deutsches Rechnungslegungsgremium notwendig?, in: DB 1995, S. 2325-2335 (Rechnungslegungsgremium).

LARENZ, KARL/CANARIS, CLAUS-WILHELM, Methodenlehre der Rechtswissenschaft, 5. Aufl., Berlin u. a. 2008 (Methodenlehre der Rechtswissenschaft).

LEFFSON, ULRICH, Der Ausbau der unternehmerischen Rechenschaft durch vollständigen Kapitaldispositionsnachweis, in: NB 1968, Heft 1, S. 1-17 (Der Ausbau der unternehmerischen Rechenschaft).

LEFFSON, ULRICH, Erkenntniswert des Jahresabschlusses und Aussagewert des Bestätigungsvermerks, in: WPg 1976, S. 4-9 (Erkenntniswert des Jahresabschlusses).

LEFFSON, ULRICH, Bilanzanalyse, 3. Aufl., Stuttgart 1984 (Bilanzanalyse).

LEFFSON, ULRICH, Bild der tatsächlichen Verhältnisse, in: Handwörterbuch unbestimmter Rechtsbegriffe im Bilanzrecht des HGB, hrsg. v. Leffson, Ulrich/Rückle, Dieter/Großfeld, Bernhard, Köln 1986, S. 94-105 (Bild der tatsächlichen Verhältnisse).

LEFFSON, ULRICH, Die beiden Generalnormen, in: Bilanz- und Konzernrecht. Festschrift zum 65. Geburtstag von Reinhard Goerdeler, hrsg. v. Havermann, Hans, Düsseldorf 1987, S. 315-325 (Die beiden Generalnormen).

LEFFSON, ULRICH, Die Grundsätze ordnungsmäßiger Buchführung, 7. Aufl., Düsseldorf 1987 (Die Grundsätze ordnungsmäßiger Buchführung).

LEFFSON, ULRICH/BAETGE, JÖRG, Buchführungsvorschriften, allgemeine, in: Handwörterbuch des Rechnungswesens, hrsg. v. Kosiol, Erich, Stuttgart 1970, Sp. 314-319 (Buchführungsvorschriften).

LEITNER-HANETSEDER, SUSANNE/STOCKINGER, MARKUS, Potenzielle Auswirkung aus der Abschaffung der Quotenkonsolidierung gem. IFRS 11 auf Konzernabschlussgrößen europäischer Unternehmen, in: IRZ 2012, S. 349-354 (Auswirkungen IFRS 11 auf den Konzernabschluss).

LIENAU, ACHIM, Bilanzierung latenter Steuern im Konzernabschluss nach IFRS, Düsseldorf 2006 (Latente Steuern im Konzernabschluss).

LIENAU, ACHIM, Die Bilanzierung nach der Equity-Methode unter Berücksichtigung latenter Steuern nach IFRS, in: KoR 2007, S. 14-22 (Bilanzierung nach der Equity-Methode).

LIENAU, ACHIM, Die Bilanzierung latenter Steuern bei der Währungsumrechnung nach IFRS, in: PiR 2008, S. 7-15 (Latente Steuern bei der Währungsumrechnung).

LIPPMANN, KLAUS, Der Beitrag des ökonomischen Gewinns zur Theorie und Praxis der Erfolgsermittlung, Düsseldorf 1970 (Erfolgsermittlung).

LIPPMANN, KLAUS/SCHÄFER, WOLF, Die Behandlung von Währungsänderungen bei der Konsolidierung von Jahresabschlüssen ausländischer Tochterunternehmen, in: Bilanzfragen. Festschrift zum 65. Geburtstag von Ulrich Leffson, hrsg. v. Baetge, Jörg/Moxter, Adolf/Schneider, Dieter, Düsseldorf 1976, S. 165-177 (Die Behandlung von Währungsänderungen).

LITTKEMANN, JÖRN/NICNERSKI, NICOLE, Equity-Bewertung in Konzernabschlüssen, in: BB 1999, S. 1804-1811 (Equity-Bewertung).

LOITZ, RÜDIGER, Latente Steuern nach dem Bilanzrechtsmodernisierungsgesetz (Bil-MoG), in: DB 2008, S. 249-256 (Latente Steuern und BilMoG).

LOITZ, RÜDIGER, Latente Steuern nach dem Bilanzrechtsmodernisierungsgesetz (Bil-MoG) – Nachbesserungen als Verbesserungen?, in: DB 2008, S. 1389-1395 (Latente Steuern nach dem BilMoG).

LOITZ, RÜDIGER, Latente Steuern nach dem Bilanzrechtsmodernisierungsgesetz (Bil-MoG) – ein Wahlrecht als Mogelpackung?, in: DB 2009, S. 913-921 (Latente Steuern).

LORENSEN, LEONARD, The Temporal Principle of Translation, in: Journal of Accountancy, Vol. 134, August 1972, S. 48-54 (The Temporal Principle of Translation).

LÜCK, WOLFGANG, Die Umrechnung der Jahresabschlüsse ausländischer Konzerngesellschaften und die Behandlung von Umrechnungsdifferenzen für die Aufstellung internationaler Konzernabschlüsse, Düsseldorf 1974 (Die Umrechnung der Jahresabschlüsse ausländischer Konzerngesellschaften).

LÜDENBACH, NORBERT/FREIBERG, JENS, BilRUG-RegE: Mehr als selektive Nachbesserungen?, in: BB 2015, S. 363-367 (BilRUG-RegE: Mehr als selektive Nachbesserungen?).

LUTTER, MARCUS, Rechnungslegung nach künftigem Recht, in: DB 1979, S. 1285-1296 (Rechnungslegung nach künftigem Recht).

MAAS, ULRICH/SCHRUFF, WIENAND, Unterschiedliche Stichtage im künftigen Konzernabschluß? – Eine Stellungnahme zur Transformation von Art. 27 der 7. EG-Richtlinie –, in: WPg 1985, S. 1-6 (Unterschiedliche Stichtage).

MAAS, ULRICH/SCHRUFF, WIENAND, Der Konzernabschluß nach neuem Recht, in: WPg 1986, S. 201-210 und 237-246 (Der Konzernabschluß nach neuem Recht).

MAAS, ULRICH/SCHRUFF, WIENAND, Befreiende Konzernrechnungslegung von Mutterunternehmen mit Sitz außerhalb der EG, in: WPg 1991, S. 765-772 (Befreiende Konzernrechnungslegung).

MAAS, ULRICH/SCHRUFF, WIENAND, Ausgliederungen aus dem Konsolidierungskreis – Sachverhaltsgestaltungen und deren Auswirkungen auf die Aussagefähigkeit des Konzernabschlusses –, in: Internationale Wirtschaftsprüfung. Festschrift zum 65. Geburtstag von Hans Havermann, hrsg. v. Lanfermann, Josef, Düsseldorf 1995, S. 413-437 (Ausgliederungen aus dem Konsolidierungskreis).

MANDL, GERWALD/KÖNIGSMAIER, HEINZ, Kapitalkonsolidierung nach der Erwerbsmethode und die Behandlung von Minderheitsanteilen im mehrstufigen Konzern, in: Jahresabschluss und Jahresabschlussprüfung, Festschrift zum 60. Geburtstag von Jörg Baetge, hrsg. v. Fischer, Thomas R./Hömberg, Reinhold, Düsseldorf 1997, S. 239-277 (Behandlung von Minderheitsanteilen im mehrstufigen Konzern).

MARET, JOHANNES/VOSS, CHRISTIAN, Die Einführung vorbildlicher Konsolidierungsverfahren, in: Küting/Weber, Das Rechnungswesen im Konzern, Stuttgart 1995, S. 105-118 (Einführung vorbildlicher Konsolidierungsverfahren).

MARTENS, STEPHAN/OLDENWURTEL, CHRISTOPH/KÜMPEL, KATHARINA, Neuerungen der Konzernrechnungslegung nach IFRS 10 und IFRS 12 - Zentrale Änderungen und ihre Auswirkungen auf die Praxis, in: PiR 2013, S. 41-46 (Neuerungen der Konzernrechnungslegung).

597

MECKL, REINHARD/HOFFMANN, THOMAS, Ökonomische Implikationen der neuen europäischen Übernahmerichtlinie, in: BFuP 2006, S. 519-538 (Ökonomische Implikationen).

MELCHER, WINFRIED/MATTHEUS, DANIELA, Zum Referentenentwurf eines Bilanzrechtsmodernisierungsgesetzes (BilMoG): Lageberichterstattung, Risikomanagement-Bericht und Corporate Governance Statement, in: DB 2008, Beilage 1, S. 52-55 (BilMoG).

MELCHER, WINFRIED/MURER, ALEXANDER, IFRS Practice Statement "Management Commentary" im Vergleich zu den DRS Verlautbarungen zur Lageberichterstattung, in: DB 2011, S. 430-434 (Das IFRS Practice Statement).

MEYER, CLAUD, Bilanzrechtsmodernisierungsgesetz (BilMoG) – die wesentlichen Änderungen nach dem Referentenentwurf, in: DStR 2007, S. 2227-2231 (BilMoG – die wesentlichen Änderungen).

MESTMÄCKER, ERNST-JOACHIM, Verwaltung, Konzerngewalt und Rechte der Aktionäre, Karlsruhe 1958 (Verwaltung).

MONTGOMERY, R. H., Auditing Theory and Practice, 3. Aufl., New York 1923 (Auditing Theory and Practice).

MOXTER, ADOLF, Bilanzlehre, Band I, Einführung in die Bilanztheorie, 3. Aufl., Wiesbaden 1984 (Bilanzlehre, Bd. I).

MOXTER, ADOLF, Zum neuen Bilanzrichtlinienentwurf, in: BB 1985, S. 1101-1103 (Zum neuen Bilanzrichtlinienentwurf).

MOXTER, ADOLF, Bilanzlehre, Band II, Einführung in das neue Bilanzrecht, 3. Aufl., Wiesbaden 1986 (Bilanzlehre, Bd. II).

MOXTER, ADOLF, Zum Sinn und Zweck des handelsrechtlichen Jahresabschlusses nach neuem Recht, in: Bilanz- und Konzernrecht. Festschrift zum 65. Geburtstag von Reinhard Goerdeler, hrsg. v. Havermann, Hans, Düsseldorf 1987, S. 361-374 (Sinn und Zweck des handelsrechtlichen Jahresabschlusses).

MÜLLER, EBERHARD, Konzernrechnungslegung deutscher Unternehmen auf der Basis der 7. EG-Richtlinie, in: DBW 1977, S. 53-65 (Konzernrechnungslegung auf der Basis der 7. EG-Richtlinie).

MÜLLER, STEFAN/KREIPL, MARKUS, Quantitative Analyse der Behandlung indirekter Anteile anderer Gesellschafter im mehrstufigen Konzern. Eine Fallstudie zur Kapitalkonsolidierung nach HGB und IFRS, in: KoR 2010, S. 280-284 (Behandlung indirekter Anteile anderer Gesellschafter).

NARDMANN, HENDRIK, Die Segmentberichterstattung – Anforderungen nach DRS 3 im internationalen Vergleich Herne (u.a.): Verlage Neue Wirtschafts-Briefe; zugleich: Kiel, Univ., Diss., 2002 u.d.T.: Nardmann, Hendrik: Die deutsche Segmentberichterstattung (Die Segmentberichterstattung).

NAUMANN, THOMAS K., Standardentwurf zur Segmentberichterstattung, in: BB 1999, S. 2288-2291 (Standardentwurf zur Segmentberichterstattung).

NIEHAUS, HANS-JÜRGEN, Früherkennung von Unternehmenskrisen, Düsseldorf 1987 (Früherkennung von Unternehmenskrisen).

NIEHUS, RUDOLF J., Neues Konzernrecht für die GmbH – Einige Anmerkungen zu den „Formulierungen" eines Konzernbilanzgesetzes –, in: DB 1984, S. 1789-1794 (Neues Konzernrecht für die GmbH).

NIEHUS, RUDOLF J., Konzernrechnungslegung im Übergang, in: ZfB 1987, Ergänzungsheft 1, S. 275-297 (Konzernrechnungslegung im Übergang).

NIESSEN, HERMANN, Zur Entstehung eines europäischen Konzernbegriffs für die Rechnungslegung, in: Internationale Wirtschaftsprüfung. Festschrift zum 65. Geburtstag von Hans Havermann, hrsg. v. Lanfermann, Josef, Düsseldorf 1995, S. 581-600 (Entstehung eines europäischen Konzernbegriffs).

NORDMEYER, ANDREAS, Die Einbeziehung von Joint Ventures in den Konzernabschluß, in: WPg 1994, S. 301-312 (Einbeziehung von Joint Ventures).

OBERST, OSKAR, Beitrag zur Frage der Konzernbilanz, in: ZfhF 1930, S. 209-234 (Beitrag zur Frage der Konzernbilanz).

ORDELHEIDE, DIETER, Anschaffungskostenprinzip im Rahmen der Erstkonsolidierung gem. § 301 HGB, in: DB 1986, S. 493-499 (Anschaffungskostenprinzip).

ORDELHEIDE, DIETER, Der Konzern als Gegenstand betriebswirtschaftlicher Forschung, in: BFuP 1986, S. 293-312 (Der Konzern als Gegenstand betriebswirtschaftlicher Forschung).

ORDELHEIDE, DIETER, Kapitalkonsolidierung und Konzernerfolg, in: ZfbF 1987, S. 292-301 (Kapitalkonsolidierung und Konzernerfolg).

ORDELHEIDE, DIETER, Zur Schuldenkonsolidierung von Fremdwährungsforderungen und -verbindlichkeiten, in: BB 1993, S. 1558-1560 (Schuldenkonsolidierung).

ORDELHEIDE, DIETER, Entwicklung und Arbeit des Accounting Advisory Forums, in: Rechenschaftslegung im Wandel, Festschrift für Wolfgang Dieter Budde, hrsg. v. Förschle, Gerhart/Kaiser, Klaus/Moxter, Adolf, München 1995, S. 483-504 (Entwicklung und Arbeit des Accounting Advisory Forums).

ORDELHEIDE, DIETER, Internationalisierung der Rechnungslegung deutscher Unternehmen. Anmerkungen zum Entwurf eines Kapitalaufnahmeerleichterungsgesetzes, in: WPg 1996, S. 545-552 (Internationalisierung der Rechnungslegung deutscher Unternehmen).

OSER, PETER, Auf- und Abstockung von Mehrheitsbeteiligungen im Konzernabschluss nach BilMoG. Grenzen der Annäherung des HGB an die IFRS, in: DB 2010, S. 65-68 (Auf- und Abstockung von Mehrheitsbeteiligungen).

OSER, PETER, Konzernrechnungslegung nach dem HGB i.d.F. des BilMoG – auf Augenhöhe mit den IFRS!, in: Der Konzern 2008, S. 106-115 (Konzernrechnungslegung nach dem HGB).

OSER, PETER/ORTH, CHRISTIAN/WIRTZ, HOLGER, Neue Vorschriften zur Rechnungslegung und Prüfung durch das Bilanzrichtlinie-Umsetzungsgesetz – Anmerkungen zum Referentenentwurf, in: DB 2014, S. 1877-1886 (Neue Vorschriften durch das BilRUG – RefE).

OSER, PETER/ORTH, CHRISTIAN/WIRTZ, HOLGER, Neue Vorschriften zur Rechnungslegung und Prüfung durch das Bilanzrichtlinie-Umsetzungsgesetz – Anmerkungen zum RegE vom 07.01.2015, in: DB 2015, S. 197-206 (Neue Vorschriften durch das BilRUG).

OSER, PETER/ROSS, NORBERT/WADER, DOMINIC/DRÖGEMÜLLER, STEFFEN, Ausgewählte Neuregelungen des Bilanzrechtsmodernisierungsgesetzes (BilMoG) – Teil 2, in: WPg 2008, S. 105-113 (Ausgewählte Neuregelungen).

OSSADNIK, WOLFGANG, Wesentlichkeit als Bestimmungsfaktor für Angabepflichten in Jahresabschluß und Lagebericht, in: BB 1993, S. 1763-1767 (Wesentlichkeit).

OSSADNIK, WOLFGANG, Zur Diskussion um den „negativen" Geschäfts- oder Firmenwert, in: BB 1994, S. 747-752 (Zur Diskussion um den „negativen" Geschäfts- oder Firmenwert).

PEEMÖLLER, VOLKER H./BECKMANN, CHRISTOPH/GEIGER, THOMAS, Standardentwurf E-DRS 4 zu Unternehmenserwerben im Konzernabschluß, in: BB 2000, S. 1080-1085 (Standardentwurf E-DRS 4).

PELGER, CHRISTOPH, Rechnungslegungszweck und qualitative Anforderungen im Conceptual Framework for Financial Reporting (2010) - der erste Stein im neuen Fundament der internationalen Rechnungslegung, in: WPg 2011, S. 908-916 (Conceptual Framework for Financial Reporting).

PELLENS, BERNHARD, Aktionärsschutz im Konzern, Wiesbaden 1994 (Aktionärsschutz im Konzern).

PELLENS, BERNHARD, Equity-Methode, in: Handwörterbuch des Rechnungswesens, hrsg. v. Chmielewicz, Klaus/Schweitzer, Marcell, 3. Aufl., Stuttgart 1993, Sp. 537-544 (Equity-Methode).

PELLENS, BERNHARD, Berücksichtigung der Aktionärsinteressen bei der Gewinnverwendung im Konzern, in: Unternehmenssicherung und Unternehmensentwicklung, hrsg. v. Elschen, Rainer, Stuttgart 1996, S. 161-191 (Aktionärsinteressen bei der Gewinnverwendung im Konzern).

PELLENS, BERNHARD/FÜLBIER, ROLF UWE/GASSEN, JOACHIM/SELLHORN, THORSTEN, Internationale Rechnungslegung, 9. Aufl., Stuttgart 2014 (Internationale Rechnungslegung).

PELLENS, BERNHARD/SELLHORN, THORSTEN/AMSHOFF, HOLGER, Reform der Konzernbilanzierung – Neufassung von IFRS 3 „Business Combinations", in: DB 2005, S. 1749-1755 (Reform der Konzernbilanzierung).

PETERSEN, KARL/ZWIRNER, CHRISTIAN, Rechnungslegung und Prüfung im Umbruch: Überblick über das neue deutsche Bilanzrecht, in: KoR 2009, Beilage zu Heft 5, S. 1-45 (Rechnungslegung im Umbruch).

PFAFF, DIETER/STEFANI, ULRIKE, Ertragslage, in: Handwörterbuch der Rechnungslegung und Prüfung (HWRP), hrsg. v. Ballwieser, Wolfgang/Coenenberg, Adolf Gerhard/Wysocki, Klaus v., 3. Aufl., Stuttgart 2002, Sp. 689-702 (Ertragslage).

POERSCHKE, KRISTIN, Die Bilanzierung von zur Veräußerung gehaltenem Vermögen, Düsseldorf 2006 (Zur Veräußerung gehaltenes Vermögen).

POTTGIESSER, GABI, Die Zukunft der deutschen Rechnungslegung – Darstellung und Beurteilung der Referentenentwürfe zum Bilanzkontrollgesetz und Bilanzrechtsreformgesetz –, in: StuB 2004, S. 166-172 (Die Zukunft der deutschen Rechnungslegung).

PRICEWATERHOUSECOOPERS, Understanding IAS. Analysis and Interpretation of International Accounting Standards, Third Edition, London 2002 (Understanding IAS).

600

PUCKLER, GODEHARD H., Eine weitere Herausforderung an den Wirtschaftsprüfer, in: WPg 1974, S. 157-159 (Herausforderung an den Wirtschaftsprüfer).

QIN, SIGANG, Bilanzierung des Excess nach IFRS 3, Düsseldorf 2005 (Bilanzierung des Excess nach IFRS 3).

RÄTSCH, CLAUS P., Betrachtungen zur Konzernrechnungslegung nach der 7. EG-Richtlinie im Vergleich zur Praxis in den USA, in: BFuP 1981, S. 569-579 (Betrachtungen zur Konzernrechnungslegung).

REGIERUNGSKOMMISSION DEUTSCHER CORPORATE GOVERNANCE KODEX, Deutscher Corporate Governance Kodex, in der Fassung vom 05. Mai 2015, http://www.dcgk.de//files/dcgk/usercontent/de/download/kodex/2015-05-05_Deutscher_-Corporate_Goverance_Kodex.pdf (Stand: 07.07.2015) (DCGK).

REINTGES, HANS, Die einheitliche Bewertung im Konzernabschluß, in: WPg 1987, S. 282-287 (Die einheitliche Bewertung im Konzernabschluß).

RIMMELSPACHER, DIRK/FEY, GERD, Anhangangaben zu nahe stehenden Unternehmen und Personen nach dem BilMoG, in: WPg 2010, S 180-193 (Anhangangaben zu nahe stehenden Unternehmen und Personen).

RIMMELSPACHER, DIRK/REITMEIER, BARBARA, DRS 21: Neue Grundsätze für die handelsrechtliche Kapitalflussrechnung, in: WPg 2014, S. 789-795 (DRS 21: Neue Grundsätze für die handelsrechtliche Kapitalflussrechnung).

RÜCKLE, DIETER, Externe Prognosen und Prognoseprüfungen, in: DB 1984, S. 57-70 (Externe Prognosen und Prognoseprüfungen).

RÜCKLE, DIETER, Finanzlage, in: Handwörterbuch unbestimmter Rechtsbegriffe im Bilanzrecht des HGB, hrsg. v. Leffson, Ulrich/Rückle, Dieter/Großfeld, Bernhard, Köln 1986, S. 168-184 (Finanzlage).

RÜHL, JUDITH/ALTHOFF, FRANK, Faktische Beherrschung durch Präsenzmehrheit im Konzernabschluss nach HGB und IFRS, in: KoR 2012, S. 553-562 (Faktische Beherrschung).

RUHNKE, KLAUS, Erstellung einer internen Konzernrichtlinie, in: DB 1994, S. 893-899 (Erstellung einer internen Konzernrichtlinie).

RUHNKE, KLAUS, Konzernbuchführung, Düsseldorf 1995 (Konzernbuchführung).

RUHNKE, KLAUS, Prüfung der Einhaltung des Deutschen Corporate Governance Kodex durch den Abschlussprüfer, in: AG 2003, S. 371-377 (Prüfung).

RUPPERT, BERND, Währungsumrechnung im Konzernabschluß, Düsseldorf 1993 (Währungsumrechnung).

RUSS, WOLFGANG, Der Anhang als dritter Teil des Jahresabschlusses, 2. Aufl., Bergisch Gladbach/Köln 1986 (Der Anhang).

SABI DES IDW, Probleme des Umsatzkostenverfahrens, Stellungnahme SABI 1/1987, in: WPg 1987, S. 141-146 (Probleme des Umsatzkostenverfahrens).

SABI DES IDW, Zur Aufstellungspflicht für einen Konzernabschluß und zur Abgrenzung des Konsolidierungskreises, Stellungnahme SABI 1/1988, in: WPg 1988, S. 340-343 (Aufstellungspflicht und Konsolidierungskreis).

601

SAHNER, FRIEDHELM/KAMMERS, HEINZ, Der Lagebericht – Gegenwart und Zukunft, in: DB 1984, S. 2309-2316 (Der Lagebericht).

SAUTHOFF, JAN-PHILIPP, Zum bilanziellen Charakter negativer Firmenwerte im Konzernabschluss, in: BB 1997, S. 619-623 (Zum bilanziellen Charakter negativer Firmenwerte).

SCHÄFER, HARALD, Bilanzierung von Beteiligungen an assoziierten Unternehmen nach der Equity-Methode. Untersuchungen über die Anwendbarkeit der Equity-Methode in der Bundesrepublik Deutschland, Thun/Frankfurt a. M. 1982 (Bilanzierung von Beteiligungen).

SCHARPF, PAUL, IFRS 7 Financial Instruments: Disclosures, in: KoR 2006, Beilage 2, S. 3-54 (IFRS 7 Financial Instruments: Disclosures).

SCHEFFLER, EBERHARD, Der Grundsatz der Wesentlichkeit bei Rechnungslegung und Bilanzkontrolle, in: Rechnungslegung und Wirtschaftsprüfung. Festschrift zum 70. Geburtstag von Jörg Baetge, hrsg. v. Kirsch, Hans-Jürgen/Thiele, Stefan, Düsseldorf 2007, S. 505-530 (Grundsatz der Wesentlichkeit).

SCHERRER, GERHARD, Konzernrechnungslegung nach HGB und IFRS, 2. Aufl., München 2007 (Konzernrechnungslegung).

SCHIERENBECK, HENNER, Der Pyramiden-Effekt im verschachtelten Konzern, in: DBW 1980, S. 249-258 (Der Pyramideneffekt).

SCHILDBACH, THOMAS, Überlegungen zu Grundlagen einer Konzernrechnungslegung, in: WPg 1989, S. 157-164 und 199-209 (Grundlagen einer Konzernrechnungslegung).

SCHILDBACH, THOMAS, Latente Steuern auf permanente Differenzen und andere Kuriositäten – Ein Blick in das gelobte Land jenseits der Maßgeblichkeit, in: WPg 1998, S. 939-947 (Latente Steuern).

SCHILDBACH, THOMAS, Der Konzernabschluss nach HGB, IFRS und US-GAAP, 7. Aufl., München/Wien 2008 (Der Konzernabschluss).

SCHINDLER, JOACHIM, Der Ausgleichsposten für die Anteile anderer Gesellschafter nach § 307 HGB, in: WPg 1986, S. 588-596 (Der Ausgleichsposten für die Anteile anderer Gesellschafter nach § 307 HGB).

SCHINDLER, JOACHIM, Kapitalkonsolidierung nach dem Bilanzrichtlinien-Gesetz, Frankfurt a. M./Bern/New York 1986 (Kapitalkonsolidierung).

SCHINDLER, JOACHIM, Konsolidierung von Gemeinschaftsunternehmen: Ein Beitrag zu § 310 HGB, in: BB 1987, S. 158-166 (Konsolidierung von Gemeinschaftsunternehmen).

SCHMIDBAUER, RAINER, Die Fremdwährungsumrechnung nach deutschem Recht und nach den Regelungen des IASB. Vergleichende Darstellung unter Berücksichtigung von DRS 14 und den Änderungen von IAS 21, in: DStR 2004, S. 699-704 (Fremdwährungsumrechnung).

SCHRUFF, LOTHAR, Der neue Bestätigungsvermerk vor dem Hintergrund internationaler Entwicklungen, in: WPg 1986, S. 181-185 (Der neue Bestätigungsvermerk).

SCHRUFF, WIENAND, Einflüsse der 7. EG-Richtlinie auf die Aussagefähigkeit des Konzernabschlusses, Berlin 1984 (Einflüsse der 7. EG-Richtlinie).

SCHRUFF, WIENAND, BilMoG und IFRS im Wettlauf um die Konsolidierung von Zweckgesellschaften?, in: WPg 2009, S. I (Wettlauf um die Konsolidierung von Zweckgesellschaften).

SCHÜLEN, WERNER, Vereinheitlichung von Bilanzansatz und Bewertung im Konzernabschluß, in: Einzelabschluß und Konzernabschluß. Beiträge zum neuen Bilanzrecht, hrsg. v. Mellwig, Winfried/Moxter, Adolf/Ordelheide, Dieter, Wiesbaden 1988, S. 123-140 (Vereinheitlichung von Bilanzansatz und Bewertung).

SCHWEDLER, KRISTINA, IASB-Projekt „Business Combinations": Überblick und aktuelle Bestandsaufnahme, in: KoR 2006, S. 410-415 (IASB-Projekt „Business Combinations").

SCHWEDLER, KRISTINA, Business Combinations Phase II: Die neuen Vorschriften zur Bilanzierung von Unternehmenszusammenschlüssen, in: KoR 2008, S. 125-138 (Business Combinations Phase II).

SEIBT, CHRISTOPH H., Deutscher Corporate Governance Kodex und Entsprechens-Erklärung (§ 161 AktG-E), in: AG 2002, S. 249-259 (Entsprechens-Erklärung).

SELCHERT, FRIEDRICH WILHELM/KARSTEN, JÜRGEN, Inhalt und Gliederung des Anhangs. Ein Gestaltungsvorschlag, in: BB 1985, S. 1889-1894 (Inhalt und Gliederung des Anhangs).

SELCHERT, FRIEDRICH WILHELM/KARSTEN, JÜRGEN, Inhalt und Gliederung des Konzernanhangs, in: BB 1986, S. 1258-1264 (Inhalt und Gliederung des Konzernanhangs).

SENGER, THOMAS/BRUNE, JENS, DRS 20: neue und geänderte Anforderungen an den Konzernlagebericht, in: WPg 2012, S. 1285-1289 (DRS 20).

SENGER, THOMAS/EWELT-KNAUER, CORINNA/HOEHNE, FELIX, Statuswahrende Aufstockung und Abstockung von Anteilen an Tochterunternehmen im HGB-Konzernabschluss, in: WPg 2012, S. 83-90 (Statuswahrende Aufstockung und Abstockung).

SIEBOURG, PETER, Pflicht zur Aufstellung des Konzernabschlusses und Abgrenzung des Konsolidierungskreises, in: Konzernrechnungslegung und -prüfung, hrsg. v. Baetge, Jörg, Düsseldorf 1990, S. 37-61 (Pflicht zur Aufstellung).

SIGLE, HERMANN, Betriebswirtschaftliche Aspekte der Quotenkonsolidierung, in: ZfB 1987, Ergänzungsheft 1, S. 321-336 (Quotenkonsolidierung).

SIGLE, HERMANN, Konzernbilanzpolitik nach neuem Recht, in: Einzelabschluß und Konzernabschluß. Beiträge zum neuen Bilanzrecht, hrsg. v. Mellwig, Winfried/Moxter, Adolf/Ordelheide, Dieter, Wiesbaden 1988, S. 177-192 (Konzernbilanzpolitik nach neuem Recht).

SIMONS, DIRK, Bestimmung der effektiven Anteilsquoten für die Kapitalkonsolidierung bei wechselseitigen Beteiligungen mittels des Matrixverfahrens, in: WPg 1999, S. 773-780 (Bestimmung der effektiven Anteilsquoten).

SONDERAUSSCHUSS NEUES AKTIENRECHT DES IDW, Zur Rechnungslegung im Konzern (Ergänzung), Stellungnahme NA 3/1968, in: WPg 1968, S. 133 (Rechnungslegung im Konzern).

SPRENGER, REINHARD, Grundsätze gewissenhafter und getreuer Rechenschaft im Geschäftsbericht. Ein Beitrag zur Interpretation von § 160 IV 1 AktG, Wiesbaden 1976 (Grundsätze gewissenhafter und getreuer Rechenschaft).

STIBI, BERND, Statuswahrende Auf- und Abstockung von Anteilen an Tochterunternehmen : (k-)ein Ende der handelsrechtlichen Diskussion in Sicht?, in: WPg 2012, S. 755-761 (Statuswahrende Auf- und Abstockung von Anteilen an Tochterunternehmen).

STIBI, BERND/KIRSCH, HANS-JÜRGEN/ENGELKE, FREDERIK, Der Standardentwurf E-DRS 30 – Ein Überblick über ausgewählte Vorschläge zur Neuregulierung der Kapitalkonsolidierung, in: WPg 2015, S. 405-412 (Der Standardentwurf des E-DRS 30).

STIBI, BERND/KLAHOLZ, EVA, Kaufpreisverteilung im Rahmen der Kapitalkonsolidierung nach BilMoG: Neue Herausforderungen für die Praxis, in: BB 2009, S. 2582-2586 (Kaufpreisverteilung im Rahmen der Kapitalkonsolidierung).

STREIM, HANNES, Die Generalnorm des § 264 Abs. 2 HGB – Eine kritische Analyse, in: Bilanzrecht und Kapitalmarkt. Festschrift zum 65. Geburtstag von Adolf Moxter, hrsg. v. Ballwieser, Wolfgang u. a., Düsseldorf 1994, S. 391-406 (Die Generalnorm des § 264 Abs. 2 HGB).

STROBEL, WILHELM, Deutsches Rechnungslegungs Standards Committee: Der Standardentwurf E-DRS 3 zur Segmentberichterstattung, in: DB 1999, S. 2017-2020 (Der Standardentwurf).

SUNLEY, W. T., Minority Interests in Inter-company Profits, in: Journal of Accountancy, Vol. 35, 1923, S. 350-355 (Minority Interests in Intercompany Profits).

SUNLEY, W. T., Intercompany Profits, in: Journal of Accountancy, Vol. 36, 1923, S. 310-313 (Intercompany Profits).

TEICHMANN, MICHAEL, Die Bilanzierung von Beteiligungen im handelsrechtlichen Jahresabschluß der Kapitalgesellschaft, Aachen 1993 (Bilanzierung von Beteiligungen).

THEILE, CARSTEN, Konzernspezifische Änderungen durch den BilRUG-RegE, in: BBK 2015, S. 224-230 (Konzernspezifische Änderungen durch den BilRUG-RegE).

TICHY, ERHARD, Der Inhalt des Lageberichts nach § 160 I AktG. Eine theoretische und empirische Untersuchung, Hohenheim 1979 (Der Inhalt des Lageberichts).

TUBBESSING, GÜNTER, „A True and Fair View" im englischen Verständnis der 4. EG-Richtlinie, in: AG 1979, S. 91-95 („A True and Fair View").

VAUBEL, MARC-ALEXANDER, Joint Ventures im Konzernabschluß des Partnerunternehmens, Düsseldorf 2001 (Joint Ventures im Konzernabschluß).

VEIT, KLAUS-RÜDIGER, Funktion und Aufbau des Berichts zu Zweigniederlassungen, in: BB 1997, S. 461 f. (Funktion und Aufbau des Berichts zu Zweigniederlassungen).

VON KEITZ, ISABEL/GLOTH, THOMAS, Praxis ausgewählter HGB-Anhangangaben (Teil 2), in: DB 2013, S. 185-197 (Praxis ausgewählter HGB-Anhangangaben (Teil 2)).

VON WERDER, AXEL, Der Deutsche Corporate Governance Kodex – Grundlagen und Einzelbestimmungen, in: DB 2002, S. 801-810 (Corporate Governance Kodex).

VON WYSOCKI, KLAUS, Die Entwicklung der Konzernbilanz aus den Einzelbilanzen der in den Konzernabschluß einbezogenen Unternehmen nach § 331 AktG, in: WPg 1966, S. 281-292 (Entwicklung der Konzernbilanz).

VON WYSOCKI, KLAUS, Weltbilanzen als Planungsobjekte und Planungsinstrumente multinationaler Unternehmen, in: ZfbF 1971, S. 682-700 (Weltbilanzen).

VON WYSOCKI, KLAUS, Prüfung (Revision) der finanziellen Lage der Unternehmung, in: Handwörterbuch der Finanzwirtschaft, hrsg. v. Büschgen, Hans E., Stuttgart 1976, Sp. 1458-1469 (Prüfung (Revision) der finanziellen Lage der Unternehmung).

VON WYSOCKI, KLAUS, Das Dritte Buch des HGB und die Grundsätze ordnungsmäßiger Konzernrechnungslegung, in: WPg 1986, S. 177-181 (Das Dritte Buch des HGB).

VON WYSOCKI, KLAUS, Die Konsolidierung der Innenumsatzerlöse nach § 305 Abs. 1 Nr. 1 HGB, in: Bilanz und Konzernrecht. Festschrift zum 65. Geburtstag von Reinhard Goerdeler, hrsg. v. Havermann, Hans, Düsseldorf 1987, S. 723-749 (Die Konsolidierung der Innenumsatzerlöse).

VON WYSOCKI, KLAUS, Konzernabschluß: Aufstellungs- und Einbeziehungspflichten nach neuem Recht, in: ZfbF 1987, S. 274-281 (Aufstellungs- und Einbeziehungspflichten).

VON WYSOCKI, KLAUS, DRS 2: Neue Regeln des Deutschen Rechnungslegungs Standards Committee zur Aufstellung von Kapitalflußrechnungen, in: DB 1999, S. 2373-2378 (DRS 2).

VON WYSOCKI, KLAUS/WOHLGEMUTH, MICHAEL, Konzernrechnungslegung unter Berücksichtigung des Bilanzrichtlinien-Gesetzes, 3. Aufl., Düsseldorf 1986 (Konzernrechnungslegung, 3. Aufl.).

VON WYSOCKI, KLAUS/WOHLGEMUTH, MICHAEL, Konzernrechnungslegung, 4. Aufl., Düsseldorf 1996 (Konzernrechnungslegung, 4. Aufl.).

VON WYSOCKI, KLAUS/WOHLGEMUTH, MICHAEL/BRÖSEL, GERRIT, Konzernrechnungslegung, 5. Aufl., Konstanz und München 2014 (Konzernrechnungslegung).

WANIK, OTTO, Probleme der Aufstellung und Prüfung von Prognosen über die Entwicklung der Unternehmung in der nächsten Zukunft, in: Bericht über die Fachtagung 1974 des Instituts der Wirtschaftsprüfer in Deutschland e. V., Düsseldorf 1975, S. 45-60 (Probleme der Aufstellung und Prüfung von Prognosen).

WASSER, GERD, Bestimmungsfaktoren freiwilliger Prognosepublizität. Eine empirische Untersuchung auf der Basis eines Modells zur Bewertung des Informationsgehalts veröffentlichter Unternehmensprognosen, Düsseldorf 1976 (Bestimmungsfaktoren freiwilliger Prognosepublizität).

WEBER, CLAUS-PETER, Risikoberichterstattung nach dem E-DRS 5, in: BB 2001, S. 140-144 (Risikoberichterstattung nach dem E-DRS 5).

WEBER, CLAUS-PETER/WIRTH, JOHANNES, Goodwillbehandlung einer teilweisen Endkonsolidierung ohne Wechsel der Konsolidierungsmethode (Teilabgang), in: KoR 2014, S. 18-24 (Goodwillbehandlung einer teilweisen Endkonsolidierung).

WEBER, CLAUS-PETER/ZÜNDORF, HORST, Der Einfluß von Veränderungen des Beteiligungsbuchwerts auf die Kapitalkonsolidierung, in: BB 1989, S. 1852-1864 (Veränderungen des Beteiligungsbuchwerts).

WENTLAND, NORBERT, Die Konzernbilanz als Bilanz der wirtschaftlichen Einheit Konzern, Frankfurt a. M./Bern/Las Vegas 1979 (Die Konzernbilanz).

WIEDERHOLD, PHILIPP, Segmentberichterstattung und Corporate Governance, Wiesbaden 2008 (Segmentberichterstattung und Corporate Governance).

WILLEKE, CLEMENS, Der E-DRS 20 „Lageberichterstattung" – ein Fortschritt?, in: StuB 2004, S. 359-365 (E-DRS 20).

WIRTH, JOHANNES/WEBER, CLAUS-PETER/DUSEMOND, MICHAEL/KÜTING, PETER, Praxis der handelsrechtlichen Kapitalkonsolidierung (Teil 2), in: DB 2015, S. 1113-1122 (Praxis der handelsrechtlichen Kapitalkonsolidierung – Teil 2).

WIRTSCHAFTSPRÜFERKAMMER UND IDW, Gemeinsame Stellungnahme zum Entwurf eines Bilanzrichtlinien-Gesetzes, in: WPg 1985, S. 537-553 (Gemeinsame Stellungnahme).

WÖHE, GÜNTER, Bilanzierung und Bilanzpolitik, 9. Aufl., München 1997 (Bilanzierung und Bilanzpolitik).

WOLLMERT, PETER, Gegenwärtige und künftige Behandlung latenter Steuern im IASC-Abschluß, in: IASC-Rechnungslegung. Beiträge zu aktuellen Problemen, hrsg. v. Dörner, Dietrich/Wollmert, Peter, Düsseldorf 1995, S. 83-98 (Behandlung latenter Steuern im IASC-Abschluß).

ZAUNER, JANINE, Übergangs- und Endkonsolidierung nach IFRS, Berlin 2006 (Übergangs- und Endkonsolidierung nach IFRS).

ZILLESSEN, WOLFGANG, Zur Praxis der Währungsumrechnung deutscher Konzerne, in: DBW 1982, S. 533-552 (Praxis der Währungsumrechnung).

ZOEGER, OLIVER/MÖLLER, ANDREAS, Konsolidierungspflicht für Zweckgesellschaften nach dem Bilanzrechtsmodernisierungsgesetz (BilMoG), in: KoR 2009, S. 309-315 (Konsolidierungspflicht für Zweckgesellschaften nach dem Bilanzrechtsmodernisierungsgesetz).

ZOGG, HANS, Der Konzernabschluß in der Schweiz. Die Konsolidierungspraxis schweizerischer Konzerne unter Berücksichtigung der internationalen Konzernrechnungslegung, Zürich 1978 (Der Konzernabschluß in der Schweiz).

ZÜLCH, HENNING, Das IASB Improvement Project – Wesentliche Neuerungen und ihre Würdigung –, in: KoR 2004, S. 153-167 (Improvement Project).

ZÜLCH, HENNING/ERDMANN, MARK-KEN/POPP, MARCO, IFRS 12 "Disclosure of Interests in Other Entities" – Neuformulierung der konzernbezogenen Anhangangaben im Überblick, in: KoR 2011, S. 509-512 (Neuformulierung der konzernbezogenen Anhangangaben).

ZÜNDORF, HORST, Quotenkonsolidierung versus Equity-Methode, Stuttgart 1987 (Quotenkonsolidierung versus Equity-Methode).

ZÜNDORF, HORST, Zum Begriff des Gemeinschaftsunternehmens in § 310 HGB, in: BB 1987, S. 1910-1918 (Begriff des Gemeinschaftsunternehmens).

ZÜNDORF, HORST, Zur Problematik der Zwischenergebniseliminierung im Rahmen der Quotenkonsolidierung, in: BB 1987, S. 2125-2133 (Problematik der Zwischenergebniseliminierung).

Verzeichnis der Geschäftsberichte

DEUTSCHE MESSE AG (Hrsg.), Geschäftsbericht 2013, Hannover 2014 (Geschäftsbericht 2013).

EDEKA ZENTRALE AG & CO. KG (Hrsg.), Finanzbericht 2013, Hamburg 2014 (Finanzbericht 2013).

GRUSCHWITZ TEXTILWERKE AG (Hrsg.), Geschäftsbericht 2014, Leutkirch 2015 (Geschäftsbericht 2014).

KNORR BREMSE AG (Hrsg.), Geschäftsbericht 2014, München 2015 (Geschäftsbericht 2014).

SAP SE (Hrsg.), Geschäftsbericht 2014, Walldorf 2015, (Geschäftsbericht 2014).

WESTFALEN AG (Hrsg.), Geschäftsbericht 2013, Münster 2014 (Geschäftsbericht 2013).

Verzeichnis der Rechtsquellen der EG/EU

Siebente Richtlinie 83/349/EWG des Rates vom 13. Juni 1983 aufgrund von Artikel 54 Abs. 3 Buchst. g) des Vertrages über den konsolidierten Abschluß, in: Amtsblatt der EG Nr. L 193 vom 18.07.1983, S. 1-17.

Richtlinie 2013/34/EU des Europäischen Parlaments und des Rates vom 26. Juni 2013 über den Jahresabschluss, den konsolidierten Abschluss und damit verbundene Berichte von Unternehmen bestimmter Rechtsformen und zur Änderung der Richtlinie 2006/43/EG des Europäischen Parlaments und des Rates und zur Aufhebung der Richtlinien 78/660/EWG und 83/349/EWG des Rates, in: Amtsblatt der EU Nr. L 182 vom 29.06.2013, S. 19-76.

Richtlinie 2014/95/EU des Europäischen Parlaments und des Rates vom 22. Oktober 2014 zur Änderung der Richtlinie 2013/34/EU im Hinblick auf die Angabe nichtfinanzieller und die Diversität betreffender Informationen durch bestimmte große Unternehmen und Gruppen, in: Amtsblatt der EU Nr. L 330 vom 15.11.2014.

Verordnung (EG) Nr. 1606/2002 des Europäischen Parlaments und des Rates vom 19. Juli 2002 betreffend die Anwendung internationaler Rechnungslegungsstandards, in: Amtsblatt der EG Nr. L 243 vom 11.09.2002, S. 1-4.

Verordnung (EU) Nr. 1254/2012 der Kommission vom 11. Dezember 2012 zur Änderung der Verordnung (EG) Nr. 1126/2008 zur Übernahme bestimmter internationaler Rechnungslegungsstandards gemäß der Verordnung (EG) Nr. 1606/2002 des Europäischen Parlaments und des Rates im Hinblick auf International Financial Reporting Standard 10, International Financial Reporting Standard 11, International Financial Reporting Standard 12, International Accounting Standard 27 (2011) und International Accounting Standard 28 (2011), in: Amtsblatt der EU Nr. L 360 vom 29.12.2012, S. 1-77.

Empfehlung (EU) 2004/913/EG der Europäischen Kommission vom 14. Dezember 2004 zur Einführung einer angemessenen Regelung für die Vergütung von Mitgliedern der Unternehmensleitung börsennotierter Gesellschaften, in: Amtsblatt der EU Nr. L 385 vom 29.12.2004, S. 55-59.

Gesetzesverzeichnis

Aktiengesetz (AktG) vom 06.09.1965, BGBl. I 1965, S. 1089-1184, zuletzt geändert durch Gesetz vom 24.04.2015, BGBl. I 2015, S. 642.

Bürgerliches Gesetzbuch (BGB) in der Fassung der Bekanntmachung vom 02.01.2002, BGBl. I 2002, S. 42-44 und BGBl. I 2003, S. 738, zuletzt geändert durch Gesetz vom 29.06.2015, BGBl. I 2015, S. 1042.

Einführungsgesetz zum Handelsgesetzbuch (HGBEG) vom 10.05.1897, RGBl. 1897 S. 437, zuletzt geändert durch Gesetz vom 24.04.2015, BGBl. I 2015, S. 642.

Gesetz betreffend die Gesellschaften mit beschränkter Haftung (GmbHG) in der Fassung der Bekanntmachung vom 20.05.1898, RGBl. 1898, S. 846, zuletzt geändert durch Gesetz vom 24.04.2015, BGBl. I 2015, S. 642.

Gesetz über den Wertpapierhandel (Wertpapierhandelsgesetz – WpHG) in der Fassung der Bekanntmachung vom 09.09.1998, BGBl. I S. 2708, zuletzt geändert durch Gesetz vom 01.04.2015, BGBl. I 2015, S. 434.

Gesetz über die Rechnungslegung von bestimmten Unternehmen und Konzernen (Publizitätsgesetz – PublG) vom 15.08.1969, BGBl. I 1969 S. 1189-1199, zuletzt geändert durch Gesetz vom 04.10.2013, BGBl. I 2013, S. 3746.

Gesetz zur Durchführung der Vierten, Siebenten und Achten Richtlinie des Rates der Europäischen Gemeinschaften zur Koordinierung des Gesellschaftsrechts (Bilanzrichtlinie-Gesetz – BiRiLiG) vom 19.12.1985, BGBl. I 1985, S. 2355-2433.

Gesetz zur Kontrolle und Transparenz im Unternehmensbereich (KonTraG) vom 27.04.1998, BGBl. I 1998, S. 786-794.

Gesetz zur Modernisierung des Bilanzrechts (Bilanzrechtsmodernisierungsgesetz – BilMoG) vom 25.05.2009, BGBl. I 2009, Nr. 27, S. 1102-1137.

Gesetz zur Umsetzung der Richtlinie 2004/109/EG des Europäischen Parlaments und des Rates vom 15.12.2004 zur Harmonisierung der Transparenzanforderungen in Bezug auf Informationen über Emittenten, deren Wertpapiere zum Handel auf einem geregelten Markt zugelassen sind, und zur Änderung der Richtlinie 2001/24/EG (Transparenzrichtlinie-Umsetzungsgesetz – TUG) vom 05.01.2007, BGBl. I S. 10.

Gesetz zur Umsetzung der Richtlinie 2013/34/EU des Europäischen Parlaments und des Rates vom 26. Juni 2013 über den Jahresabschluss, den konsolidierten Abschluss und damit verbundene Berichte von Unternehmen bestimmter Rechtsformen und zur Änderung der Richtlinie 2006/43/EG des Europäischen Parlaments und des Rates und zur Aufhebung der Richtlinien 78/660/EWG und 83/349/EWG des Rates (Bilanzrichtlinie-Umsetzungsgesetz – vom 22.07.2015, BGBl. I 2015, S. 1245-1267.

Gesetz zur Verbesserung der Wettbewerbsfähigkeit deutscher Konzerne an Kapitalmärkten und zur Erleichterung der Aufnahme von Gesellschafterdarlehen (Kapitalaufnahmeerleichterungsgesetz – KapAEG) vom 20.04.1998, BGBl. I 1998, S. 707-709.

Gesetz zur weiteren Reform des Aktien- und Bilanzrechts, zu Transparenz und Publizität (Transparenz- und Publizitätsgesetz – TransPuG) vom 19.07.2002, BGBl. I 2002, S. 2681-2687.

Gewerbesteuergesetz (GewStG) in der Fassung der Bekanntmachung vom 15.10.2002, BGBl. I 2002, S. 4167-4180, zuletzt geändert durch Gesetz vom 01.04.2015, BGBl. I 2015, S. 434.

Handelsgesetzbuch (HGB) vom 10.05.1897, RGBl. 1897, S. 219-436, zuletzt geändert durch Gesetz vom 24.04.2015, BGBl. I 2015, S. 642.

Verordnung über befreiende Konzernabschlüsse und Konzernlageberichte von Mutterunternehmen mit Sitz in einem Staat, der nicht Mitglied der Europäischen Wirtschaftsgemeinschaft ist, zur Durchführung des Artikels 11 der Siebenten Richtlinie 83/349/EWG des Rates vom 13.06.1983 (Konzernabschlußbefreiungsverordnung – KonBefrV), vom 15.11.1991, BGBl. I 1991, S. 2122, zuletzt geändert durch Gesetz vom 25.05.2009, BGBl. I 2009, S. 1102.

Wertpapiererwerbs- und Übernahmegesetz (WpÜG) vom 20.12.2001, BGBl. I S. 3822, zuletzt geändert durch Gesetz vom 07.08.2013, BGBl. I 2013, S. 3154.

Zweite Verordnung zur Änderung der Konzernabschlußbefreiungsverordnung vom 28.10.1996, BGBl. I 1996, S. 1862.

Verzeichnis der Rechtsprechung

Bundesgerichtshof (BGH)

BGH, Urteil vom 12.01.1998 – II ZR 82/93, in: BB 1998, S. 567-569.

Europäischer Gerichtshof (EuGH)

EuGH, Urteil vom 27.06.1996 – Rs. C-234/94, in: DB 1996, S. 1400 f.

EuGH, Beschluß vom 10.07.1997 – Rs. C-234/94, in: DB 1997, S. 1513.

Oberlandesgericht (OLG) Frankfurt am Main

OLG Frankfurt am Main, Beschluss vom 24.11.2009, Aktenzeichen: WpÜG 11/09 und 12/09.

Verzeichnis der Materialien aus dem Gesetzgebungs- oder Standardsetzungsprozess

Deutschland

DRSC (Hrsg.), Deutsche Rechnungslegungs Standards 2015, Stuttgart 2015 (DRS).

DRSC (Hrsg.), DRÄS 6, Berlin 2015 (DRÄS 6).

DRSC (Hrsg.), E-DRS 29 Konzerneigenkapital, Berlin 2014 (E-DRS 29).

DRSC (Hrsg.), E-DRS 30 Kapitalkonsolidierung (Einbeziehung von Tochterunternehmen in den Konzernabschluss, Berlin 2015 (E-DRS 30).

DRSC (Hrsg.), E-DRS 31 Konzerneigenkapital, Berlin 2015 (E-DRS 31).

BT-Drucksache 4/171 vom 03.02.1962: Begründung zum Entwurf eines Aktiengesetzes.

BT-Drucksache 10/317 vom 26.08.1983: Gesetzentwurf der Bundesregierung. Entwurf eines Gesetzes zur Durchführung der Vierten Richtlinie des Rates der Europäischen Gemeinschaften zur Koordinierung des Gesellschaftsrechts (Bilanzrichtlinie-Gesetz) mit Begründung.

BT-Drucksache 10/3440 vom 03.06.1985: Gesetzentwurf der Bundesregierung. Entwurf eines Gesetzes zur Durchführung der Siebenten und Achten Richtlinie des Rates der Europäischen Gemeinschaften zur Koordinierung des Gesellschaftsrechts mit Begründung.

BT-Drucksache 10/4268 vom 18.11.1985: Beschlußempfehlung und Bericht des Rechtsausschusses (6. Ausschuß) zu dem von der Bundesregierung eingebrachten Entwurf eines Gesetzes zur Durchführung der Vierten Richtlinie des Rates der Europäischen Gemeinschaften zur Koordinierung des Gesellschaftsrechts (Bilanzrichtlinie-Gesetz) – BT-Drucksache 10/317 – und dem Entwurf eines Gesetzes zur Durchführung der Siebenten und Achten Richtlinie des Rates der Europäischen Gemeinschaften zur Koordinierung des Gesellschaftsrechts – BT-Drucksache 10/3440 –.

BT-Drucksache 13/9712 vom 28.01.1998: Gesetzentwurf der Bundesregierung. Entwurf eines Gesetzes zur Kontrolle und Transparenz im Unternehmensbereich (KonTraG).

BT-Drucksache 15/3419 vom 24.06.2004: Gesetzentwurf der Bundesregierung. Entwurf eines Gesetzes zur Einführung internationaler Rechnungslegungsstandards und zur Sicherung der Qualität der Abschlussprüfung (Bilanzrechtsreformgesetz – BilReG).

BT-Drucksache 15/5577 vom 31.05.2005: Entwurf eines Gesetzes über die Offenlegung der Vorstandsvergütungen (Vorstandsvergütungen-Offenlegungsgesetz – VorstOG).

BT-Drucksache 16/10067 vom 30.07.2008: Gesetzentwurf der Bundesregierung. Entwurf eines Gesetzes zur Modernisierung des Bilanzrechts (Bilanzrechtsmodernisierungsgesetz – BilMoG).

BT-Drucksache 16/12407 vom 24.03.2009: Beschlussempfehlung und Bericht des Rechtsausschusses (6. Ausschuss). Zu dem Gesetzentwurf der Bundesregierung – Drucksache 16/10067 – Entwurf eines Gesetzes zur Modernisierung des Bilanzrechts (Bilanzrechtsmodernisierungsgesetz – BilMoG).

BT-Drucksache 18/4050 vom 20.02.2015: Gesetzentwurf der Bundesregierung. Entwurf eines Gesetzes zur Umsetzung der Richtlinie 2013/34/EU des Europäischen Parlamentes und des Rates vom 26. Juni 2013 über den Jahresabschluss, den konsolidierten Abschluss und damit verbundene Berichte von Unternehmen bestimmter Rechtsformen und zur Änderung der Richtlinie 2006/43/EG des Europäischen Parlaments und des Rates und zur Aufhebung der Richtlinien 78/660/EWG und 83/349/EWG des Rates (Bilanzrichtlinie-Umsetzungsgesetz – BilRUG).

BT-Drucksache 18/5256 vom 17.06.2015: Beschlussempfehlung und Bericht des Ausschusses für Recht und Verbraucherschutz (6. Ausschuss) zu dem Gesetzentwurf der Bundesregierung –Drucksachen 18/4050, 18/4351–. Entwurf eines Gesetzes zur Umsetzung der Richtlinie 2013/34/EU des Europäischen Parlaments und des Rates vom 26. Juni 2013 über den Jahresabschluss, den konsolidierten Abschluss und damit verbundene Berichte von Unternehmen bestimmter Rechtsformen und zur Änderung der Richtlinie 2006/43/EG des Europäischen Parlaments und des Rates und zur Aufhebung der Richtlinien 78/660/EWG und 83/349/EWG des Rates (Bilanzrichtlinie-Umsetzungsgesetz – BilRUG).

Zur internationalen Rechnungslegung

IASB (Hrsg.), IAS 27 Konzern- und Einzelabschlüsse, London 2008 (IAS 27 überarbeitet 2008).

IASB (Hrsg.), IAS 28 Anteile an assoziierten Unternehmen, London 2008 (IAS 28 überarbeitet 2008).

IASB (Hrsg.), Conceptual Framework for Financial Reporting 2010, London 2010 (Conceptual Framework).

IASB (Hrsg.), International Financial Reporting Standards 2015, London 2015 (IFRS).

IASB (Hrsg.), Discussion Paper DP/2013/1 A Review of the Conceptual Framework for Financial Reporting, London 2013 (DP/2013/1 Conceptual Framework).

Stichwortverzeichnis